BERLINER ASTRONOMISCHES JAHRBUCH

FÜR

1 9 5 8

183. JAHRGANG

HERAUSGEBER
ASTRONOMISCHES RECHENINSTITUT
DER DEUTSCHEN AKADEMIE DER WISSENSCHAFTEN ZU BERLIN
UND
ASTRONOMISCHES RECHENINSTITUT ZU HEIDELBERG

1956

AKADEMIE-VERLAG · BERLIN

Astronomische Zeichen und Abkürzungen

Bezeichnung der Wochentage	Adspekten
☉ Sonntag	☌ Konjunktion
☾ Montag	□ Quadratur
♂ Dienstag	☍ Opposition
☿ Mittwoch	**Mondphasen**
♃ Donnerstag	● Neumond
♀ Freitag	☽ Erstes Viertel
♄ Sonnabend	○ Vollmond
	☾ Letztes Viertel

☊ Aufsteigender } Knoten
☋ Absteigender } Knoten

Zeichen des Tierkreises und der Himmelskörper

♈ Widder	0 Grad		
♉ Stier	30	»	☉ Sonne
♊ Zwillinge . . .	60	»	☾ Mond
♋ Krebs	90	»	☿ Merkur
♌ Löwe	120	»	♀ Venus
♍ Jungfrau. . . .	150	»	♁ Erde
♎ Waage	180	»	♂ Mars
♏ Skorpion . . .	210	»	♃ Jupiter
♐ Schütze	240	»	♄ Saturn
♑ Steinbock . . .	270	»	♅ Uranus
♒ Wassermann . .	300	»	♆ Neptun
♓ Fische	330	»	♇ Pluto

Herausgeber Astronomisches Recheninstitut der Deutschen Akademie der Wissenschaften zu Berlin und Astronomisches Recheninstitut zu Heidelberg Verantwortlich für den Inhalt. Prof Dr A Kahrstedt, Berlin-Lichterfelde-West, und Prof Dr. W. Fricke, Heidelberg. Verlag. Akademie-Verlag GmbH, Berlin W 8, Mohrenstraße 39; Fernsprecher Sammelnummer 20 03 86; Postscheckkonto: Berlin 350 21 Bestell- und Verlagsnummer dieses Werkes: 1004/183. Preis 12 DM. Druck: (III/9/1) Sächsische Zeitung, Verlag und Druckerei, Dresden N 23 9032. Lizenz-Nr 202 · 100/500/56 · MdI der DDR Nr 2561/K 11

Vorwort

Vom Jahrgang 1916 an ist der fundamentale Meridian, auf den alle Angaben des Jahrbuchs bezogen sind, der Meridian von Greenwich.

Die Zeit ist vom Jahrgang 1925 an in Weltzeit, d. i. Bürgerliche Zeit Greenwich, ausgedrückt (siehe Erläuterungen).

Die Grundlagen des Berliner Astronomischen Jahrbuchs bilden:

Für die Sonne und die großen Planeten:

Die Tafeln von Newcomb und (für Jupiter und Saturn) von Hill, enthalten in:

Astronomical Papers of the American Ephemeris,
Vol. VI, Part I—IV: *Tables of the four inner planets,*
Vol. VII, Part I—IV: *Tables of Jupiter, Saturn, Uranus, Neptune.*

Für Pluto die Elemente von E. C. Bower. (Näheres siehe Erläuterungen.)

Als Sonnenhalbmesser in der mittleren Entfernung ist 16′ 1″50 angenommen; dagegen liegt der Berechnung der Finsternisse der von Auwers in A. N., Bd. 128 gegebene Wert 15′ 59″63 zugrunde.

Für den Mond:

Tables of the Motion of the Moon by Ernest W. Brown.

Der geozentrische Mondhalbmesser $r_{☾}$ ist aus der Äquatorial-Horizontalparallaxe $p_{☾}$ gerechnet nach der Formel

$$r_{☾} = 0.272469\, p_{☾} + 1''50,$$

für die Finsternisse nach $\sin r_{☾} = 0.272274 \sin p_{☾}$.

Als Neigung des Mondäquators gegen die Ekliptik ist nach F. Hayn (A. N. Bd. 199, 263) angenommen: $J = 1^\circ\ 32'\ 20''$.

Für die Fixsterne:

Dritter Fundamentalkatalog des Berliner Astronomischen Jahrbuchs (Veröffentlichungen des Astronomischen Recheninstituts zu Berlin-Dahlem Nr. 54 und Abhandlungen der Preußischen Akademie der Wissenschaften Jahrgang 1938. Phys.-math. Klasse. Nr. 3).

Die Sterngrößen und Sternspektren sind dem »Henry Draper Catalogue (Harvard Annals, vol. 91—99)« entnommen.

Als Werte der fundamentalen Reduktionsgrößen sind angenommen:

Die Präzessions-Größen nach S. Newcomb (vgl. H. Andoyer, Bull. Astr. Bd. 28, S. 67)

Die Nutations-Konstante . . . . . 9″21

Die Nutations-Größen nach S. Newcomb (Bull. Astr. Bd. 15, S. 241)

Die Aberrations-Konstante . . . . 20″47

Die Sonnen-Parallaxe . . . . 8″80

Die Abplattung der Erde . . . . . . 1 : 297

Für die Satelliten:

Die Angaben über die 4 älteren Jupitertrabanten beruhen auf den Tafeln von R. A. Sampson (*Tables of the four great Satellites of Jupiter.* London 1910), die Angaben über die 8 älteren Saturnsatelliten auf den von H. und G. Struve sowie von J. Woltjer ermittelten Werten (Näheres s. Erläuterungen).

In allen Ephemeriden der Sonne, der Planeten und der Fixsterne sind die kurzperiodischen, von der Mondlänge abhängigen Nutationsglieder weggelassen; doch bietet das Jahrbuch die Möglichkeit, auch diese weggelassenen Glieder zu berücksichtigen (s. Erläuterungen).

Der Inhalt des Jahrbuchs hat gegenüber dem Vorjahr keine Veränderung erfahren.

Nach einem internationalen Übereinkommen vom Jahre 1911 wurde ein Teil der Angaben von H. M. Nautical Almanac Office, Royal Greenwich Observatory, vom Nautical Almanac Office, U. S. Naval Observatory, Washington, und vom Bureau des Longitudes, Paris, zur Verfügung gestellt. Es wurden übernommen von H. M. Nautical Almanac Office, Royal Greenwich Observatory, die Ephemeriden der Sonne, des Mondes und der Planeten mit Ausnahme von Pluto sowie die Vorausberechnungen der Sternbedeckungen für Berlin-Babelsberg, Frankfurt a. M. und München. Vom Nautical Almanac Office, Washington, wurden zur Verfügung gestellt die rechtwinkligen, heliozentrischen, äquatorialen Koordinaten von Pluto, die Angaben über Finsternisse, die Elemente der Sternbedeckungen, die Rotationselemente der Sonne, des Mars und des Jupiter, die Konstellationen und die Auf- und Untergangszeiten des Mondes. Vom Bureau des Longitudes, Paris, wurden die Zeiten der Verfinsterungen der Jupitertrabanten sowie die Tafeln ihrer Anordnung und die Refraktionstafel übernommen. Die mittleren und scheinbaren Sternörter sowie die Angaben über die Saturnstrabanten sind im Astronomischen Recheninstitut in Heidelberg unter der Leitung von Dr. Gondolatsch berechnet. Die Berechnung der übrigen Teile und die Beaufsichtigung des Druckes sind unter der Leitung von Prof. Dr. Kohl vom Astronomischen Recheninstitut in Berlin besorgt worden.

Bezüglich der Zahlengrundlagen sei auf die im Berliner Astronomischen Jahrbuch für 1916 gegebene Darstellung der „Grundbegriffe der Sphärischen Astronomie“ hingewiesen.

Astronomisches Recheninstitut in Berlin
Astronomisches Recheninstitut in Heidelberg

Inhalt

Zeit- und Festrechnung 1958

Das Jahr 1958 entspricht dem
Jahr 6671 der Julianischen Periode und dem
Jahr 7466—7467 der Byzantinischen Ära.

Gregorianischer Kalender

Goldene Zahl	2
Epakte	X
Sonnenzirkel	7
Sonntagsbuchstabe	E
Septuagesima	2. Febr.
Aschermittwoch	19. Febr.
I. Quatember	26. Febr.
Ostersonntag	6. April
Himmelfahrt	15. Mai
Pfingstsonntag	25. Mai
II. Quatember	28. Mai
Fronleichnam	5. Juni
III. Quatember	17. Sept.
I. Adventssonntag	30. Nov.
IV. Quatember	17. Dez.

Dimensionen der Erde

a) Nach Bessel (1841)

Große Halbachse	$a =$ 6 377 397.155 m	$\log a =$ 6.804 6434 637
Kleine Halbachse	$b =$ 6 356 078.963 m	$\log b =$ 6.803 1892 839
Abplattung	$\mathfrak{a} =$ 1 : 299.152 8129	$\log \mathfrak{a} =$ 7.524 1069 092—10
Meridianquadrant	= 10 000 855.76 m	

Die Maßeinheit der Länge ist das legale Meter.

b) Nach Hayford (1909)

identisch mit Internationalem Ellipsoid (1924)

Große Halbachse	$a =$ 6 378 388 m	$\log a =$ 6.804 7109 340
Kleine Halbachse	$b =$ 6 356 911.946 m	$\log b =$ 6.803 2461 958
Abplattung	$\mathfrak{a} =$ 1 : 297	$\log \mathfrak{a} =$ 7.527 2435 507—10
Meridianquadrant	= 10 002 288.30 m	

c) Nach Krassovsky (1940)

Große Halbachse	$a =$ 6 378 245 m	$\log a =$ 6.804 7011 973
Abplattung	$\mathfrak{a} =$ 1 : 298.3	$\log \mathfrak{a} =$ 7.525 3467 466—10

Die Maßeinheit der Länge ist das internationale Meter.

Ein internationales Meter = 0.999 9866 legales Meter.

Will man die Länge einer in legalen Metern gemessenen Strecke in internationalen Metern angeben, so hat man die Anzahl der legalen Meter mit 1.000 0134 zu multiplizieren.

Normalwert für die Schwerebeschleunigung im Meeresniveau:

$\gamma_0 = 978.030\ (1 + 0.005302 \cdot \sin^2\varphi - 0.000007 \cdot \sin^2 2\varphi)$ cm. sec^{-2}. (Helmert 1901)

$\gamma_0 = 978.0490\ (1 + 0.0052884 \cdot \sin^2\varphi - 0.0000059 \cdot \sin^2 2\varphi)$ cm. sec^{-2}. (Cassinis 1930)

Masse der Erde: $5.974 \cdot 10^{27}$ g

Masse der Sonne: $1.983 \cdot 10^{33}$ g

Radius der Sonne: 695 300 km

Mittlere Entfernung Erde—Sonne: 149 504 200 km

Lichtzeit für die mittlere Entfernung Erde—Sonne: $498^{s}.72$ (mit Lichtgeschwindigkeit 299 774 km/sec.)

Astronomische Konstanten

Allgemeine Präzession	$\psi = 50''.2564$	$+ 0''.000\,222\ t$
Präzession in Rektaszension	$m = 3^s.07234$	$+ 0^s.000\,0186\ t$
Präzession in Deklination	$n = 20''.0468$	$- 0''.000\,085\ t$
Mittlere Schiefe der Ekliptik	$\epsilon = 23°\,27'\,8''.26$	$- 0''.4684\ t$
Länge d. aufsteig. Knotens d. bewegl. a. d. festen Ekliptik	$\Pi = 173°\,57'\,3''.6$	$+ 32''.862\ t$
Winkel zwischen fester u bewegl. Ekliptik . .	$\pi = 0''.4711$	$- 0''.000\,007\ t$

Länge des tropischen Jahres	$365^d.242\,198\,79$	$- 0^d.000\,000\,0614\ t$
„ „ siderischen „	365.256 360 42	+ 0.000 000 0011 t
„ „ anomalistischen „	365.259 641 34	+ 0.000 000 0304 t
„ „ julianischen „	365.25	

t = Zeit seit 1900 in julianischen Jahren

Länge des synodischen Monats	$29^d.530\,588$
„ „ tropischen „	27.321 582
„ „ siderischen „	27.321 661
„ „ anomalistischen „	27.554 550

Länge des mittl. Sonnentages = $24^h\,3^m\,56^s.555$ Sternzeit = 1.002 737 91 Sterntag

Länge d. mittl. Sterntages = $23^h\,56^m\,4^s.091$ mittl. Zeit = 0.997 269 57 mittl. Sonnentag

Äquatorial-Horizontalparallaxe des Mondes . . . . $57'\,2''.70$

Gravitationskonstante nach Gauß $k = 0.017\,202\,099 = 3548''.18761$

log k = 8.235 581 44—10, log k'' = 3.550 00657

1 Lichtjahr = 63 275 Astr. Einh. = 0.3068 Parsek = $9.460 \cdot 10^{12}$ km

1 Parsek = 206 264.806 Astr. Einh. = 3.2598 Lichtjahre = $30.84 \cdot 10^{12}$ km

Elemente der Planetenbahnen für 1958 Jan. 0, 0^h Weltzeit

	☊	i	$\tilde{\omega}$	e
	°	°	°	
Merkur	47.834	7.004	76.802	0.205 626
Venus	76.302	3.394	130.980	0.006 793
Erde	—	—	102.218	0.016 727
Mars	49.234	1.850	335.286	0.093 366
Jupiter	100.030	1.305	13.655	0.048 430
Saturn	113.297	2.490	92.234	0.055 692
Uranus	73.767	0.773	172.410	0.046 329
Neptun	131.319	1.774	47.554	0.009 001
Pluto	109.633	17.144	223.175	0.248 644

	a	L	$n_{sid.}$	$P_{sid.}$	
		°	°	a	d
Merkur	0.387 099	109.048	4.092 34	0	87.9693
Venus.	0.723 332	82.308	1.602 13	0	224.7008
Erde	1.000 000	99.157	0.985 61	1	0.0142
Mars	1.523 688	235.397	0.524 03	1	321.7375
Jupiter	5.202 561	199.021	0.083 09	11	314.925
Saturn	9.554 747	256.167	0.033 46	29	167.21
Uranus	19.218 14	132.698	0.011 73	84	8.11
Neptun	30.109 57	212.538	0.005 98	164	281.6
Pluto	39.517 74	177.168	0.003 97	248	157

Merkur, Venus und Erde nach Newcomb, Mars nach Newcomb und Ross, Jupiter bis Neptun nach Leverrier und Gaillot, Pluto nach Bower. Bei Uranus und Neptun sind in L die Hauptglieder der langperiodischen Störungen enthalten. Für Pluto sind baryzentrische Elemente bezogen auf Ekliptik und mittleres Äquinoktium 1950.0 gegeben.

Kalender der Juden

Jahr 5718 (Gemeinjahr von 354 Tagen)

Tewet	10	Fasten: Belagerung Jerusalems	1958	Jan.	2
Schewat	1			Jan.	22
Adar	1			Febr.	21
	13	Fasten Esther		März	5
	14	Purim			6
	15	Schuschan Purim			7
Nissan	1			März	22
	14	Erew Pessach		April	4
	15	*Passah-Anfang			5
	16	*Zweites Fest			6
	21	*Siebentes Fest			11
	22	*Achtes Fest			12
Ijar	1			April	21
	18	Lag B'aumer		Mai	8
Siwan	1			Mai	20
	6	*Wochenfest			25
	7	*Zweites Fest			26
Tammus	1			Juni	19
	18	Fasten: Eroberung Jerusalems		Juli	6
Aw	1			Juli	18
	10	Fasten: Tempelverbrennung			27
Ellul	1			Aug.	17

Jahr 5719 (Schaltjahr von 383 Tagen)

Tischri	1	*Neujahrsfest	1958	Sept.	15
	2	*Zweites Fest			16
	3	Fasten Gedaljah			17
	10	*Versöhnungsfest			24
	15	*Laubhüttenfest			29
	16	*Zweites Fest			30
	21	Palmenfest		Okt.	5
	22	*Laubhüttenende			6
	23	*Gesetzesfreude			7
Marcheschwan	1				15
Kislew	1			Nov.	13
	25	Tempelweihe		Dez.	7
Tewet	1			Dez.	12
	10	Fasten: Belagerung Jerusalems			21

Die mit * bezeichneten Festtage werden streng gefeiert.

Kalender der Mohammedaner

Jahr 1377 (Gemeinjahr von 354 Tagen)

Redscheb	1	1958	Jan.	22
Schabân	1		Febr.	21
Ramadân	1		März	22
Schewwâl	1		April	21
Dsû'l-kade	1		Mai	20
Dsû'l-hedsche	1		Juni	19

Jahr 1378 (Gemeinjahr von 354 Tagen)

Moharrem	1	1958	Juli	18
Safar	1		Aug.	17
Rebî-el-awwel	1		Sept.	15
Rebî-el-accher	1		Okt.	15
Dschemâdi-el-awwel	1		Nov.	13
Dschemâdi-el-accher	1		Dez.	13

Sonne, Mond, Große Planeten

1958

Tag	Wochentag	0h Weltzeit: Zeitgleichung Wahre Zeit *minus* Mittlere Zeit		Scheinbare Rektaszension		Scheinbare Deklination		Halbe Durchgangs-Dauer St.-Zt.	Halbmesser
1958		m s	s	h m s	m s	° ′ ″	′ ″	s	′ ″
Jan. 0	Di	− 2 47.31	28.65	18 39 24.33	4 25.21	−23 8 0.7	4 23.4	71.09	16 17.83
1	Mi	3 15.96	28.34	18 43 49.54	4 24.90	23 3 37.3	4 51.1	71.07	16 17.85
2	Do	3 44.30	27.99	18 48 14.44	4 24.55	22 58 46.2	5 18.5	71.03	16 17.86
3	Fr	4 12.29	27.62	18 52 38.99	4 24.18	22 53 27.7	5 45.9	70.98	16 17.87
4	Sa	4 39.91	27.23	18 57 3.17	4 23.78	22 47 41.8	6 12.9	70.93	16 17.87
5	So	5 7.14	26.79	19 1 26.95	4 23.35	22 41 28.9	6 40.0	70.88	16 17.86
6	Mo	− 5 33.93	26.36	19 5 50.30	4 22.91	−22 34 48.9	7 6.8	70.82	16 17.85
7	Di	6 0.29	25.88	19 10 13.21	4 22.45	22 27 42.1	7 33.3	70.76	16 17.83
8	Mi	6 26.17	25.40	19 14 35.66	4 21.95	22 20 8.8	7 59.8	70.69	16 17.80
9	Do	6 51.57	24.88	19 18 57.61	4 21.44	22 12 9.0	8 25.9	70.62	16 17.77
10	Fr	7 16.45	24.35	19 23 19.05	4 20.91	22 3 43.1	8 51.8	70.55	16 17.73
11	Sa	7 40.80	23.80	19 27 39.96	4 20.35	21 54 51.3	9 17.5	70.47	16 17.69
12	So	− 8 4.60	23.22	19 32 0.31	4 19.78	−21 45 33.8	9 43.0	70.39	16 17.64
13	Mo	8 27.82	22.62	19 36 20.09	4 19.17	21 35 50.8	10 8.0	70.30	16 17.59
14	Di	8 50.44	22.00	19 40 39.26	4 18.56	21 25 42.8	10 32.9	70.22	16 17.53
15	Mi	9 12.44	21.37	19 44 57.82	4 17.92	21 15 9.9	10 57.5	70.13	16 17.46
16	Do	9 33.81	20.69	19 49 15.74	4 17.26	21 4 12.4	11 21.6	70.04	16 17.39
17	Fr	9 54.50	20.02	19 53 33.00	4 16.57	20 52 50.8	11 45.5	69.94	16 17.32
18	Sa	−10 14.52	19.31	19 57 49.57	4 15.87	−20 41 5.3	12 9.1	69.84	16 17.24
19	So	10 33.83	18.59	20 2 5.44	4 15.14	20 28 56.2	12 32.3	69.74	16 17.16
20	Mo	10 52.42	17.84	20 6 20.58	4 14.40	20 16 23.9	12 55.1	69.64	16 17.08
21	Di	11 10.26	17.09	20 10 34.98	4 13.65	20 3 28.8	13 17.6	69.54	16 16.99
22	Mi	11 27.35	16.32	20 14 48.63	4 12.87	19 50 11.2	13 39.8	69.44	16 16.90
23	Do	11 43.67	15.53	20 19 1.50	4 12.08	19 36 31.4	14 1.5	69.33	16 16.81
24	Fr	−11 59.20	14.73	20 23 13.58	4 11.29	−19 22 29.9	14 22.9	69.23	16 16.71
25	Sa	12 13.93	13.92	20 27 24.87	4 10.48	19 8 7.0	14 43.9	69.12	16 16.61
26	So	12 27.85	13.12	20 31 35.35	4 9.67	18 53 23.1	15 4.5	69.01	16 16.50
27	Mo	12 40.97	12.28	20 35 45.02	4 8.84	18 38 18.6	15 24.7	68.90	16 16.39
28	Di	12 53.25	11.46	20 39 53.86	4 8.01	18 22 53.9	15 44.7	68.78	16 16.28
29	Mi	13 4.71	10.62	20 44 1.87	4 7.18	18 7 9.2	16 4.0	68.67	16 16.17
30	Do	−13 15.33	9.79	20 48 9.05	4 6.35	−17 51 5.2	16 23.1	68.56	16 16.04
31	Fr	13 25.12	8.96	20 52 15.40	4 5.51	17 34 42.1	16 41.8	68.44	16 15.91
Febr. 1	Sa	13 34.08	8.12	20 56 20.91	4 4.67	17 18 0.3	17 0.0	68.31	16 15.78
2	So	13 42.20	7.29	21 0 25.58	4 3.85	17 1 0.3	17 17.9	68.19	16 15.64
3	Mo	13 49.49	6.47	21 4 29.43	4 3.02	16 43 42.4	17 35.5	68.08	16 15.50
4	Di	13 55.96	5.65	21 8 32.45	4 2.21	16 26 6.9	17 52.5	67.98	16 15.35
5	Mi	−14 1.61	4.84	21 12 34.66	4 1.40	−16 8 14.4	18 9.3	67.87	16 15.20
6	Do	14 6.45	4.05	21 16 36.06	4 0.60	15 50 5.1	18 25.6	67.75	16 15.03
7	Fr	14 10.50	3.25	21 20 36.66	3 59.80	15 31 39.5	18 41.5	67.64	16 14.86
8	Sa	14 13.75	2.48	21 24 36.46	3 59.03	15 12 58.0	18 57.1	67.52	16 14.69
9	So	14 16.23	1.70	21 28 35.49	3 58.26	14 54 0.9	19 12.3	67.41	16 14.52
10	Mo	−14 17.93		21 32 33.75		−14 34 48.6		67.30	16 14.34

Tag	Julian Zeit	Sternzeit	Nutation in AR. langp. Gl.	Nutation in AR. kurzp. Gl.	Mittleres Äquinoktium 1958.0 Länge		Breite	*R*		Aufgang (in +50° Breite, 0h Länge)	Untergang (in +50° Breite, 0h Länge)
1958	2436 d	h m s	s in 0.001		° ′ ″	′ ″	in 0.″01			h m	h m
Jan. 0	203.5	6 36 37.024	+678	−12	279 3 18.1	61 8.6	−18	0.983 2999	184	7 59	16 7
1	204.5	6 40 33.581	680	−14	280 4 26.7	61 8.4	−31	0.983 2815	126	7 59	16 8
2	205.5	6 44 30.139	682	−13	281 5 35.1	61 8.2	−43	0.983 2689	66	7 59	16 9
3	206.5	6 48 26.696	684	−10	282 6 43.3	61 8.1	−55	0.983 2623	4	7 59	16 10
4	207.5	6 52 23.253	686	− 5	283 7 51.4	61 7.8	−65	0.983 2619	60	7 58	16 12
5	208.5	6 56 19.810	687	0	284 8 59.2	61 7.8	−73	0.983 2679	125	7 58	16 13
6	209.5	7 0 16.368	+689	+ 5	285 10 7.0	61 7.6	−78	0.983 2804	191	7 58	16 14
7	210.5	7 4 12.925	691	+ 9	286 11 14.6	61 7.6	−81	0.983 2995	257	7 58	16 15
8	211.5	7 8 9.482	693	+11	287 12 22.2	61 7.5	−80	0.983 3252	320	7 57	16 16
9	212.5	7 12 6.039	694	+ 9	288 13 29.7	61 7.6	−77	0.983 3572	383	7 57	16 18
10	213.5	7 16 2.596	696	+ 5	289 14 37.3	61 7.6	−70	0.983 3955	441	7 56	16 19
11	214.5	7 19 59.153	697	0	290 15 44.9	61 7.5	−60	0.983 4396	498	7 56	16 20
12	215.5	7 23 55.710	+699	− 4	291 16 52.4	61 7.5	−49	0.983 4894	550	7 55	16 22
13	216.5	7 27 52.266	700	− 8	292 17 59.9	61 7.4	−36	0.983 5444	599	7 55	16 23
14	217.5	7 31 48.823	702	− 9	293 19 7.3	61 7.4	−22	0.983 6043	644	7 54	16 25
15	218.5	7 35 45.380	703	− 7	294 20 14.7	61 7.1	− 8	0.983 6687	687	7 53	16 26
16	219.5	7 39 41.936	704	− 4	295 21 21.8	61 6.8	+ 5	0.983 7374	727	7 52	16 27
17	220.5	7 43 38.493	705	+ 1	296 22 28.6	61 6.5	+16	0.983 8101	765	7 52	16 29
18	221.5	7 47 35.049	+706	+ 6	297 23 35.1	61 6.1	+24	0.983 8866	802	7 51	16 30
19	222.5	7 51 31.605	707	+10	298 24 41.2	61 5.5	+30	0.983 9668	837	7 50	16 32
20	223.5	7 55 28.162	708	+12	299 25 46.7	61 4.8	+33	0.984 0505	873	7 49	16 34
21	224.5	7 59 24.718	709	+12	300 26 51.5	61 4.2	+34	0.984 1378	909	7 48	16 35
22	225.5	8 3 21.274	709	+11	301 27 55.7	61 3.3	+32	0.984 2287	945	7 47	16 37
23	226.5	8 7 17.830	710	+ 7	302 28 59.0	61 2.4	+27	0.984 3232	983	7 46	16 38
24	227.5	8 11 14.386	+711	+ 3	303 30 1.4	61 1.4	+20	0.984 4215	1021	7 45	16 40
25	228.5	8 15 10.941	711	− 2	304 31 2.8	61 0.4	+11	0.984 5236	1062	7 44	16 42
26	229.5	8 19 7.497	711	− 7	305 32 3.2	60 59.3	+ 1	0.984 6298	1104	7 42	16 43
27	230.5	8 23 4.053	711	−11	306 33 2.5	60 58.2	−11	0.984 7402	1147	7 41	16 45
28	231.5	8 27 0.608	712	−14	307 34 0.7	60 57.0	−22	0.984 8549	1192	7 40	16 47
29	232.5	8 30 57.163	712	−14	308 34 57.7	60 55.8	−34	0.984 9741	1241	7 39	16 48
30	233.5	8 34 53.719	+711	−12	309 35 53.5	60 54.5	−45	0.985 0982	1290	7 37	16 50
31	234.5	8 38 50.274	711	− 8	310 36 48.0	60 53.2	−55	0.985 2272	1342	7 36	16 52
Febr. 1	235.5	8 42 46.829	711	− 3	311 37 41.2	60 52.0	−64	0.985 3614	1396	7 35	16 53
2	236.5	8 46 43.384	711	+ 3	312 38 33.2	60 50.8	−70	0.985 5010	1453	7 33	16 55
3	237.5	8 50 39.939	710	+ 7	313 39 24.0	60 49.5	−72	0.985 6463	1511	7 32	16 57
4	238.5	8 54 36.494	710	+10	314 40 13.5	60 48.4	−72	0.985 7974	1569	7 30	16 59
5	239.5	8 58 33.048	+709	+10	315 41 1.9	60 47.2	−69	0.985 9543	1626	7 29	17 0
6	240.5	9 2 29.603	708	+ 7	316 41 49.1	60 46.2	−63	0.986 1169	1682	7 27	17 2
7	241.5	9 6 26.157	707	+ 2	317 42 35.3	60 45.2	−54	0.986 2851	1737	7 25	17 4
8	242.5	9 10 22.712	706	− 3	318 43 20.5	60 44.1	−44	0.986 4588	1787	7 24	17 5
9	243.5	9 14 19.266	705	− 7	319 44 4.6	60 43.2	−31	0.986 6375	1833	7 22	17 7
10	244.5	9 18 15.820	+704	− 8	320 44 47.8		−18	0.986 8208		7 20	17 9

Tag	Wochentag	Zeitgleichung Wahre Zeit *minus* Mittlere Zeit		Scheinbare Rektaszension		Scheinbare Deklination		Halbe Durchgangs-Dauer St.-Zt.	Halbmesser
		0h Weltzeit							
1958		m s	s	h m s	m s	° ′ ″	′ ″	s	′ ″
Febr. 10	Mo	−14 17.93	0.95	21 32 33.75	3 57.50	−14 34 48.6	19 26.9	67.30	16 14.34
11	Di	14 18.88	0.18	21 36 31.25	3 56.74	14 15 21.7	19 41.2	67.19	16 14.15
12	Mi	14 19.06	0.55	21 40 27.99	3 56.00	13 55 40.5	19 55.1	67.09	16 13.96
13	Do	14 18.51	1.29	21 44 23.99	3 55.26	13 35 45.4	20 8.5	66.98	16 13.77
14	Fr	14 17.22	2.02	21 48 19.25	3 54.54	13 15 36.9	20 21.6	66.87	16 13.58
15	Sa	14 15.20	2.75	21 52 13.79	3 53.81	12 55 15.3	20 34.1	66.77	16 13.39
16	So	−14 12.45	3.45	21 56 7.60	3 53.10	−12 34 41.2	20 46.3	66.66	16 13.19
17	Mo	14 9.00	4.16	22 0 0.70	3 52.39	12 13 54.9	20 58.0	66.56	16 12.98
18	Di	14 4.84	4.85	22 3 53.09	3 51.70	11 52 56.9	21 9.2	66.45	16 12.77
19	Mi	13 59.99	5.53	22 7 44.79	3 51.02	11 31 47.7	21 20.2	66.35	16 12.57
20	Do	13 54.46	6.21	22 11 35.81	3 50.35	11 10 27.5	21 30.6	66.25	16 12.35
21	Fr	13 48.25	6.87	22 15 26.16	3 49.68	10 48 56.9	21 40.6	66.16	16 12.14
22	Sa	−13 41.38	7.51	22 19 15.84	3 49.04	−10 27 16.3	21 50.2	66.07	16 11.93
23	So	13 33.87	8.15	22 23 4.88	3 48.41	10 5 26.1	21 59.3	65.98	16 11.70
24	Mo	13 25.72	8.77	22 26 53.29	3 47.78	9 43 26.8	22 8.1	65.89	16 11.49
25	Di	13 16.95	9.38	22 30 41.07	3 47.17	9 21 18.7	22 16.5	65.80	16 11.28
26	Mi	13 7.57	9.97	22 34 28.24	3 46.59	8 59 2.2	22 24.4	65.72	16 11.05
27*	Do	12 57.60	10.54	22 38 14.83	3 46.01	8 36 37.8	22 31.9	65.64	16 10.83
28	Fr	−12 47.06	11.10	22 42 0.84	3 45.45	− 8 14 5.9	22 39.0	65.56	16 10.60
März 1	Sa	12 35.96	11.64	22 45 46.29	3 44.92	7 51 26.9	22 45.8	65.48	16 10.37
2	So	12 24.32	12.16	22 49 31.21	3 44.39	7 28 41.1	22 52.2	65.41	16 10.13
3	Mo	12 12.16	12.65	22 53 15.60	3 43.90	7 5 48.9	22 58.1	65.34	16 9.90
4	Di	11 59.51	13.13	22 56 59.50	3 43.42	6 42 50.8	23 3.8	65.27	16 9.66
5	Mi	11 46.38	13.58	23 0 42.92	3 42.97	6 19 47.0	23 9.0	65.20	16 9.42
6	Do	−11 32.80	14.01	23 4 25.89	3 42.55	− 5 56 38.0	23 13.9	65.13	16 9.16
7	Fr	11 18.79	14.41	23 8 8.44	3 42.14	5 33 24.1	23 18.4	65.07	16 8.91
8	Sa	11 4.38	14.79	23 11 50.58	3 41.76	5 10 5.7	23 22.7	65.01	16 8.67
9	So	10 49.59	15.14	23 15 32.34	3 41.42	4 46 43.0	23 26.3	64.95	16 8.41
10	Mo	10 34.45	15.47	23 19 13.76	3 41.07	4 23 16.7	23 29.8	64.90	16 8.14
11	Di	10 18.98	15.79	23 22 54.83	3 40.77	3 59 46.9	23 32.9	64.85	16 7.88
12	Mi	−10 3.19	16.07	23 26 35.60	3 40.48	− 3 36 14.0	23 35.6	64.80	16 7.61
13	Do	9 47.12	16.35	23 30 16.08	3 40.20	3 12 38.4	23 37.8	64.75	16 7.34
14	Fr	9 30.77	16.60	23 33 56.28	3 39.96	2 49 0.6	23 39.7	64.71	16 7.08
15	Sa	9 14.17	16.83	23 37 36.24	3 39.72	2 25 20.9	23 41.3	64.67	16 6.81
16	So	8 57.34	17.05	23 41 15.96	3 39.50	2 1 39.6	23 42.3	64.64	16 6.53
17	Mo	8 40.29	17.24	23 44 55.46	3 39.31	1 37 57.3	23 43.2	64.61	16 6.26
18	Di	− 8 23.05	17.42	23 48 34.77	3 39.13	− 1 14 14.1	23 43.4	64.58	16 5.99
19	Mi	8 5.63	17.59	23 52 13.90	3 38.97	0 50 30.7	23 43.5	64.55	16 5.72
20	Do	7 48.04	17.73	23 55 52.87	3 38.82	0 26 47.2	23 43.0	64.53	16 5.45
21	Fr	7 30.31	17.85	23 59 31.69	3 38.70	− 0 3 4.2	23 42.3	64.51	16 5.18
22	Sa	7 12.46	17.97	0 3 10.39	3 38.58	+ 0 20 38.1	23 41.2	64.49	16 4.90
23	So	− 6 54.49		0 6 48.97		+ 0 44 19.3		64.47	16 4.63

Tag	Julian. Zeit	Sternzeit	Nutation in AR. langp. Gl.	Nutation in AR. kurzp. Gl.	Mittleres Äquinoktium 1958.0 Länge		Mittleres Äquinoktium 1958.0 Breite	R		Aufgang in +50° Breite, 0h Länge	Untergang in +50° Breite, 0h Länge
1958	2436 d	h m s	s in 0.001		° ′ ″	′ ″	″ in 0.01			h m	h m
Febr. 10	244.5	9 18 15.820	+704	− 8	320 44 47.8	60 42.1	−18	0.986 8208	1876	7 20	17 9
11	245.5	9 22 12.374	703	− 7	321 45 29.9	60 41.1	− 5	0.987 0084	1916	7 19	17 11
12	246.5	9 26 8.928	701	− 4	322 46 11.0	60 40.0	+ 8	0.987 2000	1950	7 17	17 12
13	247.5	9 30 5.482	700	0	323 46 51.0	60 38.9	+19	0.987 3950	1983	7 15	17 14
14	248.5	9 34 2.036	698	+ 5	324 47 29.9	60 37.6	+28	0.987 5933	2011	7 14	17 16
15	249.5	9 37 58.590	697	+ 9	325 48 7.5	60 36.4	+34	0.987 7944	2038	7 12	17 17
16	250.5	9 41 55.143	+695	+12	326 48 43.9	60 35.1	+37	0.987 9982	2063	7 10	17 19
17	251.5	9 45 51.697	693	+13	327 49 19.0	60 33.6	+37	0.988 2045	2087	7 8	17 21
18	252.5	9 49 48.250	691	+11	328 49 52.6	60 32.1	+34	0.988 4132	2108	7 6	17 23
19	253.5	9 53 44.803	689	+ 9	329 50 24.7	60 30.6	+29	0.988 6240	2129	7 4	17 24
20	254.5	9 57 41.357	687	+ 4	330 50 55.3	60 28.9	+22	0.988 8369	2151	7 3	17 26
21	255.5	10 1 37.910	685	0	331 51 24.2	60 27.1	+13	0.989 0520	2173	7 1	17 28
22	256.5	10 5 34.463	+682	− 5	332 51 51.3	60 25.4	+ 2	0.989 2693	2195	6 59	17 30
23	257.5	10 9 31.016	680	− 9	333 52 16.7	60 23.6	−10	0.989 4888	2218	6 57	17 31
24	258.5	10 13 27.569	678	−13	334 52 40.3	60 21.7	−23	0.989 7106	2242	6 55	17 33
25	259.5	10 17 24.122	675	−14	335 53 2.0	60 19.7	−35	0.989 9348	2266	6 53	17 35
26	260.5	10 21 20.675	673	−13	336 53 21.7	60 17.8	−47	0.990 1614	2294	6 51	17 36
27	261.5	10 25 17.227	670	−10	337 53 39.5	60 15.7	−58	0.990 3908	2322	6 49	17 38
28	262.5	10 29 13.780	+667	− 6	338 53 55.2	60 13.7	−67	0.990 6230	2352	6 47	17 40
März 1	263.5	10 33 10.332	664	0	339 54 8.9	60 11.6	−73	0.990 8582	2385	6 45	17 41
2	264.5	10 37 6.885	661	+ 5	340 54 20.5	60 9.6	−77	0.991 0967	2421	6 43	17 43
3	265.5	10 41 3.437	658	+ 8	341 54 30.1	60 7.6	−78	0.991 3388	2458	6 41	17 45
4	266.5	10 44 59.990	655	+ 9	342 54 37.7	60 5.6	−75	0.991 5846	2497	6 38	17 46
5	267.5	10 48 56.542	652	+ 7	343 54 43.3	60 3.8	−70	0.991 8343	2537	6 36	17 48
6	268.5	10 52 53.094	+649	+ 3	344 54 47.1	60 1.9	−62	0.992 0880	2576	6 34	17 50
7	269.5	10 56 49.646	646	− 2	345 54 49.0	60 0.2	−51	0.992 3456	2613	6 32	17 51
8	270.5	11 0 46.199	643	− 6	346 54 49.2	59 58.4	−39	0.992 6069	2648	6 30	17 53
9	271.5	11 4 42.751	640	− 8	347 54 47.6	59 56.8	−25	0.992 8717	2679	6 28	17 55
10	272.5	11 8 39.303	636	− 8	348 54 44.4	59 55.1	−11	0.993 1396	2707	6 26	17 56
11	273.5	11 12 35.855	633	− 5	349 54 39.5	59 53.6	+ 2	0.993 4103	2730	6 24	17 58
12	274.5	11 16 32.407	+630	− 1	350 54 33.1	59 51.8	+13	0.993 6833	2750	6 22	17 59
13	275.5	11 20 28.959	626	+ 5	351 54 24.9	59 50.3	+21	0.993 9583	2766	6 19	18 1
14	276.5	11 24 25.511	623	+ 9	352 54 15.2	59 48.5	+28	0.994 2349	2778	6 17	18 2
15	277.5	11 28 22.063	619	+12	353 54 3.7	59 46.8	+32	0.994 5127	2787	6 15	18 4
16	278.5	11 32 18.615	616	+14	354 53 50.5	59 45.1	+33	0.994 7914	2794	6 13	18 6
17	279.5	11 36 15.166	613	+13	355 53 35.6	59 43.2	+31	0.995 0708	2798	6 11	18 7
18	280.5	11 40 11.718	+609	+10	356 53 18.8	59 41.4	+26	0.995 3506	2800	6 9	18 9
19	281.5	11 44 8.270	606	+ 6	357 53 0.2	59 39.4	+18	0.995 6306	2800	6 6	18 11
20	282.5	11 48 4.822	602	+ 1	358 52 39.6	59 37.4	+ 8	0.995 9106	2800	6 4	18 12
21	283.5	11 52 1.374	598	− 3	359 52 17.0	59 35.4	− 3	0.996 1906	2798	6 2	18 14
22	284.5	11 55 57.926	595	− 8	0 51 52.4	59 33.3	−15	0.996 4704	2796	6 0	18 15
23	285.5	11 59 54.477	+591	−11	1 51 25.7		−28	0.996 7500		5 58	18 17

(Spaltenkopf: 0h Weltzeit)

Tag	Wochentag	0h Weltzeit Zeitgleichung Wahre Zeit *minus* Mittlere Zeit		Scheinbare Rektaszension		Scheinbare Deklination		Halbe Durchgangs-Dauer St.-Zt.	Halbmesser
1958		m s	s	h m s	m s	° ′ ″	′ ″	s	′ ″
März 23	So	−6 54.49	18.06	0 6 48.97	3 38.49	+ 0 44 19.3	23 39.6	64.47	16 4.63
24	Mo	6 36.43	18.13	0 10 27.46	3 38.42	1 7 58.9	23 37.7	64.46	16 4.36
25	Di	6 18.30	18.19	0 14 5.88	3 38.36	1 31 36.6	23 35.4	64.45	16 4.09
26	Mi	6 0.11	18.23	0 17 44.24	3 38.33	1 55 12.0	23 32.9	64.45	16 3.82
27	Do	5 41.88	18.25	0 21 22.57	3 38.30	2 18 44.9	23 29.8	64.45	16 3.55
28	Fr	5 23.63	18.26	0 25 0.87	3 38.29	2 42 14.7	23 26.5	64.45	16 3.28
29	Sa	−5 5.37	18.23	0 28 39.16	3 38.32	+ 3 5 41.2	23 22.8	64.45	16 3.01
30	So	4 47.14	18.20	0 32 17.48	3 38.35	3 29 4.0	23 18.7	64.46	16 2.74
31	Mo	4 28.94	18.15	0 35 55.83	3 38.41	3 52 22.7	23 14.4	64.47	16 2.47
April 1	Di	4 10.79	18.06	0 39 34.24	3 38.49	4 15 37.1	23 9.6	64.49	16 2.20
2	Mi	3 52.73	17.97	0 43 12.73	3 38.58	4 38 46.7	23 4.6	64.51	16 1.93
3	Do	3 34.76	17.83	0 46 51.31	3 38.72	5 1 51.3	22 59.2	64.53	16 1.65
4	Fr	−3 16.93	17.69	0 50 30.03	3 38.86	+ 5 24 50.5	22 53.6	64.55	16 1.38
5	Sa	2 59.24	17.51	0 54 8.89	3 39.04	5 47 44.1	22 47.5	64.57	16 1.11
6	So	2 41.73	17.32	0 57 47.93	3 39.24	6 10 31.6	22 41.2	64.60	16 0.83
7	Mo	2 24.41	17.10	1 1 27.17	3 39.45	6 33 12.8	22 34.5	64.63	16 0.55
8	Di	2 7.31	16.85	1 5 6.62	3 39.70	6 55 47.3	22 27.6	64.66	16 0.27
9	Mi	1 50.46	16.60	1 8 46.32	3 39.96	7 18 14.9	22 20.2	64.69	15 59.99
10	Do	−1 33.86	16.31	1 12 26.28	3 40.23	+ 7 40 35.1	22 12.5	64.72	15 59.71
11	Fr	1 17.55	16.02	1 16 6.51	3 40.54	8 2 47.6	22 4.5	64.76	15 59.44
12	Sa	1 1.53	15.72	1 19 47.05	3 40.83	8 24 52.1	21 56.2	64.80	15 59.16
13	So	0 45.81	15.39	1 23 27.88	3 41.17	8 46 48.3	21 47.4	64.85	15 58.88
14	Mo	0 30.42	15.04	1 27 9.05	3 41.51	9 8 35.7	21 38.4	64.89	15 58.60
15	Di	0 15.38	14.70	1 30 50.56	3 41.85	9 30 14.1	21 29.0	64.94	15 58.33
16	Mi	−0 0.68	14.32	1 34 32.41	3 42.23	+ 9 51 43.1	21 19.2	64.99	15 58.06
17	Do	+0 13.64	13.95	1 38 14.64	3 42.60	10 13 2.3	21 9.1	65.05	15 57.79
18	Fr	0 27.59	13.56	1 41 57.24	3 43.00	10 34 11.4	20 58.7	65.10	15 57.53
19	Sa	0 41.15	13.16	1 45 40.24	3 43.40	10 55 10.1	20 47.8	65.16	15 57.26
20	So	0 54.31	12.74	1 49 23.64	3 43.80	11 15 57.9	20 36.8	65.22	15 57.00
21	Mo	1 7.05	12.32	1 53 7.44	3 44.24	11 36 34.7	20 25.2	65.28	15 56.74
22	Di	+1 19.37	11.90	1 56 51.68	3 44.66	+11 56 59.9	20 13.5	65.35	15 56.48
23	Mi	1 31.27	11.45	2 0 36.34	3 45.10	12 17 13.4	20 1.2	65.41	15 56.23
24	Do	1 42.72	11.00	2 4 21.44	3 45.55	12 37 14.6	19 48.8	65.48	15 55.98
25	Fr	1 53.72	10.54	2 8 6.99	3 46.01	12 57 3.4	19 35.9	65.55	15 55.73
26	Sa	2 4.26	10.09	2 11 53.00	3 46.47	13 16 39.3	19 22.8	65.62	15 55.48
27	So	2 14.35	9.60	2 15 39.47	3 46.95	13 36 2.1	19 9.3	65.70	15 55.24
28	Mo	+2 23.95	9.11	2 19 26.42	3 47.44	+13 55 11.4	18 55.4	65.77	15 55.00
29	Di	2 33.06	8.62	2 23 13.86	3 47.93	14 14 6.8	18 41.4	65.85	15 54.76
30	Mi	2 41.68	8.12	2 27 1.79	3 48.44	14 32 48.2	18 26.9	65.92	15 54.52
Mai 1	Do	2 49.80	7.60	2 30 50.23	3 48.96	14 51 15.1	18 12.1	66.00	15 54.28
2	Fr	2 57.40	7.06	2 34 39.19	3 49.49	15 9 27.2	17 57.2	66.08	15 54.04
3	Sa	+3 4.46		2 38 28.68		+15 27 24.4		66.15	15 53.81

Tag	Julian. Zeit	Sternzeit	Nutation in AR. langp. Gl.	Nutation in AR. kurzp. Gl.	0h Weltzeit – Mittleres Äquinoktium 1958.0 Länge	Diff.	Breite	R	Diff.	Aufgang in +50° Breite, 0h Länge	Untergang in +50° Breite, 0h Länge
1958	2436 d	h m s	s in 0.001		° ′ ″	′ ″	″ in 0.01			h m	h m
März 23	285.5	11 59 54.477	+591	−11	1 51 25.7	59 31.2	−28	0.996 7500	2795	5 58	18 17
24	286.5	12 3 51.029	588	−13	2 50 56.9	59 28.9	−42	0.997 0295	2792	5 56	18 18
25	287.5	12 7 47.581	584	−13	3 50 25.8	59 26.8	−54	0.997 3087	2791	5 53	18 20
26	288.5	12 11 44.133	581	−11	4 49 52.6	59 24.4	−65	0.997 5878	2792	5 51	18 22
27	289.5	12 15 40.685	577	− 7	5 49 17.0	59 22.1	−75	0.997 8670	2793	5 49	18 23
28	290.5	12 19 37.237	574	− 2	6 48 39.1	59 19.8	−82	0.998 1463	2796	5 47	18 25
29	291.5	12 23 33.789	+570	+ 3	7 47 58.9	59 17.5	−87	0.998 4259	2801	5 45	18 26
30	292.5	12 27 30.341	567	+ 6	8 47 16.4	59 15.1	−89	0.998 7060	2809	5 43	18 28
31	293.5	12 31 26.893	564	+ 8	9 46 31.5	59 12.8	−87	0.998 9869	2819	5 40	18 29
April 1	294.5	12 35 23.445	560	+ 7	10 45 44.3	59 10.6	−82	0.999 2688	2832	5 38	18 31
2	295.5	12 39 19.997	557	+ 3	11 44 54.9	59 8.3	−74	0.999 5520	2847	5 36	18 32
3	296.5	12 43 16.549	554	− 1	12 44 3.2	59 6.2	−64	0.999 8367	2862	5 34	18 34
4	297.5	12 47 13.101	+550	− 5	13 43 9.4	59 4.2	−51	1.000 1229	2877	5 32	18 36
5	298.5	12 51 9.653	547	− 9	14 42 13.6	59 2.2	−37	1.000 4106	2890	5 30	18 37
6	299.5	12 55 6.205	544	− 9	15 41 15.8	59 0.3	−23	1.000 6996	2901	5 27	18 39
7	300.5	12 59 2.757	541	− 7	16 40 16.1	58 58.5	−10	1.000 9897	2909	5 25	18 40
8	301.5	13 2 59.310	538	− 3	17 39 14.6	58 56.7	+ 3	1.001 2806	2914	5 23	18 42
9	302.5	13 6 55.862	535	+ 3	18 38 11.3	58 55.0	+13	1.001 5720	2914	5 21	18 43
10	303.5	13 10 52.415	+532	+ 8	19 37 6.3	58 53.3	+21	1.001 8634	2911	5 19	18 45
11	304.5	13 14 48.967	529	+12	20 35 59.6	58 51.5	+25	1.002 1545	2904	5 17	18 47
12	305.5	13 18 45.519	526	+14	21 34 51.1	58 49.9	+27	1.002 4449	2893	5 15	18 48
13	306.5	13 22 42.072	523	+14	22 33 41.0	58 48.0	+27	1.002 7342	2879	5 13	18 50
14	307.5	13 26 38.625	521	+12	23 32 29.0	58 46.4	+23	1.003 0221	2862	5 10	18 51
15	308.5	13 30 35.177	518	+ 8	24 31 15.4	58 44.5	+15	1.003 3083	2843	5 8	18 53
16	309.5	13 34 31.730	+515	+ 3	25 29 59.9	58 42.7	+ 6	1.003 5926	2822	5 6	18 55
17	310.5	13 38 28.283	513	− 2	26 28 42.6	58 40.8	− 4	1.003 8748	2799	5 4	18 56
18	311.5	13 42 24.836	510	− 6	27 27 23.4	58 39.0	−16	1.004 1547	2774	5 2	18 58
19	312.5	13 46 21.389	508	− 9	28 26 2.4	58 37.1	−30	1.004 4321	2748	5 0	18 59
20	313.5	13 50 17.942	506	−12	29 24 39.5	58 35.0	−43	1.004 7069	2722	4 58	19 1
21	314.5	13 54 14.495	504	−12	30 23 14.5	58 33.1	−56	1.004 9791	2694	4 56	19 2
22	315.5	13 58 11.048	+501	−11	31 21 47.6	58 31.1	−69	1.005 2485	2667	4 54	19 4
23	316.5	14 2 7.602	499	− 7	32 20 18.7	58 28.9	−79	1.005 5152	2640	4 52	19 5
24	317.5	14 6 4.155	497	− 3	33 18 47.6	58 26.9	−87	1.005 7792	2616	4 51	19 7
25	318.5	14 10 0.708	495	+ 1	34 17 14.5	58 24.7	−92	1.006 0408	2591	4 49	19 9
26	319.5	14 13 57.262	494	+ 5	35 15 39.2	58 22.7	−95	1.006 2999	2569	4 47	19 10
27	320.5	14 17 53.816	492	+ 7	36 14 1.9	58 20.4	−94	1.006 5568	2550	4 45	19 12
28	321.5	14 21 50.369	+490	+ 7	37 12 22.3	58 18.4	−89	1.006 8118	2533	4 43	19 13
29	322.5	14 25 46.923	489	+ 4	38 10 40.7	58 16.3	−82	1.007 0651	2520	4 41	19 15
30	323.5	14 29 43.477	487	0	39 8 57.0	58 14.2	−73	1.007 3171	2507	4 39	19 16
Mai 1	324.5	14 33 40.031	486	− 5	40 7 11.2	58 12.3	−60	1.007 5678	2497	4 38	19 18
2	325.5	14 37 36.585	484	− 9	41 5 23.5	58 10.4	−46	1.007 8175	2489	4 36	19 19
3	326.5	14 41 33.139	+483	−11	42 3 33.9		−33	1.008 0664		4 34	19 21

Sonne 1958

Tag		Wochentag	0h Weltzeit							
			Zeitgleichung Wahre Zeit *minus* Mittlere Zeit		Scheinbare Rektaszension		Scheinbare Deklination		Halbe Durch-gangs-Dauer St.-Zt.	Halb-messer
1958			m s	s	h m s	m s	° ′ ″	′ ″	s	′ ″
Mai	3	Sa	+3 4.46	6.52	2 38 28.68	3 50.03	+15 27 24.4	17 41.8	66.15	15 53.81
	4	So	3 10.98	5.97	2 42 18.71	3 50.59	15 45 6.2	17 26.1	66.23	15 53.58
	5	Mo	3 16.95	5.41	2 46 9.30	3 51.14	16 2 32.3	17 10.3	66.31	15 53.34
	6	Di	3 22.36	4.83	2 50 0.44	3 51.73	16 19 42.6	16 54.0	66.39	15 53.10
	7	Mi	3 27.19	4.25	2 53 52.17	3 52.30	16 36 36.6	16 37.5	66.47	15 52.87
	8	Do	3 31.44	3.67	2 57 44.47	3 52.89	16 53 14.1	16 20.7	66.55	15 52.64
	9	Fr	+3 35.11	3.07	3 1 37.36	3 53.48	+17 9 34.8	16 3.5	66.63	15 52.41
	10	Sa	3 38.18	2.49	3 5 30.84	3 54.07	17 25 38.3	15 46.1	66.71	15 52.19
	11	So	3 40.67	1.89	3 9 24.91	3 54.66	17 41 24.4	15 28.4	66.79	15 51.97
	12	Mo	3 42.56	1.30	3 13 19.57	3 55.25	17 56 52.8	15 10.4	66.87	15 51.75
	13	Di	3 43.86	0.72	3 17 14.82	3 55.85	18 12 3.2	14 52.0	66.96	15 51.54
	14	Mi	3 44.58	0.12	3 21 10.67	3 56.42	18 26 55.2	14 33.5	67.04	15 51.33
	15	Do	+3 44.70	0.45	3 25 7.09	3 57.01	+18 41 28.7	14 14.5	67.12	15 51.12
	16	Fr	3 44.25	1.03	3 29 4.10	3 57.59	18 55 43.2	13 55.4	67.20	15 50.92
	17	Sa	3 43.22	1.60	3 33 1.69	3 58.16	19 9 38.6	13 35.9	67.28	15 50.71
	18	So	3 41.62	2.17	3 36 59.85	3 58.71	19 23 14.5	13 16.3	67.36	15 50.51
	19	Mo	3 39.45	2.71	3 40 58.56	3 59.28	19 36 30.8	12 56.2	67.44	15 50.33
	20	Di	3 36.74	3.26	3 44 57.84	3 59.81	19 49 27.0	12 35.9	67.52	15 50.14
	21	Mi	+3 33.48	3.79	3 48 57.65	4 0.34	+20 2 2.9	12 15.4	67.59	15 49.95
	22	Do	3 29.69	4.31	3 52 57.99	4 0.87	20 14 18.3	11 54.7	67.67	15 49.77
	23	Fr	3 25.38	4.81	3 56 58.86	4 1.37	20 26 13.0	11 33.6	67.74	15 49.59
	24	Sa	3 20.57	5.32	4 1 0.23	4 1.87	20 37 46.6	11 12.3	67.82	15 49.42
	25	So	3 15.25	5.79	4 5 2.10	4 2.35	20 48 58.9	10 50.9	67.89	15 49.26
	26	Mo	3 9.46	6.27	4 9 4.45	4 2.82	20 59 49.8	10 29.1	67.96	15 49.10
	27	Di	+3 3.19	6.72	4 13 7.27	4 3.28	+21 10 18.9	10 7.1	68.03	15 48.94
	28	Mi	2 56.47	7.17	4 17 10.55	4 3.73	21 20 26.0	9 45.1	68.09	15 48.78
	29	Do	2 49.30	7.61	4 21 14.28	4 4.17	21 30 11.1	9 22.6	68.16	15 48.63
	30	Fr	2 41.69	8.04	4 25 18.45	4 4.59	21 39 33.7	9 0.1	68.23	15 48.48
	31	Sa	2 33.65	8.45	4 29 23.04	4 5.01	21 48 33.8	8 37.3	68.29	15 48.34
Juni	1	So	2 25.20	8.86	4 33 28.05	4 5.41	21 57 11.1	8 14.5	68.34	15 48.20
	2	Mo	+2 16.34	9.25	4 37 33.46	4 5.81	+22 5 25.6	7 51.3	68.40	15 48.05
	3	Di	2 7.09	9.64	4 41 39.27	4 6.20	22 13 16.9	7 28.1	68.45	15 47.91
	4	Mi	1 57.45	10.01	4 45 45.47	4 6.56	22 20 45.0	7 4.7	68.51	15 47.78
	5	Do	1 47.44	10.36	4 49 52.03	4 6.92	22 27 49.7	6 41.1	68.56	15 47.65
	6	Fr	1 37.08	10.70	4 53 58.95	4 7.26	22 34 30.8	6 17.4	68.61	15 47.52
	7	Sa	1 26.38	11.03	4 58 6.21	4 7.58	22 40 48.2	5 53.5	68.65	15 47.39
	8	So	+1 15.35	11.32	5 2 13.79	4 7.88	+22 46 41.7	5 29.6	68.69	15 47.27
	9	Mo	1 4.03	11.61	5 6 21.67	4 8.17	22 52 11.3	5 5.4	68.73	15 47.15
	10	Di	0 52.42	11.87	5 10 29.84	4 8.42	22 57 16.7	4 41.3	68.76	15 47.04
	11	Mi	0 40.55	12.11	5 14 38.26	4 8.67	23 1 58.0	4 16.9	68.79	15 46.93
	12	Do	0 28.44	12.33	5 18 46.93	4 8.88	23 6 14.9	3 52.6	68.82	15 46.82
	13	Fr	+0 16.11		5 22 55.81		+23 10 7.5		68.85	15 46.71

Tag		Julian. Zeit	Sternzeit	Nutation in AR. langp. Gl.	kurzp. Gl.	Mittleres Äquinoktium 1958.0 Länge	Diff.	Breite	R	Diff.	Aufgang in {+50° Breite, 0h Länge}	Untergang in {+50° Breite, 0h Länge}
1958		2436										
		d	h m s	s in 0.001		° ′ ″	′ ″	in 0.″01			h m	h m
Mai	3	326.5	14 41 33.139	+483	−11	42 3 33.9	58 8.7	−33	1.008 0664	2481	4 34	19 21
	4	327.5	14 45 29.693	482	− 9	43 1 42.6	58 7.0	−18	1.008 3145	2472	4 32	19 22
	5	328.5	14 49 26.248	481	− 6	43 59 49.6	58 5.4	− 5	1.008 5617	2462	4 31	19 24
	6	329.5	14 53 22.802	480	− 1	44 57 55.0	58 3.9	+ 6	1.008 8079	2447	4 29	19 25
	7	330.5	14 57 19.357	479	+ 6	45 55 58.9	58 2.5	+14	1.009 0526	2429	4 27	19 27
	8	331.5	15 1 15.911	478	+11	46 54 1.4	58 1.2	+20	1.009 2955	2410	4 25	19 28
	9	332.5	15 5 12.466	+478	+14	47 52 2.6	57 59.7	+24	1.009 5365	2385	4 24	19 30
	10	333.5	15 9 9.020	477	+15	48 50 2.3	57 58.5	+23	1.009 7750	2358	4 22	19 31
	11	334.5	15 13 5.575	476	+13	49 48 0.8	57 57.1	+20	1.010 0108	2328	4 21	19 33
	12	335.5	15 17 2.130	476	+10	50 45 57.9	57 55.9	+15	1.010 2436	2294	4 19	19 34
	13	336.5	15 20 58.685	476	+ 5	51 43 53.8	57 54.5	+ 7	1.010 4730	2257	4 18	19 36
	14	337.5	15 24 55.240	475	0	52 41 48.3	57 53.3	− 4	1.010 6987	2219	4 16	19 37
	15	338.5	15 28 51.795	+475	− 5	53 39 41.6	57 51.9	−16	1.010 9206	2178	4 15	19 39
	16	339.5	15 32 48.351	475	− 8	54 37 33.5	57 50.6	−28	1.011 1384	2134	4 14	19 40
	17	340.5	15 36 44.906	475	−11	55 35 24.1	57 49.3	−40	1.011 3518	2090	4 12	19 41
	18	341.5	15 40 41.461	475	−12	56 33 13.4	57 47.9	−53	1.011 5608	2044	4 11	19 43
	19	342.5	15 44 38.017	475	−11	57 31 1.3	57 46.6	−65	1.011 7652	1996	4 10	19 44
	20	343.5	15 48 34.572	475	− 8	58 28 47.9	57 45.0	−75	1.011 9648	1949	4 8	19 45
	21	344.5	15 52 31.128	+475	− 4	59 26 32.9	57 43.7	−84	1.012 1597	1901	4 7	19 47
	22	345.5	15 56 27.684	476	+ 1	60 24 16.6	57 42.1	−91	1.012 3498	1854	4 6	19 48
	23	346.5	16 0 24.239	476	+ 5	61 21 58.7	57 40.6	−94	1.012 5352	1808	4 5	19 49
	24	347.5	16 4 20.795	477	+ 7	62 19 39.3	57 39.1	−93	1.012 7160	1765	4 4	19 51
	25	348.5	16 8 17.351	477	+ 8	63 17 18.4	57 37.6	−90	1.012 8925	1723	4 3	19 52
	26	349.5	16 12 13.907	478	+ 6	64 14 56.0	57 36.1	−83	1.013 0648	1685	4 2	19 53
	27	350.5	16 16 10.463	+479	+ 2	65 12 32.1	57 34.5	−75	1.013 2333	1649	4 1	19 54
	28	351.5	16 20 7.019	479	− 3	66 10 6.6	57 33.1	−63	1.013 3982	1617	4 0	19 55
	29	352.5	16 24 3.576	480	− 8	67 7 39.7	57 31.8	−50	1.013 5599	1586	3 59	19 57
	30	353.5	16 28 0.132	481	−10	68 5 11.5	57 30.4	−36	1.013 7185	1559	3 58	19 58
	31	354.5	16 31 56.688	482	−11	69 2 41.9	57 29.2	−23	1.013 8744	1532	3 57	19 59
Juni	1	355.5	16 35 53.244	483	− 8	70 0 11.1	57 28.1	−10	1.014 0276	1507	3 56	20 0
	2	356.5	16 39 49.801	+484	− 4	70 57 39.2	57 27.1	+ 2	1.014 1783	1481	3 56	20 1
	3	357.5	16 43 46.357	485	+ 2	71 55 6.3	57 26.2	+12	1.014 3264	1454	3 55	20 2
	4	358.5	16 47 42.914	486	+ 8	72 52 32.5	57 25.4	+19	1.014 4718	1425	3 54	20 3
	5	359.5	16 51 39.470	487	+12	73 49 57.9	57 24.6	+22	1.014 6143	1394	3 54	20 4
	6	360.5	16 55 36.027	489	+14	74 47 22.5	57 24.0	+23	1.014 7537	1360	3 53	20 4
	7	361.5	16 59 32.583	490	+14	75 44 46.5	57 23.3	+22	1.014 8897	1321	3 53	20 5
	8	362.5	17 3 29.140	+491	+11	76 42 9.8	57 22.8	+18	1.015 0218	1282	3 52	20 6
	9	363.5	17 7 25.697	492	+ 7	77 39 32.6	57 22.2	+11	1.015 1500	1238	3 52	20 7
	10	364.5	17 11 22.253	494	+ 2	78 36 54.8	57 21.7	+ 1	1.015 2738	1192	3 51	20 7
	11	365.5	17 15 18.810	495	− 3	79 34 16.5	57 21.2	−10	1.015 3930	1144	3 51	20 8
	12	366.5	17 19 15.367	496	− 7	80 31 37.7	57 20.6	−21	1.015 5074	1094	3 51	20 9
	13	367.5	17 23 11.924	+498	−10	81 28 58.3		−33	1.015 6168		3 50	20 9

All values in the table are for 0h Weltzeit.

Tag	Wochentag	Zeitgleichung (Wahre Zeit *minus* Mittlere Zeit)	Diff.	Scheinbare Rektaszension	Diff.	Scheinbare Deklination	Diff.	Halbe Durchgangs-Dauer St.-Zt.	Halbmesser
		0h Weltzeit							
1958		m s	s	h m s	m s	° ′ ″	′ ″	s	′ ″
Juni 13	Fr	+0 16.11	12.51	5 22 55.81	4 9.07	+23 10 7.5	3 28.0	68.85	15 46.71
14	Sa	+0 3.60	12.69	5 27 4.88	4 9.25	23 13 35.5	3 3.4	68.87	15 46.62
15	So	−0 9.09	12.82	5 31 14.13	4 9.38	23 16 38.9	2 38.9	68.89	15 46.53
16	Mo	0 21.91	12.94	5 35 23.51	4 9.50	23 19 17.8	2 14.2	68.91	15 46.44
17	Di	0 34.85	13.03	5 39 33.01	4 9.58	23 21 32.0	1 49.4	68.92	15 46.36
18	Mi	0 47.88	13.09	5 43 42.59	4 9.65	23 23 21.4	1 24.7	68.93	15 46.29
19	Do	−1 0.97	13.12	5 47 52.24	4 9.67	+23 24 46.1	0 59.9	68.94	15 46.21
20	Fr	1 14.09	13.12	5 52 1.91	4 9.68	23 25 46.0	0 35.2	68.95	15 46.15
21	Sa	1 27.21	13.10	5 56 11.59	4 9.66	23 26 21.2	0 10.3	68.95	15 46.09
22	So	1 40.31	13.05	6 0 21.25	4 9.60	23 26 31.5	0 14.4	68.95	15 46.04
23	Mo	1 53.36	12.97	6 4 30.85	4 9.53	23 26 17.1	0 39.2	68.94	15 45.99
24	Di	2 6.33	12.87	6 8 40.38	4 9.43	23 25 37.9	1 3.9	68.93	15 45.94
25	Mi	−2 19.20	12.74	6 12 49.81	4 9.30	+23 24 34.0	1 28.7	68.92	15 45.90
26	Do	2 31.94	12.60	6 16 59.11	4 9.15	23 23 5.3	1 53.3	68.91	15 45.88
27	Fr	2 44.54	12.43	6 21 8.26	4 8.99	23 21 12.0	2 17.9	68.89	15 45.85
28	Sa	2 56.97	12.24	6 25 17.25	4 8.79	23 18 54.1	2 42.5	68.87	15 45.81
29	So	3 9.21	12.03	6 29 26.04	4 8.59	23 16 11.6	3 6.9	68.84	15 45.79
30	Mo	3 21.24	11.81	6 33 34.63	4 8.37	23 13 4.7	3 31.4	68.81	15 45.77
Juli 1	Di	−3 33.05	11.58	6 37 43.00	4 8.13	+23 9 33.3	3 55.7	68.78	15 45.75
2	Mi	3 44.63	11.31	6 41 51.13	4 7.87	23 5 37.6	4 20.0	68.74	15 45.74
3	Do	3 55.94	11.04	6 45 59.00	4 7.60	23 1 17.6	4 44.1	68.70	15 45.73
4	Fr	4 6.98	10.75	6 50 6.60	4 7.31	22 56 33.5	5 8.0	68.66	15 45.72
5	Sa	4 17.73	10.44	6 54 13.91	4 6.99	22 51 25.5	5 32.0	68.61	15 45.71
6	So	4 28.17	10.11	6 58 20.90	4 6.67	22 45 53.5	5 55.7	68.56	15 45.71
7	Mo	−4 38.28	9.77	7 2 27.57	4 6.33	+22 39 57.8	6 19.4	68.51	15 45.71
8	Di	4 48.05	9.41	7 6 33.90	4 5.96	22 33 38.4	6 42.8	68.46	15 45.72
9	Mi	4 57.46	9.03	7 10 39.86	4 5.58	22 26 55.6	7 6.1	68.41	15 45.73
10	Do	5 6.49	8.62	7 14 45.44	4 5.19	22 19 49.5	7 29.3	68.35	15 45.75
11	Fr	5 15.11	8.22	7 18 50.63	4 4.77	22 12 20.2	7 52.2	68.29	15 45.76
12	Sa	5 23.33	7.78	7 22 55.40	4 4.34	22 4 28.0	8 15.0	68.23	15 45.79
13	So	−5 31.11	7.33	7 26 59.74	4 3.89	+21 56 13.0	8 37.5	68.17	15 45.82
14	Mo	5 38.44	6.87	7 31 3.63	4 3.42	21 47 35.5	9 0.0	68.10	15 45.86
15	Di	5 45.31	6.38	7 35 7.05	4 2.94	21 38 35.5	9 22.1	68.03	15 45.89
16	Mi	5 51.69	5.88	7 39 9.99	4 2.43	21 29 13.4	9 44.0	67.96	15 45.94
17	Do	5 57.57	5.36	7 43 12.42	4 1.92	21 19 29.4	10 5.8	67.88	15 46.00
18	Fr	6 2.93	4.83	7 47 14.34	4 1.38	21 9 23.6	10 27.2	67.81	15 46.05
19	Sa	−6 7.76	4.28	7 51 15.72	4 0.84	+20 58 56.4	10 48.5	67.74	15 46.12
20	So	6 12.04	3.71	7 55 16.56	4 0.27	20 48 7.9	11 9.4	67.66	15 46.18
21	Mo	6 15.75	3.14	7 59 16.83	3 59.69	20 36 58.5	11 30.2	67.58	15 46.26
22	Di	6 18.89	2.55	8 3 16.52	3 59.10	20 25 28.3	11 50.6	67.51	15 46.34
23	Mi	6 21.44	1.95	8 7 15.62	3 58.52	20 13 37.7	12 10.9	67.43	15 46.42
24	Do	−6 23.39		8 11 14.14		+20 1 26.8		67.35	15 46.51

Tag	0h Weltzeit: Julian. Zeit	Sternzeit	Nutation in AR. langp. Gl.	kurzp. Gl.	Mittleres Äquinoktium 1958.0: Länge		Breite	R		Auf-gang in {+50° Breite, 0h Länge}	Unter-gang
1958	2436 d	h m s	s in 0.001		° ′ ″	′ ″	in 0.″01			h m	h m
Juni 13	367.5	17 23 11.924	+498	−10	81 28 58.3	57 20.2	−33	1.015 6168	1041	3 50	20 9
14	368.5	17 27 8.481	499	−12	82 26 18.5	57 19.7	−45	1.015 7209	986	3 50	20 10
15	369.5	17 31 5.037	501	−11	83 23 38.2	57 19.1	−56	1.015 8195	929	3 50	20 11
16	370.5	17 35 1.594	502	− 9	84 20 57.3	57 18.7	−67	1.015 9124	871	3 50	20 11
17	371.5	17 38 58.151	504	− 4	85 18 16.0	57 18.1	−75	1.015 9995	811	3 50	20 11
18	372.5	17 42 54.708	505	0	86 15 34.1	57 17.6	−82	1.016 0806	752	3 50	20 12
19	373.5	17 46 51.265	+507	+ 5	87 12 51.7	57 16.9	−85	1.016 1558	691	3 50	20 12
20	374.5	17 50 47.822	509	+ 8	88 10 8.6	57 16.3	−86	1.016 2249	633	3 50	20 13
21	375.5	17 54 44.379	510	+ 9	89 7 24.9	57 15.6	−83	1.016 2882	577	3 50	20 13
22	376.5	17 58 40.936	512	+ 7	90 4 40.5	57 14.9	−77	1.016 3459	522	3 51	20 13
23	377.5	18 2 37.493	513	+ 4	91 1 55.4	57 14.3	−69	1.016 3981	470	3 51	20 13
24	378.5	18 6 34.050	515	− 1	91 59 9.7	57 13.6	−58	1.016 4451	421	3 51	20 13
25	379.5	18 10 30.607	+516	− 6	92 56 23.3	57 13.0	−45	1.016 4872	376	3 52	20 13
26	380.5	18 14 27.164	518	− 9	93 53 36.3	57 12.5	−31	1.016 5248	335	3 52	20 13
27	381.5	18 18 23.720	519	−11	94 50 48.8	57 11.9	−18	1.016 5583	295	3 52	20 13
28	382.5	18 22 20.277	521	− 9	95 48 0.7	57 11.5	− 5	1.016 5878	259	3 53	20 13
29	383.5	18 26 16.834	522	− 6	96 45 12.2	57 11.1	+ 7	1.016 6137	224	3 53	20 13
30	384.5	18 30 13.391	524	0	97 42 23.3	57 10.9	+17	1.016 6361	190	3 54	20 13
Juli 1	385.5	18 34 9.948	+525	+ 5	98 39 34.2	57 10.8	+24	1.016 6551	158	3 55	20 13
2	386.5	18 38 6.505	527	+10	99 36 45.0	57 10.7	+29	1.016 6709	124	3 55	20 12
3	387.5	18 42 3.061	528	+13	100 33 55.7	57 10.8	+30	1.016 6833	89	3 56	20 12
4	388.5	18 45 59.618	530	+13	101 31 6.5	57 10.9	+28	1.016 6922	52	3 57	20 12
5	389.5	18 49 56.175	531	+12	102 28 17.4	57 11.1	+24	1.016 6974	13	3 57	20 11
6	390.5	18 53 52.731	532	+ 8	103 25 28.5	57 11.4	+17	1.016 6987	27	3 58	20 11
7	391.5	18 57 49.288	+534	+ 3	104 22 39.9	57 11.7	+ 8	1.016 6960	71	3 59	20 10
8	392.5	19 1 45.845	535	− 2	105 19 51.6	57 12.0	− 2	1.016 6889	117	4 0	20 10
9	393.5	19 5 42.401	536	− 6	106 17 3.6	57 12.5	−13	1.016 6772	164	4 1	20 9
10	394.5	19 9 38.958	537	−10	107 14 16.1	57 12.8	−24	1.016 6608	215	4 2	20 8
11	395.5	19 13 35.514	538	−12	108 11 28.9	57 13.3	−36	1.016 6393	266	4 3	20 8
12	396.5	19 17 32.070	539	−12	109 8 42.2	57 13.8	−47	1.016 6127	321	4 4	20 7
13	397.5	19 21 28.627	+540	−10	110 5 56.0	57 14.2	−57	1.016 5806	378	4 5	20 6
14	398.5	19 25 25.183	541	− 6	111 3 10.2	57 14.7	−65	1.016 5428	435	4 6	20 5
15	399.5	19 29 21.739	542	− 2	112 0 24.9	57 15.1	−71	1.016 4993	496	4 7	20 4
16	400.5	19 33 18.296	543	+ 3	112 57 40.0	57 15.6	−75	1.016 4497	557	4 8	20 3
17	401.5	19 37 14.852	543	+ 7	113 54 55.6	57 15.9	−76	1.016 3940	619	4 9	20 3
18	402.5	19 41 11.408	544	+ 9	114 52 11.5	57 16.3	−73	1.016 3321	680	4 10	20 2
19	403.5	19 45 7.964	+545	+ 9	115 49 27.8	57 16.5	−68	1.016 2641	740	4 11	20 1
20	404.5	19 49 4.520	545	+ 6	116 46 44.3	57 16.9	−60	1.016 1901	798	4 12	19 59
21	405.5	19 53 1.075	546	+ 2	117 44 1.2	57 17.1	−50	1.016 1103	852	4 14	19 58
22	406.5	19 56 57.631	546	− 3	118 41 18.3	57 17.3	−37	1.016 0251	903	4 15	19 57
23	407.5	20 0 54.187	546	− 7	119 38 35.6	57 17.7	−23	1.015 9348	951	4 16	19 56
24	408.5	20 4 50.742	+547	−10	120 35 53.3		− 9	1.015 8397		4 18	19 55

Tag	Wochentag	0h Weltzeit: Zeitgleichung (Wahre Zeit *minus* Mittlere Zeit)		Scheinbare Rektaszension		Scheinbare Deklination		Halbe Durchgangs-Dauer St.-Zt.	Halbmesser
1958		m s	s	h m s	m s	° ′ ″	′ ″	s	′ ″
Juli 24	Do	−6 23.39	1.35	8 11 14.14	3 57.90	+20 1 26.8	12 30.9	67.35	15 46.51
25	Fr	6 24.74	0.75	8 15 12.04	3 57.30	19 48 55.9	12 50.6	67.27	15 46.60
26	Sa	6 25.49	0.13	8 19 9.34	3 56.69	19 36 5.3	13 10.1	67.18	15 46.69
27	So	6 25.62	0.48	8 23 6.03	3 56.08	19 22 55.2	13 29.3	67.10	15 46.80
28	Mo	6 25.14	1.09	8 27 2.11	3 55.46	19 9 25.9	13 48.2	67.01	15 46.91
29	Di	6 24.05	1.70	8 30 57.57	3 54.86	18 55 37.7	14 7.0	66.93	15 47.01
30	Mi	−6 22.35	2.31	8 34 52.43	3 54.24	+18 41 30.7	14 25.4	66.84	15 47.11
31	Do	6 20.04	2.91	8 38 46.67	3 53.65	18 27 5.3	14 43.5	66.75	15 47.23
Aug. 1	Fr	6 17.13	3.52	8 42 40.32	3 53.03	18 12 21.8	15 1.5	66.67	15 47.35
2	Sa	6 13.61	4.11	8 46 33.35	3 52.45	17 57 20.3	15 19.0	66.58	15 47.46
3	So	6 9.50	4.70	8 50 25.80	3 51.85	17 42 1.3	15 36.4	66.49	15 47.58
4	Mo	6 4.80	5.30	8 54 17.65	3 51.26	17 26 24.9	15 53.5	66.40	15 47.70
5	Di	−5 59.50	5.88	8 58 8.91	3 50.67	+17 10 31.4	16 10.2	66.32	15 47.83
6	Mi	5 53.62	6.46	9 1 59.58	3 50.09	16 54 21.2	16 26.7	66.23	15 47.96
7	Do	5 47.16	7.04	9 5 49.67	3 49.52	16 37 54.5	16 42.8	66.15	15 48.09
8	Fr	5 40.12	7.61	9 9 39.19	3 48.94	16 21 11.7	16 58.7	66.06	15 48.23
9	Sa	5 32.51	8.18	9 13 28.13	3 48.38	16 4 13.0	17 14.2	65.98	15 48.38
10	So	5 24.33	8.74	9 17 16.51	3 47.82	15 46 58.8	17 29.5	65.89	15 48.52
11	Mo	−5 15.59	9.29	9 21 4.33	3 47.26	+15 29 29.3	17 44.5	65.81	15 48.67
12	Di	5 6.30	9.84	9 24 51.59	3 46.71	15 11 44.8	17 59.0	65.72	15 48.82
13	Mi	4 56.46	10.39	9 28 38.30	3 46.16	14 53 45.8	18 13.3	65.64	15 48.98
14	Do	4 46.07	10.93	9 32 24.46	3 45.63	14 35 32.5	18 27.3	65.56	15 49.15
15	Fr	4 35.14	11.47	9 36 10.09	3 45.08	14 17 5.2	18 40.9	65.48	15 49.32
16	Sa	4 23.67	12.00	9 39 55.17	3 44.55	13 58 24.3	18 54.2	65.41	15 49.49
17	So	−4 11.67	12.53	9 43 39.72	3 44.03	+13 39 30.1	19 7.1	65.33	15 49.67
18	Mo	3 59.14	13.04	9 47 23.75	3 43.51	13 20 23.0	19 19.8	65.25	15 49.86
19	Di	3 46.10	13.56	9 51 7.26	3 42.99	13 1 3.2	19 32.1	65.18	15 50.04
20	Mi	3 32.54	14.07	9 54 50.25	3 42.49	12 41 31.1	19 44.0	65.11	15 50.23
21	Do	3 18.47	14.55	9 58 32.74	3 42.00	12 21 47.1	19 55.7	65.04	15 50.43
22	Fr	3 3.92	15.04	10 2 14.74	3 41.52	12 1 51.4	20 7.0	64.97	15 50.64
23	Sa	−2 48.88	15.50	10 5 56.26	3 41.05	+11 41 44.4	20 18.1	64.90	15 50.83
24	So	2 33.38	15.95	10 9 37.31	3 40.60	11 21 26.3	20 28.8	64.84	15 51.04
25	Mo	2 17.43	16.38	10 13 17.91	3 40.17	11 0 57.5	20 39.2	64.78	15 51.25
26	Di	2 1.05	16.81	10 16 58.08	3 39.75	10 40 18.3	20 49.3	64.72	15 51.46
27	Mi	1 44.24	17.19	10 20 37.83	3 39.36	10 19 29.0	20 59.1	64.66	15 51.67
28	Do	1 27.05	17.58	10 24 17.19	3 38.97	9 58 29.9	21 8.7	64.60	15 51.89
29	Fr	−1 9.47	17.94	10 27 56.16	3 38.62	+ 9 37 21.2	21 17.8	64.55	15 52.10
30	Sa	0 51.53	18.27	10 31 34.78	3 38.27	9 16 3.4	21 26.7	64.50	15 52.32
31	So	0 33.26	18.60	10 35 13.05	3 37.96	8 54 36.7	21 35.4	64.45	15 52.53
Sept. 1	Mo	−0 14.66	18.90	10 38 51.01	3 37.65	8 33 1.3	21 43.5	64.40	15 52.76
2	Di	+0 4.24	19.18	10 42 28.66	3 37.37	8 11 17.8	21 51.6	64.35	15 52.98
3	Mi	+0 23.42		10 46 6.03		+ 7 49 26.2		64.31	15 53.20

Sonne 1958

Tag	Julian. Zeit	Sternzeit	Nutation in AR. langp. Gl.	Nutation in AR. kurzp. Gl.	Mittleres Äquinoktium 1958.0 Länge	Diff.	Breite	R	Diff.	Aufgang in +50° Breite, 0h Länge	Untergang in +50° Breite, 0h Länge
1958	2436 d	h m s	s in 0.001		° ′ ″	′ ″	″ in 0.01			h m	h m
Juli 24	408.5	20 4 50.742	+547	−10	120 35 53.3	57 17.9	− 9	1.015 8397	995	4 18	19 55
25	409.5	20 8 47.298	547	− 9	121 33 11.2	57 18.3	+ 4	1.015 7402	1037	4 19	19 53
26	410.5	20 12 43.854	547	− 6	122 30 29.5	57 18.7	+16	1.015 6365	1073	4 20	19 52
27	411.5	20 16 40.409	547	− 2	123 27 48.2	57 19.2	+26	1.015 5292	1109	4 22	19 51
28	412.5	20 20 36.964	547	+ 4	124 25 7.4	57 19.8	+33	1.015 4183	1141	4 23	19 49
29	413.5	20 24 33.519	547	+ 8	125 22 27.2	57 20.4	+39	1.015 3042	1171	4 24	19 48
30	414.5	20 28 30.075	+547	+12	126 19 47.6	57 21.2	+40	1.015 1871	1202	4 26	19 46
31	415.5	20 32 26.630	546	+13	127 17 8.8	57 22.0	+39	1.015 0669	1232	4 27	19 45
Aug. 1	416.5	20 36 23.185	546	+12	128 14 30.8	57 23.0	+35	1.014 9437	1262	4 28	19 43
2	417.5	20 40 19.740	546	+ 9	129 11 53.8	57 23.9	+28	1.014 8175	1294	4 30	19 42
3	418.5	20 44 16.295	545	+ 5	130 9 17.7	57 25.1	+20	1.014 6881	1326	4 31	19 40
4	419.5	20 48 12.849	545	0	131 6 42.8	57 26.2	+10	1.014 5555	1360	4 33	19 39
5	420.5	20 52 9.404	+544	− 5	132 4 9.0	57 27.4	− 1	1.014 4195	1396	4 34	19 37
6	421.5	20 56 5.959	543	− 9	133 1 36.4	57 28.6	−13	1.014 2799	1433	4 35	19 35
7	422.5	21 0 2.513	542	−12	133 59 5.0	57 29.9	−24	1.014 1366	1473	4 37	19 34
8	423.5	21 3 59.067	541	−13	134 56 34.9	57 31.3	−35	1.013 9893	1513	4 38	19 32
9	424.5	21 7 55.622	540	−11	135 54 6.2	57 32.6	−46	1.013 8380	1557	4 40	19 30
10	425.5	21 11 52.176	539	− 8	136 51 38.8	57 33.9	−54	1.013 6823	1601	4 41	19 29
11	426.5	21 15 48.730	+538	− 4	137 49 12.7	57 35.3	−61	1.013 5222	1649	4 43	19 27
12	427.5	21 19 45.284	537	+ 1	138 46 48.0	57 36.7	−65	1.013 3573	1698	4 44	19 25
13	428.5	21 23 41.838	535	+ 5	139 44 24.7	57 38.1	−65	1.013 1875	1750	4 46	19 23
14	429.5	21 27 38.392	534	+ 8	140 42 2.8	57 39.3	−63	1.013 0125	1802	4 47	19 21
15	430.5	21 31 34.946	532	+ 9	141 39 42.1	57 40.6	−59	1.012 8323	1854	4 49	19 19
16	431.5	21 35 31.500	531	+ 7	142 37 22.7	57 41.8	−50	1.012 6469	1906	4 50	19 18
17	432.5	21 39 28.053	+529	+ 3	143 35 4.5	57 43.0	−39	1.012 4563	1957	4 52	19 16
18	433.5	21 43 24.607	527	− 2	144 32 47.5	57 44.1	−27	1.012 2606	2005	4 53	19 14
19	434.5	21 47 21.161	525	− 6	145 30 31.6	57 45.1	−13	1.012 0601	2049	4 55	19 12
20	435.5	21 51 17.714	523	− 9	146 28 16.7	57 46.3	+ 1	1.011 8552	2090	4 56	19 10
21	436.5	21 55 14.267	521	− 9	147 26 3.0	57 47.4	+15	1.011 6462	2127	4 58	19 8
22	437.5	21 59 10.820	519	− 6	148 23 50.4	57 48.4	+29	1.011 4335	2159	4 59	19 6
23	438.5	22 3 7.374	+517	− 2	149 21 38.8	57 49.7	+39	1.011 2176	2189	5 1	19 4
24	439.5	22 7 3.927	515	+ 3	150 19 28.5	57 50.8	+47	1.010 9987	2215	5 2	19 2
25	440.5	22 11 0.480	512	+ 8	151 17 19.3	57 52.2	+54	1.010 7772	2237	5 4	19 0
26	441.5	22 14 57.033	510	+12	152 15 11.5	57 53.4	+56	1.010 5535	2258	5 5	18 58
27	442.5	22 18 53.586	508	+13	153 13 4.9	57 54.9	+55	1.010 3277	2276	5 7	18 56
28	443.5	22 22 50.138	505	+12	154 10 59.8	57 56.3	+51	1.010 1001	2294	5 8	18 54
29	444.5	22 26 46.691	+502	+10	155 8 56.1	57 58.0	+46	1.009 8707	2309	5 10	18 52
30	445.5	22 30 43.244	500	+ 6	156 6 54.1	57 59.6	+38	1.009 6398	2326	5 11	18 49
31	446.5	22 34 39.796	497	+ 2	157 4 53.7	58 1.3	+28	1.009 4072	2341	5 13	18 47
Sept. 1	447.5	22 38 36.349	494	− 3	158 2 55.0	58 3.0	+16	1.009 1731	2358	5 14	18 45
2	448.5	22 42 32.901	491	− 8	159 0 58.0	58 4.9	+ 5	1.008 9373	2376	5 16	18 43
3	449.5	22 46 29.454	+488	−10	159 59 2.9		− 8	1.008 6997		5 17	18 41

Sonne 1958

Tag	Wochentag	0h Weltzeit: Zeitgleichung (Wahre Zeit *minus* Mittlere Zeit)		Scheinbare Rektaszension		Scheinbare Deklination		Halbe Durchgangs-Dauer St.-Zt.	Halbmesser
1958		m s	s	h m s	m s	° ′ ″	′ ″	s	′ ″
Sept. 3	Mi	+ 0 23.42	19.45	10 46 6.03	3 37.11	+7 49 26.2	21 59.2	64.31	15 53.20
4	Do	0 42.87	19.69	10 49 43.14	3 36.86	7 27 27.0	22 6.5	64.27	15 53.43
5	Fr	1 2.56	19.91	10 53 20.00	3 36.64	7 5 20.5	22 13.6	64.24	15 53.66
6	Sa	1 22.47	20.12	10 56 56.64	3 36.43	6 43 6.9	22 20.2	64.20	15 53.89
7	So	1 42.59	20.31	11 0 33.07	3 36.25	6 20 46.7	22 26.7	64.16	15 54.13
8	Mo	2 2.90	20.47	11 4 9.32	3 36.08	5 58 20.0	22 32.6	64.13	15 54.36
9	Di	+ 2 23.37	20.63	11 7 45.40	3 35.92	+5 35 47.4	22 38.4	64.11	15 54.60
10	Mi	2 44.00	20.76	11 11 21.32	3 35.79	5 13 9.0	22 43.7	64.09	15 54.84
11	Do	3 4.76	20.87	11 14 57.11	3 35.68	4 50 25.3	22 48.7	64.06	15 55.09
12	Fr	3 25.63	20.99	11 18 32.79	3 35.57	4 27 36.6	22 53.4	64.04	15 55.33
13	Sa	3 46.62	21.07	11 22 8.36	3 35.48	4 4 43.2	22 57.8	64.03	15 55.58
14	So	4 7.69	21.14	11 25 43.84	3 35.41	3 41 45.4	23 1.7	64.02	15 55.84
15	Mo	+ 4 28.83	21.20	11 29 19.25	3 35.35	+3 18 43.7	23 5.2	64.02	15 56.09
16	Di	4 50.03	21.24	11 32 54.60	3 35.31	2 55 38.5	23 8.6	64.01	15 56.35
17	Mi	5 11.27	21.27	11 36 29.91	3 35.28	2 32 29.9	23 11.5	64.00	15 56.62
18	Do	5 32.54	21.29	11 40 5.19	3 35.27	2 9 18.4	23 14.0	64.00	15 56.88
19	Fr	5 53.83	21.27	11 43 40.46	3 35.28	1 46 4.4	23 16.3	64.00	15 57.15
20	Sa	6 15.10	21.24	11 47 15.74	3 35.31	1 22 48.1	23 18.1	64.01	15 57.41
21	So	+ 6 36.34	21.19	11 50 51.05	3 35.36	+0 59 30.0	23 19.7	64.02	15 57.69
22	Mo	6 57.53	21.12	11 54 26.41	3 35.43	0 36 10.3	23 21.0	64.03	15 57.95
23	Di	7 18.65	21.03	11 58 1.84	3 35.53	+0 12 49.3	23 21.8	64.04	15 58.23
24	Mi	7 39.68	20.91	12 1 37.37	3 35.64	−0 10 32.5	23 22.5	64.06	15 58.51
25	Do	8 0.59	20.77	12 5 13.01	3 35.78	0 33 55.0	23 22.7	64.08	15 58.77
26	Fr	8 21.36	20.60	12 8 48.79	3 35.95	0 57 17.7	23 22.6	64.10	15 59.05
27	Sa	+ 8 41.96	20.41	12 12 24.74	3 36.14	−1 20 40.3	23 22.2	64.13	15 59.32
28	So	9 2.37	20.20	12 16 0.88	3 36.35	1 44 2.5	23 21.5	64.16	15 59.60
29	Mo	9 22.57	19.97	12 19 37.23	3 36.59	2 7 24.0	23 20.4	64.19	15 59.87
30	Di	9 42.54	19.71	12 23 13.82	3 36.84	2 30 44.4	23 19.0	64.23	16 0.15
Okt. 1	Mi	10 2.25	19.42	12 26 50.66	3 37.13	2 54 3.4	23 17.2	64.27	16 0.42
2	Do	10 21.67	19.12	12 30 27.79	3 37.43	3 17 20.6	23 15.2	64.31	16 0.69
3	Fr	+10 40.79	18.79	12 34 5.22	3 37.76	−3 40 35.8	23 12.7	64.36	16 0.96
4	Sa	10 59.58	18.44	12 37 42.98	3 38.11	4 3 48.5	23 10.0	64.41	16 1.23
5	So	11 18.02	18.07	12 41 21.09	3 38.49	4 26 58.5	23 6.8	64.46	16 1.50
6	Mo	11 36.09	17.68	12 44 59.58	3 38.87	4 50 5.3	23 3.3	64.51	16 1.77
7	Di	11 53.77	17.26	12 48 38.45	3 39.29	5 13 8.6	22 59.4	64.57	16 2.04
8	Mi	12 11.03	16.83	12 52 17.74	3 39.72	5 36 8.0	22 55.2	64.63	16 2.32
9	Do	+12 27.86	16.39	12 55 57.46	3 40.17	−5 59 3.2	22 50.6	64.69	16 2.58
10	Fr	12 44.25	15.91	12 59 37.63	3 40.64	6 21 53.8	22 45.6	64.75	16 2.85
11	Sa	13 0.16	15.43	13 3 18.27	3 41.12	6 44 39.4	22 40.2	64.82	16 3.12
12	So	13 15.59	14.94	13 6 59.39	3 41.61	7 7 19.6	22 34.4	64.89	16 3.40
13	Mo	13 30.53	14.43	13 10 41.00	3 42.12	7 29 54.0	22 28.3	64.96	16 3.67
14	Di	+13 44.96		13 14 23.12		−7 52 22.3		65.03	16 3.95

Tag	Julian. Zeit	Sternzeit	Nutation in AR. langp. Gl.	Nutation in AR. kurzp. Gl.	0h Weltzeit – Mittleres Äquinoktium 1958.0 – Länge	Diff.	Breite	R	Diff.	Aufgang in {+50° Breite, 0h Länge}	Untergang in {+50° Breite, 0h Länge}
1958	2436 d	h m s	s in 0.001		° ′ ″	′ ″	in 0.″01			h m	h m
Sept. 3	449.5	22 46 29.454	+488	−10	159 59 2.9	58 6.8	− 8	1.008 6997	2395	5 17	18 41
4	450.5	22 50 26.006	485	−12	160 57 9.7	58 8.7	−19	1.008 4602	2415	5 19	18 39
5	451.5	22 54 22.558	482	−12	161 55 18.4	58 10.7	−29	1.008 2187	2435	5 20	18 37
6	452.5	22 58 19.111	479	−10	162 53 29.1	58 12.7	−37	1.007 9752	2457	5 21	18 35
7	453.5	23 2 15.663	476	− 6	163 51 41.8	58 14.8	−45	1.007 7295	2482	5 23	18 32
8	454.5	23 6 12.215	473	− 2	164 49 56.6	58 16.7	−50	1.007 4813	2509	5 24	18 30
9	455.5	23 10 8.767	+469	+ 3	165 48 13.3	58 18.9	−51	1.007 2304	2537	5 26	18 28
10	456.5	23 14 5.319	466	+ 6	166 46 32.2	58 20.8	−48	1.006 9767	2568	5 27	18 26
11	457.5	23 18 1.871	463	+ 8	167 44 53.0	58 22.9	−44	1.006 7199	2601	5 29	18 24
12	458.5	23 21 58.423	459	+ 7	168 43 15.9	58 24.8	−36	1.006 4598	2635	5 30	18 21
13	459.5	23 25 54.975	456	+ 4	169 41 40.7	58 26.7	−26	1.006 1963	2669	5 32	18 19
14	460.5	23 29 51.527	452	− 1	170 40 7.4	58 28.6	−13	1.005 9294	2703	5 33	18 17
15	461.5	23 33 48.079	+449	− 5	171 38 36.0	58 30.2	+ 1	1.005 6591	2735	5 35	18 15
16	462.5	23 37 44.631	445	− 8	172 37 6.2	58 32.0	+16	1.005 3856	2765	5 36	18 13
17	463.5	23 41 41.183	442	− 9	173 35 38.2	58 33.7	+30	1.005 1091	2790	5 38	18 10
18	464.5	23 45 37.734	438	− 7	174 34 11.9	58 35.3	+44	1.004 8301	2813	5 39	18 8
19	465.5	23 49 34.286	435	− 3	175 32 47.2	58 37.0	+56	1.004 5488	2831	5 41	18 6
20	466.5	23 53 30.838	431	+ 2	176 31 24.2	58 38.5	+65	1.004 2657	2844	5 42	18 4
21	467.5	23 57 27.390	+428	+ 8	177 30 2.7	58 40.3	+72	1.003 9813	2854	5 44	18 2
22	468.5	0 1 23.942	424	+12	178 28 43.0	58 41.9	+75	1.003 6959	2860	5 45	18 0
23	469.5	0 5 20.493	420	+14	179 27 24.9	58 43.6	+75	1.003 4099	2863	5 47	17 57
24	470.5	0 9 17.045	417	+14	180 26 8.5	58 45.5	+72	1.003 1236	2863	5 48	17 55
25	471.5	0 13 13.597	413	+12	181 24 54.0	58 47.3	+66	1.002 8373	2862	5 50	17 53
26	472.5	0 17 10.148	409	+ 8	182 23 41.3	58 49.2	+59	1.002 5511	2858	5 51	17 51
27	473.5	0 21 6.700	+406	+ 3	183 22 30.5	58 51.1	+49	1.002 2653	2853	5 53	17 48
28	474.5	0 25 3.252	402	− 2	184 21 21.6	58 53.2	+38	1.001 9800	2849	5 54	17 46
29	475.5	0 28 59.804	399	− 6	185 20 14.8	58 55.3	+26	1.001 6951	2841	5 56	17 44
30	476.5	0 32 56.356	395	− 9	186 19 10.1	58 57.3	+13	1.001 4110	2835	5 57	17 42
Okt. 1	477.5	0 36 52.907	392	−11	187 18 7.4	58 59.6	+ 2	1.001 1275	2830	5 59	17 40
2	478.5	0 40 49.459	388	−12	188 17 7.0	59 1.7	−10	1.000 8445	2824	6 1	17 38
3	479.5	0 44 46.011	+385	−10	189 16 8.7	59 4.0	−21	1.000 5621	2819	6 2	17 35
4	480.5	0 48 42.563	381	− 8	190 15 12.7	59 6.3	−27	1.000 2802	2816	6 4	17 33
5	481.5	0 52 39.115	378	− 4	191 14 19.0	59 8.6	−33	0.999 9986	2814	6 5	17 31
6	482.5	0 56 35.667	374	+ 1	192 13 27.6	59 10.9	−35	0.999 7172	2814	6 7	17 29
7	483.5	1 0 32.219	371	+ 5	193 12 38.5	59 13.3	−34	0.999 4358	2814	6 8	17 27
8	484.5	1 4 28.771	368	+ 7	194 11 51.8	59 15.6	−31	0.999 1544	2819	6 10	17 25
9	485.5	1 8 25.323	+364	+ 7	195 11 7.4	59 17.9	−25	0.998 8725	2825	6 11	17 23
10	486.5	1 12 21.875	361	+ 4	196 10 25.3	59 20.1	−16	0.998 5900	2833	6 13	17 20
11	487.5	1 16 18.427	358	0	197 9 45.4	59 22.4	− 3	0.998 3067	2844	6 15	17 18
12	488.5	1 20 14.980	355	− 5	198 9 7.8	59 24.4	+11	0.998 0223	2853	6 16	17 16
13	489.5	1 24 11.532	352	− 8	199 8 32.2	59 26.5	+25	0.997 7370	2864	6 18	17 14
14	490.5	1 28 8.084	+349	−10	200 7 58.7		+40	0.997 4506		6 19	17 12

Tag	Wochentag	0ʰ Weltzeit Zeitgleichung Wahre Zeit *minus* Mittlere Zeit		Scheinbare Rektaszension		Scheinbare Deklination		Halbe Durchgangs-Dauer St.-Zt.	Halbmesser
1958		m s	s	h m s	m s	° ′ ″	′ ″	s	′ ″
Okt. 14	Di	+13 44.96	13.91	13 14 23.12	3 42.65	− 7 52 22.3	22 21.7	65.03	16 3.95
15	Mi	13 58.87	13.37	13 18 5.77	3 43.18	8 14 44.0	22 14.7	65.11	16 4.23
16	Do	14 12.24	12.82	13 21 48.95	3 43.73	8 36 58.7	22 7.3	65.19	16 4.51
17	Fr	14 25.06	12.26	13 25 32.68	3 44 30	8 59 6.0	21 59.6	65.28	16 4.79
18	Sa	14 37.32	11.68	13 29 16.98	3 44.87	9 21 5.6	21 51.4	65.37	16 5.07
19	So	14 49.00	11.08	13 33 1.85	3 45.47	9 42 57.0	21 42.8	65.46	16 5.35
20	Mo	+15 0.08	10.46	13 36 47.32	3 46.09	−10 4 39.8	21 34.0	65.56	16 5.62
21	Di	15 10.54	9.84	13 40 33.41	3 46.71	10 26 13.8	21 24.6	65.65	16 5.90
22	Mi	15 20.38	9.20	13 44 20.12	3 47.36	10 47 38.4	21 14.9	65.74	16 6.17
23	Do	15 29.58	8.52	13 48 7.48	3 48.03	11 8 53.3	21 4.9	65.84	16 6.45
24	Fr	15 38.10	7.85	13 51 55.51	3 48.71	11 29 58.2	20 54.3	65.94	16 6.72
25	Sa	15 45.95	7.14	13 55 44.22	3 49.41	11 50 52.5	20 43.6	66.05	16 6.99
26	So	+15 53.09	6.43	13 59 33.63	3 50.12	−12 11 36.1	20 32.3	66.15	16 7.26
27	Mo	15 59.52	5.70	14 3 23.75	3 50.86	12 32 8.4	20 20.6	66.25	16 7.52
28	Di	16 5.22	4.95	14 7 14.61	3 51.60	12 52 29.0	20 8.7	66.36	16 7.78
29	Mi	16 10.17	4.18	14 11 6.21	3 52.37	13 12 37.7	19 56.2	66.47	16 8.04
30	Do	16 14.35	3.41	14 14 58.58	3 53.15	13 32 33.9	19 43.5	66.58	16 8.30
31	Fr	16 17.76	2.62	14 18 51.73	3 53.93	13 52 17.4	19 30.2	66.69	16 8.55
Nov. 1	Sa	+16 20.38	1.81	14 22 45.66	3 54.75	−14 11 47.6	19 16.6	66.80	16 8.80
2	So	16 22.19	0.99	14 26 40.41	3 55.56	14 31 4.2	19 2.7	66.92	16 9.05
3	Mo	16 23.18	0.17	14 30 35.97	3 56.38	14 50 6.9	18 48.2	67.03	16 9.29
4	Di	16 23.35	$\overline{0.67}$	14 34 32.35	3 57.22	15 8 55.1	18 33.5	67.15	16 9.52
5	Mi	16 22.68	1.52	14 38 29.57	3 58.08	15 27 28.6	18 18.2	67.26	16 9.77
6	Do	16 21.16	2.36	14 42 27.65	3 58.91	15 45 46.8	18 2.6	67.38	16 10.00
7	Fr	+16 18.80	3.22	14 46 26.56	3 59.78	−16 3 49.4	17 46.7	67.50	16 10.24
8	Sa	16 15.58	4.07	14 50 26.34	4 0.63	16 21 36.1	17 30.1	67.62	16 10.47
9	So	16 11.51	4.94	14 54 26.97	4 1.49	16 39 6.2	17 13.3	67.73	16 10.70
10	Mo	16 6.57	5.79	14 58 28.46	4 2.34	16 56 19.5	16 56.1	67.85	16 10.94
11	Di	16 0.78	6.63	15 2 30.80	4 3.19	17 13 15.6	16 38.4	67.97	16 11.16
12	Mi	15 54.15	7.49	15 6 33.99	4 4.04	17 29 54.0	16 20.3	68.09	16 11.39
13	Do	+15 46.66	8.32	15 10 38.03	4 4.88	−17 46 14.3	16 1.7	68.21	16 11.61
14	Fr	15 38.34	9.16	15 14 42.91	4 5.71	18 2 16.0	15 42.9	68.33	16 11.84
15	Sa	15 29.18	9.99	15 18 48.62	4 6.55	18 17 58.9	15 23.5	68.45	16 12.06
16	So	15 19.19	10.81	15 22 55.17	4 7.37	18 33 22.4	15 3.8	68.57	16 12.28
17	Mo	15 8.38	11.63	15 27 2.54	4 8.18	18 48 26.2	14 43.7	68.69	16 12.51
18	Di	14 56.75	12.45	15 31 10.72	4 9.00	19 3 9.9	14 23.3	68.80	16 12.71
19	Mi	+14 44.30	13.25	15 35 19.72	4 9.81	−19 17 33.2	14 2.4	68.92	16 12.93
20	Do	14 31.05	14.05	15 39 29.53	4 10.61	19 31 35.6	13 41.2	69.03	16 13.14
21	Fr	14 17.00	14.84	15 43 40.14	4 11.40	19 45 16.8	13 19.6	69.15	16 13.34
22	Sa	14 2.16	15.64	15 47 51.54	4 12.19	19 58 36.4	12 57.7	69.26	16 13.54
23	So	13 46.52	16.41	15 52 3.73	4 12.96	20 11 34.1	12 35.4	69.37	16 13.74
24	Mo	+13 30.11		15 56 16.69		−20 24 9.5		69.47	16 13.92

Tag	Julian Zeit	Sternzeit	Nutation in AR. langp. Gl.	Nutation in AR. kurzp. Gl.	0h Weltzeit, Mittleres Äquinoktium 1958.0, Länge		Breite	R		Aufgang in +50° Breite, 0h Länge	Untergang in +50° Breite, 0h Länge
1958	2436 d	h m s	s in 0.001		° ′ ″	′ ″	in 0.″01			h m	h m
Okt. 14	490.5	1 28 8.084	+349	−10	200 7 58.7	59 28.5	+40	0.997 4506	2872	6 19	17 12
15	491.5	1 32 4.637	346	− 9	201 7 27.2	59 30.3	+53	0.997 1634	2879	6 21	17 10
16	492.5	1 36 1.189	343	− 6	202 6 57.5	59 32.1	+66	0.996 8755	2881	6 23	17 8
17	493.5	1 39 57.742	340	0	203 6 29.6	59 33.9	+77	0.996 5874	2880	6 24	17 6
18	494.5	1 43 54.294	337	+ 6	204 6 3.5	59 35.6	+84	0.996 2994	2876	6 26	17 4
19	495.5	1 47 50.847	335	+11	205 5 39.1	59 37.3	+89	0.996 0118	2865	6 27	17 2
20	496.5	1 51 47.400	+332	+14	206 5 16.4	59 39.0	+90	0.995 7253	2851	6 29	17 0
21	497.5	1 55 43.953	330	+15	207 4 55.4	59 40.8	+87	0.995 4402	2835	6 31	16 58
22	498.5	1 59 40.506	327	+13	208 4 36.2	59 42.5	+82	0.995 1567	2815	6 32	16 56
23	499.5	2 3 37.059	325	+10	209 4 18.7	59 44.3	+74	0.994 8752	2793	6 34	16 54
24	500.5	2 7 33.612	323	+ 5	210 4 3.0	59 46.1	+65	0.994 5959	2767	6 36	16 52
25	501.5	2 11 30.165	320	0	211 3 49.1	59 47.9	+54	0.994 3192	2740	6 37	16 51
26	502.5	2 15 26.718	+318	− 4	212 3 37.0	59 49.8	+41	0.994 0452	2711	6 39	16 49
27	503.5	2 19 23.271	316	− 8	213 3 26.8	59 51.8	+29	0.993 7741	2681	6 41	16 47
28	504.5	2 23 19.825	314	−10	214 3 18.6	59 53.7	+18	0.993 5060	2650	6 42	16 45
29	505.5	2 27 16.378	312	−11	215 3 12.3	59 55.6	+ 6	0.993 2410	2619	6 44	16 43
30	506.5	2 31 12.932	311	−10	216 3 7.9	59 57.7	− 4	0.992 9791	2588	6 46	16 41
31	507.5	2 35 9.486	309	− 8	217 3 5.6	59 59.7	−14	0.992 7203	2555	6 47	16 40
Nov. 1	508.5	2 39 6.039	+307	− 4	218 3 5.3	60 1.8	−20	0.992 4648	2526	6 49	16 38
2	509.5	2 43 2.593	306	0	219 3 7.1	60 4.0	−23	0.992 2122	2497	6 50	16 36
3	510.5	2 46 59.147	304	+ 4	220 3 11.1	60 6.0	−24	0.991 9625	2468	6 52	16 35
4	511.5	2 50 55.701	303	+ 6	221 3 17.1	60 8.2	−21	0.991 7157	2441	6 54	16 33
5	512.5	2 54 52.256	302	+ 7	222 3 25.3	60 10.2	−16	0.991 4716	2418	6 55	16 31
6	513.5	2 58 48.810	301	+ 5	223 3 35.5	60 12.4	− 7	0.991 2298	2397	6 57	16 30
7	514.5	3 2 45.364	+300	+ 1	224 3 47.9	60 14.4	+ 4	0.990 9901	2377	6 59	16 28
8	515.5	3 6 41.919	299	− 4	225 4 2.3	60 16.5	+17	0.990 7524	2361	7 0	16 27
9	516.5	3 10 38.473	298	− 8	226 4 18.8	60 18.3	+32	0.990 5163	2346	7 2	16 25
10	517.5	3 14 35.028	298	−11	227 4 37.1	60 20.2	+46	0.990 2817	2332	7 4	16 24
11	518.5	3 18 31.583	297	−11	228 4 57.3	60 21.9	+60	0.990 0485	2319	7 5	16 22
12	519.5	3 22 28.138	296	− 8	229 5 19.2	60 23.6	+72	0.989 8166	2304	7 7	16 21
13	520.5	3 26 24.693	+296	− 3	230 5 42.8	60 25.0	+83	0.989 5862	2287	7 9	16 19
14	521.5	3 30 21.248	296	+ 3	231 6 7.8	60 26.5	+91	0.989 3575	2268	7 10	16 18
15	522.5	3 34 17.803	296	+ 9	232 6 34.3	60 27.9	+96	0.989 1307	2244	7 12	16 17
16	523.5	3 38 14.358	295	+13	233 7 2.2	60 29.3	+98	0.988 9063	2217	7 14	16 16
17	524.5	3 42 10.913	295	+15	234 7 31.5	60 30.4	+97	0.988 6846	2187	7 15	16 14
18	525.5	3 46 7.469	296	+15	235 8 1.9	60 31.8	+92	0.988 4659	2153	7 17	16 13
19	526.5	3 50 4.024	+296	+12	236 8 33.7	60 33.0	+85	0.988 2506	2115	7 18	16 12
20	527.5	3 54 0.580	296	+ 7	237 9 6.7	60 34.3	+76	0.988 0391	2075	7 20	16 11
21	528.5	3 57 57.136	296	+ 2	238 9 41.0	60 35.4	+65	0.987 8316	2032	7 22	16 10
22	529.5	4 1 53.692	297	− 3	239 10 16.4	60 36.8	+54	0.987 6284	1987	7 23	16 9
23	530.5	4 5 50.248	297	− 6	240 10 53.2	60 38.0	+41	0.987 4297	1939	7 25	16 8
24	531.5	4 9 46.804	+298	− 9	241 11 31.2		+29	0.987 2358		7 26	16 7

Tag	Wochentag	0h Weltzeit: Zeitgleichung, Wahre Zeit *minus* Mittlere Zeit	Diff.	Scheinbare Rektaszension	Diff.	Scheinbare Deklination	Diff.	Halbe Durchgangs-Dauer St.-Zt.	Halbmesser
1958		m s	s	h m s	m s	° ′ ″	′ ″	s	′ ″
Nov. 24	Mo	+13 30.11	17.18	15 56 16.69	4 13.74	−20 24 9.5	12 12.8	69.47	16 13.92
25	Di	13 12.93	17.94	16 0 30.43	4 14.49	20 36 22.3	11 49.8	69.58	16 14.11
26	Mi	12 54.99	18.68	16 4 44.92	4 15.24	20 48 12.1	11 26.6	69.69	16 14.30
27	Do	12 36.31	19.42	16 9 0.16	4 15.98	20 59 38.7	11 2.9	69.79	16 14.48
28	Fr	12 16.89	20.15	16 13 16.14	4 16.70	21 10 41.6	10 39.0	69.88	16 14.65
29	Sa	11 56.74	20.85	16 17 32.84	4 17.41	21 21 20.6	10 14.8	69.98	16 14.81
30	So	+11 35.89	21.54	16 21 50.25	4 18.10	−21 31 35.4	9 50.3	70.07	16 14.97
Dez. 1	Mo	11 14.35	22.22	16 26 8.35	4 18.78	21 41 25.7	9 25.4	70.17	16 15.13
2	Di	10 52.13	22.89	16 30 27.13	4 19.44	21 50 51.1	9 0.3	70.26	16 15.28
3	Mi	10 29.24	23.51	16 34 46.57	4 20.07	21 59 51.4	8 34.9	70.35	16 15.43
4	Do	10 5.73	24.14	16 39 6.64	4 20.69	22 8 26.3	8 9.3	70.43	16 15.57
5	Fr	9 41.59	24.72	16 43 27.33	4 21.29	22 16 35.6	7 43.3	70.51	16 15.70
6	Sa	+ 9 16.87	25.30	16 47 48.62	4 21.84	−22 24 18.9	7 17.3	70.58	16 15.84
7	So	8 51.57	25.82	16 52 10.46	4 22.39	22 31 36.2	6 50.8	70.65	16 15.97
8	Mo	8 25.75	26.34	16 56 32.85	4 22.89	22 38 27.0	6 24.3	70.72	16 16.09
9	Di	7 59.41	26.81	17 0 55.74	4 23.37	22 44 51.3	5 57.5	70.78	16 16.22
10	Mi	7 32.60	27.24	17 5 19.11	4 23.80	22 50 48.8	5 30.4	70.84	16 16.34
11	Do	7 5.36	27.65	17 9 42.91	4 24.21	22 56 19.2	5 3.3	70.90	16 16.46
12	Fr	+ 6 37.71	28.02	17 14 7.12	4 24.57	−23 1 22.5	4 35.9	70.95	16 16.57
13	Sa	6 9.69	28.35	17 18 31.69	4 24.91	23 5 58.4	4 8.4	71.00	16 16.67
14	So	5 41.34	28.65	17 22 56.60	4 25.21	23 10 6.8	3 40.8	71.05	16 16.78
15	Mo	5 12.69	28.92	17 27 21.81	4 25.47	23 13 47.6	3 12.9	71.09	16 16.88
16	Di	4 43.77	29.14	17 31 47.28	4 25.70	23 17 0.5	2 45.1	71.13	16 16.98
17	Mi	4 14.63	29.33	17 36 12.98	4 25.89	23 19 45.6	2 17.1	71.15	16 17.08
18	Do	+ 3 45.30	29.50	17 40 38.87	4 26.05	−23 22 2.7	1 49.0	71.17	16 17.17
19	Fr	3 15.80	29.62	17 45 4.92	4 26.19	23 23 51.7	1 20.9	71.20	16 17.26
20	Sa	2 46.18	29.73	17 49 31.11	4 26.28	23 25 12.6	0 52.6	71.22	16 17.34
21	So	2 16.45	29.78	17 53 57.39	4 26.34	23 26 5.2	0 24.5	71.24	16 17.41
22	Mo	1 46.67	29.82	17 58 23.73	4 26.37	23 26 29.7	0 3.8	71.24	16 17.48
23	Di	1 16.85	29.82	18 2 50.10	4 26.38	23 26 25.9	0 32.1	71.24	16 17.55
24	Mi	+ 0 47.03	29.78	18 7 16.48	4 26.34	−23 25 53.8	1 0.3	71.24	16 17.60
25	Do	+ 0 17.25	29.72	18 11 42.82	4 26.28	23 24 53.5	1 28.6	71.24	16 17.66
26	Fr	− 0 12.47	29.64	18 16 9.10	4 26.19	23 23 24.9	1 56.8	71.24	16 17.70
27	Sa	0 42.11	29.50	18 20 35.29	4 26.06	23 21 28.1	2 24.9	71.22	16 17.74
28	So	1 11.61	29.36	18 25 1.35	4 25.92	23 19 3.2	2 53.1	71.20	16 17.77
29	Mo	1 40.97	29.17	18 29 27.27	4 25.73	23 16 10.1	3 21.1	71.18	16 17.80
30	Di	− 2 10.14	28.97	18 33 53.00	4 25.52	−23 12 49.0	3 48.9	71.15	16 17.82
31	Mi	2 39.11	28.73	18 38 18.52	4 25.29	23 9 0.1	4 16.8	71.12	16 17.84
32	Do	− 3 7.84		18 42 43.81		−23 4 43.3		71.08	16 17.84

Tag	Julian. Zeit	Sternzeit	Nutation in AR. langp. Gl.	kurzp. Gl.	Mittleres Äquinoktium 1958.0 Länge		Breite	R		Aufgang (in +50° Breite, 0h Länge)	Untergang
1958	2436 d	h m s	s in 0.001		° ′ ″	′ ″	″ in 0.01			h m	h m
Nov. 24	531.5	4 9 46.804	+298	− 9	241 11 31.2	60 39.3	+29	0.987 2358	1890	7 26	16 7
25	532.5	4 13 43.360	299	−10	242 12 10.5	60 40.6	+17	0.987 0468	1839	7 28	16 6
26	533.5	4 17 39.916	300	−10	243 12 51.1	60 41.8	+ 6	0.986 8629	1788	7 29	16 5
27	534.5	4 21 36.472	300	− 8	244 13 32.9	60 43.3	− 2	0.986 6841	1734	7 31	16 4
28	535.5	4 25 33.028	301	− 4	245 14 16.2	60 44.5	− 9	0.986 5107	1682	7 32	16 3
29	536.5	4 29 29.585	303	0	246 15 0.7	60 46.0	−13	0.986 3425	1629	7 33	16 3
30	537.5	4 33 26.141	+304	+ 3	247 15 46.7	60 47.3	−15	0.986 1796	1577	7 35	16 2
Dez. 1	538.5	4 37 22.698	305	+ 6	248 16 34.0	60 48.8	−15	0.986 0219	1527	7 36	16 1
2	539.5	4 41 19.254	306	+ 7	249 17 22.8	60 50.2	−10	0.985 8692	1478	7 37	16 1
3	540.5	4 45 15.811	307	+ 6	250 18 13.0	60 51.7	− 3	0.985 7214	1431	7 39	16 0
4	541.5	4 49 12.368	309	+ 3	251 19 4.7	60 53.0	+ 7	0.985 5783	1388	7 40	16 0
5	542.5	4 53 8.925	310	− 2	252 19 57.7	60 54.4	+19	0.985 4395	1346	7 41	16 0
6	543.5	4 57 5.481	+312	− 7	253 20 52.1	60 55.7	+32	0.985 3049	1309	7 42	15 59
7	544.5	5 1 2.038	313	−10	254 21 47.8	60 57.0	+46	0.985 1740	1273	7 44	15 59
8	545.5	5 4 58.595	315	−12	255 22 44.8	60 58.1	+59	0.985 0467	1239	7 45	15 59
9	546.5	5 8 55.152	316	−11	256 23 42.9	60 59.2	+72	0.984 9228	1207	7 46	15 58
10	547.5	5 12 51.709	318	− 7	257 24 42.1	61 0.1	+83	0.984 8021	1177	7 47	15 58
11	548.5	5 16 48.266	320	− 1	258 25 42.2	61 1.0	+91	0.984 6844	1145	7 48	15 58
12	549.5	5 20 44.824	+322	+ 6	259 26 43.2	61 1.8	+96	0.984 5699	1113	7 49	15 58
13	550.5	5 24 41.381	324	+11	260 27 45.0	61 2.3	+98	0.984 4586	1078	7 50	15 58
14	551.5	5 28 37.938	325	+14	261 28 47.3	61 2.9	+98	0.984 3508	1041	7 51	15 58
15	552.5	5 32 34.495	327	+15	262 29 50.2	61 3.4	+93	0.984 2467	1000	7 52	15 58
16	553.5	5 36 31.053	329	+13	263 30 53.6	61 3.8	+86	0.984 1467	957	7 52	15 59
17	554.5	5 40 27.610	331	+ 9	264 31 57.4	61 4.1	+77	0.984 0510	911	7 53	15 59
18	555.5	5 44 24.167	+333	+ 4	265 33 1.5	61 4.6	+67	0.983 9599	862	7 54	15 59
19	556.5	5 48 20.725	335	− 1	266 34 6.1	61 4.8	+54	0.983 8737	810	7 55	15 59
20	557.5	5 52 17.282	337	− 5	267 35 10.9	61 5.1	+41	0.983 7927	755	7 55	16 0
21	558.5	5 56 13.839	339	− 8	268 36 16.0	61 5.4	+31	0.983 7172	699	7 56	16 0
22	559.5	6 0 10.397	341	−10	269 37 21.4	61 5.7	+20	0.983 6473	641	7 56	16 1
23	560.5	6 4 6.954	343	−10	270 38 27.1	61 6.0	+ 9	0.983 5832	581	7 57	16 1
24	561.5	6 8 3.512	+345	− 8	271 39 33.1	61 6.2	− 1	0.983 5251	520	7 57	16 2
25	562.5	6 12 0.069	347	− 5	272 40 39.3	61 6.5	− 8	0.983 4731	456	7 58	16 2
26	563.5	6 15 56.626	349	− 1	273 41 45.8	61 6.9	−13	0.983 4275	393	7 58	16 3
27	564.5	6 19 53.184	351	+ 3	274 42 52.7	61 7.1	−15	0.983 3882	329	7 58	16 4
28	565.5	6 23 49.741	353	+ 6	275 43 59.8	61 7.5	−14	0.983 3553	265	7 59	16 5
29	566.5	6 27 46.298	355	+ 8	276 45 7.3	61 7.9	−10	0.983 3288	202	7 59	16 5
30	567.5	6 31 42.856	+357	+ 7	277 46 15.2	61 8.2	− 3	0.983 3086	142	7 59	16 6
31	568.5	6 35 39.413	359	+ 5	278 47 23.4	61 8.7	+ 5	0.983 2944	84	7 59	16 7
32	569.5	6 39 35.970	+361	0	279 48 32.1		+15	0.983 2860		7 59	16 8

0h Weltzeit	Mittleres Äquinoktium 1958.0											
	X			ΔX	Y			ΔY	Z			ΔZ
1958												
Jan. 0	+0.154 755	+17 242	− 49	−3	−0.890 880	+ 2 683	+277	+1	−0.386 345	+1 162	+120	−4
1	0.171 997	17 187	55	−1	0.888 197	2 958	275	0	0.385 183	1 283	121	+4
2	0.189 184	17 128	59	+3	0.885 239	3 233	275	+3	0.383 900	1 401	118	−4
3	0.206 312	17 062	66	−2	0.882 006	3 506	273	−1	0.382 499	1 520	119	−1
4	0.223 374	16 993	69	+5	0.878 500	3 778	272	−3	0.380 979	1 638	118	−2
5	0.240 367	16 918	75	+3	0.874 722	4 048	270	−5	0.379 341	1 755	117	−4
6	+0.257 285	+16 839	− 79	+5	−0.870 674	+ 4 318	+270	0	−0.377 586	+1 872	+117	+1
7	0.274 124	16 754	85	+1	0.866 356	4 586	268	−3	0.375 714	1 989	117	+4
8	0.290 878	16 665	89	+3	0.861 770	4 853	267	−3	0.373 725	2 105	116	+2
9	0.307 543	16 571	94	+2	0.856 917	5 119	266	−2	0.371 620	2 220	115	0
10	0.324 114	16 472	99	+1	0.851 798	5 383	264	−4	0.369 400	2 335	115	+2
11	0.340 586	16 367	105	−2	0.846 415	5 647	264	0	0.367 065	2 450	115	+3
12	+0.356 953	+16 258	−109	+3	−0.840 768	+ 5 908	+261	−4	−0.364 615	+2 563	+113	−4
13	0.373 211	16 144	114	+4	0.834 860	6 169	261	+2	0.362 052	2 676	113	−4
14	0.389 355	16 024	120	0	0.828 691	6 428	259	+2	0.359 376	2 788	112	−4
15	0.405 379	15 899	125	−1	0.822 263	6 684	256	−3	0.356 588	2 899	111	−3
16	0.421 278	15 768	131	−4	0.815 579	6 940	256	+3	0.353 689	3 010	111	+3
17	0.437 046	15 633	135	+1	0.808 639	7 192	252	−3	0.350 679	3 120	110	+4
18	+0.452 679	+15 492	−141	0	−0.801 447	+ 7 443	+251	+1	−0.347 559	+3 228	+108	−2
19	0.468 171	15 346	146	+2	0.794 004	7 691	248	−1	0.344 331	3 335	107	−2
20	0.483 517	15 196	150	+3	0.786 313	7 936	245	−1	0.340 996	3 442	107	+4
21	0.498 713	15 039	157	−3	0.778 377	8 179	243	+3	0.337 554	3 547	105	+1
22	0.513 752	14 879	160	+1	0.770 198	8 419	240	+4	0.334 007	3 651	104	0
23	0.528 631	14 713	166	−2	0.761 779	8 656	237	+5	0.330 356	3 753	102	−1
24	+0.543 344	+14 543	−170	0	−0.753 123	+ 8 890	+234	+5	−0.326 603	+3 855	+102	+2
25	0.557 887	14 369	174	+3	0.744 233	9 121	231	+4	0.322 748	3 955	100	0
26	0.572 256	14 190	179	+2	0.735 112	9 348	227	0	0.318 793	4 053	98	−2
27	0.586 446	14 007	183	+2	0.725 764	9 573	225	+3	0.314 740	4 151	98	+3
28	0.600 453	13 820	187	+1	0.716 191	9 794	221	0	0.310 589	4 246	95	0
29	0.614 273	13 628	192	−3	0.706 397	10 011	217	−4	0.306 343	4 341	95	+5
30	+0.627 901	+13 433	−195	+3	−0.696 386	+10 226	+215	−2	−0.302 002	+4 434	+ 93	+4
31	0.641 334	13 235	198	+5	0.686 160	10 436	210	−5	0.297 568	4 526	92	+5
Febr. 1	0.654 569	13 032	203	−2	0.675 724	10 644	208	0	0.293 042	4 616	90	0
2	0.667 601	12 826	206	−3	0.665 080	10 848	204	−2	0.288 426	4 704	88	−5
3	0.680 427	12 616	210	−5	0.654 232	11 048	200	−4	0.283 722	4 791	87	−3
4	0.693 043	12 403	213	−1	0.643 184	11 246	198	0	0.278 931	4 877	86	+1
5	+0.705 446	+12 187	−216	+4	−0.631 938	+11 440	+194	−3	−0.274 054	+4 962	+ 85	+1
6	0.717 633	11 968	219	+4	0.620 498	11 631	191	−2	0.269 092	5 044	82	−4
7	0.729 601	11 744	224	−2	0.608 867	11 818	187	−4	0.264 048	5 126	82	−1
8	0.741 345	11 518	226	+1	0.597 049	12 002	184	0	0.258 922	5 206	80	−3
9	0.752 863	+11 287	231	−4	0.585 047	+12 184	182	+5	0.253 716	+5 284	78	−5
10	+0.764 150		−234	−3	−0.572 863		+177	+1	−0.248 432		+ 77	−2

ΔX, ΔY, ΔZ sind in Einheiten der 7. Dezimale gegeben.

0h Weltzeit	Mittleres Äquinoktium 1958.0											
	X			ΔX	Y			ΔY	Z			ΔZ
1958												
Febr. 10	+0.764 150	+11 053	−234	−3	−0.572 863	+12 361	+177	+1	−0.248 432	+5 361	+77	−2
11	0.775 203	10 816	237	−1	0.560 502	12 535	174	−1	0.243 071	5 436	75	−1
12	0.786 019	10 574	242	−3	0.547 967	12 704	169	−3	0.237 635	5 511	75	+4
13	0.796 593	10 331	243	+3	0.535 263	12 871	167	+3	0.232 124	5 582	71	−3
14	0.806 924	10 082	249	−4	0.522 392	13 033	162	0	0.226 542	5 652	70	−3
15	0.817 006	9 831	251	2	0.509 359	13 190	157	−2	0.220 890	5 720	68	−1
16	+0.826 837	+ 9 577	−254	−1	−0.496 169	+13 345	+155	+3	−0.215 170	+5 787	+67	+3
17	0.836 414	9 319	258	−5	0.482 824	13 493	148	−4	0.209 383	5 852	65	+3
18	0.845 733	9 059	260	−3	0.469 331	13 638	145	−3	0.203 531	5 914	62	−3
19	0.854 792	8 795	264	−4	0.455 693	13 778	140	−3	0.197 617	5 975	61	−2
20	0.863 587	8 530	265	+2	0.441 915	13 914	136	0	0.191 642	6 033	58	−5
21	0.872 117	8 262	268	+1	0.428 001	14 045	131	−1	0.185 609	6 090	57	+1
22	+0.880 379	+ 7 991	−271	−1	−0.413 956	+14 171	+126	−2	−0.179 519	+6 145	+55	+3
23	0.888 370	7 719	272	+2	0.399 785	14 293	122	0	0.173 374	6 198	53	+2
24	0.896 089	7 444	275	−3	0.385 492	14 410	117	−1	0.167 176	6 248	50	−1
25	0.903 533	7 167	277	−4	0.371 082	14 522	112	−3	0.160 928	6 297	49	+2
26	0.910 700	6 888	279	−4	0.356 560	14 629	107	−4	0.154 631	6 344	47	+4
27	0.917 588	6 609	279	+3	0.341 931	14 732	103	+2	0.148 287	6 389	45	+2
28	+0.924 197	+ 6 327	−282	−1	−0.327 199	+14 831	+ 99	+4	−0.141 898	+6 431	+42	−5
März 1	0.930 524	6 044	283	−1	0.312 368	14 924	93	−3	0.135 467	6 471	40	−3
2	0.936 568	5 760	284	−1	0.297 444	15 012	88	−5	0.128 996	6 511	40	+4
3	0.942 328	5 475	285	+1	0.282 432	15 097	85	+1	0.122 485	6 547	36	−2
4	0.947 803	5 189	286	−1	0.267 335	15 177	80	0	0.115 938	6 582	35	−2
5	0.952 992	4 901	288	−5	0.252 158	15 252	75	−2	0.109 356	6 615	33	−1
6	+0.957 893	+ 4 613	−288	−2	−0.236 906	+15 324	+ 72	+5	−0.102 741	+6 646	+31	−2
7	0.962 506	4 323	290	−4	0.221 582	15 391	67	+3	0.096 095	6 675	29	−2
8	0.966 829	4 032	291	−1	0.206 191	15 454	63	+5	0.089 420	6 703	28	+1
9	0.970 861	3 741	291	+3	0.190 737	15 513	59	+5	0.082 717	6 728	25	−3
10	0.974 602	3 447	294	−3	0.175 224	15 567	54	+2	0.075 989	6 751	23	−3
11	0.978 049	3 153	294	0	0.159 657	15 616	49	0	0.069 238	6 773	22	+2
12	+0.981 202	+ 2 857	−296	−2	−0.144 041	+15 662	+ 46	+4	−0.062 465	+6 792	+19	+1
13	0.984 059	2 561	296	+1	0.128 379	15 701	39	−3	0.055 673	6 810	18	+3
14	0.986 620	2 264	297	+1	0.112 678	15 737	36	+4	0.048 863	6 825	15	−1
15	0.988 884	1 965	299	−4	0.096 941	15 768	31	+3	0.042 038	6 838	13	−2
16	0.990 849	1 667	298	+1	0.081 173	15 793	25	0	0.035 200	6 849	11	−3
17	0.992 516	1 367	300	−2	0.065 380	15 814	21	0	0.028 351	6 857	8	−4
18	+0.993 883	+ 1 068	−299	+3	−0.049 566	+15 829	+ 15	−2	−0.021 494	+6 864	+ 7	+1
19	0.994 951	768	300	+3	0.033 737	15 840	11	+2	0.014 630	6 869	5	+4
20	0.995 719	469	299	+4	0.017 897	15 846	+ 6	+1	0.007 761	6 871	+ 2	+1
21	0.996 188	+ 169	300	0	−0.002 051	15 846	0	−4	−0.000 890	6 871	0	+1
22	0.996 357	− 131	300	0	+0.013 795	+15 841	− 5	−5	+0.005 981	+6 870	− 1	+4
23	+0.996 226		−298	+4	+0.029 636		− 9	0	+0.012 851		− 5	−4

ΔX, ΔY, ΔZ sind in Einheiten der 7. Dezimale gegeben.

Sonnenkoordinaten 1958

0^h Weltzeit	Mittleres Äquinoktium 1958.0											
	X			*ΔX*	*Y*			*ΔY*	*Z*			*ΔZ*
1958												
März 23	+0.996 226	− 429	−298	+4	+0.029 636	+15 832	− 9	0	+0.012 851	+6 865	− 5	−4
24	0.995 797	728	299	+1	0.045 468	15 817	15	−2	0.019 716	6 859	6	−4
25	0.995 069	1 026	298	+2	0.061 285	15 798	19	+3	0.026 575	6 850	9	−4
26	0.994 043	1 322	296	+5	0.077 083	15 774	24	+3	0.033 425	6 840	10	0
27	0.992 721	1 619	297	0	0.092 857	15 745	29	+2	0.040 265	6 827	13	+1
28	0.991 102	1 913	294	+4	0.108 602	15 710	35	−3	0.047 092	6 814	13	+5
29	+0.989 189	− 2 207	−294	0	+0.124 312	+15 673	− 37	+3	+0.053 906	+6 796	−18	−5
30	0.986 982	2 499	292	−1	0.139 985	15 629	44	−3	0.060 702	6 778	18	−1
31	0.984 483	2 791	292	−5	0.155 614	15 581	48	−2	0.067 480	6 757	21	−2
April 1	0.981 692	3 080	289	0	0.171 195	15 530	51	+5	0.074 237	6 736	21	+3
2	0.978 612	3 368	288	−1	0.186 725	15 474	56	+4	0.080 973	6 711	25	−4
3	0.975 244	3 655	287	−2	0.202 199	15 414	60	+4	0.087 684	6 685	26	−3
4	+0.971 589	− 3 941	−286	−2	+0.217 613	+15 350	− 64	+5	+0.094 369	+6 657	−28	−1
5	0.967 648	4 225	284	+2	0.232 963	15 282	68	+5	0.101 026	6 628	29	+5
6	0.963 423	4 508	283	+3	0.248 245	15 210	72	+5	0.107 654	6 597	31	+4
7	0.958 915	4 790	282	+3	0.263 455	15 134	76	+2	0.114 251	6 564	33	+1
8	0.954 125	5 070	280	+2	0.278 589	15 053	81	−3	0.120 815	6 528	36	−4
9	0.949 055	5 350	280	−3	0.293 642	14 968	85	−4	0.127 343	6 492	36	+1
10	+0.943 705	− 5 628	−278	−3	+0.308 610	+14 878	− 90	−4	+0.133 835	+6 452	−40	−4
11	0.938 077	5 904	276	0	0.323 488	14 785	93	+2	0.140 287	6 412	40	+3
12	0.932 173	6 179	275	−1	0.338 273	14 687	98	+4	0.146 699	6 369	43	+2
13	0.925 994	6 452	273	0	0.352 960	14 585	102	+3	0.153 068	6 325	44	+4
14	0.919 542	6 722	270	+3	0.367 545	14 477	108	−2	0.159 393	6 278	47	0
15	0.912 820	6 992	270	−3	0.382 022	14 366	111	+3	0.165 671	6 230	48	0
16	+0.905 828	− 7 258	−266	+1	+0.396 388	+14 251	−115	+3	+0.171 901	+6 179	−51	−5
17	0.898 570	7 522	264	+1	0.410 639	14 130	121	−5	0.178 080	6 127	52	−2
18	0.891 048	7 784	262	−3	0.424 769	14 005	125	−4	0.184 207	6 073	54	−1
19	0.883 264	8 044	260	−5	0.438 774	13 877	128	+1	0.190 280	6 017	56	0
20	0.875 220	8 300	256	+2	0.452 651	13 744	133	0	0.196 297	5 960	57	+1
21	0.866 920	8 553	253	+3	0.466 395	13 607	137	+1	0.202 257	5 900	60	−2
22	+0.858 367	− 8 805	−252	−4	+0.480 002	+13 466	−141	0	+0.208 157	+5 839	−61	−1
23	0.849 562	9 052	247	+2	0.493 468	13 320	146	−2	0.213 996	5 776	63	0
24	0.840 510	9 296	244	+1	0.506 788	13 172	148	+5	0.219 772	5 712	64	+5
25	0.831 214	9 538	242	−3	0.519 960	13 019	153	+3	0.225 484	5 646	66	+3
26	0.821 676	9 776	238	−3	0.532 979	12 863	156	+5	0.231 130	5 578	68	+1
27	0.811 900	10 010	234	+1	0.545 842	12 703	160	+4	0.236 708	5 509	69	+3
28	+0.801 890	−10 241	−231	−2	+0.558 545	+12 541	−162	+5	+0.242 217	+5 439	−70	+5
29	0.791 649	10 470	229	−5	0.571 086	12 374	167	−1	0.247 656	5 367	72	+1
30	0.781 179	10 693	223	+5	0.583 460	12 205	169	−1	0.253 023	5 293	74	0
Mai 1	0.770 486	10 914	221	+1	0.595 665	12 033	172	−1	0.258 316	5 219	74	+5
2	0.759 572	−11 133	219	−4	0.607 698	+11 857	176	−5	0.263 535	+5 143	76	+4
3	+0.748 439		−214	+3	+0.619 555		−178	0	+0.268 678		−77	+3

ΔX, ΔY, ΔZ sind in Einheiten der 7. Dezimale gegeben.

0h Weltzeit	X			ΔX	Y			ΔY	Z			ΔZ
	Mittleres Äquinoktium 1958.0											
1958												
Mai 3	+0.748 439	−11 347	−214	+3	+0.619 555	+11 679	−178	0	+0.268 678	+5 066	− 77	+3
4	0.737 092	11 558	211	+5	0.631 234	11 499	180	+5	0.273 744	4 987	79	+1
5	0.725 534	11 767	209	0	0.642 733	11 315	184	+3	0.278 731	4 908	79	+2
6	0.713 767	11 972	205	0	0.654 048	11 128	187	+3	0.283 639	4 826	82	−1
7	0.701 795	12 175	203	−4	0.665 176	10 938	190	+1	0.288 465	4 744	82	+1
8	0.689 620	12 374	199	0	0.676 114	10 745	193	0	0.293 209	4 660	84	−2
9	+0.677 246	−12 569	−195	+5	+0.686 859	+10 549	−196	−1	+0.297 869	+4 574	− 86	−3
10	0.664 677	12 761	192	+4	0.697 408	10 349	200	−3	0.302 443	4 488	86	+4
11	0.651 916	12 949	188	+3	0.707 757	10 147	202	0	0.306 931	4 400	88	+3
12	0.638 967	13 135	186	−2	0.717 904	9 942	205	0	0.311 331	4 311	89	+5
13	0.625 832	13 315	180	+4	0.727 846	9 733	209	−4	0.315 642	4 221	90	+4
14	0.612 517	13 492	177	+1	0.737 579	9 522	211	−2	0.319 863	4 128	93	−2
15	+0.599 025	−13 665	−173	0	+0.747 101	+ 9 307	−215	−5	+0.323 991	+4 036	− 92	+4
16	0.585 360	13 834	169	−4	0.756 408	9 090	217	+1	0.328 027	3 942	94	+1
17	0.571 526	13 999	165	−5	0.765 498	8 871	219	+4	0.331 969	3 846	96	−4
18	0.557 527	14 160	161	−4	0.774 369	8 648	223	+2	0.335 815	3 750	96	−1
19	0.543 367	14 315	155	+2	0.783 017	8 424	224	+5	0.339 565	3 652	98	−2
20	0.529 052	14 467	152	0	0.791 441	8 196	228	−1	0.343 217	3 554	98	+2
21	+0.514 585	−14 614	−147	0	+0.799 637	+ 7 966	−230	−1	+0.346 771	+3 454	−100	+1
22	0.499 971	14 756	142	+3	0.807 603	7 735	231	+3	0.350 225	3 354	100	+4
23	0.485 215	14 894	138	+1	0.815 338	7 500	235	−3	0.353 579	3 253	101	+3
24	0.470 321	15 027	133	+2	0.822 838	7 265	235	+1	0.356 832	3 151	102	+1
25	0.455 294	15 155	128	+3	0.830 103	7 027	238	−2	0.359 983	3 048	103	−2
26	0.440 139	15 279	124	−2	0.837 130	6 788	239	+2	0.363 031	2 944	104	−5
27	+0.424 860	−15 398	−119	−1	+0.843 918	+ 6 548	−240	+4	+0.365 975	+2 840	−104	−1
28	0.409 462	15 513	115	−3	0.850 466	6 306	242	0	0.368 815	2 735	105	+1
29	0.393 949	15 623	110	−1	0.856 772	6 063	243	−1	0.371 550	2 630	105	+3
30	0.378 326	15 729	106	−1	0.862 835	5 818	245	−2	0.374 180	2 524	106	+3
31	0.362 597	15 831	102	0	0.868 653	5 573	245	+4	0.376 704	2 418	106	+4
Juni 1	0.346 766	15 927	96	+4	0.874 226	5 327	246	+3	0.379 122	2 310	108	−1
2	+0.330 839	−16 022	− 95	−4	+0.879 553	+ 5 078	−249	−3	+0.381 432	+2 203	−107	+4
3	0.314 817	16 110	88	+2	0.884 631	4 829	249	+2	0.383 635	2 095	108	+1
4	0.298 707	16 196	86	−2	0.889 460	4 579	250	+4	0.385 730	1 986	109	−2
5	0.282 511	16 276	80	+4	0.894 039	4 327	252	+1	0.387 716	1 876	110	−3
6	0.266 235	16 352	76	+3	0.898 366	4 074	253	+1	0.389 592	1 767	109	+3
7	0.249 883	16 425	73	−2	0.902 440	3 819	255	0	0.391 359	1 656	111	−1
8	+0.233 458	−16 492	− 67	+3	+0.906 259	+ 3 564	−255	+3	+0.393 015	+1 545	−111	−1
9	0.216 966	16 554	62	+5	0.909 823	3 307	257	−1	0.394 560	1 433	112	0
10	0.200 412	16 613	59	−1	0.913 130	3 048	259	−5	0.395 993	1 322	111	+3
11	0.183 799	16 666	53	+1	0.916 178	2 789	259	−1	0.397 315	1 209	113	−2
12	0.167 133	−16 715	49	−2	0.918 967	+ 2 529	260	+2	0.398 524	+1 096	113	−1
13	+0.150 418		− 44	0	+0.921 496		−260	+4	+0.399 620		−113	+1

Δ X, Δ Y, Δ Z sind in Einheiten der 7. Dezimale gegeben.

0^h Weltzeit	Mittleres Äquinoktium 1958.0											
	X			*ΔX*	*Y*			*ΔY*	*Z*			*ΔZ*
1958												
Juni 13	+0.150 418	−16 759	− 44	0	+0.921 496	+2 269	−260	+4	+0.399 620	+ 983	−113	+1
14	0.133 659	16 797	38	+5	0.923 765	2 006	263	−3	0.400 603	870	113	+2
15	0.116 862	16 831	34	+1	0.925 771	1 744	262	+2	0.401 473	755	115	−4
16	0.100 031	16 860	29	0	0.927 515	1 481	263	0	0.402 228	642	113	+2
17	0.083 171	16 884	24	−1	0.928 996	1 217	264	−1	0.402 870	528	114	0
18	0.066 287	16 902	18	+2	0.930 213	953	264	0	0.403 398	413	115	−5
19	+0.049 385	−16 916	− 14	−2	+0.931 166	+ 689	−264	+2	+0.403 811	+ 299	−114	−2
20	0.032 469	16 924	8	0	0.931 855	425	264	+3	0.404 110	184	115	−5
21	+0.015 545	16 927	− 3	+1	0.932 280	+ 161	264	+3	0.404 294	+ 70	114	0
22	−0.001 382	16 925	+ 2	−1	0.932 441	− 102	263	+3	0.404 364	− 44	114	+1
23	0.018 307	16 919	6	−3	0.932 339	366	264	−4	0.404 320	158	114	0
24	0.035 226	16 907	12	+2	0.931 973	629	263	−3	0.404 162	272	114	−1
25	−0.052 133	−16 890	+ 17	+4	+0.931 344	− 891	−262	−2	+0.403 890	− 386	−114	−1
26	0.069 023	16 869	21	+2	0.930 453	1 152	261	+1	0.403 504	499	113	+3
27	0.085 892	16 844	25	−2	0.929 301	1 413	261	−2	0.403 005	612	113	+4
28	0.102 736	16 814	30	0	0.927 888	1 673	260	−3	0.402 393	725	113	+3
29	0.119 550	16 779	35	+4	0.926 215	1 933	260	−2	0.401 668	837	112	+4
30	0.136 329	16 741	38	−1	0.924 282	2 191	258	+4	0.400 831	950	113	0
Juli 1	−0.153 070	−16 698	+ 43	+3	+0.922 091	−2 449	−258	+3	+0.399 881	−1 062	−112	+1
2	0.169 768	16 650	48	+5	0.919 642	2 706	257	+1	0.398 819	1 173	111	+3
3	0.186 418	16 599	51	−1	0.916 936	2 964	258	−2	0.397 646	1 286	113	−4
4	0.203 017	16 543	56	+1	0.913 972	3 219	255	+4	0.396 360	1 396	110	+4
5	0.219 560	16 482	61	+2	0.910 753	3 476	257	−2	0.394 964	1 507	111	0
6	0.236 042	16 417	65	−1	0.907 277	3 730	254	+5	0.393 457	1 619	112	−4
7	−0.252 459	−16 348	+ 69	−4	+0.903 547	−3 984	−254	+3	+0.391 838	−1 728	−109	+4
8	0.268 807	16 274	74	−2	0.899 563	4 238	254	−2	0.390 110	1 839	111	−1
9	0.285 081	16 194	80	+4	0.895 325	4 490	252	−1	0.388 271	1 947	108	+4
10	0.301 275	16 111	83	−3	0.890 835	4 742	252	−4	0.386 324	2 057	110	−5
11	0.317 386	16 023	88	−4	0.886 093	4 992	250	−1	0.384 267	2 166	109	−4
12	0.333 409	15 930	93	−3	0.881 101	5 242	250	−3	0.382 101	2 274	108	+1
13	−0.349 339	−15 832	+ 98	−2	+0.875 859	−5 489	−247	1	+0.379 827	−2 381	−107	+5
14	0.365 171	15 730	102	−3	0.870 370	5 736	247	−3	0.377 446	2 488	107	+4
15	0.380 901	15 622	108	−2	0.864 634	5 982	246	−4	0.374 958	2 594	106	+5
16	0.396 523	15 511	111	−5	0.858 652	6 225	243	+3	0.372 364	2 699	105	+4
17	0.412 034	15 393	118	+1	0.852 427	6 466	241	+5	0.369 665	2 804	105	−1
18	0.427 427	15 272	121	−2	0.845 961	6 706	240	+1	0.366 861	2 908	104	−3
19	−0.442 699	−15 145	+127	0	+0.839 255	−6 944	−238	−3	+0.363 953	−3 011	−103	−2
20	0.457 844	15 015	130	−5	0.832 311	7 179	235	0	0.360 942	3 113	102	−1
21	0.472 859	14 880	135	−2	0.825 132	7 412	233	−1	0.357 829	3 214	101	+1
22	0.487 739	14 740	140	+1	0.817 720	7 643	231	−1	0.354 615	3 313	99	+5
23	0.502 479	−14 597	143	0	0.810 077	−7 870	227	+3	0.351 302	−3 413	100	−1
24	−0.517 076		+148	+1	+0.802 207		−226	−1	+0.347 889		− 97	+5

ΔX, *ΔY*, *ΔZ* sind in Einheiten der 7. Dezimale gegeben.

0h Weltzeit	X			ΔX	Y			ΔY	Z			ΔZ
	Mittleres Äquinoktium 1958.0											
1958												
Juli 24	−0.517 076	−14 449	+148	+1	+0.802 207	− 8 096	−226	−1	+0.347 889	−3 510	−97	+5
25	0.531 525	14 298	151	−4	0.794 111	8 319	223	−3	0.344 379	3 607	97	+2
26	0.545 823	14 144	154	−5	0.785 792	8 540	221	−4	0.340 772	3 703	96	+1
27	0.559 967	13 985	159	+1	0.777 252	8 758	218	0	0.337 069	3 797	94	+3
28	0.573 952	13 822	163	+4	0.768 494	8 973	215	+5	0.333 272	3 891	94	−1
29	0.587 774	13 657	165	0	0.759 521	9 186	213	+3	0.329 381	3 984	93	−2
30	−0.601 431	−13 487	+170	+2	+0.750 335	− 9 397	−211	0	+0.325 397	−4 075	−91	0
31	0.614 918	13 315	172	−3	0.740 938	9 606	209	−3	0.321 322	4 166	91	−3
Aug. 1	0.628 233	13 138	177	+3	0.731 332	9 812	206	0	0.317 156	4 255	89	−2
2	0.641 371	12 957	181	+4	0.721 520	10 015	203	+4	0.312 901	4 344	89	−5
3	0.654 328	12 774	183	−3	0.711 505	10 217	202	−1	0.308 557	4 431	87	−3
4	0.667 102	12 587	187	−2	0.701 288	10 415	198	+3	0.304 126	4 518	87	−5
5	−0.679 689	−12 395	+192	+3	+0.690 873	−10 612	−197	−2	+0.299 608	−4 602	−84	+1
6	0.692 084	12 200	195	+2	0.680 261	10 805	193	+3	0.295 006	4 687	85	−3
7	0.704 284	12 002	198	+1	0.669 456	10 995	190	+5	0.290 319	4 769	82	+4
8	0.716 286	11 799	203	+4	0.658 461	11 184	189	−3	0.285 550	4 850	81	+3
9	0.728 085	11 593	206	+2	0.647 277	11 368	184	+1	0.280 700	4 931	81	−3
10	0.739 678	11 384	209	−1	0.635 909	11 551	183	−5	0.275 769	5 009	78	0
11	−0.751 062	−11 170	+214	+1	+0.624 358	−11 730	−179	−3	+0.270 760	−5 087	−78	−4
12	0.762 232	10 954	216	−3	0.612 628	11 905	175	+1	0.265 673	5 163	76	−5
13	0.773 186	10 732	222	+4	0.600 723	12 078	173	−3	0.260 510	5 238	75	−4
14	0.783 918	10 509	223	−3	0.588 645	12 247	169	−2	0.255 272	5 311	73	−1
15	0.794 427	10 281	228	+1	0.576 398	12 412	165	−2	0.249 961	5 382	71	+1
16	0.804 708	10 050	231	−1	0.563 986	12 574	162	−1	0.244 579	5 452	70	−1
17	−0.814 758	− 9 816	+234	−1	+0.551 412	−12 731	−157	+3	+0.239 127	−5 521	−69	−3
18	0.824 574	9 579	237	+1	0.538 681	12 885	154	+1	0.233 606	5 587	66	+3
19	0.834 153	9 339	240	+1	0.525 796	13 034	149	+3	0.228 019	5 652	65	+4
20	0.843 492	9 097	242	0	0.512 762	13 180	146	−1	0.222 367	5 714	62	+5
21	0.852 589	8 851	246	+3	0.499 582	13 321	141	0	0.216 653	5 777	63	−3
22	0.861 440	8 605	246	−4	0.486 261	13 459	138	−4	0.210 876	5 836	59	+3
23	−0.870 045	− 8 355	+250	0	+0.472 802	−13 593	−134	−5	+0.205 040	−5 894	−58	+1
24	0.878 400	8 104	251	−1	0.459 209	13 723	130	−4	0.199 146	5 951	57	−2
25	0.886 504	7 849	255	+4	0.445 486	13 849	126	−3	0.193 195	6 006	55	−1
26	0.894 353	7 594	255	−5	0.431 637	13 971	122	−1	0.187 189	6 059	53	+2
27	0.901 947	7 337	257	−4	0.417 666	14 090	119	−4	0.181 130	6 110	51	+3
28	0.909 284	7 076	261	+3	0.403 576	14 205	115	−2	0.175 020	6 160	50	0
29	−0.916 360	− 6 814	+262	+1	+0.389 371	−14 316	−111	0	+0.168 860	−6 209	−49	−5
30	0.923 174	6 551	263	−4	0.375 055	14 423	107	+2	0.162 651	6 256	47	−2
31	0.929 725	6 284	267	+2	0.360 632	14 527	104	−3	0.156 395	6 300	44	+3
Sept. 1	0.936 009	6 017	267	−4	0.346 105	14 627	100	−2	0.150 095	6 344	44	−2
2	0.942 026	− 5 746	271	+3	0.331 478	−14 723	96	−1	0.143 751	−6 386	42	0
3	−0.947 772		+271	−1	+0.316 755		− 92	0	+0.137 365		−39	+5

ΔX, ΔY, ΔZ sind in Einheiten der 7. Dezimale gegeben.

0^h Weltzeit	Mittleres Äquinoktium 1958.0											
	X			ΔX	Y			ΔY	Z			ΔZ
1958 Sept. 3	−0.947 772	−5 475	+271	−1	+0.316 755	−14 815	−92	0	+0.137 365	−6 425	−39	+5
4	0.953 247	5 200	275	+4	0.301 940	14 903	88	+1	0.130 940	6 463	38	+1
5	0.958 447	4 924	276	+2	0.287 037	14 987	84	0	0.124 477	6 500	37	−3
6	0.963 371	4 647	277	−4	0.272 050	15 067	80	0	0.117 977	6 535	35	−1
7	0.968 018	4 367	280	−2	0.256 983	15 143	76	0	0.111 442	6 567	32	+4
8	0.972 385	4 086	281	−3	0.241 840	15 214	71	+4	0.104 875	6 598	31	+3
9	−0.976 471	−3 802	+284	+2	+0.226 626	−15 281	−67	+1	+0.098 277	−6 627	−29	+4
10	0.980 273	3 518	284	−3	0.211 345	15 345	64	−3	0.091 650	6 653	26	+5
11	0.983 791	3 231	287	+2	0.196 000	15 402	57	+5	0.084 997	6 679	26	−5
12	0.987 022	2 943	288	+2	0.180 598	15 455	53	+4	0.078 318	6 702	23	−4
13	0.989 965	2 653	290	+4	0.165 143	15 504	49	−1	0.071 616	6 723	21	−5
14	0.992 618	2 363	290	−4	0.149 639	15 548	44	0	0.064 893	6 742	19	−3
15	−0.994 981	−2 072	+291	−4	+0.134 091	−15 586	−38	+4	+0.058 151	−6 758	−16	0
16	0.997 053	1 780	292	−4	0.118 505	15 620	34	0	0.051 393	6 774	16	−4
17	0.998 833	1 488	292	−4	0.102 885	15 649	29	0	0.044 619	6 785	11	+4
18	1.000 321	1 195	293	+1	0.087 236	15 673	24	+1	0.037 834	6 796	11	−3
19	1.001 516	901	294	+3	0.071 563	15 692	19	+3	0.031 038	6 805	9	−5
20	1.002 417	609	292	−4	0.055 871	15 707	15	+2	0.024 233	6 811	6	−2
21	−1.003 026	− 316	+293	−4	+0.040 164	−15 717	−10	+2	+0.017 422	−6 816	− 5	−4
22	1.003 342	− 23	293	−1	0.024 447	15 723	6	0	0.010 606	6 819	− 3	−2
23	1.003 365	+ 270	293	+2	+0.008 724	15 724	− 1	+3	+0.003 787	6 819	0	+5
24	1.003 095	563	293	+4	−0.007 000	15 721	+ 3	+1	−0.003 032	6 818	+ 1	+4
25	1.002 532	856	293	+5	0.022 721	15 713	8	+3	0.009 850	6 814	4	+4
26	1.001 676	1 149	293	+5	0.038 434	15 702	11	−2	0.016 664	6 810	4	−4
27	−1.000 527	+1 441	+292	+1	−0.054 136	−15 686	+16	0	−0.023 474	−6 803	+ 7	−3
28	0.999 086	1 734	293	+3	0.069 822	15 665	21	+3	0.030 277	6 794	9	−3
29	0.997 352	2 026	292	+1	0.085 487	15 640	25	0	0.037 071	6 784	10	−4
30	0.995 326	2 318	292	0	0.101 127	15 612	28	−4	0.043 855	6 771	13	+1
Okt. 1	0.993 008	2 609	291	−2	0.116 739	15 578	34	+2	0.050 626	6 756	15	+4
2	0.990 399	2 901	292	+4	0.132 317	15 540	38	+3	0.057 382	6 739	17	+2
3	−0.987 498	+3 193	+292	+4	−0.147 857	−15 497	+43	+3	−0.064 121	−6 722	+17	−4
4	0.984 305	3 482	289	−4	0.163 354	15 451	46	0	0.070 843	6 700	22	+4
5	0.980 823	3 773	291	+3	0.178 805	15 399	52	+3	0.077 543	6 678	22	−3
6	0.977 050	4 063	290	+3	0.194 204	15 343	56	+1	0.084 221	6 654	24	−5
7	0.972 987	4 352	289	0	0.209 547	15 283	60	0	0.090 875	6 627	27	−3
8	0.968 635	4 640	288	−2	0.224 830	15 217	66	+4	0.097 502	6 599	28	−5
9	−0.963 995	+4 928	+288	−2	−0.240 047	−15 147	+70	+3	−0.104 101	−6 569	+30	−4
10	0.959 067	5 214	286	−5	0.255 194	15 071	76	+5	0.110 670	6 535	34	+4
11	0.953 853	5 500	286	−2	0.270 265	14 992	79	−2	0.117 205	6 501	34	−1
12	0.948 353	5 784	284	−2	0.285 257	14 907	85	+1	0.123 706	6 463	38	+4
13	0.942 569	+6 066	282	−3	0.300 164	−14 816	91	+5	0.130 169	−6 425	38	−4
14	−0.936 503		+282	+3	−0.314 980		+94	−1	−0.136 594		+41	−1

ΔX, ΔY, ΔZ sind in Einheiten der 7. Dezimale gegeben.

0h Weltzeit	Mittleres Äquinoktium 1958.0											
	X			ΔX	Y			ΔY	Z			ΔZ
1958												
Okt. 14	−0.936 503	+ 6 348	+282	+3	−0.314 980	−14 722	+ 94	−1	−0.136 594	−6 384	+ 41	−1
15	0.930 155	6 626	278	−3	0.329 702	14 622	100	+2	0.142 978	6 340	44	+4
16	0.923 529	6 903	277	−1	0.344 324	14 517	105	+5	0.149 318	6 295	45	0
17	0.916 626	7 177	274	−4	0.358 841	14 409	108	−1	0.155 613	6 248	47	−2
18	0.909 449	7 449	272	−3	0.373 250	14 295	114	+3	0.161 861	6 199	49	−4
19	0.902 000	7 719	270	0	0.387 545	14 178	117	+1	0.168 060	6 149	50	−5
20	−0.894 281	+ 7 986	+267	−3	−0.401 723	−14 056	+122	+5	−0.174 209	−6 096	+ 53	+2
21	0.886 295	8 250	264	−5	0.415 779	13 930	126	+4	0.180 305	6 041	55	+5
22	0.878 045	8 513	263	+2	0.429 709	13 800	130	+5	0.186 346	5 985	56	+2
23	0.869 532	8 773	260	+2	0.443 509	13 666	134	+3	0.192 331	5 927	58	+1
24	0.860 759	9 030	257	+1	0.457 175	13 529	137	0	0.198 258	5 867	60	+1
25	0.851 729	9 286	256	+4	0.470 704	13 387	142	+4	0.204 125	5 807	60	−4
26	−0.842 443	+ 9 537	+251	−3	−0.484 091	−13 241	+146	+3	−0.209 932	−5 743	+ 64	+4
27	0.832 906	9 788	251	+1	0.497 332	13 092	149	−3	0.215 675	5 678	65	+4
28	0.823 118	10 034	246	−4	0.510 424	12 939	153	−3	0.221 353	5 612	66	+2
29	0.813 084	10 279	245	0	0.523 363	12 782	157	−2	0.226 965	5 543	69	+4
30	0.802 805	10 521	242	+2	0.536 145	12 621	161	−2	0.232 508	5 474	69	−3
31	0.792 284	10 760	239	+3	0.548 766	12 457	164	−4	0.237 982	5 403	71	−2
Nov. 1	−0.781 524	+10 997	+237	+4	−0.561 223	−12 288	+169	0	−0.243 385	−5 329	+ 74	+4
2	0.770 527	11 231	234	+2	0.573 511	12 116	172	−1	0.248 714	5 254	75	+4
3	0.759 296	11 461	230	−4	0.585 627	11 940	176	0	0.253 968	5 178	76	+1
4	0.747 835	11 689	228	−3	0.597 567	11 760	180	+3	0.259 146	5 099	79	+4
5	0.736 146	11 913	224	−4	0.609 327	11 575	185	+4	0.264 245	5 020	79	−1
6	0.724 233	12 136	223	+2	0.620 902	11 389	186	−4	0.269 265	4 938	82	+2
7	−0.712 097	+12 353	+217	−4	−0.632 291	−11 196	+193	+4	−0.274 203	−4 855	+ 83	+1
8	0.699 744	12 568	215	−1	0.643 487	11 000	196	+1	0.279 058	4 769	86	+4
9	0.687 176	12 779	211	0	0.654 487	10 801	199	−3	0.283 827	4 684	85	−3
10	0.674 397	12 986	207	+2	0.665 288	10 597	204	−2	0.288 511	4 595	89	+4
11	0.661 411	13 190	204	+5	0.675 885	10 390	207	−5	0.293 106	4 505	90	+5
12	0.648 221	13 388	198	−2	0.686 275	10 179	211	−5	0.297 611	4 413	92	+3
13	−0.634 833	+13 582	+194	−1	−0.696 454	− 9 965	+214	−5	−0.302 024	−4 321	+ 92	−5
14	0.621 251	13 773	191	+2	0.706 419	9 747	218	−3	0.306 345	4 227	94	−3
15	0.607 478	13 957	184	−4	0.716 166	9 527	220	−5	0.310 572	4 131	96	−2
16	0.593 521	14 139	182	+3	0.725 693	9 303	224	−2	0.314 703	4 035	96	−5
17	0.579 382	14 315	176	−2	0.734 996	9 077	226	−3	0.318 738	3 937	98	−1
18	0.565 067	14 487	172	−3	0.744 073	8 848	229	−2	0.322 675	3 837	100	+4
19	−0.550 580	+14 654	+167	−5	−0.752 921	− 8 617	+231	−3	−0.326 512	−3 737	+100	0
20	0.535 926	14 817	163	−5	0.761 538	8 382	235	+4	0.330 249	3 636	101	−1
21	0.521 109	14 975	158	−4	0.769 920	8 146	236	−1	0.333 885	3 533	103	+1
22	0.506 134	15 130	155	+1	0.778 066	7 908	238	−3	0.337 418	3 430	103	−3
23	0.491 004	+15 279	149	−3	0.785 974	− 7 666	242	+3	0.340 848	−3 325	105	0
24	−0.475 725		+145	−2	−0.793 640		+243	−1	−0.344 173		+105	−3

ΔX, ΔY, ΔZ sind in Einheiten der 7. Dezimale gegeben.

0h Weltzeit	Mittleres Äquinoktium 1958.0											
	X			ΔX	Y			ΔY	Z			ΔZ
1958												
Nov. 24	−0.475 725	+15 424	+145	−2	−0.793 640	−7 423	+243	−1	−0.344 173	−3 220	+105	−3
25	0.460 301	15 565	141	0	0.801 063	7 178	245	−2	0.347 393	3 113	107	−1
26	0.444 736	15 701	136	−2	0.808 241	6 930	248	+1	0.350 506	3 006	107	−4
27	0.429 035	15 832	131	−2	0.815 171	6 680	250	+2	0.353 512	2 897	109	−1
28	0.413 203	15 960	128	+3	0.821 851	6 428	252	−1	0.356 409	2 788	109	−5
29	0.397 243	16 083	123	0	0.828 279	6 175	253	−4	0.359 197	2 678	110	−5
30	−0.381 160	+16 200	+117	−5	−0.834 454	−5 918	+257	+2	−0.361 875	−2 567	+111	−2
Dez. 1	0.364 960	16 314	114	−1	0.840 372	5 661	257	−2	0.364 442	2 454	113	+2
2	0.348 646	16 423	109	−2	0.846 033	5 400	261	+4	0.366 896	2 342	112	−2
3	0.332 223	16 526	103	−4	0.851 433	5 138	262	+3	0.369 238	2 227	115	+4
4	0.315 697	16 626	100	+4	0.856 571	4 874	264	+1	0.371 465	2 113	114	−4
5	0.299 071	16 720	94	+4	0.861 445	4 607	267	+2	0.373 578	1 998	115	−4
6	−0.282 351	+16 810	+ 90	+5	−0.866 052	−4 340	+267	−4	−0.375 576	−1 881	+117	0
7	0.265 541	16 893	83	−1	0.870 392	4 069	271	+3	0.377 457	1 764	117	0
8	0.248 648	16 972	79	+2	0.874 461	3 798	271	−3	0.379 221	1 647	117	−2
9	0.231 676	17 044	72	−2	0.878 259	3 524	274	0	0.380 868	1 527	120	+4
10	0.214 632	17 112	68	+1	0.881 783	3 250	274	−4	0.382 395	1 409	118	−4
11	0.197 520	17 173	61	−2	0.885 033	2 974	276	0	0.383 804	1 290	119	−2
12	−0.180 347	+17 229	+ 56	0	−0.888 007	−2 696	+278	+4	−0.385 094	−1 169	+121	+5
13	0.163 118	17 279	50	−2	0.890 703	2 419	277	−2	0.386 263	1 049	120	+3
14	0.145 839	17 323	44	−4	0.893 122	2 140	279	0	0.387 312	928	121	+3
15	0.128 516	17 362	39	−3	0.895 262	1 862	278	−3	0.388 240	808	120	−2
16	0.111 154	17 395	33	−4	0.897 124	1 582	280	+1	0.389 048	686	122	+2
17	0.093 759	17 422	27	−4	0.898 706	1 303	279	−2	0.389 734	566	120	−4
18	−0.076 337	+17 445	+ 23	−1	−0.900 009	−1 023	+280	+2	−0.390 300	− 444	+122	+1
19	0.058 892	17 461	16	−3	0.901 032	743	280	+3	0.390 744	323	121	−2
20	0.041 431	17 473	12	+1	0.901 775	463	280	+1	0.391 067	202	121	−2
21	0.023 958	17 479	6	+2	0.902 238	− 184	279	−5	0.391 269	− 80	122	+2
22	−0.006 479	17 480	+ 1	+5	0.902 422	+ 96	280	−3	0.391 349	+ 41	121	0
23	+0.011 001	17 476	− 4	+5	0.902 326	375	279	−4	0.391 308	162	121	−1
24	+0.028 477	+17 467	− 9	+3	−0.901 951	+ 655	+280	−1	−0.391 146	+ 284	+122	+3
25	0.045 944	17 452	15	−3	0.901 296	933	278	−5	0.390 862	404	120	−2
26	0.063 396	17 432	20	−5	0.900 363	1 212	279	−1	0.390 458	526	122	+2
27	0.080 828	17 407	25	−4	0.899 151	1 490	278	+2	0.389 932	646	120	−1
28	0.098 235	17 377	30	−1	0.897 661	1 769	279	+5	0.389 286	767	121	+2
29	0.115 612	17 343	34	+5	0.895 892	2 046	277	0	0.388 519	888	121	+3
30	+0.132 955	+17 303	− 40	+2	−0.893 846	+2 323	+277	−1	−0.387 631	+1 008	+120	0
31	0.150 258	+17 257	46	−2	0.891 523	+2 600	277	+1	0.386 623	+1 128	120	−1
32	+0.167 515		− 50	+3	−0.888 923		+277	+2	−0.385 495		+120	+1

ΔX, ΔY, ΔZ sind in Einheiten der 7. Dezimale gegeben.

Frühlingsäquinoktium	21. März	3h 6m	Weltzeit	Herbstäquinoktium	23. Sept.	13h 10m	Weltzeit
Sommersolstitium	21. Juni	21 58	„	Wintersolstitium	22. Dez.	8 41	„

Erdnähe 3. Jan. 14h Weltzeit
Erdferne 5. Juli 20 „

Tag		0ʰ Weltzeit			
		Aberration	Parallaxe	Mittlere Länge $L_{\odot}$	Mittlere Anomalie $M_{\odot}$
1958		″	″	°	°
Jan.	−9	20.81	8.95	270.2863	348.069
	+1	20.82	8.95	280.1428	357.925
	11	20.81	8.95	289.9992	7.781
	21	20.80	8.94	299.8557	17.637
	31	20.78	8.93	309.7122	27.493
Febr.	10	20.74	8.92	319.5687	37.349
	20	20.70	8.90	329.4251	47.205
März	2	20.65	8.88	339.2816	57.061
	12	20.60	8.86	349.1381	66.917
	22	20.54	8.83	358.9945	76.773
April	1	20.49	8.81	8.8510	86.629
	11	20.43	8.78	18.7075	96.485
	21	20.37	8.76	28.5640	106.341
Mai	1	20.32	8.73	38.4204	116.197
	11	20.27	8.71	48.2769	126.053
	21	20.22	8.69	58.1334	135.909
	31	20.19	8.68	67.9899	145.765
Juni	10	20.16	8.67	77.8463	155.621
	20	20.14	8.66	87.7028	165.477
	30	20.14	8.66	97.5593	175.333
Juli	10	20.13	8.66	107.4158	185.189
	20	20.14	8.66	117.2722	195.045
	30	20.16	8.67	127.1287	204.901
Aug.	9	20.19	8.68	136.9852	214.757
	19	20.23	8.70	146.8416	224.613
	29	20.27	8.71	156.6981	234.469
Sept.	8	20.32	8.73	166.5546	244.325
	18	20.37	8.76	176.4111	254.181
	28	20.43	8.78	186.2675	264.037
Okt.	8	20.49	8.81	196.1240	273.893
	18	20.55	8.83	205.9805	283.749
	28	20.60	8.86	215.8370	293.605
Nov.	7	20.66	8.88	225.6934	303.461
	17	20.70	8.90	235.5499	313.317
	27	20.75	8.92	245.4064	323.173
Dez.	7	20.78	8.93	255.2629	333.029
	17	20.80	8.94	265.1193	342.885
	27	20.82	8.95	274.9758	352.741
	37	20.82	8.95	284.8323	2.597

Tägliche Änderungen

d	$\Delta L_{\odot}$ °	$\Delta M_{\odot}$ °
1	+0.9856	+0.986
2	1.9713	1.971
3	2.9569	2.957
4	3.9426	3.942
5	4.9282	4.928
6	+5.9139	+5.914
7	6.8995	6.899
8	7.8852	7.885
9	8.8708	8.870
10	+9.8565	+9.856

Stündliche Änderungen

h	$\Delta L_{\odot}$ °	$\Delta M_{\odot}$ °
1	+0.0411	+0.041
2	0.0821	0.082
3	0.1232	0.123
4	0.1643	0.164
5	+0.2053	+0.205
6	0.2464	0.246
7	0.2875	0.287
8	0.3285	0.329
9	+0.3696	+0.370
10	0.4107	0.411
11	0.4518	0.452
12	0.4928	0.493
13	+0.5339	+0.534
14	0.5750	0.575
15	0.6160	0.616
16	0.6571	0.657
17	+0.6982	+0.698
18	0.7392	0.739
19	0.7803	0.780
20	0.8214	0.821
21	+0.8624	+0.862
22	0.9035	0.903
23	0.9446	0.945
24	+0.9856	+0.986

Mond 1958

Tag	0h Weltzeit										
	Scheinbare Rektaszension		Scheinbare Deklination		Parallaxe		Halbmesser		Länge	Breite	Alter
1958	h m s	m s	° ′	° ′	′ ″	″	′ ″	″	°	°	d
Jan. 0	1 45 19	48 50	+11 50.2	3 4.4	54 54.7	33.3	14 59.2	9.1	28.681	+0.888	9.7
1	2 34 9	51 20	+14 54.6	2 27.7	55 28.0	40.5	15 8.3	11.0	40.899	−0.198	10.7
2	3 25 29	53 57	+17 22.3	1 39.8	56 8.5	45.1	15 19.3	12.3	53.418	−1.299	11.7
3	4 19 26	56 19	+19 2.1	0 40.7	56 53.6	46.3	15 31.6	12.6	66.299	−2.363	12.7
4	5 15 45	57 59	+19 42.8	0 26.6	57 39.9	43.7	15 44.2	11.9	79.576	−3.330	13.7
5	6 13 44	58 39	+19 16.2	1 37.0	58 23.6	37.4	15 56.1	10.2	93.248	−4.134	14.7
6	7 12 23	58 21	+17 39.2	2 43.7	59 1.0	28.2	16 6.3	7.7	107.278	−4.711	15.7
7	8 10 44	57 21	+14 55.5	3 40.0	59 29.2	17.0	16 14.0	4.6	121.588	−5.006	16.7
8	9 8 5	56 2	+11 15.5	4 21.0	59 46.2	5.4	16 18.6	1.5	136.073	−4.985	17.7
9	10 4 7	54 53	+ 6 54.5	4 44.3	59 51.6	5.1	16 20.1	1.4	150.619	−4.643	18.7
10	10 59 0	54 10	+ 2 10.2	4 49.5	59 46.5	13.8	16 18.7	3.7	165.119	−4.004	19.7
11	11 53 10	54 0	− 2 39.3	4 37.5	59 32.7	19.9	16 15.0	5.5	179.490	−3.115	20.7
12	12 47 10	54 20	− 7 16.8	4 10.2	59 12.8	24.1	16 9.5	6.5	193.682	−2.042	21.7
13	13 41 30	55 3	−11 27.0	3 29.1	58 48.7	26.3	16 3.0	7.2	207.670	−0.861	22.7
14	14 36 33	55 48	−14 56.1	2 36.6	58 22.4	27.7	15 55.8	7.5	221.456	+0.354	23.7
15	15 32 21	56 17	−17 32.7	1 36.1	57 54.7	28.3	15 48.3	7.8	235.049	+1.530	24.7
16	16 28 38	56 10	−19 8.8	0 31.3	57 26.4	28.7	15 40.5	7.8	248.462	+2.604	25.7
17	17 24 48	55 19	−19 40.1	0 32.7	56 57.7	29.1	15 32.7	7.9	261.701	+3.520	26.7
18	18 20 7	53 47	−19 7.4	1 31.8	56 28.6	28.9	15 24.8	7.9	274.765	+4.237	27.7
19	19 13 54	51 48	−17 35.6	2 22.0	55 59.7	28.1	15 16.9	7.6	287.646	+4.724	28.7
20	20 5 42	49 41	−15 13.6	3 1.7	55 31.6	26.4	15 9.3	7.2	300.332	+4.968	0.1
21	20 55 23	47 42	−12 11.9	3 30.3	55 5.2	23.2	15 2.1	6.3	312.815	+4.967	1.1
22	21 43 5	46 8	− 8 41.6	3 48.5	54 42.0	18.5	14 55.8	5.1	325.096	+4.735	2.1
23	22 29 13	45 5	− 4 53.1	3 57.0	54 23.5	12.2	14 50.7	3.3	337.190	+4.290	3.1
24	23 14 18	44 39	− 0 56.1	3 57.3	54 11.3	4.5	14 47.4	1.2	349.129	+3.660	4.1
25	23 58 57	44 52	+ 3 1.2	3 49.8	54 6.8	4.5	14 46.2	1.2	0.961	+2.876	5.1
26	0 43 49	45 47	+ 6 51.0	3 34.7	54 11.3	14.4	14 47.4	3.9	12.750	+1.969	6.1
27	1 29 36	47 17	+10 25.7	3 11.7	54 25.7	24.6	14 51.3	6.7	24.575	+0.973	7.1
28	2 16 53	49 21	+13 37.4	2 40.0	54 50.3	34.7	14 58.0	9.5	36.524	−0.077	8.1
29	3 6 14	51 47	+16 17.4	1 58.4	55 25.0	43.7	15 7.5	11.9	48.691	−1.142	9.1
30	3 58 1	54 17	+18 15.8	1 6.6	56 8.7	50.6	15 19.4	13.7	61.167	−2.178	10.1
31	4 52 18	56 29	+19 22.4	0 5.1	56 59.3	54.3	15 33.1	14.9	74.034	−3.136	11.1
Febr. 1	5 48 47	58 5	+19 27.5	1 2.9	57 53.6	54.1	15 48.0	14.7	87.351	−3.958	12.1
2	6 46 52	58 47	+18 24.6	2 12.4	58 47.7	48.7	16 2.7	13.3	101.144	−4.580	13.1
3	7 45 39	58 42	+16 12.2	3 16.7	59 36.4	38.5	16 16.0	10.4	115.390	−4.941	14.1
4	8 44 21	58 1	+12 55.5	4 8.7	60 14.9	24.1	16 26.4	6.6	130.017	−4.993	15.1
5	9 42 22	57 9	+ 8 46.8	4 43.2	60 39.0	7.6	16 33.0	2.1	144.900	−4.711	16.1
6	10 39 31	56 22	+ 4 3.6	4 57.3	60 46.6	8.9	16 35.1	2.4	159.887	−4.104	17.1
7	11 35 53	55 56	− 0 53.7	4 50.8	60 37.7	23.1	16 32.7	6.3	174.822	−3.216	18.1
8	12 31 49	55 51	− 5 44.5	4 25.7	60 14.6	33.6	16 26.4	9.2	189.570	−2.121	19.1
9	13 27 40	56 2	−10 10.2	3 44.7	59 41.0	40.0	16 17.2	10.9	204.039	−0.907	20.1
10	14 23 42		−13 54.9		59 1.0		16 6.3		218.182	+0.340	21.1

Tag	Oberer Meridiandurchgang in Greenwich: AR.	Änderung für 1h westl. Länge	Dekl.	Änderung für 1h westl. Länge	Parallaxe	Zeit des Durchgangs	Änderung für 1h westl. Länge	0h Länge, + 50° Breite: Aufgang	Änderung für 1h westl. Länge	Untergang	Änderung für 1h westl. Länge
1958	h m s	s	° ′	′	′	h m	m	h m	m	h m	m
Jan. 0	2 25 21	128	+14 24.3	+ 7.5	55.4	19 45.5	1.97	12 26	1.2	2 12	2.7
1	3 17 59	135	+17 3.9	+ 5.7	56.0	20 34.0	2.08	12 58	1.5	3 15	2.7
2	4 13 31	142	+18 54.0	+ 3.4	56.8	21 25.5	2.20	13 36	1.8	4 19	2.6
3	5 11 46	148	+19 42.1	+ 0.6	57.6	22 19.6	2.30	14 23	2.1	5 20	2.5
4	6 11 56	152	+19 18.0	− 2.6	58.4	23 15.7	2.36	15 18	2.5	6 18	2.3
5	— — —	—	— —	—	—	— —	—	16 23	2.9	7 9	2.0
6	7 12 54	152	+17 38.0	− 5.7	59.0	0 12.6	2.37	17 35	3.1	7 54	1.7
7	8 13 31	150	+14 46.1	− 8.5	59.5	1 9.1	2.33	18 50	3.3	8 32	1.5
8	9 12 58	147	+10 54.3	−10.7	59.8	2 4.5	2.28	20 8	3.3	9 6	1.3
9	10 10 58	143	+ 6 20.1	−12.0	59.9	2 58.4	2.22	21 26	3.2	9 36	1.2
10	11 7 44	141	+ 1 23.6	−12.5	59.7	3 51.1	2.18	22 43	3.2	10 4	1.2
11	12 3 47	140	− 3 35.3	−12.2	59.5	4 43.0	2.16	23 59	3.2	10 32	1.2
12	12 59 45	140	− 8 18.0	−11.2	59.1	5 34.9	2.17	— —	—	11 0	1.3
13	13 56 14	142	−12 27.8	− 9.5	58.7	6 27.3	2.20	1 14	3.1	11 32	1.4
14	14 53 32	144	−15 50.0	− 7.3	58.2	7 20.5	2.23	2 27	3.0	12 8	1.6
15	15 51 39	146	−18 12.8	− 4.6	57.8	8 14.5	2.26	3 36	2.8	12 49	1.9
16	16 50 5	146	−19 28.4	− 1.7	57.3	9 8.9	2.26	4 39	2.5	13 37	2.2
17	17 48 6	144	−19 34.0	+ 1.2	56.8	10 2.8	2.22	5 35	2.2	14 32	2.4
18	18 44 50	140	−18 32.5	+ 3.9	56.3	10 55.4	2.16	6 23	1.8	15 32	2.6
19	19 39 34	134	−16 31.6	+ 6.1	55.8	11 46.1	2.06	7 3	1.6	16 35	2.7
20	20 32 0	128	−13 42.6	+ 7.9	55.3	12 34.5	1.97	7 37	1.3	17 39	2.7
21	21 22 8	123	−10 17.8	+ 9.1	54.9	13 20.5	1.88	8 5	1.1	18 44	2.7
22	22 10 18	118	− 6 29.2	+ 9.9	54.5	14 4.6	1.80	8 31	1.0	19 47	2.6
23	22 57 5	116	− 2 27.5	+10.2	54.3	14 47.4	1.76	8 54	1.0	20 50	2.6
24	23 43 7	115	+ 1 37.5	+10.2	54.1	15 29.3	1.75	9 17	0.9	21 52	2.6
25	0 29 9	116	+ 5 37.5	+ 9.8	54.1	16 11.3	1.76	9 39	0.9	22 54	2.6
26	1 15 55	118	+ 9 24.2	+ 9.1	54.3	16 54.0	1.81	10 2	1.0	23 56	2.6
27	2 4 10	123	+12 49.3	+ 8.0	54.7	17 38.2	1.88	10 28	1.2	— —	—
28	2 54 32	129	+15 43.5	+ 6.5	55.3	18 24.5	1.98	10 57	1.3	0 59	2.6
29	3 47 31	136	+17 56.0	+ 4.5	56.0	19 13.4	2.10	11 31	1.6	2 1	2.6
30	4 43 17	143	+19 15.5	+ 2.0	56.8	20 5.1	2.21	12 13	1.9	3 2	2.5
31	5 41 36	149	+19 30.5	− 0.8	57.8	20 59.3	2.30	13 3	2.3	4 1	2.4
Febr. 1	6 41 48	152	+18 32.9	− 4.0	58.7	21 55.4	2.36	14 2	2.7	4 55	2.1
2	7 42 54	153	+16 19.9	− 7.1	59.6	22 52.4	2.38	15 10	3.0	5 43	1.9
3	8 43 55	152	+12 57.2	− 9.7	60.2	23 49.3	2.36	16 24	3.2	6 25	1.7
4	— — —	—	— —	—	—	— —	—	17 43	3.3	7 2	1.5
5	9 44 12	149	+ 8 38.3	−11.7	60.7	0 45.5	2.32	19 3	3.3	7 35	1.3
6	10 43 29	147	+ 3 43.0	−12.7	60.8	1 40.7	2.28	20 23	3.3	8 5	1.2
7	11 41 56	145	− 1 25.7	−12.8	60.6	2 35.1	2.25	21 43	3.3	8 34	1.2
8	12 39 55	145	− 6 25.1	−12.0	60.2	3 29.0	2.25	23 1	3.2	9 4	1.3
9	13 37 52	145	−10 54.6	−10.4	59.6	4 22.8	2.25	— —	—	9 36	1.4
10	14 36 3	146	−14 37.6	− 8.1	58.9	5 16.9	2.26	0 16	3.1	10 11	1.6

Mond 1958

Tag	0h Weltzeit: Scheinbare Rektaszension		Scheinbare Deklination		Parallaxe		Halbmesser		Länge	Breite	Alter
1958	h m s	m s	° ′	° ′	′ ″	″	′ ″	″	°	°	d
Febr. 10	14 23 42	56 15	−13 54.9	2 52.0	59 1.0	42.4	16 6.3	11.5	218.182	+0.340	21.1
11	15 19 57	56 16	−16 46.9	1 51.5	58 18.6	41.9	15 54.8	11.4	231.989	+1.538	22.1
12	16 16 13	55 52	−18 38.4	0 47.5	57 36.7	39.4	15 43.4	10.8	245.481	+2.622	23.1
13	17 12 5	54 54	−19 25.9	0 15.5	56 57.3	36.0	15 32.6	9.8	258.690	+3.541	24.1
14	18 6 59	53 25	−19 10.4	1 14.0	56 21.3	32.0	15 22.8	8.7	271.653	+4.259	25.1
15	19 0 24	51 37	−17 56.4	2 5.0	55 49.3	28.0	15 14.1	7.7	284.402	+4.750	26.1
16	19 52 1	49 42	−15 51.4	2 46.9	55 21.3	24.3	15 6.4	6.6	296.964	+5.003	27.1
17	20 41 43	47 55	−13 4.5	3 18.6	54 57.0	20.5	14 59.8	5.5	309.357	+5.015	28.1
18	21 29 38	46 25	− 9 45.9	3 40.5	54 36.5	16.5	14 54.3	4.5	321.594	+4.794	29.1
19	22 16 3	45 22	− 6 5.4	3 52.7	54 20.0	12.0	14 49.8	3.3	333.689	+4.359	0.3
20	23 1 25	44 49	− 2 12.7	3 55.9	54 8.0	7.0	14 46.5	1.9	345.658	+3.733	1.3
21	23 46 14	44 49	+ 1 43.2	3 50.9	54 1.0	0.8	14 44.6	0.2	357.525	+2.948	2.3
22	0 31 3	45 22	+ 5 34.1	3 37.8	54 0.2	6.3	14 44.4	1.7	9.324	+2.038	3.3
23	1 16 25	46 28	+ 9 11.9	3 16.7	54 6.5	14.5	14 46.1	3.9	21.104	+1.038	4.3
24	2 2 53	48 1	+12 28.6	2 47.7	54 21.0	23.3	14 50.0	6.4	32.926	−0.012	5.3
25	2 50 54	49 56	+15 16.3	2 10.1	54 44.3	32.8	14 56.4	8.9	44.861	−1.073	6.3
26	3 40 50	52 2	+17 26.4	1 23.7	55 17.1	41.8	15 5.3	11.4	56.993	−2.105	7.3
27	4 32 52	54 6	+18 50.1	0 29.2	55 58.9	50.1	15 16.7	13.6	69.408	−3.063	8.3
28	5 26 58	55 50	+19 19.3	0 32.5	56 49.0	55.9	15 30.3	15.3	82.191	−3.898	9.3
März 1	6 22 48	57 5	+18 46.8	1 38.1	57 44.9	58.5	15 45.6	15.9	95.414	−4.556	10.3
2	7 19 53	57 45	+17 8.7	2 43.0	58 43.4	56.3	16 1.5	15.4	109.125	−4.982	11.3
3	8 17 38	57 55	+14 25.7	3 41.4	59 39.7	48.6	16 16.9	13.2	123.331	−5.122	12.3
4	9 15 33	57 49	+10 44.3	4 27.1	60 28.3	35.0	16 30.1	9.5	137.988	−4.938	13.3
5	10 13 22	57 39	+ 6 17.2	4 54.6	61 3.3	17.2	16 39.6	4.7	152.993	−4.414	14.3
6	11 11 1	57 38	+ 1 22.6	5 0.7	61 20.5	2.8	16 44.3	0.7	168.199	−3.573	15.3
7	12 8 39	57 49	− 3 38.1	4 44.6	61 17.7	21.9	16 43.6	6.0	183.430	−2.475	16.3
8	13 6 28	58 4	− 8 22.7	4 8.2	60 55.8	37.5	16 37.6	10.2	198.517	−1.211	17.3
9	14 4 32	58 15	−12 30.9	3 15.9	60 18.3	48.0	16 27.4	13.1	213.320	+0.115	18.3
10	15 2 47	58 2	−15 46.8	2 13.1	59 30.3	53.1	16 14.3	14.5	227.750	+1.403	19.3
11	16 0 49	57 17	−17 59.9	1 6.3	58 37.2	53.6	15 59.8	14.6	241.766	+2.571	20.3
12	16 58 6	55 56	−19 6.2	0 0.5	57 43.6	50.3	15 45.2	13.7	255.369	+3.557	21.3
13	17 54 2	54 6	−19 6.7	0 59.9	56 53.3	44.8	15 31.5	12.2	268.587	+4.325	22.3
14	18 48 8	51 59	−18 6.8	1 52.1	56 8.5	38.2	15 19.3	10.4	281.469	+4.851	23.3
15	19 40 7	49 52	−16 14.7	2 35.0	55 30.3	31.1	15 8.9	8.5	294.068	+5.130	24.3
16	20 29 59	47 58	−13 39.7	3 8.2	54 59.2	24.3	15 0.4	6.6	306.434	+5.164	25.3
17	21 17 57	46 27	−10 31.5	3 32.1	54 34.9	18.0	14 53.8	4.9	318.617	+4.962	26.3
18	22 4 24	45 23	− 6 59.4	3 46.9	54 16.9	12.2	14 48.9	3.3	330.657	+4.541	27.3
19	22 49 47	44 51	− 3 12.5	3 53.1	54 4.7	6.8	14 45.6	1.9	342.589	+3.924	28.3
20	23 34 38	44 49	+ 0 40.6	3 50.9	53 57.9	1.6	14 43.7	0.4	354.445	+3.141	29.3
21	0 19 27	45 17	+ 4 31.5	3 40.5	53 56.3	3.7	14 43.3	1.0	6.256	+2.223	0.6
22	1 4 44	46 13	+ 8 12.0	3 21.5	54 0.0	9.2	14 44.3	2.5	18.053	+1.209	1.6
23	1 50 57		+11 33.5		54 9.2		14 46.8		29.873	+0.139	2.6

Tag	Oberer Meridiandurchgang in Greenwich: AR.	Änderung für 1h westl. Länge	Dekl.	Änderung für 1h westl. Länge	Parallaxe	Zeit des Durchgangs	Änderung für 1h westl. Länge	0h Länge, + 50° Breite: Aufgang	Änderung für 1h westl. Länge	Untergang	Änderung für 1h westl. Länge
1958	h m s	s	° ′	′	′	h m	m	h m	m	h m	m
Febr. 10	14 36 3	146	−14 37.6	− 8.1	58.9	5 16.9	2.26	0 16	3.1	10 11	1.6
11	15 34 28	146	−17 21.6	− 5.5	58.1	6 11.2	2.26	1 27	2.8	10 51	1.8
12	16 32 48	145	−18 59.1	− 2.6	57.4	7 5.5	2.25	2 32	2.6	11 37	2.0
13	17 30 29	143	−19 27.6	+ 0.2	56.7	7 59.1	2.21	3 30	2.3	12 28	2.3
14	18 26 53	139	−18 49.6	+ 2.9	56.2	8 51.4	2.15	4 20	1.9	13 25	2.5
15	19 21 30	134	−17 11.6	+ 5.2	55.6	9 41.9	2.06	5 2	1.6	14 26	2.6
16	20 14 1	129	−14 42.9	+ 7.1	55.2	10 30.4	1.98	5 38	1.4	15 29	2.7
17	21 4 27	124	−11 34.5	+ 8.5	54.8	11 16.7	1.89	6 8	1.2	16 33	2.7
18	21 53 2	120	− 7 57.6	+ 9.5	54.5	12 1.3	1.83	6 35	1.1	17 36	2.6
19	22 40 14	117	− 4 2.8	+10.0	54.2	12 44.4	1.78	6 59	1.0	18 39	2.6
20	23 26 33	115	− 0 0.4	+10.1	54.1	13 26.7	1.75	7 22	0.9	19 42	2.6
21	0 12 36	115	+ 4 0.4	+ 9.9	54.0	14 8.6	1.75	7 44	0.9	20 44	2.6
22	0 59 1	117	+ 7 50.9	+ 9.3	54.1	14 51.0	1.78	8 7	1.0	21 45	2.6
23	1 46 24	120	+11 22.4	+ 8.3	54.2	15 34.3	1.83	8 32	1.1	22 47	2.6
24	2 35 20	125	+14 26.3	+ 7.0	54.6	16 19.2	1.91	8 59	1.2	23 48	2.6
25	3 26 16	130	+16 53.3	+ 5.2	55.1	17 6.1	1.99	9 31	1.4	— —	—
26	4 19 29	136	+18 33.8	+ 3.1	55.8	17 55.2	2.10	10 8	1.7	0 49	2.5
27	5 15 2	142	+19 18.0	+ 0.5	56.6	18 46.7	2.19	10 53	2.1	1 47	2.3
28	6 12 37	146	+18 57.4	− 2.3	57.6	19 40.2	2.26	11 46	2.4	2 41	2.2
März 1	7 11 43	149	+17 26.7	− 5.3	58.6	20 35.2	2.31	12 48	2.7	3 31	2.0
2	8 11 39	150	+14 45.4	− 8.1	59.6	21 31.0	2.33	13 57	3.0	4 15	1.7
3	9 11 49	150	+11 0.1	−10.6	60.4	22 27.1	2.34	15 12	3.2	4 54	1.6
4	10 11 53	150	+ 6 24.5	−12.3	61.0	23 23.0	2.33	16 31	3.4	5 29	1.4
5	— — —	—	— —	—	—	— —	—	17 53	3.4	6 1	1.3
6	11 11 46	150	+ 1 18.7	−13.0	61.3	0 18.8	2.33	19 15	3.4	6 32	1.3
7	12 11 38	150	− 3 53.4	−12.8	61.3	1 14.6	2.33	20 36	3.4	7 2	1.3
8	13 11 43	151	− 8 47.0	−11.5	60.9	2 10.6	2.34	21 56	3.3	7 34	1.4
9	14 12 6	151	−12 59.5	− 9.4	60.2	3 6.9	2.35	23 12	3.0	8 9	1.6
10	15 12 37	151	−16 13.8	− 6.7	59.4	4 3.3	2.35	— —	—	8 49	1.8
11	16 12 49	150	−18 19.3	− 3.7	58.4	4 59.4	2.32	0 21	2.7	9 34	2.0
12	17 12 1	146	−19 12.2	− 0.7	57.5	5 54.5	2.27	1 23	2.4	10 25	2.2
13	18 9 34	141	−18 55.5	+ 2.1	56.7	6 48.0	2.18	2 17	2.1	11 21	2.4
14	19 4 57	136	−17 36.3	+ 4.5	55.9	7 39.3	2.09	3 2	1.7	12 21	2.6
15	19 57 57	130	−15 24.4	+ 6.4	55.3	8 28.2	1.99	3 39	1.4	13 23	2.6
16	20 48 41	124	−12 30.6	+ 8.0	54.8	9 14.8	1.90	4 11	1.3	14 26	2.6
17	21 37 27	120	− 9 5.6	+ 9.1	54.4	9 59.6	1.83	4 39	1.1	15 29	2.6
18	22 24 46	117	− 5 19.5	+ 9.7	54.2	10 42.8	1.78	5 3	1.0	16 31	2.6
19	23 11 10	115	− 1 21.8	+10.0	54.0	11 25.1	1.75	5 27	1.0	17 33	2.6
20	23 57 14	115	+ 2 38.0	+ 9.9	53.9	12 7.2	1.75	5 49	0.9	18 35	2.6
21	0 43 33	117	+ 6 31.2	+ 9.4	54.0	12 49.4	1.78	6 12	1.0	19 37	2.6
22	1 30 40	119	+10 8.5	+ 8.6	54.1	13 32.5	1.82	6 37	1.1	20 39	2.6
23	2 19 4	123	+13 21.1	+ 7.4	54.3	14 16.8	1.88	7 3	1.2	21 40	2.5

Mond 1958

Tag	0h Weltzeit										
	Scheinbare Rektaszension		Scheinbare Deklination		Parallaxe		Halbmesser		Länge	Breite	Alter
1958	h m s	m s	° ′	° ′	′ ″	″	′ ″	″	°	°	d
März 23	1 50 57	47 33	+11 33.5	2 54.4	54 9.2	15.5	14 46.8	4.2	29.873	+0.139	2.6
24	2 38 30	49 7	+14 27.9	2 18.8	54 24.7	22.2	14 51.0	6.1	41.761	−0.946	3.6
25	3 27 37	50 50	+16 46.7	1 35.3	54 46.9	29.6	14 57.1	8.1	53.768	−2.001	4.6
26	4 18 27	52 29	+18 22.0	0 44.3	55 16.5	37.3	15 5.2	10.1	65.956	−2.982	5.6
27	5 10 56	53 53	+19 6.3	0 12.5	55 53.8	44.5	15 15.3	12.1	78.391	−3.845	6.6
28	6 4 49	54 56	+18 53.8	1 12.9	56 38.3	50.9	15 27.4	13.9	91.142	−4.541	7.6
29	6 59 45	55 38	+17 40.9	2 13.8	57 29.2	54.9	15 41.3	14.9	104.274	−5.024	8.6
30	7 55 23	56 0	+15 27.1	3 11.3	58 24.1	55.3	15 56.2	15.1	117.836	−5.247	9.6
31	8 51 23	56 17	+12 15.8	4 0.5	59 19.4	51.2	16 11.3	14.0	131.854	−5.172	10.6
April 1	9 47 40	56 38	+ 8 15.3	4 37.1	60 10.6	41.3	16 25.3	11.2	146.314	−4.772	11.6
2	10 44 18	57 11	+ 3 38.2	4 55.9	60 51.9	26.3	16 36.5	7.2	161.154	−4.047	12.6
3	11 41 29	57 59	− 1 17.7	4 53.9	61 18.2	7.2	16 43.7	2.0	176.264	−3.029	13.6
4	12 39 28	58 56	− 6 11.6	4 29.6	61 25.4	13.1	16 45.7	3.6	191.497	−1.789	14.6
5	13 38 24	59 46	−10 41.2	3 44.5	61 12.3	31.7	16 42.1	8.6	206.686	−0.423	15.6
6	14 38 10	60 6	−14 25.7	2 43.6	60 40.6	46.1	16 33.5	12.6	221.674	+0.956	16.6
7	15 38 16	59 40	−17 9.3	1 33.8	59 54.5	55.0	16 20.9	15.0	236.333	+2.242	17.6
8	16 37 56	58 20	−18 43.1	0 22.7	58 59.5	58.2	16 5.9	15.8	250.580	+3.352	18.6
9	17 36 16	56 14	−19 5.8	0 43.2	58 1.3	56.5	15 50.1	15.4	264.379	+4.231	19.6
10	18 32 30	53 42	−18 22.6	1 40.0	57 4.8	51.3	15 34.7	14.0	277.736	+4.849	20.6
11	19 26 12	51 6	−16 42.6	2 25.9	56 13.5	43.8	15 20.7	11.9	290.686	+5.198	21.6
12	20 17 18	48 45	−14 16.7	3 1.0	55 29.7	35.2	15 8.8	9.6	303.283	+5.286	22.6
13	21 6 3	46 51	−11 15.7	3 26.3	54 54.5	26.2	14 59.2	8.2	315.593	+5.127	23.6
14	21 52 54	45 32	− 7 49.4	3 42.6	54 28.3	17.8	14 51.0	3.8	327.683	+4.742	24.6
15	22 38 26	44 50	− 4 6.8	3 50.8	54 10.5	9.9	14 47.2	2.7	339.618	+4.155	25.6
16	23 23 16	44 43	− 0 16.0	3 50.8	54 0.6	2.9	14 44.5	0.8	351.458	+3.394	26.6
17	0 7 59	45 9	+ 3 34.8	3 43.0	53 57.7	3.3	14 43.7	0.9	3.254	+2.492	27.6
18	0 53 8	46 6	+ 7 17.8	3 26.9	54 1.0	8.7	14 44.6	2.3	15.053	+1.482	28.6
19	1 39 14	47 25	+10 44.7	3 2.0	54 9.7	13.5	14 46.9	3.7	26.896	+0.404	29.6
20	2 26 39	48 59	+13 46.7	2 28.4	54 23.2	18.2	14 50.6	5.0	38.818	−0.699	0.9
21	3 15 38	50 37	+16 15.1	1 46.4	54 41.4	22.8	14 55.6	6.2	50.854	−1.781	1.9
22	4 6 15	52 5	+18 1.5	0 56.7	55 4.2	27.5	15 1.8	7.5	63.038	−2.796	2.9
23	4 58 20	53 14	+18 58.2	0 1.5	55 31.7	32.6	15 9.3	8.9	75.407	−3.695	3.9
24	5 51 34	53 57	+18 59.7	0 56.8	56 4.3	37.4	15 18.2	10.2	88.000	−4.433	4.9
25	6 45 31	54 17	+18 2.9	1 55.0	56 41.7	42.0	15 28.4	11.4	100.855	−4.967	5.9
26	7 39 48	54 20	+16 7.9	2 49.8	57 23.7	45.3	15 39.8	12.3	114.013	−5.255	6.9
27	8 34 8	54 21	+13 18.1	3 38.1	58 9.0	46.4	15 52.1	12.7	127.506	−5.265	7.9
28	9 28 29	54 32	+ 9 40.0	4 16.2	58 55.4	44.5	16 4.8	12.1	141.356	−4.976	8.9
29	10 23 1	55 6	+ 5 23.8	4 41.1	59 39.9	38.3	16 16.9	10.4	155.562	−4.379	9.9
30	11 18 7	56 5	+ 0 42.7	4 49.2	60 18.2	27.6	16 27.3	7.6	170.095	−3.492	10.9
Mai 1	12 14 12	57 30	− 4 6.5	4 37.8	60 45.8	12.8	16 34.9	3.5	184.891	−2.358	11.9
2	13 11 42	59 3	− 8 44.3	4 5.5	60 58.6	4.5	16 38.4	1.3	199.852	−1.052	12.9
3	14 10 45		−12 49.8		60 54.1		16 37.1		214.851	+0.329	13.9

Tag	Oberer Meridiandurchgang in Greenwich							0h Länge, + 50° Breite			
	AR.	Änderung für 1h westl. Länge	Dekl.	Änderung für 1h westl. Länge	Parallaxe	Zeit des Durchgangs	Änderung für 1h westl. Länge	Aufgang	Änderung für 1h westl. Länge	Untergang	Änderung für 1h westl. Länge
1958	h m s	s	° ′	′	′	h m	m	h m	m	h m	m
März 23	2 19 4	123	+13 21.1	+ 7.4	54.3	14 16.8	1.88	7 3	1.2	21 40	2.5
24	3 9 6	127	+15 59.6	+ 5.8	54.6	15 2.8	1.95	7 33	1.4	22 40	2.5
25	4 0 59	132	+17 55.0	+ 3.8	55.1	15 50.6	2.03	8 8	1.6	23 38	2.4
26	4 54 44	137	+18 58.6	+ 1.5	55.7	16 40.3	2.10	8 50	1.9	— —	—
27	5 50 10	140	+19 3.0	– 1.1	56.4	17 31.6	2.17	9 38	2.2	0 33	2.2
28	6 46 52	143	+18 3.4	– 3.9	57.3	18 24.2	2.21	10 35	2.4	1 23	2.0
29	7 44 26	145	+15 58.0	– 6.6	58.2	19 17.7	2.24	11 38	2.8	2 8	1.8
30	8 42 29	146	+12 49.7	– 9.1	59.2	20 11.7	2.26	12 48	3.0	2 48	1.6
31	9 40 51	146	+ 8 46.6	–11.1	60.1	21 5.9	2.27	14 3	3.2	3 24	1.4
April 1	10 39 35	147	+ 4 2.2	–12.5	60.8	22 0.6	2.29	15 21	3.3	3 56	1.3
2	11 38 55	149	– 1 4.4	–12.9	61.3	22 55.8	2.32	16 42	3.4	4 27	1.3
3	12 39 8	152	– 6 10.0	–12.4	61.4	23 51.9	2.36	18 4	3.4	4 57	1.3
4	— — —	—	— —	—	—	— —	—	19 26	3.4	5 29	1.4
5	13 40 26	155	–10 49.7	–10.8	61.2	0 49.1	2.40	20 46	3.2	6 3	1.5
6	14 42 38	156	–14 40.2	– 8.3	60.6	1 47.2	2.43	22 1	3.0	6 41	1.7
7	15 45 10	156	–17 23.7	– 5.3	59.8	2 45.7	2.43	23 9	2.7	7 26	2.0
8	16 47 6	153	–18 51.2	– 2.0	58.8	3 43.5	2.38	— —	—	8 16	2.2
9	17 47 22	148	–19 2.3	+ 1.0	57.8	4 39.7	2.29	0 8	2.3	9 12	2.4
10	18 45 10	141	–18 4.1	+ 3.7	56.9	5 33.4	2.18	0 58	1.9	10 12	2.6
11	19 40 5	134	–16 7.7	+ 5.9	56.0	6 24.2	2.05	1 39	1.6	11 15	2.6
12	20 32 9	127	–13 25.6	+ 7.5	55.3	7 12.2	1.95	2 13	1.3	12 18	2.6
13	21 21 46	121	–10 9.6	+ 8.7	54.7	7 57.8	1.85	2 42	1.2	13 21	2.6
14	22 9 31	118	– 6 30.2	+ 9.5	54.3	8 41.4	1.79	3 8	1.0	14 24	2.6
15	22 56 3	115	– 2 36.9	+ 9.9	54.1	9 23.9	1.75	3 31	1.0	15 26	2.6
16	23 42 3	115	+ 1 21.5	+ 9.9	54.0	10 5.9	1.75	3 54	1.0	16 27	2.6
17	0 28 13	116	+ 5 16.6	+ 9.6	54.0	10 48.0	1.77	4 17	1.0	17 29	2.6
18	1 15 6	119	+ 8 59.6	+ 8.9	54.1	11 30.8	1.81	4 41	1.1	18 31	2.6
19	2 3 15	123	+12 21.2	+ 7.8	54.3	12 14.9	1.87	5 7	1.2	19 33	2.6
20	2 53 0	127	+15 11.9	+ 6.3	54.5	13 0.6	1.94	5 36	1.3	20 34	2.5
21	3 44 33	131	+17 21.9	+ 4.4	54.9	13 48.0	2.01	6 10	1.5	21 33	2.4
22	4 37 49	135	+18 42.3	+ 2.2	55.3	14 37.2	2.08	6 49	1.8	22 29	2.2
23	5 32 31	138	+19 5.7	– 0.3	55.9	15 27.9	2.13	7 35	2.1	23 20	2.0
24	6 28 13	140	+18 27.4	– 2.9	56.5	16 19.5	2.16	8 28	2.4	— —	—
25	7 24 24	141	+16 46.3	– 5.5	57.2	17 11.6	2.18	9 29	2.7	0 6	1.8
26	8 20 42	141	+14 4.9	– 7.9	58.0	18 3.8	2.18	10 35	2.8	0 47	1.6
27	9 17 0	141	+10 29.6	–10.0	58.8	18 56.0	2.18	11 45	3.0	1 23	1.4
28	10 13 28	142	+ 6 10.8	–11.5	59.5	19 48.4	2.19	12 59	3.2	1 55	1.3
29	11 10 27	144	+ 1 22.4	–12.4	60.2	20 41.3	2.23	14 16	3.3	2 25	1.2
30	12 8 31	147	– 3 37.6	–12.5	60.7	21 35.2	2.28	15 35	3.3	2 54	1.2
Mai 1	13 8 5	151	– 8 27.8	–11.6	61.0	22 30.7	2.35	16 55	3.3	3 24	1.3
2	14 9 25	155	–12 44.8	– 9.7	60.9	23 28.0	2.42	18 15	3.3	3 56	1.4
3	— — —	—	— —	—	—	— —	—	19 34	3.2	4 32	1.6

Mond 1958

Tag	0h Weltzeit: Scheinbare Rektaszension		Scheinbare Deklination		Parallaxe		Halbmesser		Länge	Breite	Alter
1958	h m s	m s	° ′	° ′	′ ″	″	′ ″	″	°	°	d
Mai 3	14 10 45	60 21	−12 49.8	3 13.8	60 54.1	22.1	16 37.1	6.0	214.851	+0.329	13.9
4	15 11 6	60 55	−16 3.6	2 7.4	60 32.0	37.5	16 31.1	10.2	229.751	+1.679	14.9
5	16 12 1	60 26	−18 11.0	0 53.9	59 54.5	48.7	16 20.9	13.3	244.419	+2.894	15.9
6	17 12 27	58 47	−19 4.9	0 18.2	59 5.8	54.7	16 7.6	14.9	258.748	+3.898	16.9
7	18 11 14	56 17	−18 46.7	1 22.4	58 11.1	55.7	15 52.7	15.2	272.669	+4.639	17.9
8	19 7 31	53 23	−17 24.3	2 14.8	57 15.4	52.5	15 37.5	14.2	286.151	+5.097	18.9
9	20 0 54	50 32	−15 9.5	2 54.7	56 22.9	45.9	15 23.3	12.6	299.205	+5.273	19.9
10	20 51 26	48 7	−12 14.8	3 22.7	55 37.0	37.3	15 10.7	10.1	311.871	+5.184	20.9
11	21 39 33	46 18	− 8 52.1	3 40.9	54 59.7	27.8	15 0.6	7.6	324.210	+4.856	21.9
12	22 25 51	45 9	− 5 11.2	3 50.2	54 31.9	18.0	14 53.0	4.9	336.295	+4.318	22.9
13	23 11 0	44 43	− 1 21.0	3 52.0	54 13.9	8.4	14 48.1	2.3	348.206	+3.600	23.9
14	23 55 43	44 58	+ 2 31.0	3 46.1	54 5.5	0.2	14 45.8	0.1	0.020	+2.734	24.9
15	0 40 41	45 48	+ 6 17.1	3 32.6	54 5.7	7.7	14 45.9	2.1	11.810	+1.755	25.9
16	1 26 29	47 8	+ 9 49.7	3 10.6	54 13.4	14.1	14 48.0	3.8	23.641	+0.697	26.9
17	2 13 37	48 49	+13 0.3	2 39.9	54 27.5	19.2	14 51.8	5.2	35.569	−0.397	27.9
18	3 2 26	50 36	+15 40.2	1 59.8	54 46.7	23.1	14 57.0	6.3	47.638	−1.485	28.9
19	3 53 2	52 16	+17 40.0	1 11.4	55 9.8	26.0	15 3.3	7.1	59.884	−2.518	0.2
20	4 45 18	53 33	+18 51.4	0 16.2	55 35.8	28.3	15 10.4	7.7	72.330	−3.448	1.2
21	5 38 51	54 15	+19 7.6	0 42.6	56 4.1	30.0	15 18.1	8.2	84.991	−4.224	2.2
22	6 33 6	54 24	+18 25.0	1 41.5	56 34.1	31.5	15 26.3	8.6	97.877	−4.800	3.2
23	7 27 30	54 6	+16 43.5	2 36.5	57 5.6	32.7	15 34.9	8.9	110.993	−5.137	4.2
24	8 21 36	53 39	+14 7.0	3 24.3	57 38.3	33.4	15 43.8	9.1	124.342	−5.204	5.2
25	9 15 15	53 20	+10 42.7	4 2.4	58 11.7	33.1	15 52.9	9.0	137.926	−4.985	6.2
26	10 8 35	53 22	+ 6 40.3	4 28.4	58 44.8	31.1	16 1.9	8.5	151.743	−4.476	7.2
27	11 1 57	53 58	+ 2 11.9	4 40.1	59 15.9	26.9	16 10.4	7.3	165.790	−3.693	8.2
28	11 55 55	55 8	− 2 28.2	4 35.8	59 42.8	19.7	16 17.7	5.4	180.049	−2.672	9.2
29	12 51 3	56 45	− 7 4.0	4 13.6	60 2.5	9.8	16 23.1	2.6	194.489	−1.470	10.2
30	13 47 48	58 30	−11 17.6	3 32.9	60 12.3	2.5	16 25.7	0.6	209.056	−0.163	11.2
31	14 46 18	59 57	−14 50.5	2 35.8	60 9.8	15.9	16 25.1	4.4	223.676	+1.156	12.2
Juni 1	15 46 15	60 33	−17 26.3	1 26.8	59 53.9	28.6	16 20.7	7.8	238.253	+2.394	13.2
2	16 46 48	59 58	−18 53.1	0 13.4	59 25.3	39.1	16 12.9	10.6	252.683	+3.463	14.2
3	17 46 46	58 14	−19 6.5	0 56.4	58 46.2	46.1	16 2.3	12.6	266.866	+4.297	15.2
4	18 45 0	55 39	−18 10.1	1 56.6	58 0.1	49.0	15 49.7	13.3	280.722	+4.857	16.2
5	19 40 39	52 44	−16 13.5	2 43.6	57 11.1	47.8	15 36.4	13.1	294.198	+5.128	17.2
6	20 33 23	49 58	−13 29.9	3 17.5	56 23.3	43.3	15 23.3	11.8	307.279	+5.120	18.2
7	21 23 21	47 40	−10 12.4	3 39.3	55 40.0	36.1	15 11.5	9.8	319.981	+4.858	19.2
8	22 11 1	46 1	− 6 33.1	3 50.9	55 3.9	27.1	15 1.7	7.4	332.353	+4.373	20.2
9	22 57 2	45 6	− 2 42.2	3 54.2	54 36.8	17.1	14 54.3	4.6	344.459	+3.701	21.2
10	23 42 8	44 56	+ 1 12.0	3 49.9	54 19.7	6.9	14 49.7	1.9	356.380	+2.877	22.2
11	0 27 4	45 26	+ 5 1.9	3 38.3	54 12.8	3.0	14 47.8	0.8	8.201	+1.936	23.2
12	1 12 30	46 35	+ 8 40.2	3 19.2	54 15.8	11.9	14 48.6	3.3	20.010	+0.915	24.2
13	1 59 5		+11 59.4		54 27.7		14 51.9		31.887	−0.151	25.2

Tag	Oberer Meridiandurchgang in Greenwich							0h Länge, + 50° Breite			
	AR.	Änderung für 1h westl. Länge	Dekl.	Änderung für 1h westl. Länge	Parallaxe	Zeit des Durchgangs	Änderung für 1h westl. Länge	Aufgang	Änderung für 1h westl. Länge	Untergang	Änderung für 1h westl. Länge
1958	h m s	s	° ′	′	′	h m	m	h m	m	h m	m
Mai 3	— — —	—	— —	—	—	— —	—	19 34	3.2	4 32	1.6
4	15 12 13	158	−16 6.6	− 7.0	60.5	0 26.7	2.46	20 47	2.9	5 13	1.9
5	16 15 39	158	−18 16.3	− 3.8	59.9	1 26.0	2.47	21 53	2.5	6 2	2.2
6	17 18 27	155	−19 6.2	− 0.4	59.0	2 24.7	2.41	22 48	2.1	6 57	2.4
7	18 19 16	149	−18 38.7	+ 2.6	58.1	3 21.4	2.30	23 34	1.8	7 57	2.6
8	19 17 12	141	−17 3.8	+ 5.2	57.1	4 15.2	2.18	— —	—	9 1	2.7
9	20 11 52	133	−14 35.3	+ 7.1	56.2	5 5.8	2.04	0 12	1.5	10 6	2.7
10	21 3 27	126	−11 27.3	+ 8.5	55.5	5 53.3	1.93	0 44	1.2	11 10	2.7
11	21 52 31	120	− 7 52.4	+ 9.4	54.8	6 38.3	1.83	1 11	1.1	12 14	2.6
12	22 39 47	117	− 4 1.3	+ 9.8	54.4	7 21.5	1.78	1 36	1.0	13 16	2.6
13	23 26 2	115	− 0 2.9	+10.0	54.2	8 3.7	1.75	1 59	1.0	14 18	2.6
14	0 12 4	115	+ 3 54.6	+ 9.8	54.1	8 45.7	1.76	2 22	1.0	15 20	2.6
15	0 58 37	118	+ 7 43.0	+ 9.2	54.1	9 28.2	1.79	2 45	1.0	16 22	2.6
16	1 46 19	121	+11 13.9	+ 8.3	54.3	10 11.8	1.85	3 10	1.1	17 24	2.6
17	2 35 40	125	+14 17.6	+ 7.0	54.6	10 57.1	1.93	3 38	1.3	18 26	2.6
18	3 26 58	131	+16 44.3	+ 5.2	55.0	11 44.3	2.01	4 10	1.5	19 26	2.5
19	4 20 12	135	+18 23.9	+ 3.0	55.4	12 33.5	2.08	4 48	1.7	20 24	2.3
20	5 15 5	139	+19 7.6	+ 0.6	55.9	13 24.3	2.15	5 32	2.0	21 18	2.1
21	6 11 4	141	+18 49.4	− 2.1	56.4	14 16.2	2.17	6 23	2.3	22 6	1.9
22	7 7 26	141	+17 27.7	− 4.7	56.9	15 8.5	2.18	7 22	2.6	22 48	1.7
23	8 3 39	140	+15 4.9	− 7.1	57.5	16 0.6	2.16	8 26	2.8	23 25	1.5
24	8 59 22	139	+11 47.8	− 9.2	58.0	16 52.2	2.14	9 35	2.9	23 58	1.3
25	9 54 39	138	+ 7 46.7	−10.8	58.6	17 43.5	2.13	10 47	3.1	— —	—
26	10 49 52	138	+ 3 14.1	−11.8	59.2	18 34.6	2.14	12 1	3.1	0 28	1.2
27	11 45 35	141	− 1 34.8	−12.1	59.6	19 26.2	2.17	13 16	3.2	0 56	1.2
28	12 42 30	144	− 6 22.7	−11.7	60.0	20 19.0	2.24	14 33	3.2	1 25	1.2
29	13 41 9	149	−10 50.0	−10.4	60.2	21 13.6	2.31	15 51	3.2	1 54	1.3
30	14 41 47	154	−14 36.1	− 8.3	60.2	22 10.1	2.40	17 8	3.2	2 27	1.5
31	15 44 5	157	−17 21.9	− 5.4	59.9	23 8.3	2.45	18 23	3.0	3 5	1.7
Juni 1	— — —	—	— —	—	—	— —	—	19 33	2.7	3 49	2.0
2	16 47 6	157	−18 53.4	− 2.2	59.4	0 7.2	2.45	20 34	2.4	4 40	2.3
3	17 49 28	154	−19 5.4	+ 1.1	58.7	1 5.5	2.39	21 26	2.0	5 38	2.6
4	18 49 49	147	−18 2.4	+ 4.0	57.9	2 1.8	2.28	22 8	1.6	6 42	2.7
5	19 47 13	139	−15 55.9	+ 6.4	57.1	2 55.1	2.15	22 43	1.4	7 48	2.8
6	20 41 22	131	−13 0.9	+ 8.1	56.3	3 45.2	2.02	23 13	1.2	8 54	2.7
7	21 32 31	125	− 9 32.3	+ 9.2	55.5	4 32.2	1.91	23 39	1.1	9 59	2.7
8	22 21 16	119	− 5 43.0	+ 9.8	55.0	5 16.9	1.83	— —	—	11 4	2.7
9	23 8 22	116	− 1 43.6	+10.1	54.5	6 0.0	1.77	0 3	1.0	12 6	2.6
10	23 54 41	115	+ 2 17.0	+ 9.9	54.3	6 42.2	1.76	0 26	1.0	13 8	2.6
11	0 41 0	116	+ 6 10.9	+ 9.5	54.2	7 24.5	1.78	0 49	1.0	14 10	2.6
12	1 28 7	119	+ 9 50.2	+ 8.7	54.3	8 7.5	1.82	1 13	1.1	15 12	2.6
13	2 16 41	124	+13 6.5	+ 7.6	54.6	8 52.0	1.89	1 40	1.2	16 14	2.6

Mond 1958

Tag	0h Weltzeit										
	Scheinbare Rektaszension		Scheinbare Deklination		Parallaxe		Halbmesser		Länge	Breite	Alter
1958	h m s	m s	° ′	° ′	′ ″	″	′ ″	″	°	°	d
Juni 13	1 59 5	48 12	+11 59.4	2 51.6	54 27.7	19.7	14 51.9	5.3	31.887	−0.151	25.2
14	2 47 17	50 9	+14 51.0	2 15.1	54 47.4	25.8	14 57.2	7.1	43.906	−1.219	26.2
15	3 37 26	52 7	+17 6.1	1 29.3	55 13.2	30.0	15 4.3	8.1	56.126	−2.248	27.2
16	4 29 33	53 47	+18 35.4	0 35.4	55 43.2	32.2	15 12.4	8.8	68.591	−3.187	28.2
17	5 23 20	54 55	+19 10.8	0 24.2	56 15.4	32.5	15 21.2	8.9	81.326	−3.987	29.2
18	6 18 15	55 20	+18 46.6	1 25.4	56 47.9	31.4	15 30.1	8.5	94.334	−4.596	0.7
19	7 13 35	55 7	+17 21.2	2 23.8	57 19.3	29.1	15 38.6	7.9	107.601	−4.972	1.7
20	8 8 42	54 28	+14 57.4	3 14.8	57 48.4	25.9	15 46.5	7.1	121.097	−5.080	2.7
21	9 3 10	53 44	+11 42.6	3 55.2	58 14.3	22.5	15 53.6	6.1	134.786	−4.901	3.7
22	9 56 54	53 15	+ 7 47.4	4 22.7	58 36.8	18.9	15 59.7	5.2	148.630	−4.435	4.7
23	10 50 9	53 12	+ 3 24.7	4 35.7	58 55.7	15.0	16 4.9	4.1	162.593	−3.702	5.7
24	11 43 21	53 45	− 1 11.0	4 33.8	59 10.7	10.6	16 9.0	2.8	176.650	−2.742	6.7
25	12 37 6	54 52	− 5 44.8	4 16.0	59 21.3	5.3	16 11.8	1.5	190.780	−1.609	7.7
26	13 31 58	56 20	−10 0.8	3 42.1	59 26.6	0.9	16 13.3	0.3	204.965	−0.373	8.7
27	14 28 18	57 53	−13 42.9	2 53.1	59 25.7	8.3	16 13.0	2.2	219.180	+0.887	9.7
28	15 26 11	58 59	−16 36.0	1 51.4	59 17.4	16.4	16 10.8	4.5	233.390	+2.089	10.7
29	16 25 10	59 16	−18 27.4	0 42.4	59 1.0	24.5	16 6.3	6.7	247.546	+3.156	11.7
30	17 24 26	58 27	−19 9.8	0 27.7	58 36.5	31.7	15 59.6	8.6	261.585	+4.020	12.7
Juli 1	18 22 53	56 39	−18 42.1	1 32.0	58 4.8	37.0	15 51.0	10.1	275.437	+4.632	13.7
2	19 19 32	54 12	−17 10.1	2 25.6	57 27.8	39.9	15 40.9	10.9	289.039	+4.969	14.7
3	20 13 44	51 34	−14 44.5	3 6.2	56 47.9	39.9	15 30.0	10.8	302.338	+5.025	15.7
4	21 5 18	49 7	−11 38.3	3 33.9	56 8.0	36.9	15 19.2	10.1	315.309	+4.819	16.7
5	21 54 25	47 9	− 8 4.4	3 49.7	55 31.1	31.5	15 9.1	8.6	327.952	+4.378	17.7
6	22 41 34	45 50	− 4 14.7	3 55.8	54 59.6	23.9	15 0.5	6.5	340.295	+3.739	18.7
7	23 27 24	45 12	− 0 18.9	3 53.3	54 35.7	14.7	14 54.0	4.0	352.390	+2.943	19.7
8	0 12 36	45 15	+ 3 34.4	3 43.5	54 21.0	4.8	14 50.0	1.3	4.309	+2.028	20.7
9	0 57 51	46 0	+ 7 17.9	3 26.4	54 16.2	5.5	14 48.7	1.5	16.133	+1.032	21.7
10	1 43 51	47 19	+10 44.3	3 1.8	54 21.7	15.6	14 50.2	4.3	27.951	−0.009	22.7
11	2 31 10	49 7	+13 46.1	2 29.1	54 37.3	24.6	14 54.5	6.7	39.856	−1.055	23.7
12	3 20 17	51 9	+16 15.2	1 47.5	55 1.9	32.2	15 1.2	8.7	51.933	−2.068	24.7
13	4 11 26	53 10	+18 2.7	0 57.3	55 34.1	37.6	15 9.9	10.3	64.257	−3.004	25.7
14	5 4 36	54 49	+19 0.0	0 0.5	56 11.7	40.5	15 20.2	11.0	76.888	−3.814	26.7
15	5 59 25	55 51	+18 59.5	1 2.6	56 52.2	40.3	15 31.2	11.0	89.860	−4.451	27.7
16	6 55 16	56 11	+17 56.9	2 4.5	57 32.5	37.1	15 42.2	10.1	103.182	−4.863	28.7
17	7 51 27	55 54	+15 52.4	3 1.2	58 9.6	31.6	15 52.3	8.6	116.826	−5.011	0.2
18	8 47 21	55 14	+12 51.2	3 47.5	58 41.2	23.9	16 0.9	6.5	130.741	−4.868	1.2
19	9 42 35	54 32	+ 9 3.7	4 20.3	59 5.1	15.6	16 7.4	4.3	144.854	−4.429	2.2
20	10 37 7	54 6	+ 4 43.4	4 37.1	59 20.7	7.3	16 11.7	2.0	159.082	−3.711	3.2
21	11 31 13	54 7	+ 0 6.3	4 37.4	59 28.0	0.3	16 13.7	0.1	173.351	−2.759	4.2
22	12 25 20	54 37	− 4 31.1	4 21.3	59 27.7	6.6	16 13.6	1.8	187.601	−1.634	5.2
23	13 19 57	55 31	− 8 52.4	3 49.9	59 21.1	11.8	16 11.8	3.2	201.790	−0.412	6.2
24	14 15 28		−12 42.3		59 9.3		16 8.6		215.894	+0.830	7.2

Tag	Oberer Meridiandurchgang in Greenwich: AR.	Änderung für 1h westl. Länge	Dekl.	Änderung für 1h westl. Länge	Parallaxe	Zeit des Durchgangs	Änderung für 1h westl. Länge	0h Länge, + 50° Breite: Aufgang	Änderung für 1h westl. Länge	Untergang	Änderung für 1h westl. Länge
1958	h m s	s	° ′	′	′	h m	m	h m	m	h m	m
Juni 13	2 16 41	124	+13 6.5	+ 7.6	54.6	8 52.0	1.89	1 40	1.2	16 14	2.6
14	3 7 12	129	+15 50.2	+ 6.0	55.0	9 38.5	1.98	2 10	1.4	17 15	2.5
15	3 59 54	134	+17 51.1	+ 4.0	55.4	10 27.1	2.07	2 45	1.6	18 15	2.4
16	4 54 41	139	+18 59.2	+ 1.6	56.0	11 17.8	2.15	3 27	1.9	19 11	2.2
17	5 51 5	142	+19 6.2	1.1	56.5	12 10.1	2.20	4 16	2.2	20 2	2.0
18	6 48 21	144	+18 7.7	− 3.8	57.1	13 3.3	2.22	5 13	2.5	20 48	1.8
19	7 45 40	143	+16 4.4	− 6.4	57.6	13 56.5	2.21	6 17	2.8	21 27	1.6
20	8 42 25	141	+13 2.5	− 8.7	58.1	14 49.2	2.18	7 25	2.9	22 2	1.4
21	9 38 21	139	+ 9 12.7	−10.4	58.5	15 41.0	2.15	8 37	3.0	22 33	1.3
22	10 33 37	138	+ 4 48.5	−11.5	58.8	16 32.2	2.13	9 50	3.1	23 2	1.2
23	11 28 39	138	+ 0 5.4	−12.0	59.1	17 23.2	2.13	11 5	3.1	23 30	1.2
24	12 24 7	140	− 4 40.2	−11.7	59.3	18 14.6	2.16	12 20	3.2	23 58	1.2
25	13 20 41	143	− 9 10.9	−10.7	59.4	19 7.0	2.22	13 36	3.2	— —	—
26	14 18 51	148	−13 9.1	− 9.0	59.4	20 1.1	2.29	14 52	3.1	0 28	1.4
27	15 18 45	152	−16 17.1	− 6.6	59.3	20 56.9	2.36	16 6	3.0	1 3	1.6
28	16 19 59	154	−18 20.4	− 3.6	59.0	21 54.1	2.39	17 16	2.8	1 42	1.8
29	17 21 38	154	−19 9.4	− 0.4	58.6	22 51.6	2.39	18 20	2.5	2 29	2.1
30	18 22 25	150	−18 42.6	+ 2.6	58.1	23 48.3	2.33	19 15	2.1	3 23	2.4
Juli 1	— — —	—	— —	—	—	— —	—	20 2	1.8	4 24	2.6
2	19 21 12	144	−17 6.5	+ 5.3	57.4	0 43.0	2.23	20 41	1.5	5 29	2.7
3	20 17 13	136	−14 33.3	+ 7.4	56.8	1 34.9	2.10	21 14	1.3	6 35	2.8
4	21 10 19	129	−11 17.9	+ 8.8	56.1	2 23.9	1.98	21 42	1.1	7 42	2.8
5	22 0 45	123	− 7 34.8	+ 9.7	55.4	3 10.3	1.89	22 7	1.0	8 48	2.7
6	22 49 7	119	− 3 36.5	+10.1	54.9	3 54.6	1.81	22 30	1.0	9 52	2.7
7	23 36 8	117	+ 0 26.5	+10.1	54.5	4 37.6	1.78	22 53	1.0	10 55	2.6
8	0 22 37	116	+ 4 25.2	+ 9.7	54.3	5 20.0	1.77	23 17	1.0	11 57	2.6
9	1 9 20	118	+ 8 11.8	+ 9.1	54.3	6 2.6	1.80	23 42	1.1	12 59	2.6
10	1 57 2	121	+11 38.5	+ 8.1	54.4	6 46.3	1.85	— —	—	14 0	2.6
11	2 46 22	126	+14 36.8	+ 6.7	54.7	7 31.5	1.93	0 10	1.3	15 2	2.6
12	3 37 46	131	+16 57.6	+ 4.9	55.2	8 18.9	2.02	0 43	1.5	16 2	2.5
13	4 31 28	137	+18 30.9	+ 2.8	55.8	9 8.5	2.11	1 22	1.8	17 0	2.3
14	5 27 16	142	+19 7.1	+ 0.2	56.5	10 0.2	2.19	2 7	2.1	17 54	2.1
15	6 24 41	145	+18 38.9	− 2.6	57.2	10 53.5	2.24	3 1	2.4	18 42	1.9
16	7 22 53	146	+17 3.3	− 5.4	57.9	11 47.6	2.26	4 3	2.7	19 25	1.7
17	8 21 5	145	+14 23.1	− 7.9	58.5	12 41.8	2.25	5 10	2.9	20 3	1.5
18	9 18 42	143	+10 47.3	−10.0	58.9	13 35.3	2.21	6 23	3.1	20 36	1.3
19	10 15 31	141	+ 6 29.7	−11.4	59.3	14 28.0	2.18	7 37	3.1	21 6	1.2
20	11 11 43	140	+ 1 47.3	−12.0	59.4	15 20.1	2.17	8 53	3.2	21 35	1.2
21	12 7 43	140	− 3 1.9	−11.9	59.5	16 12.0	2.17	10 9	3.2	22 3	1.2
22	13 4 6	142	− 7 39.6	−11.1	59.4	17 4.3	2.20	11 25	3.2	22 33	1.3
23	14 1 23	145	−11 48.2	− 9.5	59.2	17 57.5	2.24	12 41	3.1	23 6	1.5
24	14 59 52	148	−15 11.7	− 7.3	58.9	18 51.9	2.29	13 54	3.0	23 43	1.7

Tag	0h Weltzeit Scheinbare Rektaszension		Scheinbare Deklination		Parallaxe		Halbmesser		Länge	Breite	Alter
1958	h m s	m s	° ′	° ′	′ ″	″	′ ″	″	°	°	d
Juli 24	14 15 28	56 36	−12 42.3	3 4.4	59 9.3	16.1	16 8.6	4.4	215.894	+0.830	7.2
25	15 12 4	57 31	−15 46.7	2 7.4	58 53.2	19.8	16 4.2	5.4	229.900	+2.012	8.2
26	16 9 35	57 56	−17 54.1	1 3.0	58 33.4	23.2	15 58.8	6.3	243.798	+3.064	9.2
27	17 7 31	57 32	−18 57.1	0 4.2	58 10.2	26.3	15 52.5	7.2	257.572	+3.927	10.2
28	18 5 3	56 19	−18 52.9	1 8.2	57 43.9	29.2	15 45.3	7.9	271.199	+4.555	11.2
29	19 1 22	54 25	−17 44.7	2 4.5	57 14.7	31.2	15 37.4	8.6	284.649	+4.920	12.2
30	19 55 47	52 10	−15 40.2	2 49.8	56 43.5	32.2	15 28.8	8.7	297.889	+5.013	13.2
31	20 47 57	49 57	−12 50.4	3 22.9	56 11.3	31.6	15 20.1	8.6	310.888	+4.843	14.2
Aug. 1	21 37 54	48 0	− 9 27.5	3 44.0	55 39.7	29.2	15 11.5	8.0	323.630	+4.431	15.2
2	22 25 54	46 31	− 5 43.5	3 54.2	55 10.5	25.0	15 3.5	6.8	336.111	+3.813	16.2
3	23 12 25	45 37	− 1 49.3	3 54.9	54 45.5	18.9	14 56.7	5.1	348.349	+3.027	17.2
4	23 58 2	45 20	+ 2 5.6	3 47.2	54 26.6	11.2	14 51.6	3.1	0.381	+2.116	18.2
5	0 43 22	45 39	+ 5 52.8	3 32.0	54 15.4	2.2	14 48.5	0.6	12.265	+1.121	19.2
6	1 29 1	46 34	+ 9 24.8	3 9.7	54 13.2	7.6	14 47.9	2.1	24.069	+0.082	20.2
7	2 15 35	47 58	+12 34.5	2 39.8	54 20.8	17.8	14 50.0	4.8	35.878	−0.963	21.2
8	3 3 33	49 45	+15 14.3	2 2.4	54 38.6	27.7	14 54.8	7.6	47.779	−1.973	22.2
9	3 53 18	51 41	+17 16.7	1 16.7	55 6.3	36.7	15 2.4	10.0	59.864	−2.912	23.2
10	4 44 59	53 34	+18 33.4	0 23.6	55 43.0	43.8	15 12.4	11.9	72.217	−3.735	24.2
11	5 38 33	55 4	+18 57.0	0 35.7	56 26.8	48.4	15 24.3	13.2	84.913	−4.398	25.2
12	6 33 37	56 4	+18 21.3	1 37.8	57 15.2	49.3	15 37.5	13.4	98.004	−4.854	26.2
13	7 29 41	56 28	+16 43.5	2 38.1	58 4.5	46.1	15 50.9	12.6	111.513	−5.058	27.2
14	8 26 9	56 22	+14 5.4	3 31.6	58 50.6	39.0	16 3.5	10.6	125.422	−4.973	28.2
15	9 22 31	56 3	+10 33.8	4 12.7	59 29.6	28.1	16 14.1	7.7	139.676	−4.581	29.2
16	10 18 34	55 45	+ 6 21.1	4 38.0	59 57.7	15.0	16 21.8	4.0	154.183	−3.890	0.9
17	11 14 19	55 40	+ 1 43.1	4 44.6	60 12.7	1.4	16 25.8	0.4	168.827	−2.936	1.9
18	12 9 59	55 53	− 3 1.5	4 32.7	60 14.1	11.0	16 26.2	3.0	183.492	−1.784	2.9
19	13 5 52	56 25	− 7 34.2	4 3.0	60 3.1	21.0	16 23.2	5.7	198.074	−0.520	3.9
20	14 2 17	57 2	−11 37.2	3 18.3	59 42.1	28.0	16 17.5	7.6	212.496	+0.767	4.9
21	14 59 19	57 32	−14 55.5	2 22.0	59 14.1	32.1	16 9.9	8.8	226.711	+1.989	5.9
22	15 56 51	57 35	−17 17.5	1 18.7	58 42.0	33.8	16 1.1	9.2	240.696	+3.073	6.9
23	16 54 26	57 1	−18 36.2	0 13.0	58 8.2	33.9	15 51.9	9.2	254.448	+3.959	7.9
24	17 51 27	55 49	−18 49.2	0 50.0	57 34.3	32.9	15 42.7	9.0	267.972	+4.607	8.9
25	18 47 16	54 4	−17 59.2	1 46.5	57 1.4	31.5	15 33.7	8.5	281.275	+4.995	9.9
26	19 41 20	52 3	−16 12.7	2 33.5	56 29.9	29.8	15 25.2	8.2	294.363	+5.114	10.9
27	20 33 23	50 1	−13 39.2	3 9.7	56 0.1	27.7	15 17.0	7.5	307.240	+4.970	11.9
28	21 23 24	48 14	−10 29.5	3 34.7	55 32.4	25.4	15 9.5	6.9	319.906	+4.583	12.9
29	22 11 38	46 48	− 6 54.8	3 48.9	55 7.0	22.3	15 2.6	6.1	332.366	+3.981	13.9
30	22 58 26	45 52	− 3 5.9	3 53.4	54 44.7	18.4	14 56.5	5.0	344.629	+3.202	14.9
31	23 44 18	45 28	+ 0 47.5	3 48.8	54 26.3	13.3	14 51.5	3.6	356.714	+2.286	15.9
Sept. 1	0 29 46	45 33	+ 4 36.3	3 36.1	54 13.0	7.0	14 47.9	1.9	8.650	+1.279	16.9
2	1 15 19	46 10	+ 8 12.4	3 15.7	54 6.0	0.5	14 46.0	0.1	20.480	+0.221	17.9
3	2 1 29		+11 28.1		54 6.5		14 46.1		32.260	−0.843	18.9

Tag	Oberer Meridiandurchgang in Greenwich							0^h Länge, $+50°$ Breite			
	AR.	Änderung für 1^h westl Länge	Dekl.	Änderung für 1^h westl. Länge	Parallaxe	Zeit des Durchgangs	Änderung für 1^h westl. Länge	Aufgang	Änderung für 1^h westl. Länge	Untergang	Änderung für 1^h westl. Länge
1958	h m s	s	° ′	′	′	h m	m	h m	m	h m	m
Juli 24	14 59 52	148	−15 11.7	− 7.3	58.9	18 51.9	2.29	13 54	3.0	23 43	1.7
25	15 59 27	150	−17 36.3	− 4.6	58.6	19 47.4	2.33	15 5	2.8	— —	—
26	16 59 37	150	−18 52.4	− 1.7	58.2	20 43.5	2.34	16 10	2.6	0 26	1.9
27	17 59 28	148	−18 56.3	+ 1.3	57.8	21 39.2	2.30	17 7	2.2	1 16	2.2
28	18 58 2	144	−17 50.5	+ 4.1	57.3	22 33.7	2.23	17 57	1.9	2 13	2.5
29	19 54 31	138	−15 43.7	+ 6.4	56.7	23 26.1	2.13	18 38	1.6	3 14	2.7
30	— — —	—	— —	—	—	— —	—	19 13	1.4	4 20	2.8
31	20 48 31	132	−12 48.3	+ 8.1	56.2	0 16.0	2.03	19 43	1.2	5 26	2.8
Aug. 1	21 40 3	126	− 9 17.9	+ 9.3	55.6	1 3.5	1.93	20 10	1.1	6 32	2.7
2	22 29 27	121	− 5 26.0	+ 9.9	55.1	1 48.8	1.85	20 34	1.0	7 37	2.7
3	23 17 17	118	− 1 24.3	+10.1	54.7	2 32.6	1.80	20 58	1.0	8 41	2.6
4	0 4 11	117	+ 2 37.0	+ 9.9	54.4	3 15.4	1.78	21 21	1.0	9 43	2.6
5	0 50 52	117	+ 6 29.1	+ 9.4	54.2	3 58.1	1.78	21 46	1.1	10 45	2.6
6	1 38 1	119	+10 3.8	+ 8.5	54.2	4 41.2	1.82	22 12	1.2	11 47	2.6
7	2 26 17	123	+13 13.5	+ 7.3	54.4	5 25.3	1.87	22 43	1.4	12 48	2.5
8	3 16 12	127	+15 49.8	+ 5.7	54.7	6 11.2	1.95	23 18	1.6	13 48	2.5
9	4 8 8	133	+17 44.1	+ 3.8	55.3	6 59.1	2.04	— —	—	14 46	2.4
10	5 2 15	138	+18 47.3	+ 1.4	55.9	7 49.1	2.13	0 0	1.9	15 41	2.2
11	5 58 20	142	+18 51.1	− 1.2	56.7	8 41.1	2.20	0 49	2.2	16 32	2.0
12	6 55 55	145	+17 49.8	− 4.0	57.6	9 34.6	2.25	1 46	2.6	17 18	1.8
13	7 54 20	147	+15 41.6	− 6.7	58.4	10 28.9	2.27	2 51	2.8	17 58	1.6
14	8 52 56	146	+12 31.0	− 9.1	59.2	11 23.4	2.27	4 1	3.0	18 34	1.4
15	9 51 17	145	+ 8 28.6	−11.0	59.8	12 17.7	2.25	5 16	3.2	19 6	1.3
16	10 49 15	145	+ 3 50.3	−12.1	60.1	13 11.6	2.24	6 34	3.3	19 37	1.3
17	11 46 59	144	− 1 4.4	−12.3	60.3	14 5.2	2.23	7 52	3.3	20 6	1.3
18	12 44 49	145	− 5 54.3	−11.7	60.1	14 59.0	2.25	9 11	3.3	20 37	1.3
19	13 43 9	147	−10 19.4	−10.3	59.8	15 53.2	2.27	10 28	3.2	21 9	1.4
20	14 42 9	148	−14 1.5	− 8.2	59.4	16 48.1	2.30	11 44	3.1	21 45	1.6
21	15 41 47	150	−16 46.3	− 5.5	58.8	17 43.6	2.32	12 56	2.9	22 27	1.9
22	16 41 38	149	−18 24.3	− 2.6	58.3	18 39.4	2.32	14 2	2.6	23 14	2.1
23	17 41 1	147	−18 51.7	+ 0.3	57.7	19 34.7	2.28	15 2	2.3	— —	—
24	18 39 11	143	−18 10.2	+ 3.1	57.1	20 28.7	2.22	15 53	2.0	0 8	2.4
25	19 35 28	138	−16 26.9	+ 5.5	56.6	21 20.9	2.13	16 37	1.7	1 7	2.6
26	20 29 31	132	−13 52.2	+ 7.4	56.0	22 10.9	2.04	17 13	1.4	2 10	2.7
27	21 21 19	127	−10 38.2	+ 8.7	55.6	22 58.6	1.94	17 45	1.3	3 15	2.7
28	22 11 7	122	− 6 57.3	+ 9.6	55.1	23 44.4	1.87	18 13	1.1	4 20	2.7
29	— — —	—	— —	—	—	— —	—	18 38	1.0	5 25	2.7
30	22 59 21	119	− 3 1.3	+10.0	54.7	0 28.6	1.82	19 2	1.0	6 29	2.7
31	23 46 34	117	+ 0 59.1	+10.0	54.4	1 11.7	1.79	19 25	1.0	7 32	2.6
Sept. 1	0 33 22	117	+ 4 54.0	+ 9.6	54.2	1 54.5	1.78	19 50	1.1	8 34	2.6
2	1 20 20	118	+ 8 34.9	+ 8.8	54.1	2 37.3	1.80	20 15	1.1	9 35	2.6
3	2 8 0	121	+11 53.4	+ 7.7	54.1	3 21.0	1.84	20 44	1.3	10 36	2.5

Mond 1958

Tag	0ʰ Weltzeit										
	Scheinbare Rektaszension	Δ	Scheinbare Deklination	Δ	Parallaxe	Δ	Halbmesser	Δ	Länge	Breite	Alter
1958	h m s	m s	° ′	° ′	′ ″	″	′ ″	″	°	°	d
Sept. 3	2 1 29	47 12	+11 28.1	2 48.1	54 6.5	9.1	14 46.1	2.5	32.260	−0.843	18.9
•4	2 48 41	48 36	+14 16.2	2 13.2	54 15.6	18.5	14 48.6	5.0	44.057	−1.875	19.9
5	3 37 17	50 11	+16 29.4	1 31.2	54 34.1	28.2	14 53.6	7.7	55.948	−2.835	20.9
6	4 27 28	51 50	+18 0.6	0 42.6	55 2.3	37.7	15 1.3	10.2	68.014	−3.684	21.9
7	5 19 18	53 21	+18 43.2	0 12.0	55 40.0	46.1	15 11.5	12.6	80.341	−4.382	22.9
8	6 12 39	54 33	+18 31.2	1 10.4	56 26.1	52.6	15 24.1	14.3	93.009	−4.889	23.9
9	7 7 12	55 24	+17 20.8	2 9.7	57 18.7	55.8	15 38.4	15.2	106.082	−5.162	24.9
10	8 2 36	55 54	+15 11.1	3 6.0	58 14.5	54.6	15 53.6	14.9	119.604	−5.163	25.9
11	8 58 30	56 12	+12 5.1	3 54.1	59 9.1	48.4	16 8.5	13.2	133.582	−4.863	26.9
12	9 54 42	56 26	+ 8 11.0	4 29.3	59 57.5	37.0	16 21.7	10.1	147.979	−4.251	27.9
13	10 51 8	56 47	+ 3 41.7	4 47.1	60 34.5	21.3	16 31.8	5.8	162.713	−3.347	28.9
14	11 47 55	57 21	− 1 5.4	4 44.7	60 55.8	3.6	16 37.6	1.0	177.663	−2.200	0.5
15	12 45 16	58 3	− 5 50.1	4 21.6	60 59.4	13.9	16 38.6	3.8	192.685	−0.894	1.5
16	13 43 19	58 43	−10 11.7	3 39.7	60 45.5	28.7	16 34.8	7.8	207.636	+0.470	2.5
17	14 42 2	59 6	−13 51.4	2 43.1	60 16.8	39.3	16 27.0	10.7	222.394	+1.786	3.5
18	15 41 8	58 56	−16 34.5	1 37.7	59 37.5	45.1	16 16.3	12.3	236.869	+2.964	4.5
19	16 40 4	58 3	−18 12.2	0 29.6	58 52.4	47.0	16 4.0	12.8	251.010	+3.932	5.5
20	17 38 7	56 28	−18 41.8	0 35.3	58 5.4	45.6	15 51.2	12.4	264.801	+4.647	6.5
21	18 34 35	54 26	−18 6.5	1 33.0	57 19.8	41.9	15 38.8	11.5	278.249	+5.086	7.5
22	19 29 1	52 11	−16 33.5	2 21.1	56 37.9	37.3	15 27.3	10.1	291.380	+5.247	8.5
23	20 21 12	50 2	−14 12.4	2 58.6	56 0.6	32.1	15 17.2	8.8	304.226	+5.140	9.5
24	21 11 14	48 10	−11 13.8	3 25.6	55 28.5	26.9	15 8.4	7.3	316.823	+4.785	10.5
25	21 59 24	46 45	− 7 48.2	3 42.6	55 1.6	22.1	15 1.1	6.0	329.207	+4.210	11.5
26	22 46 9	45 49	− 4 5.6	3 50.0	54 39.5	17.3	14 55.1	4.8	341.410	+3.450	12.5
27	23 31 58	45 25	− 0 15.6	3 48.7	54 22.2	12.7	14 50.3	3.4	353.463	+2.544	13.5
28	0 17 23	45 29	+ 3 33.1	3 38.8	54 9.5	7.8	14 46.9	2.1	5.396	+1.533	14.5
29	1 2 52	46 0	+ 7 11.9	3 21.0	54 1.7	2.5	14 44.8	0.7	17.242	+0.462	15.5
30	1 48 52	46 53	+10 32.9	2 55.3	53 59.2	3.6	14 44.1	1.0	29.036	−0.626	16.5
Okt. 1	2 35 45	48 3	+13 28.2	2 22.3	54 2.8	10.4	14 45.1	2.8	40.821	−1.687	17.5
2	3 23 48	49 21	+15 50.5	1 42.4	54 13.2	18.1	14 47.9	4.9	52.646	−2.681	18.5
3	4 13 9	50 39	+17 32.9	0 56.3	54 31.3	26.5	14 52.8	7.3	64.567	−3.566	19.5
4	5 3 48	51 50	+18 29.2	0 5.3	54 57.8	35.2	15 0.1	9.6	76.650	−4.307	20.5
5	5 55 38	52 49	+18 34.5	0 49.3	55 33.0	43.7	15 9.7	11.8	88.962	−4.864	21.5
6	6 48 27	53 33	+17 45.2	1 45.1	56 16.7	51.0	15 21.5	13.9	101.576	−5.204	22.5
7	7 42 0	54 7	+16 0.1	2 39.4	57 7.7	56.1	15 35.4	15.3	114.558	−5.293	23.5
8	8 36 7	54 36	+13 20.7	3 28.8	58 3.8	57.6	15 50.7	15.7	127.961	−5.102	24.5
9	9 30 43	55 11	+ 9 51.9	4 9.5	59 1.4	54.3	16 6.4	14.8	141.816	−4.614	25.5
10	10 25 54	56 0	+ 5 42.4	4 37.0	59 55.7	45.4	16 21.2	12.4	156.118	−3.828	26.5
11	11 21 54	57 7	+ 1 5.4	4 47.3	60 41.1	30.8	16 33.6	8.4	170.820	−2.772	27.5
12	12 19 1	58 27	− 3 41.9	4 36.7	61 11.9	12.3	16 42.0	3.3	185.829	−1.506	28.5
13	13 17 28	59 48	− 8 18.6	4 4.4	61 24.2	8.1	16 45.3	2.2	201.009	−0.118	0.1
14	14 17 16		−12 23.0		61 16.1		16 43.1		216.203	+1.279	1.1

Tag	Oberer Meridiandurchgang in Greenwich							0h Länge, + 50° Breite			
	AR.	Änderung für 1h westl. Länge	Dekl.	Änderung für 1h westl Länge	Parallaxe	Zeit des Durchgangs	Änderung für 1h westl. Länge	Aufgang	Änderung für 1h westl. Länge	Untergang	Änderung für 1h westl. Länge
1958	h m s	s	° ′	′	′	h m	m	h m	m	h m	m
Sept. 3	2 8 0	121	+11 53.4	+ 7.7	54.1	3 21.0	1.84	20 44	1.3	10 36	2.5
4	2 56 53	124	+14 41.6	+ 6.3	54.3	4 5.8	1.90	21 17	1.5	11 36	2.5
5	3 47 20	128	+16 51.5	+ 4.5	54.6	4 52.2	1.97	21 55	1.7	12 34	2.4
6	4 39 35	133	+18 15.3	+ 2.4	55.2	5 40.3	2.05	22 40	2.0	13 29	2.2
7	5 33 37	137	+18 45.5	+ 0.1	55.9	6 30.3	2.12	23 32	2.3	14 21	2.1
8	6 29 16	141	+18 16.0	− 2.5	56.7	7 21.9	2.18	— —	—	15 8	1.9
9	7 26 9	143	+16 42.9	− 5.2	57.6	8 14.7	2.22	0 32	2.7	15 50	1.7
10	8 23 51	145	+14 6.6	− 7.8	58.6	9 8.3	2.24	1 39	2.9	16 28	1.5
11	9 21 59	146	+10 32.4	−10.0	59.5	10 2.3	2.26	2 51	3.1	17 2	1.4
12	10 20 24	146	+ 6 11.6	−11.6	60.3	10 56.6	2.27	4 7	3.2	17 34	1.3
13	11 19 7	147	+ 1 21.0	−12.5	60.8	11 51.3	2.29	5 26	3.3	18 4	1.3
14	12 18 22	149	− 3 38.5	−12.3	61.0	12 46.4	2.31	6 46	3.3	18 35	1.3
15	13 18 20	151	− 8 23.6	−11.3	60.9	13 42.3	2.35	8 6	3.3	19 8	1.4
16	14 19 5	153	−12 31.8	− 9.3	60.5	14 38.9	2.38	9 25	3.3	19 44	1.6
17	15 20 27	154	−15 44.6	− 6.7	59.9	15 36.2	2.39	10 42	3.1	20 25	1.8
18	16 21 52	153	−17 49.1	− 3.7	59.1	16 33.5	2.38	11 52	2.8	21 12	2.1
19	17 22 32	150	−18 40.4	− 0.6	58.3	17 30.1	2.33	12 55	2.5	22 4	2.3
20	18 21 38	145	−18 20.2	+ 2.2	57.5	18 25.1	2.25	13 50	2.1	23 2	2.5
21	19 18 32	139	−16 55.8	+ 4.7	56.8	19 17.9	2.15	14 36	1.8	— —	—
22	20 12 57	133	−14 37.9	+ 6.7	56.1	20 8.2	2.05	15 15	1.5	0 4	2.6
23	21 4 57	127	−11 38.3	+ 8.2	55.5	20 56.2	1.95	15 47	1.3	1 8	2.7
24	21 54 51	123	− 8 8.8	+ 9.2	55.1	21 42.0	1.88	16 16	1.2	2 12	2.7
25	22 43 8	119	− 4 20.4	+ 9.8	54.7	22 26.2	1.82	16 42	1.1	3 16	2.7
26	23 30 22	117	− 0 23.7	+ 9.9	54.4	23 9.4	1.79	17 6	1.0	4 20	2.6
27	0 17 8	117	+ 3 31.8	+ 9.7	54.2	23 52.1	1.78	17 30	1.0	5 22	2.6
28	— — —	—	— —	—	—	— —	—	17 54	1.0	6 25	2.6
29	1 3 58	118	+ 7 17.0	+ 9.0	54.0	0 34.9	1.80	18 19	1.1	7 26	2.6
30	1 51 23	120	+10 43.1	+ 8.1	54.0	1 18.2	1.83	18 47	1.2	8 27	2.5
Okt. 1	2 39 48	123	+13 41.7	+ 6.8	54.1	2 2.6	1.87	19 18	1.4	9 27	2.5
2	3 29 30	126	+16 4.6	+ 5.1	54.2	2 48.2	1.93	19 54	1.6	10 26	2.4
3	4 20 38	130	+17 44.4	+ 3.2	54.6	3 35.3	1.99	20 36	1.9	11 21	2.2
4	5 13 13	133	+18 34.1	+ 1.0	55.1	4 23.8	2.05	21 24	2.2	12 13	2.1
5	6 7 4	136	+18 28.4	− 1.4	55.7	5 13.6	2.10	22 19	2.4	13 1	1.9
6	7 1 56	138	+17 23.8	− 3.9	56.5	6 4.3	2.13	23 21	2.7	13 44	1.7
7	7 57 35	140	+15 19.5	− 6.4	57.4	6 55.9	2.16	— —	—	14 22	1.5
8	8 53 48	141	+12 18.0	− 8.7	58.4	7 48.0	2.18	0 28	2.9	14 57	1.4
9	9 50 35	143	+ 8 25.8	−10.6	59.4	8 40.7	2.21	1 40	3.1	15 29	1.3
10	10 48 7	145	+ 3 54.4	−11.9	60.3	9 34.2	2.25	2 56	3.2	16 0	1.3
11	11 46 41	148	− 0 59.9	−12.5	60.9	10 28.7	2.30	4 15	3.3	16 30	1.3
12	12 46 37	152	− 5 56.0	−12.0	61.3	11 24.5	2.36	5 35	3.4	17 2	1.4
13	13 48 7	156	−10 29.8	−10.6	61.4	12 21.9	2.42	6 57	3.4	17 37	1.6
14	14 51 0	159	−14 17.4	− 8.2	61.1	13 20.7	2.47	8 17	3.3	18 17	1.8

Tag	Scheinbare Rektaszension	Δ	Scheinbare Deklination	Δ	Parallaxe	Δ	Halbmesser	Δ	Länge	Breite	Alter
	0h Weltzeit										
1958	h m s	m s	° ′	° ′	′ ″	″	′ ″	″	°	°	d
Okt. 14	14 17 16	60 50	−12 23.0	3 12.4	61 16.1	26.9	16 43.1	7.3	216.203	+1.279	1.1
15	15 18 6	61 8	−15 35.4	2 6.5	60 49.2	42.0	16 35.8	11.4	231.254	+2.574	2.1
16	16 19 14	60 27	−17 41.9	0 54.1	60 7.2	51.5	16 24.4	14.1	246.025	+3.672	3.1
17	17 19 41	58 45	−18 36.0	0 16.5	59 15.7	55.5	16 10.3	15.1	260.421	+4.508	4.1
18	18 18 26	56 19	−18 19.5	1 19.6	58 20.2	54.8	15 55.2	14.9	274.390	+5.048	5.1
19	19 14 45	53 36	−16 59.9	2 11.3	57 25.4	50.6	15 40.3	13.8	287.923	+5.288	6.1
20	20 8 21	50 56	−14 48.6	2 51.3	56 34.8	44.1	15 26.5	12.0	301.045	+5.242	7.1
21	20 59 17	48 39	−11 57.3	3 19.9	55 50.7	36.6	15 14.5	10.0	313.802	+4.935	8.1
22	21 47 56	46 55	− 8 37.4	3 38.3	55 14.1	28.9	15 4.5	7.9	326.253	+4.402	9.1
23	22 34 51	45 47	− 4 59.1	3 47.5	54 45.2	21.4	14 56.6	5.8	338.460	+3.678	10.1
24	23 20 38	45 15	− 1 11.6	3 48.3	54 23.8	14.5	14 50.8	4.0	350.486	+2.801	11.1
25	0 5 53	45 16	+ 2 36.7	3 41.1	54 9.3	8.3	14 46.8	2.2	2.387	+1.812	12.1
26	0 51 9	45 49	+ 6 17.8	3 26.0	54 1.0	2.7	14 44.6	0.8	14.213	+0.750	13.1
27	1 36 58	46 43	+ 9 43.8	3 2.9	53 58.3	2.4	14 43.8	0.7	26.008	−0.339	14.1
28	2 23 41	47 53	+12 46.7	2 31.9	54 0.7	7.6	14 44.5	2.1	37.812	−1.415	15.1
29	3 11 34	49 9	+15 18.6	1 53.4	54 8.3	12.8	14 46.6	3.4	49.659	−2.432	16.1
30	4 0 43	50 22	+17 12.0	1 8.6	54 21.1	18.3	14 50.0	5.0	61.585	−3.348	17.1
31	4 51 5	51 20	+18 20.6	0 18.6	54 39.4	24.4	14 55.0	6.7	73.626	−4.125	18.1
Nov. 1	5 42 25	52 1	+18 39.2	0 34.3	55 3.8	31.0	15 1.7	8.4	85.821	−4.725	19.1
2	6 34 26	52 24	+18 4.9	1 28.0	55 34.8	37.7	15 10.1	10.3	98.213	−5.116	20.1
3	7 26 50	52 35	+16 36.9	2 19.8	56 12.5	44.1	15 20.4	12.0	110.851	−5.269	21.1
4	8 19 25	52 44	+14 17.1	3 7.4	56 56.6	49.3	15 32.4	13.5	123.785	−5.162	22.1
5	9 12 9	53 4	+11 9.7	3 48.1	57 45.9	52.3	15 45.9	14.2	137.061	−4.781	23.1
6	10 5 13	53 45	+ 7 21.6	4 19.2	58 38.2	51.9	16 0.1	14.1	150.718	−4.124	24.1
7	10 58 58	54 55	+ 3 2.4	4 37.2	59 30.1	46.7	16 14.2	12.8	164.776	−3.204	25.1
8	11 53 53	56 33	− 1 34.8	4 38.5	60 16.8	36.3	16 27.0	9.9	179.226	−2.058	26.1
9	12 50 26	58 32	− 6 13.3	4 19.9	60 53.1	20.9	16 36.9	5.6	194.018	−0.750	27.1
10	13 48 58	60 29	−10 33.2	3 40.2	61 14.0	2.0	16 42.5	0.6	209.060	+0.629	28.1
11	14 49 27	61 57	−14 13.4	2 41.4	61 16.0	17.7	16 43.1	4.8	224.222	+1.973	29.1
12	15 51 24	62 22	−16 54.8	1 29.5	60 58.3	35.2	16 38.3	9.6	239.344	+3.173	0.7
13	16 53 46	61 27	−18 24.3	0 13.4	60 23.1	48.4	16 28.7	13.2	254.270	+4.138	1.7
14	17 55 13	59 17	−18 37.7	0 57.8	59 34.7	56.0	16 15.5	15.3	268.861	+4.809	2.7
15	18 54 30	56 22	−17 39.9	1 57.8	58 38.7	58.0	16 0.2	15.8	283.025	+5.163	3.7
16	19 50 52	53 13	−15 42.1	2 44.0	57 40.7	55.3	15 44.4	15.0	296.718	+5.207	4.7
17	20 44 5	50 20	−12 58.1	3 16.6	56 45.4	49.3	15 29.4	13.5	309.943	+4.968	5.7
18	21 34 25	48 0	− 9 41.5	3 37.2	55 56.1	41.1	15 15.9	11.1	322.740	+4.487	6.7
19	22 22 25	46 19	− 6 4.3	3 47.7	55 15.0	31.8	15 4.8	8.7	335.174	+3.805	7.7
20	23 8 44	45 24	− 2 16.6	3 49.9	54 43.2	22.4	14 56.1	6.1	347.325	+2.965	8.7
21	23 54 8	45 9	+ 1 33.3	3 44.3	54 20.8	13.5	14 50.0	3.7	359.273	+2.010	9.7
22	0 39 17	45 30	+ 5 17.6	3 31.3	54 7.3	5.2	14 46.3	1.4	11.101	+0.979	10.7
23	1 24 47	46 24	+ 8 48.9	3 10.8	54 2.1	1.8	14 44.9	0.5	22.879	−0.089	11.7
24	2 11 11		+11 59.7		54 3.9		14 45.4		34.671	−1.151	12.7

Tag	Oberer Meridiandurchgang in Greenwich AR.	Änderung für 1h westl. Länge	Dekl.	Änderung für 1h westl. Länge	Parallaxe	Zeit des Durchgangs	Änderung für 1h westl Länge	0h Länge, + 50° Breite Aufgang	Änderung für 1h westl Länge	Untergang	Änderung für 1h westl. Länge
1958	h m s	s	° ′	′	′	h m	m	h m	m	h m	m
Okt. 14	14 51 0	159	−14 17.4	− 8.2	61.1	13 20.7	2.47	8 17	3.3	18 17	1.8
15	15 54 39	159	−16 59.5	− 5.2	60.4	14 20.2	2.48	9 33	3.0	19 3	2.1
16	16 57 58	157	−18 24.8	− 1.9	59.6	15 19.4	2.45	10 42	2.7	19 55	2.3
17	17 59 47	152	−18 32.1	+ 1.2	58.6	16 17.1	2.35	11 42	2.3	20 53	2.5
18	18 59 5	145	−17 28.2	+ 4.0	57.7	17 12.4	2.24	12 33	1.9	21 55	2.7
19	19 55 22	137	−15 25.2	+ 6.2	56.8	18 4.6	2.11	13 15	1.6	23 0	2.7
20	20 48 39	130	−12 36.4	+ 7.8	56.0	18 53.8	2.00	13 50	1.4	— —	—
21	21 39 19	124	− 9 15.1	+ 8.9	55.3	19 40.3	1.90	14 20	1.2	0 5	2.7
22	22 27 56	120	− 5 32.5	+ 9.6	54.8	20 24.9	1.83	14 46	1.1	1 9	2.7
23	23 15 12	117	− 1 39.0	+ 9.8	54.4	21 8.1	1.78	15 11	1.0	2 12	2.6
24	0 1 49	116	+ 2 16.4	+ 9.7	54.2	21 50.7	1.77	15 34	1.0	3 15	2.6
25	0 48 25	117	+ 6 4.9	+ 9.3	54.0	22 33.2	1.78	15 58	1.0	4 17	2.6
26	1 35 34	119	+ 9 37.9	+ 8.4	54.0	23 16.3	1.81	16 23	1.1	5 18	2.6
27	— — —	—	— —	—	—	— —	—	16 50	1.2	6 20	2.6
28	2 23 41	122	+12 46.7	+ 7.2	54.0	0 0.4	1.86	17 20	1.3	7 20	2.5
29	3 13 6	125	+15 22.8	+ 5.7	54.1	0 45.7	1.92	17 54	1.6	8 19	2.4
30	4 3 55	129	+17 17.8	+ 3.8	54.4	1 32.4	1.98	18 34	1.8	9 16	2.3
31	4 56 3	132	+18 24.7	+ 1.7	54.7	2 20.5	2.03	19 20	2.1	10 10	2.2
Nov. 1	5 49 14	134	+18 37.7	− 0.6	55.1	3 9.6	2.07	20 12	2.3	10 59	1.9
2	6 43 8	135	+17 54.0	− 3.0	55.7	3 59.4	2.08	21 10	2.6	11 42	1.7
3	7 37 24	136	+16 12.9	− 5.4	56.3	4 49.6	2.10	22 14	2.8	12 21	1.6
4	8 31 51	136	+13 37.0	− 7.6	57.1	5 40.0	2.10	23 22	2.9	12 56	1.4
5	9 26 30	137	+10 11.5	− 9.5	58.0	6 30.6	2.12	— —	—	13 28	1.3
6	10 21 37	139	+ 6 4.9	−11.0	58.9	7 21.6	2.14	0 34	3.1	13 58	1.2
7	11 17 38	142	+ 1 28.6	−11.9	59.8	8 13.5	2.19	1 48	3.2	14 27	1.2
8	12 15 9	146	− 3 21.4	−12.1	60.5	9 6.9	2.27	3 5	3.3	14 57	1.3
9	13 14 40	152	− 8 5.5	−11.4	61.1	10 2.4	2.35	4 25	3.3	15 30	1.5
10	14 16 28	157	−12 20.3	− 9.7	61.3	11 0.1	2.45	5 45	3.3	16 7	1.7
11	15 20 18	161	−15 42.4.	− 7.0	61.2	11 59.8	2.52	7 4	3.2	16 49	1.9
12	16 25 15	163	−17 52.7	− 3.8	60.7	13 0.6	2.53	8 19	3.0	17 39	2.2
13	17 29 51	160	−18 41 2	− 0.3	59.9	14 1.1	2.49	9 26	2.6	18 36	2.5
14	18 32 34	153	−18 9.3	+ 2.9	59.0	14 59.8	2.38	10 23	2.2	19 39	2.7
15	19 32 15	145	−16 27.6	+ 5.5	58.0	15 55.3	2.24	11 11	1.8	20 45	2.8
16	20 28 25	136	−13 51.3	+ 7.4	57.0	16 47.4	2.10	11 50	1.5	21 52	2.8
17	21 21 16	128	−10 36.4	+ 8.7	56.1	17 36.2	1.97	12 22	1.3	22 58	2.7
18	22 11 20	122	− 6 56.6	+ 9.5	55.4	18 22.2	1.87	12 50	1.1	— —	—
19	22 59 23	118	− 3 3.5	+ 9.9	54.8	19 6.2	1.80	13 16	1.0	0 3	2.7
20	23 46 16	116	+ 0 53.4	+ 9.8	54.4	19 49.0	1.77	13 39	1.0	1 6	2.6
21	0 32 44	116	+ 4 45.7	+ 9.5	54.1	20 31.4	1.77	14 3	1.0	2 8	2.6
22	1 19 31	118	+ 8 25.5	+ 8.8	54.0	21 14.1	1.80	14 27	1.1	3 10	2.6
23	2 7 12	121	+11 44.5	+ 7.7	54.1	21 57.8	1.84	14 53	1.2	4 11	2.6
24	2 56 13	124	+14 34.3	+ 6.3	54.2	22 42.7	1.91	15 22	1.3	5 12	2.5

Tag	0h Weltzeit										
	Scheinbare Rektaszension		Scheinbare Deklination		Parallaxe		Halbmesser		Länge	Breite	Alter
1958	h m s	m s	° ′	° ′	′ ″	″	′ ″	″	°	°	d
Nov. 24	2 11 11	47 38	+11 59.7	2 42.5	54 3.9	8.0	14 45.4	2.1	34.671	−1.151	12.7
25	2 58 49	49 3	+14 42.2	2 6.3	54 11.9	13.0	14 47.5	3.6	46.529	−2.167	13.7
26	3 47 52	50 27	+16 48.5	1 22.7	54 24.9	17.2	14 51.1	4.7	58.494	−3.094	14.7
27	4 38 19	51 34	+18 11.2	0 33.2	54 42.1	21.0	14 55.8	5.7	70.593	−3.890	15.7
28	5 29 53	52 18	+18 44.4	0 20.3	55 3.1	24.5	15 1.5	6.7	82.850	−4.516	16.7
29	6 22 11	52 33	+18 24.1	1 14.4	55 27.6	27.9	15 8.2	7.6	95.280	−4.938	17.7
30	7 14 44	52 26	+17 9.7	2 6.6	55 55.5	31.5	15 15.8	8.6	107.895	−5.127	18.7
Dez. 1	8 7 10	52 9	+15 3.1	2 53.9	56 27.0	35.0	15 24.4	9.5	120.713	−5.065	19.7
2	8 59 19	51 55	+12 9.2	3 33.9	57 2.0	38.2	15 33.9	10.4	133.752	−4.742	20.7
3	9 51 14	52 2	+ 8 35.3	4 4.8	57 40.2	40.3	15 44.3	11.0	147.035	−4.160	21.7
4	10 43 16	52 38	+ 4 30.5	4 24.6	58 20.5	40.6	15 55.3	11.0	160.588	−3.336	22.7
5	11 35 54	53 52	+ 0 5.9	4 31.0	59 1.1	37.9	16 6.3	10.4	174.432	−2.302	23.7
6	12 29 46	55 40	− 4 25.1	4 21.6	59 39.0	31.8	16 16.7	8.6	188.578	−1.106	24.7
7	13 25 26	57 52	− 8 46.7	3 54.2	60 10.8	21.5	16 25.3	5.9	203.013	+0.182	25.7
8	14 23 18	60 4	−12 40.9	3 7.8	60 32.3	7.7	16 31.2	2.1	217.694	+1.476	26.7
9	15 23 22	61 41	−15 48.7	2 4.9	60 40.0	8.2	16 33.3	2.3	232.537	+2.683	27.7
10	16 25 3	62 10	−17 53.6	0 51.2	60 31.8	24.3	16 31.0	6.6	247.425	+3.708	28.7
11	17 27 13	61 14	−18 44.8	0 24.5	60 7.5	38.2	16 24.4	10.4	262.218	+4.475	0.3
12	18 28 27	59 2	−18 20.3	1 33.3	59 29.3	48.1	16 14.0	13.1	276.776	+4.937	1.3
13	19 27 29	56 3	−16 47.0	2 29.1	58 41.2	53.1	16 0.9	14.4	290.981	+5.079	2.3
14	20 23 32	52 55	−14 17.9	3 9.8	57 48.1	53.4	15 46.5	14.6	304.757	+4.918	3.3
15	21 16 27	50 3	−11 8.1	3 35.9	56 54.7	49.5	15 31.9	13.5	318.075	+4.492	4.3
16	22 6 30	47 48	− 7 32.2	3 49.8	56 5.2	42.6	15 18.4	11.6	330.954	+3.847	5.3
17	22 54 18	46 17	− 3 42.4	3 53.7	55 22.6	33.6	15 6.8	9.1	343.443	+3.035	6.3
18	23 40 35	45 30	+ 0 11.3	3 49.2	54 49.0	23.5	14 57.7	6.5	355.619	+2.102	7.3
19	0 26 5	45 25	+ 4 0.5	3 37.6	54 25.5	13.3	14 51.2	3.6	7.571	+1.093	8.3
20	1 11 30	46 1	+ 7 38.1	3 18.9	54 12.2	3.4	14 47.6	0.9	19.390	+0.049	9.3
21	1 57 31	47 6	+10 57.0	2 53.3	54 8.8	5.6	14 46.7	1.5	31.167	−0.992	10.3
22	2 44 37	48 33	+13 50.3	2 20.0	54 14.4	13.4	14 48.2	3.7	42.984	−1.992	11.3
23	3 33 10	50 8	+16 10.3	1 39.1	54 27.8	19.6	14 51.9	5.3	54.911	−2.911	12.3
24	4 23 18	51 37	+17 49.4	0 51.2	54 47.4	24.2	14 57.2	6.6	67.003	−3.710	13.3
25	5 14 55	52 44	+18 40.6	0 2.1	55 11.6	27.1	15 3.8	7.4	79.299	−4.348	14.3
26	6 7 39	53 19	+18 38.5	0 58.0	55 38.7	28.7	15 11.2	7.8	91.817	−4.789	15.3
27	7 0 58	53 21	+17 40.5	1 52.8	56 7.4	29.1	15 19.0	8.0	104.561	−5.000	16.3
28	7 54 19	53 1	+15 47.7	2 43.1	56 36.5	28.8	15 27.0	7.8	117.520	−4.958	17.3
29	8 47 20	52 29	+13 4.6	3 25.6	57 5.3	28.0	15 34.8	7.6	130.678	−4.655	18.3
30	9 39 49	52 5	+ 9 39.0	3 57.8	57 33.3	27.1	15 42.4	7.4	144.015	−4.095	19.3
31	10 31 54	52 3	+ 5 41.2	4 18.5	58 0.4	25.9	15 49.8	7.1	157.518	−3.299	20.3
32	11 23 57		+ 1 22.7		58 26.3		15 56.9		171.179	−2.305	21.3

Tag	Oberer Meridiandurchgang in Greenwich							0h Länge, + 50° Breite			
	AR.	Änderung für 1h westl. Länge	Dekl.	Änderung für 1h westl. Länge	Parallaxe	Zeit des Durchgangs	Änderung für 1h westl. Länge	Aufgang	Änderung für 1h westl. Länge	Untergang	Änderung für 1h westl. Länge
1958	h m s	s	° ′	′	′	h m	m	h m	m	h m	m
Nov. 24	2 56 13	124	+14 34.3	+ 6.3	54.2	22 42.7	1.91	15 22	1.3	5 12	2.5
25	3 46 48	128	+16 46.2	+ 4.6	54.4	23 29.2	1.97	15 55	1.5	6 12	2.5
26	— — —	—	— —	—	—	— —	—	16 33	1.7	7 11	2.4
27	4 38 55	132	+18 11.9	+ 2.5	54.7	0 17.3	2.03	17 17	2.0	8 6	2.2
28	5 32 17	135	+18 44.6	+ 0.2	55.1	1 6.6	2.07	18 7	2.2	8 57	2.0
29	6 26 26	136	+18 20.1	− 2.2	55.5	1 56.6	2.10	19 4	2.5	9 43	1.8
30	7 20 49	136	+16 57.6	− 4.6	56.0	2 46.9	2.09	20 6	2.7	10 23	1.6
Dez. 1	8 15 3	135	+14 39.8	− 6.8	56.5	3 37.1	2.08	21 12	2.8	10 59	1.4
2	9 8 57	134	+11 32.4	− 8.7	57.1	4 26.9	2.07	22 21	2.9	11 31	1.3
3	10 2 39	134	+ 7 43.8	−10.2	57.8	5 16.5	2.07	23 32	3.0	12 1	1.2
4	10 56 35	136	+ 3 24.6	−11.3	58.5	6 6.4	2.09	— —	—	12 29	1.2
5	11 51 21	139	− 1 12.6	−11.7	59.2	6 57.1	2.14	0 46	3.1	12 57	1.2
6	12 47 41	143	− 5 52.2	−11.5	59.8	7 49.3	2.22	2 1	3.2	13 27	1.3
7	13 46 13	149	−10 16.1	−10.4	60.3	8 43.7	2.32	3 18	3.2	14 0	1.5
8	14 47 17	156	−14 3.2	− 8.4	60.6	9 40.7	2.43	4 36	3.2	14 38	1.7
9	15 50 38	161	−16 52.8	− 5.6	60.6	10 40.0	2.50	5 52	3.1	15 23	2.1
10	16 55 19	162	−18 28.0	− 2.3	60.4	11 40.5	2.53	7 3	2.8	16 16	2.4
11	17 59 47	159	−18 41.0	+ 1.2	59.8	12 40.9	2.48	8 7	2.4	17 16	2.6
12	19 2 23	153	−17 34.9	+ 4.3	59.0	13 39.4	2.38	9 0	2.1	18 22	2.8
13	20 1 55	144	−15 22.2	+ 6.7	58.2	14 34.8	2.24	9 45	1.7	19 31	2.9
14	20 57 56	136	−12 19.5	+ 8.4	57.2	15 26.8	2.10	10 21	1.4	20 40	2.8
15	21 50 38	128	− 8 43.9	+ 9.5	56.3	16 15.4	1.96	10 52	1.2	21 47	2.8
16	22 40 36	122	− 4 50.0	+10.0	55.6	17 1.3	1.87	11 19	1.1	22 53	2.7
17	23 28 39	118	− 0 49.4	+10.0	54.9	17 45.3	1.80	11 44	1.0	23 56	2.6
18	0 15 38	117	+ 3 8.5	+ 9.7	54.5	18 28.2	1.78	12 8	1.0	— —	—
19	1 2 22	117	+ 6 55.7	+ 9.1	54.2	19 10.9	1.78	12 32	1.0	0 59	2.6
20	1 49 35	119	+10 24.7	+ 8.2	54.1	19 54.0	1.82	12 57	1.1	2 0	2.6
21	2 37 56	123	+13 27.8	+ 7.0	54.2	20 38.3	1.88	13 24	1.2	3 1	2.6
22	3 27 50	127	+15 56.9	+ 5.4	54.4	21 24.1	1.94	13 55	1.4	4 2	2.5
23	4 19 29	131	+17 43.5	+ 3.4	54.8	22 11.7	2.02	14 31	1.6	5 1	2.4
24	5 12 46	135	+18 39.5	+ 1.2	55.2	23 0.9	2.08	15 12	1.9	5 58	2.3
25	6 7 20	137	+18 38.6	− 1.3	55.6	23 51.4	2.12	16 1	2.2	6 52	2.1
26	— — —	—	— —	—	—	— —	—	16 56	2.4	7 40	1.9
27	7 2 32	138	+17 38.0	− 3.8	56.1	0 42.5	2.13	17 57	2.7	8 24	1.7
28	7 57 47	138	+15 38.5	− 6.1	56.6	1 33.7	2.13	19 3	2.8	9 2	1.5
29	8 52 37	136	+12 45.7	− 8.2	57.1	2 24.5	2.10	20 12	2.9	9 36	1.5
30	9 46 52	135	+ 9 8.5	− 9.8	57.6	3 14.6	2.08	21 22	3.0	10 6	1.4
31	10 40 44	134	+ 4 58.4	−10.9	58.1	4 4.4	2.08	22 35	3.1	10 35	1.2
32	11 34 38	135	+ 0 28.5	−11.5	58.5	4 54.2	2.08	23 48	3.2	11 3	1.1

Mond 1958

Phasen des Mondes

1958		Weltzeit h	m		1958		Weltzeit h	m	
Jan.	5	20	9	Vollmond	Juli	9	0	21	Letztes Viertel
	12	14	1	Letztes Viertel		16	18	33	Neumond
	19	22	8	Neumond		23	14	19	Erstes Viertel
	28	2	16	Erstes Viertel		30	16	47	Vollmond
Febr.	4	8	5	Vollmond	Aug.	7	17	49	Letztes Viertel
	10	23	34	Letztes Viertel		15	3	33	Neumond
	18	15	38	Neumond		21	19	45	Erstes Viertel
	26	20	51	Erstes Viertel		29	5	53	Vollmond
März	5	18	28	Vollmond	Sept.	6	10	24	Letztes Viertel
	12	10	48	Letztes Viertel		13	12	2	Neumond
	20	9	50	Neumond		20	3	17	Erstes Viertel
	28	11	18	Erstes Viertel		27	21	43	Vollmond
April	4	3	45	Vollmond	Okt.	6	1	20	Letztes Viertel
	10	23	50	Letztes Viertel		12	20	52	Neumond
	19	3	23	Neumond		19	14	7	Erstes Viertel
	26	21	36	Erstes Viertel		27	15	41	Vollmond
Mai	3	12	23	Vollmond	Nov.	4	14	19	Letztes Viertel
	10	14	37	Letztes Viertel		11	6	34	Neumond
	18	19	0	Neumond		18	4	59	Erstes Viertel
	26	4	38	Erstes Viertel		26	10	16	Vollmond
Juni	1	20	55	Vollmond	Dez.	4	1	24	Letztes Viertel
	9	6	59	Letztes Viertel		10	17	23	Neumond
	17	7	59	Neumond		17	23	52	Erstes Viertel
	24	9	44	Erstes Viertel		26	3	54	Vollmond
Juli	1	6	4	Vollmond		33	10	50	Letztes Viertel

Mond in Erdnähe

1958		Weltzeit h
Jan.	9	0
Febr.	5	23
März	6	9
April	3	21
Mai	2	6
Mai	30	7
Juni	26	9
Juli	21	11
Aug.	17	15
Sept.	14	17
Okt.	13	2
Nov.	10	14
Dez.	9	0

Mond in Erdferne

1958		Weltzeit h
Jan.	25	0
Febr.	21	15
März	20	19
April	16	23
Mai	14	11
Juni	11	5
Juli	8	23
Aug.	5	18
Sept.	2	11
Sept.	29	22
Okt.	27	0
Nov.	23	5
Dez.	20	21

Tag	0h Weltzeit Scheinbare Rektaszension		Scheinbare Deklination		Δ		Halbmesser	Hor. Par.	Aufgang	Obere Kulmination	Untergang
									in 0h Länge, + 50° Breite		
1958	h m s	m s	° ′ ″	′ ″			″	″	h m	h m	h m
Jan. 0	17 49 44.03	3 26.51	−20 16 50.3	3 19.2	0.706 874	13 613	4.72	12.45	6 51	11 9.6	15 28
1	17 46 17.52	2 43.05	20 13 31.1	1 14.3	0.720 487	15 358	4.63	12.21	6 44	11 2.6	15 21
2	17 43 34.47	1 59.13	20 12 16.8	0 45.8	0.735 845	16 804	4.54	11.96	6 37	10 56.3	15 15
3	17 41 35.34	1 16.03	20 13 2.6	2 37.4	0.752 649	17 966	4.44	11.69	6 32	10 50.7	15 10
4	17 40 19.31	0 34.69	20 15 40.0	4 17.7	0.770 615	18 867	4.33	11.42	6 27	10 45.8	15 4
5	17 39 44.62	0 4.33	20 19 57.7	5 45.4	0.789 482	19 537	4.23	11.15	6 23	10 41.6	15 0
6	17 39 48.95	0 40.67	−20 25 43.1	6 59.6	0.809 019	20 003	4.13	10.88	6 20	10 38.0	14 56
7	17 40 29.62	1 14.17	20 32 42.7	8 0.0	0.829 022	20 291	4.03	10.61	6 18	10 35.0	14 52
8	17 41 43.79	1 44.83	20 40 42.7	8 47.0	0.849 313	20 430	3.93	10.36	6 16	10 32.6	14 49
9	17 43 28.62	2 12.75	20 49 29.7	9 21.2	0.869 743	20 441	3.84	10.12	6 15	10 30.6	14 46
10	17 45 41.37	2 38.08	20 58 50.9	9 43.2	0.890 184	20 346	3.75	9.89	6 14	10 29.0	14 44
11	17 48 19.45	3 1.00	21 8 34.1	9 54.5	0.910 530	20 165	3.67	9.66	6 14	10 27.9	14 42
12	17 51 20.45	3 21.69	−21 18 28.6	9 55.4	0.930 695	19 911	3.59	9.46	6 14	10 27.1	14 40
13	17 54 42.14	3 40.37	21 28 24.0	9 47.3	0.950 606	19 600	3.51	9.26	6 15	10 26.7	14 38
14	17 58 22.51	3 57.24	21 38 11.3	9 31.1	0.970 206	19 243	3.44	9.07	6 15	10 26.5	14 37
15	18 2 19.75	4 12.45	21 47 42.4	9 7.5	0.989 449	18 848	3.38	8.89	6 17	10 26.7	14 37
16	18 6 32.20	4 26.19	21 56 49.9	8 37.3	1.008 297	18 427	3.31	8.73	6 18	10 27.0	14 36
17	18 10 58.39	4 38.64	22 5 27.2	8 1.4	1.026 724	17 983	3.25	8.57	6 19	10 27.6	14 36
18	18 15 37.03	4 49.87	−22 13 28.6	7 20.3	1.044 707	17 525	3.20	8.42	6 21	10 28.4	14 36
19	18 20 26.90	5 0.07	22 20 48.9	6 34.6	1.062 232	17 054	3.14	8.28	6 22	10 29.4	14 36
20	18 25 26.97	5 9.32	22 27 23.5	5 44.8	1.079 286	16 576	3.09	8.15	6 24	10 30.5	14 37
21	18 30 36.29	5 17.72	22 33 8.3	4 51.5	1.095 862	16 094	3.05	8.03	6 26	10 31.8	14 37
22	18 35 54.01	5 25.36	22 37 59.8	3 54.9	1.111 956	15 611	3.00	7.91	6 28	10 33.2	14 38
23	18 41 19.37	5 32.32	22 41 54.7	2 55.4	1.127 567	15 126	2.96	7.80	6 30	10 34.7	14 40
24	18 46 51.69	5 38.67	−22 44 50.1	1 53.5	1.142 693	14 645	2.92	7.70	6 32	10 36.4	14 41
25	18 52 30.36	5 44.46	22 46 43.6	0 49.1	1.157 338	14 166	2.89	7.60	6 34	10 38.1	14 43
26	18 58 14.82	5 49.76	22 47 32.7	0 17.2	1.171 504	13 689	2.85	7.51	6 36	10 40.0	14 45
27	19 4 4.58	5 54.60	22 47 15.5	1 25.3	1.185 193	13 218	2.82	7.42	6 37	10 41.9	14 47
28	19 9 59.18	5 59.03	22 45 50.2	2 35.1	1.198 411	12 750	2.79	7.34	6 39	10 43.9	14 49
29	19 15 58.21	6 3.09	22 43 15.1	3 46.4	1.211 161	12 289	2.76	7.27	6 41	10 46.0	14 51
30	19 22 1.30	6 6.82	−22 39 28.7	4 58.9	1.223 450	11 831	2.73	7.19	6 43	10 48.1	14 54
31	19 28 8.12	6 10.23	22 34 29.8	6 12.7	1.235 281	11 378	2.70	7.12	6 44	10 50.3	14 57
Febr. 1	19 34 18.35	6 13.38	22 28 17.1	7 27.5	1.246 659	10 930	2.68	7.06	6 46	10 52.6	15 0
2	19 40 31.73	6 16.26	22 20 49.6	8 43.3	1.257 589	10 485	2.66	7.00	6 47	10 54.9	15 3
3	19 46 47.99	6 18.91	22 12 6.3	10 0.0	1.268 074	10 045	2.63	6.94	6 49	10 57.2	15 6
4	19 53 6.90	6 21.37	22 2 6.3	11 17.5	1.278 119	9 608	2.61	6.89	6 50	10 59.6	15 10
5	19 59 28.27	6 23.62	−21 50 48.8	12 35.7	1.287 727	9 172	2.59	6.83	6 51	11 2.0	15 13
6	20 5 51.89	6 25.70	21 38 13.1	13 54.6	1.296 899	8 738	2.58	6.79	6 52	11 4.5	15 17
7	20 12 17.59	6 27.64	21 24 18.5	15 13.9	1.305 637	8 306	2.56	6.74	6 53	11 7.0	15 21
8	20 18 45.23	6 29.42	21 9 4.6	16 34.0	1.313 943	7 873	2.54	6.70	6 54	11 9.6	15 26
9	20 25 14.65	6 31.08	20 52 30.6	17 54.4	1.321 816	7 440	2.53	6.66	6 55	11 12.1	15 30
10	20 31 45.73		−20 34 36.2		1.329 256		2.51	6.62	6 56	11 14.7	15 34

Merkur 1958

Tag	Scheinbare Rektaszension (0ʰ Weltzeit)	Diff.	Scheinbare Deklination (0ʰ Weltzeit)	Diff.	Δ (0ʰ Weltzeit)	Diff.	Halbmesser	Hor. Par.	Aufgang (in 0ʰ Länge, + 50° Breite)	Obere Kulmination (in 0ʰ Länge, + 50° Breite)	Untergang (in 0ʰ Länge, + 50° Breite)
1958	h m s	m s	° ′ ″	′ ″			″	″	h m	h m	h m
Febr. 10	20 31 45.73	6 32.63	−20 34 36.2	19 15.2	1.329 256	7 004	2.51	6.62	6 56	11 14.7	15 34
11	20 38 18.36	6 34.07	20 15 21.0	20 36.5	1.336 260	6 567	2.50	6.59	6 57	11 17.3	15 39
12	20 44 52.43	6 35.43	19 54 44.5	21 58.0	1.342 827	6 125	2.49	6.55	6 57	11 20.0	15 44
13	20 51 27.86	6 36.72	19 32 46.5	23 19.9	1.348 952	5 679	2.48	6.52	6 58	11 22.6	15 49
14	20 58 4.58	6 37.92	19 9 26.6	24 42.0	1.354 631	5 225	2.47	6.50	6 58	11 25.3	15 54
15	21 4 42.50	6 39.09	18 44 44.6	26 4.3	1.359 856	4 766	2.46	6.47	6 58	11 28.0	15 59
16	21 11 21.59	6 40.21	−18 18 40.3	27 26.8	1.364 622	4 296	2.45	6.45	6 58	11 30.7	16 4
17	21 18 1.80	6 41.29	17 51 13.5	28 49.4	1.368 918	3 818	2.44	6.43	6 58	11 33.5	16 10
18	21 24 43.09	6 42.35	17 22 24.1	30 12.0	1.372 736	3 325	2.43	6.41	6 58	11 36.2	16 15
19	21 31 25.44	6 43.39	16 52 12.1	31 34.9	1.376 061	2 821	2.43	6.40	6 58	11 39.0	16 21
20	21 38 8.83	6 44.43	16 20 37.2	32 57.6	1.378 882	2 300	2.42	6.38	6 58	11 41.8	16 27
21	21 44 53.26	6 45.47	15 47 39.6	34 20.3	1.381 182	1 761	2.42	6.37	6 58	11 44.6	16 32
22	21 51 38.73	6 46.51	−15 13 19.3	35 42.8	1.382 943	1 203	2.42	6.36	6 58	11 47.5	16 39
23	21 58 25.24	6 47.56	14 37 36.5	37 5.0	1.384 146	623	2.41	6.36	6 57	11 50.3	16 45
24	22 5 12.80	6 48.63	14 0 31.5	38 26.9	1.384 769	17	2.41	6.35	6 57	11 53.2	16 51
25	22 12 1.43	6 49.70	13 22 4.6	39 48.4	1.384 786	614	2.41	6.35	6 57	11 56.1	16 57
26	22 18 51.13	6 50.80	12 42 16.2	41 9.2	1.384 172	1 275	2.41	6.36	6 56	11 59.0	17 4
27	22 25 41.93	6 51.90	12 1 7.0	42 29.2	1.382 897	1 970	2.42	6.36	6 55	12 1.9	17 10
28	22 32 33.83	6 52.99	−11 18 37.8	43 48.2	1.380 927	2 699	2.42	6.37	6 55	12 4.8	17 17
März 1	22 39 26.82	6 54.08	10 34 49.6	45 5.9	1.378 228	3 465	2.42	6.39	6 54	12 7.8	17 23
2	22 46 20.90	6 55.15	9 49 43.7	46 22.1	1.374 763	4 273	2.43	6.40	6 53	12 10.7	17 30
3	22 53 16.05	6 56.16	9 3 21.6	47 36.2	1.370 490	5 124	2.44	6.42	6 52	12 13.7	17 37
4	23 0 12.21	6 57.10	8 15 45.4	48 48.0	1.365 366	6 018	2.45	6.45	6 51	12 16.7	17 44
5	23 7 9.31	6 57.93	7 26 57.4	49 57.0	1.359 348	6 962	2.46	6.47	6 50	12 19.8	17 51
6	23 14 7.24	6 58.62	− 6 37 0.4	51 2.4	1.352 386	7 952	2.47	6.51	6 49	12 22.8	17 58
7	23 21 5.86	6 59.09	5 45 58.0	52 3.7	1.344 434	8 993	2.48	6.55	6 48	12 25.8	18 6
8	23 28 4.95	6 59.31	4 53 54.3	53 0.2	1.335 441	10 081	2.50	6.59	6 47	12 28.9	18 13
9	23 35 4.26	6 59.17	4 0 54.1	53 50.7	1.325 360	11 215	2.52	6.64	6 46	12 31.9	18 20
10	23 42 3.43	6 58.63	3 7 3.4	54 34.5	1.314 145	12 394	2.54	6.70	6 44	12 35.0	18 28
11	23 49 2.06	6 57.55	2 12 28.9	55 10.7	1.301 751	13 608	2.57	6.76	6 43	12 38.0	18 35
12	23 55 59.61	6 55.86	− 1 17 18.2	55 37.7	1.288 143	14 853	2.59	6.83	6 42	12 41.0	18 43
13	0 2 55.47	6 53.43	− 0 21 40.5	55 54.9	1.273 290	16 118	2.62	6.91	6 40	12 44.0	18 50
14	0 9 48.90	6 50.13	+ 0 34 14.4	56 0.6	1.257 172	17 390	2.66	7.00	6 39	12 46.9	18 58
15	0 16 39.03	6 45.85	1 30 15.0	55 54.1	1.239 782	18 655	2.69	7.10	6 37	12 49.8	19 5
16	0 23 24.88	6 40.46	2 26 9.1	55 34.0	1.221 127	19 896	2.74	7.21	6 35	12 52.6	19 12
17	0 30 5.34	6 33.85	3 21 43.1	54 59.6	1.201 231	21 094	2.78	7.33	6 34	12 55.3	19 19
18	0 36 39.19	6 25.90	+ 4 16 42.7	54 10.1	1.180 137	22 229	2.83	7.46	6 32	12 57.8	19 26
19	0 43 5.09	6 16.54	5 10 52.8	53 5.0	1.157 908	23 282	2.88	7.60	6 30	13 0.2	19 33
20	0 49 21.63	6 5.68	6 3 57.8	51 44.2	1.134 626	24 233	2.94	7.76	6 28	13 2.5	19 39
21	0 55 27.31	5 53.30	6 55 42.0	50 7.5	1.110 393	25 063	3.01	7.93	6 26	13 4.5	19 45
22	1 1 20.61	5 39.38	7 45 49.5	48 15.6	1.085 330	25 759	3.08	8.11	6 24	13 6.3	19 51
23	1 6 59.99		+ 8 34 5.1		1.059 571		3.15	8.31	6 22	13 7.9	19 56

Tag	Scheinbare Rektaszension		Scheinbare Deklination		Δ		Halbmesser	Hor. Par.	Aufgang	Obere Kulmination	Untergang
	0h Weltzeit								in 0h Länge, + 50° Breite		
1958	h m s	m s	° ′ ″	′ ″			″	″	h m	h m	h m
März 23	1 6 59.99	5 23.91	+ 8 34 5.1	46 8.9	1.059 571	26 308	3.15	8.31	6 22	13 7.9	19 56
24	1 12 23.90	5 6.95	9 20 14.0	43 48.4	1.033 263	26 701	3.23	8.52	6 19	13 9.2	20 1
25	1 17 30.85	4 48.57	10 4 2.4	41 14.9	1.006 562	26 933	3.32	8.74	6 17	13 10.2	20 6
26	1 22 19.42	4 28.83	10 45 17.3	38 29.6	0.979 629	27 004	3.41	8.98	6 14	13 10.9	20 10
27	1 26 48.25	4 7.84	11 23 46.9	35 33.7	0.952 625	26 917	3.51	9.24	6 11	13 11.3	20 13
28	1 30 56.09	3 45.74	11 59 20.6	32 28.2	0.925 708	26 674	3.61	9.51	6 8	13 11.3	20 16
29	1 34 41.83	3 22.64	+12 31 48.8	29 14.2	0.899 034	26 286	3.71	9.79	6 5	13 10.9	20 18
30	1 38 4.47	2 58.68	13 1 3.0	25 52.7	0.872 748	25 758	3.83	10.08	6 2	13 10.1	20 19
31	1 41 3.15	2 34.02	13 26 55.7	22 24.5	0.846 990	25 103	3.94	10.39	5 59	13 8.9	20 20
April 1	1 43 37.17	2 8.87	13 49 20.2	18 50.8	0.821 887	24 329	4.06	10.71	5 55	13 7.3	20 20
2	1 45 46.04	1 43.37	14 8 11.0	15 12.3	0.797 558	23 446	4.19	11.03	5 52	13 5.3	20 19
3	1 47 29.41	1 17.76	14 23 23.3	11 30.1	0.774 112	22 464	4.32	11.37	5 48	13 2.8	20 18
4	1 48 47.17	0 52.28	+14 34 53.4	7 45.1	0.751 648	21 395	4.44	11.71	5 45	13 0.0	20 16
5	1 49 39.45	0 27.18	14 42 38.5	3 58.8	0.730 253	20 244	4.57	12.05	5 41	12 56.7	20 13
6	1 50 6.63	0 2.72	14 46 37.3	0 12.4	0.710 009	19 023	4.70	12.39	5 37	12 53.0	20 9
7	1 50 9.35	0 20.79	14 46 49.7	3 32.1	0.690 986	17 740	4.83	12.74	5 33	12 48.9	20 5
8	1 49 48.56	0 43.05	14 43 17.6	7 12.8	0.673 246	16 404	4.96	13.07	5 29	12 44.4	19 59
9	1 49 5.51	1 3.75	14 36 4.8	10 47.0	0.656 842	15 020	5.08	13.40	5 25	12 39.6	19 54
10	1 48 1.76	1 22.57	+14 25 17.8	14 12.5	0.641 822	13 602	5.20	13.71	5 21	12 34.4	19 47
11	1 46 39.19	1 39.23	14 11 5.3	17 26.0	0.628 220	12 154	5.32	14.01	5 17	12 29.0	19 40
12	1 44 59.96	1 53.47	13 53 39.3	20 24.6	0.616 066	10 688	5.42	14.28	5 13	12 23.3	19 32
13	1 43 6.49	2 5.05	13 33 14.7	23 5.2	0.605 378	9 211	5.52	14.54	5 9	12 17.3	19 25
14	1 41 1.44	2 13.82	13 10 9.5	25 25.2	0.596 167	7 734	5.60	14.76	5 5	12 11.3	19 16
15	1 38 47.62	2 19.67	12 44 44.3	27 21.6	0.588 433	6 266	5.68	14.95	5 1	12 5.1	19 8
16	1 36 27.95	2 22.56	+12 17 22.7	28 52.7	0.582 167	4 815	5.74	15.12	4 57	11 58.8	18 59
17	1 34 5.39	2 22.55	11 48 30.0	29 57.0	0.577 352	3 393	5.78	15.24	4 54	11 52.5	18 50
18	1 31 42.84	2 19.73	11 18 33.0	30 33.8	0.573 959	2 006	5.82	15.33	4 50	11 46.2	18 41
19	1 29 23.11	2 14.29	10 47 59.2	30 43.2	0.571 953	661	5.84	15.39	4 46	11 40.0	18 33
20	1 27 8.82	2 6.44	10 17 16.0	30 25.9	0.571 292	634	5.85	15.40	4 43	11 33.9	18 24
21	1 25 2.38	1 56.45	9 46 50.1	29 43.5	0.571 926	1 875	5.84	15.39	4 39	11 28.0	18 16
22	1 23 5.93	1 44.61	+ 9 17 6.6	28 38.1	0.573 801	3 055	5.82	15.34	4 36	11 22.2	18 8
23	1 21 21.32	1 31.22	8 48 28.5	27 11.9	0.576 856	4 175	5.79	15.25	4 32	11 16.6	18 0
24	1 19 50.10	1 16.58	8 21 16.6	25 27.9	0.581 031	5 232	5.75	15.15	4 29	11 11.3	17 52
25	1 18 33.52	1 0.98	7 55 48.7	23 29.1	0.586 263	6 223	5.70	15.01	4 26	11 6.2	17 45
26	1 17 32.54	0 44.69	7 32 19.6	21 17.9	0.592 486	7 153	5.64	14.85	4 23	11 1.4	17 39
27	1 16 47.85	0 27.93	7 11 1.7	18 57.3	0.599 639	8 020	5.57	14.68	4 20	10 56.9	17 33
28	1 16 19.92	0 10.95	+ 6 52 4.4	16 30.1	0.607 659	8 828	5.50	14.48	4 17	10 52.6	17 27
29	1 16 8.97	0 6.10	6 35 34.3	13 58.2	0.616 487	9 578	5.42	14.27	4 15	10 48.6	17 22
30	1 16 15.07	0 23.04	6 21 36.1	11 23.9	0.626 065	10 275	5.33	14.06	4 12	10 44.9	17 17
Mai 1	1 16 38.11	0 39.79	6 10 12.2	8 48.7	0.636 340	10 920	5.25	13.83	4 9	10 41.5	17 13
2	1 17 17.90	0 56.21	6 1 23.5	6 14.2	0.647 260	11 518	5.16	13.60	4 7	10 38.3	17 10
3	1 18 14.11		+ 5 55 9.3		0.658 778		5.07	13.36	4 4	10 35.4	17 7

Merkur 1958

Tag	0ʰ Weltzeit: Scheinbare Rektaszension		Scheinbare Deklination		Δ		Halbmesser	Hor. Par.	Aufgang	Obere Kulmination	Untergang
									in 0ʰ Länge, +50° Breite		
1958	h m s	m s	° ′ ″	′ ″			″	″	h m	h m	h m
Mai 3	1 18 14.11	1 12 26	+ 5 55 9.3	3 41 8	0.658 778	12 071	5.07	13.36	4 4	10 35.4	17 7
4	1 19 26.37	1 27.87	5 51 27.5	1 12.2	0.670 849	12 585	4.98	13.12	4 2	10 32.8	17 4
5	1 20 54.24	1 43.00	5 50 15.3	1 13 7	0.683 434	13 061	4.89	12.88	3 59	10 30.5	17 2
6	1 22 37.24	1 57.66	5 51 29.0	3 35 3	0.696 495	13 501	4.80	12.63	3 57	10 28.3	17 0
7	1 24 34.90	2 11.82	5 55 4.3	5 52 4	0.709 996	13 911	4.70	12.39	3 55	10 26.5	16 58
8	1 26 46.72	2 25.50	6 0 56.7	8 4.5	0.723 907	14 292	4.61	12.16	3 53	10 24.8	16 57
9	1 29 12.22	2 38 71	+ 6 9 1.2	10 11 3	0.738 199	14 647	4.52	11.92	3 51	10 23.4	16 57
10	1 31 50.93	2 51.48	6 19 12.5	12 13 0	0.752 846	14 978	4.44	11.69	3 48	10 22.2	16 57
11	1 34 42.41	3 3.83	6 31 25.5	14 9.4	0.767 824	15 288	4.35	11.46	3 46	10 21.2	16 57
12	1 37 46.24	3 15.78	6 45 34.9	16 0 5	0.783 112	15 577	4.27	11.24	3 44	10 20.4	16 57
13	1 41 2.02	3 27 39	7 1 35.4	17 46.4	0.798 689	15 847	4.18	11.02	3 42	10 19.8	16 58
14	1 44 29.41	3 38.69	7 19 21.8	19 27.1	0.814 536	16 101	4.10	10.80	3 40	10 19.4	16 59
15	1 48 8.10	3 49.71	+ 7 38 48.9	21 2.8	0.830 637	16 337	4.02	10.59	3 39	10 19.2	17 1
16	1 51 57.81	4 0 50	7 59 51.7	22 33.6	0.846 974	16 559	3.94	10.39	3 37	10 19.2	17 3
17	1 55 58.31	4 11 09	8 22 25.3	23 59.3	0.863 533	16 764	3.87	10.19	3 35	10 19.3	17 5
18	2 0 9.40	4 21 53	8 46 24.6	25 20.3	0.880 297	16 954	3.79	10.00	3 33	10 19.6	17 7
19	2 4 30.93	4 31.85	9 11 44.9	26 36.6	0.897 251	17 128	3.72	9.81	3 32	10 20.1	17 10
20	2 9 2.78	4 42 09	9 38 21.5	27 48.0	0.914 379	17 286	3.65	9.62	3 30	10 20.8	17 13
21	2 13 44.87	4 52 32	+10 6 9.5	28 54.9	0.931 665	17 427	3.58	9.45	3 29	10 21.6	17 16
22	2 18 37.19	5 2 52	10 35 4.4	29 56.9	0.949 092	17 548	3.52	9.27	3 27	10 22.6	17 20
23	2 23 39.71	5 12 76	11 5 1.3	30 54 4	0.966 640	17 652	3.46	9.10	3 26	10 23.8	17 24
24	2 28 52.47	5 23 09	11 35 55.7	31 46.9	0.984 292	17 731	3.39	8.94	3 24	10 25.1	17 28
25	2 34 15.56	5 33 52	12 7 42.6	32 34.6	1.002 023	17 786	3.33	8.78	3 23	10 26.7	17 32
26	2 39 49.08	5 44.09	12 40 17.2	33 17 3	1.019 809	17 814	3.28	8.63	3 22	10 28.3	17 37
27	2 45 33.17	5 54.82	+13 13 34.5	33 54 6	1.037 623	17 812	3.22	8.48	3 20	10 30.2	17 42
28	2 51 27.99	6 5 73	13 47 29.1	34 26.6	1.055 435	17 774	3.16	8.34	3 19	10 32.3	17 47
29	2 57 33.72	6 16.87	14 21 55.7	34 52 7	1.073 209	17 697	3.11	8.20	3 18	10 34.5	17 52
30	3 3 50.59	6 28 23	14 56 48.4	35 12.8	1.090 906	17 576	3.06	8.07	3 18	10 36.9	17 58
31	3 10 18.82	6 39.81	15 32 1.2	35 26 4	1.108 482	17 405	3.01	7.94	3 17	10 39.6	18 4
Juni 1	3 16 58.63	6 51 63	16 7 27.6	35 33.0	1.125 887	17 181	2.97	7.82	3 16	10 42.4	18 10
2	3 23 50.26	7 3.65	+16 43 0.6	35 32.1	1.143 068	16 894	2.92	7.70	3 16	10 45.4	18 17
3	3 30 53.91	7 15.89	17 18 32.7	35 23 1	1.159 962	16 540	2.88	7.59	3 16	10 48.6	18 24
4	3 38 9.80	7 28 27	17 53 55.8	35 5.6	1.176 502	16 112	2.84	7.48	3 16	10 52.0	18 30
5	3 45 38.07	7 40 75	18 29 1.4	34 38.8	1.192 614	15 604	2.80	7.38	3 16	10 55.7	18 38
6	3 53 18.82	7 53.27	19 3 40.2	34 2.0	1.208 218	15 008	2.76	7.28	3 16	10 59.5	18 45
7	4 1 12.09	8 5 71	19 37 42.2	33 14 7	1.223 226	14 322	2.73	7.19	3 17	11 3.5	18 52
8	4 9 17.80	8 18 01	+20 10 56.9	32 16 2	1.237 548	13 541	2.70	7.11	3 18	11 7.8	19 0
9	4 17 35.81	8 29.98	20 43 13.1	31 6 2	1.251 089	12 661	2.67	7.03	3 19	11 12.3	19 8
10	4 26 5.79	8 41 51	21 14 19.3	29 44.1	1.263 750	11 684	2.64	6.96	3 20	11 16.9	19 16
11	4 34 47.30	8 52 44	21 44 3.4	28 9 8	1.275 434	10 611	2.62	6.90	3 22	11 21.8	19 24
12	4 43 39.74	9 2 57	22 12 13.2	26 23 3	1.286 045	9 446	2.60	6.84	3 24	11 26.8	19 32
13	4 52 42.31		+22 38 36.5		1.295 491		2.58	6.79	3 26	11 32.0	19 40

Tag	0h Weltzeit Scheinbare Rektaszension		Scheinbare Deklination		Δ		Halbmesser	Hor. Par	Aufgang	Obere Kulmination	Untergang
									in 0h Länge, + 50° Breite		
1958	h m s	m s	° ′ ″	′ ″			″	″	h m	h m	h m
Juni 13	4 52 42.31	9 11 73	+22 38 36.5	24 25 1	1.295 491	8 200	2.58	6.79	3 26	11 32.0	19 40
14	5 1 54.04	9 19 77	23 3 1.6	22 15 6	1.303 691	6 881	2.56	6.75	3 29	11 37.4	19 48
15	5 11 13.81	9 26 50	23 25 17.2	19 55 6	1.310 572	5 504	2.55	6.71	3 32	11 42.8	19 55
16	5 20 40.31	9 31 81	23 45 12.8	17 26.6	1.316 076	4 085	2.54	6.69	3 35	11 48.4	20 3
17	5 30 12.12	9 35 56	24 2 39.4	14 49.7	1.320 161	2 642	2.53	6.67	3 39	11 54.0	20 10
18	5 39 47.68	9 37 71	24 17 29.1	12 7 0	1.322 803	1 195	2.52	6.65	3 43	11 59.7	20 18
19	5 49 25.39	9 38 22	+24 29 36.1	9 19 8	1.323 998	238	2.52	6.65	3 47	12 5.4	20 24
20	5 59 3.61	9 37 11	24 38 55.9	6 30 5	1.323 760	1 640	2.52	6.65	3 52	12 11.1	20 31
21	6 8 40.72	9 34 43	24 45 26.4	3 40 5	1.322 120	2 994	2.53	6.66	3 57	12 16.8	20 37
22	6 18 15.15	9 30 27	24 49 6.9	0 51.8	1.319 126	4 286	2.53	6.67	4 2	12 22.4	20 43
23	6 27 45.42	9 24 73	24 49 58.7	1 53 9	1.314 840	5 506	2.54	6.69	4 8	12 28.0	20 48
24	6 37 10.15	9 17 97	24 48 4.8	4 35 4	1.309 334	6 646	2.55	6.72	4 13	12 33.4	20 53
25	6 46 28.12	9 10 12	+24 43 29.4	7 11 6	1.302 688	7 700	2.56	6.76	4 19	12 38.7	20 58
26	6 55 38.24	9 1 34	24 36 17.8	9 41 2	1.294 988	8 667	2.58	6.80	4 26	12 43.9	21 2
27	7 4 39.58	8 51 77	24 26 36.6	12 3 7	1.286 321	9 545	2.60	6.84	4 32	12 48.9	21 5
28	7 13 31.35	8 41 55	24 14 32.9	14 18 7	1.276 776	10 339	2.62	6.89	4 38	12 53.8	21 8
29	7 22 12.90	8 30.83	24 0 14.2	16 25 8	1.266 437	11 048	2.64	6.95	4 45	12 58.4	21 11
30	7 30 43.73	8 19 72	23 43 48.4	18 24 5	1.255 389	11 680	2.66	7.01	4 51	13 2.9	21 14
Juli 1	7 39 3.45	8 8 31	+23 25 23.9	20 15 3	1.243 709	12 238	2.69	7.08	4 57	13 7.2	21 16
2	7 47 11.76	7 56 71	23 5 8.6	21 57 8	1.231 471	12 728	2.71	7.15	5 4	13 11.3	21 17
3	7 55 8.47	7 45 00	22 43 10.8	23 32 4	1.218 743	13 155	2.74	7.22	5 10	13 15.2	21 18
4	8 2 53.47	7 33 22	22 19 38.4	24 59 3	1.205 588	13 527	2.77	7.30	5 17	13 18.9	21 19
5	8 10 26.69	7 21 45	21 54 39.1	26 18 7	1.192 061	13 846	2.80	7.38	5 23	13 22.4	21 20
6	8 17 48.14	7 9.69	21 28 20.4	27 30 6	1.178 215	14 121	2.83	7.47	5 29	13 25.7	21 20
7	8 24 57.83	6 58 01	+21 0 49.8	28 35 8	1.164 094	14 353	2.87	7.56	5 35	13 28.9	21 20
8	8 31 55.84	6 46.41	20 32 14.0	29 34 1	1.149 741	14 549	2.90	7.65	5 41	13 31.8	21 20
9	8 38 42.25	6 34 91	20 2 39.9	30 25.9	1.135 192	14 713	2.94	7.75	5 47	13 34.5	21 20
10	8 45 17.16	6 23 52	19 32 14.0	31 11 6	1.120 479	14 847	2.98	7.85	5 53	13 37.0	21 19
11	8 51 40.68	6 12 23	19 1 2.4	31 51 2	1.105 632	14 957	3.02	7.96	5 58	13 39.4	21 19
12	8 57 52.91	6 1 04	18 29 11.2	32 25 1	1.090 675	15 043	3.06	8.07	6 4	13 41.6	21 17
13	9 3 53.95	5 49.95	+17 56 46.1	32 53 4	1.075 632	15 111	3.11	8.18	6 9	13 43.5	21 16
14	9 9 43.90	5 38 93	17 23 52.7	33 16 3	1.060 521	15 159	3.15	8.30	6 14	13 45.3	21 15
15	9 15 22.83	5 27 98	16 50 36.4	33 34 1	1.045 362	15 194	3.20	8.42	6 19	13 46.9	21 13
16	9 20 50.81	5 17 06	16 17 2.3	33 46 5	1.030 168	15 212	3.24	8.54	6 23	13 48.3	21 11
17	9 26 7.87	5 6 19	15 43 15.8	33 54 0	1.014 956	15 220	3.29	8.67	6 28	13 49.6	21 10
18	9 31 14.06	4 55 28	15 9 21.8	33 56 5	0.999 736	15 214	3.34	8.80	6 32	13 50.6	21 7
19	9 36 9.34	4 44.38	+14 35 25.3	33 54 0	0.984 522	15 198	3.39	8.94	6 36	13 51.5	21 5
20	9 40 53.72	4 33.38	14 1 31.3	33 46 7	0.969 324	15 172	3.45	9.08	6 40	13 52.2	21 3
21	9 45 27.10	4 22 32	13 27 44.6	33 34 3	0.954 152	15 135	3.50	9.22	6 43	13 52.7	21 0
22	9 49 49.42	4 11 13	12 54 10.3	33 16.9	0.939 017	15 087	3.56	9.37	6 47	13 53.0	20 58
23	9 54 0.55	3 59 77	12 20 53.4	32 54 6	0.923 930	15 030	3.61	9.52	6 50	13 53.2	20 55
24	9 58 0.32		+11 47 58.8		0.908 900		3.67	9.68	6 53	13 53.1	20 52

Merkur 1958

Tag	0h Weltzeit: Scheinbare Rektaszension		0h Weltzeit: Scheinbare Deklination		0h Weltzeit: Δ		Halbmesser	Hor. Par.	Aufgang (in 0h Länge, + 50° Breite)	Obere Kulmination (in 0h Länge, + 50° Breite)	Untergang (in 0h Länge, + 50° Breite)
1958	h m s	m s	° ′ ″	′ ″			″	″	h m	h m	h m
Juli 24	9 58 0.32	3 48.24	+11 47 58.8	32 27.0	0.908 900	14 962	3.67	9.68	6 53	13 53.1	20 52
25	10 1 48.56	3 36.48	11 15 31.8	31 54.1	0.893 938	14 881	3.74	9.84	6 55	13 52.9	20 49
26	10 5 25.04	3 24.46	10 43 37.7	31 15.8	0.879 057	14 788	3.80	10.01	6 58	13 52.4	20 46
27	10 8 49.50	3 12.13	10 12 21.9	30 31.9	0.864 269	14 682	3.86	10.18	7 0	13 51.7	20 43
28	10 12 1.63	2 59.46	9 41 50.0	29 41.9	0.849 587	14 561	3.93	10.36	7 1	13 50.9	20 39
29	10 15 1.09	2 46.42	9 12 8.1	28 46.0	0.835 026	14 422	4.00	10.54	7 3	13 49.8	20 36
30	10 17 47.51	2 32.96	+ 8 43 22.1	27 43.6	0.820 604	14 266	4.07	10.72	7 4	13 48.5	20 32
31	10 20 20.47	2 19.05	8 15 38.5	26 34.5	0.806 338	14 088	4.14	10.91	7 5	13 47.0	20 28
Aug. 1	10 22 39.52	2 4.66	7 49 4.0	25 18.2	0.792 250	13 887	4.22	11.11	7 5	13 45.2	20 24
2	10 24 44.18	1 49.74	7 23 45.8	23 54.5	0.778 363	13 661	4.29	11.31	7 5	13 43.2	20 20
3	10 26 33.92	1 34.28	6 59 51.3	22 23.2	0.764 702	13 403	4.37	11.51	7 5	13 41.0	20 16
4	10 28 8.20	1 18.27	6 37 28.1	20 43.5	0.751 299	13 113	4.45	11.71	7 4	13 38.5	20 12
5	10 29 26.47	1 1.67	+ 6 16 44.6	18 55.5	0.738 186	12 786	4.52	11.92	7 3	13 35.7	20 7
6	10 30 28.14	0 44.54	5 57 49.1	16 58.5	0.725 400	12 416	4.60	12.13	7 2	13 32.6	20 3
7	10 31 12.68	0 26.86	5 40 50.6	14 52.8	0.712 984	12 002	4.68	12.34	7 0	13 29.2	19 58
8	10 31 39.54	0 8.69	5 25 57.8	12 37.6	0.700 982	11 534	4.76	12.55	6 57	13 25.6	19 53
9	10 31 48.23	0 9.91	5 13 20.2	10 13.5	0.689 448	11 009	4.84	12.76	6 54	13 21.6	19 48
10	10 31 38.32	0 28.80	5 3 6.7	7 40.5	0.678 439	10 422	4.92	12.97	6 51	13 17.4	19 43
11	10 31 9.52	0 47.89	+ 4 55 26.2	4 58.9	0.668 017	9 766	5.00	13.17	6 47	13 12.8	19 38
12	10 30 21.63	1 6.99	4 50 27.3	2 9.6	0.658 251	9 036	5.07	13.37	6 43	13 7.9	19 33
13	10 29 14.64	1 25.85	4 48 17.7	0 46.4	0.649 215	8 225	5.14	13.55	6 38	13 2.7	19 28
14	10 27 48.79	1 44.24	4 49 4.1	3 47.5	0.640 990	7 329	5.21	13.73	6 32	12 57.1	19 23
15	10 26 4.55	2 1.83	4 52 51.6	6 51.8	0.633 661	6 343	5.27	13.89	6 26	12 51.3	19 17
16	10 24 2.72	2 18.26	4 59 43.4	9 56.8	0.627 318	5 263	5.32	14.03	6 19	12 45.2	19 12
17	10 21 44.46	2 33.15	+ 5 9 40.2	12 59.7	0.622 055	4 087	5.37	14.15	6 12	12 38.9	19 6
18	10 19 11.31	2 46.06	5 22 39.9	15 56.9	0.617 968	2 814	5.40	14.24	6 4	12 32.3	19 1
19	10 16 25.25	2 56.57	5 38 36.8	18 44.9	0.615 154	1 446	5.43	14.31	5 56	12 25.5	18 56
20	10 13 28.68	3 4.26	5 57 21.7	21 19.8	0.613 708	17	5.44	14.34	5 48	12 18.6	18 51
21	10 10 24.42	3 8.74	6 18 41.5	23 37.6	0.613 725	1 563	5.44	14.34	5 39	12 11.6	18 46
22	10 7 15.68	3 9.68	6 42 19.1	25 34.6	0.615 288	3 190	5.43	14.30	5 30	12 4.5	18 41
23	10 4 6.00	3 6.81	+ 7 7 53.7	27 7.7	0.618 478	4 883	5.40	14.23	5 21	11 57.5	18 36
24	10 0 59.19	3 0.01	7 35 1.4	28 13.8	0.623 361	6 630	5.36	14.12	5 12	11 50.5	18 31
25	9 57 59.18	2 49.21	8 3 15.2	28 51.3	0.629 991	8 418	5.30	13.97	5 2	11 43.6	18 27
26	9 55 9.97	2 34.50	8 32 6.5	28 59.2	0.638 409	10 227	5.23	13.78	4 53	11 37.0	18 23
27	9 52 35.47	2 16.06	9 1 5.7	28 37.0	0.648 636	12 041	5.15	13.57	4 45	11 30.7	18 18
28	9 50 19.41	1 54.20	9 29 42.7	27 45.8	0.660 677	13 842	5.06	13.32	4 36	11 24.7	18 15
29	9 48 25.21	1 29.29	+ 9 57 28.5	26 26.8	0.674 519	15 611	4.95	13.05	4 28	11 19.0	18 11
30	9 46 55.92	1 1.77	10 23 55.3	24 41.7	0.690 130	17 329	4.84	12.75	4 21	11 13.8	18 8
31	9 45 54.15	0 32.14	10 48 37.0	22 33.3	0.707 459	18 976	4.72	12.44	4 14	11 9.1	18 6
Sept. 1	9 45 22.01	0 0.92	11 11 10.3	20 3.9	0.726 435	20 537	4.60	12.11	4 8	11 4.9	18 3
2	9 45 21.09	0 31.39	11 31 14.2	17 16.1	0.746 972	21 991	4.47	11.78	4 2	11 1.2	18 1
3	9 45 52.48		+11 48 30.3		0.768 963		4.34	11.44	3 57	10 58.0	18 0

Tag	0ʰ Weltzeit Scheinbare Rektaszension		Scheinbare Deklination		Δ		Halbmesser	Hor. Par.	Aufgang (in 0ʰ Länge, + 50° Breite)	Obere Kulmination (in 0ʰ Länge, + 50° Breite)	Untergang (in 0ʰ Länge, + 50° Breite)
1958	h m s	m s	° ′ ″	′ ″			″	″	h m	h m	h m
Sept. 3	9 45 52.48	1 4 26	+ 11 48 30.3	14 12 8	0.768 963	23 324	4.34	11.44	3 57	10 58.0	18 0
4	9 46 56.74	1 37 21	12 2 43.1	10 56 7	0.792 287	24 519	4.22	11.11	3 53	10 55.4	17 58
5	9 48 33.95	2 9 79	12 13 39.8	7 30 1	0.816 806	25 560	4.09	10.77	3 50	10 53.3	17 57
6	9 50 43.74	2 41 59	12 21 9.9	3 55 7	0.842 366	26 436	3.97	10.45	3 48	10 51.8	17 56
7	9 53 25.33	3 12 20	12 25 5.6	0 16.0	0.868 802	27 132	3.84	10.13	3 47	10 50.8	17 55
8	9 56 37.53	3 41.29	12 25 21.6	3 26 5	0.895 934	27 642	3.73	9.82	3 46	10 50.3	17 55
9	10 0 18.82	4 8 58	+ 12 21 55.1	7 9 6	0.923 576	27 957	3.62	9.53	3 46	10 50.2	17 54
10	10 4 27.40	4 33.84	12 14 45.5	10 50 6	0.951 533	28 079	3.51	9.25	3 47	10 50.6	17 54
11	10 9 1.24	4 56.87	12 3 54.9	14 27 5	0.979 612	28 004	3.41	8.98	3 49	10 51.4	17 54
12	10 13 58.11	5 17 53	11 49 27.4	17 57 8	1.007 616	27 743	3.31	8.73	3 51	10 52.6	17 53
13	10 19 15.64	5 35 79	11 31 29.6	21 19 8	1.035 359	27 302	3.23	8.50	3 54	10 54.1	17 53
14	10 24 51.43	5 51 64	11 10 9.8	24 31 2	1.062 661	26 698	3.14	8.28	3 58	10 55.8	17 53
15	10 30 43.07	6 5 09	+ 10 45 38.6	27 30 8	1.089 359	25 947	3.07	8.08	4 2	10 57.9	17 53
16	10 36 48.16	6 16 27	10 18 7.8	30 17 6	1.115 306	25 069	2.99	7.89	4 6	11 0.1	17 53
17	10 43 4.43	6 25 33	9 47 50.2	32 50 2	1.140 375	24 085	2.93	7.72	4 11	11 2.5	17 52
18	10 49 29.76	6 32 40	9 15 0.0	35 8 8	1.164 460	23 019	2.87	7.56	4 17	11 5.1	17 52
19	10 56 2.16	6 37 70	8 39 51.2	37 12.6	1.187 479	21 888	2.81	7.41	4 22	11 7.7	17 52
20	11 2 39.86	6 41 43	8 2 38.6	39 2 3	1.209 367	20 715	2.76	7.28	4 28	11 10.4	17 51
21	11 9 21.29	6 43 79	+ 7 23 36.3	40 37.9	1.230 082	19 518	2.72	7.15	4 34	11 13.2	17 51
22	11 16 5.08	6 45.00	6 42 58.4	42 0 5	1.249 600	18 310	2.67	7.04	4 40	11 16.0	17 50
23	11 22 50.08	6 45 21	6 0 57.9	43 10 5	1.267 910	17 108	2.63	6.94	4 46	11 18.8	17 49
24	11 29 35.29	6 44.64	5 17 47.4	44 8 7	1.285 018	15 921	2.60	6.85	4 53	11 21.6	17 49
25	11 36 19.93	6 43 41	4 33 38.7	44 56 4	1.300 939	14 757	2.57	6.76	4 59	11 24.4	17 48
26	11 43 3.34	6 41.69	3 48 42.3	45 34.0	1.315 696	13 623	2.54	6.69	5 5	11 27.2	17 47
27	11 49 45.03	6 39 58	+ 3 3 8.3	46 2.9	1.329 319	12 524	2.51	6.62	5 12	11 29.9	17 46
28	11 56 24.61	6 37 21	2 17 5.4	46 23 7	1.341 843	11 463	2.49	6.56	5 18	11 32.6	17 45
29	12 3 1.82	6 34.65	1 30 41.7	46 37 3	1.353 306	10 442	2.47	6.50	5 25	11 35.3	17 44
30	12 9 36.47	6 31.97	+ 0 44 4.4	46 44.3	1.363 748	9 461	2.45	6.45	5 31	11 37.9	17 43
Okt. 1	12 16 8.44	6 29.26	− 0 2 39.9	46 45 6	1.373 209	8 519	2.43	6.41	5 37	11 40.5	17 42
2	12 22 37.70	6 26 53	0 49 25.5	46 41 6	1.381 728	7 617	2.42	6.37	5 44	11 43.0	17 41
3	12 29 4.23	6 23 86	− 1 36 7.1	46 33 2	1.389 345	6 752	2.40	6.33	5 50	11 45.5	17 39
4	12 35 28.09	6 21 25	2 22 40.3	46 20 6	1.396 097	5 923	2.39	6.30	5 56	11 48.0	17 38
5	12 41 49.34	6 18 75	3 9 0.9	46 4 3	1.402 020	5 128	2.38	6.28	6 2	11 50.3	17 37
6	12 48 8.09	6 16 37	3 55 5.2	45 44 7	1.407 148	4 366	2.37	6.25	6 8	11 52.7	17 35
7	12 54 24.46	6 14 12	4 40 49.9	45 22 1	1.411 514	3 632	2.37	6.23	6 14	11 55.0	17 34
8	13 0 38.58	6 12.01	5 26 12.0	44 57.0	1.415 146	2 925	2.36	6.22	6 20	11 57.3	17 33
9	13 6 50.59	6 10.06	− 6 11 9.0	44 29 4	1.418 071	2 246	2.36	6.21	6 26	11 59.5	17 31
10	13 13 0.65	6 8.25	6 55 38.4	43 59 7	1.420 317	1 587	2.35	6.20	6 32	12 1.7	17 30
11	13 19 8.90	6 6.61	7 39 38.1	43 27.9	1.421 904	952	2.35	6.19	6 38	12 3.9	17 29
12	13 25 15.51	6 5 11	8 23 6.0	42 54 3	1.422 856	334	2.35	6.18	6 44	12 6.1	17 27
13	13 31 20.62	6 3 77	9 6 0.3	42 18.9	1.423 190	265	2.35	6.18	6 49	12 8.2	17 26
14	13 37 24.39		− 9 48 19.2		1.422 925		2.35	6.18	6 55	12 10.3	17 24

Merkur 1958

Tag	0h Weltzeit Scheinbare Rektaszension		Scheinbare Deklination		Δ		Halbmesser	Hor. Par.	Aufgang	Obere Kulmination	Untergang
									in 0h Länge, + 50° Breite		
1958	h m s	m s	° ′ ″	′ ″			″	″	h m	h m	h m
Okt. 14	13 37 24.39	6 2.58	− 9 48 19.2	41 42.1	1.422 925	850	2.35	6.18	6 55	12 10.3	17 24
15	13 43 26.97	6 1.53	10 30 1.3	41 3.7	1.422 075	1 420	2.35	6.19	7 0	12 12.4	17 23
16	13 49 28.50	6 0.62	11 11 5.0	40 24.0	1.420 655	1 978	2.35	6.19	7 6	12 14.5	17 22
17	13 55 29.12	5 59.84	11 51 29.0	39 42.7	1.418 677	2 525	2.35	6.20	7 12	12 16.6	17 20
18	14 1 28.96	5 59.19	12 31 11.7	39 0.4	1.416 152	3 062	2.36	6.21	7 17	12 18.6	17 19
19	14 7 28.15	5 58.65	13 10 12.1	38 16.6	1.413 090	3 592	2.36	6.23	7 22	12 20.7	17 18
20	14 13 26.80	5 58.25	−13 48 28.7	37 31.7	1.409 498	4 114	2.37	6.24	7 28	12 22.7	17 17
21	14 19 25.05	5 57.91	14 26 0.4	36 45.6	1.405 384	4 632	2.38	6.26	7 33	12 24.7	17 15
22	14 25 22.96	5 57.70	15 2 46.0	35 58.3	1.400 752	5 144	2.38	6.28	7 38	12 26.8	17 14
23	14 31 20.66	5 57.55	15 38 44.3	35 9.7	1.395 608	5 654	2.39	6.31	7 44	12 28.8	17 13
24	14 37 18.21	5 57.48	16 13 54.0	34 20.0	1.389 954	6 162	2.40	6.33	7 49	12 30.8	17 12
25	14 43 15.69	5 57.46	16 48 14.0	33 28.9	1.383 792	6 669	2.41	6.36	7 54	12 32.8	17 11
26	14 49 13.15	5 57.47	−17 21 42.9	32 36.8	1.377 123	7 176	2.43	6.39	7 59	12 34.8	17 10
27	14 55 10.62	5 57.53	17 54 19.7	31 43.4	1.369 947	7 684	2.44	6.42	8 4	12 36.8	17 8
28	15 1 8.15	5 57.59	18 26 3.1	30 48.6	1.362 263	8 194	2.45	6.46	8 9	12 38.9	17 8
29	15 7 5.74	5 57.63	18 56 51.7	29 52.6	1.354 069	8 706	2.47	6.50	8 14	12 40.9	17 7
30	15 13 3.37	5 57.65	19 26 44.3	28 55.2	1.345 363	9 222	2.48	6.54	8 19	12 42.9	17 6
31	15 19 1.02	5 57.62	19 55 39.5	27 56.4	1.336 141	9 741	2.50	6.59	8 24	12 44.9	17 5
Nov. 1	15 24 58.64	5 57.51	−20 23 35.9	26 56.3	1.326 400	10 267	2.52	6.63	8 29	12 47.0	17 4
2	15 30 56.15	5 57.30	20 50 32.2	25 54.6	1.316 133	10 797	2.54	6.69	8 33	12 49.0	17 4
3	15 36 53.45	5 56.94	21 16 26.8	24 51.5	1.305 336	11 333	2.56	6.74	8 38	12 51.0	17 3
4	15 42 50.39	5 56.43	21 41 18.3	23 47.0	1.294 003	11 876	2.58	6.80	8 43	12 53.0	17 3
5	15 48 46.82	5 55.70	22 5 5.3	22 40.7	1.282 127	12 426	2.61	6.86	8 47	12 55.0	17 2
6	15 54 42.52	5 54.73	22 27 46.0	21 33.0	1.269 701	12 983	2.63	6.93	8 51	12 57.0	17 2
7	16 0 37.25	5 53.45	−22 49 19.0	20 23.7	1.256 718	13 547	2.66	7.00	8 55	12 58.9	17 2
8	16 6 30.70	5 51.84	23 9 42.7	19 12.6	1.243 171	14 119	2.69	7.08	9 0	13 0.9	17 2
9	16 12 22.54	5 49.81	23 28 55.3	18 0.0	1.229 052	14 696	2.72	7.16	9 3	13 2.8	17 2
10	16 18 12.35	5 47.30	23 46 55.3	16 45.6	1.214 356	15 281	2.75	7.25	9 7	13 4.6	17 2
11	16 23 59.65	5 44.24	24 3 40.9	15 29.5	1.199 075	15 872	2.79	7.34	9 11	13 6.5	17 2
12	16 29 43.89	5 40.55	24 19 10.4	14 11.8	1.183 203	16 466	2.82	7.44	9 14	13 8.2	17 2
13	16 35 24.44	5 36.13	−24 33 22.2	12 52.3	1.166 737	17 064	2.86	7.54	9 18	13 9.9	17 2
14	16 41 0.57	5 30.88	24 46 14.5	11 31.2	1.149 673	17 661	2.91	7.65	9 21	13 11.5	17 2
15	16 46 31.45	5 24.66	24 57 45.7	10 8.3	1.132 012	18 258	2.95	7.77	9 24	13 13.0	17 2
16	16 51 56.11	5 17.38	25 7 54.0	8 43.9	1.113 754	18 848	3.00	7.90	9 26	13 14.5	17 3
17	16 57 13.49	5 8.85	25 16 37.9	7 17.8	1.094 906	19 430	3.05	8.04	9 28	13 15.7	17 3
18	17 2 22.34	4 58.94	25 23 55.7	5 50.2	1.075 476	19 996	3.11	8.18	9 30	13 16.8	17 3
19	17 7 21.28	4 47.43	−25 29 45.9	4 21.1	1.055 480	20 542	3.16	8.34	9 32	13 17.8	17 4
20	17 12 8.71	4 34.15	25 34 7.0	2 50.5	1.034 938	21 058	3.23	8.50	9 33	13 18.5	17 4
21	17 16 42.86	4 18.85	25 36 57.5	1 18.7	1.013 880	21 538	3.29	8.68	9 34	13 19.0	17 4
22	17 21 1.71	4 1.32	25 38 16.2	0 14.7	0.992 342	21 966	3.37	8.87	9 34	13 19.2	17 4
23	17 25 3.03	3 41.28	25 38 1.5	1 49.3	0.970 376	22 331	3.44	9.07	9 34	13 19.1	17 4
24	17 28 44.31		−25 36 12.2		0.948 045		3.52	9.28	9 33	13 18.7	17 4

Tag	0h Weltzeit: Scheinbare Rektaszension		Scheinbare Deklination		Δ		Halbmesser	Hor. Par.	Aufgang (in 0h Länge, + 50° Breite)	Obere Kulmination	Untergang
1958	h m s	m s	° ′ ″	′ ″			″	″	h m	h m	h m
Nov. 24	17 28 44.31	3 18 49	−25 36 12.2	3 25 1	0.948 045	22 618	3.52	9.28	9 33	13 18.7	17 4
25	17 32 2.80	2 52 70	25 32 47.1	5 2 5	0.925 427	22 804	3.61	9.51	9 32	13 17.8	17 4
26	17 34 55.50	2 23 66	25 27 44.6	6 41.1	0.902 623	22 872	3.70	9.75	9 30	13 16.5	17 3
27	17 37 19.16	1 51 21	25 21 3.5	8 21.6	0.879 751	22 794	3.80	10.00	9 27	13 14.6	17 2
28	17 39 10.37	1 15 27	25 12 41.9	10 3 7	0.856 957	22 543	3.90	10.27	9 24	13 12.2	17 1
29	17 40 25.64	0 35.83	25 2 38.2	11 48.0	0.834 414	22 089	4.00	10.55	9 20	13 9.2	16 59
30	17 41 1.47	0 6.84	−24 50 50.2	13 34 3	0.812 325	21 400	4.11	10.83	9 15	13 5.5	16 56
Dez. 1	17 40 54.63	0 52 29	24 37 15.9	15 22 7	0.790 925	20 446	4.22	11.13	9 9	13 1.0	16 54
2	17 40 2.34	1 39 68	24 21 53.2	17 12 5	0.770 479	19 199	4.33	11.42	9 2	12 55.8	16 50
3	17 38 22.66	2 27.85	24 4 40.7	19 2 5	0.751 280	17 635	4.45	11.71	8 54	12 49.8	16 46
4	17 35 54.81	3 15 19	23 45 38.2	20 50 0	0.733 645	15 741	4.55	11.99	8 46	12 43.0	16 41
5	17 32 39.62	3 59 72	23 24 48.2	22 31.2	0.717 904	13 516	4.65	12.26	8 36	12 35.4	16 36
6	17 28 39.90	4 39 25	−23 2 17.0	24 0 5	0.704 388	10 979	4.74	12.49	8 25	12 27.2	16 30
7	17 24 0.65	5 11 45	22 38 16.5	25 10 7	0.693 409	8 169	4.82	12.69	8 14	12 18.3	16 24
8	17 18 49.20	5 34 27	22 13 5.8	25 54 4	0.685 240	5 141	4.87	12.84	8 2	12 9.1	16 17
9	17 13 14.93	5 46 17	21 47 11.4	26 3.5	0.680 099	1 973	4.91	12.94	7 50	11 59.5	16 10
10	17 7 28.76	5 46 32	21 21 7.9	25 32.6	0.678 126	1 245	4.93	12.98	7 38	11 49.8	16 3
11	17 1 42.44	5 34 88	20 55 35.3	24 19.0	0.679 371	4 421	4.92	12.95	7 25	11 40.2	15 56
12	16 56 7.56	5 12.83	−20 31 16.3	22 23.6	0.683 792	7 463	4.88	12.87	7 14	11 30.9	15 49
13	16 50 54.73	4 41.85	20 8 52.7	19 51 3	0.691 255	10 295	4.83	12.73	7 3	11 22.1	15 43
14	16 46 12.88	4 4 08	19 49 1.4	16 50 3	0.701 550	12 857	4.76	12.54	6 52	11 13.8	15 36
15	16 42 8.80	3 21 72	19 32 11.1	13 29.8	0.714 407	15 108	4.68	12.32	6 43	11 6.1	15 30
16	16 38 47.08	2 36 95	19 18 41.3	10 0.1	0.729 515	17 030	4.58	12.06	6 35	10 59.2	15 24
17	16 36 10.13	1 51 51	19 8 41.2	6 30.1	0.746 545	18 621	4.47	11.79	6 28	10 53.0	15 19
18	16 34 18.62	1 6.88	−19 2 11.1	3 7.5	0.765 166	19 895	4.37	11.50	6 21	10 47.5	15 14
19	16 33 11.74	0 24.10	18 59 3.6	0 1.8	0.785 061	20 872	4.25	11.21	6 16	10 42.8	15 10
20	16 32 47.64	0 16 17	18 59 5.4	2 54 1	0.805 933	21 580	4.14	10.92	6 12	10 38.8	15 5
21	16 33 3.81	0 53 52	19 1 59.5	5 27.0	0.827 513	22 054	4.04	10.63	6 9	10 35.4	15 2
22	16 33 57.33	1 27.81	19 7 26.5	7 39.9	0.849 567	22 321	3.93	10.36	6 7	10 32.6	14 58
23	16 35 25.14	1 59 00	19 15 6.4	9 32.4	0.871 888	22 413	3.83	10.09	6 5	10 30.4	14 55
24	16 37 24.14	2 27 26	−19 24 38.8	11 5 6	0.894 301	22 359	3.73	9.84	6 4	10 28.6	14 52
25	16 39 51.40	2 52 71	19 35 44.4	12 20 4	0.916 660	22 182	3.64	9.60	6 4	10 27.3	14 50
26	16 42 44.11	3 15 59	19 48 4.8	13 18 5	0.938 842	21 907	3.56	9.37	6 5	10 26.5	14 48
27	16 45 59.70	3 36 15	20 1 23.3	14 1 1	0.960 749	21 550	3.48	9.16	6 5	10 25.9	14 46
28	16 49 35.85	3 54 59	20 15 24.4	14 30 0	0.982 299	21 130	3.40	8.96	6 7	10 25.7	14 45
29	16 53 30.44	4 11 15	20 29 54.4	14 46 3	1.003 429	20 659	3.33	8.77	6 8	10 25.8	14 43
30	16 57 41.59	4 26 02	−20 44 40.7	14 51.8	1.024 088	20 149	3.26	8.59	6 10	10 26.2	14 42
31	17 2 7.61	4 39 41	20 59 32.5	14 47.2	1.044 237	19 611	3.20	8.43	6 12	10 26.8	14 41
32	17 6 47.02		−21 14 19.7		1.063 848		3.14	8.27	6 14	10 27.6	14 41

Tag	0h Weltzeit: Scheinbare Rektaszension		Scheinbare Deklination		Δ		Halbmesser	Hor. Par.	Aufgang	Obere Kulmination	Untergang
									in 0h Länge, + 50° Breite		
1958	h m s	m s	° ′ ″	′ ″			″	″	h m	h m	h m
Jan. 0	21 9 8.40	0 54.49	−15 43 55.0	16 36.3	0.365 603	5 874	23.00	24.07	9 45	14 30.7	19 17
1	21 10 2.89	0 45.62	15 27 18.7	16 19.6	0.359 729	5 760	23.38	24.46	9 41	14 27.6	19 15
2	21 10 48.51	0 36 56	15 10 59.1	16 1.3	0.353 969	5 639	23.76	24.86	9 36	14 24.3	19 13
3	21 11 25.07	0 27 29	14 54 57.8	15 41 1	0.348 330	5 511	24.14	25.26	9 31	14 20.9	19 11
4	21 11 52.36	0 17.82	14 39 16.7	15 18 7	0.342 819	5 376	24.53	25.67	9 26	14 17.3	19 9
5	21 12 10.18	0 8.22	14 23 58.0	14 54.8	0.337 443	5 233	24.92	26.08	9 21	14 13.6	19 6
6	21 12 18.40	0 1 53	−14 9 3.2	14 29.0	0.332 210	5 082	25.32	26.49	9 16	14 9.7	19 4
7	21 12 16.87	0 11.40	13 54 34.2	14 1 4	0.327 128	4 925	25.71	26.90	9 11	14 5.7	19 1
8	21 12 5.47	0 21 32	13 40 32.8	13 32 1	0.322 203	4 757	26.10	27.31	9 6	14 1.4	18 58
9	21 11 44.15	0 31.29	13 27 0.7	13 0 7	0.317 446	4 583	26.49	27.72	9 0	13 57.1	18 55
10	21 11 12.86	0 41 27	13 14 0.0	12 27.9	0.312 863	4 400	26.88	28.13	8 54	13 52.5	18 51
11	21 10 31.59	0 51 22	13 1 32.1	11 53.1	0.308 463	4 209	27.26	28.53	8 49	13 47.8	18 47
12	21 9 40.37	1 1 06	−12 49 39.0	11 16.9	0.304 254	4 009	27.64	28.92	8 43	13 42.9	18 43
13	21 8 39.31	1 10 76	12 38 22.1	10 39.0	0.300 245	3 802	28.01	29.31	8 37	13 37.9	18 39
14	21 7 28.55	1 20 27	12 27 43.1	9 59.6	0.296 443	3 585	28.37	29.69	8 31	13 32.7	18 35
15	21 6 8.28	1 29 51	12 17 43.5	9 18.8	0.292 858	3 361	28.72	30.05	8 25	13 27.4	18 30
16	21 4 38.77	1 38.44	12 8 24.7	8 36 6	0.289 497	3 129	29.05	30.40	8 18	13 21.9	18 26
17	21 3 0.33	1 46.97	11 59 48.1	7 53.6	0.286 368	2 888	29.37	30.73	8 12	13 16.2	18 21
18	21 1 13.36	1 55.04	−11 51 54.5	7 9.1	0.283 480	2 640	29.67	31.04	8 6	13 10.4	18 15
19	20 59 18.32	2 2 58	11 44 45.4	6 24.4	0.280 840	2 385	29.95	31.33	7 59	13 4.5	18 10
20	20 57 15.74	2 9.49	11 38 21.0	5 38 7	0.278 455	2 123	30.20	31.60	7 53	12 58.5	18 4
21	20 55 6.25	2 15.72	11 32 42.3	4 53.0	0.276 332	1 853	30.43	31.85	7 46	12 52.4	17 59
22	20 52 50.53	2 21.22	11 27 49.3	4 7.0	0.274 479	1 578	30.64	32.06	7 40	12 46.1	17 53
23	20 50 29.31	2 25.86	11 23 42.3	3 21 1	0.272 901	1 297	30.82	32.25	7 33	12 39.8	17 47
24	20 48 3.45	2 29.64	−11 20 21.2	2 35.8	0.271 604	1 013	30.96	32.40	7 26	12 33.5	17 41
25	20 45 33.81	2 32.48	11 17 45.4	1 51 2	0.270 591	723	31.08	32.52	7 20	12 27.0	17 34
26	20 43 1.33	2 34.35	11 15 54.2	1 7.4	0.269 868	432	31.16	32.61	7 13	12 20.5	17 28
27	20 40 26.98	2 35 23	11 14 46.8	0 25.0	0.269 436	137	31.21	32.66	7 7	12 14.1	17 22
28	20 37 51.75	2 35.07	11 14 21.8	0 16 1	0.269 299	157	31.23	32.68	7 0	12 7.6	17 15
29	20 35 16.68	2 33.91	11 14 37.9	0 55.4	0.269 456	453	31.21	32.66	6 54	12 1.1	17 9
30	20 32 42.77	2 31 70	−11 15 33.3	1 32.8	0.269 909	747	31.16	32.60	6 47	11 54.6	17 2
31	20 30 11.07	2 28 55	11 17 6.1	2 8 2	0.270 656	1 039	31.07	32.51	6 41	11 48.2	16 55
Febr. 1	20 27 42.52	2 24.40	11 19 14.3	2 41 3	0.271 695	1 329	30.95	32.39	6 35	11 41.8	16 49
2	20 25 18.12	2 19.34	11 21 55.6	3 11.8	0.273 024	1 615	30.80	32.23	6 29	11 35.5	16 42
3	20 22 58.78	2 13.42	11 25 7.4	3 40.0	0.274 639	1 897	30.62	32.04	6 23	11 29.3	16 36
4	20 20 45.36	2 6 70	11 28 47.4	4 5 6	0.276 536	2 172	30.41	31.82	6 17	11 23.3	16 29
5	20 18 38.66	1 59 26	−11 32 53.0	4 28.4	0.278 708	2 441	30.17	31.57	6 11	11 17.3	16 23
6	20 16 39.40	1 51 17	11 37 21.4	4 48.6	0.281 149	2 703	29.91	31.30	6 6	11 11.4	16 17
7	20 14 48.23	1 42 53	11 42 10.0	5 6.4	0.283 852	2 958	29.63	31.00	6 1	11 5.7	16 11
8	20 13 5.70	1 33.41	11 47 16.4	5 21 1	0.286 810	3 205	29.32	30.68	5 56	11 0.2	16 5
9	20 11 32.29	1 23.89	11 52 37.5	5 33 7	0.290 015	3 442	29.00	30.34	5 51	10 54.8	15 59
10	20 10 8.40		−11 58 11.2		0.293 457		28.66	29.99	5 46	10 49.5	15 53

Tag	0h Weltzeit: Scheinbare Rektaszension		Scheinbare Deklination		Δ		Halbmesser	Hor. Par.	Aufgang (in 0h Länge, + 50° Breite)	Obere Kulmination (in 0h Länge, + 50° Breite)	Untergang (in 0h Länge, + 50° Breite)
1958	h m s	m s	° ′ ″	′ ″			″	″	h m	h m	h m
Febr. 10	20 10 8.40	1 14.07	−11 58 11.2	5 43.6	0.293 457	3 671	28.66	29.99	5 46	10 49.5	15 53
11	20 8 54.33	1 4 05	12 3 54.8	5 50.9	0.297 128	3 891	28.30	29.62	5 41	10 44.4	15 48
12	20 7 50.28	0 53.83	12 9 45.7	5 56 5	0.301 019	4 103	27.94	29.23	5 37	10 39.5	15 42
13	20 6 56.45	0 43 54	12 15 42.2	5 59 2	0.305 122	4 305	27.56	28.84	5 32	10 34.8	15 37
14	20 6 12.91	0 33 23	12 21 41.4	6 0.1	0.309 427	4 498	27.18	28.44	5 28	10 30.2	15 32
15	20 5 39.68	0 22.92	12 27 41.5	5 59.1	0.313 925	4 685	26.79	28.03	5 24	10 25.8	15 27
16	20 5 16.76	0 12.71	−12 33 40.6	5 55.9	0.318 610	4 860	26.40	27.62	5 20	10 21.5	15 23
17	20 5 4.05	0 2.58	12 39 36.5	5 50.9	0.323 470	5 030	26.00	27.20	5 17	10 17.5	15 18
18	20 5 1.47	0 7 37	12 45 27.4	5 44.0	0.328 500	5 191	25.60	26.79	5 13	10 13.6	15 14
19	20 5 8.84	0 17.18	12 51 11.4	5 35.6	0.333 691	5 344	25.20	26.37	5 10	10 9.8	15 9
20	20 5 26.02	0 26.79	12 56 47.0	5 25.5	0.339 035	5 491	24.81	25.96	5 7	10 6.3	15 5
21	20 5 52.81	0 36 16	13 2 12.5	5 13 7	0.344 526	5 630	24.41	25.54	5 4	10 2.8	15 2
22	20 6 28.97	0 45 32	−13 7 26.2	5 0 6	0.350 156	5 762	24.02	25.13	5 1	9 59.6	14 58
23	20 7 14.29	0 54 24	13 12 26.8	4 46 2	0.355 918	5 888	23.63	24.72	4 58	9 56.4	14 54
24	20 8 8.53	1 2.88	13 17 13.0	4 30 3	0.361 806	6 009	23.24	24.32	4 56	9 53.5	14 51
25	20 9 11.41	1 11 28	13 21 43.3	4 13 2	0.367 815	6 123	22.86	23.93	4 53	9 50.6	14 48
26	20 10 22.69	1 19.40	13 25 56.5	3 54.8	0.373 938	6 231	22.49	23.53	4 51	9 47.9	14 45
27	20 11 42.09	1 27.28	13 29 51.3	3 35 5	0 380 169	6 335	22.12	23.15	4 49	9 45.4	14 42
28	20 13 9.37	1 34.87	−13 33 26.8	3 15 0	0.386 504	6 433	21.76	22.77	4 47	9 43.0	14 39
März 1	20 14 44.24	1 42.21	13 36 41.8	2 53.6	0.392 937	6 527	21.40	22.40	4 44	9 40.6	14 37
2	20 16 26.45	1 49.28	13 39 35.4	2 31 1	0.399 464	6 615	21.05	22.03	4 42	9 38.5	14 34
3	20 18 15.73	1 56.10	13 42 6.5	2 7.8	0.406 079	6 700	20.71	21.67	4 41	9 36.4	14 32
4	20 20 11.83	2 2.67	13 44 14.3	1 43 7	0.412 779	6 779	20.37	21.32	4 39	9 34.4	14 30
5	20 22 14.50	2 9.00	13 45 58.0	1 18 7	0.419 558	6 855	20.04	20.97	4 37	9 32.6	14 28
6	20 24 23.50	2 15 06	−13 47 16.7	0 53 1	0.426 413	6 926	19.72	20.64	4 35	9 30.8	14 26
7	20 26 38.56	2 20.88	13 48 9.8	0 26.8	0.433 339	6 993	19.41	20.31	4 34	9 29.2	14 25
8	20 28 59.44	2 26 47	13 48 36.6	0 0 1	0.440 332	7 057	19.10	19.98	4 32	9 27.6	14 23
9	20 31 25.91	2 31.82	13 48 36.5	0 27 4	0.447 389	7 116	18.80	19.67	4 31	9 26.2	14 22
10	20 33 57.73	2 36.92	13 48 9.1	0 55 3	0.454 505	7 171	18.50	19.36	4 29	9 24.8	14 20
11	20 36 34.65	2 41.80	13 47 13.8	1 23 5	0.461 676	7 224	18.22	19.06	4 28	9 23.5	14 19
12	20 39 16.45	2 46.45	−13 45 50.3	1 52 1	0.468 900	7 273	17.94	18.77	4 27	9 22.3	14 18
13	20 42 2.90	2 50.87	13 43 58.2	2 20.9	0.476 173	7 319	17.66	18.48	4 25	9 21.1	14 17
14	20 44 53.77	2 55 10	13 41 37.3	2 50 1	0.483 492	7 363	17.39	18.20	4 24	9 20.1	14 16
15	20 47 48.87	2 59 11	13 38 47.2	3 19 4	0.490 855	7 403	17.13	17.93	4 23	9 19.1	14 16
16	20 50 47.98	3 2.92	13 35 27.8	3 49.0	0.498 258	7 441	16.88	17.66	4 22	9 18.1	14 15
17	20 53 50.90	3 6.54	13 31 38.8	4 18 5	0.505 699	7 478	16.63	17.40	4 20	9 17.3	14 14
18	20 56 57.44	3 9.98	−13 27 20.3	4 48 3	0.513 177	7 512	16.39	17.15	4 19	9 16.5	14 14
19	21 0 7.42	3 13.25	13 22 32.0	5 18 1	0.520 689	7 544	16.15	16.90	4 18	9 15.7	14 14
20	21 3 20.67	3 16 34	13 17 13.9	5 48 0	0.528 233	7 574	15.92	16.66	4 17	9 15.0	14 14
21	21 6 37.01	3 19.27	13 11 25.9	6 17.8	0.535 807	7 602	15.70	16.42	4 16	9 14.3	14 13
22	21 9 56.28	3 22 05	13 5 8.1	6 47 7	0.543 409	7 630	15.48	16.19	4 14	9 13.7	14 13
23	21 13 18.33		−12 58 20.4		0.551 039		15.26	15.97	4 13	9 13.2	14 14

Tag	0h Weltzeit: Scheinbare Rektaszension		Scheinbare Deklination		Δ		Halbmesser	Hor. Par.	Aufgang (in 0h Länge, +50° Breite)	Obere Kulmination	Untergang
1958	h m s	m s	° ′ ″	′ ″			″	″	h m	h m	h m
März 23	21 13 18.33	3 24.68	−12 58 20.4	7 17.4	0.551 039	7 654	15.26	15.97	4 13	9 13.2	14 14
24	21 16 43.01	3 27.19	12 51 3.0	7 47.2	0.558 693	7 679	15.05	15.75	4 12	9 12.7	14 14
25	21 20 10.20	3 29.53	12 43 15.8	8 16.8	0.566 372	7 702	14.85	15.54	4 11	9 12.2	14 14
26	21 23 39.73	3 31.77	12 34 59.0	8 46.3	0.574 074	7 722	14.65	15.33	4 10	9 11.8	14 14
27	21 27 11.50	3 33.89	12 26 12.7	9 15.6	0.581 796	7 744	14.46	15.13	4 9	9 11.4	14 15
28	21 30 45.39	3 35.88	12 16 57.1	9 44.9	0.589 540	7 762	14.27	14.93	4 7	9 11.0	14 15
29	21 34 21.27	3 37.77	−12 7 12.2	10 13.7	0.597 302	7 780	14.08	14.73	4 6	9 10.7	14 16
30	21 37 59.04	3 39.56	11 56 58.5	10 42.7	0.605 082	7 797	13.90	14.54	4 5	9 10.4	14 16
31	21 41 38.60	3 41.26	11 46 15.8	11 11.1	0.612 879	7 813	13.72	14.36	4 4	9 10.1	14 17
April 1	21 45 19.86	3 42.87	11 35 4.7	11 39.4	0.620 692	7 827	13.55	14.18	4 3	9 9.8	14 18
2	21 49 2.73	3 44.39	11 23 25.3	12 7.5	0.628 519	7 841	13.38	14.00	4 2	9 9.6	14 18
3	21 52 47.12	3 45.83	11 11 17.8	12 35.2	0.636 360	7 854	13.22	13.83	4 0	9 9.4	14 19
4	21 56 32.95	3 47.19	−10 58 42.6	13 2.7	0.644 214	7 864	13.05	13.66	3 59	9 9.3	14 20
5	22 0 20.14	3 48.48	10 45 39.9	13 29.8	0.652 078	7 874	12.90	13.50	3 58	9 9.1	14 21
6	22 4 8.62	3 49.70	10 32 10.1	13 56.3	0.659 952	7 881	12.74	13.33	3 56	9 9.0	14 22
7	22 7 58.32	3 50.84	10 18 13.8	14 22.8	0.667 833	7 889	12.59	13.18	3 55	9 8.9	14 23
8	22 11 49.16	3 51.92	10 3 51.0	14 48.5	0.675 722	7 894	12.45	13.02	3 54	9 8.8	14 24
9	22 15 41.08	3 52.92	9 49 2.5	15 14.1	0.683 616	7 899	12.30	12.87	3 53	9 8.7	14 26
10	22 19 34.00	3 53.87	− 9 33 48.4	15 38.8	0.691 515	7 901	12.16	12.73	3 51	9 8.7	14 27
11	22 23 27.87	3 54.75	9 18 9.6	16 3.2	0.699 416	7 904	12.02	12.58	3 50	9 8.6	14 28
12	22 27 22.62	3 55.58	9 2 6.4	16 27.2	0.707 320	7 905	11.89	12.44	3 49	9 8.6	14 29
13	22 31 18.20	3 56.35	8 45 39.2	16 50.6	0.715 225	7 905	11.76	12.30	3 47	9 8.6	14 31
14	22 35 14.55	3 57.08	8 28 48.6	17 13.4	0.723 130	7 905	11.63	12.17	3 46	9 8.6	14 32
15	22 39 11.63	3 57.75	8 11 35.2	17 35.7	0.731 035	7 903	11.50	12.04	3 44	9 8.6	14 34
16	22 43 9.38	3 58.40	− 7 53 59.5	17 57.6	0.738 938	7 901	11.38	11.91	3 43	9 8.6	14 35
17	22 47 7.78	3 58.99	7 36 1.9	18 18.7	0.746 839	7 898	11.26	11.78	3 41	9 8.7	14 37
18	22 51 6.77	3 59.55	7 17 43.2	18 39.4	0.754 737	7 895	11.14	11.66	3 40	9 8.7	14 38
19	22 55 6.32	4 0.08	6 59 3.8	18 59.5	0.762 632	7 892	11.03	11.54	3 38	9 8.8	14 40
20	22 59 6.40	4 0.57	6 40 4.3	19 19.0	0.770 524	7 886	10.91	11.42	3 37	9 8.8	14 41
21	23 3 6.97	4 1.06	6 20 45.3	19 37.9	0.778 410	7 882	10.80	11.30	3 36	9 8.9	14 43
22	23 7 8.03	4 1.50	− 6 1 7.4	19 56.3	0.786 292	7 877	10.70	11.19	3 34	9 9.0	14 45
23	23 11 9.53	4 1.93	5 41 11.1	20 14.1	0.794 169	7 871	10.59	11.08	3 33	9 9.1	14 46
24	23 15 11.46	4 2.34	5 20 57.0	20 31.2	0.802 040	7 865	10.49	10.97	3 31	9 9.2	14 48
25	23 19 13.80	4 2.74	5 0 25.8	20 47.8	0.809 905	7 858	10.38	10.87	3 30	9 9.3	14 50
26	23 23 16.54	4 3.13	4 39 38.0	21 3.8	0.817 763	7 851	10.28	10.76	3 28	9 9.4	14 52
27	23 27 19.67	4 3.52	4 18 34.2	21 19.3	0.825 614	7 845	10.19	10.66	3 26	9 9.5	14 54
28	23 31 23.19	4 3.90	− 3 57 14.9	21 34.1	0.833 459	7 837	10.09	10.56	3 25	9 9.6	14 55
29	23 35 27.09	4 4.28	3 35 40.8	21 48.3	0.841 296	7 829	10.00	10.46	3 23	9 9.7	14 57
30	23 39 31.37	4 4.66	3 13 52.5	22 2.0	0.849 125	7 821	9.90	10.36	3 21	9 9.8	14 59
Mai 1	23 43 36.03	4 5.03	2 51 50.5	22 15.0	0.856 946	7 811	9.81	10.27	3 20	9 10.0	15 1
2	23 47 41.06	4 5.43	2 29 35.5	22 27.5	0.864 757	7 802	9.73	10.18	3 18	9 10.1	15 3
3	23 51 46.49		− 2 7 8.0		0.872 559		9.64	10.09	3 17	9 10.3	15 5

Tag	0h Weltzeit Scheinbare Rektaszension		Scheinbare Deklination		Δ		Halb-messer	Hor. Par.	Auf-gang	Obere Kul-mination	Unter-gang
									in 0h Länge, + 50° Breite		
1958	h m s	m s	° ′ ″	′ ″			″	″	h m	h m	h m
Mai 3	23 51 46.49	4 5.82	− 2 7 8.0	22 39 3	0.872 559	7 792	9.64	10.09	3 17	9 10.3	15 5
4	23 55 52.31	4 6.22	1 44 28.7	22 50 5	0.880 351	7 780	9.55	10.00	3 15	9 10.4	15 7
5	23 59 58.53	4 6.62	1 21 38.2	23 1 0	0.888 131	7 769	9.47	9.91	3 13	9 10.6	15 9
6	0 4 5.15	4 7.04	0 58 37.2	23 11 0	0.895 900	7 755	9.39	9.82	3 12	9 10.8	15 11
7	0 8 12.19	4 7.46	0 35 26.2	23 20 3	0.903 655	7 7[illegible]	9.31	9.74	3 10	9 10.9	15 13
8	0 12 19.65	4 7.88	− 0 12 5.9	23 28.8	0.911 397	7 726	9.23	9.66	3 8	9 11.1	15 15
9	0 16 27.53	4 8.31	+ 0 11 22.9	23 36.8	0.919 123	7 712	9.15	9.57	3 7	9 11.3	15 17
10	0 20 35.84	4 8.76	0 34 59.7	23 44.1	0.926 835	7 695	9.07	9.49	3 5	9 11.5	15 19
11	0 24 44.60	4 9.20	0 58 43.8	23 50 7	0.934 530	7 678	9.00	9.42	3 3	9 11.7	15 21
12	0 28 53.80	4 9.67	1 22 34.5	23 56 6	0.942 208	7 661	8.93	9.34	3 2	9 11.9	15 23
13	0 33 3.47	4 10 13	1 46 31.1	24 1.9	0.949 869	7 643	8.85	9.26	3 0	9 12.2	15 25
14	0 37 13.60	4 10.62	2 10 33.0	24 6.4	0.957 512	7 624	8.78	9.19	2 58	9 12.4	15 28
15	0 41 24.22	4 11.12	+ 2 34 39.4	24 10 3	0.965 136	7 606	8.71	9.12	2 56	9 12.6	15 30
16	0 45 35.34	4 11 62	2 58 49.7	24 13 7	0.972 742	7 585	8.65	9.05	2 55	9 12.9	15 32
17	0 49 46.96	4 12.15	3 23 3.4	24 16 1	0.980 327	7 566	8.58	8.98	2 53	9 13.1	15 34
18	0 53 59.11	4 12.69	3 47 19.5	24 18.0	0.987 893	7 545	8.51	8.91	2 52	9 13.4	15 36
19	0 58 11.80	4 13.25	4 11 37.5	24 19.2	0.995 438	7 525	8.45	8.84	2 50	9 13.7	15 39
20	1 2 25.05	4 13.81	4 35 56.7	24 19 7	1.002 963	7 503	8.39	8.77	2 48	9 14.0	15 41
21	1 6 38.86	4 14 41	+ 5 0 16.4	24 19 7	1.010 466	7 482	8.32	8.71	2 47	9 14.2	15 43
22	1 10 53.27	4 15 02	5 24 36.1	24 18 7	1.017 948	7 461	8.26	8.64	2 45	9 14.5	15 45
23	1 15 8.29	4 15 64	5 48 54.8	24 17 3	1.025 409	7 439	8.20	8.58	2 43	9 14.9	15 48
24	1 19 23.93	4 16 30	6 13 12.1	24 15 1	1.032 848	7 417	8.14	8.52	2 42	9 15.2	15 50
25	1 23 40.23	4 16.97	6 37 27.2	24 12 3	1.040 265	7 396	8.08	8.46	2 40	9 15.5	15 52
26	1 27 57.20	4 17.66	7 1 39.5	24 8.8	1.047 661	7 373	8.03	8.40	2 38	9 15.9	15 55
27	1 32 14.86	4 18.38	+ 7 25 48.3	24 4 7	1.055 034	7 350	7.97	8.34	2 37	9 16.2	15 57
28	1 36 33.24	4 19.14	7 49 53.0	23 59.8	1.062 384	7 328	7.92	8.28	2 35	9 16.6	16 0
29	1 40 52.38	4 19.90	8 13 52.8	23 54.3	1.069 712	7 305	7.86	8.23	2 33	9 17.0	16 2
30	1 45 12.28	4 20 70	8 37 47.1	23 48 2	1.077 017	7 282	7.81	8.17	2 32	9 17.4	16 4
31	1 49 32.98	4 21 53	9 1 35.3	23 41 3	1.084 299	7 258	7.76	8.12	2 30	9 17.8	16 7
Juni 1	1 53 54.51	4 22.37	9 25 16.6	23 33.8	1.091 557	7 233	7.70	8.06	2 29	9 18.2	16 9
2	1 58 16.88	4 23 26	+ 9 48 50.4	23 25 7	1.098 790	7 208	7.65	8.01	2 27	9 18.6	16 11
3	2 2 40.14	4 24 14	10 12 16.1	23 16 7	1.105 998	7 182	7.60	7.96	2 25	9 19.1	16 14
4	2 7 4.28	4 25 07	10 35 32.8	23 7 2	1.113 180	7 155	7.55	7.91	2 24	9 19.5	16 16
5	2 11 29.35	4 26.01	10 58 40.0	22 56 9	1.120 335	7 129	7.51	7.85	2 22	9 20.0	16 19
6	2 15 55.36	4 26.97	11 21 36.9	22 45.9	1.127 464	7 100	7.46	7.81	2 21	9 20.5	16 21
7	2 20 22.33	4 27.95	11 44 22.8	22 34 3	1.134 564	7 071	7.41	7.76	2 20	9 21.0	16 24
8	2 24 50.28	4 28 93	+12 6 57.1	22 21 9	1.141 635	7 042	7.37	7.71	2 18	9 21.6	16 26
9	2 29 19.21	4 29 96	12 29 19.0	22 8 7	1.148 677	7 012	7.32	7.66	2 17	9 22.1	16 29
10	2 33 49.17	4 30 98	12 51 27.7	21 55 0	1.155 689	6 981	7.28	7.61	2 16	9 22.7	16 31
11	2 38 20.15	4 32.02	13 13 22.7	21 40 4	1.162 670	6 950	7.23	7.57	2 14	9 23.3	16 34
12	2 42 52.17	4 33 07	13 35 3.1	21 25 2	1.169 620	6 918	7.19	7.52	2 13	9 23.8	16 36
13	2 47 25.24		+13 56 28.3		1.176 538		7.15	7.48	2 12	9 24.5	16 39

Tag	0ʰ Weltzeit: Scheinbare Rektaszension		Scheinbare Deklination		Δ		Halbmesser	Hor. Par.	Aufgang	Obere Kulmination	Untergang
									in 0ʰ Länge, + 50° Breite		
1958	h m s	m s	° ′ ″	′ ″			″	″	h m	h m	h m
Juni 13	2 47 25.24	4 34.15	+13 56 28.3	21 9.3	1.176 538	6 886	7.15	7.48	2 12	9 24.5	16 39
14	2 51 59.39	4 35.22	14 17 37.6	20 52.6	1.183 424	6 854	7.11	7.44	2 10	9 25.1	16 41
15	2 56 34.61	4 36.31	14 38 30.2	20 35.2	1.190 278	6 820	7.07	7.39	2 9	9 25.8	16 44
16	3 1 10.92	4 37.41	14 59 5.4	20 17.3	1.197 098	6 787	7.03	7.35	2 8	9 26.4	16 46
17	3 5 48.33	4 38.51	15 19 22.7	19 58.4	1.203 885	6 753	6.99	7.31	2 7	9 27.1	16 49
18	3 10 26.84	4 39.62	15 39 21.1	19 39.0	1.210 638	6 719	6.95	7.27	2 6	9 27.8	16 51
19	3 15 6.46	4 40.74	+15 59 0.1	19 18.8	1.217 357	6 685	6.91	7.23	2 4	9 28.5	16 54
20	3 19 47.20	4 41.87	16 18 18.9	18 57.9	1.224 042	6 651	6.87	7.19	2 3	9 29.3	16 56
21	3 24 29.07	4 42.99	16 37 16.8	18 36.5	1.230 693	6 616	6.83	7.15	2 2	9 30.0	16 59
22	3 29 12.06	4 44.12	16 55 53.3	18 14.2	1.237 309	6 581	6.80	7.11	2 1	9 30.8	17 1
23	3 33 56.18	4 45.25	17 14 7.5	17 51.3	1.243 890	6 547	6.76	7.07	2 1	9 31.6	17 4
24	3 38 41.43	4 46.39	17 31 58.8	17 27.7	1.250 437	6 513	6.73	7.04	2 0	9 32.5	17 7
25	3 43 27.82	4 47.53	+17 49 26.5	17 3.5	1.256 950	6 477	6.69	7.00	1 59	9 33.3	17 9
26	3 48 15.35	4 48.66	18 6 30.0	16 38.6	1.263 427	6 443	6.66	6.97	1 58	9 34 1	17 11
27	3 53 4.01	4 49.80	18 23 8.6	16 13.1	1.269 870	6 407	6.62	6.93	1 57	9 35.0	17 14
28	3 57 53.81	4 50.93	18 39 21.7	15 46.9	1.276 277	6 371	6.59	6.90	1 57	9 35.9	17 16
29	4 2 44.74	4 52.06	18 55 8.6	15 20.1	1.282 648	6 336	6.56	6.86	1 56	9 36.8	17 19
30	4 7 36.80	4 53.19	19 10 28.7	14 52.5	1.288 984	6 299	6.52	6.83	1 55	9 37.8	17 21
Juli 1	4 12 29.99	4 54.30	+19 25 21.2	14 24.5	1.295 283	6 263	6.49	6.79	1 55	9 38.7	17 24
2	4 17 24.29	4 55.40	19 39 45.7	13 55.8	1.301 546	6 225	6.46	6.76	1 55	9 39.7	17 26
3	4 22 19.69	4 56.50	19 53 41.5	13 26.5	1.307 771	6 187	6.43	6.73	1 54	9 40.7	17 28
4	4 27 16.19	4 57.56	20 7 8.0	12 56.6	1.313 958	6 149	6.40	6.70	1 54	9 41.7	17 31
5	4 32 13.75	4 58.62	20 20 4.6	12 26.0	1.320 107	6 109	6.37	6.67	1 53	9 42.7	17 33
6	4 37 12.37	4 59.66	20 32 30.6	11 55.0	1.326 216	6 069	6.34	6.64	1 53	9 43.8	17 35
7	4 42 12.03	5 0.66	+20 44 25.6	11 23.4	1.332 285	6 029	6.31	6.61	1 53	9 44.8	17 38
8	4 47 12.69	5 1.65	20 55 49.0	10 51.2	1.338 314	5 987	6.28	6.58	1 53	9 45.9	17 40
9	4 52 14.34	5 2.59	21 6 40.2	10 18.5	1.344 301	5 946	6.26	6.55	1 53	9 47.0	17 42
10	4 57 16.93	5 3.53	21 16 58.7	9 45.2	1.350 247	5 904	6.23	6.52	1 53	9 48.1	17 44
11	5 2 20.46	5 4.41	21 26 43.9	9 11.5	1.356 151	5 862	6.20	6.49	1 53	9 49.2	17 46
12	5 7 24.87	5 5.27	21 35 55.4	8 37.4	1.362 013	5 818	6.17	6.46	1 53	9 50.3	17 48
13	5 12 30.14	5 6.09	+21 44 32.8	8 2.7	1.367 831	5 775	6.15	6.43	1 53	9 51.5	17 50
14	5 17 36.23	5 6.86	21 52 35.5	7 27.6	1.373 606	5 731	6.12	6.41	1 54	9 52.7	17 52
15	5 22 43.09	5 7.61	22 0 3.1	6 52.1	1.379 337	5 687	6.10	6.38	1 54	9 53.8	17 54
16	5 27 50.70	5 8.30	22 6 55.2	6 16.2	1.385 024	5 643	6.07	6.35	1 55	9 55.0	17 56
17	5 32 59.00	5 8.96	22 13 11.4	5 40.0	1.390 667	5 597	6.05	6.33	1 55	9 56.2	17 58
18	5 38 7.96	5 9.55	22 18 51.4	5 3.3	1.396 264	5 554	6.02	6.30	1 56	9 57.4	18 0
19	5 43 17.51	5 10.13	+22 23 54.7	4 26.4	1.401 818	5 508	6.00	6.28	1 56	9 58.7	18 2
20	5 48 27.64	5 10.63	22 28 21.1	3 49.2	1.407 326	5 463	5.98	6.25	1 57	9 59.9	18 3
21	5 53 38.27	5 11.10	22 32 10.3	3 11.7	1.412 789	5 419	5.95	6.23	1 58	10 1.1	18 5
22	5 58 49.37	5 11.53	22 35 22.0	2 33.9	1.418 208	5 374	5.93	6.20	1 59	10 2.4	18 6
23	6 4 0.90	5 11.89	22 37 55.9	1 55.9	1.423 582	5 329	5.91	6.18	2 0	10 3.6	18 8
24	6 9 12.79		+22 39 51.8		1.428 911		5.89	6.16	2 1	10 4.9	18 9

Tag	0ʰ Weltzeit: Scheinbare Rektaszension	Diff.	Scheinbare Deklination	Diff.	Δ	Diff.	Halbmesser	Hor. Par.	Aufgang	Obere Kulmination	Untergang
1958	h m s	m s	° ′ ″	′ ″			″	″	h m	h m	h m
									in 0ʰ Länge, + 50° Breite		
Juli 24	6 9 12.79	5 12.23	+22 39 51.8	1 17.7	1.428 911	5 284	5.89	6.16	2 1	10 4.9	18 9
25	6 14 25.02	5 12.50	22 41 9.5	0 39.4	1.434 195	5 240	5.86	6.14	2 2	10 6.2	18 11
26	6 19 37.52	5 12.74	22 41 48.9	0 0.8	1.439 435	5 196	5.84	6.11	2 3	10 7.4	18 12
27	6 24 50.26	5 12.92	22 41 49.7	0 37.8	1.444 631	5 150	5.82	6.09	2 4	10 8.7	18 13
28	6 30 3.18	5 13.06	22 41 11.9	1 16.5	1.449 781	5 105	5.80	6.07	2 6	10 10.0	18 14
29	6 35 16.24	5 13.15	22 39 55.4	1 55.4	1.454 886	5 059	5.78	6.05	2 7	10 11.3	18 15
30	6 40 29.39	5 13.19	+22 38 0.0	2 34.2	1.459 945	5 014	5.76	6.03	2 9	10 12.5	18 16
31	6 45 42.58	5 13.18	22 35 25.8	3 13.1	1.464 959	4 968	5.74	6.01	2 10	10 13.8	18 17
Aug. 1	6 50 55.76	5 13.14	22 32 12.7	3 51.9	1.469 927	4 921	5.72	5.99	2 12	10 15.1	18 18
2	6 56 8.90	5 13.02	22 28 20.8	4 30.7	1.474 848	4 874	5.70	5.97	2 14	10 16.4	18 19
3	7 1 21.92	5 12.88	22 23 50.1	5 9.4	1.479 722	4 827	5.68	5.95	2 15	10 17.6	18 20
4	7 6 34.80	5 12.68	22 18 40.7	5 48.1	1.484 549	4 779	5.66	5.93	2 17	10 18.9	18 20
5	7 11 47.48	5 12.43	+22 12 52.6	6 26.6	1.489 328	4 731	5.65	5.91	2 19	10 20.2	18 21
6	7 16 59.91	5 12.14	22 6 26.0	7 5.0	1.494 059	4 682	5.63	5.89	2 21	10 21.4	18 21
7	7 22 12.05	5 11.80	21 59 21.0	7 43.1	1.498 741	4 633	5.61	5.87	2 23	10 22.7	18 22
8	7 27 23.85	5 11.42	21 51 37.9	8 21.1	1.503 374	4 583	5.59	5.85	2 25	10 24.0	18 22
9	7 32 35.27	5 10.99	21 43 16.8	8 58.8	1.507 957	4 534	5.58	5.84	2 27	10 25.2	18 23
10	7 37 46.26	5 10.51	21 34 18.0	9 36.4	1.512 491	4 483	5.56	5.82	2 29	10 26.4	18 23
11	7 42 56.77	5 10.01	+21 24 41.6	10 13.5	1.516 974	4 433	5.54	5.80	2 32	10 27.7	18 23
12	7 48 6.78	5 9.45	21 14 28.1	10 50.3	1.521 407	4 382	5.53	5.78	2 34	10 28.9	18 23
13	7 53 16.23	5 8.85	21 3 37.8	11 26.9	1.525 789	4 331	5.51	5.77	2 36	10 30.1	18 23
14	7 58 25.08	5 8.23	20 52 10.9	12 3.1	1.530 120	4 279	5.50	5.75	2 39	10 31.3	18 23
15	8 3 33.31	5 7.55	20 40 7.8	12 38.9	1.534 399	4 228	5.48	5.74	2 41	10 32.5	18 23
16	8 8 40.86	5 6.85	20 27 28.9	13 14.2	1.538 627	4 177	5.47	5.72	2 44	10 33.7	18 23
17	8 13 47.71	5 6.12	+20 14 14.7	13 49.3	1.542 804	4 125	5.45	5.70	2 46	10 34.8	18 23
18	8 18 53.83	5 5.36	20 0 25.4	14 23.7	1.546 929	4 074	5.44	5.69	2 49	10 36.0	18 22
19	8 23 59.19	5 4.57	19 46 1.7	14 57.9	1.551 003	4 023	5.42	5.67	2 51	10 37.1	18 22
20	8 29 3.76	5 3.75	19 31 3.8	15 31.4	1.555 026	3 972	5.41	5.66	2 54	10 38.3	18 22
21	8 34 7.51	5 2.92	19 15 32.4	16 4.5	1.558 998	3 922	5.39	5.64	2 57	10 39.4	18 21
22	8 39 10.43	5 2.07	18 59 27.9	16 37.2	1.562 920	3 872	5.38	5.63	2 59	10 40.5	18 21
23	8 44 12.50	5 1.21	+18 42 50.7	17 9.2	1.566 792	3 821	5.37	5.62	3 2	10 41.6	18 20
24	8 49 13.71	5 0.32	18 25 41.5	17 40.8	1.570 613	3 771	5.35	5.60	3 5	10 42.6	18 19
25	8 54 14.03	4 59.43	18 8 0.7	18 11.9	1.574 384	3 722	5.34	5.59	3 8	10 43.7	18 19
26	8 59 13.46	4 58.54	17 49 48.8	18 42.3	1.578 106	3 671	5.33	5.58	3 11	10 44.7	18 18
27	9 4 12.00	4 57.64	17 31 6.5	19 12.2	1.581 777	3 621	5.32	5.56	3 13	10 45.8	18 17
28	9 9 9.64	4 56.73	17 11 54.3	19 41.5	1.585 398	3 571	5.30	5.55	3 16	10 46.8	18 16
29	9 14 6.37	4 55.82	+16 52 12.8	20 10.3	1.588 969	3 521	5.29	5.54	3 19	10 47.8	18 15
30	9 19 2.19	4 54.91	16 32 2.5	20 38.4	1.592 490	3 470	5.28	5.53	3 22	10 48.8	18 15
31	9 23 57.10	4 54.01	16 11 24.1	21 5.9	1.595 960	3 420	5.27	5.51	3 25	10 49.7	18 14
Sept. 1	9 28 51.11	4 53.10	15 50 18.2	21 32.8	1.599 380	3 369	5.26	5.50	3 28	10 50.7	18 13
2	9 33 44.21	4 52.20	15 28 45.4	21 59.0	1.602 749	3 318	5.25	5.49	3 31	10 51.6	18 11
3	9 38 36.41		+15 6 46.4		1.606 067		5.24	5.48	3 34	10 52.5	18 10

Venus 1958

Tag	0ʰ Weltzeit: Scheinbare Rektaszension	Diff.	Scheinbare Deklination	Diff.	Δ	Diff.	Halbmesser	Hor. Par.	Aufgang	Obere Kulmination	Untergang
									in 0ʰ Länge, + 50° Breite		
1958	h m s	m s	° ′ ″	′ ″			″	″	h m	h m	h m
Sept. 3	9 38 36.41	4 51.31	+15 6 46.4	22 24.6	1.606 067	3 267	5.24	5.48	3 34	10 52.5	18 10
4	9 43 27.72	4 50.42	14 44 21.8	22 49.6	1.609 334	3 215	5.23	5.47	3 37	10 53.4	18 9
5	9 48 18.14	4 49.55	14 21 32.2	23 13.9	1.612 549	3 164	5.22	5.46	3 40	10 54.3	18 8
6	9 53 7.69	4 48.69	13 58 18.3	23 37.4	1.615 713	3 112	5.21	5.45	3 43	10 55.2	18 7
7	9 57 56.38	4 47.84	13 34 40.9	24 0.4	1.618 825	3 059	5.20	5.44	3 46	10 56.1	18 5
8	10 2 44.22	4 47.00	13 10 40.5	24 22.7	1.621 884	3 007	5.19	5.43	3 48	10 56.9	18 4
9	10 7 31.22	4 46.18	+12 46 17.8	24 44.3	1.624 891	2 955	5.18	5.42	3 51	10 57.8	18 3
10	10 12 17.40	4 45.37	12 21 33.5	25 5.0	1.627 846	2 902	5.17	5.41	3 54	10 58.6	18 1
11	10 17 2.77	4 44.59	11 56 28.5	25 25.3	1.630 748	2 848	5.16	5.40	3 57	10 59.4	18 0
12	10 21 47.36	4 43.82	11 31 3.2	25 44.7	1.633 596	2 796	5.15	5.39	4 0	11 0.2	17 59
13	10 26 31.18	4 43.07	11 5 18.5	26 3.5	1.636 392	2 743	5.14	5.38	4 3	11 1.0	17 57
14	10 31 14.25	4 42.33	10 39 15.0	26 21.5	1.639 135	2 690	5.13	5.37	4 6	11 1.7	17 56
15	10 35 56.58	4 41.63	+10 12 53.5	26 38.8	1.641 825	2 637	5.12	5.36	4 9	11 2.5	17 54
16	10 40 38.21	4 40.95	9 46 14.7	26 55.4	1.644 462	2 584	5.11	5.35	4 12	11 3.2	17 53
17	10 45 19.16	4 40.30	9 19 19.3	27 11.3	1.647 046	2 533	5.11	5.34	4 15	11 4.0	17 51
18	10 49 59.46	4 39.66	8 52 8.0	27 26.4	1.649 579	2 481	5.10	5.33	4 18	11 4.7	17 50
19	10 54 39.12	4 39.06	8 24 41.6	27 40.9	1.652 060	2 430	5.09	5.33	4 21	11 5.4	17 48
20	10 59 18.18	4 38.49	7 57 0.7	27 54.7	1.654 490	2 379	5.08	5.32	4 24	11 6.1	17 47
21	11 3 56.67	4 37.96	+ 7 29 6.0	28 7.7	1.656 869	2 328	5.08	5.31	4 27	11 6.8	17 45
22	11 8 34.63	4 37.45	7 0 58.3	28 20.0	1.659 197	2 279	5.07	5.30	4 30	11 7.5	17 43
23	11 13 12.08	4 36.99	6 32 38.3	28 31.7	1.661 476	2 228	5.06	5.30	4 33	11 8.2	17 42
24	11 17 49.07	4 36.56	6 4 6.6	28 42.5	1.663 704	2 179	5.05	5.29	4 36	11 8.8	17 40
25	11 22 25.63	4 36.15	5 35 24.1	28 52.8	1.665 883	2 129	5.05	5.28	4 39	11 9.5	17 38
26	11 27 1.78	4 35.81	5 6 31.3	29 2.2	1.668 012	2 080	5.04	5.28	4 42	11 10.2	17 37
27	11 31 37.59	4 35.48	+ 4 37 29.1	29 11.0	1.670 092	2 030	5.04	5.27	4 45	11 10.8	17 35
28	11 36 13.07	4 35.20	4 8 18.1	29 19.1	1.672 122	1 982	5.03	5.26	4 48	11 11.5	17 33
29	11 40 48.27	4 34.96	3 38 59.0	29 26.4	1.674 104	1 932	5.02	5.26	4 51	11 12.1	17 32
30	11 45 23.23	4 34.76	3 9 32.6	29 32.9	1.676 036	1 883	5.02	5.25	4 54	11 12.7	17 30
Okt. 1	11 49 57.99	4 34.59	2 39 59.7	29 38.9	1.677 919	1 834	5.01	5.24	4 57	11 13.4	17 28
2	11 54 32.58	4 34.47	2 10 20.8	29 44.0	1.679 753	1 785	5.01	5.24	5 0	11 14.0	17 26
3	11 59 7.05	4 34.39	+ 1 40 36.8	29 48.4	1.681 538	1 735	5.00	5.23	5 3	11 14.6	17 25
4	12 3 41.44	4 34.34	1 10 48.4	29 52.1	1.683 273	1 686	5.00	5.23	5 6	11 15.3	17 23
5	12 8 15.78	4 34.34	0 40 56.3	29 55.1	1.684 959	1 637	4.99	5.22	5 9	11 15.9	17 21
6	12 12 50.12	4 34.38	+ 0 11 1.2	29 57.3	1.686 596	1 587	4.99	5.22	5 12	11 16.5	17 19
7	12 17 24.50	4 34.46	− 0 18 56.1	29 58.8	1.688 183	1 538	4.98	5.21	5 16	11 17.2	17 18
8	12 21 58.96	4 34.58	0 48 54.9	29 59.4	1.689 721	1 488	4.98	5.21	5 19	11 17.8	17 16
9	12 26 33.54	4 34.74	− 1 18 54.3	29 59.5	1.691 209	1 438	4.97	5.20	5 22	11 18.4	17 14
10	12 31 8.28	4 34.93	1 48 53.8	29 58.7	1.692 647	1 388	4.97	5.20	5 25	11 19.1	17 13
11	12 35 43.21	4 35.17	2 18 52.5	29 57.1	1.694 035	1 338	4.96	5.19	5 28	11 19.7	17 11
12	12 40 18.38	4 35.44	2 48 49.6	29 54.8	1.695 373	1 289	4.96	5.19	5 31	11 20.4	17 9
13	12 44 53.82	4 35.75	3 18 44.4	29 51.8	1.696 662	1 238	4.96	5.19	5 34	11 21.0	17 7
14	12 49 29.57		− 3 48 36.2		1.697 900		4.95	5.18	5 37	11 21.7	17 6

Tag	0h Weltzeit: Scheinbare Rektaszension		Scheinbare Deklination		Δ		Halbmesser	Hor. Par.	Aufgang	Obere Kulmination	Untergang
									in 0h Länge, + 50° Breite		
1958	h m s	m s	° ′ ″	′ ″			″	″	h m	h m	h m
Okt. 14	12 49 29.57	4 36.10	− 3 48 36.2	29 47.9	1.697 900	1 189	4.95	5.18	5 37	11 21.7	17 6
15	12 54 5.67	4 36.48	4 18 24.1	29 43.3	1.699 089	1 140	4.95	5.18	5 40	11 22.3	17 4
16	12 58 42.15	4 36.91	4 48 7.4	29 37.9	1.700 229	1 091	4.95	5.18	5 43	11 23.0	17 2
17	13 3 19.06	4 37.37	5 17 45.3	29 31.8	1.701 320	1 043	4.94	5.17	5 46	11 23.7	17 0
18	13 7 56.43	4 37.87	5 47 17.1	29 24.9	1.702 363	996	4.94	5.17	5 49	11 24.4	16 59
19	13 12 34.30	4 38.42	6 16 42.0	29 17.2	1.703 359	948	4.94	5.17	5 52	11 25.1	16 57
20	13 17 12.72	4 38.99	− 6 45 59.2	29 8.7	1.704 307	901	4.93	5.16	5 55	11 25.8	16 55
21	13 21 51.71	4 39.61	7 15 7.9	28 59.6	1.705 208	855	4.93	5.16	5 58	11 26.5	16 54
22	13 26 31.32	4 40.27	7 44 7.5	28 49.6	1.706 063	810	4.93	5.16	6 1	11 27.2	16 52
23	13 31 11.59	4 40.96	8 12 57.1	28 38.8	1.706 873	763	4.93	5.16	6 4	11 27.9	16 50
24	13 35 52.55	4 41.70	8 41 35.9	28 27.3	1.707 636	719	4.92	5.15	6 8	11 28.7	16 49
25	13 40 34.25	4 42.47	9 10 3.2	28 15.0	1.708 355	673	4.92	5.15	6 11	11 29.4	16 47
26	13 45 16.72	4 43.28	− 9 38 18.2	28 1.9	1.709 028	629	4.92	5.15	6 14	11 30.2	16 46
27	13 50 0.00	4 44.12	10 6 20.1	27 48.0	1.709 657	584	4.92	5.15	6 17	11 31.0	16 44
28	13 54 44.12	4 45.00	10 34 8.1	27 33.4	1.710 241	540	4.92	5.15	6 20	11 31.8	16 43
29	13 59 29.12	4 45.91	11 1 41.5	27 17.9	1.710 781	495	4.92	5.14	6 23	11 32.6	16 41
30	14 4 15.03	4 46.86	11 28 59.4	27 1.7	1.711 276	452	4.91	5.14	6 26	11 33.4	16 40
31	14 9 1.89	4 47.83	11 56 1.1	26 44.6	1.711 728	407	4.91	5.14	6 29	11 34.3	16 38
Nov. 1	14 13 49.72	4 48.85	−12 22 45.7	26 26.8	1.712 135	364	4.91	5.14	6 33	11 35.1	16 37
2	14 18 38.57	4 49.88	12 49 12.5	26 8.1	1.712 499	319	4.91	5.14	6 36	11 36.0	16 36
3	14 23 28.45	4 50.93	13 15 20.6	25 48.8	1.712 818	275	4.91	5.14	6 39	11 36.9	16 34
4	14 28 19.38	4 52.03	13 41 9.4	25 28.4	1.713 093	232	4.91	5.14	6 42	11 37.8	16 33
5	14 33 11.41	4 53.15	14 6 37.8	25 7.4	1.713 325	187	4.91	5.14	6 45	11 38.8	16 32
6	14 38 4.56	4 54.27	14 31 45.2	24 45.5	1.713 512	143	4.91	5.14	6 48	11 39.7	16 30
7	14 42 58.83	4 55.43	−14 56 30.7	24 22.9	1.713 655	99	4.91	5.14	6 52	11 40.7	16 29
8	14 47 54.26	4 56.59	15 20 53.6	23 59.4	1.713 754	54	4.91	5.13	6 55	11 41.7	16 28
9	14 52 50.85	4 57.78	15 44 53.0	23 35.1	1.713 808	10	4.91	5.13	6 58	11 42.7	16 27
10	14 57 48.63	4 58.97	16 8 28.1	23 9.9	1.713 818	— 35	4.91	5.13	7 1	11 43.7	16 26
11	15 2 47.60	5 0.18	16 31 38.0	22 44.1	1.713 783	79	4.91	5.13	7 4	11 44.8	16 25
12	15 7 47.78	5 1.38	16 54 22.1	22 17.3	1.713 704	124	4.91	5.14	7 7	11 45.9	16 24
13	15 12 49.16	5 2.60	−17 16 39.4	21 49.8	1.713 580	167	4.91	5.14	7 11	11 46.9	16 23
14	15 17 51.76	5 3.82	17 38 29.2	21 21.6	1.713 413	212	4.91	5.14	7 14	11 48.1	16 22
15	15 22 55.58	5 5.03	17 59 50.8	20 52.4	1.713 201	254	4.91	5.14	7 17	11 49.2	16 21
16	15 28 0.61	5 6.26	18 20 43.2	20 22.6	1.712 947	296	4.91	5.14	7 20	11 50.3	16 20
17	15 33 6.87	5 7.47	18 41 5.8	19 51.9	1.712 651	339	4.91	5.14	7 23	11 51.5	16 19
18	15 38 14.34	5 8.68	19 0 57.7	19 20.6	1.712 312	381	4.91	5.14	7 26	11 52.7	16 19
19	15 43 23.02	5 9.89	−19 20 18.3	18 48.4	1.711 931	422	4.91	5.14	7 29	11 53.9	16 18
20	15 48 32.91	5 11.08	19 39 6.7	18 15.6	1.711 509	462	4.91	5.14	7 32	11 55.2	16 18
21	15 53 43.99	5 12.27	19 57 22.3	17 42.0	1.711 047	504	4.92	5.14	7 35	11 56.4	16 17
22	15 58 56.26	5 13.44	20 15 4.3	17 7.7	1.710 543	544	4.92	5.14	7 38	11 57.7	16 17
23	16 4 9.70	5 14.59	20 32 12.0	16 32.6	1.709 999	583	4.92	5.15	7 41	11 59.0	16 16
24	16 9 24.29		−20 48 44.6		1.709 416		4.92	5.15	7 44	12 0.3	16 16

Tag	Scheinbare Rektaszension (0h Weltzeit)		Scheinbare Deklination (0h Weltzeit)		Δ (0h Weltzeit)		Halbmesser	Hor. Par.	Aufgang	Obere Kulmination	Untergang
									in 0h Länge, + 50° Breite		
1958	h m s	m s	° ′ ″	′ ″			″	″	h m	h m	h m
Nov. 24	16 9 24.29	5 15.73	−20 48 44.6	15 57.0	1.709 416	623	4.92	5.15	7 44	12 0.3	16 16
25	16 14 40.02	5 16.84	21 4 41.6	15 20.6	1.708 793	663	4.92	5.15	7 47	12 1.6	16 16
26	16 19 56.86	5 17.93	21 20 2.2	14 43.7	1.708 130	702	4.92	5.15	7 50	12 3.0	16 16
27	16 25 14.79	5 19.00	21 34 45.9	14 6.0	1.707 428	741	4.93	5.15	7 53	12 4.3	16 15
28	16 30 33.79	5 20.02	21 48 51.9	13 27.7	1.706 687	780	4.93	5.16	7 56	12 5.7	16 15
29	16 35 53.81	5 21.03	22 2 19.6	12 48.9	1.705 907	819	4.93	5.16	7 58	12 7.1	16 15
30	16 41 14.84	5 22.00	−22 15 8.5	12 9.5	1.705 088	857	4.93	5.16	8 1	12 8.5	16 16
Dez. 1	16 46 36.84	5 22.92	22 27 18.0	11 29.5	1.704 231	896	4.93	5.16	8 4	12 10.0	16 16
2	16 51 59.76	5 23.81	22 38 47.5	10 49.0	1.703 335	935	4.94	5.17	8 6	12 11.4	16 16
3	16 57 23.57	5 24.66	22 49 36.5	10 8.1	1.702 400	974	4.94	5.17	8 9	12 12.9	16 16
4	17 2 48.23	5 25.45	22 59 44.6	9 26.5	1.701 426	1 013	4.94	5.17	8 12	12 14.4	16 17
5	17 8 13.68	5 26.20	23 9 11.1	8 44.7	1.700 413	1 053	4.95	5.18	8 14	12 15.8	16 17
6	17 13 39.88	5 26.89	−23 17 55.8	8 2.3	1.699 360	1 092	4.95	5.18	8 16	12 17.3	16 18
7	17 19 6.77	5 27.54	23 25 58.1	7 19.5	1.698 268	1 132	4.95	5.19	8 19	12 18.9	16 19
8	17 24 34.31	5 28.13	23 33 17.6	6 36.5	1.697 136	1 171	4.96	5.19	8 21	12 20.4	16 19
9	17 30 2.44	5 28.64	23 39 54.1	5 53.1	1.695 965	1 212	4.96	5.19	8 23	12 21.9	16 20
10	17 35 31.08	5 29.11	23 45 47.2	5 9.3	1.694 753	1 251	4.96	5.19	8 26	12 23.5	16 21
11	17 41 0.19	5 29.50	23 50 56.5	4 25.4	1.693 502	1 292	4.97	5.20	8 28	12 25.0	16 22
12	17 46 29.69	5 29.84	−23 55 21.9	3 41.2	1.692 210	1 331	4.97	5.20	8 30	12 26.6	16 23
13	17 51 59.53	5 30.11	23 59 3.1	2 56.7	1.690 879	1 371	4.97	5.20	8 32	12 28.1	16 25
14	17 57 29.64	5 30.31	24 1 59.8	2 12.2	1.689 508	1 411	4.98	5.21	8 34	12 29.7	16 26
15	18 2 59.95	5 30.43	24 4 12.0	1 27.5	1.688 097	1 449	4.98	5.21	8 35	12 31.2	16 27
16	18 8 30.38	5 30.51	24 5 39.5	0 42.7	1.686 648	1 488	4.99	5.22	8 37	12 32.8	16 29
17	18 14 0.89	5 30.51	24 6 22.2	0 2.1	1.685 160	1 527	4.99	5.22	8 39	12 34.4	16 30
18	18 19 31.40	5 30.44	−24 6 20.1	0 46.9	1.683 633	1 565	5.00	5.23	8 40	12 35.9	16 32
19	18 25 1.84	5 30.31	24 5 33.2	1 31.8	1.682 068	1 603	5.00	5.23	8 42	12 37.5	16 34
20	18 30 32.15	5 30.11	24 4 1.4	2 16.6	1.680 465	1 640	5.00	5.24	8 43	12 39.1	16 35
21	18 36 2.26	5 29.86	24 1 44.8	3 1.4	1.678 825	1 678	5.01	5.24	8 44	12 40.6	16 37
22	18 41 32.12	5 29.52	23 58 43.4	3 45.9	1.677 147	1 714	5.01	5.25	8 45	12 42.2	16 39
23	18 47 1.64	5 29.14	23 54 57.5	4 30.3	1.675 433	1 751	5.02	5.25	8 46	12 43.7	16 41
24	18 52 30.78	5 28.69	−23 50 27.2	5 14.6	1.673 682	1 788	5.02	5.26	8 47	12 45.3	16 43
25	18 57 59.47	5 28.18	23 45 12.6	5 58.6	1.671 894	1 825	5.03	5.26	8 48	12 46.8	16 46
26	19 3 27.65	5 27.61	23 39 14.0	6 42.4	1.670 069	1 861	5.04	5.27	8 49	12 48.3	16 48
27	19 8 55.26	5 27.00	23 32 31.6	7 25.8	1.668 208	1 897	5.04	5.28	8 50	12 49.8	16 50
28	19 14 22.26	5 26.31	23 25 5.8	8 9.1	1.666 311	1 933	5.05	5.28	8 51	12 51.3	16 52
29	19 19 48.57	5 25.58	23 16 56.7	8 52.0	1.664 378	1 970	5.05	5.29	8 51	12 52.8	16 55
30	19 25 14.15	5 24.80	−23 8 4.7	9 34.3	1.662 408	2 006	5.06	5.29	8 52	12 54.3	16 57
31	19 30 38.95	5 23.97	22 58 30.4	10 16.3	1.660 402	2 042	5.07	5.30	8 52	12 55.8	17 0
32	19 36 2.92		−22 48 14.1		1.658 360		5.07	5.31	8 53	12 57.2	17 2

Tag	0ʰ Weltzeit: Scheinbare Rektaszension	Diff.	Scheinbare Deklination	Diff.	Δ	Diff.	Halbmesser	Hor. Par.	Aufgang (in 0ʰ Länge, + 50° Breite)	Obere Kulmination	Untergang
1958	h m s	m s	° ′ ″	′ ″			″	″	h m	h m	h m
Jan. 0	16 14 24.51	2 55.72	−21 8 3.8	7 55.3	2.282 598	6 134	2.05	3.86	5 23	9 37.4	13 51
1	16 17 20.23	2 56.16	21 15 59.1	7 44.4	2.276 464	6 165	2.06	3.87	5 23	9 36.4	13 50
2	16 20 16.39	2 56.60	21 23 43.5	7 33.4	2.270 299	6 196	2.06	3.88	5 23	9 35.4	13 48
3	16 23 12.99	2 57.03	21 31 16.9	7 22.2	2.264 103	6 226	2.07	3.89	5 23	9 34.4	13 46
4	16 26 10.02	2 57.47	21 38 39.1	7 11.0	2.257 877	6 255	2.07	3.90	5 22	9 33.4	13 44
5	16 29 7.49	2 57.90	21 45 50.1	6 59.7	2.251 622	6 284	2.08	3.91	5 22	9 32.4	13 43
6	16 32 5.39	2 58.33	−21 52 49.8	6 48.2	2.245 338	6 312	2.08	3.92	5 22	9 31.4	13 41
7	16 35 3.72	2 58.75	21 59 38.0	6 36.6	2.239 026	6 341	2.09	3.93	5 22	9 30.5	13 39
8	16 38 2.47	2 59.17	22 6 14.6	6 24.9	2.232 685	6 369	2.10	3.94	5 21	9 29.5	13 38
9	16 41 1.64	2 59.59	22 12 39.5	6 13.2	2.226 316	6 396	2.10	3.95	5 21	9 28.6	13 36
10	16 44 1.23	3 0.00	22 18 52.7	6 1.3	2.219 920	6 424	2.11	3.96	5 21	9 27.6	13 34
11	16 47 1.23	3 0.39	22 24 54.0	5 49.2	2.213 496	6 452	2.11	3.98	5 20	9 26.7	13 33
12	16 50 1.62	3 0.79	−22 30 43.2	5 37.2	2.207 044	6 478	2.12	3.99	5 20	9 25.7	13 31
13	16 53 2.41	3 1.18	22 36 20.4	5 25.0	2.200 566	6 506	2.13	4.00	5 20	9 24.8	13 30
14	16 56 3.59	3 1.55	22 41 45.4	5 12.7	2.194 060	6 532	2.13	4.01	5 19	9 23.9	13 28
15	16 59 5.14	3 1.92	22 46 58.1	5 0.3	2.187 528	6 559	2.14	4.02	5 19	9 23.0	13 27
16	17 2 7.06	3 2.26	22 51 58.4	4 47.9	2.180 969	6 584	2.15	4.03	5 19	9 22.1	13 25
17	17 5 9.32	3 2.62	22 56 46.3	4 35.3	2.174 385	6 609	2.15	4.05	5 18	9 21.2	13 24
18	17 8 11.94	3 2.95	−23 1 21.6	4 22.7	2.167 776	6 633	2.16	4.06	5 18	9 20.3	13 23
19	17 11 14.89	3 3.28	23 5 44.3	4 9.9	2.161 143	6 657	2.17	4.07	5 17	9 19.4	13 21
20	17 14 18.17	3 3.59	23 9 54.2	3 57.1	2.154 486	6 681	2.17	4.08	5 17	9 18.5	13 20
21	17 17 21.76	3 3.89	23 13 51.3	3 44.2	2.147 805	6 702	2.18	4.10	5 17	9 17.6	13 19
22	17 20 25.65	3 4.18	23 17 35.5	3 31.3	2.141 103	6 724	2.19	4.11	5 16	9 16.7	13 17
23	17 23 29.83	3 4.47	23 21 6.8	3 18.2	2.134 379	6 744	2.19	4.12	5 16	9 15.9	13 16
24	17 26 34.30	3 4.73	−23 24 25.0	3 5.1	2.127 635	6 764	2.20	4.14	5 15	9 15.0	13 15
25	17 29 39.03	3 5.01	23 27 30.1	2 52.0	2.120 871	6 783	2.21	4.15	5 15	9 14.1	13 14
26	17 32 44.04	3 5.25	23 30 22.1	2 38.7	2.114 088	6 801	2.21	4.16	5 14	9 13.3	13 13
27	17 35 49.29	3 5.50	23 33 0.8	2 25.3	2.107 287	6 818	2.22	4.18	5 13	9 12.4	13 11
28	17 38 54.79	3 5.73	23 35 26.1	2 12.1	2.100 469	6 835	2.23	4.19	5 13	9 11.6	13 10
29	17 42 0.52	3 5.96	23 37 38.2	1 58.6	2.093 634	6 851	2.24	4.20	5 12	9 10.7	13 9
30	17 45 6.48	3 6.17	−23 39 36.8	1 45.2	2.086 783	6 865	2.24	4.22	5 12	9 9.9	13 8
31	17 48 12.65	3 6.38	23 41 22.0	1 31.6	2.079 918	6 880	2.25	4.23	5 11	9 9.1	13 7
Febr. 1	17 51 19.03	3 6.57	23 42 53.6	1 18.1	2.073 038	6 894	2.26	4.24	5 10	9 8.2	13 6
2	17 54 25.60	3 6.77	23 44 11.7	1 4.4	2.066 144	6 906	2.27	4.26	5 10	9 7.4	13 5
3	17 57 32.37	3 6.95	23 45 16.1	0 50.8	2.059 238	6 920	2.27	4.27	5 9	9 6.6	13 4
4	18 0 39.32	3 7.12	23 46 6.9	0 37.2	2.052 318	6 931	2.28	4.29	5 8	9 5.7	13 3
5	18 3 46.44	3 7.28	−23 46 44.1	0 23.4	2.045 387	6 944	2.29	4.30	5 7	9 4.9	13 3
6	18 6 53.72	3 7.43	23 47 7.5	0 9.6	2.038 443	6 955	2.30	4.32	5 7	9 4.1	13 2
7	18 10 1.15	3 7.58	23 47 17.1	0 4.1	2.031 488	6 967	2.30	4.33	5 6	9 3.3	13 1
8	18 13 8.73	3 7.71	23 47 13.0	0 17.9	2.024 521	6 978	2.31	4.35	5 5	9 2.5	13 0
9	18 16 16.44	3 7.83	23 46 55.1	0 31.7	2.017 543	6 990	2.32	4.36	5 4	9 1.6	12 59
10	18 19 24.27		−23 46 23.4		2.010 553		2.33	4.38	5 3	9 0.8	12 59

Tag	0h Weltzeit: Scheinbare Rektaszension		Scheinbare Deklination		Δ		Halbmesser	Hor. Par.	Aufgang	Obere Kulmination	Untergang
									in 0h Länge, + 50° Breite		
1958	h m s	m s	° ′ ″	′ ″			″	″	h m	h m	h m
Febr. 10	18 19 24.27	3 7.94	−23 46 23.4	0 45.6	2.010 553	7 001	2.33	4.38	5 3	9 0.8	12 59
11	18 22 32.21	3 8.02	23 45 37.8	0 59.4	2.003 552	7 012	2.34	4.39	5 2	9 0.0	12 58
12	18 25 40.23	3 8.11	23 44 38.4	1 13.2	1.996 540	7 022	2.34	4.41	5 1	8 59.2	12 57
13	18 28 48.34	3 8.17	23 43 25.2	1 27.0	1.989 518	7 033	2.35	4.42	5 0	8 58.4	12 57
14	18 31 56.51	3 8.22	23 41 58.2	1 40.9	1.982 485	7 041	2.36	4.44	4 59	8 57.6	12 56
15	18 35 4.73	3 8.26	23 40 17.3	1 54.7	1.975 444	7 051	2.37	4.45	4 58	8 56.8	12 55
16	18 38 12.99	3 8.28	−23 38 22.6	2 8.5	1.968 393	7 059	2.38	4.47	4 57	8 56.0	12 55
17	18 41 21.27	3 8.29	23 36 14.1	2 22.3	1.961 334	7 067	2.39	4.49	4 56	8 55.2	12 54
18	18 44 29.56	3 8.29	23 33 51.8	2 36.1	1.954 267	7 074	2.39	4.50	4 55	8 54.4	12 54
19	18 47 37.85	3 8.27	23 31 15.7	2 49.8	1.947 193	7 081	2.40	4.52	4 54	8 53.6	12 53
20	18 50 46.12	3 8.25	23 28 25.9	3 3.6	1.940 112	7 085	2.41	4.54	4 53	8 52.8	12 53
21	18 53 54.37	3 8.20	23 25 22.3	3 17.3	1.933 027	7 091	2.42	4.55	4 52	8 52.0	12 52
22	18 57 2.57	3 8.15	−23 22 5.0	3 31.0	1.925 936	7 094	2.43	4.57	4 51	8 51.2	12 52
23	19 0 10.72	3 8.09	23 18 34.0	3 44.6	1.918 842	7 099	2.44	4.59	4 50	8 50.4	12 51
24	19 3 18.81	3 8.01	23 14 49.4	3 58.3	1.911 743	7 100	2.45	4.60	4 48	8 49.6	12 51
25	19 6 26.82	3 7.92	23 10 51.1	4 11.8	1.904 643	7 102	2.46	4.62	4 47	8 48.7	12 51
26	19 9 34.74	3 7.83	23 6 39.3	4 25.4	1.897 541	7 104	2.47	4.64	4 46	8 47.9	12 50
27	19 12 42.57	3 7.73	23 2 13.9	4 38.8	1.890 437	7 104	2.48	4.66	4 45	8 47.1	12 50
28	19 15 50.30	3 7.62	−22 57 35.1	4 52.3	1.883 333	7 104	2.48	4.67	4 43	8 46.3	12 50
März 1	19 18 57.92	3 7.49	22 52 42.8	5 5.7	1.876 229	7 103	2.49	4.69	4 42	8 45.5	12 49
2	19 22 5.41	3 7.37	22 47 37.1	5 19.0	1.869 126	7 101	2.50	4.71	4 41	8 44.7	12 49
3	19 25 12.78	3 7.22	22 42 18.1	5 32.4	1.862 025	7 099	2.51	4.73	4 39	8 43.9	12 49
4	19 28 20.00	3 7.09	22 36 45.7	5 45.5	1.854 926	7 098	2.52	4.74	4 38	8 43.0	12 49
5	19 31 27.09	3 6.94	22 31 0.2	5 58.8	1.847 828	7 094	2.53	4.76	4 36	8 42.2	12 48
6	19 34 34.03	3 6.78	−22 25 1.4	6 11.8	1.840 734	7 093	2.54	4.78	4 35	8 41.4	12 48
7	19 37 40.81	3 6.61	22 18 49.6	6 24.9	1.833 641	7 089	2.55	4.80	4 33	8 40.6	12 48
8	19 40 47.42	3 6.45	22 12 24.7	6 37.8	1.826 552	7 087	2.56	4.82	4 32	8 39.7	12 48
9	19 43 53.87	3 6.26	22 5 46.9	6 50.8	1.819 465	7 085	2.57	4.84	4 30	8 38.9	12 48
10	19 47 0.13	3 6.07	21 58 56.1	7 3.4	1.812 380	7 081	2.58	4.86	4 29	8 38.0	12 48
11	19 50 6.20	3 5.87	21 51 52.7	7 16.2	1.805 299	7 079	2.59	4.87	4 27	8 37.2	12 48
12	19 53 12.07	3 5.66	−21 44 36.5	7 28.8	1.798 220	7 076	2.60	4.89	4 26	8 36.4	12 47
13	19 56 17.73	3 5.43	21 37 7.7	7 41.2	1.791 144	7 072	2.61	4.91	4 24	8 35.5	12 47
14	19 59 23.16	3 5.21	21 29 26.5	7 53.7	1.784 072	7 069	2.62	4.93	4 22	8 34.7	12 47
15	20 2 28.37	3 4.96	21 21 32.8	8 5.9	1.777 003	7 064	2.63	4.95	4 21	8 33.8	12 47
16	20 5 33.33	3 4.71	21 13 26.9	8 18.1	1.769 939	7 060	2.64	4.97	4 19	8 32.9	12 47
17	20 8 38.04	3 4.46	21 5 8.8	8 30.2	1.762 879	7 056	2.65	4.99	4 17	8 32.1	12 47
18	20 11 42.50	3 4.18	−20 56 38.6	8 42.1	1.755 823	7 049	2.67	5.01	4 16	8 31.2	12 47
19	20 14 46.68	3 3.90	20 47 56.5	8 53.9	1.748 774	7 044	2.68	5.03	4 14	8 30.3	12 47
20	20 17 50.58	3 3.62	20 39 2.6	9 5.7	1.741 730	7 037	2.69	5.05	4 12	8 29.5	12 47
21	20 20 54.20	3 3.33	20 29 56.9	9 17.2	1.734 693	7 031	2.70	5.07	4 10	8 28.6	12 47
22	20 23 57.53	3 3.03	20 20 39.7	9 28.7	1.727 662	7 022	2.71	5.09	4 9	8 27.7	12 47
23	20 27 0.56		−20 11 11.0		1.720 640		2.72	5.11	4 7	8 26.8	12 47

Mars 1958

Tag	Scheinbare Rektaszension (0h Weltzeit)	Diff.	Scheinbare Deklination (0h Weltzeit)	Diff.	Δ (0h Weltzeit)	Diff.	Halbmesser	Hor. Par.	Aufgang (in 0h Länge, + 50° Breite)	Obere Kulmination (in 0h Länge, + 50° Breite)	Untergang (in 0h Länge, + 50° Breite)
1958	h m s	m s	° ′ ″	′ ″			″	″	h m	h m	h m
März 23	20 27 0.56	3 2.73	−20 11 11.0	9 40.1	1.720 640	7 014	2.72	5.11	4 7	8 26.8	12 47
24	20 30 3.29	3 2.41	20 1 30.9	9 51.4	1.713 626	7 006	2.73	5.14	4 5	8 25.9	12 47
25	20 33 5.70	3 2.10	19 51 39.5	10 2.4	1.706 620	6 996	2.74	5.16	4 3	8 25.0	12 47
26	20 36 7.80	3 1.77	19 41 37.1	10 13.4	1.699 624	6 986	2.75	5.18	4 1	8 24.1	12 48
27	20 39 9.57	3 1.46	19 31 23.7	10 24.3	1.692 638	6 975	2.76	5.20	3 59	8 23.2	12 48
28	20 42 11.03	3 1.12	19 20 59.4	10 35.1	1.685 663	6 965	2.78	5.22	3 57	8 22.2	12 48
29	20 45 12.15	3 0.80	−19 10 24.3	10 45.7	1.678 698	6 952	2.79	5.24	3 55	8 21.3	12 48
30	20 48 12.95	3 0.47	18 59 38.6	10 56.1	1.671 746	6 941	2.80	5.26	3 53	8 20.4	12 48
31	20 51 13.42	3 0.14	18 48 42.5	11 6.6	1.664 805	6 928	2.81	5.29	3 51	8 19.4	12 48
April 1	20 54 13.56	2 59.81	18 37 35.9	11 16.7	1.657 877	6 916	2.82	5.31	3 49	8 18.5	12 48
2	20 57 13.37	2 59.48	18 26 19.2	11 27.0	1.650 961	6 903	2.83	5.33	3 47	8 17.6	12 48
3	21 0 12.85	2 59.15	18 14 52.2	11 36.8	1.644 058	6 889	2.85	5.35	3 45	8 16.6	12 48
4	21 3 12.00	2 58.81	−18 3 15.4	11 46.7	1.637 169	6 877	2.86	5.38	3 43	8 15.7	12 49
5	21 6 10.81	2 58.49	17 51 28.7	11 56.5	1.630 292	6 865	2.87	5.40	3 41	8 14.7	12 49
6	21 9 9.30	2 58.16	17 39 32.2	12 5.9	1.623 427	6 852	2.88	5.42	3 39	8 13.7	12 49
7	21 12 7.46	2 57.82	17 27 26.3	12 15.4	1.616 575	6 839	2.90	5.44	3 37	8 12.7	12 49
8	21 15 5.28	2 57.48	17 15 10.9	12 24.6	1.609 736	6 828	2.91	5.47	3 35	8 11.8	12 49
9	21 18 2.76	2 57.14	17 2 46.3	12 33.7	1.602 908	6 815	2.92	5.49	3 33	8 10.8	12 49
10	21 20 59.90	2 56.80	−16 50 12.6	12 42.5	1.596 093	6 804	2.93	5.51	3 30	8 9.8	12 50
11	21 23 56.70	2 56.45	16 37 30.1	12 51.3	1.589 289	6 791	2.94	5.54	3 28	8 8.8	12 50
12	21 26 53.15	2 56.10	16 24 38.8	12 59.9	1.582 498	6 779	2.96	5.56	3 26	8 7.8	12 50
13	21 29 49.25	2 55.74	16 11 38.9	13 8.3	1.575 719	6 766	2.97	5.58	3 24	8 6.8	12 50
14	21 32 44.99	2 55.39	15 58 30.6	13 16.5	1.568 953	6 753	2.98	5.61	3 22	8 5.8	12 50
15	21 35 40.38	2 55.03	15 45 14.1	13 24.6	1.562 200	6 741	3.00	5.63	3 20	8 4.7	12 50
16	21 38 35.41	2 54.67	−15 31 49.5	13 32.4	1.555 459	6 727	3.01	5.66	3 17	8 3.7	12 51
17	21 41 30.08	2 54.31	15 18 17.1	13 40.2	1.548 732	6 714	3.02	5.68	3 15	8 2.7	12 51
18	21 44 24.39	2 53.94	15 4 36.9	13 47.8	1.542 018	6 699	3.03	5.71	3 13	8 1.6	12 51
19	21 47 18.33	2 53.58	14 50 49.1	13 55.1	1.535 319	6 686	3.05	5.73	3 11	8 0.6	12 51
20	21 50 11.91	2 53.21	14 36 54.0	14 2.3	1.528 633	6 671	3.06	5.76	3 8	7 59.5	12 51
21	21 53 5.12	2 52.85	14 22 51.7	14 9.4	1.521 962	6 656	3.07	5.78	3 6	7 58.5	12 52
22	21 55 57.97	2 52.48	−14 8 42.3	14 16.3	1.515 306	6 640	3.09	5.81	3 4	7 57.4	12 52
23	21 58 50.45	2 52.11	13 54 26.0	14 22.9	1.508 666	6 625	3.10	5.83	3 1	7 56.4	12 52
24	22 1 42.56	2 51.75	13 40 3.1	14 29.6	1.502 041	6 609	3.12	5.86	2 59	7 55.3	12 52
25	22 4 34.31	2 51.39	13 25 33.5	14 35.9	1.495 432	6 592	3.13	5.88	2 57	7 54.2	12 52
26	22 7 25.70	2 51.04	13 10 57.6	14 42.1	1.488 840	6 575	3.14	5.91	2 54	7 53.1	12 52
27	22 10 16.74	2 50.68	12 56 15.5	14 48.3	1.482 265	6 558	3.16	5.94	2 52	7 52.0	12 53
28	22 13 7.42	2 50.33	−12 41 27.2	14 54.1	1.475 707	6 541	3.17	5.96	2 50	7 50.9	12 53
29	22 15 57.75	2 49.99	12 26 33.1	14 59.9	1.469 166	6 524	3.19	5.99	2 47	7 49.8	12 53
30	22 18 47.74	2 49.66	12 11 33.2	15 5.6	1.462 642	6 505	3.20	6.02	2 45	7 48.7	12 53
Mai 1	22 21 37.40	2 49.31	11 56 27.6	15 10.9	1.456 137	6 489	3.21	6.04	2 42	7 47.6	12 53
2	22 24 26.71	2 48.99	11 41 16.7	15 16.3	1.449 648	6 471	3.23	6.07	2 40	7 46.5	12 54
3	22 27 15.70		−11 26 0.4		1.443 177		3.24	6.10	2 38	7 45.3	12 54

Mars 1958

Tag	0h Weltzeit Scheinbare Rektaszension		Scheinbare Deklination		Δ		Halbmesser	Hor. Par.	Aufgang	Obere Kulmination	Untergang
									in 0h Länge, + 50° Breite		
1958	h m s	m s	° ′ ″	′ ″			″	″	h m	h m	h m
Mai 3	22 27 15.70	2 48.67	−11 26 0.4	15 21.3	1.443 177	6 455	3.24	6.10	2 38	7 45.3	12 54
4	22 30 4.37	2 48.35	11 10 39.1	15 26.3	1.436 722	6 438	3.26	6.13	2 35	7 44.2	12 54
5	22 32 52.72	2 48.03	10 55 12.8	15 31.1	1.430 284	6 422	3.27	6.15	2 33	7 43.1	12 54
6	22 35 40.75	2 47.72	10 39 41.7	15 35.7	1.423 862	6 406	3.29	6.18	2 30	7 41.9	12 54
7	22 38 28.47	2 47.40	10 24 6.0	15 40.0	1.417 456	6 391	3.30	6.21	2 28	7 40.8	12 54
8	22 41 15.87	2 47.10	10 8 26.0	15 44.3	1.411 065	6 376	3.32	6.24	2 25	7 39.6	12 54
9	22 44 2.97	2 46.78	− 9 52 41.7	15 48.3	1.404 689	6 361	3.33	6.26	2 23	7 38.5	12 55
10	22 46 49.75	2 46.47	9 36 53.4	15 52.1	1.398 328	6 346	3.35	6.29	2 20	7 37.3	12 55
11	22 49 36.22	2 46.15	9 21 1.3	15 55.8	1.391 982	6 331	3.36	6.32	2 18	7 36.1	12 55
12	22 52 22.37	2 45.85	9 5 5.5	15 59.2	1.385 651	6 316	3.38	6.35	2 16	7 35.0	12 55
13	22 55 8.22	2 45.53	8 49 6.3	16 2.4	1.379 335	6 302	3.39	6.38	2 13	7 33.8	12 55
14	22 57 53.75	2 45.22	8 33 3.9	16 5.6	1.373 033	6 287	3.41	6.41	2 11	7 32.6	12 55
15	23 0 38.97	2 44.91	− 8 16 58.3	16 8.4	1.366 746	6 272	3.42	6.44	2 8	7 31.4	12 55
16	23 3 23.88	2 44.60	8 0 49.9	16 11.1	1.360 474	6 258	3.44	6.47	2 6	7 30.2	12 56
17	23 6 8.48	2 44.29	7 44 38.8	16 13.6	1.354 216	6 243	3.46	6.50	2 3	7 29.0	12 56
18	23 8 52.77	2 43.98	7 28 25.2	16 16.0	1.347 973	6 228	3.47	6.53	2 1	7 27.8	12 56
19	23 11 36.75	2 43.67	7 12 9.2	16 18.1	1.341 745	6 212	3.49	6.56	1 58	7 26.6	12 56
20	23 14 20.42	2 43.37	6 55 51.1	16 20.0	1.335 533	6 197	3.50	6.59	1 55	7 25.4	12 56
21	23 17 3.79	2 43.06	− 6 39 31.1	16 21.9	1.329 336	6 181	3.52	6.62	1 53	7 24.2	12 56
22	23 19 46.85	2 42.76	6 23 9.2	16 23.5	1.323 155	6 166	3.54	6.65	1 50	7 22.9	12 56
23	23 22 29.61	2 42.46	6 6 45.7	16 24.9	1.316 989	6 150	3.55	6.68	1 48	7 21.7	12 56
24	23 25 12.07	2 42.17	5 50 20.8	16 26.3	1.310 839	6 133	3.57	6.71	1 45	7 20.5	12 56
25	23 27 54.24	2 41.87	5 33 54.5	16 27.3	1.304 706	6 117	3.59	6.74	1 43	7 19.2	12 57
26	23 30 36.11	2 41.59	5 17 27.2	16 28.3	1.298 589	6 101	3.60	6.78	1 40	7 18.0	12 57
27	23 33 17.70	2 41.32	− 5 0 58.9	16 29.1	1.292 488	6 084	3.62	6.81	1 38	7 16.7	12 57
28	23 35 59.02	2 41.03	4 44 29.8	16 29.8	1.286 404	6 068	3.64	6.84	1 35	7 15.5	12 57
29	23 38 40.05	2 40.77	4 28 0.0	16 30.3	1.280 336	6 052	3.66	6.87	1 32	7 14.2	12 57
30	23 41 20.82	2 40.51	4 11 29.7	16 30.6	1.274 284	6 036	3.67	6.91	1 30	7 13.0	12 57
31	23 44 1.33	2 40.25	3 54 59.1	16 30.8	1.268 248	6 021	3.69	6.94	1 27	7 11.7	12 57
Juni 1	23 46 41.58	2 39.99	3 38 28.3	16 30.7	1.262 227	6 007	3.71	6.97	1 25	7 10.4	12 57
2	23 49 21.57	2 39.75	− 3 21 57.6	16 30.7	1.256 220	5 992	3.73	7.01	1 22	7 9.1	12 57
3	23 52 1.32	2 39.49	3 5 26.9	16 30.3	1.250 228	5 978	3.74	7.04	1 19	7 7.9	12 57
4	23 54 40.81	2 39.25	2 48 56.6	16 29.8	1.244 250	5 965	3.76	7.07	1 17	7 6.6	12 57
5	23 57 20.06	2 39.01	2 32 26.8	16 29.1	1.238 285	5 952	3.78	7.11	1 14	7 5.3	12 57
6	23 59 59.07	2 38.76	2 15 57.7	16 28.2	1.232 333	5 940	3.80	7.14	1 12	7 4.0	12 57
7	0 2 37.83	2 38.50	1 59 29.5	16 27.1	1.226 393	5 928	3.82	7.18	1 9	7 2.7	12 57
8	0 5 16.33	2 38.25	− 1 43 2.4	16 25.9	1.220 465	5 917	3.83	7.21	1 6	7 1.4	12 57
9	0 7 54.58	2 38.01	1 26 36.5	16 24.4	1.214 548	5 905	3.85	7.25	1 4	7 0.1	12 57
10	0 10 32.59	2 37.74	1 10 12.1	16 22.8	1.208 643	5 894	3.87	7.28	1 1	6 58.8	12 57
11	0 13 10.33	2 37.49	0 53 49.3	16 21.0	1.202 749	5 883	3.89	7.32	0 58	6 57.5	12 57
12	0 15 47.82	2 37.23	0 37 28.3	16 19.1	1.196 866	5 872	3.91	7.35	0 56	6 56.2	12 57
13	0 18 25.05		− 0 21 9.2		1.190 994		3.93	7.39	0 53	6 54.8	12 57

Tag	0h Weltzeit: Scheinbare Rektaszension		Scheinbare Deklination		Δ		Halbmesser	Hor. Par.	Aufgang (in 0h Länge, + 50° Breite)	Obere Kulmination	Untergang
1958	h m s	m s	° ′ ″	′ ″			″	″	h m	h m	h m
Juni 13	0 18 25.05	2 36.96	−0 21 9.2	16 16.8	1.190 994	5 861	3.93	7.39	0 53	6 54.8	12 57
14	0 21 2.01	2 36 70	−0 4 52.4	16 14 5	1.185 133	5 851	3.95	7.43	0 51	6 53.5	12 57
15	0 23 38.71	2 36.42	+0 11 22.1	16 12 0	1.179 282	5 840	3.97	7.46	0 48	6 52.2	12 57
16	0 26 15.13	2 36 16	0 27 34.1	16 9 4	1.173 442	5 830	3.99	7.50	0 45	6 50.8	12 57
17	0 28 51.29	2 35.88	0 43 43.5	16 6 5	1.167 612	5 819	4.01	7.54	0 43	6 49.5	12 57
18	0 31 27.17	2 35 60	0 59 50.0	16 3.4	1.161 793	5 808	4.03	7.57	0 40	6 48.2	12 57
19	0 34 2.77	2 35 33	+1 15 53.4	16 0 3	1.155 985	5 798	4.05	7.61	0 38	6 46.8	12 57
20	0 36 38.10	2 35 04	1 31 53.7	15 57 0	1.150 187	5 786	4.07	7.65	0 35	6 45.5	12 57
21	0 39 13.14	2 34 76	1 47 50.7	15 53 5	1.144 401	5 775	4.09	7.69	0 32	6 44.1	12 57
22	0 41 47.90	2 34 48	2 3 44.2	15 49.9	1.138 626	5 765	4.11	7.73	0 30	6 42.7	12 57
23	0 44 22.38	2 34 19	2 19 34.1	15 46 1	1.132 861	5 753	4.13	7.77	0 27	6 41.4	12 56
24	0 46 56.57	2 33 92	2 35 20.2	15 42.2	1.127 108	5 742	4.15	7.81	0 25	6 40.0	12 56
25	0 49 30.49	2 33 63	+2 51 2.4	15 38 2	1.121 366	5 732	4.17	7.85	0 22	6 38.6	12 56
26	0 52 4.12	2 33 36	3 6 40.6	15 34 1	1.115 634	5 720	4.19	7.89	0 19	6 37.2	12 56
27	0 54 37.48	2 33 08	3 22 14.7	15 29 8	1.109 914	5 711	4.22	7.93	0 17	6 35.8	12 56
28	0 57 10.56	2 32.81	3 37 44.5	15 25 4	1.104 203	5 701	4.24	7.97	0 14	6 34.5	12 56
29	0 59 43.37	2 32 53	3 53 9.9	15 20.8	1.098 502	5 691	4.26	8.01	0 11	6 33.1	12 56
30	1 2 15.90	2 32 25	4 8 30.7	15 16 1	1.092 811	5 683	4.28	8.05	0 9	6 31.7	12 55
Juli 1	1 4 48.15	2 31.96	+4 23 46.8	15 11 3	1.087 128	5 674	4.30	8.09	0 6	6 30.3	12 55
2	1 7 20.11	2 31 68	4 38 58.1	15 6 3	1.081 454	5 667	4.33	8.14	0 3	6 28.8	12 55
3	1 9 51.79	2 31 38	4 54 4.4	15 1 1	1.075 787	5 660	4.35	8.18	{0 1 / 23 58}	6 27.4	12 55
4	1 12 23.17	2 31 08	5 9 5.5	14 55.9	1.070 127	5 653	4.37	8.22	23 56	6 26.0	12 55
5	1 14 54.25	2 30 77	5 24 1.4	14 50 5	1.064 474	5 647	4.40	8.27	23 53	6 24.6	12 54
6	1 17 25.02	2 30.46	5 38 51.9	14 44.9	1.058 827	5 641	4.42	8.31	23 50	6 23.2	12 54
7	1 19 55.48	2 30 12	+5 53 36.8	14 39.1	1.053 186	5 636	4.44	8.36	23 48	6 21.7	12 54
8	1 22 25.60	2 29 79	6 8 15.9	14 33 4	1.047 550	5 631	4.47	8.40	23 45	6 20.3	12 54
9	1 24 55.39	2 29 43	6 22 49.3	14 27 3	1.041 919	5 627	4.49	8.45	23 42	6 18.8	12 53
10	1 27 24.82	2 29.08	6 37 16.6	14 21 1	1.036 292	5 621	4.52	8.49	23 40	6 17.4	12 53
11	1 29 53.90	2 28 70	6 51 37.7	14 14.8	1.030 671	5 618	4.54	8.54	23 37	6 15.9	12 53
12	1 32 22.60	2 28 32	7 5 52.5	14 8 4	1.025 053	5 612	4.57	8.58	23 35	6 14.5	12 52
13	1 34 50.92	2 27.92	+7 20 0.9	14 1 8	1.019 441	5 609	4.59	8.63	23 32	6 13.0	12 52
14	1 37 18.84	2 27 51	7 34 2.7	13 55 1	1.013 832	5 605	4.62	8.68	23 29	6 11.5	12 52
15	1 39 46.35	2 27 08	7 47 57.8	13 48 3	1.008 227	5 600	4.64	8.73	23 27	6 10.0	12 51
16	1 42 13.43	2 26 65	8 1 46.1	13 41 4	1.002 627	5 596	4.67	8.78	23 24	6 8.5	12 51
17	1 44 40.08	2 26 19	8 15 27.5	13 34 3	0.997 031	5 592	4.69	8.83	23 21	6 7.0	12 51
18	1 47 6.27	2 25 74	8 29 1.8	13 27.2	0.991 439	5 587	4.72	8.88	23 19	6 5.5	12 50
19	1 49 32.01	2 25.26	+8 42 29.0	13 19.8	0.985 852	5 582	4.75	8.93	23 16	6 4.0	12 50
20	1 51 57.27	2 24 77	8 55 48.8	13 12.6	0.980 270	5 577	4.77	8.98	23 13	6 2.5	12 50
21	1 54 22.04	2 24 28	9 9 1.4	13 5 1	0.974 693	5 571	4.80	9.03	23 11	6 1.0	12 49
22	1 56 46.32	2 23 78	9 22 6.5	12 57.6	0.969 122	5 567	4.82	9.07	23 8	5 59.4	12 49
23	1 59 10.10	2 23 26	9 35 4.1	12 50.0	0.963 555	5 561	4.86	9.13	23 6	5 57.9	12 48
24	2 1 33.36		+9 47 54.1		0.957 994		4.89	9.19	23 3	5 56.3	12 48

Mars 1958

Tag	0h Weltzeit: Scheinbare Rektaszension	Diff.	0h Weltzeit: Scheinbare Deklination	Diff.	Δ	Diff.	Halbmesser	Hor Par.	Aufgang	Obere Kulmination	Untergang
									in 0h Länge, + 50° Breite		
1958	h m s	m s	° ′ ″	′ ″			″	″	h m	h m	h m
Juli 24	2 1 33.36	2 22.74	+ 9 47 54.1	12 42.4	0.957 994	5 556	4.89	9.19	23 3	5 56.3	12 48
25	2 3 56.10	2 22.21	10 0 36.5	12 34.6	0.952 438	5 552	4.91	9.24	23 0	5 54.8	12 47
26	2 6 18.31	2 21.67	10 13 11.1	12 26.8	0.946 886	5 546	4.94	9.29	22 58	5 53.2	12 47
27	2 8 39.98	2 21.10	10 25 37.9	12 19.0	0.941 340	5 543	4.97	9.35	22 55	5 51.6	12 46
28	2 11 1.08	2 20.54	10 37 56.9	12 11.0	0.935 797	5 539	5.00	9.40	22 53	5 50.0	12 46
29	2 13 21.62	2 19.95	10 50 7.9	12 3.0	0.930 258	5 535	5.03	9.46	22 50	5 48.4	12 45
30	2 15 41.57	2 19.35	+11 2 10.9	11 54.9	0.924 723	5 532	5.06	9.52	22 47	5 46.8	12 44
31	2 18 0.92	2 18.73	11 14 5.8	11 46.7	0.919 191	5 530	5.09	9.57	22 45	5 45.2	12 44
Aug. 1	2 20 19.65	2 18.09	11 25 52.5	11 38.5	0.913 661	5 527	5.12	9.63	22 42	5 43.6	12 43
2	2 22 37.74	2 17.42	11 37 31.0	11 30.2	0.908 134	5 526	5.15	9.69	22 39	5 41.9	12 43
3	2 24 55.16	2 16.74	11 49 1.2	11 21.8	0.902 608	5 523	5.18	9.75	22 37	5 40.3	12 42
4	2 27 11.90	2 16.03	12 0 23.0	11 13.3	0.897 085	5 522	5.22	9.81	22 34	5 38.6	12 41
5	2 29 27.93	2 15.30	+12 11 36.3	11 4.8	0.891 563	5 521	5.25	9.87	22 31	5 36.9	12 40
6	2 31 43.23	2 14.53	12 22 41.1	10 56.2	0.886 042	5 519	5.28	9.93	22 29	5 35.2	12 40
7	2 33 57.76	2 13.74	12 33 37.3	10 47.5	0.880 523	5 518	5.31	9.99	22 26	5 33.5	12 39
8	2 36 11.50	2 12.92	12 44 24.8	10 38.9	0.875 005	5 517	5.35	10.06	22 24	5 31.8	12 38
9	2 38 24.42	2 12.08	12 55 3.7	10 30.1	0.869 488	5 515	5.38	10.12	22 21	5 30.1	12 37
10	2 40 36.50	2 11.20	13 5 33.8	10 21.2	0.863 973	5 513	5.42	10.19	22 18	5 28.3	12 37
11	2 42 47.70	2 10.29	+13 15 55.0	10 12.4	0.858 460	5 512	5.45	10.25	22 16	5 26.6	12 36
12	2 44 57.99	2 9.35	13 26 7.4	10 3.5	0.852 948	5 509	5.49	10.32	22 13	5 24.8	12 35
13	2 47 7.34	2 8.38	13 36 10.9	9 54.5	0.847 439	5 507	5.52	10.38	22 10	5 23.0	12 34
14	2 49 15.72	2 7.37	13 46 5.4	9 45.6	0.841 932	5 504	5.56	10.45	22 8	5 21.2	12 33
15	2 51 23.09	2 6.34	13 55 51.0	9 36.6	0.836 428	5 500	5.60	10.52	22 5	5 19.4	12 32
16	2 53 29.43	2 5.28	14 5 27.6	9 27.6	0.830 928	5 496	5.63	10.59	22 2	5 17.6	12 31
17	2 55 34.71	2 4.18	+14 14 55.2	9 18.6	0.825 432	5 491	5.67	10.66	21 59	5 15.7	12 30
18	2 57 38.89	2 3.06	14 24 13.8	9 9.6	0.819 941	5 485	5.71	10.73	21 57	5 13.8	12 29
19	2 59 41.95	2 1.91	14 33 23.4	9 0.7	0.814 456	5 480	5.75	10.80	21 54	5 11.9	12 28
20	3 1 43.86	2 0.74	14 42 24.1	8 51.6	0.808 976	5 473	5.79	10.88	21 51	5 10.0	12 27
21	3 3 44.60	1 59.52	14 51 15.7	8 42.8	0.803 503	5 467	5.82	10.95	21 49	5 8.1	12 26
22	3 5 44.12	1 58.30	14 59 58.5	8 33.8	0.798 036	5 459	5.86	11.03	21 46	5 6.1	12 24
23	3 7 42.42	1 57.04	+15 8 32.3	8 25.0	0.792 577	5 453	5.90	11.10	21 43	5 4.2	12 23
24	3 9 39.46	1 55.74	15 16 57.3	8 16.1	0.787 124	5 445	5.95	11.18	21 40	5 2.2	12 22
25	3 11 35.20	1 54.41	15 25 13.4	8 7.3	0.781 679	5 437	5.99	11.26	21 38	5 0.2	12 21
26	3 13 29.61	1 53.05	15 33 20.7	7 58.5	0.776 242	5 430	6.03	11.34	21 35	4 58.1	12 19
27	3 15 22.66	1 51.64	15 41 19.2	7 49.7	0.770 812	5 422	6.07	11.42	21 32	4 56.1	12 18
28	3 17 14.30	1 50.20	15 49 8.9	7 40.9	0.765 390	5 414	6.11	11.50	21 29	4 54.0	12 17
29	3 19 4.50	1 48.73	+15 56 49.8	7 32.3	0.759 976	5 405	6.16	11.58	21 26	4 51.9	12 15
30	3 20 53.23	1 47.19	16 4 22.1	7 23.5	0.754 571	5 397	6.20	11.66	21 24	4 49.7	12 14
31	3 22 40.42	1 45.62	16 11 45.6	7 14.9	0.749 174	5 388	6.25	11.75	21 21	4 47.6	12 12
Sept. 1	3 24 26.04	1 43.99	16 19 0.5	7 6.2	0.743 786	5 378	6.29	11.83	21 18	4 45.4	12 11
2	3 26 10.03	1 42.32	16 26 6.7	6 57.7	0.738 408	5 368	6.34	11.92	21 15	4 43.2	12 9
3	3 27 52.35		+16 33 4.4		0.733 040		6.38	12.00	21 12	4 40.9	12 8

Tag	Scheinbare Rektaszension (0h Weltzeit)		Scheinbare Deklination		Δ		Halbmesser	Hor Par.	Aufgang	Obere Kulmination	Untergang
									in 0h Länge, + 50° Breite		
1958	h m s	m s	° ′ ″	′ ″			″	″	h m	h m	h m
Sept. 3	3 27 52.35	1 40 60	+16 33 4.4	6 49 1	0.733 040	5 358	6.38	12.00	21 12	4 40.9	12 8
4	3 29 32.95	1 38.83	16 39 53.5	6 40.6	0.727 682	5 346	6.43	12.09	21 9	4 38.7	12 6
5	3 31 11.78	1 37.00	16 46 34.1	6 32 2	0.722 336	5 334	6.48	12.18	21 6	4 36.4	12 4
6	3 32 48.78	1 35 12	16 53 6.3	6 23 6	0.717 002	5 321	6.53	12.27	21 3	4 34.0	12 2
7	3 34 23.90	1 33 18	16 59 29.9	6 15 3	0.711 681	5 307	6.58	12.36	21 0	4 31.7	12 1
8	3 35 57.08	1 31 18	17 5 45.2	6 7 0	0.706 374	5 292	6.63	12.46	20 57	4 29.3	11 59
9	3 37 28.26	1 29 13	+17 11 52.2	5 58 7	0.701 082	5 275	6.68	12.55	20 54	4 26.9	11 57
10	3 38 57.39	1 27.01	17 17 50.9	5 50 4	0.695 807	5 258	6.73	12.65	20 51	4 24.4	11 55
11	3 40 24.40	1 24 83	17 23 41.3	5 42 3	0.690 549	5 239	6.78	12.74	20 48	4 21.9	11 53
12	3 41 49.23	1 22 61	17 29 23.6	5 34 0	0.685 310	5 218	6.83	12.84	20 45	4 19.4	11 51
13	3 43 11.84	1 20 33	17 34 57.6	5 26 1	0.680 092	5 196	6.88	12.94	20 42	4 16.8	11 49
14	3 44 32.17	1 17 98	17 40 23.7	5 18 0	0.674 896	5 172	6.93	13.04	20 39	4 14.2	11 47
15	3 45 50.15	1 15 59	+17 45 41.7	5 10 1	0.669 724	5 146	6.99	13.14	20 36	4 11.6	11 45
16	3 47 5.74	1 13 15	17 50 51.8	5 2 3	0.664 578	5 119	7.04	13.24	20 32	4 8.9	11 43
17	3 48 18.89	1 10.66	17 55 54.1	4 54 4	0.659 459	5 090	7.10	13.34	20 29	4 6.2	11 40
18	3 49 29.55	1 8 11	18 0 48.5	4 46.9	0.654 369	5 059	7.15	13.45	20 26	4 3.4	11 38
19	3 50 37.66	1 5 52	18 5 35.4	4 39 2	0.649 310	5 027	7.21	13.55	20 23	4 0.6	11 36
20	3 51 43.18	1 2.88	18 10 14.6	4 31 6	0.644 283	4 993	7.26	13.66	20 19	3 57.7	11 33
21	3 52 46.06	1 0 18	+18 14 46.2	4 24 4	0.639 290	4 958	7.32	13.77	20 16	3 54.8	11 31
22	3 53 46.24	0 57 43	18 19 10.6	4 16.8	0.634 332	4 921	7.38	13.87	20 12	3 51.9	11 28
23	3 54 43.67	0 54 62	18 23 27.4	4 9 5	0.629 411	4 883	7.44	13.98	20 9	3 48.9	11 26
24	3 55 38.29	0 51 75	18 27 36.9	4 2 3	0.624 528	4 843	7.49	14.09	20 6	3 45.9	11 23
25	3 56 30.04	0 48.84	18 31 39.2	3 55 1	0.619 685	4 802	7.55	14.20	20 2	3 42.8	•11 20
26	3 57 18.88	0 45 84	18 35 34.3	3 47 9	0.614 883	4 758	7.61	14.31	19 59	3 39.7	11 18
27	3 58 4.72	0 42.80	+18 39 22.2	3 40.8	0.610 125	4 713	7.67	14.42	19 55	3 36.5	11 15
28	3 58 47.52	0 39 69	18 43 3.0	3 33 7	0.605 412	4 666	7.73	14.54	19 51	3 33.3	11 12
29	3 59 27.21	0 36 52	18 46 36.7	3 26 7	0.600 746	4 617	7.79	14.65	19 48	3 30.0	11 9
30	4 0 3.73	0 33 29	18 50 3.4	3 19 5	0.596 129	4 565	7.85	14.76	19 44	3 26.6	11 6
Okt. 1	4 0 37.02	0 29 99	18 53 22.9	3 12 5	0.591 564	4 511	7.91	14.88	19 40	3 23.3	11 3
2	4 1 7.01	0 26 64	18 56 35.4	3 5 5	0.587 053	4 455	7.97	14.99	19 37	3 19.8	11 0
3	4 1 33.65	0 23 23	+18 59 40.9	2 58.5	0.582 598	4 395	8.03	15.10	19 33	3 16.3	10 56
4	4 1 56.88	0 19 75	19 2 39.4	2 51 3	0.578 203	4 334	8.09	15.22	19 29	3 12.8	10 53
5	4 2 16.63	0 16 22	19 5 30.7	2 44 2	0.573 869	4 270	8.16	15.33	19 25	3 9.1	10 50
6	4 2 32.85	0 12 65	19 8 14.9	2 37 1	0.569 599	4 202	8.22	15.45	19 21	3 5.5	10 46
7	4 2 45.50	0 9 01	19 10 52.0	2 30 0	0.565 397	4 131	8.28	15.56	19 17	3 1.7	10 43
8	4 2 54.51	0 5 32	19 13 22.0	2 22 6	0.561 266	4 057	8.34	15.68	19 13	2 58.0	10 39
9	4 2 59.83	0 1.61	+19 15 44.6	2 15 5	0.557 209	3 980	8.40	15.79	19 9	2 54.1	10 36
10	4 3 1.44	−0 2.15	19 18 0.1	2 8 0	0.553 229	3 898	8.46	15.91	19 5	2 50.2	10 32
11	4 2 59.29	0 5.92	19 20 8.1	2 0 7	0.549 331	3 812	8.52	16.02	19 0	2 46.2	10 28
12	4 2 53.37	0 9 73	19 22 8.8	1 53.2	0.545 519	3 725	8.58	16.13	18 56	2 42.2	10 24
13	4 2 43.64	0 13 53	19 24 2.0	1 45.7	0.541 794	3 631	8.64	16.24	18 52	2 38.1	10 20
14	4 2 30.11		+19 25 47.7		0.538 163		8.70	16.35	18 47	2 33.9	10 16

Tag	0ʰ Weltzeit: Scheinbare Rektaszension		Scheinbare Deklination		Δ		Halbmesser	Hor. Par.	Aufgang (in 0ʰ Länge, + 50° Breite)	Obere Kulmination (in 0ʰ Länge, + 50° Breite)	Untergang (in 0ʰ Länge, + 50° Breite)
1958	h m s	m s	° ′ ″	′ ″			″	″	h m	h m	h m
Okt. 14	4 2 30.11	0 17 34	+19 25 47.7	1 38.0	0.538 163	3 535	8.70	16.35	18 47	2 33.9	10 16
15	4 2 12.77	0 21 14	19 27 25.7	1 30.4	0.534 628	3 435	8.75	16.46	18 43	2 29.7	10 12
16	4 1 51.63	0 24.92	19 28 56.1	1 22 7	0.531 193	3 332	8.81	16.57	18 39	2 25.4	10 8
17	4 1 26.71	0 28 69	19 30 18.8	1 14.8	0.527 861	3 224	8.87	16.67	18 34	2 21.1	10 4
18	4 0 58.02	0 32 42	19 31 33.6	1 7 0	0.524 637	3 114	8.92	16.77	18 29	2 16.6	10 0
19	4 0 25.60	0 36 12	19 32 40.6	0 59.0	0.521 523	2 999	8.97	16.87	18 25	2 12.2	9 55
20	3 59 49.48	0 39 78	+19 33 39.6	0 51.0	0.518 524	2 882	9.03	16.97	18 20	2 7.6	9 51
21	3 59 9.70	0 43.40	19 34 30.6	0 42.8	0.515 642	2 761	9.08	17.07	18 15	2 3.0	9 46
22	3 58 26.30	0 46.96	19 35 13.4	0 34 6	0.512 881	2 637	9.12	17.16	18 11	1 58.4	9 42
23	3 57 39.34	0 50.45	19 35 48.0	0 26.4	0.510 244	2 510	9.17	17.25	18 6	1 53.7	9 37
24	3 56 48.89	0 53.90	19 36 14.4	0 18.1	0.507 734	2 378	9.22	17.33	18 1	1 48.9	9 32
25	3 55 54.99	0 57 25	19 36 32.5	0 9.6	0.505 356	2 244	9.26	17.41	17 56	1 44.1	9 27
26	3 54 57.74	1 0 52	+19 36 42.1	0 1.1	0.503 112	2 106	9.30	17.49	17 51	1 39.2	9 22
27	3 53 57.22	1 3 71	19 36 43.2	0 7.3	0.501 006	1 964	9.34	17.56	17 46	1 34.2	9 17
28	3 52 53.51	1 6 77	19 36 35.9	0 15.9	0.499 042	1 819	9.38	17.63	17 41	1 29.2	9 12
29	3 51 46.74	1 9.73	19 36 20.0	0 24.4	0.497 223	1 672	9.41	17.70	17 36	1 24.2	9 7
30	3 50 37.01	1 12 58	19 35 55.6	0 33.0	0.495 551	1 519	9.44	17.76	17 31	1 19.1	9 2
31	3 49 24.43	1 15.29	19 35 22.6	0 41.5	0.494 032	1 365	9.47	17.81	17 26	1 14.0	8 57
Nov. 1	3 48 9.14	1 17.85	+19 34 41.1	0 50.0	0.492 667	1 205	9.50	17.86	17 21	1 8.8	8 52
2	3 46 51.29	1 20.27	19 33 51.1	0 58.3	0.491 462	1 045	9.52	17.91	17 16	1 3.6	8 47
3	3 45 31.02	1 22 52	19 32 52.8	1 6.5	0.490 417	879	9.54	17.94	17 11	0 58.3	8 41
4	3 44 8.50	1 24.61	19 31 46.3	1 14 7	0.489 538	711	9.56	17.98	17 5	0 53.0	8 36
• 5	3 42 43.89	1 26.51	19 30 31.6	1 22 5	0.488 827	540	9.57	18.00	17 0	0 47.7	8 30
6	3 41 17.38	1 28.21	19 29 9.1	1 30.3	0.488 287	366	9.58	18.02	16 55	0 42.3	8 25
7	3 39 49.17	1 29.73	+19 27 38.8	1 37.7	0.487 921	189	9.59	18.04	16 50	0 36.9	8 19
8	3 38 19.44	1 31.03	19 26 1.1	1 44.8	0.487 732	9	9.60	18.04	16 44	0 31.5	8 14
9	3 36 48.41	1 32.09	19 24 16.3	1 51 5	0.487 723	172	9.60	18.04	16 39	0 26.1	8 8
10	3 35 16.32	1 32.95	19 22 24.8	1 57.8	0.487 895	357	9.59	18.04	16 34	0 20.6	8 2
11	3 33 43.37	1 33 56	19 20 27.0	2 3.7	0.488 252	542	9.59	18.02	16 28	0 15.1	7 57
12	3 32 9.81	1 33.94	19 18 23.3	2 8.9	0.488 794	730	9.57	18.00	16 23	0 9.7	7 51
13	3 30 35.87	1 34 09	+19 16 14.4	2 13.8	0.489 524	917	9.56	17.98	16 18	0 4.2 23 58.7	7 45
14	3 29 1.78	1 33.99	19 14 0.6	2 18.0	0.490 441	1 107	9.54	17.94	16 13	23 53.2	7 40
15	3 27 27.79	1 33 69	19 11 42.6	2 21.6	0.491 548	1 295	9.52	17.90	16 7	23 47.7	7 34
16	3 25 54.10	1 33 14	19 9 21.0	2 24 5	0.492 843	1 485	9.50	17.86	16 2	23 42.2	7 28
17	3 24 20.96	1 32.39	19 6 56.5	2 26.9	0.494 328	1 673	9.47	17.80	15 57	23 36.8	7 22
18	3 22 48.57	1 31.42	19 4 29.6	2 28.6	0.496 001	1 862	9.44	17.74	15 52	23 31.3	7 16
19	3 21 17.15	1 30.26	+19 2 1.0	2 29.6	0.497 863	2 050	9.40	17.68	15 46	23 25.9	7 11
20	3 19 46.89	1 28.91	18 59 31.4	2 30.0	0.499 913	2 237	9.36	17.60	15 41	23 20.5	7 5
21	3 18 17.98	1 27 36	18 57 1.4	2 29.6	0.502 150	2 423	9.32	17.52	15 36	23 15.1	6 59
22	3 16 50.62	1 25.65	18 54 31.8	2 28.8	0.504 573	2 607	9.28	17.44	15 31	23 9.8	6 54
23	3 15 24.97	1 23 76	18 52 3.0	2 27.1	0.507 180	2 792	9.23	17.35	15 26	23 4.4	6 48
24	3 14 1.21		+18 49 35.9		0.509 972		9.18	17.26	15 21	22 59.2	6 43

Tag	0h Weltzeit: Scheinbare Rektaszension		Scheinbare Deklination		Δ		Halbmesser	Hor. Par.	Aufgang	Obere Kulmination	Untergang
									in 0h Länge, + 50° Breite		
1958	h m s	m s	° ′ ″	′ ″			″	″	h m	h m	h m
Nov. 24	3 14 1.21	1 21 72	+18 49 35.9	2 24.8	0.509 972	2 974	9.18	17.26	15 21	22 59.2	6 43
25	3 12 39.49	1 19 53	18 47 11.1	2 21 9	0.512 946	3 154	9.12	17.16	15 16	22 53.9	6 37
26	3 11 19.96	1 17 20	18 44 49.2	2 18 3	0.516 100	3 334	9.07	17.05	15 11	22 48.7	6 32
27	3 10 2.76	1 14 74	18 42 30.9	2 14 2	0.519 434	3 511	9.01	16.94	15 6	22 43.5	6 26
28	3 8 48.02	1 12 16	18 40 16.7	2 9.4	0.522 945	3 686	8.95	16.83	15 1	22 38.4	6 21
29	3 7 35.86	1 9 47	18 38 7.3	2 4 1	0.526 631	3 861	8.89	16.71	14 56	22 33.3	6 16
30	3 6 26.39	1 6 68	+18 36 3.2	1 58 3	0.530 492	4 031	8.82	16.59	14 51	22 28.3	6 10
Dez. 1	3 5 19.71	1 3 79	18 34 4.9	1 51 9	0.534 523	4 202	8.76	16.46	14 47	22 23.3	6 5
2	3 4 15.92	1 0.82	18 32 13.0	1 45.0	0.538 725	4 369	8.69	16.33	14 42	22 18.3	6 0
3	3 3 15.10	0 57 76	18 30 28.0	1 37 6	0.543 094	4 534	8.62	16.20	14 37	22 13.4	5 55
4	3 2 17.34	0 54 63	18 28 50.4	1 29.8	0.547 628	4 698	8.55	16.07	14 32	22 8.6	5 50
5	3 1 22.71	0 51 45	18 27 20.6	1 21 6	0.552 326	4 858	8.47	15.93	14 28	22 3.8	5 45
6	3 0 31.26	0 48 20	+18 25 59.0	1 13 0	0.557 184	5 017	8.40	15.79	14 23	21 59.1	5 40
7	2 59 43.06	0 44.88	18 24 46.0	1 4 0	0.562 201	5 172	8.32	15.65	14 18	21 54.4	5 35
8	2 58 58.18	0 41 54	18 23 42.0	0 54 6	0.567 373	5 326	8.25	15.51	14 14	21 49.8	5 30
9	2 58 16.64	0 38.15	18 22 47.4	0 44 9	0.572 699	5 476	8.17	15.37	14 9	21 45.2	5 26
10	2 57 38.49	0 34 74	18 22 2.5	0 34 9	0.578 175	5 622	8.09	15.22	14 5	21 40.7	5 21
11	2 57 3.75	0 31 29	18 21 27.6	0 24.8	0.583 797	5 767	8.02	15.07	14 1	21 36.2	5 17
12	2 56 32.46	0 27.84	+18 21 2.8	0 14 3	0.589 564	5 907	7.94	14.93	13 56	21 31.8	5 12
13	2 56 4.62	0 24 40	18 20 48.5	0 3.8	0.595 471	6 044	7.86	14.78	13 52	21 27.5	5 8
14	2 55 40.22	0 20.94	18 20 44.7	0 7 0	0.601 515	6 178	7.78	14.63	13 47	21 23.2	5 3
15	2 55 19.28	0 17 51	18 20 51.7	0 17 7	0.607 693	6 308	7.70	14.48	13 42	21 19.0	4 59
16	2 55 1.77	0 14 10	18 21 9.4	0 28 6	0.614 001	6 435	7.62	14.33	13 39	21 14.8	4 55
17	2 54 47.67	0 10 71	18 21 38.0	0 39 5	0.620 436	6 558	7.54	14.18	13 35	21 10.7	4 51
18	2 54 36.96	0 7 36	+18 22 17.5	0 50 3	0.626 994	6 679	7.46	14.04	13 31	21 6.6	4 47
19	2 54 29.60	0 4 03	18 23 7.8	1 1 2	0.633 673	6 796	7.39	13.89	13 26	21 2.6	4 43
20	2 54 25.57	0 0.76	18 24 9.0	1 11 9	0.640 469	6 910	7.31	13.74	13 22	20 58.7	4 39
21	2 54 24.81	−0 2.48	18 25 20.9	1 22.6	0.647 379	7 022	7.23	13.59	13 18	20 54.8	4 35
22	2 54 27.29	0 5 67	18 26 43.5	1 33 1	0.654 401	7 130	7.15	13.45	13 14	20 50.9	4 31
23	2 54 32.96	0 8 82	18 28 16.6	1 43 5	0.661 531	7 235	7.07	13.30	13 10	20 47.1	4 28
24	2 54 41.78	0 11 91	+18 30 0.1	1 53.9	0.668 766	7 338	7.00	13.16	13 6	20 43.4	4 24
25	2 54 53.69	0 14.96	18 31 54.0	2 3.9	0.676 104	7 439	6.92	13.02	13 3	20 39.7	4 21
26	2 55 8.65	0 17 96	18 33 57.9	2 13.8	0.683 543	7 536	6.85	12.87	12 59	20 36.1	4 17
27	2 55 26.61	0 20 91	18 36 11.7	2 23 6	0.691 079	7 632	6.77	12.73	12 55	20 32.5	4 14
28	2 55 47.52	0 23 80	18 38 35.3	2 33 1	0.698 711	7 725	6.70	12.59	12 51	20 28.9	4 10
29	2 56 11.32	0 26.65	18 41 8.4	2 42 4	0.706 436	7 815	6.62	12.46	12 47	20 25.4	4 7
30	2 56 37.97	0 29 44	+18 43 50.8	2 51.4	0.714 251	7 905	6.55	12.32	12 44	20 22.0	4 4
31	2 57 7.41	0 32 19	18 46 42.2	3 0 4	0.722 156	7 991	6.48	12.19	12 40	20 18.6	4 1
32	2 57 39.60		+18 49 42.6		0.730 147		6.41	12.05	12 36	20 15.2	3 58

Tag	0h Weltzeit								Aufgang	Obere Kulmination	Untergang
	Scheinbare Rektaszension		Scheinbare Deklination		Δ		Halbmesser	Hor. Par	in 0h Länge, + 50° Breite		
1958	h m s	s	° ′ ″	′ ″			″	″	h m	h m	h m
Jan. 0	13 47 32.75	29.51	− 9 46 22.4	2 33.7	5.702 448	15 350	16.12	1.54	1 54	7 9.9	12 25
1	13 48 2.26	29.02	9 48 56.1	2 30.5	5.687 098	15 426	16.16	1.55	1 51	7 6.5	12 22
2	13 48 31.28	28.52	9 51 26.6	2 27.4	5.671 672	15 501	16.20	1.55	1 48	7 3.0	12 18
3	13 48 59.80	28.01	9 53 54.0	2 24.3	5.656 171	15 572	16.25	1.56	1 45	6 59.5	12 14
4	13 49 27.81	27.49	9 56 18.3	2 21.1	5.640 599	15 638	16.29	1.56	1 42	6 56.1	12 11
5	13 49 55.30	26.98	9 58 39.4	2 17.8	5.624 961	15 703	16.34	1.56	1 38	6 52.6	12 7
6	13 50 22.28	26.45	−10 0 57.2	2 14.6	5.609 258	15 764	16.38	1.57	1 35	6 49.1	12 3
7	13 50 48.73	25.92	10 3 11.8	2 11.4	5.593 494	15 820	16.43	1.57	1 32	6 45.6	12 0
8	13 51 14.65	25.37	10 5 23.2	2 8.1	5.577 674	15 876	16.48	1.58	1 28	6 42.1	11 56
9	13 51 40.02	24.84	10 7 31.3	2 4.8	5.561 798	15 926	16.53	1.58	1 25	6 38.6	11 52
10	13 52 4.86	24.27	10 9 36.1	2 1.3	5.545 872	15 972	16.57	1.59	1 22	6 35.1	11 49
11	13 52 29.13	23.71	10 11 37.4	1 58.1	5.529 900	16 017	16.62	1.59	1 18	6 31.5	11 45
12	13 52 52.84	23.15	−10 13 35.5	1 54.6	5.513 883	16 056	16.67	1.60	1 15	6 28.0	11 41
13	13 53 15.99	22.56	10 15 30.1	1 51.2	5.497 827	16 092	16.72	1.60	1 11	6 24.4	11 38
14	13 53 38.55	21.98	10 17 21.3	1 47.7	5.481 735	16 124	16.77	1.61	1 8	6 20.9	11 34
15	13 54 0.53	21.38	10 19 9.0	1 44.3	5.465 611	16 152	16.82	1.61	1 5	6 17.3	11 30
16	13 54 21.91	20.79	10 20 53.3	1 40.7	5.449 459	16 175	16.87	1.61	1 1	6 13.7	11 26
17	13 54 42.70	20.17	10 22 34.0	1 37.2	5.433 284	16 193	16.92	1.62	0 58	6 10.1	11 23
18	13 55 2.87	19.56	−10 24 11.2	1 33.6	5.417 091	16 209	16.97	1.62	0 54	6 6.5	11 19
19	13 55 22.43	18.93	10 25 44.8	1 30.0	5.400 882	16 219	17.02	1.63	0 51	6 2.9	11 15
20	13 55 41.36	18.31	10 27 14.8	1 26.4	5.384 663	16 224	17.07	1.63	0 47	5 59.3	11 11
21	13 55 59.67	17.68	10 28 41.2	1 22.8	5.368 439	16 224	17.12	1.64	0 44	5 55.7	11 8
22	13 56 17.35	17.03	10 30 4.0	1 19.1	5.352 215	16 221	17.17	1.64	0 40	5 52.0	11 4
23	13 56 34.38	16.39	10 31 23.1	1 15.5	5.335 994	16 212	17.22	1.65	0 37	5 48.4	11 0
24	13 56 50.77	15.73	−10 32 38.6	1 11.8	5.319 782	16 199	17.28	1.65	0 33	5 44.7	10 56
25	13 57 6.50	15.08	10 33 50.4	1 8.1	5.303 583	16 183	17.33	1.66	0 29	5 41.1	10 53
26	13 57 21.58	14.43	10 34 58.5	1 4.3	5.287 400	16 160	17.38	1.66	0 26	5 37.4	10 49
27	13 57 36.01	13.75	10 36 2.8	1 0.7	5.271 240	16 132	17.44	1.67	0 22	5 33.7	10 45
28	13 57 49.76	13.09	10 37 3.5	0 56.9	5.255 108	16 103	17.49	1.67	0 19	5 30.0	10 41
29	13 58 2.85	12.41	10 38 0.4	0 53.1	5.239 005	16 066	17.54	1.68	0 15	5 26.2	10 37
30	13 58 15.26	11.74	−10 38 53.5	0 49.4	5.222 939	16 026	17.60	1.68	0 11	5 22.5	10 34
31	13 58 27.00	11.05	10 39 42.9	0 45.5	5.206 913	15 981	17.65	1.69	0 8	5 18.8	10 30
Febr. 1	13 58 38.05	10.37	10 40 28.4	0 41.8	5.190 932	15 933	17.71	1.70	0 4	5 15.0	10 26
2	13 58 48.42	9.68	10 41 10.2	0 38.0	5.174 999	15 880	17.76	1.70	{0 0 / 23 57}	5 11.3	10 22
3	13 58 58.10	8.99	10 41 48.2	0 34.2	5.159 119	15 821	17.81	1.71	23 53	5 7.5	10 18
4	13 59 7.09	8.29	10 42 22.4	0 30.4	5.143 298	15 762	17.87	1.71	23 49	5 3.7	10 15
5	13 59 15.38	7.59	−10 42 52.8	0 26.5	5.127 536	15 695	17.92	1.72	23 45	4 59.9	10 11
6	13 59 22.97	6.89	10 43 19.3	0 22.7	5.111 841	15 623	17.98	1.72	23 42	4 56.1	10 7
7	13 59 29.86	6.18	10 43 42.0	0 18.9	5.096 218	15 551	18.03	1.73	23 38	4 52.3	10 3
8	13 59 36.04	5.47	10 44 0.9	0 15.0	5.080 667	15 470	18.09	1.73	23 34	4 48.5	9 59
9	13 59 41.51	4.75	10 44 15.9	0 11.1	5.065 197	15 388	18.14	1.74	23 30	4 44.6	9 55
10	13 59 46.26		−10 44 27.0		5.049 809		18.20	1.74	23 26	4 40.8	9 51

Tag	0^h Weltzeit: Scheinbare Rektaszension		Scheinbare Deklination		Δ		Halbmesser	Hor. Par.	Aufgang (in 0^h Länge, + 50° Breite)	Obere Kulmination	Untergang
1958	h m s	s	° ′ ″	′ ″			″	″	h m	h m	h m
Febr. 10	13 59 46.26		−10 44 27.0		5.049 809		18.20	1.74	23 26	4 40.8	9 51
11	13 59 50.30	4.04	10 44 34.2	0 7.2	5.034 511	15 298	18.26	1.75	23 23	4 36.9	9 48
12	13 59 53.61	3.31	10 44 37.6	0 3.4	5.019 306	15 205	18.31	1.75	23 19	4 33.0	9 44
13	13 59 56.20	2.59	10 44 37.0	0 0.6	5.004 199	15 107	18.37	1.76	23 15	4 29.1	9 40
14	13 59 58.07	1.87	10 44 32.6	0 4.4	4.989 195	15 004	18.42	1.76	23 11	4 25.2	9 36
15	13 59 59.20	1.13	10 44 24.2	0 8.4	4.974 301	14 894	18.48	1.77	23 7	4 21.3	9 32
16	13 59 59.60	0.40	−10 44 12.0	0 12.2	4.959 519	14 782	18.53	1.77	23 3	4 17.4	9 28
17	13 59 59.28	0.32	10 43 55.9	0 16.1	4.944 857	14 662	18.59	1.78	22 59	4 13.4	9 24
18	13 59 58.22	1.06	10 43 35.9	0 20.0	4.930 318	14 539	18.64	1.78	22 55	4 9.5	9 20
19	13 59 56.44	1.78	10 43 12.0	0 23.9	4.915 910	14 408	18.70	1.79	22 51	4 5.5	9 16
20	13 59 53.92	2.52	10 42 44.2	0 27.8	4.901 635	14 275	18.75	1.80	22 47	4 1.5	9 12
21	13 59 50.68	3.24	10 42 12.6	0 31.6	4.887 499	14 136	18.80	1.80	22 43	3 57.6	9 8
22	13 59 46.72	3.96	−10 41 37.2	0 35.4	4.873 508	13 991	18.86	1.81	22 39	3 53.6	9 4
23	13 59 42.03	4.69	10 40 57.9	0 39.3	4.859 665	13 843	18.91	1.81	22 35	3 49.5	9 1
24	13 59 36.62	5.41	10 40 14.8	0 43.1	4.845 977	13 688	18.97	1.82	22 31	3 45.5	8 57
25	13 59 30.49	6.13	10 39 28.0	0 46.8	4.832 446	13 531	19.02	1.82	22 26	3 41.5	8 53
26	13 59 23.66	6.83	10 38 37.4	0 50.6	4.819 080	13 366	19.07	1.83	22 22	3 37.4	8 49
27	13 59 16.11	7.55	10 37 43.1	0 54.3	4.805 882	13 198	19.12	1.83	22 18	3 33.4	8 45
28	13 59 7.86	8.25	−10 36 45.0	0 58.1	4.792 856	13 026	19.18	1.84	22 14	3 29.3	8 41
März 1	13 58 58.92	8.94	10 35 43.3	1 1.7	4.780 006	12 850	19.23	1.84	22 10	3 25.2	8 37
2	13 58 49.27	9.65	10 34 38.0	1 5.3	4.767 338	12 668	19.28	1.85	22 6	3 21.1	8 33
3	13 58 38.95	10.32	10 33 29.0	1 9.0	4.754 855	12 483	19.33	1.85	22 1	3 17.0	8 29
4	13 58 27.94	11.01	10 32 16.5	1 12.5	4.742 562	12 293	19.38	1.86	21 57	3 12.9	8 25
5	13 58 16.25	11.69	10 31 0.4	1 16.1	4.730 462	12 100	19.43	1.86	21 53	3 8.8	8 21
6	13 58 3.89	12.36	−10 29 40.8	1 19.6	4.718 559	11 903	19.48	1.86	21 49	3 4.6	8 16
7	13 57 50.88	13.01	10 28 17.7	1 23.1	4.706 858	11 701	19.53	1.87	21 44	3 0.5	8 12
8	13 57 37.20	13.68	10 26 51.2	1 26.5	4.695 362	11 496	19.57	1.87	21 40	2 56.3	8 8
9	13 57 22.87	14.33	10 25 21.2	1 30.0	4.684 076	11 286	19.62	1.88	21 36	2 52.2	8 4
10	13 57 7.90	14.97	10 23 48.0	1 33.2	4.673 002	11 074	19.67	1.88	21 32	2 48.0	8 0
11	13 56 52.29	15.61	10 22 11.4	1 36.6	4.662 148	10 854	19.71	1.89	21 27	2 43.8	7 56
12	13 56 36.06	16.23	−10 20 31.5	1 39.9	4.651 515	10 633	19.76	1.89	21 23	2 39.6	7 52
13	13 56 19.20	16.86	10 18 48.4	1 43.1	4.641 109	10 406	19.80	1.90	21 19	2 35.4	7 48
14	13 56 1.74	17.46	10 17 2.1	1 46.3	4.630 933	10 176	19.85	1.90	21 14	2 31.2	7 44
15	13 55 43.67	18.07	10 15 12.8	1 49.3	4.620 994	9 939	19.89	1.90	21 10	2 26.9	7 40
16	13 55 25.02	18.65	10 13 20.3	1 52.5	4.611 293	9 701	19.93	1.91	21 5	2 22.7	7 36
17	13 55 5.79	19.23	10 11 24.9	1 55.4	4.601 836	9 457	19.97	1.91	21 1	2 18.4	7 32
18	13 54 46.00	19.79	−10 9 26.5	1 58.4	4.592 625	9 211	20.01	1.92	20 56	2 14.2	7 28
19	13 54 25.65	20.35	10 7 25.3	2 1.2	4.583 667	8 958	20.05	1.92	20 52	2 9.9	7 24
20	13 54 4.76	20.89	10 5 21.3	2 4.0	4.574 963	8 704	20.09	1.92	20 47	2 5.6	7 19
21	13 53 43.35	21.41	10 3 14.7	2 6.6	4.566 518	8 445	20.13	1.93	20 43	2 1.3	7 15
22	13 53 21.44	21.91	10 1 5.4	2 9.3	4.558 335	8 183	20.16	1.93	20 38	1 57.0	7 11
23	13 52 59.02	22.42	− 9 58 53.5	2 11.9	4.550 418	7 917	20.20	1.93	20 34	1 52.7	7 7

Jupiter 1958

Tag	0h Weltzeit: Scheinbare Rektaszension		Scheinbare Deklination		Δ		Halbmesser	Hor. Par.	Aufgang (in 0h Länge, + 50° Breite)	Obere Kulmination	Untergang
1958	h m s	s	° ′ ″	′ ″			″	″	h m	h m	h m
März 23	13 52 59.02	22.89	−9 58 53.5	2 14.3	4.550 418	7 649	20.20	1.93	20 34	1 52.7	7 7
24	13 52 36.13	23.35	9 56 39.2	2 16.7	4.542 769	7 378	20.23	1.94	20 30	1 48.4	7 3
25	13 52 12.78	23.80	9 54 22.5	2 19.0	4.535 391	7 103	20.27	1.94	20 25	1 44.1	6 59
26	13 51 48.98	24.23	9 52 3.5	2 21.2	4.528 288	6 827	20.30	1.94	20 20	1 39.8	6 55
27	13 51 24.75	24.64	9 49 42.3	2 23.3	4.521 461	6 546	20.33	1.95	20 16	1 35.4	6 51
28	13 51 0.11	25.03	9 47 19.0	2 25.3	4.514 915	6 266	20.36	1.95	20 11	1 31.1	6 46
29	13 50 35.08	25.42	−9 44 53.7	2 27.2	4.508 649	5 981	20.39	1.95	20 7	1 26.8	6 42
30	13 50 9.66	25.77	9 42 26.5	2 29.0	4.502 668	5 695	20.41	1.95	20 2	1 22.4	6 38
31	13 49 43.89	26.11	9 39 57.5	2 30.7	4.496 973	5 408	20.44	1.96	19 58	1 18.0	6 34
April 1	13 49 17.78	26.44	9 37 26.8	2 32.4	4.491 565	5 119	20.46	1.96	19 53	1 13.7	6 30
2	13 48 51.34	26.74	9 34 54.4	2 33.9	4.486 446	4 827	20.49	1.96	19 49	1 9.3	6 26
3	13 48 24.60	27.02	9 32 20.5	2 35.3	4.481 619	4 537	20.51	1.96	19 44	1 4.9	6 22
4	13 47 57.58	27.31	−9 29 45.2	2 36.7	4.477 082	4 241	20.53	1.97	19 39	1 0.6	6 17
5	13 47 30.27	27.55	9 27 8.5	2 37.8	4.472 841	3 946	20.55	1.97	19 35	0 56.2	6 13
6	13 47 2.72	27.79	9 24 30.7	2 39.1	4.468 895	3 650	20.57	1.97	19 30	0 51.8	6 9
7	13 46 34.93	28.01	9 21 51.6	2 40.0	4.465 245	3 350	20.58	1.97	19 26	0 47.4	6 5
8	13 46 6.92	28.21	9 19 11.6	2 40.9	4.461 895	3 052	20.60	1.97	19 21	0 43.0	6 1
9	13 45 38.71	28.38	9 16 30.7	2 41.8	4.458 843	2 750	20.61	1.97	19 16	0 38.6	5 57
10	13 45 10.33	28.55	−9 13 48.9	2 42.4	4.456 093	2 448	20.63	1.97	19 12	0 34.2	5 52
11	13 44 41.78	28.69	9 11 6.5	2 43.1	4.453 645	2 143	20.64	1.98	19 7	0 29.8	5 48
12	13 44 13.09	28.80	9 8 23.4	2 43.5	4.451 502	1 838	20.65	1.98	19 2	0 25.4	5 44
13	13 43 44.29	28.91	9 5 39.9	2 43.8	4.449 664	1 534	20.66	1.98	18 58	0 21.0	5 40
14	13 43 15.38	28.98	9 2 56.1	2 44.1	4.448 130	1 226	20.66	1.98	18 53	0 16.6	5 36
15	13 42 46.40	29.04	9 0 12.0	2 44.2	4.446 904	920	20.67	1.98	18 48	0 12.1	5 31
16	13 42 17.36	29.08	−8 57 27.8	2 44.2	4.445 984	613	20.67	1.98	18 44	0 7.7	5 27
17	13 41 48.28	29.09	8 54 43.6	2 44.1	4.445 371	306	20.68	1.98	18 39	{0 3.3 / 23 58.9}	5 23
18	13 41 19.19	29.09	8 51 59.5	2 43.8	4.445 065	1	20.68	1.98	18 34	23 54.5	5 19
19	13 40 50.10	29.06	8 49 15.7	2 43.5	4.445 066	307	20.68	1.98	18 30	23 50.1	5 15
20	13 40 21.04	29.01	8 46 32.2	2 42.9	4.445 373	614	20.68	1.98	18 25	23 45.7	5 11
21	13 39 52.03	28.94	8 43 49.3	2 42.4	4.445 987	920	20.67	1.98	18 21	23 41.3	5 6
22	13 39 23.09	28.84	−8 41 6.9	2 41.6	4.446 907	1 224	20.67	1.98	18 16	23 36.8	5 2
23	13 38 54.25	28.74	8 38 25.3	2 40.8	4.448 131	1 529	20.66	1.98	18 11	23 32.4	4 58
24	13 38 25.51	28.60	8 35 44.5	2 39.8	4.449 660	1 830	20.66	1.98	18 7	23 28.0	4 54
25	13 37 56.91	28.45	8 33 4.7	2 38.7	4.451 490	2 131	20.65	1.98	18 2	23 23.6	4 50
26	13 37 28.46	28.28	8 30 26.0	2 37.6	4.453 621	2 431	20.64	1.98	17 57	23 19.2	4 45
27	13 37 0.18	28.09	8 27 48.4	2 36.2	4.456 052	2 727	20.63	1.97	17 53	23 14.8	4 41
28	13 36 32.09	27.87	−8 25 12.2	2 34.9	4.458 779	3 024	20.61	1.97	17 48	23 10.4	4 37
29	13 36 4.22	27.65	8 22 37.3	2 33.2	4.461 803	3 317	20.60	1.97	17 44	23 6.1	4 33
30	13 35 36.57	27.40	8 20 4.1	2 31.7	4.465 120	3 608	20.58	1.97	17 39	23 1.7	4 29
Mai 1	13 35 9.17	27.14	8 17 32.4	2 30.0	4.468 728	3 898	20.57	1.97	17 35	22 57.3	4 24
2	13 34 42.03	26.86	8 15 2.4	2 28.1	4.472 626	4 184	20.55	1.97	17 30	22 52.9	4 20
3	13 34 15.17		−8 12 34.3		4.476 810		20.53	1.97	17 25	22 48.5	4 16

Tag		Scheinbare Rektaszension (0h Weltzeit)	Diff.	Scheinbare Deklination (0h Weltzeit)	Diff.	Δ (0h Weltzeit)	Diff.	Halbmesser	Hor. Par.	Aufgang (in 0h Länge, + 50° Breite)	Obere Kulmination (in 0h Länge, + 50° Breite)	Untergang (in 0h Länge, + 50° Breite)
1958		h m s	s	° ′ ″	′ ″			″	″	h m	h m	h m
Mai	3	13 34 15.17	26.57	−8 12 34.3	2 26.3	4.476 810	4 470	20.53	1.97	17 25	22 48.5	4 16
	4	13 33 48.60	26.25	8 10 8.0	2 24.1	4.481 280	4 753	20.51	1.96	17 21	22 44.2	4 12
	5	13 33 22.35	25.93	8 7 43.9	2 22.1	4.486 033	5 034	20.49	1.96	17 16	22 39.8	4 8
	6	13 32 56.42	25.58	8 5 21.8	2 19.9	4.491 067	5 312	20.46	1.96	17 12	22 35.4	4 4
	7	13 32 30.84	25.23	8 3 1.9	2 17.6	4.496 379	5 589	20.44	1.96	17 7	22 31.1	3 59
	8	13 32 5.61	24.85	8 0 44.3	2 15.2	4.501 968	5 863	20.42	1.95	17 3	22 26.8	3 55
	9	13 31 40.76	24.46	−7 58 29.1	2 12.7	4.507 831	6 135	20.39	1.95	16 58	22 22.4	3 51
	10	13 31 16.30	24.05	7 56 16.4	2 10.1	4.513 966	6 405	20.36	1.95	16 54	22 18.1	3 47
	11	13 30 52.25	23.64	7 54 6.3	2 7.5	4.520 371	6 673	20.33	1.95	16 49	22 13.8	3 43
	12	13 30 28.61	23.20	7 51 58.8	2 4.7	4.527 044	6 935	20.30	1.94	16 45	22 9.4	3 39
	13	13 30 5.41	22.74	7 49 54.1	2 1.9	4.533 979	7 197	20.27	1.94	16 40	22 5.1	3 34
	14	13 29 42.67	22.29	7 47 52.2	1 58.9	4.541 176	7 455	20.24	1.94	16 36	22 0.8	3 30
	15	13 29 20.38	21.81	−7 45 53.3	1 56.0	4.548 631	7 709	20.21	1.93	16 31	21 56.5	3 26
	16	13 28 58.57	21.31	7 43 57.3	1 52.8	4.556 340	7 961	20.17	1.93	16 27	21 52.3	3 22
	17	13 28 37.26	20.81	7 42 4.5	1 49.8	4.564 301	8 209	20.14	1.93	16 22	21 48.0	3 18
	18	13 28 16.45	20.30	7 40 14.7	1 46.5	4.572 510	8 453	20.10	1.92	16 18	21 43.7	3 14
	19	13 27 56.15	19.76	7 38 28.2	1 43.2	4.580 963	8 694	20.06	1.92	16 14	21 39.4	3 10
	20	13 27 36.39	19.22	7 36 45.0	1 39.9	4.589 657	8 931	20.03	1.92	16 9	21 35.2	3 6
	21	13 27 17.17	18.67	−7 35 5.1	1 36.4	4.598 588	9 163	19.99	1.91	16 5	21 31.0	3 1
	22	13 26 58.50	18.11	7 33 28.7	1 33.0	4.607 751	9 392	19.95	1.91	16 0	21 26.7	2 57
	23	13 26 40.39	17.54	7 31 55.7	1 29.4	4.617 143	9 615	19.91	1.91	15 56	21 22.5	2 53
	24	13 26 22.85	16.95	7 30 26.3	1 25.8	4.626 758	9 838	19.86	1.90	15 52	21 18.3	2 49
	25	13 26 5.90	16.36	7 29 0.5	1 22.2	4.636 596	10 051	19.82	1.90	15 48	21 14.1	2 45
	26	13 25 49.54	15.77	7 27 38.3	1 18.5	4.646 647	10 263	19.78	1.89	15 43	21 9.9	2 41
	27	13 25 33.77	15.16	−7 26 19.8	1 14.8	4.656 910	10 470	19.74	1.89	15 39	21 5.7	2 37
	28	13 25 18.61	14.56	7 25 5.0	1 11.0	4.667 380	10 673	19.69	1.89	15 35	21 1.5	2 33
	29	13 25 4.05	13.93	7 23 54.0	1 7.2	4.678 053	10 870	19.65	1.88	15 30	20 57.4	2 29
	30	13 24 50.12	13.32	7 22 46.8	1 3.4	4.688 923	11 066	19.60	1.88	15 26	20 53.2	2 25
	31	13 24 36.80	12.69	7 21 43.4	0 59.6	4.699 989	11 256	19.56	1.87	15 22	20 49.1	2 20
Juni	1	13 24 24.11	12.05	7 20 43.8	0 55.7	4.711 245	11 441	19.51	1.87	15 18	20 44.9	2 16
	2	13 24 12.06	11.43	−7 19 48.1	0 51.8	4.722 686	11 624	19.46	1.86	15 13	20 40.8	2 12
	3	13 24 0.63	10.78	7 18 56.3	0 47.8	4.734 310	11 802	19.41	1.86	15 9	20 36.7	2 8
	4	13 23 49.85	10.14	7 18 8.5	0 43.9	4.746 112	11 977	19.37	1.85	15 5	20 32.6	2 4
	5	13 23 39.71	9.49	7 17 24.6	0 40.0	4.758 089	12 147	19.32	1.85	15 1	20 28.5	2 0
	6	13 23 30.22	8.84	7 16 44.6	0 36.0	4.770 236	12 314	19.27	1.84	14 57	20 24.4	1 56
	7	13 23 21.38	8.19	7 16 8.6	0 31.9	4.782 550	12 476	19.22	1.84	14 53	20 20.4	1 52
	8	13 23 13.19	7.52	−7 15 36.7	0 27.9	4.795 026	12 633	19.17	1.84	14 49	20 16.3	1 48
	9	13 23 5.67	6.87	7 15 8.8	0 23.9	4.807 659	12 789	19.12	1.83	14 44	20 12.2	1 44
	10	13 22 58.80	6.20	7 14 44.9	0 19.9	4.820 448	12 939	19.07	1.83	14 40	20 8.2	1 40
	11	13 22 52.60	5.53	7 14 25.0	0 15.7	4.833 387	13 084	19.02	1.82	14 36	20 4.2	1 36
	12	13 22 47.07	4.85	7 14 9.3	0 11.8	4.846 471	13 227	18.96	1.82	14 32	20 0.2	1 32
	13	13 22 42.22		−7 13 57.5		4.859 698		18.91	1.81	14 28	19 56.2	1 28

Jupiter 1958

Tag	0h Weltzeit: Scheinbare Rektaszension		Scheinbare Deklination		Δ		Halbmesser	Hor. Par.	Aufgang	Obere Kulmination	Untergang
									in 0h Länge, + 50° Breite		
1958	h m s	s	° ′ ″	′ ″			″	″	h m	h m	h m
Juni 13	13 22 42.22	4.19	−7 13 57.5	0 7.6	4.859 698	13 362	18.91	1.81	14 28	19 56.2	1 28
14	13 22 38.03	3.51	7 13 49.9	0 3.6	4.873 060	13 495	18.86	1.81	14 24	19 52.2	1 24
15	13 22 34.52	2.83	7 13 46.3	0 0.6	4.886 555	13 622	18.81	1.80	14 20	19 48.2	1 20
16	13 22 31.69	2.16	7 13 46.9	0 4.6	4.900 177	13 746	18.76	1.80	14 16	19 44.2	1 16
17	13 22 29.53	1.48	7 13 51.5	0 8.7	4.913 923	13 866	18.70	1.79	14 12	19 40.3	1 12
18	13 22 28.05	0.80	7 14 0.2	0 12.8	4.927 789	13 979	18.65	1.79	14 9	19 36.3	1 8
19	13 22 27.25	0.12	−7 14 13.0	0 16.8	4.941 768	14 088	18.60	1.78	14 5	19 32.4	1 4
20	13 22 27.13	0.55	7 14 29.8	0 20.9	4.955 856	14 192	18.55	1.78	14 1	19 28.5	1 0
21	13 22 27.68	1.23	7 14 50.7	0 24.9	4.970 048	14 292	18.49	1.77	13 57	19 24.5	0 56
22	13 22 28.91	1.91	7 15 15.6	0 29.0	4.984 340	14 387	18.44	1.77	13 53	19 20.6	0 52
23	13 22 30.82	2.58	7 15 44.6	0 33.0	4.998 727	14 478	18.39	1.76	13 49	19 16.8	0 48
24	13 22 33.40	3.25	7 16 17.6	0 37.0	5.013 205	14 564	18.33	1.76	13 45	19 12.9	0 44
25	13 22 36.65	3.91	−7 16 54.6	0 40.9	5.027 769	14 645	18.28	1.75	13 41	19 9.0	0 40
26	13 22 40.56	4.58	7 17 35.5	0 44.9	5.042 414	14 723	18.23	1.75	13 38	19 5.1	0 37
27	13 22 45.14	5.24	7 18 20.4	0 48.8	5.057 137	14 795	18.17	1.74	13 34	19 1.3	0 33
28	13 22 50.38	5.90	7 19 9.2	0 52.7	5.071 932	14 864	18.12	1.74	13 30	18 57.5	0 29
29	13 22 56.28	6.55	7 20 1.9	0 56.5	5.086 796	14 931	18.07	1.73	13 26	18 53.6	0 25
30	13 23 2.83	7.20	7 20 58.4	1 0.5	5.101 727	14 990	18.02	1.72	13 23	18 49.8	0 21
Juli 1	13 23 10.03	7.85	−7 21 58.9	1 4.2	5.116 717	15 049	17.96	1.72	13 19	18 46.0	0 17
2	13 23 17.88	8.49	7 23 3.1	1 8.0	5.131 766	15 101	17.91	1.71	13 15	18 42.2	0 13
3	13 23 26.37	9.13	7 24 11.1	1 11.8	5.146 867	15 152	17.86	1.71	13 11	18 38.4	0 9
4	13 23 35.50	9.77	7 25 22.9	1 15.4	5.162 019	15 199	17.80	1.70	13 8	18 34.7	0 5
5	13 23 45.27	10.40	7 26 38.3	1 19.2	5.177 218	15 241	17.75	1.70	13 4	18 30.9	0 2 / 23 58
6	13 23 55.67	11.04	7 27 57.5	1 22.9	5.192 459	15 279	17.70	1.69	13 0	18 27.2	23 54
7	13 24 6.71	11.66	−7 29 20.4	1 26.5	5.207 738	15 315	17.65	1.69	12 57	18 23.4	23 50
8	13 24 18.37	12.29	7 30 46.9	1 30.2	5.223 053	15 345	17.60	1.68	12 53	18 19.7	23 46
9	13 24 30.66	12.91	7 32 17.1	1 33.7	5.238 398	15 374	17.55	1.68	12 50	18 16.0	23 42
10	13 24 43.57	13.53	7 33 50.8	1 37.4	5.253 772	15 395	17.49	1.67	12 46	18 12.3	23 38
11	13 24 57.10	14.15	7 35 28.2	1 40.8	5.269 167	15 416	17.44	1.67	12 42	18 8.6	23 35
12	13 25 11.25	14.75	7 37 9.0	1 44.3	5.284 583	15 430	17.39	1.67	12 39	18 4.9	23 31
13	13 25 26.00	15.36	−7 38 53.3	1 47.9	5.300 013	15 443	17.34	1.66	12 35	18 1.2	23 27
14	13 25 41.36	15.97	7 40 41.2	1 51.2	5.315 456	15 449	17.29	1.66	12 32	17 57.5	23 23
15	13 25 57.33	16.56	7 42 32.4	1 54.7	5.330 905	15 452	17.24	1.65	12 28	17 53.9	23 19
16	13 26 13.89	17.17	7 44 27.1	1 58.0	5.346 357	15 453	17.19	1.65	12 25	17 50.2	23 15
17	13 26 31.06	17.75	7 46 25.1	2 1.4	5.361 810	15 448	17.14	1.64	12 21	17 46.6	23 12
18	13 26 48.81	18.34	7 48 26.5	2 4.6	5.377 258	15 438	17.09	1.64	12 18	17 42.9	23 8
19	13 27 7.15	18.91	−7 50 31.1	2 7.9	5.392 696	15 425	17.04	1.63	12 15	17 39.3	23 4
20	13 27 26.06	19.50	7 52 39.0	2 11.1	5.408 121	15 409	17.00	1.63	12 11	17 35.7	23 0
21	13 27 45.56	20.06	7 54 50.1	2 14.3	5.423 530	15 388	16.95	1.62	12 8	17 32.1	22 56
22	13 28 5.62	20.62	7 57 4.4	2 17.4	5.438 918	15 364	16.90	1.62	12 4	17 28.5	22 53
23	13 28 26.24	21.19	7 59 21.8	2 20.4	5.454 282	15 336	16.85	1.61	12 1	17 24.9	22 49
24	13 28 47.43		−8 1 42.2		5.469 618		16.80	1.61	11 57	17 21.4	22 45

Tag	0h Weltzeit: Scheinbare Rektaszension		Scheinbare Deklination		Δ		Halbmesser	Hor. Par.	Aufgang (in 0h Länge, + 50° Breite)	Obere Kulmination (in 0h Länge, + 50° Breite)	Untergang (in 0h Länge, + 50° Breite)
1958	h m s	s	° ′ ″	′ ″			″	″	h m	h m	h m
Juli 24	13 28 47.43	21.73	− 8 1 42.2	2 23.5	5.469 618	15 304	16.80	1.61	11 57	17 21.4	22 45
25	13 29 9.16	22.28	8 4 5.7	2 26.5	5.484 922	15 271	16.76	1.60	11 54	17 17.8	22 41
26	13 29 31.44	22.81	8 6 32.2	2 29.5	5.500 193	15 232	16.71	1.60	11 51	17 14.2	22 38
27	13 29 54.25	23.36	8 9 1.7	2 32.3	5.515 425	15 192	16.66	1.60	11 47	17 10.7	22 34
28	13 30 17.61	23.87	8 11 34.0	2 35.2	5.530 617	15 148	16.62	1.59	11 44	17 7.1	22 30
29	13 30 41.48	24.40	8 14 9.2	2 38.0	5.545 765	15 101	16.57	1.59	11 41	17 3.6	22 27
30	13 31 5.88	24.92	− 8 16 47.2	2 40.8	5.560 866	15 052	16.53	1.58	11 37	17 0.1	22 23
31	13 31 30.80	25.43	8 19 28.0	2 43.5	5.575 918	14 999	16.48	1.58	11 34	16 56.6	22 19
Aug. 1	13 31 56.23	25.94	8 22 11.5	2 46.2	5.590 917	14 944	16.44	1.57	11 31	16 53.1	22 15
2	13 32 22.17	26.44	8 24 57.7	2 48.9	5.605 861	14 885	16.39	1.57	11 27	16 49.6	22 12
3	13 32 48.61	26.93	8 27 46.6	2 51.5	5.620 746	14 824	16.35	1.57	11 24	16 46.1	22 8
4	13 33 15.54	27.44	8 30 38.1	2 54.0	5.635 570	14 761	16.31	1.56	11 21	16 42.6	22 4
5	13 33 42.98	27.91	− 8 33 32.1	2 56.7	5.650 331	14 692	16.27	1.56	11 18	16 39.1	22 0
6	13 34 10.89	28.41	8 36 28.8	2 59.0	5.665 023	14 623	16.22	1.55	11 14	16 35.7	21 57
7	13 34 39.30	28.88	8 39 27.8	3 1.6	5.679 646	14 550	16.18	1.55	11 11	16 32.2	21 53
8	13 35 8.18	29.36	8 42 29.4	3 4.0	5.694 196	14 472	16.14	1.55	11 8	16 28.8	21 49
9	13 35 37.54	29.83	8 45 33.4	3 6.4	5.708 668	14 395	16.10	1.54	11 5	16 25.3	21 46
10	13 36 7.37	30.29	8 48 39.8	3 8.7	5.723 063	14 311	16.06	1.54	11 2	16 21.9	21 42
11	13 36 37.66	30.76	− 8 51 48.5	3 11.0	5.737 374	14 227	16.02	1.53	10 59	16 18.5	21 38
12	13 37 8.42	31.21	8 54 59.5	3 13.3	5.751 601	14 137	15.98	1.53	10 55	16 15.1	21 35
13	13 37 39.63	31.66	8 58 12.8	3 15.5	5.765 738	14 047	15.94	1.53	10 52	16 11.7	21 31
14	13 38 11.29	32.11	9 1 28.3	3 17.7	5.779 785	13 950	15.90	1.52	10 49	16 8.3	21 27
15	13 38 43.40	32.54	9 4 46.0	3 19.8	5.793 735	13 853	15.86	1.52	10 46	16 4.9	21 24
16	13 39 15.94	32.99	9 8 5.8	3 21.9	5.807 588	13 752	15.83	1.52	10 43	16 1.5	21 20
17	13 39 48.93	33.41	− 9 11 27.7	3 24.0	5.821 340	13 648	15.79	1.51	10 40	15 58.1	21 16
18	13 40 22.34	33.83	9 14 51.7	3 26.0	5.834 988	13 540	15.75	1.51	10 37	15 54.7	21 13
19	13 40 56.17	34.25	9 18 17.7	3 27.9	5.848 528	13 431	15.71	1.50	10 34	15 51.4	21 9
20	13 41 30.42	34.66	9 21 45.6	3 29.8	5.861 959	13 319	15.68	1.50	10 31	15 48.0	21 5
21	13 42 5.08	35.07	9 25 15.4	3 31.7	5.875 278	13 204	15.64	1.50	10 28	15 44.6	21 2
22	13 42 40.15	35.46	9 28 47.1	3 33.5	5.888 482	13 086	15.61	1.49	10 24	15 41.3	20 58
23	13 43 15.61	35.86	− 9 32 20.6	3 35.2	5.901 568	12 968	15.57	1.49	10 21	15 38.0	20 54
24	13 43 51.47	36.24	9 35 55.8	3 37.1	5.914 536	12 845	15.54	1.49	10 18	15 34.6	20 51
25	13 44 27.71	36.63	9 39 32.9	3 38.7	5.927 381	12 723	15.51	1.48	10 15	15 31.3	20 47
26	13 45 4.34	37.00	9 43 11.6	3 40.3	5.940 104	12 596	15.47	1.48	10 12	15 28.0	20 44
27	13 45 41.34	37.37	9 46 51.9	3 41.9	5.952 700	12 469	15.44	1.48	10 9	15 24.7	20 40
28	13 46 18.71	37.74	9 50 33.8	3 43.6	5.965 169	12 340	15.41	1.48	10 6	15 21.4	20 36
29	13 46 56.45	38.10	− 9 54 17.4	3 45.0	5.977 509	12 208	15.38	1.47	10 3	15 18.1	20 33
30	13 47 34.55	38.47	9 58 2.4	3 46.6	5.989 717	12 074	15.34	1.47	10 0	15 14.8	20 29
31	13 48 13.02	38.81	10 1 49.0	3 48.0	6.001 791	11 939	15.31	1.47	9 57	15 11.5	20 25
Sept. 1	13 48 51.83	39.17	10 5 37.0	3 49.4	6.013 730	11 802	15.28	1.46	9 54	15 8.2	20 22
2	13 49 31.00	39.50	10 9 26.4	3 50.8	6.025 532	11 661	15.25	1.46	9 51	15 4.9	20 18
3	13 50 10.50		−10 13 17.2		6.037 193		15.22	1.46	9 48	15 1.6	20 15

Jupiter 1958

Tag	0ʰ Weltzeit: Scheinbare Rektaszension		Scheinbare Deklination		Δ		Halbmesser	Hor. Par.	Aufgang (in 0ʰ Länge, + 50° Breite)	Obere Kulmination (in 0ʰ Länge, + 50° Breite)	Untergang (in 0ʰ Länge, + 50° Breite)
1958	h m s	s	° ′ ″	′ ″			″	″	h m	h m	h m
Sept. 3	13 50 10.50	39.85	−10 13 17.2	3 52.1	6.037 193	11 518	15.22	1.46	9 48	15 1.6	20 15
4	13 50 50.35	40.19	10 17 9.3	3 53.4	6.048 711	11 375	15.19	1.45	9 46	14 58.4	20 11
5	13 51 30.54	40.52	10 21 2.7	3 54.7	6.060 086	11 229	15.17	1.45	9 43	14 55.1	20 7
6	13 52 11.06	40.85	10 24 57.4	3 56.0	6.071 315	11 080	15.14	1.45	9 40	14 51.8	20 4
7	13 52 51.91	41.17	10 28 53.4	3 57.1	6.082 395	10 929	15.11	1.45	9 37	14 48.6	20 0
8	13 53 33.08	41.49	10 32 50.5	3 58.2	6.093 324	10 777	15.08	1.44	9 34	14 45.3	19 57
9	13 54 14.57	41.80	−10 36 48.7	3 59.4	6.104 101	10 621	15.06	1.44	9 31	14 42.1	19 53
10	13 54 56.37	42.12	10 40 48.1	4 0.5	6.114 722	10 463	15.03	1.44	9 28	14 38.9	19 50
11	13 55 38.49	42.42	10 44 48.6	4 1.5	6.125 185	10 304	15.01	1.44	9 25	14 35.6	19 46
12	13 56 20.91	42.72	10 48 50.1	4 2.5	6.135 489	10 141	14.98	1.43	9 22	14 32.4	19 42
13	13 57 3.63	43.02	10 52 52.6	4 3.5	6.145 630	9 977	14.96	1.43	9 19	14 29.2	19 39
14	13 57 46.65	43.30	10 56 56.1	4 4.3	6.155 607	9 810	14.93	1.43	9 16	14 26.0	19 35
15	13 58 29.95	43.59	−11 1 0.4	4 5.3	6.165 417	9 642	14.91	1.43	9 14	14 22.8	19 32
16	13 59 13.54	43.87	11 5 5.7	4 6.1	6.175 059	9 471	14.88	1.43	9 11	14 19.6	19 28
17	13 59 57.41	44.14	11 9 11.8	4 6.9	6.184 530	9 300	14.86	1.42	9 8	14 16.4	19 25
18	14 0 41.55	44.41	11 13 18.7	4 7.6	6.193 830	9 125	14.84	1.42	9 5	14 13.2	19 21
19	14 1 25.96	44.67	11 17 26.3	4 8.3	6.202 955	8 951	14.82	1.42	9 2	14 10.0	19 18
20	14 2 10.63	44.92	11 21 34.6	4 9.1	6.211 906	8 774	14.80	1.42	8 59	14 6.8	19 14
21	14 2 55.55	45.18	−11 25 43.7	4 9.6	6.220 680	8 596	14.77	1.41	8 56	14 3.6	19 11
22	14 3 40.73	45.42	11 29 53.3	4 10.2	6.229 276	8 418	14.75	1.41	8 54	14 0.4	19 7
23	14 4 26.15	45.67	11 34 3.5	4 10.8	6.237 694	8 238	14.73	1.41	8 51	13 57.2	19 3
24	14 5 11.82	45.90	11 38 14.3	4 11.4	6.245 932	8 056	14.71	1.41	8 48	13 54.1	19 0
25	14 5 57.72	46.14	11 42 25.7	4 11.8	6.253 988	7 874	14.70	1.41	8 45	13 50.9	18 56
26	14 43.86	46.37	11 46 37.5	4 12.2	6.261 862	7 691	14.68	1.41	8 42	13 47.7	18 53
27	14 7 30.23	46.59	−11 50 49.7	4 12.7	6.269 553	7 505	14.66	1.40	8 40	13 44.6	18 49
28	14 8 16.82	46.82	11 55 2.4	4 13.1	6.277 058	7 319	14.64	1.40	8 37	13 41.4	18 46
29	14 9 3.64	47.02	11 59 15.5	4 13.4	6.284 377	7 132	14.62	1.40	8 34	13 38.3	18 42
30	14 9 50.66	47.25	12 3 28.9	4 13.7	6.291 509	6 942	14.61	1.40	8 31	13 35.1	18 39
Okt. 1	14 10 37.91	47.45	12 7 42.6	4 14.0	6.298 451	6 753	14.59	1.40	8 28	13 32.0	18 35
2	14 11 25.36	47.66	12 11 56.6	4 14.3	6.305 204	6 562	14.58	1.40	8 26	13 28.8	18 32
3	14 12 13.02	47.86	−12 16 10.9	4 14.5	6.311 766	6 370	14.56	1.39	8 23	13 25.7	18 28
4	14 13 0.88	48.05	12 20 25.4	4 14.7	6.318 136	6 175	14.55	1.39	8 20	13 22.6	18 25
5	14 13 48.93	48.25	12 24 40.1	4 14.8	6.324 311	5 980	14.53	1.39	8 17	13 19.4	18 22
6	14 14 37.18	48.43	12 28 54.9	4 14.9	6.330 291	5 782	14.52	1.39	8 15	13 16.3	18 18
7	14 15 25.61	48.62	12 33 9.8	4 15.1	6.336 073	5 585	14.51	1.39	8 12	13 13.2	18 15
8	14 16 14.23	48.80	12 37 24.9	4 15.0	6.341 658	5 386	14.49	1.39	8 9	13 10.0	18 11
9	14 17 3.03	48.98	−12 41 39.9	4 15.2	6.347 044	5 184	14.48	1.39	8 6	13 6.9	18 8
10	14 17 52.01	49.15	12 45 55.1	4 15.1	6.352 228	4 981	14.47	1.39	8 3	13 3.8	18 4
11	14 18 41.16	49.31	12 50 10.2	4 15.0	6.357 209	4 777	14.46	1.38	8 1	13 0.7	18 1
12	14 19 30.47	49.47	12 54 25.2	4 15.0	6.361 986	4 573	14.45	1.38	7 58	12 57.6	17 57
13	14 20 19.94	49.62	12 58 40.2	4 14.8	6.366 559	4 365	14.44	1.38	7 55	12 54.5	17 54
14	14 21 9.56		−13 2 55.0		6.370 924		14.43	1.38	7 52	12 51.4	17 50

Tag	0h Weltzeit: Scheinbare Rektaszension	Diff.	Scheinbare Deklination	Diff.	Δ	Diff.	Halbmesser	Hor. Par.	Aufgang (in 0h Länge, + 50° Breite)	Obere Kulmination	Untergang
1958	h m s	s	° ′ ″	′ ″			″	″	h m	h m	h m
Okt. 14	14 21 9.56	49.78	−13 2 55.0	4 14.7	6.370 924	4 159	14.43	1.38	7 52	12 51.4	17 50
15	14 21 59.34	49.92	13 7 9.7	4 14 5	6.375 083	3 950	14.42	1.38	7 50	12 48.3	17 47
16	14 22 49.26	50.05	13 11 24.2	4 14 3	6.379 033	3 741	14.41	1.38	7 47	12 45.1	17 43
17	14 23 39.31	50 19	13 15 38.5	4 13 9	6.382 774	3 533	14.40	1.38	7 44	12 42.0	17 40
18	14 24 29.50	50 32	13 19 52.4	4 13 7	6.386 307	3 322	14.39	1.38	7 41	12 39.0	17 36
19	14 25 19.82	50.43	13 24 6.1	4 13 4	6.389 629	3 112	14.38	1.38	7 39	12 35.9	17 33
20	14 26 10.25	50 56	−13 28 19.5	4 13.0	6.392 741	2 902	14.38	1.38	7 36	12 32.8	17 29
21	14 27 0.81	50 66	13 32 32.5	4 12 7	6.395 643	2 691	14.37	1.38	7 33	12 29.7	17 26
22	14 27 51.47	50 78	13 36 45.2	4 12.1	6.398 334	2 479	14.36	1.38	7 30	12 26.6	17 22
23	14 28 42.25	50 88	13 40 57.3	4 11.8	6.400 813	2 269	14.36	1.37	7 28	12 23.5	17 19
24	14 29 33.13	50.97	13 45 9.1	4 11 2	6.403 082	2 057	14.35	1.37	7 25	12 20.4	17 15
25	14 30 24.10	51.07	13 49 20.3	4 10 7	6.405 139	1 845	14.35	1.37	7 22	12 17.3	17 12
26	14 31 15.17	51 17	−13 53 31.0	4 10 2	6.406 984	1 631	14.34	1.37	7 20	12 14.2	17 9
27	14 32 6.34	51 25	13 57 41.2	4 9.6	6.408 615	1 420	14.34	1.37	7 17	12 11.1	17 5
28	14 32 57.59	51 33	14 1 50.8	4 9 1	6.410 035	1 205	14.34	1.37	7 14	12 8.1	17 2
29	14 33 48.92	51.41	14 5 59.9	4 8.4	6.411 240	993	14.34	1.37	7 12	12 5.0	16 58
30	14 34 40.33	51.48	14 10 8.3	4 7 7	6.412 233	778	14.33	1.37	7 9	12 1.9	16 55
31	14 35 31.81	51 55	14 14 16.0	4 7 1	6.413 011	564	14.33	1.37	7 6	11 58.8	16 51
Nov. 1	14 36 23.36	51 62	−14 18 23.1	4 6 3	6.413 575	348	14.33	1.37	7 3	11 55.8	16 48
2	14 37 14.98	51.67	14 22 29.4	4 5 7	6.413 923	134	14.33	1.37	7 1	11 52.7	16 44
3	14 38 6.65	51 74	14 26 35.1	4 4.8	6.414 057	84	14.33	1.37	6 58	11 49.6	16 41
4	14 38 58.39	51 78	14 30 39.9	4 4 1	6.413 973	299	14.33	1.37	6 55	11 46.5	16 38
5	14 39 50.17	51.83	14 34 44.0	4 3 2	6.413 674	516	14.33	1.37	6 53	11 43.5	16 34
6	14 40 42.00	51.87	14 38 47.2	4 2 5	6.413 158	734	14.33	1.37	6 50	11 40.4	16 31
7	14 41 33.87	51.91	−14 42 49.7	4 1 5	6.412 424	951	14.33	1.37	6 47	11 37.3	16 27
8	14 42 25.78	51.94	14 46 51.2	4 0 6	6.411 473	1 171	14.34	1.37	6 45	11 34.2	16 24
9	14 43 17.72	51 96	14 50 51.8	3 59 7	6.410 302	1 389	14.34	1.37	6 42	11 31.2	16 20
10	14 44 9.68	51.98	14 54 51.5	3 58.8	6.408 913	1 608	14.34	1.37	6 39	11 28.1	16 17
11	14 45 1.66	51 99	14 58 50.3	3 57 7	6.407 305	1 826	14.34	1.37	6 36	11 25.0	16 14
12	14 45 53.65	52.00	15 2 48.0	3 56.8	6.405 479	2 046	14.35	1.37	6 34	11 22.0	16 10
13	14 46 45.65	52.00	−15 6 44.8	3 55 7	6.403 433	2 262	14.35	1.37	6 31	11 18.9	16 7
14	14 47 37.65	51.99	15 10 40.5	3 54 6	6.401 171	2 482	14.36	1.37	6 28	11 15.8	16 3
15	14 48 29.64	51 97	15 14 35.1	3 53 5	6.398 689	2 698	14.36	1.38	6 25	11 12.8	16 0
16	14 49 21.61	51 96	15 18 28.6	3 52 4	6.395 991	2 916	14.37	1.38	6 23	11 9.7	15 57
17	14 50 13.57	51 94	15 22 21.0	3 51 2	6.393 075	3 131	14.38	1.38	6 20	11 6.6	15 53
18	14 51 5.51	51 91	15 26 12.2	3 50 0	6.389 944	3 347	14.38	1.38	6 17	11 3.5	15 50
19	14 51 57.42	51.87	−15 30 2.2	3 48 9	6.386 597	3 561	14.39	1.38	6 15	11 0.5	15 46
20	14 52 49.29	51.83	15 33 51.1	3 47 6	6.383 036	3 774	14.40	1.38	6 12	10 57.4	15 43
21	14 53 41.12	51 79	15 37 38.7	3 46.4	6.379 262	3 989	14.41	1.38	6 9	10 54.3	15 40
22	14 54 32.91	51 74	15 41 25.1	3 45 1	6.375 273	4 201	14.42	1.38	6 6	10 51.3	15 36
23	14 55 24.65	51 68	15 45 10.2	3 43 7	6.371 072	4 413	14.43	1.38	6 4	10 48.2	15 33
24	14 56 16.33		−15 48 53.9		6.366 659		14.44	1.38	6 1	10 45.1	15 29

Jupiter 1958

Tag	0ʰ Weltzeit: Scheinbare Rektaszension		0ʰ Weltzeit: Scheinbare Deklination		0ʰ Weltzeit: Δ		0ʰ Weltzeit: Halbmesser	0ʰ Weltzeit: Hor. Par.	Aufgang	Obere Kulmination	Untergang
									in 0ʰ Länge, + 50° Breite		
1958	h m s	s	° ′ ″	′ ″			″	″	h m	h m	h m
Nov. 24	14 56 16.33	51.63	−15 48 53.9	3 42.5	6.366 659	4 624	14.44	1.38	6 1	10 45.1	15 29
25	14 57 7.96	51.56	15 52 36.4	3 41.2	6.362 035	4 836	14.45	1.38	5 58	10 42.0	15 26
26	14 57 59.52	51.49	15 56 17.6	3 39.8	6.357 199	5 045	14.46	1.38	5 55	10 39.0	15 23
27	14 58 51.01	51.41	15 59 57.4	3 38.4	6.352 154	5 254	14.47	1.39	5 53	10 35.9	15 19
28	14 59 42.42	51.34	16 3 35.8	3 37.0	6.346 900	5 464	14.48	1.39	5 50	10 32.8	15 16
29	15 0 33.76	51.25	16 7 12.8	3 35.6	6.341 436	5 672	14.49	1.39	5 47	10 29.7	15 12
30	15 1 25.01	51.16	−16 10 48.4	3 34.2	6.335 764	5 880	14.51	1.39	5 44	10 26.6	15 9
Dez. 1	15 2 16.17	51.06	16 14 22.6	3 32.7	6.329 884	6 087	14.52	1.39	5 42	10 23.6	15 5
2	15 3 7.23	50.96	16 17 55.3	3 31.2	6.323 797	6 293	14.53	1.39	5 39	10 20.5	15 2
3	15 3 58.19	50.85	16 21 26.5	3 29.8	6.317 504	6 501	14.55	1.39	5 36	10 17.4	14 59
4	15 4 49.04	50.74	16 24 56.3	3 28.1	6.311 003	6 705	14.56	1.39	5 33	10 14.3	14 55
5	15 5 39.78	50.62	16 28 24.4	3 26.7	6.304 298	6 911	14.58	1.40	5 31	10 11.2	14 52
6	15 6 30.40	50.49	−16 31 51.1	3 25.2	6.297 387	7 114	14.60	1.40	5 28	10 8.1	14 48
7	15 7 20.89	50.35	16 35 16.3	3 23.5	6.290 273	7 318	14.61	1.40	5 25	10 5.0	14 45
8	15 8 11.24	50.22	16 38 39.8	3 21.9	6.282 955	7 520	14.63	1.40	5 22	10 1.9	14 42
9	15 9 1.46	50.06	16 42 1.7	3 20.4	6.275 435	7 722	14.65	1.40	5 19	9 58.8	14 38
10	15 9 51.52	49.91	16 45 22.1	3 18.6	6.267 713	7 923	14.66	1.40	5 17	9 55.7	14 35
11	15 10 41.43	49.74	16 48 40.7	3 17.1	6.259 790	8 120	14.68	1.41	5 14	9 52.6	14 31
12	15 11 31.17	49.58	−16 51 57.8	3 15.3	6.251 670	8 317	14.70	1.41	5 11	9 49.5	14 28
13	15 12 20.75	49.39	16 55 13.1	3 13.6	6.243 353	8 514	14.72	1.41	5 8	9 46.4	14 25
14	15 13 10.14	49.22	16 58 26.7	3 11.9	6.234 839	8 705	14.74	1.41	5 5	9 43.3	14 21
15	15 13 59.36	49.02	17 1 38.6	3 10.2	6.226 134	8 898	14.76	1.41	5 2	9 40.2	14 18
16	15 14 48.38	48.82	17 4 48.8	3 8.4	6.217 236	9 089	14.78	1.42	5 0	9 37.0	14 14
17	15 15 37.20	48.62	17 7 57.2	3 6.6	6.208 147	9 276	14.80	1.42	4 57	9 33.9	14 11
18	15 16 25.82	48.41	−17 11 3.8	3 4.9	6.198 871	9 463	14.83	1.42	4 54	9 30.8	14 7
19	15 17 14.23	48.19	17 14 8.7	3 3.0	6.189 408	9 647	14.85	1.42	4 51	9 27.7	14 4
20	15 18 2.42	47.97	17 17 11.7	3 1.3	6.179 761	9 830	14.87	1.42	4 48	9 24.5	14 1
21	15 18 50.39	47.74	17 20 13.0	2 59.4	6.169 931	10 011	14.90	1.43	4 45	9 21.4	13 57
22	15 19 38.13	47.51	17 23 12.4	2 57.6	6.159 920	10 190	14.92	1.43	4 43	9 18.2	13 54
23	15 20 25.64	47.27	17 26 10.0	2 55.7	6.149 730	10 367	14.95	1.43	4 40	9 15.1	13 50
24	15 21 12.91	47.02	−17 29 5.7	2 53.9	6.139 363	10 543	14.97	1.43	4 37	9 11.9	13 47
25	15 21 59.93	46.76	17 31 59.6	2 52.0	6.128 820	10 716	15.00	1.44	4 34	9 8.8	13 44
26	15 22 46.69	46.51	17 34 51.6	2 50.1	6.118 104	10 889	15.02	1.44	4 31	9 5.6	13 40
27	15 23 33.20	46.23	17 37 41.7	2 48.2	6.107 215	11 059	15.05	1.44	4 28	9 2.5	13 37
28	15 24 19.43	45.97	17 40 29.9	2 46.3	6.096 156	11 229	15.08	1.44	4 25	8 59.3	13 33
29	15 25 5.40	45.68	17 43 16.2	2 44.4	6.084 927	11 394	15.10	1.45	4 22	8 56.1	13 30
30	15 25 51.08	45.40	−17 46 0.6	2 42.4	6.073 533	11 560	15.13	1.45	4 20	8 53.0	13 26
31	15 26 36.48	45.11	17 48 43.0	2 40.5	6.061 973	11 724	15.16	1.45	4 17	8 49.8	13 23
32	15 27 21.59		−17 51 23.5		6.050 249		15.19	1.45	4 14	8 46.6	13 20

Tag	0h Weltzeit: Scheinbare Rektaszension		Scheinbare Deklination		Δ		Halbmesser	Hor. Par.	Aufgang (in 0h Länge, + 50° Breite)	Obere Kulmination	Untergang
1958	h m s	s	° ′ ″	″			″	″	h m	h m	h m
Jan. 0	17 14 1.52	29.21	−21 40 56.1	33.2	10.96 506	578	6.80	0.80	6 25	10 35.9	14 47
1	17 14 30.73	29.09	21 41 29.3	32.6	10.95 928	604	6.80	0.80	6 22	10 32.4	14 43
2	17 14 59.82	28.98	21 42 1.9	32.0	10.95 324	627	6.81	0.80	6 19	10 29.0	14 40
3	17 15 28.80	28.87	21 42 33.9	31.4	10.94 697	652	6.81	0.80	6 15	10 25.5	14 36
4	17 15 57.67	28.73	21 43 5.3	30.9	10.94 045	676	6.82	0.80	6 12	10 22.1	14 33
5	17 16 26.40	28.61	21 43 36.2	30.3	10.93 369	700	6.82	0.80	6 8	10 18.6	14 29
6	17 16 55.01	28.48	−21 44 6.5	29.8	10.92 669	723	6.82	0.81	6 5	10 15.2	14 25
7	17 17 23.49	28.33	21 44 36.3	29.1	10.91 946	748	6.83	0.81	6 2	10 11.7	14 22
8	17 17 51.82	28.20	21 45 5.4	28.6	10.91 198	770	6.83	0.81	5 58	10 8.2	14 18
9	17 18 20.02	28.04	21 45 34.0	28.1	10.90 428	794	6.84	0.81	5 55	10 4.8	14 15
10	17 18 48.06	27.90	21 46 2.1	27.4	10.89 634	817	6.84	0.81	5 51	10 1.3	14 11
11	17 19 15.96	27.74	21 46 29.5	26.9	10.88 817	840	6.85	0.81	5 48	9 57.8	14 8
12	17 19 43.70	27.58	−21 46 56.4	26.4	10.87 977	864	6.85	0.81	5 45	9 54.4	14 4
13	17 20 11.28	27.40	21 47 22.8	25.8	10.87 113	885	6.86	0.81	5 41	9 50.9	14 1
14	17 20 38.68	27.24	21 47 48.6	25.2	10.86 228	909	6.87	0.81	5 38	9 47.4	13 57
15	17 21 5.92	27.06	21 48 13.8	24.6	10.85 319	930	6.87	0.81	5 34	9 43.9	13 54
16	17 21 32.98	26.87	21 48 38.4	24.1	10.84 389	953	6.88	0.81	5 31	9 40.4	13 50
17	17 21 59.85	26.69	21 49 2.5	23.5	10.83 436	974	6.88	0.81	5 27	9 37.0	13 47
18	17 22 26.54	26.49	−21 49 26.0	23.0	10.82 462	997	6.89	0.81	5 24	9 33.5	13 43
19	17 22 53.03	26.29	21 49 49.0	22.4	10.81 465	1 017	6.90	0.81	5 20	9 30.0	13 40
20	17 23 19.32	26.08	21 50 11.4	21.9	10.80 448	1 039	6.90	0.81	5 17	9 26.5	13 36
21	17 23 45.40	25.87	21 50 33.3	21.3	10.79 409	1 060	6.91	0.82	5 14	9 23.0	13 33
22	17 24 11.27	25.66	21 50 54.6	20.8	10.78 349	1 080	6.92	0.82	5 10	9 19.5	13 29
23	17 24 36.93	25.44	21 51 15.4	20.3	10.77 269	1 100	6.92	0.82	5 7	9 16.0	13 26
24	17 25 2.37	25.21	−21 51 35.7	19.7	10.76 169	1 121	6.93	0.82	5 3	9 12.4	13 22
25	17 25 27.58	24.98	21 51 55.4	19.2	10.75 048	1 140	6.94	0.82	5 0	9 8.9	13 18
26	17 25 52.56	24.75	21 52 14.6	18.6	10.73 908	1 159	6.94	0.82	4 56	9 5.4	13 15
27	17 26 17.31	24.51	21 52 33.2	18.1	10.72 749	1 179	6.95	0.82	4 53	9 1.9	13 11
28	17 26 41.82	24.26	21 52 51.3	17.6	10.71 570	1 197	6.96	0.82	4 49	8 58.4	13 8
29	17 27 6.08	24.01	21 53 8.9	17.1	10.70 373	1 216	6.97	0.82	4 46	8 54.8	13 4
30	17 27 30.09	23.76	−21 53 26.0	16.6	10.69 157	1 234	6.97	0.82	4 42	8 51.3	13 1
31	17 27 53.85	23.50	21 53 42.6	16.0	10.67 923	1 251	6.98	0.82	4 39	8 47.8	12 57
Febr. 1	17 28 17.35	23.24	21 53 58.6	15.6	10.66 672	1 269	6.99	0.83	4 35	8 44.2	12 53
2	17 28 40.59	22.98	21 54 14.2	15.1	10.65 403	1 287	7.00	0.83	4 32	8 40.7	12 50
3	17 29 3.57	22.71	21 54 29.3	14.5	10.64 116	1 303	7.01	0.83	4 28	8 37.1	12 46
4	17 29 26.28	22.43	21 54 43.8	14.1	10.62 813	1 319	7.02	0.83	4 25	8 33.6	12 43
5	17 29 48.71	22.15	−21 54 57.9	13.6	10.61 494	1 336	7.03	0.83	4 21	8 30.0	12 39
6	17 30 10.86	21.88	21 55 11.5	13.1	10.60 158	1 352	7.03	0.83	4 17	8 26.4	12 36
7	17 30 32.74	21.59	21 55 24.6	12.6	10.58 806	1 367	7.04	0.83	4 14	8 22.9	12 32
8	17 30 54.33	21.29	21 55 37.2	12.2	10.57 439	1 383	7.05	0.83	4 10	8 19.3	12 28
9	17 31 15.62	21.00	21 55 49.4	11.7	10.56 056	1 398	7.06	0.83	4 7	8 15.7	12 25
10	17 31 36.62		−21 56 1.1		10.54 658		7.07	0.83	4 3	8 12.1	12 21

Tag	0h Weltzeit Scheinbare Rektaszension		Scheinbare Deklination		Δ		Halbmesser	Hor. Par.	Aufgang	Obere Kulmination	Untergang
									in 0h Länge, + 50° Breite		
1958	h m s	s	° ′ ″	″			″	″	h m	h m	h m
Febr. 10	17 31 36.62	20.70	−21 56 1.1	11.2	10.54 658	1 413	7.07	0.83	4 3	8 12.1	12 21
11	17 31 57.32	20.40	21 56 12.3	10.8	10.53 245	1 427	7.08	0.84	4 0	8 8.5	12 18
12	17 32 17.72	20.09	21 56 23.1	10.4	10.51 818	1 441	7.09	0.84	3 56	8 4.9	12 14
13	17 32 37.81	19.77	21 56 33.5	9.9	10.50 377	1 455	7.10	0.84	3 53	8 1.3	12 10
14	17 32 57.58	19.45	21 56 43.4	9.5	10.48 922	1 468	7.11	0.84	3 49	7 57.7	12 7
15	17 33 17.03	19.13	21 56 52.9	9.1	10.47 454	1 481	7.12	0.84	3 45	7 54.1	12 3
16	17 33 36.16	18.80	−21 57 2.0	8.7	10.45 973	1 493	7.13	0.84	3 42	7 50.5	11 59
17	17 33 54.96	18.47	21 57 10.7	8.2	10.44 480	1 506	7.14	0.84	3 38	7 46.9	11 56
18	17 34 13.43	18.13	21 57 18.9	7.9	10.42 974	1 517	7.15	0.84	3 34	7 43.2	11 52
19	17 34 31.56	17.79	21 57 26.8	7.4	10.41 457	1 529	7.16	0.84	3 31	7 39.6	11 48
20	17 34 49.35	17.45	21 57 34.2	7.1	10.39 928	1 539	7.17	0.85	3 27	7 36.0	11 45
21	17 35 6.80	17.09	21 57 41.3	6.6	10.38 389	1 550	7.18	0.85	3 24	7 32.3	11 41
22	17 35 23.89	16.75	−21 57 47.9	6.3	10.36 839	1 559	7.19	0.85	3 20	7 28.7	11 38
23	17 35 40.64	16.39	21 57 54.2	5.9	10.35 280	1 570	7.20	0.85	3 16	7 25.0	11 34
24	17 35 57.03	16.02	21 58 0.1	5.6	10.33 710	1 578	7.21	0.85	3 13	7 21.4	11 30
25	17 36 13.05	15.67	21 58 5.7	5.2	10.32 132	1 587	7.22	0.85	3 9	7 17.7	11 27
26	17 36 28.72	15.30	21 58 10.9	4.8	10.30 545	1 595	7.24	0.85	3 5	7 14.0	11 23
27	17 36 44.02	14.93	21 58 15.7	4.5	10.28 950	1 603	7.25	0.86	3 2	7 10.3	11 19
28	17 36 58.95	14.56	−21 58 20.2	4.1	10.27 347	1 610	7.26	0.86	2 58	7 6.7	11 16
März 1	17 37 13.51	14.18	21 58 24.3	3.8	10.25 737	1 617	7.27	0.86	2 54	7 3.0	11 12
2	17 37 27.69	13.81	21 58 28.1	3.5	10.24 120	1 623	7.28	0.86	2 51	6 59.3	11 8
3	17 37 41.50	13.43	21 58 31.6	3.2	10.22 497	1 630	7.29	0.86	2 47	6 55.6	11 4
4	17 37 54.93	13.04	21 58 34.8	2.8	10.20 867	1 635	7.30	0.86	2 43	6 51.9	11 1
5	17 38 7.97	12.66	21 58 37.6	2.5	10.19 232	1 640	7.32	0.86	2 40	6 48.1	10 57
6	17 38 20.63	12.28	−21 58 40.1	2.3	10.17 592	1 645	7.33	0.86	2 36	6 44.4	10 53
7	17 38 32.91	11.88	21 58 42.4	1.9	10.15 947	1 649	7.34	0.87	2 32	6 40.7	10 49
8	17 38 44.79	11.49	21 58 44.3	1.6	10.14 298	1 654	7.35	0.87	2 28	6 36.9	10 46
9	17 38 56.28	11.09	21 58 45.9	1.4	10.12 644	1 657	7.36	0.87	2 25	6 33.2	10 42
10	17 39 7.37	10.70	21 58 47.3	1.0	10.10 987	1 660	7.38	0.87	2 21	6 29.5	10 38
11	17 39 18.07	10.29	21 58 48.3	0.8	10.09 327	1 663	7.39	0.87	2 17	6 25.7	10 34
12	17 39 28.36	9.89	−21 58 49.1	0.6	10.07 664	1 665	7.40	0.87	2 13	6 21.9	10 31
13	17 39 38.25	9.47	21 58 49.7	0.2	10.05 999	1 667	7.41	0.87	2 10	6 18.2	10 27
14	17 39 47.72	9.07	21 58 49.9	0.1	10.04 332	1 669	7.42	0.88	2 6	6 14.4	10 23
15	17 39 56.79	8.66	21 58 50.0	0.3	10.02 663	1 669	7.44	0.88	2 2	6 10.6	10 19
16	17 40 5.45	8.24	21 58 49.7	0.4	10.00 994	1 669	7.45	0.88	1 58	6 6.8	10 16
17	17 40 13.69	7.82	21 58 49.3	0.7	9.99 325	1 670	7.46	0.88	1 55	6 3.0	10 12
18	17 40 21.51	7.40	−21 58 48.6	0.9	9.97 655	1 668	7.47	0.88	1 51	5 59.2	10 8
19	17 40 28.91	6.98	21 58 47.7	1.2	9.95 987	1 668	7.49	0.88	1 47	5 55.4	10 4
20	17 40 35.89	6.55	21 58 46.5	1.3	9.94 319	1 666	7.50	0.89	1 43	5 51.6	10 0
21	17 40 42.44	6.13	21 58 45.2	1.6	9.92 653	1 663	7.51	0.89	1 39	5 47.8	9 56
22	17 40 48.57	5.71	21 58 43.6	1.8	9.90 990	1 661	7.52	0.89	1 35	5 43.9	9 53
23	17 40 54.28		−21 58 41.8		9.89 329		7.54	0.89	1 32	5 40.1	9 49

Tag	0h Weltzeit Scheinbare Rektaszension		Scheinbare Deklination		Δ		Halbmesser	Hor. Par.	Aufgang (in 0h Länge, + 50° Breite)	Obere Kulmination (in 0h Länge, + 50° Breite)	Untergang (in 0h Länge, + 50° Breite)
1958	h m s	s	° ′ ″	″			″	″	h m	h m	h m
März 23	17 40 54.28	5 28	−21 58 41.8	2 0	9.89 329	1 658	7.54	0.89	1 32	5 40.1	9 49
24	17 40 59.56	4 85	21 58 39.8	2 2	9.87 671	1 654	7.55	0.89	1 28	5 36.2	9 45
25	17 41 4.41	4 42	21 58 37.6	2 4	9.86 017	1 650	7.56	0.89	1 24	5 32.4	9 41
26	17 41 8.83	4 00	21 58 35.2	2 6	9.84 367	1 645	7.58	0.89	1 20	5 28.5	9 37
27	17 41 12.83	3 57	21 58 32.6	2 8	9.82 722	1 640	7.59	0.90	1 16	5 24.7	9 33
28	17 41 16.40	3.14	21 58 29.8	3 0	9.81 082	1 634	7.60	0.90	1 12	5 20.8	9 30
29	17 41 19.54	2.71	−21 58 26.8	3 1	9.79 448	1 628	7.61	0.90	1 8	5 16.9	9 26
30	17 41 22.25	2 28	21 58 23.7	3 4	9.77 820	1 622	7.63	0.90	1 4	5 13.0	9 22
31	17 41 24.53	1 85	21 58 20.3	3 5	9.76 198	1 615	7.64	0.90	1 0	5 9.1	9 18
April 1	17 41 26.38	1 43	21 58 16.8	3 7	9.74 583	1 607	7.65	0.90	0 57	5 5.2	9 14
2	17 41 27.81	1 00	21 58 13.1	3 8	9.72 976	1 599	7.66	0.90	0 53	5 1.3	9 10
3	17 41 28.81	0 57	21 58 9.3	4 0	9.71 377	1 590	7.68	0.91	0 49	4 57.4	9 6
4	17 41 29.38	0.15	−21 58 5.3	4 2	9.69 787	1 582	7.69	0.91	0 45	4 53.5	9 2
5	17 41 29.53	0 27	21 58 1.1	4 3	9.68 205	1 573	7.70	0.91	0 41	4 49.5	8 58
6	17 41 29.26	0 71	21 57 56.8	4 5	9.66 632	1 563	7.71	0.91	0 37	4 45.6	8 54
7	17 41 28.55	1 12	21 57 52.3	4 6	9.65 069	1 553	7.73	0.91	0 33	4 41.7	8 50
8	17 41 27.43	1 55	21 57 47.7	4.8	9.63 516	1 542	7.74	0.91	0 29	4 37.7	8 46
9	17 41 25.88	1 98	21 57 42.9	4.9	9.61 974	1 531	7.75	0.91	0 25	4 33.7	8 43
10	17 41 23.90	2 40	−21 57 38.0	5 1	9.60 443	1 520	7.76	0.92	0 21	4 29.8	8 39
11	17 41 21.50	2 82	21 57 32.9	5 2	9.58 923	1 508	7.78	0.92	0 17	4 25.8	8 35
12	17 41 18.68	3 24	21 57 27.7	5 3	9.57 415	1 495	7.79	0.92	0 13	4 21.8	8 31
13	17 41 15.44	3 66	21 57 22.4	5 4	9.55 920	1 482	7.80	0.92	0 9	4 17.8	8 27
14	17 41 11.78	4 07	21 57 17.0	5 6	9.54 438	1 469	7.81	0.92	0 5	4 13.8	8 23
15	17 41 7.71	4 50	21 57 11.4	5 7	9.52 969	1 454	7.83	0.92	{ 0 / 23 57 }	4 9.8	8 19
16	17 41 3.21	4 90	−21 57 5.7	5 9	9.51 515	1 441	7.84	0.92	23 53	4 5.8	8 15
17	17 40 58.31	5 32	21 56 59.8	6 0	9.50 074	1 425	7.85	0.93	23 49	4 1.8	8 11
18	17 40 52.99	5 72	21 56 53.8	6 1	9.48 649	1 410	7.86	0.93	23 45	3 57.8	8 7
19	17 40 47.27	6 13	21 56 47.7	6 2	9.47 239	1 394	7.87	0.93	23 41	3 53.8	8 3
20	17 40 41.14	6 53	21 56 41.5	6 3	9.45 845	1 378	7.88	0.93	23 37	3 49.7	7 59
21	17 40 34.61	6 93	21 56 35.2	6 5	9.44 467	1 361	7.90	0.93	23 33	3 45.7	7 55
22	17 40 27.68	7 32	−21 56 28.7	6 6	9.43 106	1 344	7.91	0.93	23 29	3 41.7	7 51
23	17 40 20.36	7 71	21 56 22.1	6 7	9.41 762	1 326	7.92	0.93	23 25	3 37.6	7 46
24	17 40 12.65	8 10	21 56 15.4	6 8	9.40 436	1 308	7.93	0.94	23 21	3 33.5	7 42
25	17 40 4.55	8 48	21 56 8.6	7 0	9.39 128	1 290	7.94	0.94	23 17	3 29.5	7 38
26	17 39 56.07	8.85	21 56 1.6	7.0	9.37 838	1 270	7.95	0.94	23 13	3 25.4	7 34
27	17 39 47.22	9 23	21 55 54.6	7 3	9.36 568	1 252	7.96	0.94	23 8	3 21.3	7 30
28	17 39 37.99	9 59	−21 55 47.3	7 3	9.35 316	1 231	7.97	0.94	23 4	3 17.2	7 26
29	17 39 28.40	9.95	21 55 40.0	7 4	9.34 085	1 212	7.98	0.94	23 0	3 13.1	7 22
30	17 39 18.45	10 31	21 55 32.6	7 5	9.32 873	1 191	7.99	0.94	22 56	3 9.0	7 18
Mai 1	17 39 8.14	10 67	21 55 25.1	7 7	9.31 682	1 171	8.00	0.94	22 52	3 4.9	7 14
2	17 38 57.47	11 00	21 55 17.4	7 7	9.30 511	1 149	8.01	0.95	22 48	3 0.8	7 10
3	17 38 46.47		−21 55 9.7		9.29 362		8.02	0.95	22 44	2 56.7	7 6

Saturn 1958

Tag	0h Weltzeit: Scheinbare Rektaszension		Scheinbare Deklination		Δ		Halb-messer	Hor. Par.	Auf-gang	Obere Kul-mination	Unter-gang
									in 0h Länge, + 50° Breite		
1958	h m s	s	° ′ ″	″			″	″	h m	h m	h m
Mai 3	17 38 46.47	11.35	−21 55 9.7	7.9	9.29 362	1 128	8.02	0.95	22 44	2 56.7	7 6
4	17 38 35.12	11.69	21 55 1.8	8.0	9.28 234	1 106	8.03	0.95	22 40	2 52.6	7 2
5	17 38 23.43	12.02	21 54 53.8	8.0	9.27 128	1 084	8.04	0.95	22 35	2 48.5	6 58
6	17 38 11.41	12.34	21 54 45.8	8.2	9.26 044	1 062	8.05	0.95	22 31	2 44.3	6 53
7	17 37 59.07	12.67	21 54 37.6	8.3	9.24 982	1 039	8.06	0.95	22 27	2 40.2	6 49
8	17 37 46.40	12.98	21 54 29.3	8.4	9.23 943	1 016	8.07	0.95	22 23	2 36.1	6 45
9	17 37 33.42	13.29	−21 54 20.9	8.5	9.22 927	992	8.08	0.95	22 19	2 31.9	6 41
10	17 37 20.13	13.60	21 54 12.4	8.6	9.21 935	968	8.09	0.95	22 15	2 27.8	6 37
11	17 37 6.53	13.89	21 54 3.8	8.7	9.20 967	945	8.10	0.96	22 10	2 23.6	6 33
12	17 36 52.64	14.18	21 53 55.1	8.8	9.20 022	919	8.11	0.96	22 6	2 19.4	6 29
13	17 36 38.46	14.47	21 53 46.3	8.9	9.19 103	895	8.11	0.96	22 2	2 15.3	6 25
14	17 36 23.99	14.74	21 53 37.4	9.1	9.18 208	869	8.12	0.96	21 58	2 11.1	6 20
15	17 36 9.25	15.01	−21 53 28.3	9.0	9.17 339	844	8.13	0.96	21 54	2 6.9	6 16
16	17 35 54.24	15.28	21 53 19.3	9.2	9.16 495	818	8.14	0.96	21 50	2 2.7	6 12
17	17 35 38.96	15.53	21 53 10.1	9.4	9.15 677	792	8.14	0.96	21 45	1 58.6	6 8
18	17 35 23.43	15.77	21 53 0.7	9.4	9.14 885	766	8.15	0.96	21 41	1 54.4	6 4
19	17 35 7.66	16.01	21 52 51.3	9.5	9.14 119	738	8.16	0.96	21 37	1 50.2	5 59
20	17 34 51.65	16.25	21 52 41.8	9.5	9.13 381	712	8.16	0.96	21 33	1 46.0	5 55
21	17 34 35.40	16.46	−21 52 32.3	9.7	9.12 669	685	8.17	0.96	21 28	1 41.8	5 51
22	17 34 18.94	16.67	21 52 22.6	9.8	9.11 984	657	8.18	0.96	21 24	1 37.6	5 47
23	17 34 2.27	16.88	21 52 12.8	9.8	9.11 327	629	8.18	0.97	21 20	1 33.4	5 43
24	17 33 45.39	17.06	21 52 3.0	9.9	9.10 698	602	8.19	0.97	21 16	1 29.1	5 38
25	17 33 28.33	17.26	21 51 53.1	10.0	9.10 096	573	8.19	0.97	21 12	1 24.9	5 34
26	17 33 11.07	17.43	21 51 43.1	10.1	9.09 523	546	8.20	0.97	21 7	1 20.7	5 30
27	17 32 53.64	17.59	−21 51 33.0	10.2	9.08 977	517	8.20	0.97	21 3	1 16.5	5 26
28	17 32 36.05	17.76	21 51 22.8	10.2	9.08 460	488	8.21	0.97	20 59	1 12.3	5 22
29	17 32 18.29	17.90	21 51 12.6	10.2	9.07 972	460	8.21	0.97	20 54	1 8.0	5 17
30	17 32 0.39	18.04	21 51 2.4	10.4	9.07 512	432	8.22	0.97	20 50	1 3.8	5 13
31	17 31 42.35	18.17	21 50 52.0	10.3	9.07 080	402	8.22	0.97	20 46	0 59.6	5 9
Juni 1	17 31 24.18	18.30	21 50 41.7	10.4	9.06 678	374	8.22	0.97	20 42	0 55.4	5 5
2	17 31 5.88	18.41	−21 50 31.3	10.5	9.06 304	344	8.23	0.97	20 38	0 51.1	5 1
3	17 30 47.47	18.52	21 50 20.8	10.5	9.05 960	316	8.23	0.97	20 33	0 46.9	4 56
4	17 30 28.95	18.61	21 50 10.3	10.6	9.05 644	286	8.23	0.97	20 29	0 42.6	4 52
5	17 30 10.34	18.70	21 49 59.7	10.5	9.05 358	257	8.24	0.97	20 25	0 38.4	4 48
6	17 29 51.64	18.78	21 49 49.2	10.6	9.05 101	227	8.24	0.97	20 20	0 34.2	4 44
7	17 29 32.86	18.86	21 49 38.6	10.6	9.04 874	198	8.24	0.97	20 16	0 29.9	4 40
8	17 29 14.00	18.91	−21 49 28.0	10.7	9.04 676	168	8.24	0.97	20 12	0 25.7	4 35
9	17 28 55.09	18.96	21 49 17.3	10.6	9.04 508	138	8.24	0.97	20 8	0 21.4	4 31
10	17 28 36.13	19.00	21 49 6.7	10.6	9.04 370	108	8.25	0.97	20 3	0 17.2	4 27
11	17 28 17.13	19.04	21 48 56.1	10.7	9.04 262	79	8.25	0.97	19 59	0 12.9	4 23
12	17 27 58.09	19.05	21 48 45.4	10.6	9.04 183	49	8.25	0.97	19 55	0 8.7	4 18
13	17 27 39.04		−21 48 34.8		9.04 134		8.25	0.97	19 51	0 4.4	4 14

Tag	Scheinbare Rektaszension		Scheinbare Deklination		Δ		Halbmesser	Hor. Par.	Aufgang	Obere Kulmination	Untergang
0h Weltzeit									in 0h Länge, + 50° Breite		
1958	h m s	s	° ′ ″	″			″	″	h m	h m	h m
Juni 13	17 27 39.04	19.07	−21 48 34.8	10.6	9.04 134	18	8.25	0.97	19 51	0 4.4	4 14
14	17 27 19.97	19.07	21 48 24.2	10.6	9.04 116	11	8.25	0.97	19 46	{0 0.2 / 23 55.9}	4 10
15	17 27 0.90	19.06	21 48 13.6	10.5	9.04 127	41	8.25	0.97	19 42	23 51.7	4 6
16	17 26 41.84	19.05	21 48 3.1	10.5	9.04 168	72	8.25	0.97	19 38	23 47.4	4 1
17	17 26 22.79	19.01	21 47 52.6	10.5	9.04 240	101	8.25	0.97	19 33	23 43.2	3 57
18	17 26 3.78	18.97	21 47 42.1	10.4	9.04 341	131	8.25	0.97	19 29	23 39.0	3 53
19	17 25 44.81	18.93	−21 47 31.7	10.3	9.04 472	161	8.24	0.97	19 25	23 34.7	3 49
20	17 25 25.88	18.87	21 47 21.4	10.3	9.04 633	191	8.24	0.97	19 21	23 30.5	3 45
21	17 25 7.01	18.80	21 47 11.1	10.2	9.04 824	221	8.24	0.97	19 16	23 26.2	3 40
22	17 24 48.21	18.72	21 47 0.9	10.1	9.05 045	250	8.24	0.97	19 12	23 22.0	3 36
23	17 24 29.49	18.62	21 46 50.8	10.0	9.05 295	279	8.24	0.97	19 8	23 17.7	3 32
24	17 24 10.87	18.54	21 46 40.8	9.9	9.05 574	309	8.23	0.97	19 4	23 13.5	3 28
25	17 23 52.33	18.42	−21 46 30.9	9.8	9.05 883	338	8.23	0.97	18 59	23 9.3	3 23
26	17 23 33.91	18.31	21 46 21.1	9.7	9.06 221	367	8.23	0.97	18 55	23 5.0	3 19
27	17 23 15.60	18.19	21 46 11.4	9.5	9.06 588	396	8.22	0.97	18 51	23 0.8	3 15
28	17 22 57.41	18.05	21 46 1.9	9.4	9.06 984	425	8.22	0.97	18 47	22 56.6	3 11
29	17 22 39.36	17.91	21 45 52.5	9.2	9.07 409	453	8.22	0.97	18 42	22 52.3	3 7
30	17 22 21.45	17.75	21 45 43.3	9.1	9.07 862	481	8.21	0.97	18 38	22 48.1	3 2
Juli 1	17 22 3.70	17.61	−21 45 34.2	8.9	9.08 343	509	8.21	0.97	18 34	22 43.9	2 58
2	17 21 46.09	17.43	21 45 25.3	8.7	9.08 852	537	8.20	0.97	18 30	22 39.7	2 54
3	17 21 28.66	17.26	21 45 16.6	8.5	9.09 389	566	8.20	0.97	18 25	22 35.4	2 50
4	17 21 11.40	17.08	21 45 8.1	8.3	9.09 955	592	8.19	0.97	18 21	22 31.2	2 46
5	17 20 54.32	16.89	21 44 59.8	8.1	9.10 547	621	8.19	0.97	18 17	22 27.0	2 41
6	17 20 37.43	16.70	21 44 51.7	7.9	9.11 168	647	8.18	0.97	18 13	22 22.8	2 37
7	17 20 20.73	16.48	−21 44 43.8	7.7	9.11 815	675	8.18	0.97	18 9	22 18.6	2 33
8	17 20 4.25	16.27	21 44 36.1	7.4	9.12 490	701	8.17	0.96	18 4	22 14.4	2 29
9	17 19 47.98	16.05	21 44 28.7	7.2	9.13 191	728	8.17	0.96	18 0	22 10.2	2 25
10	17 19 31.93	15.82	21 44 21.5	6.9	9.13 919	755	8.16	0.96	17 56	22 6.0	2 20
11	17 19 16.11	15.58	21 44 14.6	6.7	9.14 674	781	8.15	0.96	17 52	22 1.8	2 16
12	17 19 0.53	15.33	21 44 7.9	6.4	9.15 455	807	8.15	0.96	17 47	21 57.6	2 12
13	17 18 45.20	15.08	−21 44 1.5	6.1	9.16 262	832	8.14	0.96	17 43	21 53.4	2 8
14	17 18 30.12	14.82	21 43 55.4	5.8	9.17 094	858	8.13	0.96	17 39	21 49.3	2 4
15	17 18 15.30	14.54	21 43 49.6	5.5	9.17 952	883	8.12	0.96	17 35	21 45.1	1 59
16	17 18 0.76	14.28	21 43 44.1	5.2	9.18 835	908	8.12	0.96	17 31	21 40.9	1 55
17	17 17 46.48	13.98	21 43 38.9	4.9	9.19 743	932	8.11	0.96	17 27	21 36.8	1 51
18	17 17 32.50	13.70	21 43 34.0	4.5	9.20 675	956	8.10	0.96	17 22	21 32.6	1 47
19	17 17 18.80	13.40	−21 43 29.5	4.3	9.21 631	981	8.09	0.95	17 18	21 28.5	1 43
20	17 17 5.40	13.09	21 43 25.2	3.8	9.22 612	1 003	8.08	0.95	17 14	21 24.3	1 39
21	17 16 52.31	12.78	21 43 21.4	3.5	9.23 615	1 027	8.07	0.95	17 10	21 20.2	1 35
22	17 16 39.53	12.47	21 43 17.9	3.2	9.24 642	1 049	8.06	0.95	17 6	21 16.0	1 30
23	17 16 27.06	12.14	21 43 14.7	2.8	9.25 691	1 072	8.05	0.95	17 2	21 11.9	1 26
24	17 16 14.92		−21 43 11.9		9.26 763		8.05	0.95	16 58	21 7.8	1 22

Saturn 1958

Tag	0h Weltzeit: Scheinbare Rektaszension		Scheinbare Deklination		Δ		Halbmesser	Hor. Par.	Aufgang (in 0h Länge, + 50° Breite)	Obere Kulmination (in 0h Länge, + 50° Breite)	Untergang (in 0h Länge, + 50° Breite)
1958	h m s	s	° ′ ″	″			″	″	h m	h m	h m
Juli 24	17 16 14.92	11.82	−21 43 11.9	2.4	9.26 763	1 094	8.05	0.95	16 58	21 7.8	1 22
25	17 16 3.10	11.49	21 43 9.5	2.0	9.27 857	1 115	8.04	0.95	16 53	21 3.6	1 18
26	17 15 51.61	11.15	21 43 7.5	1.6	9.28 972	1 136	8.03	0.95	16 49	20 59.5	1 14
27	17 15 40.46	10.81	21 43 5.9	1.2	9.30 108	1 157	8.02	0.95	16 45	20 55.4	1 10
28	17 15 29.65	10.46	21 43 4.7	0.8	9.31 265	1 177	8.01	0.94	16 41	20 51.3	1 6
29	17 15 19.19	10.11	21 43 3.9	0.3	9.32 442	1 198	8.00	0.94	16 37	20 47.2	1 2
30	17 15 9.08	9.77	−21 43 3.6	0.0	9.33 640	1 217	7.99	0.94	16 33	20 43.1	0 58
31	17 14 59.31	9.40	21 43 3.6	0.5	9.34 857	1 236	7.98	0.94	16 29	20 39.0	0 53
Aug. 1	17 14 49.91	9.04	21 43 4.1	0.9	9.36 093	1 256	7.97	0.94	16 25	20 34.9	0 49
2	17 14 40.87	8.68	21 43 5.0	1.3	9.37 349	1 274	7.96	0.94	16 21	20 30.9	0 45
3	17 14 32.19	8.31	21 43 6.3	1.8	9.38 623	1 292	7.94	0.94	16 17	20 26.8	0 41
4	17 14 23.88	7.93	21 43 8.1	2.2	9.39 915	1 310	7.93	0.94	16 12	20 22.7	0 37
5	17 14 15.95	7.56	−21 43 10.3	2.7	9.41 225	1 327	7.92	0.93	16 8	20 18.7	0 33
6	17 14 8.39	7.18	21 43 13.0	3.1	9.42 552	1 345	7.91	0.93	16 4	20 14.6	0 29
7	17 14 1.21	6.79	21 43 16.1	3.6	9.43 897	1 361	7.90	0.93	16 0	20 10.6	0 25
8	17 13 54.42	6.40	21 43 19.7	4.0	9.45 258	1 377	7.89	0.93	15 56	20 6.5	0 21
9	17 13 48.02	6.02	21 43 23.7	4.5	9.46 635	1 393	7.88	0.93	15 52	20 2.5	0 17
10	17 13 42.00	5.62	21 43 28.2	5.0	9.48 028	1 409	7.87	0.93	15 48	19 58.5	0 13
11	17 13 36.38	5.22	−21 43 33.2	5.5	9.49 437	1 424	7.85	0.93	15 44	19 54.5	0 9
12	17 13 31.16	4.83	21 43 38.7	5.9	9.50 861	1 438	7.84	0.93	15 40	19 50.4	0 5
13	17 13 26.33	4.41	21 43 44.6	6.4	9.52 299	1 452	7.83	0.92	15 36	19 46.4	{0 1 / 23 57}
14	17 13 21.92	4.02	21 43 51.0	6.9	9.53 751	1 466	7.82	0.92	15 32	19 42.4	23 53
15	17 13 17.90	3.61	21 43 57.9	7.4	9.55 217	1 479	7.81	0.92	15 28	19 38.4	23 49
16	17 13 14.29	3.19	21 44 5.3	7.8	9.56 696	1 492	7.79	0.92	15 24	19 34.5	23 45
17	17 13 11.10	2.78	−21 44 13.1	8.3	9.58 188	1 504	7.78	0.92	15 20	19 30.5	23 41
18	17 13 8.32	2.37	21 44 21.4	8.8	9.59 692	1 516	7.77	0.92	15 16	19 26.5	23 37
19	17 13 5.95	1.96	21 44 30.2	9.3	9.61 208	1 527	7.76	0.92	15 12	19 22.5	23 33
20	17 13 3.99	1.54	21 44 39.5	9.8	9.62 735	1 537	7.75	0.91	15 9	19 18.6	23 29
21	17 13 2.45	1.12	21 44 49.3	10.3	9.64 272	1 548	7.73	0.91	15 5	19 14.6	23 25
22	17 13 1.33	0.71	21 44 59.6	10.7	9.65 820	1 558	7.72	0.91	15 1	19 10.7	23 21
23	17 13 0.62	0.29	−21 45 10.3	11.2	9.67 378	1 567	7.71	0.91	14 57	19 6.7	23 17
24	17 13 0.33	0.12	21 45 21.5	11.8	9.68 945	1 576	7.70	0.91	14 53	19 2.8	23 13
25	17 13 0.45	0.55	21 45 33.3	12.1	9.70 521	1 584	7.68	0.91	14 49	18 58.9	23 9
26	17 13 1.00	0.95	21 45 45.4	12.7	9.72 105	1 592	7.67	0.91	14 45	18 55.0	23 5
27	17 13 1.95	1.38	21 45 58.1	13.1	9.73 697	1 600	7.66	0.90	14 41	18 51.1	23 1
28	17 13 3.33	1.79	21 46 11.2	13.6	9.75 297	1 607	7.65	0.90	14 37	18 47.2	22 57
29	17 13 5.12	2.20	−21 46 24.8	14.0	9.76 904	1 613	7.63	0.90	14 33	18 43.3	22 53
30	17 13 7.32	2.63	21 46 38.8	14.5	9.78 517	1 620	7.62	0.90	14 30	18 39.4	22 49
31	17 13 9.95	3.03	21 46 53.3	15.0	9.80 137	1 625	7.61	0.90	14 26	18 35.5	22 45
Sept. 1	17 13 12.98	3.46	21 47 8.3	15.5	9.81 762	1 631	7.60	0.90	14 22	18 31.6	22 41
2	17 13 16.44	3.86	21 47 23.8	15.8	9.83 393	1 636	7.58	0.89	14 18	18 27.7	22 38
3	17 13 20.30		−21 47 39.6		9.85 029		7.57	0.89	14 14	18 23.9	22 34

Tag	Scheinbare Rektaszension (0h Weltzeit)		Scheinbare Deklination (0h Weltzeit)		Δ (0h Weltzeit)		Halbmesser	Hor. Par.	Aufgang (in 0h Länge, +50° Breite)	Obere Kulmination (in 0h Länge, +50° Breite)	Untergang (in 0h Länge, +50° Breite)
1958	h m s	s	° ′ ″	″			″	″	h m	h m	h m
Sept. 3	17 13 20.30	4.28	−21 47 39.6	16.3	9.85 029	1 641	7.57	0.89	14 14	18 23.9	22 34
4	17 13 24.58	4.70	21 47 55.9	16.8	9.86 670	1 644	7.56	0.89	14 10	18 20.0	22 30
5	17 13 29.28	5.11	21 48 12.7	17.2	9.88 314	1 649	7.54	0.89	14 7	18 16.2	22 26
6	17 13 34.39	5.53	21 48 29.9	17.6	9.89 963	1 651	7.53	0.89	14 3	18 12.3	22 22
7	17 13 39.92	5.93	21 48 47.5	18.0	9.91 614	1 654	7.52	0.89	13 59	18 8.5	22 18
8	17 13 45.85	6.35	21 49 5.5	18.5	9.93 268	1 657	7.51	0.89	13 55	18 4.7	22 14
9	17 13 52.20	6.76	−21 49 24.0	18.8	9.94 925	1 658	7.49	0.88	13 51	18 0.8	22 10
10	17 13 58.96	7.17	21 49 42.8	19.2	9.96 583	1 660	7.48	0.88	13 47	17 57.0	22 7
11	17 14 6.13	7.58	21 50 2.0	19.7	9.98 243	1 660	7.47	0.88	13 44	17 53.2	22 3
12	17 14 13.71	7.98	21 50 21.7	20.0	9.99 903	1 661	7.46	0.88	13 40	17 49.4	21 59
13	17 14 21.69	8.40	21 50 41.7	20.4	10.01 564	1 661	7.45	0.88	13 36	17 45.6	21 55
14	17 14 30.09	8.80	21 51 2.1	20.8	10.03 225	1 660	7.43	0.88	13 32	17 41.8	21 51
15	17 14 38.89	9.20	−21 51 22.9	21.2	10.04 885	1 660	7.42	0.88	13 29	17 38.1	21 47
16	17 14 48.09	9.60	21 51 44.1	21.5	10.06 545	1 657	7.41	0.87	13 25	17 34.3	21 44
17	17 14 57.69	10.00	21 52 5.6	21.8	10.08 202	1 656	7.40	0.87	13 21	17 30.5	21 40
18	17 15 7.69	10.40	21 52 27.4	22.2	10.09 858	1 653	7.38	0.87	13 17	17 26.8	21 36
19	17 15 18.09	10.78	21 52 49.6	22.6	10.11 511	1 650	7.37	0.87	13 14	17 23.0	21 32
20	17 15 28.87	11.18	21 53 12.2	22.8	10.13 161	1 647	7.36	0.87	13 10	17 19.3	21 28
21	17 15 40.05	11.56	−21 53 35.0	23.1	10.14 808	1 642	7.35	0.87	13 6	17 15.5	21 25
22	17 15 51.61	11.95	21 53 58.1	23.5	10.16 450	1 639	7.34	0.87	13 3	17 11.8	21 21
23	17 16 3.56	12.33	21 54 21.6	23.8	10.18 089	1 634	7.32	0.86	12 59	17 8.0	21 17
24	17 16 15.89	12.70	21 54 45.4	24.0	10.19 723	1 629	7.31	0.86	12 55	17 4.3	21 13
25	17 16 28.59	13.09	21 55 9.4	24.4	10.21 352	1 624	7.30	0.86	12 52	17 0.6	21 10
26	17 16 41.68	13.45	21 55 33.8	24.5	10.22 976	1 617	7.29	0.86	12 48	16 56.9	21 6
27	17 16 55.13	13.82	−21 55 58.3	24.9	10.24 593	1 612	7.28	0.86	12 44	16 53.2	21 2
28	17 17 8.95	14.19	21 56 23.2	25.0	10.26 205	1 605	7.27	0.86	12 41	16 49.5	20 58
29	17 17 23.14	14.56	21 56 48.2	25.3	10.27 810	1 598	7.26	0.86	12 37	16 45.8	20 55
30	17 17 37.70	14.91	21 57 13.5	25.6	10.29 408	1 590	7.24	0.85	12 33	16 42.1	20 51
Okt. 1	17 17 52.61	15.27	21 57 39.1	25.7	10.30 998	1 583	7.23	0.85	12 30	16 38.4	20 47
2	17 18 7.88	15.63	21 58 4.8	25.9	10.32 581	1 575	7.22	0.85	12 26	16 34.8	20 44
3	17 18 23.51	15.98	−21 58 30.7	26.1	10.34 156	1 566	7.21	0.85	12 22	16 31.1	20 40
4	17 18 39.49	16.33	21 58 56.8	26.3	10.35 722	1 557	7.20	0.85	12 19	16 27.4	20 36
5	17 18 55.82	16.69	21 59 23.1	26.5	10.37 279	1 548	7.19	0.85	12 15	16 23.8	20 32
6	17 19 12.51	17.02	21 59 49.6	26.6	10.38 827	1 539	7.18	0.85	12 12	16 20.1	20 29
7	17 19 29.53	17.36	22 0 16.2	26.8	10.40 366	1 527	7.17	0.85	12 8	16 16.5	20 25
8	17 19 46.89	17.70	22 0 43.0	26.9	10.41 893	1 518	7.16	0.84	12 4	16 12.8	20 21
9	17 20 4.59	18.04	−22 1 9.9	27.0	10.43 411	1 507	7.15	0.84	12 1	16 9.2	20 18
10	17 20 22.63	18.37	22 1 36.9	27.1	10.44 918	1 495	7.14	0.84	11 57	16 5.6	20 14
11	17 20 41.00	18.70	22 2 4.0	27.2	10.46 413	1 483	7.13	0.84	11 54	16 2.0	20 10
12	17 20 59.70	19.02	22 2 31.2	27.4	10.47 896	1 472	7.12	0.84	11 50	15 58.3	20 7
13	17 21 18.72	19.35	22 2 58.6	27.3	10.49 368	1 458	7.11	0.84	11 46	15 54.7	20 3
14	17 21 38.07		−22 3 25.9		10.50 826		7.10	0.84	11 43	15 51.1	19 59

Tag	0h Weltzeit Scheinbare Rektaszension		Scheinbare Deklination		Δ		Halb-messer	Hor. Par.	Auf-gang	Obere Kul-mination	Unter-gang
									in 0h Länge, + 50° Breite		
1958	h m s	s	° ′ ″	″			″	″	h m	h m	h m
Okt. 14	17 21 38.07	19.66	−22 3 25.9	27.5	10.50 826	1 446	7.10	0.84	11 43	15 51.1	19 59
15	17 21 57.73	19.97	22 3 53.4	27.5	10.52 272	1 432	7.09	0.84	11 39	15 47.5	19 56
16	17 22 17.70	20.28	22 4 20.9	27.6	10.53 704	1 418	7.08	0.84	11 36	15 43.9	19 52
17	17 22 37.98	20.58	22 4 48.5	27.5	10.55 122	1 405	7.07	0.83	11 32	15 40.3	19 48
18	17 22 58.56	20.89	22 5 16.0	27.6	10.56 527	1 389	7.06	0.83	11 29	15 36.7	19 45
19	17 23 19.45	21.17	22 5 43.6	27.7	10.57 916	1 375	7.05	0.83	11 25	15 33.2	19 41
20	17 23 40.62	21.47	−22 6 11.3	27.5	10.59 291	1 360	7.04	0.83	11 22	15 29.6	19 37
21	17 24 2.09	21.75	22 6 38.8	27.6	10.60 651	1 345	7.03	0.83	11 18	15 26.0	19 34
22	17 24 23.84	22.04	22 7 6.4	27.6	10.61 996	1 329	7.02	0.83	11 15	15 22.4	19 30
23	17 24 45.88	22.31	22 7 34.0	27.5	10.63 325	1 312	7.01	0.83	11 11	15 18.9	19 27
24	17 25 8.19	22.58	22 8 1.5	27.5	10.64 637	1 297	7.00	0.83	11 8	15 15.3	19 23
25	17 25 30.77	22.86	22 8 29.0	27.4	10.65 934	1 280	7.00	0.83	11 4	15 11.8	19 19
26	17 25 53.63	23.12	−22 8 56.4	27.3	10.67 214	1 263	6.99	0.82	11 1	15 8.2	19 16
27	17 26 16.75	23.38	22 9 23.7	27.3	10.68 477	1 245	6.98	0.82	10 57	15 4.7	19 12
28	17 26 40.13	23.63	22 9 51.0	27.1	10.69 722	1 229	6.97	0.82	10 54	15 1.1	19 9
29	17 27 3.76	23.89	22 10 18.1	27.1	10.70 951	1 210	6.96	0.82	10 50	14 57.6	19 5
30	17 27 27.65	24.14	22 10 45.2	26.9	10.72 161	1 193	6.96	0.82	10 47	14 54.0	19 1
31	17 27 51.79	24.38	22 11 12.1	26.8	10.73 354	1 174	6.95	0.82	10 43	14 50.5	18 58
Nov. 1	17 28 16.17	24.62	−22 11 38.9	26.6	10.74 528	1 156	6.94	0.82	10 40	14 47.0	18 54
2	17 28 40.79	24.87	22 12 5.5	26.5	10.75 684	1 137	6.93	0.82	10 36	14 43.5	18 51
3	17 29 5.66	25.09	22 12 32.0	26.4	10.76 821	1 117	6.93	0.82	10 33	14 40.0	18 47
4	17 29 30.75	25.32	22 12 58.4	26.1	10.77 938	1 099	6.92	0.82	10 29	14 36.4	18 44
5	17 29 56.07	25.55	22 13 24.5	26.0	10.79 037	1 078	6.91	0.82	10 26	14 32.9	18 40
6	17 30 21.62	25.77	22 13 50.5	25.8	10.80 115	1 059	6.90	0.81	10 22	14 29.4	18 37
7	17 30 47.39	25.98	−22 14 16.3	25.6	10.81 174	1 038	6.90	0.81	10 19	14 25.9	18 33
8	17 31 13.37	26.20	22 14 41.9	25.4	10.82 212	1 017	6.89	0.81	10 15	14 22.4	18 29
9	17 31 39.57	26.40	22 15 7.3	25.1	10.83 229	997	6.88	0.81	10 12	14 18.9	18 26
10	17 32 5.97	26.61	22 15 32.4	24.9	10.84 226	975	6.88	0.81	10 8	14 15.4	18 22
11	17 32 32.58	26.81	22 15 57.3	24.7	10.85 201	954	6.87	0.81	10 5	14 11.9	18 19
12	17 32 59.39	26.99	22 16 22.0	24.4	10.86 155	932	6.87	0.81	10 2	14 8.5	18 15
13	17 33 26.38	27.18	−22 16 46.4	24.2	10.87 087	911	6.86	0.81	9 58	14 5.0	18 12
14	17 33 53.56	27.37	22 17 10.6	23.9	10.87 998	888	6.85	0.81	9 55	14 1.5	18 8
15	17 34 20.93	27.54	22 17 34.5	23.6	10.88 886	865	6.85	0.81	9 51	13 58.0	18 5
16	17 34 48.47	27.71	22 17 58.1	23.4	10.89 751	844	6.84	0.81	9 48	13 54.6	18 1
17	17 35 16.18	27.88	22 18 21.5	23.0	10.90 595	820	6.84	0.81	9 45	13 51.1	17 58
18	17 35 44.06	28.04	22 18 44.5	22.8	10.91 415	797	6.83	0.81	9 41	13 47.6	17 54
19	17 36 12.10	28.20	−22 19 7.3	22.4	10.92 212	774	6.83	0.81	9 38	13 44.1	17 51
20	17 36 40.30	28.35	22 19 29.7	22.1	10.92 986	752	6.82	0.81	9 34	13 40.7	17 47
21	17 37 8.65	28.49	22 19 51.8	21.8	10.93 738	727	6.82	0.80	9 31	13 37.2	17 44
22	17 37 37.14	28.64	22 20 13.6	21.5	10.94 465	704	6.81	0.80	9 27	13 33.8	17 40
23	17 38 5.78	28.77	22 20 35.1	21.1	10.95 169	681	6.81	0.80	9 24	13 30.3	17 37
24	17 38 34.55		−22 20 56.2		10.95 850		6.80	0.80	9 21	13 26.9	17 33

Tag	0h Weltzeit Scheinbare Rektaszension		Scheinbare Deklination		Δ		Halbmesser	Hor. Par.	Aufgang	Obere Kulmination	Untergang
									in 0h Länge, + 50° Breite		
1958	h m s	s	° ′ ″	″			″	″	h m	h m	h m
Nov. 24	17 38 34.55	28.91	−22 20 56.2	20.8	10.95 850	657	6.80	0.80	9 21	13 26.9	17 33
25	17 39 3.46	29.03	22 21 17.0	20.4	10.96 507	632	6.80	0.80	9 17	13 23.4	17 30
26	17 39 32.49	29.16	22 21 37.4	20.0	10.97 139	609	6.80	0.80	9 14	13 20.0	17 26
27	17 40 1.65	29.27	22 21 57.4	19.7	10.97 748	584	6.79	0.80	9 10	13 16.5	17 23
28	17 40 30.92	29.40	22 22 17.1	19.3	10.98 332	560	6.79	0.80	9 7	13 13.1	17 19
29	17 41 0.32	29.50	22 22 36.4	18.9	10.98 892	536	6.79	0.80	9 3	13 9.6	17 16
30	17 41 29.82	29.60	−22 22 55.3	18.5	10.99 428	511	6.78	0.80	9 0	13 6.2	17 12
Dez. 1	17 41 59.42	29.71	22 23 13.8	18.1	10.99 939	486	6.78	0.80	8 57	13 2.7	17 9
2	17 42 29.13	29.81	22 23 31.9	17.7	11.00 425	461	6.78	0.80	8 53	12 59.3	17 5
3	17 42 58.94	29.89	22 23 49.6	17.3	11.00 886	436	6.77	0.80	8 50	12 55.9	17 2
4	17 43 28.83	29.99	22 24 6.9	16.9	11.01 322	411	6.77	0.80	8 46	12 52.4	16 59
5	17 43 58.82	30.06	22 24 23.8	16.5	11.01 733	385	6.77	0.80	8 43	12 49.0	16 55
6	17 44 28.88	30.15	−22 24 40.3	16.1	11.02 118	360	6.77	0.80	8 40	12 45.6	16 52
7	17 44 59.03	30.21	22 24 56.4	15.6	11.02 478	334	6.76	0.80	8 36	12 42.1	16 48
8	17 45 29.24	30.28	22 25 12.0	15.3	11.02 812	309	6.76	0.80	8 33	12 38.7	16 45
9	17 45 59.52	30.35	22 25 27.3	14.8	11.03 121	282	6.76	0.80	8 29	12 35.3	16 41
10	17 46 29.87	30.40	22 25 42.1	14.3	11.03 403	257	6.76	0.80	8 26	12 31.8	16 38
11	17 47 0.27	30.45	22 25 56.4	13.9	11.03 660	231	6.76	0.80	8 23	12 28.4	16 34
12	17 47 30.72	30.49	−22 26 10.3	13.5	11.03 891	204	6.76	0.80	8 19	12 25.0	16 31
13	17 48 1.21	30.54	22 26 23.8	13.1	11.04 095	179	6.75	0.80	8 16	12 21.6	16 27
14	17 48 31.75	30.57	22 26 36.9	12.6	11.04 274	152	6.75	0.80	8 12	12 18.1	16 24
15	17 49 2.32	30.59	22 26 49.5	12.1	11.04 426	126	6.75	0.80	8 9	12 14.7	16 20
16	17 49 32.91	30.62	22 27 1.6	11.7	11.04 552	100	6.75	0.80	8 6	12 11.3	16 17
17	17 50 3.53	30.64	22 27 13.3	11.3	11.04 652	74	6.75	0.80	8 2	12 7.9	16 14
18	17 50 34.17	30.65	−22 27 24.6	10.7	11.04 726	48	6.75	0.80	7 59	12 4.4	16 10
19	17 51 4.82	30.65	22 27 35.3	10.4	11.04 774	22	6.75	0.80	7 55	12 1.0	16 7
20	17 51 35.47	30.66	22 27 45.7	9.9	11.04 796	−5	6.75	0.80	7 52	11 57.6	16 3
21	17 52 6.13	30.66	22 27 55.6	9.4	11.04 791	31	6.75	0.80	7 49	11 54.2	16 0
22	17 52 36.79	30.65	22 28 5.0	8.9	11.04 760	56	6.75	0.80	7 45	11 50.7	15 56
23	17 53 7.44	30.64	22 28 13.9	8.5	11.04 704	83	6.75	0.80	7 42	11 47.3	15 53
24	17 53 38.08	30.62	−22 28 22.4	8.1	11.04 621	109	6.75	0.80	7 38	11 43.9	15 49
25	17 54 8.70	30.60	22 28 30.5	7.6	11.04 512	135	6.75	0.80	7 35	11 40.5	15 46
26	17 54 39.30	30.57	22 28 38.1	7.1	11.04 377	160	6.75	0.80	7 32	11 37.0	15 43
27	17 55 9.87	30.55	22 28 45.2	6.7	11.04 217	187	6.75	0.80	7 28	11 33.6	15 39
28	17 55 40.42	30.51	22 28 51.9	6.2	11.04 030	213	6.75	0.80	7 25	11 30.2	15 36
29	17 56 10.93	30.47	22 28 58.1	5.7	11.03 817	238	6.76	0.80	7 21	11 26.8	15 32
30	17 56 41.40	30.42	−22 29 3.8	5.3	11.03 579	264	6.76	0.80	7 18	11 23.3	15 29
31	17 57 11.82	30.38	22 29 9.1	4.9	11.03 315	290	6.76	0.80	7 14	11 19.9	15 25
32	17 57 42.20		−22 29 14.0		11.03 025		6.76	0.80	7 11	11 16.5	15 22

Tag	0h Weltzeit: Scheinbare Rektaszension		Scheinbare Deklination		Δ		Halbmesser	Hor. Par.	Aufgang	Obere Kulmination	Untergang
									in 0h Länge, + 50° Breite		
1958	h m s	s	° ′ ″	″			″	″	h m	h m	h m
Jan. 0	8 53 57.69	8.53	+18 9 22.5	36.2	17.64 717	907	1.94	0.50	18 38	2 17.0	9 52
1	8 53 49.16	8.67	18 9 58.7	36.8	17.63 810	881	1.94	0.50	18 34	2 12.9	9 48
2	8 53 40.49	8.79	18 10 35.5	37.2	17.62 929	852	1.94	0.50	18 30	2 8.8	9 44
3	8 53 31.70	8.93	18 11 12.7	37.6	17.62 077	826	1.95	0.50	18 26	2 4.7	9 40
4	8 53 22.77	9.04	18 11 50.3	38.1	17.61 251	798	1.95	0.50	18 22	2 0.6	9 36
5	8 53 13.73	9.16	18 12 28.4	38.5	17.60 453	771	1.95	0.50	18 17	1 56.6	9 32
6	8 53 4.57	9.26	+18 13 6.9	38.8	17.59 682	742	1.95	0.50	18 13	1 52.5	9 28
7	8 52 55.31	9.39	18 13 45.7	39.3	17.58 940	714	1.95	0.50	18 9	1 48.4	9 24
8	8 52 45.92	9.48	18 14 25.0	39.6	17.58 226	685	1.95	0.50	18 5	1 44.3	9 20
9	8 52 36.44	9.59	18 15 4.6	39.8	17.57 541	656	1.95	0.50	18 1	1 40.2	9 16
10	8 52 26.85	9.69	18 15 44.4	40.4	17.56 885	627	1.95	0.50	17 57	1 36.1	9 12
11	8 52 17.16	9.78	18 16 24.8	40.4	17.56 258	597	1.95	0.50	17 52	1 32.0	9 8
12	8 52 7.38	9.87	+18 17 5.2	40.9	17.55 661	569	1.95	0.50	17 48	1 27.9	9 4
13	8 51 57.51	9.96	18 17 46.1	41.0	17.55 092	537	1.95	0.50	17 44	1 23.8	8 59
14	8 51 47.55	10.03	18 18 27.1	41.5	17.54 555	508	1.95	0.50	17 40	1 19.8	8 55
15	8 51 37.52	10.12	18 19 8.6	41.5	17.54 047	478	1.95	0.50	17 36	1 15.7	8 51
16	8 51 27.40	10.18	18 19 50.1	41.8	17.53 569	448	1.95	0.50	17 32	1 11.6	8 47
17	8 51 17.22	10.25	18 20 31.9	41.9	17.53 121	416	1.96	0.50	17 27	1 7.5	8 43
18	8 51 6.97	10.31	+18 21 13.8	42.1	17.52 705	385	1.96	0.50	17 23	1 3.4	8 39
19	8 50 56.66	10.38	18 21 55.9	42.3	17.52 320	356	1.96	0.50	17 19	0 59.2	8 35
20	8 50 46.28	10.42	18 22 38.2	42.4	17.51 964	324	1.96	0.50	17 15	0 55.1	8 31
21	8 50 35.86	10.46	18 23 20.6	42.5	17.51 640	292	1.96	0.50	17 11	0 51.0	8 27
22	8 50 25.40	10.52	18 24 3.1	42.7	17.51 348	261	1.96	0.50	17 7	0 46.9	8 23
23	8 50 14.88	10.55	18 24 45.8	42.5	17.51 087	230	1.96	0.50	17 2	0 42.8	8 19
24	8 50 4.33	10.58	+18 25 28.3	42.7	17.50 857	199	1.96	0.50	16 58	0 38.7	8 15
25	8 49 53.75	10.60	18 26 11.0	42.7	17.50 658	167	1.96	0.50	16 54	0 34.6	8 11
26	8 49 43.15	10.63	18 26 53.7	42.6	17.50 491	136	1.96	0.50	16 50	0 30.5	8 7
27	8 49 32.52	10.64	18 27 36.3	42.7	17.50 355	104	1.96	0.50	16 46	0 26.4	8 3
28	8 49 21.88	10.66	18 28 19.0	42.7	17.50 251	73	1.96	0.50	16 42	0 22.3	7 59
29	8 49 11.22	10.66	18 29 1.7	42.5	17.50 178	41	1.96	0.50	16 37	0 18.2	7 55
30	8 49 0.56	10.67	+18 29 44.2	42.5	17.50 137	11	1.96	0.50	16 33	0 14.1	7 51
31	8 48 49.89	10.66	18 30 26.7	42.4	17.50 126	— 21	1.96	0.50	16 29	0 10.0	7 47
Febr. 1	8 48 39.23	10.65	18 31 9.1	42.3	17.50 147	53	1.96	0.50	16 25	0 5.9	7 43
2	8 48 28.58	10.65	18 31 51.4	42.1	17.50 200	84	1.96	0.50	16 21	{0 1.7 / 23 57.6}	7 39
3	8 48 17.93	10.62	18 32 33.5	41.9	17.50 284	114	1.96	0.50	16 16	23 53.5	7 35
4	8 48 7.31	10.61	18 33 15.4	41.9	17.50 398	146	1.96	0.50	16 12	23 49.4	7 31
5	8 47 56.70	10.57	+18 33 57.3	41.6	17.50 544	177	1.96	0.50	16 8	23 45.3	7 27
6	8 47 46.13	10.56	18 34 38.9	41.5	17.50 721	208	1.96	0.50	16 4	23 41.2	7 23
7	8 47 35.57	10.51	18 35 20.4	41.1	17.50 929	239	1.96	0.50	16 0	23 37.1	7 18
8	8 47 25.06	10.48	18 36 1.5	41.1	17.51 168	269	1.96	0.50	15 56	23 33.0	7 14
9	8 47 14.58	10.43	18 36 42.6	40.7	17.51 437	300	1.96	0.50	15 51	23 28.9	7 10
10	8 47 4.15		+18 37 23.3		17.51 737		1.96	0.50	15 47	23 24.8	7 6

Tag	0h Weltzeit: Scheinbare Rektaszension	Diff.	Scheinbare Deklination	Diff.	Δ	Diff.	Halbmesser	Hor. Par.	Aufgang	Obere Kulmination	Untergang
1958	h m s	s	° ′ ″	″			″	″	h m	h m	h m
Febr. 10	8 47 4.15	10 39	+18 37 23.3	40 4	17.51 737	331	1.96	0.50	15 47	23 24.8	7 6
11	8 46 53.76	10 32	18 38 3.7	40 2	17.52 068	362	1.96	0.50	15 43	23 20.7	7 2
12	8 46 43.44	10 28	18 38 43.9	39.9	17.52 430	391	1.96	0.50	15 39	23 16.6	6 58
13	8 46 33.16	10.21	18 39 23.8	39 5	17.52 821	423	1.96	0.50	15 35	23 12.5	6 54
14	8 46 22.95	10 14	18 40 3.3	39 2	17.53 244	451	1.96	0.50	15 31	23 8.4	6 50
15	8 46 12.81	10 07	18 40 42.5	38.8	17.53 695	483	1.95	0.50	15 26	23 4.3	6 46
16	8 46 2.74	9.99	+18 41 21.3	38.4	17.54 178	511	1.95	0.50	15 22	23 0.2	6 42
17	8 45 52.75	9.91	18 41 59.7	38.0	17.54 689	542	1.95	0.50	15 18	22 56.1	6 38
18	8 45 42.84	9.83	18 42 37.7	37.7	17.55 231	571	1.95	0.50	15 14	22 52.0	6 34
19	8 45 33.01	9.73	18 43 15.4	37.1	17.55 802	601	1.95	0.50	15 10	22 47.9	6 30
20	8 45 23.28	9 64	18 43 52.5	36.7	17.56 403	629	1.95	0.50	15 6	22 43.8	6 26
21	8 45 13.64	9.53	18 44 29.2	36.3	17.57 032	658	1.95	0.50	15 2	22 39.7	6 22
22	8 45 4.11	9 43	+18 45 5.5	35.8	17.57 690	685	1.95	0.50	14 57	22 35.6	6 18
23	8 44 54.68	9 32	18 45 41.3	35 3	17.58 375	715	1.95	0.50	14 53	22 31.5	6 14
24	8 44 45.36	9 21	18 46 16.6	34.9	17.59 090	741	1.95	0.50	14 49	22 27.5	6 10
25	8 44 36.15	9 09	18 46 51.5	34.2	17.59 831	770	1.95	0.50	14 45	22 23.4	6 6
26	8 44 27.06	8.97	18 47 25.7	33.8	17.60 601	796	1.95	0.50	14 41	22 19.3	6 2
27	8 44 18.09	8.85	18 47 59.5	33 1	17.61 397	824	1.95	0.50	14 37	22 15.2	5 58
28	8 44 9.24	8 71	+18 48 32.6	32 7	17.62 221	850	1.95	0.50	14 33	22 11.1	5 54
März 1	8 44 0.53	8 59	18 49 5.3	32 0	17.63 071	875	1.94	0.50	14 28	22 7.1	5 50
2	8 43 51.94	8 44	18 49 37.3	31 5	17.63 946	903	1.94	0.50	14 24	22 3.0	5 46
3	8 43 43.50	8 31	18 50 8.8	30.9	17.64 849	926	1.94	0.50	14 20	21 58.9	5 42
4	8 43 35.19	8 17	18 50 39.7	30 2	17.65 775	953	1.94	0.50	14 16	21 54.9	5 38
5	8 43 27.02	8 01	18 51 9.9	29 7	17.66 728	977	1.94	0.50	14 12	21 50.8	5 34
6	8 43 19.01	7 88	+18 51 39.6	29 0	17.67 705	1 001	1.94	0.50	14 8	21 46.7	5 30
7	8 43 11.13	7 72	18 52 8.6	28 5	17.68 706	1 026	1.94	0.50	14 4	21 42.7	5 26
8	8 43 3.41	7 56	18 52 37.1	27 7	17.69 732	1 049	1.94	0.50	14 0	21 38.6	5 22
9	8 42 55.85	7 40	18 53 4.8	27 1	17.70 781	1 073	1.94	0.50	13 56	21 34.6	5 18
10	8 42 48.45	7 25	18 53 31.9	26.4	17.71 854	1 096	1.93	0.50	13 52	21 30.5	5 14
11	8 42 41.20	7 08	18 53 58.3	25.8	17.72 950	1 119	1.93	0.50	13 47	21 26.5	5 10
12	8 42 34.12	6.91	+18 54 24.1	25 0	17.74 069	1 141	1.93	0.50	13 43	21 22.4	5 6
13	8 42 27.21	6 75	18 54 49.1	24 4	17.75 210	1 163	1.93	0.50	13 39	21 18.4	5 2
14	8 42 20.46	6 56	18 55 13.5	23 6	17.76 373	1 185	1.93	0.50	13 35	21 14.3	4 58
15	8 42 13.90	6 39	18 55 37.1	23.0	17.77 558	1 206	1.93	0.50	13 31	21 10.3	4 54
16	8 42 7.51	6 22	18 56 0.1	22 2	17.78 764	1 227	1.93	0.49	13 27	21 6.3	4 50
17	8 42 1.29	6 03	18 56 22.3	21 5	17.79 991	1 247	1.93	0.49	13 23	21 2.2	4 46
18	8 41 55.26	5.84	+18 56 43.8	20 7	17.81 238	1 267	1.92	0.49	13 19	20 58.2	4 42
19	8 41 49.42	5 66	18 57 4.5	20 0	17.82 505	1 287	1.92	0.49	13 15	20 54.2	4 38
20	8 41 43.76	5 46	18 57 24.5	19 2	17.83 792	1 305	1.92	0.49	13 11	20 50.1	4 34
21	8 41 38.30	5 28	18 57 43.7	18.4	17.85 097	1 325	1.92	0.49	13 7	20 46.1	4 30
22	8 41 33.02	5 07	18 58 2.1	17 7	17.86 422	1 343	1.92	0.49	13 3	20 42.1	4 26
23	8 41 27.95		+18 58 19.8		17.87 765		1.92	0.49	12 59	20 38.1	4 22

Aufgang, Obere Kulmination, Untergang: in 0h Länge, + 50° Breite

Uranus 1958

Tag	0h Weltzeit Scheinbare Rektaszension		Scheinbare Deklination		Δ		Halbmesser	Hor. Par.	Aufgang	Obere Kulmination	Untergang
									in 0h Länge, + 50° Breite		
1958	h m s	s	° ′ ″	″			″	″	h m	h m	h m
März 23	8 41 27.95	4.89	+18 58 19.8	16.9	17.87 765	1 360	1.92	0.49	12 59	20 38.1	4 22
24	8 41 23.06	4.67	18 58 36.7	16.2	17.89 125	1 377	1.92	0.49	12 54	20 34.1	4 18
25	8 41 18.39	4.48	18 58 52.9	15.3	17.90 502	1 394	1.91	0.49	12 50	20 30.1	4 14
26	8 41 13.91	4.28	18 59 8.2	14.5	17.91 896	1 410	1.91	0.49	12 46	20 26.1	4 10
27	8 41 9.63	4.07	18 59 22.7	13.8	17.93 306	1 426	1.91	0.49	12 42	20 22.1	4 6
28	8 41 5.56	3.87	18 59 36.5	12.9	17.94 732	1 441	1.91	0.49	12 38	20 18.1	4 2
29	8 41 1.69	3.65	+18 59 49.4	12.1	17.96 173	1 455	1.91	0.49	12 34	20 14.1	3 58
30	8 40 58.04	3.46	19 0 1.5	11.3	17.97 628	1 470	1.91	0.49	12 30	20 10.1	3 54
31	8 40 54.58	3.24	19 0 12.8	10.5	17.99 098	1 483	1.91	0.49	12 26	20 6.1	3 50
April 1	8 40 51.34	3.03	19 0 23.3	9.7	18.00 581	1 497	1.90	0.49	12 22	20 2.1	3 46
2	8 40 48.31	2.82	19 0 33.0	9.0	18.02 078	1 509	1.90	0.49	12 18	19 58.2	3 42
3	8 40 45.49	2.60	19 0 42.0	8.0	18.03 587	1 522	1.90	0.49	12 14	19 54.2	3 38
4	8 40 42.89	2.40	+19 0 50.0	7.2	18.05 109	1 533	1.90	0.49	12 10	19 50.2	3 34
5	8 40 40.49	2.18	19 0 57.2	6.5	18.06 642	1 544	1.90	0.49	12 6	19 46.2	3 30
6	8 40 38.31	1.96	19 1 3.7	5.6	18.08 186	1 557	1.90	0.49	12 2	19 42.3	3 26
7	8 40 36.35	1.75	19 1 9.3	4.9	18.09 743	1 566	1.89	0.49	11 58	19 38.3	3 22
8	8 40 34.60	1.53	19 1 14.2	3.9	18.11 309	1 577	1.89	0.49	11 55	19 34.4	3 18
9	8 40 33.07	1.32	19 1 18.1	3.1	18.12 886	1 585	1.89	0.49	11 51	19 30.4	3 14
10	8 40 31.75	1.10	+19 1 21.2	2.3	18.14 471	1 596	1.89	0.48	11 47	19 26.4	3 10
11	8 40 30.65	0.87	19 1 23.5	1.5	18.16 067	1 604	1.89	0.48	11 43	19 22.5	3 6
12	8 40 29.78	0.66	19 1 25.0	0.7	18.17 671	1 612	1.89	0.48	11 39	19 18.6	3 2
13	8 40 29.12	0.44	19 1 25.7	0.3	18.19 283	1 619	1.88	0.48	11 35	19 14.6	2 58
14	8 40 28.68	0.21	19 1 25.4	1.0	18.20 902	1 627	1.88	0.48	11 31	19 10.7	2 54
15	8 40 28.47	0.00	19 1 24.4	1.9	18.22 529	1 634	1.88	0.48	11 27	19 6.7	2 50
16	8 40 28.47	0.23	+19 1 22.5	2.8	18.24 163	1 639	1.88	0.48	11 23	19 2.8	2 47
17	8 40 28.70	0.45	19 1 19.7	3.6	18.25 802	1 646	1.88	0.48	11 19	18 58.9	2 43
18	8 40 29.15	0.66	19 1 16.1	4.4	18.27 448	1 650	1.88	0.48	11 15	18 55.0	2 39
19	8 40 29.81	0.90	19 1 11.7	5.2	18.29 098	1 656	1.87	0.48	11 11	18 51.1	2 35
20	8 40 30.71	1.12	19 1 6.5	6.1	18.30 754	1 658	1.87	0.48	11 7	18 47.1	2 31
21	8 40 31.83	1.34	19 1 0.4	7.0	18.32 412	1 663	1.87	0.48	11 3	18 43.2	2 27
22	8 40 33.17	1.55	+19 0 53.4	7.7	18.34 075	1 665	1.87	0.48	11 0	18 39.3	2 23
23	8 40 34.72	1.78	19 0 45.7	8.6	18.35 740	1 668	1.87	0.48	10 56	18 35.4	2 19
24	8 40 36.50	2.01	19 0 37.1	9.4	18.37 408	1 671	1.87	0.48	10 52	18 31.5	2 15
25	8 40 38.51	2.22	19 0 27.7	10.3	18.39 079	1 672	1.86	0.48	10 48	18 27.6	2 11
26	8 40 40.73	2.43	19 0 17.4	11.0	18.40 751	1 672	1.86	0.48	10 44	18 23.7	2 7
27	8 40 43.16	2.66	19 0 6.4	11.9	18.42 423	1 673	1.86	0.48	10 40	18 19.8	2 3
28	8 40 45.82	2.88	+18 59 54.5	12.8	18.44 096	1 673	1.86	0.48	10 36	18 16.0	2 0
29	8 40 48.70	3.08	18 59 41.7	13.4	18.45 769	1 673	1.86	0.48	10 32	18 12.1	1 56
30	8 40 51.78	3.31	18 59 28.3	14.4	18.47 442	1 672	1.86	0.48	10 29	18 8.2	1 52
Mai 1	8 40 55.09	3.53	18 59 13.9	15.1	18.49 114	1 670	1.85	0.48	10 25	18 4.3	1 48
2	8 40 58.62	3.73	18 58 58.8	15.9	18.50 784	1 669	1.85	0.48	10 21	18 0.5	1 44
3	8 41 2.35		+18 58 42.9		18.52 453		1.85	0.48	10 17	17 56.6	1 40

Tag	0h Weltzeit: Scheinbare Rektaszension		Scheinbare Deklination		Δ		Halbmesser	Hor. Par.	Aufgang	Obere Kulmination	Untergang
									in 0h Länge, + 50° Breite		
1958	h m s	s	° ′ ″	″			″	″	h m	h m	h m
Mai 3	8 41 2.35	3.94	+18 58 42.9	16.8	18.52 453	1 666	1.85	0.48	10 17	17 56.6	1 40
4	8 41 6.29	4.16	18 58 26.1	17.5	18.54 119	1 664	1.85	0.47	10 13	17 52.7	1 36
5	8 41 10.45	4.36	18 58 8.6	18.3	18.55 783	1 660	1.85	0.47	10 9	17 48.9	1 32
6	8 41 14.81	4.58	18 57 50.3	19.1	18.57 443	1 658	1.85	0.47	10 5	17 45.0	1 28
7	8 41 19.39	4.78	18 57 31.2	20.0	18.59 101	1 654	1.84	0.47	10 2	17 41.2	1 25
8	8 41 24.17	4.99	18 57 11.2	20.7	18.60 755	1 648	1.84	0.47	9 58	17 37.3	1 21
9	8 41 29.16	5.20	+18 56 50.5	21.4	18.62 403	1 646	1.84	0.47	9 54	17 33.5	1 17
10	8 41 34.36	5.40	18 56 29.1	22.3	18.64 049	1 638	1.84	0.47	9 50	17 29.6	1 13
11	8 41 39.76	5.60	18 56 6.8	23.0	18.65 687	1 634	1.84	0.47	9 46	17 25.8	1 9
12	8 41 45.36	5.81	18 55 43.8	23.8	18.67 321	1 628	1.84	0.47	9 43	17 21.9	1 5
13	8 41 51.17	6.01	18 55 20.0	24.5	18.68 949	1 621	1.83	0.47	9 39	17 18.1	1 1
14	8 41 57.18	6.21	18 54 55.5	25.3	18.70 570	1 613	1.83	0.47	9 35	17 14.3	0 57
15	8 42 3.39	6.41	+18 54 30.2	26.2	18.72 183	1 606	1.83	0.47	9 31	17 10.4	0 54
16	8 42 9.80	6.61	18 54 4.0	26.8	18.73 789	1 598	1.83	0.47	9 27	17 6.6	0 50
17	8 42 16.41	6.80	18 53 37.2	27.6	18.75 387	1 591	1.83	0.47	9 24	17 2.8	0 46
18	8 42 23.21	7.00	18 53 9.6	28.3	18.76 978	1 582	1.83	0.47	9 20	16 59.0	0 42
19	8 42 30.21	7.19	18 52 41.3	29.1	18.78 560	1 571	1.82	0.47	9 16	16 55.2	0 38
20	8 42 37.40	7.37	18 52 12.2	29.8	18.80 131	1 561	1.82	0.47	9 12	16 51.4	0 34
21	8 42 44.77	7.57	+18 51 42.4	30.4	18.81 692	1 553	1.82	0.47	9 9	16 47.6	0 30
22	8 42 52.34	7.76	18 51 12.0	31.3	18.83 245	1 541	1.82	0.47	9 5	16 43.8	0 27
23	8 43 0.10	7.94	18 50 40.7	31.9	18.84 786	1 530	1.82	0.47	9 1	16 40.0	0 23
24	8 43 8.04	8.12	18 50 8.8	32.7	18.86 316	1 519	1.82	0.47	8 57	16 36.2	0 19
25	8 43 16.16	8.30	18 49 36.1	33.4	18.87 835	1 506	1.82	0.47	8 54	16 32.4	0 15
26	8 43 24.46	8.49	18 49 2.7	34.0	18.89 341	1 496	1.81	0.47	8 50	16 28.6	0 11
27	8 43 32.95	8.65	+18 48 28.7	34.7	18.90 837	1 482	1.81	0.47	8 46	16 24.8	0 7
28	8 43 41.60	8.83	18 47 54.0	35.4	18.92 319	1 469	1.81	0.47	8 42	16 21.0	0 3
29	8 43 50.43	9.01	18 47 18.6	36.0	18.93 788	1 456	1.81	0.46	8 39	16 17.2	{0 0 / 23 56}
30	8 43 59.44	9.17	18 46 42.6	36.7	18.95 244	1 443	1.81	0.46	8 35	16 13.4	23 52
31	8 44 8.61	9.34	18 46 5.9	37.5	18.96 687	1 429	1.81	0.46	8 31	16 9.6	23 48
Juni 1	8 44 17.95	9.50	18 45 28.4	38.0	18.98 116	1 414	1.81	0.46	8 27	16 5.9	23 44
2	8 44 27.45	9.66	+18 44 50.4	38.6	18.99 530	1 400	1.80	0.46	8 24	16 2.1	23 40
3	8 44 37.11	9.84	18 44 11.8	39.3	19.00 930	1 385	1.80	0.46	8 20	15 58.3	23 37
4	8 44 46.95	9.98	18 43 32.5	39.9	19.02 315	1 369	1.80	0.46	8 16	15 54.6	23 33
5	8 44 56.93	10.14	18 42 52.6	40.6	19.03 684	1 355	1.80	0.46	8 13	15 50.8	23 29
6	8 45 7.07	10.30	18 42 12.0	41.2	19.05 039	1 338	1.80	0.46	8 9	15 47.0	23 25
7	8 45 17.37	10.46	18 41 30.8	41.8	19.06 377	1 323	1.80	0.46	8 5	15 43.3	23 21
8	8 45 27.83	10.60	+18 40 49.0	42.3	19.07 700	1 305	1.80	0.46	8 2	15 39.5	23 18
9	8 45 38.43	10.76	18 40 6.7	43.0	19.09 005	1 289	1.80	0.46	7 58	15 35.8	23 14
10	8 45 49.19	10.90	18 39 23.7	43.6	19.10 294	1 272	1.79	0.46	7 54	15 32.0	23 10
11	8 46 0.09	11.04	18 38 40.1	44.2	19.11 566	1 254	1.79	0.46	7 51	15 28.3	23 6
12	8 46 11.13	11.20	18 37 55.9	44.7	19.12 820	1 236	1.79	0.46	7 47	15 24.5	23 2
13	8 46 22.33		+18 37 11.2		19.14 056		1.79	0.46	7 43	15 20.8	22 58

Uranus 1958

Tag	0h Weltzeit: Scheinbare Rektaszension		Scheinbare Deklination		Δ		Halbmesser	Hor. Par.	Aufgang (in 0h Länge, +50° Breite)	Obere Kulmination (in 0h Länge, +50° Breite)	Untergang (in 0h Länge, +50° Breite)
1958	h m s	s	° ′ ″	″			″	″	h m	h m	h m
Juni 13	8 46 22.33	11.32	+18 37 11.2	45.3	19.14 056	1 218	1.79	0.46	7 43	15 20.8	22 58
14	8 46 33.65	11.47	18 36 25.9	45.9	19.15 274	1 200	1.79	0.46	7 40	15 17.0	22 55
15	8 46 45.12	11.60	18 35 40.0	46.4	19.16 474	1 181	1.79	0.46	7 36	15 13.3	22 51
16	8 46 56.72	11.74	18 34 53.6	47.0	19.17 655	1 162	1.79	0.46	7 32	15 9.6	22 47
17	8 47 8.46	11.87	18 34 6.6	47.5	19.18 817	1 141	1.79	0.46	7 29	15 5.8	22 43
18	8 47 20.33	11.99	18 33 19.1	48.1	19.19 958	1 123	1.79	0.46	7 25	15 2.1	22 39
19	8 47 32.32	12.12	+18 32 31.0	48.5	19.21 081	1 101	1.78	0.46	7 21	14 58.4	22 36
20	8 47 44.44	12.24	18 31 42.5	49.0	19.22 182	1 082	1.78	0.46	7 18	14 54.6	22 32
21	8 47 56.68	12.36	18 30 53.5	49.6	19.23 264	1 061	1.78	0.46	7 14	14 50.9	22 28
22	8 48 9.04	12.48	18 30 3.9	50.0	19.24 325	1 041	1.78	0.46	7 10	14 47.2	22 24
23	8 48 21.52	12.59	18 29 13.9	50.5	19.25 366	1 019	1.78	0.46	7 7	14 43.4	22 20
24	8 48 34.11	12.70	18 28 23.4	51.1	19.26 385	997	1.78	0.46	7 3	14 39.7	22 16
25	8 48 46.81	12.81	+18 27 32.3	51.4	19.27 382	977	1.78	0.46	6 59	14 36.0	22 13
26	8 48 59.62	12.92	18 26 40.9	51.9	19.28 359	954	1.78	0.46	6 56	14 32.3	22 9
27	8 49 12.54	13.02	18 25 49.0	52.3	19.29 313	933	1.78	0.46	6 52	14 28.6	22 5
28	8 49 25.56	13.12	18 24 56.7	52.8	19.30 246	911	1.78	0.46	6 48	14 24.9	22 1
29	8 49 38.68	13.22	18 24 3.9	53.2	19.31 157	888	1.78	0.46	6 45	14 21.1	21 57
30	8 49 51.90	13.31	18 23 10.7	53.6	19.32 045	865	1.77	0.46	6 41	14 17.4	21 54
Juli 1	8 50 5.21	13.41	+18 22 17.1	54.0	19.32 910	844	1.77	0.46	6 38	14 13.7	21 50
2	8 50 18.62	13.50	18 21 23.1	54.5	19.33 754	821	1.77	0.46	6 34	14 10.0	21 46
3	8 50 32.12	13.58	18 20 28.6	54.8	19.34 575	796	1.77	0.45	6 30	14 6.3	21 42
4	8 50 45.70	13.67	18 19 33.8	55.2	19.35 371	774	1.77	0.45	6 27	14 2.6	21 38
5	8 50 59.37	13.75	18 18 38.6	55.6	19.36 145	751	1.77	0.45	6 23	13 58.9	21 35
6	8 51 13.12	13.85	18 17 43.0	55.9	19.36 896	727	1.77	0.45	6 20	13 55.2	21 31
7	8 51 26.97	13.91	+18 16 47.1	56.3	19.37 623	703	1.77	0.45	6 16	13 51.5	21 27
8	8 51 40.88	13.99	18 15 50.8	56.6	19.38 326	680	1.77	0.45	6 12	13 47.8	21 23
9	8 51 54.87	14.06	18 14 54.2	56.9	19.39 006	654	1.77	0.45	6 9	13 44.1	21 20
10	8 52 8.93	14.14	18 13 57.3	57.3	19.39 660	631	1.77	0.45	6 5	13 40.4	21 16
11	8 52 23.07	14.20	18 13 0.0	57.7	19.40 291	606	1.77	0.45	6 1	13 36.7	21 12
12	8 52 37.27	14.27	18 12 2.3	57.9	19.40 897	581	1.77	0.45	5 58	13 33.0	21 8
13	8 52 51.54	14.33	+18 11 4.4	58.3	19.41 478	557	1.77	0.45	5 54	13 29.3	21 4
14	8 53 5.87	14.39	18 10 6.1	58.5	19.42 035	531	1.77	0.45	5 51	13 25.6	21 1
15	8 53 20.26	14.46	18 9 7.6	58.8	19.42 566	506	1.76	0.45	5 47	13 21.9	20 57
16	8 53 34.72	14.50	18 8 8.8	59.0	19.43 072	481	1.76	0.45	5 43	13 18.2	20 53
17	8 53 49.22	14.55	18 7 9.8	59.3	19.43 553	455	1.76	0.45	5 40	13 14.5	20 49
18	8 54 3.77	14.60	18 6 10.5	59.5	19.44 008	429	1.76	0.45	5 36	13 10.8	20 46
19	8 54 18.37	14.65	+18 5 11.0	59.8	19.44 437	404	1.76	0.45	5 33	13 7.2	20 42
20	8 54 33.02	14.69	18 4 11.2	60.0	19.44 841	377	1.76	0.45	5 29	13 3.5	20 38
21	8 54 47.71	14.72	18 3 11.2	60.2	19.45 218	353	1.76	0.45	5 25	12 59.8	20 34
22	8 55 2.43	14.77	18 2 11.0	60.4	19.45 571	326	1.76	0.45	5 22	12 56.1	20 30
23	8 55 17.20	14.79	18 1 10.6	60.5	19.45 897	300	1.76	0.45	5 18	12 52.4	20 27
24	8 55 31.99		+18 0 10.1		19.46 197		1.76	0.45	5 15	12 48.7	20 23

Tag	0h Weltzeit: Scheinbare Rektaszension		Scheinbare Deklination		Δ		Halbmesser	Hor. Par.	Aufgang	Obere Kulmination	Untergang
									in 0h Länge, + 50° Breite		
1958	h m s	s	° ′ ″	″			″	″	h m	h m	h m
Juli 24	8 55 31.99	14.83	+18 0 10.1	60.7	19.46 197	274	1.76	0.45	5 15	12 48.7	20 23
25	8 55 46.82	14.85	17 59 9.4	61.0	19.46 471	247	1.76	0.45	5 11	12 45.0	20 19
26	8 56 1.67	14.89	17 58 8.4	61.0	19.46 718	221	1.76	0.45	5 7	12 41.3	20 15
27	8 56 16.56	14.90	17 57 7.4	61.1	19.46 939	195	1.76	0.45	5 4	12 37.7	20 11
28	8 56 31.46	14.92	17 56 6.3	61.4	19.47 134	170	1.76	0.45	5 0	12 34.0	20 8
29	8 56 46.38	14.93	17 55 4.9	61.4	19.47 304	143	1.76	0.45	4 57	12 30.3	20 4
30	8 57 1.31	14.96	+17 54 3.5	61.5	19.47 447	117	1.76	0.45	4 53	12 26.6	20 0
31	8 57 16.27	14.96	17 53 2.0	61.7	19.47 564	90	1.76	0.45	4 50	12 22.9	19 56
Aug. 1	8 57 31.23	14.97	17 52 0.3	61.8	19.47 654	64	1.76	0.45	4 46	12 19.2	19 52
2	8 57 46.20	14.99	17 50 58.5	61.7	19.47 718	38	1.76	0.45	4 42	12 15.6	19 49
3	8 58 1.19	14.98	17 49 56.8	61.9	19.47 756	11	1.76	0.45	4 39	12 11.9	19 45
4	8 58 16.17	14.99	17 48 54.9	62.0	19.47 767	15	1.76	0.45	4 35	12 8.2	19 41
5	8 58 31.16	14.99	+17 47 52.9	62.0	19.47 752	42	1.76	0.45	4 32	12 4.5	19 37
6	8 58 46.15	14.97	17 46 50.9	62.0	19.47 710	68	1.76	0.45	4 28	12 0.8	19 34
7	8 59 1.12	14.98	17 45 48.9	62.0	19.47 642	95	1.76	0.45	4 25	11 57.1	19 30
8	8 59 16.10	14.97	17 44 46.9	62.1	19.47 547	121	1.76	0.45	4 21	11 53.5	19 26
9	8 59 31.07	14.95	17 43 44.8	62.0	19.47 426	148	1.76	0.45	4 17	11 49.8	19 22
10	8 59 46.02	14.95	17 42 42.8	62.1	19.47 278	175	1.76	0.45	4 14	11 46.1	19 18
11	9 0 0.97	14.92	+17 41 40.7	62.0	19.47 103	201	1.76	0.45	4 10	11 42.4	19 15
12	9 0 15.89	14.90	17 40 38.7	61.9	19.46 902	228	1.76	0.45	4 7	11 38.7	19 11
13	9 0 30.79	14.88	17 39 36.8	61.9	19.46 674	254	1.76	0.45	4 3	11 35.0	19 7
14	9 0 45.67	14.85	17 38 34.9	61.9	19.46 420	281	1.76	0.45	3 59	11 31.3	19 3
15	9 1 0.52	14.82	17 37 33.0	61.8	19.46 139	307	1.76	0.45	3 56	11 27.7	19 0
16	9 1 15.34	14.79	17 36 31.2	61.7	19.45 832	334	1.76	0.45	3 52	11 24.0	18 56
17	9 1 30.13	14.75	+17 35 29.5	61.5	19.45 498	360	1.76	0.45	3 49	11 20.3	18 52
18	9 1 44.88	14.72	17 34 28.0	61.5	19.45 138	387	1.76	0.45	3 45	11 16.6	18 48
19	9 1 59.60	14.67	17 33 26.5	61.3	19.44 751	413	1.76	0.45	3 41	11 12.9	18 44
20	9 2 14.27	14.63	17 32 25.2	61.1	19.44 338	438	1.76	0.45	3 38	11 9.2	18 41
21	9 2 28.90	14.57	17 31 24.1	61.0	19.43 900	465	1.76	0.45	3 34	11 5.5	18 37
22	9 2 43.47	14.53	17 30 23.1	60.9	19.43 435	491	1.76	0.45	3 31	11 1.8	18 33
23	9 2 58.00	14.48	+17 29 22.2	60.7	19.42 944	516	1.76	0.45	3 27	10 58.2	18 29
24	9 3 12.48	14.42	17 28 21.5	60.4	19.42 428	541	1.76	0.45	3 24	10 54.5	18 25
25	9 3 26.90	14.35	17 27 21.1	60.3	19.41 887	567	1.77	0.45	3 20	10 50.8	18 22
26	9 3 41.25	14.31	17 26 20.8	60.0	19.41 320	592	1.77	0.45	3 16	10 47.1	18 18
27	9 3 55.56	14.23	17 25 20.8	59.9	19.40 728	618	1.77	0.45	3 13	10 43.4	18 14
28	9 4 9.79	14.17	17 24 20.9	59.5	19.40 110	642	1.77	0.45	3 9	10 39.7	18 10
29	9 4 23.96	14.11	+17 23 21.4	59.4	19.39 468	668	1.77	0.45	3 6	10 36.0	18 6
30	9 4 38.07	14.03	17 22 22.0	59.1	19.38 800	692	1.77	0.45	3 2	10 32.3	18 3
31	9 4 52.10	13.96	17 21 22.9	58.7	19.38 108	716	1.77	0.45	2 58	10 28.6	17 59
Sept. 1	9 5 6.06	13.88	17 20 24.2	58.5	19.37 392	741	1.77	0.45	2 55	10 24.9	17 55
2	9 5 19.94	13.81	17 19 25.7	58.2	19.36 651	766	1.77	0.45	2 51	10 21.2	17 51
3	9 5 33.75		+17 18 27.5		19.35 885		1.77	0.45	2 48	10 17.5	17 48

Uranus 1958

Tag	0h Weltzeit Scheinbare Rektaszension		Scheinbare Deklination		Δ		Halbmesser	Hor. Par.	Aufgang	Obere Kulmination	Untergang
									in 0h Länge, +50° Breite		
1958	h m s	s	° ′ ″	″			″	″	h m	h m	h m
Sept. 3	9 5 33.75	13.72	+17 18 27.5	57.9	19.35 885	789	1.77	0.45	2 48	10 17.5	17 48
4	9 5 47.47	13.64	17 17 29.6	57.6	19.35 096	814	1.77	0.45	2 44	10 13.8	17 44
5	9 6 1.11	13.55	17 16 32.0	57.2	19.34 282	837	1.77	0.45	2 40	10 10.1	17 40
6	9 6 14.66	13.46	17 15 34.8	56.9	19.33 445	862	1.77	0.46	2 37	10 6.4	17 36
7	9 6 28.12	13.38	17 14 37.9	56.5	19.32 583	885	1.77	0.46	2 33	10 2.7	17 32
8	9 6 41.50	13.28	17 13 41.4	56.1	19.31 698	909	1.77	0.46	2 29	9 58.9	17 29
9	9 6 54.78	13.17	+17 12 45.3	55.7	19.30 789	931	1.78	0.46	2 26	9 55.2	17 25
10	9 7 7.95	13.08	17 11 49.6	55.3	19.29 858	955	1.78	0.46	2 22	9 51.5	17 21
11	9 7 21.03	12.98	17 10 54.3	55.0	19.28 903	978	1.78	0.46	2 19	9 47.8	17 17
12	9 7 34.01	12.87	17 9 59.3	54.4	19.27 925	1 001	1.78	0.46	2 15	9 44.1	17 13
13	9 7 46.88	12.76	17 9 4.9	54.1	19.26 924	1 022	1.78	0.46	2 11	9 40.4	17 10
14	9 7 59.64	12.64	17 8 10.8	53.5	19.25 902	1 045	1.78	0.46	2 8	9 36.6	17 6
15	9 8 12.28	12.54	+17 7 17.3	53.1	19.24 857	1 067	1.78	0.46	2 4	9 32.9	17 2
16	9 8 24.82	12.41	17 6 24.2	52.6	19.23 790	1 089	1.78	0.46	2 0	9 29.2	16 58
17	9 8 37.23	12.29	17 5 31.6	52.2	19.22 701	1 109	1.78	0.46	1 57	9 25.5	16 54
18	9 8 49.52	12.17	17 4 39.4	51.5	19.21 592	1 131	1.78	0.46	1 53	9 21.7	16 50
19	9 9 1.69	12.05	17 3 47.9	51.1	19.20 461	1 151	1.78	0.46	1 49	9 18.0	16 47
20	9 9 13.74	11.92	17 2 56.8	50.5	19.19 310	1 172	1.79	0.46	1 46	9 14.3	16 43
21	9 9 25.66	11.79	+17 2 6.3	50.0	19.18 138	1 192	1.79	0.46	1 42	9 10.5	16 39
22	9 9 37.45	11.65	17 1 16.3	49.3	19.16 946	1 211	1.79	0.46	1 39	9 6.8	16 35
23	9 9 49.10	11.52	17 0 27.0	48.9	19.15 735	1 232	1.79	0.46	1 35	9 3.1	16 31
24	9 10 0.62	11.39	16 59 38.1	48.2	19.14 503	1 250	1.79	0.46	1 31	8 59.3	16 28
25	9 10 12.01	11.23	16 58 49.9	47.7	19.13 253	1 269	1.79	0.46	1 28	8 55.6	16 24
26	9 10 23.24	11.11	16 58 2.2	47.1	19.11 984	1 288	1.79	0.46	1 24	8 51.8	16 20
27	9 10 34.35	10.96	+16 57 15.1	46.5	19.10 696	1 306	1.79	0.46	1 20	8 48.1	16 16
28	9 10 45.31	10.81	16 56 28.6	45.7	19.09 390	1 325	1.80	0.46	1 17	8 44.3	16 12
29	9 10 56.12	10.67	16 55 42.9	45.3	19.08 065	1 341	1.80	0.46	1 13	8 40.6	16 8
30	9 11 6.79	10.52	16 54 57.6	44.5	19.06 724	1 359	1.80	0.46	1 9	8 36.8	16 5
Okt. 1	9 11 17.31	10.36	16 54 13.1	43.8	19.05 365	1 376	1.80	0.46	1 5	8 33.1	16 1
2	9 11 27.67	10.20	16 53 29.3	43.3	19.03 989	1 394	1.80	0.46	1 2	8 29.3	15 57
3	9 11 37.87	10.05	+16 52 46.0	42.5	19.02 595	1 409	1.80	0.46	0 58	8 25.5	15 53
4	9 11 47.92	9.89	16 52 3.5	41.8	19.01 186	1 426	1.80	0.46	0 54	8 21.8	15 49
5	9 11 57.81	9.73	16 51 21.7	41.1	18.99 760	1 442	1.80	0.46	0 51	8 18.0	15 46
6	9 12 7.54	9.57	16 50 40.6	40.4	18.98 318	1 457	1.81	0.46	0 47	8 14.2	15 42
7	9 12 17.11	9.40	16 50 0.2	39.6	18.96 861	1 472	1.81	0.46	0 43	8 10.5	15 38
8	9 12 26.51	9.22	16 49 20.6	38.9	18.95 389	1 488	1.81	0.46	0 40	8 6.7	15 34
9	9 12 35.73	9.06	+16 48 41.7	38.2	18.93 901	1 500	1.81	0.46	0 36	8 2.9	15 30
10	9 12 44.79	8.89	16 48 3.5	37.3	18.92 401	1 516	1.81	0.47	0 32	7 59.1	15 26
11	9 12 53.68	8.70	16 47 26.2	36.6	18.90 885	1 529	1.81	0.47	0 28	7 55.3	15 22
12	9 13 2.38	8.53	16 46 49.6	35.8	18.89 356	1 542	1.81	0.47	0 25	7 51.5	15 19
13	9 13 10.91	8.35	16 46 13.8	35.0	18.87 814	1 555	1.82	0.47	0 21	7 47.8	15 15
14	9 13 19.26		+16 45 38.8		18.86 259		1.82	0.47	0 17	7 44.0	15 11

Tag	0h Weltzeit: Scheinbare Rektaszension		Scheinbare Deklination		Δ		Halbmesser	Hor. Par.	Aufgang (in 0h Länge, +50° Breite)	Obere Kulmination	Untergang
1958	h m s	s	° ′ ″	″			″	″	h m	h m	h m
Okt. 14	9 13 19.26	8 16	+16 45 38.8	34 1	18.86 259	1 567	1.82	0.47	0 17	7 44.0	15 11
15	9 13 27.42	7.98	16 45 4.7	33.4	18.84 692	1 579	1.82	0.47	0 13	7 40.2	15 7
16	9 13 35.40	7 79	16 44 31.3	32 5	18.83 113	1 590	1.82	0.47	0 10	7 36.4	15 3
17	9 13 43.19	7 60	16 43 58.8	31 7	18.81 523	1 601	1.82	0.47	0 6	7 32.6	14 59
18	9 13 50.79	7 41	16 43 27.1	30.9	18.79 922	1 612	1.82	0.47	{0 2 / 23 58}	7 28.8	14 55
19	9 13 58.20	7 23	16 42 56.2	30 0	18.78 310	1 622	1.83	0.47	23 55	7 24.9	14 52
20	9 14 5.43	7 03	+16 42 26.2	29.0	18.76 688	1 630	1.83	0.47	23 51	7 21.1	14 48
21	9 14 12.46	6.83	16 41 57.2	28 2	18.75 058	1 641	1.83	0.47	23 47	7 17.3	14 44
22	9 14 19.29	6.65	16 41 29.0	27 5	18.73 417	1 649	1.83	0.47	23 43	7 13.5	14 40
23	9 14 25.94	6 43	16 41 1.5	26 4	18.71 768	1 656	1.83	0.47	23 40	7 9.7	14 36
24	9 14 32.37	6 25	16 40 35.1	25.6	18.70 112	1 665	1.83	0.47	23 36	7 5.8	14 32
25	9 14 38.62	6 03	16 40 9.5	24 7	18.68 447	1 672	1.83	0.47	23 32	7 2.0	14 28
26	9 14 44.65	5.84	+16 39 44.8	23.7	18.66 775	1 680	1.84	0.47	23 28	6 58.2	14 24
27	9 14 50.49	5 64	16 39 21.1	22 8	18.65 095	1 685	1.84	0.47	23 24	6 54.3	14 21
28	9 14 56.13	5.43	16 38 58.3	21 9	18.63 410	1 691	1.84	0.47	23 21	6 50.5	14 17
29	9 15 1.56	5 22	16 38 36.4	21 1	18.61 719	1 697	1.84	0.47	23 17	6 46.7	14 13
30	9 15 6.78	5.03	16 38 15.3	20.0	18.60 022	1 702	1.84	0.47	23 13	6 42.8	14 9
31	9 15 11.81	4.80	16 37 55.3	19 2	18.58 320	1 706	1.84	0.47	23 9	6 39.0	14 5
Nov. 1	9 15 16.61	4 60	+16 37 36.1	18 1	18.56 614	1 712	1.84	0.47	23 5	6 35.1	14 1
2	9 15 21.21	4 39	16 37 18.0	17 2	18.54 902	1 715	1.85	0.47	23 1	6 31.3	13 57
3	9 15 25.60	4 18	16 37 0.8	16.3	18.53 187	1 717	1.85	0.47	22 58	6 27.4	13 53
4	9 15 29.78	3 95	16 36 44.5	15 2	18.51 470	1 721	1.85	0.48	22 54	6 23.5	13 50
5	9 15 33.73	3 76	16 36 29.3	14 3	18.49 749	1 723	1.85	0.48	22 50	6 19.7	13 46
6	9 15 37.49	3 53	16 36 15.0	13 3	18.48 026	1 725	1.85	0.48	22 46	6 15.8	13 42
7	9 15 41.02	3 31	+16 36 1.7	12 3	18.46 301	1 725	1.86	0.48	22 42	6 11.9	13 38
8	9 15 44.33	3 10	16 35 49.4	11 4	18.44 576	1 728	1.86	0.48	22 38	6 8.0	13 34
9	9 15 47.43	2.88	16 35 38.0	10 4	18.42 848	1 727	1.86	0.48	22 35	6 4.2	13 30
10	9 15 50.31	2.65	16 35 27.6	9 3	18.41 121	1 727	1.86	0.48	22 31	6 0.3	13 26
11	9 15 52.96	2.44	16 35 18.3	8 4	18.39 394	1 725	1.86	0.48	22 27	5 56.4	13 22
12	9 15 55.40	2 21	16 35 9.9	7 2	18.37 669	1 724	1.87	0.48	22 23	5 52.5	13 18
13	9 15 57.61	1.99	+16 35 2.7	6.4	18.35 945	1 723	1.87	0.48	22 19	5 48.6	13 15
14	9 15 59.60	1 77	16 34 56.3	5 3	18.34 222	1 720	1.87	0.48	22 15	5 44.7	13 11
15	9 16 1.37	1 55	16 34 51.0	4 3	18.32 502	1 716	1.87	0.48	22 11	5 40.8	13 7
16	9 16 2.92	1 32	16 34 46.7	3 4	18.30 786	1 712	1.87	0.48	22 7	5 36.9	13 3
17	9 16 4.24	1 10	16 34 43.3	2 4	18.29 074	1 709	1.87	0.48	22 3	5 33.0	12 59
18	9 16 5.34	0.88	16 34 40.9	1 2	18.27 365	1 704	1.88	0.48	21 59	5 29.1	12 55
19	9 16 6.22	0.66	+16 34 39.7	0.3	18.25 661	1 698	1.88	0.48	21 56	5 25.1	12 51
20	9 16 6.88	0.43	16 34 39.4	0.6	18.23 963	1 694	1.88	0.48	21 52	5 21.2	12 47
21	9 16 7.31	0 21	16 34 40.0	1 7	18.22 269	1 687	1.88	0.48	21 48	5 17.3	12 43
22	9 16 7.52	0.00	16 34 41.7	2 7	18.20 582	1 680	1.88	0.48	21 44	5 13.4	12 39
23	9 16 7.52	0 23	16 34 44.4	3 7	18.18 902	1 672	1.88	0.48	21 40	5 9.4	12 35
24	9 16 7.29		+16 34 48.1		18.17 230		1.89	0.48	21 36	5 5.5	12 31

Uranus 1958

Tag	0h Weltzeit: Scheinbare Rektaszension		0h Weltzeit: Scheinbare Deklination		0h Weltzeit: Δ		0h Weltzeit: Halbmesser	0h Weltzeit: Hor. Par.	Aufgang (in 0h Länge, +50° Breite)	Obere Kulmination (in 0h Länge, +50° Breite)	Untergang (in 0h Länge, +50° Breite)
1958	h m s	s	° ′ ″	″			″	″	h m	h m	h m
Nov. 24	9 16 7.29	0 45	+16 34 48.1	4 7	18.17 230	1 666	1.89	0.48	21 36	5 5.5	12 31
25	9 16 6.84	0 67	16 34 52.8	5 6	18.15 564	1 656	1.89	0.48	21 32	5 1.6	12 27
26	9 16 6.17	0 89	16 34 58.4	6 7	18.13 908	1 648	1.89	0.49	21 28	4 57.6	12 24
27	9 16 5.28	1 11	16 35 5.1	7 7	18.12 260	1 639	1.89	0.49	21 24	4 53.7	12 20
28	9 16 4.17	1 33	16 35 12.8	8 6	18.10 621	1 630	1.89	0.49	21 20	4 49.7	12 16
29	9 16 2.84	1 55	16 35 21.4	9 5	18.08 991	1 619	1.89	0.49	21 16	4 45.8	12 12
30	9 16 1.29	1 77	+16 35 30.9	10 7	18.07 372	1 608	1.90	0.49	21 12	4 41.8	12 8
Dez. 1	9 15 59.52	1 98	16 35 41.6	11 5	18.05 764	1 597	1.90	0.49	21 8	4 37.8	12 4
2	9 15 57.54	2 20	16 35 53.1	12 5	18.04 167	1 586	1.90	0.49	21 4	4 33.9	12 0
3	9 15 55.34	2 41	16 36 5.6	13 5	18.02 581	1 573	1.90	0.49	21 0	4 29.9	11 56
4	9 15 52.93	2 63	16 36 19.1	14 5	18.01 008	1 561	1.90	0.49	20 56	4 25.9	11 52
5	9 15 50.30	2 85	16 36 33.6	15 4	17.99 447	1 547	1.91	0.49	20 52	4 22.0	11 48
6	9 15 47.45	3 06	+16 36 49.0	16 4	17.97 900	1 534	1.91	0.49	20 48	4 18.0	11 44
7	9 15 44.39	3 26	16 37 5.4	17 2	17.96 366	1 519	1.91	0.49	20 44	4 14.0	11 40
8	9 15 41.13	3 49	16 37 22.6	18 2	17.94 847	1 505	1.91	0.49	20 40	4 10.0	11 36
9	9 15 37.64	3 69	16 37 40.8	19 1	17.93 342	1 489	1.91	0.49	20 36	4 6.0	11 32
10	9 15 33.95	3 90	16 37 59.9	20 1	17.91 853	1 473	1.91	0.49	20 32	4 2.0	11 28
11	9 15 30.05	4 10	16 38 20.0	21.0	17.90 380	1 457	1.91	0.49	20 28	3 58.0	11 24
12	9 15 25.95	4 32	+16 38 41.0	21 9	17.88 923	1 439	1.92	0.49	20 24	3 54.0	11 20
13	9 15 21.63	4 50	16 39 2.9	22 7	17.87 484	1 422	1.92	0.49	20 20	3 50.0	11 16
14	9 15 17.13	4 72	16 39 25.6	23 7	17.86 062	1 405	1.92	0.49	20 16	3 46.0	11 12
15	9 15 12.41	4 91	16 39 49.3	24 3	17.84 657	1 386	1.92	0.49	20 12	3 42.0	11 8
16	9 15 7.50	5 10	16 40 13.6	25 3	17.83 271	1 367	1.92	0.49	20 8	3 38.0	11 4
17	9 15 2.40	5 29	16 40 38.9	26 1	17.81 904	1 347	1.92	0.49	20 4	3 34.0	11 0
18	9 14 57.11	5 49	+16 41 5.0	27 1	17.80 557	1 328	1.93	0.49	20 0	3 30.0	10 56
19	9 14 51.62	5 68	16 41 32.1	27 7	17.79 229	1 307	1.93	0.49	19 56	3 25.9	10 52
20	9 14 45.94	5 86	16 41 59.8	28 6	17.77 922	1 288	1.93	0.49	19 52	3 21.9	10 48
21	9 14 40.08	6 03	16 42 28.4	29 4	17.76 634	1 266	1.93	0.50	19 48	3 17.9	10 44
22	9 14 34.05	6 23	16 42 57.8	30 0	17.75 368	1 245	1.93	0.50	19 43	3 13.8	10 41
23	9 14 27.82	6 39	16 43 27.8	30 9	17.74 123	1 223	1.93	0.50	19 39	3 9.8	10 37
24	9 14 21.43	6 57	+16 43 58.7	31 6	17.72 900	1 200	1.93	0.50	19 35	3 5.8	10 33
25	9 14 14.86	6 75	16 44 30.3	32 4	17.71 700	1 179	1.93	0.50	19 31	3 1.7	10 29
26	9 14 8.11	6 91	16 45 2.7	33 0	17.70 521	1 155	1.94	0.50	19 27	2 57.7	10 25
27	9 14 1.20	7 08	16 45 35.7	33 7	17.69 366	1 132	1.94	0.50	19 23	2 53.6	10 21
28	9 13 54.12	7 24	16 46 9.4	34 4	17.68 234	1 108	1.94	0.50	19 19	2 49.6	10 17
29	9 13 46.88	7 40	16 46 43.8	35 1	17.67 126	1 084	1.94	0.50	19 15	2 45.5	10 12
30	9 13 39.48	7 56	+16 47 18.9	35 7	17.66 042	1 060	1.94	0.50	19 10	2 41.5	10 8
31	9 13 31.92	7 71	16 47 54.6	36 4	17.64 982	1 036	1.94	0.50	19 6	2 37.4	10 4
32	9 13 24.21		+16 48 31.0		17.63 946		1.94	0.50	19 2	2 33.4	10 1

Tag	0h Weltzeit: Scheinbare Rektaszension		Scheinbare Deklination		Δ		Halbmesser	Hor. Par.	Aufgang (in 0h Länge, +50° Breite)	Obere Kulmination	Untergang
1958	h m s	s	° ′ ″	″			″	″	h m	h m	h m
Jan. 0	14 10 58.78	4 60	−11 21 48.6	20 7	30.73 720	1 577	1.19	0.29	2 26	7 33.1	12 41
1	14 11 3.38	4 49	11 22 9.3	19 9	30.72 143	1 590	1.19	0.29	2 22	7 29.3	12 37
2	14 11 7.87	4 37	11 22 29.2	19 2	30.70 553	1 601	1.19	0.29	2 18	7 25.4	12 33
3	14 11 12.24	4 26	11 22 48.4	18 6	30.68 952	1 612	1.19	0.29	2 14	7 21.6	12 29
4	14 11 16.50	4 14	11 23 7.0	18 1	30.67 340	1 622	1.19	0.29	2 10	7 17.7	12 25
5	14 11 20.64	4 02	11 23 25.1	17 3	30.65 718	1 634	1.19	0.29	2 7	7 13.8	12 21
6	14 11 24.66	3 91	−11 23 42.4	16 7	30.64 084	1 643	1.19	0.29	2 3	7 10.0	12 17
7	14 11 28.57	3 78	11 23 59.1	16 1	30.62 441	1 652	1.19	0.29	1 59	7 6.1	12 13
8	14 11 32.35	3 66	11 24 15.2	15 4	30.60 789	1 661	1.19	0.29	1 55	7 2.2	12 10
9	14 11 36.01	3 54	11 24 30.6	14 7	30.59 128	1 670	1.20	0.29	1 51	6 58.4	12 6
10	14 11 39.55	3 42	11 24 45.3	14 0	30.57 458	1 678	1.20	0.29	1 47	6 54.5	12 2
11	14 11 42.97	3 29	11 24 59.3	13 4	30.55 780	1 686	1.20	0.29	1 43	6 50.6	11 58
12	14 11 46.26	3 17	−11 25 12.7	12 8	30.54 094	1 693	1.20	0.29	1 40	6 46.7	11 54
13	14 11 49.43	3 05	11 25 25.5	12 0	30.52 401	1 698	1.20	0.29	1 36	6 42.9	11 50
14	14 11 52.48	2 92	11 25 37.5	11 4	30.50 703	1 705	1.20	0.29	1 32	6 39.0	11 46
15	14 11 55.40	2 78	11 25 48.9	10 7	30.48 998	1 712	1.20	0.29	1 28	6 35.1	11 42
16	14 11 58.18	2 67	11 25 59.6	10 0	30.47 286	1 716	1.20	0.29	1 24	6 31.2	11 38
17	14 12 0.85	2 53	11 26 9.6	9 3	30.45 570	1 719	1.20	0.29	1 20	6 27.3	11 34
18	14 12 3.38	2 40	−11 26 18.9	8 6	30.43 851	1 724	1.20	0.29	1 16	6 23.4	11 31
19	14 12 5.78	2 28	11 26 27.5	8 0	30.42 127	1 728	1.20	0.29	1 12	6 19.5	11 27
20	14 12 8.06	2 14	11 26 35.5	7 2	30.40 399	1 730	1.20	0.29	1 9	6 15.6	11 23
21	14 12 10.20	2 02	11 26 42.7	6 6	30.38 669	1 733	1.20	0.29	1 5	6 11.7	11 19
22	14 12 12.22	1 88	11 26 49.3	5 9	30.36 936	1 734	1.20	0.29	1 1	6 7.8	11 15
23	14 12 14.10	1 75	11 26 55.2	5 2	30.35 202	1 735	1.20	0.29	0 57	6 3.9	11 11
24	14 12 15.85	1 62	−11 27 0.4	4 4	30.33 467	1 736	1.21	0.29	0 53	6 0.0	11 7
25	14 12 17.47	1 49	11 27 4.8	3 9	30.31 731	1 735	1.21	0.29	0 49	5 56.1	11 3
26	14 12 18.96	1 35	11 27 8.7	3 1	30.29 996	1 735	1.21	0.29	0 45	5 52.2	10 59
27	14 12 20.31	1 23	11 27 11.8	2 4	30.28 261	1 734	1.21	0.29	0 41	5 48.3	10 55
28	14 12 21.54	1 09	11 27 14.2	1 7	30.26 527	1 733	1.21	0.29	0 37	5 44.4	10 51
29	14 12 22.63	0 96	11 27 15.9	1 1	30.24 794	1 730	1.21	0.29	0 34	5 40.5	10 48
30	14 12 23.59	0 82	−11 27 17.0	0.4	30.23 064	1 727	1.21	0.29	0 30	5 36.6	10 44
31	14 12 24.41	0 70	11 27 17.4	0 4 −	30.21 337	1 725	1.21	0.29	0 26	5 32.7	10 40
Febr. 1	14 12 25.11	0 56	11 27 17.0	1 0	30.19 612	1 720	1.21	0.29	0 22	5 28.7	10 36
2	14 12 25.67	0 43	11 27 16.0	1 7	30.17 892	1 716	1.21	0.29	0 18	5 24.8	10 32
3	14 12 26.10	0 30	11 27 14.3	2 3	30.16 176	1 713	1.21	0.29	0 14	5 20.9	10 28
4	14 12 26.40	0 17	11 27 12.0	3 1	30.14 463	1 706	1.21	0.29	0 10	5 17.0	10 24
5	14 12 26.57	0 05	−11 27 8.9	3 6	30.12 757	1 701	1.21	0.29	0 6	5 13.0	10 20
6	14 12 26.62	0 10	11 27 5.3	4 4	30.11 056	1 695	1.21	0.29	23 58	5 9.1	10 16
7	14 12 26.52	0 22	11 27 0.9	5 1	30.09 361	1 688	1.21	0.29	23 54	5 5.2	10 12
8	14 12 26.30	0 35	11 26 55.8	5 7	30.07 673	1 681	1.22	0.29	23 50	5 1.2	10 8
9	14 12 25.95	0 49	11 26 50.1	6 4	30.05 992	1 673	1.22	0.29	23 46	4 57.3	10 4
10	14 12 25.46		−11 26 43.7		30.04 319		1.22	0.29	23 42	4 53.4	10 1

Neptun 1958

Tag	0h Weltzeit Scheinbare Rektaszension		Scheinbare Deklination		Δ		Halbmesser	Hor. Par.	Aufgang	Obere Kulmination	Untergang
									in 0h Länge, +50° Breite		
1958	h m s	s	° ′ ″	″			″	″	h m	h m	h m
Febr. 10	14 12 25.46	0.61	−11 26 43.7	7.0	30.04 319	1 665	1.22	0.29	23 42	4 53.4	10 1
11	14 12 24.85	0.74	11 26 36.7	7.7	30.02 654	1 657	1.22	0.29	23 38	4 49.4	9 57
12	14 12 24.11	0.87	11 26 29.0	8.4	30.00 997	1 647	1.22	0.29	23 34	4 45.5	9 53
13	14 12 23.24	1.00	11 26 20.6	9.0	29.99 350	1 638	1.22	0.29	23 31	4 41.5	9 49
14	14 12 22.24	1.13	11 26 11.6	9.6	29.97 712	1 626	1.22	0.29	23 27	4 37.6	9 45
15	14 12 21.11	1.26	11 26 2.0	10.3	29.96 086	1 617	1.22	0.29	23 23	4 33.6	9 41
16	14 12 19.85	1.38	−11 25 51.7	11.0	29.94 469	1 605	1.22	0.29	23 19	4 29.7	9 37
17	14 12 18.47	1.51	11 25 40.7	11.5	29.92 864	1 594	1.22	0.29	23 15	4 25.7	9 33
18	14 12 16.96	1.63	11 25 29.2	12.2	29.91 270	1 580	1.22	0.29	23 11	4 21.8	9 29
19	14 12 15.33	1.76	11 25 17.0	12.8	29.89 690	1 568	1.22	0.29	23 7	4 17.8	9 25
20	14 12 13.57	1.89	11 25 4.2	13.5	29.88 122	1 554	1.22	0.29	23 3	4 13.8	9 21
21	14 12 11.68	2.00	11 24 50.7	14.0	29.86 568	1 541	1.22	0.29	22 59	4 9.9	9 17
22	14 12 9.68	2.13	−11 24 36.7	14.6	29.85 027	1 525	1.22	0.29	22 55	4 5.9	9 13
23	14 12 7.55	2.25	11 24 22.1	15.3	29.83 502	1 512	1.23	0.29	22 51	4 1.9	9 9
24	14 12 5.30	2.37	11 24 6.8	15.9	29.81 990	1 494	1.23	0.30	22 47	3 58.0	9 5
25	14 12 2.93	2.47	11 23 50.9	16.4	29.80 496	1 480	1.23	0.30	22 43	3 54.0	9 1
26	14 12 0.46	2.61	11 23 34.5	17.0	29.79 016	1 464	1.23	0.30	22 39	3 50.0	8 57
27	14 11 57.85	2.71	11 23 17.5	17.6	29.77 552	1 446	1.23	0.30	22 35	3 46.1	8 53
28	14 11 55.14	2.83	−11 22 59.9	18.1	29.76 106	1 431	1.23	0.30	22 31	3 42.1	8 49
März 1	14 11 52.31	2.94	11 22 41.8	18.6	29.74 675	1 411	1.23	0.30	22 27	3 38.1	8 45
2	14 11 49.37	3.06	11 22 23.2	19.3	29.73 264	1 393	1.23	0.30	22 23	3 34.1	8 42
3	14 11 46.31	3.16	11 22 3.9	19.7	29.71 871	1 376	1.23	0.30	22 19	3 30.1	8 38
4	14 11 43.15	3.27	11 21 44.2	20.3	29.70 495	1 357	1.23	0.30	22 15	3 26.1	8 34
5	14 11 39.88	3.38	11 21 23.9	20.8	29.69 138	1 337	1.23	0.30	22 11	3 22.2	8 30
6	14 11 36.50	3.49	−11 21 3.1	21.4	29.67 801	1 318	1.23	0.30	22 7	3 18.2	8 26
7	14 11 33.01	3.59	11 20 41.7	21.8	29.66 483	1 298	1.23	0.30	22 3	3 14.2	8 22
8	14 11 29.42	3.69	11 20 19.9	22.3	29.65 185	1 278	1.23	0.30	21 59	3 10.2	8 18
9	14 11 25.73	3.79	11 19 57.6	22.8	29.63 907	1 257	1.23	0.30	21 55	3 6.2	8 14
10	14 11 21.94	3.89	11 19 34.8	23.3	29.62 650	1 237	1.23	0.30	21 51	3 2.2	8 10
11	14 11 18.05	3.99	11 19 11.5	23.8	29.61 413	1 215	1.23	0.30	21 47	2 58.2	8 6
12	14 11 14.06	4.09	−11 18 47.7	24.2	29.60 198	1 192	1.24	0.30	21 43	2 54.2	8 2
13	14 11 9.97	4.18	11 18 23.5	24.7	29.59 006	1 171	1.24	0.30	21 39	2 50.2	7 58
14	14 11 5.79	4.28	11 17 58.8	25.2	29.57 835	1 148	1.24	0.30	21 35	2 46.2	7 54
15	14 11 1.51	4.37	11 17 33.6	25.6	29.56 687	1 125	1.24	0.30	21 30	2 42.2	7 50
16	14 10 57.14	4.46	11 17 8.0	25.9	29.55 562	1 101	1.24	0.30	21 26	2 38.2	7 46
17	14 10 52.68	4.55	11 16 42.1	26.4	29.54 461	1 078	1.24	0.30	21 22	2 34.2	7 42
18	14 10 48.13	4.64	−11 16 15.7	26.8	29.53 383	1 055	1.24	0.30	21 18	2 30.2	7 38
19	14 10 43.49	4.72	11 15 48.9	27.3	29.52 328	1 029	1.24	0.30	21 14	2 26.2	7 34
20	14 10 38.77	4.80	11 15 21.6	27.6	29.51 299	1 004	1.24	0.30	21 10	2 22.2	7 30
21	14 10 33.97	4.88	11 14 54.0	27.9	29.50 295	979	1.24	0.30	21 6	2 18.2	7 26
22	14 10 29.09	4.96	11 14 26.1	28.3	29.49 316	955	1.24	0.30	21 2	2 14.1	7 22
23	14 10 24.13		−11 13 57.8		29.48 361		1.24	0.30	20 58	2 10.1	7 18

Neptun 1958

Tag	0h Weltzeit: Scheinbare Rektaszension		Scheinbare Deklination		Δ		Halb-messer	Hor. Par.	Auf-gang	Obere Kul-mination	Unter-gang
									in 0h Länge, +50° Breite		
1958	h m s	s	° ′ ″	″			″	″	h m	h m	h m
März 23	14 10 24.13	5.04	−11 13 57.8	28.7	29.48 361	928	1.24	0.30	20 58	2 10.1	7 18
24	14 10 19.09	5.11	11 13 29.1	29.0	29.47 433	903	1.24	0.30	20 54	2 6.1	7 14
25	14 10 13.98	5.18	11 13 0.1	29.3	29.46 530	876	1.24	0.30	20 50	2 2.1	7 10
26	14 10 8.80	5.26	11 12 30.8	29.7	29.45 654	850	1.24	0.30	20 46	1 58.1	7 6
27	14 10 3.54	5.31	11 12 1.1	29.9	29.44 804	822	1.24	0.30	20 42	1 54.1	7 2
28	14 9 58.23	5.39	11 11 31.2	30.2	29.43 982	797	1.24	0.30	20 38	1 50.0	6 58
29	14 9 52.84	5.44	−11 11 1.0	30.5	29.43 185	769	1.24	0.30	20 34	1 46.0	6 54
30	14 9 47.40	5.51	11 10 30.5	30.8	29.42 416	741	1.24	0.30	20 30	1 42.0	6 50
31	14 9 41.89	5.57	11 9 59.7	31.0	29.41 675	714	1.24	0.30	20 26	1 38.0	6 46
April 1	14 9 36.32	5.61	11 9 28.7	31.2	29.40 961	687	1.24	0.30	20 22	1 34.0	6 42
2	14 9 30.71	5.68	11 8 57.5	31.5	29.40 274	658	1.24	0.30	20 17	1 29.9	6 38
3	14 9 25.03	5.72	11 8 26.0	31.8	29.39 616	631	1.24	0.30	20 13	1 25.9	6 34
4	14 9 19.31	5.78	−11 7 54.2	31.8	29.38 985	602	1.24	0.30	20 9	1 21.9	6 31
5	14 9 13.53	5.82	11 7 22.4	32.1	29.38 383	575	1.24	0.30	20 5	1 17.8	6 27
6	14 9 7.71	5.86	11 6 50.3	32.3	29.37 808	546	1.24	0.30	20 1	1 13.8	6 23
7	14 9 1.85	5.91	11 6 18.0	32.4	29.37 262	518	1.24	0.30	19 57	1 9.8	6 19
8	14 8 55.94	5.96	11 5 45.6	32.7	29.36 744	488	1.24	0.30	19 53	1 5.8	6 15
9	14 8 49.98	5.98	11 5 12.9	32.7	29.36 256	460	1.25	0.30	19 49	1 1.7	6 11
10	14 8 44.00	6.03	−11 4 40.2	32.9	29.35 796	430	1.25	0.30	19 45	0 57.7	6 7
11	14 8 37.97	6.06	11 4 7.3	33.0	29.35 366	402	1.25	0.30	19 41	0 53.7	6 3
12	14 8 31.91	6.09	11 3 34.3	33.2	29.34 964	371	1.25	0.30	19 37	0 49.6	5 59
13	14 8 25.82	6.13	11 3 1.1	33.1	29.34 593	344	1.25	0.30	19 33	0 45.6	5 55
14	14 8 19.69	6.15	11 2 28.0	33.3	29.34 249	312	1.25	0.30	19 29	0 41.6	5 51
15	14 8 13.54	6.16	11 1 54.7	33.4	29.33 937	283	1.25	0.30	19 25	0 37.5	5 47
16	14 8 7.38	6.20	−11 1 21.3	33.4	29.33 654	254	1.25	0.30	19 20	0 33.5	5 43
17	14 8 1.18	6.21	11 0 47.9	33.5	29.33 400	224	1.25	0.30	19 16	0 29.5	5 39
18	14 7 54.97	6.23	11 0 14.4	33.4	29.33 176	193	1.25	0.30	19 12	0 25.4	5 35
19	14 7 48.74	6.25	10 59 41.0	33.5	29.32 983	164	1.25	0.30	19 8	0 21.4	5 31
20	14 7 42.49	6.25	10 59 7.5	33.5	29.32 819	134	1.25	0.30	19 4	0 17.4	5 27
21	14 7 36.24	6.27	10 58 34.0	33.5	29.32 685	103	1.25	0.30	19 0	0 13.3	5 23
22	14 7 29.97	6.26	−10 58 0.5	33.5	29.32 582	74	1.25	0.30	18 56	0 9.3	5 19
23	14 7 23.71	6.28	10 57 27.0	33.4	29.32 508	43	1.25	0.30	18 52	0 5.3	5 15
24	14 7 17.43	6.27	10 56 53.6	33.4	29.32 465	14	1.25	0.30	18 48	{0 1.2 / 23 57.2}	5 11
25	14 7 11.16	6.27	10 56 20.2	33.3	29.32 451	−16	1.25	0.30	18 44	23 53.1	5 7
26	14 7 4.89	6.28	10 55 46.9	33.2	29.32 467	46	1.25	0.30	18 40	23 49.1	5 3
27	14 6 58.61	6.26	10 55 13.7	33.1	29.32 513	77	1.25	0.30	18 35	23 45.1	4 59
28	14 6 52.35	6.25	−10 54 40.6	33.0	29.32 590	104	1.25	0.30	18 31	23 41.0	4 55
29	14 6 46.10	6.25	10 54 7.6	33.0	29.32 694	136	1.25	0.30	18 27	23 37.0	4 51
30	14 6 39.85	6.23	10 53 34.6	32.7	29.32 830	165	1.25	0.30	18 23	23 33.0	4 47
Mai 1	14 6 33.62	6.21	10 53 1.9	32.7	29.32 995	194	1.25	0.30	18 19	23 28.9	4 43
2	14 6 27.41	6.20	10 52 29.2	32.5	29.33 189	223	1.25	0.30	18 15	23 24.9	4 39
3	14 6 21.21		−10 51 56.7		29.33 412		1.25	0.30	18 11	23 20.9	4 35

Tag	0^h Weltzeit Scheinbare Rektaszension		Scheinbare Deklination		Δ		Halbmesser	Hor. Par.	Aufgang	Obere Kulmination	Untergang
									in 0^h Länge, +50° Breite		
1958	h m s	s	° ′ ″	″			″	″	h m	h m	h m
Mai 3	14 6 21.21	6.18	−10 51 56.7	32.3	29.33 412	253	1.25	0.30	18 11	23 20.9	4 35
4	14 6 15.03	6.15	10 51 24.4	32.2	29.33 665	281	1.25	0.30	18 7	23 16.8	4 31
5	14 6 8.88	6.13	10 50 52.2	32.0	29.33 946	310	1.25	0.30	18 3	23 12.8	4 27
6	14 6 2.75	6.11	10 50 20.2	31.7	29.34 256	340	1.25	0.30	17 59	23 8.8	4 23
7	14 5 56.64	6.07	10 49 48.5	31.6	29.34 596	369	1.25	0.30	17 55	23 4.7	4 19
8	14 5 50.57	6.05	10 49 16.9	31.3	29.34 965	396	1.25	0.30	17 51	23 0.7	4 15
9	14 5 44.52	6.01	−10 48 45.6	31.1	29.35 361	426	1.25	0.30	17 47	22 56.7	4 11
10	14 5 38.51	5.98	10 48 14.5	30.9	29.35 787	455	1.25	0.30	17 42	22 52.6	4 7
11	14 5 32.53	5.94	10 47 43.6	30.6	29.36 242	482	1.25	0.30	17 38	22 48.6	4 3
12	14 5 26.59	5.90	10 47 13.0	30.3	29.36 724	510	1.24	0.30	17 34	22 44.6	3 59
13	14 5 20.69	5.85	10 46 42.7	30.1	29.37 234	539	1.24	0.30	17 30	22 40.5	3 55
14	14 5 14.84	5.82	10 46 12.6	29.7	29.37 773	567	1.24	0.30	17 26	22 36.5	3 51
15	14 5 9.02	5.76	−10 45 42.9	29.4	29.38 340	595	1.24	0.30	17 22	22 32.5	3 47
16	14 5 3.26	5.72	10 45 13.5	29.2	29.38 935	621	1.24	0.30	17 18	22 28.5	3 43
17	14 4 57.54	5.67	10 44 44.3	28.8	29.39 556	650	1.24	0.30	17 14	22 24.4	3 39
18	14 4 51.87	5.61	10 44 15.5	28.5	29.40 206	676	1.24	0.30	17 10	22 20.4	3 35
19	14 4 46.26	5.56	10 43 47.0	28.1	29.40 882	703	1.24	0.30	17 6	22 16.4	3 31
20	14 4 40.70	5.50	10 43 18.9	27.8	29.41 585	730	1.24	0.30	17 2	22 12.4	3 27
21	14 4 35.20	5.44	−10 42 51.1	27.3	29.42 315	756	1.24	0.30	16 58	22 8.3	3 23
22	14 4 29.76	5.37	10 42 23.8	27.0	29.43 071	782	1.24	0.30	16 54	22 4.3	3 19
23	14 4 24.39	5.32	10 41 56.8	26.6	29.43 853	809	1.24	0.30	16 50	22 0.3	3 15
24	14 4 19.07	5.24	10 41 30.2	26.2	29.44 662	833	1.24	0.30	16 46	21 56.3	3 11
25	14 4 13.83	5.18	10 41 4.0	25.8	29.45 495	859	1.24	0.30	16 42	21 52.3	3 7
26	14 4 8.65	5.11	10 40 38.2	25.4	29.46 354	884	1.24	0.30	16 37	21 48.3	3 3
27	14 4 3.54	5.04	−10 40 12.8	24.9	29.47 238	907	1.24	0.30	16 33	21 44.2	2 59
28	14 3 58.50	4.96	10 39 47.9	24.5	29.48 145	933	1.24	0.30	16 29	21 40.2	2 55
29	14 3 53.54	4.89	10 39 23.4	24.1	29.49 078	956	1.24	0.30	16 25	21 36.2	2 51
30	14 3 48.65	4.80	10 38 59.3	23.5	29.50 034	980	1.24	0.30	16 21	21 32.2	2 47
31	14 3 43.85	4.74	10 38 35.8	23.1	29.51 014	1 003	1.24	0.30	16 17	21 28.2	2 43
Juni 1	14 3 39.11	4.65	10 38 12.7	22.7	29.52 017	1 026	1.24	0.30	16 13	21 24.2	2 39
2	14 3 34.46	4.57	−10 37 50.0	22.1	29.53 043	1 048	1.24	0.30	16 9	21 20.2	2 35
3	14 3 29.89	4.49	10 37 27.9	21.7	29.54 091	1 072	1.24	0.30	16 5	21 16.2	2 31
4	14 3 25.40	4.41	10 37 6.2	21.1	29.55 163	1 093	1.24	0.30	16 1	21 12.2	2 27
5	14 3 20.99	4.32	10 36 45.1	20.7	29.56 256	1 114	1.24	0.30	15 57	21 8.2	2 23
6	14 3 16.67	4.23	10 36 24.4	20.2	29.57 370	1 138	1.24	0.30	15 53	21 4.2	2 19
7	14 3 12.44	4.14	10 36 4.2	19.6	29.58 508	1 157	1.24	0.30	15 49	21 0.2	2 15
8	14 3 8.30	4.05	−10 35 44.6	19.1	29.59 665	1 179	1.24	0.30	15 45	20 56.2	2 11
9	14 3 4.25	3.96	10 35 25.5	18.6	29.60 844	1 198	1.23	0.30	15 41	20 52.2	2 8
10	14 3 0.29	3.86	10 35 6.9	17.9	29.62 042	1 219	1.23	0.30	15 37	20 48.2	2 4
11	14 2 56.43	3.77	10 34 49.0	17.5	29.63 261	1 239	1.23	0.30	15 33	20 44.2	2 0
12	14 2 52.66	3.67	10 34 31.5	16.9	29.64 500	1 258	1.23	0.30	15 29	20 40.2	1 56
13	14 2 48.99		−10 34 14.6		29.65 758		1.23	0.30	15 25	20 36.2	1 52

Tag	0h Weltzeit Scheinbare Rektaszension		Scheinbare Deklination		Δ		Halbmesser	Hor. Par.	Aufgang	Obere Kulmination	Untergang
									in 0h Länge, +50° Breite		
1958	h m s	s	° ′ ″	″			″	″	h m	h m	h m
Juni 13	14 2 48.99	3 58	−10 34 14.6	16 4	29.65 758	1 278	1.23	0.30	15 25	20 36.2	1 52
14	14 2 45.41	3 48	10 33 58.2	15 7	29.67 036	1 296	1.23	0.30	15 21	20 32.2	1 48
15	14 2 41.93	3 37	10 33 42.5	15 2	29.68 332	1 315	1.23	0.30	15 17	20 28.2	1 44
16	14 2 38.56	3 27	10 33 27.3	14 6	29.69 647	1 332	1.23	0.30	15 13	20 24.2	1 40
17	14 2 35.29	3 17	10 33 12.7	14 0	29.70 979	1 350	1.23	0.30	15 9	20 20.2	1 36
18	14 2 32.12	3.05	10 32 58.7	13.4	29.72 329	1 367	1.23	0.30	15 5	20 16.2	1 32
19	14 2 29.07	2.96	−10 32 45.3	12.8	29.73 696	1 383	1.23	0.30	15 1	20 12.3	1 28
20	14 2 26.11	2.85	10 32 32.5	12.2	29.75 079	1 399	1.23	0.30	14 57	20 8.3	1 24
21	14 2 23.26	2 74	10 32 20.3	11.6	29.76 478	1 415	1.23	0.30	14 53	20 4.3	1 20
22	14 2 20.52	2 63	10 32 8.7	10.9	29.77 893	1 431	1.23	0.30	14 49	20 0.3	1 16
23	14 2 17.89	2 52	10 31 57.8	10.4	29.79 324	1 444	1.23	0.30	14 45	19 56.4	1 12
24	14 2 15.37	2.41	10 31 47.4	9.6	29.80 768	1 459	1.23	0.30	14 41	19 52.4	1 8
25	14 2 12.96	2 29	−10 31 37.8	9 1	29.82 227	1 474	1.23	0.30	14 37	19 48.4	1 4
26	14 2 10.67	2 19	10 31 28.7	8 5	29.83 701	1 486	1.23	0.29	14 33	19 44.5	1 0
27	14 2 8.48	2.07	10 31 20.2	7 8	29.85 187	1 499	1.22	0.29	14 29	19 40.5	0 56
28	14 2 6.41	1.95	10 31 12.4	7.1	29.86 686	1 513	1.22	0.29	14 25	19 36.5	0 52
29	14 2 4.46	1.84	10 31 5.3	6.6	29.88 199	1 523	1.22	0.29	14 21	19 32.6	0 48
30	14 2 2.62	1 73	10 30 58.7	5.9	29.89 722	1 535	1.22	0.29	14 17	19 28.6	0 44
Juli 1	14 2 0.89	1.62	−10 30 52.8	5 2	29.91 257	1 549	1.22	0.29	14 13	19 24.6	0 40
2	14 1 59.27	1 49	10 30 47.6	4.6	29.92 806	1 557	1.22	0.29	14 9	19 20.7	0 36
3	14 1 57.78	1.38	10 30 43.0	4.0	29.94 363	1 568	1.22	0.29	14 5	19 16.7	0 32
4	14 1 56.40	1 26	10 30 39.0	3 2	29.95 931	1 579	1.22	0.29	14 1	19 12.8	0 28
5	14 1 55.14	1 14	10 30 35.8	2.6	29.97 510	1 588	1.22	0.29	13 57	19 8.8	0 25
6	14 1 54.00	1 03	10 30 33.2	2 1	29.99 098	1 597	1.22	0.29	13 53	19 4.9	0 21
7	14 1 52.97	0 90	−10 30 31.1	1 3	30.00 695	1 606	1.22	0.29	13 49	19 0.9	0 17
8	14 1 52.07	0 78	10 30 29.8	0.6	30.02 301	1 615	1.22	0.29	13 45	18 57.0	0 13
9	14 1 51.29	0 66	10 30 29.2	0 0	30.03 916	1 622	1.22	0.29	13 41	18 53.0	0 9
10	14 1 50.63	0 54	10 30 29.2	0 7	30.05 538	1 630	1.22	0.29	13 37	18 49.1	0 5
11	14 1 50.09	0 43	10 30 29 9	1 4	30 07 168	1 636	1.22	0 29	13 33	18 45 2	0 1 / 23 57
12	14 1 49.66	0 29	10 30 31.3	2.0	30.08 804	1 643	1.22	0.29	13 30	18 41.2	23 53
13	14 1 49.37	0 18	−10 30 33.3	2 7	30.10 447	1 649	1.21	0.29	13 26	18 37.3	23 49
14	14 1 49.19	0.06	10 30 36.0	3 3	30.12 096	1 655	1.21	0.29	13 22	18 33.4	23 45
15	14 1 49.13	−0.08	10 30 39.3	4.0	30.13 751	1 660	1.21	0.29	13 18	18 29.4	23 41
16	14 1 49.21	0 19	10 30 43.3	4 7	30.15 411	1 664	1.21	0.29	13 14	18 25.5	23 37
17	14 1 49.40	0 31	10 30 48.0	5.4	30.17 075	1 668	1.21	0.29	13 10	18 21.6	23 33
18	14 1 49.71	0 44	10 30 53.4	6.0	30.18 743	1 672	1.21	0.29	13 6	18 17.6	23 29
19	14 1 50.15	0 57	−10 30 59.4	6 7	30.20 415	1 674	1.21	0.29	13 2	18 13.7	23 25
20	14 1 50.72	0 68	10 31 6.1	7.4	30.22 089	1 678	1.21	0.29	12 58	18 9.8	23 22
21	14 1 51.40	0.81	10 31 13.5	8.0	30.23 767	1 679	1.21	0.29	12 54	18 5.9	23 18
22	14 1 52.21	0.94	10 31 21.5	8 7	30.25 446	1 680	1.21	0.29	12 50	18 2.0	23 14
23	14 1 53.15	1 06	10 31 30.2	9 4	30.27 126	1 682	1.21	0.29	12 46	17 58.0	23 10
24	14 1 54.21		−10 31 39.6		30.28 808		1.21	0.29	12 43	17 54.1	23 6

Neptun 1958

Tag	0h Weltzeit Scheinbare Rektaszension		Scheinbare Deklination		Δ		Halb-messer	Hor. Par.	Auf-gang	Obere Kul-mination	Unter-gang
									in 0h Länge, +50° Breite		
1958	h m s	s	° ′ ″	″			″	″	h m	h m	h m
Juli 24	14 1 54.21	1.18	−10 31 39.6	10.0	30.28 808	1 682	1.21	0.29	12 43	17 54.1	23 6
25	14 1 55.39	1.30	10 31 49.6	10.7	30.30 490	1 682	1.21	0.29	12 39	17 50.2	23 2
26	14 1 56.69	1.43	10 32 0.3	11.3	30.32 172	1 682	1.21	0.29	12 35	17 46.3	22 58
27	14 1 58.12	1.55	10 32 11.6	12.0	30.33 854	1 681	1.21	0.29	12 31	17 42.4	22 54
28	14 1 59.67	1.67	10 32 23.6	12.7	30.35 535	1 680	1.20	0.29	12 27	17 38.5	22 50
29	14 2 1.34	1.79	10 32 36.3	13.2	30.37 215	1 678	1.20	0.29	12 23	17 34.6	22 46
30	14 2 3.13	1.91	−10 32 49.5	14.0	30.38 893	1 676	1.20	0.29	12 19	17 30.7	22 42
31	14 2 5.04	2.03	10 33 3.5	14.5	30.40 569	1 673	1.20	0.29	12 15	17 26.8	22 38
Aug. 1	14 2 7.07	2.16	10 33 18.0	15.2	30.42 242	1 671	1.20	0.29	12 11	17 22.9	22 34
2	14 2 9.23	2.27	10 33 33.2	15.9	30.43 913	1 667	1.20	0.29	12 8	17 19.0	22 31
3	14 2 11.50	2.40	10 33 49.1	16.4	30.45 580	1 662	1.20	0.29	12 4	17 15.1	22 27
4	14 2 13.90	2.51	10 34 5.5	17.2	30.47 242	1 659	1.20	0.29	12 0	17 11.2	22 23
5	14 2 16.41	2.63	−10 34 22.7	17.7	30.48 901	1 655	1.20	0.29	11 56	17 7.3	22 19
6	14 2 19.04	2.75	10 34 40.4	18.3	30.50 556	1 649	1.20	0.29	11 52	17 3.4	22 15
7	14 2 21.79	2.88	10 34 58.7	19.0	30.52 205	1 643	1.20	0.29	11 48	16 59.6	22 11
8	14 2 24.67	2.98	10 35 17.7	19.6	30.53 848	1 638	1.20	0.29	11 44	16 55.7	22 7
9	14 2 27.65	3.11	10 35 37.3	20.2	30.55 486	1 630	1.20	0.29	11 40	16 51.8	22 3
10	14 2 30.76	3.22	10 35 57.5	20.8	30.57 116	1 624	1.20	0.29	11 37	16 47.9	21 59
11	14 2 33.98	3.34	−10 36 18.3	21.4	30.58 740	1 616	1.20	0.29	11 33	16 44.0	21 55
12	14 2 37.32	3.46	10 36 39.7	22.0	30.60 356	1 609	1.19	0.29	11 29	16 40.2	21 52
13	14 2 40.78	3.57	10 37 1.7	22.6	30.61 965	1 599	1.19	0.29	11 25	16 36.3	21 48
14	14 2 44.35	3.69	10 37 24.3	23.2	30.63 564	1 592	1.19	0.29	11 21	16 32.4	21 44
15	14 2 48.04	3.80	10 37 47.5	23.7	30.65 156	1 581	1.19	0.29	11 17	16 28.6	21 40
16	14 2 51.84	3.92	10 38 11.2	24.4	30.66 737	1 571	1.19	0.29	11 14	16 24.7	21 36
17	14 2 55.76	4.03	−10 38 35.6	24.9	30.68 308	1 562	1.19	0.29	11 10	16 20.8	21 32
18	14 2 59.79	4.13	10 39 0.5	25.5	30.69 870	1 550	1.19	0.29	11 6	16 17.0	21 28
19	14 3 3.92	4.26	10 39 26.0	26.1	30.71 420	1 540	1.19	0.29	11 2	16 13.1	21 24
20	14 3 8.18	4.35	10 39 52.1	26.6	30.72 960	1 528	1.19	0.29	10 58	16 9.2	21 20
21	14 3 12.53	4.47	10 40 18.7	27.1	30.74 488	1 515	1.19	0.29	10 54	16 5.4	21 16
22	14 3 17.00	4.58	10 40 45.8	27.7	30.76 003	1 503	1.19	0.29	10 51	16 1.5	21 13
23	14 3 21.58	4.68	−10 41 13.5	28.3	30.77 506	1 490	1.19	0.29	10 47	15 57.7	21 9
24	14 3 26.26	4.79	10 41 41.8	28.7	30.78 996	1 477	1.19	0.29	10 43	15 53.8	21 5
25	14 3 31.05	4.89	10 42 10.5	29.3	30.80 473	1 463	1.19	0.29	10 39	15 50.0	21 1
26	14 3 35.94	4.99	10 42 39.8	29.8	30.81 936	1 449	1.19	0.29	10 35	15 46.1	20 57
27	14 3 40.93	5.09	10 43 9.6	30.2	30.83 385	1 435	1.19	0.29	10 32	15 42.3	20 53
28	14 3 46.02	5.19	10 43 39.8	30.8	30.84 820	1 421	1.19	0.29	10 28	15 38.4	20 49
29	14 3 51.21	5.30	−10 44 10.6	31.3	30.86 241	1 405	1.18	0.29	10 24	15 34.6	20 45
30	14 3 56.51	5.40	10 44 41.9	31.8	30.87 646	1 390	1.18	0.29	10 20	15 30.7	20 41
31	14 4 1.91	5.49	10 45 13.7	32.2	30.89 036	1 373	1.18	0.28	10 16	15 26.9	20 37
Sept. 1	14 4 7.40	5.59	10 45 45.9	32.7	30.90 409	1 358	1.18	0.28	10 13	15 23.1	20 33
2	14 4 12.99	5.68	10 46 18.6	33.2	30.91 767	1 341	1.18	0.28	10 9	15 19.2	20 30
3	14 4 18.67		−10 46 51.8		30.93 108		1.18	0.28	10 5	15 15.4	20 26

Tag	0h Weltzeit: Scheinbare Rektaszension		Scheinbare Deklination		Δ		Halb-messer	Hor. Par.	Auf-gang	Obere Kul-mination	Unter-gang
									in 0h Länge, +50° Breite		
1958	h m s	s	° ′ ″	″			″	″	h m	h m	h m
Sept. 3	14 4 18.67	5.78	−10 46 51.8	33.7	30.93 108	1 324	1.18	0.28	10 5	15 15.4	20 26
4	14 4 24.45	5.88	10 47 25.5	34.0	30.94 432	1 307	1.18	0.28	10 1	15 11.5	20 22
5	14 4 30.33	5.96	10 47 59.5	34.5	30.95 739	1 289	1.18	0.28	9 58	15 7.7	20 18
6	14 4 36.29	6.06	10 48 34.0	35.0	30.97 028	1 272	1.18	0.28	9 54	15 3.9	20 14
7	14 4 42.35	6.15	10 49 9.0	35.4	30.98 300	1 253	1.18	0.28	9 50	15 0.0	20 10
8	14 4 48.50	6.23	10 49 44.4	35.8	30.99 553	1 234	1.18	0.28	9 46	14 56.2	20 6
9	14 4 54.73	6.33	−10 50 20.2	36.2	31.00 787	1 215	1.18	0.28	9 42	14 52.4	20 2
10	14 5 1.06	6.41	10 50 56.4	36.6	31.02 002	1 196	1.18	0.28	9 39	14 48.6	19 59
11	14 5 7.47	6.50	10 51 33.0	37.1	31.03 198	1 175	1.18	0.28	9 35	14 44.7	19 55
12	14 5 13.97	6.58	10 52 10.1	37.5	31.04 373	1 156	1.18	0.28	9 31	14 40.9	19 51
13	14 5 20.55	6.66	10 52 47.6	37.7	31.05 529	1 135	1.18	0.28	9 27	14 37.1	19 47
14	14 5 27.21	6.75	10 53 25.3	38.2	31.06 664	1 113	1.18	0.28	9 24	14 33.3	19 43
15	14 5 33.96	6.81	−10 54 3.5	38.5	31.07 777	1 093	1.18	0.28	9 20	14 29.5	19 39
16	14 5 40.77	6.91	10 54 42.0	38.9	31.08 870	1 071	1.18	0.28	9 16	14 25.6	19 35
17	14 5 47.68	6.97	10 55 20.9	39.2	31.09 941	1 048	1.18	0.28	9 12	14 21.8	19 31
18	14 5 54.65	7.05	10 56 0.1	39.6	31.10 989	1 027	1.18	0.28	9 8	14 18.0	19 28
19	14 6 1.70	7.13	10 56 39.7	39.8	31.12 016	1 005	1.17	0.28	9 5	14 14.2	19 24
20	14 6 8.83	7.19	10 57 19.5	40.2	31.13 021	980	1.17	0.28	9 1	14 10.4	19 20
21	14 6 16.02	7.26	−10 57 59.7	40.5	31.14 001	959	1.17	0.28	8 57	14 6.6	19 16
22	14 6 23.28	7.34	10 58 40.2	40.8	31.14 960	935	1.17	0.28	8 53	14 2.8	19 12
23	14 6 30.62	7.39	10 59 21.0	41.0	31.15 895	912	1.17	0.28	8 50	13 58.9	19 8
24	14 6 38.01	7.46	11 0 2.0	41.4	31.16 807	888	1.17	0.28	8 46	13 55.1	19 4
25	14 6 45.47	7.53	11 0 43.4	41.6	31.17 695	864	1.17	0.28	8 42	13 51.3	19 1
26	14 6 53.00	7.58	11 1 25.0	41.9	31.18 559	841	1.17	0.28	8 38	13 47.5	18 57
27	14 7 0.58	7.64	−11 2 6.9	42.1	31.19 400	815	1.17	0.28	8 35	13 43.7	18 53
28	14 7 8.22	7.71	11 2 49.0	42.3	31.20 215	791	1.17	0.28	8 31	13 39.9	18 49
29	14 7 15.93	7.76	11 3 31.3	42.6	31.21 006	766	1.17	0.28	8 27	13 36.1	18 45
30	14 7 23.69	7.81	11 4 13.9	42.8	31.21 772	741	1.17	0.28	8 23	13 32.3	18 41
Okt. 1	14 7 31.50	7.87	11 4 56.7	43.0	31.22 513	716	1.17	0.28	8 20	13 28.5	18 37
2	14 7 39.37	7.92	11 5 39.7	43.2	31.23 229	691	1.17	0.28	8 16	13 24.7	18 34
3	14 7 47.29	7.97	−11 6 22.9	43.4	31.23 920	665	1.17	0.28	8 12	13 20.9	18 30
4	14 7 55.26	8.03	11 7 6.3	43.7	31.24 585	638	1.17	0.28	8 8	13 17.1	18 26
5	14 8 3.29	8.06	11 7 50.0	43.7	31.25 223	614	1.17	0.28	8 5	13 13.3	18 22
6	14 8 11.35	8.12	11 8 33.7	43.9	31.25 837	586	1.17	0.28	8 1	13 9.5	18 18
7	14 8 19.47	8.15	11 9 17.6	44.1	31.26 423	560	1.17	0.28	7 57	13 5.7	18 14
8	14 8 27.62	8.20	11 10 1.7	44.2	31.26 983	533	1.17	0.28	7 54	13 1.9	18 10
9	14 8 35.82	8.24	−11 10 45.9	44.4	31.27 516	506	1.17	0.28	7 50	12 58.1	18 7
10	14 8 44.06	8.28	11 11 30.3	44.5	31.28 022	479	1.17	0.28	7 46	12 54.3	18 3
11	14 8 52.34	8.31	11 12 14.8	44.5	31.28 501	452	1.17	0.28	7 42	12 50.5	17 59
12	14 9 0.65	8.36	11 12 59.3	44.7	31.28 953	424	1.17	0.28	7 39	12 46.7	17 55
13	14 9 9.01	8.38	11 13 44.0	44.9	31.29 377	397	1.17	0.28	7 35	12 42.9	17 51
14	14 9 17.39		−11 14 28.9		31.29 774		1.17	0.28	7 31	12 39.2	17 47

Neptun 1958

Tag	Scheinbare Rektaszension		Scheinbare Deklination		Δ		Halbmesser	Hor. Par.	Aufgang	Obere Kulmination	Untergang
	0^h Weltzeit								in 0^h Länge, +50° Breite		
1958	h m s	s	° ′ ″	″			″	″	h m	h m	h m
Okt. 14	14 9 17.39	8.41	−11 14 28.9	44.8	31.29 774	369	1.17	0.28	7 31	12 39.2	17 47
15	14 9 25.80	8.44	11 15 13.7	45.0	31.30 143	340	1.17	0.28	7 27	12 35.4	17 43
16	14 9 34.24	8.46	11 15 58.7	45.0	31.30 483	313	1.17	0.28	7 24	12 31.6	17 40
17	14 9 42.70	8.50	11 16 43.7	45.0	31.30 796	285	1.17	0.28	7 20	12 27.8	17 36
18	14 9 51.20	8.51	11 17 28.7	45.1	31.31 081	257	1.17	0.28	7 16	12 24.0	17 32
19	14 9 59.71	8.53	11 18 13.8	45.1	31.31 338	228	1.17	0.28	7 12	12 20.2	17 28
20	14 10 8.24	8.55	−11 18 58.9	45.1	31.31 566	200	1.17	0.28	7 9	12 16.4	17 24
21	14 10 16.79	8.57	11 19 44.0	45.2	31.31 766	171	1.17	0.28	7 5	12 12.6	17 20
22	14 10 25.36	8.58	11 20 29.2	45.1	31.31 937	143	1.17	0.28	7 1	12 8.8	17 16
23	14 10 33.94	8.60	11 21 14.3	45.1	31.32 080	115	1.17	0.28	6 58	12 5.0	17 13
24	14 10 42.54	8.60	11 21 59.4	45.1	31.32 195	88	1.17	0.28	6 54	12 1.2	17 9
25	14 10 51.14	8.62	11 22 44.5	45.1	31.32 283	57	1.17	0.28	6 50	11 57.5	17 5
26	14 10 59.76	8.62	−11 23 29.6	45.0	31.32 340	30	1.17	0.28	6 46	11 53.7	17 1
27	14 11 8.38	8.63	11 24 14.6	44.9	31.32 370	1	1.17	0.28	6 43	11 49.9	16 57
28	14 11 17.01	8.63	11 24 59.5	44.9	31.32 371	−27	1.17	0.28	6 39	11 46.1	16 53
29	14 11 25.64	8.64	11 25 44.4	44.8	31.32 344	56	1.17	0.28	6 35	11 42.3	16 49
30	14 11 34.28	8.63	11 26 29.2	44.8	31.32 288	85	1.17	0.28	6 32	11 38.5	16 46
31	14 11 42.91	8.63	11 27 14.0	44.6	31.32 203	113	1.17	0.28	6 28	11 34.7	16 42
Nov. 1	14 11 51.54	8.63	−11 27 58.6	44.5	31.32 090	142	1.17	0.28	6 24	11 30.9	16 38
2	14 12 0.17	8.62	11 28 43.1	44.5	31.31 948	170	1.17	0.28	6 20	11 27.1	16 34
3	14 12 8.79	8.62	11 29 27.6	44.3	31.31 778	198	1.17	0.28	6 17	11 23.4	16 30
4	14 12 17.41	8.60	11 30 11.9	44.2	31.31 580	228	1.17	0.28	6 13	11 19.6	16 26
5	14 12 26.01	8.59	11 30 56.1	44.0	31.31 352	256	1.17	0.28	6 9	11 15.8	16 22
6	14 12 34.60	8.58	11 31 40.1	43.9	31.31 096	285	1.17	0.28	6 5	11 12.0	16 19
7	14 12 43.18	8.57	−11 32 24.0	43.7	31.30 811	313	1.17	0.28	6 2	11 8.2	16 15
8	14 12 51.75	8.54	11 33 7.7	43.6	31.30 498	342	1.17	0.28	5 58	11 4.4	16 11
9	14 13 0.29	8.53	11 33 51.3	43.3	31.30 156	370	1.17	0.28	5 54	11 0.6	16 7
10	14 13 8.82	8.51	11 34 34.6	43.2	31.29 786	398	1.17	0.28	5 51	10 56.8	16 3
11	14 13 17.33	8.48	11 35 17.8	43.0	31.29 388	427	1.17	0.28	5 47	10 53.0	15 59
12	14 13 25.81	8.45	11 36 0.8	42.7	31.28 961	456	1.17	0.28	5 43	10 49.2	15 56
13	14 13 34.26	8.42	−11 36 43.5	42.5	31.28 505	483	1.17	0.28	5 39	10 45.5	15 52
14	14 13 42.68	8.40	11 37 26.0	42.2	31.28 022	511	1.17	0.28	5 36	10 41.7	15 48
15	14 13 51.08	8.37	11 38 8.2	42.1	31.27 511	539	1.17	0.28	5 32	10 37.9	15 44
16	14 13 59.45	8.32	11 38 50.3	41.8	31.26 972	567	1.17	0.28	5 28	10 34.1	15 40
17	14 14 7.77	8.29	11 39 32.1	41.5	31.26 405	594	1.17	0.28	5 24	10 30.3	15 36
18	14 14 16.06	8.26	11 40 13.6	41.2	31.25 811	622	1.17	0.28	5 21	10 26.5	15 32
19	14 14 24.32	8.21	−11 40 54.8	41.0	31.25 189	648	1.17	0.28	5 17	10 22.7	15 29
20	14 14 32.53	8.17	11 41 35.8	40.6	31.24 541	675	1.17	0.28	5 13	10 18.9	15 25
21	14 14 40.70	8.12	11 42 16.4	40.4	31.23 866	702	1.17	0.28	5 9	10 15.1	15 21
22	14 14 48.82	8.08	11 42 56.8	40.0	31.23 164	729	1.17	0.28	5 6	10 11.3	15 17
23	14 14 56.90	8.03	11 43 36.8	39.7	31.22 435	755	1.17	0.28	5 2	10 7.5	15 13
24	14 15 4.93		−11 44 16.5		31.21 680		1.17	0.28	4 58	10 3.7	15 9

Tag	0h Weltzeit: Scheinbare Rektaszension	Diff.	Scheinbare Deklination	Diff.	Δ	Diff.	Halbmesser	Hor. Par.	Aufgang (in 0h Länge, +50° Breite)	Obere Kulmination (in 0h Länge, +50° Breite)	Untergang (in 0h Länge, +50° Breite)
1958	h m s	s	° ′ ″	″			″	″	h m	h m	h m
Nov. 24	14 15 4.93	7.99	−11 44 16.5	39.4	31.21 680	780	1.17	0.28	4 58	10 3.7	15 9
25	14 15 12.92	7.93	11 44 55.9	39.0	31.20 900	807	1.17	0.28	4 55	9 59.9	15 5
26	14 15 20.85	7.87	11 45 34.9	38.7	31.20 093	832	1.17	0.28	4 51	9 56.1	15 2
27	14 15 28.72	7.82	11 46 13.6	38.3	31.19 261	858	1.17	0.28	4 47	9 52.3	14 58
28	14 15 36.54	7.77	11 46 51.9	38.0	31.18 403	884	1.17	0.28	4 43	9 48.5	14 54
29	14 15 44.31	7.70	11 47 29.9	37.6	31.17 519	908	1.17	0.28	4 40	9 44.7	14 50
30	14 15 52.01	7.65	−11 48 7.5	37.2	31.16 611	934	1.17	0.28	4 36	9 40.9	14 46
Dez. 1	14 15 59.66	7.58	11 48 44.7	36.8	31.15 677	957	1.17	0.28	4 32	9 37.1	14 42
2	14 16 7.24	7.52	11 49 21.5	36.4	31.14 720	983	1.17	0.28	4 28	9 33.3	14 38
3	14 16 14.76	7.45	11 49 57.9	36.0	31.13 737	1 005	1.17	0.28	4 24	9 29.5	14 35
4	14 16 22.21	7.39	11 50 33.9	35.7	31.12 732	1 031	1.17	0.28	4 21	9 25.7	14 31
5	14 16 29.60	7.32	11 51 9.6	35.1	31.11 701	1 054	1.17	0.28	4 17	9 21.9	14 27
6	14 16 36.92	7.24	−11 51 44.7	34.7	31.10 647	1 078	1.18	0.28	4 13	9 18.0	14 23
7	14 16 44.16	7.17	11 52 19.4	34.3	31.09 569	1 101	1.18	0.28	4 9	9 14.2	14 19
8	14 16 51.33	7.09	11 52 53.7	33.9	31.08 468	1 123	1.18	0.28	4 6	9 10.4	14 15
9	14 16 58.42	7.01	11 53 27.6	33.3	31.07 345	1 147	1.18	0.28	4 2	9 6.6	14 11
10	14 17 5.43	6.94	11 54 0.9	32.9	31.06 198	1 168	1.18	0.28	3 58	9 2.8	14 8
11	14 17 12.37	6.86	11 54 33.8	32.5	31.05 030	1 190	1.18	0.28	3 54	8 59.0	14 4
12	14 17 19.23	6.77	−11 55 6.3	31.9	31.03 840	1 212	1.18	0.28	3 51	8 55.2	14 0
13	14 17 26.00	6.69	11 55 38.2	31.4	31.02 628	1 233	1.18	0.28	3 47	8 51.3	13 56
14	14 17 32.69	6.60	11 56 9.6	31.0	31.01 395	1 254	1.18	0.28	3 43	8 47.5	13 52
15	14 17 39.29	6.51	11 56 40.6	30.4	31.00 141	1 273	1.18	0.28	3 39	8 43.7	13 48
16	14 17 45.80	6.42	11 57 11.0	29.9	30.98 868	1 294	1.18	0.28	3 36	8 39.9	13 44
17	14 17 52.22	6.33	11 57 40.9	29.4	30.97 574	1 314	1.18	0.28	3 32	8 36.0	13 40
18	14 17 58.55	6.24	−11 58 10.3	28.9	30.96 260	1 332	1.18	0.28	3 28	8 32.2	13 37
19	14 18 4.79	6.14	11 58 39.2	28.3	30.94 928	1 352	1.18	0.28	3 24	8 28.4	13 33
20	14 18 10.93	6.04	11 59 7.5	27.9	30.93 576	1 370	1.18	0.28	3 20	8 24.5	13 29
21	14 18 16.97	5.95	11 59 35.4	27.2	30.92 206	1 387	1.18	0.28	3 17	8 20.7	13 25
22	14 18 22.92	5.85	12 0 2.6	26.7	30.90 819	1 406	1.18	0.28	3 13	8 16.9	13 21
23	14 18 28.77	5.75	12 0 29.3	26.1	30.89 413	1 422	1.18	0.28	3 9	8 13.0	13 17
24	14 18 34.52	5.66	−12 0 55.4	25.6	30.87 991	1 439	1.18	0.28	3 5	8 9.2	13 13
25	14 18 40.18	5.54	12 1 21.0	25.0	30.86 552	1 456	1.18	0.29	3 1	8 5.4	13 9
26	14 18 45.72	5.44	12 1 46.0	24.4	30.85 096	1 471	1.19	0.29	2 58	8 1.5	13 6
27	14 18 51.16	5.34	12 2 10.4	23.9	30.83 625	1 487	1.19	0.29	2 54	7 57.7	13 2
28	14 18 56.50	5.24	12 2 34.3	23.2	30.82 138	1 502	1.19	0.29	2 50	7 53.8	12 58
29	14 19 1.74	5.12	12 2 57.5	22.7	30.80 636	1 517	1.19	0.29	2 46	7 50.0	12 54
30	14 19 6.86	5.01	−12 3 20.2	22.1	30.79 119	1 532	1.19	0.29	2 42	7 46.2	12 50
31	14 19 11.87	4.91	12 3 42.3	21.5	30.77 587	1 545	1.19	0.29	2 38	7 42.3	12 46
32	14 19 16.78		−12 4 3.8		30.76 042		1.19	0.29	2 35	7 38.4	12 42

Pluto 1958

Tag	Rektaszension 1950.0		Fix-stern-ab-erration	Deklination 1950.0		Fix-stern-ab-erration	Δ		Licht-zeit	Obere Kulmination in Greenwich
	0h Weltzeit									
1958	h m s	s	s	° ′ ″	″	″			d	h m
Jan. −1	10 33 58.80	4.95	+0.71	+21 35 5.8	74.3	−7.6	33.74 468	2 857	0.1946	4 1
+1	33 53.85	5.37	0.75	36 20.1	75.7	7.8	71 611	2 783	1945	3 53
3	33 48.48	5.79	0.79	37 35.8	77.1	7.9	68 828	2 704	1943	3 45
5	33 42.69	6.20	0.83	38 52.9	78.4	8.0	66 124	2 624	1942	3 37
7	33 36.49	6.59	0.87	40 11.3	79.5	8.1	63 500	2 539	1940	3 29
9	10 33 29.90	6.98	+0.90	+21 41 30.8	80.6	−8.2	33.60 961	2 453	0.1939	3 21
11	33 22.92	7.36	0.94	42 51.4	81.6	8.3	58 508	2 363	1937	3 13
13	33 15.56	7.72	0.98	44 13.0	82.3	8.4	56 145	2 269	1936	3 5
15	33 7.84	8.08	1.01	45 35.3	83.1	8.5	53 876	2 173	1935	2 57
17	32 59.76	8.41	1.04	46 58.4	83.7	8.5	51 703	2 074	1933	2 49
19	10 32 51.35	8.74	+1.07	+21 48 22.1	84.1	−8.6	33.49 629	1 973	0.1932	2 41
21	32 42.61	9.06	1.10	49 46.2	84.5	8.6	47 656	1 867	1931	2 33
23	32 33.55	9.34	1.13	51 10.7	84.6	8.6	45 789	1 762	1930	2 25
25	32 24.21	9.62	1.16	52 35.3	84.7	8.6	44 027	1 652	1929	2 17
27	32 14.59	9.89	1.19	54 0.0	84.7	8.6	42 375	1 542	1928	2 9
29	10 32 4.70	10.13	+1.21	+21 55 24.7	84.4	−8.6	33.40 833	1 430	0.1927	2 1
31	31 54.57	10.35	1.23	56 49.1	84.2	8.6	39 403	1 317	1926	1 53
Febr. 2	31 44.22	10.57	1.25	58 13.3	83.8	8.5	38 086	1 202	1926	1 45
4	31 33.65	10.76	1.27	+21 59 37.1	83.2	8.5	36 884	1 086	1925	1 37
6	31 22.89	10.94	1.29	+22 1 0.3	82.6	8.4	35 798	970	1924	1 29
8	10 31 11.95	11.10	+1.31	+22 2 22.9	81.8	−8.4	33.34 828	851	0.1924	1 21
10	31 0.85	11.25	1.32	3 44.7	81.0	8.3	33 977	733	1923	1 13
12	30 49.60	11.37	1.33	5 5.7	80.0	8.2	33 244	613	1923	1 5
14	30 38.23	11.48	1.34	6 25.7	78.8	8.1	32 631	492	1922	0 57
16	30 26.75	11.57	1.35	7 44.5	77.6	8.0	32 139	371	1922	0 49
18	10 30 15.18	11.63	+1.36	+22 9 2.1	76.3	−7.8	33.31 768	250	0.1922	0 41
20	30 3.55	11.68	1.36	10 18.4	74.7	7.7	31 518	128	1922	0 33
22	29 51.87	11.71	1.37	11 33.1	73.2	7.6	31 390	7	1922	0 25
24	29 40.16	11.72	1.37	12 46.3	71.6	7.4	31 383	114	1922	0 17
26	29 28.44	11.71	1.37	13 57.9	69.7	7.2	31 497	233	1922	0 9
28	10 29 16.73	11.68	+1.37	+22 15 7.6	67.9	−7.1	33.31 730	353	0.1922	{ 0 1 23 57
März 2	29 5.05	11.63	1.37	16 15.5	65.9	6.9	32 083	470	1922	23 48
4	28 53.42	11.57	1.36	17 21.4	63.8	6.7	32 553	587	1922	23 40
6	28 41.85	11.48	1.35	18 25.2	61.8	6.5	33 140	703	1923	23 32
8	28 30.37	11.38	1.34	19 27.0	59.6	6.3	33 843	818	1923	23 24
10	10 28 18.99	11.26	+1.33	+22 20 26.6	57.2	−6.1	33.34 661	930	0.1924	23 16
12	28 7.73	11.13	1.32	21 23.8	55.0	5.8	35 591	1 043	1924	23 8
14	27 56.60	10.98	1.31	22 18.8	52.5	5.6	36 634	1 154	1925	23 0
16	27 45.62	10.80	1.29	23 11.3	49.9	5.4	37 788	1 263	1925	22 52
18	27 34.82	10.62	1.28	24 1.2	47.4	5.1	39 051	1 369	1926	22 44
20	10 27 24.20	10.41	+1.26	+22 24 48.6	44.8	−4.9	33.40 420	1 475	0.1927	22 36
22	27 13.79	10.18	1.24	25 33.4	42.0	4.6	41 895	1 577	1928	22 28
24	27 3.61	9.95	1.22	26 15.4	39.3	4.4	43 472	1 677	1929	22 20
26	26 53.66	9.69	1.19	26 54.7	36.6	4.1	45 149	1 775	1930	22 12
28	26 43.97	9.42	1.17	27 31.3	33.7	3.8	46 924	1 869	1931	22 4
30	26 34.55	9.13	1.14	28 5.0	30.8	3.5	48 793	1 960	1932	21 56
April 1	10 26 25.42		+1.11	+22 28 35.8		−3.3	33.50 753		0.1933	21 48

Tag	Rektaszension 1950.0		Fixstern-aberration	Deklination 1950.0		Fixstern-aberration	Δ		Lichtzeit	Obere Kulmination in Greenwich
	0h Weltzeit									
1958	h m s	s	s	° ′ ″	″	″			d	h m
April 1	10 26 25.42	8 83	+1.11	+22 28 35.8	28.0	−3.3	33.50 753	2 049	0.1933	21 48
3	26 16.59	8 53	1.08	29 3.8	25.0	3.0	52 802	2 135	1934	21 40
5	26 8.06	8 20	1.05	29 28.8	22 2	2.7	54 937	2 217	1935	21 32
7	25 59.86	7.87	1.02	29 51.0	19.2	2.4	57 154	2 298	1937	21 24
9	25 51.99	7 53	0.99	30 10.2	16 2	2.1	59 452	2 376	1938	21 16
11	10 25 44.46	7 17	+0.96	+22 30 26.4	13 2	−1.9	33.61 828	2 450	0.1939	21 8
13	25 37.29	6.80	0.92	30 39.6	10.2	1.6	64 278	2 521	1941	21 0
15	25 30.49	6 42	0.89	30 49.8	7.2	1.3	66 799	2 589	1942	20 52
17	25 24.07	6 03	0.85	30 57.0	4.2	1.0	69 388	2 653	1944	20 44
19	25 18.04	5 63	0.81	31 1.2	1.2	0.7	72 041	2 714	1945	20 36
21	10 25 12.41	5 22	+0.77	+22 31 2.4	1.9	−0.4	33.74 755	2 771	0.1947	20 28
23	25 7.19	4 80	0.73	31 0.5	4.8	−0.1	77 526	2 824	1948	20 20
25	25 2.39	4 38	0.69	30 55.7	7.9	+0.2	80 350	2 873	1950	20 12
27	24 58.01	3 95	0.65	30 47.8	10 7	0.5	83 223	2 918	1952	20 4
29	24 54.06	3 51	0.61	30 37.1	13 7	0.8	86 141	2 960	1953	19 56
Mai 1	10 24 50.55	3 07	+0.57	+22 30 23.4	16 6	+1.1	33.89 101	2 998	0.1955	19 48
3	24 47.48	2 63	0.52	30 6.8	19 5	1.4	92 099	3 033	1957	19 41
5	24 44.85	2 19	0.48	29 47.3	22 3	1.6	95 132	3 063	1958	19 33
7	24 42.66	1 73	0.44	29 25.0	25 1	1.9	33.98 195	3 091	1960	19 25
9	24 40.93	1 28	0.39	28 59.9	27 9	2.2	34.01 286	3 115	1962	19 17
11	10 24 39.65	0 82	+0.35	+22 28 32.0	30 6	+2.5	34.04 401	3 136	0.1964	19 9
13	24 38.83	0.35	0.30	28 1.4	33.4	2.7	07 537	3 151	1966	19 1
15	24 38.48	0 10	0.26	27 28.0	36 1	3.0	10 688	3 165	1967	18 53
17	24 38.58	0 57	0.21	26 51.9	38 7	3.3	13 853	3 173	1969	18 45
19	24 39.15	1.04	0.17	26 13.2	41 2	3.5	17 026	3 177	1971	18 38
21	10 24 40.19	1 51	+0.12	+22 25 32.0	43.8	+3.8	34.20 203	3 178	0.1973	18 30
23	24 41.70	1.97	0.07	24 48.2	46 3	4.0	23 381	3 174	1975	18 22
25	24 43.67	2 43	+0.03	24 1.9	48 6	4.3	26 555	3 167	1977	18 14
27	24 46.10	2.89	−0.02	23 13.3	51.0	4.5	29 722	3 156	1978	18 6
29	24 48.99	3 35	0.06	22 22.3	53 3	4.8	32 878	3 141	1980	17 58
31	10 24 52.34	3 80	−0.11	+22 21 29.0	55 5	+5.0	34.36 019	3 124	0.1982	17 51
Juni 2	24 56.14	4 25	0.16	20 33.5	57 7	5.2	39 143	3 102	1984	17 43
4	25 0.39	4 69	0.20	19 35.8	59.7	5.4	42 245	3 078	1986	17 35
6	25 5.08	5 14	0.25	18 36.1	61.9	5.6	45 323	3 051	1987	17 27
8	25 10.22	5 58	0.29	17 34.2	63.8	5.8	48 374	3 019	1989	17 19
10	10 25 15.80	6 01	−0.33	+22 16 30.4	65 7	+6.0	34.51 393	2 985	0.1991	17 12
12	25 21.81	6 45	0.38	15 24.7	67.6	6.2	54 378	2 946	1993	17 4
14	25 28.26	6.87	0.42	14 17.1	69 3	6.4	57 324	2 904	1994	16 56
16	25 35.13	7 29	0.46	13 7.8	71.1	6.6	60 228	2 860	1996	16 48
18	25 42.42	7 71	0.50	11 56.7	72.7	6.8	63 088	2 811	1998	16 41
20	10 25 50.13	8 11	−0.55	+22 10 44.0	74 3	+6.9	34.65 899	2 758	0.1999	16 33
22	25 58.24	8 51	0.59	9 29.7	75.8	7.1	68 657	2 704	2001	16 25
24	26 6.75	8 90	0.63	8 13.9	77.1	7.2	71 361	2 645	2002	16 17
26	26 15.65	9 28	0.67	6 56.8	78.4	7.4	74 006	2 585	2004	16 10
28	26 24.93	9.64	0.70	5 38.4	79.7	7.5	76 591	2 521	2005	16 2
30	26 34.57	10 01	0.74	4 18.7	80.8	7.6	79 112	2 455	2007	15 54
Juli 2	10 26 44.58		−0.78	+22 2 57.9		+7.8	34.81 567		0.2008	15 47

Pluto 1958

Tag	0h Weltzeit: Rektaszension 1950.0		Fixstern-aberration	Deklination 1950.0		Fixstern-aberration	Δ		Lichtzeit	Obere Kulmination in Greenwich
1958	h m s	s	s	° ′ ″	″	″			d	h m
Juli 2	10 26 44.58	10.37	−0.78	+22 2 57.9	82.0	+7.8	34.81 567	2 387	0.2008	15 47
4	26 54.95	10.71	0.82	1 35.9	82.9	7.9	83 954	2 316	2010	15 39
6	27 5.66	11.05	0.85	+22 0 13.0	83.9	8.0	86 270	2 242	2011	15 31
8	27 16.71	11.37	0.88	+21 58 49.1	84.8	8.1	88 512	2 166	2012	15 23
10	27 28.08	11.70	0.92	57 24.3	85.6	8.1	90 678	2 087	2014	15 16
12	10 27 39.78	12.01	−0.95	+21 55 58.7	86.2	+8.2	34.92 765	2 007	0.2015	15 8
14	27 51.79	12.31	0.98	54 32.5	86.9	8.3	94 772	1 922	2016	15 1
16	28 4.10	12.59	1.01	53 5.6	87.4	8.3	96 694	1 836	2017	14 53
18	28 16.69	12.87	1.04	51 38.2	87.9	8.4	34.98 530	1 748	2018	14 45
20	28 29.56	13.14	1.07	50 10.3	88.2	8.4	35.00 278	1 657	2019	14 38
22	10 28 42.70	13.39	−1.10	+21 48 42.1	88.5	+8.5	35.01 935	1 565	0.2020	14 30
24	28 56.09	13.63	1.12	47 13.6	88.7	8.5	03 500	1 471	2021	14 22
26	29 9.72	13.86	1.15	45 44.9	88.8	8.5	04 971	1 376	2022	14 15
28	29 23.58	14.07	1.17	44 16.1	88.8	8.5	06 347	1 280	2023	14 7
30	29 37.65	14.28	1.19	42 47.3	88.8	8.5	07 627	1 181	2023	13 59
Aug. 1	10 29 51.93	14.47	−1.21	+21 41 18.5	88.7	+8.5	35.08 808	1 082	0.2024	13 52
3	30 6.40	14.65	1.23	39 49.8	88.4	8.5	09 890	982	2025	13 44
5	30 21.05	14.82	1.25	38 21.4	88.2	8.5	10 872	880	2025	13 36
7	30 35.87	14.98	1.27	36 53.2	87.8	8.5	11 752	776	2026	13 29
9	30 50.85	15.13	1.28	35 25.4	87.4	8.4	12 528	672	2026	13 21
11	10 31 5.98	15.26	−1.30	+21 33 58.0	86.8	+8.4	35.13 200	566	0.2027	13 14
13	31 21.24	15.39	1.31	32 31.2	86.2	8.3	13 766	459	2027	13 6
15	31 36.63	15.48	1.32	31 5.0	85.4	8.2	14 225	352	2027	12 58
17	31 52.11	15.58	1.33	29 39.6	84.7	8.2	14 577	243	2027	12 51
19	32 7.69	15.66	1.34	28 14.9	83.8	8.1	14 820	134	2027	12 43
21	10 32 23.35	15.72	−1.35	+21 26 51.1	82.8	+8.0	35.14 954	26	0.2028	12 36
23	32 39.07	15.76	1.35	25 28.3	81.8	7.9	14 980	−83	2028	12 28
25	32 54.83	15.80	1.36	24 6.5	80.7	7.8	14 897	192	2027	12 20
27	33 10.63	15.83	1.36	22 45.8	79.4	7.6	14 705	300	2027	12 13
29	33 26.46	15.84	1.36	21 26.4	78.2	7.5	14 405	409	2027	12 5
31	10 33 42.30	15.83	−1.36	+21 20 8.2	76.9	+7.4	35.13 996	518	0.2027	11 58
Sept. 2	33 58.13	15.82	1.36	18 51.3	75.5	7.2	13 478	626	2027	11 50
4	34 13.95	15.79	1.36	17 35.8	73.9	7.1	12 852	734	2026	11 42
6	34 29.74	15.75	1.35	16 21.9	72.4	6.9	12 118	842	2026	11 35
8	34 45.49	15.70	1.35	15 9.5	70.8	6.8	11 276	950	2025	11 27
10	10 35 1.19	15.62	−1.34	+21 13 58.7	69.0	+6.6	35.10 326	1 057	0.2025	11 20
12	35 16.81	15.54	1.33	12 49.7	67.3	6.4	09 269	1 163	2024	11 12
14	35 32.35	15.44	1.32	11 42.4	65.3	6.2	08 106	1 269	2024	11 4
16	35 47.79	15.33	1.31	10 37.1	63.4	6.0	06 837	1 373	2023	10 57
18	36 3.12	15.20	1.30	9 33.7	61.3	5.8	05 464	1 476	2022	10 49
20	10 36 18.32	15.05	−1.28	+21 8 32.4	59.3	+5.6	35.03 988	1 577	0.2021	10 41
22	36 33.37	14.90	1.27	7 33.1	57.1	5.4	02 411	1 677	2020	10 34
24	36 48.27	14.73	1.25	6 36.0	54.9	5.2	35.00 734	1 775	2019	10 26
26	37 3.00	14.55	1.23	5 41.1	52.7	4.9	34.98 959	1 871	2018	10 19
28	37 17.55	14.36	1.21	4 48.4	50.3	4.7	97 088	1 966	2017	10 11
30	37 31.91	14.15	1.19	3 58.1	48.0	4.5	95 122	2 059	2016	10 3
Okt. 2	10 37 46.06		−1.17	+21 3 10.1		+4.2	34.93 063		0.2015	9 56

Tag	Rektaszension 1950.0 (0h Weltzeit)	Diff.	Fix-stern-ab-erration	Deklination 1950.0	Diff.	Fix-stern-ab-erration	Δ	Diff.	Licht-zeit	Obere Kul-mination in Green-wich
1958	h m s	s	s	° ′ ″	″	″			d	h m
Okt. 2	10 37 46.06	13 94	−1.17	+21 3 10.1	45 5	+4.2	34.93 063	2 151	0.2015	9 56
4	38 0.00	13 71	1.15	2 24.6	43 1	4.0	90 912	2 240	2014	9 48
6	38 13.71	13.46	1.12	1 41.5	40 5	3.7	88 672	2 328	2012	9 41
8	38 27.17	13 21	1.09	1 1.0	37.8	3.4	86 344	2 413	2011	9 33
10	38 40.38	12 94	1.07	+21 0 23.2	35 2	3.2	83 931	2 497	2010	9 25
12	10 38 53.32	12 65	1.04	+20 59 48.0	32 5	+2.9	34.81 434	2 577	0.2008	9 18
14	39 5.97	12 35	1.01	59 15.5	29.8	2.6	78 857	2 656	2007	9 10
16	39 18.32	12 05	0.98	58 45.7	26.9	2.3	76 201	2 730	2005	9 2
18	39 30.37	11 73	0.95	58 18.8	24 1	2.1	73 471	2 802	2004	8 55
20	39 42.10	11 39	0.91	57 54.7	21.2	1.8	70 669	2 871	2002	8 47
22	10 39 53.49	11.06	−0.88	+20 57 33.5	18 3	+1.5	34.67 798	2 936	0.2000	8 39
24	40 4.55	10 70	0.84	57 15.2	15 5	1.2	64 862	2 999	1999	8 32
26	40 15.25	10 34	0.81	56 59.7	12 5	0.9	61 863	3 058	1997	8 24
28	40 25.59	9 97	0.77	56 47.2	9 5	0.6	58 805	3 115	1995	8 16
30	40 35.56	9 59	0.73	56 37.7	6 6	+0.3	55 690	3 169	1993	8 9
Nov. 1	10 40 45.15	9 20	−0.69	+20 56 31.1	3 5	0.0	34.52 521	3 219	0.1992	8 1
3	40 54.35	8.81	0.65	56 27.6	0.5	−0.3	49 302	3 265	1990	7 53
5	41 3.16	8 39	0.61	56 27.1	— 2 5	0.6	46 037	3 309	1988	7 45
7	41 11.55	7.98	0.57	56 29.6	5.6	0.9	42 728	3 349	1986	7 38
9	41 19.53	7 55	0.52	56 35.2	8 6	1.2	39 379	3 385	1984	7 30
11	10 41 27.08	7 11	−0.48	+20 56 43.8	11 7	−1.5	34.35 994	3 418	0.1982	7 22
13	41 34.19	6.67	0.44	56 55.5	14 7	1.8	32 576	3 445	1980	7 14
15	41 40.86	6 22	0.39	57 10.2	17.8	2.1	29 131	3 468	1978	7 7
17	41 47.08	5 76	0.35	57 28.0	20.8	2.4	25 663	3 488	1976	6 59
19	41 52.84	5 30	0.30	57 48.8	23 8	2.7	22 175	3 504	1974	6 51
21	10 41 58.14	4 84	−0.25	+20 58 12.6	26 7	−3.0	34.18 671	3 515	0.1972	6 43
23	42 2.98	4 37	0.21	58 39.3	29 7	3.3	15 156	3 523	1970	6 36
25	42 7.35	3.90	0.16	59 9.0	32 5	3.6	11 633	3 526	1968	6 28
27	42 11.25	3 43	0.11	+20 59 41.5	35 5	3.9	08 107	3 526	1966	6 20
29	42 14.68	2.95	0.07	+21 0 17.0	38 3	4.2	04 581	3 523	1964	6 12
Dez. 1	10 42 17.63	2 46	−0.02	+21 0 55.3	41 0	−4.4	34.01 058	3 514	0.1962	6 4
3	42 20.09	1 98	+0.03	1 36.3	43.9	4.7	33.97 544	3 501	1960	5 57
5	42 22.07	1.50	0.08	2 20.2	46.6	5.0	94 043	3 486	1958	5 49
7	42 23.57	1.01	0.12	3 6.8	49 2	5.2	90 557	3 465	1956	5 41
9	42 24.58	0 52	0.17	3 56.0	51.9	5.5	87 092	3 440	1954	5 33
11	10 42 25.10	0.03	+0.22	+21 4 47.9	54.4	−5.7	33.83 652	3 410	0.1952	5 25
13	42 25.13	— 0.46	0.27	5 42.3	56.8	6.0	80 242	3 376	1950	5 17
15	42 24.67	0.94	0.31	6 39.1	59 2	6.2	76 866	3 337	1948	5 9
17	42 23.73	1.42	0.36	7 38.3	61 5	6.4	73 529	3 296	1946	5 2
19	42 22.31	1 90	0.41	8 39.8	63.8	6.6	70 233	3 249	1944	4 54
21	10 42 20.41	2 36	+0.45	+21 9 43.6	65.8	−6.8	33.66 984	3 199	0.1942	4 46
23	42 18.05	2.83	0.50	10 49.4	67.9	7.0	63 785	3 145	1940	4 38
25	42 15.22	3 30	0.54	11 57.3	69.9	7.2	60 640	3 088	1939	4 30
27	42 11.92	3.74	0.59	13 7.2	71 7	7.4	57 552	3 026	1937	4 22
29	42 8.18	4 20	0.63	14 18.9	73 5	7.6	54 526	2 961	1935	4 14
31	42 3.98	4.63	0.67	15 32.4	75 2	7.7	51 565	2 894	1933	4 6
33	10 41 59.35		+0.72	+21 16 47.6		−7.9	33.48 671		0.1932	3 58

0^h Weltzeit	Mittleres Äquinoktium 1950.0											
	X			ΔX	Y			ΔY	Z			ΔZ
1958												
Jan. 0	+0.152 861	+17 248	− 49	+2	−0.891 155	+ 2 652	+277	+1	−0.386 465	+1 149	+120	0
1	0.170 109	17 194	54	+1	0.888 503	2 928	276	+1	0.385 316	1 269	120	+4
2	0.187 303	17 134	60	−3	0.885 575	3 202	274	−3	0.384 047	1 388	119	+3
3	0.204 437	17 070	64	0	0.882 373	3 475	273	−3	0.382 659	1 507	119	+3
4	0.221 507	17 001	69	+2	0.878 898	3 747	272	0	0.381 152	1 625	118	−1
5	0.238 508	16 927	74	0	0.875 151	4 019	272	+4	0.379 527	1 742	117	−5
6	+0.255 435	+16 847	− 80	−3	−0.871 132	+ 4 287	+268	−4	−0.377 785	+1 859	+117	−2
7	0.272 282	16 764	83	+5	0.866 845	4 556	269	+2	0.375 926	1 976	117	0
8	0.289 046	16 676	88	+4	0.862 289	4 824	268	+2	0.373 950	2 092	116	−2
9	0.305 722	16 581	95	−4	0.857 465	5 089	265	−5	0.371 858	2 207	115	−4
10	0.322 303	16 483	98	+3	0.852 376	5 354	265	−3	0.369 651	2 322	115	0
11	0.338 786	16 380	103	+4	0.847 022	5 617	263	−4	0.367 329	2 437	115	+3
12	+0.355 166	+16 270	−110	−1	−0.841 405	+ 5 880	+263	0	−0.364 892	+2 550	+113	−2
13	0.371 436	16 157	113	+5	0.835 525	6 140	260	−5	0.362 342	2 664	114	+2
14	0.387 593	16 038	119	+2	0.829 385	6 398	258	−4	0.359 678	2 775	111	−4
15	0.403 631	15 913	125	−3	0.822 987	6 657	259	+4	0.356 903	2 887	112	+3
16	0.419 544	15 783	130	−4	0.816 330	6 911	254	−4	0.354 016	2 998	111	+5
17	0.435 327	15 648	135	−2	0.809 419	7 164	253	−2	0.351 018	3 108	110	+3
18	+0.450 975	+15 508	−140	0	−0.802 255	+ 7 415	+251	+2	−0.347 910	+3 216	+108	−4
19	0.466 483	15 362	146	0	0.794 840	7 664	249	+3	0.344 694	3 323	107	−5
20	0.481 845	15 213	149	+4	0.787 176	7 909	245	−1	0.341 371	3 430	107	+2
21	0.497 058	15 056	157	−4	0.779 267	8 152	243	+1	0.337 941	3 535	105	+1
22	0.512 114	14 897	159	+4	0.771 115	8 393	241	+3	0.334 406	3 640	105	+3
23	0.527 011	14 732	165	−1	0.762 722	8 629	236	−3	0.330 766	3 742	102	−4
24	+0.541 743	+14 562	−170	−5	−0.754 093	+ 8 864	+235	+4	−0.327 024	+3 843	+101	−5
25	0.556 305	14 388	174	−3	0.745 229	9 095	231	+3	0.323 181	3 944	101	0
26	0.570 693	14 210	178	−1	0.736 134	9 323	228	+2	0.319 237	4 042	98	−4
27	0.584 903	14 027	183	−2	0.726 811	9 548	225	+1	0.315 195	4 140	98	0
28	0.598 930	13 840	187	0	0.717 263	9 769	221	−3	0.311 055	4 236	96	−2
29	0.612 770	13 650	190	+4	0.707 494	9 986	217	−4	0.306 819	4 330	94	−4
30	+0.626 420	+13 455	−195	+2	−0.697 508	+10 202	+216	+4	−0.302 489	+4 424	+ 94	−1
31	0.639 875	13 257	198	+1	0.687 306	10 413	211	+1	0.298 065	4 515	91	−5
Febr. 1	0.653 132	13 054	203	−4	0.676 893	10 620	207	−1	0.293 550	4 605	90	−3
2	0.666 186	12 849	205	+1	0.666 273	10 825	205	+4	0.288 945	4 694	89	+1
3	0.679 035	12 640	209	−1	0.655 448	11 026	201	+2	0.284 251	4 782	88	+3
4	0.691 675	12 427	213	−3	0.644 422	11 224	198	+1	0.279 469	4 867	85	−1
5	+0.704 102	+12 211	−216	+1	−0.633 198	+11 418	+194	−4	−0.274 602	+4 952	+ 85	+3
6	0.716 313	11 992	219	+4	0.621 780	11 609	191	−2	0.269 650	5 035	83	+3
7	0.728 305	11 770	222	+5	0.610 171	11 798	189	+2	0.264 615	5 117	82	+3
8	0.740 075	11 543	227	−1	0.598 373	11 982	184	−4	0.259 498	5 197	80	−1
9	0.751 618	+11 313	230	−1	0.586 391	+12 163	181	−5	0.254 301	+5 275	78	−2
10	+0.762 931		−234	−1	−0.574 228		+178	−1	−0.249 026		+ 78	+3

ΔX, ΔY, ΔZ sind in Einheiten der 7. Dezimale gegeben.

0h Weltzeit	Mittleres Äquinoktium 1950.0 X			ΔX	Y			ΔY	Z			ΔZ
1958												
Febr. 10	+0.762 931	+11 079	−234	−1	−0.574 228	+12 341	+178	−1	−0.249 026	+5 353	+78	+3
11	0.774 010	10 843	236	+3	0.561 887	12 515	174	−1	0.243 673	5 428	75	−2
12	0.784 853	10 601	242	−3	0.549 372	12 686	171	+3	0.238 245	5 502	74	−1
13	0.795 454	10 358	243	+3	0.536 686	12 852	166	0	0.232 743	5 574	72	−1
14	0.805 812	10 110	248	−1	0.523 834	13 015	163	+2	0.227 169	5 644	70	−1
15	0.815 922	9 859	251	−2	0.510 819	13 173	158	0	0.221 525	5 713	69	+2
16	+0.825 781	+ 9 605	−254	−1	−0.497 646	+13 327	+154	−1	−0.215 812	+5 780	+67	0
17	0.835 386	9 348	257	−2	0.484 319	13 476	149	0	0.210 032	5 844	64	−5
18	0.844 734	9 088	260	−3	0.470 843	13 622	146	+4	0.204 188	5 907	63	−3
19	0.853 822	8 824	264	−4	0.457 221	13 763	141	+2	0.198 281	5 968	61	−3
20	0.862 646	8 560	264	+4	0.443 458	13 898	135	−2	0.192 313	6 027	59	−4
21	0.871 206	8 292	268	−1	0.429 560	14 030	132	+4	0.186 286	6 083	56	−5
22	+0.879 498	+ 8 021	−271	−5	−0.415 530	+14 157	+127	+5	−0.180 203	+6 139	+56	+3
23	0.887 519	7 749	272	−1	0.401 373	14 279	122	+4	0.174 064	6 192	53	0
24	0.895 268	7 474	275	−2	0.387 094	14 397	118	+4	0.167 872	6 242	50	−3
25	0.902 742	7 198	276	+3	0.372 697	14 509	112	−1	0.161 630	6 292	50	+2
26	0.909 940	6 920	278	+1	0.358 188	14 617	108	0	0.155 338	6 338	46	−2
27	0.916 860	6 640	280	−1	0.343 571	14 721	104	+2	0.149 000	6 383	45	+2
28	+0.923 500	+ 6 358	−282	−2	−0.328 850	+14 819	+ 98	−4	−0.142 617	+6 427	+44	+4
März 1	0.929 858	6 076	282	+3	0.314 031	14 913	94	−5	0.136 190	6 467	40	−4
2	0.935 934	5 792	284	0	0.299 118	15 002	89	−5	0.129 723	6 505	38	−4
3	0.941 726	5 507	285	+1	0.284 116	15 087	85	−3	0.123 218	6 543	38	+5
4	0.947 233	5 221	286	0	0.269 029	15 167	80	−2	0.116 675	6 578	35	+3
5	0.952 454	4 934	287	−2	0.253 862	15 244	77	+3	0.110 097	6 611	33	+3
6	+0.957 388	+ 4 645	−289	−5	−0.238 618	+15 316	+ 72	+2	−0.103 486	+6 643	+32	+4
7	0.962 033	4 356	289	−1	0.223 302	15 383	67	−2	0.096 843	6 672	29	−2
8	0.966 389	4 065	291	−1	0.207 919	15 447	64	+2	0.090 171	6 699	27	−3
9	0.970 454	3 774	291	+1	0.192 472	15 506	59	0	0.083 472	6 725	26	+2
10	0.974 228	3 480	294	−5	0.176 966	15 560	54	−1	0.076 747	6 749	24	+3
11	0.977 708	3 186	294	−2	0.161 406	15 611	51	+5	0.069 998	6 770	21	+1
12	+0.980 894	+ 2 890	−296	−2	−0.145 795	+15 656	+ 45	+3	−0.063 228	+6 790	+20	+5
13	0.983 784	2 595	295	+4	0.130 139	15 697	41	+4	0.056 438	6 808	18	+5
14	0.986 379	2 297	298	−2	0.114 442	15 733	36	+5	0.049 630	6 823	15	+1
15	0.988 676	1 999	298	−3	0.098 709	15 764	31	+4	0.042 807	6 836	13	+2
16	0.990 675	1 700	299	−3	0.082 945	15 791	27	+5	0.035 971	6 848	12	+5
17	0.992 375	1 401	299	0	0.067 154	15 811	20	−5	0.029 123	6 857	9	+1
18	+0.993 776	+ 1 102	−299	+1	−0.051 343	+15 827	+ 16	−2	−0.022 266	+6 863	+ 6	−4
19	0.994 878	802	300	−3	0.035 516	15 839	12	+3	0.015 403	6 868	5	0
20	0.995 680	502	300	−5	0.019 677	15 844	5	−2	0.008 535	6 871	+ 3	+1
21	0.996 182	+ 202	300	−2	−0.003 833	15 846	+ 2	+4	−0.001 664	6 871	0	−2
22	0.996 384	− 97	299	+4	+0.012 013	+15 842	− 4	0	+0.005 207	+6 869	− 2	−1
23	+0.996 287		−298	+5	+0.027 855		− 10	−3	+0.012 076		− 4	+2

ΔX, ΔY, ΔZ sind in Einheiten der 7. Dezimale gegeben.

0^h Weltzeit	Mittleres Äquinoktium 1950.0											
	X			ΔX	Y			ΔY	Z			ΔZ
1958												
März 23	+0.996 287	− 395	−298	+5	+0.027 855	+15 832	− 10	−3	+0.012 076	+6 865	− 4	+2
24	0.995 892	695	300	−2	0.043 687	15 819	13	+2	0.018 941	6 860	5	+5
25	0.995 197	992	297	+5	0.059 506	15 800	19	0	0.025 801	6 851	9	0
26	0.994 205	1 289	297	+4	0.075 306	15 776	24	−2	0.032 652	6 841	10	+2
27	0.992 916	1 585	296	+4	0.091 082	15 747	29	0	0.039 493	6 829	12	+3
28	0.991 331	1 880	295	+3	0.106 829	15 714	33	−4	0.046 322	6 815	14	0
29	+0.989 451	− 2 174	−294	+3	+0.122 543	+15 677	− 37	+4	+0.053 137	+6 798	−17	−5
30	0.987 277	2 466	292	+5	0.138 220	15 633	44	−3	0.059 935	6 779	19	−4
31	0.984 811	2 757	291	+3	0.153 853	15 587	46	+2	0.066 714	6 760	19	+4
April 1	0.982 054	3 047	290	−1	0.169 440	15 535	52	−1	0.073 474	6 738	22	0
2	0.979 007	3 335	288	−2	0.184 975	15 480	55	+3	0.080 212	6 713	25	−3
3	0.975 672	3 623	288	−4	0.200 455	15 421	59	+3	0.086 925	6 688	25	+4
4	+0.972 049	− 3 908	−285	+4	+0.215 876	+15 357	− 64	−1	+0.093 613	+6 661	−27	+5
5	0.968 141	4 192	284	+4	0.231 233	15 289	68	−1	0.100 274	6 631	30	+1
6	0.963 949	4 476	284	0	0.246 522	15 218	71	+4	0.106 905	6 600	31	+3
7	0.959 473	4 758	282	+3	0.261 740	15 142	76	+2	0.113 505	6 568	32	+5
8	0.954 715	5 038	280	+4	0.276 882	15 062	80	+2	0.120 073	6 532	36	−3
9	0.949 677	5 318	280	−1	0.291 944	14 978	84	+1	0.126 605	6 496	36	+1
10	+0.944 359	− 5 596	−278	−3	+0.306 922	+14 888	− 90	−3	+0.133 101	+6 457	−39	−2
11	0.938 763	5 873	277	−3	0.321 810	14 796	92	+3	0.139 558	6 416	41	−2
12	0.932 890	6 148	275	0	0.336 606	14 698	98	0	0.145 974	6 374	42	+3
13	0.926 742	6 420	272	+3	0.351 304	14 596	102	0	0.152 348	6 330	44	+3
14	0.920 322	6 692	272	−4	0.365 900	14 490	106	0	0.158 678	6 283	47	−1
15	0.913 630	6 961	269	−2	0.380 390	14 378	112	−5	0.164 961	6 235	48	+1
16	+0.906 669	− 7 228	−267	−2	+0.394 768	+14 263	−115	−1	+0.171 196	+6 185	−50	0
17	0.899 441	7 492	264	+1	0.409 031	14 144	119	+1	0.177 381	6 133	52	0
18	0.891 949	7 755	263	−3	0.423 175	14 019	125	−4	0.183 514	6 079	54	−1
19	0.884 194	8 014	259	+3	0.437 194	13 891	128	0	0.189 593	6 023	56	0
20	0.876 180	8 270	256	+5	0.451 085	13 759	132	+3	0.195 616	5 966	57	+4
21	0.867 910	8 525	255	−2	0.464 844	13 622	137	+2	0.201 582	5 907	59	+5
22	+0.859 385	− 8 776	−251	0	+0.478 466	+13 482	−140	+3	+0.207 489	+5 846	−61	+3
23	0.850 609	9 024	248	+3	0.491 948	13 337	145	−2	0.213 335	5 784	62	+2
24	0.841 585	9 268	244	+5	0.505 285	13 188	149	−3	0.219 119	5 719	65	−3
25	0.832 317	9 510	242	+1	0.518 473	13 036	152	+1	0.224 838	5 653	66	−3
26	0.822 807	9 749	239	−2	0.531 509	12 881	155	+3	0.230 491	5 586	67	−1
27	0.813 058	9 983	234	+5	0.544 390	12 721	160	−3	0.236 077	5 517	69	−3
28	+0.803 075	−10 214	−231	+3	+0.557 111	+12 558	−163	−3	+0.241 594	+5 446	−71	−3
29	0.792 861	10 443	229	−4	0.569 669	12 393	165	+4	0.247 040	5 375	71	+3
30	0.782 418	10 667	224	−1	0.582 062	12 224	169	+1	0.252 415	5 302	73	+3
Mai 1	0.771 751	10 889	222	−5	0.594 286	12 052	172	+1	0.257 717	5 227	75	+1
2	0.760 862	−11 107	218	−4	0.606 338	+11 878	174	+2	0.262 944	+5 152	75	+5
3	+0.749 755		−215	−5	+0.618 216		−179	−4	+0.268 096		−77	0

ΔX, ΔY, ΔZ sind in Einheiten der 7. Dezimale gegeben.

0h Weltzeit	Mittleres Äquinoktium 1950.0											
	X			*ΔX*	*Y*			*ΔY*	*Z*			*ΔZ*
1958												
Mai 3	+0.749 755	−11 322	−215	−5	+0.618 216	+11 699	−179	−4	+0.268 096	+5 075	− 77	0
4	0.738 433	11 534	212	−5	0.629 915	11 520	179	+4	0.273 171	4 996	79	−4
5	0.726 899	11 743	209	−5	0.641 435	11 336	184	−2	0.278 167	4 917	79	−3
6	0.715 156	11 949	206	−4	0.652 771	11 149	187	−2	0.283 084	4 835	82	−5
7	0.703 207	12 151	202	−1	0.663 920	10 960	189	0	0.287 919	4 753	82	0
8	0.691 056	12 351	200	−5	0.674 880	10 767	193	−3	0.292 672	4 670	83	+2
9	+0.678 705	−12 547	−196	−1	+0.685 647	+10 571	−196	−3	+0.297 342	+4 584	− 86	−3
10	0.666 158	12 739	192	+2	0.696 218	10 372	199	−1	0.301 926	4 498	86	+1
11	0.653 419	12 928	189	+1	0.706 590	10 170	202	0	0.306 424	4 410	88	0
12	0.640 491	13 113	185	+2	0.716 760	9 965	205	+2	0.310 834	4 321	89	+2
13	0.627 378	13 295	182	0	0.726 725	9 757	208	+2	0.315 155	4 231	90	+3
14	0.614 083	13 472	177	+4	0.736 482	9 546	211	+2	0.319 386	4 139	92	+1
15	+0.600 611	−13 645	−173	+5	+0.746 028	+ 9 332	−214	0	+0.323 525	+4 046	− 93	+1
16	0.586 966	13 815	170	−1	0.755 360	9 115	217	0	0.327 571	3 953	93	+4
17	0.573 151	13 980	165	+2	0.764 475	8 896	219	+1	0.331 524	3 857	96	−3
18	0.559 171	14 141	161	+2	0.773 371	8 674	222	−1	0.335 381	3 761	96	−1
19	0.545 030	14 297	156	+2	0.782 045	8 448	226	−5	0.339 142	3 663	98	−2
20	0.530 733	14 450	153	−1	0.790 493	8 222	226	+5	0.342 805	3 565	98	+3
21	+0.516 283	−14 596	−146	+4	+0.798 715	+ 7 993	−229	+3	+0.346 370	+3 466	− 99	+4
22	0.501 687	14 740	144	−4	0.806 708	7 761	232	−2	0.349 836	3 366	100	+1
23	0.486 947	14 878	138	−1	0.814 469	7 527	234	−4	0.353 202	3 264	102	−5
24	0.472 069	15 011	133	−1	0.821 996	7 291	236	−4	0.356 466	3 162	102	−2
25	0.457 058	15 141	130	−5	0.829 287	7 055	236	+2	0.359 628	3 060	102	+2
26	0.441 917	15 265	124	0	0.836 342	6 815	240	−4	0.362 688	2 956	104	−3
27	+0.426 652	−15 384	−119	+5	+0.843 157	+ 6 575	−240	+1	+0.365 644	+2 852	−104	−1
28	0.411 268	15 499	115	+3	0.849 732	6 334	241	+3	0.368 496	2 747	105	+1
29	0.395 769	15 610	111	−1	0.856 066	6 091	243	−1	0.371 243	2 642	105	+4
30	0.380 159	15 717	107	−2	0.862 157	5 846	245	−3	0.373 885	2 537	105	+5
31	0.364 442	15 818	101	+3	0.868 003	5 602	244	+4	0.376 422	2 430	107	−2
Juni 1	0.348 624	15 917	99	−4	0.873 605	5 355	247	−4	0.378 852	2 323	107	−4
2	+0.332 707	−16 011	− 94	+1	+0.878 960	+ 5 107	−248	−5	+0.381 175	+2 215	−108	−5
3	0.316 696	16 100	89	+5	0.884 067	4 858	249	−4	0.383 390	2 107	108	−3
4	0.300 596	16 185	85	+4	0.888 925	4 607	251	−4	0.385 497	1 998	109	−1
5	0.284 411	16 267	82	−2	0.893 532	4 356	251	+3	0.387 495	1 890	108	+4
6	0.268 144	16 344	77	−1	0.897 888	4 103	253	+4	0.389 385	1 779	111	−4
7	0.251 800	16 416	72	+1	0.901 991	3 849	254	+5	0.391 164	1 669	110	−1
8	+0.235 384	−16 484	− 68	−2	+0.905 840	+ 3 593	−256	+1	+0.392 833	+1 558	−111	−3
9	0.218 900	16 548	64	−4	0.909 433	3 336	257	+2	0.394 391	1 446	112	−4
10	0.202 352	16 606	58	0	0.912 769	3 078	258	+4	0.395 837	1 334	112	−2
11	0.185 746	16 661	55	−3	0.915 847	2 820	258	+5	0.397 171	1 222	112	+2
12	0.169 085	−16 709	48	+4	0.918 667	+ 2 559	261	−4	0.398 393	+1 109	113	+2
13	+0.152 376		− 45	0	+0.921 226		−261	−3	+0.399 502		−113	+4

ΔX, *ΔY*, *ΔZ* sind in Einheiten der 7. Dezimale gegeben.

0^h Weltzeit	Mittleres Äquinoktium 1950.0											
	X			*ΔX*	*Y*			*ΔY*	*Z*			*ΔZ*
1958												
Juni 13	+0.152 376	−16 754	− 45	0	+0.921 226	+2 298	−261	−3	+0.399 502	+ 996	−113	+4
14	0.135 622	16 793	39	+4	0.923 524	2 036	262	0	0.400 498	883	113	+5
15	0.118 829	16 827	34	+3	0.925 560	1 774	262	+5	0.401 381	769	114	0
16	0.102 002	16 857	30	−1	0.927 334	1 511	263	+4	0.402 150	655	114	−3
17	0.085 145	16 881	24	0	0.928 845	1 248	263	+4	0.402 805	540	115	−4
18	0.068 264	16 900	19	−1	0.930 093	983	265	−3	0.403 345	427	113	+2
19	+0.051 364	−16 915	− 15	−4	+0.931 076	+ 720	−263	+1	+0.403 772	+ 312	−115	−4
20	0.034 449	16 923	8	+3	0.931 796	455	265	−5	0.404 084	197	115	−5
21	0.017 526	16 927	− 4	+3	0.932 251	+ 191	264	−3	0.404 281	+ 83	114	+1
22	+0.000 599	16 925	+ 2	+5	0.932 442	− 72	263	0	0.404 364	− 31	114	+4
23	−0.016 326	16 919	6	+1	0.932 370	336	264	−4	0.404 333	144	113	+5
24	0.033 245	16 908	11	−2	0.932 034	599	263	−1	0.404 189	259	115	−5
25	−0.050 153	−16 892	+ 16	−3	+0.931 435	− 860	−261	+2	+0.403 930	− 373	−114	−4
26	0.067 045	16 872	20	−4	0.930 575	1 122	262	−3	0.403 557	486	113	+2
27	0.083 917	16 847	25	−2	0.929 453	1 383	261	−4	0.403 071	599	113	+4
28	0.100 764	16 817	30	+1	0.928 070	1 643	260	−4	0.402 472	711	112	+4
29	0.117 581	16 784	33	0	0.926 427	1 903	260	−2	0.401 761	825	114	−4
30	0.134 365	16 745	39	+4	0.924 524	2 161	258	+4	0.400 936	937	112	+2
Juli 1	−0.151 110	−16 703	+ 42	+1	+0.922 363	−2 419	−258	+2	+0.399 999	−1 049	−112	+3
2	0.167 813	16 656	47	+2	0.919 944	2 677	258	−1	0.398 950	1 160	111	+5
3	0.184 469	16 605	51	−1	0.917 267	2 933	256	+4	0.397 790	1 272	112	−2
4	0.201 074	16 550	55	−2	0.914 334	3 190	257	−3	0.396 518	1 384	112	−5
5	0.217 624	16 490	60	+1	0.911 144	3 446	256	−4	0.395 134	1 495	111	−1
6	0.234 114	16 425	65	+4	0.907 698	3 701	255	−2	0.393 639	1 605	110	+3
7	−0.250 539	−16 356	+ 69	+2	+0.903 997	−3 955	−254	0	+0.392 034	−1 716	−111	−1
8	0.266 895	16 282	74	0	0.900 042	4 209	254	−3	0.390 318	1 826	110	+1
9	0.283 177	16 205	77	−4	0.895 833	4 461	252	−1	0.388 492	1 935	109	+3
10	0.299 382	16 121	84	+4	0.891 372	4 713	252	−4	0.386 557	2 044	109	0
11	0.315 503	16 033	88	+3	0.886 659	4 964	251	−3	0.384 513	2 153	109	−4
12	0.331 536	15 941	92	−2	0.881 695	5 213	249	+2	0.382 360	2 262	109	−5
13	−0.347 477	−15 844	+ 97	−2	+0.876 482	−5 461	−248	+1	+0.380 098	−2 369	−107	+3
14	0.363 321	15 742	102	0	0.871 021	5 708	247	0	0.377 729	2 475	106	+5
15	0.379 063	15 635	107	0	0.865 313	5 953	245	0	0.375 254	2 582	107	−1
16	0.394 698	15 524	111	0	0.859 360	6 197	244	−3	0.372 672	2 688	106	−1
17	0.410 222	15 407	117	+4	0.853 163	6 439	242	−4	0.369 984	2 792	104	+5
18	0.425 629	15 286	121	+4	0.846 724	6 679	240	−3	0.367 192	2 896	104	+3
19	−0.440 915	−15 160	+126	+4	+0.840 045	−6 917	−238	−3	+0.364 296	−2 999	−103	+2
20	0.456 075	15 030	130	+1	0.833 128	7 152	235	0	0.361 297	3 101	102	+1
21	0.471 105	14 895	135	+2	0.825 976	7 386	234	−2	0.358 196	3 202	101	0
22	0.486 000	14 756	139	−2	0.818 590	7 616	230	+4	0.354 994	3 302	100	0
23	0.500 756	−14 614	142	−5	0.810 974	−7 844	228	+2	0.351 692	−3 401	99	−2
24	−0.515 370		+147	−1	+0.803 130		−226	−1	+0.348 291		− 98	−2

ΔX, ΔY, ΔZ sind in Einheiten der 7. Dezimale gegeben.

0^h Weltzeit	Mittleres Äquinoktium 1950.0											
	X			*ΔX*	*Y*			*ΔY*	*Z*			*ΔZ*
1958												
Juli 24	−0.515 370	−14 467	+147	−1	+0.803 130	− 8 070	−226	−1	+0.348 291	−3 499	−98	−2
25	0.529 837	14 316	151	+2	0.795 060	8 294	224	−4	0.344 792	3 596	97	−3
26	0.544 153	14 161	155	+4	0.786 766	8 514	220	0	0.341 196	3 692	96	−3
27	0.558 314	14 003	158	−1	0.778 252	8 733	219	−2	0.337 504	3 787	95	−1
28	0.572 317	13 842	161	−4	0.769 519	8 948	215	+3	0.333 717	3 880	93	+4
29	0.586 159	13 676	166	+2	0.760 571	9 162	214	−2	0.329 837	3 973	93	+1
30	−0.599 835	−13 507	+169	−1	+0.751 409	− 9 373	−211	−1	+0.325 864	−4 065	−92	−1
31	0.613 342	13 335	172	−5	0.742 036	9 582	209	−2	0.321 799	4 155	90	+1
Aug. 1	0.626 677	13 159	176	−3	0.732 454	9 788	206	−1	0.317 644	4 245	90	−4
2	0.639 836	12 979	180	−1	0.722 666	9 992	204	−2	0.313 399	4 334	89	−5
3	0.652 815	12 796	183	0	0.712 674	10 194	202	−5	0.309 065	4 421	87	−3
4	0.665 611	12 608	188	+4	0.702 480	10 393	199	−3	0.304 644	4 508	87	−5
5	−0.678 219	−12 418	+190	−2	+0.692 087	−10 589	−196	−2	+0.300 136	−4 593	−85	−1
6	0.690 637	12 223	195	+2	0.681 498	10 784	195	−5	0.295 543	4 677	84	+1
7	0.702 860	12 025	198	+1	0.670 714	10 974	190	+5	0.290 866	4 760	83	+3
8	0.714 885	11 823	202	+1	0.659 740	11 162	188	+2	0.286 106	4 841	81	+5
9	0.726 708	11 617	206	+1	0.648 578	11 348	186	−3	0.281 265	4 921	80	+1
10	0.738 325	11 409	208	−3	0.637 230	11 531	183	−2	0.276 344	5 001	80	−5
11	−0.749 734	−11 195	+214	+4	+0.625 699	−11 709	−178	+4	+0.271 343	−5 079	−78	−1
12	0.760 929	10 979	216	+1	0.613 990	11 886	177	−2	0.266 264	5 154	75	+5
13	0.771 908	10 758	221	+5	0.602 104	12 059	173	0	0.261 110	5 229	75	+1
14	0.782 666	10 535	223	+1	0.590 045	12 228	169	+3	0.255 881	5 303	74	−2
15	0.793 201	10 307	228	+5	0.577 817	12 393	165	+1	0.250 578	5 374	71	+2
16	0.803 508	10 077	230	0	0.565 424	12 556	163	−4	0.245 204	5 444	70	0
17	−0.813 585	− 9 843	+234	+3	+0.552 868	−12 714	−158	0	+0.239 760	−5 513	−69	−4
18	0.823 428	9 606	237	+4	0.540 154	12 867	153	+4	0.234 247	5 580	67	−2
19	0.833 034	9 367	239	+1	0.527 287	13 018	151	−2	0.228 667	5 644	64	+4
20	0.842 401	9 124	243	+3	0.514 269	13 164	146	+1	0.223 023	5 708	64	−2
21	0.851 525	8 880	244	−4	0.501 105	13 305	141	+5	0.217 315	5 770	62	0
22	0.860 405	8 634	246	−4	0.487 800	13 444	139	−1	0.211 545	5 829	59	+5
23	−0.869 039	− 8 384	+250	+4	+0.474 356	−13 578	−134	+2	+0.205 716	−5 888	−59	0
24	0.877 423	8 132	252	+4	0.460 778	13 708	130	+3	0.199 828	5 944	56	+2
25	0.885 555	7 879	253	−2	0.447 070	13 835	127	−1	0.193 884	6 000	56	−3
26	0.893 434	7 624	255	−5	0.433 235	13 958	123	+2	0.187 884	6 053	53	+1
27	0.901 058	7 366	258	−1	0.419 277	14 076	118	+5	0.181 831	6 105	52	+1
28	0.908 424	7 107	259	−3	0.405 201	14 192	116	−2	0.175 726	6 155	50	+5
29	−0.915 531	− 6 845	+262	+3	+0.391 009	−14 304	−112	−3	+0.169 571	−6 203	−48	+5
30	0.922 376	6 581	264	+4	0.376 705	14 412	108	+1	0.163 368	6 250	47	+1
31	0.928 957	6 315	266	+4	0.362 293	14 515	103	+4	0.157 118	6 296	46	−3
Sept. 1	0.935 272	6 047	268	−1	0.347 778	14 616	101	−3	0.150 822	6 339	43	+1
2	0.941 319	− 5 778	269	−5	0.333 162	−14 713	97	−4	0.144 483	−6 381	42	0
3	−0.947 097		+272	−2	+0.318 449		− 92	0	+0.138 102		−40	0

ΔX, ΔY, ΔZ sind in Einheiten der 7. Dezimale gegeben.

0h Weltzeit	Mittleres Äquinoktium 1950.0											
	X			ΔX	Y			ΔY	Z			ΔZ
1958												
Sept. 3	−0.947 097	−5 506	+272	−2	+0.318 449	−14 805	−92	0	+0.138 102	−6 421	−40	0
4	0.952 603	5 232	274	−1	0.303 644	14 894	89	−1	0.131 681	6 459	38	−1
5	0.957 835	4 956	276	0	0.288 750	14 978	84	+2	0.125 222	6 496	37	−5
6	0.962 791	4 679	277	−4	0.273 772	15 059	81	0	0.118 726	6 531	35	−5
7	0.967 470	4 399	280	−2	0.258 713	15 134	75	+3	0.112 195	6 564	33	−3
8	0.971 869	4 118	281	−5	0.243 579	15 207	73	−4	0.105 631	6 595	31	0
9	−0.975 987	−3 835	+283	−3	+0.228 372	−15 275	−68	−4	+0.099 036	−6 624	−29	+3
10	0.979 822	3 550	285	−3	0.213 097	15 338	63	0	0.092 412	6 651	27	+3
11	0.983 372	3 264	286	−4	0.197 759	15 396	58	+2	0.085 761	6 676	25	+1
12	0.986 636	2 976	288	−1	0.182 363	15 450	54	−1	0.079 085	6 700	24	−3
13	0.989 612	2 687	289	+2	0.166 913	15 499	49	−3	0.072 385	6 721	21	−1
14	0.992 299	2 396	291	+5	0.151 414	15 544	45	−5	0.065 664	6 740	19	+2
15	−0.994 695	−2 105	+291	+4	+0.135 870	−15 582	−38	+1	+0.058 924	−6 757	−17	+3
16	0.996 800	1 813	292	+3	0.120 288	15 617	35	−5	0.052 167	6 771	14	+5
17	0.998 613	1 521	292	+1	0.104 671	15 646	29	−3	0.045 396	6 785	14	−3
18	1.000 134	1 228	293	+4	0.089 025	15 671	25	−5	0.038 611	6 795	10	+2
19	1.001 362	935	293	+3	0.073 354	15 691	20	−1	0.031 816	6 804	9	0
20	1.002 297	642	293	+2	0.057 663	15 706	15	+4	0.025 012	6 811	7	0
21	−1.002 939	− 349	+293	−1	+0.041 957	−15 716	−10	+5	+0.018 201	−6 815	− 4	+3
22	1.003 288	− 56	293	−2	0.026 241	15 723	7	−1	0.011 386	6 819	− 4	−3
23	1.003 344	+ 236	292	−4	+0.010 518	15 724	− 1	+3	+0.004 567	6 819	0	+4
24	1.003 108	530	294	+4	−0.005 206	15 722	+ 2	−3	−0.002 252	6 818	+ 1	+1
25	1.002 578	823	293	+1	0.020 928	15 715	7	−1	0.009 070	6 816	2	−3
26	1.001 755	1 115	292	−3	0.036 643	15 704	11	−1	0.015 886	6 811	5	+3
27	−1.000 640	+1 408	+293	0	−0.052 347	−15 688	+16	0	−0.022 697	−6 804	+ 7	+5
28	0.999 232	1 700	292	−2	0.068 035	15 669	19	−2	0.029 501	6 795	9	+4
29	0.997 532	1 993	293	+3	0.083 704	15 644	25	+4	0.036 296	6 785	10	−1
30	0.995 539	2 285	292	0	0.099 348	15 615	29	+4	0.043 081	6 773	12	−1
Okt. 1	0.993 254	2 576	291	−4	0.114 963	15 583	32	−1	0.049 854	6 758	15	+4
2	0.990 678	2 868	292	+1	0.130 546	15 545	38	+4	0.056 612	6 742	16	+2
3	−0.987 810	+3 159	+291	+1	−0.146 091	−15 503	+42	+2	−0.063 354	−6 723	+19	+3
4	0.984 651	3 450	291	+3	0.161 594	15 457	46	+2	0.070 077	6 704	19	−3
5	0.981 201	3 740	290	+2	0.177 051	15 406	51	+3	0.076 781	6 681	23	+3
6	0.977 461	4 030	290	+4	0.192 457	15 350	56	+4	0.083 462	6 657	24	+2
7	0.973 431	4 320	290	+5	0.207 807	15 290	60	+1	0.090 119	6 630	27	+2
8	0.969 111	4 608	288	−2	0.223 097	15 226	64	−2	0.096 749	6 603	27	−4
9	−0.964 503	+4 895	+287	−5	−0.238 323	−15 155	+71	+4	−0.103 352	−6 572	+31	+1
10	0.959 608	5 182	287	0	0.253 478	15 081	74	−2	0.109 924	6 539	33	+1
11	0.954 426	5 468	286	+3	0.268 559	15 002	79	−2	0.116 463	6 505	34	−4
12	0 948 958	5 753	285	+4	0.283 561	14 917	85	+3	0.122 968	6 468	37	−2
13	0.943 205	+6 035	282	−4	0.298 478	−14 827	90	+4	0.129 436	−6 430	38	−5
14	−0.937 170		+281	−3	−0.313 305		+94	0	−0.135 866		+42	+1

ΔX, ΔY, ΔZ sind in Einheiten der 7. Dezimale gegeben.

0^h Weltzeit	Mittleres Äquinoktium 1950.0											
	X			$\varDelta X$	Y			$\varDelta Y$	Z			$\varDelta Z$
1958												
Okt. 14	−0.937 170	+ 6 316	+281	−3	−0.313 305	−14 733	+ 94	0	−0.135 866	−6 388	+ 42	+1
15	0.930 854	6 595	279	−2	0.328 038	14 634	99	0	0.142 254	6 346	42	−3
16	0.924 259	6 872	277	−1	0.342 672	14 530	104	+4	0.148 600	6 300	46	+2
17	0.917 387	7 146	274	−2	0.357 202	14 421	109	+5	0.154 900	6 254	46	−4
18	0.910 241	7 419	273	+2	0.371 623	14 308	113	+1	0.161 154	6 205	49	−1
19	0.902 822	7 689	270	+1	0.385 931	14 192	116	−4	0.167 359	6 154	51	0
20	−0.895 133	+ 7 956	+267	−3	−0.400 123	−14 070	+122	+2	−0.173 513	−6 102	+ 52	−3
21	0.887 177	8 221	265	−4	0.414 193	13 945	125	−1	0.179 615	6 048	54	−2
22	0.878 956	8 483	262	−3	0.428 138	13 815	130	+3	0.185 663	5 992	56	+1
23	0.870 473	8 744	261	+4	0.441 953	13 682	133	−1	0.191 655	5 933	59	+4
24	0.861 729	9 002	258	+2	0.455 635	13 545	137	−1	0.197 588	5 875	58	−4
25	0.852 727	9 257	255	−3	0.469 180	13 404	141	+2	0.203 463	5 813	62	+1
26	−0.843 470	+ 9 509	+252	−5	−0.482 584	−13 258	+146	+5	−0.209 276	−5 751	+ 62	−3
27	0.833 961	9 759	250	−2	0.495 842	13 110	148	−1	0.215 027	5 686	65	+3
28	0.824 202	10 007	248	+4	0.508 952	12 956	154	+4	0.220 713	5 619	67	+5
29	0.814 195	10 252	245	+3	0.521 908	12 801	155	−4	0.226 332	5 552	67	−1
30	0.803 943	10 495	243	+3	0.534 709	12 640	161	+2	0.231 884	5 482	70	+2
31	0.793 448	10 733	238	−4	0.547 349	12 476	164	+2	0.237 366	5 411	71	+1
Nov. 1	−0.782 715	+10 971	+238	+2	−0.559 825	−12 307	+169	+4	−0.242 777	−5 337	+ 74	+4
2	0.771 744	11 204	233	−1	0.572 132	12 136	171	−3	0.248 114	5 263	74	−2
3	0.760 540	11 436	232	+5	0.584 268	11 960	176	−3	0.253 377	5 187	76	−2
4	0.749 104	11 664	228	+2	0.596 228	11 781	179	−4	0.258 564	5 108	79	+2
5	0.737 440	11 889	225	+1	0.608 009	11 597	184	−2	0.263 672	5 029	79	−4
6	0.725 551	12 111	222	+1	0.619 606	11 410	187	−3	0.268 701	4 948	81	−3
7	−0.713 440	+12 330	+219	+2	−0.631 016	−11 218	+192	−2	−0.273 649	−4 864	+ 84	+2
8	0.701 110	12 544	214	−3	0.642 234	11 023	195	−5	0.278 513	4 780	84	−1
9	0.688 566	12 757	213	+4	0.653 257	10 824	199	−4	0.283 293	4 693	87	+4
10	0.675 809	12 963	206	−3	0.664 081	10 621	203	−1	0.287 986	4 605	88	+2
11	0.662 846	13 168	205	+4	0.674 702	10 413	208	+4	0.292 591	4 515	90	+2
12	0.649 678	13 366	198	−4	0.685 115	10 203	210	−2	0.297 106	4 424	91	−2
13	−0.636 312	+13 561	+195	+1	−0.695 318	− 9 989	+214	−1	−0.301 530	−4 332	+ 92	−4
14	0.622 751	13 752	191	+2	0.705 307	9 772	217	−2	0.305 862	4 237	95	+2
15	0.608 999	13 937	185	−2	0.715 079	9 552	220	0	0.310 099	4 142	95	−4
16	0.595 062	14 119	182	+2	0.724 631	9 328	224	+4	0.314 241	4 046	96	−5
17	0.580 943	14 296	177	−1	0.733 959	9 102	226	0	0.318 287	3 948	98	−1
18	0.566 647	14 467	171	−5	0.743 061	8 874	228	−4	0.322 235	3 848	100	+3
19	−0.552 180	+14 636	+169	+5	−0.751 935	− 8 643	+231	−4	−0.326 083	−3 749	+ 99	−4
20	0.537 544	14 799	163	+2	0.760 578	8 409	234	+1	0.329 832	3 647	102	+1
21	0.522 745	14 959	160	+4	0.768 987	8 173	236	+1	0.333 479	3 545	102	−2
22	0.507 786	15 112	153	−4	0.777 160	7 934	239	+1	0.337 024	3 442	103	−2
23	0.492 674	+15 263	151	+3	0.785 094	− 7 694	240	−3	0.340 466	−3 337	105	+3
24	−0.477 411		+145	+1	−0.792 788		+243	0	0.343 803		+105	+1

$\varDelta X$, $\varDelta Y$, $\varDelta Z$ sind in Einheiten der 7. Dezimale gegeben.

0h Weltzeit	Mittleres Äquinoktium 1950.0 X			ΔX	Y			ΔY	Z			ΔZ
1958 Nov. 24	−0.477 411	+15 408	+145	+1	−0.792 788	−7 451	+243	0	−0.343 803	−3 232	+105	+1
25	0.462 003	15 550	142	+5	0.800 239	7 205	246	+3	0.347 035	3 125	107	+4
26	0.446 453	15 686	136	0	0.807 444	6 958	247	−2	0.350 160	3 018	107	0
27	0.430 767	15 819	133	+3	0.814 402	6 709	249	−1	0.353 178	2 910	108	+1
28	0.414 948	15 946	127	−4	0.821 111	6 457	252	+3	0.356 088	2 800	110	+4
29	0.399 002	16 069	123	−4	0.827 568	6 203	254	+5	0.358 888	2 690	110	0
30	−0.382 933	+16 188	+119	−1	−0.833 771	−5 947	+256	+3	−0.361 578	−2 579	+111	−2
Dez. 1	0.366 745	16 302	114	−3	0.839 718	5 690	257	−1	0.364 157	2 467	112	−4
2	0.350 443	16 411	109	−5	0.845 408	5 429	261	+4	0.366 624	2 355	112	−5
3	0.334 032	16 516	105	−2	0.850 837	5 168	261	−1	0.368 979	2 240	115	+3
4	0.317 516	16 615	99	−3	0.856 005	4 903	265	+2	0.371 219	2 126	114	−3
5	0.300 901	16 711	96	+3	0.860 908	4 638	265	−4	0.373 345	2 011	115	−2
6	−0.284 190	+16 800	+ 89	−4	−0.865 546	−4 369	+269	+1	−0.375 356	−1 894	+117	+2
7	0.267 390	16 884	84	−3	0.869 915	4 100	269	−3	0.377 250	1 777	117	+1
8	0.250 506	16 964	80	+3	0.874 015	3 828	272	−1	0.379 027	1 660	117	−2
9	0.233 542	17 037	73	−2	0.877 843	3 555	273	−1	0.380 687	1 541	119	+2
10	0.216 505	17 104	67	−4	0.881 398	3 280	275	0	0.382 228	1 422	119	+2
11	0.199 401	17 167	63	+4	0.884 678	3 004	276	−2	0.383 650	1 303	119	+1
12	−0.182 234	+17 223	+ 56	+2	−0.887 682	−2 728	+276	−5	−0.384 953	−1 182	+121	+4
13	0.165 011	17 274	51	+3	0.890 410	2 450	278	+1	0.386 135	1 063	119	−2
14	0.147 737	17 318	44	−1	0.892 860	2 171	279	+4	0.387 198	942	121	+4
15	0.130 419	17 358	40	+4	0.895 031	1 892	279	+2	0.388 140	821	121	+4
16	0.113 061	17 392	34	+3	0.896 923	1 614	278	−4	0.388 961	700	121	+3
17	0.095 669	17 419	27	−1	0.898 537	1 334	280	+2	0.389 661	579	121	+2
18	−0.078 250	+17 443	+ 24	+4	−0.899 871	−1 054	+280	+4	−0.390 240	− 458	+121	+2
19	0.060 807	17 460	17	0	0.900 925	774	280	+3	0.390 698	336	122	+3
20	0.043 347	17 472	12	−2	0.901 699	495	279	−1	0.391 034	215	121	−2
21	0.025 875	17 479	7	−1	0.902 194	− 215	280	+1	0.391 249	− 94	121	−4
22	−0.008 396	17 480	+ 1	−3	0.902 409	+ 65	280	0	0.391 343	+ 27	121	−2
23	+0.009 084	17 476	− 4	−1	0.902 344	344	279	−4	0.391 316	149	122	+1
24	+0.026 560	+17 468	− 8	+5	−0.902 000	+ 623	+279	−3	−0.391 167	+ 270	+121	−1
25	0.044 028	17 454	14	+3	0.901 377	902	279	+1	0.390 897	391	121	−2
26	0.061 482	17 435	19	0	0.900 475	1 181	279	+3	0.390 506	512	121	−3
27	0.078 917	17 410	25	−4	0.899 294	1 460	279	+4	0.389 994	633	121	−2
28	0.096 327	17 381	29	+1	0.897 834	1 737	277	−4	0.389 361	753	120	−4
29	0.113 708	17 347	34	+4	0.896 097	2 015	278	0	0.388 608	874	121	+2
30	+0.131 055	+17 308	− 39	+4	−0.894 082	+2 292	+277	−1	−0.387 734	+ 995	+121	+4
31	0.148 363	+17 263	45	−1	0.891 790	+2 569	277	+1	0.386 739	+1 115	120	−2
32	+0.165 626		− 50	−1	−0.889 221		+277	+4	−0.385 624		+119	−4

ΔX, ΔY, ΔZ sind in Einheiten der 7. Dezimale gegeben.

Mittleres Äquinoktium 1950.0

MERKUR 1958

0^h Weltzeit	log r	Helioz. Länge	Red. auf d. Bahn	Helioz. Breite	0^h Weltzeit	log r	Helioz. Länge	Red. auf d. Bahn	Helioz. Breite
1958		°	°	°	1958		°	°	°
Jan. −3	9.4982	106.98	+0.19	+6.03	Juli 1	9.5530	156.24	−0.13	+6.64
+2	9.5254	135.72	+0.02	+7.00	6	9.5867	178.08	−0.21	+5.35
7	9.5594	160.62	−0.15	+6.46	11	9.6162	196.84	−0.19	+3.61
12	9.5926	181.81	−0.21	+5.04	16	9.6393	213.38	−0.10	+1.74
17	9.6210	200.09	−0.18	+3.26	21	9.6558	228.44	0.00	−0.09
22	9.6430	216.30	−0.08	+1.39	26	9.6658	242.62	+0.11	−1.81
27	9.6582	231.16	+0.03	−0.42	31	9.6690	256.39	+0.18	−3.37
Febr. 1	9.6668	245.22	+0.12	−2.12	Aug. 5	9.6659	270.20	+0.21	−4.74
6	9.6689	258.97	+0.19	−3.65	10	9.6561	284.48	+0.20	−5.87
11	9.6645	272.83	+0.21	−4.97	15	9.6397	299.70	+0.13	−6.66
16	9.6535	287.25	+0.19	−6.04	20	9.6166	316.42	+0.01	−7.00
21	9.6358	302.71	+0.11	−6.77	25	9.5873	335.29	−0.12	−6.68
26	9.6115	319.78	−0.02	−7.00	30	9.5535	357.07	−0.21	−5.43
März 3	9.5812	339.14	−0.15	−6.52	Sept. 4	9.5200	22.42	−0.17	−3.01
8	9.5470	1.55	−0.21	−5.07	9	9.4950	51.38	+0.03	+0.45
13	9.5143	27.60	−0.14	−2.42	14	9.4883	82.66	+0.20	+4.02
18	9.4921	57.15	+0.07	+1.15	19	9.5030	113.55	+0.16	+6.40
23	9.4895	88.58	+0.21	+4.59	24	9.5326	141.50	−0.03	+6.99
28	9.5077	119.07	+0.13	+6.64	29	9.5670	165.54	−0.18	+6.20
April 2	9.5390	146.31	−0.06	+6.93	Okt. 4	9.5993	186.02	−0.21	+4.67
7	9.5733	169.63	−0.19	+5.95	9	9.6263	203.78	−0.16	+2.85
12	9.6049	189.53	−0.21	+4.34	14	9.6469	219.64	−0.06	+0.99
17	9.6307	206.88	−0.14	+2.50	19	9.6607	234.28	+0.05	−0.80
22	9.6499	222.46	−0.04	+0.64	24	9.6678	248.24	+0.14	−2.47
27	9.6625	236.93	+0.07	−1.13	29	9.6685	261.97	+0.20	−3.96
Mai 2	9.6685	250.81	+0.15	−2.76	Nov. 3	9.6627	275.92	+0.21	−5.23
7	9.6679	264.56	+0.21	−4.21	8	9.6502	290.52	+0.17	−6.24
12	9.6609	278.59	+0.21	−5.44	13	9.6310	306.28	+0.08	−6.87
17	9.6472	293.37	+0.16	−6.39	18	9.6054	323.78	−0.04	−6.97
22	9.6268	309.41	+0.06	−6.93	23	9.5739	343.75	−0.17	−6.30
27	9.5999	327.32	−0.07	−6.91	28	9.5396	6.91	−0.21	−4.59
Juni 1	9.5676	347.82	−0.19	−6.07	Dez. 3	9.5083	33.79	−0.10	−1.70
6	9.5331	11.67	−0.20	−4.14	8	9.4897	63.94	+0.11	+1.96
11	9.5034	39.23	−0.06	−1.04	13	9.4919	95.42	+0.21	+5.19
16	9.4884	69.83	+0.15	+2.65	18	9.5139	125.35	+0.09	+6.84
21	9.4947	101.24	+0.21	+5.64	23	9.5464	151.73	−0.10	+6.80
26	9.5194	130.60	+0.05	+6.95	28	9.5806	174.24	−0.21	+5.64
Juli 1	9.5530	156.24	−0.13	+6.64	33	9.6111	193.51	−0.20	+3.95

$☊ = 47\overset{\circ}{.}739$ $i = 7\overset{\circ}{.}004$ $m = \frac{1}{6\,000\,000}$

Mittleres Äquinoktium 1950.0

0^h Weltzeit	Julian. Zeit	log r	Heliozentr. Länge	Red. auf d. Bahn	Heliozentr. Breite	log R	Länge
		VENUS 1958				ERDE 1958	
1958	d		°	in 0°001	°		°
Jan. −3	2436 200.5	9.85760	76.762	+ 1	0.033	9.99272	95.884
7	210.5	9.85700	92.909	+ 28	+ 0.976	9.99270	106.076
17	220.5	9.85659	109.101	+46	+ 1.845	9.99290	116.264
27	230.5	9.85640	125.331	+ 50	+ 2.568	9.99332	126.437
Febr. 6	240.5	9.85643	141.582	+ 38	+ 3.086	9.99394	136.586
16	2436 250.5	9.85670	157.834	+ 15	+ 3.358	9.99474	146.701
26	260.5	9.85718	174.062	−14	+ 3.362	9.99571	156.776
März 8	270.5	9.85783	190.243	−37	+ 3.100	9.99679	166.803
18	280.5	9.85859	206.361	−50	+ 2.595	9.99796	176.778
28	290.5	9.85941	222.404	−47	+ 1.890	9.99919	186.697
April 7	2436 300.5	9.86022	238.372	−29	+ 1.041	0.00044	196.561
17	310.5	9.86095	254.275	− 3	+ 0.114	0.00166	206.368
27	320.5	9.86157	270.127	+ 23	−0.817	0.00284	216.120
Mai 7	330.5	9.86201	285.947	+ 43	−1.685	0.00392	225.823
17	340.5	9.86224	301.755	+ 50	−2.424	0.00489	235.479
27	2436 350.5	9.86226	317.569	+ 42	−2.980	0.00571	245.096
Juni 6	360.5	9.86204	333.403	+ 22	−3.310	0.00637	254.679
16	370.5	9.86162	349.267	− 5	−3.389	0.00684	264.238
26	380.5	9.86103	5.167	−31	−3.210	0.00712	273.780
Juli 6	390.5	9.86030	21.106	−47	−2.785	0.00720	283.314
16	2436 400.5	9.85949	37.087	−49	−2.143	0.00707	292.850
26	410.5	9.85868	53.114	−36	−1.332	0.00674	302.395
Aug. 5	420.5	9.85791	69.189	−12	−0.415	0.00623	311.959
15	430.5	9.85724	85.313	16	+ 0.538	0.00552	321.550
25	440.5	9.85675	101.486	+ 39	+ 1.451	0.00467	331.176
Sept. 4	2436 450.5	9.85645	117.701	+ 50	+ 2.250	0.00367	340.843
14	460.5	9.85638	133.945	+ 45	+ 2.871	0.00255	350.557
24	470.5	9.85655	150.199	+ 27	+ 3.263	0.00137	0.323
Okt. 4	480.5	9.85693	166.441	0	+ 3.394	0.00013	10.144
14	490.5	9.85751	182.647	−27	+ 3.256	9.99888	20.021
24	2436 500.5	9.85822	198.796	−46	+ 2.861	9.99766	29.955
Nov. 3	510.5	9.85902	214.874	−50	+ 2.243	9.99650	39.943
13	520.5	9.85985	230.877	−39	+ 1.453	9.99544	49.983
23	530.5	9.86063	246.809	−16	+ 0.555	9.99452	60.069
Dez. 3	540.5	9.86130	262.682	+ 11	−0.383	9.99376	70.194
13	2436 550.5	9.86183	278.514	+ 35	−1.290	9.99318	80.350
23	560.5	9.86217	294.325	+ 49	−2.097	9.99282	90.528
33	2436 570.5	9.86228	310.134	+ 48	−2.744	9.99268	100.718

Venus: ☊ = 76°230 $i = 3°394$ $m = \frac{1}{408\,000}$

Erde: $m = \frac{1}{329\,390}$

Mittleres Äquinoktium 1950.0

0h Weltzeit	log r	Heliozentr. Länge	Red. a. d. Bahn	Heliozentr. Breite	log r	Heliozentr. Länge	Red. a. d.Bahn	Heliozentr. Breite
	MARS 1958				JUPITER 1958			
1958		°	in 0°001	°		°	in 0°0001	°
Jan. −3	0.19435	223.531	− 3	+0.181	0.736823	198.3302	−21	+1.2930
+7	0.19092	228.517	0	+0.020	0.736796	199.0852	23	1.2904
17	0.18736	233.583	+ 2	−0.143	0.736765	199.8404	25	1.2875
27	0.18371	238.735	+ 5	0.308	0.736730	200.5956	27	1.2844
Febr. 6	0.17998	243.975	+ 7	0.473	0.736691	201.3510	29	1.2811
16	0.17622	249.307	+10	−0.638	0.736648	202.1066	−31	+1.2776
26	0.17245	254.732	+12	0.799	0.736602	202.8623	32	1.2739
März 8	0.16871	260.253	+13	0.956	0.736552	203.6181	34	1.2700
18	0.16504	265.869	+14	1.106	0.736498	204.3741	36	1.2658
28	0.16146	271.580	+15	1.248	0.736439	205.1304	38	1.2614
April 7	0.15804	277.385	+15	−1.380	0.736377	205.8868	−39	+1.2567
17	0.15480	283.280	+14	1.499	0.736312	206.6434	41	1.2519
27	0.15180	289.261	+13	1.604	0.736243	207.4003	43	1.2468
Mai 7	0.14906	295.322	+11	1.692	0.736169	208.1575	44	1.2416
17	0.14664	301.457	+ 9	1.762	0.736092	208.9149	45	1.2361
27	0.14457	307.655	+ 6	−1.812	0.736011	209.6725	−47	+1.2304
Juni 6	0.14288	313.908	+ 3	1.842	0.735927	210.4305	49	1.2244
16	0.14161	320.204	− 1	1.849	0.735838	211.1887	50	1.2183
26	0.14076	326.531	− 4	1.834	0.735746	211.9473	52	1.2119
Juli 6	0.14037	332.875	− 7	1.797	0.735650	212.7061	53	1.2053
16	0.14042	339.224	−10	−1.737	0.735551	213.4653	−54	+1.1985
26	0.14093	345.565	−12	1.656	0.735448	214.2249	56	1.1915
Aug. 5	0.14188	351.884	−14	1.556	0.735341	214.9849	57	1.1843
15	0.14326	358.168	−15	1.437	0.735230	215.7452	58	1.1768
25	0.14505	4.406	−15	1.302	0.735116	216.5059	59	1.1692
Sept. 4	0.14721	10.586	−15	−1.153	0.734998	217.2670	−61	+1.1613
14	0.14971	16.700	−14	0.992	0.734877	218.0285	62	1.1533
24	0.15251	22.739	−12	0.823	0.734752	218.7904	63	1.1450
Okt. 4	0.15558	28.696	−10	0.646	0.734624	219.5528	64	1.1365
14	0.15887	34.566	− 7	0.466	0.734492	220.3156	65	1.1278
24	0.16234	40.346	− 5	−0.283	0.734356	221.0789	−66	+1.1189
Nov. 3	0.16594	46.031	− 2	−0.101	0.734216	221.8427	67	1.1098
13	0.16964	51.622	+ 1	+0.080	0.734074	222.6070	68	1.1005
23	0.17339	57.117	+ 4	0.257	0.733928	223.3718	68	1.0910
Dez. 3	0.17717	62.518	+ 7	0.428	0.733778	224.1371	69	1.0813
13	0.18092	67.827	+ 9	+0.593	0.733625	224.9030	−70	+1.0714
23	0.18463	73.045	+11	0.749	0.733468	225.6694	71	1.0613
33	0.18827	78.176	+13	+0.898	0.733308	226.4363	−71	+1.0510

Mars: ☊ = 49°172, i = 1°850, $m = \frac{1}{3\,093\,500}$

Jupiter: ☊ = 99°9528, i = 1°3059, $m = \frac{1}{1\,047.35}$

Mittleres Äquinoktium 1950.0

SATURN 1958

0h Weltzeit			Julian. Zeit	log r	Heliozentrische Länge	Red. auf die Bahn	Heliozentr. Breite
			d		°	in 0°0001	°
1957	Dez.	28	2436 200.5	1.001949	257.2346	—257	+1.4619
1958	Febr.	6	240.5	1.002086	258.4413	254	1.4192
	März	18	280.5	1.002211	259.6472	249	1.3758
	April	27	320.5	1.002327	260.8524	—245	+1.3319
	Juni	6	360.5	1.002431	262.0571	240	1.2874
	Juli	16	400.5	1.002525	263.2612	234	1.2423
	Aug.	25	440.5	1.002607	264.4648	—228	+1.1968
	Okt.	4	480.5	1.002679	265.6680	222	1.1507
	Nov.	13	520.5	1.002740	266.8708	215	1.1041
1958	Dez.	23	560.5	1.002789	268.0733	208	1.0570
1959	Febr.	1	2436 600.5	1.002828	269.2756	—201	+1.0095

☊ = 113°2251 i = 2°4903 $m = \frac{1}{3\,501.6}$

URANUS 1958

0h Weltzeit			Julian. Zeit	log r	Heliozentrische Länge	Red. auf die Bahn	Heliozentr. Breite
			d		°	in 0°001	°
1957	Dez.	28	2436 200.5	1.26695	129.083	+2	+0.635
1958	Febr.	6	240.5	1.26683	129.589	2	639
	März	18	280.5	1.26671	130.094	2	643
	April	27	320.5	1.26660	130.600	+2	+0.647
	Juni	6	360.5	1.26648	131.106	2	651
	Juli	16	400.5	1.26636	131.612	2	654
	Aug.	25	440.5	1.26625	132.118	+2	+0.658
	Okt.	4	480.5	1.26614	132.625	2	661
	Nov.	13	520.5	1.26603	133.132	2	665
1958	Dez.	23	560.5	1.26592	133.639	2	668
1959	Febr.	1	2436 600.5	1.26581	134.146	+2	+0.672

☊ = 73°745 i = 0°773 $m = \frac{1}{22\,869}$

NEPTUN 1958

0h Weltzeit			Julian. Zeit	log r	Heliozentrische Länge	Red. auf die Bahn	Heliozentr. Breite
			d		°	in 0°001	°
1957	Dez.	28	2436 200.5	1.48186	212.605	+4	+1.754
1958	Febr.	6	240.5	1.48187	212.841	4	1.756
	März	18	280.5	1.48187	213.077	4	1.757
	April	27	320.5	1.48187	213.313	+4	+1.758
	Juni	6	360.5	1.48187	213.549	4	1.759
	Juli	16	400.5	1.48188	213.785	4	1.760
	Aug.	25	440.5	1.48188	214.021	+3	+1.760
	Okt.	4	480.5	1.48188	214.257	3	1.761
	Nov.	13	520.5	1.48188	214.493	3	1.762
1958	Dez.	23	560.5	1.48188	214.729	3	1.763
1959	Febr.	1	2436 600.5	1.48189	214.965	+3	+1.764

☊ = 131°230 i = 1°775 $m = \frac{1}{19\,314}$

PLUTO 1958

0h Weltzeit			Julian. Zeit	log r	Heliozentrische Länge	Red. auf die Bahn	Heliozentr. Breite
			d		°	°	°
1957	Dez.	28	2436 200.5	1.53555	150.679	+1.293	+11.447
1958	März	18	280.5	1.53486	151.086	1.295	11.538
	Juni	6	360.5	1.53418	151.494	1.297	11.628
	Aug.	25	440.5	1.53350	151.904	1.298	11.718
1958	Nov.	13	520.5	1.53282	152.315	1.300	11.808
1959	Febr.	1	2436 600.5	1.53214	152.728	+1.301	+11.898

☊ = 109°633 i = 17°144 $m \approx \frac{1}{360\,000}$

Mittlere und Scheinbare Sternörter 1958

Reduktionsgrößen

Mittlere Sternörter 1958.0

Nr.	Name	Größe	Spektrum	AR. 1958.0	Jährl. Veränderung 1958.5	Jährl. Eigenbew. in 0.s0001	Dekl 1958.0	Jährl. Veränderung 1958.5	Jährl. Eigenbew. in 0.″001
		m		h m s	s		° ′ ″	″	
905	[2 Ceti]	4.62	A 0	0 1 35.331	+3.0721	+ 16	−17 34 10.97	+20.040	− 2
1001	[45 G. Tucanae]	5.64	B 9	0 2 34.689	+3.0368	+ 92	−71 40 14.63	+20.025	− 16
1002	[33 Piscium]	4.68	K 0	0 3 11.091	+3.0707	− 8	− 5 56 32.62	+20.137	+ 97
1003	[9 G. Ceti]	6.06	F 0	0 4 41.221	+3.0689	+ 73	−23 20 27.04	+19.998	− 40
1	α Andromedae	2.15	A op	0 6 12.668	+3.1038	+ 103	+28 51 31.13	+19.876	− 159
2	β Cassiopeiae	2.42	F 5	0 6 55.369	+3.2082	+ 676	+58 55 5.58	+19.855	− 178
3	ε Phoenicis	3.94	K 0	0 7 17.128	+3.0420	+ 126	−45 58 44.40	+19.862	− 170
4	[22 Andromedae]	5.08	F 0	0 8 7.706	+3.1227	+ 3	+45 50 19.11	+20.032	+ 3
5	[ϰ² Sculptoris]	5.56	K 0	0 9 26.591	+3.0449	+ 8	−28 2 0.73	+20.050	+ 25
6	[ϑ Sculptoris]	5.19	F 5	0 9 36.024	+3.0465	+ 129	−35 22 4.59	+20.160	+ 136
7	γ Pegasi	2.87	B 2	0 11 4.170	+3.0908	+ 1	+14 57 0.68	+20.012	− 6
1004	[χ Pegasi]	4.94	M 0	0 12 25.507	+3.1063	+ 65	+19 58 23.71	+20.017	+ 5
1005	[σ Andromedae]	4.51	A 2	0 16 7.558	+3.1375	− 57	+36 33 9.42	+19.957	− 35
1006	[Pi 0h 38 Andr]	5.80	A 0	0 16 26.295	+3.1364	+ 47	+31 17 3.33	+19.994	+ 4
9	ι Ceti	3.75	K 0	0 17 17.233	+3.0561	− 12	− 9 3 23.54	+19.958	− 27
10	ζ Tucanae	4.34	F 8	0 17 53.732	+3.1188	+2705	−65 7 17.15	+21.153	+1173
1007	[−18° 41 Cetus]	6.88	K 0	0 17 55.258	+3.0446	+ 50	−17 55 59.86	+19.989	+ 9
1008	[41 Piscium]	5.58	K 0	0 18 26.016	+3.0881	− 4	+ 7 57 25.81	+19.992	+ 15
1009	[ρ Andromedae]	5.20	F 5	0 18 54.088	+3.1637	+ 49	+37 44 10.24	+19.940	− 34
1010	[44 Piscium]	5.99	G 5	0 23 14.890	+3.0766	− 9	+ 1 42 26.25	+19.929	− 10
11	β Hydri	2.90	G 0	0 23 34.609	+3.1409	+6866	−77 29 26.30	+20.264	+ 329
12	α Phoenicis	2.44	K 0	0 24 12.748	+2.9630	+ 189	−42 32 1.74	+19.546	− 384
1011	[Pi 0h 78 Cetus]	7.54	M 3	0 25 52.651	+3.0447	+ 30	−11 53 27.60	+19.899	− 15
1012	[48 Piscium]	6.46	K 2	0 26 1.533	+3.1186	+ 11	+16 12 46.77	+19.902	− 11
13	12 Ceti	6.05	K 5	0 27 53.662	+3.0622	+ 6	− 4 11 20.73	+19.890	− 3
14	[49 G. Ceti]	5.23	A 3	0 28 16.731	+2.9982	− 19	−24 1 11.14	+19.911	+ 22
15	[λ¹ Phoenicis]	4.88	A 2	0 29 23.719	+2.8910	+ 145	−49 2 7.78	+19.907	+ 30
16	[ϰ Cassiopeiae]	4.24	B 0	0 30 35.628	+3.4179	− 5	+62 42 1.20	+19.867	+ 3
1013	[77 G. Sculptoris]	5.62	K 0	0 31 36.497	+2.9661	− 21	−29 47 22.59	+19.819	− 32
1014	[58 G. Phoenicis]	5.55	F 5	0 32 28.178	+2.8505	+ 241	−52 36 17.80	+19.880	+ 39
17	ζ Cassiopeiae	3.72	B 3	0 34 37.087	+3.3487	+ 17	+53 39 57.89	+19.808	− 6
18	π Andromedae	4.47	B 3	0 34 37.842	+3.2078	+ 12	+33 29 18.31	+19.813	0
19	[ε Andromedae]	4.52	G 5	0 36 19.792	+3.1732	− 177	+29 5 2.64	+19.543	− 247
20	δ Andromedae	3.49	K 2	0 37 4.535	+3.2114	+ 104	+30 37 53.11	+19.692	− 88
21	α Cassiopeiae	2.1–2.6	K 0	0 38 6.566	+3.4114	+ 60	+56 18 26.57	+19.737	− 28
1015	[μ Phoenicis]	4.65	K 0	0 39 20.632	+2.8317	− 26	−46 18 54.64	+19.758	+ 11
1016	[Lac 181 Scul]	7.21	M 0	0 40 35.598	+2.8989	− 18	−36 15 8.81	+19.738	+ 10
23	[η Phoenicis]	4.53	A 0	0 41 28.403	+2.6934	+ 4	−57 41 35.00	+19.736	+ 21
22	β Ceti	2.24	K 0	0 41 28.905	+3.0107	+ 165	−18 13 0.54	+19.754	+ 40
26	[λ²Sculptoris]	5.97	K 0	0 42 10.387	+2.8979	+ 201	−38 39 9.71	+19.830	+ 127

Nr.	Name	Größe	Spektrum	AR. 1958.0	Jährl. Verände-rung 1958.5	Jährl. Eigen-bew. in 0ˢ.0001	Dekl. 1958.0	Jährl. Verände-rung 1958.5	Jährl. Eigen-bew. in 0″.001
		m		h m s	s		° ′ ″	″	
25	ο Cassiopeiae	4.70	B 2	0 42 22.425	+3.3487	+ 17	+48 3 17.60	+19.697	− 3
24	21 Cassiopeiae	*5.7-6.1*	A 2	0 42 50.174	+3.9803	− 53	+74 45 32.13	+19.673	− 20
1017	[70 G. Phoenicis]	6.00	A 5	0 42 58.115	+2.8340	− 79	−42 54 18.45	+19.591	− 100
27	ζ Andromedae	4.30	K 0	0 45 6.418	+3.1826	− 75	+24 2 20.67	+19.579	− 76
1018	[79 G. Ceti]	5.45	B 9	0 45 56.387	+2.9679	+ 17	−21 57 5.12	+19.632	− 9
1019	[96 G. Piscium]	5.82	G 5	0 46 10.625	+3.1477	+ 505	+ 5 3 53.81	+18.494	−1142
28	[δ Piscium]	4.55	K 5	0 46 30.017	+3.1138	+ 55	+ 7 21 24.67	+19.586	− 45
1020	[64 Piscium]	5.23	F 5	0 46 46.022	+3.1546	− 2	+16 42 51.28	+19.428	− 197
31	[λ Hydri]	4.96	K 5	0 47 8.402	+2.0792	+ 353	−75 9 6.53	+19.595	− 24
1021	[ν Andromedae]	4.42	B 3	0 47 29.313	+3.3128	+ 15	+40 51 2.00	+19.596	− 17
30	[φ² Ceti]	5.24	F 5	0 48 1.317	+3.0044	− 157	−10 52 12.37	+19.383	− 220
29	[Br 82 Cass]	5.45	F2+A2	0 48 9.433	+3.6497	+ 39	+64 1 9.68	+19.594	− 6
1022	[20 Ceti]	4.92	K 0	0 50 51.574	+3.0667	+ 3	− 1 22 19.16	+19.537	− 13
34	[λ² Tucanae]	5.34	K 0	0 53 26.564	+2.2382	+ 20	−69 45 14.06	+19.463	− 36
32	γ Cassiopeiae	1.6—2.3	B op	0 54 9.306	+3.6293	+ 28	+60 29 23.26	+19.482	− 2
33	μ Andromedae	3.94	A 2	0 54 24.820	+3.3342	+ 127	+38 16 19.18	+19.516	+ 37
1023	[68 Piscium]	5.64	K 0	0 55 33.362	+3.2498	+ 2	+28 45 55.98	+19.448	− 7
35	α Sculptoris	4.39	B 5	0 56 34.984	+2.8892	+ 12	−29 35 2.68	+19.441	+ 7
1024	[98 G. Ceti]	6.70	K 0	0 56 38.029	+3.0388	+ 3	− 6 6 29.93	+19.359	− 73
1025	[101 G. Ceti]	6.58	G 5	0 59 33.587	+2.9772	+ 55	−16 29 24.51	+19.297	− 71
1027	[80 G. Phoenicis]	6.00	K 0	1 0 15.449	+2.5337	− 2	−57 13 41.14	+19.381	+ 29
1026	[σ Sculptoris]	5.52	A 2	1 0 26.129	+2.8633	+ 57	−31 46 39.85	+19.365	+ 17
36	ε Piscium	4.45	K 0	1 0 45.617	+3.1151	− 54	+ 7 39 52.09	+19.371	+ 30
37	[26 Ceti]	6.18	F 0	1 1 39.167	+3.0884	+ 78	+ 1 8 31.74	+19.285	− 36
1028	[72 Piscium]	5.65	F 2	1 2 52.076	+3.1690	+ 4	+14 43 14.44	+19.351	+ 59
1029	[106 G. Ceti]	6.29	G 5	1 4 5.714	+2.9057	− 19	−24 12 59.90	+19.220	− 42
1030	[μ Cassiopeiae]	5.26	G 5	1 5 27.626	+4.0002	+3945	+54 42 54.35	+17.652	−1577
39	[ι Tucanae]	5.32	K 0	1 5 39.121	+2.3740	+ 108	−61 59 56.98	+19.226	+ 2
1031	υ Phoenicis	5.15	A 3	1 5 52.885	+2.7392	+ 35	−41 42 40.61	+19.223	+ 4
40	[η Ceti]	3.60	K 0	1 6 28.568	+3.0180	+ 147	−10 24 15.68	+19.076	− 128
42	β Andromedae	2.37	M 0	1 7 22.360	+3.3633	+ 146	+35 23 54.23	+19.070	− 112
41	[44 H. Cephei]	5.68	A 0	1 8 33.932	+5.2227	+ 327	+79 27 4.46	+19.152	+ 2
1032	[χ Piscium]	4.89	K 0	1 9 11.445	+3.2271	+ 26	+20 48 42.80	+19.130	− 5
43	[τ Piscium]	4.70	K 0	1 9 20.415	+3.3075	+ 53	+29 52 1.92	+19.099	− 32
44	[102 G. Sculpt.]	5.91	A 5	1 10 49.400	+2.7618	+ 68	−38 4 42.90	+19.067	− 25
1033	[ζ Piscium *pr*]	5.57	A 5	1 11 32.018	+3.1360	+ 95	+ 7 21 13.54	+19.023	− 50
1034	[89 Piscium]	5.28	A 2	1 15 37.772	+3.0956	− 35	+ 3 23 37.79	+18.941	− 19
45	υ Piscium	4.67	A 2	1 17 9.089	+3.3005	+ 16	+27 2 37.95	+18.907	− 9
1035	[ξ Andromedae]	4.99	K 0	1 19 51.400	+3.5379	+ 31	+45 18 33.63	+18.847	+ 11
1036	[109 G. Sculpt.]	5.82	K 5	1 21 33.771	+2.7913	− 5	−31 9 50.13	+18.749	− 37

Mittlere Sternörter 1958.0

Nr.	Name	Größe	Spektrum	AR 1958.0	Jährl. Veränderung 1958.5	Jährl. Eigenbew. in 0ˢ.0001	Dekl 1958.0	Jährl. Veränderung 1958.5	Jährl. Eigenbew. in 0″.001
		m		h m s	s		° ′ ″	″	
47	ϑ Ceti	3.83	K 0	1 21 55.358	+2.9990	− 54	− 8 23 58.52	+18.559	− 216
1037	[138 G. Ceti]	8.89	G 5	1 22 40.532	+3.0493	+ 11	− 3 4 0.10	+18.725	− 26
46	[ψ Cassiopeiae]	4.97	K 0	1 22 56.176	+4.2523	+ 126	+67 54 41.85	+18.773	+ 30
48	δ Cassiopeiae	2.80	A 5	1 23 2.931	+3.9345	+ 397	+60 1 3.93	+18.693	− 46
1038	[9 G. Hydri]	5.82	K 5	1 23 38.244	+2.0723	+ 27	−64 35 14.88	+18.711	− 10
1039	[94 Piscium]	5.63	K 0	1 24 25.234	+3.2425	+ 31	+19 1 24.11	+18.640	− 57
1041	[47 Ceti]	5.68	F 0	1 24 47.171	+2.9606	+ 12	−13 16 27.55	+18.697	+ 12
1040	[ω Andromedae]	4.96	F 5	1 25 7.856	+3.5940	+ 321	+45 11 26.20	+18.573	− 101
49	[γ Phoenicis]	3.40	K 5	1 26 32.590	+2.6037	− 16	−43 31 58.09	+18.431	− 198
1043	[48 Ceti]	5.13	A 0	1 27 35.234	+2.8776	+ 40	−21 50 45.80	+18.604	+ 9
1042	[38 Cassiopeiae]	5.95	F 5	1 28 4.133	+4.4805	+ 264	+70 2 57.92	+18.509	− 70
50	η Piscium	3.72	G 5	1 29 13.887	+3.2124	+ 18	+15 7 47.62	+18.538	− 3
1044	[δ Phoenicis]	3.96	K 0	1 29 30.270	+2.4959	+ 137	−49 17 25.41	+18.694	+ 162
53	[14 G. Hydri]	6.06	G 5	1 33 21.216	+0.4132	− 75	−78 43 3.71	+18.284	− 118
1045	[υ Andromedae]	4.18	G 0	1 34 19.335	+3.5261	− 154	+41 11 46.19	+17.989	− 378
1046	[π Piscium]	5.63	F 0	1 34 52.082	+3.1824	− 46	+11 55 38.79	+18.397	+ 48
51	40 Cassiopeiae	5.50	K 0	1 35 6.855	+4.8140	− 37	+72 49 37.17	+18.329	− 10
52	51 Andromedae	3.77	K 0	1 35 24.129	+3.6891	+ 66	+48 24 58.52	+18.221	− 109
54	α Eridani	0.60	B 5	1 36 9.160	+2.2333	+ 126	−57 26 58.35	+18.280	− 23
55	43 Cassiopeiae	5.54	A op	1 39 11.981	+4.4582	+ 87	+67 49 53.91	+18.189	− 3
56	[ν Piscium]	4.68	K 0	1 39 14.539	+3.1236	− 17	+ 5 16 32.76	+18.198	+ 7
1047	[+34° 297 Tria]	5.45	B 8	1 39 37.317	+3.4718	+ 38	+35 2 3.69	+18.147	− 30
58	[129 G. Sculpt.]	5.64	A 0	1 40 11.867	+2.6425	− 39	−37 2 37.19	+18.137	− 19
1048	[π Sculptoris]	5.28	K 0	1 40 14.839	+2.7061	− 62	−32 32 16.88	+18.140	− 14
1049	[175 G. Ceti]	5.27	G 5	1 40 35.987	+3.0346	− 1	− 3 54 3.93	+18.109	− 32
57	φ Persei	4.19	B op	1 41 0.864	+3.7672	+ 26	+50 28 40.90	+18.114	− 11
59	τ Ceti	3.65	K 0	1 42 6.962	+2.7875	−1191	−16 9 28.86	+18.944	+ 860
60	ο Piscium	4.50	K 0	1 43 10.325	+3.1698	+ 48	+ 8 56 49.59	+18.098	+ 54
61	ε Sculptoris	5.42	F 0	1 43 40.728	+2.8095	+ 117	−25 15 42.57	+17.973	− 52
1050	[4 Arietis]	5.73	A 0	1 45 53.931	+3.2561	+ 34	+16 44 49.86	+17.910	− 30
1051	[χ Ceti]	4.77	F 0	1 47 31.223	+2.9469	− 103	−10 53 36.46	+17.786	− 90
62	ζ Ceti	3.92	K 0	1 49 23.138	+2.9617	+ 25	−10 32 30.49	+17.769	− 33
1052	[2 Persei]	5.64	B 9	1 49 28.217	+3.8223	+ 12	+50 35 10.18	+17.775	− 23
64	α Trianguli	3.58	F 5	1 50 40.819	+3.4236	+ 8	+29 22 30.31	+17.518	− 231
63	ε Cassiopeiae	3.44	B 3	1 51 20.917	+4.3274	+ 40	+63 27 51.58	+17.704	− 17
65	ξ Piscium	4.84	K 0	1 51 22.693	+3.1074	+ 14	+ 2 58 51.50	+17.748	+ 28
67	ψ Phoenicis	4.41	M 3	1 51 57.813	+2.4042	− 82	−46 30 27.79	+17.618	− 79
66	β Arietis	2.72	A 5	1 52 18.866	+3.3168	+ 68	+20 36 12.70	+17.574	− 108
1053	[φ Phoenicis]	5.00	B 9	1 52 37.455	+2.4877	− 38	−42 42 8.36	+17.651	− 18
69	[η^2 Hydri]	4.72	K 0	1 53 52.081	+1.5215	+ 128	−67 51 12.21	+17.705	+ 87

Nr.	Name	Größe	Spektrum	AR. 1958.0	Jährl. Veränderung 1958.5	Jährl. Eigenbew. in 0ˢ.0001	Dekl. 1958.0	Jährl. Veränderung 1958.5	Jährl. Eigenbew. in 0″.001
		m		h m s	s		° ′ ″	″	
68	χ Eridani	3.73	G 5	1 54 19.496	+2.3339	+ 733	−51 49 2.39	+17.899	+ 300
72	α Hydri	3.02	F 0	1 57 26.809	+1.8904	+ 374	−61 46 24.97	+17.506	+ 39
71	υ Ceti	4.18	M 0	1 58 1.514	+2.8264	+ 93	−21 16 50.03	+17.426	− 16
1054	[4 Persei]	4.99	B 8	1 59 29.320	+4.0031	+ 37	+54 17 8.18	+17.380	+ 3
70	50 Cassiopeiae	4.06	A 2	1 59 48.174	+5.1441	− 104	+72 13 10.09	+17.392	+ 28
73	γ Andromedae *pr*	2.28	K 0	2 1 18.680	+3.6882	+ 41	+42 7 15.16	+17.251	− 47
1055	[ν Fornacis]	4.74	A 0p	2 2 36.453	+2.6885	+ 4	−29 29 51.72	+17.250	+ 9
74	α Arietis	2.23	K 2	2 4 47.989	+3.3849	+ 138	+23 15 53.11	+16.998	− 144
75	β Trianguli	3.08	A 5	2 7 2.159	+3.5741	+ 119	+34 47 22.60	+17.001	− 38
1056	[15 Arietis]	5.92	M 0	2 8 17.581	+3.3282	+ 62	+19 18 11.37	+16.958	− 23
1057	[19 Arietis]	5.99	K 5	2 10 45.560	+3.2746	+ 66	+15 5 2.20	+16.849	− 17
1058	[ξ¹ Ceti]	4.54	G 5	2 10 46.196	+3.1817	− 16	+ 8 39 2.39	+16.863	− 2
77	[Br 299 Andr]	5.40	K 0	2 10 47.879	+3.9976	+ 366	+50 52 18.81	+16.698	− 166
78	μ Fornacis	5.24	A 0	2 11 3.501	+2.6417	+ 14	−30 55 12.24	+16.864	+ 12
76	55 Cassiopeiae	6.15	F5+A2	2 11 9.427	+4.7224	− 23	+66 19 44.24	+16.847	0
1060	[135 G. Phoenicis]	5.86	K 0	2 12 49.904	+2.4264	− 27	−41 21 42.25	+16.742	− 25
1059	[21 Arietis]	5.64	F 5	2 13 19.419	+3.4069	− 66	+24 50 58.14	+16.666	− 78
79	[γ Trianguli]	4.07	A 0	2 14 48.556	+3.5706	+ 35	+33 39 14.68	+16.628	− 44
80	67 Ceti	5.70	G 5	2 14 53.196	+2.9934	+ 60	− 6 36 53.44	+16.563	− 105
82	[φ Eridani]	3.78	B 8	2 15 0.536	+2.1430	+ 98	−51 42 21.26	+16.647	− 16
1062	[21 G. Fornacis]	6.74	G 5	2 15 33.074	+2.5425	+ 139	36 10 37.16	+16.696	+ 60
81	[ϑ Arietis]	5.69	A 0	2 15 47.038	+3.3399	− 9	+19 42 28.28	+16.627	+ 3
1061	[232 G. Ceti]	5.82	F 8	2 15 50.322	+3.1181	+ 243	+ 1 33 36.83	+17.003	+ 381
1063	[62 Andromedae]	5.12	A 0	2 16 33.462	+3.8773	− 58	+47 11 14.62	+16.584	− 2
1064	[239 G. Ceti]	5.99	K 0	2 20 6.192	+2.8276	+ 12	−17 51 8.69	+16.360	− 51
83	[κ Fornacis]	5.37	F 5	2 20 37.215	+2.7454	+ 147	−24 0 22.96	+16.330	− 55
1065	[δ Hydri]	4.26	A 2	2 20 59.777	+1.0724	− 79	−68 51 0.50	+16.380	+ 13
1067	[κ Hydri]	6.00	K 0	2 22 36.291	+0.3683	− 186	−73 50 9.51	+16.297	+ 11
84	[λ Horologii]	5.47	F 2	2 23 43.346	+1.6781	− 95	−60 29 57.86	+16.103	− 125
1066	[ρ Ceti]	4.90	A 0	2 23 55.140	+2.8986	− 12	−12 28 44.34	+16.214	− 3
86	[κ Eridani]	4.44	B 5	2 25 26.744	+2.1990	+ 21	−47 53 29.92	+16.137	− 1
1068	[12 Trianguli]	5.38	F 0	2 25 41.794	+3.5206	− 15	+29 28 58.67	+16.042	− 83
85	ξ² Ceti	4.34	A 0	2 25 55.317	+3.1915	+ 25	+ 8 16 22.19	+16.111	− 2
1069	[27 Arietis]	6.41	G 5	2 28 34.306	+3.3303	+ 22	+17 31 8.88	+15.894	− 81
1070	[14 Trianguli]	5.35	K 0	2 29 31.850	+3.6659	+ 37	+35 57 43.94	+15.942	+ 19
1071	[σ Ceti]	4.82	F 5	2 30 5.694	+2.8436	− 53	−15 25 41.19	+15.777	− 117
88	[λ¹ Fornacis]	5.88	K 0	2 31 21.893	+2.5011	− 19	−34 50 2.19	+15.809	− 17
90	μ Hydri	5.29	K 0	2 32 30.873	−1.2428	+ 456	−79 17 34.10	+15.729	− 37
1072	[ν Ceti]	5.04	G 5	2 33 39.986	+3.1500	− 21	+ 5 24 39.48	+15.680	− 21
1073	[268 G. Ceti]	5.92	K 0	2 33 46.436	+3.2919	+1211	+ 6 41 15.23	+17.157	+1462

Nr.	Name	Größe	Spektrum	AR. 1958.0	Jährl. Veränderung 1958.5	Jährl. Eigenbew. in 0ˢ.0001	Dekl. 1958.0	Jährl. Veränderung 1958.5	Jährl. Eigenbew. in 0″.001
		m		h m s	s		° ′ ″	″	
1074	[80 Ceti]	5.71	K 5	2 33 55.859	+2.9539	− 25	− 8 0 47.95	+15.632	− 55
87	36 H. Cassiop.	5.34	K 0	2 33 59.444	+5.7264	− 80	+72 38 11.38	+15.706	+ 23
89	ν Arietis	5.36	A 2	2 36 25.527	+3.4094	− 9	+21 46 51.35	+15.538	− 13
91	δ Ceti	4.04	B 2	2 37 19.593	+3.0763	+ 7	+ 0 8 54.26	+15.504	+ 3
95	[ε Hydri]	4.26	B 9	2 38 56.222	+0.9283	+ 170	−68 26 47.11	+15.428	+ 15
1075	[ι Eridani]	4.06	K 0	2 39 0.548	+2.3671	+ 115	−40 2 3.61	+15.382	− 26
1076	[ζ Horologii]	5.26	F 2	2 39 21.191	+1.8681	+ 48	−54 43 44.66	+15.399	+ 10
94	[35 Arietis]	4.58	B 3	2 40 58.834	+3.5240	+ 5	+27 31 46.84	+15.291	− 5
92	[Br 366 Cass]	5.84	A 2	2 41 10.878	+5.1779	+ 23	+67 38 52.57	+15.255	− 29
93	ϑ Persei	4.22	F 8	2 41 19.101	+4.1047	+ 344	+49 3 8.10	+15.193	− 84
1077	[14 Persei]	5.58	G 5	2 41 20.394	+3.9125	+ 3	+44 7 11.25	+15.270	− 6
97	π Ceti	4.39	B 5	2 42 7.317	+2.8557	− 6	−14 2 8.21	+15.221	− 11
1078	[43 G. Fornacis]	6.87	G 0	2 42 22.552	+2.6678	+ 123	−25 40 22.04	+15.278	+ 61
98	μ Ceti	4.36	F 0	2 42 40.055	+3.2450	+ 190	+ 9 56 16.45	+15.170	− 30
101	β Fornacis	4.50	K 0	2 47 19.934	+2.5111	+ 72	−32 34 52.95	+15.095	+ 163
100	41 Arietis	3.68	B 8	2 47 30.302	+3.5346	+ 49	+27 5 19.06	+14.808	− 113
99	[η Persei]	3.95	K 0	2 47 36.984	+4.3853	+ 22	+55 43 21.90	+14.904	− 10
102	τ^2 Eridani	4.81	K 0	2 49 7.925	+2.7216	− 36	−21 10 34.45	+14.808	− 18
1079	[σ Arietis]	5.46	B 5	2 49 10.169	+3.3151	+ 22	+14 54 36.51	+14.800	− 23
103	τ Persei	4.06	G0+A5	2 51 15.935	+4.2614	+ 3	+52 35 31.58	+14.697	− 2
104	η Eridani	4.05	K 0	2 54 22.412	+2.9318	+ 53	− 9 3 51.23	+14.300	− 214
1080	[40 G. Eridani]	5.27	A 2	2 54 30.948	+3.0086	− 23	− 3 52 49.28	+14.464	− 41
1081	[47 Arietis]	5.85	F 0	2 55 40.651	+3.4366	+ 165	+20 30 5.36	+14.406	− 28
1082	[24 Persei]	4.97	K 0	2 56 27.034	+3.7210	− 42	+35 0 58.15	+14.398	+ 10
106	ϑ Eridani *pr*	3.42	A 2	2 56 40.065	+2.2745	− 46	−40 28 19.59	+14.401	+ 26
1083	[λ Ceti]	4.69	B 5	2 57 27.595	+3.2172	+ 1	+ 8 44 28.11	+14.316	− 10
107	α Ceti	2.82	M 0	3 0 4.849	+3.1377	− 6	+ 3 55 34.03	+14.092	− 73
1084	[−18° 516 Erid.]	7.40	F 0	3 0 6.688	+2.7578	− 17	−18 22 18.51	+14.142	− 22
105	47 H. Cephei	5.72	M 0	3 0 25.404	+8.0501	− 138	+79 15 19.87	+14.153	+ 11
1085	[τ^3 Eridani]	4.16	A 3	3 0 32.343	+2.6455	− 105	−23 47 17.12	+14.090	− 47
1086	[58 G. Eridani]	5.66	K 0	3 1 29.625	+2.0505	+ 18	−47 8 19.59	+14.092	+ 14
108	γ Persei	3.08	F5+A3	3 1 44.396	+4.3530	+ 1	+53 20 36.90	+14.059	− 3
113	[ϑ Hydri]	5.52	B 8	3 2 9.345	+0.1337	+ 65	−72 3 58.99	+14.061	+ 23
109	ρ Persei	3.2−4.1	M 3	3 2 28.577	+3.8491	+ 111	+38 40 44.20	+13.912	− 104
110	μ Horologii	5.16	F 0	3 2 37.227	+1.4150	− 101	−59 53 59.94	+13.956	− 52
1087	[63 G. Eridani]	7.16	G 0	3 5 19.531	+2.8345	+ 5	−13 55 9.96	+13.584	− 253
111	β Persei	2.2−3.5	B 8	3 5 25.625	+3.9087	+ 6	+40 47 43.29	+13.833	+ 3
112	[ι Persei]	4.17	G 0	3 6 1.385	+4.3365	+ 1298	+49 27 16.61	+13.714	− 78
1088	[55 Arietis]	5.60	B 9	3 7 4.731	+3.6128	+ 15	+28 55 4.97	+13.716	− 10
114	δ Arietis	4.53	K 0	3 9 13.344	+3.4333	+ 107	+19 34 9.12	+13.584	− 5

Nr.	Name	Größe	Spektrum	AR. 1958.0	Jährl. Veränderung 1958.5	Jährl. Eigenbew. in 0.s0001	Dekl. 1958.0	Jährl. Veränderung 1958.5	Jährl. Eigenbew. in 0."001
		m		h m s	s		° ′ ″	″	
116	[94 Ceti]	5.14	F 8	3 10 37.663	+3.0633	+ 131	− 1 21 7.03	+13.439	− 59
118	[38 G. Horologii]	5.72	N 0	3 11 29.090	+1.5204	+ 11	−57 28 41.45	+13.461	+ 17
1089	[ζ Arietis]	4.95	A 0	3 12 28.926	+3.4512	− 19	+20 53 24.42	+13.305	− 72
1090	79 G. Fornacis	6.85	G 0	3 13 0.908	+2.3592	+ 24	−35 42 47.01	+13.355	+ 12
1091	[ζ Eridani]	4.90	A 3	3 13 47.465	+2.9152	− 4	− 8 58 28.53	+13.343	+ 51
115	48 H. Cephei	5.50	F 0	3 14 55.050	+7.6561	+ 196	+77 35 0.26	+13.161	− 55
1092	[Lac 1044 Forn]	6.89	A 0	3 15 11.758	+2.4587	+ 14	−31 30 18.43	+13.181	− 19
1095	[ι Hydri]	5.53	F 2	3 16 57.956	−1.4732	+ 336	−77 32 32.28	+13.152	+ 66
1093	[κ Ceti]	4.96	G 5	3 17 9.308	+3.1482	+ 178	+ 3 13 2.75	+13.169	+ 98
119	[82 G. Eridani]	4.30	G 5	3 18 15.010	+2.3959	+2784	−43 13 45.40	+13.748	+ 750
1094	[τ Arietis]	5.17	B 3	3 18 47.828	+3.4665	+ 19	+20 59 49.05	+12.936	− 25
1096	[Pi 3h 27 Caml]	5.55	K 2	3 21 0.266	+5.2204	− 13	+64 26 16.77	+12.817	+ 4
120	α Persei	1.90	F 5	3 21 18.755	+4.2899	+ 30	+49 42 48.35	+12.770	− 22
121	o Tauri	3.80	G 5	3 22 32.964	+3.2304	− 45	+ 8 52 56.67	+12.638	− 71
123	[ξ Tauri]	3.75	B 8	3 24 53.351	+3.2534	+ 39	+ 9 35 15.59	+12.519	− 32
122	2 H. Camelopard.	4.44	B 9p	3 25 38.962	+4.8678	− 2	+59 47 45.26	+12.497	0
124	[σ Persei]	4.55	K 0	3 27 36.160	+4.2361	+ 8	+47 51 7.20	+12.388	+ 24
1097	[17 Eridani]	4.80	B 9	3 28 31.855	+2.9779	+ 8	− 5 13 4.39	+12.313	+ 13
125	5 Tauri	4.28	K 0	3 28 33.024	+3.3145	+ 15	+12 47 38.86	+12.302	+ 3
126	[κ Reticuli]	4.80	F 5	3 28 38.295	+1.0500	+ 550	−63 5 6.27	+12.675	+ 380
1098	[+34° 674 Pers]	5.80	B 3	3 29 59.117	+3.8239	− 7	+35 19 13.71	+12.203	+ 4
127	ε Eridani	3.81	K 0	3 30 56.977	+2.8276	− 660	− 9 35 57.40	+12.155	+ 21
128	[45 G. Horologii]	5.60	K 0	3 31 19.399	+1.7884	+ 75	−50 31 13.46	+12.195	+ 87
1099	[τ5 Eridani]	4.32	B 8	3 31 55.855	+2.6503	+ 30	−21 46 21.64	+12.039	− 25
1100	[20 Eridani]	5.32	A 0p	3 34 22.467	+2.7339	+ 17	−17 36 17.88	+11.888	− 5
1101	[10 Tauri]	4.40	G 5	3 34 43.600	+3.0629	− 156	+ 0 16 10.76	+11.388	− 480
130	[110 G. Eridani]	4.58	K 0	3 35 35.129	+2.1530	− 13	−40 24 41.26	+11.785	− 23
1102	[τ Fornacis]	6.08	A 0	3 37 2.734	+2.4962	+ 13	−28 4 45.34	+11.731	+ 27
1103	[11 Tauri]	6.15	A 0	3 38 15.472	+3.5865	+ 8	+25 11 42.75	+11.608	− 10
129	[Grb 716 Caml]	5.32	M 0	3 38 29.372	+5.2169	− 27	+63 4 57.90	+11.618	+ 17
131	δ Persei	3.10	B 5	3 39 55.455	+4.2774	+ 31	+47 39 18.25	+11.466	− 32
133	[δ Fornacis]	4.93	B 5	3 40 34.570	+2.3865	0	−32 4 17.35	+11.472	+ 19
135	[δ Eridani]	3.72	K 0	3 41 14.050	+2.8754	− 63	− 9 54 15.76	+12.152	+ 746
134	ν Persei	3.93	F 5	3 42 19.931	+4.0809	− 8	+42 26 51.38	+11.325	0
137	[24 Eridani]	5.09	B 8	3 42 22.334	+3.0486	0	− 1 17 39.44	+11.320	− 3
136	[17 Tauri]	3.81	B 5p	3 42 22.577	+3.5654	+ 15	+23 58 58.23	+11.281	− 41
1104	[29 Tauri]	5.36	B 3	3 43 26.342	+3.1893	+ 12	+ 5 55 11.69	+11.241	− 5
141	β Reticuli	3.80	K 0	3 43 39.942	+0.7551	+ 481	−64 56 19.40	+11.313	+ 82
139	η Tauri	2.96	B 5p	3 44 58.973	+3.5691	+ 15	+23 58 36.39	+11.090	− 44
140	τ6 Eridani	4.33	F 8	3 45 2.371	+2.5816	− 116	−23 22 21.50	+10.607	− 523

Nr.	Name	Größe	Spektrum	AR. 1958.0	Jährl. Veränderung 1958.5	Jährl. Eigenbew. in 0ˢ.0001	Dekl. 1958.0	Jährl. Veränderung 1958.5	Jährl. Eigenbew in 0″.001
		m		h m s	s		° ′ ″	″	
138	γ Camelopard.	4.67	A 0	3 45 53.335	+6.3509	+ 38	+71 12 20.08	+11.028	− 38
142	[27 Tauri]	3.80	B 8	3 46 39.587	+3.5701	+ 13	+23 55 35.53	+10.969	− 43
146	γ Hydri	3.17	M 0	3 47 52.119	−0.9163	+ 130	−74 22 5.06	+11.045	+ 120
143	138 G. Eridani	4.24	K 0	3 47 52.851	+2.2454	− 43	−36 19 34.88	+10.880	− 43
1105	+57° 752 Caml	5.79	A 0	3 50 17.786	+4.8789	+ 106	+57 51 8.28	+10.645	− 98
1106	[Pi 3^h 187 Taur]	5.96	F 0	3 50 45.677	+3.4331	+ 100	+17 12 12.47	+10.683	− 27
1107	[145 G. Eridani]	6.55	B 9	3 51 4.767	+2.9390	− 5	− 6 45 27.08	+10.688	+ 1
144	ζ Persei	2.91	B 1	3 51 29.159	+3.7747	+ 7	+31 45 37.86	+10.647	− 10
1108	[55 G. Horologii]	5.77	K 0	3 52 15.148	+1.8597	+ 29	−47 0 58.68	+10.571	− 30
147	ε Persei	2.96	B 1	3 55 1.676	+4.0302	+ 18	+39 53 25.55	+10.366	− 26
149	γ Eridani	3.19	K 5	3 56 4.085	+2.8001	+ 43	−13 37 36.33	+10.208	− 108
148	ξ Persei	4.05	O e 5	3 56 13.998	+3.8966	+ 5	+35 40 19.00	+10.302	− 1
1109	[17 G. Reticuli]	6.14	F 2	3 57 48.610	+1.2898	+ 33	−57 13 15.23	+10.201	+ 16
1110	[δ Reticuli]	4.41	M 0	3 58 4.546	+0.9519	+ 8	−61 31 6.21	+10.152	− 13
150	λ Tauri	3.8—4.1	B 3	3 58 20.987	+3.3258	− 4	+12 22 23.19	+10.133	− 11
1111	[35 Eridani]	5.25	B 5	3 59 24.170	+3.0412	+ 14	− 1 39 57.53	+10.052	− 12
151	ν Tauri	3.94	A 0	4 0 55.124	+3.1929	+ 1	+ 5 52 27.25	+ 9.950	+ 1
1114	[63 G. Hydri]	6.72	A 0	4 0 57.711	−0.3442	+ 57	−71 17 0.25	+ 9.989	+ 40
1112	[37 Tauri]	4.50	K 0	4 2 12.460	+3.5495	+ 66	+21 58 7.61	+ 9.797	− 54
1113	[λ Persei]	4.33	A 0	4 3 26.706	+4.4752	− 10	+50 14 21.22	+ 9.720	− 36
153	174 G. Eridani	5.57	A 5	4 3 53.489	+2.4737	+ 153	−27 45 55.91	+ 9.828	+ 105
152	48 Persei	4.03	B 3p	4 5 36.192	+4.3608	+ 24	+47 36 8.50	+ 9.563	− 27
1115	[43 Tauri]	5.67	G 5	4 6 42.909	+3.4976	+ 76	+19 29 59.14	+ 9.477	− 29
1116	[44 Tauri]	5.55	F 0	4 8 16.103	+3.6566	− 22	+26 22 22.70	+ 9.350	− 36
154	o^1 Eridani	4.14	F 2	4 9 48.783	+2.9297	+ 6	− 6 56 44.66	+ 9.353	+ 86
1117	[μ Persei]	4.28	G 0	4 11 48.278	+4.4102	+ 8	+48 18 16.52	+ 9.093	− 18
155	α Horologii	3.83	K 0	4 12 36.469	+1.9882	+ 32	−42 23 49.19	+ 8.846	− 204
1118	[μ Tauri]	4.32	B 3	4 13 15.032	+3.2595	+ 15	+ 8 47 19.17	+ 8.980	− 19
156	α Reticuli	3.36	G 5	4 13 52.722	+0.7755	+ 61	−62 34 42.79	+ 9.004	+ 53
157	[γ Doradus]	4.36	F 5	4 14 55.420	+1.5730	+ 108	−51 35 30.26	+ 9.061	+ 192
159	[γ Tauri]	3.86	K 0	4 17 23.983	+3.4163	+ 81	+15 31 39.97	+ 8.651	− 23
158	[54 Persei]	5.10	G 5	4 17 40.652	+3.8987	− 20	+34 28 1.51	+ 8.645	− 6
1119	[208 G. Eridani]	6.65	B 9	4 18 14.895	+2.7168	+ 16	−16 32 12.00	+ 8.603	− 4
161	[212 G. Eridani]	5.31	A 0	4 18 48.994	+2.6180	+ 19	−20 44 19.03	+ 8.554	− 8
162	δ Tauri	3.93	K 0	4 20 30.544	+3.4620	+ 76	+17 26 44.17	+ 8.400	− 27
166	[δ Mensae]	5.62	K op	4 20 46.161	−4.0181	+ 130	−80 18 50.80	+ 8.481	+ 69
163	[η Reticuli]	5.18	K 0	4 21 25.768	+0.6521	+ 128	−63 29 8.77	+ 8.531	+ 174
1120	[ξ Eridani]	5.23	A 2	4 21 35.211	+2.9883	− 36	− 3 50 28.41	+ 8.287	− 55
1121	[43 Eridani]	4.06	K 5	4 22 27.418	+2.2537	+ 46	−34 6 47.85	+ 8.328	+ 54
1122	[+69° 258 Caml]	7.02	K 0	4 25 25.766	+6.3125	+ 16	+69 17 13.57	+ 8.003	− 30

Nr.	Name	Größe	Spektrum	AR. 1958.0	Jährl. Veränderung 1958.5	Jährl. Eigenbew. in 0.s0001	Dekl. 1958.0	Jährl. Veränderung 1958.5	Jährl. Eigenbew in 0."001
		m		h m s	s		° ′ ″	″	
164	ε Tauri	3.63	K 0	4 26 9.627	+3.5053	+ 77	+19 5 20.13	+7.942	− 34
1123	[Br 615 Taur]	5.50	B 8	4 26 21.687	+3.1019	+ 9	+ 1 17 20.76	+7.940	− 20
165	[1 Camelop. *sq*]	5.86	B 1	4 28 41.605	+4.7575	0	+53 49 18.38	+7.771	− 1
167	[δ Caeli]	5.16	B 3	4 29 32.812	+1.8383	+ 1	−45 2 34.69	+7.707	+ 2
1124	[57 Persei]	6.07	F 0	4 30 27.190	+4.2252	+ 6	+42 58 34.19	+7.634	+ 4
1125	[ρ Tauri]	4.75	A 5	4 31 27.683	+3.4063	+ 68	+14 45 27.84	+7.526	− 23
171	α Doradus	3.47	A op	4 33 5.165	+1.2979	+ 57	−55 7 52.08	+7.423	+ 4
168	α Tauri	1.06	K 5	4 33 30.455	+3.4443	+ 47	+16 25 35.23	+7.195	− 188
170	[υ² Eridani]	3.88	K 0	4 33 54.966	+2.3331	− 39	−30 38 50.03	+7.341	− 10
169	ν Eridani	4.12	B 2	4 34 13.095	+2.9989	+ 2	− 3 26 12.86	+7.323	− 2
172	53 Eridani	3.98	K 0	4 36 15.327	+2.7486	− 48	−14 23 5.50	+6.999	− 160
1127	[258 G. Eridani]	5.59	K 0	4 38 21.933	+2.4966	− 45	−24 33 48.08	+7.005	+ 18
1126	[Pi 4ʰ 148 Taur]	5.68	A 0	4 38 41.771	+3.7576	+ 28	+28 32 7.23	+6.927	− 32
1129	[α Caeli]	4.52	F 2	4 39 12.364	+1.9328	− 138	−41 56 35.02	+6.841	− 77
174	τ Tauri	4.33	B 5	4 39 43.225	+3.6030	− 1	+22 52 41.08	+6.860	− 15
1128	[Grb 866 Pers]	5.77	B 8	4 40 9.583	+4.5645	− 2	+49 53 44.36	+6.819	− 19
1130	[β Caeli]	5.08	F 5	4 40 34.226	+2.1217	+ 30	−37 13 31.08	+7.005	+ 199
1131	[56 Eridani]	5.87	B 5	4 42 4.088	+2.8831	− 3	− 8 34 50.27	+6.682	0
173	Grb 848 Caml	6.04	F 0	4 43 8.776	+8.0959	+ 102	+75 52 6.82	+6.455	− 135
176	[μ Eridani]	4.18	B 5	4 43 24.003	+3.0009	+ 9	− 3 19 48.62	+6.563	− 10
177	[μ Mensae]	5.69	B 9	4 43 28.512	−0.5921	+ 20	−71 0 30.04	+6.602	+ 34
175	4 Camelopard.	5.35	A 2	4 44 29.747	+5.0037	+ 65	+56 41 6.05	+6.335	− 145
1132	[268 G. Eridani]	5.97	A 2	4 44 45.061	+2.3964	+ 1	−28 9 44.29	+6.477	+ 16
1133	[Br 658 Pers]	5.10	K 2	4 47 4.711	+4.0413	− 30	+37 24 57.82	+6.306	+ 39
1134	[π³ Orionis]	3.31	F 8	4 47 33.460	+3.2581	+ 312	+ 6 53 22.47	+6.246	+ 18
1135	[97 Tauri]	5.12	F 0	4 48 54.841	+3.5115	+ 57	+18 46 12.20	+6.081	− 34
179	[π⁴ Orionis]	3.78	B 3	4 48 57.996	+3.1966	− 2	+ 5 32 5.44	+6.113	+ 3
178	α Camelopard.	4.38	B 0	4 49 51.564	+5.9728	+ 3	+66 16 27.40	+6.044	+ 9
1136	[o¹ Orionis]	5.19	M 0	4 50 9.207	+3.3952	− 3	+14 10 56.08	+5.955	− 56
180	π⁵ Orionis	3.87	B 3	4 52 3.666	+3.1261	− 3	+ 2 22 24.36	+5.855	+ 3
181	ι Aurigae	2.90	K 2	4 54 15.256	+3.9093	+ 3	+33 6 5.33	+5.650	− 18
1138	[η Mensae]	5.28	K 0	4 56 22.772	−1.7154	+ 72	−75 0 8.36	+5.552	+ 58
183	ε Aurigae	3.1—3.8	F 5 p	4 58 57.002	+4.3084	+ 4	+43 45 47.64	+5.267	− 6
1137	[ζ Aurigae]	4.9—5.6	K0+B1	4 59 32.251	+4.1964	+ 10	+41 0 59.64	+5.202	− 22
182	β Camelopard.	4.22	G 0 p	4 59 40.333	+5.3425	− 6	+60 23 0.48	+5.197	− 14
184	ι Tauri	4.70	A 5	5 0 34.922	+3.5877	+ 47	+21 31 54.24	+5.095	− 40
1139	[26 G. Caeli]	6.00	K 0	5 0 47.337	+2.2707	− 8	−31 49 52.80	+5.202	+ 83
1140	[11 Orionis]	4.65	B 9	5 2 9.983	+3.4297	+ 11	+15 20 50.06	+4.968	− 34
185	η Aurigae	3.28	B 3	5 3 33.885	+4.2098	+ 27	+41 10 47.19	+4.816	− 66
186	ε Leporis	3.29	K 5	5 3 40.901	+2.5404	+ 18	−22 25 34.18	+4.805	− 69

Mittlere Sternörter 1958.0

Nr.	Name	Größe	Spektrum	AR. 1958.0	Jährl. Veränderung 1958.5	Jährl. Eigenbew. in 0.s0001	Dekl. 1958.0	Jährl. Veränderung 1958.5	Jährl. Eigenbew. in 0.″001
		m		h m s	s		° ′ ″	″	
187	[η² Pictoris]	4.92	K 5	5 3 52.537	+1.5540	+ 55	−49 38 2.41	+4.857	− 1
189	[ζ Doradus]	4.76	F 8	5 4 47.229	+1.0293	− 51	−57 31 46.35	+4.899	+ 118
188	β Eridani	2.92	A 3	5 5 46.975	+2.9502	− 64	− 5 8 21.27	+4.618	− 77
1143	[13 G. Pictoris]	7.10	A 0	5 6 11.211	+1.7821	+ 25	−44 52 31.87	+4.687	+ 25
1142	[16 Orionis]	5.42	A 2	5 7 0.855	+3.3017	+ 41	+ 9 46 38.12	+4.587	− 3
1141	[+27°732 *pr*Taur]	5.97	A 3	5 7 6.673	+3.7688	+ 43	+27 58 43.94	+4.515	− 66
190	[λ Eridani]	4.34	B 2	5 7 8.080	+2.8720	+ 1	− 8 48 23.52	+4.577	− 3
192	μ Aurigae	4.78	A 3	5 10 33.005	+4.1075	− 17	+38 26 12.07	+4.210	− 78
1144	[μ Leporis]	3.30	A 0p	5 11 2.591	+2.6956	+ 28	−16 15 14.18	+4.219	− 28
194	β Orionis	0.34	B 8p	5 12 31.073	+2.8841	+ 2	− 8 14 55.50	+4.120	− 1
193	α Aurigae	0.21	G 0	5 13 34.950	+4.4348	+ 80	+45 57 27.16	+3.606	− 423
196	ϑ Doradus	4.78	K 0	5 13 46.971	−0.0446	+ 10	−67 13 57.51	+4.050	+ 35
195	[τ Orionis]	3.68	B 5	5 15 33.917	+2.9139	− 11	− 6 53 18.10	+3.852	− 8
191	19 H. Camelop.	5.24	F 8	5 15 35.815	+9.9106	− 289	+79 11 15.91	+4.011	+ 159
197	[o Columbae]	4.91	K 0	5 15 58.097	+2.1641	+ 69	−34 56 6.95	+3.487	− 338
1145	[λ Aurigae]	4.85	G 0	5 16 10.992	+4.2224	+ 457	+40 3 49.78	+3.142	− 663
1146	[λ Leporis]	4.29	B 1	5 17 38.322	+2.7647	− 2	−13 13 7.58	+3.680	− 2
198	[12 G. Columbae]	5.75	A 0	5 17 43.197	+2.3928	+ 5	−27 24 38.81	+3.671	− 4
199	[ζ Pictoris]	5.52	F 8	5 18 20.125	+1.4718	+ 10	−50 39 1.11	+3.856	+ 234
1147	[22 Orionis]	4.65	B 3	5 19 36.982	+3.0636	− 2	− 0 25 20.81	+3.510	− 1
201	γ Orionis	1.70	B 2	5 22 52.586	+3.2187	− 6	+ 6 18 47.48	+3.215	− 15
202	β Tauri	1.78	B 8	5 23 38.066	+3.7940	+ 20	+28 34 25.81	+2.989	− 175
1148	[115 Tauri]	5.31	B 3	5 24 42.942	+3.5010	+ 4	+17 55 40.02	+3.047	− 24
1149	[18 G. Columbae]	5.85	A 2	5 25 44.276	+1.9250	− 8	−40 58 44.08	+3.078	+ 95
203	17 Camelopard.	5.75	K 5	5 26 11.763	+5.6706	− 7	+63 2 6.00	+2.939	− 2
204	[β Leporis]	2.96	G 0	5 26 26.682	+2.5716	+ 1	−20 47 30.19	+2.831	− 92
1150	[18 Camelopard.]	6.46	G 0	5 28 57.684	+5.1418	+ 145	+57 11 38.61	+2.484	− 218
1152	[20 G. Pictoris]	5.54	G 5	5 29 0.068	+1.6498	+ 14	−47 6 25.01	+2.574	− 127
206	δ Orionis	2.48	B 0	5 29 51.548	+3.0658	0	− 0 19 43.10	+2.627	+ 1
1151	[χ Aurigae]	4.88	B 1	5 29 59.496	+3.9065	0	+32 9 46.57	+2.611	− 3
207	α Leporis	2.69	F 0	5 30 52.583	+2.6468	+ 2	−17 51 3.59	+2.542	+ 4
208	[φ¹ Orionis]	4.53	B 0	5 32 30.769	+3.2944	− 1	+ 9 27 45.99	+2.393	− 2
212	β Doradus	4.2—5.7	F 5v	5 33 15.440	+0.5213	− 11	−62 31 1.35	+2.342	+ 9
209	ι Orionis	2.89	O e5	5 33 22.621	+2.9355	+ 1	− 5 56 9.33	+2.325	+ 4
214	[γ Mensae]	5.06	K 0	5 33 32.228	−2.3696	+ 311	−76 22 19.13	+2.604	+ 294
210	ε Orionis	1.75	B 0	5 34 4.838	+3.0450	0	− 1 13 37.89	+2.260	+ 1
205	Grb 966 Caml	6.36	K 5	5 34 5.771	+8.0334	− 20	+75 1 12.22	+2.280	+ 26
211	ζ Tauri	3.00	B 3p	5 35 7.955	+3.5866	+ 1	+21 7 7.27	+2.146	− 22
1153	[35 G. Columbae]	6.75	K 2	5 36 26.548	+2.3902	+ 8	−27 14 2.48	+2.045	− 9
215	α Columbae	2.75	B 5p	5 38 7.598	+2.1733	+ 2	−34 5 43.44	+1.882	− 26

Nr.	Name	Größe	Spektrum	AR. 1958.0	Jährl. Veränderung 1958.5	Jährl. Eigenbew. in 0ˢ.0001	Dekl. 1958.0	Jährl. Veränderung 1958.5	Jährl. Eigenbew. in 0″.001
		m		h m s	s		° ′ ″	″	
216	o Aurigae	5.52	A 0	5 42 38.627	+4.6496	− 10	+49 48 36.73	+1.510	− 3
217	[γ Leporis]	3.80	F 8	5 42 42.689	+2.5020	− 206	−22 27 38.99	+1.138	− 370
1154	[δ Doradus]	4.52	A 5	5 44 41.773	+0.1087	− 51	−65 45 4.43	+1.344	+ 7
218	[130 Tauri]	5.51	F 0	5 44 59.143	+3.4989	− 4	+17 42 54.25	+1.301	− 8
219	ζ Leporis	3.67	A 2	5 45 3.059	+2.7191	− 12	−14 50 10.80	+1.299	− 5
220	κ Orionis	2.20	B 0	5 45 45.796	+2.8461	+ 2	− 9 40 59.39	+1.238	− 4
1155	[142 G. Orionis]	5.95	G 5	5 46 29.612	+2.9814	+ 36	− 4 6 15.83	+0.976	− 202
221	[ν Aurigae]	4.18	K 0	5 48 34.608	+4.1589	− 5	+39 8 17.73	+1.002	+ 7
1156	[γ Pictoris]	4.38	K 0	5 49 3.708	+1.0900	+ 84	−56 10 35.08	+0.893	− 63
223	[β Columbae]	3.22	K 0	5 49 28.641	+2.1154	+ 40	−35 46 58.86	+1.323	+ 404
222	[δ Leporis]	3.90	K 0	5 49 30.859	+2.5809	+ 166	−20 52 52.95	+0.266	− 649
1159	[37 G. Pictoris]	4.98	K 0	5 49 56.143	+1.3581	+ 5	−52 7 4.30	+0.799	− 79
1158	[136 Tauri]	4.54	A 0	5 50 41.163	+3.7719	+ 4	+27 36 15.03	+0.797	− 14
1157	[ξ Aurigae]	4.92	A 2	5 51 19.427	+5.0290	− 17	+55 41 58.98	+0.775	+ 20
224	α Orionis	0.1—1.2	M 0	5 52 53.811	+3.2488	+ 19	+ 7 24 3.21	+0.630	+ 11
226	[η Leporis]	3.77	F 0	5 54 29.436	+2.7332	− 29	−14 10 26.55	+0.617	+ 138
1160	[γ Columbae]	4.36	B 3	5 56 2.794	+2.1278	− 2	−35 17 12.14	+0.353	+ 9
225	δ Aurigae	3.88	K 0	5 56 4.051	+4.9411	+ 97	+54 17 2.11	+0.213	− 127
227	β Aurigae	2.07	A op	5 56 26.802	+4.4019	− 50	+44 56 43.28	+0.305	− 2
1161	[60 Orionis]	5.25	A 0	5 56 39.914	+3.0853	− 10	+ 0 33 2.17	+0.290	+ 1
1162	+33° 1209 Auri	6.80	A 2	5 57 28.631	+3.9447	− 9	+33 8 9.08	+0.224	+ 6
229	η Columbae	4.03	K 0	5 57 51.568	+1.8368	+ 13	−42 48 59.94	+0.169	− 17
1163	[1 Geminorum]	4.30	G 5	6 1 33.960	+3.6475	− 4	+23 16 2.61	−0.243	− 104
230	[66 Orionis]	5.70	K 0	6 2 45.114	+3.1702	− 4	+ 4 9 45.29	−0.250	− 7
231	[1 G. Puppis]	6.22	F 8	6 3 15.787	+1.7270	− 87	−45 2 7.79	−0.040	+ 247
1164	[74 G. Columbae]	5.72	A 0	6 4 28.427	+2.3104	+ 6	−29 45 9.93	−0.433	− 40
232	ν Orionis	4.40	B 2	6 5 10.361	+3.4260	+ 3	+14 46 30.58	−0.478	− 23
1165	[94 G. Leporis]	5.46	A 0	6 7 11.894	+2.5233	+ 9	−22 25 6.98	0.667	− 36
233	[36 Camelopard.]	5.39	K 0	6 8 37.575	+6.0358	+ 12	+65 43 47.48	−0.787	− 29
1166	[ν Doradus]	5.21	B 9	6 9 0.485	−0.3844	− 95	−68 50 4.25	−0.765	+ 23
235	[δ Pictoris]	4.84	B 1	6 9 28.706	+1.1679	− 19	−54 57 30.72	−0.816	+ 13
239	[α Mensae]	5.14	K 0	6 11 29.672	−1.7876	+ 302	−74 44 22.50	−1.219	− 216
1168	κ Aurigae	4.45	K 0	6 12 42.067	+3.8232	− 55	+29 30 55.45	−1.378	− 265
1167	[Br 904 *sq* Auri]	6.42	F 0	6 12 49.157	+4.0431	− 53	+36 9 47.58	−1.115	+ 8
1169	[74 Orionis]	5.11	F 5	6 14 5.049	+3.3693	+ 55	+12 17 7.89	−1.047	+ 186
234	22 H. Camelop.	4.73	A 0	6 14 13.258	+6.6103	+ 8	+69 20 16.75	−1.351	− 103
238	[κ Columbae]	4.51	K 0	6 15 3.336	+2.1342	− 14	−35 7 31.72	−1.234	+ 84
237	[2 Lyncis]	4.42	A 0	6 15 55.071	+5.2931	− 12	+59 1 43.31	−1.374	+ 20
1170	[7 Monocerotis]	5.13	B 3	6 17 41.337	+2.8905	− 4	− 7 48 13.90	−1.547	+ 1
240	ζ Canis maj.	3.10	B 3	6 18 41.974	+2.3037	+ 5	−30 2 36.68	−1.630	+ 5

Nr.	Name	Größe	Spektrum	AR. 1958 0	Jährl. Veränderung 1958.5	Jährl. Eigenbew. in 0.s0001	Dekl. 1958.0	Jährl. Veränderung 1958.5	Jährl. Eigenbew. in 0."001
		m		h m s	s		° ′ ″	″	
241	μ Geminorum	3.19	M 0	6 20 25.138	+ 3.6297	+ 40	+22 32 12.93	−1.898	− 112
243	β Canis maj.	1.99	B 1	6 20 50.939	+ 2.6424	− 4	−17 56 1.76	−1.826	− 4
244	8 ε Monocerotis	4.48	A 5	6 21 32.496	+ 3.1796	− 12	+ 4 36 56.84	−1.873	+ 11
242	ψ^1 Aurigae	5.10	K 2	6 21 39.851	+ 4.6206	+ 1	+49 18 41.75	−1.899	− 4
1171	[23 G. Canis maj.]	5.39	K 0	6 22 12.719	+ 2.7992	− 35	−11 30 22.25	−1.982	− 40
245	α Carinae	-0.86	F 0	6 23 1.130	+ 1.3325	+ 24	−52 40 19.07	−1.985	+ 25
1172	[Grb 1156 Auri]	7.14	G 5	6 23 22.292	+ 4.2696	0	+41 59 5.30	−2.054	- 11
246	10 Monocerotis	4.98	B 3	6 25 53.051	+ 2.9628	− 6	− 4 44 4.70	−2.256	+ 4
1173	[ν Geminorum]	4.06	B 5	6 26 28.128	+ 3.5624	− 4	+20 14 25.51	−2.330	− 18
1174	[13 Monocerotis]	4.50	A op	6 30 37.920	+ 3.2444	− 2	+ 7 21 55.10	−2.680	− 7
1175	[56 G. Monocer.]	5.02	B 3	6 31 29.904	+ 3.0451	− 9	− 1 11 12.80	−2.772	− 24
249	ξ^2 Canis maj.	4.54	A 0	6 33 17.683	+ 2.5147	+ 6	−22 55 49.07	−2.889	+ 14
247	8 Lyncis	6.05	G 0	6 33 51.328	+ 5.4805	− 290	+61 31 14.76	−3.232	− 278
251	γ Geminorum	1.93	A 0	6 35 17.130	+ 3.4659	+ 30	+16 26 12.52	−3.120	− 44
250	51 Aurigae	5.71	K 0	6 35 44.939	+ 4.1565	− 22	+39 25 47.37	−3.231	− 115
252	ν Puppis	3.18	B 8	6 36 28.474	+ 1.8357	− 7	−43 9 29.13	−3.179	− 1
248	23 H. Camelop.	5.60	F 8	6 39 6.203	+10.2252	− 323	+79 36 54.52	−4.018	− 607
254	ε Geminorum	3.18	G 5	6 41 20.887	+ 3.6907	− 5	+25 10 28.15	−3.614	− 15
256	ξ Geminorum	3.40	F 5	6 42 55.902	+ 3.3670	− 81	+12 56 32.96	−3.930	− 195
257	*α Canis maj.	-1.58	A 0	6 43 17.875	+ 2.6433	− 374	−16 39 26.06	−4.976	−1210
264	[ζ Mensae]	5.64	A 2	6 43 34.686	− 5.0049	− 21	−80 46 18.04	−3.726	+ 59
255	[ψ^5 Aurigae]	5.34	G 0	6 43 42.798	+ 4.3235	− 1	+43 37 16.81	−3.640	+ 162
1177	16 Monocerotis	5.84	B 3	6 44 14.939	+ 3.2718	− 7	+ 8 37 59.52	−3.856	− 8
1176	[ψ^6 Aurigae]	5.28	K 0	6 44 27.564	+ 4.5725	− 4	+48 50 10.00	−3.862	+ 5
258	18 Monocerotis	4.70	K 0	6 45 40.198	+ 3.1282	− 14	+ 2 27 34.72	−3.983	− 13
1178	[31 G. Puppis]	5.25	B 9	6 45 55.027	+ 2.0529	− 19	−37 52 56.40	−4.006	− 16
1179	[80 G. Monocer.]	5.65	A 0	6 47 9.419	+ 3.0216	− 11	− 2 13 22.94	−4.093	+ 4
262	α Pictoris	3.30	A 5	6 47 45.621	+ 0.6149	− 107	−61 53 45.13	−3.878	+ 269
1180	[κ Canis maj.]	3.78	B 2p	6 48 16.244	+ 2.2414	− 10	−32 27 31.82	−4.188	+ 4
263	[τ Puppis]	2.83	K 0	6 48 53.549	+ 1.4883	+ 26	−50 33 49.81	−4.317	− 73
259	[43 Camelopard.]	5.13	B 5	6 49 11.136	+ 6.4637	+ 2	+68 56 24.84	−4.269	+ 4
261	ϑ Geminorum	3.64	A 2	6 50 1.304	+ 3.9536	− 1	+34 0 49.59	−4.394	− 52
267	[ι Volantis]	5.52	B 8	6 51 56.131	− 0.6899	− 9	−70 54 41.23	−4.483	+ 20
266	ϑ Canis maj.	4.25	K 2	6 52 14.258	+ 2.7876	− 95	−11 59 4.80	−4.545	− 14
260	24 H. Camelop.	4.75	K 5	6 53 58.207	+ 8.7371	+ 209	+77 2 6.64	−4.694	− 12
268	ε Canis maj.	1.63	B 1	6 56 58.465	+ 2.3585	+ 4	−28 54 49.56	−4.931	+ 2
1181	[101 G. Monoc.]	5.84	A 0	6 58 22.579	+ 2.8822	− 15	− 8 20 49.44	−5.062	− 10
1182	[ω Geminorum]	5.21	K 0	6 59 51.266	+ 3.6549	− 7	+24 16 37.36	−5.181	− 3
1183	[σ Canis maj.]	3.68	K 5	7 0 2.707	+ 2.3905	− 4	−27 52 24.82	−5.191	+ 1
270	[o^2 Canis maj.]	3.12	B 5p	7 1 16.195	+ 2.5057	− 1	−23 46 14.64	−5.295	+ 2

Nr. 257. Ort des Schwerpunktes. Die Reduktion auf den Hauptstern ist nach den Elementen von Volet, Bull. Astr. II, Bd. 7, 1931:

1958.0 $\Delta\alpha = -0.^s158$ $\Delta\delta = +0''30$

1959.0 $= -0.167$ $= +0\ 17$

Nr.	Name	Größe	Spektrum	AR. 1958.0	Jährl. Veränderung 1958.5	Jährl. Eigenbew. in 0ˢ.0001	Dekl. 1958.0	Jährl. Veränderung 1958.5	Jährl. Eigenbew. in 0″.001
		m		h m s	s		° ′ ″	″	
269	ζ Geminorum	3.7—4.1	G op	7 1 37.090	+3.5577	− 7	+20 38 1.00	−5.329	− 3
271	γ Canis maj.	4.07	B 5	7 1 51.449	+2.7148	+ 1	−15 34 11.58	−5.355	− 9
1184	[C Puppis]	5.26	A 2	7 2 42.794	+1.9019	− 20	−42 16 27.59	−5.350	+ 67
272	[27 G. Carinae]	5.30	A 0	7 3 31.285	+1.1169	− 12	−56 41 7.27	−5.483	+ 2
1185	[2 G. Canis min.]	5.92	K 0	7 5 33.207	+3.2428	− 3	+ 7 32 19.26	−5.693	− 36
273	δ Canis maj.	1.98	F 8p	7 6 40.959	+2.4398	− 3	−26 19 31.13	−5.746	+ 5
1186	[20 Monocerotis]	5.02	K 0	7 8 8.477	+2.9802	− 1	− 4 10 12.43	−5.659	+ 215
274	63 Aurigae	5.07	K 2	7 8 46.113	+4.1251	+ 36	+39 23 27.43	−5.929	− 2
1189	[γ² Volantis]	3.87	K 0	7 9 6.697	−0.5114	+ 45	−70 25 51.75	−5.854	+ 98
1187	[22 δ Monocerot.]	4.09	A 0	7 9 43.130	+3.0637	− 3	− 0 25 18.20	−5.999	+ 6
1188	[51 Geminorum]	5.31	M 3	7 10 57.573	+3.4445	+ 6	+16 13 54.68	−6.152	− 43
275	[I Puppis]	4.47	F 0	7 11 21.689	+1.7101	− 141	−46 41 18.30	−6.043	+ 98
1190	[Grb 1281 Lynx]	5.55	G 0	7 12 43.265	+4.4533	+ 35	+47 18 59.88	−6.440	− 184
276	[64 Aurigae]	5.75	A 3	7 15 7.130	+4.1698	− 16	+40 57 35.81	−6.444	+ 11
278	π Puppis	2.74	K 5	7 15 39.513	+2.1194	− 8	−37 1 15.29	−6.489	+ 9
277	λ Geminorum	3.65	A 2	7 15 40.773	+3.4471	− 35	+16 37 4.00	−6.539	− 39
281	δ Volantis	4.02	F 5	7 16 51.410	−0.0321	− 12	−67 52 49.39	−6.598	− 2
279	δ Geminorum	3.52	F 0	7 17 36.928	+3.5822	− 19	+22 3 40.86	−6.675	− 14
280	19 Lyncis *sq*	5.61	B 8	7 19 26.803	+4.8915	− 8	+55 21 46.03	−6.847	− 35
1191	[66 Aurigae]	5.28	K 0	7 21 14.143	+4.1527	− 5	+40 45 18.40	−6.988	− 29
283	[η Canis maj.]	2.43	B 5p	7 22 25.959	+2.3734	− 5	−29 13 12.17	−7.050	+ 6
282	ι Geminorum	3.89	K 0	7 23 7.179	+3.7251	− 92	+27 52 59.76	−7.202	− 89
1192	[169 G. Can. maj.]	5.82	F 0	7 23 12.525	+2.7555	− 142	−13 40 5.08	−7.130	− 11
285	β Canis minor.	3.09	B 8	7 24 52.380	+3.2530	− 38	+ 8 22 31.72	−7.296	− 40
286	ρ Geminorum	4.18	F 0	7 26 24.704	+3.8573	+ 116	+31 52 10.96	−7.210	+ 172
284	Grb 1308 Caml	5.80	K 0	7 26 31.563	+6.2326	− 22	+68 33 15.65	−7.432	− 40
1193	[6 Canis minor.]	4.85	K 0	7 27 27.532	+3.3390	− 1	+12 5 42.12	−7.483	− 17
1194	[σ Puppis]	3.28	K 5	7 27 53.818	1.9035	57	43 12 55.56	7.311	190
287	*α Geminorum	1 99 2 85	A 0 A 0	7 31 55.292	+3.8276	− 138	+31 58 56.11	−7.930	− 103
288	[108 G. Puppis]	4.52	F 8	7 32 15.190	+2.5678	− 38	−22 12 15.63	−7.818	+ 35
1196	[υ Geminorum]	4.22	K 5	7 33 20.169	+3.6956	− 26	+26 59 26.73	−8.050	− 110
1195	[+46° 1286 Lynx]	5.80	K 5	7 33 28.965	+4.3527	− 29	+46 16 29.22	−7.992	− 39
1198	[Q Carinae]	4.92	K 5	7 34 37.340	+1.4834	+ 15	−52 26 22.08	−8.064	− 21
1197	[125 G. Puppis]	5.66	B 3	7 34 50.227	+2.6372	− 4	−19 36 27.08	−8.057	+ 3
289	25 Monocerotis	5.17	F 5	7 35 11.348	+2.9825	− 51	− 4 0 57.09	−8.073	+ 16
290	[127 G. Puppis]	4.62	B 8	7 35 48.746	+2.2198	− 27	−34 52 22.43	−8.120	+ 18
291	*α Canis min.	0.48	F 5	7 37 6.231	+3.1397	− 474	+ 5 20 2.58	−9.271	−1029
293	[26 α Monocer.]	4.07	K 0	7 39 14.399	+2.8664	− 51	− 9 27 6.90	−8.436	− 24
292	24 Lyncis	4.96	A 2	7 39 27.784	+5.0704	− 53	+58 48 39.33	−8.485	− 54
294	κ Geminorum	3.70	G 5	7 41 54.830	+3.6208	− 23	+24 30 1.34	−8.677	− 53

Nr 287. Ort des Schwerpunktes. Die Reduktion auf den Ort des helleren Sterns beträgt nach den Elementen von S t r a n d, Astronom. Journal Bd. 49, 1940:

1958 0 $\Delta\alpha = -0^s.011$ $\Delta\delta = +0''90$
1959 0 $= -0.014$ $= +0.86$

Nr. 291 Ort des Schwerpunktes. Die Reduktion auf den Ort des hellen Sterns beträgt nach den Elementen von S t r a n d , Astrophys. Journal Bd 113,1.; 1951:

1958 0 $\Delta\alpha = -0^s.079$ $\Delta\delta = -0''49$
1959 0 $= -0.080$ $= -0.36$

Nr.	Name	Größe	Spektrum	AR. 1958.0	Jährl. Veränderung 1958.5	Jährl. Eigenbew. in 0.s0001	Dekl. 1958.0	Jährl. Veränderung 1958.5	Jährl. Eigenbew. in 0.″001
		m		h m s	s		° ′ ″	″	
297	ζ Volantis	3.89	K 0	7 42 21.021	−0.7444	+ 59	−72 30 19.73	− 8.638	+ 18
295	β Geminorum	1.21	K 0	7 42 44.878	+3.6696	− 474	+28 7 45.30	− 8.741	− 52
1200	[81 Geminorum]	5.02	K 2	7 43 41.613	+3.4727	− 54	+18 36 50.51	− 8.825	− 61
1199	[+37° 1769 Lynx]	5.45	M 0	7 43 51.287	+4.0007	+ 15	+37 37 14.87	− 8.770	+ 7
1201	[11 Canis minor.]	5.30	A 0	7 43 57.512	+3.3019	− 22	+10 52 19.53	− 8.809	− 24
1202	[4 Puppis]	5.11	F 0	7 44 0.773	+2.7627	− 10	−14 27 37.75	− 8.785	+ 4
296	π Geminorum	5.29	K 2	7 44 48.069	+3.8665	− 9	+33 31 13.77	− 8.883	− 31
1203	[187 G. Puppis]	5.26	B 2	7 46 15.284	+1.8126	− 13	−46 30 12.27	− 8.960	+ 4
1204	[ξ Puppis]	3.47	G op	7 47 31.612	+2.5236	− 3	−24 45 11.68	− 9.067	− 3
1206	[61 G. Carinae]	5.82	F 2	7 48 31.264	+0.9894	− 95	−60 10 42.38	− 8.989	+ 151
1205	[ζ Canis minor.]	5.11	B 8	7 49 31.279	+3.1108	− 15	+ 1 52 31.58	− 9.224	− 5
301	[213 G. Puppis]	3.76	G 5	7 50 46.284	+2.0621	− 21	−40 27 59.59	− 9.315	0
1207	[φ Geminorum]	4.99	A 2	7 50 55.717	+3.6700	− 28	+26 52 33.90	− 9.363	− 35
299	[26 Lyncis]	5.69	K 0	7 51 39.562	+4.3646	− 50	+47 40 31.44	− 9.387	− 2
1208	[1 Cancri]	5.96	K 0	7 54 36.417	+3.4052	− 23	+15 54 14.09	− 9.657	− 45
300	Grb 1374 Caml	5.56	K 0	7 55 12.422	+7.1616	− 30	+74 1 59.94	− 9.695	− 34
1209	[Grb 1384 Lynx]	6.47	K 0	7 55 19.894	+4.2110	+ 38	+44 5 29.22	− 9.660	+ 8
303	χ Carinae	3.60	B 3	7 55 42.599	+1.5248	− 41	−52 52 7.74	− 9.666	+ 29
1210	[225 G. Puppis]	4.85	A 2	7 55 59.590	+2.3921	− 6	−30 13 13.90	− 9.712	+ 6
304	[27 Monocerotis]	5.06	K 0	7 57 38.206	+2.9966	− 43	− 3 33 49.47	− 9.845	− 1
1212	[232 G. Puppis]	4.64	A 2	7 57 59.033	+2.6885	− 6	−18 16 58.70	− 9.920	− 50
302	[53 Camelop.]	6.00	A 2p	7 58 7.838	+5.1156	− 74	+60 26 29.19	− 9.904	− 22
1211	[ω Cancri]	5.88	K 0	7 58 23.505	+3.6285	+ 8	+25 30 33.46	− 9.901	0
1213	[161 G. Monocer.]	6.30	G 0	8 0 22.146	+2.9481	+ 7	− 6 13 8.49	−10.079	− 28
305	χ Geminorum	5.04	K 0	8 0 56.460	+3.6828	− 21	+27 54 49.05	−10.141	− 46
306	ζ Puppis	2.27	O d	8 2 6.399	+2.1087	− 30	−39 53 1.85	−10.168	+ 14
307	27 Lyncis	4.87	A 2	8 5 18.363	+4.5080	− 67	+51 37 46.59	−10.432	− 9
308	ρ Puppis	2.88	F 5	8 5 45.268	+2.5555	− 60	−24 10 55.31	−10.404	+ 51
1214	[Pi 7^h 308 Lynx]	6.64	F 8	8 7 27.668	+3.9015	+ 163	+35 34 57.21	−10.820	− 237
309	γ Velorum	1.92	O ap	8 8 14.247	+1.8493	− 8	−47 12 43.18	−10.634	+ 5
1215	[3 H. Ursae maj.]	5.48	G 5	8 8 39.473	+5.9586	− 4	+68 36 0.94	−10.666	+ 7
311	20 Puppis	5.05	G 5	8 11 24.077	+2.7575	− 12	−15 39 37.86	−10.879	− 6
312	β Cancri	3.76	K 2	8 14 14.296	+3.2527	− 34	+ 9 18 58.85	−11.132	− 51
310	Br 1147 Caml	5.73	G 5	8 14 18.970	+7.5065	+ 65	+75 53 17.73	−11.075	+ 15
1216	[+4° 1945 Hydra]	6.68	G0+A2	8 15 5.888	+3.1580	+ 1	+ 4 20 59.92	−11.143	+ 1
313	[289 G. Puppis]	4.43	A 5	8 16 58.898	+2.2459	− 94	−36 31 41.66	−11.188	+ 91
1218	[7 G. Hydrae]	6.32	A 5	8 17 14.210	+2.8738	− 43	−10 2 1.13	−11.269	+ 29
1217	[χ Cancri]	5.16	F 5	8 17 30.947	+3.6424	− 15	+27 21 18.38	−11.705	− 386
1219	[294 G. Puppis]	4.94	K 0	8 19 43.682	+2.3629	− 13	−32 55 10.89	−11.469	+ 9
314	31 Lyncis	4.43	K 5	8 19 57.998	+4.1041	− 16	+43 19 28.07	−11.600	− 104

Nr.	Name	Größe	Spektrum	AR. 1958.0	Jährl. Veränderung 1958.5	Jährl. Eigenbew. in 0ˢ.0001	Dekl. 1958.0	Jährl. Veränderung 1958.5	Jährl. Eigenbew. in 0″.001
		m		h m s	s		° ′ ″	″	
1220	[20 Cancri]	5.88	F 0	8 20 57.632	+3.4338	− 40	+18 28 6.50	−11.596	− 30
315	ε Carinae	1.74	K0+B	8 21 39.203	+1.2303	− 37	−59 22 25.47	−11.596	+ 18
318	ϑ Chamaeleontis	4.26	K 0	8 21 56.442	−1.8133	− 386	−77 20 58.72	−11.594	+ 39
1221	[302 G. Puppis *pr*]	5.55	K 5	8 23 14.859	+2.5909	− 22	−23 54 31.93	−11.702	+ 27
316	Br 1197 Hydra	3.95	A 0	8 23 33.701	+2.9975	− 46	− 3 46 5.50	−11.777	− 26
319	[β Volantis]	3.65	K 0	8 25 17.213	+0.6513	− 44	−65 59 47.08	−12.031	− 160
1222	[29 Cancri]	5.90	A 2	8 26 16.781	+3.3466	− 13	+14 21 4.22	−11.959	− 16
317	o Ursae maj.	3.47	G 0	8 26 47.444	+4.9762	− 185	+60 51 38.00	−12.091	− 111
320	Grb 1450 Lynx	6.05	K 0	8 30 11.474	+3.8971	− 86	+38 9 43.08	−12.389	− 172
321	η Cancri	5.52	K 0	8 30 16.898	+3.4676	− 35	+20 35 6.60	−12.272	− 49
322	[Grb 1446 Caml]	6.29	K 0	8 35 5.029	+6.6479	− 51	+73 46 44.56	−12.658	− 104
1223	[δ Hydrae]	4.18	A 0	8 35 25.994	+3.1753	− 47	+ 5 51 5.03	−12.587	− 11
324	[48 G. Velorum]	4.13	A 5	8 36 9.912	+2.1094	− 17	−42 50 28.55	−12.618	+ 7
323	[Grb 1460 UMaj]	6.03	K 0	8 36 11.486	+4.4394	− 39	+52 51 37.51	−12.665	− 36
1224	[σ Hydrae]	4.54	K 0	8 36 33.755	+3.1353	− 13	+ 3 29 24.18	−12.674	− 21
325	[6 Hydrae]	5.15	K 2	8 38 2.010	+2.8421	− 60	−12 19 33.02	−12.758	− 6
1225	[34 Lyncis]	5.52	K 0	8 38 7.353	+4.1418	+ 21	+45 58 58.21	−12.674	+ 85
1227	o Velorum	3.68	B 3	8 39 5.394	+1.7196	− 22	−52 46 19.28	−12.801	+ 22
1226	[53 G. Velorum]	4.06	F 5p	8 39 13.883	+1.9913	− 6	−46 29 54.44	−12.828	+ 4
1228	[γ Cancri]	4.73	A 0	8 40 51.467	+3.4701	− 76	+21 37 15.01	−12.986	− 44
327	α Pyxidis	3.70	B 2	8 41 54.182	+2.4113	− 13	−33 2 2.43	−13.001	+ 9
326	δ Cancri	4.17	K 0	8 42 18.007	+3.4077	− 15	+18 18 35.76	−13.271	− 233
331	[η Chamaeleontis]	5.62	B 9	8 42 48.288	−2.0568	− 78	−78 48 42.19	−13.048	+ 21
1229	[25 G. Pyxidis]	6.13	A 2	8 43 2.490	+2.6850	+ 4	−21 0 50.86	−13.062	+ 25
328	ι Cancri	4.20	G 5	8 44 9.547	+3.6281	− 19	+28 54 53.73	−13.206	− 45
1230	[14 Hydrae]	5.19	B 9	8 47 15.058	+3.0144	− 18	− 3 17 9.67	−13.386	− 23
332	[γ Pyxidis]	4.19	K 2	8 48 44.883	+2.5468	− 101	−27 33 11.55	−13.379	+ 81
334	ζ Hydrae	3.30	K 0	8 53 10.454	+3.1705	− 69	+ 6 6 23.45	−13.735	+ 10
1231	[80 G. Hydrae]	5.90	K 0	8 53 16.612	+2.7584	+ 23	−18 4 49.49	−13.770	− 19
336	108 G. Carinae	3.98	B 8	8 54 5.834	+1.3597	− 25	−60 29 0.80	−13.761	+ 41
1233	[109 G. Carinae]	5.29	B 3	8 55 56.749	+1.4673	− 20	−59 3 59.30	−13.908	+ 12
337	α Cancri	4.27	A 3	8 56 11.488	+3.2801	+ 22	+12 1 17.39	−13.970	− 34
335	ι Ursae maj.	3.12	A 5	8 56 20.457	+4.1026	− 443	+48 12 28.47	−14.186	− 240
1232	[64 Cancri]	5.64	G 5	8 56 58.160	+3.6813	− 37	+32 34 58.79	−14.025	− 40
339	Br 1268 Lynx	4.09	F 5	8 57 55.207	+3.8906	− 395	+41 57 1.29	−14.301	− 257
1234	[91 G. Velorum]	4.42	F 8	8 58 31.219	+2.2402	− 40	−41 5 21.87	−14.042	+ 39
338	ρ Ursae maj.	4.99	M 0	8 58 47.129	+5.3950	− 45	+67 47 42.70	−14.084	+ 16
1235	[92 G. Hydrae]	5.80	K 0	8 59 49.222	+3.0645	− 37	− 0 19 2.43	−14.086	+ 76
341	κ Ursae maj.	3.68	A 0	9 0 45.994	+4.0910	− 35	+47 19 26.70	−14.279	− 58
340	[Grb 1501 UMaj]	5.68	A 2	9 0 56.444	+4.3885	− 14	+54 27 3.30	−14.233	− 1

Mittlere Sternörter 1958.0

Nr.	Name	Größe	Spektrum	AR. 1958.0	Jährl. Veränderung 1958.5	Jährl. Eigenbew. in 0s.0001	Dekl. 1958.0	Jährl. Veränderung 1958.5	Jährl. Eigenbew. in 0".001
		m		h m s	s		° ′ ″	″	
1236	[93 G. Hydrae]	6.74	A 0	9 1 37.832	+2.9902	− 11	− 5 0 14.69	−14.269	+ 5
343	α Volantis	4.18	A 5	9 1 47.383	+0.9462	+ 11	−66 13 41.11	−14.384	− 101
342	[97 G. Velorum]	3.69	K 0	9 2 42.210	+2.0690	− 57	−46 55 47.15	−14.354	− 15
1237	[Pi 8h 245 Lynx]	4.71	G 5	9 3 51.812	+3.8125	− 27	+38 37 16.83	−14.433	− 22
1238	[κ Cancri]	5.14	B 8	9 5 28.394	+3.2482	− 17	+10 50 18.18	−14.518	− 10
345	λ Velorum	2.22	K 5	9 6 26.937	+2.2072	− 25	−43 15 43.68	−14.551	+ 15
1239	[ξ Cancri]	5.22	G 5	9 6 56.814	+3.4474	0	+22 12 59.25	−14.597	− 1
1240	[101 G. Hydrae]	5.81	K 0	9 7 10.600	+2.8766	+ 8	−12 11 12.41	−14.625	− 15
1241	[ε Pyxidis]	5.63	A 3	9 8 9.523	+2.5436	0	−30 11 34.64	−14.713	− 45
1242	[107 G. Hydrae]	5.81	K 0	9 10 3.245	+2.7486	− 39	−19 34 30.72	−14.746	+ 35
346	[36 Lyncis]	5.30	B 8	9 11 3.830	+3.9195	− 27	+43 23 31.92	−14.879	− 39
347	ϑ Hydrae	3.84	A 0	9 12 10.789	+3.1209	+ 86	+ 2 29 32.89	−15.220	− 314
348	β Carinae	1.80	A 0	9 12 44.963	+0.6571	− 280	−69 32 38.20	−14.835	+ 103
351	[ι Carinae]	2.25	F 0	9 15 57.965	+1.6063	− 23	−59 5 54.53	−15.119	+ 5
350	83 Cancri	6.60	F 5	9 16 38.332	+3.3466	− 87	+17 53 3.92	−15.299	− 135
352	α Lyncis	3.30	K 5	9 18 30.088	+3.6516	− 181	+34 34 16.67	−15.257	+ 13
1243	[ϑ Pyxidis]	4.93	M 0	9 19 37.934	+2.6570	− 7	−25 47 8.90	−15.343	− 10
353	κ Velorum	2.63	B 3	9 20 48.701	+1.8585	− 12	−54 49 50.23	−15.390	+ 10
1244	[κ Leonis]	4.61	K 0	9 22 12.715	+3.4916	− 25	+26 21 51.25	−15.528	− 49
1245	[28 Hydrae]	5.81	K 5	9 23 18.002	+2.9994	− 11	− 4 56 7.45	−15.552	− 14
354	α Hydrae	2.16	K 2	9 25 31.381	+2.9481	− 10	− 8 28 32.52	−15.634	+ 27
356	ε Antliae	4.64	K 2	9 27 30.564	+2.4771	− 22	−35 46 1.09	−15.777	− 10
355	23 Ursae maj.	3.75	F 0	9 28 14.311	+4.7181	+ 155	+63 14 48.99	−15.783	+ 25
1246	[ξ Leonis]	5.12	G 5	9 29 40.987	+3.2323	− 66	+11 29 12.33	−15.971	− 87
361	[N Velorum]	3.4—4.2	K 5	9 29 56.653	+1.8235	− 42	−56 50 54.50	−15.896	+ 2
358	ϑ Ursae maj.	3.26	F 8p	9 30 3.544	4.0060	−1030	51 52 11.65	−16.447	− 541
357	24 Ursae maj.	4.57	G 0	9 30 48.124	+5.2857	− 134	70 0 59.63	−15.870	+ 75
1247	[160 G. Hydrae]	5.16	K 0	9 31 16.318	+2.7628	− 18	−20 55 44.39	−15.958	+ 11
362	[H Carinae]	5.52	K 2	9 31 18.317	+0.4466	− 32	−72 53 40.34	−15.978	− 8
360	10 Leonis min.	4.62	G 5	9 31 39.350	+3.6717	+ 4	36 35 6.20	−16.019	− 29
1248	[17 G. Antliae]	5.63	K 0	9 35 21.298	+2.5837	+ 27	−31 59 20.78	−16.206	− 24
1249	[Br 1352 Hydrae]	4.78	K 0	9 36 15.893	+3.1290	− 108	+ 4 50 23.49	−16.284	− 55
1250	[ι Hydrae]	4.10	K 0	9 37 42.661	+3.0636	+ 31	− 0 57 4.65	−16.372	− 69
364	[κ Hydrae]	4.96	B 3	9 38 17.484	+2.8763	− 20	−14 8 27.37	−16.356	− 24
363	[Grb 1564 UMaj]	5.74	K 0	9 38 41.030	+5.1174	− 141	+69 25 48.43	−16.427	− 74
365	[ο Leonis]	3.76	F5+A3	9 38 54.616	+3.2008	− 98	+10 5 3.58	−16.403	− 39
1251	[15 Leonis]	5.73	A 2	9 41 5.764	+3.5139	− 18	+30 10 6.38	−16.583	− 109
1252	[ψ Leonis]	5.62	M 0	9 41 26.753	+3.2656	− 1	+14 12 53.35	−16.495	− 4
366	ϑ Antliae	4.98	F 5p	9 42 19.638	+2.6752	− 38	−27 34 35.22	−16.504	+ 30
367	ε Leonis	3.12	G 0p	9 43 28.222	+3.4032	− 34	+23 58 6.76	−16.607	− 17

Nr.	Name	Größe	Spektrum	AR. 1958.0	Jährl. Veränderung 1958.5	Jährl. Eigenbew. in 0ˢ.0001	Dekl. 1958.0	Jährl. Veränderung 1958.5	Jährl. Eigenbew. in 0″.001
		m		h m s	s		° ′ ″	″	
1253	[+19° 2254 Leo]	6.92	K 0	9 43 32.099	+3.3312	+ 16	+18 52 40.53	−16.613	− 19
1254	[l Carinae]	3.6–4.8	G 0	9 44 5.559	+1.6485	− 18	−62 18 48.64	−16.607	+ 13
1255	[Br 1369 UMaj]	5.20	G 0	9 45 53.368	+3.8647	+ 215	+46 13 3.77	−16.806	− 97
368	υ Ursae maj.	3.89	F 0	9 48 1.160	+4.2569	− 385	+59 14 14.71	−16.967	− 156
370	6 Sextantis	6.00	A 2	9 49 7.002	+3.0228	+ 5	− 4 2 44.61	−16.895	− 33
1256	[162 G. Velorum]	5.72	K 0	9 49 42.081	+2.3258	− 29	−45 59 48.00	−16.855	+ 35
371	[μ Leonis]	4.10	K 0	9 50 22.709	+3.4096	− 162	+26 12 20.30	−16.982	− 60
373	[183 G. Hydrae]	5.16	M 0	9 52 53.260	+2.8307	− 31	−18 48 34.98	−17.086	− 47
1257	[18 G. Sextantis]	7.03	K 0	9 54 2.719	+2.9802	− 20	− 7 26 43.83	−17.098	− 6
372	Grb 1586 UMaj	5.96	K 0	9 54 40.252	+5.3381	− 183	+73 4 49.86	−17.164	− 43
374	[19 Leonis min.]	5.19	F 5	9 55 7.127	+3.6701	− 107	+41 15 23.57	−17.170	− 30
375	φ Velorum	3.70	B 5	9 55 23.085	+2.1075	− 16	−54 22 1.53	−17.142	+ 11
377	[η Antliae]	5.25	F 0	9 57 3.936	+2.5749	− 81	−35 41 21.53	−17.252	− 25
376	[12 Sextantis]	6.63	A 5	9 57 32.356	+3.1111	− 49	+ 3 35 10.72	−17.231	+ 18
378	π Leonis	4.89	M 0	9 57 59.689	+3.1694	− 23	+ 8 14 47.43	−17.296	− 27
1258	[20 Leonis min.]	5.60	G 5	9 58 35.674	+3.4560	− 414	+32 7 51.91	−17.730	− 433
1259	[Pi 9ʰ 229 UMaj]	5.74	F 5	10 1 49.602	+3.9803	− 28	+54 5 44.88	−17.448	− 10
1260	[193 G. Hydrae]	5.80	F 0	10 2 24.501	+2.7733	− 71	−24 4 53.65	−17.442	+ 20
1261	[υ² Hydrae]	4.72	B 8	10 3 4.678	+2.9218	− 26	−12 51 37.38	−17.483	+ 8
379	η Leonis	3.58	A op	10 5 2.679	+3.2690	− 4	+16 58 5.57	−17.580	− 6
380	α Leonis	1.34	B 8	10 6 8.207	+3.1938	− 169	+12 10 23.62	−17.617	+ 3
381	λ Hydrae	3.83	K 0	10 8 32.356	+2.9253	− 138	−12 8 44.88	−17.812	− 93
385	[ω Carinae]	3.56	B 8	10 12 44.552	+1.4281	− 45	−69 49 44.42	−17.885	+ 2
382	191 G. Velorum	4.09	A 2	10 12 58.137	+2.5198	− 137	−41 54 47.84	−17.856	+ 40
384	ζ Leonis	3.65	F 0	10 14 21.429	+3.3345	+ 11	+23 37 38.31	−17.963	− 12
383	λ Ursae maj.	3.52	A 2	10 14 34.269	+3.6136	− 152	+43 7 29.50	−18.004	− 45
1262	[32 Ursae maj.]	5.74	A 3	10 15 0.417	+4.3443	− 144	+65 19 7.70	−17.990	− 13
1263	[ε Sextantis]	5.40	F 0	10 15 32.510	+2.9813	− 109	− 7 51 30.56	17.996	+ 1
1264	[187 G. Carinae]	3.44	K 5	10 15 40.630	+2.0052	− 32	−61 7 18.85	−17.997	+ 5
1265	[59 G. Antliae]	5.62	B 9	10 16 11.894	+2.7509	− 14	−28 46 52.95	−18.012	+ 10
1266	[23 Sextantis]	6.53	B 3	10 18 51.866	+3.0976	− 8	+ 2 30 5.95	−18.127	− 4
386	μ Ursae maj.	3.21	K 5	10 19 50.037	+3.5699	− 74	+41 42 41.26	−18.130	+ 29
1268	[204 G. Velorum]	4.99	K 5	10 20 31.243	+2.5746	− 28	−41 26 17.12	−18.132	+ 53
1267	[27 Leonis min.]	5.83	A 3	10 20 41.497	+3.4525	− 10	+34 7 14.94	−18.205	− 14
387	30 H. Ursae maj.	4.92	A 0	10 21 7.530	+4.3125	− 24	+65 46 46.71	−18.232	− 25
388	[25 Sextantis]	6.10	B 9	10 21 19.049	+3.0320	− 37	− 3 51 40.12	−18.213	0
1269	[64 G. Antliae]	5.40	A 3	10 21 38.721	+2.6286	− 137	−37 47 45.75	−18.279	− 54
391	I Carinae	4.08	F 5	10 23 34.069	+1.1897	− 30	−73 49 3.12	−18.320	− 26
389	μ Hydrae	4.06	K 5	10 24 3.435	+2.9024	− 89	−16 37 16.68	−18.395	− 83
392	α Antliae	4.42	K 5	10 25 13.620	+2.7470	− 57	−30 51 11.58	−18.338	+ 15

Nr.	Name	Größe	Spektrum	AR. 1958.0	Jährl. Veränderung 1958.5	Jährl. Eigenbew. in 0ˢ.0001	Dekl. 1958.0	Jährl. Veränderung 1958.5	Jährl. Eigenbew. in 0″.001
		m		h m s	s		° ′ ″	″	
390	β Leonis min.	4.41	K 0	10 25 27.613	+3.4656	− 102	+36 55 23.01	−18.470	− 109
393	196 G. Carinae	4.08	F 0	10 26 19.930	+2.2041	− 20	−58 31 28.20	−18.397	− 5
1270	[δ Sextantis]	5.24	B 9	10 27 20.671	+3.0468	− 35	− 2 31 24.75	−18.446	− 19
1271	[+29° 2057 LMin]	6.92	K 0	10 27 32.621	+3.3623	+ 7	+28 47 48.05	−18.442	− 8
394	36 Ursae maj.	4.84	F 5	10 27 57.095	+3.8315	− 218	+56 11 47.92	−18.483	− 35
1272	[46 Leonis]	5.74	M 0	10 29 57.340	+3.2014	− 29	+14 21 11.94	−18.500	+ 16
397	[203 G. Carinae]	3.58	B 5p	10 30 31.554	+2.1355	− 27	−61 28 7.62	−18.525	+ 9
396	[ρ Leonis]	3.85	B 0p	10 30 36.030	+3.1580	− 6	+ 9 31 23.91	−18.543	− 6
1273	219 G. Velorum	5.14	K 0	10 31 10.394	+2.5366	+ 6	−46 47 11.55	−18.557	− 1
395	9 H. Draconis	5.04	G 5	10 31 34.646	+5.0688	− 96	+75 55 48.64	−18.579	− 9
399	[44 Hydrae]	5.32	K 2	10 32 0.855	+2.8548	− 7	−23 31 41.43	−18.566	+ 18
398	[37 Ursae maj.]	5.16	F 0	10 32 28.199	+3.8565	+ 78	+57 17 58.68	−18.565	+ 34
1274	[236 G. Hydrae]	5.85	F 8	10 34 26.761	+2.9873	+ 175	−12 0 15.09	−19.343	− 680
401	[γ Chamaeleon.]	4.10	M 0	10 34 59.297	+0.7032	− 125	−78 23 22.74	−18.659	+ 20
1275	[37 Leonis min.]	4.77	G 0	10 36 21.676	+3.3737	+ 2	+32 11 41.73	−18.722	+ 1
402	[225 G. Velorum]	4.37	G 0	10 37 37.790	+2.3906	− 21	−55 23 2.79	−18.764	− 2
404	33 Sextantis	6.40	K 0	10 39 15.942	+3.0518	− 94	− 1 31 12.94	−18.937	− 125
403	[35 H. Ursae maj.]	5.23	K 0	10 40 5.292	+4.2798	− 8	+69 17 47.57	−18.854	− 17
1277	[78 G. Antliae]	5.73	A 0	10 40 46.163	+2.7828	− 23	−32 29 42.92	−18.855	+ 1
1276	[Pi 10^h 135 UMaj]	5.28	F 0	10 41 5.294	+3.5212	− 260	+46 25 30.39	−18.940	− 73
405	[41 Leonis min.]	5.05	A 2	10 41 8.102	+3.2600	− 85	+23 24 31.72	−18.862	+ 5
406	ϑ Carinae	3.03	B 0	10 41 27.215	+2.1434	− 24	−64 10 25.98	−18.865	+ 12
407	42 Leonis min.	5.37	B 9	10 43 32.004	+3.3332	− 21	+30 54 14.55	−18.978	− 41
1278	[Br 1493 Leo]	6.29	K 0	10 43 54.482	+3.1230	− 8	+ 6 35 42.03	−18.988	− 40
1279	[51 Leonis]	5.64	K 0	10 44 8.879	+3.2303	+ 64	+19 6 48.32	−19.000	− 45
1280	[250 G. Hydrae]	6.86	K 0	10 44 42.821	+2.8527	− 121	−25 49 37.46	−18.922	+ 49
411	[δ^2 Chamaeleon.]	4.62	B 3	10 45 24.709	+0.5533	− 154	−80 19 6.90	−18.988	+ 2
409	53 Leonis	5.27	A 0	10 47 3.017	+3.1525	− 4	+10 46 4.55	−19.064	− 28
410	[ν Hydrae]	3.32	K 0	10 47 33.033	+2.9612	+ 67	−15 58 24.34	−18.855	+ 195
1281	[41 Sextantis]	5.78	A 2	10 48 11.539	+3.0101	− 5	− 8 40 29.43	−19.088	− 21
412	[46 Leonis min.]	3.92	K 0	10 50 58.058	+3.3521	+ 69	+34 26 30.19	−19.425	− 285
414	[ι Antliae]	4.70	K 0	10 54 45.362	+2.7983	+ 67	−36 54 41.70	−19.368	− 132
413	[Br 1508 Draco]	6.26	G 5	10 56 38.969	+4.7624	− 245	+77 59 44.40	−19.313	− 31
1282	[47 Ursae maj.]	5.14	G 0	10 57 7.208	+3.3561	− 281	+40 39 17.76	−19.243	+ 49
1283	[α Crateris]	4.20	K 0	10 57 43.536	+2.9241	− 323	−18 4 29.14	−19.184	+ 123
415	239 G. Velorum	4.56	A 2	10 58 13.290	+2.7548	+ 17	−42 0 1.03	−19.323	− 4
1284	[58 Leonis]	5.05	K 0	10 58 23.483	+3.0980	+ 8	+ 3 50 36.31	−19.341	− 18
416	β Ursae maj.	2.44	A 0	10 59 19.166	+3.6132	+ 97	+56 36 28.56	−19.317	+ 27
1285	[29 G. Leonis]	7.13	G 5	11 0 28.536	+3.0523	− 14	− 3 17 10.70	−19.400	− 30
417	α Ursae maj.	1.95	K 0	11 1 9.106	+3.6933	− 174	+61 58 41.19	−19.457	− 71

Nr.	Name	Größe	Spektrum	AR. 1958.0	Jährl. Veränderung 1958.5	Jährl. Eigenbew. in 0ˢ.0001	Dekl. 1958.0	Jährl. Veränderung 1958.5	Jährl. Eigenbew. in 0".001
		m		h m s	s		° ′ ″	″	
418	χ Leonis	4.66	F 0	11 2 51.049	+3.0940	− 231	+ 7 33 48.43	−19.471	− 49
419	[χ¹ Hydrae]	5.06	F 5	11 3 18.275	+2.8920	− 143	−27 3 59.26	−19.436	− 4
1286	[11 G. Crateris]	6.14	A 3	11 3 27.402	+3.0118	+ 10	−10 51 40.64	−19.541	− 105
1287	[65 Leonis]	5.66	G 5	11 4 45.650	+3.0600	− 255	+ 2 11 1.86	−19.553	− 90
1288	[259 G. Carinae]	5.80	B 3	11 5 18.509	+2.1703	− 40	−70 39 1.45	−19.476	− 2
1289	[260 G. Carinae]	4.02	F 8 p	11 6 47.277	+2.5662	− 8	−58 44 49.70	−19.505	− 1
420	ψ Ursae maj.	3.15	K 0	11 7 18.551	+3.3686	− 62	+44 43 36.35	−19.546	− 31
421	β Crateris	4.52	A 2	11 9 35.353	+2.9525	+ 3	−22 35 46.32	−19.663	− 103
1290	[275 G. Hydrae]	6.46	M 0	11 10 13.081	+2.8935	+ 14	−32 12 19.37	−19.567	+ 4
1291	[9 G. Centauri]	5.67	A 2	11 10 37.863	+2.7367	− 98	−48 52 20.96	−19.539	+ 41
422	δ Leonis	2.58	A 3	11 11 52.605	+3.1891	+ 102	+20 45 14.75	−19.738	− 136
423	ϑ Leonis	3.41	A 0	11 12 2.241	+3.1469	− 43	+15 39 33.95	−19.687	− 82
424	[Grb 1757 U Maj]	5.97	K 0	11 14 20.304	+3.3757	− 94	+49 42 20.76	−19.661	− 15
1292	[φ Leonis]	4.58	A 5	11 14 31.503	+3.0502	− 75	− 3 25 18.33	−19.682	− 43
425	ν Ursae maj.	3.71	K 0	11 16 12.853	+3.2379	− 23	+33 19 25.37	−19.655	+ 22
1293	[55 Ursae maj.]	4.78	A 2	11 16 50.867	+3.2667	− 49	+38 24 58.17	−19.765	− 77
426	δ Crateris	3.82	K 0	11 17 14.300	+3.0006	− 85	−14 33 3.70	−19.495	+ 200
427	σ Leonis	4.13	A 0	11 18 58.233	+3.0931	− 64	+ 6 15 35.31	−19.735	− 13
428	π Centauri	4.26	B 5	11 19 5.074	+2.7408	− 31	−54 15 37.89	−19.728	− 4
429	Grb 1771 U Maj	5.98	A 0	11 20 22.535	+3.5550	− 13	+64 33 38.00	−19.715	+ 29
1294	[28 G. Centauri]	6.42	B 3	11 22 21.083	+2.8723	− 15	−42 26 17.80	−19.782	− 10
431	[γ Crateris]	4.14	A 5	11 22 46.842	+2.9986	− 69	−17 27 11.22	−19.780	− 2
1295	[Pi 11ʰ 63 Leo]	7.15	A 2	11 23 32.338	+3.1788	− 23	+26 58 41.83	−19.786	+ 3
1296	[83 Leonis]	6.54	K 0	11 24 37.748	+3.0369	− 482	+ 3 14 32.00	−19.626	+ 178
1297	[τ Leonis]	5.18	K 0	11 25 46.614	+3.0854	+ 12	+ 3 5 15.84	−19.836	− 17
1298	[282 G. Hydrae]	6.79	K 0	11 27 32.478	+2.9729	− 12	−27 47 56.20	−19.848	− 7
432	[58 Ursae maj.]	5.88	F 8	11 28 15.091	+3.2425	− 53	+43 24 14.14	−19.775	+ 76
433	λ Draconis	4.06	M 0	11 28 55.961	+3.5497	78	+69 33 47.11	−19.879	− 20
434	ξ Hydrae	3.72	G 5	11 30 55.889	+2.9534	− 161	−31 37 29.71	−19.919	− 38
436	λ Centauri	3.34	B 9	11 33 49.989	+2.7723	− 53	−62 47 13.78	−19.917	− 5
435	[C² Centauri]	5.42	F 0	11 33 52.952	+2.9111	+ 28	−47 24 30.75	−19.964	− 51
1299	[ϑ Crateris]	4.81	B 9	11 34 32.933	+3.0442	− 43	− 9 34 11.27	−19.914	+ 4
437	υ Leonis	4.47	K 0	11 34 47.831	+3.0721	+ 2	− 0 35 30.18	−19.883	+ 39
438	[π Chamaeleon.]	5.74	F 0	11 35 30.911	+2.4843	− 320	−75 39 49.18	−19.920	+ 7
439	[ο Hydrae]	4.88	B 8	11 38 7.318	+2.9830	− 30	−34 30 41.81	−19.948	+ 3
1300	[61 Ursae maj.]	5.46	G 5	11 38 50.531	+3.1565	− 12	+34 26 20.07	−20.347	− 390
440	3 Draconis	5.48	K 0	11 40 8.781	+3.3368	− 83	+66 58 38.78	−19.932	+ 34
1301	[ζ Crateris]	4.90	G 5	11 42 37.850	+3.0427	+ 24	−18 7 1.77	−20.021	− 37
442	[λ Muscae]	3.80	A 5	11 43 36.761	+2.8394	− 149	−66 29 44.87	−19.961	+ 30
1302	[ν Virginis]	4.20	M 0	11 43 42.016	+3.0835	− 12	+ 6 45 53.32	−20.178	− 187

Nr.	Name	Größe	Spektrum	AR. 1958.0	Jährl. Veränderung 1958.5	Jährl. Eigenbew. in 0.ˢ0001	Dekl. 1958.0	Jährl. Veränderung 1958.5	Jährl. Eigenbew. in 0.″001
		m		h m s	s		° ′ ″	″	
441	χ Ursae maj.	3.85	K 0	11 43 50.351	+3.1640	− 138	+48 0 44.40	−19.969	+ 23
443	[65 G. Centauri]	4.22	G 0	11 44 28.160	+2.9066	− 42	−60 56 41.02	−20.015	− 19
1303	[Grb 1826 U Maj]	6.64	F 0	11 44 52.538	+3.2311	− 52	+61 38 8.37	−20.043	− 44
1304	[93 Leonis]	4.54	F 8	11 45 49.210	+3.0934	− 108	+20 27 8.45	−20.014	− 11
1305	[298 G. Hydrae]	5.45	M 3	11 46 37.562	+3.0326	− 20	−26 30 57.94	−20.019	− 11
444	β Leonis	2.23	A 2	11 46 55.085	+3.0593	− 342	+14 48 24.74	−20.128	− 119
445	β Virginis	3.80	F 8	11 48 30.387	+3.1251	+ 494	+ 2 0 5.25	−20.291	− 275
1306	[12 G. Virginis]	5.81	K 0	11 48 53.298	+3.0680	+ 3	− 5 5 59.08	−20.024	− 5
446	[B Centauri]	4.71	K 0	11 49 2.144	+3.0010	− 88	−44 56 23.79	−20.048	− 29
1307	[Grb 1830 U Maj]	6.46	G 5	11 50 33.799	+3.4544	+3381	+38 1 12.57	−25.832	−5807
447	γ Ursae maj.	2.54	A 0	11 51 37.776	+3.1506	+ 104	+53 55 41.79	−20.023	+ 6
1308	[95 Leonis]	5.49	A 2	11 53 30.970	+3.0848	+ 7	+15 52 49.75	−20.037	− 3
1309	[η Crateris]	5.16	A 0	11 53 52.298	+3.0589	− 37	−16 55 1.02	−20.046	− 11
1310	[Pi 11ʰ 202 U Maj]	6.30	F 0	11 55 57.919	+3.0799	− 84	+32 30 30.02	−20.107	− 69
1311	[π Virginis]	4.57	A 3	11 58 43.207	+3.0742	− 2	+ 6 50 54.59	−20.074	− 33
449	[88 G. Centauri]	5.28	F 0	12 1 28.574	+3.1106	+ 292	−42 11 55.92	−20.161	− 120
450	o Virginis	4.24	G 5	12 3 4.155	+3.0557	− 149	+ 8 57 58.47	−19.995	+ 45
451	[Grb 1852 Caml]	5.96	K 0	12 3 8.576	+3.0361	+ 436	+77 8 25.55	−20.140	− 100
1312	[311 G. Hydrae]	6.26	B 9	12 3 46.672	+3.0850	− 42	−35 27 35.76	−20.035	+ 5
452	δ Centauri	2.88	B 3p	12 6 10.342	+3.1140	− 33	−50 29 18.56	−20.045	− 11
453	ε Corvi	3.21	K 0	12 7 57.621	+3.0877	− 49	−22 23 10.35	−20.020	+ 10
1313	[3 Comae]	6.34	A 0	12 8 23.199	+3.0570	− 14	+17 2 34.17	−20.035	− 6
454	Br 1634 Caml	5.12	A 5	12 10 15.220	+2.7975	+ 21	+77 50 58.22	−20.003	+ 19
1314	[Br 1636 U Maj]	6.26	K 0	12 12 38.868	+2.9705	− 25	+53 40 5.57	−20.031	− 19
455	[δ Crucis]	3.08	B 3	12 12 54.135	+3.1921	− 44	−58 30 54.71	−20.016	− 6
456	δ Ursae maj.	3.44	A 2	12 13 21.302	+2.9646	+ 125	+57 15 56.87	−20.005	+ 3
457	[γ Corvi]	2.78	B 8	12 13 38.540	+3.0871	− 111	−17 18 31.89	−19.990	+ 16
458	[2 Canum venat.]	5.92	K 5	12 14 1.509	+3.0039	+ 14	+40 53 37.65	−20.043	− 39
459	β Chamaeleontis	4.38	B 5	12 15 50.421	+3.5393	− 134	−79 4 44.55	−19.978	+ 16
1315	[14 Virginis]	7.03	K 0	12 17 10.316	+3.0887	0	− 8 40 52.65	−20.012	− 27
1316	[3 Canum venat.]	5.56	K 2	12 17 44.926	+2.9524	− 10	+49 13 1.56	−19.978	+ 3
460	η Virginis	4.00	A 0	12 17 45.321	+3.0700	− 42	− 0 26 0.71	−20.004	− 22
1317	[16 Virginis]	5.10	K 0	12 18 12.911	+3.0472	− 197	+ 3 32 46.62	−20.048	− 70
1318	[12 Comae]	4.78	F 5	12 20 23.734	+3.0144	− 9	+26 4 44.54	−19.976	− 13
1319	[322 G. Hydrae]	6.34	K 0	12 23 6.136	+3.1439	+ 3	−27 30 59.96	−19.960	− 20
461	[6 Canum venat.]	5.22	K 0	12 23 46.981	+2.9532	− 70	+39 15 4.92	−19.973	− 40
462	α Crucis *m*	1.58 2.09	B 1 B 1	12 24 15.094	+3.3452	− 39	−62 51 59.99	−19.942	− 12
463	[323 G. Hydrae]	5.68	A 0	12 24 38.490	+3.1646	− 6	−32 35 50.48	−19.956	− 30
464	[σ Centauri]	4.16	B 3	12 25 45.515	+3.2497	− 25	−49 59 53.57	−19.936	− 21
1320	[122 G. Centauri]	5.60	B 8	12 26 7.980	+3.1933	− 25	−38 48 31.68	−19.932	− 20

Nr.	Name	Größe	Spektrum	AR. 1958.0	Jährl. Veränderung 1958.5	Jährl. Eigenbew. in 0ˢ.0001	Dekl. 1958.0	Jährl. Veränderung 1958.5	Jährl. Eigenbew. in 0".001
		m		h m s	s		° ′ ″	″	
466	20 Comae	5.72	A 2	12 27 36.681	+3.0131	+ 17	+21 7 42.56	−19.931	− 34
465	δ Corvi	3.11	A 0	12 27 41.228	+3.1059	− 146	−16 16 54.51	−20.039	− 143
467	[74 Ursae maj.]	5.44	A 5	12 28 0.023	+2.7974	− 87	+58 38 11.83	−19.804	+ 88
468	[γ Crucis]	1.61	M 3	12 28 49.391	+3.3344	+ 39	−56 52 41.29	−20.147	− 264
469	[γ Muscae]	4.04	B 5	12 29 55.964	+3.5972	− 92	−71 54 4.05	−19.877	− 6
1321	[35 G. Corvi]	5.76	G 5	12 31 23.318	+3.1125	− 17	−12 35 57.40	−19.804	+ 50
1322	[Pi 12ʰ 122 C Ven]	5.43	K 0	12 31 34.896	+2.9531	+ 12	+33 28 45.66	−19.890	− 39
472	κ Draconis	3.88	B 5r	12 31 41.998	+2.5548	− 117	+70 1 10.20	−19.842	+ · 8
470	β Canum venat.	4.32	G 0	12 31 45.070	+2.8465	− 630	+41 35 7.59	−19.563	+ 287
471	β Corvi	2.84	G 5	12 32 10.574	+3.1539	+ 4	−23 9 52.85	−19.902	− 57
1323	[23 Comae]	4.78	A 0	12 32 45.531	+2.9880	− 51	+22 51 36.77	−19.822	+ 15
473	24 Comae *sq*	5.18	K 0	12 33 1.379	+3.0084	− 4	+18 36 28.89	−19.814	+ 20
1324	[25 Virginis]	5.90	A 0	12 34 37.381	+3.0910	− 22	− 5 36 2.21	−19.834	− 20
474	α Muscae	2.94	B 3	12 34 39.404	+3.5892	− 65	−68 54 15.31	−19.825	− 13
475	[χ Virginis]	4.78	K 0	12 37 4.528	+3.0977	− 52	− 7 45 53.12	−19.813	− 33
1325	133 G. Centauri	5.84	K 0	12 39 3.887	+3.3000	− 77	−45 54 57.36	−19.697	+ 54
478	76 Ursae maj.	5.92	A 0	12 39 44.181	+2.6164	− 56	+62 56 35.90	−19.763	− 22
1326	[ρ Virginis]	4.95	A 0	12 39 45.474	+3.0365	+ 57	+10 28 0.42	−19.835	− 94
479	[330 G. Hydrae]	5.73	K 2	12 41 45.810	+3.2000	− 27	−28 5 37.20	−19.748	− 38
1327	[Y Canum ven.]	4.8—6 0	N 3	12 43 9.645	+2.8173	+ 1	+45 40 10.33	−19.678	+ 10
1328	[32 *d*² Virginis]	5.24	A 5	12 43 29.673	+3.0311	− 73	+ 7 54 9.73	−19.680	+ 2
481	β Crucis	1.50	B 1	12 45 15.128	+3.5133	− 47	−59 27 33.69	−19.666	− 14
1329	[332 G. Hydrae]	6.29	B 9	12 45 39.359	+3.1916	− 31	−24 37 23.28	−19.612	+ 34
1330	[35 Virginis]	6.66	M 0	12 45 42.996	+3.0554	− 5	+ 3 48 6.24	−19.649	− 5
1331	[143 G. Centauri]	5.01	A 0	12 48 23.995	+3.2583	− 25	−33 46 14.22	−19.619	− 23
1332	[31 Comae]	5.07	G 0	12 49 39.228	2.9210	− 12	+27 46 7.87	−19.588	− 16
1333	[32 Comae]	6.53	K 5	12 50 6.888	+2.9825	− 6	+17 18 6.95	−19.581	− 17
482	150 G. Centauri	4.34	A 5	12 51 6.122	+3.3269	+ 58	−39 57 2.77	−19.570	− 25
1334	[52 G. Corvi]	6.84	A 0	12 51 47.038	+3.1670	− 26	−17 48 36.11	−19.534	− 2
1335	[ψ Virginis]	4.91	M 3	12 52 9.920	+3.1213	− 17	− 9 18 40.38	−19.545	− 20
483	ε Ursae maj.	1.68	A op	12 52 11.195	+2.6363	+ 134	+56 11 14.97	−19.533	− 9
484	δ Virginis	3.66	M 0	12 53 29.164	+3.0225	− 314	+ 3 37 31.11	−19.556	− 58
486	8 Draconis	5.27	F 0	12 53 48.528	+2.3845	− 15	+65 39 57.30	−19.527	− 36
485	α Canum ven. *sq*	2.90	A op	12 54 3.922	+2.8045	− 201	+38 32 41.21	−19.436	+ 50
1336	[44 Virginis]	5.88	A 0	12 57 29.535	+3.0917	− 26	− 3 35 8.67	−19.409	+ 5
487	[δ Muscae]	3.63	K 2	12 59 21.120	+4.1437	+ 573	−71 19 22.38	−19.403	− 30
488	ε Virginis	2.95	K 0	13 0 5.104	+2.9863	− 186	+11 11 4.21	−19.337	+ 19
1337	[14 Canum ven.]	5.11	B 9	13 3 46.715	+2.8038	− 26	+36 1 23.46	−19.254	+ 16
1338	[Grb 1956 C Ven]	5.72	K 0	13 3 59.029	+2.6970	− 18	+45 29 33.88	−19.240	+ 25
1339	[39 Comae]	6.04	F 5	13 4 18.372	+2.9230	− 55	+21 22 42.21	−19.304	− 46

Mittlere Sternörter 1958.0

Nr.	Name	Größe	Spektrum	AR. 1958.0	Jährl. Veränderung 1958.5	Jährl. Eigenbew. in 0ˢ.0001	Dekl. 1958.0	Jährl. Veränderung 1958.5	Jährl. Eigenbew. in 0″.001
		m		h m s	s		° ′ ″	″	
489	[ξ² Centauri]	4.40	B 3	13 4 26.775	+3.5074	− 32	−49 40 53.96	−19.265	− 11
1340	[177 G. Centauri]	5.96	B 9	13 5 7.740	+3.5709	− 42	−53 14 7.53	−19.270	− 32
490	ϑ Virginis	4.46	A 0	13 7 46.329	+3.1074	− 23	− 5 18 54.75	−19.207	− 35
491	[17 Canum ven.]	6.05	F 0	13 8 7.585	+2.7532	− 64	+38 43 18.00	−19.124	+ 38
1341	[342 G. Hydrae]	6.48	A 3	13 9 21.843	+3.2665	− 41	−26 19 44.21	−19.137	− 6
492	β Comae	4.32	G 0	13 9 54.842	+2.7988	− 604	+28 5 25.93	−18.240	+ 876
493	[η Muscae]	4.95	B 8	13 12 22.569	+4.0787	− 57	−67 40 21.35	−19.066	− 16
1342	[195 G. Centauri]	5.36	K 0	13 14 32.757	+3.3360	+ 30	−31 17 3.77	−19.042	− 52
1343	[196 G. Centauri]	5.87	A 3p	13 14 47.122	+3.4827	− 10	−43 45 29.51	−18.997	− 13
1344	[σ Virginis]	5.01	M 0	13 15 28.923	+3.0299	− 5	+ 5 41 26.40	−18.951	+ 13
494	[20 Canum ven.]	4.66	F 0	13 15 39.672	+2.6886	− 110	+40 47 35.72	−18.941	+ 18
1345	[61 Virginis]	4.80	G 5	13 16 12.164	+3.1404	− 755	−18 4 41.67	−20.017	−1074
495	γ Hydrae	3.33	G 5	13 16 38.000	+3.2646	+ 54	−22 57 1.83	−18.980	− 49
496	ι Centauri	2.91	A 2	13 18 13.677	+3.3763	− 281	−36 29 28.57	−18.972	− 88
1346	[23 Canum ven.]	5.69	K 0	13 18 26.126	+2.6868	− 53	+40 22 13.58	−18.889	− 10
1347	[J Centauri]	4.62	B 5	13 19 54.017	+3.8856	− 39	−60 46 7.05	−18.845	− 10
497	ζ Ursae maj. *pr*	2.40	A 2p	13 22 14.232	+2.4136	+ 140	+55 8 39.16	−18.790	− 25
498	α Virginis	1.21	B 2	13 22 58.605	+3.1623	− 26	−10 56 33.65	−18.775	− 33
1348	[68 Virginis]	5.59	K 2	13 24 29.765	+3.1709	− 93	−12 29 22.97	−18.718	− 24
499	Grb 2001 U Min	6.07	K 5	13 25 3.597	+1.5301	+ 39	+72 36 33.20	−18.690	− 13
1350	[+31° 2493 C Ven]	7.12	K 2	13 26 22.246	+2.7738	+ 2	+31 21 58.57	−18.637	− 2
1349	[70 Virginis]	5.16	G 0	13 26 22.477	+2.9344	− 164	+14 0 9.05	−19.214	− 580
500	69 H. Ursae maj.	5.41	A 0	13 26 54.717	+2.2000	− 110	+60 9 44.02	−18.584	+ 33
1351	[78 Virginis]	4.93	A 2p	13 32 0.087	+3.0409	+ 28	+ 3 52 26.44	−18.476	− 29
501	ζ Virginis	3.44	A 2	13 32 33.023	+3.0580	− 190	− 0 22 54.77	−18.394	+ 35
502	17 H. Can. ven.	4.96	F 0	13 32 55.336	+2.6773	+ 68	+37 23 49.27	−18.428	− 11
1352	[80 Virginis]	5.75	K 0	13 33 19.988	+3.1224	+ 9	− 5 10 58.95	−18.329	+ 73
1353	[Grb 2017 C Ven]	6.63	A 5	13 33 26.878	+2.5522	− 21	+44 24 40.20	−18.386	+ 12
503	[49 G. Chamael.]	6.44	A 0	13 35 33.171	+5.1589	− 35	−75 28 14.11	−18.338	− 15
505	[Grb 2029 U Min]	5.67	K 0	13 36 10.172	+1.4419	− 89	+71 27 20.33	−18.308	− 6
504	ε Centauri	2.56	B 1	13 37 12.768	+3.8080	− 22	−53 15 12.45	−18.279	− 14
1354	[355 G. Hydrae]	6.42	A 0	13 39 11.432	+3.3135	− 7	−23 14 16.71	−18.191	+ 2
1355	[82 Virginis]	5.16	M 0	13 39 24.245	+3.1506	− 67	− 8 29 30.47	−18.151	+ 34
1356	[253 G. Centauri]	6.30	B 2	13 40 10.310	+3.9277	− 24	−56 33 23.88	−18.166	− 10
1357	[83 Virginis]	5.71	G 0	13 42 13.565	+3.2393	+ 9	−15 58 6.99	−18.092	− 12
506	[1 Centauri]	4.36	F 5	13 43 17.612	+3.4128	− 363	−32 49 55.42	−18.189	− 150
1358	[3 Bootis]	5.91	F 5	13 44 46.282	+2.7853	− 16	+25 54 44.10	−18.047	− 64
507	τ Bootis	4.51	F 5	13 45 15.916	+2.8510	− 338	+17 39 55.33	−17.930	+ 34
509	η Ursae maj.	1.91	B 3	13 45 53.217	+2.3629	− 126	+49 31 20.45	−17.954	− 14
508	[μ Centauri]	3.32	B 2p	13 47 4.587	+3.6186	− 19	−42 15 54.88	−17.917	− 24

Nr.	Name	Größe	Spektrum	AR. 1958.0	Jährl. Veränderung 1958.5	Jährl. Eigenbew. in 0.ˢ0001	Dekl. 1958.0	Jährl. Veränderung 1958.5	Jährl. Eigenbew. in 0.″001
		m		h m s	s		° ′ ″	″	
510	89 Virginis	5.11	K 0	13 47 35.060	+3.2621	− 70	−17 55 32.68	−17.916	− 43
1359	[+9° 2814 Bootes]	6.54	A 0	13 47 38.917	+2.9808	− 10	+ 8 36 59.16	−17.870	0
511	[10 Draconis]	4.77	M 0	13 50 12.235	+1.7519	− 4	+64 55 48.71	−17.778	− 9
513	η Bootis	2.80	G 0	13 52 41.029	+2.8567	− 44	+18 36 27.01	−18.029	− 363
512	ζ Centauri	3.06	B 2p	13 52 54.472	+3.7478	− 55	−47 4 56.40	−17.699	− 42
1360	[+32° 2411 C Ven]	6.29	F 2	13 54 18.600	+2.6598	− 106	+32 14 12.86	−17.554	+ 45
514	[294 G. Centauri]	4.68	K 0	13 54 35.181	+4.3527	− 50	−63 28 54.14	−17.618	− 31
515	[47 Hydrae]	5.17	B 8	13 56 9.394	+3.3696	− 32	−24 46 4.58	−17.549	− 28
1362	[204 G. Virginis]	6.30	F 5	13 57 38.488	+3.1098	− 20	− 3 20 45.79	−17.526	− 68
1361	[48 Hydrae]	5.80	F 0	13 57 38.619	+3.3623	− 145	−24 48 22.57	−17.557	− 99
517	11 Bootis	6.12	A 3	13 59 16.168	+2.7200	− 63	+27 35 19.26	−17.376	+ 12
516	τ Virginis	4.34	A 2	13 59 30.375	+3.0542	+ 11	+ 1 44 49.20	−17.401	− 24
518	β Centauri	0.86	B 1	14 0 50.439	+4.2439	− 25	−60 10 16.72	−17.339	− 20
1364	[307 G. Centauri]	6.44	A op	14 0 53.271	+3.6588	− 40	−41 13 18.62	−17.348	− 32
1363	[ϑ Apodis]	5.5—6.7	M 3	14 1 10.225	+5.8788	− 242	−76 35 43.54	−17.338	− 35
1365	[210 G. Virginis]	6.36	K 0	14 2 10.256	+3.2499	− 26	−14 46 14.53	−17.284	− 24
521	α Draconis	3.64	A op	14 3 14.957	+1.6248	− 89	+64 34 33.85	−17.199	+ 13
519	[π Hydrae]	3.48	K 0	14 3 58.396	+3.4197	+ 34	−26 28 51.21	−17.323	− 144
1366	[94 Virginis]	6.56	A 0	14 4 4.094	+3.1789	+ 1	− 8 41 31.23	−17.157	+ 18
520	ϑ Centauri	2.26	K 0	14 4 12.141	+3.5346	− 427	−36 9 51.20	−17.691	− 523
1367	[+39° 2720 C Ven]	7.90	K 0	14 4 40.901	+2.5219	+ 9	+38 37 1.65	−17.154	− 7
1368	[9 H. Bootis]	5.44	M 3	14 6 15.015	+2.3974	+ 7	+44 3 12.93	−17.105	− 29
522	12 *d* Bootis	4.82	F 5	14 8 28.955	+2.7360	− 18	+25 17 23.45	−17.037	− 64
524	4 Ursae min.	5.00	K 0	14 8 58.748	−0.2185	− 108	+77 44 41.28	−16.923	+ 28
523	ϰ Virginis	4.31	K 0	14 10 39.065	+3.2021	+ 5	−10 4 44.87	−16.736	+ 135
526	α Bootis	0.24	K 0	14 13 44.655	+2.7368	− 774	+19 24 1.14	−18.722	−1999
525	ι Virginis	4.16	F 5	14 13 48.516	+3.1476	− 6	− 5 48 3.24	−17.148	− 428
528	[ι Bootis]	4.87	A 5	14 14 40.671	+2.1238	163	+51 33 37.26	−16.590	+ 89
527	λ Bootis	4.26	A 0	14 14 47.221	+2.2801	− 182	+46 16 49.76	−16.516	+ 158
1370	[A Bootis]	4.83	K 0	14 16 13.231	+2.5354	− 3	+35 42 9.15	−16.592	+ 12
1369	[236 G. Virginis]	5.74	A op	14 16 18.557	+3.3197	− 46	−18 31 20.77	−16.641	− 42
1371	[λ Virginis]	4.60	A 2	14 16 49.949	+3.2482	− 12	−13 10 43.45	−16.549	+ 24
1372	[18 Bootis]	5.31	F 0	14 17 14.206	+2.9039	+ 71	+13 11 49.86	−16.588	− 34
529	[ν Centauri]	4.41	B 5	14 17 22.448	+4.1973	− 22	−56 11 38.88	−16.561	− 14
1373	[ψ Centauri]	4.17	A 0	14 17 59.588	+3.6525	− 58	−37 41 35.03	−16.526	− 10
1374	[2 Librae]	6.30	K 0	14 21 9.746	+3.2300	− 8	−11 31 23.49	−16.421	− 63
530	[10 G. Circini]	5.71	A 2p	14 21 35.405	+4.9879	− 23	−68 0 20.69	−16.349	− 14
1375	[244 G. Virginis]	5.08	A 3	14 22 5.775	+2.9863	− 54	+ 6 0 35.20	−16.305	+ 5
1376	[3 G. Librae]	5.39	K 0	14 22 24.466	+3.4259	− 40	−24 37 0.45	−16.321	− 27
1377	[τ¹ Lupi]	4.65	B 3	14 23 25.780	+3.8558	− 14	−45 1 56.93	−16.257	− 15

Mittlere Sternörter 1958.0

Nr.	Name	Größe	Spektrum	AR 1958.0	Jährl. Veränderung 1958.5	Jährl. Eigenbew. in 0.s0001	Dekl. 1958.0	Jährl. Veränderung 1958.5	Jährl. Eigenbew. in 0".001
		m		h m s	s		° ' "	"	
531	ϑ Bootis	4.06	F 8	14 23 45.954	+2.0421	− 260	+52 2 39.20	−16.626	− 401
1378	[22 Bootis]	5.36	A 5	14 24 30.050	+2.7906	− 52	+19 24 53.33	−16.166	+ 21
532	[52 Hydrae]	5.00	B 8	14 25 42.396	+3.5170	− 18	−29 18 14.07	−16.150	− 26
533	[φ Virginis]	4.99	K 0	14 26 2.107	+3.0926	− 92	− 2 2 26.22	−16.112	− 4
1379	[5 Ursae min.]	4.37	K 2	14 27 35.225	−0.1143	+ 12	+75 52 57.74	−16.007	+ 21
534	ρ Bootis	3.78	K 0	14 30 1.130	+2.5852	− 79	+30 33 17.84	−15.781	+ 117
535	γ Bootis	3.00	F 0	14 30 23.166	+2.4154	− 98	+38 29 28.21	−15.730	+ 149
536	[Grb 2125 Draco]	6.18	F 0	14 30 34.211	+1.6292	− 72	+60 24 36.26	−15.855	+ 14
537	η Centauri	2.65	B 3 p + A 2 p	14 32 49.806	+3.8141	− 30	−41 58 28.07	−15.781	− 35
1380	[σ Bootis]	4.48	F 0	14 32 51.051	+2.6123	+ 146	+29 55 36.13	−15.618	+ 128
1381	[10 G. Librae]	6.24	F 8	14 34 45.470	+3.1939	− 591	−12 7 40.36	−15.282	+ 360
538	*α Centauri	0.33 1.70	G 0 K 5	14 36 43.973	+4.0864	−4895	−60 39 48.01	−14.828	+ 705
540	[33 Bootis]	5.39	A 0	14 37 16.380	+2.2322	− 68	+44 35 6.23	−15.524	− 20
539	[α Circini]	3.42	F 0	14 39 5.202	+4.8604	− 295	−64 47 37.60	−15.639	− 237
541	[α Lupi]	2.89	B 2	14 39 7.482	+3.9956	− 16	−47 12 32.72	−15.419	− 19
1382	32 Bootis	5.63	G 5	14 39 42.330	+2.8829	− 108	+11 50 26.02	−15.486	− 118
545	μ Virginis	3.95	F 5	14 40 50.587	+3.1633	+ 71	− 5 28 36.08	−15.626	− 322
544	[371 G. Centauri]	4.13	K 0	14 41 4.814	+3.6730	− 52	−34 59 38.42	−15.476	− 186
1383	[34 Bootis]	4.93	M 0	14 41 34.548	+2.6369	− 10	+26 42 19.75	−15.281	− 19
542	α Apodis	3.81	K 5	14 42 32.790	+7.4974	− 8	−78 52 7.80	−15.226	− 21
1384	[+33° 2489 Boot]	6.47	M 0	14 43 28.206	+2.5095	+ 31	+32 57 54.89	−15.237	− 82
546	[30 G. Lupi]	5.20	K 0	14 44 4.140	+4.2020	24	−52 12 25.38	−15.202	− 83
547	109 Virginis	3.76	A 0	14 44 7.364	+3.0343	− 74	+ 2 4 7.60	−15.149	− 32
1385	[56 Hydrae]	5.39	G 5	14 45 17.320	+3.5054	+ 32	−25 54 44.79	−15.051	− 1
1386	[Grb 2152 Boot]	5.98	F 0	14 47 27.711	+2.3552	− 220	+37 59 0.37	−14.816	+ 108
1387	[α^1 Librae]	5.33	F 5	14 48 21.517	+3.3204	− 69	−15 49 25.83	−14.947	− 75
548	α^2 Librae	2.90	A 3	14 48 33.011	+3.3210	− 73	−15 52 6.21	−14.931	− 71
549	Grb 2164 Draco	5.67	K 2	14 50 22.213	+1.5238	− 167	+59 27 50.58	−14.620	+ 134
550	β Ursae min.	2.24	K 5	14 50 48.300	−0.1640	− 84	+74 19 37.77	−14.720	+ 9
1388	[+ 6° 2957 Virgo]	6.69	K 0	14 51 34.934	+2.9694	− 19	+ 6 24 44.76	−14.673	+ 8
1389	[381 G. Centauri]	5.34	A 0	14 53 9.591	+3.6864	+ 21	−33 41 11.32	−14.592	− 5
551	Pi 14h 221 Boot	5.77	A 0	14 54 14.155	+2.8323	− 10	+14 36 53.95	−14.526	− 4
1390	[ξ^2 Librae]	5.63	K 0	14 54 29.083	+3.2571	+ 4	−11 14 28.85	−14.503	+ 4
1391	[33 G. Librae]	6.00	K 5	14 55 0.470	+3.5068	+ 744	−21 13 38.26	−16.214	−1739
1392	[Pi 14h 227 Boot]	6.24	A 0	14 55 9.990	+2.7040	− 10	+21 43 25.99	−14.491	− 25
1393	[Br 1908 Virgo]	5.71	K 0	14 55 23.846	+3.0777	+ 42	+ 0 0 2.12	−14.479	− 27
552	β Lupi	2.81	B 2p	14 55 40.216	+3.9335	− 37	−42 57 57.79	−14.470	− 41
553	[κ Centauri]	3.35	B 3	14 56 25.161	+3.9076	− 15	−41 56 13.18	−14.418	− 28
554	[2 H. Ursae min.]	4.86	M 3	14 56 54.443	+0.9568	− 138	+66 5 57.41	−14.335	+ 26
1394	[δ Librae]	4.8—5.9	A 0	14 58 43.460	+3.2070	− 44	− 8 21 12.36	−14.257	− 8

Nr. 538. Ort des Schwerpunktes. Die Reduktion auf den Ort des helleren Sterns beträgt nach den Elementen von Finsen, Union Observ. Circular 68, 1926:

1958.0 $\Delta\alpha = -0^s.109$ $\Delta\delta = +0''.11$

1959.0 $= -0.052$ $= +1.07$

Nr.	Name	Größe	Spektrum	AR. 1958.0	Jährl. Veränderung 1958.5	Jährl. Eigenbew. in 0.s0001	Dekl. 1958.0	Jährl. Veränderung 1958.5	Jährl. Eigenbew. in 0.″001
		m		h m s	s		° ′ ″	″	
555	β Bootis	3.63	G 5	15 0 21.748	+2.2597	− 40	+40 33 19.20	−14.182	− 33
556	σ Librae	3.41	M 3	15 1 36.351	+3.5143	− 53	−25 7 5.47	−14.118	− 48
557	ψ Bootis	4.67	K 0	15 2 38.661	+2.5709	− 133	+27 6 37.49	−14.015	− 9
1395	[47 Bootis]	5.59	A 0	15 4 2.276	+1.9873	− 68	+48 18 45.03	−13.890	+ 29
1397	[+ 55° 1730 Boot]	5.21	G 5	15 5 4.569	+1.7140	+ 50	+54 43 2.21	−13.845	+ 9
1396	[45 Bootis]	5.03	F 0	15 5 27.285	+2.6354	+ 135	+25 1 53.98	−14.003	− 174
1398	[ϰ¹ Lupi]	4.14	B 9	15 9 0.141	+4.1757	− 100	−48 34 46.59	−13.654	− 52
558	ζ Lupi	3.50	K 0	15 9 15.243	+4.3161	− 121	−51 56 27.01	−13.653	− 67
559	[ι Librae]	4.66	A op	15 9 49.311	+3.4220	− 27	−19 38 2.57	−13.592	− 42
1399	[1 Lupi]	4.95	F 0	15 12 2.534	+3.6787	− 2	−31 21 49.26	−13.408	− 2
562	[3 Serpentis]	5.44	K 0	15 13 5.909	+2.9831	− 14	+ 5 5 38.84	−13.336	+ 1
563	δ Bootis	3.54	K 0	15 13 48.470	+2.4189	+ 66	+33 28 13.73	−13.409	− 118
565	1 H. Ursae min.	5.23	G 0	15 14 8.764	+0.6929	+ 372	+67 30 21.50	−13.660	− 390
561	[β Circini]	4.16	A 3	15 14 12.478	+4.7049	− 126	−58 38 45.76	−13.402	− 138
564	β Librae	2.74	B 8	15 14 44.566	+3.2300	− 66	− 9 13 45.08	−13.252	− 23
560	γ Triang. austr.	3.06	A 0	15 14 57.505	+5.6169	− 105	−68 31 34.74	−13.242	− 27
1400	[Pi 15ʰ 36 Serp]	5.66	G 5	15 16 31.411	+2.6903	− 9	+20 43 30.87	−13.135	− 23
1401	[+ 10° 2823 Serp]	6.71	F 8	15 16 40.888	+2.8783	− 63	+10 34 47.28	−13.101	+ 1
1402	[δ Lupi]	3.43	B 2	15 18 36.365	+3.9419	− 13	−40 29 48.77	−13.000	− 27
566	φ¹ Lupi	3.59	K 5	15 19 7.953	+3.8100	− 79	−36 6 37.50	−13.026	− 87
1404	[73 G. Librae]	6.78	K 0	15 20 26.175	+3.5879	+ 24	−26 32 24.07	−12.859	− 8
1403	[φ² Lupi]	4.69	B 3	15 20 27.855	+3.8366	− 14	−36 42 33.44	−12.874	− 25
1405	[30 Librae]	6.74	K 2	15 20 40.934	+3.3480	− 2	−14 59 7.86	−12.824	+ 11
569	γ Ursae min.	3.14	A 2	15 20 46.632	−0.0869	− 48	+71 59 0.52	−12.812	+ 19
1406	[8 Serpentis]	6.10	F 0	15 21 33.594	+3.0941	+ 49	− 0 52 25.64	−12.807	− 31
568	μ Bootis *pr*	4.47	F 0	15 22 54.134	+2.2667	− 124	+37 31 24.57	−12.603	+ 83
570	[τ¹ Serpentis]	5.46	M 0	15 23 50.375	+2.7830	− 12	+15 34 28.25	−12.636	− 14
571	ι Draconis	3.47	K 0	15 23 59.436	+1.3361	16	+59 6 45.29	12.600	+ 13
1407	[32 Librae]	5.92	K 0	15 25 52.981	+3.3855	+ 10	−16 34 17.07	−12.519	− 36
572	β Coronae bor.	3.72	F op	15 26 5.739	+2.4739	− 138	+29 14 58.00	−12.386	+ 82
567	[ϰ¹ Apodis]	5.65	B 5p	15 26 53.513	+6.5603	+ 15	−73 14 47.84	−12.446	− 34
1408	[+ 9° 3055 Serp]	6.46	F 2	15 28 52.943	+2.9138	+ 24	+ 8 43 17.69	−12.279	− 2
573	ν¹ Bootis	5.15	K 5	15 29 25.127	+2.1552	+ 7	+40 58 31.35	−12.247	− 7
576	[ϑ Coronae bor.]	4.17	B 5	15 31 14.048	+2.4193	− 19	+31 29 59.14	−12.131	− 18
1409	[37 Librae]	4.83	K 0	15 31 52.696	+3.2805	+ 205	− 9 55 19.00	−12.309	− 241
574	[ε Triang. austr.]	4.11	K 0	15 32 51.065	+5.5021	+ 45	−66 10 41.08	−12.068	− 69
578	α Coronae bor.	2.31	A 0	15 32 54.476	+2.5405	+ 90	+26 51 17.94	−12.088	− 91
577	γ Librae	4.02	K 0	15 33 10.331	+3.3579	+ 43	−14 39 3.22	−11.976	+ 1
1410	115 G. Lupi	5.47	K 5	15 33 18.870	+4.1131	− 48	−44 15 26.82	−12.011	− 44
579	[υ Librae]	3.78	K 2	15 34 28.120	+3.6451	− 4	−27 59 50.68	−11.888	− 2

Nr.	Name	Größe	Spektrum	AR. 1958.0	Jährl. Veränderung 1958.5	Jährl. Eigenbew. in 0.s0001	Dekl. 1958.0	Jährl. Veränderung 1958.5	Jährl. Eigenbew. in 0."001
		m		h m s	s		° ′ ″	″	
1411	[2 G. Normae]	5.48	A 0	15 35 41.437	+4.4637	− 39	−52 14 9.29	−11.839	− 40
580	[φ Bootis]	5.41	G 5	15 36 18.984	+2.1549	+ 52	+40 29 21.11	−11.701	+ 56
1412	[Pi 15h 153 Bootes]	5.78	F 0	15 36 55.356	+1.9216	+ 81	+46 56 7.11	−11.840	− 126
1413	[ϰ Librae]	4.96	K 5	15 39 31.298	+3.4588	− 27	−19 32 39.13	−11.638	− 111
582	α Serpentis	2.75	K 0	15 42 11.804	+2.9560	+ 92	+ 6 33 23.49	−11.290	+ 46
583	β Serpentis	3.74	A 2	15 44 14.833	+2.7697	+ 48	+15 33 7.38	−11.236	− 48
590	ζ Ursae min.	4.34	A 2	15 45 30.798	−2.1212	+ 52	+77 55 28.35	−11.103	− 4
587	[12 H. Draconis]	5.13	A 2	15 46 1.150	+0.9169	+ 48	+62 43 43.96	−11.121	− 61
584	ϰ Serpentis	4.28	K 5	15 46 50.835	+2.7013	− 34	+18 16 12.42	−11.087	− 89
585	μ Serpentis	3.63	A 0	15 47 25.510	+3.1323	− 58	− 3 18 11.03	−10.984	− 28
586	[χ Lupi]	4.11	B 9	15 48 16.962	+3.8150	− 8	−33 30 2.91	−10.925	− 32
588	ε Serpentis	3.75	A 2	15 48 43.179	+2.9915	+ 85	+ 4 36 10.40	−10.798	+ 63
1414	[ϰ Coronae bor.]	4.77	K 0	15 49 38.855	+2.2610	− 9	+35 47 11.79	−11.146	− 353
1415	[λ Librae]	5.06	B 3	15 50 53.481	+3.4850	− 7	−20 2 34.82	−10.729	− 28
1416	[χ Herculis]	4.61	G 0	15 51 13.267	+2.0741	+ 392	+42 34 5.29	−10.049	+ 628
589	β Triang. austr.	3.04	F 0	15 51 25.292	+5.2954	− 281	−63 18 11.13	−11.054	− 394
591	[γ Serpentis]	•3.86	F 5	15 54 30.642	+2.7720	+ 214	+15 47 50.74	−11.718	−1286
1417	[48 Librae]	4.68	B 3p	15 55 49.988	+3.3613	− 10	−14 9 34.95	−10.355	− 22
593	ε Coronae bor.	4.22	K 0	15 55 50.793	+2.4841	− 61	+26 59 54.06	−10.397	− 64
592	[π Scorpii]	3.00	B 2	15 56 18.348	+3.6318	− 6	−25 59 40.81	−10.322	− 25
1418	[144 G. Lupi]	5.07	G 5	15 56 38.205	+4.0908	− 22	−41 37 31.60	−10.282	− 10
595	[Grb 2296 Draco]	4.96	A 5	15 56 47.365	+1.4239	− 185	+54 52 3.82	−10.157	+ 106
594	δ Scorpii	2.54	B 0	15 57 50.717	+3.5497	− 5	−22 30 13.38	−10.209	− 27
1419	[49 Librae]	5.53	F 8	15 57 57.897	+3.3685	− 441	−16 24 40.10	−10.571	− 398
1420	[50 Librae]	5.55	A 0	15 58 31.351	+3.2404	− 12	− 8 17 38.48	−10.149	− 18
598	ϑ Draconis	4.11	F 8	16 1 5.836	+1.1255	− 413	+58 40 36.77	− 9.602	+ 335
597	β Scorpii *pr*	2.90	B 1	16 2 59.430	+3.4905	− 2	−19 41 31.23	− 9.813	− 22
596	[δ Normae]	4.84	A 3p	16 3 30.825	+4.2437	+ 4	−45 3 39.51	− 9.720	+ 31
599	[ϑ Lupi]	4.33	B 3	16 3 49.621	+3.9422	− 17	−36 41 22.89	− 9.763	− 36
1421	[ϰ Herculis *pr*]	5.34	G 5	16 6 10.648	+2.7083	− 25	+17 9 27.10	− 9.559	− 11
1422	[+6° 3169 Serp]	6.02	G 5	16 7 6.937	+2.9551	+ 158	+ 6 29 50.35	−10.199	− 723
1423	[τ Coronae bor.]	4.94	K 0	16 7 26.014	+2.1937	− 49	+36 35 47.26	− 9.127	+ 324
601	[φ Herculis]	4.26	B 9p	16 7 26.629	+1.8906	− 28	+45 2 38.80	− 9.416	+ 34
600	[ϰ Normae]	5.09	K 0	16 10 9.208	+4.7361	− 11	−54 31 25.85	− 9.265	− 26
602	[δ Triang. austr.]	4.03	G 0	16 11 35.821	+5.4689	+ 10	−63 34 50.53	− 9.141	− 15
606	19 Ursae min.	5.51	B 8	16 11 59.566	−1.6965	− 15	+75 59 2.73	− 9.087	+ 13
603	δ Ophiuchi	3.03	M 0	16 12 8.486	+3.1451	− 31	− 3 35 15.48	− 9.231	− 146
1424	[δ^1 Apodis]	4.78	M 3	16 13 59.882	+8.9997	− 23	−78 35 37.88	− 8.974	− 37
1425	[17 Herculis]	6.59	K 0	16 14 29.128	+2.5586	− 12	+23 13 33.28	− 8.917	− 14
605	ε Ophiuchi	3.34	K 0	16 16 5.749	+3.1754	+ 55	− 4 35 29.59	− 8.737	+ 39

Nr.	Name	Größe	Spektrum	AR. 1958.0	Jährl. Veränderung 1958.5	Jährl. Eigenbew. in $0^s.0001$	Dekl. 1958.0	Jährl. Veränderung 1958.5	Jährl. Eigenbew. in $0''.001$
		m		h m s	s		° ′ ″	″	
604	γ^2 Normae	4.14	K 0	16 16 41.233	+4.4926	− 170	−50 3 16.09	−8.783	− 54
1426	[55 G. Scorpii *sq*]	5.69	F 2	16 16 52.986	+3.7975	+ 66	−30 48 23.45	−8.692	+ 22
608	τ Herculis	3.91	B 5	16 18 28.556	+1.8040	− 12	+46 24 45.07	−8.552	+ 37
607	[σ Scorpii]	3.10	B 1	16 18 37.845	+3.6486	− 7	−25 29 37.26	−8.600	− 24
612	[η Ursae min.]	5.04	F 0	16 18 42.316	−1.7407	− 232	+75 51 10.12	−8.324	+ 250
1427	[σ Serpentis]	4.80	F 0	16 19 56.545	+3.0390	− 106	+ 1 7 34.85	−8.423	+ 49
609	γ Herculis	3.79	F 0	16 20 3.908	+2.6470	− 35	+19 15 1.92	−8.420	+ 44
1428	[23 Herculis]	6.30	A 2	16 21 19.595	+2.3029	+ 9	+32 25 47.68	−8.374	− 10
1429	[21 Herculis]	5.72	A 0	16 22 7.908	+2.9231	− 1	+ 7 2 38.38	−8.281	+ 18
613	[ω Herculis]	4.53	A op	16 23 28.507	+2.7692	+ 27	+14 7 43.23	−8.251	− 59
614	[Grb 2343 Draco]	5.66	A 2	16 23 30.008	+1.3137	+ 13	+55 17 59.71	−8.174	+ 17
610	[ζ Triang. austr.]	4.93	G 0	16 23 55.579	+6.4661	+ 403	−69 59 33.23	−8.048	+ 105
616	α Scorpii	1.22	Mo+A3	16 26 49.688	+3.6809	− 2	−26 20 25.71	−7.945	− 23
611	γ Apodis	3.90	K 0	16 26 56.558	+9.2374	− 407	−78 48 24.53	−7.978	− 68
1430	[22 G. Ophiuchi]	5.75	G 0	16 27 24.225	+3.3923	+ 20	−14 27 36.46	−7.860	+ 16
619	A Draconis	4.98	B 8p	16 28 3.264	−0.1126	− 53	+68 51 32.54	−7.792	+ 34
618	β Herculis	2.81	K 0	16 28 24.738	+2.5794	− 72	+21 34 47.57	−7.812	− 16
1431	[N Scorpii]	4.33	B 3	16 28 37.923	+3.9229	− 6	−34 36 52.44	−7.793	− 15
1432	Pi 16^h 140 Draco	5.85	A 0	16 31 49.689	+0.8492	+ 18	+60 54 39.08	−7.534	− 13
623	[Grb 2373 U Mir]	6.39	G 5	16 32 25.095	−2.5656	− 331	+77 31 52.53	−7.203	+ 273
621	σ Herculis	4.25	A 0	16 32 44.805	+1.9346	− 12	+42 31 21.74	−7.403	+ 43
620	[τ Scorpii]	2.91	B 0	16 33 15.793	+3.7368	− 5	−28 7 50.19	−7.427	− 25
1433	[12 Ophiuchi]	5.87	K 0	16 34 8.889	+3.1522	+ 302	− 2 14 11.38	−7.646	− 315
622	ζ Ophiuchi	2.70	B 0	16 34 50.572	+3.3047	+ 8	−10 29 0.94	−7.250	+ 24
1434	[42 Herculis]	5.14	M 0	16 37 36.301	+1.6294	− 48	+49 0 35.16	−7.018	+ 32
624	[Br 2114 Ophi]	5.04	K 0	16 39 8.399	+3.4711	− 16	−17 39 45.11	−6.926	− 3
626	η Herculis	3.61	K 0	16 41 27.242	+2.0572	+ 29	+39 0 4.18	−6.817	− 83
625	α Triang. austr.	1.88	K 2	16 44 11.941	+6.3631	+ 51	−68 57 12.51	−6.537	33
627	Grb 2377 Draco	4.88	F 0	16 44 29.760	+1.1390	+ 17	+56 51 22.97	−6.418	+ 65
1436	[19 Ophiuchi]	6.04	A 2	16 45 2.504	+3.0246	− 16	+ 2 8 19.84	−6.449	− 12
1435	[η Arae]	3.68	K 5	16 46 8.824	+5.1846	+ 44	−58 58 7.54	−6.373	− 30
1437	[−21° 4422 Ophi]	7.60	M 0	16 47 4.476	+3.5797	− 8	−21 46 49.02	−6.288	− 20
628	ε Scorpii	2.36	K 0	16 47 26.308	+3.8880	− 490	−34 13 7.54	−6.491	− 253
1438	[20 Ophiuchi]	4.73	F 5	16 47 30.422	+3.3200	+ 63	−10 42 37.30	−6.329	− 97
1439	[μ^1 Scorpii]	3.09	B 3p	16 49 1.201	+4.0662	− 8	−37 58 38.10	−6.133	− 28
1440	[51 Herculis]	5.20	K 0	16 50 0.691	+2.4875	+ 9	+24 43 33.17	−6.015	+ 9
629	49 Herculis	6.41	A op	16 50 9.980	+2.7318	+ 10	+15 2 35.99	−6.008	+ 3
1441	[53 Herculis]	5.35	F 0	16 51 22.338	+2.2750	− 78	+31 46 12.11	−5.930	− 20
1442	[ι Ophiuchi]	4.29	B 8	16 52 1.111	+2.8392	− 35	+10 13 59.10	−5.893	− 37
1444	24 G. Arae	5.70	B 9	16 55 2.995	+4.6326	− 14	−50 34 37.06	−5.645	− 44

Nr.	Name	Größe	Spektrum	AR. 1958.0	Jährl. Veränderung 1958.5	Jährl. Eigenbew. in 0.s0001	Dekl. 1958.0	Jährl. Veränderung 1958.5	Jährl. Eigenbew. in 0.″001
		m		h m s	s		° ′ ″	″	
1443	[51 G. Apodis]	7.00	F 8	16 55 5.864	+ 8.2697	− 96	−76 9 15.20	−5.743	− 149
631	ζ Arae	3.06	K 5	16 55 8.144	+ 4.9684	− 20	−55 55 33.76	−5.626	− 33
633	κ Ophiuchi	*4.1-5.0*	K 0	16 55 40.681	+ 2.8401	− 199	+ 9 26 20.21	−5.558	− 9
632	[ε¹ Arae]	4.15	K 2	16 56 13.695	+ 4.7846	0	−53 5 53.08	−5.484	+ 17
634	ε Herculis	3.92	A 0	16 58 40.829	+ 2.2956	− 40	+30 59 13.72	−5.269	+ 28
1445	[30 Ophiuchi]	5.00	K 0	16 58 50.516	+ 3.1638	− 34	− 4 9 40.38	−5.361	− 78
1446	[59 Herculis]	5.27	A 2	17 0 3.188	+ 2.2146	− 4	+33 37 40.38	−5.185	− 4
635	[60 Herculis]	4.91	A 3	17 3 25.701	+ 2.7825	+ 33	+12 47 49.76	−4.904	− 8
1448	[Pi 16ʰ 307 Herc]	6.36	A 0	17 3 48.045	+ 1.8275	0	+43 52 6.10	−4.865	− 1
1447	[80 G. Ophiuchi]	6.20	A 0	17 4 16.870	+ 3.7191	+ 2	−26 27 28.84	−4.841	− 19
1449	85 G. Ophiuchi	6.14	K 0	17 5 48.323	+ 3.4845	+ 2	−17 33 18.39	−4.727	− 35
636	[Grb 2415 Herc]	6.27	A 2	17 6 24.379	+ 1.9572	− 34	+40 34 11.88	−4.676	− 33
1450	[88 G. Ophiuchi]	5.58	F 5	17 7 28.467	+ 3.3177	+ 38	−10 28 11.87	−4.652	− 101
639	ζ Draconis	3.22	B 5	17 8 39.581	+ 0.1761	− 32	+65 45 58.56	−4.431	+ 21
638	[η Scorpii]	3.44	F 2	17 9 8.395	+ 4.2991	+ 22	−43 11 8.73	−4.691	− 283
1451	[97 G. Ophiuchi]	6.39	K 0	17 9 43.564	+ 2.8933	+ 18	+ 7 56 39.93	−4.348	+ 11
641	δ Herculis	3.16	A 2	17 13 18.269	+ 2.4646	− 18	+24 53 14.87	−4.212	− 158
643	π Herculis	3.36	K 5	17 13 34.933	+ 2.0898	− 25	+36 51 19.63	−4.026	+ 4
1452	[139 G. Scorpii]	5.55	F 5	17 14 19.493	+ 3.9041	− 75	−32 37 1.98	−4.018	− 53
1453	[U Ophiuchi]	5.7—6.4	B 8	17 14 23.700	+ 3.0443	− 5	+ 1 15 20.89	−3.976	− 16
642	[ι Apodis]	5.60	B 8	17 17 24.085	+ 6.6988	+ 12	−70 4 56.06	−3.713	− 14
1454	Pi 17ʰ 68 Herc	5.17	M 0	17 18 27.673	+ 2.6441	+ 2	+18 5 56.32	−3.665	− 54
1456	[72 Herculis]	5.36	G 0	17 19 5.112	+ 2.2449	+ 98	+32 31 14.15	−4.600	−1042
644	ϑ Ophiuchi	3.37	B 3	17 19 25.635	+ 3.6855	− 2	−24 57 33.79	−3.548	− 21
645	β Arae	2.80	K 2	17 21 48.151	+ 4.9895	− 7	−55 29 33.15	−3.346	− 25
1455	[59 G. Apodis]	5.93	M 3	17 23 33.776	+11.2456	+ 27	−80 49 31.96	−3.206	− 41
1458	[138 G. Ophiuchi]	6.31	F 5	17 23 46.960	+ 3.1155	+ 48	− 1 37 0.14	−3.104	+ 47
1457	[44 Ophiuchi]	4.28	F 0	17 23 48.139	+ 3.6647	0	−24 8 18.40	−3.266	− 116
647	[27 H. Ophiuchi]	4.61	F 0	17 24 24.019	+ 3.1837	− 64	− 5 3 3.79	−3.143	− 44
1459	[σ Ophiuchi]	4.44	K 0	17 24 25.704	+ 2.9770	− 1	+ 4 10 31.25	−3.090	+ 6
646	[45 Ophiuchi]	4.37	F 5	17 24 40.161	+ 3.8320	+ 15	−29 49 51.25	−3.215	− 141
650	[77 Herculis]	5.81	A 2	17 25 37.288	+ 1.5905	− 4	+48 17 40.05	−3.001	− 7
648	δ Arae	3.79	B 8	17 27 18.084	+ 5.4190	− 66	−60 39 4.37	−2.935	− 89
649	[υ Scorpii]	2.80	B 3	17 27 54.292	+ 4.0801	0	−37 15 51.31	−2.826	− 31
651	α Arae	2.97	B 3p	17 28 35.449	+ 4.6395	− 28	−49 50 42.39	−2.807	− 72
1460	[λ Herculis]	4.48	K 0	17 29 2.340	+ 2.4247	+ 11	+26 8 27.88	−2.679	+ 18
653	β Draconis	2.99	G 0	17 29 28.872	+ 1.3560	− 21	+52 19 54.41	−2.647	+ 13
652	λ Scorpii	1.71	B 2	17 30 45.203	+ 4.0749	0	−37 4 30.34	−2.575	− 28
655	[ν¹ Draconis]	4.98	A 5	17 31 20.751	+ 1.1816	+ 165	+55 12 44.40	−2.444	+ 54
657	[ν² Draconis]	4.95	A 5	17 31 26.193	+ 1.1827	+ 168	+55 12 3.24	−2.438	+ 53

Nr.	Name	Größe	Spektrum	AR. 1958.0	Jährl. Veränderung 1958.5	Jährl. Eigenbew. in 0ˢ.0001	Dekl. 1958.0	Jährl. Veränderung 1958.5	Jährl. Eigenbew. in 0″.001
		m		h m s	s		° ′ ″	″	
1462	[Grb 2444 Herc]	5.82	K 0	17 31 47.154	+1.9026	− 71	+41 16 19.66	−2.523	− 64
659	[27 Draconis]	5.21	K 0	17 32 7.629	−0.2390	− 30	+68 9 42.83	−2.298	+ 134
1461	[−11° 4411 Serp]	5.68	B 8	17 32 26.010	+3.3354	− 10	−11 12 54.53	−2.397	+ 6
656	α Ophiuchi	2.14	A 5	17 32 58.980	+2.7851	+ 80	+12 35 21.12	−2.581	− 226
654	ϑ Scorpii	2.04	F 0	17 34 17.850	+4.3119	+ 15	−42 58 23.13	−2.237	+ 3
658	ξ Serpentis	3.64	A 5	17 35 10.752	+3.4355	− 31	−15 22 25.88	−2.225	− 62
664	ω Draconis	4.87	F 5	17 37 11.552	−0.3502	0	+68 46 39.22	−1.668	+ 323
663	ι Herculis	3.79	B 3	17 38 16.620	+1.6938	− 9	+46 1 40.08	−1.892	+ 4
660	[κ Scorpii]	2.51	B 2	17 39 34.746	+4.1510	− 5	−39 0 37.39	−1.809	− 28
662	[μ Arae]	5.26	G 5	17 40 48.346	+4.7642	− 20	−51 48 49.95	−1.861	− 188
1463	[58 Ophiuchi]	4.89	F 5	17 40 54.662	+3.5957	− 67	−21 39 52.66	−1.713	− 48
665	β Ophiuchi	2.94	K 0	17 41 23.752	+2.9639	− 28	+ 4 34 59.95	−1.464	+ 159
661	η Pavonis	3.58	K 0	17 41 36.395	+5.8914	− 4	−64 42 23.33	−1.653	− 50
670	ψ Draconis *pr*	4.90	F 5	17 42 40.787	−1.0646	+ 41	+72 10 12.03	−1.780	− 267
666	[ι¹ Scorpii]	3.14	F 5p	17 44 38.668	+4.1968	+ 2	−40 6 45.77	−1.343	− 4
667	μ Herculis	3.48	G 5	17 44 48.763	+2.3484	− 238	+27 44 38.92	−2.070	− 744
1464	[X Sagittarii]	4.4–5.0	F 8v	17 44 54.858	+3.7767	− 2	−27 48 59.96	−1.325	− 9
668	[γ Ophiuchi]	3.74	A 0	17 45 47.092	+3.0084	− 16	+ 2 43 17.76	−1.311	− 71
1465	[+ 20° 3570 Herc]	5.77	K 0	17 46 36.494	+2.5736	+ 9	+20 34 40.73	−1.169	0
669	[G Scorpii]	3.25	K 2	17 46 59.868	+4.0849	+ 51	−37 1 54.58	−1.099	+ 34
1466	[+ 9° 3485 Ophi]	6.79	K 5	17 48 9.830	+2.8388	− 27	+ 9 51 34.71	−1.084	− 52
675	35 Draconis	5.04	F 5	17 51 19.486	−2.6854	+ 105	+76 58 11.10	−0.514	+ 246
1467	[−7° 4523 Ophi]	6.87	G 5	17 52 41.010	+3.2511	− 35	− 7 43 37.44	−0.694	− 57
671	ξ Draconis	3.90	K 0	17 52 48.015	+1.0375	+ 110	+56 52 43.14	−0.553	+ 76
1468	[89 Herculis]	5.48	F 5p	17 53 43.396	+2.4202	− 2	+26 3 19.63	−0.541	+ 6
672	ϑ Herculis	3.99	K 0	17 54 48.643	+2.0574	− 1	+37 15 18.02	−0.447	+ 6
676	γ Draconis	2.42	K 5	17 55 37.725	+1.3931	− 13	+51 29 35.27	−0.401	− 20
674	[ξ Herculis]	3.82	K 0	17 56 7.862	+2.3315	+ 62	+29 15 4.28	−0.355	18
673	ν Ophiuchi	3.50	K 0	17 56 42.753	+3.3029	− 6	− 9 46 12.60	−0.405	− 120
1469	[93 Herculis]	4.71	K 0	17 58 11.146	+2.6708	− 5	+16 45 6.91	−0.167	− 11
677	67 Ophiuchi	3.95	B 5p	17 58 32.375	+3.0046	− 4	+ 2 55 55.30	−0.136	− 10
1470	[6 Sagittarii]	6.31	K 2	17 58 56.575	+3.4857	− 2	−17 9 25.30	−0.097	− 7
679	γ Sagittarii	3.07	K 0	18 3 6.508	+3.8540	− 41	−30 25 35.30	+0.090	− 185
1471	[ϑ Arae]	3.90	B 1p	18 3 21.574	+4.6696	− 14	−50 5 47.64	+0.279	− 18
680	72 Ophiuchi	3.73	A 3	18 5 21.412	+2.8443	− 43	+ 9 33 23.24	+0.553	+ 82
678	[66 G. Apodis]	5.69	K 5	18 5 23.271	+8.3946	+ 48	−75 53 46.67	+0.199	− 278
681	o Herculis	4.1–4.2	A 0	18 5 54.138	+2.3402	− 3	+28 45 19.85	+0.526	9
1472	[−13° 4863 Serp]	6.50	K 0	18 7 20.175	+3.4050	+ 1	−13 56 34.98	+0.645	+ 1
1473	[ε Telescopii]	4.60	K 0	18 8 6.632	+4.4529	− 15	−45 57 49.59	+0.681	− 32
682	μ Sagittarii	4.01	B 8p	18 11 15.019	+3.5877	+ 1	−21 4 17.91	+0.985	− 1

Nr.	Name	Größe	Spektrum	AR. 1958.0	Jährl. Veränderung 1958.5	Jährl. Eigenbew. in 0.ˢ0001	Dekl. 1958.0	Jährl. Veränderung 1958.5	Jährl. Eigenbew. in 0.″001
		m		h m s	s		° ′ ″	″	
1474	[6 G. Telescopii]	5.54	B 5	18 13 35.117	+5.0515	− 22	−56 2 19.95	+1.179	− 12
685	36 Draconis	5.03	F 5	18 13 39.194	+0.3447	+ 529	+64 22 58.18	+1.226	+ 32
684	[Grb 2533 Lyra]	5.42	B 5	18 14 20.266	+1.8660	− 7	+42 8 38.27	+1.250	− 4
683	[η Sagittarii]	3.16	M 3	18 14 47.025	+4.0591	− 109	−36 46 34.45	+1.131	− 164
1475	[Br 2292 Serp]	6.30	A 5	18 15 5.282	+3.3030	− 1	− 9 46 28.76	+1.257	− 64
687	[δ Sagittarii]	2.84	K 0	18 18 18.283	+3.8408	+ 31	−29 50 52.31	+1.573	− 29
1477	[κ Lyrae]	4.34	K 0	18 18 23.271	+2.1025	− 18	+36 2 40.47	+1.650	+ 42
1476	[74 Ophiuchi]	4.92	G 5	18 18 46.145	+2.9949	− 4	+ 3 21 24.52	+1.652	+ 10
688	η Serpentis	3.42	K 0	18 19 8.090	+3.1040	− 372	− 2 54 40.58	+0.976	− 698
686	[ξ Pavonis]	4.25	K 2	18 19 21.379	+5.5266	− 5	−61 30 56.34	+1.699	+ 4
689	ε Sagittarii	1.95	A 0	18 21 23.058	+3.9822	− 23	−34 24 23.19	+1.744	− 126
695	χ Draconis	3.69	F 8	18 21 48.818	−1.0837	+1173	+72 42 54.69	+1.550	− 354
690	109 Herculis	3.92	K 0	18 21 54.395	+2.5566	+ 138	+21 44 57.75	+1.673	− 241
1478	[+7° 3682 Ophi]	5.69	G0+A3	18 23 37.460	+2.8859	− 6	+ 8 0 25.06	+2.058	− 6
691	α Telescopii	3.76	B 3	18 23 51.530	+4.4475	− 16	−45 59 36.74	+2.044	− 42
1479	[+29° 3259 Herc]	5.71	A 2	18 24 21.411	+2.3127	+ 3	+29 48 12.89	+2.106	− 22
692	[λ Sagittarii]	2.94	K 0	18 25 22.667	+3.7020	− 33	−25 26 48.07	+2.034	− 183
696	[γ Scuti]	4.73	A 3	18 26 48.151	+3.4189	0	−14 35 39.47	+2.338	− 3
1480	[60 Serpentis]	5.44	K 0	18 27 29.745	+3.1219	+ 18	− 2 0 50.54	+2.368	− 33
1481	[+16° 3529 Herc]	5.67	A 0	18 29 12.224	+2.6677	− 32	+16 53 52.88	+2.522	− 27
697	[ϑ Coron. austr.]	4.69	G 5	18 30 30.199	+4.2828	+ 25	−42 20 41.32	+2.642	− 21
700	[Grb 2655 Draco]	5.84	K 0	18 31 47.235	−2.9048	− 12	+77 30 56.75	+2.771	+ 2
1483	[Grb 2603 Lyra]	6.66	A 0	18 32 36.374	+1.6948	− 1	+46 11 6.84	+2.857	+ 14
1482	[α Scuti]	4.06	K 0	18 32 55.218	+3.2643	− 14	− 8 16 30.25	+2.559	− 312
1484	[+9° 3783 Ophi]	5.40	F 2	18 34 27.508	+2.8611	− 10	+ 9 5 16.79	+2.878	− 126
1485	[83 G. Sagittarii]	5.80	A 5	18 35 23.492	+3.5915	− 2	−21 26 3.35	+3.015	− 70
699	α Lyrae	0.14	A 0	18 35 30.907	+2.0311	+ 169	+38 44 36.51	+3.378	+ 283
701	[Grb 2640 Draco]	6.00	A 3	18 36 5.306	+0.1860	+ 16	+65 27 3.48	+3.225	+ 82
698	ζ Pavonis	4.10	K 0	18 38 8.383	+7.0055	+ 16	−71 28 3.36	+3.165	− 160
1486	[δ Scuti]	4.74	F 0	18 39 58.378	+3.2843	+ 3	− 9 5 39.65	+3.481	0
702	[ε Scuti]	5.09	G 5	18 41 13.951	+3.2669	+ 13	− 8 19 6.08	+3.595	+ 6
1487	[φ Sagittarii]	3.30	B 8	18 43 1.930	+3.7472	+ 39	−27 2 8.75	+3.745	+ 1
703	110 Herculis	4.26	F 5	18 43 51.151	+2.5817	− 12	+20 30 17.35	+3.479	− 335
1488	[+26° 3349 Lyra]	4.92	K 0	18 44 22.839	+2.4175	+ 11	+26 36 57.65	+3.884	+ 25
1489	[β Scuti]	4.47	G 0	18 44 56.689	+3.1825	− 8	− 4 47 39.83	+3.890	− 17
1491	[111 Herculis]	4.37	A 3	18 45 9.886	+2.6492	+ 48	+18 8 0.17	+4.040	+ 114
1492	[Grb 2671 Draco]	5.76	B 5	18 45 46.716	+1.3401	+ 9	+52 56 28.05	+3.974	− 3
1490	[η^1 Coron. austr.]	5.59	A 2	18 45 48.659	+4.3281	+ 21	−43 43 39.80	+3.970	− 13
1494	[50 Draconis]	5.37	A 0	18 47 44.161	−1.9457	− 54	+75 23 7.80	+4.221	+ 78
1493	[30 Sagittarii]	6.24	F 0	18 48 18.941	+3.6048	− 21	−22 12 43.16	+4.165	− 31

Nr.	Name	Größe	Spektrum	AR. 1958.0	Jährl. Veränderung 1958.5	Jährl. Eigenbew. in 0ˢ.0001	Dekl. 1958.0	Jährl. Veränderung 1958.5	Jährl. Eigenbew. in 0″.001
		m		h m s	s		° ′ ″	″	
704	λ Pavonis	4.42	B 2	18 48 19.814	+5.5542	− 11	−62 14 18.25	+4.182	− 17
705	β Lyrae	3.4—4.3	B8p + B2p	18 48 31.653	+2.2147	− 2	+33 18 46.14	+4.211	− 2
707	o Draconis	4.85	K 0	18 50 34.867	+0.8843	+ 98	+59 20 11.54	+4.413	+ 25
706	σ Sagittarii	2.14	B 3	18 52 39.671	+3.7188	+ 10	−26 21 2.52	+4.512	− 55
1495	[114 G. Sagittarii]	5.58	F 5	18 53 5.797	+3.4545	− 24	−16 25 46.08	+4.417	− 187
711	R Lyrae	4.0—4.5	M 3	18 54 3.336	+1.8254	+ 17	+43 53 23.50	+4.767	+ 82
709	ϑ Serpentis *pr*	4.50	A 5	18 54 7.832	+2.9821	+ 29	+ 4 8 51.21	+4.728	+ 36
714	[υ Draconis]	4.91	K 0	18 54 55.027	−0.7390	+ 95	+71 14 29.39	+4.803	+ 47
708	λ Telescopii	5.03	B 9	18 55 6.388	+4.7970	+ 19	−52 59 44.33	+4.784	+ 8
710	[ξ² Sagittarii]	3.61	K 0	18 55 13.437	+3.5778	+ 20	−21 9 49.08	+4.771	− 14
713	γ Lyrae	3.30	A 0p	18 57 22.245	+2.2439	− 7	+32 37 50.87	+4.967	+ 1
712	[ε Aquilae]	4.21	K 0	18 57 42.891	+2.7225	− 39	+15 0 35.56	+4.922	− 74
716	ζ Aquilae	3.02	A 0	19 3 28.699	+2.7570	− 8	+13 47 58.83	+5.388	− 94
717	λ Aquilae	3.55	B 9	19 4 1.143	+3.1829	− 17	− 4 56 49.38	+5.441	− 87
1496	[τ Sagittarii]	3.42	K 0	19 4 19.106	+3.7442	− 41	−27 44 0.98	+5.304	− 250
1497	[21 G. Aquilae]	6.72	B 8	19 4 24.657	+3.1061	+ 10	− 1 24 43.01	+5.552	− 9
1498	[Pi 18ʰ 318 Lyra]	5.46	A 5	19 4 57.634	+2.3806	+ 55	+28 33 41.06	+5.693	+ 87
719	[ι Lyrae]	5.13	B 5	19 5 48.062	+2.1404	− 9	+36 1 59.96	+5.677	0
718	α Coron. austr.	4.12	A 2	19 6 36.991	+4.0797	+ 73	−37 58 18.53	+5.648	− 99
720	π Sagittarii	3.02	F 2	19 7 15.980	+3.5666	− 1	−21 5 31.73	+5.764	− 37
1500	[20 Aquilae]	5.37	B 3	19 10 23.971	+3.2532	+ 6	− 8 0 40.72	+6.055	− 7
1499	[42 G. Octantis]	6.78	A 2	19 10 41.999	+8.1308	− 2	−75 52 24.96	+6.079	− 12
723	δ Draconis	3.24	K 0	19 12 32.927	+0.0105	+ 160	+67 35 15.67	+6.332	+ 93
724	ϑ Lyrae	4.46	K 0	19 14 54.513	+2.0820	− 8	+38 3 28.37	+6.438	+ 2
722	[43 Sagittarii]	5.03	K 0	19 15 10.660	+3.5087	− 9	−19 1 45.85	+6.444	− 16
725	ω Aquilae	5.14	A 5	19 15 50.619	+2.8155	− 4	+11 31 6.14	+6.532	+ 18
726	ϰ Cygni	3.98	K 0	19 16 7.879	+1.3855	+ 61	+53 17 25.05	+6.660	+ 123
729	τ Draconis	4.63	K 0	19 16 22.185	−1.1629	− 332	+73 16 41.28	+6.666	+ 111
1501	[162 G. Sagittarii]	5.61	B 5	19 16 53.077	+3.9736	+ 3	−35 29 58.28	+6.598	− 2
727	[υ Sagittarii]	4.58	B8p + F2p	19 19 19.299	+3.4344	− 2	−16 2 7.67	+6.796	− 6
1502	[β¹ Sagittarii]	4.31	B 8	19 19 37.260	+4.3097	+ 1	−44 32 23.47	+6.808	− 19
728	α Sagittarii	4.11	B 8	19 20 58.723	+4.1541	+ 26	−40 41 48.56	+6.820	− 118
1503	[31 Aquilae]	5.23	G 5	19 22 57.970	+2.8600	+ 489	+11 51 11.21	+7.740	+ 640
730	δ Aquilae	3.44	F 0	19 23 22.784	+3.0240	+ 167	+ 3 1 46.64	+7.218	+ 85
734	Grb 2900 Draco	6.00	A 2	19 24 15.652	−3.6642	+ 41	+79 31 13.40	+7.170	− 31
731	[186 G. Sagittarii]	5.68	B 9	19 24 17.319	+3.7897	+ 15	−29 49 40.75	+7.164	− 45
1504	[59 G. Telescopii]	5.58	K 2	19 24 26.091	+4.8148	− 2	−54 24 40.21	+7.236	+ 15
1505	[Br 2462 Vulp]	6.04	K 5	19 24 38.321	+2.6238	− 8	+19 48 24.18	+7.190	− 46
1506	[Grb 2844 Cygn]	6.72	G 5	19 24 39.624	+1.8295	− 46	+44 50 48.11	+7.161	− 77
1507	[Pi 19ʰ 156 Draco]	6.46	B 8	19 25 1.106	+1.0830	− 20	+57 56 31.71	+7.275	+ 9

Nr.	Name	Größe	Spektrum	AR. 1958.0	Jährl. Veränderung 1958.5	Jährl. Eigenbew. in 0.s0001	Dekl. 1958.0	Jährl. Veränderung 1958.5	Jährl. Eigenbew. in 0."001
		m		h m s	s		° ′ ″	″	
1508	[α Vulpeculae]	4.63	M 0	19 26 57.368	+2.4961	− 97	+24 34 43.34	+ 7.321	− 103
1509	[36 Aquilae]	5.22	M 0	19 28 27.989	+3.1366	+ 9	− 2 52 40.15	+ 7.542	− 6
733	ι Cygni	3.94	A 2	19 28 38.780	+1.5118	+ 18	+51 38 22.46	+ 7.691	+ 129
732	β Cygni *pr*	3.24	K0+A0	19 29 1.563	+2.4192	− 3	+27 52 12.93	+ 7.588	− 4
1510	[8 Cygni]	4.85	B 3	19 30 12.550	+2.2291	− 6	+34 21 45.43	+ 7.688	0
1511	[μ Aquilae]	4.65	K 0	19 32 2.186	+2.9302	+ 141	+ 7 17 18.29	+ 7.681	− 154
735	[ι Telescopii]	5.02	K 0	19 32 6.277	+4.4466	− 16	−48 11 30.20	+ 7.808	− 35
736	52 Sagittarii	4.66	B 9	19 34 9.155	+3.6490	+ 51	−24 58 40.69	+ 7.986	− 20
737	[κ Aquilae]	5.04	B 0	19 34 37.883	+3.2263	0	− 7 7 20.61	+ 8.040	− 4
738	ϑ Cygni	4.64	F 5	19 35 18.817	+1.6074	− 30	+50 7 22.73	+ 8.352	+ 254
1512	[54 Sagittarii]	5.45	K 0	19 38 19.039	+3.4354	+ 46	−16 23 27.84	+ 8.293	− 45
1513	[β Sagittae]	4.45	K 0	19 39 9.673	+2.6941	+ 3	+17 22 38.69	+ 8.371	− 34
1514	[55 Sagittarii]	5.10	F 0	19 40 6.999	+3.4298	+ 42	−16 13 26.45	+ 8.471	− 11
1515	[10 Vulpeculae]	5.45	G 5	19 41 58.043	+2.4942	+ 4	+25 40 12.92	+ 8.648	+ 20
740	15 Cygni	5.02	K 0	19 42 45.604	+2.1634	+ 56	+37 15 6.66	+ 8.724	+ 34
1516	[228 G. Sagittarii]	5.56	B 8	19 43 20.557	+3.8253	+ 2	−32 0 41.83	+ 8.717	− 19
1517	[56 Sagittarii]	5.06	K 0	19 43 54.775	+3.4978	− 95	−19 51 49.19	+ 8.694	− 87
741	γ Aquilae	2.80	K 2	19 44 15.716	+2.8516	+ 9	+10 30 34.82	+ 8.811	+ 3
739	[ν Telescopii]	5.52	A 5	19 44 35.892	+4.8930	+ 102	−56 27 56.08	+ 8.707	− 129
743	δ Sagittae	3.78	M0+A0	19 45 30.818	+2.6747	+ 2	+18 25 45.98	+ 8.918	+ 12
744	[51 Aquilae]	5.55	F 0	19 48 28.175	+3.2999	− 19	−10 52 17.61	+ 9.172	+ 35
745	α Aquilae	0.89	A 5	19 48 43.994	+2.9263	+ 359	+ 8 45 21.98	+ 9.545	+ 388
746	[η Aquilae]	3.7—4.4	G op	19 50 19.965	+3.0552	+ 3	+ 0 53 47.41	+ 9.278	− 4
1518	[75 G. Pavonis]	6.32	A 3	19 51 1.297	+5.2325	+ 13	−61 16 53.54	+ 9.346	+ 9
1519	[90 G. Aquilae]	5.64	Fop+A	19 51 6.738	+3.1414	+ 14	− 3 13 28.67	+ 9.358	+ 16
1520	[ι Sagittarii]	4.21	K 0	19 52 22.039	+4.1346	+ 7	−41 58 49.70	+ 9.496	+ 56
749	β Aquilae	3.90	K 0	19 53 14.946	+2.9462	+ 26	+ 6 18 2.01	+ 9.029	− 478
1521	[η Cygni]	4.03	K 0	19 54 43.733	+2.2506	− 30	+34 58 14.89	+ 9.593	− 27
1522	[61 Sagittarii]	5.05	A 0	19 55 34.131	+3.4008	+ 7	−15 36 15.71	+ 9.590	− 96
748	ε Pavonis	4.10	A 0	19 55 46.234	+6.9219	+ 191	−73 1 27.52	+ 9.573	− 130
752	γ Sagittae	3.71	K 5	19 56 53.264	+2.6675	+ 42	+19 22 36.98	+ 9.814	+ 28
751	ϑ¹ Sagittarii	4.39	B 3	19 57 0.313	+3.9015	0	−35 23 29.49	+ 9.771	− 25
1523	[15 Vulpeculae]	4.74	A 5	19 59 22.159	+2.4706	+ 40	+27 38 11.26	+ 9.985	+ 10
753	[62 Sagittarii]	4.60	M 3	20 0 4.668	+3.6867	+ 27	−27 49 41.38	+10.049	+ 20
1524	[τ Aquilae]	5.65	K 0	20 2 5.167	+2.9293	+ 5	+ 7 9 29.40	+10.196	+ 16
755	[ξ Telescopii]	4.86	M 0	20 4 10.581	+4.5910	− 15	−53 0 10.50	+10.351	+ 12
754	δ Pavonis	3.64	G 5	20 4 37.427	+5.8743	+1977	−66 17 29.68	+ 9.236	−1137
1525	[28 Cygni]	4.82	B 2p	20 7 51.910	+2.2279	− 2	+36 42 53.99	+10.627	+ 15
756	ϑ Aquilae	3.37	A 0	20 9 8.245	+3.0943	+ 22	− 0 56 50.58	+10.713	+ 6
759	κ Cephei	4.43	B 9	20 10 20.279	−2.0398	+ 21	+77 35 9.16	+10.820	+ 28

Nr.	Name	Größe	Spektrum	AR. 1958.0	Jährl. Veränderung 1958.5	Jährl. Eigenbew. in 0.s0001	Dekl. 1958.0	Jährl. Veränderung 1958.5	Jährl. Eigenbew. in 0.″001
		m		h m s	s		° ′ ″	″	
757	31 o² Cygni	3.95	Ko+B8	20 12 18.448	+1.8886	− 3	+46 36 47.42	+10.945	+ 6
1526	[ρ Aquilae]	4.96	A o	20 12 19.941	+2.7756	+ 36	+15 4 6.03	+10.996	+ 55
758	33 Cygni	4.32	A 3	20 12 25.292	+1.3935	+ 72	+56 26 19.09	+11.031	+ 83
760	24 Vulpeculae	5.45	K o	20 14 59.156	+2.5670	+ 9	+24 32 26.37	+11.121	− 14
1527	[α¹ Capricorni]	4.55	G op	20 15 19.225	+3.3234	+ 11	−12 38 21.83	+11.163	+ 3
1529	[4 Capricorni]	5.96	K o	20 15 33.442	+3.5225	+ 23	−21 56 28.62	+11.148	− 29
761	α² Capricorni	3.77	G 5	20 15 43.493	+3.3268	+ 41	−12 40 35.10	+11.195	+ 6
1528	[83 G. Telescopii]	6.28	M o	20 15 55.612	+4.2975	+ 6	−47 50 33.50	+11.210	+ 5
1530	[290 G. Sagittarii]	6.51	K 2	20 18 9.321	+3.8687	+ 14	−35 48 27.24	+11.393	+ 28
762	[β Capricorni]	3.25	Go+Ao	20 18 39.148	+3.3687	+ 26	−14 54 55.55	+11.404	+ 3
763	[χ¹ Sagittarii]	5.64	A o	20 19 36.723	+4.0695	+ 32	−42 11 0.85	+11.382	− 88
765	γ Cygni	2.32	F 8p	20 20 43.158	+2.1531	0	+40 7 16.83	+11.550	+ 2
1531	[132 G. Aquilae]	5.41	K o	20 21 5.767	+2.9715	− 25	+ 5 12 27.18	+11.541	− 35
764	α Pavonis	2.12	B 3	20 22 20.190	+4.7393	+ 11	−56 52 17.40	+11.583	− 82
1532	[296 G. Sagittarii]	5.97	K o	20 22 52.692	+3.6705	+ 8	−28 48 2.92	+11.722	+ 19
1533	[69 Aquilae]	5.11	K o	20 27 27.283	+3.1343	+ 44	− 3 1 35.06	+12.011	− 14
1534	[41 Cygni]	4.09	F 5p	20 27 40.661	+2.4512	+ 2	+30 13 38.35	+12.038	− 3
1535	42 Cygni	5.94	A o	20 27 44.170	+2.2886	+ 1	+36 18 49.03	+12.046	+ 2
767	ϑ Cephei	4.28	A 5	20 28 52.727	+1.0044	+ 60	+62 51 9.19	+12.113	− 11
1536	[29 G. Capricorni]	5.82	G 5	20 30 5.840	+3.2804	+ 202	− 9 59 52.94	+12.312	+ 103
1538	[Grb 3241 Draco]	6.42	K 2	20 30 12.326	−0.2655	− 14	+72 23 22.61	+12.198	− 16
768	ε Delphini	3.98	B 5	20 31 12.317	+2.8656	+ 4	+11 9 33.90	+12.269	− 17
1537	[9 G. Delphini]	6.68	K o	20 31 54.455	+2.9864	+ 6	+ 4 45 14.51	+12.328	− 6
770	73 Draconis	5.18	A 2p	20 32 4.981	−0.8032	+ 10	+74 48 39.81	+12.333	− 11
769	α Indi	3.21	K o	20 34 37.227	+4.2144	+ 50	−47 26 22.18	+12.593	+ 72
1539	29 Vulpeculae	4.78	A o	20 36 38.661	+2.6791	+ 44	+21 3 9.83	+12.665	+ 7
772	[κ Delphini]	5.23	G 5	20 37 5.292	+2.9132	+ 210	+ 9 56 13.47	+12.709	+ 21
773	υ Capricorni	5.33	M o	20 37 39.615	+3.4130	− 15	−18 17 16.29	+12.710	18
774	α Delphini	3.86	B 8	20 37 41.155	+2.7862	+ 41	+15 45 46.08	+12.730	+ 1
1540	[13 G. Microscopii]	5.54	K 2	20 37 42.013	+3.7611	+ 26	−33 34 54.04	+12.780	+ 50
777	α Cygni	1.33	A 2p	20 39 59.906	+2.0452	0	+45 7 46.10	+12.888	+ 5
776	[η Indi]	4.70	F o	20 40 57.889	+4.3992	+ 172	−52 4 21.55	+12.896	− 54
775	β Pavonis	3.60	A 5	20 41 11.862	+5.3941	− 64	−66 21 21.66	+12.983	+ 18
778	[δ Delphini]	4.53	A 5	20 41 29.811	+2.8005	− 16	+14 55 22.19	+12.944	− 40
779	[ψ Capricorni]	4.26	F 8	20 43 36.683	+3.5494	− 40	−25 25 23.50	+12.970	− 155
782	[6 H. Cephei]	4.63	G o	20 44 18.536	+1.4881	− 86	+57 25 42.47	+12.936	− 234
783	η Cephei	3.59	K o	20 44 26.251	+1.2183	+ 127	+61 40 30.89	+14.000	+ 822
780	ε Cygni	2.64	K o	20 44 30.592	+2.4277	+ 283	+33 48 43.27	+13.513	+ 330
1541	[γ Delphini *sq*]	4.49	G 5	20 44 42.489	+2.7828	− 28	+15 58 18.76	+13.004	− 193
1544	[Grb 3285 Cygn]	6.43	K o	20 45 8.048	+1.7390	− 97	+52 50 30.08	+13.118	− 106

Mittlere Sternörter 1958.0

Nr.	Name	Größe	Spektrum	AR. 1958.0	Jährl. Veränderung 1958.5	Jährl. Eigenbew. in 0ˢ.0001	Dekl. 1958.0	Jährl. Veränderung 1958.5	Jährl. Eigenbew. in 0″.001
		m		h m s	s		° ′ ″	″	
781	ε Aquarii	3.83	A 0	20 45 24.181	+3.2459	+ 20	− 9 39 2.63	+13.212	− 31
1543	[3 Aquarii]	4.60	M 0	20 45 31.283	+3.1641	− 2	− 5 10 57.66	+13.214	− 37
1542	[ι Microscopii]	5.14	F 0	20 45 38.676	+4.0624	+ 167	−44 8 34.98	+13.157	− 102
1545	[−1°4057 Aqar]	6.53	M 3	20 47 7.626	+3.0835	− 24	− 0 43 10.51	+13.344	− 12
1546	[ω Capricorni]	4.24	M 0	20 49 19.074	+3.5776	− 7	−27 4 39.57	+13.496	− 2
1547	[μ Aquarii]	4.80	A 3	20 50 23.347	+3.2343	+ 26	− 9 8 31.58	+13.539	− 28
785	β Indi	3.72	K 0	20 51 32.517	+4.6801	+ 23	−58 36 51.21	+13.623	− 19
786	32 Vulpeculae	5.24	K 5	20 52 46.084	+2.5571	− 6	+27 53 49.02	+13.721	+ 2
1548	[64 G. Capricorni]	5.95	A 3	20 55 19.629	+3.3564	+ 31	−16 11 40.10	+13.882	0
788	ν Cygni	4.04	A 0	20 55 36.309	+2.2369	+ 5	+41 0 17.01	+13.889	− 9
1549	[33 Vulpeculae]	5.57	K 5	20 56 23.579	+2.6820	− 6	+22 9 45.52	+13.954	+ 6
789	[11 Aquarii]	6.26	G 0	20 58 21.126	+3.1574	+ 26	− 4 53 36.89	+13.940	− 132
1551	[59 Cygni]	4.88	B 0p	20 58 23.716	+2.0404	0	+47 21 22.64	+14.078	+ 5
1550	[γ Microscopii]	4.71	G 5	20 58 43.150	+3.6767	0	−32 25 23.74	+14.100	+ 6
787	[α Octantis]	5.24	F 2	20 59 42.090	+7.2345	+ 35	−77 11 11.01	+13.795	− 362
790	ζ Microscopii	5.35	F 0	21 0 17.255	+3.8294	− 24	−38 47 48.53	+14.082	− 109
792	[ξ Cygni]	3.92	K 5	21 3 24.055	+2.1826	+ 4	+43 45 34.35	+14.386	+ 5
1552	[ϑ Capricorni]	4.19	A 0	21 3 35.283	+3.3705	+ 57	−17 24 3.14	+14.339	− 54
1553	[−0°4161 Aqar]	7.10	K 2	21 4 24.059	+3.0785	+ 6	− 0 16 27.11	+14.458	+ 15
791	[A Capricorni]	4.60	M 0	21 4 40.439	+3.5062	− 20	−25 10 30.02	+14.416	− 43
793	*61 Cygni *pr*	5.57 6.28	K 5 K 5	21 5 1.454	+2.6898	+3522	+38 32 20.33	+17.668	+3187
795	Br 2777 Ceph	5.90	B 9	21 6 22.250	−1.2251	+ 60	+77 57 23.70	+14.596	+ 36
794	ν Aquarii	4.52	K 0	21 7 18.434	+3.2662	+ 61	−11 32 34.40	+14.606	− 12
1555	[γ Equulei]	4.76	F 0p	21 8 17.917	+2.9174	+ 38	+ 9 57 40.92	+14.526	− 151
1554	[ο Pavonis]	5.08	M 0	21 9 26.225	+5.6089	+ 85	−70 17 58.67	+14.714	− 32
1556	[58 G. Microscopii]	5.55	K 5	21 10 48.109	+3.5546	+ 73	−27 47 30.79	+14.710	− 116
797	ζ Cygni	3.40	K 0	21 11 8.784	+2.5536	− 4	+30 3 13.73	+14.792	− 53
796	[23 G. Indi]	5.84	A 5	21 12 46.453	+4.2759	+ 18	−53 26 17.70	+14.930	− 11
800	α Equulei	4.14	F8+A3	21 13 43.423	+2.9983	+ 36	+ 5 4 23.58	+14.913	− 83
1557	[24 G. Indi]	6.70	K 0	21 15 1.428	+4.0803	− 24	−48 53 38.55	+14.993	− 79
801	[ε Microscopii]	4.79	A 0	21 15 23.698	+3.6341	+ 39	−32 20 57.13	+15.072	− 21
1558	[σ Cygni]	4.28	A 0p	21 15 45.810	+2.3569	− 4	+39 13 4.23	+15.111	− 2
1559	[υ Cygni]	4.42	B 3p	21 16 11.293	+2.4672	+ 6	+34 43 10.81	+15.135	− 2
803	α Cephei	2.60	A 5	21 17 34.619	+1.4307	+ 212	+62 24 25.84	+15.269	+ 52
802	[ϑ¹ Microscopii]	4.92	A 2p	21 18 4.797	+3.8325	+ 56	−40 59 17.94	+15.246	− 1
1560	[Grb 3434 Cygn]	6.81	K 2	21 18 19.605	+1.9295	+ 6	+52 52 46.70	+15.260	0
1561	[ι Capricorni]	4.30	K 0	21 19 54.595	+3.3384	+ 22	−17 0 52.33	+15.356	+ 6
804	1 Pegasi	4.27	K 0	21 20 8.543	+2.7746	+ 72	+19 37 26.17	+15.430	+ 68
1562	[18 Aquarii]	5.54	A 5	21 21 53.862	+3.2766	+ 60	−13 3 33.81	+15.471	+ 11
805	γ Pavonis	4.30	F 8	21 22 59.819	+4.9479	+ 151	−65 33 28.25	+16.321	+ 799

Nr. 793. **Ort des Schwerpunktes. Die Reduktion auf den Ort des helleren Sterns beträgt nach den Elementen von Strand; (siehe Veröff. des Astr. Rech.-Inst. Heidelberg Nr. 4, S. 10, 1954):**

1958.0 $\Delta\alpha = -0^s.711$ $\Delta\delta = +10''43$

1959.0 $= -0.710$ $= +10.50$

Nr.	Name	Größe	Spektrum	AR. 1958.0	Jährl. Veränderung 1958.5	Jährl. Eigenbew. in 0.s0001	Dekl. 1958.0	Jährl. Veränderung 1958.5	Jährl. Eigenbew. in 0.001
		m		h m s	s		° ′ ″	″	
1563	[γ Indi]	6.24	F 0	21 23 16.450	+4.2725	+ 8	−54 50 35.29	+15.583	+ 46
806	ζ Capricorni	3.86	G 5p	21 24 16.324	+3.4228	+ 1	−22 35 39.58	+15.619	+ 27
1564	[2 G. Pegasi]	6.66	M 0	21 26 20.556	+2.9569	+ 4	+ 8 0 42.83	+15.672	− 32
807	[71 Cygni]	5.34	K 0	21 27 53.800	+2.2147	+ 42	+46 21 17.07	+15.897	+ 109
1565	[2 Pegasi]	4.76	K 5	21 28 2.589	+2.7179	+ 13	+23 27 13.95	+15.803	+ 6
809	β Cephei	3.33	B 1	21 28 7.517	+0.7698	+ 21	+70 22 34.38	+15.814	+ 13
808	β Aquarii	3.07	G 0	21 29 20.904	+3.1569	+ 12	− 5 45 24.87	+15.862	− 4
1566	[6 Piscis austr.]	5.99	A 2	21 29 42.473	+3.6261	+ 6	−34 7 50.89	+15.883	− 3
1567	[3 G. Gruis]	5.73	K 0	21 30 40.674	+3.8827	− 18	−45 2 7.78	+15.934	− 4
1568	[ρ Cygni]	4.22	K 0	21 32 23.898	+2.2573	− 25	+45 24 19.82	+15.938	− 90
811	74 Cygni	5.09	A 5	21 35 15.749	+2.4055	− 7	+40 13 27.17	+16.196	+ 19
1569	[ξ Aquarii]	4.78	A 5	21 35 30.991	+3.1921	+ 74	− 8 2 36.66	+16.169	− 22
1570	[5 Pegasi]	5.29	F 0	21 35 47.401	+2.8077	+ 70	+19 7 43.59	+16.221	+ 16
810	ν Octantis	3.74	K 0	21 36 53.159	+6.6369	+ 187	−77 34 42.25	+16.023	− 240
813	[13 H. Cephei]	5.97	O e5	21 37 39.286	+1.8617	− 7	+57 17 54.99	+16.300	0
812	[γ Capricorni]	3.80	F 0p	21 37 45.948	+3.3218	+ 131	−16 51 10.96	+16.284	− 22
817	[11 Cephei]	4.85	K 0	21 41 18.735	+0.8745	+ 235	+71 7 4.45	+16.589	+ 105
815	ε Pegasi	2.54	K 0	21 42 7.323	+2.9462	+ 18	+ 9 40 53.79	+16.529	+ 5
814	[ι Piscis austr.]	4.35	A 0	21 42 26.997	+3.5703	+ 29	−33 13 6.37	+16.450	− 91
1571	[+35° 4626 Cygn]	6.60	K 0	21 43 57.492	+2.5447	+ 75	+35 39 46.45	+16.631	+ 17
1572	[ν Cephei]	4.46	A 2p	21 44 14.119	+1.7310	− 7	+60 55 35.54	+16.629	+ 2
818	[λ Capricorni]	5.43	A 0	21 44 16.507	+3.2276	+ 17	−11 33 37.89	+16.626	− 4
819	δ Capricorni	2.98	A 5	21 44 43.467	+3.3092	+ 181	−16 19 7.68	+16.359	− 293
1574	[11 Pegasi]	5.50	A 0	21 45 6.151	+3.0416	+ 5	+ 2 29 27.98	+16.675	+ 5
821	π^2 Cygni	4.26	B 3	21 45 14.310	+2.2176	+ 2	+49 6 52.66	+16.679	+ 2
1573	[13 G. Gruis]	5.75	G 5	21 45 32.358	+3.8962	+ 159	−47 29 44.81	+16.397	− 295
820	[ο Indi]	5.50	K 2	21 47 16.049	+5.0586	− 44	−69 49 34.56	+16.773	− 3
1575	[14 Pegasi]	5.00	A 0	21 47 59.028	+2.6546	+ 10	+29 58 40.51	+16.785	− 23
1576	[127 G. Capricor.]	6.85	F 8	21 49 1.380	+3.4124	+ 253	−23 28 1.26	+16.775	− 84
1577	[μ Capricorni]	5.18	F 0	21 51 0.456	+3.2689	+ 211	−13 45 1.42	+16.965	+ 14
823	16 Pegasi	5.05	B 3	21 51 8.916	+2.7305	+ 2	+25 43 36.52	+16.961	+ 3
822	γ Gruis	3.16	B 8	21 51 23.472	+3.6286	+ 85	−37 33 47.75	+16.957	− 12
1578	[Br 2880 Ceph]	6.58	A 0	21 52 17.998	+0.6953	+ 79	+73 30 12.70	+17.041	+ 31
1579	[Pi 21^h 339 Pegs]	6.62	K 5	21 54 25.994	+2.8054	− 3	+21 2 22.29	+17.128	+ 19
824	[δ Indi]	4.56	F 0	21 55 4.396	+4.0759	+ 63	−55 11 35.92	+17.136	− 3
1580	[98 G. Aquarii]	6.42	K 0	21 56 43.555	+3.1277	− 4	− 4 34 17.84	+16.959	− 254
826	[20 Pegasi]	5.66	F 2	21 59 2.467	+2.9226	+ 35	+12 55 5.06	+17.270	− 46
825	[ε Indi]	4.74	K 5	22 0 9.674	+4.5796	+4806	−56 57 34.95	+14.820	−2546
1581	[λ Gruis]	4.60	K 2	22 3 35.391	+3.6118	− 18	−39 44 48.54	+17.399	− 114
827	α Aquarii	3.19	G 0	22 3 37.589	+3.0804	+ 10	− 0 31 28.59	+17.511	− 4

Nr.	Name	Größe	Spektrum	AR. 1958.0	Jährl. Veränderung 1958.5	Jährl. Eigenbew. in 0.s0001	Dekl. 1958.0	Jährl. Veränderung 1958.5	Jährl. Eigenbew. in 0.″001
		m		h m s	s		° ′ ″	″	
830	20 Cephei	5.39	K 5	22 3 43.751	+1.8243	+ 21	+62 34 49.33	+17.582	+ 64
828	ι Aquarii	4.35	B 8	22 4 10.210	+3.2381	+ 26	−14 4 27.24	+17.485	− 53
831	[ι Pegasi]	3.96	F 5	22 5 3.173	+2.7936	+ 216	+25 8 21.51	+17.603	+ 28
829	α Gruis	2.16	B 5	22 5 35.670	+3.7753	+ 123	−47 9 54.93	+17.451	− 147
832	[μ Piscis austr.]	4.62	A 2	22 5 56.274	+3.4970	+ 64	−33 11 39.91	+17.575	− 37
833	[27 Pegasi]	5.65	K 0	22 7 21.770	+2.6596	− 49	+32 57 59.55	+17.608	− 63
834	ϑ Pegasi	3.70	A 2	22 8 4.801	+3.0258	+ 181	+ 5 59 26.24	+17.737	+ 37
835	π Pegasi	4.38	F 5	22 8 7.122	+2.6657	− 13	+32 58 17.44	+17.685	− 17
837	24 Cephei	4.99	G 5	22 9 0.199	+1.1496	+ 63	+72 8 3.22	+17.751	+ 14
836	ζ Cephei	3.62	K 0	22 9 23.589	+2.0827	+ 14	+57 59 37.56	+17.762	+ 8
838	[λ Piscis austr.]	5.40	B 9	22 11 56.147	+3.3977	+ 20	−27 58 33.45	+17.856	0
1583	[1 H. Lacertae]	4.64	K 2	22 12 4.335	+2.5769	+ 33	+39 30 21.22	+17.872	+ 11
1582	[125 G. Aquarii]	6.60	G 5	22 12 21.841	+3.2463	− 8	−16 1 24.45	+17.521	− 352
840	ϑ Aquarii	4.32	K 0	22 14 37.082	+3.1644	+ 78	− 7 59 35.31	+17.943	− 19
839	[ε Octantis]	5.11	M 3	22 15 26.549	+6.6760	+ 302	−80 39 0.53	+17.960	− 34
841	α Tucanae	2.91	K 2	22 15 38.539	+4.1020	− 83	−60 28 11.13	+17.967	− 34
1584	[47 Aquarii]	5.40	K 0	22 19 17.017	+3.3003	− 5	−21 48 34.14	+18.055	− 84
843	[31 Pegasi]	4.93	B 3p	22 19 26.927	+2.9531	+ 2	+11 59 35.15	+18.162	+ 17
842	γ Aquarii	3.97	A 0	22 19 29.204	+3.0978	+ 85	− 1 35 58.60	+18.159	+ 13
844	β Lacertae	4.58	K 0	22 21 54.203	+2.3612	− 19	+52 1 5.21	+18.049	− 185
1585	[π Aquarii]	4.64	B 1p	22 23 7.886	+3.0633	+ 10	+ 1 9 49.01	+18.283	+ 4
1586	[Pi 22^h 97 Pegs]	6.40	K 0	22 23 38.916	+2.8951	+ 13	+18 13 48.72	+18.336	+ 39
1587	[72 G. Indi]	5.70	A 3	22 25 33.722	+4.4053	+ 276	−67 42 11.30	+18.301	− 65
845	[ν Gruis]	5.48	K 0	22 26 11.852	+3.5123	+ 32	−39 20 41.77	+18.231	− 156
846	[δ^1 Gruis]	4.02	G 5	22 26 45.989	+3.5811	+ 24	−43 42 38.96	+18.409	+ 2
1588	[36 Pegasi]	5.82	K 2	22 27 2.138	+2.9943	+ 36	+ 8 54 50.41	+18.401	− 15
1589	[Pi 22^h 120 Pegs]	5.96	K 2	22 27 11.942	+2.8120	+ 15	+26 32 52.33	+18.417	− 5
847	[δ Cephei]	3.7-4.4	G 0v	22 27 36.347	+2.2292	+ 11	+58 11 59.09	+18.438	+ 3
1590	[38 Pegasi]	5.51	A 0	22 28 6.325	+2.7456	+ 25	+32 21 25.63	+18.442	− 12
1591	[σ Aquarii]	4.89	A 0	22 28 25.513	+3.1734	0	−10 53 36.72	+18.437	− 27
1592	[β Piscis austr.]	4.40	A 0	22 29 7.338	+3.4081	+ 53	−32 33 42.94	+18.482	− 6
1593	[ρ Cephei]	5.50	A 2	22 29 31.568	+0.5211	− 13	+78 36 31.37	+18.486	− 14
848	α Lacertae	3.85	A 0	22 29 33.346	+2.4738	+ 140	+50 3 58.10	+18.525	+ 23
1594	[Grb 3834 Ceph]	5.74	A 0	22 31 32.325	+1.0473	− 69	+76 0 35.61	+18.565	− 2
849	[υ Aquarii]	5.29	F 5	22 32 23.914	+3.2794	+ 155	−20 55 26.46	+18.453	− 143
850	η Aquarii	4.13	B 8	22 33 11.869	+3.0823	+ 60	− 0 20 4.23	+18.572	− 50
851	31 Cephei	5.22	F 0	22 34 43.813	+1.4806	+ 392	+73 25 30.00	+18.702	+ 31
1595	[κ Aquarii]	5.33	K 0	22 35 34.872	+3.1060	− 48	− 4 26 42.66	+18.586	− 112
853	[30 Cephei]	5.21	A 2	22 37 9.265	+2.1300	− 12	+63 21 56.89	+18.728	− 20
852	10 Lacertae	4.91	O e5	22 37 22.328	+2.6940	− 1	+38 49 52.28	+18.751	− 3
854	[ε Piscis austr.]	4.22	B 8	22 38 20.163	+3.3156	+ 21	−27 15 47.49	+18.789	+ 6

Nr.	Name	Größe	Spektrum	AR. 1958.0	Jährl. Verände-rung 1958.5	Jährl. Eigen-bew. in 0.ˢ0001	Dekl. 1958.0	Jährl. Verände-rung 1958.5	Jährl. Eigen-bew. in 0.″001
		m		h m s	s		° ′ ″	″	
855	ζ Pegasi	3.61	B 8	22 39 21.939	+2.9925	+ 53	+10 36 41.84	+18.808	− 7
856	β Gruis	2.24	M 3	22 40 10.062	+3.5774	+ 133	−47 6 17.39	+18.836	− 3
857	η Pegasi	3.10	G 0	22 41 1.774	+2.8138	+ 9	+30 0 4.07	+18.842	− 22
858	[13 Lacertae]	5.24	K 0	22 42 12.787	+2.6776	− 10	+41 35 54.50	+18.910	+ 11
1596	[45 Pegasi]	6.45	K 0	22 43 25.392	+2.9189	− 24	+19 8 40.91	+18.997	+ 63
859	λ Pegasi	4.14	K 0	22 44 30.291	+2.8908	+ 39	+23 20 39.02	+18.959	− 6
1597	[68 Aquarii]	5.43	G 5	22 45 17.893	+3.2204	− 73	−19 49 58.48	+18.789	− 198
1598	[−2° 5826 Aqar.]	7.58	K 2	22 45 19.995	+3.0887	+ 3	− 2 0 37.51	+18.991	+ 3
860	ε Gruis	3.69	A 2	22 46 1.636	+3.6177	+ 111	−51 32 17.44	+18.949	− 59
861	[τ Aquarii]	4.21	K 5	22 47 22.152	+3.1748	− 10	−13 48 53.04	+19.014	− 31
862	[μ Pegasi]	3.67	K 0	22 47 58.367	+2.8969	+ 107	+24 22 45.93	+19.025	− 36
863	ι Cephei	3.68	K 0	22 48 10.685	+2.1379	− 113	+65 58 45.41	+18.948	− 118
1599	69 G. Gruis	5.39	K 2	22 48 39.062	+3.4110	+ 18	−39 22 47.23	+19.073	− 7
864	λ Aquarii	3.84	M 0	22 50 25.411	+3.1287	+ 5	− 7 48 12.90	+19.166	+ 40
865	ρ Indi	6.14	G 0	22 51 45.990	+4.1600	− 73	−70 17 55.20	+19.235	+ 74
866	δ Aquarii	3.51	A 2	22 52 25.365	+3.1822	− 29	−16 2 40.69	+19.157	− 20
1600	[+36° 4956 Lacr]	6.00	F 2	22 53 5.157	+2.7922	+ 70	+36 51 9.39	+19.209	+ 15
867	α Piscis austr.	1.29	A 3	22 55 20.038	+3.3126	+ 258	−29 50 43.01	+19.091	− 159
868	[ζ Gruis]	4.18	G 5	22 58 24.624	+3.5363	− 73	−52 58 47.12	+19.319	− 4
869	o Andromedae	3.63	B 5 + A 2 p	22 59 58.978	+2.7628	+ 18	+42 6 0.12	+19.361	+ 2
1601	[π Piscis austr.]	5.13	F 0	23 1 10.593	+3.3159	+ 53	−34 58 36.73	+19.475	+ 89
870	β Pegasi	2.61	M 0	23 1 44.052	+2.9100	+ 142	+27 51 16.83	+19.542	+ 143
1602	[β Piscium]	4.58	B 5p	23 1 44.288	+3.0529	+ 6	+ 3 35 36.97	+19.396	− 3
871	α Pegasi	2.57	A 0	23 2 39.974	+2.9891	+ 42	+14 58 44.18	+19.382	− 36
1603	[55 Pegasi]	4.69	M 0	23 4 53.199	+3.0225	+ 5	+ 9 10 56.17	+19.457	− 8
1604	[5 Andromedae]	5.83	F 0	23 5 50.487	+2.7280	+ 152	+49 4 0.39	+19.624	+ 139
873	88 Aquarii	3.80	K 0	23 7 12.558	+3.1968	+ 39	−21 24 2.41	+19.553	+ 40
1605	[ι Gruis]	4.10	K 0	23 7 59.286	+3.3913	+ 124	−45 28 28.09	+19.511	18
1606	[59 Pegasi]	5.15	A 3	23 9 36.842	+3.0292	− 7	+ 8 29 30.15	+19.559	− 1
875	Br 3077 Cass	5.65	K 2	23 11 14.991	+2.8932	+2528	+56 56 10.54	+19.891	+ 300
1607	[φ Aquarii]	4.40	M 0	23 12 8.824	+3.1063	+ 24	− 6 16 32.54	+19.417	− 190
1608	[ψ¹ Aquarii]	4.48	K 0	23 13 41.497	+3.1425	+ 251	− 9 19 0.69	+19.624	− 11
876	[25 G. Tucanae]	5.69	G 0	23 14 27.073	+3.5991	+ 251	−62 13 49.79	+19.624	− 24
878	γ Piscium	3.85	K 0	23 14 59.211	+3.1101	+ 506	+ 3 3 9.21	+19.682	+ 24
877	γ Tucanae	4.10	F 2	23 14 59.420	+3.4942	− 38	−58 27 58.22	+19.751	+ 94
879	γ Sculptoris	4.51	K 0	23 16 33.609	+3.2370	+ 18	−32 45 39.67	+19.623	− 60
1609	[ψ³ Aquarii]	5.16	A 0	23 16 46.613	+3.1199	+ 30	− 9 50 26.18	+19.691	+ 4
880	τ Pegasi	4.65	A 5	23 18 33.268	+2.9711	+ 21	+23 30 36.86	+19.713	− 2
1610	[12 Andromedae]	5.75	F 5	23 18 51.248	+2.8977	+ 103	+37 57 9.66	+19.654	− 66
1611	[11 G. Sculptoris]	5.81	G 5	23 19 1.406	+3.1946	− 10	−27 13 1.56	+19.711	− 12
1612	[98 Aquarii]	4.20	K 0	23 20 45.970	+3.1490	− 87	−20 19 48.19	+19.661	− 88

Nr.	Name	Größe	Spektrum	AR. 1958.0	Jährl. Veränderung 1958.5	Jährl. Eigenbew. in 0ˢ.0001	Dekl. 1958.0	Jährl. Veränderung 1958.5	Jährl. Eigenbew. in 0″.001
		m		h m s	s		° ′ ″	″	
1613	[67 Pegasi]	5.46	A 0	23 22 47.155	+2.9386	+ 8	+32 9 14.14	+19.783	+ 4
882	4 Cassiopeiae	5.20	K 5	23 22 57.653	+2.6691	+ 7	+62 3 7.57	+19.775	− 6
881	[υ Pegasi]	4.57	G 0	23 23 16.755	+2.9960	+ 137	+23 10 21.72	+19.828	+ 42
883	[o Gruis]	5.54	F 0	23 24 16.004	+3.3506	+ 25	−52 57 15.49	+19.932	+ 133
884	ϰ Piscium	4.94	A 2p	23 24 46.684	+3.0754	+ 56	+ 1 1 31.73	+19.716	− 90
1614	[ϑ Piscium]	4.45	G 5	23 25 50.151	+3.0437	− 84	+ 6 8 53.05	+19.780	− 40
1615	[+15° 4830 Pegs]	6.98	A 2	23 26 55.279	+3.0193	+ 1	+15 46 51.85	+19.843	+ 9
885	70 Pegasi	4.67	K 0	23 27 1.684	+3.0350	+ 42	+12 31 43.61	+19.874	+ 39
886	[β Sculptoris]	4.46	B 9	23 30 43.405	+3.2138	+ 73	−38 3 3.09	+19.900	+ 21
1616	[15 Andromedae]	5.50	A 0	23 32 33.876	+2.9381	− 15	+40 0 17.29	+19.860	− 38
1617	[ι Phoenicis]	4.80	A 2p	23 32 49.288	+3.2234	+ 35	−42 50 50.85	+19.909	+ 8
888	248 G. Aquarii	6.51	K 0	23 33 22.049	+3.0941	− 3	− 7 41 49.13	+19.932	+ 25
890	λ Andromedae	4.00	K 0	23 35 30.023	+2.9400	+ 152	+46 13 49.93	+19.512	− 416
889	[11 G. Phoenicis]	4.86	A 2	23 35 35.682	+3.2253	+ 63	−45 43 29.48	+19.924	− 5
891	ι Andromedae	4.28	B 8	23 36 4.160	+2.9459	+ 23	+43 2 7.63	+19.935	+ 3
893	γ Cephei	3.42	K 0	23 37 36.178	+2.4692	− 215	+77 23 52.69	+20.104	+ 157
892	ι Piscium	4.28	F 8	23 37 47.287	+3.0862	+ 250	+ 5 23 54.72	+19.516	− 432
1619	[ϰ Andromedae]	4.33	A 0	23 38 19.918	+2.9586	+ 73	+44 6 4.65	+19.937	− 15
1618	[μ Sculptoris]	5.33	K 0	23 38 26.103	+3.1453	− 74	−32 18 19.64	+19.905	− 49
1620	[λ Piscium]	4.61	A 5	23 39 54.124	+3.0615	− 88	+ 1 32 56.07	+19.822	− 143
894	ω² Aquarii	4.62	A 0	23 40 32.685	+3.1098	+ 66	−14 46 38.28	+19.906	− 64
1621	[106 Aquarii]	5.26	B 8	23 42 1.441	+3.1104	+ 19	−18 30 36.26	+19.986	+ 6
1622	[ψ Andromedae]	5.09	K0+A5	23 43 56.673	+2.9767	+ 6	+46 11 13.44	+19.992	− 1
1623	[20 Piscium]	5.60	K 0	23 45 46.920	+3.0838	+ 60	− 2 59 42.41	+20.015	+ 12
895	41 H. Cephei	5.02	A 0	23 45 53.224	+2.8759	+ 13	+67 34 24.36	+20.007	+ 3
896	δ Sculptoris	4.64	A 0	23 46 44.461	+3.1231	+ 81	−28 21 45.34	+19.909	− 100
1624	[Pi 23ʰ 194 Aqar]	7.14	K 0	23 47 15.666	3.1028	− 3	−21 50 51.64	20.023	+ 12
897	[268 G. Aquarii]	6.08	K 0	23 48 4.683	+3.0952	92	−10 12 31.42	20.093	+ 79
898	φ Pegasi	5.23	M 0	23 50 20.852	+3.0537	− 5	18 53 13.28	19.994	− 30
1625	[82 Pegasi]	5.39	A 3	23 50 28.422	+3.0613	− 16	+10 42 49.17	20.032	+ 7
899	ρ Cassiopeiae	4.4—5.1	F 8p	23 52 16.419	+3.0029	− 7	+57 15 56.87	20.036	+ 5
1626	[27 G. Phoenicis]	6.01	F 8	23 52 26.726	+3.1429	+ 320	−40 32 3.24	20.065	+ 34
1627	[Grb 4163 Ceph]	6.57	B 9	23 52 45.449	+2.9224	− 26	+74 10 35.45	+20.031	− 1
1628	[Pi 23ʰ 235 Pegs]	6.30	M 0	23 54 32.842	+3.0587	− 16	+22 24 52.02	+20.041	4
1629	[ψ Pegasi]	4.75	M 0	23 55 36.834	+3.0589	− 27	+24 54 28.88	+20.013	− 25
900	27 Piscium	5.07	K 0	23 56 31.340	+3.0715	− 33	− 3 47 20.33	+19.974	− 66
901	[π Phoenicis]	5.14	K 0	23 56 45.597	+3.1039	+ 56	−52 58 49.45	+20.109	+ 69
902	ω Piscium	4.03	F 5	23 57 9.147	+3.0816	+ 101	+ 6 37 50.91	+19.932	− 108
903	ε Tucanae	4.71	B 9	23 57 44.889	+3.1112	+ 89	−65 48 38.78	+20.022	− 19
904	[ϑ Octantis]	4.73	K 0	23 59 27.986	+3.0716	− 150	−77 17 50.56	+19.882	− 160
1630	[30 Piscium]	4.66	M 3	23 59 48.340	+3.0769	+ 34	− 6 14 50.68	+20.009	− 33

Von den Sternen, deren Namen eingeklammert sind, folgen keine Ephemeriden.

Nördliche Polsterne

Nr.	Name	Größe	Spektrum	AR. 1958.0	Jährl. Veränderung 1958.5	Jährl. Eigenbew. in 0.ˢ001	Dekl. 1958.0	Jährl. Veränderung 1958.5	Jährl. Eigenbew. in 0.″001
		m		h m s	s		° ′ ″	″	
Na	43 H. Cephei	4.52	K 0	1 2 37.04	+ 8.360	+ 79	+86 1 58.70	+19.290	− 7
Nb	α Ursae min.	2.12*	F 8v	1 54 15.65	+42.754	+ 185	89 4 5.40	+17.581	− 6
Nα	[Br 256 Ceph]	6.86	K 0	2 10 5.99	+ 9.296	+ 39	+83 21 59.72	+16.854	− 41
Nβ	[Br 402 Ceph]	5.78	K 0	3 22 0.93	+14.398	+ 56	+84 46 4.97	+12.608	− 130
Nc	Grb 750 Ceph	6.70	F 8	4 22 19.83	+18.342	+ 18	+85 26 10.59	+ 8.301	+ 28
Nγ	[+85° 74 Ceph]	6.54	A 5	5 16 41.10	+21.422	+ 23	+85 54 10.83	+ 3.668	− 82
Nδ	[Grb 944 Ceph]	6.41	K 0	5 48 5.44	+18.900	+ 12	+85 10 36.61	+ 1.030	+ 3
Nd	51 H. Cephei	5.26	M 0	7 21 34.53	+27.824	− 48	+87 6 39.61	− 7.036	− 33
Nε	[Grb 1359 Caml]	6.39	A 0	8 7 7.88	+14.212	− 8	+84 11 6.83	−10.587	− 22
Nζ	[+84° 196 Caml]	6.26	F 0	9 6 55.68	+12.347	+ 18	+84 21 14.18	−14.591	+ 8
Ne	1 H. Draconis	4.58	K 2	9 31 15.52	+ 8.476	− 7	+81 30 52.64	−15.989	− 18
Nf	30 H. Camelop.	5.34	F 2	10 26 7.96	+ 7.222	− 44	+82 46 25.28	−18.361	+ 25
Nη	[+86° 161 Caml]	7.17	A 2	11 9 45.59	+ 7.049	− 40	+85 52 7.17	−19.563	+ 1
Nϑ	[Grb 1850 Caml]	6.38	F 5	12 2 32.61	+ 2.820	− 49	+85 49 11.21	−19.953	+ 88
Nι	[Grb 2063 Caml]	6.16	G 5	13 43 27.67	− 1.626	+ 20	+82 57 48.31	−18.083	− 48
Nϰ	[Grb 2196 U min]	5.73	G 0	14 53 1.67	− 3.966	+ 90	+82 41 8.55	−14.829	− 231
Nλ	[Grb 2315 U min]	7.32	A 2	15 47 38.91	− 6.138	+ 4	+83 4 36.10	−10.945	0
Ng	ε Ursae min.	4.40	G 5	16 50 11.84	− 6.116	+ 6	+82 6 33.79	− 6.011	+ 4
Nh	δ Ursae min.	4.44	A 0	17 45 42.88	−19.408	+ 11	+86 36 26.18	− 1.207	+ 55
Ni	λ Ursae min.	6.55	M 3	18 11 0.26	−77.895	− 113	+89 3 14.82	+ 0.905	0
Nμ	[Br 2412 Drac]	6.15	A 2	18 29 44.28	− 7.948	+ 6	+83 8 53.35	+ 2.557	− 31
Nν	[Grb 3212 Drac]	6.61	A 2	20 5 42.45	− 8.890	− 8	+84 32 59.97	+10.403	− 41
Nk	76 Draconis	5.69	A 0	20 45 44.84	− 4.400	+ 14	+82 22 38.86	+13.288	+ 27
Nξ	[32 H. Cephei]	5.38	A 0	22 16 54.42	− 4.984	+ 51	+85 53 51.94	+18.096	+ 50
No	[36 H. Cephei]	4.96	K 5	22 54 49.17	− 0.511	+ 59	+84 7 18.04	+19.270	+ 34
Nπ	[V Cephei]	6.42	A 0	23 54 26.55	+ 2.838	+ 26	+82 57 26.80	+20.054	+ 18

* var.

Von den Sternen, deren Namen eingeklammert sind, folgen keine Ephomeriden.

Nr.	Name	Größe	Spektrum	AR. 1958.0	Jährl. Veränderung 1958.5	Jährl. Eigenbew. in 0ˢ.001	Dekl. 1958.0	Jährl. Veränderung 1958.5	Jährl. Eigenbew. in 0″.001
	Südliche Polsterne								
		m		h m s	s		° ′ ″	″	
Sα	[ο Octantis]	7.22	A 0	0 12 18.11	+ 0.195	+ 43	−88 35 47.37	+20.016	+ 3
Sa	4 G. Octantis	5.63	K 0	1 39 38.47	− 3.310	+ 21	−84 58 57.12	+18.202	+ 25
Sβ	[Lac 1029 Octn]	7.76	F 0	2 27 3.07	− 8.090	0	−85 54 24.54	+16.038	− 21
Sγ	[Lac 1848 Octn]	8.35	G 5	2 34 36.31	−25.585	− 48	−88 20 0.23	+15.643	− 21
Sδ	[12 G. Mensae]	6.76	A 2	4 27 37.68	− 6.933	− 10	−82 59 35.46	+ 7.868	+ 2
Sb	ξ Mensae	5.85	K 0	5 3 34.55	− 6.810	− 3	−82 31 47.43	+ 4.900	+ 11
Sε	[31 G. Mensae]	6.24	A 0	5 38 17.98	−11.582	− 8	−84 48 42.64	+ 1.952	+ 49
Sζ	[6 G. Octantis]	6.74	K 0	5 50 57.39	−15.700	− 15	−85 55 45.36	+ 0.806	+ 4
Sη	[7 G. Octantis]	6.41	F 2	7 2 10.22	−21.245	+ 10	−86 58 11.35	− 5.352	+ 3
Sϑ	[A Octantis]	7.75	A 0	7 5 44.89	−53.333	− 7	−88 41 48.54	− 5.620	+ 15
Sc	ζ Octantis	5.38	F 0	9 3 10.78	− 8.860	− 92	−85 29 52.85	−14.326	+ 37
Sι	[10 G. Octantis]	6.74	A 0	10 33 38.96	− 3.750	− 2	−85 52 24.80	−18.631	+ 4
Sϰ	[η Octantis]	6.26	A 0	10 59 38.50	− 0.501	− 45	−84 22 4.46	−19.356	− 5
Sd	ι Octantis	5.38	K 0	12 50 20.86	+ 6.385	+ 47	−84 53 45.02	−19.534	+ 25
Sλ	[ϰ Octantis]	5.65	A 2	13 33 44.03	+ 9.877	− 68	−85 34 21.57	−18.409	− 23
Se	20 G. Octantis	6.52	A 2	15 5 24.74	+30.350	− 179	−87 58 45.00	−13.889	− 71
Sμ	[ρ Octantis]	5.66	A 2	15 33 17.26	+13.967	+ 92	−84 19 50.53	−11.871	+ 92
Sf	26 G. Octantis	6.13	A 0	16 44 50.74	+22.637	+ 10	−86 17 48.28	− 6.439	0
Sg	χ Octantis	5.22	K 0	18 30 29.79	+35.236	− 64	−87 38 51.36	+ 2.552	− 132
Sν	[44 G. Octantis]	6.32	K 0	19 48 24.13	+10.996	+ 5	−81 27 35.48	+ 9.138	+ 1
Sh	σ Octantis	5.48	F 0	20 25 3.10	+72.516	+ 127	−89 6 46.56	+11.896	− 1
Sξ	[48 G. Octantis]	7.08	A 0	20 32 53.88	+14.114	+ 36	−84 33 19.30	+12.390	− 19
Sπ	[υ Octantis]	5.74	K 0	22 24 9.71	+11.157	− 37	−86 11 0.03	+18.380	+ 62
So	[B Octantis]	6.54	A 5	22 25 14.08	+34.875	+ 63	−89 2 10.62	+18.322	− 41
Si	β Octantis	4.34	F 0	22 41 53.34	+ 6.073	− 23	−81 36 9.82	+18.899	+ 9
Sk	τ Octantis	5.56	K 0	23 22 31.31	+ 8.531	+ 26	−87 42 49.21	+19.787	+ 12

Von den Sternen, deren Namen eingeklammert sind, folgen keine Ephemeriden.

Scheinbare Sternörter 1958

Obere Kulmination Greenwich

Tag	1) α Andromedae				2) β Cassiopeiae				3) ε Phoenicis				7) γ Pegasi			
	AR.		Dekl.		AR.		Dekl.		AR.		Dekl.		AR.		Dekl.	
1958	0h 6m		+28° 51′		0h 6m		+58° 54′		0h 7m		−45° 58′		0h 11m		+14° 57′	
	s		″		s		″		s		″		s		″	
Jan. 0	13.438	145	43.88	97	56.598	318	86.38	77	17.009	207	55.77	29	4.838	123	8.60	88
10	13.293	140	42.91	122	56.280	307	85.61	129	16.802	193	55.48	74	4.715	119	7.72	100
20	13.153	128	41.69	144	55.973	282	84.32	176	16.609	171	54.74	118	4.596	109	6.72	107
30	13.025	111	40.25	159	55.691	246	82.56	216	16.438	145	53.56	159	4.487	94	5.65	110
Febr. 9	12.914	86	38.66	168	55.445	198	80.40	246	16.293	113	51.97	196	4.393	74	4.55	108
19	12.828	54	36.98	169	55.247	138	77.94	268	16.180	76	50.01	228	4.319	48	3.47	100
März 1	12.774	18	35.29	162	55.109	68	75.26	278	16.104	34	47.73	255	4.271	15	2.47	88
11	12.756	–23	33.67	148	55.041	–7	72.48	275	16.070	–12	45.18	277	4.256	–20	1.59	69
21	12.779	69	32.19	127	55.048	86	69.73	263	16.082	62	42.41	293	4.276	60	0.90	47
31	12.848	116	30.92	98	55.134	167	67.10	239	16.144	113	39.48	304	4.336	102	0.43	19
April 10	12.964	162	29.94	66	55.301	244	64.71	207	16.257	164	36.44	308	4.438	145	0.24	–10
20	13.126	206	29.28	29	55.545	315	62.64	166	16.421	215	33.36	305	4.583	185	0.34	42
30	13.332	247	28.99	9	55.860	379	60.98	120	16.636	262	30.31	296	4.768	223	0.76	74
Mai 10	13.579	281	29.08	49	56.239	431	59.78	70	16.898	305	27.35	280	4.991	256	1.50	105
20	13.860	308	29.57	88	56.670	471	59.08	17	17.203	341	24.55	258	5.247	282	2.55	132
30	14.168	327	30.45	123	57.141	498	58.91	–36	17.544	368	21.97	229	5.529	301	3.87	158
Juni 9	14.495	337	31.68	156	57.639	510	59.27	88	17.912	387	19.68	195	5.830	313	5.45	178
19	14.832	338	33.24	185	58.149	508	60.15	137	18.299	395	17.73	155	6.143	315	7.23	194
29	15.170	330	35.09	208	58.657	494	61.52	182	18.694	392	16.18	112	6.458	309	9.17	205
Juli 9	15.500	314	37.17	225	59.151	467	63.34	223	19.086	379	15.06	66	6.767	296	11.22	211
19	15.814	290	39.42	238	59.618	429	65.57	258	19.465	356	14.40	18	7.063	275	13.33	210
29	16.104	260	41.80	245	60.047	382	68.15	287	19.821	322	14.22	–30	7.338	247	15.43	205
Aug. 8	16.364	225	44.25	245	60.429	329	71.02	309	20.143	280	14.52	77	7.585	216	17.48	196
18	16.589	185	46.70	242	60.758	269	74.11	324	20.423	232	15.29	120	7.801	180	19.44	182
28	16.774	145	49.12	232	61.027	207	77.35	334	20.655	179	16.49	159	7.981	142	21.26	165
Sept. 7	16.919	104	51.44	219	61.234	143	80.69	335	20.834	122	18.08	192	8.123	104	22.91	145
17	17.023	63	53.63	202	61.377	78	84.04	330	20.956	65	20.00	216	8.227	67	24.36	125
26	[23] 17.086	25	55.65	182	[23] 61.455	16	87.34	319	[23] 21.021	9	22.16	232	[24] 8.294	30	25.61	102
Okt. 6	17.111	–10	57.47	159	61.471	–44	90.53	301	21.030	–43	24.48	240	8.324	–2	26.63	79
16	17.101	42	59.06	133	61.427	101	93.54	275	20.987	91	26.88	236	8.322	31	27.42	57
26	17.059	69	60.39	105	61.326	152	96.29	244	20.896	131	29.24	223	8.291	56	27.99	35
Nov. 5	16.990	93	61.44	76	61.174	198	98.73	207	20.765	164	31.47	201	8.235	77	28.34	12
15	16.897	113	62.20	46	60.976	239	100.80	164	20.601	190	33.48	172	8.158	94	28.46	–8
25	16.784	128	62.66	14	60.737	273	102.44	116	20.411	207	35.20	135	8.064	108	28.38	29
Dez. 5	16.656	140	62.80	–19	60.464	300	103.60	64	20.204	216	36.55	93	7.956	118	28.09	48
15	16.516	146	62.61	49	60.164	316	104.24	10	19.988	219	37.48	48	7.838	123	27.61	65
25	16.370	149	62.12	81	59.848	324	104.34	–45	19.769	213	37.96	2	7.715	126	26.96	80
35	16.221		61.31		59.524		103.89		19.556		37.98		7.589		26.16	
Mittl. Ort	12.668		31.13		55.369		65.58		17.128		44.40		4.170		0.68	
sec δ, tg δ	+1.142		+ 0.551		+1.937		+ 1.659		+1.439		− 1.035		+1.035		+ 0.267	
a, a′	+3.1		+20.0		+3.1		+20.0		+3.0		+20.0		+3.1		+20.0	
b, b′	+0.04		− 0.03		+0.11		− 0.03		−0.07		− 0.03		+0.02		− 0.05	

Scheinbare Sternörter 1958

Obere Kulmination Greenwich

Tag	9) ι Ceti				10) ζ Tucanae[1]			
	AR.		Dekl.		AR.		Dekl.	
1958	0h 17m		−9° 2′		0h 17m		−65° 6′	
	s		″		s		″	
Jan. 0	17.712	120	84.30	61	52.96	41	92.43	75
10	17.592	115	84.91	46	52.55	39	91.68	130
20	17.477	106	85.37	29	52.16	34	90.38	183
30	17.371	92	85.66	11	51.82	30	88.55	229
Febr. 9	17.279	73	85.77	8	51.52	24	86.26	270
19	17.206	48	85.69	30	51.28	18	83.56	304
März 1	17.158	20	85.39	53	51.10	11	80.52	329
11	17.138	13	84.86	76	50.99	3	77.23	349
21	17.151	51	84.10	99	50.96	5	73.74	360
31	17.202	90	83.11	123	51.01	13	70.14	363
April 10	17.292	131	81.88	146	51.14	21	66.51	360
20	17.423	170	80.42	165	51.35	29	62.91	347
30	17.593	208	78.77	183	51.64	37	59.44	327
Mai 10	17.801	241	76.94	196	52.01	43	56.17	301
20	18.042	269	74.98	204	52.44	49	53.16	267
30	18.311	289	72.94	208	52.93	54	50.49	227
Juni 9	18.600	303	70.86	207	53.47	57	48.22	182
19	18.903	309	68.79	199	54.04	59	46.40	132
29	19.212	305	66.80	186	54.63	59	45.08	80
Juli 9	19.517	295	64.94	169	55.22	58	44.28	24
19	19.812	276	63.25	147	55.80	55	44.04	32
29	20.088	251	61.78	122	56.35	50	44.36	86
Aug. 8	20.339	220	60.56	95	56.85	44	45.22	137
18	20.559	185	59.61	65	57.29	37	46.59	183
28	20.744	148	58.96	35	57.66	28	48.42	224
Sept. 7	20.892	109	58.61	7	57.94	20	50.66	257
17	21.001	71	58.54	20	58.14	10	53.23	279
26*	(26) 21.072	35	58.74	43	(26) 58.24	1	56.02	290
Okt. 6	21.107	1	59.17	63	58.25	9	58.92	291
16	21.108	29	59.80	79	58.16	17	61.83	280
26	21.079	55	60.59	89	57.99	24	64.63	258
Nov. 5	21.024	77	61.48	96	57.75	31	67.21	225
15	20.947	93	62.44	98	57.44	36	69.46	182
25	20.854	107	63.42	95	57.08	40	71.28	134
Dez. 5	20.747	115	64.37	89	56.68	42	72.62	79
15	20.632	120	65.26	81	56.26	43	73.41	21
25	20.512	122	66.07	70	55.83	42	73.62	38
35	20.390		66.77		55.41		73.24	
Mittl. Ort	17.233		83.54		53.73		77.15	
sec δ, tg δ	+1.013		− 0.159		+2.377		− 2.156	
a, *a′*	+3.1		+20.0		+2.8		+20.0	
b, *b′*	−0.01		− 0.08		−0.14		− 0.08	

Tag	11) β Hydri[2]				12) α Phoenicis			
	AR.		Dekl.		AR.		Dekl.	
1958	0h 23m		−77° 28′		0h 24m		−42° 31′	
	s		″		s		″	
Jan. 0	32.41	89	102.93	97	12.824	198	72.99	2
10	31.52	85	101.96	157	12.626	188	72.97	47
20	30.67	76	100.39	211	12.438	172	72.50	91
30	29.91	67	98.28	258	12.266	151	71.59	132
Febr. 9	29.24	55	95.70	298	12.115	124	70.27	169
19	28.69	42	92.72	331	11.991	91	68.58	204
März 1	28.27	28	89.41	356	11.900	53	66.54	234
11	27.99	13	85.85	371	11.847	10	64.20	258
21	27.86	2	82.14	379	11.837	37	61.62	277
31	27.88	18	78.35	378	11.874	85	58.85	292
April 10	28.06	33	74.57	369	11.959	136	55.93	300
20	28.39	47	70.88	353	12.095	186	52.93	301
30	28.86	62	67.35	327	12.281	233	49.92	297
Mai 10	29.48	74	64.08	296	12.514	277	46.95	286
20	30.22	85	61.12	258	12.791	313	44.09	267
30	31.07	94	58.54	213	13.104	343	41.42	242
Juni 9	32.01	101	56.41	163	13.447	364	39.00	212
19	33.02	104	54.78	110	13.811	375	36.88	176
29	34.06	106	53.68	54	14.186	376	35.12	135
Juli 9	35.12	104	53.14	4	14.562	367	33.77	90
19	36.16	100	53.18	61	14.929	348	32.87	44
29	37.16	92	53.79	116	15.277	319	32.43	4
Aug. 8	38.08	81	54.95	169	15.596	282	32.47	51
18	38.89	68	56.64	215	15.878	239	32.98	96
28	39.57	53	58.79	255	16.117	191	33.94	137
Sept. 7	40.10	36	61.34	284	16.308	139	35.31	172
17	40.46	18	64.18	305	16.447	86	37.03	201
26*	(27) 40.64	1	67.23	314	(27) 16.533	34	39.04	221
Okt. 6	40.63	19	70.37	310	16.567	16	41.25	232
16	40.44	36	73.47	294	16.551	61	43.57	234
26	40.08	53	76.41	268	16.490	101	45.91	225
Nov. 5	39.55	66	79.09	229	16.389	135	48.16	209
15	38.89	77	81.38	181	16.254	161	50.25	184
25	38.12	86	83.19	127	16.093	181	52.09	151
Dez. 5	37.26	90	84.46	67	15.912	194	53.60	113
15	36.36	93	85.13	4	15.718	201	54.73	71
25	35.43	91	85.17	58	15.517	200	55.44	27
35	34.52		84.59		15.317		55.71	
Mittl. Ort	34.61		86.30		12.748		61.74	
sec δ, tg δ	+4.617		− 4.507		+1.357		− 0.917	
a, *a′*	+2.5		+19.9		+2.9		+19.9	
b, *b′*	−0.30		− 0.10		−0.06		− 0.11	

1 Die jährliche Parallaxe (0″.133) ist bereits berücksichtigt.

2 Die jährliche Parallaxe (0″.143) ist bereits berücksichtigt.

* Bei Stern 11) und 12) lies Sept. 27.

Scheinbare Sternörter 1958

Obere Kulmination Greenwich

Tag	13) 12 Ceti AR.		13) 12 Ceti Dekl.		17) ζ Cassiopeiae AR.		17) ζ Cassiopeiae Dekl.		18) π Andromedae AR.		18) π Andromedae Dekl.		20) δ Andromedae AR.		20) δ Andromedae Dekl.	
1958	0h 27m		−4° 10′		0h 34m		+53° 39′		0h 34m		+33° 29′		0h 37m		+30° 37′	
	s		″		s		″		s		″		s		″	
Jan. 0	54.251	120	80.18	69	38.516	267	76.70	51	38.882	161	31.60	74	5.554	153	65.41	75
10	54.131	117	80.87	59	38.249	266	76.19	101	38.721	161	30.86	105	5.401	154	64.66	102
20	54.014	110	81.46	47	37.983	255	75.18	145	38.560	155	29.81	131	5.247	148	63.64	126
30	53.904	98	81.93	32	37.728	231	73.73	184	38.405	141	28.50	153	5.099	135	62.38	145
Febr. 9	53.806	80	82.25	17	37.497	197	71.89	216	38.264	120	26.97	169	4.964	115	60.93	159
19	53.726	58	82.42	3	37.300	152	69.73	238	38.144	89	25.28	176	4.849	87	59.34	164
März 1	53.668	30	82.39	24	37.148	96	67.35	252	38.055	53	23.52	176	4.762	53	57.70	163
11	53.638	3	82.15	46	37.052	33	64.83	253	38.002	11	21.76	168	4.709	11	56.07	154
21	53.641	41	81.69	69	37.019	35	62.30	244	37.991	37	20.08	153	4.698	34	54.53	137
31	53.682	80	81.00	94	37.054	107	59.86	226	38.028	87	18.55	129	4.732	83	53.16	114
April 10	53.762	121	80.06	118	37.161	177	57.60	199	38.115	137	17.26	100	4.815	132	52.02	85
20	53.883	162	78.88	141	37.338	244	55.61	163	38.252	187	16.26	65	4.947	180	51.17	52
30	54.045	199	77.47	160	37.582	306	53.98	122	38.439	233	15.61	29	5.127	225	50.65	16
Mai 10	54.244	234	75.87	178	37.888	359	52.76	76	38.672	273	15.32	11	5.352	265	50.49	23
20	54.478	263	74.09	191	38.247	401	52.00	27	38.945	306	15.43	51	5.617	297	50.72	60
30	54.741	284	72.18	199	38.648	433	51.73	21	39.251	330	15.94	89	5.914	322	51.32	96
Juni 9	55.025	300	70.19	203	39.081	452	51.94	70	39.581	346	16.83	125	6.236	337	52.28	130
19	55.325	306	68.16	200	39.533	459	52.64	116	39.927	352	18.08	157	6.573	344	53.58	161
29	55.631	305	66.16	192	39.992	454	53.80	159	40.279	349	19.65	185	6.917	342	55.19	186
Juli 9	55.936	295	64.24	180	40.446	437	55.39	198	40.628	337	21.50	209	7.259	331	57.05	207
19	56.231	278	62.44	163	40.883	410	57.37	232	40.965	317	23.59	227	7.590	311	59.12	222
29	56.509	254	60.81	141	41.293	375	59.69	261	41.282	290	25.86	239	7.901	286	61.34	232
Aug. 8	56.763	226	59.40	117	41.668	333	62.30	282	41.572	258	28.25	246	8.187	255	63.66	237
18	56.989	192	58.23	91	42.001	284	65.12	299	41.830	221	30.71	247	8.442	219	66.03	237
28	57.181	156	57.32	63	42.285	232	68.11	308	42.051	181	33.18	244	8.661	180	68.40	231
Sept. 7	57.337	119	56.69	36	42.517	178	71.19	312	42.232	141	35.62	235	8.841	141	70.71	222
17	57.456	82	56.33	9	42.695	123	74.31	309	42.373	100	37.97	223	8.982	102	72.93	208
27	57.538	46	56.24	14	42.818	69	77.40	301	42.473	61	40.20	207	9.084	63	75.01	190
Okt. 6	28 57.584	13	56.38	36	30 42.887	16	80.41	285	30 42.534	22	42.27	187	1 9.147	26	76.91	171
16	57.597	17	56.74	54	42.903	34	83.26	264	42.556	12	44.14	163	9.173	8	78.62	148
26	57.580	43	57.28	67	42.869	82	85.90	237	42.544	43	45.77	138	9.165	38	80.10	123
Nov. 5	57.537	65	57.95	77	42.787	125	88.27	205	42.501	72	47.15	110	9.127	66	81.33	96
15	57.472	84	58.72	83	42.662	165	90.32	167	42.429	98	48.25	80	9.061	90	82.29	68
25	57.388	99	59.55	85	42.497	199	91.99	125	42.331	119	49.05	47	8.971	112	82.97	37
Dez. 5	57.289	109	60.40	84	42.298	229	93.24	78	42.212	138	49.52	13	8.859	129	83.34	5
15	57.180	116	61.24	81	42.069	252	94.02	29	42.074	151	49.65	21	8.730	143	83.39	25
25	57.064	121	62.05	75	41.817	266	94.31	21	41.923	161	49.44	54	8.587	152	83.14	57
35	56.943		62.80		41.551		94.10		41.762		48.90		8.435		82.57	
Mittl. Ort	53.662		80.73		37.087		57.89		37.842		18.31		4.535		53.11	
sec δ, tg δ	+1.003		− 0.073		+1.688		+ 1.360		+1.199		+ 0.662		+1.162		+ 0.592	
a, *a′*	+3.1		+19.9		+3.3		+19.8		+3.2		+19.8		+3.2		+19.8	
b, *b′*	0.00		− 0.12		+0.09		− 0.15		+0.04		− 0.15		+0.04		− 0.16	

Scheinbare Sternörter 1958

Obere Kulmination Greenwich

Tag	21) α Cassiopeiae AR.		21) α Cassiopeiae Dekl.		22) β Ceti AR.		22) β Ceti Dekl.		25) o Cassiopeiae AR.		25) o Cassiopeiae Dekl.		24) 21 Cassiopeiae AR.		24) 21 Cassiopeiae Dekl.	
1958	$0^h\ 38^m$		+56° 18′		$0^h\ 41^m$		−18° 12′		$0^h\ 42^m$		+48° 3′		$0^h\ 42^m$		+74° 45′	
	s		″		s		″		s		″		s		″	
Jan. 0	8.116	292	45.84	44	29.430	134	65.31	56	23.793	225	34.75	52	53.10	73	54.33	2
10	7.824	291	45.40	94	29.296	131	65.87	31	23.568	227	34.23	95	52.37	72	54.31	63
20	7.533	280	44.46	141	29.165	126	66.18	5	23.341	219	33.28	136	51.65	69	53.68	122
30	7.253	256	43.05	183	29.039	115	66.23	22	23.122	202	31.92	172	50.96	64	52.46	176
Febr. 9	6.997	219	41.22	217	28.924	98	66.01	49	22.920	175	30.20	199	50.32	55	50.70	223
19	6.778	171	39.05	242	28.826	75	65.52	76	22.745	136	28.21	220	49.77	44	48.47	260
März 1	6.607	112	36.63	257	28.751	48	64.76	102	22.609	89	26.01	230	49.33	31	45.87	287
11	6.495	44	34.06	261	28.703	14	63.74	128	22.520	35	23.71	231	49.02	16	43.00	302
21	6.451	29	31.45	254	28.689	23	62.46	152	22.485	25	21.40	221	48.86	1	39.98	304
31	6.480	105	28.91	237	28.712	64	60.94	175	22.510	88	19.19	203	48.85	15	36.94	295
April 10	6.585	181	26.54	211	28.776	107	59.19	195	22.598	152	17.16	176	49.00	31	33.99	274
20	6.766	252	24.43	176	28.883	149	57.24	211	22.750	213	15.40	143	49.31	46	31.25	244
30	7.018	318	22.67	136	29.032	189	55.13	223	22.963	269	13.97	103	49.77	58	28.81	205
Mai 10	7.336	375	21.31	90	29.221	227	52.90	230	23.232	319	12.94	59	50.35	70	26.76	159
20	7.711	421	20.41	41	29.448	259	50.60	233	23.551	359	12.35	14	51.05	79	25.17	108
30	8.132	455	20.00	9	29.707	284	48.27	229	23.910	389	12.21	33	51.84	86	24.09	54
Juni 9	8.587	476	20.09	59	29.991	303	45.98	219	24.299	409	12.54	77	52.70	90	23.55	0
19	9.063	484	20.68	106	30.294	313	43.79	205	24.708	418	13.31	120	53.60	91	23.55	55
29	9.547	480	21.74	150	30.607	315	41.74	184	25.126	415	14.51	160	54.51	91	24.10	109
Juli 9	10.027	463	23.24	192	30.922	308	39.90	159	25.541	402	16.11	195	55.42	89	25.19	158
19	10.490	436	25.16	227	31.230	293	38.31	130	25.943	379	18.06	226	56.31	83	26.77	204
29	10.926	399	27.43	258	31.523	272	37.01	96	26.322	349	20.32	250	57.14	76	28.81	246
Aug. 8	11.325	355	30.01	282	31.795	244	36.05	62	26.671	312	22.82	269	57.90	69	31.27	282
18	11.680	305	32.83	301	32.039	211	35.43	26	26.983	269	25.51	283	58.59	59	34.09	312
28	11.985	250	35.84	312	32.250	174	35.17	10	27.252	223	28.34	289	59.18	48	37.21	334
Sept. 7	12.235	193	38.96	318	32.424	136	35.27	42	27.475	175	31.23	291	59.66	37	40.55	351
17	12.428	135	42.14	317	32.560	97	35.69	73	27.650	127	34.14	286	60.03	25	44.06	360
27	12.563	78	45.31	310	32.657	58	36.42	98	27.777	78	37.00	276	60.28	13	47.66	361
Okt. 6	[1] 12.641	21	48.41	296	[2] 32.715	22	37.40	118	[2] 27.855	32	39.76	261	[2] 60.41	2	51.27	355
16	12.662	33	51.37	276	32.737	11	38.58	132	27.887	13	42.37	240	60.43	11	54.82	341
26	12.629	85	54.13	250	32.726	41	39.90	140	27.874	55	44.77	214	60.32	23	58.23	320
Nov. 5	12.544	132	56.63	218	32.685	66	41.30	141	27.819	93	46.91	184	60.09	34	61.43	289
15	12.412	176	58.81	181	32.619	87	42.71	137	27.726	129	48.75	149	59.75	44	64.32	251
25	12.236	214	60.62	137	32.532	105	44.08	127	27.597	160	50.24	110	59.31	54	66.83	205
Dez. 5	12.022	247	61.99	91	32.427	118	45.35	111	27.437	187	51.34	67	58.77	62	68.88	154
15	11.775	274	62.90	40	32.309	128	46.46	93	27.250	208	52.01	22	58.15	68	70.42	97
25	11.501	290	63.30	12	32.181	133	47.39	72	27.042	223	52.23	23	57.47	72	71.39	37
35	11.211		63.18		32.048		48.11		26.819		52.00		56.75		71.76	
Mittl. Ort	6.566		26.57		28.905		60.54		22.425		17.60		50.17		32.13	
sec δ, tg δ	+1.803		+ 1.500		+1.053		− 0.329		+1.496		+ 1.113		+3.804		+ 3.670	
a, *a′*	+3.4		+19.8		+3.0		+19.7		+3.3		+19.7		+4.0		+19.7	
b, *b′*	+0.10		− 0.17		−0.02		− 0.18		+0.07		− 0.18		+0.24		− 0.19	

Scheinbare Sternörter 1958

Obere Kulmination Greenwich

Tag	27) ζ Andromedae				32) γ Cassiopeiae				33) μ Andromedae				35) α Sculptoris			
	AR.		Dekl.		AR.		Dekl.		AR.		Dekl.		AR.		Dekl.	
1958	0h 45m		+24° 2′		0h 54m		+60° 29′		0h 54m		+38° 16′		0h 56m		−29° 34′	
	s		″		s		″		s		″		s		″	
Jan. 0	7.410	140	30.50	73	11.23	34	42.74	17	26.094	177	33.14	54	35.473	160	71.58	50
10	7.270	141	29.77	94	10.89	35	42.57	70	25.917	181	32.60	88	35.313	159	72.08	14
20	7.129	138	28.83	111	10.54	33	41.87	121	25.736	178	31.72	120	35.154	154	72.22	24
30	6.991	128	27.72	125	10.21	31	40.66	167	25.558	167	30.52	148	35.000	144	71.98	59
Febr. 9	6.863	111	26.47	132	9.90	28	38.99	207	25.391	148	29.04	169	34.856	126	71.39	94
19	6.752	86	25.15	134	9.62	23	36.92	237	25.243	119	27.35	183	34.730	104	70.45	128
März 1	6.666	55	23.81	129	9.39	16	34.55	259	25.124	81	25.52	189	34.626	74	69.17	159
11	6.611	17	22.52	118	9.23	8	31.96	268	25.043	38	23.63	186	34.552	40	67.58	187
21	6.594	25	21.34	101	9.15	0	29.28	267	25.005	13	21.77	176	34.512	0	65.71	212
31	6.619	70	20.33	78	9.15	8	26.61	255	25.018	67	20.01	157	34.512	44	63.59	233
April 10	6.689	118	19.55	50	9.23	17	24.06	233	25.085	122	18.44	131	34.556	89	61.26	251
20	6.807	163	19.05	19	9.40	25	21.73	202	25.207	175	17.13	99	34.645	135	58.75	263
30	6.970	207	18.86	15	9.65	32	19.71	165	25.382	226	16.14	64	34.780	180	56.12	269
Mai 10	7.177	245	19.01	48	9.97	40	18.06	120	25.608	270	15.50	24	34.960	221	53.43	270
20	7.422	278	19.49	82	10.37	45	16.86	73	25.878	309	15.26	16	35.181	258	50.73	265
30	7.700	304	20.31	114	10.82	49	16.13	24	26.187	338	15.42	56	35.439	289	48.08	253
Juni 9	8.004	320	21.45	142	11.31	52	15.89	27	26.525	358	15.98	95	35.728	311	45.55	235
19	8.324	328	22.87	166	11.83	53	16.16	77	26.883	368	16.93	131	36.039	326	43.20	211
29	8.652	327	24.53	186	12.36	53	16.93	124	27.251	369	18.24	163	36.365	332	41.09	180
Juli 9	8.979	319	26.39	202	12.89	52	18.17	167	27.620	361	19.87	191	36.697	328	39.29	146
19	9.298	302	28.41	211	13.41	50	19.84	207	27.981	343	21.78	214	37.025	317	37.83	107
29	9.600	279	30.52	216	13.91	46	21.91	242	28.324	318	23.92	232	37.342	297	36.76	66
Aug. 8	9.879	250	32.68	215	14.37	42	24.33	270	28.642	288	26.24	245	37.639	270	36.10	23
18	10.129	217	34.83	210	14.79	36	27.03	294	28.930	251	28.69	251	37.909	236	35.87	20
28	10.346	181	36.93	201	15.15	31	29.97	310	29.181	213	31.20	253	38.145	199	36.07	61
Sept. 7	10.527	143	38.94	188	15.46	24	33.07	321	29.394	171	33.73	249	38.344	158	36.68	99
17	10.670	107	40.82	172	15.70	18	36.28	324	29.565	130	36.22	241	38.502	116	37.67	132
27	10.777	70	42.54	154	15.88	12	39.52	322	29.695	90	38.63	229	38.618	74	38.99	160
Okt. 6	[3] 10.847	35	44.08	133	[5] 16.00	5	42.74	313	[5] 29.785	49	40.92	212	[6] 38.692	32	40.59	180
16	10.882	3	45.41	111	16.05	1	45.87	296	29.834	11	43.04	192	38.724	5	42.39	192
26	10.885	26	46.52	87	16.04	7	48.83	274	29.845	24	44.96	169	38.719	40	44.31	196
Nov. 5	10.859	53	47.39	64	15.97	12	51.57	245	29.821	57	46.65	141	38.679	71	46.27	192
15	10.806	76	48.03	40	15.85	18	54.02	209	29.764	87	48.06	111	38.608	98	48.19	180
25	10.730	97	48.43	14	15.67	23	56.11	167	29.677	114	49.17	78	38.510	119	49.99	161
Dez. 5	10.633	114	48.57	11	15.44	28	57.78	121	29.563	138	49.95	43	38.391	136	51.60	136
15	10.519	128	48.46	35	15.16	30	58.99	70	29.425	158	50.38	6	38.255	149	52.96	105
25	10.391	138	48.11	60	14.86	34	59.69	17	29.267	173	50.44	31	38.106	157	54.01	73
35	10.253		47.51		14.52		59.86		29.094		50.13		37.949		54.74	
Mittl. Ort	6.418		20.67		9.31		23.26		24.820		19.18		34.984		62.68	
sec δ, tg δ	+1.095		+ 0.446		+2.030		+ 1.767		+1.274		+ 0.789		+1.150		− 0.568	
a, *a′*	+3.2		+19.7		+3.6		+19.5		+3.3		+19.5		+2.9		+19.4	
b, *b′*	+0.03		− 0.20		+0.11		− 0.23		+0.05		− 0.24		−0.04		− 0.24	

Scheinbare Sternörter 1958

Obere Kulmination Greenwich

Tag	36) ε Piscium AR.	Δ	36) ε Piscium Dekl.	Δ	1031) υ Phoenicis AR.	Δ	1031) υ Phoenicis Dekl.	Δ	42) β Andromedae AR.	Δ	42) β Andromedae Dekl.	Δ	45) υ Piscium AR.	Δ	45) υ Piscium Dekl.	Δ
1958	1h 0m		+7° 39′		1h 5m		−41° 42′		1h 7m		+35° 23′		1h 17m		+27° 2′	
	s		″		s		″		s		″		s		″	
Jan. 0	46.521	122	55.62	74	53.277	206	53.12	40	23.683	164	66.76	47	10.342	142	47.41	52
10	46.399	127	54.88	76	53.071	206	53.52	$\overline{6}$	23.519	173	66.29	79	10.200	152	46.89	75
20	46.272	126	54.12	76	52.865	201	53.46	52	23.346	173	65.50	108	10.048	154	46.14	96
30	46.146	120	53.36	73	52.664	187	52.94	97	23.173	165	64.42	134	9.894	150	45.18	113
Febr. 9	46.026	107	52.63	66	52.477	168	51.97	139	23.008	149	63.08	154	9.744	138	44.05	125
19	45.919	87	51.97	56	52.309	141	50.58	177	22.859	124	61.54	167	9.606	117	42.80	133
März 1	45.832	61	51.41	42	52.168	108	48.81	212	22.735	90	59.87	172	9.489	88	41.47	134
11	45.771	29	50.99	25	52.060	68	46.69	243	22.645	49	58.15	170	9.401	52	40.13	127
21	45.742	$\overline{9}$	50.74	4	51.992	24	44.26	268	22.596	2	56.45	161	9.349	9	38.86	116
31	45.751	49	50.70	$\overline{19}$	51.968	$\overline{25}$	41.58	288	22.594	$\overline{50}$	54.84	144	9.340	$\overline{37}$	37.70	97
April 10	45.800	93	50.89	44	51.993	77	38.70	302	22.644	104	53.40	119	9.377	86	36.73	74
20	45.893	136	51.33	71	52.070	129	35.68	309	22.748	156	52.21	89	9.463	136	35.99	46
30	46.029	177	52.04	97	52.199	181	32.59	310	22.904	207	51.32	56	9.599	182	35.53	15
Mai 10	46.206	216	53.01	121	52.380	228	29.49	305	23.111	252	50.76	20	9.781	226	35.38	$\overline{17}$
20	46.422	248	54.22	143	52.608	272	26.44	292	23.363	291	50.56	$\overline{19}$	10.007	264	35.55	50
30	46.670	275	55.65	162	52.880	308	23.52	272	23.654	321	50.75	56	10.271	294	36.05	83
Juni 9	46.945	294	57.27	176	53.188	337	20.80	245	23.975	344	51.31	92	10.565	316	36.88	112
19	47.239	305	59.03	186	53.525	357	18.35	212	24.319	356	52.23	126	10.881	331	38.00	139
29	47.544	308	60.89	191	53.882	366	16.23	173	24.675	360	53.49	156	11.212	336	39.39	163
Juli 9	47.852	303	62.80	191	54.248	367	14.50	130	25.035	354	55.05	182	11.548	332	41.02	181
19	48.155	291	64.71	186	54.615	357	13.20	84	25.389	339	56.87	203	11.880	320	42.83	194
29	48.446	271	66.57	175	54.972	337	12.36	34	25.728	318	58.90	219	12.200	302	44.77	204
Aug. 8	48.717	247	68.32	161	55.309	309	12.02	$\overline{16}$	26.046	290	61.09	229	12.502	278	46.81	207
18	48.964	217	69.93	143	55.618	274	12.18	64	26.336	257	63.38	236	12.780	248	48.88	207
28	49.181	185	71.36	123	55.892	232	12.82	111	26.593	221	65.74	236	13.028	216	50.95	201
Sept. 7	49.366	150	72.59	101	56.124	185	13.93	153	26.814	183	68.10	232	13.244	180	52.96	192
17	49.516	116	73.60	78	56.309	137	15.46	188	26.997	143	70.42	223	13.424	145	54.88	180
27	49.632	82	74.38	55	56.446	87	17.34	216	27.140	103	72.65	211	13.569	108	56.68	166
Okt. 7	49.714	49	74.93	33	^{8}56.533	38	19.50	236	^{8}27.243	66	74.76	196	^{11}13.677	73	58.34	148
16	^{7}49.763	18	75.26	13	56.571	$\overline{9}$	21.86	246	27.309	29	76.72	177	13.750	41	59.82	128
26	49.781	$\overline{9}$	75.39	$\overline{6}$	56.562	52	24.32	245	27.338	$\overline{6}$	78.49	154	13.791	8	61.10	108
Nov. 5	49.772	35	75.33	22	56.510	91	26.77	235	27.332	38	80.03	130	13.799	22	62.18	86
15	49.737	57	75.11	36	56.419	125	29.12	216	27.294	68	81.33	102	13.777	49	63.04	63
25	49.680	77	74.75	48	56.294	153	31.28	188	27.226	96	82.35	72	13.728	76	63.67	39
Dez. 5	49.603	95	74.27	58	56.141	176	33.16	153	27.130	122	83.07	40	13.652	99	64.06	13
15	49.508	108	73.69	65	55.965	192	34.69	113	27.008	142	83.47	7	13.553	120	64.19	$\overline{12}$
25	49.400	120	73.04	72	55.773	202	35.82	69	26.866	160	83.54	$\overline{26}$	13.433	137	64.07	36
35	49.280		72.32		55.571		36.51		26.706		83.28		13.296		63.71	
Mittl. Ort	45.617		52.09		52.885		40.61		22.360		54.23		9.089		37.95	
sec δ, tg δ	+1.009		+ 0.135		+1.340		− 0.891		+1.227		+ 0.711		+1.123		+ 0.510	
a, a′	+3.1		+19.3		+2.7		+19.2		+3.3		+19.2		+3.3		+18.9	
b, b′	+0.01		− 0.26		−0.06		− 0.28		+0.05		− 0.29		+0.03		− 0.33	

Scheinbare Sternörter 1958

Obere Kulmination Greenwich

Tag	47) ϑ Ceti AR.		47) ϑ Ceti Dekl.		48) δ Cassiopeiae AR.		48) δ Cassiopeiae Dekl.		50) η Piscium AR.		50) η Piscium Dekl.		51) 40 Cassiopeiae AR.		51) 40 Cassiopeiae Dekl.	
1958	1h 21m		−8° 23′		1h 23m		+60° 0′		1h 29m		+15° 7′		1h 35m		+72° 49′	
	s		″		s		″		s		″		s		″	
Jan. 0	56.222	126	61.44	79	5.19	32	81.89	17	15.051	124	52.56	62	10.64	60	56.49	64
10	56.096	132	62.23	62	4.87	33	82.06	36	14.927	135	51.94	72	10.04	63	57.13	3
20	55.964	135	62.85	45	4.54	34	81.70	87	14.792	140	51.22	80	9.41	64	57.16	55
30	55.829	131	63.30	25	4.20	33	80.83	135	14.652	138	50.42	85	8.77	62	56.61	113
Febr. 9	55.698	121	63.55	4	3.87	30	79.48	177	14.514	129	49.57	86	8.15	58	55.48	166
19	55.577	105	63.59	18	3.57	26	77.71	213	14.385	113	48.71	83	7.57	50	53.82	211
März 1	55.472	81	63.41	41	3.31	20	75.58	238	14.272	88	47.88	76	7.07	41	51.71	247
11	55.391	51	63.00	65	3.11	14	73.20	254	14.184	57	47.12	64	6.66	30	49.24	273
21	55.340	16	62.35	89	2.97	5	70.66	260	14.127	20	46.48	48	6.36	16	46.51	288
31	55.324	23	61.46	113	2.92	3	68.06	254	14.107	23	46.00	28	6.20	2	43.63	292
April 10	55.347	66	60.33	137	2.95	11	65.52	239	14.130	68	45.72	6	6.18	12	40.71	283
20	55.413	109	58.96	158	3.06	20	63.13	215	14.198	114	45.66	21	6.30	26	37.88	265
30	55.522	152	57.38	177	3.26	28	60.98	182	14.312	158	45.87	48	6.56	39	35.23	237
Mai 10	55.674	192	55.61	192	3.54	35	59.16	144	14.470	200	46.35	74	6.95	52	32.86	202
20	55.866	228	53.69	203	3.89	41	57.72	100	14.670	237	47.09	100	7.47	62	30.84	159
30	56.094	258	51.66	210	4.30	47	56.72	54	14.907	267	48.09	124	8.09	71	29.25	111
Juni 9	56.352	280	49.56	211	4.77	50	56.18	6	15.174	291	49.33	145	8.80	77	28.14	62
19	56.632	296	47.45	207	5.27	52	56.12	42	15.465	307	50.78	161	9.57	81	27.52	10
29	56.928	304	45.38	196	5.79	54	56.54	89	15.772	313	52.39	174	10.38	84	27.42	41
Juli 9	57.232	303	43.42	181	6.33	53	57.43	133	16.085	313	54.13	182	11.22	84	27.83	92
19	57.535	295	41.61	161	6.86	51	58.76	173	16.398	305	55.95	183	12.06	83	28.75	139
29	57.830	280	40.00	136	7.37	49	60.49	209	16.703	289	57.78	182	12.89	79	30.14	183
Aug. 8	58.110	258	38.64	108	7.86	45	62.58	241	16.992	268	59.60	175	13.68	73	31.97	224
18	58.368	232	37.56	78	8.31	40	64.99	267	17.260	242	61.35	164	14.41	67	34.21	259
28	58.600	201	36.78	46	8.71	35	67.66	287	17.502	212	62.99	151	15.08	60	36.80	289
Sept. 7	58.801	169	36.32	14	9.06	30	70.53	301	17.714	181	64.50	133	15.68	51	39.69	313
17	58.970	134	36.18	15	9.36	24	73.54	310	17.895	147	65.83	115	16.19	41	42.82	330
27	59.104	99	36.33	43	9.60	18	76.64	312	18.042	114	66.98	95	16.60	31	46.12	340
Okt. 7	[12] 59.203	66	36.76	68	[12] 9.78	12	79.76	308	18.156	82	67.93	75	16.91	21	49.52	345
16	59.269	34	37.44	87	9.90	6	82.84	296	[14] 18.238	50	68.68	56	[15] 17.12	10	52.97	341
26	59.303	5	38.31	101	9.96	1	85.80	279	18.288	20	69.24	36	17.22	1	56.38	329
Nov. 5	59.308	24	39.32	110	9.95	7	88.59	256	18.308	7	69.60	19	17.21	11	59.67	309
15	59.284	48	40.42	114	9.88	12	91.15	225	18.301	34	69.79	2	17.10	23	62.76	282
25	59.236	70	41.56	114	9.76	18	93.40	189	18.267	58	69.81	14	16.87	33	65.58	247
Dez. 5	59.166	90	42.70	109	9.58	23	95.29	146	18.209	80	69.67	29	16.54	43	68.05	204
15	59.076	106	43.79	99	9.35	27	96.75	100	18.129	101	69.38	43	16.11	50	70.09	155
25	58.970	120	44.78	88	9.08	31	97.75	50	18.028	118	68.95	56	15.61	58	71.64	99
35	58.850		45.66		8.77		98.25		17.910		68.39		15.03		72.63	
Mittl. Ort	55.358		58.52		2.93		63.93		13.887		47.62		6.86		37.17	
sec δ, tg δ	+1.011		− 0.148		+2.001		+ 1.733		+1.036		+ 0.270		+3.387		+ 3.236	
a, *a′*	+3.0		+18.8		+3.9		+18.7		+3.2		+18.5		+4.8		+18.3	
b, *b′*	−0.01		− 0.35		+0.11		− 0.35		+0.02		− 0.38		+0.20		− 0.40	

Scheinbare Sternörter 1958

Obere Kulmination Greenwich

Tag	52) 51 Andromedae AR.		52) 51 Andromedae Dekl.		54) α Eridani AR.		54) α Eridani Dekl.	
1958	1h 35m		+48° 24′		1h 36m		−57° 26′	
	s		″		s		″	
Jan. 0	26.007	215	73.22	2	9.554	333	74.90	51
10	25.792	231	73.24	40	9.221	340	75.41	5
20	25.561	239	72.84	82	8.881	336	75.36	62
30	25.322	236	72.02	121	8.545	323	74.74	115
Febr. 9	25.086	221	70.81	155	8.222	300	73.59	165
19	24.865	194	69.26	182	7.922	266	71.94	211
März 1	24.671	155	67.44	202	7.656	224	69.83	252
11	24.516	106	65.42	212	7.432	173	67.31	286
21	24.410	49	63.30	215	7.259	115	64.45	313
31	24.361	13	61.15	207	7.144	50	61.32	334
April 10	24.374	79	59.08	191	7.094	18	57.98	348
20	24.453	145	57.17	167	7.112	88	54.50	354
30	24.598	208	55.50	137	7.200	159	50.96	352
Mai 10	24.806	267	54.13	101	7.359	226	47.44	343
20	25.073	317	53.12	62	7.585	289	44.01	324
30	25.390	359	52.50	21	7.874	345	40.77	299
Juni 9	25.749	391	52.29	21	8.219	392	37.78	267
19	26.140	413	52.50	63	8.611	428	35.11	227
29	26.553	422	53.13	101	9.039	453	32.84	181
Juli 9	26.975	422	54.14	138	9.492	465	31.03	131
19	27.397	412	55.52	171	9.957	465	29.72	76
29	27.809	392	57.23	200	10.422	451	28.96	20
Aug. 8	28.201	366	59.23	223	10.873	424	28.76	38
18	28.567	332	61.46	241	11.297	386	29.14	94
28	28.899	294	63.87	254	11.683	339	30.08	147
Sept. 7	29.193	253	66.41	263	12.022	281	31.55	194
17	29.446	209	69.04	265	12.303	217	33.49	236
27	29.655	163	71.69	264	12.520	150	35.85	268
Okt. 7	29.818	117	74.33	256	12.670	80	38.53	289
16*	(15) 29.935	72	76.89	243	(16) 12.750	10	41.42	301
26	30.007	27	79.32	227	12.760	57	44.43	300
Nov. 5	30.034	17	81.59	205	12.703	120	47.43	287
15	30.017	61	83.64	178	12.583	176	50.30	264
25	29.956	101	85.42	146	12.407	226	52.94	230
Dez. 5	29.855	140	86.88	111	12.181	267	55.24	188
15	29.715	174	87.99	72	11.914	300	57.12	140
25	29.541	203	88.71	29	11.614	322	58.52	85
35	29.338		89.00		11.292		59.37	
Mittl. Ort	24.129		58.52		9.160		58.35	
sec δ, tg δ	+1.507		+ 1.127		+1.859		− 1.567	
a, *a′*	+3.7		+18.3		+2.2		+18.3	
b, *b′*	+0.07		− 0.40		−0.10		− 0.41	

Tag	55) 43 Cassiopeiae AR.		55) 43 Cassiopeiae Dekl.		57) φ Persei AR.		57) φ Persei Dekl.	
1958	1h 39m		+67° 49′		1h 41m		+50° 28′	
	s		″		s		″	
Jan. 0	15.11	44	72.29	56	2.867	225	55.78	13
10	14.67	48	72.85	1	2.642	245	55.91	31
20	14.19	48	72.84	58	2.397	254	55.60	74
30	13.71	47	72.26	112	2.143	251	54.86	115
Febr. 9	13.24	44	71.14	161	1.892	237	53.71	152
19	12.80	39	69.53	204	1.655	210	52.19	181
März 1	12.41	32	67.49	239	1.445	170	50.38	203
11	12.09	23	65.10	263	1.275	120	48.35	217
21	11.86	13	62.47	275	1.155	61	46.18	221
31	11.73	1	59.72	278	1.094	4	43.97	215
April 10	11.72	9	56.94	270	1.098	72	41.82	201
20	11.81	21	54.24	250	1.170	141	39.81	179
30	12.02	32	51.74	222	1.311	208	38.02	149
Mai 10	12.34	41	49.52	187	1.519	269	36.53	115
20	12.75	49	47.65	145	1.788	322	35.38	76
30	13.24	57	46.20	100	2.110	367	34.62	34
Juni 9	13.81	62	45.20	51	2.477	401	34.28	8
19	14.43	66	44.69	1	2.878	424	34.36	50
29	15.09	67	44.68	49	3.302	437	34.86	91
Juli 9	15.76	68	45.17	96	3.739	437	35.77	129
19	16.44	67	46.13	142	4.176	428	37.06	163
29	17.11	63	47.55	184	4.604	410	38.69	193
Aug. 8	17.74	60	49.39	222	5.014	383	40.62	218
18	18.34	55	51.61	254	5.397	350	42.80	239
28	18.89	48	54.15	281	5.747	312	45.19	255
Sept. 7	19.37	42	56.96	303	6.059	269	47.74	265
17	19.79	35	59.99	319	6.328	224	50.39	270
27	20.14	26	63.18	327	6.552	178	53.09	269
Okt. 7	20.40	19	66.45	329	6.730	130	55.78	264
16*	(16) 20.59	10	69.74	325	(17) 6.860	82	58.42	254
26	20.69	2	72.99	312	6.942	36	60.96	237
Nov. 5	20.71	7	76.11	293	6.978	12	63.33	217
15	20.64	15	79.04	266	6.966	58	65.50	190
25	20.49	23	81.70	232	6.908	101	67.40	159
Dez. 5	20.26	30	84.02	190	6.807	143	68.99	124
15	19.96	37	85.92	143	6.664	181	70.23	84
25	19.59	42	87.35	90	6.483	212	71.07	42
35	19.17		88.25		6.271		71.49	
Mittl. Ort	11.98		53.91		0.864		40.90	
sec δ, tg δ	+2.650		+ 2.454		+1.571		+ 1.212	
a, *a′*	+4.4		+18.2		+3.8		+18.1	
b, *b′*	+0.15		− 0.42		+0.07		− 0.43	

* Bei Stern 57) lies Okt. 17.

Scheinbare Sternörter 1958

Obere Kulmination Greenwich

Tag	59) τ Ceti[1]				60) o Piscium				61) ε Sculptoris				62) ζ Ceti			
	AR.		Dekl.		AR.		Dekl.		AR.		Dekl.		AR.		Dekl.	
1958	1h 42m		−16° 9′		1h 43m		+8° 56′		1h 43m		−25° 15′		1h 49m		−10° 32′	
	s		″		s		″		s		″		s		″	
Jan. 0	7.851	137	35.18	84	11.496	119	51.80	67	41.560	149	51.65	88	24.140	125	35.10	89
10	7.714	146	36.02	58	11.377	131	51.13	70	41.411	160	52.53	55	24.015	136	35.99	68
20	7.568	151	36.60	31	11.246	138	50.43	70	41.251	164	53.08	21	23.879	144	36.67	48
30	7.417	149	36.91	4	11.108	139	49.73	69	41.087	162	53.29	15	23.735	144	37.15	26
Febr. 9	7.268	142	36.95	25	10.969	132	49.04	63	40.925	154	53.14	51	23.591	139	37.41	2
19	7.126	127	36.70	52	10.837	119	48.41	56	40.771	139	52.63	85	23.452	126	37.43	22
März 1	6.999	104	36.18	81	10.718	97	47.85	45	40.632	116	51.78	117	23.326	105	37.21	46
11	6.895	76	35.37	108	10.621	68	47.40	30	40.516	86	50.61	149	23.221	78	36.75	72
21	6.819	41	34.29	135	10.553	33	47.10	13	40.430	50	49.12	178	23.143	44	36.03	97
31	6.778	1	32.94	160	10.520	8	46.97	8	40.380	9	47.34	203	23.099	5	35.06	122
April 10	6.777	42	31.34	182	10.528	51	47.05	31	40.371	36	45.31	225	23.094	37	33.84	146
20	6.819	87	29.52	201	10.579	97	47.36	55	40.407	83	43.06	243	23.131	81	32.38	167
30	6.906	131	27.51	218	10.676	141	47.91	79	40.490	129	40.63	256	23.212	126	30.71	185
Mai 10	7.037	174	25.33	230	10.817	183	48.70	103	40.619	174	38.07	264	23.338	168	28.86	201
20	7.211	212	23.03	236	11.000	221	49.73	125	40.793	214	35.43	265	23.506	207	26.85	211
30	7.423	245	20.67	237	11.221	252	50.98	144	41.007	249	32.78	261	23.713	240	24.74	217
Juni 9	7.668	271	18.30	232	11.473	278	52.42	160	41.256	279	30.17	249	23.953	267	22.57	218
19	7.939	290	15.98	222	11.751	296	54.02	171	41.535	301	27.68	232	24.220	287	20.39	213
29	8.229	301	13.76	205	12.047	305	55.73	178	41.836	314	25.36	207	24.507	299	18.26	202
Juli 9	8.530	305	11.71	183	12.352	307	57.51	180	42.150	318	23.29	178	24.806	303	16.24	185
19	8.835	300	9.88	155	12.659	301	59.31	177	42.468	316	21.51	144	25.109	300	14.39	163
29	9.135	287	8.33	124	12.960	289	61.08	169	42.784	304	20.07	105	25.409	288	12.76	138
Aug. 8	9.422	268	7.09	89	13.249	270	62.77	156	43.088	286	19.02	63	25.697	272	11.38	107
18	9.690	244	6.20	53	13.519	246	64.33	141	43.374	261	18.39	21	25.969	249	10.31	75
28	9.934	215	5.67	15	13.765	219	65.74	122	43.635	231	18.18	23	26.218	222	9.56	40
Sept. 7	10.149	182	5.52	21	13.984	189	66.96	101	43.866	197	18.41	64	26.440	192	9.16	7
17	10.331	149	5.73	56	14.173	157	67.97	79	44.063	161	19.05	102	26.632	159	9.09	25
27	10.480	113	6.29	87	14.330	125	68.76	57	44.224	124	20.07	135	26.791	127	9.34	56
Okt. 7	10.593	78	7.16	112	14.455	93	69.33	36	44.348	86	21.42	162	26.918	93	9.90	82
17	$_{17}$10.671	45	8.28	133	$_{17}$14.548	63	69.69	15	$_{17}$44.434	49	23.04	181	$_{19}$27.011	61	10.72	102
26	10.716	13	9.61	146	14.611	33	69.84	2	44.483	13	24.85	193	27.072	30	11.74	119
Nov. 5	10.729	18	11.07	153	14.644	5	69.82	18	44.496	19	26.78	197	27.102	1	12.93	129
15	10.711	45	12.60	153	14.649	21	69.64	32	44.477	50	28.75	193	27.103	27	14.22	132
25	10.666	70	14.13	146	14.628	47	69.32	42	44.427	77	30.68	180	27.076	53	15.54	131
Dez. 5	10.596	93	15.59	135	14.581	71	68.90	52	44.350	102	32.48	162	27.023	76	16.85	124
15	10.503	113	16.94	118	14.510	91	68.38	60	44.248	124	34.10	137	26.947	98	18.09	113
25	10.390	129	18.12	97	14.419	111	67.78	64	44.124	141	35.47	109	26.849	116	19.22	98
35	10.261		19.09		14.308		67.14		43.983		36.56		26.733		20.20	
Mittl. Ort	6.962		28.86		10.325		49.59		40.728		42.57		23.138		30.49	
sec δ, tg δ	+1.041		− 0.290		+1.012		+ 0.157		+ 1.106		− 0.472		+1.017		− 0.186	
a, *a′*	+2.9		+18.1		+3.2		+18.0		+ 2.8		+18.0		+3.0		+17.8	
b, *b′*	−0.02		− 0.43		+0.01		− 0.44		− 0.03		− 0.44		−0.01		− 0.46	

[1] Die jährliche Parallaxe (0″.298) ist bereits berücksichtigt.

Scheinbare Sternörter 1958

Obere Kulmination Greenwich

Tag	64) α Trianguli AR.	Δ	64) α Trianguli Dekl.	Δ	63) ε Cassiopeiae AR.	Δ	63) ε Cassiopeiae Dekl.	Δ	65) ξ Piscium AR.	Δ	65) ξ Piscium Dekl.	Δ	67) ψ Phoenicis AR.	Δ	67) ψ Phoenicis Dekl.	Δ
1958	1h 50m		+29° 22′		1h 51m		+63° 27′		1h 51m		+2° 58′		1h 51m		−46° 30′	
	s		″		s		″		s		″		s		″	
Jan. 0	42.335	140	38.84	29	23.78	35	68.48	59	23.842	116	51.34	75	58.499	235	42.56	85
10	42.195	156	38.55	53	23.43	38	69.07	5	23.726	130	50.59	70	58.264	247	43.41	34
20	42.039	165	38.02	75	23.05	40	69.12	–48	23.596	138	49.89	64	58.017	250	43.75	–16
30	41.874	168	37.27	96	22.65	39	68.64	100	23.458	140	49.25	56	57.767	247	43.59	67
Febr. 9	41.706	162	36.31	113	22.26	38	67.64	148	23.318	135	48.69	45	57.520	234	42.92	115
19	41.544	146	35.18	124	21.88	33	66.16	189	23.183	123	48.24	32	57.286	212	41.77	160
März 1	41.398	121	33.94	130	21.55	28	64.27	222	23.060	103	47.92	17	57.074	183	40.17	201
11	41.277	87	32.64	130	21.27	21	62.05	245	22.957	75	47.75	–1	56.891	145	38.16	237
21	41.190	46	31.34	124	21.06	13	59.60	260	22.882	41	47.76	21	56.746	100	35.79	268
31	41.144	–1	30.10	111	20.93	3	57.00	263	22.841	2	47.97	43	56.646	49	33.11	294
April 10	41.145	51	28.99	92	20.90	–6	54.37	255	22.839	–41	48.40	65	56.597	–6	30.17	313
20	41.196	102	28.07	70	20.96	16	51.82	238	22.880	86	49.05	89	56.603	63	27.04	326
30	41.298	153	27.37	42	21.12	26	49.44	212	22.966	130	49.94	112	56.666	121	23.78	331
Mai 10	41.451	201	26.95	12	21.38	34	47.32	179	23.096	172	51.06	132	56.787	178	20.47	329
20	41.652	242	26.83	–19	21.72	41	45.53	140	23.268	210	52.38	151	56.965	230	17.18	320
30	41.894	279	27.02	50	22.13	47	44.13	96	23.478	243	53.89	167	57.195	277	13.98	302
Juni 9	42.173	307	27.52	80	22.60	53	43.17	51	23.721	269	55.56	177	57.472	317	10.96	277
19	42.480	327	28.32	108	23.13	57	42.66	3	23.990	288	57.33	184	57.789	349	8.19	246
29	42.807	338	29.40	133	23.70	58	42.63	–44	24.278	299	59.17	185	58.138	370	5.73	207
Juli 9	43.145	341	30.73	154	24.28	59	43.07	90	24.577	303	61.02	181	58.508	381	3.66	164
19	43.486	335	32.27	170	24.87	58	43.97	132	24.880	299	62.83	173	58.889	383	2.02	114
29	43.821	322	33.97	182	25.45	56	45.29	173	25.179	288	64.56	159	59.272	374	0.88	62
Aug. 8	44.143	303	35.79	190	26.01	53	47.02	208	25.467	271	66.15	142	59.646	354	0.26	8
18	44.446	277	37.69	193	26.54	49	49.10	239	25.738	248	67.57	120	60.000	327	0.18	–47
28	44.723	249	39.62	192	27.03	44	51.49	266	25.986	222	68.77	96	60.327	291	0.65	98
Sept. 7	44.972	217	41.54	187	27.47	39	54.15	285	26.208	193	69.73	72	60.618	248	1.63	148
17	45.189	184	43.41	179	27.86	32	57.00	300	26.401	162	70.45	46	60.866	201	3.11	192
27	45.373	149	45.20	167	28.18	26	60.00	309	26.563	131	70.91	21	61.067	151	5.03	227
Okt. 7	45.522	115	46.87	154	28.44	19	63.09	311	26.694	99	71.12	–2	61.218	98	7.30	255
17	$_{19}$45.637	81	48.41	138	$_{19}$28.63	12	66.20	307	$_{19}$26.793	68	71.10	22	$_{20}$61.316	46	9.85	273
26	45.718	47	49.79	120	28.75	6	69.27	297	26.861	39	70.88	40	61.362	4	12.58	279
Nov. 5	45.765	15	50.99	102	28.81	–2	72.24	278	26.900	11	70.48	54	61.358	53	15.37	275
15	45.780	–18	52.01	81	28.79	9	75.02	254	26.911	–16	69.94	65	61.305	97	18.12	259
25	45.762	48	52.82	59	28.70	16	77.56	223	26.895	43	69.29	71	61.208	137	20.71	235
Dez. 5	45.714	77	53.41	36	28.54	22	79.79	184	26.852	66	68.58	76	61.071	171	23.06	202
15	45.637	105	53.77	12	28.32	28	81.63	140	26.786	88	67.82	78	60.900	201	25.08	161
25	45.532	129	53.89	–13	28.04	33	83.03	91	26.698	108	67.04	76	60.699	224	26.69	115
35	45.403		53.76		27.71		83.94		26.590		66.28		60.475		27.84	
Mittl. Ort	40.819		30.31		20.92		51.58		22.693		51.50		57.813		27.79	
sec δ, tg δ	+1.148		+ 0.563		+2.238		+ 2.003		+1.001		+ 0.052		+1.453		− 1.054	
a, *a′*	+3.4		+17.7		+4.3		+17.7		+3.1		+17.7		+2.4		+17.7	
b, *b′*	+0.03		− 0.46		+0.12		− 0.47		0.00		− 0.47		−0.06		− 0.47	

Scheinbare Sternörter 1958

Obere Kulmination Greenwich

Tag	66) β Arietis AR.		66) β Arietis Dekl.		68) χ Eridani AR.		68) χ Eridani Dekl.		72) α Hydri AR.		72) α Hydri Dekl.		71) υ Ceti AR.		71) υ Ceti Dekl.	
1958	1h 52m	Δ	+20° 36′	Δ	1h 54m	Δ	−51° 48′	Δ	1h 57m	Δ	−61° 45′	Δ	1h 58m	Δ	−21° 16′	Δ
	s		″		s		″		s		″		s		″	
Jan. 0	20.245	125	18.38	46	20.145	273	78.27	81	27.36	39	102.52	73	2.468	139	58.31	97
10	20.120	140	17.92	61	19.872	284	79.08	28 –	26.97	41	103.25	14 –	2.329	151	59.28	68
20	19.980	150	17.31	74	19.588	289	79.36	26	26.56	41	103.39	43	2.178	160	59.96	37
30	19.830	153	16.57	85	19.299	284	79.10	79	26.15	40	102.96	100	2.018	161	60.33	3 –
Febr. 9	19.677	147	15.72	92	19.015	268	78.31	130	25.75	38	101.96	153	1.857	156	60.36	29
19	19.530	133	14.80	96	18.747	245	77.01	177	25.37	34	100.43	202	1.701	143	60.07	61
März 1	19.397	111	13.84	94	18.502	211	75.24	218	25.03	30	98.41	245	1.558	123	59.46	94
11	19.286	81	12.90	89	18.291	170	73.06	256	24.73	25	95.96	282	1.435	96	58.52	124
21	19.205	43	12.01	77	18.121	120	70.50	287	24.48	18	93.14	313	1.339	61	57.28	152
31	19.162	0	11.24	62	18.001	64	67.63	312	24.30	11	90.01	337	1.278	21 –	55.76	179
April 10	19.162	46	10.62	41	17.937	4 –	64.51	330	24.19	4 –	86.64	352	1.257	23	53.97	202
20	19.208	94	10.21	17 –	17.933	59	61.21	341	24.15	4	83.12	361	1.280	68	51.95	222
30	19.302	142	10.04	8	17.992	123	57.80	345	24.19	13	79.51	361	1.348	114	49.73	238
Mai 10	19.444	187	10.12	36	18.115	184	54.35	341	24.32	20	75.90	354	1.462	159	47.35	248
20	19.631	227	10.48	63	18.299	242	50.94	329	24.52	27	72.36	337	1.621	200	44.87	254
30	19.858	261	11.11	90	18.541	294	47.65	309	24.79	35	68.99	313	1.821	236	42.33	252
Juni 9	20.119	288	12.01	113	18.835	339	44.56	282	25.14	40	65.86	282	2.057	267	39.81	246
19	20.407	308	13.14	134	19.174	375	41.74	247	25.54	45	63.04	243	2.324	289	37.35	232
29	20.715	319	14.48	152	19.549	400	39.27	206	25.99	48	60.61	198	2.613	304	35.03	212
Juli 9	21.034	321	16.00	165	19.949	414	37.21	160	26.47	51	58.63	147	2.917	311	32.91	186
19	21.355	317	17.65	173	20.363	418	35.61	108	26.98	52	57.16	91	3.228	309	31.05	156
29	21.672	305	19.38	177	20.781	409	34.53	53 –	27.50	50	56.25	33 –	3.537	301	29.49	120
Aug. 8	21.977	287	21.15	176	21.190	390	34.00	3	28.00	49	55.92	25	3.838	285	28.29	81
18	22.264	263	22.91	171	21.580	360	34.03	60	28.49	45	56.17	84	4.123	263	27.48	41 –
28	22.527	236	24.62	162	21.940	321	34.63	113	28.94	41	57.01	140	4.386	237	27.07	1
Sept. 7	22.763	206	26.24	151	22.261	275	35.76	163	29.35	34	58.41	192	4.623	205	27.08	41
17	22.969	174	27.75	136	22.536	223	37.39	208	29.69	28	60.33	236	4.828	171	27.49	79
27	23.143	142	29.11	120	22.759	166	39.47	244	29.97	20	62.69	271	4.999	136	28.28	113
Okt. 7	23.285	110	30.31	104	22.925	107	41.91	272	30.17	13	65.40	298	5.135	101	29.41	141
17	$_{20}$23.395	78	31.35	85	$_{20}$23.032	49 –	44.63	288	$_{21}$30.30	4 –	68.38	313	$_{21}$5.236	66	30.82	163
26	23.473	47	32.20	68	23.081	10	47.51	293	30.34	3	71.51	315	5.302	32	32.45	178
Nov. 5	23.520	16 –	32.88	50	23.071	65	50.44	288	30.31	11	74.66	305	5.334	0	34.23	184
15	23.536	13	33.38	32	23.006	115	53.32	270	30.20	18	77.71	284	5.334	31	36.07	184
25	23.523	41	33.70	15 –	22.891	162	56.02	242	30.02	25	80.55	253	5.303	60	37.91	175
Dez. 5	23.482	68	33.85	2	22.729	201	58.44	206	29.77	30	83.08	211	5.243	86	39.66	160
15	23.414	92	33.83	20	22.528	234	60.50	163	29.47	34	85.19	162	5.157	109	41.26	140
25	23.322	116	33.63	36	22.294	260	62.13	114	29.13	37	86.81	108	5.048	129	42.66	115
35	23.206		33.27		22.034		63.27		28.76		87.89		4.919		43.81	
Mittl. Ort	18.866		12.70		19.496		62.39		26.81		84.97		1.514		50.03	
sec δ, tg δ	+1.068		+ 0.376		+1.618		− 1.272		+2.114		− 1.863		+1.073		− 0.389	
a, *a′*	+3.3		+17.7		+2.3		+17.6		+1.9		+17.5		+2.8		+17.4	
b, *b′*	+0.02		− 0.47		−0.07		− 0.48		−0.11		− 0.49		−0.02		− 0.49	

Scheinbare Sternörter 1958

Obere Kulmination Greenwich

Tag	70) 50 Cassiopeiae				73) γ Andromedae *pr*				74) α Arietis				75) β Trianguli			
	AR.	Δ	Dekl.	Δ	AR.	Δ	Dekl.	Δ	AR.	Δ	Dekl.	Δ	AR.	Δ	Dekl.	Δ
1958	1h 59m		+72° 12′		2h 1m		+42° 7′		2h 4m		+23° 15′		2h 7m		+34° 47′	
	s		″		s		″		s		″		s		″	
Jan. 0	52.32	55	87.73	93	20.569	172	56.73	11	49.485	124	59.00	35	3.895	145	31.81	5
10	51.77	60	88.66	35	20.397	195	56.84	26	49.361	143	58.65	53	3.750	167	31.76	33
20	51.17	62	89.01	24	20.202	208	56.58	61	49.218	154	58.12	68	3.583	181	31.43	62
30	50.55	61	88.77	81	19.994	212	55.97	94	49.064	160	57.44	82	3.402	187	30.81	87
Febr. 9	49.94	59	87.96	136	19.782	206	55.03	124	48.904	157	56.62	92	3.215	183	29.94	110
19	49.35	53	86.60	184	19.576	188	53.79	149	48.747	144	55.70	99	3.032	168	28.84	128
März 1	48.82	45	84.76	224	19.388	159	52.30	166	48.603	123	54.71	101	2.864	144	27.56	141
11	48.37	35	82.52	256	19.229	120	50.64	177	48.480	94	53.70	98	2.720	110	26.15	146
21	48.02	23	79.96	276	19.109	72	48.87	180	48.386	56	52.72	90	2.610	68	24.69	146
31	47.79	9	77.20	285	19.037	17	47.07	175	48.330	13	51.82	76	2.542	19	23.23	137
April 10	47.70	4	74.35	283	19.020	42	45.32	162	48.317	34	51.06	58	2.523	34	21.86	123
20	47.74	18	71.52	270	19.062	102	43.70	142	48.351	84	50.48	36	2.557	89	20.63	103
30	47.92	32	68.82	248	19.164	161	42.28	116	48.435	132	50.12	11	2.646	143	19.60	78
Mai 10	48.24	44	66.34	218	19.325	217	41.12	85	48.567	179	50.01	16	2.789	194	18.82	49
20	48.68	55	64.16	180	19.542	267	40.27	52	48.746	221	50.17	43	2.983	241	18.33	18
30	49.23	65	62.36	137	19.809	309	39.75	16	48.967	257	50.60	70	3.224	281	18.15	14
Juni 9	49.88	72	60.99	90	20.118	344	39.59	21	49.224	287	51.30	96	3.505	314	18.29	46
19	50.60	77	60.09	41	20.462	368	39.80	57	49.511	308	52.26	118	3.819	337	18.75	78
29	51.37	81	59.68	9	20.830	382	40.37	91	49.819	321	53.44	138	4.156	351	19.53	106
Juli 9	52.18	82	59.77	59	21.212	388	41.28	123	50.140	326	54.82	153	4.507	357	20.59	131
19	53.00	82	60.36	106	21.600	384	42.51	150	50.466	324	56.35	165	4.864	355	21.90	153
29	53.82	80	61.42	152	21.984	371	44.01	175	50.790	313	58.00	171	5.219	344	23.43	171
Aug. 8	54.62	75	62.94	193	22.355	352	45.76	194	51.103	297	59.71	173	5.563	326	25.14	184
18	55.37	71	64.87	230	22.707	325	47.70	209	51.400	275	61.44	171	5.889	303	26.98	193
28	56.08	64	67.17	262	23.032	295	49.79	219	51.675	250	63.15	165	6.192	276	28.91	197
Sept. 7	56.72	56	69.79	290	23.327	261	51.98	226	51.925	220	64.80	156	6.468	245	30.88	198
17	57.28	48	72.69	310	23.588	223	54.24	227	52.145	190	66.36	145	6.713	212	32.86	195
27	57.76	39	75.79	325	23.811	185	56.51	225	52.335	158	67.81	131	6.925	177	34.81	188
Okt. 7	58.15	29	79.04	334	23.996	145	58.76	218	52.493	125	69.12	115	7.102	141	36.69	179
17	$_{22}$58.44	19	82.38	335	$_{22}$24.141	106	60.94	207	$_{23}$52.618	94	70.27	99	$_{23}$7.243	105	38.48	166
26	58.63	8	85.73	328	24.247	65	63.01	194	52.712	62	71.26	82	7.348	70	40.14	151
Nov. 5	58.71	3	89.01	314	24.312	25	64.95	175	52.774	30	72.08	66	7.418	34	41.65	134
15	58.68	14	92.15	293	24.337	15	66.70	154	52.804	1	72.74	48	7.452	2	42.99	114
25	58.54	24	95.08	262	24.322	54	68.24	128	52.803	30	73.22	30	7.450	37	44.13	92
Dez. 5	58.30	35	97.70	223	24.268	91	69.52	100	52.773	60	73.52	12	7.413	71	45.05	68
15	57.95	44	99.93	179	24.177	127	70.52	67	52.713	88	73.64	6	7.342	103	45.73	42
25	57.51	51	101.72	128	24.050	159	71.19	34	52.625	112	73.58	23	7.239	133	46.15	13
35	57.00		103.00		23.891		71.53		52.513		73.35		7.106		46.28	
Mittl. Ort	48.17		70.09		18.680		45.16		47.989		53.11		2.159		22.60	
sec δ, tg δ	+3.275		+ 3.118		+1.348		+ 0.904		+1.089		+ 0.430		+1.218		+ 0.695	
a, *a′*	+5.2		+17.4		+3.7		+17.3		+3.4		+17.1		+3.6		+17.0	
b, *b′*	+0.18		− 0.50		+0.05		− 0.51		+0.02		− 0.52		+0.04		− 0.53	

Scheinbare Sternörter 1958

Obere Kulmination Greenwich

Tag	78) μ Fornacis AR.		78) μ Fornacis Dekl.		76) 55 Cassiopeiae AR.		76) 55 Cassiopeiae Dekl.		80) 67 Ceti AR.		80) 67 Ceti Dekl.		85) ξ² Ceti AR.		85) ξ² Ceti Dekl.	
1958	2h 11m		−30° 54′		2h 11m		+66° 19′		2h 14m		−6° 36′		2h 25m		+8° 16′	
	s		″		s		″		s		″		s		″	
Jan. 0	4.458		83.60		12.84		60.25		54.377		57.66		56.716		22.29	
10	4.297	161	84.70	110	12.46	38	61.15	90	54.262	115	58.59	93	56.609	107	21.63	66
20	4.121	176	85.42	72	12.03	43	61.51	36	54.130	132	59.36	77	56.483	126	20.98	65
30	3.935	186	85.73	31	11.58	45	61.32	19	53.986	144	59.96	60	56.341	142	20.34	64
Febr. 9	3.746	189	85.63	10	11.12	46	60.59	73	53.836	150	60.37	41	56.191	150	19.73	61
19	3.562	184	85.13	50	10.68	44	59.35	124	53.688	148	60.58	21	56.040	151	19.18	55
März 1	3.389	173	84.23	90	10.28	40	57.65	170	53.548	140	60.57	1	55.896	144	18.70	48
11	3.238	151	82.95	128	9.93	35	55.57	208	53.426	122	60.33	24	55.768	128	18.32	38
21	3.114	124	81.33	162	9.66	27	53.20	237	53.328	98	59.87	46	55.664	104	18.08	24
31	3.026	88	79.39	194	9.47	19	50.63	257	53.262	66	59.16	71	55.592	72	17.99	9
April 10	2.980	46	77.17	222	9.38	9	47.96	267	53.234	28	58.21	95	55.558	34	18.08	9
20	2.980	0	74.71	246	9.40	2	45.32	264	53.247	13	57.03	118	55.567	9	18.37	29
30	3.028	48	72.06	265	9.53	13	42.79	253	53.305	58	55.63	140	55.622	55	18.88	51
Mai 10	3.125	97	69.27	279	9.76	23	40.46	233	53.408	103	54.03	160	55.722	100	19.61	73
20	3.271	146	66.40	287	10.09	33	38.43	203	53.555	147	52.25	178	55.867	145	20.56	95
30	3.462	191	63.53	287	10.51	42	36.75	168	53.742	187	50.33	192	56.054	187	21.71	115
Juni 9	3.693	231	60.71	282	11.00	49	35.47	128	53.964	222	48.32	201	56.277	223	23.04	133
19	3.959	266	58.02	269	11.56	56	34.64	83	54.216	252	46.26	206	56.530	253	24.52	148
29	4.253	294	55.53	249	12.16	60	34.27	37	54.492	276	44.22	204	56.807	277	26.11	159
Juli 9	4.565	312	53.30	223	12.79	63	34.37	10	54.782	290	42.24	198	57.101	294	27.76	165
19	4.889	324	51.40	190	13.44	65	34.94	57	55.080	298	40.38	186	57.403	302	29.43	167
29	5.215	326	49.88	152	14.09	65	35.96	102	55.379	299	38.69	169	57.706	303	31.07	164
Aug. 8	5.535	320	48.78	110	14.72	63	37.39	143	55.671	292	37.23	146	58.003	297	32.64	157
18	5.841	306	48.14	64	15.33	61	39.21	182	55.950	279	36.03	120	58.288	285	34.08	144
28	6.127	286	47.98	16	15.89	56	41.38	217	56.210	260	35.12	91	58.556	268	35.37	129
Sept. 7	6.386	259	48.29	31	16.41	52	43.85	247	56.447	237	34.53	59	58.802	246	36.46	109
17	6.613	227	49.06	77	16.88	47	46.56	271	56.657	210	34.26	27	59.023	221	37.35	89
27	6.805	192	50.26	120	17.28	40	49.46	290	56.838	181	34.31	5	59.217	194	38.02	67
Okt. 7	6.960	155	51.84	158	17.61	33	52.50	304	56.988	150	34.66	35	59.383	166	38.47	45
17	$_{24}$7.076	116	53.72	188	$_{24}$17.87	26	55.62	312	$_{25}$57.108	120	35.27	61	59.519	136	38.70	23
26*	7.153	77	55.84	212	18.06	19	58.74	312	57.196	88	36.11	84	59.625	106	38.74	4
Nov. 5	7.191	38	58.10	226	18.16	10	61.80	306	57.254	58	37.13	102	^{28}59.701	76	38.60	14
15	7.192	1	60.41	231	18.19	3	64.74	294	57.282	28	38.27	114	59.748	47	38.32	28
25	7.157	35	62.68	227	18.13	6	67.47	273	57.281	1	39.47	120	59.766	18	37.92	40
Dez. 5	7.090	67	64.82	214	17.99	14	69.93	246	57.251	30	40.70	123	59.754	12	37.42	50
15	6.992	98	66.75	193	17.77	22	72.04	211	57.195	56	41.89	119	59.713	41	36.85	57
25	6.867	125	68.41	166	17.48	29	73.73	169	57.114	81	43.00	111	59.645	68	36.24	61
35	6.718	149	69.73	132	17.12	36	74.95	122	57.010	104	44.01	101	59.551	94	35.61	63
Mittl. Ort	3.501		72.24		9.43		44.24		53.196		53.44		55.317		22.19	
sec δ, tg δ	+1.166		− 0.599		+2.491		+ 2.281		+1.007		− 0.116		+1.011		+ 0.145	
a, *a′*	+2.6		+16.9		+4.7		+16.8		+3.0		+16.7		+3.2		+16.1	
b, *b′*	−0.03		− 0.54		+0.13		− 0.54		−0.01		− 0.56		+0.01		− 0.59	

* Bei Stern 85) lies Okt. 27.

Scheinbare Sternörter 1958

Obere Kulmination Greenwich

Tag	90) μ Hydri				87) 36 H. Cassiopeiae				89) ν Arietis				91) δ Ceti			
	AR.		Dekl.		AR.		Dekl.		AR.		Dekl.		AR.		Dekl.	
1958	$2^h\ 32^m$		$-79°\ 17'$		$2^h\ 33^m$		$+72°\ 37'$		$2^h\ 36^m$		$+21°\ 46'$		$2^h\ 37^m$		$+0°\ 8'$	
	s		″		s		″		s		″		s		″	
Jan. 0	31.96	114	53.29	93	64.26	51	86.50	134	27.177	110	55.07	27	20.959	104	51.33	85
10	30.82	120	54.22	33	63.75	58	87.84	80	27.067	134	54.80	40	20.855	125	50.48	76
20	29.62	123	54.55	28	63.17	62	88.64	22 –	26.933	152	54.40	54	20.730	141	49.72	65
30	28.39	121	54.27	87	62.55	65	88.86	35	26.781	164	53.86	65	20.589	152	49.07	53
Febr. 9	27.18	118	53.40	143	61.90	63	88.51	92	26.617	167	53.21	75	20.437	154	48.54	39
19	26.00	110	51.97	194	61.27	60	87.59	144	26.450	160	52.46	81	20.283	149	48.15	24
März 1	24.90	100	50.03	240	60.67	53	86.15	190	26.290	144	51.65	84	20.134	135	47.91	6
11	23.90	88	47.63	280	60.14	44	84.25	228	26.146	119	50.81	82	19.999	113	47.85	12
21	23.02	73	44.83	312	59.70	33	81.97	256	26.027	85	49.99	76	19.886	83	47.97	32
31	22.29	57	41.71	338	59.37	20	79.41	274	25.942	44 –	49.23	65	19.803	46	48.29	54
April 10	21.72	39	38.33	355	59.17	6 –	76.67	280	25.898	1	48.58	51	19.757	5	48.83	75
20	21.33	21	34.78	365	59.11	8	73.87	277	25.899	50	48.07	32	19.752	39	49.58	97
30	21.12	2	31.13	366	59.19	22	71.10	263	25.949	99	47.75	10 –	19.791	85	50.55	118
Mai 10	21.10	18	27.47	359	59.41	36	68.47	240	26.048	147	47.65	14	19.876	129	51.73	138
20	21.28	37	23.88	345	59.77	47	66.07	209	26.195	192	47.79	37	20.005	171	53.11	155
30	21.65	55	20.43	322	60.24	59	63.98	172	26.387	231	48.16	62	20.176	209	54.66	168
Juni 9	22.20	72	17.21	291	60.83	68	62.26	131	26.618	264	48.78	84	20.385	240	56.34	178
19	22.92	86	14.30	252	61.51	75	60.95	86	26.882	290	49.62	105	20.625	265	58.12	182
29	23.78	98	11.78	207	62.26	81	60.09	38 –	27.172	308	50.67	122	20.890	284	59.94	183
Juli 9	24.76	108	9.71	156	63.07	84	59.71	10	27.480	318	51.89	136	21.174	294	61.77	177
19	25.84	114	8.15	101	63.91	85	59.81	57	27.798	321	53.25	147	21.468	298	63.54	167
29	26.98	117	7.14	41	64.76	84	60.38	103	28.119	316	54.72	152	21.766	294	65.21	152
Aug. 8	28.15	116	6.73	19	65.60	83	61.41	145	28.435	305	56.24	153	22.060	284	66.73	131
18	29.31	111	6.92	80	66.43	78	62.86	186	28.740	289	57.77	151	22.344	269	68.04	108
28	30.42	103	7.72	138	67.21	73	64.72	222	29.029	268	59.28	145	22.613	249	69.12	83
Sept. 7	31.45	92	9.10	193	67.94	67	66.94	253	29.297	243	60.73	136	22.862	225	69.95	55
17	32.37	77	11.03	241	68.61	59	69.47	280	29.540	216	62.09	124	23.087	199	70.50	26
27	33.14	59	13.44	280	69.20	51	72.27	300	29.756	187	63.33	111	23.286	172	70.76	0
Okt. 7	33.73	39	16.24	309	69.71	41	75.27	315	29.943	157	64.44	97	23.458	143	70.76	25
17	34.12	18	19.33	328	70.12	31	78.42	323	30.100	127	65.41	82	23.601	113	70.51	47
27	34.30	3	22.61	333	70.43	21	81.65	324	30.227	96	66.23	68	23.714	84	70.04	66
Nov. 5	[30] 34.27	26	25.94	326	[30] 70.64	9	84.89	319	[31] 30.323	64	66.91	53	[31] 23.798	53	69.38	79
15	34.01	46	29.20	307	70.73	3	88.08	304	30.387	32 –	67.44	39	23.851	24	68.59	89
25	33.55	65	32.27	276	70.70	15	91.12	281	30.419	1	67.83	25	23.875	6	67.70	95
Dez. 5	32.90	83	35.03	235	70.55	26	93.93	251	30.418	33	68.08	11	23.869	35	66.75	96
15	32.07	97	37.38	185	70.29	36	96.44	212	30.385	65	68.19	3	23.834	63	65.79	94
25	31.10	108	39.23	129	69.93	47	98.56	167	30.320	95	68.16	18	23.771	91	64.85	88
35	30.02		40.52		69.46		100.23		30.225		67.98		23.680		63.97	
Mittl. Ort	30.87		34.10		59.44		71.38		25.527		51.35		19.593		54.26	
sec δ, tg δ	+5.382		− 5.289		+3.351		+ 3.198		+1.077		+ 0.400		+1.000		+ 0.003	
a, *a′*	−1.3		+15.8		+5.7		+15.7		+3.4		+15.6		+3.1		+15.5	
b, *b′*	−0.28		− 0.62		+0.17		− 0.62		+0.02		− 0.63		0.00		− 0.63	

Obere Kulmination Greenwich

Tag	93) ϑ Persei AR.		93) ϑ Persei Dekl.		97) π Ceti AR.		97) π Ceti Dekl.		98) μ Ceti AR.		98) μ Ceti Dekl.		101) β Fornacis AR.		101) β Fornacis Dekl.	
1958	2h 41m		+49° 3′		2h 42m		−14° 1′		2h 42m		+9° 56′		2h 47m		−32° 34′	
	s		″		s		″		s		″		s		″	
Jan. 0	21.538	178	18.64	65	8.580	114	75.54	116	41.561	100	16.29	60	21.111	155	65.34	143
10	21.360	213	19.29	27	8.466	137	76.70	92	41.461	123	15.69	61	20.956	177	66.77	103
20	21.147	240	19.56	14	8.329	152	77.62	67	41.338	141	15.08	61	20.779	195	67.80	61
30	20.907	256	19.42	53	8.177	163	78.29	40	41.197	153	14.47	60	20.584	206	68.41	17
Febr. 9	20.651	258	18.89	90	8.014	166	78.69	11	41.044	157	13.87	56	20.378	207	68.58	25
19	20.393	247	17.99	125	7.848	161	78.80	17	40.887	152	13.31	50	20.171	201	68.33	68
März 1	20.146	222	16.74	153	7.687	147	78.63	45	40.735	138	12.81	42	19.970	186	67.65	108
11	19.924	184	15.21	175	7.540	125	78.18	74	40.597	116	12.39	31	19.784	161	66.57	147
21	19.740	136	13.46	189	7.415	96	77.44	101	40.481	86	12.08	17	19.623	129	65.10	182
31	19.604	78	11.57	195	7.319	60	76.43	128	40.395	49	11.91	1	19.494	90	63.28	213
April 10	19.526	13	9.62	193	7.259	18	75.15	153	40.346	6	11.90	18	19.404	45	61.15	241
20	19.513	54	7.69	183	7.241	26	73.62	176	40.340	39	12.08	38	19.359	4	58.74	263
30	19.567	123	5.86	165	7.267	72	71.86	196	40.379	86	12.46	59	19.363	54	56.11	281
Mai 10	19.690	188	4.21	141	7.339	118	69.90	211	40.465	131	13.05	81	19.417	105	53.30	292
20	19.878	249	2.80	112	7.457	160	67.79	223	40.596	174	13.86	101	19.522	154	50.38	296
30	20.127	303	1.68	80	7.617	199	65.56	229	40.770	213	14.87	119	19.676	198	47.42	293
Juni 9	20.430	349	0.88	45	7.816	233	63.27	230	40.983	245	16.06	135	19.874	237	44.49	284
19	20.779	384	0.43	8	8.049	261	60.97	225	41.228	270	17.41	147	20.111	271	41.65	267
29	21.163	410	0.35	27	8.310	281	58.72	213	41.498	289	18.88	155	20.382	296	38.98	242
Juli 9	21.573	424	0.62	63	8.591	293	56.59	196	41.787	300	20.43	158	20.678	315	36.56	212
19	21.997	430	1.25	96	8.884	299	54.63	173	42.087	304	22.01	157	20.993	324	34.44	174
29	22.427	426	2.21	126	9.183	297	52.90	145	42.391	301	23.58	151	21.317	325	32.70	131
Aug. 8	22.853	414	3.47	153	9.480	289	51.45	112	42.692	291	25.09	142	21.642	318	31.39	85
18	23.267	394	5.00	175	9.769	274	50.33	76	42.983	277	26.51	127	21.960	304	30.54	35
28	23.661	368	6.75	195	10.043	255	49.57	38	43.260	257	27.78	110	22.264	284	30.19	15
Sept. 7	24.029	336	8.70	211	10.298	230	49.19	0	43.517	234	28.88	91	22.548	258	30.34	64
17	24.365	302	10.81	221	10.528	204	49.19	37	43.751	209	29.79	70	22.806	227	30.98	112
27	24.667	263	13.02	228	10.732	175	49.56	72	43.960	182	30.49	49	23.033	192	32.10	154
Okt. 7	24.930	222	15.30	230	10.907	145	50.28	103	44.142	154	30.98	29	23.225	156	33.64	191
17	25.152	179	17.60	228	11.052	113	51.31	129	44.296	124	31.27	10	23.381	118	35.55	220
27	25.331	133	19.88	222	11.165	81	52.60	148	1 44.420	95	31.37	7	23.499	78	37.75	239
Nov. 5	1 25.464	86	22.10	212	1 11.246	49	54.08	161	44.515	65	31.30	22	3 23.577	39	40.14	249
15	25.550	38	24.22	197	11.295	18	55.69	167	44.580	35	31.08	33	23.616	1	42.63	250
25	25.588	13	26.19	176	11.313	14	57.36	166	44.615	4	30.75	42	23.617	37	45.13	240
Dez. 5	25.575	62	27.95	152	11.299	44	59.02	158	44.619	27	30.33	50	23.580	74	47.53	222
15	25.513	111	29.47	123	11.255	74	60.60	145	44.592	57	29.83	55	23.506	108	49.75	196
25	25.402	156	30.70	88	11.181	100	62.05	128	44.535	85	29.28	58	23.398	138	51.71	165
35	25.246		31.58		11.081		63.33		44.450		28.70		23.260		53.36	
Mittl. Ort	19.101		8.10		7.317		68.21		40.055		16.45		19.934		52.95	
sec δ, tg δ	+1.526		+ 1.152		+1.031		− 0.250		+1.015		+ 0.175		+1.187		− 0.639	
a, a′	+4.1		+15.3		+2.9		+15.2		+3.2		+15.2		+2.5		+14.9	
b, b′	+0.06		− 0.65		−0.01		− 0.65		+0.01		− 0.65		−0.03		− 0.67	

Scheinbare Sternörter 1958

Obere Kulmination Greenwich

Tag	100) 41 Arietis AR.		100) 41 Arietis Dekl.		102) τ^2 Eridani AR.		102) τ^2 Eridani Dekl.		103) τ Persei AR.		103) τ Persei Dekl.		104) η Eridani AR.		104) η Eridani Dekl.	
1958	$2^h 47^m$		$+27° 5'$		$2^h 49^m$		$-21° 10'$		$2^h 51^m$		$+52° 35'$		$2^h 54^m$		$-9° 3'$	
	s		″		s		″		s		″		s		″	
Jan. 0	32.110	111	23.67	6	9.176	124	43.96	131	18.623	190	42.11	86	23.779	104	57.50	111
10	31.999	138	23.61	25	9.052	147	45.27	101	18.433	232	42.97	45	23.675	127	58.61	93
20	31.861	159	23.36	42	8.905	165	46.28	69	18.201	263	43.42	4	23.548	146	59.54	72
30	31.702	173	22.94	60	8.740	175	46.97	35	17.938	281	43.46	39	23.402	159	60.26	49
Febr. 9	31.529	179	22.34	74	8.565	180	47.32	0	17.657	287	43.07	80	23.243	164	60.75	26
19	31.350	174	21.60	87	8.385	175	47.32	33	17.370	277	42.27	118	23.079	162	61.01	2
März 1	31.176	158	20.73	96	8.210	161	46.99	68	17.093	253	41.09	150	22.917	150	61.03	23
11	31.018	133	19.77	99	8.049	140	46.31	101	16.840	214	39.59	176	22.767	130	60.80	48
21	30.885	99	18.78	98	7.909	111	45.30	132	16.626	163	37.83	195	22.637	101	60.32	73
31	30.786	58	17.80	92	7.798	74	43.98	161	16.463	102	35.88	205	22.536	67	59.59	99
April 10	30.728	10	16.88	81	7.724	32	42.37	187	16.361	33	33.83	206	22.469	26	58.60	123
20	30.718	40	16.07	64	7.692	14	40.50	210	16.328	39	31.77	199	22.443	17	57.37	145
30	30.758	92	15.43	45	7.706	60	38.40	230	16.367	113	29.78	184	22.460	63	55.92	166
Mai 10	30.850	142	14.98	22	7.766	107	36.10	244	16.480	184	27.94	163	22.523	109	54.26	183
20	30.992	190	14.76	3	7.873	152	33.66	253	16.664	250	26.31	136	22.632	151	52.43	197
30	31.182	231	14.79	28	8.025	193	31.13	257	16.914	309	24.95	104	22.783	191	50.46	207
Juni 9	31.413	267	15.07	53	8.218	229	28.56	253	17.223	359	23.91	69	22.974	225	48.39	211
19	31.680	295	15.60	76	8.447	259	26.03	244	17.582	400	23.22	33	23.199	253	46.28	210
29	31.975	315	16.36	97	8.706	281	23.59	227	17.982	430	22.89	5	23.452	273	44.18	203
Juli 9	32.290	328	17.33	116	8.987	296	21.32	205	18.412	448	22.94	42	23.725	288	42.15	190
19	32.618	332	18.49	130	9.283	304	19.27	176	18.860	457	23.36	77	24.013	295	40.25	172
29	32.950	329	19.79	142	9.587	303	17.51	142	19.317	456	24.13	109	24.308	295	38.53	148
Aug. 8	33.279	320	21.21	148	9.890	297	16.09	104	19.773	445	25.22	140	24.603	288	37.05	120
18	33.599	304	22.69	151	10.187	284	15.05	62	20.218	427	26.62	166	24.891	275	35.85	89
28	33.903	285	24.20	151	10.471	264	14.43	19	20.645	401	28.28	188	25.166	258	34.96	55
Sept. 7	34.188	261	25.71	146	10.735	241	14.24	25	21.046	370	30.16	208	25.424	237	34.41	20
17	34.449	235	27.17	140	10.976	214	14.49	66	21.416	335	32.24	222	25.661	211	34.21	15
27	34.684	206	28.57	131	11.190	184	15.15	105	21.751	295	34.46	232	25.872	185	34.36	48
Okt. 7	34.890	176	29.88	121	11.374	151	16.20	139	22.046	251	36.78	238	26.057	156	34.84	78
17	35.066	145	31.09	110	11.525	119	17.59	167	22.297	205	39.16	240	26.213	127	35.62	103
27	35.211	112	32.19	97	11.644	85	19.26	187	22.502	157	41.56	238	26.340	96	36.65	124
Nov. 5	^{3}35.323	79	33.16	84	^{3}11.729	51	21.13	199	^{4}22.659	105	43.94	229	^{4}26.436	65	37.89	137
15	35.402	45	34.00	70	11.780	17	23.12	203	22.764	51	46.23	216	26.501	33	39.26	145
25	35.447	10	34.70	55	11.797	16	25.15	200	22.815	4	48.39	197	26.534	3	40.71	147
Dez. 5	35.457	25	35.25	40	11.781	49	27.15	188	22.811	60	50.36	174	26.537	29	42.18	143
15	35.432	60	35.65	23	11.732	80	29.03	171	22.751	114	52.10	144	26.508	60	43.61	134
25	35.372	94	35.88	6	11.652	109	30.74	147	22.637	165	53.54	110	26.448	88	44.95	120
35	35.278		35.94		11.543		32.21		22.472		54.64		26.360		46.15	
Mittl. Ort	30.302		19.06		7.925		34.45		15.935		31.58		22.412		51.23	
sec δ, tg δ	+1.123		+ 0.511		+1.072		− 0.387		+1.646		+ 1.308		+1.013		− 0.160	
a, *a′*	+3.5		+14.9		+2.7		+14.8		+4.3		+14.7		+2.9		+14.5	
b, *b′*	+0.03		− 0.67		−0.02		− 0.67		+0.06		− 0.68		−0.01		− 0.69	

Obere Kulmination Greenwich

Tag	106) ϑ Eridani pr AR.	106) ϑ Eridani pr Dekl.	107) α Ceti AR.	107) α Ceti Dekl.	105) 47 H. Cephei AR.	105) 47 H. Cephei Dekl.	108) γ Persei AR.	108) γ Persei Dekl.
1958	2h 56m	−40° 27′	3h 0m	+3° 55′	3h 0m	+79° 15′	3h 1m	+53° 20′
	s	″	s	″	s	″	s	″
Jan. 0	41.276 (182)	93.82 (157)	6.369 (93)	31.32 (78)	33.43 (80)	33.38 (183)	47.203 (185)	46.76 (97)
10	41.094 (209)	95.39 (112)	6.276 (118)	30.54 (72)	32.63 (92)	35.21 (129)	47.018 (230)	47.73 (58)
20	40.885 (228)	96.51 (65)	6.158 (139)	29.82 (65)	31.71 (102)	36.50 (71)	46.788 (265)	48.31 (16)
30	40.657 (241)	97.16 (16)	6.019 (153)	29.17 (56)	30.69 (107)	37.21 (10)	46.523 (287)	48.47 (26)
Febr. 9	40.416 (243)	97.32 (33)	5.866 (160)	28.61 (46)	29.62 (108)	37.31 (51)	46.236 (295)	48.21 (69)
19	40.173 (237)	96.99 (80)	5.706 (159)	28.15 (35)	28.54 (104)	36.80 (108)	45.941 (289)	47.52 (107)
März 1	39.936 (221)	96.19 (124)	5.547 (148)	27.80 (21)	27.50 (95)	35.72 (161)	45.652 (266)	46.45 (141)
11	39.715 (196)	94.95 (167)	5.399 (128)	27.59 (5)	26.55 (83)	34.11 (208)	45.386 (230)	45.04 (170)
21	39.519 (162)	93.28 (205)	5.271 (101)	27.54 (12)	25.72 (66)	32.03 (245)	45.156 (180)	43.34 (190)
31	39.357 (120)	91.23 (238)	5.170 (65)	27.66 (30)	25.06 (47)	29.58 (272)	44.976 (118)	41.44 (203)
April 10	39.237 (72)	88.85 (267)	5.105 (25)	27.96 (50)	24.59 (26)	26.86 (289)	44.858 (50)	39.41 (207)
20	39.165 (20)	86.18 (290)	5.080 (19)	28.46 (70)	24.33 (3)	23.97 (294)	44.808 (23)	37.34 (202)
30	39.145 (35)	83.28 (307)	5.099 (65)	29.16 (91)	24.30 (19)	21.03 (289)	44.831 (97)	35.32 (190)
Mai 10	39.180 (90)	80.21 (317)	5.164 (111)	30.07 (111)	24.49 (40)	18.14 (273)	44.928 (171)	33.42 (170)
20	39.270 (143)	77.04 (319)	5.275 (153)	31.18 (129)	24.89 (61)	15.41 (250)	45.099 (239)	31.72 (146)
30	39.413 (193)	73.85 (315)	5.428 (193)	32.47 (144)	25.50 (79)	12.91 (218)	45.338 (300)	30.26 (115)
Juni 9	39.606 (238)	70.70 (302)	5.621 (227)	33.91 (156)	26.29 (95)	10.73 (181)	45.638 (354)	29.11 (82)
19	39.844 (277)	67.68 (281)	5.848 (255)	35.47 (164)	27.24 (109)	8.92 (138)	45.992 (397)	28.29 (46)
29	40.121 (307)	64.87 (253)	6.103 (276)	37.11 (167)	28.33 (119)	7.54 (92)	46.389 (429)	27.83 (9)
Juli 9	40.428 (329)	62.34 (218)	6.379 (290)	38.78 (165)	29.52 (127)	6.62 (44)	46.818 (452)	27.74 (27)
19	40.757 (343)	60.16 (177)	6.669 (296)	40.43 (159)	30.79 (131)	6.18 (4)	47.270 (463)	28.01 (62)
29	41.100 (348)	58.39 (130)	6.965 (295)	42.02 (148)	32.10 (133)	6.22 (52)	47.733 (463)	28.63 (95)
Aug. 8	41.448 (344)	57.09 (78)	7.260 (290)	43.50 (132)	33.43 (132)	6.74 (99)	48.196 (456)	29.58 (126)
18	41.792 (331)	56.31 (24)	7.550 (278)	44.82 (112)	34.75 (128)	7.73 (144)	48.652 (440)	30.84 (154)
28	42.123 (312)	56.07 (30)	7.828 (261)	45.94 (90)	36.03 (122)	9.17 (186)	49.092 (417)	32.38 (177)
Sept. 7	42.435 (284)	56.37 (84)	8.089 (240)	46.84 (66)	37.25 (114)	11.03 (223)	49.509 (387)	34.15 (198)
17	42.719 (252)	57.21 (135)	8.329 (218)	47.50 (40)	38.39 (104)	13.26 (257)	49.896 (353)	36.13 (214)
27	42.971 (215)	58.56 (181)	8.547 (192)	47.90 (15)	39.43 (91)	15.83 (286)	50.249 (314)	38.27 (226)
Okt. 7	43.186 (174)	60.37 (220)	8.739 (165)	48.05 (9)	40.34 (77)	18.69 (308)	50.563 (272)	40.53 (234)
17	43.360 (131)	62.57 (250)	8.904 (137)	47.96 (29)	41.11 (61)	21.77 (325)	50.835 (226)	42.87 (237)
27	43.491 (87)	65.07 (271)	9.041 (109)	47.67 (48)	41.72 (43)	25.02 (334)	51.061 (176)	45.24 (237)
Nov. 5*	[5] 43.578 (41)	67.78 (281)	[6] 9.150 (78)	47.19 (62)	[6] 42.15 (25)	28.36 (336)	[6] 51.237 (124)	47.61 (230)
15	43.619 (4)	70.59 (281)	9.228 (48)	46.57 (73)	42.40 (6)	31.72 (330)	51.361 (69)	49.91 (220)
25	43.615 (47)	73.40 (269)	9.276 (16)	45.84 (79)	42.46 (14)	35.02 (314)	51.430 (12)	52.11 (204)
Dez. 5	43.568 (89)	76.09 (248)	9.292 (15)	45.05 (83)	42.32 (35)	38.16 (290)	51.442 (46)	54.15 (181)
15	43.479 (128)	78.57 (219)	9.277 (46)	44.22 (82)	41.97 (53)	41.06 (256)	51.396 (104)	55.96 (154)
25	43.351 (163)	80.76 (182)	9.231 (77)	43.40 (80)	41.44 (71)	43.62 (214)	51.292 (158)	57.50 (122)
35	43.188	82.58	9.154	42.60	40.73	45.76	51.134	58.72
Mittl. Ort	40.065	79.59	4.849	34.03	25.40	19.87	44.396	36.90
sec δ, tg δ	+1.315	− 0.853	+1.002	+ 0.069	+5.364	+ 5.270	+1.675	+ 1.344
a, a′	+2.3	+14.4	+3.1	+14.2	+8.1	+14.1	+4.4	+14.1
b, b′	−0.04	− 0.70	0.00	− 0.71	+0.25	− 0.71	+0.06	− 0.71

* Bei Stern 107), 105) und 108) lies Nov. 6.

Scheinbare Sternörter 1958

Obere Kulmination Greenwich

Tag	109) ρ Persei				110) μ Horologii				111) β Persei				114) δ Arietis			
	AR.		Dekl.		AR.		Dekl.		AR.		Dekl.		AR.		Dekl.	
1958	3h 2m		+38° 40′		3h 2m		−59° 53′		3h 5m		+40° 47′		3h 9m		+19° 34′	
	s		″		s		″		s		″		s		″	
Jan. 0	30.757	124	50.83	43	38.526	337	77.38	162	27.890	128	50.20	53	15.120	90	10.38	25
10	30.633	159	51.26	15	38.189	374	79.00	109	27.762	164	50.73	24	15.030	120	10.13	35
20	30.474	186	51.41	13	37.815	400	80.09	51	27.598	193	50.97	6	14.910	144	9.78	43
30	30.288	205	51.28	42	37.415	413	80.60	7	27.405	213	50.91	37	14.766	162	9.35	52
Febr. 9	30.083	213	50.86	69	37.002	414	80.53	63	27.192	223	50.54	67	14.604	171	8.83	58
19	29.870	210	50.17	95	36.588	401	79.90	117	26.969	219	49.87	94	14.433	170	8.25	63
März 1	29.660	195	49.22	115	36.187	376	78.73	168	26.750	204	48.93	117	14.263	161	7.62	65
11	29.465	168	48.07	130	35.811	338	77.05	213	26.546	177	47.76	134	14.102	140	6.97	64
21	29.297	130	46.77	141	35.473	289	74.92	254	26.369	139	46.42	147	13.962	111	6.33	59
31	29.167	84	45.36	143	35.184	230	72.38	289	26.230	91	44.95	151	13.851	74	5.74	50
April 10	29.083	32	43.93	139	34.954	163	69.49	317	26.139	37	43.44	149	13.777	30	5.24	38
20	29.051	26	42.54	130	34.791	89	66.32	338	26.102	20	41.95	141	13.747	16	4.86	22
30	29.077	84	41.24	114	34.702	12	62.94	352	26.122	83	40.54	126	13.763	65	4.64	4
Mai 10	29.161	141	40.10	94	34.690	66	59.42	356	26.205	141	39.28	106	13.828	114	4.60	17
20	29.302	195	39.16	69	34.756	144	55.86	354	26.346	196	38.22	82	13.942	160	4.77	37
30	29.497	244	38.47	42	34.900	218	52.32	343	26.542	247	37.40	54	14.102	201	5.14	58
Juni 9	29.741	286	38.05	14	35.118	286	48.89	323	26.789	290	36.86	26	14.303	238	5.72	78
19	30.027	319	37.91	16	35.404	346	45.66	295	27.079	325	36.60	4	14.541	268	6.50	96
29	30.346	345	38.07	43	35.750	396	42.71	259	27.404	351	36.64	33	14.809	290	7.46	110
Juli 9	30.691	361	38.50	70	36.146	436	40.12	215	27.755	369	36.97	61	15.099	305	8.56	122
19	31.052	369	39.20	95	36.582	464	37.97	166	28.124	379	37.58	88	15.404	313	9.78	130
29	31.421	370	40.15	116	37.046	478	36.31	111	28.503	379	38.46	110	15.717	314	11.08	133
Aug. 8	31.791	362	41.31	134	37.524	479	35.20	52	28.882	372	39.56	130	16.031	308	12.41	134
18	32.153	348	42.65	149	38.003	467	34.68	9	29.254	359	40.86	147	16.339	298	13.75	129
28	32.501	329	44.14	159	38.470	443	34.77	70	29.613	340	42.33	160	16.637	281	15.04	122
Sept. 7	32.830	306	45.73	167	38.913	406	35.47	129	29.953	316	43.93	170	16.918	262	16.26	112
17	33.136	279	47.40	171	39.319	358	36.76	184	30.269	289	45.63	176	17.180	239	17.38	100
27	33.415	248	49.11	173	39.677	301	38.60	232	30.558	258	47.39	178	17.419	214	18.38	86
Okt. 7	33.663	216	50.84	171	39.978	236	40.92	273	30.816	226	49.17	179	17.633	188	19.24	72
17	33.879	182	52.55	166	40.214	167	43.65	304	31.042	190	50.96	176	17.821	159	19.96	59
27	34.061	146	54.21	160	40.381	93	46.69	322	31.232	153	52.72	171	17.980	129	20.55	45
Nov. 6	34.207	106	55.81	150	40.474	19	49.91	329	31.385	112	54.43	162	18.109	99	21.00	33
15	[6] 34.313	66	57.31	138	[6] 40.493	56	53.20	324	[7] 31.497	71	56.05	150	[8] 18.208	66	21.33	21
25	34.379	25	58.69	124	40.437	128	56.44	306	31.568	27	57.55	136	18.274	32	21.54	11
Dez. 5	34.404	19	59.93	105	40.309	194	59.50	277	31.595	18	58.91	118	18.306	3	21.65	1
15	34.385	61	60.98	84	40.115	255	62.27	240	31.577	62	60.09	96	18.303	39	21.66	9
25	34.324	103	61.82	61	39.860	307	64.67	193	31.515	106	61.05	72	18.264	72	21.57	18
35	34.221		62.43		39.553		66.60		31.409		61.77		18.192		21.39	
Mittl. Ort	28.577		44.20		37.227		59.94		25.625		43.29		13.344		9.12	
sec δ, tg δ	+1.281		+ 0.801		+1.994		− 1.725		+1.321		+ 0.863		+1.061		+ 0.355	
a, *a′*	+3.8		+14.0		+1.4		+14.0		+3.9		+13.8		+3.4		+13.6	
b, *b′*	+0.04		− 0.71		−0.08		− 0.72		+0.04		− 0.72		+0.02		− 0.74	

Scheinbare Sternörter 1958

Obere Kulmination Greenwich

Tag	1090) 79 G. Fornacis AR.	Δ	Dekl.	Δ	115) 48 H. Cephei AR.	Δ	Dekl.	Δ	120) α Persei AR.	Δ	Dekl.	Δ	121) o Tauri AR.	Δ	Dekl.	Δ
1958	3h 13m		−35° 42′		3h 14m		+77° 34′		3h 21m		+49° 42′		3h 22m		+8° 52′	
	s		″		s		″		s		″		s		″	
Jan. 0	2.237	154	60.32	169	62.34	63	72.33	192	21.484	146	55.92	99	34.644	80	54.36	63
10	2.083	183	62.01	129	61.71	75	74.25	142	21.338	193	56.91	64	34.564	110	53.73	61
20	1.900	205	63.30	84	60.96	86	75.67	86	21.145	230	57.55	28	34.454	135	53.12	58
30	1.695	221	64.14	39	60.10	91	76.53	27	20.915	257	57.83	11	34.319	154	52.54	55
Febr. 9	1.474	228	64.53	–7	59.19	93	76.80	33	20.658	271	57.72	49	34.165	165	51.99	49
19	1.246	226	64.46	52	58.26	91	76.47	91	20.387	271	57.23	86	34.000	167	51.50	42
März 1	1.020	214	63.94	96	57.35	85	75.56	144	20.116	256	56.37	118	33.833	160	51.08	34
11	0.806	193	62.98	138	56.50	75	74.12	191	19.860	227	55.19	145	33.673	143	50.74	23
21	0.613	163	61.60	176	55.75	61	72.21	231	19.633	185	53.74	166	33.530	117	50.51	11
31	0.450	124	59.84	210	55.14	46	69.90	260	19.448	132	52.08	179	33.413	84	50.40	4
April 10	0.326	80	57.74	241	54.68	27	67.30	279	19.316	70	50.29	185	33.329	44	50.44	20
20	0.246	32	55.33	266	54.41	8	64.51	288	19.246	2	48.44	184	33.285	1	50.64	38
30	0.214	–20	52.67	285	54.33	11	61.63	286	19.244	66	46.60	175	33.286	46	51.02	57
Mai 10	0.234	73	49.82	299	54.44	30	58.77	274	19.310	134	44.85	158	33.332	93	51.59	77
20	0.307	124	46.83	305	54.74	48	56.03	253	19.444	200	43.27	137	33.425	137	52.36	95
30	0.431	173	43.78	305	55.22	65	53.50	224	19.644	260	41.90	111	33.562	178	53.31	111
Juni 9	0.604	216	40.73	297	55.87	80	51.26	190	19.904	312	40.79	81	33.740	214	54.42	125
19	0.820	254	37.76	280	56.67	92	49.36	150	20.216	355	39.98	49	33.954	245	55.67	137
29	1.074	284	34.96	257	57.59	102	47.86	107	20.571	390	39.49	17	34.199	269	57.04	143
Juli 9	1.358	308	32.39	227	58.61	110	46.79	61	20.961	414	39.32	16	34.468	285	58.47	146
19	1.666	323	30.12	189	59.71	114	46.18	13	21.375	428	39.48	47	34.753	295	59.93	144
29	1.989	330	28.23	146	60.85	117	46.05	34	21.803	434	39.95	78	35.048	298	61.37	138
Aug. 8	2.319	328	26.77	98	62.02	116	46.39	79	22.237	430	40.73	105	35.346	295	62.75	127
18	2.647	319	25.79	46	63.18	115	47.18	124	22.667	420	41.78	130	35.641	286	64.02	113
28	2.966	304	25.33	6	64.33	110	48.42	166	23.087	402	43.08	152	35.927	274	65.15	96
Sept. 7	3.270	281	25.39	60	65.43	104	50.08	203	23.489	378	44.60	170	36.201	256	66.11	75
17	3.551	254	25.99	110	66.47	95	52.11	238	23.867	350	46.30	186	36.457	235	66.86	54
27	3.805	221	27.09	156	67.42	85	54.49	268	24.217	317	48.16	197	36.692	213	67.40	33
Okt. 7	4.026	186	28.65	197	68.27	74	57.17	292	24.534	281	50.13	204	36.905	189	67.73	12
17	4.212	148	30.62	231	69.01	60	60.09	310	24.815	241	52.17	209	37.094	161	67.85	7
27	4.360	107	32.93	254	69.61	46	63.19	323	25.056	196	54.26	210	37.255	134	67.78	23
Nov. 6	9 4.467	66	35.47	268	10 70.07	29	66.42	327	11 25.252	150	56.36	207	12 37.389	104	67.55	37
15	4.533	24	38.15	271	70.36	13	69.69	324	25.402	99	58.43	199	37.493	73	67.18	48
25	4.557	17	40.86	265	70.49	4	72.93	311	25.501	46	60.42	186	37.566	40	66.70	55
Dez. 5	4.540	59	43.51	248	70.45	22	76.04	291	25.547	–9	62.28	169	37.606	6	66.15	60
15	4.481	97	45.99	223	70.23	39	78.95	261	25.538	64	63.97	147	37.612	28	65.55	62
25	4.384	134	48.22	191	69.84	55	81.56	222	25.474	119	65.44	120	37.584	61	64.93	63
35	4.250		50.13		69.29		83.78		25.355		66.64		37.523		64.30	
Mittl. Ort	0.908		47.01		55.05		60.26		18.755		48.35		32.964		56.67	
sec δ, tg δ	+1.232		−0.719		+4.651		+4.542		+1.547		+1.180		+1.012		+0.156	
a, *a*′	+2.4		+13.3		+7.6		+13.2		+4.3		+12.8		+3.2		+12.7	
b, *b*′	−0.03		−0.75		+0.20		−0.75		+0.05		−0.77		+0.01		−0.77	

Scheinbare Sternörter 1958

Obere Kulmination Greenwich

Tag	122) 2 H Camelop. AR	Δ	122) 2 H Camelop. Dekl.	Δ	125) 5 Tauri AR.	Δ	125) 5 Tauri Dekl.	Δ	127) ε Eridani[1] AR.	Δ	127) ε Eridani[1] Dekl	Δ	131) δ Persei AR.	Δ	131) δ Persei Dekl.	Δ
1958	3h 25m		+59° 47′		3h 28m		+12° 47′		3h 30m		−9° 35′		3h 39m		+47° 39′	
	s		″		s		″		s		″		s		″	
Jan. 0	42.420	205	54.22	141	34.781	76	37.29	48	58.502	91	64.98	126	58.180	119	23.90	102
10	42.215	265	55.63	101	34.705	108	36.81	50	58.411	119	66.24	106	58.061	168	24.92	73
20	41.950	313	56.64	57	34.597	134	36.31	50	58.292	144	67.30	83	57.893	208	25.65	39
30	41.637	347	57.21	10	34.463	155	35.81	50	58.148	163	68.13	60	57.685	240	26.04	4
Febr. 9	41.290	364	57.31	37	34.308	168	35.31	50	57.985	173	68.73	35	57.445	259	26.08	31
19	40.926	364	56.94	82	34.140	170	34.81	47	57.812	177	69.08	10	57.186	263	25.77	66
März 1	40.562	345	56.12	124	33.970	164	34.34	42	57.635	170	69.18	16	56.923	255	25.11	98
11	40.217	307	54.88	160	33.806	148	33.92	36	57.465	154	69.02	43	56.668	231	24.13	125
21	39.910	253	53.28	190	33.658	122	33.56	27	57.311	129	68.59	68	56.437	194	22.88	146
31	39.657	186	51.38	210	33.536	89	33.29	15	57.182	98	67.91	93	56.243	146	21.42	162
April 10	39.471	109	49.28	223	33.447	48	33.14	1	57.084	59	66.98	119	56.097	90	19.80	170
20	39.362	25	47.05	227	33.399	4	33.13	16	57.025	17	65.79	141	56.007	26	18.10	171
30	39.337	63	44.78	221	33.395	42	33.29	33	57.008	28	64.38	161	55.981	40	16.39	165
Mai 10	39.400	149	42.57	209	33.437	90	33.62	52	57.036	74	62.77	180	56.021	106	14.74	152
20	39.549	232	40.48	188	33.527	135	34.14	71	57.110	119	60.97	195	56.127	170	13.22	134
30	39.781	307	38.60	162	33.662	177	34.85	88	57.229	161	59.02	204	56.297	229	11.88	111
Juni 9	40.088	374	36.98	131	33.839	215	35.73	103	57.390	197	56.98	210	56.526	283	10.77	85
19	40.462	431	35.67	97	34.054	245	36.76	117	57.587	229	54.88	209	56.809	327	9.92	57
29	40.893	475	34.70	59	34.299	269	37.93	126	57.816	254	52.79	203	57.136	363	9.35	27
Juli 9	41.368	508	34.11	22	34.568	288	39.19	132	58.070	273	50.76	192	57.499	390	9.08	3
19	41.876	530	33.89	15	34.856	298	40.51	134	58.343	284	48.84	174	57.889	408	9.11	32
29	42.406	539	34.04	53	35.154	301	41.85	132	58.627	290	47.10	151	58.297	417	9.43	60
Aug. 8	42.945	538	34.57	88	35.455	300	43.17	124	58.917	288	45.59	122	58.714	417	10.03	85
18	43.483	527	35.45	121	35.755	292	44.41	114	59.205	281	44.37	91	59.131	411	10.88	109
28	44.010	507	36.66	152	36.047	279	45.55	100	59.486	269	43.46	57	59.542	398	11.97	129
Sept. 7	44.517	480	38.18	178	36.326	263	46.55	84	59.755	252	42.89	20	59.940	379	13.26	146
17	44.997	445	39.96	202	36.589	243	47.39	67	60.007	232	42.69	17	60.319	354	14.72	161
27	45.442	404	41.98	221	36.832	222	48.06	48	60.239	209	42.86	51	60.673	327	16.33	173
Okt. 7	45.846	358	44.19	237	37.054	197	48.54	30	60.448	183	43.37	83	61.000	294	18.06	181
17	46.204	306	46.56	248	37.251	171	48.84	14	60.631	156	44.20	111	61.294	258	19.87	187
27	46.510	248	49.04	254	37.422	143	48.98	2	60.787	126	45.31	134	61.552	218	21.74	190
Nov. 6	46.758	186	51.58	255	37.565	113	48.96	14	60.913	96	46.65	149	61.770	173	23.64	189
15*	[12] 46.944	119	54.13	250	[13] 37.678	81	48.82	25	[14] 61.009	64	48.14	158	61.943	126	25.53	184
25	47.063	49	56.63	238	37.759	48	48.57	33	61.073	30	49.72	162	[16] 62.069	74	27.37	175
Dez. 5	47.112	25	59.01	221	37.807	14	48.24	38	61.103	4	51.34	158	62.143	20	29.12	162
15	47.087	98	61.22	196	37.821	22	47.86	43	61.099	39	52.92	149	62.163	35	30.74	143
25	46.989	169	63.18	166	37.799	58	47.43	46	61.060	71	54.41	134	62.128	90	32.17	121
35	46.820		64.84		37.741		46.97		60.989		55.75		62.038		33.38	
Mittl. Ort	38.962		45.26		33.024		38.86		56.977		57.40		55.455		18.25	
sec δ, tg δ	+1.988		+ 1.718		+1.025		+ 0.227		+1.014		− 0.169		+1.485		+ 1.097	
a, *a′*	+4.9		+12.5		+3.3		+12.3		+2.9		+12.1		+4.3		+11.5	
b, *b′*	+0.07		− 0.78		+0.01		− 0.79		−0.01		− 0.80		+0.04		− 0.82	

[1] Die jährliche Parallaxe (0″305) ist bereits berücksichtigt.

* Bei Stern 131) lies Nov. 16.

Scheinbare Sternörter 1958

Obere Kulmination Greenwich

Tag	134) ν Persei AR.		134) ν Persei Dekl.		141) β Reticuli AR.		141) β Reticuli Dekl.		139) η Tauri AR.		139) η Tauri Dekl.		140) τ⁶ Eridani AR.		140) τ⁶ Eridani Dekl.	
1958	3h 42m		+42° 26′		3h 43m		−64° 55′		3h 44m		+23° 58′		3h 45m		−23° 22′	
	s		″		s		″		s		″		s		″	
Jan. 0	22.441	101	55.85	81	41.81	37	96.70	212	60.983	70	36.66	1	3.906	100	32.40	174
10	22.340	145	56.66	56	41.44	44	98.82	159	60.913	107	36.67	10	3.806	133	34.14	144
20	22.195	184	57.22	27	41.00	48	100.41	104	60.806	139	36.57	21	3.673	161	35.58	110
30	22.011	214	57.49	3	40.52	51	101.45	46	60.667	163	36.36	32	3.512	182	36.68	74
Febr. 9	21.797	232	57.46	33	40.01	52	101.91	12	60.504	180	36.04	42	3.330	196	37.42	36
19	21.565	237	57.13	63	39.49	53	101.79	68	60.324	186	35.62	53	3.134	201	37.78	1
März 1	21.328	231	56.50	89	38.96	50	101.11	123	60.138	182	35.09	60	2.933	197	37.77	38
11	21.097	210	55.61	112	38.46	47	99.88	173	59.956	167	34.49	65	2.736	182	37.39	74
21	20.887	177	54.49	130	37.99	43	98.15	218	59.789	141	33.84	66	2.554	159	36.65	110
31	20.710	133	53.19	141	37.56	36	95.97	258	59.648	107	33.18	64	2.395	128	35.55	142
April 10	20.577	82	51.78	147	37.20	29	93.39	293	59.541	65	32.54	58	2.267	90	34.13	172
20	20.495	24	50.31	145	36.91	21	90.46	320	59.476	19	31.96	48	2.177	47	32.41	199
30	20.471	37	48.86	138	36.70	13	87.26	340	59.457	31	31.48	35	2.130	0	30.42	222
Mai 10	20.508	98	47.48	124	36.57	3	83.86	353	59.488	81	31.13	19	2.130	48	28.20	241
20	20.606	157	46.24	106	36.54	6	80.33	357	59.569	130	30.94	1	2.178	95	25.79	253
30	20.763	211	45.18	85	36.60	15	76.76	353	59.699	175	30.93	18	2.273	139	23.26	261
Juni 9	20.974	260	44.33	60	36.75	23	73.23	339	59.874	216	31.11	37	2.412	181	20.65	262
19	21.234	302	43.73	34	36.98	31	69.84	318	60.090	250	31.48	56	2.593	217	18.03	256
29	21.536	335	43.39	7	37.29	39	66.66	287	60.340	278	32.04	71	2.810	247	15.47	242
Juli 9	21.871	360	43.32	19	37.68	45	63.79	249	60.618	298	32.75	84	3.057	270	13.05	223
19	22.231	377	43.51	44	38.13	49	61.30	203	60.916	312	33.59	96	3.327	288	10.82	196
29	22.608	385	43.95	68	38.62	53	59.27	150	61.228	319	34.55	104	3.615	297	8.86	162
Aug. 8	22.993	386	44.63	90	39.15	55	57.77	92	61.547	319	35.59	107	3.912	300	7.24	125
18	23.379	379	45.53	108	39.70	55	56.85	32	61.866	314	36.66	109	4.212	296	5.99	82
28	23.758	367	46.61	123	40.25	54	56.53	31	62.180	303	37.75	106	4.508	288	5.17	36
Sept. 7	24.125	350	47.84	137	40.79	51	56.84	94	62.483	288	38.81	101	4.796	272	4.81	11
17	24.475	328	49.21	147	41.30	47	57.78	154	62.771	271	39.82	95	5.068	253	4.92	57
27	24.803	303	50.68	154	41.77	41	59.32	209	63.042	250	40.77	86	5.321	230	5.49	101
Okt. 7	25.106	274	52.22	159	42.18	35	61.41	257	63.292	226	41.63	76	5.551	204	6.50	142
17	25.380	241	53.81	161	42.53	27	63.98	295	63.518	200	42.39	68	5.755	174	7.92	176
27	25.621	205	55.42	162	42.80	19	66.93	323	63.718	172	43.07	58	5.929	142	9.68	203
Nov. 6	25.826	165	57.04	160	42.99	10	70.16	339	63.890	141	43.65	49	6.071	108	11.71	222
16	25.991	122	58.64	154	43.09	1	73.55	343	64.031	107	44.14	41	6.179	72	13.93	233
25	[17] 26.113	76	60.18	145	[17] 43.10	9	76.98	333	[17] 64.138	71	44.55	33	[17] 6.251	35	16.26	234
Dez. 5	26.189	26	61.63	134	43.01	18	80.31	312	64.209	32	44.88	25	6.286	4	18.60	226
15	26.215	23	62.97	117	42.83	26	83.43	281	64.241	8	45.13	17	6.282	42	20.86	211
25	26.192	74	64.14	97	42.57	33	86.24	239	64.233	48	45.30	8	6.240	78	22.97	189
35	26.118		65.11		42.24		88.63		64.185		45.38		6.162		24.86	
Mittl. Ort	19.931		51.38		39.94		79.40		58.973		36.39		2.371		21.50	
sec δ, tg δ	+1.355		+ 0.915		+2.361		− 2.139		+1.094		+ 0.445		+1.089		− 0.432	
a, *a′*	+4.1		+11.3		+0.7		+11.2		+3.6		+11.1		+2.6		+11.1	
b, *b′*	+0.03		− 0.08		−0.08		− 0.83		+0.02		− 0.83		−0.02		− 0.83	

Scheinbare Sternörter 1958

Obere Kulmination Greenwich

Tag	138) γ Camelop. AR.		138) γ Camelop. Dekl.		146) γ Hydri AR.		146) γ Hydri Dekl.		143) 138 G.Eridani AR.		143) 138 G.Eridani Dekl.		1105) +57° 752 Caml AR.		1105) +57° 752 Caml Dekl.	
1958	3h 45m		+71° 12′		3h 47m		−74° 21′		3h 47m		−36° 19′		3h 50m		+57° 50′	
	s		″		s		″		s		″		s		″	
Jan. 0	58.69	32	28.61	200	54.64	66	82.84	207	54.391	135	48.33	202	21.224	157	74.73	152
10	58.37	43	30.61	157	53.98	74	84.91	155	54.256	170	50.35	162	21.067	220	76.25	117
20	57.94	50	32.18	109	53.24	80	86.46	98	54.086	201	51.97	120	20.847	274	77.42	77
30	57.44	57	33.27	56	52.44	86	87.44	39	53.885	223	53.17	74	20.573	314	78.19	35
Febr. 9	56.87	60	33.83	1	51.58	87	87.83	18	53.662	237	53.91	27	20.259	340	78.54	10
19	56.27	60	33.84	54	50.71	86	87.65	75	53.425	242	54.18	19	19.919	348	78.44	54
März 1	55.67	59	33.30	105	49.85	83	86.90	129	53.183	237	53.99	65	19.571	338	77.90	96
11	55.08	53	32.25	152	49.02	79	85.61	178	52.946	221	53.34	109	19.233	311	76.94	133
21	54.55	46	30.73	192	48.23	71	83.83	224	52.725	195	52.25	149	18.922	267	75.61	164
31	54.09	36	28.81	225	47.52	62	81.59	263	52.530	162	50.76	188	18.655	208	73.97	188
April 10	53.73	25	26.56	248	46.90	51	78.96	296	52.368	120	48.88	221	18.447	139	72.09	205
20	53.48	12	24.08	261	46.39	39	76.00	322	52.248	73	46.67	251	18.308	61	70.04	212
30	53.36	1	21.47	265	46.00	26	72.78	342	52.175	22	44.16	274	18.247	20	67.92	212
Mai 10	53.37	14	18.82	259	45.74	13	69.36	353	52.153	30	41.42	292	18.267	102	65.80	205
20	53.51	26	16.23	245	45.61	1	65.83	356	52.183	83	38.50	303	18.369	183	63.75	189
30	53.77	39	13.78	223	45.62	16	62.27	350	52.266	133	35.47	307	18.552	257	61.86	168
Juni 9	54.16	49	11.55	195	45.78	29	58.77	337	52.399	180	32.40	303	18.809	324	60.18	142
19	54.65	59	9.60	161	46.07	41	55.40	313	52.579	222	29.37	291	19.133	383	58.76	112
29	55.24	66	7.99	124	46.48	53	52.27	282	52.801	258	26.46	272	19.516	431	57.64	80
Juli 9	55.90	73	6.75	84	47.01	63	49.45	243	53.059	286	23.74	245	19.947	467	56.84	45
19	56.63	77	5.91	42	47.64	72	47.02	197	53.345	308	21.29	211	20.414	494	56.39	11
29	57.40	80	5.49	1	48.36	77	45.05	143	53.653	321	19.18	169	20.908	510	56.28	24
Aug. 8	58.20	81	5.50	43	49.13	81	43.62	86	53.974	327	17.49	122	21.418	514	56.52	57
18	59.01	81	5.93	83	49.94	83	42.76	24	54.301	325	16.27	71	21.932	511	57.09	89
28	59.82	79	6.76	122	50.77	81	42.52	38	54.626	317	15.56	18	22.443	499	57.98	118
Sept. 7	60.61	75	7.98	159	51.58	78	42.90	101	54.943	301	15.38	38	22.942	478	59.16	145
17	61.36	71	9.57	192	52.36	71	43.91	161	55.244	279	15.76	91	23.420	451	60.61	169
27	62.07	66	11.49	222	53.07	63	45.52	215	55.523	252	16.67	141	23.871	418	62.30	189
Okt. 7	62.73	59	13.71	248	53.70	52	47.67	262	55.775	222	18.08	187	24.289	379	64.19	207
17	63.32	51	16.19	268	54.22	40	50.29	300	55.997	186	19.95	226	24.668	334	66.26	221
27	63.83	42	18.87	284	54.62	26	53.29	327	56.183	148	22.21	255	25.002	283	68.47	230
Nov. 6	64.25	32	21.71	293	54.88	11	56.56	341	56.331	107	24.76	275	25.285	226	70.77	235
16	64.57	21	24.64	295	[18] 54.99	3	59.97	344	[18] 56.438	63	27.51	285	25.511	163	73.12	234
25	[17] 64.78	9	27.59	290	54.96	19	63.41	334	56.501	20	30.36	282	[19] 25.674	97	75.46	229
Dez. 5	64.87	2	30.49	277	54.77	33	66.75	311	56.521	25	33.18	271	25.771	26	77.75	217
15	64.85	15	33.26	254	54.44	47	69.86	278	56.496	68	35.89	251	25.797	47	79.92	197
25	64.70	26	35.80	225	53.97	58	72.64	236	56.428	111	38.40	222	25.750	118	81.89	173
35	64.44		38.05		53.39		75.00		56.317		40.62		25.632		83.62	
Mittl. Ort	53.33		20.08		52.12		65.06		52.851		34.88		17.786		68.28	
sec δ, tg δ	+3.104		+ 2.938		+3.711		− 3.574		+1.241		− 0.735		+1.879		+ 1.591	
a, a′	+6.3		+11.1		−0.9		+10.9		+2.2		+10.9		+4.9		+10.7	
b, b′	+0.11		− 0.83		−0.13		− 0.84		−0.03		− 0.84		+0.06		− 0.84	

Scheinbare Sternörter 1958

Obere Kulmination Greenwich

Tag	144) ζ Persei				147) ε Persei				149) γ Eridani				148) ξ Persei			
	AR.		Dekl.		AR.		Dekl.		AR.		Dekl.		AR.		Dekl.	
1958	$3^h\ 51^m$		+31° 45′		$3^h\ 55^m$		+39° 53′		$3^h\ 56^m$		−13° 37′		$3^h\ 56^m$		+35° 40′	
	s		″		s		″		s		″		s		″	
Jan. 0	31.370	73	39.43	38	4.145	82	28.52	76	5.709	76	45.27	151	16.336	75	21.04	57
10	31.297	113	39.81	21	4.063	129	29.28	54	5.633	109	46.78	129	16.261	117	21.61	39
20	31.184	149	40.02	4	3.934	168	29.82	30	5.524	139	48.07	103	16.144	155	22.00	18
30	31.035	176	40.06	16	3.766	199	30.12	3	5.385	162	49.10	76	15.989	185	22.18	5
Febr. 9	30.859	195	39.90	34	3.567	220	30.15	25	5.223	178	49.86	47	15.804	206	22.13	27
19	30.664	204	39.56	52	3.347	230	29.90	51	5.045	186	50.33	17	15.598	215	21.86	50
März 1	30.460	199	39.04	68	3.117	225	29.39	76	4.859	183	50.50	13	15.383	212	21.36	70
11	30.261	184	38.36	82	2.892	208	28.63	97	4.676	172	50.37	42	15.171	196	20.66	87
21	30.077	157	37.54	90	2.684	179	27.66	114	4.504	151	49.95	71	14.975	169	19.79	100
31	29.920	121	36.64	95	2.505	140	26.52	125	4.353	122	49.24	99	14.806	131	18.79	109
April 10	29.799	77	35.69	95	2.365	91	25.27	130	4.231	85	48.25	125	14.675	86	17.70	111
20	29.722	27	34.74	89	2.274	36	23.97	131	4.146	45	47.00	151	14.589	34	16.59	109
30	29.695	25	33.85	79	2.238	22	22.66	124	4.101	0	45.49	173	14.555	20	15.50	101
Mai 10	29.720	79	33.06	66	2.260	80	21.42	112	4.101	45	43.76	193	14.575	76	14.49	89
20	29.799	132	32.40	48	2.340	138	20.30	96	4.146	91	41.83	207	14.651	131	13.60	73
30	29.931	180	31.92	30	2.478	191	19.34	77	4.237	134	39.76	218	14.782	182	12.87	53
Juni 9	30.111	224	31.62	9	2.669	240	18.57	55	4.371	173	37.58	224	14.964	228	12.34	33
19	30.335	262	31.53	12	2.909	281	18.02	31	4.544	209	35.34	223	15.192	268	12.01	11
29	30.597	291	31.65	33	3.190	316	17.71	8	4.753	237	33.11	216	15.460	299	11.90	11
Juli 9	30.888	315	31.98	51	3.506	341	17.63	17	4.990	260	30.95	204	15.759	325	12.01	32
19	31.203	330	32.49	68	3.847	359	17.80	40	5.250	276	28.91	184	16.084	342	12.33	52
29	31.533	339	33.17	82	4.206	370	18.20	60	5.526	286	27.07	159	16.426	351	12.85	69
Aug. 8	31.872	340	33.99	94	4.576	373	18.80	79	5.812	290	25.48	129	16.777	354	13.54	84
18	32.212	336	34.93	102	4.949	369	19.59	95	6.102	287	24.19	94	17.131	351	14.38	96
28	32.548	326	35.95	108	5.318	359	20.54	109	6.389	280	23.25	57	17.482	341	15.34	106
Sept. 7	32.874	312	37.03	111	5.677	345	21.63	120	6.669	268	22.68	16	17.823	328	16.40	113
17	33.186	294	38.14	111	6.022	326	22.83	128	6.937	251	22.52	24	18.151	310	17.53	117
27	33.480	273	39.25	110	6.348	303	24.11	135	7.188	231	22.76	62	18.461	289	18.70	120
Okt. 7	33.753	249	40.35	108	6.651	277	25.46	138	7.419	208	23.38	99	18.750	264	19.90	120
17	34.002	221	41.43	104	6.928	247	26.84	141	7.627	183	24.37	130	19.014	236	21.10	120
27	34.223	192	42.47	99	7.175	214	28.25	141	7.810	155	25.67	156	19.250	204	22.30	118
Nov. 6	34.415	158	43.46	93	7.389	177	29.66	139	7.965	123	27.23	174	19.454	170	23.48	115
16	19 34.573	122	44.39	88	20 7.566	136	31.05	136	20 8.088	91	28.97	186	20 19.624	132	24.63	110
25	34.695	82	45.27	80	7.702	91	32.41	129	8.179	56	30.83	190	19.756	90	25.73	104
Dez. 5	34.777	39	46.07	72	7.793	44	33.70	119	8.235	20	32.73	187	19.846	45	26.77	95
15	34.816	4	46.79	61	7.837	6	34.89	106	8.255	18	34.60	177	19.891	1	27.72	83
25	34.812	48	47.40	48	7.831	56	35.95	90	8.237	55	36.37	162	19.890	48	28.55	69
35	34.764		47.88		7.775		36.85		8.182		37.99		19.842		29.24	
Mittl. Ort	29.159		37.86		1.676		25.55		4.085		36.33		13.998		19.00	
sec δ, tg δ	+1.176		+ 0.619		+1.303		+ 0.836		+1.029		− 0.242		+1.231		+ 0.718	
a, *a′*	+3.8		+10.7		+4.0		+10.4		+2.8		+10.3		+3.9		+10.3	
b, *b′*	+0.02		− 0.85		+0.03		− 0.86		−0.01		− 0.86		+0.02		− 0.86	

Scheinbare Sternörter 1958

Obere Kulmination Greenwich

Tag	150) λ Tauri				151) ν Tauri				153) 174 G. Eridani				152) 48 Persei			
	AR.		Dekl.		AR.		Dekl.		AR.		Dekl.		AR.		Dekl.	
1958	$3^h\ 58^m$		+12° 22′		$4^h\ 0^m$		+5° 52′		$4^h\ 3^m$		−27° 45′		$4^h\ 5^m$		+47° 35′	
	s		″		s		″		s		″		s		″	
Jan. 0	22.855	57	20.05	50	56.922	56	22.52	78	55.109	97	67.78	196	39.027	91	71.99	116
10	22.798	92	19.55	49	56.866	92	21.74	71	55.012	134	69.74	164	38.936	145	73.15	92
20	22.706	124	19.06	47	56.774	122	21.03	64	54.878	165	71.38	128	38.791	192	74.07	61
30	22.582	150	18.59	45	56.652	148	20.39	55	54.713	190	72.66	88	38.599	230	74.68	28
Febr. 9	22.432	168	18.14	43	56.504	165	19.84	46	54.523	207	73.54	47	38.369	255	74.96	6
19	22.264	176	17.71	40	56.339	175	19.38	35	54.316	215	74.01	7	38.114	267	74.90	40
März 1	22.088	174	17.31	36	56.164	173	19.03	25	54.101	214	74.08	35	37.847	265	74.50	73
11	21.914	163	16.95	30	55.991	162	18.78	12	53.887	202	73.73	74	37.582	248	73.77	102
21	21.751	142	16.65	21	55.829	142	18.66	2	53.685	182	72.99	112	37.334	216	72.75	127
31	21.609	111	16.44	12	55.687	113	18.68	16	53.503	151	71.87	148	37.118	173	71.48	146
April 10	21.498	74	16.32	1	55.574	77	18.84	33	53.352	114	70.39	181	36.945	120	70.02	158
20	21.424	32	16.33	16	55.497	36	19.17	50	53.238	72	68.58	210	36.825	60	68.44	164
30	21.392	14	16.49	31	55.461	9	19.67	68	53.166	25	66.48	235	36.765	5	66.80	163
Mai 10	21.406	61	16.80	48	55.470	55	20.35	85	53.141	24	64.13	255	36.770	72	65.17	155
20	21.467	107	17.28	64	55.525	100	21.20	102	53.165	73	61.58	269	36.842	136	63.62	142
30	21.574	150	17.92	80	55.625	142	22.22	116	53.238	119	58.89	277	36.978	197	62.20	123
Juni 9	21.724	190	18.72	95	55.767	181	23.38	128	53.357	163	56.12	278	37.175	253	60.97	102
19	21.914	223	19.67	106	55.948	215	24.66	137	53.520	203	53.34	273	37.428	301	59.95	77
29	22.137	251	20.73	115	56.163	243	26.03	142	53.723	236	50.61	259	37.729	341	59.18	51
Juli 9	22.388	272	21.88	120	56.406	264	27.45	143	53.959	263	48.02	238	38.070	373	58.67	24
19	22.660	287	23.08	121	56.670	279	28.88	138	54.222	284	45.64	210	38.443	396	58.43	4
29	22.947	296	24.29	119	56.949	288	30.26	130	54.506	297	43.54	175	38.839	410	58.47	30
Aug. 8	23.243	298	25.48	111	57.237	291	31.56	117	54.803	305	41.79	135	39.249	416	58.77	54
18	23.541	295	26.59	101	57.528	289	32.73	101	55.108	305	40.44	89	39.665	416	59.31	78
28	23.836	287	27.60	88	57.817	281	33.74	80	55.413	299	39.55	41	40.081	407	60.09	99
Sept. 7	24.123	275	28.48	71	58.098	270	34.54	57	55.712	287	39.14	9	40.488	394	61.08	117
17	24.398	260	29.19	53	58.368	256	35.11	34	55.999	271	39.23	60	40.882	375	62.25	133
27	24.658	242	29.72	35	58.624	237	35.45	9	56.270	249	39.83	107	41.257	352	63.58	146
Okt. 7	24.900	221	30.07	17	58.861	217	35.54	13	56.519	224	40.90	151	41.609	323	65.04	158
17	25.121	197	30.24	0	59.078	194	35.41	34	56.743	195	42.41	190	41.932	291	66.62	167
27	25.318	171	30.24	14	59.272	168	35.07	51	56.938	163	44.31	220	42.223	253	68.29	173
Nov. 6	25.489	143	30.10	26	59.440	140	34.56	66	57.101	127	46.51	242	42.476	211	70.02	176
16	25.632	111	29.84	35	59.580	109	33.90	75	57.228	89	48.93	254	42.687	164	71.78	176
25	$_{21}$25.743	78	29.49	41	$_{21}$59.689	75	33.15	82	$_{22}$57.317	50	51.47	257	$_{22}$42.851	112	73.54	172
Dez. 5	25.821	41	29.08	46	59.764	40	32.33	84	57.367	9	54.04	250	42.963	57	75.26	164
15	25.862	3	28.62	47	59.804	3	31.49	84	57.376	32	56.54	236	43.020	1	76.90	150
25	25.865	35	28.15	48	59.807	35	30.65	79	57.344	74	58.90	212	43.019	59	78.40	133
35	25.830		27.67		59.772		29.86		57.270		61.02		42.960		79.73	
Mittl. Ort	20.987		23.19		55.124		27.25		53.489		55.91		36.192		68.50	
sec δ, tg δ	+1.024		+ 0.219		+1.005		+ 0.103		+1.130		− 0.526		+1.483		+ 1.095	
a, *a′*	+3.3		+10.1		+3.2		+ 9.9		+2.5		+ 9.7		+4.4		+ 9.6	
b, *b′*	+0.01		− 0.86		0.00		− 0.87		−0.02		− 0.87		+0.03		− 0.88	

Obere Kulmination Greenwich

Tag	154) o^1 Eridani AR.		154) o^1 Eridani Dekl.		155) α Horologii AR.		155) α Horologii Dekl.	
1958	$4^h\ 9^m$		−6° 56′		$4^h\ 12^m$		−42° 23′	
	s		″		s		″	
Jan. 0	50.500	59	52.47	133	38.184	140	63.36	234
10	50.441	94	53.80	115	38.044	183	65.70	194
20	50.347	125	54.95	96	37.861	219	67.64	149
30	50.222	152	55.91	74	37.642	248	69.13	100
Febr. 9	50.070	170	56.65	52	37.394	268	70.13	51
19	49.900	180	57.17	28	37.126	277	70.64	0
März 1	49.720	181	57.45	4	36.849	276	70.64	49
11	49.539	171	57.49	–20	36.573	263	70.15	97
21	49.368	152	57.29	44	36.310	240	69.18	141
31	49.216	125	56.85	68	36.070	208	67.77	184
April 10	49.091	91	56.17	92	35.862	166	65.93	221
20	49.000	51	55.25	114	35.696	118	63.72	253
30	48.949	7	54.11	135	35.578	66	61.19	280
Mai 10	48.942	–38	52.76	155	35.512	10	58.39	301
20	48.980	83	51.21	170	35.502	–46	55.38	315
30	49.063	125	49.51	183	35.548	101	52.23	321
Juni 9	49.188	164	47.68	191	35.649	154	49.02	319
19	49.352	200	45.77	194	35.803	202	45.83	309
29	49.552	229	43.83	192	36.005	244	42.74	290
Juli 9	49.781	252	41.91	184	36.249	280	39.84	263
19	50.033	269	40.07	171	36.529	308	37.21	229
29	50.302	280	38.36	152	36.837	329	34.92	186
Aug. 8	50.582	286	36.84	127	37.166	342	33.06	139
18	50.868	285	35.57	99	37.508	347	31.67	85
28	51.153	279	34.58	67	37.855	343	30.82	28
Sept. 7	51.432	269	33.91	32	38.198	332	30.54	–29
17	51.701	255	33.59	3	38.530	314	30.83	88
27	51.956	238	33.62	38	38.844	289	31.71	143
Okt. 7	52.194	218	34.00	69	39.133	258	33.14	193
17	52.412	195	34.69	99	39.391	223	35.07	236
27	52.607	169	35.68	123	39.614	182	37.43	271
Nov. 6	52.776	141	36.91	140	39.796	137	40.14	296
16	52.917	109	38.31	153	39.933	90	43.10	309
25*	24 53.026	74	39.84	158	24 40.023	39	46.19	311
Dez. 5	53.100	39	41.42	158	40.062	–11	49.30	302
15	53.139	1	43.00	151	40.051	62	52.32	283
25	53.140	–37	44.51	139	39.989	111	55.15	254
35	53.103		45.90		39.878		57.69	
Mittl. Ort	48.783		44.66		36.469		49.19	
sec δ, tg δ	+1.007		− 0.122		+1.354		− 0.913	
a, *a′*	+2.9		+ 9.3		+2.0		+ 9.0	
b, *b′*	0.00		− 0.89		−0.03		− 0.89	

Tag	156) α Reticuli AR.		156) α Reticuli Dekl.		162) δ Tauri AR.		162) δ Tauri Dekl.	
1958	$4^h\ 13^m$		−62° 34′		$4^h\ 20^m$		+17° 26′	
	s		″		s		″	
Jan. 0	54.84	30	59.09	248	32.560	40	40.97	26
10	54.54	36	61.57	201	32.520	80	40.71	27
20	54.18	42	63.58	148	32.440	116	40.44	29
30	53.76	46	65.06	94	32.324	146	40.15	31
Febr. 9	53.30	48	66.00	36	32.178	169	39.84	34
19	52.82	49	66.36	–21	32.009	181	39.50	35
März 1	52.33	48	66.15	75	31.828	184	39.15	37
11	51.85	46	65.40	128	31.644	175	38.78	36
21	51.39	43	64.12	177	31.469	157	38.42	34
31	50.96	38	62.35	221	31.312	128	38.08	29
April 10	50.58	32	60.14	260	31.184	93	37.79	22
20	50.26	24	57.54	293	31.091	50	37.57	12
30	50.02	17	54.61	319	31.041	5	37.45	0
Mai 10	49.85	9	51.42	339	31.036	–43	37.45	14
20	49.76	0	48.03	349	31.079	90	37.59	29
30	49.76	9	44.54	351	31.169	135	37.88	43
Juni 9	49.85	16	41.03	346	31.304	176	38.31	58
19	50.01	24	37.57	330	31.480	212	38.89	70
29	50.25	32	34.27	306	31.692	242	39.59	82
Juli 9	50.57	37	31.21	274	31.934	268	40.41	89
19	50.94	43	28.47	232	32.202	285	41.30	94
29	51.37	47	26.15	184	32.487	296	42.24	96
Aug. 8	51.84	49	24.31	129	32.783	302	43.20	93
18	52.33	51	23.02	70	33.085	303	44.13	88
28	52.84	51	22.32	8	33.388	298	45.01	79
Sept. 7	53.35	49	22.24	–56	33.686	290	45.80	68
17	53.84	47	22.80	119	33.976	278	46.48	56
27	54.31	43	23.99	178	34.254	262	47.04	42
Okt. 7	54.74	37	25.77	231	34.516	244	47.46	29
17	55.11	31	28.08	275	34.760	222	47.75	17
27	55.42	24	30.83	311	34.982	198	47.92	6
Nov. 6	55.66	16	33.94	335	35.180	170	47.98	–4
16	55.82	7	37.29	346	35.350	138	47.94	10
25*	25 55.89	–1	40.75	345	26 35.488	104	47.84	16
Dez. 5	55.88	10	44.20	332	35.592	66	47.68	19
15	55.78	18	47.52	307	35.658	25	47.49	21
25	55.60	25	50.59	272	35.683	–16	47.28	22
35	55.35		53.31		35.667		47.06	
Mittl. Ort	52.72		42.79		30.544		44.17	
sec δ, tg δ	+2.171		− 1.927		+1.048		+ 0.314	
a, *a′*	+0.8		+ 9.0		+3.5		+ 8.4	
b, *b′*	−0.06		− 0.89		+0.01		− 0.91	

* Bei Stern 162) lies Nov. 26.

Scheinbare Sternörter 1958

Obere Kulmination Greenwich

Tag	164) ε Tauri AR.		164) ε Tauri Dekl.		171) α Doradus AR.		171) α Doradus Dekl.		168) α Tauri AR.		168) α Tauri Dekl.		169) ν Eridani AR.		169) ν Eridani Dekl.	
1958	$4^h\ 26^m$		$+19°\ 5'$		$4^h\ 33^m$		$-55°\ 7'$		$4^h\ 33^m$		$+16°\ 25'$		$4^h\ 34^m$		$-3°\ 26'$	
	s		″		s		″		s		″		s		″	
Jan. 0	11.686		16.94		7.216		67.16		32.493		31.15		14.920		20.60	
10	11.650	36	16.76	18	7.020	196	69.83	267	32.463	30	30.84	31	14.882	38	21.86	126
20	11.573	77	16.57	19	6.766	254	72.08	225	32.392	71	30.53	31	14.806	76	22.98	112
30	11.459	114	16.34	23	6.464	302	73.84	176	32.283	109	30.23	30	14.695	111	23.93	95
Febr. 9	11.313	146	16.08	26	6.123	341	75.08	124	32.142	141	29.92	31	14.553	142	24.69	76
19	11.144	169	15.79	29	5.754	369	75.78	70	31.977	165	29.60	32	14.388	165	25.25	56
März 1	10.961	183	15.45	34	5.370	384	75.93	15	31.797	180	29.28	32	14.210	178	25.61	36
11	10.775	186	15.09	36	4.985	385	75.53	40	31.611	186	28.96	32	14.027	183	25.76	15
21	10.596	179	14.72	37	4.612	373	74.61	92	31.432	179	28.65	31	13.849	178	25.71	5
31	10.435	161	14.34	38	4.264	348	73.19	142	31.270	162	28.37	28	13.687	162	25.44	27
April 10	10.302	133	14.00	34	3.952	312	71.31	188	31.134	136	28.13	24	13.549	138	24.96	48
20	10.204	98	13.72	28	3.687	265	69.01	230	31.032	102	27.97	16	13.443	106	24.26	70
30	10.149	55	13.52	20	3.477	210	66.36	265	30.970	62	27.90	7	13.375	68	23.36	90
Mai 10	10.139	10	13.43	9	3.330	147	63.41	295	30.953	17	27.95	5	13.349	26	22.26	110
20	10.177	38	13.46	3	3.250	80	60.22	319	30.983	30	28.12	17	13.367	18	20.97	129
30	10.263	86	13.63	17	3.240	10	56.87	335	31.060	77	28.43	31	13.429	62	19.52	145
Juni 9	10.394	131	13.95	32	3.299	59	53.45	342	31.182	122	28.88	45	13.534	105	17.94	158
19	10.567	173	14.41	46	3.425	126	50.04	341	31.345	163	29.46	58	13.680	146	16.26	168
29	10.777	210	15.00	59	3.616	191	46.73	331	31.545	200	30.16	70	13.861	181	14.53	173
Juli 9	11.018	241	15.71	71	3.865	249	43.60	313	31.776	231	30.96	80	14.074	213	12.80	173
19	11.284	266	16.50	79	4.167	302	40.75	285	32.033	257	31.83	87	14.312	238	11.12	168
29	11.569	285	17.35	85	4.512	345	38.26	249	32.310	277	32.73	90	14.570	258	9.53	159
Aug. 8	11.866	297	18.23	88	4.892	380	36.21	205	32.600	290	33.63	90	14.842	272	8.10	143
18	12.170	304	19.10	87	5.297	405	34.68	153	32.898	298	34.51	88	15.122	280	6.88	122
28	12.476	306	19.93	83	5.716	419	33.71	97	33.198	300	35.32	81	15.405	283	5.91	97
Sept. 7	12.777	301	20.69	76	6.140	424	33.35	36	33.496	298	36.03	71	15.686	281	5.22	69
17	13.071	294	21.36	67	6.557	417	33.61	26	33.787	291	36.63	60	15.961	275	4.85	37
27	13.354	283	21.93	57	6.957	400	34.50	89	34.068	281	37.09	46	16.226	265	4.80	5
Okt. 7	13.622	268	22.37	44	7.329	372	35.99	149	34.336	268	37.41	32	16.478	252	5.07	27
17	13.872	250	22.70	33	7.664	335	38.04	205	34.587	251	37.59	18	16.713	235	5.64	57
27	14.102	230	22.92	22	7.955	291	40.57	253	34.818	231	37.64	5	16.928	215	6.50	86
Nov. 6	14.307	205	23.04	12	8.193	238	43.49	292	35.027	209	37.58	6	17.120	192	7.59	109
16	14.484	177	23.08	4	8.371	178	46.70	321	35.208	181	37.43	15	17.285	165	8.86	127
26	28 14.631	147	23.05	3	29 8.485	114	50.09	339	30 35.358	150	37.21	22	30 17.420	135	10.25	139
Dez. 5	14.742	111	22.98	7	8.531	46	53.52	343	35.475	117	36.95	26	17.521	101	11.70	145
15	14.814	72	22.89	9	8.509	22	56.88	336	35.553	78	36.67	28	17.585	64	13.16	146
25	14.845	31	22.77	12	8.418	91	60.05	317	35.590	37	36.38	29	17.611	26	14.58	142
35	14.834	11	22.63	14	8.260	158	62.93	288	35.585	5	36.09	29	17.596	15	15.90	132
Mittl. Ort	9.627		20.13		5.165		52.08		30.455		35.23		13.095		12.86	
sec δ, tg δ	+1.058		+ 0.346		+1.749		− 1.435		+1.043		+ 0.295		+1.002		− 0.060	
a, *a′*	+3.5		+ 8.0		+1.3		+ 7.4		+3.4		+ 7.4		+3.0		+ 7.3	
b, *b′*	+0.01		− 0.92		−0.04		− 0.93		+0.01		− 0.93		0.00		− 0.93	

Scheinbare Sternörter 1958

Obere Kulmination Greenwich

Tag	172) 53 Eridani AR.	Δ	172) 53 Eridani Dekl.	Δ	174) τ Tauri AR.	Δ	174) τ Tauri Dekl.	Δ	173) Grb 848 Caml AR.	Δ	173) Grb 848 Caml Dekl.	Δ	175) 4 Camelopard. AR.	Δ	175) 4 Camelopard. Dekl.	Δ
1958	4h 36m		−14° 22′		4h 39m		+22° 52′		4h 43m		+75° 51′		4h 44m		+56° 40′	
	s		″		s		″		s		″		s		″	
Jan. 0	17.104	48	75.18	174	45.388	26	37.78	3	16.15	26	69.92	256	33.297	70	67.28	178
10	17.056	88	76.92	151	45.362	69	37.81	0	15.89	43	72.48	223	33.227	144	69.06	153
20	16.968	123	78.43	126	45.293	109	37.81	5	15.46	57	74.71	183	33.083	211	70.59	124
30	16.845	153	79.69	97	45.184	144	37.76	12	14.89	68	76.54	136	32.872	266	71.83	88
Febr. 9	16.692	176	80.66	68	45.040	171	37.64	19	14.21	77	77.90	82	32.606	309	72.71	49
19	16.516	189	81.34	37	44.869	188	37.45	26	13.44	81	78.72	27	32.297	336	73.20	8
März 1	16.327	195	81.71	6	44.681	193	37.19	33	12.63	83	78.99	29	31.961	344	73.28	34
11	16.132	189	81.77	24	44.488	188	36.86	38	11.80	80	78.70	84	31.617	334	72.94	74
21	15.943	174	81.53	55	44.300	172	36.48	43	11.00	74	77.86	135	31.283	307	72.20	109
31	15.769	150	80.98	84	44.128	145	36.05	44	10.26	64	76.51	179	30.976	264	71.11	141
April 10	15.619	118	80.14	112	43.983	110	35.61	42	9.62	52	74.72	216	30.712	207	69.70	167
20	15.501	81	79.02	138	43.873	69	35.19	38	9.10	38	72.56	245	30.505	141	68.03	184
30	15.420	38	77.64	162	43.804	22	34.81	29	8.72	22	70.11	264	30.364	66	66.19	195
Mai 10	15.382	6	76.02	183	43.782	26	34.52	20	8.50	5	67.47	274	30.298	12	64.24	199
20	15.388	52	74.19	200	43.808	74	34.32	8	8.45	12	64.73	274	30.310	90	62.25	196
30	15.440	95	72.19	212	43.882	121	34.24	5	8.57	28	61.99	267	30.400	165	60.29	185
Juni 9	15.535	137	70.07	220	44.003	165	34.29	19	8.85	43	59.32	252	30.565	236	58.44	170
19	15.672	174	67.87	222	44.168	204	34.48	32	9.28	58	56.80	229	30.801	301	56.74	150
29	15.846	207	65.65	218	44.372	236	34.80	44	9.86	71	54.51	201	31.102	357	55.24	126
Juli 9	16.053	234	63.47	206	44.608	264	35.24	55	10.57	81	52.50	168	31.459	404	53.98	100
19	16.287	256	61.41	190	44.872	285	35.79	63	11.38	91	50.82	131	31.863	441	52.98	72
29	16.543	271	59.51	166	45.157	299	36.42	68	12.29	98	49.51	93	32.304	470	52.26	42
Aug. 8	16.814	281	57.85	137	45.456	308	37.10	71	13.27	102	48.58	52	32.774	488	51.84	13
18	17.095	285	56.48	103	45.764	312	37.81	70	14.29	106	48.06	10	33.262	499	51.71	16
28	17.380	284	55.45	64	46.076	310	38.51	67	15.35	107	47.96	32	33.761	501	51.87	44
Sept. 7	17.664	279	54.81	24	46.386	305	39.18	62	16.42	106	48.28	72	34.262	495	52.31	72
17	17.943	268	54.57	17	46.691	295	39.80	55	17.48	103	49.00	113	34.757	482	53.03	98
27	18.211	254	54.74	59	46.986	282	40.35	47	18.51	99	50.13	151	35.239	462	54.01	121
Okt. 7	18.465	237	55.33	98	47.268	266	40.82	40	19.50	93	51.64	186	35.701	436	55.22	143
17	18.702	216	56.31	132	47.534	247	41.22	32	20.43	84	53.50	218	36.137	403	56.65	164
27	18.918	191	57.63	161	47.781	223	41.54	24	21.27	74	55.68	246	36.540	362	58.29	180
Nov. 6	19.109	162	59.24	183	48.004	196	41.78	20	22.01	62	58.14	270	36.902	313	60.09	194
16	19.271	130	61.07	199	48.200	164	41.98	16	22.63	49	60.84	286	37.215	258	62.03	205
26	19.401	95	63.06	206	48.364	128	42.14	13	23.12	34	63.70	296	37.473	194	64.08	210
Dez. 5	30 19.496	56	65.12	205	1 48.492	89	42.27	11	2 23.46	17	66.66	298	2 37.667	124	66.18	210
15	19.552	17	67.17	198	48.581	45	42.38	10	23.63	0	69.64	290	37.791	50	68.28	204
25	19.569	24	69.15	183	48.626	1	42.48	7	23.63	17	72.54	273	37.841	27	70.32	191
35	19.545		70.98		48.627		42.55		23.46		75.27		37.814		72.23	
Mittl. Ort	15.327		65.50		43.225		41.08		8.78		66.82		29.747		66.05	
sec δ, tg δ	+1.032		−0.256		+1.085		+0.422		+4.096		+3.972		+1.821		+1.521	
a, *a′*	+2.8		+7.2		+3.6		+6.9		+8.1		+6.6		+5.0		+6.5	
b, *b′*	−0.01		−0.93		+0.01		−0.94		+0.09		−0.94		+0.03		−0.95	

Scheinbare Sternörter 1958

Obere Kulmination Greenwich

Tag	178) α Camelopard. AR.		178) α Camelopard. Dekl.		180) π^5 Orionis AR.		180) π^5 Orionis Dekl.		181) ι Aurigae AR.		181) ι Aurigae Dekl.		183) ε Aurigae AR.		183) ε Aurigae Dekl.	
1958	$4^h\ 49^m$		$+66°\ 16'$		$4^h\ 52^m$		$+2°\ 22'$		$4^h\ 54^m$		$+33°\ 5'$		$4^h\ 58^m$		$+43°\ 45'$	
	s		″		s		″		s		″		s		″	
Jan. 0	56.26	11	29.06	223	5.588	20	17.09	104	17.683	16	62.67	60	59.803	20	46.03	119
10	56.15	21	31.29	196	5.568	61	16.05	93	17.667	66	63.27	52	59.783	79	47.22	104
20	55.94	31	33.25	161	5.507	98	15.12	80	17.601	112	63.79	40	59.704	134	48.26	85
30	55.63	38	34.86	120	5.409	132	14.32	66	17.489	153	64.19	25	59.570	180	49.11	63
Febr. 9	55.25	44	36.06	74	5.277	158	13.66	51	17.336	185	64.44	9	59.390	218	49.74	37
19	54.81	47	36.80	25	5.119	175	13.15	37	17.151	206	64.53	8	59.172	243	50.11	7
März 1	54.34	48	37.05	24	4.944	182	12.78	22	16.945	215	64.45	27	58.929	254	50.18	21
11	53.86	48	36.81	72	4.762	180	12.56	6	16.730	212	64.18	43	58.675	251	49.97	49
21	53.38	44	36.09	117	4.582	167	12.50	9	16.518	197	63.75	58	58.424	234	49.48	74
31	52.94	38	34.92	156	4.415	146	12.59	26	16.321	170	63.17	70	58.190	204	48.74	96
April 10	52.56	31	33.36	188	4.269	115	12.85	43	16.151	133	62.47	78	57.986	162	47.78	114
20	52.25	22	31.48	213	4.154	78	13.28	59	16.018	89	61.69	82	57.824	112	46.64	126
30	52.03	12	29.35	230	4.076	38	13.87	77	15.929	40	60.87	82	57.712	57	45.38	133
Mai 10	51.91	2	27.05	238	4.038	6	14.64	93	15.889	12	60.05	78	57.655	3	44.05	133
20	51.89	9	24.67	238	4.044	51	15.57	108	15.901	65	59.27	69	57.658	63	42.72	130
30	51.98	19	22.29	231	4.095	93	16.65	122	15.966	116	58.58	59	57.721	122	41.42	121
Juni 9	52.17	28	19.98	216	4.188	133	17.87	132	16.082	164	57.99	47	57.843	177	40.21	109
19	52.45	37	17.82	197	4.321	171	19.19	139	16.246	207	57.52	32	58.020	228	39.12	93
29	52.82	45	15.85	171	4.492	203	20.58	142	16.453	245	57.20	17	58.248	272	38.19	75
Juli 9	53.27	52	14.14	142	4.695	229	22.00	141	16.698	276	57.03	2	58.520	309	37.44	56
19	53.79	57	12.72	111	4.924	251	23.41	135	16.974	302	57.01	11	58.829	339	36.88	36
29	54.36	61	11.61	76	5.175	267	24.76	124	17.276	320	57.12	23	59.168	361	36.52	17
Aug. 8	54.97	64	10.85	42	5.442	277	26.00	109	17.596	332	57.35	35	59.529	377	36.35	2
18	55.61	67	10.43	6	5.719	282	27.09	90	17.928	338	57.70	43	59.906	387	36.37	19
28	56.28	67	10.37	30	6.001	283	27.99	67	18.266	340	58.13	50	60.293	390	36.56	37
Sept. 7	56.95	66	10.67	64	6.284	280	28.66	41	18.606	336	58.63	55	60.683	387	36.93	52
17	57.61	65	11.31	98	6.564	273	29.07	14	18.942	329	59.18	59	61.070	380	37.45	66
27	58.26	62	12.29	130	6.837	262	29.21	14	19.271	318	59.77	62	61.450	367	38.11	80
Okt. 7	58.88	59	13.59	160	7.099	248	29.07	40	19.589	302	60.39	63	61.817	351	38.91	91
17	59.47	54	15.19	186	7.347	230	28.67	63	19.891	283	61.02	66	62.168	328	39.82	103
27	60.01	49	17.05	211	7.577	210	28.04	84	20.174	259	61.68	67	62.496	301	40.85	113
Nov. 6	60.50	41	19.16	231	7.787	185	27.20	100	20.433	229	62.35	69	62.797	267	41.98	122
16	60.91	34	21.47	245	7.972	155	26.20	111	20.662	196	63.04	71	63.064	227	43.20	129
26	61.25	25	23.92	255	8.127	123	25.09	117	20.858	157	63.75	72	63.291	181	44.49	134
Dez. 5*	^{4}61.50	16	26.47	257	^{4}8.250	87	23.92	118	^{5}21.015	112	64.47	72	$_{6}$63.472	130	45.83	135
15	61.66	5	29.04	251	8.337	46	22.74	115	21.127	64	65.19	70	63.602	73	47.18	133
25	61.71	5	31.55	238	8.383	5	21.59	107	21.191	14	65.89	66	63.675	14	48.51	128
35	61.66		33.93		8.388		20.52		21.205		66.55		63.689		49.79	
Mittl. Ort	51.56		27.40		3.666		24.36		15.256		65.33		57.002		47.64	
sec δ, tg δ	+2.485		+2.275		+1.001		+0.041		+1.194		+0.652		+1.385		+0.958	
a, *a′*	+6.0		+6.0		+3.1		+5.9		+3.9		+5.7		+4.3		+5.3	
b, *b′*	+0.05		−0.95		0.00		−0.96		+0.01		−0.96		+0.02		−0.96	

* Bei Stern 183) lies Dez. 6.

Obere Kulmination Greenwich

Tag	182) β Camelopard. AR.		182) Dekl.		184) ι Tauri AR.		184) Dekl.		185) η Aurigae AR.		185) Dekl.		186) ε Leporis AR.		186) Dekl.	
1958	$4^h\ 59^m$		+60° 22′		$5^h\ 0^m$		+21° 31′		$5^h\ 3^m$		+41° 10′		$5^h\ 3^m$		−22° 25′	
	s		″		s		″		s		″		s		″	
Jan. 0	44.26	6	60.63	201	37.104	6	49.50	3	36.589	13	44.89	106	42.763	38	45.13	218
10	44.20	14	62.64	179	37.098	52	49.47	4	36.576	68	45.95	93	42.725	81	47.31	193
20	44.06	22	64.43	149	37.046	95	49.43	6	36.508	122	46.88	78	42.644	122	49.24	163
30	43.84	29	65.92	114	36.951	133	49.37	8	36.386	169	47.66	57	42.522	157	50.87	128
Febr. 9	43.55	34	67.06	74	36.818	162	49.29	13	36.217	205	48.23	34	42.365	184	52.15	93
19	43.21	37	67.80	30	36.656	183	49.16	19	36.012	230	48.57	8	42.181	203	53.08	56
März 1	42.84	39	68.10	— 15	36.473	193	48.97	23	35.782	243	48.65	— 18	41.978	211	53.64	18
11	42.45	38	67.95	58	36.280	191	48.74	28	35.539	241	48.47	43	41.767	211	53.82	— 20
21	42.07	36	67.37	98	36.089	179	48.46	31	35.298	225	48.04	66	41.556	199	53.62	56
31	41.71	31	66.39	135	35.910	156	48.15	33	35.073	197	47.38	86	41.357	179	53.06	91
April 10	41.40	26	65.04	164	35.754	124	47.82	32	34.876	159	46.52	103	41.178	150	52.15	125
20	41.14	18	63.40	188	35.630	84	47.50	28	34.717	111	45.49	113	41.028	114	50.90	155
30	40.96	11	61.52	204	35.546	41	47.22	22	34.606	58	44.36	119	40.914	72	49.35	183
Mai 10	40.85	2	59.48	212	35.505	— 6	47.00	14	34.548	1	43.17	120	40.842	29	47.52	208
20	40.83	— 6	57.36	213	35.511	53	46.86	4	34.547	— 57	41.97	116	40.813	— 17	45.44	227
30	40.89	15	55.23	206	35.564	100	46.82	— 8	34.604	114	40.81	108	40.830	62	43.17	241
Juni 9	41.04	23	53.17	195	35.664	143	46.90	19	34.718	167	39.73	96	40.892	106	40.76	250
19	41.27	30	51.22	177	35.807	183	47.09	31	34.885	215	38.77	82	40.998	146	38.26	251
29	41.57	37	49.45	155	35.990	218	47.40	40	35.100	258	37.95	66	41.144	183	35.75	247
Juli 9	41.94	42	47.90	130	36.208	246	47.80	49	35.358	295	37.29	48	41.327	215	33.28	234
19	42.36	46	46.60	101	36.454	270	48.29	55	35.653	324	36.81	30	41.542	241	30.94	215
29	42.82	51	45.59	72	36.724	287	48.84	59	35.977	346	36.51	13	41.783	261	28.79	188
Aug. 8	43.33	53	44.87	42	37.011	298	49.43	59	36.323	362	36.38	— 4	42.044	277	26.91	155
18	43.86	54	44.45	10	37.309	306	50.02	58	36.685	371	36.42	19	42.321	287	25.36	117
28	44.40	55	44.35	— 21	37.615	307	50.60	53	37.056	375	36.61	33	42.608	291	24.19	73
Sept. 7	44.95	55	44.56	50	37.922	305	51.13	47	37.431	373	36.94	47	42.899	290	23.46	— 27
17	45.50	54	45.06	80	38.227	299	51.60	38	37.804	367	37.41	59	43.189	285	23.19	22
27	46.04	53	45.86	108	38.526	289	51.98	30	38.171	356	38.00	69	43.474	274	23.41	70
Okt. 7	46.57	50	46.94	134	38.815	277	52.28	21	38.527	341	38.69	79	43.748	259	24.11	115
17	47.07	46	48.28	158	39.092	259	52.49	13	38.868	320	39.48	89	44.007	240	25.26	157
27	47.53	42	49.86	180	39.351	239	52.62	7	39.188	295	40.37	97	44.247	216	26.83	192
Nov. 6	47.95	37	51.66	198	39.590	214	52.69	2	39.483	263	41.34	105	44.463	187	28.75	220
16	48.32	30	53.64	213	39.804	183	52.71	— 1	39.746	225	42.39	112	44.650	155	30.95	240
26	48.62	24	55.77	222	39.987	149	52.70	3	39.971	182	43.51	117	44.805	117	33.35	250
Dez. 6	$_6$48.86	16	57.99	227	$_6$40.136	110	52.67	2	$_7$40.153	132	44.68	119	$_7$44.922	77	35.85	252
15	49.02	8	60.26	224	40.246	66	52.65	2	40.285	79	45.87	117	44.999	33	38.37	244
25	49.10	— 1	62.50	213	40.312	21	52.63	1	40.364	22	47.04	113	45.032	— 11	40.81	230
35	49.09		64.63		40.333		52.62		40.386		48.17		45.021		43.11	
Mittl. Ort	40.33		60.48		34.922		54.24		33.885		47.19		40.901		34.18	
sec δ, tg δ	+2.023		+1.759		+1.075		+0.395		+1.329		+0.875		+1.082		−0.413	
a, *a′*	+5.3		+5.2		+3.6		+5.1		+4.2		+4.9		+2.5		+4.9	
b, *b′*	+0.03		−0.97		+0.01		−0.97		+0.01		−0.97		−0.01		−0.97	

Scheinbare Sternörter 1958

Obere Kulmination Greenwich

Tag	188) β Eridani AR.		188) β Eridani Dekl.		192) μ Aurigae AR.		192) μ Aurigae Dekl.		194) β Orionis AR.		194) β Orionis Dekl.		193) α Aurigae AR.		193) α Aurigae Dekl.	
1958	$5^h\ 5^m$		−5° 8′		$5^h\ 10^m$		+38° 26′		$5^h\ 12^m$		−8° 14′		$5^h\ 13^m$		+45° 57′	
	s		″		s		″		s		″		s		″	
Jan. 0	48.879	14	30.00	145	35.620	2	8.88	92	32.980	12	64.75	162	37.868	5	24.57	132
10	48.865	56	31.45	129	35.618	57	9.80	83	32.968	54	66.37	144	37.863	67	25.89	120
20	48.809	96	32.74	110	35.561	110	10.63	69	32.914	94	67.81	123	37.796	126	27.09	102
30	48.713	130	33.84	89	35.451	156	11.32	53	32.820	130	69.04	100	37.670	178	28.11	79
Febr. 9	48.583	158	34.73	68	35.295	192	11.85	32	32.690	158	70.04	76	37.492	220	28.90	53
19	48.425	177	35.41	45	35.103	219	12.17	10	32.532	179	70.80	50	37.272	249	29.43	23
März 1	48.248	187	35.86	23	34.884	232	12.27	13	32.353	189	71.30	24	37.023	264	29.66	7
11	48.061	186	36.09	0	34.652	231	12.14	35	32.164	190	71.54	1	36.759	265	29.59	38
21	47.875	176	36.09	23	34.421	219	11.79	57	31.974	180	71.53	26	36.494	251	29.21	66
31	47.699	157	35.86	45	34.202	193	11.22	74	31.794	162	71.27	52	36.243	223	28.55	91
April 10	47.542	128	35.41	67	34.009	157	10.48	89	31.632	135	70.75	76	36.020	183	27.64	113
20	47.414	93	34.74	89	33.852	113	9.59	99	31.497	100	69.99	99	35.837	133	26.51	128
30	47.321	54	33.85	110	33.739	61	8.60	104	31.397	62	69.00	121	35.704	77	25.23	139
Mai 10	47.267	11	32.75	128	33.678	7	7.56	105	31.335	20	67.79	141	35.627	17	23.84	143
20	47.256	32	31.47	144	33.671	48	6.51	101	31.315	24	66.38	159	35.610	45	22.41	143
30	47.288	75	30.03	159	33.719	102	5.50	94	31.339	66	64.79	173	35.655	106	20.98	137
Juni 9	47.363	116	28.44	168	33.821	154	4.56	83	31.405	108	63.06	182	35.761	164	19.61	127
19	47.479	153	26.76	173	33.975	202	3.73	70	31.513	146	61.24	187	35.925	217	18.34	114
29	47.632	187	25.03	174	34.177	243	3.03	56	31.659	179	59.37	188	36.142	263	17.20	98
Juli 9	47.819	215	23.29	170	34.420	278	2.47	41	31.838	209	57.49	182	36.405	305	16.22	80
19	48.034	238	21.59	160	34.698	308	2.06	25	32.047	233	55.67	170	36.710	338	15.42	60
29	48.272	256	19.99	144	35.006	330	1.81	9	32.280	252	53.97	153	37.048	364	14.82	41
Aug. 8	48.528	269	18.55	123	35.336	345	1.72	4	32.532	266	52.44	130	37.412	383	14.41	22
18	48.797	277	17.32	97	35.681	356	1.76	17	32.798	275	51.14	102	37.795	396	14.19	2
28	49.074	280	16.35	68	36.037	361	1.93	29	33.073	280	50.12	70	38.191	403	14.17	16
Sept. 7	49.354	279	15.67	35	36.398	360	2.22	39	33.353	279	49.42	35	38.594	403	14.33	33
17	49.633	273	15.32	1	36.758	356	2.61	48	33.632	276	49.07	3	38.997	398	14.66	50
27	49.906	265	15.31	33	37.114	346	3.09	57	33.908	268	49.10	39	39.395	389	15.16	66
Okt. 7	50.171	253	15.64	66	37.460	332	3.66	64	34.176	256	49.49	75	39.784	374	15.82	81
17	50.424	237	16.30	96	37.792	315	4.30	72	34.432	241	50.24	107	40.158	353	16.63	94
27	50.661	216	17.26	122	38.107	290	5.02	79	34.673	221	51.31	136	40.511	326	17.57	108
Nov. 6	50.877	192	18.48	142	38.397	261	5.81	86	34.894	196	52.67	158	40.837	294	18.65	121
16	51.069	163	19.90	156	38.658	226	6.67	92	35.090	168	54.25	173	41.131	253	19.86	130
26	51.232	131	21.46	164	38.884	185	7.59	98	35.258	135	55.98	183	41.384	207	21.16	138
Dez. 6	$_{8}$51.363	93	23.10	165	$_{9}$39.069	138	8.57	100	$_{9}$35.393	98	57.81	184	$_{10}$41.591	153	22.54	143
15	51.456	53	24.75	161	39.207	86	9.57	100	35.491	57	59.65	179	41.744	94	23.97	144
25	51.509	11	26.36	151	39.293	31	10.57	98	35.548	14	61.44	169	41.838	32	25.41	140
35	51.520		27.87		39.324		11.55		35.562		63.13		41.870		26.81	
Mittl. Ort	46.975		21.27		33.005		12.07		31.073		55.50		34.950		27.16	
sec δ, tg δ	+1.004		−0.090		+1.277		+0.794		+1.010		−0.145		+1.438		+1.034	
a, *a′*	+3.0		+4.7		+4.1		+4.3		+2.9		+4.1		+4.4		+4.0	
b, *b′*	0.00		−0.97		+0.01		−0.98		0.00		−0.98		+0.01		−0.98	

Obere Kulmination Greenwich

Tag	196) ϑ Doradus AR.		196) ϑ Doradus Dekl.		191) 19 H. Camelop. AR.		191) 19 H. Camelop. Dekl.		201) γ Orionis AR.		201) γ Orionis Dekl.		202) β Tauri AR.		202) β Tauri Dekl.	
1958	$5^h 13^m$		−67° 13′		$5^h 15^m$		+79° 10′		$5^h 22^m$		+6° 18′		$5^h 23^m$		+28° 34′	
	s		″		s		″		s		″		s		″	
Jan. 0	50.00	27	71.55	309	45.34	22	75.73	283	54.607	9	39.73	90	40.422	16	20.56	37
10	49.73	36	74.64	271	45.12	44	78.56	258	54.616	36	38.83	80	40.438	36	20.93	35
20	49.37	45	77.35	227	44.68	65	81.14	224	54.580	78	38.03	69	40.402	83	21.28	31
30	48.92	51	79.62	176	44.03	82	83.38	180	54.502	115	37.34	57	40.319	127	21.59	23
Febr. 9	48.41	56	81.38	123	43.21	95	85.18	130	54.387	146	36.77	45	40.192	163	21.82	14
19	47.85	59	82.61	68	42.26	105	86.48	75	54.241	170	36.32	34	40.029	189	21.96	3
März 1	47.26	61	83.29	11	41.21	109	87.23	18	54.071	182	35.98	22	39.840	204	21.99	10
11	46.65	61	83.40	43	40.12	109	87.41	40	53.889	185	35.76	11	39.636	206	21.89	21
21	46.04	58	82.97	96	39.03	104	87.01	96	53.704	177	35.65	1	39.430	198	21.68	33
31	45.46	55	82.01	147	37.99	94	86.05	146	53.527	158	35.66	12	39.232	177	21.35	43
April 10	44.91	49	80.54	193	37.05	80	84.59	190	53.369	133	35.78	26	39.055	146	20.92	49
20	44.42	43	78.61	234	36.25	64	82.69	227	53.236	99	36.04	39	38.909	109	20.43	54
30	43.99	34	76.27	271	35.61	45	80.42	255	53.137	60	36.43	52	38.800	64	19.89	54
Mai 10	43.65	26	73.56	300	35.16	24	77.87	273	53.077	18	36.95	66	38.736	16	19.35	52
20	43.39	17	70.56	323	34.92	3	75.14	284	53.059	25	37.61	79	38.720	32	18.83	46
30	43.22	6	67.33	338	34.89	18	72.30	284	53.084	68	38.40	91	38.752	82	18.37	40
Juni 9	43.16	3	63.95	344	35.07	39	69.46	276	53.152	109	39.31	101	38.834	128	17.97	30
19	43.19	13	60.51	341	35.46	58	66.70	262	53.261	147	40.32	109	38.962	170	17.67	20
29	43.32	22	57.10	329	36.04	76	64.08	240	53.408	181	41.41	113	39.132	209	17.47	10
Juli 9	43.54	31	53.81	307	36.80	93	61.68	212	53.589	210	42.54	113	39.341	242	17.37	0
19	43.85	39	50.74	277	37.73	106	59.56	180	53.799	234	43.67	110	39.583	268	17.37	9
29	44.24	46	47.97	238	38.79	117	57.76	145	54.033	254	44.77	102	39.851	289	17.46	16
Aug. 8	44.70	52	45.59	190	39.96	127	56.31	105	54.287	268	45.79	91	40.140	306	17.62	22
18	45.22	56	43.69	136	41.23	133	55.26	64	54.555	277	46.70	75	40.446	316	17.84	26
28	45.78	58	42.33	76	42.56	137	54.62	22	54.832	283	47.45	56	40.762	322	18.10	27
Sept. 7	46.36	59	41.57	12	43.93	139	54.40	20	55.115	284	48.01	34	41.084	324	18.37	28
17	46.95	59	41.45	52	45.32	137	54.60	64	55.399	282	48.35	11	41.408	322	18.65	28
27	47.54	57	41.97	117	46.69	134	55.24	105	55.681	276	48.46	13	41.730	315	18.93	26
Okt. 7	48.11	52	43.14	178	48.03	128	56.29	145	55.957	266	48.33	36	42.045	305	19.19	25
17	48.63	47	44.92	233	49.31	119	57.74	184	56.223	253	47.97	56	42.350	291	19.44	25
27	49.10	39	47.25	281	50.50	108	59.58	218	56.476	236	47.41	75	42.641	272	19.69	24
Nov. 6	49.49	31	50.06	317	51.58	93	61.76	249	56.712	214	46.66	89	42.913	248	19.93	26
16	49.80	22	53.23	344	52.51	77	64.25	274	56.926	187	45.77	98	43.161	218	20.19	28
26	50.02	11	56.67	358	53.28	57	66.99	293	57.113	156	44.79	103	43.379	182	20.47	31
Dez. 6	$_{10}$50.13	0	60.25	358	$_{10}$53.85	37	69.92	303	$_{12}$57.269	119	43.76	103	$_{12}$43.561	141	20.78	35
15	50.13	10	63.83	348	54.22	14	72.95	305	57.388	79	42.73	100	43.702	95	21.13	38
25	50.03	21	67.31	325	54.36	9	76.00	296	57.467	35	41.73	93	43.797	46	21.51	39
35	49.82		70.56		54.27		78.96		57.502		40.80		43.843		21.90	
Mittl. Ort	46.97		57.51		35.81		75.91		52.586		47.48		38.066		25.81	
sec δ, tg δ	+2.584		−2.383		+5.331		+5.236		+1.006		+0.111		+1.139		+0.545	
a, *a*′	0.0		+4.0		+9.9		+3.9		+3.2		+3.2		+3.8		+3.2	
b, *b*′	−0.03		−0.98		+0.07		−0.98		0.00		−0.99		+0.01		−0.99	

Scheinbare Sternörter 1958

Obere Kulmination Greenwich

Tag	203) 17 Camelopard. AR.		Dekl.		206) δ Orionis AR.		Dekl.		207) α Leporis AR.		Dekl.		212) β Doradus AR.		Dekl.	
1958	$5^h\ 26^m$		+63° 1′		$5^h\ 29^m$		—0° 19′		$5^h\ 30^m$		—17° 50′		$5^h\ 33^m$		—62° 30′	
	s		″		s		″		s		″		s		″	
Jan. 0	16.03	2	63.74	222	53.530	11	51.77	128	54.519	7	73.97	213	18.28	17	74.27	325
10	16.01	12	65.96	204	53.541	–34	53.05	114	54.512	52	76.10	192	18.11	26	77.52	292
20	15.89	20	68.00	180	53.507	76	54.19	98	54.460	95	78.02	165	17.85	33	80.44	251
30	15.69	29	69.80	147	53.431	114	55.17	81	54.365	133	79.67	135	17.52	39	82.95	204
Febr. 9	15.40	35	71.27	108	53.317	145	55.98	63	54.232	164	81.02	104	17.13	45	84.99	152
19	15.05	40	72.35	65	53.172	169	56.61	44	54.068	188	82.06	70	16.68	48	86.51	99
März 1	14.65	42	73.00	19	53.003	183	57.05	26	53.880	202	82.76	36	16.20	50	87.50	43
11	14.23	43	73.19	–26	52.820	187	57.31	9	53.678	205	83.12	2	15.70	50	87.93	–12
21	13.80	41	72.93	71	52.633	179	57.40	–10	53.473	198	83.14	–32	15.20	49	87.81	65
31	13.39	37	72.22	112	52.454	163	57.30	28	53.275	182	82.82	65	14.71	46	87.16	117
April 10	13.02	32	71.10	147	52.291	138	57.02	46	53.093	157	82.17	96	14.25	42	85.99	165
20	12.70	25	69.63	177	52.153	106	56.56	64	52.936	125	81.21	125	13.83	37	84.34	209
30	12.45	16	67.86	200	52.047	69	55.92	82	52.811	88	79.96	152	13.46	31	82.25	248
Mai 10	12.29	8	65.86	215	51.978	28	55.10	98	52.723	46	78.44	176	13.15	23	79.77	282
20	12.21	–1	63.71	222	51.950	–15	54.12	113	52.677	3	76.68	196	12.92	16	76.95	308
30	12.22	10	61.49	223	51.965	57	52.99	126	52.674	41	74.72	213	12.76	8	73.87	327
Juni 9	12.32	19	59.26	216	52.022	98	51.73	136	52.715	83	72.59	223	12.68	–1	70.60	338
19	12.51	27	57.10	205	52.120	135	50.37	142	52.798	123	70.36	228	12.69	9	67.22	340
29	12.78	35	55.05	187	52.255	170	48.95	145	52.921	160	68.08	227	12.78	17	63.82	333
Juli 9	13.13	41	53.18	165	52.425	199	47.50	143	53.081	192	65.81	218	12.95	24	60.49	316
19	13.54	47	51.53	140	52.624	225	46.07	137	53.273	219	63.63	204	13.19	32	57.33	289
29	14.01	51	50.13	113	52.849	245	44.70	125	53.492	242	61.59	182	13.51	37	54.44	254
Aug. 8	14.52	55	49.00	83	53.094	260	43.45	108	53.734	260	59.77	154	13.88	42	51.90	210
18	15.07	58	48.17	52	53.354	271	42.37	87	53.994	273	58.23	120	14.30	47	49.80	158
28	15.65	59	47.65	21	53.625	277	41.50	62	54.267	282	57.03	80	14.77	49	48.22	100
Sept. 7	16.24	60	47.44	11	53.902	280	40.88	34	54.549	284	56.23	38	15.26	51	47.22	37
17	16.84	60	47.55	43	54.182	279	40.54	4	54.833	284	55.85	–7	15.77	51	46.85	27
27	17.44	58	47.98	74	54.461	274	40.50	–26	55.117	279	55.92	52	16.28	49	47.12	92
Okt. 7	18.02	57	48.72	104	54.735	266	40.76	54	55.396	269	56.44	96	16.77	47	48.04	155
17	18.59	53	49.76	132	55.001	253	41.30	82	55.665	254	57.40	137	17.24	43	49.59	213
27	19.12	50	51.08	160	55.254	236	42.12	105	55.919	236	58.77	172	17.67	37	51.72	264
Nov. 6	19.62	44	52.68	184	55.490	214	43.17	123	56.155	211	60.49	200	18.04	31	54.36	305
16	20.06	38	54.52	205	55.704	188	44.40	136	56.366	182	62.49	221	18.35	24	57.41	336
26	20.44	31	56.57	221	55.892	157	45.76	144	56.548	147	64.70	234	18.59	16	60.77	355
Dez. 6	$_{13}$20.75	22	58.78	231	$_{14}$56.049	121	47.20	144	$_{14}$56.695	108	67.04	238	$_{15}$18.75	6	64.32	362
15	20.97	14	61.09	235	56.170	80	48.64	141	56.803	66	69.42	234	18.81	3	67.94	356
25	21.11	3	63.44	231	56.250	37	50.05	133	56.869	21	71.76	221	18.78	11	71.50	339
35	21.14		65.75		56.287		51.38		56.890		73.97		18.67		74.89	
Mittl. Ort	11.76		66.00		51.548		43.10		52.583		63.59		15.44		61.35	
sec δ, tg δ	+2.205		+1.966		+1.000		—0.006		+1.051		—0.322		+2.167		—1.922	
a, *a′*	+5.7		+2.9		+3.1		+2.6		+2.6		+2.5		+0.5		+2.3	
b, *b′*	+0.02		—0.99		0.00		—0.99		0.00		—0.99		—0.01		—0.99	

Obere Kulmination Greenwich

Tag	209) ι Orionis				210) ε Orionis				205) Grb 966 Caml				211) ζ Tauri			
	AR.		Dekl.		AR.		Dekl.		AR.		Dekl.		AR.		Dekl.	
1958	5h 33m		−5° 56′		5h 34m		−1° 13′		5h 34m		+75° 0′		5h 35m		+21° 6′	
	s		″		s		″		s		″		s		″	
Jan. 0	24.581	9	18.62	158	6.822	14	46.74	134	12.84	7	69.86	274	10.177	26	60.55	7
10	24.590	–35	20.20	142	6.836	–31	48.08	119	12.77	24	72.60	256	10.203	–22	60.48	3
20	24.555	78	21.62	122	6.805	74	49.27	103	12.53	39	75.16	226	10.181	69	60.45	1
30	24.477	116	22.84	100	6.731	112	50.30	85	12.14	53	77.42	188	10.112	112	60.44	1
Febr. 9	24.361	148	23.84	78	6.619	144	51.15	66	11.61	65	79.30	111	10.000	148	60.43	3
19	24.213	172	24.62	54	6.475	168	51.81	47	10.96	72	80.74	93	9.852	174	60.40	5
März 1	24.041	186	25.16	31	6.307	183	52.28	27	10.24	77	81.67	39	9.678	190	60.35	9
11	23.855	190	25.47	7	6.124	187	52.55	9	9.47	79	82.06	16	9.488	195	60.26	13
21	23.665	183	25.54	16	5.937	181	52.64	10	8.68	75	81.90	69	9.293	189	60.13	17
31	23.482	168	25.38	40	5.756	165	52.54	29	7.93	70	81.21	119	9.104	171	59.96	20
April 10	23.314	144	24.98	62	5.591	141	52.25	48	7.23	61	80.02	164	8.933	145	59.76	21
20	23.170	112	24.36	83	5.450	109	51.77	67	6.62	50	78.38	202	8.788	110	59.55	20
30	23.058	75	23.53	104	5.341	72	51.10	84	6.12	36	76.36	232	8.678	69	59.35	17
Mai 10	22.983	35	22.49	124	5.269	32	50.26	101	5.76	22	74.04	254	8.609	26	59.18	12
20	22.948	7	21.25	141	5.237	–11	49.25	117	5.54	6	71.50	267	8.583	–20	59.06	5
30	22.955	50	19.84	154	5.248	52	48.08	129	5.48	9	68.83	271	8.603	66	59.01	–3
Juni 9	23.005	90	18.30	165	5.300	93	46.79	140	5.57	24	66.12	268	8.669	110	59.04	11
19	23.095	128	16.65	171	5.393	131	45.39	146	5.81	39	63.44	258	8.779	150	59.15	19
29	23.223	163	14.94	172	5.524	166	43.93	149	6.20	52	60.86	240	8.929	186	59.34	27
Juli 9	23.386	194	13.22	168	5.690	196	42.44	146	6.72	64	58.46	217	9.115	218	59.61	33
19	23.580	219	11.54	159	5.886	221	40.98	139	7.36	74	56.29	190	9.333	245	59.94	37
29	23.799	240	9.95	144	6.107	241	39.59	127	8.10	84	54.39	157	9.578	266	60.31	39
Aug. 8	24.039	257	8.51	123	6.348	258	38.32	110	8.94	91	52.82	123	9.844	283	60.70	38
18	24.296	268	7.28	98	6.606	269	37.22	89	9.85	96	51.59	86	10.127	294	61.08	36
28	24.564	276	6.30	69	6.875	276	36.33	62	10.81	100	50.73	47	10.421	301	61.44	30
Sept. 7	24.840	279	5.61	35	7.151	280	35.71	34	11.81	102	50.26	8	10.722	305	61.74	23
17	25.119	278	5.26	1	7.431	279	35.37	3	12.83	102	50.18	33	11.027	304	61.97	14
27	25.397	274	5.25	–34	7.710	274	35.34	–27	13.85	101	50.51	73	11.331	300	62.11	6
Okt. 7	25.671	266	5.59	69	7.984	267	35.61	58	14.86	97	51.24	112	11.631	292	62.17	2
17	25.937	253	6.28	100	8.251	255	36.19	85	15.83	91	52.36	149	11.923	281	62.15	10
27	26.190	236	7.28	128	8.506	239	37.04	110	16.74	85	53.85	185	12.204	264	62.05	16
Nov. 6	26.426	215	8.56	150	8.745	217	38.14	128	17.59	75	55.70	217	12.468	243	61.89	19
16	26.641	188	10.06	166	8.962	191	39.42	142	18.34	64	57.87	244	12.711	216	61.70	20
26	26.829	156	11.72	175	9.153	160	40.84	149	18.98	51	60.31	266	12.927	183	61.50	18
Dez. 6	$_{15}$26.985	120	13.47	177	$_{15}$9.313	124	42.33	151	$_{15}$19.49	36	62.97	280	$_{15}$13.110	145	61.32	16
15	27.105	79	15.24	173	9.437	84	43.84	147	19.85	19	65.77	287	13.255	102	61.16	11
25	27.184	36	16.97	164	9.521	40	45.31	139	20.04	3	68.64	283	13.357	55	61.05	7
35	27.220		18.61		9.561		46.70		20.07		71.47		13.412		60.98	
Mittl. Ort	22.621		9.33		4.838		37.89		5.77		72.22		7.955		67.27	
sec δ, tg δ	+1.005		−0.104		+1.000		−0.021		+3.869		+3.737		+1.072		+0.386	
a, *a′*	+2.9		+2.3		+3.0		+2.3		+8.0		+2.2		+3.6		+2.2	
b, *b′*	0.00		−0.99		0.00		−0.99		+0.03		−0.99		0.00		−0.99	

Scheinbare Sternörter 1958

Obere Kulmination Greenwich

Tag	215) α Columbae AR.		215) α Columbae Dekl.		216) o Aurigae AR.		216) o Aurigae Dekl.		219) ζ Leporis AR.		219) ζ Leporis Dekl.		220) κ Orionis AR.		220) κ Orionis Dekl.	
1958	5h 38m		−34° 5′		5h 42m		+49° 48′		5h 45m		−14° 50′		5h 45m		−9° 40′	
	s		″		s		″		s		″		s		″	
Jan. 0	9.636		54.93		41.754		31.96		5.025		20.91		47.767		69.13	
10	9.607	29	57.72	279	41.784	30	33.55	159	5.035	10	22.98	207	47.784	17	70.95	182
20	9.528	79	60.24	252	41.745	39	35.06	151	4.999	36	24.84	186	47.755	29	72.58	163
30	9.401	127	62.42	218	41.638	107	36.42	136	4.920	79	26.46	162	47.682	73	74.00	142
Febr. 9	9.231	170	64.21	179	41.469	169	37.57	115	4.800	120	27.80	134	47.570	112	75.18	118
19	9.027	204	65.59	138	41.249	220	38.46	89	4.646	154	28.85	105	47.424	146	76.10	92
März 1	8.797	230	66.53	94	40.991	258	39.04	58	4.468	178	29.58	73	47.252	172	76.75	65
11	8.552	245	67.01	48	40.708	283	39.30	26	4.273	195	30.00	42	47.065	187	77.13	38
21	8.302	250	67.03	2	40.417	291	39.22	8	4.072	201	30.11	11	46.871	194	77.24	11
31	8.058	244	66.61	42	40.134	283	38.81	41	3.876	196	29.90	21	46.681	190	77.08	16
April 10	7.830	228	65.76	85	39.874	260	38.09	72	3.694	182	29.39	51	46.505	176	76.66	42
20	7.629	201	64.50	126	39.649	225	37.09	100	3.535	159	28.59	80	46.352	153	75.98	68
30	7.461	168	62.86	164	39.472	177	35.86	123	3.406	129	27.51	108	46.229	123	75.06	92
Mai 10	7.333	128	60.87	199	39.351	121	34.46	140	3.313	93	26.16	135	46.142	87	73.91	115
20	7.249	84	58.59	228	39.291	60	32.94	152	3.259	54	24.59	157	46.094	48	72.55	136
30	7.213	36	56.06	253	39.295	4	31.35	159	3.247	12	22.81	178	46.087	7	71.01	154
Juni 9	7.225	12	53.34	272	39.363	68	29.76	159	3.278	31	20.87	194	46.122	35	69.32	169
19	7.284	59	50.50	284	39.494	131	28.21	155	3.350	72	18.82	205	46.198	76	67.52	180
29	7.390	106	47.62	288	39.683	189	26.74	147	3.462	112	16.71	211	46.313	115	65.65	187
Juli 9	7.538	148	44.77	285	39.925	242	25.39	135	3.610	148	14.60	211	46.463	150	63.78	187
19	7.725	187	42.04	273	40.215	290	24.19	120	3.790	180	12.54	206	46.644	181	61.95	183
29	7.947	222	39.51	253	40.545	330	23.16	103	3.998	208	10.61	193	46.853	209	60.22	173
Aug. 8	8.199	252	37.27	224	40.909	364	22.32	84	4.230	232	8.87	174	47.085	232	58.66	156
18	8.474	275	35.38	189	41.299	390	21.68	64	4.482	252	7.39	148	47.335	250	57.32	134
28	8.767	293	33.92	146	41.709	410	21.24	44	4.747	265	6.22	117	47.598	263	56.26	106
Sept. 7	9.073	306	32.95	97	42.132	423	21.00	24	5.022	275	5.41	81	47.871	273	55.52	74
17	9.386	313	32.51	44	42.562	430	20.96	4	5.303	281	5.00	41	48.150	279	55.14	38
27	9.700	314	32.63	12	42.995	433	21.12	16	5.586	283	5.02	2	48.430	280	55.14	0
Okt. 7	10.008	308	33.31	68	43.423	428	21.49	37	5.866	280	5.47	45	48.707	277	55.53	39
17	10.305	297	34.53	122	43.841	418	22.05	56	6.138	272	6.33	86	48.978	271	56.30	77
27	10.585	280	36.26	173	44.243	402	22.81	76	6.399	261	7.59	126	49.238	260	57.41	111
Nov. 6	10.842	257	38.44	218	44.621	378	23.76	95	6.643	244	9.19	160	49.482	244	58.83	142
16	11.069	227	40.99	255	44.968	347	24.89	113	6.866	223	11.07	188	49.705	223	60.51	168
26	11.260	191	43.81	282	45.275	307	26.19	130	7.061	195	13.16	209	49.902	197	62.37	186
Dez. 6	11.410	150	46.81	300	45.534	259	27.63	144	7.223	162	15.38	222	50.068	166	64.34	197
16	11.515	105	49.87	306	45.737	203	29.18	155	[18] 7.348	125	17.65	227	[18] 50.197	129	66.35	201
25	[16] 11.570	55	52.90	303	[17] 45.878	141	30.80	162	7.431	83	19.89	224	50.285	88	68.32	197
35	11.573	3	55.79	289	45.950	72	32.44	164	7.469	38	22.02	213	50.329	44	70.20	188
Mittl. Ort	7.598		43.44		38.627		36.73		3.059		10.80		45.796		59.39	
sec δ, tg δ	+1.208		−0.677		+1.550		+1.184		+1.034		−0.265		+1.014		−0.171	
a, *a′*	+2.2		+1.9		+4.7		+1.5		+2.7		+1.3		+2.8		+1.2	
b, *b′*	0.00		−1.00		+0.01		−1.00		0.00		−1.00		0.00		−1.00	

Scheinbare Sternörter 1958

Obere Kulmination Greenwich

Tag	224) α Orionis				225) δ Aurigae				227) β Aurigae				1162) +33° 1209 Auri			
	AR.		Dekl.		AR.		Dekl.		AR.		Dekl.		AR.		Dekl.	
1958	5h 52m		+7° 23′		5h 56m		+54° 16′		5h 56m		+44° 56′		5h 57m		+33° 7′	
	s		″		s		″		s		″		s		″	
Jan. 0	55.879	38	54.57	90	7.450	49	56.42	184	29.679	52	37.01	132	31.110	52	61.97	64
10	55.917	10	53.67	79	7.499	30	58.26	176	29.731	14	38.33	130	31.162	4	62.61	65
20	55.907	56	52.88	67	7.469	106	60.02	163	29.717	78	39.63	120	31.158	59	63.26	63
30	55.851	97	52.21	55	7.363	176	61.65	141	29.639	136	40.83	105	31.099	108	63.89	56
Febr. 9	55.754	132	51.66	43	7.187	235	63.06	113	29.503	187	41.88	85	30.991	152	64.45	46
19	55.622	160	51.23	31	6.952	281	64.19	81	29.316	226	42.73	61	30.839	186	64.91	33
März 1	55.462	178	50.92	20	6.671	311	65.00	45	29.090	251	43.34	33	30.653	208	65.24	17
11	55.284	186	50.72	10	6.360	324	65.45	7	28.839	262	43.67	4	30.445	218	65.41	1
21	55.098	183	50.62	1	6.036	320	65.52	31	28.577	259	43.71	24	30.227	215	65.42	16
31	54.915	169	50.63	11	5.716	299	65.21	66	28.318	241	43.47	51	30.012	201	65.26	32
April 10	54.746	147	50.74	22	5.417	262	64.55	99	28.077	211	42.96	76	29.811	175	64.94	45
20	54.599	117	50.96	33	5.155	214	63.56	127	27.866	170	42.20	98	29.636	139	64.49	57
30	54.482	81	51.29	45	4.941	156	62.29	150	27.696	121	41.22	113	29.497	98	63.92	64
Mai 10	54.401	42	51.74	56	4.785	91	60.79	167	27.575	66	40.09	125	29.399	51	63.28	69
20	54.359	1	52.30	67	4.694	22	59.12	177	27.509	8	38.84	132	29.348	2	62.59	71
30	54.358	42	52.97	78	4.672	49	57.35	182	27.501	49	37.52	134	29.346	48	61.88	69
Juni 9	54.400	83	53.75	87	4.721	117	55.53	181	27.550	106	36.18	131	29.394	96	61.19	64
19	54.483	121	54.62	93	4.838	182	53.72	176	27.656	161	34.87	126	29.490	142	60.55	59
29	54.604	156	55.55	97	5.020	242	51.96	165	27.817	209	33.61	117	29.632	183	59.96	52
Juli 9	54.760	187	56.52	98	5.262	295	50.31	151	28.026	253	32.44	105	29.815	220	59.44	43
19	54.947	214	57.50	95	5.557	343	48.80	135	28.279	292	31.39	92	30.035	251	59.01	36
29	55.161	236	58.45	88	5.900	382	47.45	115	28.571	323	30.47	78	30.286	278	58.65	28
Aug. 8	55.397	253	59.33	77	6.282	415	46.30	94	28.894	349	29.69	63	30.564	300	58.37	21
18	55.650	267	60.10	62	6.697	440	45.36	72	29.243	369	29.06	47	30.864	316	58.16	14
28	55.917	277	60.72	45	7.137	459	44.64	49	29.612	384	28.59	32	31.180	328	58.02	10
Sept. 7	56.194	283	61.17	24	7.596	470	44.15	26	29.996	393	28.27	17	31.508	335	57.92	5
17	56.477	285	61.41	2	8.066	475	43.89	2	30.389	397	28.10	1	31.843	339	57.87	2
27	56.762	284	61.43	21	8.541	474	43.87	23	30.786	396	28.09	14	32.182	339	57.85	2
Okt. 7	57.046	279	61.22	43	9.015	466	44.10	47	31.182	390	28.23	30	32.521	334	57.87	7
17	57.325	270	60.79	63	9.481	451	44.57	71	31.572	378	28.53	46	32.855	324	57.94	11
27	57.595	257	60.16	81	9.932	427	45.28	95	31.950	360	28.99	63	33.179	310	58.05	17
Nov. 6	57.852	238	59.35	93	10.359	394	46.23	118	32.310	334	29.62	79	33.489	289	58.22	25
16	58.090	215	58.42	102	10.753	352	47.41	139	32.644	300	30.41	94	33.778	261	58.47	33
26	58.305	184	57.40	107	11.105	300	48.80	158	32.944	258	31.35	109	34.039	226	58.80	41
Dez. 6	58.489	149	56.33	106	11.405	240	50.38	173	33.202	209	32.44	121	34.265	185	59.21	50
16	$_{20}$58.638	109	55.27	102	$_{20}$11.645	170	52.11	183	$_{21}$33.411	152	33.65	130	$_{21}$34.450	137	59.71	58
25	58.747	64	54.25	94	11.815	95	53.94	187	33.563	90	34.95	135	34.587	85	60.29	64
35	58.811		53.31		11.910		55.81		33.653		36.30		34.672		60.93	
Mittl. Ort	53.811		63.21		4.051		62.11		26.802		43.28		28.631		69.08	
sec δ, tg δ	+1.008		+0.130		+1.713		+1.391		+1.413		+0.998		+1.194		+0.653	
a, *a′*	+3.2		+0.6		+4.9		+0.3		+4.4		+0.3		+3.9		+0.2	
b, *b′*	0.00		−1.00		0.00		−1.00		0.00		−1.00		0.00		−1.00	

Scheinbare Sternörter 1958

Obere Kulmination Greenwich

Tag	229) η Columbae AR.		229) η Columbae Dekl.		232) ν Orionis AR.		232) ν Orionis Dekl.		1168) κ Aurigae AR.		1168) κ Aurigae Dekl.		234) 22 H. Camelop. AR.		234) 22 H. Camelop. Dekl.	
1958	5h 57m		−42° 48′		6h 5m		+14° 46′		6h 12m		+29° 30′		6h 14m		+69° 19′	
	s		″		s		″		s		″		s		″	
Jan. 0	53.800	29	71.17	314	12.511	53	21.95	49	44.453	68	47.17	40	18.47	8	70.01	256
10	53.771	86	74.31	289	12.564	4	21.46	40	44.521	13	47.57	45	18.55	5	72.57	250
20	53.685	141	77.20	255	12.568	44	21.06	31	44.534	41	48.02	46	18.50	18	75.07	233
30	53.544	190	79.75	214	12.524	89	20.75	23	44.493	92	48.48	44	18.32	29	77.40	207
Febr. 9	53.354	231	81.89	170	12.435	127	20.52	17	44.401	136	48.92	40	18.03	39	79.47	173
19	53.123	263	83.59	123	12.308	157	20.35	11	44.265	171	49.32	31	17.64	47	81.20	131
März 1	52.860	283	84.82	74	12.151	178	20.24	8	44.094	195	49.63	20	17.17	53	82.51	85
11	52.577	292	85.56	24	11.973	188	20.16	5	43.899	208	49.83	8	16.64	56	83.36	35
21	52.285	288	85.80	25	11.785	187	20.11	2	43.691	208	49.91	5	16.08	56	83.71	14
31	51.997	275	85.55	74	11.598	176	20.09	1	43.483	196	49.86	17	15.52	53	83.57	64
April 10	51.722	251	84.81	119	11.422	154	20.10	4	43.287	175	49.69	29	14.99	49	82.93	110
20	51.471	217	83.62	161	11.268	125	20.14	9	43.112	143	49.40	38	14.50	42	81.83	150
30	51.254	177	82.01	201	11.143	89	20.23	14	42.969	105	49.02	45	14.08	33	80.33	186
Mai 10	51.077	130	80.00	235	11.054	50	20.37	20	42.864	62	48.57	49	13.75	23	78.47	213
20	50.947	81	77.65	264	11.004	8	20.57	27	42.802	15	48.08	51	13.52	12	76.34	233
30	50.866	29	75.01	286	10.996	34	20.84	34	42.787	31	47.57	50	13.40	2	74.01	247
Juni 9	50.837	24	72.15	301	11.030	76	21.18	41	42.818	78	47.07	47	13.38	10	71.54	252
19	50.861	75	69.14	308	11.106	116	21.59	47	42.896	121	46.60	43	13.48	20	69.02	251
29	50.936	124	66.06	307	11.222	152	22.06	51	43.017	161	46.17	37	13.68	31	66.51	243
Juli 9	51.060	171	62.99	297	11.374	184	22.57	54	43.178	198	45.80	33	13.99	40	64.08	229
19	51.231	212	60.02	278	11.558	212	23.11	54	43.376	229	45.47	27	14.39	48	61.79	211
29	51.443	250	57.24	250	11.770	236	23.65	50	43.605	257	45.20	23	14.87	56	59.68	188
Aug. 8	51.693	282	54.74	213	12.006	255	24.15	44	43.862	279	44.97	20	15.43	62	57.80	161
18	51.975	307	52.61	169	12.261	270	24.59	36	44.141	296	44.77	17	16.05	68	56.19	132
28	52.282	327	50.92	118	12.531	282	24.95	24	44.437	310	44.60	16	16.73	71	54.87	100
Sept. 7	52.609	339	49.74	62	12.813	289	25.19	11	44.747	320	44.44	15	17.44	74	53.87	66
17	52.948	345	49.12	3	13.102	294	25.30	4	45.067	326	44.29	15	18.18	76	53.21	30
27	53.293	344	49.09	58	13.396	294	25.26	20	45.393	328	44.14	16	18.94	76	52.91	6
Okt. 7	53.637	335	49.67	118	13.690	292	25.06	34	45.721	326	43.98	15	19.70	76	52.97	42
17	53.972	318	50.85	175	13.982	284	24.72	47	46.047	320	43.83	13	20.46	73	53.39	80
27	54.290	293	52.60	225	14.266	273	24.25	58	46.367	308	43.70	9	21.19	70	54.19	117
Nov. 6	54.583	262	54.85	267	14.539	256	23.67	66	46.675	290	43.61	5	21.89	64	55.36	151
16	54.845	222	57.52	301	14.795	232	23.01	69	46.965	265	43.56	3	22.53	58	56.87	184
26	55.067	175	60.53	324	15.027	204	22.32	69	47.230	234	43.59	11	23.11	49	58.71	212
Dez. 6	55.242	124	63.77	335	15.231	168	21.63	66	47.464	195	43.70	20	23.60	39	60.83	234
16	55.366	67	67.12	335	15.399	126	20.97	60	47.659	150	43.90	30	23.99	28	63.17	251
25	[21] 55.433	8	70.47	324	[23] 15.525	81	20.37	52	[25] 47.809	99	44.20	38	[25] 24.27	16	65.68	259
35	55.441		73.71		15.606		19.85		47.908		44.58		24.43		68.27	
Mittl. Ort	51.568		59.94		10.361		30.58		42.067		55.45		13.26		76.75	
sec δ, tg δ	+1.363		−0.927		+1.034		+0.264		+1.149		+0.566		+2.834		+2.652	
a, *a′*	+1.8		+0.2		+3.4		−0.5		+3.8		−1.1		+6.6		−1.2	
b, *b′*	0.00		−1.00		0.00		−1.00		0.00		−1.00		−0.01		−1.00	

Obere Kulmination Greenwich

Tag	240) ζ Canis maj.				241) μ Geminorum				243) β Canis maj.				244) 8 ε Monocerotis			
	AR.		Dekl.		AR.		Dekl.		AR.		Dekl.		AR.		Dekl.	
1958	6h 18m		−30° 2′		6h 20m		+22° 32′		6h 20m		−17° 55′		6h 21m		+4° 36′	
	s		″		s		″		s		″		s		″	
Jan. 0	44.077	23	46.93	285	27.391	73	3.95	5	52.968	41	71.79	235	34.559	63	47.28	113
10	44.100	29	49.78	265	27.464	20	3.90	4	53.009	7	74.14	216	34.622	14	46.15	101
20	44.071	79	52.43	236	27.484	31	3.94	10	53.002	55	76.30	192	34.636	34	45.14	85
30	43.992	126	54.79	202	27.453	79	4.04	14	52.947	100	78.22	164	34.602	78	44.29	70
Febr. 9	43.866	167	56.81	165	27.374	122	4.18	16	52.847	138	79.86	133	34.524	116	43.59	54
19	43.699	198	58.46	125	27.252	157	4.34	15	52.709	169	81.19	100	34.408	148	43.05	39
März 1	43.501	221	59.71	83	27.095	181	4.49	11	52.540	190	82.19	67	34.260	171	42.66	25
11	43.280	232	60.54	41	26.914	194	4.60	6	52.350	203	82.86	32	34.089	182	42.41	11
21	43.048	234	60.95	2	26.720	195	4.66	1	52.147	204	83.18	1	33.907	184	42.30	2
31	42.814	225	60.93	44	26.525	186	4.67	4	51.943	195	83.17	35	33.723	176	42.32	15
April 10	42.589	206	60.49	84	26.339	167	4.63	10	51.748	178	82.82	66	33.547	158	42.47	28
20	42.383	179	59.65	122	26.172	138	4.53	13	51.570	152	82.16	97	33.389	133	42.75	41
30	42.204	146	58.43	158	26.034	104	4.40	15	51.418	121	81.19	126	33.256	100	43.16	52
Mai 10	42.058	107	56.85	189	25.930	63	4.25	15	51.297	85	79.93	152	33.156	64	43.68	65
20	41.951	65	54.96	217	25.867	20	4.10	13	51.212	45	78.41	174	33.092	25	44.33	76
30	41.886	21	52.79	239	25.847	23	3.97	11	51.167	4	76.67	193	33.067	15	45.09	87
Juni 9	41.865	22	50.40	255	25.870	66	3.86	8	51.163	36	74.74	207	33.082	55	45.96	95
19	41.887	66	47.85	264	25.936	108	3.78	3	51.199	75	72.67	216	33.137	93	46.91	101
29	41.953	108	45.21	267	26.044	145	3.75	1	51.274	113	70.51	218	33.230	128	47.92	103
Juli 9	42.061	146	42.54	262	26.189	180	3.76	3	51.387	148	68.33	215	33.358	160	48.95	104
19	42.207	182	39.92	249	26.369	210	3.79	6	51.535	178	66.18	204	33.518	189	49.99	99
29	42.389	213	37.43	226	26.579	237	3.85	6	51.713	206	64.14	186	33.707	213	50.98	91
Aug. 8	42.602	240	35.17	197	26.816	258	3.91	4	51.919	230	62.28	162	33.920	234	51.89	79
18	42.842	263	33.20	160	27.074	275	3.95	1	52.149	249	60.66	131	34.154	251	52.68	62
28	43.105	281	31.60	116	27.349	290	3.96	4	52.398	265	59.35	94	34.405	264	53.30	42
Sept. 7	43.386	295	30.44	67	27.639	300	3.92	10	52.663	276	58.41	54	34.669	275	53.72	19
17	43.681	303	29.77	15	27.939	307	3.82	17	52.939	284	57.87	9	34.944	281	53.91	6
27	43.984	306	29.62	39	28.246	310	3.65	25	53.223	288	57.78	36	35.225	284	53.85	31
Okt. 7	44.290	303	30.01	92	28.556	309	3.40	31	53.511	286	58.14	82	35.509	284	53.54	56
17	44.593	295	30.93	144	28.865	305	3.09	37	53.797	279	58.96	125	35.793	280	52.98	79
27	44.888	280	32.37	191	29.170	295	2.72	39	54.076	268	60.21	163	36.073	270	52.19	100
Nov. 6	45.168	258	34.28	231	29.465	280	2.33	40	54.344	250	61.84	197	36.343	256	51.19	115
16	45.426	229	36.59	263	29.745	257	1.93	38	54.594	226	63.81	222	36.599	234	50.04	126
26	45.655	194	39.22	285	30.002	228	1.55	33	54.820	195	66.03	239	36.833	207	48.78	131
Dez. 6	45.849	152	42.07	297	30.230	192	1.22	25	55.015	159	68.42	249	37.040	173	47.47	132
16	46.001	105	45.04	299	30.422	150	0.97	16	55.174	116	70.91	249	37.213	134	46.15	127
26	46.106	55	48.03	292	30.572	103	0.81	8	55.290	70	73.40	240	37.347	90	44.88	119
35	[26] 46.161		50.95		[27] 30.675		0.73		[27] 55.360		75.80		[27] 37.437		43.69	
Mittl. Ort	41.974		36.68		25.138		12.93		50.939		61.76		32.496		56.84	
sec δ, tg δ	+1.155		−0.578		+1.083		+0.415		+1.051		−0.324		+1.003		+0.081	
a, a′	+2.3		−1.6		+3.6		−1.8		+2.6		−1.8		+3.2		−1.9	
b, b′	0.00		−1.00		0.00		−1.00		0.00		−1.00		0.00		−1.00	

Scheinbare Sternörter 1958

Obere Kulmination Greenwich

Tag	242) ψ^1 Aurigae				245) α Carinae				246) 10 Monocerotis				249) ξ^2 Canis maj.			
	AR.		Dekl.		AR.		Dekl.		AR.		Dekl.		AR.		Dekl.	
1958	6h 21m		+49° 18′		6h 22m		−52° 40′		6h 25m		−4° 44′		6h 33m		−22° 55′	
	s		″		s		″		s		″		s		″	
Jan. 0	42.899	88	33.60	157	63.735	25	29.19	348	55.076	59	14.52	169	19.750	49	58.94	262
10	42.987	15	35.17	157	63.710	96	32.67	325	55.135	12	16.21	153	19.799	2	61.56	244
20	43.002	57	36.74	151	63.614	163	35.92	294	55.147	36	17.74	134	19.797	52	64.00	219
30	42.945	124	38.25	137	63.451	224	38.86	256	55.111	80	19.08	113	19.745	98	66.19	189
Febr. 9	42.821	182	39.62	119	63.227	277	41.42	211	55.031	119	20.21	90	19.647	139	68.08	156
19	42.639	230	40.81	93	62.950	317	43.53	162	54.912	150	21.11	67	19.508	172	69.64	120
März 1	42.409	265	41.74	63	62.633	346	45.15	112	54.762	173	21.78	44	19.336	196	70.84	83
11	42.144	283	42.37	32	62.287	362	46.27	59	54.589	186	22.22	21	19.140	210	71.67	46
21	41.861	286	42.69	1	61.925	365	46.86	6	54.403	187	22.43	0	18.930	214	72.13	8
31	41.575	274	42.68	34	61.560	355	46.92	45	54.216	180	22.43	23	18.716	207	72.21	29
April 10	41.301	247	42.34	64	61.205	333	46.47	96	54.036	163	22.20	44	18.509	191	71.92	65
20	41.054	209	41.70	91	60.872	300	45.51	143	53.873	139	21.76	64	18.318	167	71.27	99
30	40.845	161	40.79	115	60.572	258	44.08	187	53.734	108	21.12	84	18.151	137	70.28	131
Mai 10	40.684	106	39.64	133	60.314	210	42.21	226	53.626	72	20.28	102	18.014	102	68.97	160
20	40.578	46	38.31	146	60.104	155	39.95	261	53.554	35	19.26	118	17.912	63	67.37	185
30	40.532	15	36.85	154	59.949	97	37.34	288	53.519	5	18.08	132	17.849	22	65.52	207
Juni 9	40.547	75	35.31	158	59.852	36	34.46	308	53.524	44	16.76	143	17.827	18	63.45	223
19	40.622	133	33.73	157	59.816	25	31.38	320	53.568	82	15.33	150	17.845	59	61.22	233
29	40.755	188	32.16	151	59.841	85	28.18	323	53.650	117	13.83	154	17.904	98	58.89	237
Juli 9	40.943	239	30.65	144	59.926	144	24.95	318	53.767	150	12.29	151	18.002	134	56.52	234
19	41.182	282	29.21	132	60.070	198	21.77	302	53.917	179	10.78	145	18.136	167	54.18	223
29	41.464	320	27.89	119	60.268	248	18.75	277	54.096	204	9.33	132	18.303	197	51.95	205
Aug. 8	41.784	353	26.70	104	60.516	294	15.98	242	54.300	226	8.01	115	18.500	223	49.90	180
18	42.137	380	25.66	88	60.810	332	13.56	199	54.526	244	6.86	92	18.723	246	48.10	148
28	42.517	400	24.78	70	61.142	363	11.57	148	54.770	259	5.94	65	18.969	263	46.62	109
Sept. 7	42.917	416	24.08	53	61.505	387	10.09	91	55.029	270	5.29	34	19.232	278	45.53	65
17	43.333	426	23.55	34	61.892	401	9.18	30	55.299	277	4.95	0	19.510	288	44.88	18
27	43.759	431	23.21	14	62.293	406	8.88	35	55.576	282	4.95	34	19.798	294	44.70	31
Okt. 7	44.190	429	23.07	6	62.699	402	9.23	99	55.858	281	5.29	67	20.092	294	45.01	81
17	44.619	422	23.13	27	63.101	386	10.22	160	56.139	277	5.96	100	20.386	290	45.82	128
27	45.041	406	23.40	49	63.487	360	11.82	217	56.416	268	6.96	128	20.676	279	47.10	171
Nov. 6	45.447	383	23.89	72	63.847	324	13.99	266	56.684	253	8.24	152	20.955	261	48.81	208
16	45.830	351	24.61	93	64.171	277	16.65	307	56.937	232	9.76	169	21.216	238	50.89	238
26	46.181	308	25.54	113	64.448	222	19.72	336	57.169	204	11.45	181	21.454	207	53.27	259
Dez. 6	46.489	256	26.67	132	64.670	160	23.08	354	57.373	170	13.26	184	21.661	169	55.86	271
16	46.745	197	27.99	146	64.830	91	26.62	360	57.543	131	15.10	182	21.830	126	58.57	274
26	46.942	129	29.45	156	64.921	20	30.22	354	57.674	86	16.92	174	21.956	78	61.31	268
35	27 47.071		31.01		27 64.941		33.76		28 57.760		18.66		30 22.034		63.99	
Mittl. Ort	39.851		41.75		61.130		19.07		53.051		4.70		17.683		49.07	
sec δ, tg δ	+1.534		+1.163		+1.649		−1.311		+1.003		−0.083		+1.086		−0.423	
a, a′	+4.6		−1.9		+1.3		−2.0		+3.0		−2.3		+2.5		−2.9	
b, b′	−0.01		−1.00		+0.01		−0.99		0.00		−0.99		0.00		−0.99	

Obere Kulmination Greenwich

Tag	247) 8 Lyncis AR.		247) 8 Lyncis Dekl.		251) γ Geminorum AR.		251) γ Geminorum Dekl.		250) 51 Aurigae AR.		250) 51 Aurigae Dekl.		252) ν Puppis AR.		252) ν Puppis Dekl.	
1958	6h 33m		+61° 30′		6h 35m		+16° 25′		6h 35m		+39° 25′		6h 36m		−43° 9′	
	s		″		s		″		s		″		s		″	
Jan. 0	55.26	12	65.89	220	19.293	83	62.74	45	47.555	100	37.88	97	30.825	22	38.68	334
10	55.38	2	68.09	219	19.376	33	62.29	34	47.655	38	38.85	103	30.847	41	42.02	315
20	55.40	8	70.28	210	19.409	17	61.95	23	47.693	25	39.88	104	30.806	100	45.17	287
30	55.32	17	72.38	193	19.392	66	61.72	14	47.668	84	40.92	100	30.706	155	48.04	251
Febr. 9	55.15	25	74.31	168	19.326	108	61.58	6	47.584	137	41.92	89	30.551	202	50.55	210
19	54.90	32	75.99	135	19.218	143	61.52	1	47.447	180	42.81	75	30.349	241	52.65	166
März 1	54.58	37	77.34	96	19.075	170	61.51	3	47.267	212	43.56	56	30.108	269	54.31	119
11	54.21	39	78.30	55	18.905	184	61.54	5	47.055	231	44.12	35	29.839	285	55.50	69
21	53.82	41	78.85	10	18.721	188	61.59	6	46.824	237	44.47	12	29.554	291	56.19	20
31	53.41	39	78.95	33	18.533	182	61.65	7	46.587	229	44.59	12	29.263	284	56.39	28
April 10	53.02	36	78.62	74	18.351	165	61.72	7	46.358	209	44.47	34	28.979	267	56.11	76
20	52.66	32	77.88	113	18.186	141	61.79	9	46.149	179	44.13	54	28.712	241	55.35	121
30	52.34	26	76.75	146	18.045	109	61.88	11	45.970	140	43.59	71	28.471	207	54.14	164
Mai 10	52.08	18	75.29	173	17.936	72	61.99	14	45.830	95	42.88	85	28.264	166	52.50	202
20	51.90	11	73.56	195	17.864	32	62.13	17	45.735	46	42.03	95	28.098	121	50.48	235
30	51.79	3	71.61	210	17.832	8	62.30	21	45.689	4	41.08	102	27.977	72	48.13	263
Juni 9	51.76	5	69.51	218	17.840	49	62.51	26	45.693	56	40.06	105	27.905	23	45.50	283
19	51.81	14	67.33	221	17.889	89	62.77	29	45.749	105	39.01	105	27.882	27	42.67	297
29	51.95	21	65.12	218	17.978	125	63.06	32	45.854	150	37.96	103	27.909	77	39.70	303
Juli 9	52.16	27	62.94	210	18.103	159	63.38	33	46.004	193	36.93	99	27.986	125	36.67	300
19	52.43	34	60.84	197	18.262	189	63.71	31	46.197	230	35.94	93	28.111	169	33.67	287
29	52.77	40	58.87	180	18.451	215	64.02	29	46.427	264	35.01	85	28.280	211	30.80	265
Aug. 8	53.17	45	57.07	161	18.666	238	64.31	23	46.691	292	34.16	78	28.491	248	28.15	234
18	53.62	49	55.46	138	18.904	256	64.54	14	46.983	315	33.38	71	28.739	279	25.81	195
28	54.11	52	54.08	114	19.160	271	64.68	4	47.298	335	32.67	62	29.018	307	23.86	149
Sept. 7	54.63	55	52.94	86	19.431	284	64.72	8	47.633	350	32.05	53	29.325	328	22.37	95
17	55.18	57	52.08	58	19.715	293	64.64	22	47.983	361	31.52	44	29.653	342	21.42	37
27	55.75	57	51.50	27	20.008	298	64.42	35	48.344	367	31.08	34	29.995	350	21.05	24
Okt. 7	56.32	57	51.23	4	20.306	300	64.07	48	48.711	370	30.74	24	30.345	349	21.29	85
17	56.89	57	51.27	36	20.606	298	63.59	60	49.081	366	30.50	11	30.694	342	22.14	144
27	57.46	55	51.63	68	20.904	291	62.99	68	49.447	357	30.39	2	31.036	325	23.58	199
Nov. 6	58.01	52	52.31	101	21.195	278	62.31	74	49.804	341	30.41	18	31.361	299	25.57	247
16	58.53	47	53.32	132	21.473	258	61.57	76	50.145	316	30.59	34	31.660	266	28.04	287
26	59.00	41	54.64	160	21.731	232	60.81	74	50.461	283	30.93	50	31.926	224	30.91	317
Dez. 6	59.41	35	56.24	185	21.963	198	60.07	68	50.744	241	31.43	67	32.150	173	34.08	336
16	59.76	26	58.09	205	22.161	159	59.39	60	50.985	192	32.10	82	32.323	118	37.44	343
26	60.02	18	60.14	218	22.320	112	58.79	49	51.177	135	32.92	94	32.441	59	40.87	339
35	30 60.20		62.32		30 22.432		58.30		31 51.312		33.86		31 32.500		44.26	
Mittl. Ort	51.33		74.76		17.130		72.52		44.939		47.37		28.474		29.13	
sec δ, tg δ	+2.097		+1.843		+1.043		+0.295		+1.295		+0.822		+1.371		−0.938	
a, *a′*	+5.5		−3.0		+3.5		−3.1		+4.2		−3.1		+1.8		−3.2	
b, *b′*	−0.02		−0.99		0.00		−0.99		−0.01		−0.99		+0.01		−0.99	

Scheinbare Sternörter 1958

Obere Kulmination Greenwich

Tag	248) 23 H. Camelop. AR.		248) Dekl.		254) ε Geminorum AR.		254) Dekl.		256) ξ Geminorum AR.		256) Dekl.		257) α Canis maj.[1] AR.		257) Dekl.	
1958	6h 39m		+79° 36′		6h 41m		+25° 10′		6h 42m		+12° 56′		6h 43m		−16° 39′	
	s		″		s		″		s		″		s		″	
Jan. 0*	[0]15.54	19	45.57	294	[1]23.164	96	18.16	8	[1]58.024	89	22.89	69	[1]19.760	60	35.77	239
10	15.73	5	48.51	291	23.260	42	18.24	19	58.113	38	22.20	57	19.820	10	38.16	222
20	15.68	30	51.42	278	23.302	12	18.43	26	58.151	12	21.63	44	19.830	39	40.38	199
30	15.38	53	54.20	254	23.290	63	18.69	31	58.139	59	21.19	32	19.791	84	42.37	171
Febr. 9	14.85	73	56.74	219	23.227	110	19.00	33	58.080	102	20.87	21	19.707	125	44.08	141
19	14.12	91	58.93	176	23.117	148	19.33	31	57.978	138	20.66	12	19.582	159	45.49	110
März 1	13.21	103	60.69	126	22.969	176	19.64	26	57.840	164	20.54	4	19.423	183	46.59	76
11	12.18	111	61.95	72	22.793	193	19.90	20	57.676	181	20.50	1	19.240	197	47.35	44
21	11.07	113	62.67	15	22.600	199	20.10	12	57.495	185	20.51	6	19.043	202	47.79	11
31	9.94	112	62.82	41	22.401	194	20.22	3	57.310	180	20.57	11	18.841	197	47.90	21
April 10	8.82	105	62.41	96	22.207	177	20.25	5	57.130	166	20.68	14	18.644	181	47.69	53
20	7.77	94	61.45	145	22.030	152	20.20	13	56.964	143	20.82	19	18.463	159	47.16	82
30	6.83	80	60.00	190	21.878	119	20.07	18	56.821	112	21.01	23	18.304	130	46.34	109
Mai 10	6.03	63	58.10	226	21.759	81	19.89	22	56.709	77	21.24	28	18.174	95	45.25	135
20	5.40	44	55.84	256	21.678	39	19.67	25	56.632	39	21.52	34	18.079	58	43.90	158
30	4.96	23	53.28	276	21.639	4	19.42	25	56.593	1	21.86	39	18.021	19	42.32	176
Juni 9	4.73	3	50.52	290	21.643	47	19.17	25	56.594	40	22.25	43	18.002	20	40.56	190
19	4.70	19	47.62	295	21.690	88	18.92	24	56.634	79	22.68	47	18.022	59	38.66	199
29	4.89	39	44.67	292	21.778	128	18.68	21	56.713	115	23.15	50	18.081	96	36.67	203
Juli 9	5.28	58	41.75	283	21.906	163	18.47	20	56.828	148	23.65	50	18.177	131	34.64	201
19	5.86	76	38.92	267	22.069	195	18.27	19	56.976	178	24.15	47	18.308	162	32.63	191
29	6.62	93	36.25	245	22.264	223	18.08	18	57.154	204	24.62	43	18.470	190	30.72	176
Aug. 8	7.55	107	33.80	219	22.487	248	17.90	20	57.358	227	25.05	34	18.660	215	28.96	153
18	8.62	119	31.61	187	22.735	268	17.70	22	57.585	247	25.39	24	18.875	237	27.43	124
28	9.81	129	29.74	153	23.003	286	17.48	26	57.832	263	25.63	10	19.112	254	26.19	89
Sept. 7	11.10	137	28.21	114	23.289	299	17.22	30	58.095	275	25.73	5	19.366	268	25.30	50
17	12.47	142	27.07	75	23.588	309	16.92	35	58.370	286	25.68	22	19.634	279	24.80	7
27	13.89	145	26.32	32	23.897	316	16.57	40	58.656	293	25.46	39	19.913	285	24.73	37
Okt. 7	15.34	145	26.00	13	24.213	319	16.17	43	58.949	295	25.07	56	20.198	287	25.10	82
17	16.79	142	26.13	58	24.532	317	15.74	46	59.244	295	24.51	71	20.485	284	25.92	124
27	18.21	137	26.71	102	24.849	311	15.28	46	59.539	289	23.80	83	20.769	275	27.16	163
Nov. 6	19.58	127	27.73	146	25.160	299	14.82	43	59.828	276	22.97	92	21.044	260	28.79	196
16	20.85	114	29.19	187	25.459	278	14.39	38	60.104	259	22.05	96	21.304	239	30.75	223
26	21.99	99	31.06	223	25.737	251	14.01	29	60.363	233	21.09	96	21.543	210	32.98	240
Dez. 6	22.98	80	33.29	254	25.988	217	13.72	20	60.596	201	20.13	93	21.753	175	35.38	251
16	23.78	58	35.83	278	26.205	174	13.52	8	60.797	161	19.20	84	21.928	134	37.89	252
26	24.36	35	38.61	292	26.379	127	13.44	4	60.958	118	18.36	74	22.062	89	40.41	244
35	[31]24.71		41.53		[32]26.506		13.48		[32]61.076		17.62		[32]22.151		42.85	
Mittl. Ort	6.20		54.52		20.887		28.15		55.902		32.96		17.716		25.76	
sec δ, tg δ	+ 5.548		+5.457		+1.105		+0.470		+1.026		+0.230		+1.044		−0.299	
a, *a′*	+10.3		−3.4		+3.7		−3.6		+3.4		−3.7		+2.7		−3.8	
b, *b′*	− 0.06		−0.99		−0.01		−0.98		0.00		−0.98		0.00		−0.98	

[1] Ort des Hauptsterns; die jährliche Parallaxe (0″.377) ist bereits berücksichtigt.

* Bei Stern 254), 256) und 257) lies Jan. 1.

Obere Kulmination Greenwich

Tag	1177) 16 Monocerotis AR.		Dekl.		258) 18 Monocerotis AR.		Dekl.		262) α Pictoris AR.		Dekl.		261) ϑ Geminorum AR.		Dekl.	
1958	6h 44m		+8° 37′		6h 45m		+2° 27′		6h 47m		−61° 53′		6h 50m		+34° 0′	
	s		″		s		″		s		″		s		″	
Jan. 1	$_{1}$17.025	87	49.44	96	$_{2}$42.249	83	24.67	134	$_{2}$48.85	2	53.57	369	$_{3}$3.742	113	39.12	61
10	17.112	38	48.48	82	42.332	35	23.33	118	48.83	11	57.26	351	3.855	54	39.73	71
20	17.150	12	47.66	68	42.367	13	22.15	102	48.72	20	60.77	325	3.909	6	40.44	77
30	17.138	59	46.98	53	42.354	60	21.13	84	48.52	27	64.02	289	3.903	62	41.21	78
Febr. 9	17.079	100	46.45	39	42.294	102	20.29	66	48.25	35	66.91	248	3.841	113	41.99	74
19	16.979	136	46.06	27	42.192	135	19.63	48	47.90	40	69.39	202	3.728	157	42.73	65
März 1	16.843	163	45.79	15	42.057	162	19.15	32	47.50	45	71.41	151	3.571	189	43.38	54
11	16.680	178	45.64	4	41.895	178	18.83	15	47.05	47	72.92	98	3.382	210	43.92	38
21	16.502	183	45.60	4	41.717	183	18.68	1	46.58	48	73.90	45	3.172	217	44.30	21
31	16.319	179	45.64	13	41.534	178	18.69	15	46.10	48	74.35	10	2.955	214	44.51	74
April 10	16.140	164	45.77	21	41.356	165	18.84	30	45.62	46	74.25	62	2.741	198	44.55	14
20	15.976	141	45.98	30	41.191	143	19.14	44	45.16	43	73.63	112	2.543	171	44.41	31
30	15.835	112	46.28	38	41.048	114	19.58	57	44.73	38	72.51	161	2.372	138	44.10	45
Mai 10	15.723	78	46.66	46	40.934	80	20.15	69	44.35	33	70.90	205	2.234	97	43.65	56
20	15.645	41	47.12	54	40.854	44	20.84	82	44.02	27	68.85	243	2.137	53	43.09	65
30	15.604	2	47.66	61	40.810	6	21.66	92	43.75	20	66.42	276	2.084	7	42.44	72
Juni 9	15.602	38	48.27	68	40.804	32	22.58	100	43.55	12	63.66	302	2.077	39	41.72	75
19	15.640	75	48.95	72	40.836	69	23.58	106	43.43	5	60.64	320	2.116	85	40.97	77
29	15.715	110	49.67	75	40.905	105	24.64	109	43.38	2	57.44	328	2.201	127	40.20	76
Juli 9	15.825	143	50.42	74	41.010	137	25.73	109	43.40	10	54.16	328	2.328	167	39.44	74
19	15.968	173	51.16	71	41.147	166	26.82	103	43.50	18	50.88	318	2.495	202	38.70	72
29	16.141	199	51.87	65	41.313	193	27.85	95	43.68	25	47.70	298	2.697	234	37.98	68
Aug. 8	16.340	222	52.52	54	41.506	216	28.80	81	43.93	32	44.72	268	2.931	262	37.30	66
18	16.562	241	53.06	40	41.722	236	29.61	63	44.25	37	42.04	227	3.193	285	36.64	63
28	16.803	257	53.46	23	41.958	252	30.24	42	44.62	42	39.77	180	3.478	305	36.01	59
Sept. 7	17.060	271	53.69	5	42.210	265	30.66	18	45.04	47	37.97	124	3.783	321	35.42	56
17	17.331	281	53.74	17	42.475	276	30.84	9	45.51	49	36.73	62	4.104	334	34.86	53
27	17.612	287	53.57	39	42.751	283	30.75	37	46.00	50	36.11	2	4.438	343	34.33	49
Okt. 7	17.899	291	53.18	59	43.034	286	30.38	64	46.50	51	36.13	69	4.781	348	33.84	44
17	18.190	291	52.59	79	43.320	285	29.74	89	47.01	49	36.82	134	5.129	347	33.40	36
27	18.481	284	51.80	95	43.605	280	28.85	112	47.50	47	38.16	195	5.476	341	33.04	28
Nov. 6	18.765	272	50.85	108	43.885	268	27.73	130	47.97	42	40.11	249	5.817	329	32.76	16
16	19.037	255	49.77	115	44.153	250	26.43	143	48.39	37	42.60	296	6.146	309	32.60	3
26	19.292	230	48.62	119	44.403	226	25.00	150	48.76	30	45.56	333	6.455	280	32.57	11
Dez. 6	19.522	197	47.43	117	44.629	193	23.50	151	49.06	22	48.89	357	6.735	242	32.68	27
16	19.719	159	46.26	110	44.822	155	21.99	147	49.28	13	52.46	370	6.977	197	32.95	43
26	19.878	115	45.16	101	44.977	111	20.52	139	49.41	3	56.16	371	7.174	146	33.38	56
35	^{33}19.993		44.15		^{33}45.088		19.13		^{34}49.44		59.87		^{34}7.320		33.94	
Mittl. Ort	14.939		59.52		40.198		34.72		45.62		45.13		1.304		49.59	
sec δ, tg δ	+1.011		+0.152		+1.001		+0.043		+2.123		−1.873		+1.206		+0.675	
a, *a′*	+3.3		−3.8		+3.1		−4.0		+0.6		−4.1		+4.0		−4.3	
b, *b′*	0.00		−0.98		0.00		−0.98		+0.03		−0.98		−0.01		−0.98	

Scheinbare Sternörter 1958

Obere Kulmination Greenwich

Tag	266) ϑ Canis maj. AR.	Diff.	266) ϑ Canis maj. Dekl	Diff.	260) 24 H. Camelop. AR.	Diff.	260) 24 H. Camelop. Dekl.	Diff.
1958	6h 52m		−11° 59′		6h 53m		+77° 1′	
	s		″		s		″	
Jan. 1	16.291		14.58		65.65		56.16	
10	^{3}16.370	79	16.74	216	^{4}65.89	24	59.00	284
20	16.399	29	18.74	200	65.93	4	61.86	286
30	16.379	20	20.53	179	65.77	16	64.64	278
Febr. 9	16.313	66	22.07	154	65.41	36	67.22	258
19	16.205	108	23.35	128	64.88	53	69.50	228
März 1	16.062	143	24.34	99	64.21	67	71.39	189
11	15.892	170	25.04	70	63.42	79	72.82	143
21	15.706	186	25.45	41	62.55	87	73.74	92
31	15.514	192	25.57	12	61.65	90	74.11	37
April 10	15.325	189	25.41	16	60.76	89	73.93	18
20	15.148	177	24.98	43	59.91	85	73.21	72
30	14.992	156	24.29	69	59.13	78	72.00	121
Mai 10	14.863	129	23.34	95	58.47	66	70.33	167
20	14.767	96	22.17	117	57.94	53	68.27	206
30	14.706	61	20.79	138	57.55	39	65.90	237
Juni 9	14.682	24	19.23	156	57.32	23	63.30	260
19	14.697	15	17.54	169	57.26	6	60.53	277
29	14.749	52	15.76	178	57.37	11	57.67	286
Juli 9	14.837	88	13.93	183	57.63	26	54.81	286
19	14.958	121	12.11	182	58.06	43	52.00	281
29	15.110	152	10.37	174	58.64	58	49.31	269
Aug. 8	15.291	181	8.76	161	59.34	70	46.81	250
18	15.497	206	7.34	142	60.17	83	44.53	228
28	15.725	228	6.18	116	61.10	93	42.53	200
Sept. 7	15.971	246	5.33	85	62.11	101	40.85	168
17	16.232	261	4.83	50	63.20	109	39.51	134
27	16.506	274	4.72	11	64.33	113	38.56	95
Okt. 7	16.788	282	5.02	30	65.50	117	38.02	54
17	17.075	287	5.72	70	66.68	118	37.90	12
27	17.361	286	6.82	110	67.85	117	38.22	32
Nov. 6	17.641	280	8.27	145	68.98	113	38.98	76
16	17.909	268	10.03	176	70.04	106	40.18	120
26	18.158	249	12.03	200	71.02	98	41.80	162
Dez. 6	18.381	223	14.20	217	71.88	86	43.81	201
16	18.571	190	16.45	225	72.59	71	46.15	234
26	18.722	151	18.72	227	73.14	55	48.76	261
35*	^{35}18.829	107	20.92	220	^{35}73.50	36	51.56	280
Mittl. Ort	14.258		4.80		58.21		66.64	
sec δ, tg δ	+1.022		−0.212		+4.457		+4.344	
a, *a′*	+2.8		−4.5		+8.7		−4.7	
b, *b′*	0.00		−0.97		−0.07		−0.97	

Tag	268) ε Canis maj. AR.	Diff.	268) ε Canis maj. Dekl.	Diff.	269) ζ Geminorum AR.	Diff.	269) ζ Geminorum Dekl	Diff.
1958	6h 56m		−28° 54′		7h 1m		+20° 37′	
	s		″		s		″	
Jan. 1	60.608		58.67		^{6}39.272		50.13	
10	^{5}60.676	68	61.62	295	39.385	113	49.88	25
20	60.689	13	64.41	279	39.446	61	49.75	13
30	60.650	39	66.96	255	39.454	8	49.75	0
Febr. 9	60.561	89	69.21	225	39.410	44	49.85	10
19	60.427	134	71.12	191	39.320	90	50.01	16
März 1	60.255	172	72.66	154	39.190	130	50.22	21
11	60.055	200	73.79	113	39.029	161	50.44	22
21	59.837	218	74.52	73	38.848	181	50.65	21
31	59.611	226	74.83	31	38.658	190	50.83	18
April 10	59.388	223	74.73	10	38.470	188	50.97	14
20	59.176	212	74.23	50	38.294	176	51.07	10
30	58.985	191	73.34	89	38.140	154	51.13	6
Mai 10	58.822	163	72.09	125	38.014	126	51.16	3
20	58.692	130	70.50	159	37.923	91	51.17	1
30	58.599	93	68.62	188	37.870	53	51.16	1
Juni 9	58.545	54	66.48	214	37.856	14	51.15	1
19	58.533	12	64.14	234	37.882	26	51.14	1
29	58.562	29	61.67	247	37.948	66	51.13	1
Juli 9	58.631	69	59.13	254	38.051	103	51.13	0
19	58.739	108	56.59	254	38.189	138	51.12	1
29	58.883	144	54.14	245	38.359	170	51.10	2
Aug. 8	59.061	178	51.85	229	38.557	198	51.05	5
18	59.269	208	49.81	204	38.781	224	50.95	10
28	59.503	234	48.09	172	39.026	245	50.79	16
Sept. 7	59.762	259	46.77	132	39.291	265	50.55	24
17	60.040	278	45.90	87	39.571	280	50.22	33
27	60.333	293	45.53	37	39.864	293	49.79	43
Okt. 7	60.636	303	45.69	16	40.168	304	49.26	53
17	60.944	308	46.39	70	40.477	309	48.64	62
27	61.251	307	47.61	122	40.789	312	47.96	68
Nov. 6	61.550	299	49.31	170	41.098	309	47.23	73
16	61.834	284	51.45	214	41.397	299	46.49	74
26	62.096	262	53.94	249	41.680	283	45.78	71
Dez. 6	62.327	231	56.71	277	41.940	260	45.13	65
16	62.519	192	59.65	294	42.168	228	44.57	56
26	62.668	149	62.66	301	42.356	188	44.13	44
35*	^{36}62.767	99	65.64	298	^{37}42.499	143	43.81	32
Mittl. Ort	58.465		49.56		37.090		61.00	
sec δ, tg δ	+1.142		−0.552		+1.069		+0.377	
a, *a′*	+2.4		−4.9		+3.6		−5.3	
b, *b′*	+0.01		−0.97		−0.01		−0.96	

* Bei Stern 268) und 269) lies Dez. 36.

Scheinbare Sternörter 1958

Obere Kulmination Greenwich

Tag	271) γ Canis maj. AR.		Dekl.		273) δ Canis maj. AR.		Dekl.		274) 63 Aurigae AR.		Dekl.		278) π Puppis AR.		Dekl.	
1958	7h 1m		−15° 34′		7h 6m		−26° 19′		7h 8m		+39° 23′		7h 15m		−37° 1′	
	s		″		s		″		s		″		s		″	
Jan. 1	$_6$53.494	86	21.13	237	$_7$43.081	81	40.05	288	$_8$48.643	141	15.71	90	$_9$41.793	81	23.25	330
10	53.580	35	23.50	221	43.162	28	42.93	273	48.784	77	16.61	102	41.874	23	26.55	316
20	53.615	–14	25.71	200	43.190	–24	45.66	250	48.861	14	17.63	109	41.897	–35	29.71	294
30	53.601	62	27.71	174	43.166	75	48.16	221	48.875	–48	18.72	110	41.862	91	32.65	264
Febr. 9	53.539	106	29.45	146	43.091	120	50.37	189	48.827	105	19.82	105	41.771	140	35.29	230
19	53.433	142	30.91	116	42.971	159	52.26	153	48.722	154	20.87	96	41.631	183	37.59	191
März 1	53.291	169	32.07	84	42.812	187	53.79	115	48.568	193	21.83	81	41.448	215	39.50	148
11	53.122	187	32.91	52	42.625	207	54.94	76	48.375	219	22.64	61	41.233	238	40.98	103
21	52.935	195	33.43	21	42.418	217	55.70	36	48.156	232	23.25	40	40.995	250	42.01	58
31	52.740	194	33.64	–11	42.201	215	56.06	–3	47.924	231	23.65	16	40.745	252	42.59	12
April 10	52.546	183	33.53	41	41.986	205	56.03	42	47.693	219	23.81	–7	40.493	242	42.71	–33
20	52.363	163	33.12	70	41.781	187	55.61	78	47.474	195	23.74	30	40.251	224	42.38	76
30	52.200	138	32.42	98	41.594	161	54.83	114	47.279	163	23.44	51	40.027	199	41.62	119
Mai 10	52.062	106	31.44	123	41.433	129	53.69	146	47.116	122	22.93	68	39.828	167	40.43	157
20	51.956	72	30.21	146	41.304	94	52.23	175	46.994	78	22.25	83	39.661	129	38.86	192
30	51.884	35	28.75	166	41.210	56	50.48	201	46.916	31	21.42	95	39.532	90	36.94	222
Juni 9	51.849	–2	27.09	181	41.154	17	48.47	220	46.885	–18	20.47	103	39.442	47	34.72	246
19	51.851	40	25.28	191	41.137	–23	46.27	234	46.903	66	19.44	109	39.395	4	32.26	265
29	51.891	77	23.37	198	41.160	62	43.93	241	46.969	111	18.35	112	39.391	40	29.61	275
Juli 9	51.968	110	21.39	197	41.222	100	41.52	242	47.080	154	17.23	112	39.431	82	26.86	278
19	52.078	143	19.42	189	41.322	135	39.10	236	47.234	193	16.11	110	39.513	123	24.08	272
29	52.221	172	17.53	177	41.457	167	36.74	220	47.427	229	15.01	108	39.636	163	21.36	257
Aug. 8	52.393	199	15.76	156	41.624	198	34.54	197	47.656	260	13.93	103	39.799	198	18.79	234
18	52.592	222	14.20	129	41.822	225	32.57	167	47.916	288	12.90	99	39.997	231	16.45	202
28	52.814	242	12.91	97	42.047	249	30.90	129	48.204	312	11.91	93	40.228	261	14.43	161
Sept. 7	53.056	260	11.94	60	42.296	269	29.61	86	48.516	333	10.98	87	40.489	287	12.82	114
17	53.316	274	11.34	18	42.565	285	28.75	38	48.849	350	10.11	79	40.776	307	11.68	61
27	53.590	284	11.16	–25	42.850	296	28.37	–12	49.199	362	9.32	70	41.083	321	11.07	5
Okt. 7	53.874	289	11.41	68	43.146	304	28.49	64	49.561	371	8.62	59	41.404	331	11.02	–53
17	54.163	291	12.09	111	43.450	305	29.13	116	49.932	374	8.03	47	41.735	333	11.55	111
27	54.454	286	13.20	150	43.755	299	30.29	163	50.306	371	7.56	32	42.068	326	12.66	166
Nov. 6	54.740	274	14.70	184	44.054	287	31.92	205	50.677	361	7.24	15	42.394	313	14.32	216
16	55.014	257	16.54	211	44.341	266	33.97	240	51.038	342	7.09	–4	42.707	289	16.48	258
26	55.271	231	18.65	231	44.607	238	36.37	267	51.380	314	7.13	24	42.996	257	19.06	292
Dez. 6	55.502	198	20.96	243	44.845	202	39.04	285	51.694	276	7.37	45	43.253	217	21.98	315
16	55.700	158	23.39	246	45.047	160	41.89	292	51.970	230	7.82	65	43.470	168	25.13	328
26	55.858	114	25.85	241	45.207	111	44.81	290	52.200	176	8.47	83	43.638	115	28.41	330
36	55.972		28.26		45.318		47.71		52.376		9.30		43.753		31.71	
Mittl. Ort	51.449		11.58		40.959		31.13		46.113		27.43		39.513		15.29	
sec δ, tg δ	+1.038		−0.279		+1.116		−0.495		+1.294		+0.821		+1.252		−0.754	
a, *a′*	+2.7		−5.3		+2.4		−5.8		+4.1		−5.9		+2.1		−6.5	
b, *b′*	0.00		−0.96		+0.01		−0.96		−0.02		−0.96		+0.02		−0.95	

Scheinbare Sternörter 1958

Obere Kulmination Greenwich

Tag	277) λ Geminorum AR.		277) λ Geminorum Dekl.		281) δ Volantis AR.		281) δ Volantis Dekl.	
1958	7h 15m		+16° 36′		7h 16m		−67° 52′	
	s		″		s		″	
Jan. 1	$_{9}$42.888	123	52.77	55	$_{10}$55.39	3	55.55	380
10	43.011	73	52.22	40	55.42	10	59.35	370
20	43.084	21	51.82	25	55.32	20	63.05	350
30	43.105	31	51.57	13	55.12	30	66.55	322
Febr. 9	43.074	78	51.44	1	54.82	40	69.77	285
19	42.996	118	51.43	8	54.42	47	72.62	243
März 1	42.878	150	51.51	13	53.95	53	75.05	196
11	42.728	171	51.64	17	53.42	58	77.01	145
21	42.557	183	51.81	18	52.84	60	78.46	93
31	42.374	183	51.99	19	52.24	61	79.39	39
April 10	42.191	174	52.18	18	51.63	59	79.78	15
20	42.017	155	52.36	18	51.04	57	79.63	67
30	41.862	129	52.54	18	50.47	53	78.96	119
Mai 10	41.733	98	52.72	17	49.94	47	77.77	166
20	41.635	63	52.89	18	49.47	41	76.11	209
30	41.572	25	53.07	19	49.06	33	74.02	248
Juni 9	41.547	13	53.26	20	48.73	25	71.54	279
19	41.560	50	53.46	20	48.48	15	68.75	304
29	41.610	87	53.66	20	48.33	6	65.71	320
Juli 9	41.697	120	53.86	19	48.27	3	62.51	327
19	41.817	152	54.05	15	48.30	13	59.24	323
29	41.969	181	54.20	11	48.43	23	56.01	311
Aug. 8	42.150	206	54.31	3	48.66	31	52.90	287
18	42.356	229	54.34	6	48.97	39	50.03	253
28	42.585	249	54.28	18	49.36	47	47.50	210
Sept. 7	42.834	267	54.10	30	49.83	53	45.40	159
17	43.101	281	53.80	44	50.36	58	43.81	100
27	43.382	293	53.36	58	50.94	61	42.81	37
Okt. 7	43.675	302	52.78	71	51.55	63	42.44	30
17	43.977	307	52.07	82	52.18	62	42.74	96
27	44.284	305	51.25	91	52.80	59	43.70	160
Nov. 6	44.589	299	50.34	96	53.39	56	45.30	220
16	44.888	285	49.38	96	53.95	49	47.50	272
26	45.173	263	48.42	93	54.44	41	50.22	315
Dez. 6	45.436	234	47.49	86	54.85	31	53.37	347
16	45.670	197	46.63	74	55.16	21	56.84	368
26	45.867	152	45.89	61	55.37	9	60.52	377
36	46.019		45.28		55.46		64.29	
Mittl. Ort	40.773		64.00		51.41		49.39	
sec δ, tg δ	+1.044		+0.298		+2.656		−2.460	
a, a′	+3.5		−6.5		0.0		−6.6	
b, b′	−0.01		−0.95		+0.05		−0.94	

Tag	279) δ Geminorum AR.		279) δ Geminorum Dekl.		280) 19 Lyncis *sq* AR.		280) 19 Lyncis *sq* Dekl.	
1958	7h 17m		+22° 3′		7h 19m		+55° 21′	
	s		″		s		″	
Jan. 1	$_{10}$39.097	131	29.29	21	$_{10}$29.982	186	33.22	178
10	39.228	78	29.08	6	30.168	103	35.00	190
20	39.306	24	29.02	8	30.271	18	36.90	195
30	39.330	29	29.10	18	30.289	65	38.85	191
Febr. 9	39.301	78	29.28	26	30.224	143	40.76	178
19	39.223	120	29.54	31	30.081	210	42.54	159
März 1	39.103	153	29.85	32	29.871	264	44.13	131
11	38.950	177	30.17	30	29.607	302	45.44	98
21	38.773	188	30.47	26	29.305	323	46.42	63
31	38.585	189	30.73	21	28.982	327	47.05	24
April 10	38.396	180	30.94	16	28.655	315	47.29	15
20	38.216	161	31.10	9	28.340	287	47.14	52
30	38.055	135	31.19	3	28.053	248	46.62	87
Mai 10	37.920	102	31.22	1	27.805	198	45.75	118
20	37.818	66	31.21	5	27.607	141	44.57	144
30	37.752	28	31.16	8	27.466	79	43.13	165
Juni 9	37.724	12	31.08	9	27.387	15	41.48	181
19	37.736	51	30.99	11	27.372	49	39.67	193
29	37.787	89	30.88	12	27.421	112	37.74	199
Juli 9	37.876	123	30.76	15	27.533	171	35.75	200
19	37.999	156	30.61	16	27.704	227	33.75	198
29	38.155	186	30.45	20	27.931	279	31.77	192
Aug. 8	38.341	212	30.25	25	28.210	324	29.85	181
18	38.553	236	30.00	32	28.534	365	28.04	169
28	38.789	257	29.68	39	28.899	402	26.35	153
Sept. 7	39.046	275	29.29	47	29.301	432	24.82	135
17	39.321	290	28.82	56	29.733	457	23.47	114
27	39.611	303	28.26	65	30.190	477	22.33	91
Okt. 7	39.914	312	27.61	72	30.667	489	21.42	66
17	40.226	317	26.89	77	31.156	495	20.76	38
27	40.543	317	26.12	80	31.651	492	20.38	7
Nov. 6	40.860	309	25.32	80	32.143	478	20.31	24
16	41.169	296	24.52	75	32.621	453	20.55	56
26	41.465	274	23.77	68	33.074	417	21.11	89
Dez. 6	41.739	244	23.09	56	33.491	367	22.00	119
16	41.983	206	22.53	43	33.858	305	23.19	146
26	42.189	160	22.10	28	34.163	234	24.65	169
36	42.349		21.82		34.397		26.34	
Mittl. Ort	36.928		40.86		26.803		46.03	
sec δ, tg δ	+1.079		+0.405		+1.759		+1.448	
a, a′	+3.6		−6.7		+4.9		−6.8	
b, b′	−0.01		−0.94		−0.03		−0.94	

Scheinbare Sternörter 1958

Obere Kulmination Greenwich

Tag	282) ι Geminorum AR.		Dekl.		285) β Canis min. AR.		Dekl.		286) ρ Geminorum AR.		Dekl.		284) Grb 1308 Caml AR.		Dekl.	
1958	7h 23m		+27° 52′		7h 24m		+8° 22′		7h 26m		+31° 51′		7h 26m		+68° 32′	
	s		″		s		″		s		″		s		″	
Jan. 1	9.417	142	47.66	14	54.420	126	20.74	108	27.002	151	58.50	38	36.09	26	62.11	240
11	9.559	88	47.80	29	54.546	77	19.66	94	27.153	95	58.88	54	36.35	14	64.51	252
20	9.647	30	48.09	42	54.623	26	18.72	76	27.248	35	59.42	66	36.49	1	67.03	254
30	9.677	25	48.51	51	54.649	24	17.96	58	27.283	23	60.08	75	36.50	12	69.57	247
Febr. 9	9.652	77	49.02	55	54.625	70	17.38	43	27.260	77	60.83	77	36.38	23	72.04	230
19	9.575	122	49.57	57	54.555	110	16.95	27	27.183	124	61.60	75	36.15	34	74.34	202
März 1	9.453	158	50.14	53	54.445	142	16.68	14	27.059	162	62.35	69	35.81	42	76.36	166
11	9.295	183	50.67	47	54.303	163	16.54	2	26.897	189	63.04	58	35.39	49	78.02	125
21	9.112	197	51.14	37	54.140	176	16.52	8	26.708	204	63.62	45	34.90	52	79.27	78
31	8.915	199	51.51	25	53.964	178	16.60	17	26.504	207	64.07	30	34.38	53	80.05	29
April 10	8.716	190	51.76	13	53.786	170	16.77	25	26.297	199	64.37	13	33.85	52	80.34	20
20	8.526	171	51.89	1	53.616	153	17.02	32	26.098	180	64.50	3	33.33	48	80.14	68
30	8.355	145	51.90	10	53.463	130	17.34	39	25.918	153	64.47	18	32.85	43	79.46	112
Mai 10	8.210	112	51.80	20	53.333	102	17.73	46	25.765	119	64.29	32	32.42	36	78.34	152
20	8.098	74	51.60	29	53.231	68	18.19	52	25.646	81	63.97	44	32.06	27	76.82	186
30	8.024	35	51.31	35	53.163	33	18.71	57	25.565	40	63.53	54	31.79	18	74.96	215
Juni 9	7.989	6	50.96	41	53.130	2	19.28	61	25.525	2	62.99	61	31.61	8	72.81	237
19	7.995	48	50.55	45	53.132	38	19.89	65	25.527	45	62.38	66	31.53	1	70.44	251
29	8.043	86	50.10	48	53.170	73	20.54	66	25.572	86	61.72	71	31.54	11	67.93	259
Juli 9	8.129	123	49.62	50	53.243	106	21.20	64	25.658	124	61.01	74	31.65	21	65.34	262
19	8.252	157	49.12	52	53.349	136	21.84	60	25.782	160	60.27	76	31.86	30	62.72	259
29	8.409	189	48.60	55	53.485	164	22.44	52	25.942	193	59.51	77	32.16	39	60.13	250
Aug. 8	8.598	218	48.05	58	53.649	190	22.96	42	26.135	223	58.74	79	32.55	46	57.63	236
18	8.816	242	47.47	61	53.839	213	23.38	27	26.358	250	57.95	80	33.01	52	55.27	217
28	9.058	265	46.86	64	54.052	233	23.65	11	26.608	273	57.15	81	33.53	59	53.10	195
Sept. 7	9.323	285	46.22	68	54.285	252	23.76	9	26.881	294	56.34	82	34.12	64	51.15	168
17	9.608	301	45.54	72	54.537	268	23.67	31	27.175	313	55.52	82	34.76	68	49.47	139
27	9.909	316	44.82	75	54.805	281	23.36	52	27.488	327	54.70	81	35.44	72	48.08	105
Okt. 7	10.225	326	44.07	77	55.086	291	22.84	74	27.815	338	53.89	79	36.16	73	47.03	69
17	10.551	331	43.30	75	55.377	297	22.10	94	28.153	345	53.10	74	36.89	74	46.34	31
27	10.882	332	42.55	72	55.674	297	21.16	111	28.498	346	52.36	66	37.63	74	46.03	10
Nov. 6	11.214	326	41.83	66	55.971	292	20.05	124	28.844	340	51.70	55	38.37	71	46.13	51
16	11.540	313	41.17	56	56.263	279	18.81	132	29.184	326	51.15	42	39.08	68	46.64	93
26	11.853	290	40.61	44	56.542	260	17.49	135	29.510	304	50.73	26	39.76	61	47.57	134
Dez. 6	12.143	260	40.17	28	56.802	231	16.14	133	29.814	272	50.47	8	40.37	54	48.91	171
16	12.403	220	39.89	11	57.033	196	14.81	126	30.086	232	50.39	11	40.91	45	50.62	203
26	12.623	173	39.78	6	57.229	154	13.55	115	30.318	183	50.50	30	41.36	34	52.65	230
36	12.796		39.84		57.383		12.40		30.501		50.80		41.70		54.95	
Mittl. Ort	7.179		59.76		52.380		31.72		24.704		70.96		31.56		75.65	
sec δ, tg δ	+1.131		+0.529		+1.011		+0.147		+1.178		+0.622		+2.735		+2.546	
a, a′	+3.7		−7.1		+3.3		−7.3		+3.8		−7.4		+6.2		−7.4	
b, b′	−0.01		−0.93		0.00		−0.93		−0.02		−0.93		−0.06		−0.93	

Scheinbare Sternörter 1958

Obere Kulmination Greenwich

Tag	287) α Geminorum[1] AR.		287) α Geminorum[1] Dekl.		289) 25 Monocerotis AR.		289) 25 Monocerotis Dekl.		291) α Canis min.[2] AR.		291) α Canis min.[2] Dekl.		292) 24 Lyncis AR.		292) 24 Lyncis Dekl.	
1958	7h 31m		+31° 58′		7h 35m		−4° 0′		7h 37m		+5° 19′		7h 39m		+58° 48′	
	s		″		s		″		s		″		s		″	
Jan. 1	57.563	157	44.26	36	13.346	127	67.15	184	8.163	131	51.08	132	31.075	233	24.89	188
11	57.720	100	44.62	53	13.473	78	68.99	170	8.294	82	49.76	117	31.308	142	26.77	204
20	[14] 57.820	41	45.15	66	[14] 13.551	28	70.69	150	[15] 8.376	32	48.59	98	[15] 31.450	50	28.81	213
30	57.861	– 18	45.81	74	13.579	– 21	72.19	129	8.408	– 18	47.61	79	31.500	– 43	30.94	213
Febr. 9	57.843	73	46.55	78	13.558	67	73.48	106	8.390	65	46.82	60	31.457	130	33.07	203
19	57.770	121	47.33	78	13.491	107	74.54	83	8.325	105	46.22	42	31.327	207	35.10	184
März 1	57.649	159	48.11	71	13.384	138	75.37	60	8.220	138	45.80	25	31.120	271	36.94	158
11	57.490	187	48.82	61	13.246	162	75.97	36	8.082	160	45.55	11	30.849	319	38.52	125
21	57.303	204	49.43	48	13.084	175	76.33	15	7.922	174	45.44	– 2	30.530	349	39.77	87
31	57.099	207	49.91	32	12.909	178	76.48	– 6	7.748	177	45.46	15	30.181	360	40.64	46
April 10	56.892	200	50.23	16	12.731	172	76.42	26	7.571	171	45.61	25	29.821	354	41.10	5
20	56.692	183	50.39	0	12.559	158	76.16	45	7.400	156	45.86	35	29.467	331	41.15	– 37
30	56.509	156	50.39	16	12.401	137	75.71	63	7.244	134	46.21	44	29.136	294	40.78	76
Mai 10	56.353	124	50.23	31	12.264	111	75.08	79	7.110	107	46.65	53	28.842	246	40.02	111
20	56.229	86	49.92	44	12.153	80	74.29	95	7.003	76	47.18	60	28.596	188	38.91	143
30	56.143	46	49.48	53	12.073	47	73.34	108	6.927	41	47.78	67	28.408	124	37.48	170
Juni 9	56.097	3	48.95	62	12.026	13	72.26	119	6.886	7	48.45	73	28.284	57	35.78	190
19	56.094	– 38	48.33	68	12.013	– 21	71.07	127	6.879	– 27	49.18	76	28.227	– 11	33.88	207
29	56.132	79	47.65	73	12.034	55	69.80	131	6.906	62	49.94	77	28.238	79	31.81	217
Juli 9	56.211	118	46.92	77	12.089	88	68.49	130	6.968	94	50.71	75	28.317	145	29.64	223
19	56.329	153	46.15	80	12.177	118	67.19	126	7.062	125	51.46	71	28.462	207	27.41	223
29	56.482	187	45.35	82	12.295	147	65.93	117	7.187	153	52.17	62	28.669	265	25.18	219
Aug. 8	56.669	217	44.53	83	12.442	173	64.76	102	7.340	178	52.79	50	28.934	319	22.99	212
18	56.886	244	43.70	85	12.615	198	63.74	82	7.518	203	53.29	34	29.253	367	20.87	200
28	57.130	268	42.85	86	12.813	220	62.92	57	7.721	224	53.63	15	29.620	411	18.87	185
Sept. 7	57.398	290	41.99	88	13.033	240	62.35	30	7.945	243	53.78	– 6	30.031	449	17.02	166
17	57.688	310	41.11	88	13.273	258	62.05	– 2	8.188	261	53.72	31	30.480	481	15.36	145
27	57.998	325	40.23	87	13.531	273	62.07	35	8.449	275	53.41	55	30.961	507	13.91	120
Okt. 7	58.323	337	39.36	84	13.804	284	62.42	69	8.724	286	52.86	80	31.468	527	12.71	92
17	58.660	344	38.52	80	14.088	291	63.11	101	9.010	293	52.06	102	31.995	538	11.79	62
27	59.004	347	37.72	72	14.379	293	64.12	131	9.303	295	51.04	123	32.533	540	11.17	28
Nov. 6	59.351	342	37.00	61	14.672	288	65.43	156	9.598	291	49.81	139	33.073	530	10.89	– 8
16	59.693	329	36.39	47	14.960	277	66.99	176	9.889	280	48.42	150	33.603	508	10.97	44
26	60.022	307	35.92	30	15.237	258	68.75	189	10.169	261	46.92	156	34.111	472	11.41	80
Dez. 6	60.329	276	35.62	12	15.495	230	70.64	196	10.430	234	45.36	155	34.583	422	12.21	116
16	60.605	237	35.50	– 7	15.725	195	72.60	196	10.664	200	43.81	149	35.005	359	13.37	149
26	60.842	188	35.57	28	15.920	154	74.56	188	10.864	158	42.32	138	35.364	284	14.86	176
36	61.030		35.85		16.074		76.44		11.022		40.94		35.648		16.62	
Mittl. Ort	55.281		57.01		11.348		57.09		6.152		62.08		27.784		39.33	
sec δ, tg δ	+1.179		+0.624		+1.002		−0.070		+1.004		+0.093		+1.931		+1.652	
a, *a′*	+3.8		−7.8		+3.0		−8.1		+3.2		−8.2		+5.1		−8.4	
b, *b′*	−0.02		−0.92		0.00		−0.91		0.00		−0.91		−0.05		−0.91	

1 Ort des helleren Sterns.

2 Ort des hellen Sterns; die jährliche Parallaxe (0.″291) ist bereits berücksichtigt.

Obere Kulmination Greenwich

Tag	294) κ Geminorum AR.		294) κ Geminorum Dekl.		297) ζ Volantis AR.		297) ζ Volantis Dekl.		295) β Geminorum[1] AR.		295) β Geminorum[1] Dekl.		296) π Geminorum AR.		296) π Geminorum Dekl.	
1958	$7^h\ 41^m$		+24° 29′		$7^h\ 42^m$		−72° 30′		$7^h\ 42^m$		28° 7′		$7^h\ 44^m$		+33° 30′	
	s		″		s		″		s		″		s		″	
Jan. 1	56.967	158	48.67	14	25.92	9	23.71	381	47.063	161	32.32	9	50.334	174	60.27	42
11	$_{16}$57.125	105	48.53	4	$_{16}$26.01	6	27.52	379	$_{16}$47.224	107	32.41	27	$_{17}$50.508	116	60.69	59
20	57.230	50	48.57	20	25.95	19	31.31	367	47.331	49	32.68	42	50.624	56	61.28	75
30	57.280	5	48.77	33	25.76	32	34.98	344	47.380	8	33.10	54	50.680	4	62.03	85
Febr. 9	57.275	58	49.10	42	25.44	45	38.42	313	47.372	61	33.64	61	50.676	61	62.88	90
19	57.217	103	49.52	47	24.99	55	41.55	275	47.311	108	34.25	65	50.615	111	63.78	89
März 1	57.114	141	49.99	49	24.44	63	44.30	233	47.203	147	34.90	63	50.504	152	64.67	83
11	56.973	168	50.48	47	23.81	69	46.63	185	47.056	175	35.53	57	50.352	184	65.50	73
21	56.805	185	50.95	41	23.12	74	48.48	135	46.881	192	36.10	48	50.168	202	66.23	59
31	56.620	189	51.36	34	22.38	75	49.83	82	46.689	198	36.58	37	49.966	208	66.82	43
April 10	56.431	185	51.70	25	21.63	76	50.65	28	46.491	193	36.95	25	49.758	204	67.25	25
20	56.246	170	51.95	16	20.87	74	50.93	25	46.298	177	37.20	11	49.554	190	67.50	6
30	56.076	148	52.11	7	20.13	70	50.68	78	46.121	154	37.31	1	49.364	165	67.56	12
Mai 10	55.928	118	52.18	2	19.43	64	49.90	128	45.967	124	37.30	13	49.199	134	67.44	29
20	55.810	84	52.16	10	18.79	58	48.62	175	45.843	89	37.17	24	49.065	97	67.15	44
30	55.726	48	52.06	16	18.21	49	46.87	217	45.754	52	36.93	34	48.968	58	66.71	57
Juni 9	55.678	10	51.90	22	17.72	40	44.70	255	45.702	12	36.59	40	48.910	16	66.14	67
19	55.668	28	51.68	27	17.32	29	42.15	284	45.690	28	36.19	47	48.894	25	65.47	76
29	55.696	65	51.41	31	17.03	17	39.31	306	45.718	66	35.72	53	48.919	65	64.71	83
Juli 9	55.761	101	51.10	35	16.86	6	36.25	320	45.784	103	35.19	56	48.984	105	63.88	89
19	55.862	135	50.75	39	16.80	6	33.05	324	45.887	137	34.63	61	49.089	142	62.99	92
29	55.997	165	50.36	44	16.86	19	29.81	317	46.024	170	34.02	66	49.231	176	62.07	96
Aug. 8	56.162	194	49.92	50	17.05	30	26.64	300	46.194	199	33.36	69	49.407	207	61.11	99
18	56.356	220	49.42	56	17.35	42	23.64	273	46.393	226	32.67	74	49.614	236	60.12	100
28	56.576	244	48.86	63	17.77	51	20.91	235	46.619	250	31.93	79	49.850	263	59.12	102
Sept. 7	56.820	265	48.23	71	18.28	61	18.56	189	46.869	272	31.14	83	50.113	287	58.10	103
17	57.085	285	47.52	78	18.89	68	16.67	134	47.141	292	30.31	88	50.400	307	57.07	102
27	57.370	301	46.74	84	19.57	74	15.33	73	47.433	309	29.43	91	50.707	326	56.05	100
Okt. 7	57.671	314	45.90	90	20.31	77	14.60	8	47.742	323	28.52	92	51.033	340	55.05	96
17	57.985	323	45.00	94	21.08	77	14.52	59	48.065	331	27.60	92	51.373	350	54.09	90
27	58.308	327	44.06	93	21.85	75	15.11	124	48.396	335	26.68	87	51.723	355	53.19	81
Nov. 6	58.635	325	43.13	90	22.60	72	16.35	187	48.731	332	25.81	81	52.078	352	52.38	68
16	58.960	314	42.23	83	23.32	64	18.22	244	49.063	322	25.00	70	52.430	341	51.70	53
26	59.274	296	41.40	71	23.96	55	20.66	292	49.385	303	24.30	55	52.771	321	51.17	33
Dez. 6	59.570	268	40.69	58	24.51	44	23.58	330	49.688	274	23.75	39	53.092	292	50.84	13
16	59.838	232	40.11	41	24.95	32	26.88	359	49.962	237	23.36	20	53.384	253	50.71	9
26	60.070	188	39.70	22	25.27	17	30.47	374	50.199	191	23.16	1	53.637	205	50.80	31
36	60.258		39.48		25.44		34.21		50.390		23.15		53.842		51.11	
Mittl. Ort	54.830		61.34		21.02		19.73		44.878		45.30		48.069		73.77	
sec δ, tg δ	+1.099		+0.456		+3.327		−3.173		+1.134		+0.535		+1.199		+0.662	
a, *a′*	+3.6		−8.6		−0.8		−8.7		+3.7		−8.7		+3.9		−8.9	
b, *b′*	−0.01		−0.90		+0.09		−0.90		−0.02		−0.90		−0.02		−0.90	

[1] Die jährliche Parallaxe (0″.100) ist bereits berücksichtigt.

Scheinbare Sternörter 1958

Obere Kulmination Greenwich

Tag	300) Grb 1374 Caml AR.	Δ	300) Dekl.	Δ	303) χ Carinae AR.	Δ	303) Dekl.	Δ	305) χ Geminorum AR.	Δ	305) Dekl.	Δ	306) ζ Puppis AR.	Δ	306) Dekl.	Δ
1958	7h 55m		+74° 1′		7h 55m		−52° 52′		8h 0m		+27° 54′		8h 2m		−39° 53′	
	s		″		s		″		s		″		s		″	
Jan. 1	17.79	41	43.95	249	45.398	128	12.17	373	58.576	182	35.33	0	8.744	139	7.24	345
11	18.20	26	46.44	268	45.526	53	15.90	369	58.758	129	35.33	21	8.883	79	10.69	339
20*	19 18.46	8	49.12	277	20 45.579	21	19.59	356	21 58.887	72	35.54	38	21 8.962	17	14.08	324
30	18.54	8	51.89	276	45.558	94	23.15	333	58.959	14	35.92	53	8.979	43	17.32	302
Febr. 9	18.46	24	54.65	262	45.464	161	26.48	302	58.973	41	36.45	63	8.936	98	20.34	272
19	18.22	39	57.27	238	45.303	218	29.50	265	58.932	90	37.08	69	8.838	147	23.06	237
März 1	17.83	51	59.65	205	45.085	267	32.15	223	58.842	131	37.77	70	8.691	189	25.43	197
11	17.32	61	61.70	164	44.818	303	34.38	176	58.711	162	38.47	65	8.502	219	27.40	154
21	16.71	68	63.34	117	44.515	328	36.14	128	58.549	183	39.12	58	8.283	240	28.94	110
31	16.03	71	64.51	65	44.187	340	37.42	77	58.366	192	39.70	48	8.043	250	30.04	64
April 10	15.32	71	65.16	12	43.847	340	38.19	26	58.174	190	40.18	36	7.793	250	30.68	17
20	14.61	69	65.28	41	43.507	330	38.45	26	57.984	179	40.54	22	7.543	242	30.85	28
30	13.92	63	64.87	91	43.177	309	38.19	75	57.805	159	40.76	9	7.301	224	30.57	72
Mai 10	13.29	55	63.96	137	42.868	279	37.44	123	57.646	132	40.85	5	7.077	199	29.85	115
20	12.74	46	62.59	179	42.589	243	36.21	168	57.514	100	40.80	16	6.878	170	28.70	155
30	12.28	35	60.80	214	42.346	201	34.53	208	57.414	65	40.64	27	6.708	135	27.15	190
Juni 9	11.93	23	58.66	243	42.145	153	32.45	243	57.349	28	40.37	37	6.573	97	25.25	221
19	11.70	10	56.23	265	41.992	101	30.02	270	57.321	10	40.00	45	6.476	58	23.04	245
29	11.60	2	53.58	281	41.891	47	27.32	292	57.331	47	39.55	52	6.418	16	20.59	263
Juli 9	11.62	15	50.77	289	41.844	8	24.40	304	57.378	83	39.03	59	6.402	27	17.96	274
19	11.77	27	47.88	291	41.852	64	21.36	308	57.461	118	38.44	65	6.429	69	15.22	275
29	12.04	40	44.97	287	41.916	120	18.28	301	57.579	150	37.79	71	6.498	110	12.47	269
Aug. 8	12.44	50	42.10	276	42.036	175	15.27	284	57.729	180	37.08	77	6.608	152	9.78	252
18	12.94	60	39.34	261	42.211	227	12.43	258	57.909	209	36.31	83	6.760	191	7.26	227
28	13.54	69	36.73	240	42.438	276	9.85	221	58.118	235	35.48	89	6.951	227	4.99	193
Sept. 7	14.23	77	34.33	214	42.714	320	7.64	176	58.353	259	34.59	95	7.178	261	3.06	150
17	15.00	84	32.19	184	43.034	358	5.88	123	58.612	282	33.64	101	7.439	292	1.56	101
27	15.84	90	30.35	149	43.392	389	4.65	64	58.894	302	32.63	105	7.731	316	0.55	46
Okt. 7	16.74	93	28.86	110	43.781	410	4.01	1	59.196	318	31.58	107	8.047	336	0.09	12
17	17.67	96	27.76	69	44.191	421	4.00	63	59.514	330	30.51	106	8.383	348	0.21	71
27	18.63	97	27.07	24	44.612	422	4.63	127	59.844	338	29.45	104	8.731	352	0.92	130
Nov. 6	19.60	95	26.83	22	45.034	410	5.90	188	60.182	339	28.41	96	9.083	347	2.22	185
16	20.55	91	27.05	70	45.444	384	7.78	242	60.521	331	27.45	85	9.430	331	4.07	234
26	21.46	85	27.75	116	45.828	348	10.20	289	60.852	316	26.60	71	9.761	306	6.41	275
Dez. 6	22.31	75	28.91	160	46.176	298	13.09	325	61.168	290	25.89	52	10.067	270	9.16	307
16	23.06	64	30.51	201	46.474	238	16.34	352	61.458	255	25.37	32	10.337	225	12.23	329
26	23.70	51	32.52	234	46.712	171	19.86	366	61.713	211	25.05	11	10.562	172	15.52	340
36	24.21		34.86		46.883		23.52		61.924		24.94		10.734		18.92	
Mittl. Ort	12.42		59.94		42.599		7.74		56.460		49.05		6.399		1.85	
sec δ, tg δ	+3.635		+3.495		+1.657		−1.321		+1.132		+ 0.530		+1.303		− 0.836	
a, *a′*	+7.2		−9.7		+1.5		−9.7		+3.7		−10.1		+2.1		−10.2	
b, *b′*	−0.11		−0.88		+0.04		−0.88		−0.02		− 0.86		+0.03		− 0.86	

* Bei Stern 305) und 306) lies Jan. 21.

Scheinbare Sternörter 1958

Obere Kulmination Greenwich

Tag	307) 27 Lyncis AR.		307) 27 Lyncis Dekl.		308) ρ Puppis AR.		308) ρ Puppis Dekl.		309) γ Velorum AR.		309) γ Velorum Dekl.		311) 20 Puppis AR.		311) 20 Puppis Dekl.	
1958	8h 5m		+51° 37′		8h 5m		−24° 10′		8h 8m		−47° 12′		8h 11m		−15° 39′	
	s		″		s		″		s		″		s		″	
Jan. 1	21.052	243	30.67	137	47.342	146	62.49	290	16.807	147	47.38	363	26.065	156	46.06	252
11	21.295	169	32.04	160	47.488	95	65.39	281	16.954	81	51.01	360	26.221	106	48.58	242
21	21.464	90	33.64	176	47.583	42	68.20	264	17.035	13	54.61	348	26.327	56	51.00	224
30	(22) 21.554	11	35.40	184	(22) 47.625	11	70.84	241	(23) 17.048	54	58.09	326	(24) 26.383	4	53.24	201
Febr. 9	21.565	65	37.24	184	47.614	61	73.25	213	16.994	115	61.35	298	26.387	45	55.25	176
19	21.500	134	39.08	175	47.553	105	75.38	182	16.879	170	64.33	263	26.342	88	57.01	148
März 1	21.366	193	40.83	159	47.448	142	77.20	147	16.709	215	66.96	223	26.254	124	58.49	117
11	21.173	239	42.42	135	47.306	170	78.67	112	16.494	251	69.19	178	26.130	152	59.66	86
21	20.934	271	43.77	106	47.136	188	79.79	75	16.243	276	70.97	132	25.978	170	60.52	56
31	20.663	286	44.83	73	46.948	197	80.54	38	15.967	288	72.29	83	25.808	180	61.08	25
April 10	20.377	287	45.56	38	46.751	197	80.92	2	15.679	290	73.12	34	25.628	180	61.33	5
20	20.090	275	45.94	1	46.554	188	80.94	33	15.389	283	73.46	15	25.448	172	61.28	34
30	19.815	250	45.95	34	46.366	172	80.61	69	15.106	266	73.31	63	25.276	157	60.94	62
Mai 10	19.565	214	45.61	67	46.194	150	79.92	102	14.840	241	72.68	109	25.119	136	60.32	88
20	19.351	171	44.94	98	46.044	123	78.90	131	14.599	211	71.59	153	24.983	110	59.44	112
30	19.180	122	43.96	125	45.921	93	77.59	158	14.388	174	70.06	192	24.873	82	58.32	133
Juni 9	19.058	70	42.71	148	45.828	61	76.01	181	14.214	133	68.14	227	24.791	51	56.99	152
19	18.988	16	41.23	166	45.767	26	74.20	200	14.081	88	65.87	254	24.740	19	55.47	165
29	18.972	38	39.57	181	45.741	8	72.20	212	13.993	43	63.33	276	24.721	14	53.82	175
Juli 9	19.010	92	37.76	191	45.749	43	70.08	218	13.950	5	60.57	289	24.735	46	52.07	180
19	19.102	143	35.85	198	45.792	77	67.90	218	13.955	54	57.68	294	24.781	77	50.27	177
29	19.245	191	33.87	200	45.869	110	65.72	209	14.009	102	54.74	289	24.858	108	48.50	169
Aug. 8	19.436	237	31.87	199	45.979	143	63.63	194	14.111	150	51.85	274	24.966	138	46.81	155
18	19.673	278	29.88	195	46.122	174	61.69	171	14.261	197	49.11	249	25.104	167	45.26	134
28	19.951	318	27.93	187	46.296	203	59.98	141	14.458	240	46.62	216	25.271	194	43.92	107
Sept. 7	20.269	353	26.06	177	46.499	230	58.57	103	14.698	280	44.46	173	25.465	220	42.85	74
17	20.622	386	24.29	163	46.729	255	57.54	61	14.978	317	42.73	123	25.685	244	42.11	35
27	21.008	413	22.66	147	46.984	276	56.93	14	15.295	346	41.50	66	25.929	265	41.76	5
Okt. 7	21.421	435	21.19	126	47.260	294	56.79	36	15.641	369	40.84	5	26.194	282	41.81	48
17	21.856	452	19.93	102	47.554	306	57.15	85	16.010	383	40.79	57	26.476	295	42.29	91
27	22.308	461	18.91	75	47.860	312	58.00	133	16.393	387	41.36	119	26.771	303	43.20	133
Nov. 6	22.769	461	18.16	45	48.172	311	59.33	177	16.780	382	42.55	178	27.074	303	44.53	170
16	23.230	450	17.71	12	48.483	301	61.10	216	17.162	364	44.33	232	27.377	296	46.23	201
26	23.680	427	17.59	23	48.784	283	63.26	248	17.526	335	46.65	277	27.673	281	48.24	227
Dez. 6	24.107	392	17.82	58	49.067	254	65.74	270	17.861	294	49.42	314	27.954	256	50.51	244
16	24.499	343	18.40	91	49.321	219	68.44	284	18.155	243	52.56	341	28.210	222	52.95	252
26	24.842	284	19.31	122	49.540	175	71.28	289	18.398	186	55.97	355	28.432	183	55.47	254
36	25.126		20.53		49.715		74.17		18.584		59.52		28.615		58.01	
Mittl. Ort	18.363		46.59		45.268		55.31		14.247		43.18		24.077		37.86	
sec δ, tg δ	+1.611		+1.263		+1.096		−0.449		+1.472		−1.080		+1.039		−0.280	
a, a′	+4.5		−10.4		+2.6		−10.5		+1.9		−10.6		+2.8		−10.9	
b, b′	−0.04		−0.85		+0.02		−0.85		+0.04		−0.85		+0.01		−0.84	

Scheinbare Sternörter 1958

Obere Kulmination Greenwich

Tag	312) β Cancri AR.	Δ	312) β Cancri Dekl.	Δ	310) Br 1147 Caml AR.	Δ	310) Br 1147 Caml Dekl.	Δ	314) 31 Lyncis AR.	Δ	314) 31 Lyncis Dekl.	Δ	315) ε Carinae AR.	Δ	315) ε Carinae Dekl.	Δ
1958	8h 14m		+9° 18′		8h 14m		+75° 52′		8h 19m		+43° 18′		8h 21m		−59° 22′	
	s		″		s		″		s		″		s		″	
Jan. 1	16.228	174	47.07	118	24.57	52	60.23	244	60.311	234	71.97	82	42.392	179	27.45	378
11	16.402	126	45.89	101	25.09	35	62.67	269	60.545	172	72.79	108	42.571	94	31.23	382
21	16.528	75	44.88	80	25.44	16	65.36	282	60.717	104	73.87	127	42.665	6	35.05	376
30	24 16.603	23	44.08	60	24 25.60	3	68.18	285	26 60.821	35	75.14	142	26 42.671	79	38.81	359
Febr. 9	16.626	27	43.48	41	25.57	22	71.03	277	60.856	31	76.56	148	42.592	158	42.40	334
19	16.599	71	43.07	24	25.35	38	73.80	257	60.825	93	78.04	147	42.434	229	45.74	301
März 1	16.528	108	42.83	8	24.97	53	76.37	226	60.732	146	79.51	140	42.205	289	48.75	262
11	16.420	138	42.75	5	24.44	65	78.63	187	60.586	187	80.91	124	41.916	337	51.37	219
21	16.282	157	42.80	16	23.79	74	80.50	140	60.399	216	82.15	104	41.579	373	53.56	171
31	16.125	167	42.96	24	23.05	79	81.90	90	60.183	233	83.19	80	41.206	395	55.27	120
April 10	15.958	168	43.20	31	22.26	81	82.80	36	59.950	237	83.99	53	40.811	403	56.47	69
20	15.790	159	43.51	36	21.45	79	83.16	18	59.713	229	84.52	23	40.408	400	57.16	16
30	15.631	143	43.87	41	20.66	75	82.98	70	59.484	209	84.75	5	40.008	385	57.32	36
Mai 10	15.488	122	44.28	45	19.91	67	82.28	120	59.275	182	84.70	33	39.623	360	56.96	87
20	15.366	96	44.73	48	19.24	57	81.08	165	59.093	147	84.37	60	39.263	326	56.09	136
30	15.270	66	45.21	50	18.67	46	79.43	205	58.946	107	83.77	83	38.937	283	54.73	180
Juni 9	15.204	35	45.71	52	18.21	34	77.38	238	58.839	65	82.94	104	38.654	234	52.93	221
19	15.169	3	46.23	52	17.87	19	75.00	264	58.774	21	81.90	122	38.420	178	50.72	255
29	15.166	29	46.75	51	17.68	6	72.36	284	58.753	23	80.68	137	38.242	119	48.17	282
Juli 9	15.195	60	47.26	47	17.62	8	69.52	297	58.776	68	79.31	149	38.123	55	45.35	302
19	15.255	91	47.73	41	17.70	22	66.55	302	58.844	110	77.82	157	38.068	11	42.33	311
29	15.346	119	48.14	33	17.92	36	63.53	302	58.954	151	76.25	164	38.079	79	39.22	311
Aug. 8	15.465	147	48.47	22	18.28	48	60.51	295	59.105	189	74.61	168	38.158	147	36.11	302
18	15.612	174	48.69	8	18.76	61	57.56	283	59.294	226	72.93	169	38.305	212	33.09	280
28	15.786	198	48.77	10	19.37	71	54.73	264	59.520	260	71.24	168	38.517	276	30.29	249
Sept. 7	15.984	222	48.67	28	20.08	81	52.09	240	59.780	291	69.56	165	38.793	335	27.80	209
17	16.206	245	48.39	49	20.89	90	49.69	211	60.071	322	67.91	159	39.128	388	25.71	160
27	16.451	264	47.90	70	21.79	97	47.58	177	60.393	348	66.32	151	39.516	431	24.11	102
Okt. 7	16.715	282	47.20	92	22.76	102	45.81	139	60.741	370	64.81	138	39.947	465	23.09	40
17	16.997	296	46.28	111	23.78	106	44.42	97	61.111	389	63.43	123	40.412	486	22.69	26
27	17.293	305	45.17	128	24.84	108	43.45	51	61.500	400	62.20	105	40.898	493	22.95	91
Nov. 6	17.598	307	43.89	140	25.92	107	42.94	2	61.900	405	61.15	81	41.391	486	23.86	155
16	17.905	303	42.49	148	26.99	104	42.92	47	62.305	399	60.34	55	41.877	463	25.41	215
26	18.208	290	41.01	150	28.03	98	43.39	97	62.704	383	59.79	26	42.340	423	27.56	267
Dez. 6	18.498	269	39.51	147	29.01	89	44.36	144	63.087	357	59.53	5	42.763	371	30.23	311
16	18.767	238	38.04	139	29.90	77	45.80	188	63.444	318	59.58	37	43.134	305	33.34	345
26	19.005	200	36.65	126	30.67	62	47.68	227	63.762	268	59.95	67	43.439	228	36.79	367
36	19.205		35.39		31.29		49.95		64.030		60.62		43.667		40.46	
Mittl. Ort	14.296		58.85		18.97		77.73		57.998		88.07		39.203		25.47	
sec δ, tg δ	+1.013		+ 0.164		+4.101		+ 3.978		+1.375		+ 0.943		+1.963		− 1.689	
a, *a′*	+3.3		−11.1		+7.5		−11.1		+4.1		−11.5		+1.2		−11.6	
b, *b′*	−0.01		− 0.83		−0.15		− 0.83		−0.04		− 0.82		+0.07		− 0.81	

Obere Kulmination Greenwich

Tag	318) ϑ Chamael. AR.		318) ϑ Chamael. Dekl.		316) Br 1197 Hydra AR.		316) Br 1197 Hydra Dekl.	
1958	8h 21m		−77° 20′		8h 23m		−3° 46′	
	s		″		s		″	
Jan. 1	62.99	26	59.24	374	35.608	173	15.31	195
11	63.25	7	62.98	382	35.781	126	17.26	180
21	(26) 63.32	12	66.80	381	(27) 35.907	75	19.06	161
30	63.20	30	70.61	369	35.982	25	20.67	140
Febr. 9	62.90	47	74.30	348	36.007	23	22.07	117
19	62.43	62	77.78	319	35.984	67	23.24	93
März 1	61.81	75	80.97	283	35.917	105	24.17	68
11	61.06	86	83.80	242	35.812	133	24.85	46
21	60.20	94	86.22	196	35.679	154	25.31	24
31	59.26	100	88.18	146	35.525	164	25.55	3
April 10	58.26	102	89.64	94	35.361	167	25.58	16
20	57.24	103	90.58	41	35.194	160	25.42	34
30	56.21	100	90.99	12	35.034	146	25.08	52
Mai 10	55.21	96	90.87	65	34.888	127	24.56	67
20	54.25	89	90.22	116	34.761	103	23.89	82
30	53.36	81	89.06	165	34.658	77	23.07	94
Juni 9	52.55	69	87.41	208	34.581	47	22.13	104
19	51.86	56	85.33	246	34.534	17	21.09	112
29	51.30	43	82.87	277	34.517	14	19.97	116
Juli 9	50.87	27	80.10	300	34.531	44	18.81	117
19	50.60	11	77.10	314	34.575	73	17.64	113
29	50.49	6	73.96	319	34.648	103	16.51	105
Aug. 8	50.55	23	70.77	312	34.751	131	15.46	93
18	50.78	40	67.65	295	34.882	158	14.53	75
28	51.18	56	64.70	268	35.040	184	13.78	52
Sept. 7	51.74	70	62.02	230	35.224	209	13.26	25
17	52.44	83	59.72	183	35.433	233	13.01	4
27	53.27	93	57.89	127	35.666	255	13.05	36
Okt. 7	54.20	100	56.62	66	35.921	273	13.41	69
17	55.20	104	55.96	1	36.194	289	14.10	102
27	56.24	105	55.95	66	36.483	298	15.12	132
Nov. 6	57.29	101	56.61	131	36.781	302	16.44	158
16	58.30	95	57.92	193	37.083	299	18.02	180
26	59.25	84	59.85	248	37.382	286	19.82	194
Dez. 6	60.09	72	62.33	296	37.668	265	21.76	203
16	60.81	55	65.29	333	37.933	236	23.79	204
26	61.36	37	68.62	360	38.169	198	25.83	198
36	61.73		72.22		38.367		27.81	
Mittl. Ort	56.44		58.72		33.701		5.50	
sec δ, tg δ	+4.566		− 4.455		+1.002		− 0.066	
a, *a*′	−1.8		−11.6		+3.0		−11.8	
b, *b*′	+0.17		− 0.81		0.00		− 0.81	

Tag	317) o Ursae maj. AR.		317) o Ursae maj. Dekl.		320) Grb 1450 Lynx AR.		320) Grb 1450 Lynx Dekl.	
1958	8h 26m		+60° 51′		8h 30m		+38° 9′	
	s		″		s		″	
Jan. 1	50.47	33	20.14	171	13.614	232	27.04	47
11	50.80	23	21.85	199	13.846	175	27.51	73
21	(27) 51.03	14	23.84	219	(28) 14.021	112	28.24	95
30	51.17	4	26.03	229	14.133	47	29.19	112
Febr. 9	51.21	5	28.32	230	14.180	15	30.31	123
19	51.16	15	30.62	221	14.165	72	31.54	127
März 1	51.01	23	32.83	202	14.093	123	32.81	124
11	50.78	29	34.85	175	13.970	164	34.05	115
21	50.49	33	36.60	141	13.806	192	35.20	100
31	50.16	37	38.01	101	13.614	209	36.20	82
April 10	49.79	38	39.02	60	13.405	214	37.02	59
20	49.41	37	39.62	15	13.191	208	37.61	35
30	49.04	34	39.77	29	12.983	192	37.96	11
Mai 10	48.70	31	39.48	71	12.791	168	38.07	13
20	48.39	26	38.77	109	12.623	138	37.94	36
30	48.13	21	37.68	145	12.485	104	37.58	58
Juni 9	47.92	15	36.23	176	12.381	65	37.00	77
19	47.77	8	34.47	201	12.316	26	36.23	94
29	47.69	1	32.46	221	12.290	14	35.29	108
Juli 9	47.68	6	30.25	236	12.304	54	34.21	121
19	47.74	12	27.89	247	12.358	93	33.00	131
29	47.86	18	25.42	251	12.451	130	31.69	139
Aug. 8	48.04	25	22.91	251	12.581	165	30.30	146
18	48.29	30	20.40	247	12.746	199	28.84	150
28	48.59	36	17.93	238	12.945	231	27.34	154
Sept. 7	48.95	41	15.55	224	13.176	262	25.80	155
17	49.36	45	13.31	206	13.438	291	24.25	154
27	49.81	50	11.25	184	13.729	318	22.71	150
Okt. 7	50.31	52	9.41	157	14.047	340	21.21	144
17	50.83	55	7.84	127	14.387	359	19.77	134
27	51.38	57	6.57	92	14.746	373	18.43	121
Nov. 6	51.95	58	5.65	53	15.119	379	17.22	102
16	52.53	56	5.12	12	15.498	377	16.20	81
26	53.09	54	5.00	30	15.875	365	15.39	56
Dez. 6	53.63	50	5.30	74	16.240	342	14.83	28
16	54.13	45	6.04	115	16.582	307	14.55	2
26	54.58	37	7.19	152	16.889	263	14.57	32
36	54.95		8.71		17.152		14.89	
Mittl. Ort	47.44		38.00		11.474		43.08	
sec δ, tg δ	+2.054		+ 1.794		+1.272		+ 0.786	
a, *a*′	+5.0		−12.0		+3.9		−12.2	
b, *b*′	−0.07		− 0.80		−0.03		− 0.79	

Scheinbare Sternörter 1958

Obere Kulmination Greenwich

Tag	321) η Cancri AR.		321) η Cancri Dekl.		1227) o Velorum AR.		1227) o Velorum Dekl.		327) α Pyxidis AR.		327) α Pyxidis Dekl.		326) δ Cancri AR.		326) δ Cancri Dekl.	
1958	8h 30m		+20° 34′		8h 39m		−52° 46′		8h 41m		−33° 2′		8h 42m		+18° 18′	
	s		″		s		″		s		″		s		″	
Jan. 1	18.829	201	52.91	57	8.158	200	20.80	368	56.329	186	6.75	322	19.876	209	22.21	76
11	19.030	151	52.34	35	8.358	128	24.48	373	56.515	133	9.97	322	20.085	161	21.45	54
21	19.181	98	51.99	13	8.486	53	28.21	369	56.648	76	13.19	311	20.246	109	20.91	31
30*	[28] 19.279	43	51.86	7	[31] 8.539	21	31.90	355	[31] 56.724	19	16.30	292	[31] 20.355	55	20.60	9
Febr. 9	19.322	10	51.93	24	8.518	91	35.45	331	56.743	35	19.22	268	20.410	2	20.51	10
19	19.312	58	52.17	37	8.427	155	38.76	301	56.708	85	21.90	238	20.412	47	20.61	25
März 1	19.254	100	52.54	46	8.272	209	41.77	264	56.623	128	24.28	203	20.365	89	20.86	37
11	19.154	134	53.00	51	8.063	253	44.41	223	56.495	162	26.31	166	20.276	123	21.23	45
21	19.020	157	53.51	53	7.810	287	46.64	178	56.333	187	27.97	127	20.153	148	21.68	49
31	18.863	170	54.04	51	7.523	309	48.42	130	56.146	203	29.24	86	20.005	162	22.17	50
April 10	18.693	174	54.55	46	7.214	320	49.72	80	55.943	210	30.10	44	19.843	168	22.67	48
20	18.519	168	55.01	40	6.894	319	50.52	29	55.733	207	30.54	3	19.675	165	23.15	44
30	18.351	154	55.41	33	6.575	310	50.81	21	55.526	198	30.57	37	19.510	153	23.59	39
Mai 10	18.197	134	55.74	25	6.265	291	50.60	70	55.328	182	30.20	77	19.357	134	23.98	33
20	18.063	108	55.99	18	5.974	265	49.90	118	55.146	161	29.43	114	19.223	112	24.31	26
30	17.955	79	56.17	10	5.709	232	48.72	162	54.985	134	28.29	148	19.111	84	24.57	20
Juni 9	17.876	48	56.27	2	5.477	193	47.10	203	54.851	105	26.81	178	19.027	55	24.77	13
19	17.828	15	56.29	6	5.284	150	45.07	236	54.746	73	25.03	204	18.972	25	24.90	6
29	17.813	18	56.23	12	5.134	102	42.71	264	54.673	39	22.99	223	18.947	7	24.96	1
Juli 9	17.831	50	56.11	20	5.032	51	40.07	285	54.634	4	20.76	237	18.954	38	24.95	9
19	17.881	81	55.91	29	4.981	2	37.22	297	54.630	33	18.39	243	18.992	68	24.86	17
29	17.962	112	55.62	37	4.983	56	34.25	298	54.663	69	15.96	241	19.060	98	24.69	28
Aug. 8	18.074	142	55.25	48	5.039	112	31.27	291	54.732	105	13.55	230	19.158	127	24.41	38
18	18.216	169	54.77	58	5.151	167	28.36	274	54.837	142	11.25	211	19.285	156	24.03	51
28	18.385	197	54.19	70	5.318	221	25.62	245	54.979	179	9.14	184	19.441	183	23.52	64
Sept. 7	18.582	223	53.49	83	5.539	272	23.17	207	55.158	213	7.30	149	19.624	210	22.88	78
17	18.805	248	52.66	95	5.811	318	21.10	161	55.371	246	5.81	106	19.834	236	22.10	93
27	19.053	270	51.71	107	6.129	360	19.49	107	55.617	275	4.75	57	20.070	260	21.17	108
Okt. 7	19.323	291	50.64	118	6.489	393	18.42	47	55.892	301	4.18	5	20.330	282	20.09	120
17	19.614	308	49.46	126	6.882	418	17.95	16	56.193	321	4.13	50	20.612	301	18.89	132
27	19.922	321	48.20	131	7.300	430	18.11	81	56.514	334	4.63	105	20.913	315	17.57	139
Nov. 6	20.243	326	46.89	131	7.730	431	18.92	143	56.848	338	5.68	157	21.228	323	16.18	142
16	20.569	324	45.58	128	8.161	418	20.35	202	57.186	334	7.25	205	21.551	324	14.76	141
26	20.893	314	44.30	119	8.579	392	22.37	254	57.520	319	9.30	246	21.875	315	13.35	134
Dez. 6	21.207	295	43.11	105	8.971	353	24.91	298	57.839	294	11.76	278	22.190	298	12.01	122
16	21.502	265	42.06	89	9.324	301	27.89	332	58.133	259	14.54	303	22.488	270	10.79	107
26	21.767	227	41.17	68	9.625	240	31.21	356	58.392	215	17.57	316	22.758	234	9.72	87
36	21.994		40.49		9.865		34.77		58.607		20.73		22.992		8.85	
Mittl. Ort	16.898		66.60		5.394		19.28		54.182		2.43		18.007		35.76	
sec δ, tg δ	+1.068		+ 0.376		+1.653		− 1.316		+1.193		− 0.650		+1.053		+ 0.331	
a, *a′*	+3.5		−12.2		+1.7		−12.8		+2.4		−13.0		+3.4		−13.0	
b, *b′*	−0.02		− 0.79		+0.06		− 0.77		+0.03		− 0.76		−0.01		− 0.76	

* Bei Stern 1227), 327) und 326) lies Jan. 31.

Scheinbare Sternörter 1958

Obere Kulmination Greenwich

Tag	328) ι Cancri AR.	Δ	328) ι Cancri Dekl.	Δ	334) ζ Hydrae AR.	Δ	334) ζ Hydrae Dekl.	Δ	336) 108 G. Carinae AR.	Δ	336) 108 G. Carinae Dekl.	Δ	337) α Cancri AR.	Δ	337) α Cancri Dekl.	Δ
1958	8h 44m		+28° 54′		8h 53m		+6° 5′		8h 54m		−60° 28′		8h 56m		• +12° 0′	
	s		″		s		″		s		″		s		″	
Jan. 1	11.485	227	38.43	15 –	12.256	206	72.03	148	9.06	25	60.29	370	13.282	214	64.83	117
11	11.712	175	38.28	12	12.462	160	70.55	130	9.31	16	63.99	382	13.496	169	63.66	96
21	11.887	119	38.40	36	12.622	111	69.25	109	9.47	7	67.81	383	13.665	118	62.70	73
31	12.006	61	38.76	57	12.733	61	68.16	87	9.54	1	71.64	374	13.783	66	61.97	51
Febr. 9	[1] 12.067	5	39.33	72	[3] 12.794	10	67.29	64	[3] 9.53	10	75.38	355	[4] 13.849	15 –	61.46	29
19	12.072	49	40.05	84	12.804	37	66.65	43	9.43	18	78.93	328	13.864	33	61.17	9
März 1	12.023	96	40.89	89	12.767	78	66.22	23	9.25	25	82.21	295	13.831	75	61.08	7
11	11.927	133	41.78	89	12.689	111	65.99	6 –	9.00	30	85.16	256	13.756	109	61.15	21
21	11.794	161	42.67	84	12.578	135	65.93	8	8.70	34	87.72	211	13.647	135	61.36	31
31	11.633	178	43.51	75	12.443	150	66.01	21	8.36	38	89.83	164	13.512	151	61.67	37
April 10	11.455	184	44.26	62	12.293	157	66.22	31	7.98	39	91.47	113	13.361	158	62.04	43
20	11.271	182	44.88	48	12.136	155	66.53	40	7.59	40	92.60	61	13.203	157	62.47	46
30	11.089	169	45.36	32	11.981	146	66.93	47	7.19	40	93.21	9	13.046	148	62.93	46
Mai 10	10.920	150	45.68	15 –	11.835	131	67.40	52	6.79	38	93.30	43 –	12.898	133	63.39	46
20	10.770	125	45.83	1	11.704	111	67.92	57	6.41	35	92.87	95	12.765	113	63.85	44
30	10.645	97	45.82	16	11.593	87	68.49	60	6.06	32	91.92	142	12.652	89	64.29	43
Juni 9	10.548	64	45.66	31	11.506	61	69.09	62	5.74	28	90.50	186	12.563	62	64.72	40
19	10.484	30	45.35	45	11.445	33	69.71	63	5.46	23	88.64	226	12.501	34	65.12	36
29	10.454	4	44.90	57	11.412	5	70.34	62	5.23	18	86.38	259	12.467	6	65.48	32
Juli 9	10.458	37	44.33	69	11.407	23	70.96	58	5.05	11	83.79	284	12.461	23	65.80	26
19	10.495	72	43.64	80	11.430	52	71.54	52	4.94	5 –	80.95	301	12.484	52	66.06	17
29	10.567	104	42.84	89	11.482	80	72.06	43	4.89	2	77.94	308	12.536	81	66.23	8 –
Aug. 8	10.671	135	41.95	100	11.562	108	72.49	31	4.91	9	74.86	306	12.617	109	66.31	5
18	10.806	167	40.95	109	11.670	136	72.80	16	5.00	16	71.80	293	12.726	137	66.26	18
28	10.973	197	39.86	118	11.806	163	72.96	3	5.16	23	68.87	269	12.863	165	66.08	35
Sept. 7	11.170	225	38.68	126	11.969	190	72.93	23	5.39	30	66.18	234	13.028	192	65.73	54
17	11.395	253	37.42	133	12.159	217	72.70	47	5.69	36	63.84	191	13.220	219	65.19	73
27	11.648	279	36.09	139	12.376	241	72.23	71	6.05	42	61.93	138	13.439	244	64.46	92
Okt. 7	11.927	302	34.70	142	12.617	265	71.52	95	6.47	45	60.55	79	13.683	267	63.54	111
17	12.229	323	33.28	141	12.882	284	70.57	119	6.92	49	59.76	15 –	13.950	288	62.43	129
27	12.552	338	31.87	138	13.166	300	69.38	139	7.41	52	59.61	50	14.238	305	61.14	143
Nov. 6	12.890	347	30.49	130	13.466	309	67.99	155	7.93	51	60.11	116	14.543	315	59.71	154
16	13.237	348	29.19	118	13.775	311	66.44	168	8.44	50	61.27	179	14.858	317	58.17	159
26	13.585	339	28.01	100	14.086	304	64.76	173	8.94	47	63.06	235	15.175	312	56.58	159
Dez. 6	13.924	321	27.01	79	14.390	288	63.03	173	9.41	43	65.41	285	15.487	296	54.99	153
16	14.245	292	26.22	55	14.678	264	61.30	167	9.84	37	68.26	325	15.783	272	53.46	142
26	14.537	254	25.67	29	14.942	229	59.63	156	10.21	29	71.51	355	16.055	238	52.04	127
36	14.791		25.38		15.171		58.07		10.50		75.06		16.293		50.77	
Mittl. Ort	9.547		53.73		10.454		83.45		5.83		60.80		11.488		77.39	
sec δ, tg δ	+1.142		+ 0.552		+1.006		+ 0.107		+2.030		− 1.766		+1.022		+ 0.213	
a, *a′*	+3.6		−13.2		+3.2		−13.7		+1.4		−13.8		+3.3		−13.9	
b, *b′*	−0.02		− 0.75		0.00		− 0.73		+0.08		− 0.73		−0.01		− 0.72	

Scheinbare Sternörter 1958

Obere Kulmination Greenwich

Tag	335) ι Ursae maj. AR.	Δ	335) ι Ursae maj. Dekl.	Δ	339) Br 1268 Lynx AR.	Δ	339) Br 1268 Lynx Dekl.	Δ	338) ρ Ursae maj. AR.	Δ	338) ρ Ursae maj. Dekl.	Δ	341) κ Ursae maj. AR.	Δ	341) κ Ursae maj. Dekl.	Δ
1958	8h 56m		+48° 11′		8h 57m		+41° 56′		8h 58m		+67° 47′		9h 0m		+47° 18′	
	s		″		s		″		s		″		s		″	
Jan. 1	22.647		70.09		57.245		43.64		50.36		22.51		48.126		68.24	
11	22.940	293	70.94	85	57.516	271	44.15	51	50.82	46	24.28	177	48.422	296	69.02	78
21	23.169	229	72.12	118	57.730	214	44.97	82	51.18	36	26.42	214	48.655	233	70.13	111
31	23.328	159	73.58	146	57.880	150	46.07	110	51.42	24	28.82	240	48.819	164	71.53	140
Febr. 9	23.413	85	75.24	166	57.963	83	47.38	131	51.53	11	31.40	258	48.911	92	73.14	161
19	23.424	11	77.02	178	57.979	16	48.84	146	51.52	1	34.04	264	48.930	19	74.89	175
März 1	23.366	58	78.84	182	57.932	47	50.37	153	51.39	13	36.63	259	48.880	50	76.69	180
11	23.246	120	80.62	178	57.830	102	51.90	153	51.15	24	39.06	243	48.769	111	78.45	176
21	23.073	173	82.26	164	57.680	150	53.34	144	50.82	33	41.24	218	48.605	164	80.10	165
31	22.860	213	83.71	145	57.494	186	54.64	130	50.42	40	43.07	183	48.401	204	81.57	147
April 10	22.620	240	84.90	119	57.285	209	55.73	109	49.97	45	44.50	143	48.171	230	82.79	122
20	22.367	253	85.79	89	57.064	221	56.58	85	49.49	48	45.47	97	47.925	246	83.72	93
30	22.113	254	86.34	55	56.842	222	57.16	58	49.00	49	45.96	49	47.678	247	84.32	60
Mai 10	21.870	243	86.55	21	56.630	212	57.46	30	48.52	48	45.95	1	47.441	237	84.59	27
20	21.648	222	86.42	13	56.438	192	57.46	0	48.07	45	45.45	50	47.223	218	84.53	6
30	21.455	193	85.96	46	56.271	167	57.18	28	47.67	40	44.49	96	47.033	190	84.13	40
Juni 9	21.297	158	85.18	78	56.136	135	56.62	56	47.33	34	43.11	138	46.877	156	83.42	71
19	21.179	118	84.12	106	56.037	99	55.82	80	47.06	27	41.33	178	46.759	118	82.42	100
29	21.105	74	82.80	132	55.976	61	54.79	103	46.86	20	39.22	211	46.683	76	81.17	125
Juli 9	21.075	30	81.26	154	55.954	22	53.56	123	46.74	12	36.84	238	46.651	32	79.69	148
19	21.091	16	79.53	173	55.973	19	52.16	140	46.71	3	34.23	261	46.662	11	78.02	167
29	21.152	61	77.65	188	56.031	58	50.61	155	46.77	6	31.46	277	46.718	56	76.19	183
Aug. 8	21.257	105	75.65	200	56.128	97	48.94	167	46.90	13	28.58	288	46.817	99	74.24	195
18	21.406	149	73.58	207	56.264	136	47.18	176	47.12	22	25.66	292	46.958	141	72.19	205
28	21.597	191	71.45	213	56.437	173	45.34	184	47.42	30	22.75	291	47.141	183	70.09	210
Sept. 7	21.828	231	69.31	214	56.646	209	43.46	188	47.79	37	19.91	284	47.365	224	67.96	213
17	22.099	271	67.19	212	56.890	244	41.57	189	48.23	44	17.20	271	47.627	262	65.84	212
27	22.407	308	65.12	207	57.168	278	39.68	189	48.74	51	14.66	254	47.926	299	63.77	207
Okt. 7	22.750	343	63.15	197	57.478	310	37.83	185	49.32	58	12.35	231	48.261	335	61.78	199
17	23.125	375	61.31	184	57.817	339	36.07	176	49.94	62	10.33	202	48.628	367	59.91	187
27	23.527	402	59.66	165	58.181	364	34.43	164	50.60	66	8.65	168	49.022	394	58.22	169
Nov. 6	23.949	422	58.23	143	58.565	384	32.95	148	51.30	70	7.36	129	49.438	416	56.74	148
16	24.384	435	57.07	116	58.961	396	31.69	126	52.01	71	6.50	86	49.867	429	55.52	122
26	24.822	438	56.23	84	59.361	400	30.69	100	52.73	72	6.11	39	50.300	433	54.61	91
Dez. 6	25.251	429	55.75	48	59.754	393	29.98	71	53.43	70	6.21	10	50.726	426	54.05	56
16	25.659	408	55.64	11	60.128	374	29.60	38	54.09	66	6.81	60	51.132	406	53.86	19
26	26.032	373	55.91	27	60.472	344	29.57	3	54.69	60	7.90	109	51.505	373	54.06	20
36	26.359	327	56.56	65	60.774	302	29.89	32	55.21	52	9.45	155	51.834	329	54.64	58
Mittl. Ort	20.457		88.47		55.207		61.29		47.13		42.70		45.994		86.70	
sec δ, tg δ	+1.501		+ 1.119		+1.345		+ 0.899		+2.646		+ 2.450		+1.475		+ 1.085	
a, *a′*	+4.1		−13.9		+3.9		−14.0		+5.4		−14.1		+4.1		−14.2	
b, *b′*	−0.05		− 0.72		−0.04		− 0.71		−0.11		− 0.71		−0.05		− 0.70	

Scheinbare Sternörter 1958

Obere Kulmination Greenwich

Tag	343) α Volantis				345) λ Velorum				347) ϑ Hydrae				348) β Carinae			
	AR.		Dekl.		AR.		Dekl.		AR.		Dekl.		AR.		Dekl.	
1958	$9^h\ 1^m$		−66° 13′		$9^h\ 6^m$		−43° 15′		$9^h\ 12^m$		+2° 29′		$9^h\ 12^m$		−69° 32′	
	s		″		s		″		s		″		s		″	
Jan. 1	51.17	29	39.36	369	29.274	225	44.89	345	12.526	220	22.33	173	49.20	35	35.26	361
11	51.46	20	43.05	384	29.499	165	48.34	351	12.746	176	20.60	157	49.55	24	38.87	381
21	51.66	8	46.89	388	29.664	103	51.85	349	12.922	128	19.03	136	49.79	11	42.68	389
31	$_5$51.74	−2	50.77	383	$_7$29.767	40	55.34	337	$_8$13.050	77	17.67	113	$_8$49.90	0	46.57	387
Febr. 9	51.72	12	54.60	367	29.807	−21	58.71	316	13.127	28	16.54	90	49.90	12	50.44	375
19	51.60	21	58.27	344	29.786	79	61.87	289	13.155	−19	15.64	66	49.78	22	54.19	354
März 1	51.39	30	61.71	312	29.707	128	64.76	257	13.136	61	14.98	45	49.56	32	57.73	326
11	51.09	36	64.83	275	29.579	170	67.33	220	13.075	96	14.53	24	49.24	40	60.99	290
21	50.73	42	67.58	231	29.409	202	69.53	179	12.979	122	14.29	6	48.84	47	63.89	249
31	50.31	46	69.89	185	29.207	225	71.32	135	12.857	140	14.23	−9	48.37	52	66.38	204
April 10	49.85	49	71.74	135	28.982	238	72.67	90	12.717	149	14.32	23	47.85	56	68.42	155
20	49.36	50	73.09	82	28.744	243	73.57	44	12.568	150	14.55	36	47.29	58	69.97	103
30	48.86	50	73.91	29	28.501	238	74.01	−2	12.418	145	14.91	45	46.71	58	71.00	49
Mai 10	48.36	48	74.20	25	28.263	226	73.99	47	12.273	132	15.36	54	46.13	57	71.49	−4
20	47.88	46	73.95	77	28.037	209	73.52	92	12.141	116	15.90	62	45.56	55	71.45	58
30	47.42	42	73.18	127	27.828	185	72.60	133	12.025	95	16.52	68	45.01	51	70.87	110
Juni 9	47.00	37	71.91	174	27.643	157	71.27	170	11.930	72	17.20	72	44.50	46	69.77	158
19	46.63	32	70.17	216	27.486	125	69.57	204	11.858	47	17.92	75	44.04	40	68.19	203
29	46.31	25	68.01	252	27.361	90	67.53	231	11.811	21	18.67	75	43.64	32	66.16	241
Juli 9	46.06	17	65.49	281	27.271	51	65.22	252	11.790	−6	19.42	73	43.32	25	63.75	273
19	45.89	10	62.68	301	27.220	11	62.70	265	11.796	33	20.15	68	43.07	15	61.02	297
29	45.79	2	59.67	311	27.209	31	60.05	270	11.829	61	20.83	59	42.92	6	58.05	311
Aug. 8	45.77	8	56.56	313	27.240	75	57.35	265	11.890	88	21.42	47	42.86	−5	54.94	315
18	45.85	16	53.43	302	27.315	120	54.70	252	11.978	117	21.89	32	42.91	15	51.79	308
28	46.01	25	50.41	281	27.435	164	52.18	228	12.095	144	22.21	13	43.06	25	48.71	291
Sept. 7	46.26	34	47.60	250	27.599	209	49.90	195	12.239	173	22.34	−10	43.31	35	45.80	262
17	46.60	41	45.10	207	27.808	250	47.95	153	12.412	202	22.24	35	43.66	45	43.18	223
27	47.01	49	43.03	156	28.058	289	46.42	105	12.614	228	21.89	61	44.11	53	40.95	175
Okt. 7	47.50	54	41.47	99	28.347	324	45.37	51	12.842	254	21.28	89	44.64	60	39.20	118
17	48.04	58	40.48	36	28.671	351	44.86	−8	13.096	277	20.39	116	45.24	65	38.02	55
27	48.62	61	40.12	−31	29.022	370	44.94	68	13.373	295	19.23	140	45.89	69	37.47	10
Nov. 6	49.23	61	40.43	98	29.392	379	45.62	127	13.668	307	17.83	161	46.58	70	37.57	77
16	49.84	60	41.41	162	29.771	378	46.89	183	13.975	312	16.22	177	47.28	68	38.34	143
26	50.44	56	43.03	221	30.149	364	48.72	233	14.287	309	14.45	187	47.96	65	39.77	204
Dez. 6	51.00	51	45.24	274	30.513	339	51.05	276	14.596	296	12.58	190	48.61	59	41.81	258
16	51.51	44	47.98	317	30.852	303	53.81	309	14.892	274	10.68	189	49.20	51	44.39	305
26	51.95	35	51.15	351	31.155	255	56.90	332	15.166	241	8.79	179	49.71	41	47.44	342
36	52.30		54.66		31.410		60.22		15.407		7.00		50.12		50.86	
Mittl. Ort	47.38		41.11		26.937		43.68		10.789		32.89		44.96		38.20	
sec δ, tg δ	+2.481		− 2.270		+1.373		− 0.941		+1.001		+ 0.044		+2.861		− 2.681	
a, *a′*	+0.9		−14.3		+2.2		−14.6		+3.1		−14.9		+0.7		−14.9	
b, *b′*	+0.11		− 0.70		+0.05		− 0.69		0.00		− 0.67		+0.13		− 0.67	

Scheinbare Sternörter 1958

Obere Kulmination Greenwich

Tag	350) 83 Cancri				352) α Lyncis				353) κ Velorum				354) α Hydrae			
	AR.		Dekl.		AR.		Dekl.		AR.		Dekl.		AR.		Dekl.	
1958	9h 16m		+17° 52′		9h 18m		+34° 33′		9h 20m		−54° 49′		9h 25m		−8° 28′	
	s		″		s		″		s		″		s		″	
Jan. 1	40.047	238	50.03	93	31.888	270	59.51	3	51.474	273	48.59	356	33.119	226	40.31	227
11	40.285	193	49.10	68	32.158	220	59.48	30	51.747	202	52.15	371	33.345	183	42.58	216
21	40.478	142	48.42	43	32.378	164	59.78	60	51.949	126	55.86	375	33.528	135	44.74	200
31	40.620	90	47.99	18	32.542	103	60.38	85	52.075	50	59.61	370	33.663	85	46.74	180
Febr. 9*	9 40.710	37	47.81	5	10 32.645	42	61.23	106	10 52.125	24	63.31	355	11 33.748	36	48.54	157
19	40.747	13	47.86	25	32.687	16	62.29	120	52.101	94	66.86	332	33.784	12	50.11	131
März 1	40.734	58	48.11	40	32.671	68	63.49	127	52.007	156	70.18	302	33.772	53	51.42	106
11	40.676	96	48.51	51	32.603	113	64.76	127	51.851	210	73.20	266	33.719	89	52.48	79
21	40.580	125	49.02	57	32.490	147	66.03	121	51.641	252	75.86	226	33.630	116	53.27	54
31	40.455	145	49.59	61	32.343	173	67.24	109	51.389	284	78.12	181	33.514	135	53.81	30
April 10	40.310	156	50.20	60	32.170	187	68.33	93	51.105	305	79.93	134	33.379	147	54.11	7
20	40.154	159	50.80	58	31.983	190	69.26	74	50.800	317	81.27	84	33.232	150	54.18	15
30	39.995	152	51.38	52	31.793	185	70.00	52	50.483	317	82.11	34	33.082	147	54.03	36
Mai 10	39.843	140	51.90	45	31.608	172	70.52	28	50.166	310	82.45	17	32.935	138	53.67	54
20	39.703	123	52.35	38	31.436	152	70.80	5	49.856	294	82.28	67	32.797	123	53.13	72
30	39.580	102	52.73	29	31.284	127	70.85	17	49.562	270	81.61	114	32.674	106	52.41	88
Juni 9	39.478	77	53.02	20	31.157	98	70.68	40	49.292	240	80.47	159	32.568	85	51.53	101
19	39.401	50	53.22	12	31.059	67	70.28	61	49.052	203	78.88	199	32.483	62	50.52	112
29	39.351	22	53.34	2	30.992	34	69.67	80	48.849	162	76.89	233	32.421	38	49.40	120
Juli 9	39.329	5	53.36	8	30.958	0	68.87	97	48.687	115	74.56	262	32.383	12	48.20	123
19	39.334	34	53.28	19	30.958	33	67.90	114	48.572	64	71.94	281	32.371	15	46.97	123
29	39.368	63	53.09	31	30.991	68	66.76	128	48.508	9	69.13	293	32.386	42	45.74	119
Aug. 8	39.431	92	52.78	44	31.059	101	65.48	141	48.499	48	66.20	294	32.428	70	44.55	108
18	39.523	121	52.34	59	31.160	135	64.07	152	48.547	107	63.26	286	32.498	100	43.47	93
28	39.644	150	51.75	73	31.295	169	62.55	163	48.654	167	60.40	266	32.598	129	42.54	72
Sept. 7	39.794	179	51.02	89	31.464	201	60.92	170	48.821	226	57.74	237	32.727	159	41.82	47
17	39.973	208	50.13	106	31.665	235	59.22	176	49.047	284	55.37	198	32.886	190	41.35	17
27	40.181	236	49.07	121	31.900	267	57.46	180	49.331	336	53.39	149	33.076	219	41.18	16
Okt. 7	40.417	263	47.86	136	32.167	297	55.66	179	49.667	381	51.90	94	33.295	247	41.34	51
17	40.680	287	46.50	148	32.464	323	53.87	176	50.048	419	50.96	34	33.542	272	41.85	88
27	40.967	308	45.02	156	32.787	346	52.11	167	50.467	445	50.62	30	33.814	292	42.73	122
Nov. 6	41.275	321	43.46	161	33.133	362	50.44	154	50.912	458	50.92	94	34.106	306	43.95	154
16	41.596	327	41.85	161	33.495	369	48.90	136	51.370	457	51.86	156	34.412	313	45.49	183
26	41.923	326	40.24	154	33.864	368	47.54	112	51.827	442	53.42	213	34.725	312	47.32	204
Dez. 6	42.249	314	38.70	143	34.232	355	46.42	84	52.269	411	55.55	264	35.037	299	49.36	219
16	42.563	292	37.27	126	34.587	331	45.58	54	52.680	367	58.19	306	35.336	278	51.55	227
26	42.855	260	36.01	106	34.918	296	45.04	21	53.047	310	61.25	339	35.614	247	53.82	228
36	43.115		34.95		35.214		44.83		53.357		64.64		35.861		56.10	
Mittl. Ort	38.332		63.92		30.088		76.67		48.701		50.23		31.381		32.52	
sec δ, tg δ	+1.051		+ 0.323		+1.214		+ 0.689		+1.736		− 1.419		+1.011		− 0.149	
a, *a′*	+3.4		−15.2		+3.7		−15.3		+1.9		−15.4		+2.9		−15.7	
b, *b′*	−0.02		− 0.65		−0.03		− 0.65		+0.07		− 0.64		+0.01		− 0.62	

* Bei Stern 352), 353) und 354) lies Febr. 10.

Obere Kulmination Greenwich

Tag	356) ε Antliae AR.		356) ε Antliae Dekl.		355) 23 Ursae maj. AR.		355) 23 Ursae maj. Dekl.		358) θ Ursae maj. AR.		358) θ Ursae maj. Dekl.		357) 24 Ursae maj. AR.		357) 24 Ursae maj. Dekl.	
1958	9h 27m		−35° 45′		9h 28m		+63° 14′		9h 30m		+51° 51′		9h 30m		+70° 0′	
	s		″		s		″		s		″		s		″	
Jan. 1	32.649	239	62.55	322	16.76	44	27.64	131	5.533	348	51.46	76	51.05	57	37.66	157
11	32.888	188	65.77	328	17.20	37	28.95	174	5.881	286	52.22	116	51.62	45	39.23	200
21	33.076	132	69.05	325	17.57	27	30.69	208	6.167	215	53.38	151	52.07	34	41.23	235
31	33.208	74	72.30	313	17.84	17	32.77	233	6.382	137	54.89	177	52.41	21	43.58	260
Febr. 10	12 33.282	18	75.43	295	12 18.01	6	35.10	248	13 6.519	59	56.66	197	13 52.62	7	46.18	274
19	33.300	35	78.38	270	18.07	4	37.58	254	6.578	18	58.63	206	52.69	6	48.92	276
März 1	33.265	83	81.08	240	18.03	14	40.12	247	6.560	88	60.69	207	52.63	19	51.68	267
11	33.182	123	83.48	206	17.89	22	42.59	230	6.472	150	62.76	197	52.44	30	54.35	248
21	33.059	155	85.54	169	17.67	29	44.89	205	6.322	200	64.73	179	52.14	39	56.83	217
31	32.904	179	87.23	130	17.38	34	46.94	171	6.122	237	66.52	155	51.75	47	59.00	180
April 10	32.725	194	88.53	89	17.04	38	48.65	132	5.885	261	68.07	124	51.28	51	60.80	136
20	32.531	200	89.42	48	16.66	39	49.97	87	5.624	272	69.31	90	50.77	53	62.16	88
30	32.331	199	89.90	7	16.27	39	50.84	41	5.352	270	70.21	52	50.24	54	63.04	37
Mai 10	32.132	192	89.97	35	15.88	38	51.25	5	5.082	257	70.73	13	49.70	52	63.41	15
20	31.940	179	89.62	74	15.50	34	51.20	52	4.825	235	70.86	25	49.18	49	63.26	64
30	31.761	160	88.88	111	15.16	31	50.68	96	4.590	205	70.61	63	48.69	44	62.62	112
Juni 9	31.601	138	87.77	146	14.85	26	49.72	136	4.385	168	69.98	97	48.25	37	61.50	156
19	31.463	113	86.31	177	14.59	19	48.36	173	4.217	129	69.01	130	47.88	30	59.94	195
29	31.350	84	84.54	202	14.40	14	46.63	206	4.088	85	67.71	158	47.58	21	57.99	229
Juli 9	31.266	52	82.52	221	14.26	8	44.57	233	4.003	40	66.13	183	47.37	13	55.70	258
19	31.214	19	80.31	235	14.18	1	42.24	254	3.963	6	64.30	204	47.24	5	53.12	281
29	31.195	17	77.96	240	14.17	6	39.70	272	3.969	54	62.26	222	47.19	5	50.31	298
Aug. 8	31.212	54	75.56	236	14.23	13	36.98	283	4.023	100	60.04	236	47.24	14	47.33	308
18	31.266	93	73.20	225	14.36	19	34.15	289	4.123	147	57.68	244	47.38	23	44.25	313
28	31.359	133	70.95	205	14.55	26	31.26	289	4.270	193	55.24	249	47.61	31	41.12	311
Sept. 7	31.492	173	68.90	175	14.81	32	28.37	284	4.463	238	52.75	251	47.92	41	38.01	303
17	31.665	212	67.15	138	15.13	38	25.53	274	4.701	284	50.24	247	48.33	48	34.98	289
27	31.877	250	65.77	94	15.51	44	22.79	258	4.985	326	47.77	238	48.81	55	32.09	270
Okt. 7	32.127	284	64.83	44	15.95	49	20.21	236	5.311	366	45.39	225	49.36	63	29.39	243
17	32.411	314	64.39	10	16.44	54	17.85	207	5.677	402	43.14	206	49.99	68	26.96	210
27	32.725	337	64.49	65	16.98	57	15.78	174	6.079	431	41.08	182	50.67	73	24.86	172
Nov. 6	33.062	351	65.14	120	17.55	60	14.04	135	6.510	454	39.26	153	51.40	77	23.14	129
16	33.413	356	66.34	171	18.15	61	12.69	91	6.964	466	37.73	118	52.17	78	21.85	81
26	33.769	349	68.05	218	18.76	61	11.78	44	7.430	465	36.55	79	52.95	77	21.04	29
Dez. 6	34.118	332	70.23	257	19.37	59	11.34	6	7.895	451	35.76	36	53.72	75	20.75	25
16	34.450	304	72.80	289	19.96	55	11.40	57	8.346	423	35.40	8	54.47	70	21.00	79
26	34.754	266	75.69	311	20.51	50	11.97	105	8.769	381	35.48	52	55.17	62	21.79	129
36	35.020		78.80		21.01		13.02		9.150		36.00		55.79		23.08	
Mittl. Ort	30.564		61.09		14.31		48.99		3.544		71.65		48.12		59.63	
sec *d*, tg *d*	+1.232		− 0.720		+2.221		+ 1.984		+1.620		+ 1.274		+2.926		+ 2.750	
a, *a′*	+2.5		−15.8		+4.7		−15.8		+4.1		−15.9		+5.3		−15.9	
b, *b′*	+0.04		− 0.62		−0.10		− 0.61		−0.07		− 0.61		−0.15		− 0.61	

Scheinbare Sternörter 1958

Obere Kulmination Greenwich

Tag	360) 10 Leonis min. AR.	Δ	360) 10 Leonis min. Dekl.	Δ	366) ϑ Antliae AR.	Δ	366) ϑ Antliae Dekl.	Δ	367) ε Leonis AR.	Δ	367) ε Leonis Dekl.	Δ	368) υ Ursae maj. AR.	Δ	368) υ Ursae maj. Dekl.	Δ
1958	9h 31m		+36° 34′		9h 42m		−27° 34′		9h 43m		+23° 57′		9h 48m		+59° 13′	
	s		″		s		″		s		″		s		″	
Jan. 1	41.082	288	48.37	1	21.522	245	37.79	295	29.811	268	51.34	74	3.167	428	53.00	94
11	41.370	238	48.36	34	21.767	200	40.74	299	30.079	225	50.60	44	3.595	359	53.94	140
21	41.608	182	48.70	67	21.967	149	43.73	294	30.304	176	50.16	14	3.954	278	55.34	178
31	41.790	121	49.37	94	22.116	96	46.67	280	30.480	122	50.02	15	4.232	189	57.12	208
Febr. 10	$_{13}$41.911	59	50.31	117	$_{16}$22.212	43	49.47	262	$_{16}$30.602	67	50.17	40	$_{17}$4.421	96	59.20	230
19	41.970	1	51.48	132	22.255	8	52.09	237	30.669	14	50.57	61	4.517	5	61.50	241
März 1	41.969	56	52.80	140	22.247	53	54.46	209	30.683	34	51.18	77	4.522	82	63.91	242
11	41.913	103	54.20	141	22.194	92	56.55	178	30.649	76	51.95	86	4.440	159	66.33	232
21	41.810	140	55.61	135	22.102	123	58.33	145	30.573	110	52.81	92	4.281	224	68.65	212
31	41.670	169	56.96	123	21.979	147	59.78	110	30.463	135	53.73	91	4.057	274	70.77	185
April 10	41.501	186	58.19	106	21.832	162	60.88	74	30.328	151	54.64	87	3.783	310	72.62	150
20	41.315	192	59.25	85	21.670	170	61.62	38	30.177	159	55.51	78	3.473	330	74.12	111
30	41.123	190	60.10	61	21.500	170	62.00	3	30.018	157	56.29	67	3.143	335	75.23	68
Mai 10	40.933	179	60.71	36	21.330	166	62.03	32	29.861	150	56.96	53	2.808	327	75.91	23
20	40.754	161	61.07	10	21.164	155	61.71	66	29.711	136	57.49	38	2.481	307	76.14	21
30	40.593	138	61.17	15	21.009	139	61.05	98	29.575	118	57.87	24	2.174	277	75.93	64
Juni 9	40.455	112	61.02	40	20.870	121	60.07	127	29.457	97	58.11	8	1.897	239	75.29	106
19	40.343	81	60.62	65	20.749	100	58.80	152	29.360	73	58.19	8	1.658	194	74.23	144
29	40.262	49	59.97	86	20.649	75	57.28	174	29.287	46	58.11	23	1.464	145	72.79	178
Juli 9	40.213	15	59.11	105	20.574	48	55.54	190	29.241	20	57.88	39	1.319	92	71.01	207
19	40.198	18	58.06	124	20.526	20	53.64	200	29.221	9	57.49	53	1.227	37	68.94	233
29	40.216	52	56.82	140	20.506	10	51.64	204	29.230	37	56.96	69	1.190	19	66.61	254
Aug. 8	40.268	87	55.42	155	20.516	44	49.60	201	29.267	67	56.27	85	1.209	76	64.07	270
18	40.355	122	53.87	168	20.560	78	47.59	189	29.334	96	55.42	99	1.285	134	61.37	280
28	40.477	157	52.19	178	20.638	114	45.70	170	29.430	128	54.43	115	1.419	192	58.57	285
Sept. 7	40.634	192	50.41	187	20.752	150	44.00	144	29.558	160	53.28	129	1.611	248	55.72	286
17	40.826	227	48.54	192	20.902	187	42.56	109	29.718	191	51.99	144	1.859	304	52.86	281
27	41.053	261	46.62	195	21.089	222	41.47	69	29.909	224	50.55	156	2.163	358	50.05	270
Okt. 7	41.314	293	44.67	195	21.311	257	40.78	24	30.133	254	48.99	167	2.521	409	47.35	253
17	41.607	322	42.72	189	21.568	286	40.54	24	30.387	283	47.32	174	2.930	455	44.82	231
27	41.929	348	40.83	180	21.854	311	40.78	74	30.670	308	45.58	178	3.385	495	42.51	201
Nov. 6	42.277	367	39.03	165	22.165	328	41.52	122	30.978	327	43.80	176	3.880	525	40.50	167
16	42.644	378	37.38	145	22.493	337	42.74	169	31.305	339	42.04	170	4.405	543	38.83	126
26	43.022	378	35.93	119	22.830	336	44.43	209	31.644	342	40.34	158	4.948	548	37.57	82
Dez. 6	43.400	368	34.74	89	23.166	323	46.52	243	31.986	336	38.76	139	5.496	537	36.75	33
16	43.768	346	33.85	57	23.489	301	48.95	269	32.322	318	37.37	117	6.033	509	36.42	17
26	44.114	314	33.28	21	23.790	268	51.64	287	32.640	289	36.20	89	6.542	465	36.59	67
36	44.428		33.07		24.058		54.51		32.929		35.31		7.007		37.26	
Mittl. Ort	39.350		66.20		19.638		35.22		28.222		66.76		1.160		74.71	
sec δ, tg δ	+1.245		+ 0.742		+1.128		− 0.522		+1.094		+ 0.445		+1.955		+ 1.680	
a, *a′*	+3.7		−16.0		+2.7		−16.5		+3.4		−16.6		+4.3		−16.8	
b, *b′*	−0.04		− 0.60		+0.03		− 0.57		−0.02		− 0.56		−0.09		− 0.54	

Obere Kulmination Greenwich

Tag	370) 6 Sextantis				372) Grb 1586 U Maj.				375) φ Velorum				378) π Leonis			
	AR.		Dekl.		AR.		Dekl.		AR.		Dekl.		AR.		Dekl.	
1958	9h 49m		−4° 2′		9h 54m		+73° 4′		9h 55m		−54° 21′		9h 57m		+8° 14′	
	s		″		s		″		s		″		s		″	
Jan. 1	8.619	246	52.97	210	43.02	70	26.75	143	25.699	323	57.63	337	61.210	258	35.93	157
11	8.865	205	55.07	197	43.72	58	28.18	191	26.022	259	61.00	358	61.468	220	34.36	136
21	9.070	160	57.04	180	44.30	45	30.09	231	26.281	188	64.58	369	61.688	175	33.00	112
31	9.230	111	58.84	158	44.75	31	32.40	262	26.469	114	68.27	371	61.863	126	31.88	86
Febr. 10	$_{17}$9.341	62	60.42	134	$_{19}$45.06	15	35.02	281	$_{19}$26.583	41	71.98	362	61.989	76	31.02	60
19*	9.403	15	61.76	110	45.21	– 1	37.83	289	26.624	– 29	75.60	345	62.065	27	30.42	36
März 1	9.418	– 28	62.86	85	45.20	16	40.72	284	26.595	94	79.05	321	$_{20}$62.092	– 18	30.06	13
11	9.390	66	63.71	60	45.04	29	43.56	269	26.501	151	82.26	290	62.074	56	29.93	6
21	9.324	96	64.31	38	44.75	41	46.25	242	26.350	198	85.16	254	62.018	88	29.99	23
31	9.228	118	64.69	16	44.34	50	48.67	207	26.152	236	87.70	214	61.930	112	30.22	35
April 10	9.110	132	64.85	– 3	43.84	58	50.74	164	25.916	265	89.84	169	61.818	128	30.57	45
20	8.978	139	64.82	21	43.26	62	52.38	115	25.651	284	91.53	123	61.690	137	31.02	52
30	8.839	139	64.61	37	42.64	64	53.53	64	25.367	294	92.76	73	61.553	138	31.54	56
Mai 10	8.700	134	64.24	51	42.00	64	54.17	10	25.073	295	93.49	24	61.415	133	32.10	58
20	8.566	123	63.73	64	41.36	61	54.27	– 42	24.778	288	93.73	25	61.282	123	32.68	59
30	8.443	109	63.09	76	40.75	56	53.85	93	24.490	274	93.48	74	61.159	110	33.27	58
Juni 9	8.334	91	62.33	84	40.19	50	52.92	141	24.216	253	92.74	121	61.049	93	33.85	55
19	8.243	72	61.49	92	39.69	42	51.51	184	23.963	225	91.53	164	60.956	73	34.40	52
29	8.171	50	60.57	96	39.27	33	49.67	224	23.738	192	89.89	202	60.883	52	34.92	47
Juli 9	8.121	27	59.61	97	38.94	25	47.43	257	23.546	153	87.87	234	60.831	29	35.39	40
19	8.094	3	58.64	96	38.69	14	44.86	284	23.393	108	85.53	261	60.802	6	35.79	31
29	8.091	– 22	57.68	89	38.55	4	42.02	306	23.285	59	82.92	278	60.796	– 20	36.10	21
Aug. 8	8.113	50	56.79	79	38.51	– 7	38.96	320	23.226	4	80.14	286	60.816	46	36.31	7
18	8.163	78	56.00	65	38.58	17	35.76	329	23.222	53	77.28	285	60.862	74	36.38	– 9
28	8.241	108	55.35	46	38.75	28	32.47	332	23.275	114	74.43	273	60.936	103	36.29	27
Sept. 7	8.349	139	54.89	23	39.03	38	29.15	326	23.389	174	71.70	250	61.039	134	36.02	47
17	8.488	169	54.66	– 5	39.41	48	25.89	315	23.563	235	69.20	218	61.173	165	35.55	70
27	8.657	201	54.71	34	39.89	58	22.74	298	23.798	294	67.02	176	61.338	196	34.85	92
Okt. 7	8.858	232	55.05	66	40.47	67	19.76	272	24.092	346	65.26	126	61.534	228	33.93	116
17	9.090	260	55.71	98	41.14	74	17.04	241	24.438	393	64.00	69	61.762	257	32.77	137
27	9.350	284	56.69	129	41.88	80	14.63	203	24.831	429	63.31	7	62.019	282	31.40	157
Nov. 6	9.634	302	57.98	157	42.68	86	12.60	159	25.260	452	63.24	55	62.301	303	29.83	172
16	9.936	313	59.55	180	43.54	89	11.01	109	25.712	463	63.79	118	62.604	317	28.11	184
26	10.249	316	61.35	199	44.43	89	9.92	56	26.175	459	64.97	177	62.921	321	26.27	188
Dez. 6	10.565	309	63.34	210	45.32	88	9.36	0	26.634	439	66.74	232	63.242	317	24.39	187
16	10.874	292	65.44	215	46.20	83	9.36	58	27.073	404	69.06	278	63.559	302	22.52	180
26	11.166	265	67.59	212	47.03	77	9.94	112	27.477	356	71.84	316	63.861	278	20.72	166
36	11.431		69.71		47.80		11.06		27.833		75.00		64.139		19.06	
Mittl. Ort	7.002		44.61		40.25		49.86		23.085		61.53		59.689		47.43	
sec δ, tg δ	+1.002		− 0.071		+3.436		+ 3.287		+1.716		− 1.395		+1.010		+ 0.145	
a, *a′*	+3.0		−16.9		+5.4		−17.1		+2.1		−17.2		+3.2		−17.3	
b, *b′*	0.00		− 0.54		−0.19		− 0.52		+0.08		− 0.52		−0.01		− 0.51	

* Bei Stern 378) lies Febr. 20.

Scheinbare Sternörter 1958

Obere Kulmination Greenwich

Tag	379) η Leonis				380) α Leonis				381) λ Hydrae				382) 191 G. Velorum			
	AR.		Dekl.		AR.		Dekl.		AR.		Dekl.		AR.		Dekl.	
1958	10h 5m		+16° 57′		10h 6m		+12° 9′		10h 8m		−12° 8′		10h 12m		−41° 54′	
	s		″		s		″		s		″		s		″	
Jan. 1	4.143	273	51.82	119	9.675	268	71.16	142	33.952	259	50.48	242	60.200	299	45.41	314
11	4.416	234	50.63	92	9.943	229	69.74	118	34.211	220	52.90	236	60.499	249	48.55	331
21	4.650	188	49.71	63	10.172	184	68.56	91	34.431	176	55.26	224	60.748	194	51.86	338
31	4.838	139	49.08	34	10.356	136	67.65	64	34.607	128	57.50	206	60.942	136	55.24	336
Febr. 10	4.977	87	48.74	7	10.492	86	67.01	37	34.735	79	59.56	185	61.078	76	58.60	326
20	21 5.064	36	48.67	18	22 10.578	36	66.64	12	22 34.814	31	61.41	160	61.154	18	61.86	308
März 1	5.100	10	48.85	39	10.614	10	66.52	11	34.845	13	63.01	134	23 61.172	35	64.94	284
11	5.090	52	49.24	54	10.604	50	66.63	28	34.832	51	64.35	108	61.137	82	67.78	255
21	5.038	86	49.78	66	10.554	83	66.91	43	34.781	83	65.43	81	61.055	122	70.33	221
31	4.952	112	50.44	73	10.471	108	67.34	53	34.698	108	66.24	56	60.933	154	72.54	185
April 10	4.840	131	51.17	75	10.363	126	67.87	60	34.590	125	66.80	30	60.779	179	74.39	145
20	4.709	140	51.92	75	10.237	136	68.47	63	34.465	135	67.10	6	60.600	194	75.84	103
30	4.569	142	52.67	70	10.101	138	69.10	64	34.330	138	67.16	17	60.406	203	76.87	61
Mai 10	4.427	139	53.37	63	9.963	135	69.74	62	34.192	136	66.99	39	60.203	206	77.48	18
20	4.288	130	54.00	55	9.828	126	70.36	58	34.056	130	66.60	58	59.997	202	77.66	26
30	4.158	117	54.55	46	9.702	114	70.94	53	33.926	118	66.02	77	59.795	193	77.40	68
Juni 9	4.041	99	55.01	35	9.588	98	71.47	48	33.808	105	65.25	93	59.602	179	76.72	107
19	3.942	80	55.36	24	9.490	78	71.95	40	33.703	88	64.32	107	59.423	160	75.65	145
29	3.862	59	55.60	11	9.412	58	72.35	32	33.615	69	63.25	117	59.263	137	74.20	177
Juli 9	3.803	35	55.71	1	9.354	36	72.67	21	33.546	47	62.08	125	59.126	110	72.43	205
19	3.768	11	55.70	15	9.318	13	72.88	10	33.499	25	60.83	128	59.016	78	70.38	227
29	3.757	15	55.55	30	9.305	13	72.98	3	33.474	0	59.55	127	58.938	44	68.11	242
Aug. 8	3.772	42	55.25	45	9.318	39	72.95	17	33.474	27	58.28	120	58.894	5	65.69	248
18	3.814	70	54.80	62	9.357	67	72.78	33	33.501	56	57.08	108	58.889	37	63.21	245
28	3.884	100	54.18	79	9.424	96	72.45	51	33.557	87	56.00	89	58.926	82	60.76	233
Sept. 7	3.984	131	53.39	98	9.520	127	71.94	71	33.644	119	55.11	67	59.008	128	58.43	213
17	4.115	164	52.41	116	9.647	159	71.23	92	33.763	154	54.44	39	59.136	176	56.30	182
27	4.279	197	51.25	135	9.806	192	70.31	112	33.917	187	54.05	6	59.312	224	54.48	144
Okt. 7	4.476	229	49.90	152	9.998	223	69.19	133	34.104	221	53.99	30	59.536	269	53.04	97
17	4.705	259	48.38	166	10.221	254	67.86	152	34.325	253	54.29	67	59.805	309	52.07	46
27	4.964	287	46.72	177	10.475	282	66.34	167	34.578	280	54.96	104	60.114	343	51.61	10
Nov. 6	5.251	310	44.95	184	10.757	303	64.67	180	34.858	301	56.00	140	60.457	368	51.71	68
16	5.561	324	43.11	185	11.060	319	62.87	186	35.159	316	57.40	173	60.825	384	52.39	123
26	5.885	332	41.26	181	11.379	325	61.01	186	35.475	321	59.13	199	61.209	387	53.62	176
Dez. 6	6.217	329	39.45	171	11.704	322	59.15	182	35.796	317	61.12	220	61.596	378	55.38	224
16	6.546	315	37.74	154	12.026	310	57.33	170	36.113	302	63.32	234	61.974	356	57.62	265
26	6.861	292	36.20	133	12.336	285	55.63	153	36.415	277	65.66	240	62.330	323	60.27	296
36	7.153		34.87		12.621		54.10		36.692		68.06		62.653		63.23	
Mittl. Ort	2.679		65.57		8.207		83.62		32.356		44.88		58.137		47.84	
sec δ, tg δ	+1.046		+ 0.305		+1.023		+ 0.216		+1.023		− 0.215		+1.344		− 0.898	
a, *a′*	+3.3		−17.6		+3.2		−17.6		+2.9		−17.7		+2.5		−17.9	
b, *b′*	−0.02		− 0.48		−0.01		− 0.48		+0.01		− 0.47		+0.05		− 0.45	

Scheinbare Sternörter 1958

Obere Kulmination Greenwich

Tag	384) ζ Leonis AR.		384) ζ Leonis Dekl.		383) λ Ursae maj. AR.		383) λ Ursae maj. Dekl.	
1958	10h 14m		+23° 37′		10h 14m		+43° 6′	
	s		″		s		″	
Jan. 1	22.833	289	22.87	93	35.724	346	69.64	3
11	23.122	251	21.94	61	36.070	300	69.61	41
21	23.373	205	21.33	28	36.370	244	70.02	81
31	23.578	153	21.05	4	36.614	182	70.83	117
Febr. 10	23.731	100	21.09	33	36.796	117	72.00	146
20	23.831	48	21.42	58	36.913	51	73.46	168
März 1	24 23.879	2	22.00	77	24 36.964	11	75.14	182
11	23.877	46	22.77	92	36.953	67	76.96	186
21	23.831	83	23.69	100	36.886	115	78.82	182
31	23.748	111	24.69	103	36.771	154	80.64	170
April 10	23.637	133	25.72	100	36.617	181	82.34	152
20	23.504	145	26.72	93	36.436	199	83.86	127
30	23.359	149	27.65	83	36.237	207	85.13	99
Mai 10	23.210	147	28.48	69	36.030	205	86.12	68
20	23.063	139	29.17	55	35.825	195	86.80	34
30	22.924	127	29.72	38	35.630	180	87.14	1
Juni 9	22.797	110	30.10	21	35.450	159	87.15	33
19	22.687	91	30.31	4	35.291	133	86.82	64
29	22.596	69	30.35	14	35.158	104	86.18	95
Juli 9	22.527	46	30.21	32	35.054	73	85.23	123
19	22.481	21	29.89	49	34.981	40	84.00	149
29	22.460	6	29.40	67	34.941	5	82.51	173
Aug. 8	22.466	33	28.73	85	34.936	32	80.78	193
18	22.499	63	27.88	102	34.968	70	78.85	210
28	22.562	94	26.86	120	35.038	108	76.75	224
Sept. 7	22.656	126	25.66	137	35.146	150	74.51	236
17	22.782	160	24.29	153	35.296	192	72.15	243
27	22.942	195	22.76	168	35.488	233	69.72	245
Okt. 7	23.137	229	21.08	180	35.721	274	67.27	244
17	23.366	262	19.28	190	35.995	313	64.83	237
27	23.628	292	17.38	195	36.308	348	62.46	224
Nov. 6	23.920	317	15.43	195	36.656	377	60.22	205
16	24.237	334	13.48	189	37.033	398	58.17	179
26	24.571	343	11.59	178	37.431	409	56.38	149
Dez. 6	24.914	343	9.81	161	37.840	409	54.89	112
16	25.257	330	8.20	138	38.249	395	53.77	71
26	25.587	308	6.82	110	38.644	369	53.06	28
36	25.895		5.72		39.013		52.78	
Mittl. Ort	21.429		38.31		34.269		89.50	
sec δ, tg δ	+1.091		+ 0.437		+1.370		+ 0.937	
a, *a′*	+3.3		−18.0		+3.6		−18.0	
b, *b′*	−0.03		− 0.44		−0.06		− 0.44	

Tag	386) μ Ursae maj. AR.		386) μ Ursae maj. Dekl.		387) 30 H. Ursae maj. AR.		387) 30 H. Ursae maj. Dekl.	
1958	10h 19m		+41° 42′		10h 21m		+65° 46′	
	s		″		s		″	
Jan. 1	51.439	344	21.62	14	9.29	56	23.38	86
11	51.783	300	21.48	30	9.85	48	24.24	138
21	52.083	246	21.78	71	10.33	39	25.62	184
31	52.329	185	22.49	107	10.72	30	27.46	222
Febr. 10	52.514	122	23.56	137	11.02	18	29.68	250
20	52.636	58	24.93	161	11.20	7	32.18	267
März 1	25 52.694	3	26.54	176	25 11.27	4	34.85	273
11	52.691	58	28.30	182	11.23	14	37.58	267
21	52.633	105	30.12	180	11.09	22	40.25	251
31	52.528	144	31.92	170	10.87	31	42.76	224
April 10	52.384	172	33.62	152	10.56	36	45.00	190
20	52.212	190	35.14	130	10.20	40	46.90	149
30	52.022	198	36.44	104	9.80	42	48.39	104
Mai 10	51.824	198	37.48	73	9.38	42	49.43	55
20	51.626	190	38.21	41	8.96	42	49.98	5
30	51.436	176	38.62	8	8.54	39	50.03	43
Juni 9	51.260	156	38.70	24	8.15	36	49.60	91
19	51.104	132	38.46	56	7.79	31	48.69	136
29	50.972	105	37.90	86	7.48	26	47.33	177
Juli 9	50.867	75	37.04	114	7.22	20	45.56	214
19	50.792	44	35.90	140	7.02	14	43.42	246
29	50.748	10	34.50	164	6.88	7	40.96	273
Aug. 8	50.738	26	32.86	185	6.81	0	38.23	294
18	50.764	62	31.01	203	6.81	7	35.29	309
28	50.826	100	28.98	219	6.88	14	32.20	319
Sept. 7	50.926	140	26.79	231	7.02	22	29.01	322
17	51.066	181	24.48	239	7.24	29	25.79	319
27	51.247	223	22.09	244	7.53	36	22.60	310
Okt. 7	51.470	263	19.65	243	7.89	44	19.50	294
17	51.733	303	17.22	238	8.33	50	16.56	271
27	52.036	338	14.84	227	8.83	55	13.85	240
Nov. 6	52.374	368	12.57	210	9.38	61	11.45	203
16	52.742	389	10.47	186	9.99	64	9.42	160
26	53.131	402	8.61	156	10.63	65	7.82	110
Dez. 6	53.533	403	7.05	121	11.28	66	6.72	57
16	53.936	390	5.84	81	11.94	63	6.15	2
26	54.326	365	5.03	39	12.57	60	6.13	54
36	54.691		4.64		13.17		6.67	
Mittl. Ort	50.037		41.26		7.53		46.71	
sec δ, tg δ	+1.340		+ 0.891		+2.438		+ 2.223	
a, *a′*	+3.6		−18.2		+4.3		−18.2	
b, *b′*	−0.05		− 0.42		−0.13		− 0.42	

Scheinbare Sternörter 1958

Obere Kulmination Greenwich

Tag	391) I Carinae AR.		391) I Carinae Dekl.		389) μ Hydrae AR.		389) μ Hydrae Dekl.		392) α Antliae AR.		392) α Antliae Dekl.		390) β Leonis min. AR.		390) β Leonis min. Dekl.	
1958	$10^h\ 23^m$		$-73°\ 48'$		$10^h\ 24^m$		$-16°\ 37'$		$10^h\ 25^m$		$-30°\ 51'$		$10^h\ 25^m$		$+36°\ 54'$	
	s		″		s		″		s		″		s		″	
Jan. 1	38.68	64	54.44	307	5.007	272	20.44	255	15.385	287	11.28	289	28.952	329	64.35	41
11	39.32	52	57.51	344	5.279	234	22.99	253	15.672	246	14.17	299	29.281	289	63.94	1
21	39.84	39	60.95	369	5.513	191	25.52	244	15.918	198	17.16	301	29.570	239	63.95	41
31	40.23	25	64.64	384	5.704	143	27.96	230	16.116	147	20.17	295	29.809	183	64.36	78
Febr. 10	40.48	11	68.48	390	5.847	95	30.26	211	16.263	94	23.12	281	29.992	124	65.14	109
20	$_{26}$40.59	2	72.38	386	$_{26}$5.942	46	32.37	188	$_{26}$16.357	42	25.93	262	$_{27}$30.116	63	66.23	134
März 1	40.57	16	76.24	374	5.988	1	34.25	163	16.399	6	28.55	238	30.179	6	67.57	152
11	40.41	27	79.98	352	5.989	38	35.88	135	16.393	49	30.93	210	30.185	45	69.09	161
21	40.14	37	83.50	323	5.951	71	37.23	108	16.344	85	33.03	179	30.140	90	70.70	163
31	39.77	47	86.73	289	5.880	98	38.31	80	16.259	114	34.82	146	30.050	126	72.33	157
April 10	39.30	54	89.62	249	5.782	117	39.11	52	16.145	136	36.28	111	29.924	153	73.90	145
20	38.76	61	92.11	203	5.665	130	39.63	26	16.009	152	37.39	76	29.771	169	75.35	126
30	38.15	65	94.14	154	5.535	136	39.89	1	15.857	159	38.15	39	29.602	178	76.61	104
Mai 10	37.50	67	95.68	102	5.399	137	39.88	26	15.698	162	38.54	4	29.424	179	77.65	79
20	36.83	69	96.70	48	5.262	133	39.62	49	15.536	159	38.58	31	29.245	173	78.44	51
30	36.14	68	97.18	7	5.129	125	39.13	71	15.377	154	38.27	66	29.072	160	78.95	21
Juni 9	35.46	66	97.11	61	5.004	114	38.42	92	15.223	142	37.61	97	28.912	142	79.16	7
19	34.80	62	96.50	113	4.890	99	37.50	109	15.081	126	36.64	127	28.770	122	79.09	36
29	34.18	57	95.37	163	4.791	82	36.41	124	14.955	109	35.37	153	28.648	98	78.73	64
Juli 9	33.61	49	93.74	206	4.709	63	35.17	135	14.846	87	33.84	175	28.550	71	78.09	90
19	33.12	40	91.68	245	4.646	41	33.82	141	14.759	63	32.09	191	28.479	43	77.19	115
29	32.72	30	89.23	276	4.605	17	32.41	143	14.696	35	30.18	200	28.436	13	76.04	139
Aug. 8	32.42	18	86.47	298	4.588	9	30.98	140	14.661	4	28.18	204	28.423	19	74.65	160
18	32.24	6	83.49	309	4.597	39	29.58	130	14.657	31	26.14	199	28.442	53	73.05	178
28	32.18	7	80.40	311	4.636	72	28.28	114	14.688	68	24.15	186	28.495	89	71.27	195
Sept. 7	32.25	22	77.29	300	4.708	104	27.14	91	14.756	107	22.29	166	28.584	126	69.32	210
17	32.47	35	74.29	278	4.812	141	26.23	64	14.863	148	20.63	137	28.710	165	67.22	222
27	32.82	48	71.51	245	4.953	177	25.59	32	15.011	190	19.26	101	28.875	204	65.00	229
Okt. 7	33.30	60	69.06	202	5.130	213	25.27	6	15.201	230	18.25	60	29.079	244	62.71	233
17	33.90	71	67.04	150	5.343	247	25.33	45	15.431	268	17.65	13	29.323	281	60.38	231
27	34.61	79	65.54	91	5.590	277	25.78	85	15.699	302	17.52	37	29.604	316	58.07	226
Nov. 6	35.40	84	64.63	26	5.867	301	26.63	125	16.001	327	17.89	86	29.920	346	55.81	213
16	36.24	88	64.37	40	6.168	319	27.88	161	16.328	345	18.75	135	30.266	367	53.68	194
26	37.12	87	64.77	106	6.487	327	29.49	193	16.673	352	20.10	180	30.633	380	51.74	170
Dez. 6	37.99	84	65.83	170	6.814	325	31.42	220	17.025	348	21.90	219	31.013	382	50.04	139
16	38.83	79	67.53	227	7.139	312	33.62	238	17.373	332	24.09	252	31.395	372	48.65	103
26	39.62	69	69.80	278	7.451	289	36.00	249	17.705	307	26.61	277	31.767	349	47.62	64
36	40.31		72.58		7.740		38.49		18.012		29.38		32.116		46.98	
Mittl. Ort	34.07		63.12		3.435		16.68		13.620		11.58		27.613		83.01	
sec δ, tg δ	+3.588		− 3.446		+1.044		− 0.299		+1.165		− 0.597		+1.251		+ 0.751	
a, *a′*	+1.2		−18.3		+2.9		−18.3		+2.8		−18.4		+3.5		−18.4	
b, *b′*	+0.21		− 0.41		+0.02		− 0.41		+0.04		− 0.40		−0.05		− 0.40	

Scheinbare Sternörter 1958

Obere Kulmination Greenwich

Tag	393) 196 G Carinae				394) 36 Ursae maj.				1273) 219 G. Velorum				395) 9 H. Draconis			
	AR.		Dekl.		AR.		Dekl.		AR.		Dekl.		AR.		Dekl.	
1958	10h 26m		−58° 31′		10h 27m		+56° 11′		10h 31m		−46° 47′		10h 31m		+75° 55′	
	s		″		s		″		s		″		s		″	
Jan. 1	22.620	396	21.52	316	58.541	440	25.62	41	12.516	335	6.95	308	36.76	90	24.33	110
11	23.016	330	24.68	344	58.981	385	26.03	92	12.851	285	10.03	330	37.66	77	25.43	164
21	23.346	258	28.12	364	59.366	319	26.95	137	13.136	228	13.33	344	38.43	65	27.07	212
31	23.604	180	31.76	372	59.685	242	28.32	176	13.364	166	16.77	347	39.08	48	29.19	252
Febr. 10	23.784	100	35.48	372	59.927	160	30.08	208	13.530	104	20.24	342	39.56	31	31.71	280
20	23.884	24	39.20	363	60.087	77	32.16	230	^{28}13.634	43	23.66	329	^{28}39.87	12	34.51	296
März 1	^{27}23.908	49	42.83	345	^{27}60.164	5	34.46	241	13.677	15	26.95	309	39.99	5	37.47	301
11	23.859	114	46.28	321	60.159	80	36.87	241	13.662	67	30.04	282	39.94	23	40.48	293
21	23.745	171	49.49	289	60.079	146	39.28	232	13.595	111	32.86	251	39.71	39	43.41	273
31	23.574	220	52.38	252	59.933	201	41.60	214	13.484	149	35.37	216	39.32	51	46.14	243
April 10	23.354	260	54.90	212	59.732	243	43.74	186	13.335	179	37.53	176	38.81	62	48.57	205
20	23.094	288	57.02	167	59.489	272	45.60	153	13.156	200	39.29	135	38.19	71	50.62	159
30	22.806	309	58.69	119	59.217	288	47.13	115	12.956	214	40.64	92	37.48	75	52.21	108
Mai 10	22.497	320	59.88	70	58.929	293	48.28	73	12.742	221	41.56	46	36.73	77	53.29	55
20	22.177	323	60.58	19	58.636	285	49.01	29	12.521	223	42.02	1	35.96	77	53.84	0
30	21.854	318	60.77	32	58.351	269	49.30	14	12.298	217	42.03	43	35.19	74	53.84	54
Juni 9	21.536	304	60.45	80	58.082	246	49.16	57	12.081	207	41.60	87	34.45	68	53.30	107
19	21.232	283	59.65	128	57.836	214	48.59	99	11.874	192	40.73	128	33.77	62	52.23	155
29	20.949	254	58.37	171	57.622	178	47.60	137	11.682	170	39.45	165	33.15	53	50.68	201
Juli 9	20.695	218	56.66	210	57.444	139	46.23	172	11.512	144	37.80	198	32.62	44	48.67	240
19	20.477	174	54.56	242	57.305	94	44.51	204	11.368	113	35.82	224	32.18	32	46.27	274
29	20.303	123	52.14	267	57.211	47	42.47	231	11.255	77	33.58	244	31.86	21	43.53	303
Aug. 8	20.180	66	49.47	283	57.164	1	40.16	254	11.178	36	31.14	256	31.65	9	40.50	325
18	20.114	2	46.64	290	57.165	52	37.62	272	11.142	9	28.58	258	31.56	4	37.25	341
28	20.112	65	43.74	285	57.217	105	34.90	286	11.151	59	26.00	251	31.60	16	33.84	349
Sept. 7	20.177	135	40.89	272	57.322	159	32.04	294	11.210	111	23.49	235	31.76	29	30.35	350
17	20.312	207	38.17	246	57.481	214	29.10	297	11.321	164	21.14	208	32.05	41	26.85	344
27	20.519	277	35.71	210	57.695	268	26.13	294	11.485	218	19.06	173	32.46	54	23.41	332
Okt. 7	20.796	343	33.61	165	57.963	323	23.19	285	11.703	269	17.33	128	33.00	66	20.09	312
17	21.139	401	31.96	112	58.286	374	20.34	269	11.972	317	16.05	78	33.66	77	16.97	283
27	21.540	451	30.84	54	58.660	420	17.65	247	12.289	357	15.27	22	34.43	86	14.14	248
Nov. 6	21.991	487	30.30	9	59.080	460	15.18	217	12.646	388	15.05	36	35.29	94	11.66	206
16	22.478	509	30.39	72	59.540	489	13.01	181	13.034	409	15.41	95	36.23	101	9.60	157
26	22.987	513	31.11	135	60.029	506	11.20	140	13.443	416	16.36	152	37.24	103	8.03	103
Dez. 6	23.500	500	32.46	193	60.535	509	9.80	92	13.859	410	17.88	203	38.27	104	7.00	45
16	24.000	472	34.39	246	61.044	496	8.88	42	14.269	390	19.91	249	39.31	102	6.55	15
26	24.472	426	36.85	289	61.540	467	8.46	11	14.659	358	22.40	287	40.33	95	6.70	76
36	24.898		39.74		62.007		8.57		15.017		25.27		41.28		7.46	
Mittl. Ort	19.930		28.20		57.095		47.92		10.394		11.55		34.65		48.64	
sec δ, tg δ	+1.915		−1.633		+1.797		+1.494		+1.460		−1.064		+4.113		+3.990	
a, *a′*	+2.2		−18.4		+3.9		−18.4		+2.5		−18.6		+5.1		−18.6	
b, *b′*	+0.10		−0.40		−0.09		−0.39		+0.07		−0.38		−0.25		−0.38	

Scheinbare Sternörter 1958

Obere Kulmination Greenwich

Tag	404) 33 Sextantis AR.		404) 33 Sextantis Dekl.		406) ϑ Carinae AR.		406) ϑ Carinae Dekl.		407) 42 Leonis min. AR.		407) 42 Leonis min. Dekl.		409) 53 Leonis AR.		409) 53 Leonis Dekl.	
1958	10h 39m		−1° 31′		10h 41m		−64° 10′		10h 43m		+30° 53′		10h 47m		+10° 45′	
	s		″		s		″		s		″		s		″	
Jan. 1	17.307	280	20.80	205	30.23	48	17.37	300	33.206	323	57.31	79	4.266	291	53.06	162
11	17.587	246	22.85	192	30.71	40	20.37	334	33.529	287	56.52	41	4.557	259	51.44	138
21	17.833	205	24.77	173	31.11	33	23.71	360	33.816	243	56.11	2	4.816	219	50.06	111
31	18.038	161	26.50	150	31.44	23	27.31	374	34.059	192	56.09	36	5.035	174	48.95	82
Febr. 10	18.199	114	28.00	126	31.67	14	31.05	380	34.251	138	56.45	70	5.209	126	48.13	53
20	18.313	66	29.26	101	31.81	6	34.85	376	34.389	82	57.15	98	5.335	79	47.60	25
März 2	$_2$18.379	22	30.27	75	$_3$31.87	3	38.61	362	$_3$34.471	29	58.13	120	$_4$5.414	32	47.35	1
11	18.401	17	31.02	50	31.84	12	42.23	342	34.500	20	59.33	136	5.446	10	47.36	23
21	18.384	52	31.52	28	31.72	18	45.65	315	34.480	62	60.69	143	5.436	45	47.59	41
31	18.332	79	31.80	8	31.54	24	48.80	281	34.418	98	62.12	144	5.391	75	48.00	54
April 10	18.253	100	31.88	10	31.30	29	51.61	242	34.320	124	63.56	138	5.316	98	48.54	64
20	18.153	113	31.78	25	31.01	34	54.03	198	34.196	143	64.94	126	5.218	112	49.18	69
30	18.040	121	31.53	39	30.67	36	56.01	151	34.053	153	66.20	111	5.106	122	49.87	72
Mai 10	17.919	124	31.14	49	30.31	39	57.52	102	33.900	157	67.31	91	4.984	125	50.59	71
20	17.795	121	30.65	59	29.92	39	58.54	50	33.743	154	68.22	68	4.859	123	51.30	69
30	17.674	115	30.06	67	29.53	40	59.04	3	33.589	146	68.90	44	4.736	118	51.99	64
Juni 9	17.559	105	29.39	73	29.13	39	59.01	54	33.443	134	69.34	19	4.618	108	52.63	57
19	17.454	92	28.66	76	28.74	37	58.47	104	33.309	118	69.53	6	4.510	95	53.20	49
29	17.362	78	27.90	78	28.37	34	57.43	152	33.191	99	69.47	31	4.415	81	53.69	40
Juli 9	17.284	61	27.12	77	28.03	29	55.91	195	33.092	77	69.16	56	4.334	65	54.09	30
19	17.223	42	26.35	74	27.74	25	53.96	231	33.015	54	68.60	80	4.269	45	54.39	17
29	17.181	20	25.61	68	27.49	20	51.65	262	32.961	28	67.80	103	4.224	24	54.56	4
Aug. 8	17.161	4	24.93	57	27.29	12	49.03	284	32.933	0	66.77	125	4.200	1	54.60	12
18	17.165	30	24.36	43	27.17	5	46.19	295	32.933	31	65.52	145	4.199	26	54.48	29
28	17.195	59	23.93	26	27.12	4	43.24	297	32.964	63	64.07	166	4.225	54	54.19	47
Sept. 7	17.254	90	23.67	5	27.16	12	40.27	288	33.027	99	62.41	183	4.279	86	53.72	69
17	17.344	124	23.62	19	27.28	21	37.39	268	33.126	135	60.58	198	4.365	119	53.03	91
27	17.468	160	23.81	47	27.49	29	34.71	236	33.261	174	58.60	212	4.484	154	52.12	112
Okt. 7	17.628	194	24.28	75	27.78	38	32.35	195	33.435	213	56.48	221	4.638	191	51.00	135
17	17.822	229	25.03	105	28.16	45	30.40	144	33.648	251	54.27	226	4.829	225	49.65	156
27	18.051	260	26.08	133	28.61	51	28.96	87	33.899	287	52.01	227	5.054	258	48.09	174
Nov. 6	18.311	287	27.41	159	29.12	56	28.09	25	34.186	317	49.74	221	5.312	287	46.35	188
16	18.598	307	29.00	181	29.68	59	27.84	39	34.503	342	47.53	210	5.599	309	44.47	198
26	18.905	319	30.81	198	30.27	60	28.23	104	34.845	358	45.43	191	5.908	323	42.49	201
Dez. 6	19.224	321	32.79	208	30.87	59	29.27	166	35.203	363	43.52	167	6.231	328	40.48	198
16	19.545	313	34.87	212	31.46	56	30.93	221	35.566	357	41.85	137	6.559	322	38.50	189
26	19.858	294	36.99	209	32.02	51	33.14	272	35.923	339	40.48	101	6.881	305	36.61	174
36	20.152		39.08		32.53		35.86		36.262		39.47		7.186		34.87	
Mittl. Ort	15.942		12.94		27.22		25.98		32.004		74.55		3.017		64.55	
sec δ, tg δ	+1.000		− 0.027		+2.295		− 2.066		+1.165		+ 0.599		+1.018		+ 0.190	
a, *a′*	+3.1		−18.8		+2.1		−18.9		+3.3		−18.9		+3.2		−19.0	
b, *b′*	0.00		− 0.34		+0.13		− 0.34		−0.04		− 0.33		−0.01		− 0.31	

Scheinbare Sternörter 1958

Obere Kulmination Greenwich

Tag	415) 239 G. Velorum				416) β Ursae maj.				417) α Ursae maj.				418) χ Leonis			
	AR.		Dekl.		AR.		Dekl.		AR.		Dekl.		AR.		Dekl.	
1958	10h 58m		−41° 59′		10h 59m		+56° 35′		11h 1m		+61° 57′		11h 2m		+7° 33′	
	s		″		s		″		s		″		s		″	
Jan. 1	15.127	343	56.08	285	20.227	468	65.92	8	10.16	53	77.77	25	52.226	296	38.28	178
11	15.470	301	58.93	308	20.695	423	66.00	62	10.69	49	78.02	82	52.522	266	36.50	157
21	15.771	252	62.01	321	21.118	363	66.62	114	11.18	41	78.84	134	52.788	228	34.93	131
31	16.023	198	65.22	327	21.481	292	67.76	160	11.59	33	80.18	181	53.016	186	33.62	104
Febr. 10	16.221	141	68.49	323	21.773	214	69.36	197	11.92	25	81.99	219	53.202	139	32.58	75
20	16.362	85	71.72	312	21.987	131	71.33	226	12.17	15	84.18	247	53.341	93	31.83	46
März 2	16.447	31 –	74.84	294	22.118	49	73.59	245	[8]12.32	5	86.65	264	[8]53.434	48	31.37	20
11	[7]16.478	19	77.78	272	[7]22.167	28	76.04	253	12.37	4	89.29	270	53.482	6	31.17	– 4
21	16.459	62	80.50	243	22.139	99	78.57	250	12.33	12	91.99	265	53.488	31	31.21	24
31	16.397	100	82.93	211	22.040	160	81.07	236	12.21	20	94.64	249	53.457	61	31.45	40
April 10	16.297	130	85.04	176	21.880	210	83.43	214	12.01	25	97.13	224	53.396	84	31.85	53
20	16.167	153	86.80	139	21.670	247	85.57	185	11.76	30	99.37	191	53.312	101	32.38	61
30	16.014	171	88.19	99	21.423	272	87.42	149	11.46	33	101.28	151	53.211	113	32.99	67
Mai 10	15.843	182	89.18	59	21.151	286	88.91	108	11.13	35	102.79	107	53.098	119	33.66	70
20	15.661	188	89.77	17	20.865	290	89.99	65	10.78	36	103.86	60	52.979	119	34.36	69
30	15.473	189	89.94	24	20.575	282	90.64	19	10.42	35	104.46	12	52.860	116	35.05	67
Juni 9	15.284	184	89.70	65	20.293	267	90.83	25	10.07	33	104.58	36	52.744	110	35.72	64
19	15.100	175	89.05	103	20.026	245	90.58	69	9.74	30	104.22	83	52.634	100	36.36	59
29	14.925	161	88.02	138	19.781	216	89.89	111	9.44	28	103.39	128	52.534	89	36.95	51
Juli 9	14.764	142	86.64	170	19.565	182	88.78	151	9.16	23	102.11	169	52.445	74	37.46	42
19	14.622	119	84.94	196	19.383	144	87.27	187	8.93	18	100.42	207	52.371	57	37.88	33
29	14.503	90	82.98	217	19.239	101	85.40	220	8.75	14	98.35	240	52.314	38	38.21	20
Aug. 8	14.413	57	80.81	230	19.138	56	83.20	248	8.61	8	95.95	269	52.276	17	38.41	5
18	14.356	18	78.51	235	19.082	6	80.72	271	8.53	2	93.26	292	52.259	– 9	38.46	11
28	14.338	26	76.16	231	19.076	46	78.01	290	8.51	– 4	90.34	311	52.268	37	38.35	30
Sept. 7	14.364	73	73.85	219	19.122	100	75.11	304	8.55	11	87.23	323	52.305	68	38.05	51
17	14.437	123	71.66	196	19.222	158	72.07	311	8.66	17	84.00	328	52.373	102	37.54	73
27	14.560	174	69.70	166	19.380	216	68.96	313	8.83	24	80.72	329	52.475	138	36.81	97
Okt. 7	14.734	225	68.04	126	19.596	274	65.83	309	9.07	31	77.43	321	52.613	175	35.84	121
17	14.959	274	66.78	80	19.870	332	62.74	297	9.38	37	74.22	306	52.788	212	34.63	145
27	15.233	317	65.98	29	20.202	386	59.77	278	9.75	44	71.16	283	53.000	246	33.18	165
Nov. 6	15.550	352	65.69	25	20.588	433	56.99	252	10.19	49	68.33	253	53.246	277	31.53	183
16	15.902	379	65.94	80	21.021	471	54.47	218	10.68	53	65.80	216	53.523	301	29.70	197
26	16.281	394	66.74	134	21.492	499	52.29	177	11.21	57	63.64	171	53.824	318	27.73	204
Dez. 6	16.675	395	68.08	184	21.991	512	50.52	130	11.78	58	61.93	121	54.142	325	25.69	205
16	17.070	384	69.92	227	22.503	509	49.22	79	12.36	58	60.72	66	54.467	322	23.64	200
26	17.454	360	72.19	264	23.012	490	48.43	25	12.94	55	60.06	9	54.789	308	21.64	187
36	17.814		74.83		23.502		48.18		13.49		59.97		55.097		19.77	
Mittl. Ort	13.290		61.03		19.166		88.56		9.11		101.19		51.049		48.43	
sec δ, tg δ	+1.346		− 0.900		+1.817		+ 1.517		+2.129		+ 1.879		+1.009		+ 0.133	
a, *a′*	+2.8		−19.3		+3.6		−19.3		+3.7		−19.4		+3.1		−19.4	
b, *b′*	+0.06		− 0.27		−0.10		− 0.26		−0.12		− 0.25		−0.01		− 0.25	

Scheinbare Sternörter 1958

Obere Kulmination Greenwich

Tag	420) ψ Ursae maj. AR.	Δ	420) ψ Ursae maj. Dekl.	Δ	421) β Crateris AR.	Δ	421) β Crateris Dekl.	Δ	422) δ Leonis AR.	Δ	422) δ Leonis Dekl.	Δ	423) ϑ Leonis AR.	Δ	423) ϑ Leonis Dekl.	Δ
1958	11h 7m		+44° 42′		11h 9m		−22° 35′		11h 11m		+20° 44′		11h 12m		+15° 39′	
	s		″		s		″		s		″		s		″	
Jan. 1	19.530	387	75.93	45	36.775	307	46.44	255	53.649	316	60.68	137	3.313	308	21.44	155
11	19.917	351	75.48	5	37.082	276	48.99	262	53.965	286	59.31	104	3.621	280	19.89	126
21	20.268	305	75.53	53	37.358	236	51.61	262	54.251	250	58.27	69	3.901	243	18.63	94
31	20.573	249	76.06	97	37.594	191	54.23	254	54.501	206	57.58	33	4.144	200	17.69	61
Febr. 10	20.822	187	77.03	137	37.785	144	56.77	241	54.707	157	57.25	1	4.344	154	17.08	28
20	21.009	122	78.40	169	37.929	96	59.18	223	54.864	108	57.26	33	4.498	105	16.80	2
März 2	21.131	59	80.09	193	38.025	51	61.41	201	$_{10}$54.972	60	57.59	61	4.603	58	16.82	30
11	$_{9}$21.190	1	82.02	207	$_{10}$38.076	9	63.42	176	55.032	14	58.20	82	$_{10}$4.661	16	17.12	52
21	21.189	56	84.09	211	38.085	28	65.18	149	55.046	25	59.02	98	4.677	23	17.64	71
31	21.133	103	86.20	207	38.057	60	66.67	122	55.021	59	60.00	109	4.654	56	18.35	83
April 10	21.030	140	88.27	194	37.997	84	67.89	93	54.962	86	61.09	112	4.598	82	19.18	91
20	20.890	169	90.21	174	37.913	104	68.82	65	54.876	106	62.21	112	4.516	101	20.09	94
30	20.721	189	91.95	147	37.809	118	69.47	37	54.770	120	63.33	106	4.415	113	21.03	92
Mai 10	20.532	200	93.42	117	37.691	126	69.84	9	54.650	128	64.39	96	4.302	121	21.95	88
20	20.332	202	94.59	83	37.565	131	69.93	19	54.522	130	65.35	84	4.181	124	22.83	80
30	20.130	199	95.42	46	37.434	131	69.74	45	54.392	127	66.19	68	4.057	122	23.63	69
Juni 9	19.931	189	95.88	9	37.303	127	69.29	70	54.265	122	66.87	52	3.935	116	24.32	58
19	19.742	174	95.97	28	37.176	121	68.59	93	54.143	112	67.39	34	3.819	107	24.90	45
29	19.568	154	95.69	65	37.055	111	67.66	113	54.031	101	67.73	15	3.712	96	25.35	30
Juli 9	19.414	131	95.04	100	36.944	98	66.53	130	53.930	85	67.88	5	3.616	82	25.65	14
19	19.283	105	94.04	133	36.846	81	65.23	143	53.845	68	67.83	26	3.534	66	25.79	3
29	19.178	75	92.71	163	36.765	61	63.80	151	53.777	48	67.57	45	3.468	46	25.76	20
Aug. 8	19.103	41	91.08	192	36.704	37	62.29	154	53.729	25	67.12	66	3.422	25	25.56	38
18	19.062	6	89.16	216	36.667	9	60.75	151	53.704	0	66.46	88	3.397	1	25.18	58
28	19.056	33	87.00	238	36.658	23	59.24	141	53.704	30	65.58	109	3.398	29	24.60	79
Sept. 7	19.089	75	84.62	256	36.681	59	57.83	125	53.734	62	64.49	129	3.427	60	23.81	100
17	19.164	120	82.06	269	36.740	98	56.58	102	53.796	97	63.20	151	3.487	95	22.81	121
27	19.284	167	79.37	277	36.838	139	55.56	73	53.893	135	61.69	170	3.582	132	21.60	143
Okt. 7	19.451	215	76.60	282	36.977	181	54.83	37	54.028	173	59.99	187	3.714	170	20.17	163
17	19.666	261	73.78	279	37.158	221	54.46	1	54.201	212	58.12	202	3.884	208	18.54	181
27	19.927	307	70.99	270	37.379	259	54.47	43	54.413	250	56.10	214	4.092	244	16.73	196
Nov. 6	20.234	347	68.29	255	37.638	292	54.90	85	54.663	283	53.96	219	4.336	277	14.77	206
16	20.581	380	65.74	231	37.930	318	55.75	126	54.946	310	51.77	219	4.613	304	12.71	212
26	20.961	405	63.43	200	38.248	335	57.01	165	55.256	330	49.58	213	4.917	323	10.59	211
Dez. 6	21.366	417	61.43	164	38.583	340	58.66	198	55.586	340	47.45	199	5.240	333	8.48	204
16	21.783	417	59.79	121	38.923	336	60.64	225	55.926	339	45.46	180	5.573	331	6.44	189
26	22.200	402	58.58	74	39.259	320	62.89	245	56.265	328	43.66	155	5.904	320	4.55	169
36	22.602		57.84		39.579		65.34		56.593		42.11		6.224		2.86	
Mittl. Ort	18.551		96.35		35.353		46.32		52.605		74.75		2.241		33.95	
sec δ, tg δ	+1.408		+ 0.991		+1.083		− 0.416		+1.069		+ 0.379		+1.039		+ 0.280	
a, *a′*	+3.4		−19.5		+3.0		−19.6		+3.2		−19.6		+3.2		−19.6	
b, *b′*	−0.06		− 0.23		+0.03		− 0.22		−0.02		− 0.21		−0.02		− 0.21	

Scheinbare Sternörter 1958

Obere Kulmination Greenwich

Tag	425) ν Ursae maj. AR.		425) ν Ursae maj. Dekl.		426) δ Crateris AR.		426) δ Crateris Dekl.	
1958	11h 16m		+33° 18′		11h 17m		−14° 33′	
	s		″		s		″	
Jan. 1	13.801		67.79		15.587		6.11	
11	14.147	346	66.84	95	15.890	303	8.48	237
21	14.463	316	66.32	52	16.164	274	10.85	237
31	14.739	276	66.23	9	16.401	237	13.15	230
Febr. 10	14.967	228	66.57	34	16.596	195	15.32	217
20	15.143	176	67.30	73	16.746	150	17.31	199
März 2	15.264	121	68.36	106	16.851	105	19.09	178
11*	[11] 15.331	67	69.69	133	16.911	60	20.64	155
21	15.347	16	71.21	152	[12] 16.930	19	21.94	130
31	15.317	30	72.85	164	16.913	17	22.98	104
April 10	15.247	70	74.53	168	16.865	48	23.77	79
20	15.145	102	76.17	164	16.793	72	24.31	54
30	15.020	125	77.70	153	16.701	92	24.62	31
Mai 10	14.877	143	79.07	137	16.596	105	24.70	8
20	14.724	153	80.24	117	16.482	114	24.57	13
30	14.568	156	81.16	92	16.363	119	24.23	34
Juni 9	14.413	155	81.82	66	16.243	120	23.70	53
19	14.265	148	82.19	37	16.126	117	23.00	70
29	14.127	138	82.27	8	16.015	111	22.14	86
Juli 9	14.003	124	82.06	21	15.912	103	21.15	99
19	13.896	107	81.55	51	15.821	91	20.06	109
29	13.809	87	80.77	78	15.745	76	18.91	115
Aug. 8	13.745	64	79.71	106	15.686	59	17.72	119
18	13.707	38	78.39	132	15.650	36	16.55	117
28	13.698	9	76.83	156	15.639	11	15.45	110
Sept. 7	13.721	23	75.04	179	15.657	18	14.46	99
17	13.780	59	73.04	200	15.708	51	13.65	81
27	13.878	98	70.86	218	15.796	88	13.08	57
Okt. 7	14.017	139	68.54	232	15.923	127	12.78	30
17	14.198	181	66.10	244	16.090	167	12.80	2
27	14.422	224	63.60	250	16.297	207	13.17	37
Nov. 6	14.687	265	61.09	251	16.541	244	13.91	74
16	14.988	301	58.63	246	16.818	277	15.01	110
26	15.321	333	56.29	234	17.122	304	16.45	144
Dez. 6	15.677	356	54.13	216	17.444	322	18.20	175
16	16.045	368	52.24	189	17.774	330	20.21	201
26	16.414	369	50.67	157	18.102	328	22.41	220
36	16.772	358	49.48	119	18.417	315	24.72	231
Mittl. Ort	12.853		85.37		14.300		3.70	
sec δ, tg δ	+1.197		+ 0.657		+1.033		− 0.260	
a, *a′*	+3.2		−19.7		+3.0		−19.7	
b, *b′*	−0.04		− 0.19		+0.02		− 0.19	

Tag	427) σ Leonis AR.		427) σ Leonis Dekl.		428) π Centauri AR.		428) π Centauri Dekl.	
1958	11h 18m		+6° 15′		11h 19m		−54° 15′	
	s		″		s		″	
Jan. 1	59.327		26.00		7.185		28.91	
11	59.629	302	24.14	186	7.612	427	31.59	268
21	59.905	276	22.48	166	7.993	381	34.62	303
31	60.146	241	21.07	141	8.318	325	37.90	328
Febr. 10	60.345	199	19.93	114	8.579	261	41.35	345
20	60.499	154	19.08	85	8.774	195	44.87	352
März 2	60.608	109	18.52	56	8.902	128	48.37	350
11*	60.672	64	18.24	28	8.964	62	51.77	340
21	[12] 60.695	23	18.20	4	[12] 8.965	1	55.01	324
31	60.681	14	18.37	17	8.909	56	58.01	300
April 10	60.636	45	18.72	35	8.804	105	60.73	272
20	60.565	71	19.21	49	8.656	148	63.11	238
30	60.476	89	19.81	60	8.472	184	65.11	200
Mai 10	60.373	103	20.47	66	8.259	213	66.69	158
20	60.262	111	21.16	69	8.025	234	67.84	115
30	60.148	114	21.87	71	7.776	249	68.53	69
Juni 9	60.034	114	22.57	70	7.517	259	68.74	21
19	59.923	111	23.24	67	7.257	260	68.48	26
29	59.819	104	23.86	62	7.001	256	67.76	72
Juli 9	59.725	94	24.42	56	6.757	244	66.59	117
19	59.642	83	24.90	48	6.532	225	65.02	157
29	59.574	68	25.28	38	6.334	198	63.08	194
Aug. 8	59.523	51	25.55	27	6.170	164	60.84	224
18	59.493	30	25.67	12	6.047	123	58.36	248
28	59.487	6	25.63	4	5.973	74	55.73	263
Sept. 7	59.508	21	25.40	23	5.955	18	53.05	268
17	59.560	52	24.96	44	5.999	44	50.42	263
27	59.646	86	24.30	66	6.109	110	47.93	249
Okt. 7	59.769	123	23.39	91	6.286	177	45.69	224
17	59.929	160	22.24	115	6.531	245	43.80	189
27	60.128	199	20.85	139	6.839	308	42.35	145
Nov. 6	60.363	235	19.23	162	7.205	366	41.41	94
16	60.631	268	17.42	181	7.620	415	41.04	37
26	60.927	296	15.46	196	8.071	451	41.26	22
Dez. 6	61.241	314	13.40	206	8.544	473	42.08	82
16	61.566	325	11.31	209	9.024	480	43.47	139
26	61.890	324	9.27	204	9.495	471	45.40	193
36	62.203	313	7.32	195	9.941	446	47.81	241
Mittl. Ort	58.233		35.31		5.074		37.89	
sec δ, tg δ	+1.006		+ 0.110		+1.712		− 1.390	
a, *a′*	+3.1		−19.7		+2.7		−19.7	
b, *b′*	−0.01		− 0.18		+0.09		− 0.18	

* Bei Stern 426), 427) und 428) lies März 12.

Scheinbare Sternörter 1958

Obere Kulmination Greenwich

Tag	429) Grb 1771 U Maj				433) λ Draconis			
	AR.		Dekl.		AR.		Dekl.	
1958	11h 20m		+64° 32′		11h 28m		+69° 33′	
	s		″		s		″	
Jan. 1	23.29	59	74.25	11	56.51	71	22.86	16
11	23.88	54	74.36	71	57.22	65	23.02	78
21	24.42	47	75.07	126	57.87	58	23.80	135
31	24.89	39	76.33	176	58.45	48	25.15	187
Febr. 10	25.28	30	78.09	218	58.93	38	27.02	230
20	25.58	20	80.27	251	59.31	25	29.32	264
März 2	25.78	10	82.78	272	59.56	13	31.96	285
12	25.88	1	85.50	282	59.69	1	34.81	295
21	^{12}25.87	10	88.32	279	^{15}59.70	11	37.76	293
31	25.77	18	91.11	266	59.59	22	40.69	279
April 10	25.59	25	93.77	243	59.37	31	43.48	255
20	25.34	31	96.20	212	59.06	38	46.03	221
30	25.03	35	98.32	172	58.68	44	48.24	181
Mai 10	24.68	38	100.04	128	58.24	48	50.05	135
20	24.30	39	101.32	81	57.76	50	51.40	85
30	23.91	39	102.13	31	57.26	50	52.25	33
Juni 9	23.52	38	102.44	19	56.76	50	52.58	19
19	23.14	37	102.25	68	56.26	47	52.39	72
29	22.77	33	101.57	116	55.79	44	51.67	121
Juli 9	22.44	29	100.41	160	55.35	39	50.46	167
19	22.15	24	98.81	201	54.96	34	48.79	211
29	21.91	19	96.80	238	54.62	28	46.68	249
Aug. 8	21.72	14	94.42	270	54.34	21	44.19	282
18	21.58	8	91.72	297	54.13	13	41.37	310
28	21.50	0	88.75	317	54.00	4	38.27	331
Sept. 7	21.50	6	85.58	332	53.96	3	34.96	347
17	21.56	13	82.26	341	53.99	13	31.49	354
27	21.69	22	78.85	343	54.12	23	27.95	356
Okt. 7	21.91	29	75.42	337	54.35	31	24.39	349
17	22.20	36	72.05	324	54.66	41	20.90	335
27	22.56	43	68.81	302	55.07	50	17.55	312
Nov. 6	22.99	50	65.79	274	55.57	57	14.43	280
16	23.49	55	63.05	236	56.14	65	11.63	241
26	24.04	60	60.69	191	56.79	70	9.22	195
Dez. 6	24.64	62	58.78	140	57.49	73	7.27	141
16	25.26	62	57.38	84	58.22	75	5.86	82
26	25.88	61	56.54	25	58.97	73	5.04	21
36	26.49		56.29		59.70		4.83	
Mittl. Ort	22.54		98.00		55.96		47.11	
sec δ, tg δ	+2.328		+ 2.102		+2.864		+ 2.684	
a, *a′*	+3.6		−19.7		+3.6		−19.9	
b, *b′*	−0.14		− 0.17		−0.18		− 0.13	

Tag	434) ξ Hydrae				436) λ Centauri			
	AR.		Dekl.		AR.		Dekl.	
1958	11h 30m		−31° 37′		11h 33m		−62° 47′	
	s		″		s		″	
Jan. 1	57.329	335	26.10	255	52.44	53	2.29	247
11	57.664	305	28.65	272	52.97	48	4.76	288
21	57.969	265	31.37	281	53.45	42	7.64	321
31	58.234	221	34.18	282	53.87	34	10.85	346
Febr. 10	58.455	173	37.00	277	54.21	26	14.31	360
20	58.628	124	39.77	265	54.47	18	17.91	365
März 2	58.752	76	42.42	248	54.65	10	21.56	363
12	58.828	31	44.90	226	54.75	3	25.19	351
21	^{15}58.859	9	47.16	202	^{16}54.78	5	28.70	333
31	58.850	44	49.18	174	54.73	12	32.03	308
April 10	58.806	74	50.92	144	54.61	17	35.11	277
20	58.732	97	52.36	113	54.44	23	37.88	241
30	58.635	116	53.49	82	54.21	26	40.29	200
Mai 10	58.519	131	54.31	48	53.95	30	42.29	156
20	58.388	139	54.79	16	53.65	33	43.85	108
30	58.249	145	54.95	17	53.32	35	44.93	59
Juni 9	58.104	146	54.78	49	52.97	35	45.52	8
19	57.958	144	54.29	79	52.62	36	45.60	43
29	57.814	137	53.50	107	52.26	35	45.17	92
Juli 9	57.677	127	52.43	133	51.91	32	44.25	139
19	57.550	113	51.10	154	51.59	30	42.86	182
29	57.437	93	49.56	170	51.29	25	41.04	218
Aug. 8	57.344	69	47.86	181	51.04	20	38.86	249
18	57.275	39	46.05	185	50.84	14	36.37	271
28	57.236	4	44.20	181	50.70	7	33.66	284
Sept. 7	57.232	34	42.39	171	50.63	1	30.82	287
17	57.266	77	40.68	152	50.64	10	27.95	277
27	57.343	123	39.16	126	50.74	18	25.18	258
Okt. 7	57.466	170	37.90	92	50.92	27	22.60	228
17	57.636	217	36.98	52	51.19	36	20.32	187
27	57.853	261	36.46	9	51.55	43	18.45	138
Nov. 6	58.114	299	36.37	37	51.98	50	17.07	83
16	58.413	330	36.74	84	52.48	54	16.24	22
26	58.743	351	37.58	130	53.02	58	16.02	40
Dez. 6	59.094	362	38.88	172	53.60	59	16.42	102
16	59.456	360	40.60	209	54.19	58	17.44	160
26	59.816	347	42.69	238	54.77	55	19.04	215
36	60.163		45.07		55.32		21.19	
Mittl. Ort	55.889		29.71		49.99		13.78	
sec δ, tg δ	+1.174		− 0.616		+2.187		− 1.945	
a, *a′*	+3.0		−19.9		+2.8		−19.9	
b, *b′*	+0.04		− 0.13		+0.13		− 0.11	

Obere Kulmination Greenwich

Tag	437) υ Leonis AR.		437) υ Leonis Dekl.		440) 3 Draconis AR.		440) 3 Draconis Dekl.		441) χ Ursae maj. AR.		441) χ Ursae maj. Dekl.		444) β Leonis AR.		444) β Leonis Dekl.	
1958	11h 34m		−0° 35′		11h 40m		+66° 57′		11h 43m		+48° 0′		11h 46m		+14° 47′	
	s		″		s		″		s		″		s		″	
Jan. 1	48.889	307	36.71	205	9.16	65	74.90	6	50.950	420	23.68	71	55.944	319	73.35	171
11	49.196	282	38.76	193	9.81	60	74.84	56	51.370	393	22.97	16	56.263	296	71.64	143
21	49.478	249	40.69	174	10.41	54	75.40	114	51.763	352	22.81	37	56.559	266	70.21	111
31	49.727	210	42.43	150	10.95	46	76.54	168	52.115	300	23.18	88	56.825	227	69.10	77
Febr. 10	49.937	167	43.93	125	11.41	37	78.22	214	52.415	241	24.06	135	57.052	184	68.33	42
20	50.104	123	45.18	99	11.78	25	80.36	251	52.656	177	25.41	173	57.236	139	67.91	8
März 2	50.227	80	46.17	71	12.03	15	82.87	276	52.833	112	27.14	203	57.375	93	67.83	22
12	50.307	39	46.88	46	12.18	4	85.63	290	52.945	47	29.17	224	57.468	51	68.05	48
21	(16) 50.346	2	47.34	22	(18) 12.22	7	88.53	291	(18) 52.992	12	31.41	235	(19) 57.519	11	68.53	69
31	50.348	29	47.56	2	12.15	16	91.44	281	52.980	66	33.76	236	57.530	23	69.22	86
April 10	50.319	55	47.58	16	11.99	25	94.25	261	52.914	113	36.12	226	57.507	52	70.08	96
20	50.264	75	47.42	32	11.74	31	96.86	231	52.801	150	38.38	209	57.455	75	71.04	101
30	50.189	91	47.10	43	11.43	37	99.17	194	52.651	178	40.47	184	57.380	93	72.05	103
Mai 10	50.098	101	46.67	53	11.06	41	101.11	150	52.473	199	42.31	153	57.287	106	73.08	99
20	49.997	108	46.14	61	10.65	43	102.61	103	52.274	212	43.84	118	57.181	113	74.07	92
30	49.889	110	45.53	66	10.22	44	103.64	52	52.062	217	45.02	79	57.068	117	74.99	82
Juni 9	49.779	109	44.87	70	9.78	44	104.16	0	51.845	215	45.81	39	56.951	118	75.81	71
19	49.670	106	44.17	71	9.34	42	104.16	51	51.630	208	46.20	2	56.833	115	76.52	57
29	49.564	100	43.46	71	8.92	40	103.65	101	51.422	195	46.18	43	56.718	110	77.09	42
Juli 9	49.464	91	42.75	68	8.52	36	102.64	148	51.227	178	45.75	84	56.608	101	77.51	25
19	49.373	78	42.07	64	8.16	31	101.16	192	51.049	155	44.91	122	56.507	89	77.76	7
29	49.295	63	41.43	56	7.85	27	99.24	232	50.894	130	43.69	158	56.418	75	77.83	11
Aug. 8	49.232	44	40.87	47	7.58	20	96.92	267	50.764	99	42.11	192	56.343	56	77.72	30
18	49.188	22	40.40	33	7.38	14	94.25	296	50.665	64	40.19	221	56.287	34	77.42	52
28	49.166	5	40.07	17	7.24	7	91.29	321	50.601	25	37.98	248	56.253	8	76.90	73
Sept. 7	49.171	36	39.90	3	7.17	1	88.08	339	50.576	19	35.50	271	56.245	23	76.17	96
17	49.207	70	39.93	25	7.18	9	84.69	350	50.595	66	32.79	288	56.268	57	75.21	118
27	49.277	107	40.18	51	7.27	18	81.19	355	50.661	117	29.91	301	56.325	94	74.03	141
Okt. 7	49.384	146	40.69	78	7.45	26	77.64	351	50.778	170	26.90	308	56.419	135	72.62	163
17	49.530	186	41.47	105	7.71	34	74.13	340	50.948	224	23.82	308	56.554	175	70.99	183
27	49.716	224	42.52	133	8.05	43	70.73	321	51.172	276	20.74	302	56.729	216	69.16	200
Nov. 6	49.940	259	43.85	158	8.48	50	67.52	293	51.448	325	17.72	287	56.945	253	67.16	213
16	50.199	289	45.43	179	8.98	57	64.59	256	51.773	369	14.85	265	57.198	285	65.03	221
26	50.488	310	47.22	196	9.55	62	62.03	213	52.142	402	12.20	234	57.483	310	62.82	222
Dez. 6	50.798	322	49.18	208	10.17	66	59.90	161	52.544	425	9.86	197	57.793	326	60.60	216
16	51.120	324	51.26	212	10.83	67	58.29	104	52.969	435	7.89	152	58.119	332	58.44	205
26	51.444	316	53.38	209	11.50	67	57.25	43	53.404	431	6.37	102	58.451	326	56.39	185
36	51.760		55.47		12.17		56.82		53.835		5.35		58.777		54.54	
Mittl. Ort	47.831		30.18		8.78		98.78		50.351		44.40		55.085		84.74	
sec δ, tg δ	+1.000		− 0.010		+2.557		+ 2.353		+1.495		+ 1.111		+1.034		+ 0.264	
a, *a′*	+3.1		−19.9		+3.3		−20.0		+3.2		−20.0		+3.1		−20.0	
b, *b′*	0.00		− 0.11		−0.16		− 0.09		−0.07		− 0.07		−0.02		− 0.06	

Scheinbare Sternörter 1958

Obere Kulmination Greenwich

Tag	445) β Virginis[1] AR.		445) β Virginis[1] Dekl.		447) γ Ursae maj. AR.		447) γ Ursae maj. Dekl.	
1958	11h 48m		+1° 59′		11h 51m		+53° 55′	
	s		″		s		″	
Jan. 1	31.349	313	58.23	202	38.217	468	20.03	60
11	31.662	290	56.21	185	38.685	439	19.43	3
21	31.952	260	54.36	165	39.124	397	19.40	54
31	32.212	223	52.71	140	39.521	342	19.94	107
Febr. 10	32.435	181	51.31	112	39.863	277	21.01	156
20	32.616	137	50.19	84	40.140	207	22.57	196
März 2	32.753	94	49.35	57	40.347	133	24.53	227
12	[20] 32.847	53	48.78	30	[20] 40.480	60	26.80	248
21*	32.900	16	48.48	6	40.540	8	29.28	257
31	32.916	16	48.42	14	40.532	71	31.85	257
April 10	32.900	43	48.56	31	40.461	125	34.42	246
20	32.857	65	48.87	44	40.336	171	36.88	226
30	32.792	82	49.31	55	40.165	207	39.14	199
Mai 10	32.710	94	49.86	62	39.958	233	41.13	164
20	32.616	102	50.48	66	39.725	250	42.77	125
30	32.514	107	51.14	70	39.475	258	44.02	82
Juni 9	32.407	107	51.84	70	39.217	258	44.84	38
19	32.300	106	52.54	68	38.959	252	45.22	7
29	32.194	102	53.22	65	38.707	239	45.15	52
Juli 9	32.092	95	53.87	59	38.468	220	44.63	96
19	31.997	84	54.46	53	38.248	196	43.67	137
29	31.913	70	54.99	43	38.052	166	42.30	177
Aug. 8	31.843	53	55.42	32	37.886	132	40.53	212
18	31.790	31	55.74	17	37.754	92	38.41	243
28	31.759	5	55.91	0	37.662	48	35.98	271
Sept. 7	31.754	24	55.91	20	37.614	1	33.27	294
17	31.778	59	55.71	43	37.615	55	30.33	312
27	31.837	95	55.28	67	37.670	112	27.21	323
Okt. 7	31.932	135	54.61	93	37.782	172	23.98	328
17	32.067	176	53.68	120	37.954	233	20.70	327
27	32.243	216	52.48	145	38.187	292	17.43	317
Nov. 6	32.459	252	51.03	168	38.479	348	14.26	299
16	32.711	283	49.35	187	38.827	397	11.27	274
26	32.994	307	47.48	202	39.224	438	8.53	239
Dez. 6	33.301	322	45.46	210	39.662	465	6.14	197
16	33.623	327	43.36	212	40.127	479	4.17	149
26	33.950	321	41.24	207	40.606	478	2.68	94
36	34.271		39.17		41.084		1.74	
Mittl. Ort	30.387		65.25		37.776		41.79	
sec δ, tg δ	+1.001		+0.035		+1.698		+1.373	
a, *a′*	+3.1		−20.0		+3.1		−20.0	
b, *b′*	0.00		−0.05		−0.09		−0.04	

Tag	450) ο Virginis AR.		450) ο Virginis Dekl.		452) δ Centauri AR.		452) δ Centauri Dekl.	
1958	12h 3m		+8° 57′		12h 6m		−50° 29′	
	s		″		s		″	
Jan. 1	4.963	318	49.55	189	11.966	437	8.11	221
11	5.281	300	47.66	167	12.403	407	10.32	260
21	5.581	271	45.99	139	12.810	365	12.92	289
31	5.852	235	44.60	109	13.175	314	15.81	308
Febr. 10	6.087	195	43.51	77	13.489	259	18.89	321
20	6.282	152	42.74	45	13.748	201	22.10	324
März 2	6.434	109	42.29	14	13.949	142	25.34	321
12	6.543	68	42.15	13	14.091	86	28.55	311
21*	6.611	29	42.28	37	[24] 14.177	33	31.66	294
31	[23] 6.640	4	42.65	55	14.210	16	34.60	272
April 10	6.636	34	43.20	70	14.194	60	37.32	245
20	6.602	57	43.90	80	14.134	99	39.77	215
30	6.545	77	44.70	86	14.035	132	41.92	179
Mai 10	6.468	91	45.56	88	13.903	161	43.71	142
20	6.377	101	46.44	86	13.742	185	45.13	102
30	6.276	108	47.30	82	13.557	204	46.15	59
Juni 9	6.168	111	48.12	76	13.353	216	46.74	16
19	6.057	112	48.88	67	13.137	224	46.90	27
29	5.945	109	49.55	56	12.913	226	46.63	70
Juli 9	5.836	104	50.11	45	12.687	220	45.93	110
19	5.732	95	50.56	32	12.467	207	44.83	148
29	5.637	83	50.88	16	12.260	187	43.35	181
Aug. 8	5.554	67	51.04	0	12.073	158	41.54	208
18	5.487	47	51.04	18	11.915	121	39.46	229
28	5.440	23	50.86	39	11.794	76	37.17	241
Sept. 7	5.417	7	50.47	60	11.718	24	34.76	245
17	5.424	41	49.87	83	11.694	35	32.31	239
27	5.465	78	49.04	107	11.729	99	29.92	222
Okt. 7	5.543	118	47.97	131	11.828	165	27.70	196
17	5.661	159	46.66	154	11.993	230	25.74	162
27	5.820	201	45.12	176	12.223	293	24.12	119
Nov. 6	6.021	240	43.36	194	12.516	349	22.93	69
16	6.261	274	41.42	207	12.865	395	22.24	16
26	6.535	300	39.35	215	13.260	430	22.08	39
Dez. 6	6.835	319	37.20	217	13.690	450	22.47	94
16	7.154	327	35.03	212	14.140	456	23.41	147
26	7.481	325	32.91	199	14.596	446	24.88	195
36	7.806		30.92		15.042		26.83	
Mittl. Ort	4.155		58.47		10.342		18.56	
sec δ, tg δ	+1.012		+0.158		+1.572		−1.213	
a, *a′*	+3.1		−20.0		+3.1		−20.0	
b, *b′*	−0.01		+0.01		+0.08		+0.03	

[1] Die jährliche Parallaxe (0.″101) ist bereits berücksichtigt.

* Bei Stern 450) und 452) lies März 22.

Obere Kulmination Greenwich

Tag	453) ε Corvi AR.		453) ε Corvi Dekl.		454) Br 1634 Caml AR.		454) Br 1634 Caml Dekl.		456) δ Ursae maj. AR.		456) δ Ursae maj. Dekl.		459) β Chamael. AR.		459) β Chamael. Dekl.	
1958	12h 7m		−22° 23′		12h 10m		+77° 50′		12h 13m		+57° 15′		12h 15m		−79° 4′	
	s		″		s		″		s		″		s		″	
Jan. 1	58.716	334	8.16	227	14.18	114	34.01	15̲	21.413	504	35.03	77	54.61	125	28.76	165
11	59.050	313	10.43	238	15.32	109	33.86	50	21.917	483	34.26	16̲	55.86	117	30.41	220
21	59.363	282	12.81	241	16.41	100	34.36	113	22.400	444	34.10	44	57.03	105	32.61	268
31	59.645	246	15.22	238	17.41	88	35.49	171	22.844	391	34.54	101	58.08	91	35.29	307
Febr. 10	59.891	204	17.60	229	18.29	73	37.20	222	23.235	327	35.55	154	58.99	75	38.36	338
20	60.095	160	19.89	215	19.02	55	39.42	262	23.562	254	37.09	198	59.74	59	41.74	361
März 2	60.255	117	22.04	196	19.57	36	42.04	292	23.816	177	39.07	233	60.33	41	45.35	374
12	60.372	76	24.00	176	19.93	16	44.96	310	23.993	100	41.40	258	60.74	23	49.09	378
22	60.448	37	25.76	153	20.09	3	48.06	315	24.093	24̲	43.98	272	60.97	5̲	52.87	375
31	[25]60.485	3̲	27.29	129	[25]20.06	22	51.21	307	[26]24.117	47	46.70	274	[27]61.02	11	56.62	362
April 10	60.488	27	28.58	104	19.84	40	54.28	288	24.070	109	49.44	266	60.91	27	60.24	343
20	60.461	52	29.62	79	19.44	55	57.16	259	23.961	164	52.10	247	60.64	42	63.67	316
30	60.409	73	30.41	54	18.89	67	59.75	222	23.797	209	54.57	221	60.22	56	66.83	283
Mai 10	60.336	90	30.95	30	18.22	77	61.97	176	23.588	243	56.78	188	59.66	68	69.66	244
20	60.246	104	31.25	6̲	17.45	85	63.73	126	23.345	268	58.66	148	58.98	79	72.10	200
30	60.142	114	31.31	18	16.60	89	64.99	72	23.077	285	60.14	104	58.19	87	74.10	151
Juni 9	60.028	121	31.13	41	15.71	91	65.71	18̲	22.792	292	61.18	58	57.32	94	75.61	98
19	59.907	124	30.72	62	14.80	91	65.89	38	22.500	291	61.76	10̲	56.38	97	76.59	44̲
29	59.783	125	30.10	82	13.89	87	65.51	92	22.209	283	61.86	37	55.41	99	77.03	11
Juli 9	59.658	121	29.28	100	13.02	82	64.59	144	21.926	267	61.49	84	54.42	97	76.92	67
19	59.537	114	28.28	115	12.20	75	63.15	193	21.659	246	60.65	129	53.45	92	76.25	120
29	59.423	102	27.13	125	11.45	67	61.22	236	21.413	218	59.36	171	52.53	84	75.05	170
Aug. 8	59.321	85	25.88	132	10.78	57	58.86	276	21.195	184	57.65	210	51.69	73	73.35	214
18	59.236	63	24.56	134	10.21	44	56.10	309	21.011	144	55.55	246	50.96	60	71.21	252
28	59.173	35	23.22	129	9.77	32	53.01	336	20.867	97	53.09	276	50.36	43	68.69	282
Sept. 7	59.138	1̲	21.93	120	9.45	18	49.65	357	20.770	45̲	50.33	301	49.93	25	65.87	302
17	59.137	36	20.73	103	9.27	3̲	46.08	371	20.725	11	47.32	322	49.68	4̲	62.85	310
27	59.173	79	19.70	81	9.24	12	42.37	376	20.736	74	44.10	337	49.64	18	59.75	306
Okt. 7	59.252	123	18.89	53	9.36	28	38.61	374	20.810	140	40.73	343	49.82	39	56.69	292
17	59.375	170	18.36	20̲	9.64	44	34.87	364	20.950	207	37.30	344	50.21	60	53.77	265
27	59.545	215	18.16	17	10.08	60	31.23	344	21.157	274	33.86	335	50.81	81	51.12	226
Nov. 6	59.760	257	18.33	56	10.68	75	27.79	315	21.431	338	30.51	319	51.62	97	48.86	180
16	60.017	292	18.89	94	11.43	88	24.64	278	21.769	396	27.32	294	52.59	111	47.06	124
26	60.309	320	19.83	131	12.31	99	21.86	232	22.165	446	24.38	259	53.70	122	45.82	63̲
Dez. 6	60.629	337	21.14	165	13.30	108	19.54	178	22.611	482	21.79	217	54.92	128	45.19	1
16	60.966	345	22.79	194	14.38	113	17.76	119	23.093	505	19.62	168	56.20	130	45.20	65
26	61.311	340	24.73	216	15.51	115	16.57	56	23.598	511	17.94	112	57.50	127	45.85	127
36	61.651		26.89		16.66		16.01		24.109		16.82		58.77		47.12	
Mittl. Ort	57.621		10.35		15.22		58.22		21.302		56.87		50.42		44.55	
sec δ, tg δ	+1.082		− 0.412		+4.751		+ 4.645		+1.849		+ 1.556		+5.278		− 5.183	
a, *a′*	+3.1		−20.0		+2.8		−20.0		+3.0		−20.0		+3.6		−20.0	
b, *b′*	+0.03		+ 0.03		−0.31		+ 0.04		−0.10		+ 0.06		+0.34		+ 0.07	

Scheinbare Sternörter 1958

Obere Kulmination Greenwich

Tag	460) η Virginis AR.	Δ	460) η Virginis Dekl.	Δ	462) α Crucis *med.* AR.	Δ	462) α Crucis *med.* Dekl.	Δ	466) 20 Comae AR.	Δ	466) 20 Comae Dekl.	Δ	465) δ Corvi AR.	Δ	465) δ Corvi Dekl.	Δ
1958	12h 17m		−0° 26′		12h 24m		−62° 51′		12h 27m		+21° 7′		12h 27m		−16° 16′	
	s		″		s		″		s		″		s		″	
Jan. 1	46.128	320	5.83	206	17.03	59	46.11	184	37.215	336	30.38	176	42.137	331	53.65	216
11	46.448	302	7.89	194	17.62	55	47.95	232	37.551	322	28.62	141	42.468	314	55.81	222
21	46.750	276	9.83	175	18.17	50	50.27	272	37.873	297	27.21	102	42.782	288	58.03	219
31	47.026	242	11.58	153	18.67	44	52.99	304	38.170	265	26.19	62	43.070	255	60.22	212
Febr. 10	47.268	205	13.11	127	19.11	37	56.03	328	38.435	225	25.57	21	43.325	217	62.34	199
20	47.473	164	14.38	99	19.48	30	59.31	342	38.660	183	25.36	18	43.542	176	64.33	181
März 2	47.637	123	15.37	71	19.78	22	62.73	348	38.843	138	25.54	53	43.718	136	66.14	161
12	47.760	83	16.08	45	20.00	14	66.21	347	38.981	95	26.07	84	43.854	96	67.75	140
22	47.843	46	16.53	20	20.14	7	69.68	338	39.076	53	26.91	109	43.950	58	69.15	116
31	27 47.889	12	16.73	2	29 20.21	0	73.06	322	30 39.129	15	28.00	127	30 44.008	24	70.31	94
April 10	47.901	16	16.71	20	20.21	6	76.28	300	39.144	18	29.27	138	44.032	5	71.25	71
20	47.885	41	16.51	36	20.15	12	79.28	272	39.126	46	30.65	143	44.027	32	71.96	49
30	47.844	61	16.15	47	20.03	18	82.00	240	39.080	69	32.08	142	43.995	53	72.45	29
Mai 10	47.783	77	15.68	57	19.85	22	84.40	201	39.011	89	33.50	135	43.942	72	72.74	9
20	47.706	89	15.11	64	19.63	26	86.41	159	38.922	104	34.85	123	43.870	87	72.83	10
30	47.617	99	14.47	68	19.37	30	88.00	114	38.818	114	36.08	108	43.783	99	72.73	27
Juni 9	47.518	105	13.79	71	19.07	33	89.14	67	38.704	122	37.16	90	43.684	109	72.46	44
19	47.413	109	13.08	70	18.74	34	89.81	17	38.582	126	38.06	70	43.575	115	72.02	60
29	47.304	109	12.38	69	18.40	35	89.98	32	38.456	126	38.76	47	43.460	119	71.42	73
Juli 9	47.195	107	11.69	66	18.05	35	89.66	80	38.330	124	39.23	24	43.341	118	70.69	84
19	47.088	101	11.03	60	17.70	34	88.86	127	38.206	117	39.47	0	43.223	115	69.85	94
29	46.987	91	10.43	52	17.36	31	87.59	170	38.089	107	39.47	26	43.108	106	68.91	100
Aug. 8	46.896	77	9.91	43	17.05	28	85.89	207	37.982	93	39.21	51	43.002	93	67.91	103
18	46.819	59	9.48	29	16.77	22	83.82	238	37.889	74	38.70	77	42.909	74	66.88	101
28	46.760	36	9.19	14	16.55	16	81.44	260	37.815	51	37.93	103	42.835	49	65.87	95
Sept. 7	46.724	7	9.05	4	16.39	9	78.84	274	37.764	21	36.90	128	42.786	20	64.92	84
17	46.717	26	9.09	27	16.30	1	76.10	278	37.743	13	35.62	153	42.766	16	64.08	68
27	46.743	64	9.36	50	16.29	9	73.32	270	37.756	51	34.09	177	42.782	57	63.40	46
Okt. 7	46.807	105	9.86	76	16.38	17	70.62	252	37.807	93	32.32	199	42.839	100	62.94	21
17	46.912	148	10.62	102	16.55	27	68.10	222	37.900	138	30.33	217	42.939	145	62.73	10
27	47.060	190	11.64	129	16.82	36	65.88	183	38.038	182	28.16	233	43.084	191	62.83	43
Nov. 6	47.250	230	12.93	155	17.18	43	64.05	135	38.220	226	25.83	244	43.275	234	63.26	77
16	47.480	265	14.48	176	17.61	50	62.70	82	38.446	265	23.39	248	43.509	271	64.03	110
26	47.745	294	16.24	194	18.11	56	61.88	24	38.711	297	20.91	245	43.780	302	65.13	142
Dez. 6	48.039	314	18.18	205	18.67	58	61.64	36	39.008	322	18.46	235	44.082	323	66.55	170
16	48.353	324	20.23	211	19.25	60	62.00	95	39.330	336	16.11	219	44.405	334	68.25	192
26	48.677	324	22.34	210	19.85	60	62.95	151	39.666	339	13.92	193	44.739	334	70.17	208
36	49.001		24.44		20.45		64.46		40.005		11.99		45.073		72.25	
Mittl. Ort	45.321		0.71		15.09		59.99		36.681		42.56		41.228		54.51	
sec δ, tg δ	+1.000		−0.008		+2.193		−1.951		+1.072		+0.386		+1.042		−0.292	
a, *a′*	+3.1		−20.0		+3.3		−19.9		+3.0		−19.9		+3.1		−19.9	
b, *b′*	0.00		+0.08		+0.13		+0.11		−0.03		+0.12		+0.02		+0.12	

Obere Kulmination Greenwich

Tag	472) κ Draconis AR.	Δ	472) κ Draconis Dekl.	Δ	470) β Canum ven.[1] AR.	Δ	470) β Canum ven.[1] Dekl.	Δ	471) β Corvi AR.	Δ	471) β Corvi Dekl.	Δ	473) 24 Comae sq AR.	Δ	473) 24 Comae sq Dekl.	Δ
1958	12h 31m		+70° 0′		12h 31m		+41° 34′		12h 32m		−23° 9′		12h 33m		+18° 35′	
	s		″		s		″		s		″		s		″	
Jan. .1	41.25	74	47.20	66	45.314	392	49.61	134	11.535	343	49.46	214	1.904	333	77.72	182
11	41.99	72	46.54	0	45.706	377	48.27	82	11.878	326	51.60	227	2.237	320	75.90	150
21	42.71	67	46.54	64	46.083	351	47.45	29	12.204	299	53.87	233	2.557	296	74.40	114
31	43.38	60	47.18	125	46.434	314	47.16	25	12.503	266	56.20	231	2.853	264	73.26	75
Febr. 10	43.98	52	48.43	181	46.748	267	47.41	76	12.769	228	58.51	224	3.117	227	72.51	35
20	44.50	41	50.24	229	47.015	216	48.17	122	12.997	186	60.75	213	3.344	186	72.16	3
März 2	44.91	30	52.53	265	47.231	162	49.39	161	13.183	145	62.88	196	3.530	142	72.19	38
12	45.21	18	55.18	290	47.393	106	51.00	193	13.328	104	64.84	178	3.672	99	72.57	70
22	45.39	5	58.08	305	47.499	53	52.93	214	13.432	65	66.62	156	3.771	60	73.27	95
31	[31] 45.44	6	61.13	306	[31] 47.552	3	55.07	227	[31] 13.497	30	68.18	134	[31] 3.831	22	74.22	114
April 10	45.38	17	64.19	295	47.555	41	57.34	230	13.527	1	69.52	111	3.853	11	75.36	127
20	45.21	26	67.14	274	47.514	80	59.64	223	13.526	29	70.63	87	3.842	39	76.63	133
30	44.95	34	69.88	245	47.434	113	61.87	208	13.497	52	71.50	63	3.803	62	77.96	134
Mai 10	44.61	41	72.33	206	47.321	138	63.95	187	13.445	73	72.13	40	3.741	82	79.30	130
20	44.20	47	74.39	161	47.183	159	65.82	160	13.372	89	72.53	17	3.659	97	80.60	121
30	43.73	50	76.00	113	47.024	173	67.42	128	13.283	103	72.70	5	3.562	109	81.81	107
Juni 9	43.23	52	77.13	61	46.851	182	68.70	93	13.180	115	72.65	28	3.453	117	82.88	92
19	42.71	53	77.74	8	46.669	186	69.63	54	13.065	123	72.37	50	3.336	121	83.80	74
29	42.18	52	77.82	45	46.483	186	70.17	16	12.942	127	71.87	69	3.215	124	84.54	53
Juli 9	41.66	50	77.37	97	46.297	180	70.33	23	12.815	128	71.18	88	3.091	122	85.07	32
19	41.16	47	76.40	147	46.117	170	70.10	63	12.687	125	70.30	103	2.969	117	85.39	9
29	40.69	42	74.93	194	45.947	155	69.47	100	12.562	117	69.27	116	2.852	108	85.48	14
Aug. 8	40.27	38	72.99	236	45.792	136	68.47	137	12.445	103	68.11	124	2.744	95	85.34	39
18	39.89	31	70.63	274	45.656	112	67.10	172	12.342	84	66.87	129	2.649	77	84.95	63
28	39.58	24	67.89	306	45.544	81	65.38	203	12.258	58	65.58	127	2.572	54	84.32	88
Sept. 7	39.34	16	64.83	334	45.463	45	63.35	232	12.200	27	64.31	119	2.518	26	83.44	113
17	39.18	7	61.49	353	45.418	4	61.03	257	12.173	11	63.12	107	2.492	8	82.31	138
27	39.11	3	57.96	366	45.414	43	58.46	278	12.184	53	62.05	87	2.500	45	80.93	162
Okt. 7	39.14	13	54.30	372	45.457	92	55.68	295	12.237	100	61.18	62	2.545	87	79.31	185
17	39.27	23	50.58	369	45.549	144	52.73	305	12.337	147	60.56	31	2.632	132	77.46	206
27	39.50	33	46.89	358	45.693	197	49.68	308	12.484	195	60.25	3	2.764	176	75.40	222
Nov. 6	39.83	44	43.31	337	45.890	248	46.60	305	12.679	240	60.28	40	2.940	219	73.18	235
16	40.27	53	39.94	307	46.138	296	43.55	293	12.919	279	60.68	77	3.159	259	70.83	241
26	40.80	61	36.87	267	46.434	337	40.62	273	13.198	311	61.45	115	3.418	292	68.42	242
Dez. 6	41.41	67	34.20	220	46.771	367	37.89	244	13.509	333	62.60	149	3.710	316	66.00	235
16	42.08	72	32.00	166	47.138	387	35.45	207	13.842	346	64.09	178	4.026	331	63.65	221
26	42.80	74	30.34	105	47.525	394	33.38	164	14.188	345	65.87	201	4.357	336	61.44	198
36	43.54		29.29		47.919		31.74		14.533		67.88		4.693		59.46	
Mittl. Ort	42.00		70.20		45.070		67.59		10.574		52.85		1.379		88.89	
sec δ, tg δ	+2.927		+ 2.750		+1.337		+ 0.887		+1.088		− 0.428		+1.055		+ 0.337	
a, a′	+2.6		−19.8		+2.9		−19.8		+3.2		−19.8		+3.0		−19.8	
b, b′	−0.18		+ 0.14		−0.06		+ 0.14		+0.03		+ 0.14		−0.02		+ 0.14	

[1] Die jährliche Parallaxe (0.″108) ist bereits berücksichtigt.

Scheinbare Sternörter 1958

Obere Kulmination Greenwich

Tag	474) α Muscae				1325) 133 G. Centauri				478) 76 Ursae maj.				481) β Crucis			
	AR.	Δ	Dekl.	Δ	AR.	Δ	Dekl.	Δ	AR.	Δ	Dekl.	Δ	AR.	Δ	Dekl.	Δ
1958	12h 34m		−68° 53′		12h 39m		−45° 54′		12h 39m		+62° 55′		12h 45m		−59° 27′	
	s		″		s		″		s		″		s		″	
Jan. 1	41.60	73	59.99	160	5.147	424	46.76	191	43.73	58	74.03	94	16.697	548	19.67	163
11	42.33	68	61.59	212	5.571	404	48.67	228	44.31	56	73.09	31	17.245	523	21.30	211
21	43.01	63	63.71	256	5.975	372	50.95	255	44.87	54	72.78	33	17.768	484	23.41	249
31	43.64	56	66.27	294	6.347	332	53.50	276	45.41	48	73.11	95	18.252	435	25.90	282
Febr. 10	44.20	48	69.21	322	6.679	285	56.26	289	45.89	41	74.06	151	18.687	376	28.72	307
20	44.68	38	72.43	343	6.964	236	59.15	294	46.30	34	75.57	200	19.063	312	31.79	322
März 2	45.06	30	75.86	354	7.200	184	62.09	293	46.64	25	77.57	241	19.375	246	35.01	330
12	45.36	20	79.40	358	7.384	133	65.02	286	46.89	17	79.98	271	19.621	179	38.31	331
22	45.56	11	82.98	354	7.517	85	67.88	272	47.06	7	82.69	288	19.800	114	41.62	324
31*	^{31}45.67	2	86.52	341	$_{1}$7.602	40	70.60	255	$_{2}$47.13	2	85.57	295	$_{3}$19.914	52	44.86	311
April 10	45.69	6	89.93	323	7.642	3	73.15	232	47.11	9	88.52	289	19.966	8	47.97	293
20	45.63	14	93.16	298	7.639	41	75.47	206	47.02	16	91.41	274	19.958	62	50.90	268
30	45.49	21	96.14	266	7.598	75	77.53	177	46.86	23	94.15	248	19.896	114	53.58	238
Mai 10	45.28	28	98.80	230	7.523	106	79.30	144	46.63	28	96.63	215	19.782	160	55.96	204
20	45.00	34	101.10	189	7.417	132	80.74	110	46.35	31	98.78	175	19.622	200	58.00	165
30	44.66	39	102.99	143	7.285	156	81.84	73	46.04	35	100.53	131	19.422	237	59.65	124
Juni 9	44.27	42	104.42	95	7.129	174	82.57	34	45.69	36	101.84	82	19.185	266	60.89	80
19	43.85	46	105.37	44	6.955	189	82.91	4	45.33	37	102.66	31	18.919	288	61.69	33
29	43.39	47	105.81	8	6.766	197	82.87	43	44.96	37	102.97	19	18.631	303	62.02	14
Juli 9	42.92	47	105.73	60	6.569	200	82.44	80	44.59	37	102.78	69	18.328	308	61.88	61
19	42.45	46	105.13	110	6.369	197	81.64	116	44.22	34	102.09	118	18.020	304	61.27	105
29	41.99	43	104.03	157	6.172	186	80.48	148	43.88	31	100.91	165	17.716	289	60.22	148
Aug. 8	41.56	38	102.46	199	5.986	167	79.00	176	43.57	28	99.26	208	17.427	261	58.74	185
18	41.18	32	100.47	235	5.819	139	77.24	197	43.29	24	97.18	247	17.166	223	56.89	217
28	40.86	24	98.12	262	5.680	104	75.27	212	43.05	18	94.71	281	16.943	172	54.72	242
Sept. 7	40.62	15	95.50	282	5.576	60	73.15	219	42.87	12	91.90	310	16.771	110	52.30	258
17	40.47	5	92.68	291	5.516	8	70.96	217	42.75	6	88.80	334	16.661	38	49.72	264
27	40.42	7	89.77	288	5.508	49	68.79	206	42.69	1	85.46	351	16.623	40	47.08	260
Okt. 7	40.49	18	86.89	274	5.557	111	66.73	186	42.70	9	81.95	361	16.663	125	44.48	245
17	40.67	30	84.15	248	5.668	174	64.87	157	42.79	18	78.34	363	16.788	210	42.03	220
27	40.97	41	81.67	213	5.842	236	63.30	120	42.97	25	74.71	357	16.998	293	39.83	185
Nov. 6	41.38	52	79.54	167	6.078	293	62.10	77	43.22	33	71.14	341	17.291	370	37.98	141
16	41.90	60	77.87	115	6.371	344	61.33	29	43.55	41	67.73	316	17.661	437	36.57	92
26	42.50	67	76.72	57	6.715	384	61.04	21	43.96	47	64.57	283	18.098	491	35.65	37
Dez. 6	43.17	71	76.15	4	7.099	412	61.25	72	44.43	53	61.74	239	18.589	528	35.28	20
16	43.88	73	76.19	65	7.511	426	61.97	120	44.96	56	59.35	189	19.117	548	35.48	77
26	44.61	73	76.84	124	7.937	427	63.17	166	45.52	58	57.46	132	19.665	551	36.25	131
36	45.34		78.08		8.364		64.83		46.10		56.14		20.216		37.56	
Mittl. Ort	39.40		75.31		3.887		57.36		44.18		95.90		15.128		33.69	
sec δ, tg δ	+2.778		− 2.592		+1.437		− 1.032		+2.198		+ 1.958		+1.968		− 1.695	
a, *a′*	+3.6		−19.8		+3.3		−19.8		+2.6		−19.7		+3.5		−19.7	
b, *b′*	+0.17		+ 0.15		+0.07		+ 0.17		−0.13		+ 0.17		+0.11		+ 0.20	

* Bei Stern 1325), 478) und 481) lies April 1.

Scheinbare Sternörter 1958

Obere Kulmination Greenwich

Tag	482) 150 G. Centauri				483) ε Ursae maj.				484) δ Virginis				486) 8 Draconis			
	AR.		Dekl.		AR.		Dekl.		AR.		Dekl.		AR.		Dekl.	
1958	12h 51m		−39° 56′		12h 52m		+56° 10′		12h 53m		+3° 37′		12h 53m		+65° 39′	
	s		″		s		″		s		″		s		″	
Jan. 1	7.188	397	53.39	187	10.864	492	54.67	125	29.719	323	25.86	204	47.70	63	35.65	105
11	7.585	382	55.26	218	11.356	483	53.42	64	30.042	313	23.82	187	48.33	62	34.60	41
21	7.967	355	57.44	241	11.839	458	52.78	3	30.355	293	21.95	165	48.95	59	34.19	24
31	8.322	320	59.85	258	12.297	419	52.75	59	30.648	265	20.30	139	49.54	54	34.43	87
Febr. 10	8.642	279	62.43	267	12.716	366	53.34	117	30.913	232	18.91	110	50.08	47	35.30	146
20	8.921	234	65.10	270	13.082	304	54.51	168	31.145	195	17.81	79	50.55	39	36.76	198
März 2	9.155	188	67.80	265	13.386	235	56.19	211	31.340	156	17.02	49	50.94	30	38.74	241
12	9.343	142	70.45	257	13.621	162	58.30	245	31.496	118	16.53	19	51.24	21	41.15	273
22	9.485	98	73.02	243	13.783	91	60.75	268	31.614	80	16.34	-6	51.45	11	43.88	294
April 1	4 9.583	56	75.45	225	5 13.874	21	63.43	280	5 31.694	47	16.40	29	5 51.56	1	46.82	303
10	9.639	18	77.70	204	13.895	43	66.23	280	31.741	16	16.69	48	51.57	-8	49.85	299
20	9.657	-17	79.74	180	13.852	102	69.03	271	31.757	11	17.17	62	51.49	16	52.84	285
30	9.640	49	81.54	153	13.750	152	71.74	251	31.746	35	17.79	73	51.33	24	55.69	261
Mai 10	9.591	77	83.07	124	13.598	195	74.25	223	31.711	55	18.52	79	51.09	30	58.30	229
20	9.514	103	84.31	93	13.403	230	76.48	189	31.656	72	19.31	82	50.79	34	60.59	190
30	9.411	125	85.24	60	13.173	255	78.37	148	31.584	87	20.13	83	50.45	38	62.49	144
Juni 9	9.286	143	85.84	28	12.918	274	79.85	105	31.497	98	20.96	80	50.07	41	63.93	96
19	9.143	159	86.12	-7	12.644	285	80.90	58	31.399	107	21.76	76	49.66	42	64.89	45
29	8.984	169	86.05	41	12.359	288	81.48	10	31.292	114	22.52	69	49.24	43	65.34	-7
Juli 9	8.815	174	85.64	73	12.071	285	81.58	38	31.178	116	23.21	61	48.81	42	65.27	59
19	8.641	174	84.91	104	11.786	274	81.20	86	31.062	116	23.82	51	48.39	40	64.68	109
29	8.467	167	83.87	132	11.512	256	80.34	131	30.946	111	24.33	40	47.99	37	63.59	158
Aug. 8	8.300	153	82.55	156	11.256	231	79.03	175	30.835	102	24.73	26	47.62	34	62.01	202
18	8.147	131	80.99	174	11.025	200	77.28	214	30.733	88	24.99	10	47.28	30	59.99	244
28	8.016	101	79.25	187	10.825	161	75.14	251	30.645	68	25.09	-7	46.98	24	57.55	280
Sept. 7	7.915	63	77.38	191	10.664	115	72.63	283	30.577	41	25.02	27	46.74	18	54.75	311
17	7.852	18	75.47	189	10.549	61	69.80	309	30.536	11	24.75	49	46.56	10	51.64	336
27	7.834	34	73.58	178	10.488	3	66.71	331	30.525	-26	24.26	73	46.46	3	48.28	355
Okt. 7	7.868	89	71.80	158	10.485	-62	63.40	345	30.551	68	23.53	98	46.43	-6	44.73	367
17	7.957	148	70.22	131	10.547	130	59.95	353	30.619	111	22.55	122	46.49	14	41.06	371
27	8.105	206	68.91	97	10.677	200	56.42	352	30.730	156	21.33	147	46.63	24	37.35	365
Nov. 6	8.311	260	67.94	57	10.877	269	52.90	342	30.886	200	19.86	170	46.87	33	33.70	351
16	8.571	309	67.37	12	11.146	333	49.48	324	31.086	239	18.16	189	47.20	41	30.19	327
26	8.880	349	67.25	-34	11.479	391	46.24	296	31.325	274	16.27	203	47.61	48	26.92	294
Dez. 6	9.229	378	67.59	80	11.870	438	43.28	259	31.599	301	14.24	212	48.09	55	23.98	252
16	9.607	395	68.39	124	12.308	471	40.69	213	31.900	317	12.12	214	48.64	60	21.46	201
26	10.002	399	69.63	164	12.779	490	38.56	160	32.217	323	9.98	209	49.24	62	19.45	144
36	10.401		71.27		13.269		36.96		32.540		7.89		49.86		18.01	
Mittl. Ort	6.122		62.77		11.195		74.97		29.164		31.11		48.53		57.30	
sec δ, tg δ	+1.304		− 0.838		+1.797		+ 1.493		+1.002		+ 0.063		+2.427		+ 2.211	
a, *a′*	+3.3		−19.5		+2.6		−19.5		+3.1		−19.5		+2.4		−19.5	
b, *b′*	+0.05		+ 0.22		−0.10		+ 0.23		0.00		+ 0.23		−0.14		+ 0.23	

Scheinbare Sternörter 1958

Obere Kulmination Greenwich

Tag	485) α Can. ven. *sq*				488) ε Virginis				490) ϑ Virginis				492) β Comae[1]			
	AR.	Δ	Dekl.	Δ	AR.	Δ	Dekl.	Δ	AR.	Δ	Dekl.	Δ	AR.	Δ	Dekl.	Δ
1958	$12^h\ 54^m$		+38° 32′		$13^h\ 0^m$		+11° 10′		$13^h\ 7^m$		−5° 18′		$13^h\ 9^m$		+28° 4′	
	s		″		s		″		s		″		s		″	
Jan. 1	4.022	380	24.89	163	5.538	327	56.58	199	46.890	327	56.29	203	55.006	347	73.19	185
11	4.402	371	23.26	113	5.865	318	54.59	176	47.217	318	58.32	197	55.353	341	71.34	146
21	4.773	351	22.13	60	6.183	299	52.83	147	47.535	300	60.29	186	55.694	325	69.88	100
31	5.124	320	21.53	7	6.482	273	51.36	113	47.835	274	62.15	168	56.019	299	68.88	52
Febr. 10	5.444	280	21.46	46	6.755	240	50.23	77	48.109	243	63.83	147	56.318	264	68.36	5
20	5.724	234	21.92	94	6.995	203	49.46	42	48.352	208	65.30	122	56.582	225	68.31	41
März 2	5.958	184	22.86	137	7.198	164	49.04	7	48.560	170	66.52	97	56.807	183	68.72	84
12	6.142	133	24.23	172	7.362	125	48.97	25	48.730	134	67.49	70	56.990	139	69.56	120
22	6.275	83	25.95	199	7.487	87	49.22	52	48.864	98	68.19	46	57.129	96	70.76	150
April 1	$_5$6.358	36	27.94	217	$_7$7.574	52	49.74	75	$_9$48.962	64	68.65	23	$_9$57.225	55	72.26	171
10	6.394	8	30.11	224	7.626	19	50.49	93	49.026	34	68.88	4	57.280	17	73.97	185
20	6.386	47	32.35	224	7.645	9	51.42	104	49.060	6	68.92	14	57.297	17	75.82	192
30	6.339	80	34.59	214	7.636	34	52.46	110	49.066	18	68.78	28	57.280	46	77.74	189
Mai 10	6.259	108	36.73	197	7.602	55	53.56	113	49.048	40	68.50	41	57.234	72	79.63	181
20	6.151	131	38.70	175	7.547	73	54.69	110	49.008	59	68.09	50	57.162	95	81.44	166
30	6.020	149	40.45	146	7.474	89	55.79	104	48.949	76	67.59	57	57.067	113	83.10	147
Juni 9	5.871	163	41.91	114	7.385	101	56.83	95	48.873	91	67.02	62	56.954	127	84.57	123
19	5.708	172	43.05	79	7.284	111	57.78	84	48.782	102	66.40	67	56.827	139	85.80	96
29	5.536	176	43.84	42	7.173	118	58.62	69	48.680	111	65.73	68	56.688	146	86.76	67
Juli 9	5.360	176	44.26	4	7.055	122	59.31	54	48.569	117	65.05	68	56.542	150	87.43	36
19	5.184	172	44.30	35	6.933	121	59.85	37	48.452	120	64.37	67	56.392	150	87.79	5
29	5.012	163	43.95	72	6.812	117	60.22	19	48.332	117	63.70	63	56.242	145	87.84	27
Aug. 8	4.849	148	43.23	110	6.695	109	60.41	2	48.215	110	63.07	56	56.097	136	87.57	60
18	4.701	127	42.13	145	6.586	95	60.39	23	48.105	98	62.51	48	55.961	120	86.97	91
28	4.574	102	40.68	179	6.491	75	60.16	44	48.007	78	62.03	37	55.841	99	86.06	123
Sept. 7	4.472	70	38.89	210	6.416	50	59.72	68	47.929	54	61.66	22	55.742	73	84.83	153
17	4.402	31	36.79	238	6.366	18	59.04	93	47.875	23	61.44	4	55.669	40	83.30	181
27	4.371	12	34.41	263	6.348	18	58.11	117	47.852	15	61.40	18	55.629	0	81.49	208
Okt. 7	4.383	60	31.78	282	6.366	59	56.94	141	47.867	56	61.58	42	55.629	43	79.41	231
17	4.443	111	28.96	298	6.425	103	55.53	165	47.923	101	62.00	67	55.672	91	77.10	251
27	4.554	165	25.98	306	6.528	149	53.88	187	48.024	147	62.67	94	55.763	140	74.59	266
Nov. 6	4.719	217	22.92	307	6.677	193	52.01	205	48.171	192	63.61	122	55.903	189	71.93	275
16	4.936	266	19.85	301	6.870	235	49.96	219	48.363	234	64.83	146	56.092	235	69.18	278
26	5.202	308	16.84	286	7.105	270	47.77	228	48.597	270	66.29	169	56.327	275	66.40	272
Dez. 6	5.510	343	13.98	263	7.375	299	45.49	229	48.867	298	67.98	186	56.602	309	63.68	259
16	5.853	367	11.35	230	7.674	317	43.20	224	49.165	317	69.84	197	56.911	332	61.09	238
26	6.220	379	9.05	190	7.991	326	40.96	211	49.482	324	71.81	203	57.243	345	58.71	207
36	6.599		7.15		8.317		38.85		49.806		73.84		57.588		56.64	
Mittl. Ort	3.922		41.21		5.104		64.21		46.329		54.75		54.842		85.93	
sec δ, tg δ	+1.279		+ 0.797		+1.019		+ 0.198		+1.004		− 0.093		+1.134		+ 0.534	
a, *a′*	+2.8		−19.5		+3.0		−19.4		+3.1		−19.2		+2.9		−19.1	
b, *b′*	−0.05		+ 0.23		−0.01		+ 0.26		+0.01		+ 0.29		−0.03		+ 0.30	

[1] Die jährliche Parallaxe (0″.121) ist bereits berücksichtigt.

Tag	495) γ Hydrae AR.		Dekl.		496) ι Centauri AR.		Dekl.		497) ζ Ursae maj. *pr* AR.		Dekl.		498) α Virginis AR.		Dekl.	
1958	13h 16m		−22° 56′		13h 18m		−36° 29′		13h 22m		+55° 8′		13h 22m		−10° 56′	
	s		″		s		″		s		″		s		″	
Jan. 1	38.688	348	56.94	187	14.504	387	19.35	166	13.604	474	20.48	162	59.134	330	32.66	196
11	39.036	340	58.81	201	14.891	377	21.01	194	14.078	475	18.86	102	59.464	324	34.62	197
21	39.376	322	60.82	208	15.268	358	22.95	217	14.553	460	17.84	39	59.788	309	36.59	191
31	39.698	297	62.90	210	15.626	329	25.12	231	15.013	431	17.45	– 24	60.097	285	38.50	180
Febr. 10	39.995	264	65.00	206	15.955	294	27.43	240	15.444	388	17.69	84	60.382	256	40.30	165
20	40.259	228	67.06	196	16.249	254	29.83	243	15.832	334	18.53	140	60.638	222	41.95	145
März 2	40.487	191	69.02	182	16.503	213	32.26	239	16.166	273	19.93	190	60.860	187	43.40	123
12	40.678	153	70.84	166	16.716	171	34.65	232	16.439	207	21.83	230	61.047	151	44.63	100
22	40.831	115	72.50	148	16.887	129	36.97	219	16.646	138	24.13	259	61.198	115	45.63	78
April 1	40.946	81	73.98	129	17.016	91	39.16	203	16.784	72	26.72	278	61.313	82	46.41	56
11	$_{11}$41.027	48	75.27	108	$_{11}$17.107	53	41.19	186	$_{12}$16.856	8	29.50	286	$_{13}$61.395	51	46.97	35
20	41.075	19	76.35	89	17.160	18	43.05	165	16.864	– 52	32.36	283	61.446	23	47.32	18
30	41.094	– 9	77.24	68	17.178	– 14	44.70	142	16.812	106	35.19	270	61.469	– 4	47.50	1
Mai 10	41.085	34	77.92	48	17.164	44	46.12	117	16.706	152	37.89	247	61.465	27	47.51	– 14
20	41.051	57	78.40	28	17.120	71	47.29	91	16.554	193	40.36	217	61.438	48	47.37	26
30	40.994	77	78.68	8	17.049	96	48.20	63	16.361	226	42.53	181	61.390	67	47.11	37
Juni 9	40.917	95	78.76	– 11	16.953	119	48.83	34	16.135	252	44.34	139	61.323	85	46.74	47
19	40.822	111	78.65	30	16.834	137	49.17	5	15.883	271	45.73	95	61.238	99	46.27	55
29	40.711	123	78.35	49	16.697	153	49.22	– 25	15.612	282	46.68	47	61.139	111	45.72	61
Juli 9	40.588	132	77.86	65	16.544	164	48.97	54	15.330	288	47.15	1	61.028	120	45.11	67
19	40.456	137	77.21	80	16.380	169	48.43	82	15.042	286	47.14	49	60.908	125	44.44	71
29	40.319	136	76.41	94	16.211	167	47.61	108	14.756	276	46.65	97	60.783	126	43.73	72
Aug. 8	40.183	129	75.47	104	16.044	160	46.53	130	14.480	259	45.68	142	60.657	121	43.01	71
18	40.054	117	74.43	110	15.884	144	45.23	148	14.221	234	44.26	186	60.536	110	42.30	67
28	39.937	96	73.33	113	15.740	120	43.75	161	13.987	202	42.40	225	60.426	92	41.63	60
Sept. 7	39.841	69	72.20	109	15.620	88	42.14	167	13.785	162	40.15	262	60.334	68	41.03	50
17	39.772	35	71.11	101	15.532	47	40.47	167	13.623	113	37.53	293	60.266	37	40.53	35
27	39.737	– 7	70.10	86	15.485	– 1	38.80	159	13.510	57	34.60	319	60.229	0	40.18	17
Okt. 7	39.744	52	69.24	66	15.486	54	37.21	143	13.453	– 5	31.41	340	60.229	42	40.01	– 5
17	39.796	102	68.58	42	15.540	110	35.78	120	13.458	72	28.01	352	60.271	88	40.06	31
27	39.898	152	68.16	12	15.650	168	34.58	91	13.530	143	24.49	358	60.359	136	40.37	58
Nov. 6	40.050	202	68.04	– 21	15.818	223	33.67	55	13.673	214	20.91	354	60.495	183	40.95	86
16	40.252	247	68.25	55	16.041	274	33.12	15	13.887	281	17.37	342	60.678	227	41.81	114
26	40.499	286	68.80	89	16.315	318	32.97	– 27	14.168	344	13.95	319	60.905	265	42.95	141
Dez. 6	40.785	316	69.69	122	16.633	351	33.24	68	14.512	397	10.76	287	61.170	296	44.36	162
16	41.101	337	70.91	150	16.984	374	33.92	108	14.909	438	7.89	245	61.466	316	45.98	180
26	41.438	346	72.41	175	17.358	383	35.00	146	15.347	466	5.44	196	61.782	327	47.78	192
36	41.784		74.16		17.741		36.46		15.813		3.48		62.109		49.70	
Mittl. Ort	38.000		61.83		13.677		28.57		14.232		39.16		58.605		33.65	
sec δ, tg δ	+1.086		−0.423		+1.244		−0.740		+1.750		+1.436		+1.019		−0.193	
a, *a′*	+3.3		−18.9		+3.4		−18.9		+2.4		−18.8		+3.2		−18.7	
b, *b′*	+0.03		+0.33		+0.05		+0.33		−0.09		+0.35		+0.01		+0.35	

Scheinbare Sternörter 1958

Obere Kulmination Greenwich

Tag	499) Grb 2001 U Min AR.		499) Dekl.		500) 69 H. Ursae maj. AR.		500) Dekl.	
1958	13h 24m		+72° 35′		13h 26m		+60° 9′	
	s		″		s		″	
Jan. 1	61.45	80	72.40	130	53.78	53	24.77	158
11	62.25	82	71.10	65	54.31	53	23.19	96
21	63.07	80	70.45	2	54.84	51	22.23	31
31	63.87	76	70.47	69	55.35	49	21.92	33
Febr. 10	64.63	68	71.16	132	55.84	44	22.25	96
20	65.31	59	72.48	188	56.28	38	23.21	153
März 2	65.90	48	74.36	237	56.66	31	24.74	203
12	66.38	35	76.73	274	56.97	23	26.77	243
22	66.73	22	79.47	300	57.20	16	29.20	273
April 1	66.95	9	82.47	314	57.36	8	31.93	292
11	67.04	4	85.61	316	57.44	1	34.85	299
20	^{13}67.00	16	88.77	307	^{14}57.45	6	37.84	294
30	66.84	28	91.84	286	57.39	13	40.78	280
Mai 10	66.56	37	94.70	256	57.26	19	43.58	256
20	66.19	46	97.26	218	57.07	23	46.14	224
30	65.73	52	99.44	175	56.84	27	48.38	185
Juni 9	65.21	58	101.19	126	56.57	30	50.23	142
19	64.63	62	102.45	74	56.27	33	51.65	95
29	64.01	63	103.19	21	55.94	34	52.60	46
Juli 9	63.38	64	103.40	33	55.60	35	53.06	5
19	62.74	63	103.07	87	55.25	35	53.01	56
29	62.11	61	102.20	138	54.90	33	52.45	104
Aug. 8	61.50	57	100.82	186	54.57	32	51.41	152
18	60.93	51	98.96	231	54.25	28	49.89	197
28	60.42	44	96.65	271	53.97	25	47.92	237
Sept. 7	59.98	37	93.94	306	53.72	20	45.55	274
17	59.61	28	90.88	336	53.52	15	42.81	306
27	59.33	17	87.52	358	53.37	9	39.75	332
Okt. 7	59.16	5	83.94	373	53.28	1	36.43	351
17	59.11	6	80.21	381	53.27	6	32.92	364
27	59.17	19	76.40	378	53.33	14	29.28	367
Nov. 6	59.36	31	72.62	368	53.47	22	25.61	362
16	59.67	44	68.94	347	53.69	30	21.99	348
26	60.11	55	65.47	316	53.99	37	18.51	324
Dez. 6	60.66	65	62.31	275	54.36	43	15.27	289
16	61.31	73	59.56	226	54.79	48	12.38	245
26	62.04	78	57.30	169	55.27	52	9.93	193
36	62.82		55.61		55.79		8.00	
Mittl. Ort	63.60		93.20		54.72		44.02	
sec δ, tg δ	+3.346		+ 3.193		+2.010		+ 1.743	
a, *a′*	+1.5		−18.7		+2.2		−18.6	
b, *b′*	−0.20		+ 0.36		−0.11		+ 0.37	

Tag	501) ζ Virginis AR.		501) Dekl.		502) 17 H. Can. ven. AR.		502) Dekl.	
1958	13h 32m		−0° 22′		13h 32m		+37° 23′	
	s		″		s		″	
Jan. 1	33.390	323	57.10	202	55.156	370	35.08	197
11	33.713	319	59.12	191	55.526	370	33.11	148
21	34.032	306	61.03	174	55.896	359	31.63	96
31	34.338	285	62.77	152	56.255	337	30.67	42
Febr. 10	34.623	257	64.29	126	56.592	305	30.25	13
20	34.880	225	65.55	99	56.897	266	30.38	66
März 2	35.105	191	66.54	69	57.163	223	31.04	114
12	35.296	155	67.23	41	57.386	177	32.18	155
22	35.451	121	67.64	14	57.563	129	33.73	188
April 1	35.572	88	67.78	10	57.692	84	35.61	213
11	35.660	56	67.68	30	57.776	40	37.74	228
20	^{15}35.716	28	67.38	46	^{15}57.816	0	40.02	234
30	35.744	1	66.92	59	57.816	37	42.36	231
Mai 10	35.745	22	66.33	68	57.779	69	44.67	219
20	35.723	44	65.65	74	57.710	99	46.86	201
30	35.679	64	64.91	77	57.611	123	48.87	177
Juni 9	35.615	81	64.14	77	57.488	143	50.64	148
19	35.534	96	63.37	76	57.345	160	52.12	114
29	35.438	109	62.61	73	57.185	173	53.26	78
Juli 9	35.329	118	61.88	67	57.012	180	54.04	40
19	35.211	125	61.21	60	56.832	184	54.44	1
29	35.086	126	60.61	51	56.648	182	54.45	38
Aug. 8	34.960	123	60.10	41	56.466	174	54.07	77
18	34.837	114	59.69	28	56.292	161	53.30	115
28	34.723	98	59.41	14	56.131	140	52.15	153
Sept. 7	34.625	75	59.27	4	55.991	113	50.62	187
17	34.550	47	59.31	24	55.878	79	48.75	219
27	34.503	11	59.55	45	55.799	37	46.56	248
Okt. 7	34.492	29	60.00	68	55.762	9	44.08	273
17	34.521	74	60.68	94	55.771	60	41.35	293
27	34.595	121	61.62	119	55.831	115	38.42	307
Nov. 6	34.716	167	62.81	143	55.946	169	35.35	314
16	34.883	211	64.24	165	56.115	222	32.21	314
26	35.094	250	65.89	183	56.337	271	29.07	305
Dez. 6	35.344	282	67.72	196	56.608	311	26.02	286
16	35.626	306	69.68	204	56.919	342	23.16	258
26	35.932	318	71.72	205	57.261	363	20.58	223
36	36.250		73.77		57.624		18.35	
Mittl. Ort	33.023		54.77		55.336		49.27	
sec δ, tg δ	+1.000		− 0.007		+1.259		+ 0.764	
a, *a′*	+3.1		−18.4		+2.7		−18.4	
b, *b′*	0.00		+ 0.39		−0.05		+ 0.39	

Scheinbare Sternörter 1958

Obere Kulmination Greenwich

Tag	504) ε Centauri				507) τ Bootis				509) η Ursae maj.				510) 89 Virginis			
	AR.		Dekl.		AR.		Dekl.		AR.		Dekl.		AR.		Dekl.	
1958	13h 37m	Diff.	−53° 14′	Diff.	13h 45m	Diff.	+17° 39′	Diff.	13h 45m	Diff.	+49° 30′	Diff.	13h 47m	Diff.	−17° 55′	Diff.
	s		″		s		″		s		″		s		″	
Jan. 1	13.676	491	58.32	110	15.996	326	47.50	210	52.585	420	64.17	195	35.511	338	28.48	176
11	14.167	486	59.42	154	16.322	327	45.40	182	53.005	427	62.22	139	35.849	336	30.24	184
21	14.653	466	60.96	192	16.649	317	43.58	146	53.432	420	60.83	79	36.185	324	32.08	188
31	15.119	435	62.88	225	16.966	298	42.12	106	53.852	399	60.04	18	36.509	304	33.96	185
Febr. 10	15.554	396	65.13	249	17.264	272	41.06	65	54.251	366	59.86	—43	36.813	278	35.81	177
20	15.950	350	67.62	268	17.536	240	40.41	22	54.617	324	60.29	102	37.091	247	37.58	165
März 2	16.300	301	70.30	280	17.776	206	40.19	—18	54.941	274	61.31	154	37.338	214	39.23	149
12	16.601	248	73.10	285	17.982	169	40.37	55	55.215	219	62.85	198	37.552	179	40.72	131
22	16.849	195	75.95	284	18.151	132	40.92	89	55.434	162	64.83	234	37.731	144	42.03	112
April 1	17.044	144	78.79	278	18.283	96	41.81	115	55.596	104	67.17	259	37.875	111	43.15	93
11	$_{16}$17.188	92	81.57	266	$_{18}$18.379	62	42.96	135	$_{18}$55.700	49	69.76	274	$_{19}$37.986	80	44.08	74
20	17.280	44	84.23	250	18.441	29	44.31	148	55.749	—3	72.50	277	38.066	50	44.82	57
30	17.324	—3	86.73	229	18.470	1	45.79	155	55.746	52	75.27	271	38.116	22	45.39	39
Mai 10	17.321	49	89.02	204	18.471	—26	47.34	156	55.694	96	77.98	256	38.138	—5	45.78	23
20	17.272	91	91.06	175	18.445	51	48.90	151	55.598	135	80.54	232	38.133	30	46.01	8
30	17.181	131	92.81	142	18.394	72	50.41	141	55.463	168	82.86	202	38.103	53	46.09	—6
Juni 9	17.050	167	94.23	106	18.322	92	51.82	126	55.295	196	84.88	165	38.050	75	46.03	20
19	16.883	199	95.29	68	18.230	108	53.08	109	55.099	219	86.53	125	37.975	94	45.83	33
29	16.684	225	95.97	27	18.122	123	54.17	89	54.880	236	87.78	82	37.881	111	45.50	45
Juli 9	16.459	244	96.24	13	17.999	133	55.06	67	54.644	247	88.60	36	37.770	124	45.05	56
19	16.215	255	96.11	54	17.866	140	55.73	43	54.397	251	88.96	—10	37.646	134	44.49	66
29	15.960	258	95.57	94	17.726	143	56.16	18	54.146	250	88.86	57	37.512	139	43.83	75
Aug. 8	15.702	249	94.63	132	17.583	140	56.34	—9	53.896	242	88.29	102	37.373	138	43.08	80
18	15.453	230	93.31	164	17.443	132	56.25	36	53.654	225	87.27	146	37.235	129	42.28	83
28	15.223	200	91.67	192	17.311	117	55.89	63	53.429	201	85.81	187	37.106	115	41.45	83
Sept. 7	15.023	156	89.75	214	17.194	96	55.26	91	53.228	170	83.94	226	36.991	92	40.62	79
17	14.867	103	87.61	226	17.098	68	54.35	119	53.058	129	81.68	261	36.899	62	39.83	70
27	14.764	40	85.35	230	17.030	33	53.16	146	52.929	81	79.07	291	36.837	25	39.13	57
Okt. 7	14.724	—30	83.05	225	16.997	8	51.70	172	52.848	27	76.16	316	36.812	—19	38.56	39
17	14.754	106	80.80	210	17.005	54	49.98	197	52.821	—33	73.00	335	36.831	66	38.17	16
27	14.860	183	78.70	186	17.059	101	48.01	218	52.854	97	69.65	347	36.897	116	38.01	—10
Nov. 6	15.043	257	76.84	153	17.160	149	45.83	235	52.951	163	66.18	350	37.013	167	38.11	38
16	15.300	325	75.31	112	17.309	196	43.48	247	53.114	227	62.68	344	37.180	214	38.49	68
26	15.625	385	74.19	67	17.505	239	41.01	254	53.341	286	59.24	330	37.394	256	39.17	97
Dez. 6	16.010	433	73.52	19	17.744	275	38.47	252	53.627	338	55.94	304	37.650	291	40.14	124
16	16.443	466	73.33	—32	18.019	302	35.95	242	53.965	379	52.90	270	37.941	316	41.38	148
26	16.909	484	73.65	81	18.321	320	33.53	226	54.344	409	50.20	226	38.257	332	42.86	166
36	17.393		74.46		18.641		31.27		54.753		47.94		38.589		44.52	
Mittl. Ort	12.768		72.45		15.916		55.33		53.217		80.45		35.060		32.68	
sec δ, tg δ	+1.671		− 1.339		+1.049		+ 0.318		+1.540		+ 1.172		+1.051		− 0.323	
a, *a′*	+3.8		−18.3		+2.9		−18.0		+2.4		−17.9		+3.3		−17.9	
b, *b′*	+0.08		+ 0.41		−0.02		+ 0.44		−0.07		+ 0.45		+0.02		+ 0.45	

Scheinbare Sternörter 1958

Obere Kulmination Greenwich

Tag	513) η Bootis[1] AR.		513) η Bootis[1] Dekl.		512) ζ Centauri AR.		512) ζ Centauri Dekl.		517) 11 Bootis AR.		517) 11 Bootis Dekl.		516) τ Virginis AR.		516) τ Virginis Dekl.	
1958	13h 52m		+18° 36′		13h 52m		−47° 4′		13h 59m		+27° 34′		13h 59m		+1° 44′	
	s		″		s		″		s		″		s		″	
Jan. 1	41.058	327	19.19	213	55.163	442	43.44	106	16.005	336	69.15	218	30.567	319	47.21	201
11	41.385	328	17.06	184	55.605	440	44.50	145	16.341	342	66.97	180	30.886	320	45.20	189
21	41.713	320	15.22	148	56.045	427	45.95	179	16.683	335	65.17	136	31.206	311	43.31	170
31	42.033	302	13.74	107	56.472	402	47.74	206	17.018	318	63.81	88	31.517	296	41.61	147
Febr. 10	42.335	277	12.67	64	56.874	370	49.80	227	17.336	295	62.93	38	31.813	272	40.14	119
20	42.612	246	12.03	21	57.244	332	52.07	243	17.631	264	62.55	12	32.085	243	38.95	89
März 2	42.858	212	11.82	21	57.576	289	54.50	251	17.895	228	62.67	59	32.328	213	38.06	58
12	43.070	177	12.03	59	57.865	245	57.01	254	18.123	190	63.26	101	32.541	180	37.48	28
22	43.247	139	12.62	93	58.110	199	59.55	252	18.313	151	64.27	137	32.721	146	37.20	0
April 1	43.386	103	13.55	120	58.309	155	62.07	246	18.464	111	65.64	166	32.867	114	37.20	25
11	43.489	68	14.75	141	58.464	110	64.53	235	18.575	74	67.30	187	32.981	83	37.45	47
20*	20 43.557	36	16.16	154	20 58.574	68	66.88	220	18.649	38	69.17	200	22 33.064	53	37.92	63
30	43.593	7	17.70	161	58.642	26	69.08	201	22 18.687	5	71.17	204	33.117	26	38.55	75
Mai 10	43.600	22	19.31	162	58.668	14	71.09	179	18.692	26	73.21	202	33.143	0	39.30	84
20	43.578	47	20.93	156	58.654	53	72.88	153	18.666	54	75.23	191	33.143	24	40.14	89
30	43.531	68	22.49	146	58.601	89	74.41	126	18.612	80	77.14	176	33.119	47	41.03	90
Juni 9	43.463	89	23.95	131	58.512	123	75.67	94	18.532	102	78.90	155	33.072	68	41.93	88
19	43.374	108	25.26	113	58.389	153	76.61	61	18.430	122	80.45	130	33.004	87	42.81	85
29	43.266	122	26.39	91	58.236	180	77.22	26	18.308	139	81.75	101	32.917	104	43.66	78
Juli 9	43.144	134	27.30	68	58.056	201	77.48	9	18.169	152	82.76	71	32.813	117	44.44	70
19	43.010	142	27.98	44	57.855	215	77.39	45	18.017	160	83.47	38	32.696	128	45.14	60
29	42.868	145	28.42	17	57.640	221	76.94	81	17.857	165	83.85	5	32.568	133	45.74	50
Aug. 8	42.723	144	28.59	11	57.419	219	76.13	113	17.692	164	83.90	29	32.435	134	46.24	36
18	42.579	137	28.48	38	57.200	206	75.00	142	17.528	155	83.61	63	32.301	129	46.60	22
28	42.442	122	28.10	67	56.994	184	73.58	168	17.373	142	82.98	97	32.172	117	46.82	6
Sept. 7	42.320	101	27.43	95	56.810	149	71.90	186	17.231	121	82.01	131	32.055	97	46.88	13
17	42.219	74	26.48	123	56.661	105	70.04	198	17.110	92	80.70	163	31.958	71	46.75	33
27	42.145	39	25.25	151	56.556	52	68.06	201	17.018	56	79.07	192	31.887	37	46.42	55
Okt. 7	42.106	2	23.74	178	56.504	9	66.05	197	16.962	14	77.15	221	31.850	2	45.87	78
17	42.108	46	21.96	202	56.513	76	64.08	183	16.948	33	74.94	245	31.852	46	45.09	103
27	42.154	95	19.94	223	56.589	145	62.25	160	16.981	83	72.49	265	31.898	94	44.06	127
Nov. 6	42.249	144	17.71	241	56.734	213	60.65	131	17.064	135	69.84	280	31.992	141	42.79	150
16	42.393	191	15.30	253	56.947	276	59.34	94	17.199	185	67.04	288	32.133	188	41.29	171
26	42.584	235	12.77	258	57.223	333	58.40	53	17.384	232	64.16	289	32.321	230	39.58	188
Dez. 6	42.819	272	10.19	257	57.556	379	57.87	8	17.616	273	61.27	280	32.551	266	37.70	200
16	43.091	300	7.62	247	57.935	412	57.79	36	17.889	306	58.47	264	32.817	293	35.70	206
26	43.391	319	5.15	229	58.347	433	58.15	81	18.195	327	55.83	238	33.110	311	33.64	205
36	43.710		2.86		58.780		58.96		18.522		53.45		33.421		31.59	
Mittl. Ort	41.029		27.01		54.472		56.40		16.168		79.26		30.375		49.20	
sec δ, tg δ	+1.055		+ 0.337		+1.469		− 1.075		+1.128		+ 0.523		+1.000		+ 0.031	
a, *a′*	+2.9		−17.7		+3.8		−17.7		+2.7		−17.4		+3.1		−17.4	
b, *b′*	−0.02		+ 0.47		+0.06		+ 0.47		−0.03		+ 0.50		0.00		+ 0.50	

[1] Die jährliche Parallaxe (0″.112) ist bereits berücksichtigt.

* Bei Stern 517) und 516) lies April 21.

Obere Kulmination Greenwich

Tag	518) β Centauri				521) α Draconis				520) ϑ Centauri				522) 12 *d* Bootis			
	AR.		Dekl.		AR.		Dekl.		AR.		Dekl.		AR.		Dekl.	
1958	14h 0m		−60° 10′		14h 3m		+64° 34′		14h 4m		−36° 9′		14h 8m		+25° 16′	
	s		″		s		″		s		″		s		″	
Jan. 1	51.21	57	0.76	61	13.22	57	16.25	192	12.647	383	40.93	124	28.776	330	74.49	223
11	51.78	57	1.37	110	13.79	58	14.33	131	13.030	384	42.17	153	29.106	336	72.26	187
21	52.35	56	2.47	154	14.37	59	13.02	66	13.414	374	43.70	175	29.442	331	70.39	145
31	52.91	54	4.01	194	14.96	57	12.36	1	13.788	354	45.45	193	29.773	317	68.94	99
Febr. 10	53.45	49	5.95	227	15.53	54	12.37	67	14.142	328	47.38	205	30.090	295	67.95	50
20	53.94	45	8.22	253	16.07	48	13.04	130	14.470	297	49.43	210	30.385	266	67.45	2
März 2	54.39	39	10.75	273	16.55	41	14.34	185	14.767	261	51.53	211	30.651	232	67.43	45
12	54.78	33	13.48	287	16.96	33	16.19	233	15.028	223	53.64	208	30.883	196	67.88	88
22	55.11	28	16.35	294	17.29	26	18.52	270	15.251	186	55.72	200	31.079	158	68.76	124
April 1	55.39	21	19.29	294	17.55	16	21.22	296	15.437	149	57.72	190	31.237	121	70.00	154
11	55.60	15	22.23	290	17.71	7	24.18	310	15.586	112	59.62	177	31.358	84	71.54	177
21	55.75	10	25.13	279	17.78	1	27.28	312	15.698	76	61.39	162	31.442	50	73.31	191
30	[22]55.85	3	27.92	263	[23]17.77	9	30.40	304	[23]15.774	41	63.01	144	[24]31.492	17	75.22	197
Mai 10	55.88	3	30.55	241	17.68	17	33.44	286	15.815	8	64.45	126	31.509	14	77.19	196
20	55.85	8	32.96	216	17.51	23	36.30	257	15.823	25	65.71	105	31.495	43	79.15	188
30	55.77	14	35.12	185	17.28	29	38.87	222	15.798	56	66.76	82	31.452	68	81.03	175
Juni 9	55.63	19	36.97	150	16.99	34	41.09	181	15.742	84	67.58	58	31.384	92	82.78	156
19	55.44	23	38.47	111	16.65	38	42.90	135	15.658	112	68.16	33	31.292	113	84.34	133
29	55.21	27	39.58	69	16.27	41	44.25	86	15.546	136	68.49	7	31.179	131	85.67	107
Juli 9	54.94	30	40.27	25	15.86	42	45.11	34	15.410	156	68.56	20	31.048	146	86.74	78
19	54.64	32	40.52	19	15.44	44	45.45	18	15.254	170	68.36	46	30.902	156	87.52	47
29	54.32	33	40.33	64	15.00	43	45.27	70	15.084	179	67.90	72	30.746	163	87.99	16
Aug. 8	53.99	33	39.69	107	14.57	43	44.57	121	14.905	180	67.18	95	30.583	162	88.15	17
18	53.66	31	38.62	148	14.14	40	43.36	169	14.725	173	66.23	115	30.421	157	87.98	51
28	53.35	28	37.14	182	13.74	36	41.67	214	14.552	156	65.08	132	30.264	145	87.47	84
Sept. 7	53.07	23	35.32	212	13.38	32	39.53	255	14.396	131	63.76	144	30.119	125	86.63	116
17	52.84	17	33.20	234	13.06	26	36.98	293	14.265	96	62.32	149	29.994	97	85.47	148
27	52.67	10	30.86	247	12.80	20	34.05	324	14.169	52	60.83	148	29.897	63	83.99	179
Okt. 7	52.57	2	28.39	250	12.60	11	30.81	348	14.117	2	59.35	140	29.834	23	82.20	207
17	52.55	8	25.89	243	12.49	3	27.33	366	14.115	55	57.95	125	29.811	24	80.13	232
27	52.63	16	23.46	226	12.46	6	23.67	375	14.170	114	56.70	103	29.835	73	77.81	254
Nov. 6	52.79	26	21.20	199	12.52	15	19.92	376	14.284	173	55.67	75	29.908	125	75.27	270
16	53.05	34	19.21	163	12.67	25	16.16	367	14.457	230	54.92	41	30.033	176	72.57	280
26	53.39	42	17.58	120	12.92	34	12.49	348	14.687	280	54.51	6	30.209	223	69.77	282
Dez. 6	53.81	48	16.38	73	13.26	42	9.01	317	14.967	321	54.45	32	30.432	263	66.95	278
16	54.29	53	15.65	22	13.68	48	5.84	277	15.288	353	54.77	70	30.695	296	64.17	264
26	54.82	55	15.43	30	14.16	55	3.07	227	15.641	374	55.47	104	30.991	320	61.53	241
36	55.37		15.73		14.71		0.80		16.015		56.51		31.311		59.12	
Mittl. Ort	50.44		16.72		14.96		33.85		12.141		51.20		28.955		83.45	
sec δ, tg δ	+2.010		− 1.744		+2.329		+ 2.104		+1.239		− 0.731		+1.106		+ 0.472	
a, a′	+4.2		−17.3		+1.6		−17.2		+3.6		−17.2		+2.7		−17.0	
b, b′	+0.10		+ 0.50		−0.12		+ 0.51		+0.04		+ 0.52		−0.03		+ 0.53	

Scheinbare Sternörter 1958

Obere Kulmination Greenwich

Tag	524) 4 Ursae min. AR.		524) 4 Ursae min. Dekl.		523) κ Virginis AR.		523) κ Virginis Dekl.		526) α Bootis AR.		526) α Bootis Dekl.		525) ι Virginis AR.		525) ι Virginis Dekl.	
1958	14ʰ 8ᵐ		+77° 44′		14ʰ 10ᵐ		−10° 4′		14ʰ 13ᵐ		+19° 23′		14ʰ 13ᵐ		−5° 48′	
	s		″		s		″		s		″		s		″	
Jan. 1	54.18	102	23.00	175	39.313	324	42.53	178	44.543	318	54.17	226	48.707	319	2.19	188
11	55.20	108	21.25	112	39.637	326	44.31	180	44.861	325	51.91	197	49.026	322	4.07	184
21	56.28	110	20.13	45	39.963	318	46.11	175	45.186	320	49.94	160	49.348	315	5.91	174
31	57.38	108	19.68	23	40.281	304	47.86	164	45.506	307	48.34	119	49.663	302	7.65	159
Febr. 10	58.46	102	19.91	89	40.585	282	49.50	149	45.813	287	47.15	76	49.965	281	9.24	139
20	59.48	92	20.80	151	40.867	256	50.99	129	46.100	259	46.39	31	50.246	254	10.63	116
März 2	60.40	79	22.31	207	41.123	225	52.28	108	46.359	227	46.08	13	50.500	225	11.79	91
12	61.19	65	24.38	252	41.348	194	53.36	85	46.586	194	46.21	53	50.725	194	12.70	65
22	61.84	47	26.90	287	41.542	161	54.21	63	46.780	159	46.74	89	50.919	162	13.35	40
April 1	62.31	29	29.77	310	41.703	130	54.84	42	46.939	123	47.63	119	51.081	131	13.75	18
11	62.60	11	32.87	322	41.833	100	55.26	22	47.062	89	48.82	142	51.212	100	13.93	2
21	62.71	8	36.09	322	41.933	70	55.48	5	47.151	56	50.24	157	51.312	71	13.91	20
30	24 62.63	25	39.31	310	25 42.003	42	55.53	10	25 47.207	25	51.81	167	25 51.383	44	13.71	34
Mai 10	62.38	41	42.41	287	42.045	15	55.43	23	47.232	4	53.48	168	51.427	16	13.37	46
20	61.97	55	45.28	256	42.060	10	55.20	33	47.228	31	55.16	164	51.443	9	12.91	53
30	61.42	68	47.84	218	42.050	35	54.87	41	47.197	57	56.80	154	51.434	34	12.38	59
Juni 9	60.74	78	50.02	173	42.015	59	54.46	48	47.140	81	58.34	140	51.400	57	11.79	63
19	59.96	87	51.75	124	41.956	80	53.98	53	47.059	102	59.74	122	51.343	78	11.16	65
29	59.09	93	52.99	72	41.876	99	53.45	57	46.957	120	60.96	100	51.265	98	10.51	64
Juli 9	58.16	96	53.71	18	41.777	116	52.88	60	46.837	136	61.96	76	51.167	115	9.87	63
19	57.20	98	53.89	36	41.661	128	52.28	61	46.701	147	62.72	50	51.052	127	9.24	61
29	56.22	97	53.53	89	41.533	137	51.67	62	46.554	155	63.22	23	50.925	136	8.63	57
Aug. 8	55.25	94	52.64	141	41.396	139	51.05	60	46.399	156	63.45	6	50.789	138	8.06	51
18	54.31	89	51.23	189	41.257	136	50.45	56	46.243	152	63.39	35	50.651	136	7.55	43
28	53.42	82	49.34	234	41.121	125	49.89	50	46.091	141	63.04	64	50.515	125	7.12	33
Sept. 7	52.60	72	47.00	275	40.996	106	49.39	41	45.950	123	62.40	94	50.390	108	6.79	20
17	51.88	61	44.25	310	40.890	79	48.98	29	45.827	97	61.46	123	50.282	82	6.59	6
27	51.27	47	41.15	338	40.811	46	48.69	12	45.730	65	60.23	153	50.200	49	6.53	13
Okt. 7	50.80	33	37.77	361	40.765	6	48.57	6	45.665	25	58.70	180	50.151	10	6.66	33
17	50.47	16	34.16	376	40.759	40	48.63	28	45.640	20	56.90	206	50.141	35	6.99	56
27	50.31	1	30.40	381	40.799	89	48.91	53	45.660	69	54.84	229	50.176	83	7.55	80
Nov. 6	50.32	19	26.59	378	40.888	138	49.44	78	45.729	119	52.55	248	50.259	132	8.35	104
16	50.51	38	22.81	365	41.026	186	50.22	103	45.848	167	50.07	260	50.391	180	9.39	128
26	50.89	55	19.16	342	41.212	229	51.25	126	46.015	214	47.47	268	50.571	224	10.67	149
Dez. 6	51.44	71	15.74	308	41.441	267	52.51	148	46.229	254	44.79	267	50.795	260	12.16	167
16	52.15	86	12.66	265	41.708	296	53.99	164	46.483	285	42.12	259	51.055	290	13.83	180
26	53.01	97	10.01	212	42.004	314	55.63	175	46.768	308	39.53	241	51.345	310	15.63	187
36	53.98		7.89		42.318		57.38		47.076		37.12		51.655		17.50	
Mittl. Ort	58.75		41.28		39.065		44.87		44.655		61.14		48.516		3.24	
sec δ, tg δ	+4.711		+ 4.604		+1.016		− 0.178		+1.060		+ 0.352		+1.005		− 0.102	
a, a′	−0.2		−17.0		+3.2		−16.9		+2.8		−16.7		+3.1		−16.7	
b, b′	−0.26		+ 0.53		+0.01		+ 0.54		−0.02		+ 0.55		+0.01		+ 0.55	

Scheinbare Sternörter 1958

Obere Kulmination Greenwich

Tag	527) λ Bootis AR.		527) λ Bootis Dekl.		531) ϑ Bootis AR.		531) ϑ Bootis Dekl.	
1958	14h 14m		+46° 16′		14h 23m		+52° 2′	
	s		″		s		″	
Jan. 1	46.471	387	35.94	224	44.886	414	24.89	229
11	46.858	401	33.70	172	45.300	433	22.60	176
21	47.259	401	31.98	115	45.733	437	20.84	116
31	47.660	388	30.83	55	46.170	428	19.68	52
Febr. 10	48.048	364	30.28	$\overline{7}$	46.598	404	19.16	$\overline{11}$
20	48.412	331	30.35	67	47.002	370	19.27	74
März 2	48.743	289	31.02	122	47.372	327	20.01	133
12	49.032	242	32.24	172	47.699	276	21.34	183
22	49.274	193	33.96	212	47.975	220	23.17	225
April 1	49.467	141	36.08	243	48.195	162	25.42	258
11	49.608	90	38.51	265	48.357	105	28.00	280
21	(26) 49.698	40	41.16	275	(28) 48.462	48	30.80	292
30	49.738	$\overline{6}$	43.91	276	48.510	$\overline{7}$	33.72	291
Mai 10	49.732	50	46.67	266	48.503	59	36.63	282
20	49.682	91	49.33	249	48.444	105	39.45	263
30	49.591	127	51.82	224	48.339	149	42.08	236
Juni 9	49.464	159	54.06	193	48.190	187	44.44	203
19	49.305	186	55.99	156	48.003	219	46.47	165
29	49.119	209	57.55	116	47.784	246	48.12	121
Juli 9	48.910	226	58.71	72	47.538	267	49.33	76
19	48.684	238	59.43	28	47.271	281	50.09	28
29	48.446	243	59.71	$\overline{18}$	46.990	288	50.37	$\overline{20}$
Aug. 8	48.203	242	59.53	63	46.702	287	50.17	68
18	47.961	233	58.90	108	46.415	279	49.49	115
28	47.728	216	57.82	151	46.136	260	48.34	161
Sept. 7	47.512	191	56.31	192	45.876	233	46.73	204
17	47.321	156	54.39	230	45.643	196	44.69	244
27	47.165	114	52.09	264	45.447	150	42.25	279
Okt. 7	47.051	65	49.45	294	45.297	96	39.46	309
17	46.986	8	46.51	318	45.201	35	36.37	334
27	46.978	$\overline{53}$	43.33	335	45.166	$\overline{32}$	33.03	351
Nov. 6	47.031	116	39.98	345	45.198	102	29.52	360
16	47.147	179	36.53	346	45.300	172	25.92	360
26	47.326	240	33.07	337	45.472	240	22.32	351
Dez. 6	47.566	293	29.70	319	45.712	302	18.81	331
16	47.859	338	26.51	291	46.014	354	15.50	301
26	48.197	372	23.60	252	46.368	395	12.49	260
36	48.569		21.08		46.763		9.89	
Mittl. Ort	47.221		49.76		45.954		39.20	
sec δ, tg δ	+1.447		+ 1.046		+1.626		+ 1.282	
a, *a′*	+2.3		−16.7		+2.1		−16.2	
b, *b′*	−0.06		+ 0.55		−0.07		+ 0.59	

Tag	534) ρ Bootis AR.		534) ρ Bootis Dekl.		535) γ Bootis AR.		535) γ Bootis Dekl.	
1958	14h 30m		+30° 32′		14h 30m		+38° 29′	
	s		″		s		″	
Jan. 1	0.721	329	68.66	235	22.558	349	17.12	238
11	1.050	341	66.31	196	22.907	362	14.74	193
21	1.391	342	64.35	151	23.269	365	12.81	141
31	1.733	332	62.84	101	23.634	356	11.40	85
Febr. 10	2.065	313	61.83	48	23.990	337	10.55	28
20	2.378	288	61.35	$\overline{6}$	24.327	310	10.27	$\overline{30}$
März 2	2.666	257	61.41	56	24.637	275	10.57	84
12	2.923	221	61.97	103	24.912	237	11.41	134
22	3.144	183	63.00	144	25.149	195	12.75	177
April 1	3.327	146	64.44	177	25.344	151	14.52	211
11	3.473	107	66.21	202	25.495	109	16.63	235
21	(30) 3.580	69	68.23	219	(30) 25.604	66	18.98	251
30	3.649	33	70.42	226	25.670	25	21.49	257
Mai 10	3.682	0	72.68	226	25.695	$\overline{14}$	24.06	253
20	3.682	$\overline{33}$	74.94	218	25.681	50	26.59	242
30	3.649	64	77.12	203	25.631	83	29.01	222
Juni 9	3.585	91	79.15	182	25.548	114	31.23	197
19	3.494	116	80.97	156	25.434	142	33.20	166
29	3.378	138	82.53	127	25.292	166	34.86	131
Juli 9	3.240	157	83.80	94	25.126	184	36.17	94
19	3.083	171	84.74	60	24.942	199	37.11	53
29	2.912	181	85.34	23	24.743	209	37.64	12
Aug. 8	2.731	184	85.57	$\overline{14}$	24.534	212	37.76	$\overline{30}$
18	2.547	182	85.43	51	24.322	207	37.46	72
28	2.365	171	84.92	88	24.115	196	36.74	113
Sept. 7	2.194	153	84.04	125	23.919	176	35.61	153
17	2.041	128	82.79	160	23.743	148	34.08	191
27	1.913	94	81.19	193	23.595	111	32.17	226
Okt. 7	1.819	53	79.26	224	23.484	68	29.91	257
17	1.766	7	77.02	251	23.416	17	27.34	285
27	1.759	$\overline{45}$	74.51	273	23.399	$\overline{38}$	24.49	306
Nov. 6	1.804	99	71.78	291	23.437	96	21.43	320
16	1.903	153	68.87	300	23.533	153	18.23	328
26	2.056	204	65.87	303	23.686	209	14.95	325
Dez. 6	2.260	249	62.84	297	23.895	259	11.70	314
16	2.509	287	59.87	281	24.154	300	8.56	294
26	2.796	316	57.06	256	24.454	334	5.62	262
36	3.112		54.50		24.788		3.00	
Mittl. Ort	1.130		77.84		23.166		28.21	
sec δ, tg δ	+1.161		+ 0.590		+1.278		+ 0.795	
a, *a′*	+2.6		−15.9		+2.4		−15.9	
b, *b′*	−0.03		+ 0.61		−0.04		+ 0.61	

Scheinbare Sternörter 1958

Obere Kulmination Greenwich

Tag	537) η Centauri AR.		537) η Centauri Dekl.		538) α Centauri[1] AR.		538) α Centauri[1] Dekl.		1382) 32 Bootis AR.		1382) 32 Bootis Dekl.		545) μ Virginis AR.		545) μ Virginis Dekl.	
1958	14h 32m		−41° 58′		14h 36m		−60° 39′		14h 39m		+11° 50′		14h 40m		−5° 28′	
	s		″		s		″		s		″		s		″	
Jan. 1	50.149	403	15.81	76	44.31	57	31.49	17	42.186	306	22.60	217	50.632	310	34.19	180
11	50.552	411	16.57	110	44.88	58	31.66	64	42.492	315	20.43	196	50.942	318	35.99	177
21	50.963	407	17.67	139	45.46	57	32.30	109	42.807	315	18.47	169	51.260	317	37.76	167
31	51.370	394	19.06	164	46.03	55	33.39	149	43.122	307	16.78	135	51.577	307	39.43	152
Febr. 10	51.764	372	20.70	182	46.58	52	34.88	185	43.429	290	15.43	97	51.884	291	40.95	133
20	52.136	343	22.52	195	47.10	48	36.73	214	43.719	268	14.46	58	52.175	269	42.28	109
März 2	52.479	310	24.47	204	47.58	43	38.87	238	43.987	242	13.88	19	52.444	244	43.37	84
12	52.789	274	26.51	208	48.01	38	41.25	255	44.229	212	13.69	19	52.688	215	44.21	58
22	53.063	236	28.59	207	48.39	33	43.80	266	44.441	181	13.88	54	52.903	186	44.79	33
April 1	53.299	199	30.66	203	48.72	26	46.46	272	44.622	150	14.42	84	53.089	156	45.12	10
11	53.498	159	32.69	196	48.98	20	49.18	272	44.772	118	15.26	109	53.245	127	45.22	10
21	30 53.657	120	34.65	186	49.18	14	51.90	266	44.890	88	16.35	127	53.372	98	45.12	27
30*	53.777	81	36.51	173	1 49.32	8	54.56	256	2 44.978	58	17.62	139	2 53.470	69	44.85	42
Mai 10	53.858	43	38.24	157	49.40	2	57.12	241	45.036	29	19.01	146	53.539	41	44.43	52
20	53.901	5	39.81	139	49.42	5	59.53	219	45.065	0	20.47	147	53.580	14	43.91	60
30	53.906	33	41.20	118	49.37	11	61.72	194	45.065	27	21.94	143	53.594	13	43.31	64
Juni 9	53.873	70	42.38	95	49.26	16	63.66	163	45.038	53	23.37	134	53.581	39	42.67	67
19	53.803	104	43.33	69	49.10	21	65.29	130	44.985	77	24.71	122	53.542	64	42.00	68
29	53.699	136	44.02	41	48.89	27	66.59	91	44.908	99	25.93	107	53.478	87	41.32	67
Juli 9	53.563	164	44.43	13	48.62	30	67.50	50	44.809	119	27.00	89	53.391	109	40.65	64
19	53.399	185	44.56	17	48.32	33	68.00	8	44.690	135	27.89	70	53.282	125	40.01	60
29	53.214	200	44.39	47	47.99	35	68.08	36	44.555	147	28.59	48	53.157	138	39.41	55
Aug. 8	53.014	208	43.92	76	47.64	35	67.72	80	44.408	153	29.07	26	53.019	145	38.86	49
18	52.806	205	43.16	103	47.29	35	66.92	121	44.255	153	29.33	2	52.874	147	38.37	41
28	52.601	193	42.13	127	46.94	33	65.71	160	44.102	147	29.35	23	52.727	140	37.96	30
Sept. 7	52.408	170	40.86	146	46.61	28	64.11	193	43.955	132	29.12	49	52.587	126	37.66	19
17	52.238	136	39.40	159	46.33	23	62.18	219	43.823	110	28.63	74	52.461	103	37.47	4
27	52.102	91	37.81	166	46.10	16	59.99	238	43.713	81	27.89	101	52.358	73	37.43	13
Okt. 7	52.011	38	36.15	167	45.94	8	57.61	249	43.632	43	26.88	128	52.285	35	37.56	32
17	51.973	21	34.48	158	45.86	1	55.12	248	43.589	0	25.60	154	52.250	8	37.88	53
27	51.994	85	32.90	143	45.87	10	52.64	238	43.589	47	24.06	178	52.258	56	38.41	77
Nov. 6	52.079	150	31.47	120	45.97	20	50.26	218	43.636	97	22.28	199	52.314	106	39.18	99
16	52.229	214	30.27	91	46.17	29	48.08	189	43.733	146	20.29	218	52.420	155	40.17	122
26	52.443	272	29.36	58	46.46	38	46.19	152	43.879	192	18.11	230	52.575	201	41.39	143
Dez. 6	52.715	321	28.78	21	46.84	44	44.67	109	44.071	234	15.81	236	52.776	241	42.82	160
16	53.036	361	28.57	17	47.28	50	43.58	63	44.305	268	13.45	236	53.017	274	44.42	173
26	53.397	389	28.74	55	47.78	55	42.95	13	44.573	293	11.09	227	53.291	298	46.15	180
36	53.786		29.29		48.33		42.82		44.866		8.82		53.589		47.95	
Mittl. Ort	49.806		28.07		43.86		47.91		42.330		26.02		50.587		36.08	
sec δ, tg δ	+1.345		− 0.900		+2.041		− 1.779		+1.022		+ 0.210		+1.005		− 0.096	
a, a′	+3.8		−15.7		+4.6		−15.5		+2.9		−15.4		+3.2		−15.3	
b, b′	+0.05		+ 0.62		+0.09		+ 0.63		−0.01		+ 0.64		0.00		+ 0.65	

1 Ort des helleren Sterns. Die jährliche Parallaxe (0″.756) ist bereits berücksichtigt.

* Bei Stern 538), 1382) und 545) lies Mai 1.

Obere Kulmination Greenwich

Tag	542) α Apodis AR.		Dekl.		547) 109 Virginis AR.		Dekl.		548) α² Librae AR.		Dekl.		549) Grb 2164 Draco AR.		Dekl.	
1958	14ʰ 42ᵐ		−78° 51′		14ʰ 44ᵐ		+2° 3′		14ʰ 48ᵐ		−15° 52′		14ʰ 50ᵐ		+59° 27′	
	s	Δ	″	Δ	s	Δ	″	Δ	s	Δ	″	Δ	s	Δ	″	Δ
Jan. 1	32.84	129	49.17	52	7.316	304	67.31	197	33.101	319	0.94	147	20.442	450	37.14	248
11	34.13	135	48.65	4	7.620	313	65.34	186	33.420	327	2.41	155	20.892	485	34.66	193
21	35.48	136	48.69	59	7.933	313	63.48	169	33.747	328	3.96	156	21.377	501	32.73	132
31	36.84	133	49.28	113	8.246	305	61.79	145	34.075	319	5.52	153	21.878	502	31.41	66
Febr. 10	38.17	128	50.41	161	8.551	290	60.34	117	34.394	304	7.05	145	22.380	487	30.75	0
20	39.45	120	52.02	204	8.841	268	59.17	87	34.698	282	8.50	132	22.867	456	30.75	66
März 2	40.65	110	54.06	242	9.109	242	58.30	55	34.980	257	9.82	117	23.323	412	31.41	129
12	41.75	98	56.48	274	9.351	215	57.75	24	35.237	229	10.99	99	23.735	358	32.70	184
22	42.73	85	59.22	298	9.566	185	57.51	6	35.466	201	11.98	82	24.093	296	34.54	231
April 1	43.58	69	62.20	317	9.751	156	57.57	32	35.667	171	12.80	64	24.389	229	36.85	269
11	44.27	54	65.37	327	9.907	126	57.89	55	35.838	141	13.44	47	24.618	158	39.54	295
21	44.81	37	68.64	331	10.033	96	58.44	73	35.979	112	13.91	32	24.776	88	42.49	310
Mai 1	45.18	21	71.95	327	10.129	68	59.17	87	36.091	83	14.23	19	24.864	19	45.59	314
10	³45.39	4	75.22	318	³10.197	39	60.04	96	⁴36.174	53	14.42	6	⁵24.883	48	48.73	307
20	45.43	14	78.40	300	10.236	12	61.00	101	36.227	24	14.48	5	24.835	111	51.80	290
30	45.29	31	81.40	276	10.248	15	62.01	102	36.251	4	14.43	13	24.724	169	54.70	266
Juni 9	44.98	46	84.16	245	10.233	41	63.03	99	36.247	33	14.30	22	24.555	222	57.36	233
19	44.52	60	86.61	208	10.192	66	64.02	95	36.214	60	14.08	30	24.333	268	59.69	193
29	43.92	73	88.69	165	10.126	89	64.97	87	36.154	86	13.78	36	24.065	307	61.62	150
Juli 9	43.19	84	90.34	118	10.037	110	65.84	78	36.068	109	13.42	43	23.758	339	63.12	103
19	42.35	92	91.52	66	9.927	126	66.62	67	35.959	128	12.99	49	23.419	362	64.15	53
29	41.43	97	92.18	13	9.801	140	67.29	54	35.831	144	12.50	53	23.057	376	64.68	2
Aug. 8	40.46	98	92.31	42	9.661	147	67.83	41	35.687	152	11.97	57	22.681	381	64.70	49
18	39.48	96	91.89	95	9.514	149	68.24	26	35.535	155	11.40	59	22.300	376	64.21	99
28	38.52	91	90.94	147	9.365	143	68.50	9	35.380	149	10.81	59	21.924	359	63.22	148
Sept. 7	37.61	80	89.47	194	9.222	129	68.59	9	35.231	135	10.22	56	21.565	331	61.74	195
17	36.81	67	87.53	234	9.093	108	68.50	30	35.096	112	9.66	50	21.234	293	59.79	238
27	36.14	51	85.19	267	8.985	78	68.20	50	34.984	80	9.16	41	20.941	243	57.41	276
Okt. 7	35.63	31	82.52	289	8.907	41	67.70	73	34.904	42	8.75	27	20.698	182	54.65	310
17	35.32	9	79.63	300	8.866	1	66.97	97	34.862	3	8.48	10	20.516	112	51.55	338
27	35.23	13	76.63	301	8.867	49	66.00	121	34.865	53	8.38	10	20.404	34	48.17	359
Nov. 6	35.36	36	73.62	288	8.916	98	64.79	143	34.918	105	8.48	33	20.370	48	44.58	370
16	35.72	58	70.74	265	9.014	146	63.36	164	35.023	156	8.81	57	20.418	132	40.88	373
26	36.30	79	68.09	232	9.160	193	61.72	181	35.179	204	9.38	81	20.550	216	37.15	365
Dez. 6	37.09	97	65.77	189	9.353	233	59.91	194	35.383	246	10.19	104	20.766	294	33.50	348
16	38.06	112	63.88	141	9.586	267	57.97	200	35.629	280	11.23	124	21.060	364	30.02	318
26	39.18	123	62.47	87	9.853	291	55.97	202	35.909	306	12.47	141	21.424	423	26.84	278
36	40.41		61.60		10.144		53.95		36.215		13.88		21.847		24.06	
Mittl. Ort	32.79		67.80		7.364		67.60		33.011		6.21		22.213		50.58	
sec δ, tg δ	+5.180		− 5.082		+1.001		+ 0.036		+1.040		− 0.284		+1.968		+ 1.695	
a, a′	+7.5		−15.2		+3.0		−15.1		+3.3		−14.9		+1.5		−14.8	
b, b′	+0.26		+ 0.65		0.00		+ 0.66		+0.01		+ 0.67		−0.08		+ 0.68	

Scheinbare Sternörter 1958

Obere Kulmination Greenwich

Tag	550) β Ursae min. AR.	Δ	Dekl.	Δ	551) Pi 14h 221 Boot AR.	Δ	Dekl.	Δ
1958	14h 50m		+74° 19′		14h 54m		+14° 36′	
	s		″		s		″	
Jan. 1	44.14	75	22.98	230	13.900	300	50.45	223
11	44.89	81	20.68	172	14.200	313	48.22	201
21	45.70	86	18.96	108	14.513	316	46.21	171
31	46.56	88	17.88	40	14.829	310	44.50	136
Febr. 10	47.44	85	17.48	28	15.139	296	43.14	95
20	48.29	80	17.76	94	15.435	277	42.19	53
März 2	49.09	73	18.70	156	15.712	252	41.66	11
12	49.82	62	20.26	211	15.964	224	41.55	29
22	50.44	51	22.37	256	16.188	195	41.84	66
April 1	50.95	38	24.93	290	16.383	163	42.50	98
11	51.33	24	27.83	313	16.546	132	43.48	125
21	51.57	10	30.96	324	16.678	101	44.73	145
Mai 1	5 51.67	5	34.20	325	6 16.779	70	46.18	157
10	51.62	17	37.45	313	16.849	40	47.75	164
20	51.45	30	40.58	292	16.889	11	49.39	165
30	51.15	42	43.50	262	16.900	18	51.04	160
Juni 9	50.73	51	46.12	225	16.882	46	52.64	150
19	50.22	60	48.37	182	16.836	72	54.14	137
29	49.62	67	50.19	134	16.764	97	55.51	119
Juli 9	48.95	73	51.53	84	16.667	118	56.70	99
19	48.22	76	52.37	31	16.549	136	57.69	77
29	47.46	78	52.68	23	16.413	151	58.46	53
Aug. 8	46.68	78	52.45	75	16.262	160	58.99	28
18	45.90	77	51.70	127	16.102	161	59.27	2
28	45.13	73	50.43	176	15.941	157	59.29	25
Sept. 7	44.40	67	48.67	222	15.784	145	59.04	54
17	43.73	60	46.45	263	15.639	124	58.50	81
27	43.13	51	43.82	301	15.515	95	57.69	110
Okt. 7	42.62	40	40.81	332	15.420	59	56.59	138
17	42.22	27	37.49	355	15.361	16	55.21	164
27	41.95	14	33.94	372	15.345	31	53.57	190
Nov. 6	41.81	1	30.22	380	15.376	80	51.67	211
16	41.82	15	26.42	378	15.456	131	49.56	229
26	41.97	31	22.64	365	15.587	178	47.27	241
Dez. 6	42.28	45	18.99	342	15.765	221	44.86	247
16	42.73	58	15.57	308	15.986	258	42.39	245
26	43.31	69	12.49	263	16.244	286	39.94	235
36	44.00		9.86		16.530		37.59	
Mittl. Ort	48.30		37.77		14.155		53.95	
sec δ, tg δ	+3.702		+ 3.564		+1.033		+ 0.261	
a, a′	−0.2		−14.7		+2.8		−14.5	
b, b′	−0.17		+ 0.68		−0.01		+ 0.69	

Tag	552) β Lupi AR.	Δ	Dekl.	Δ	555) β Bootis AR.	Δ	Dekl.	Δ
1958	14h 55m		−42° 57′		15h 0m		+40° 32′	
	s		″		s		″	
Jan. 1	46.394	399	45.13	48	20.895	335	69.71	259
11	46.793	413	45.61	82	21.230	357	67.12	216
21	47.206	414	46.43	112	21.587	367	64.96	165
31	47.620	406	47.55	138	21.954	366	63.31	108
Febr. 10	48.026	389	48.93	158	22.320	354	62.23	48
20	48.415	364	50.51	174	22.674	332	61.75	11
März 2	48.779	335	52.25	185	23.006	303	61.86	69
12	49.114	303	54.10	191	23.309	269	62.55	123
22	49.417	267	56.01	195	23.578	230	63.78	171
April 1	49.684	230	57.96	194	23.808	188	65.49	209
11	49.914	192	59.90	190	23.996	145	67.58	240
21	50.106	153	61.80	183	24.141	102	69.98	260
Mai 1	6 50.259	113	63.63	174	7 24.243	59	72.58	270
10	50.372	73	65.37	161	24.302	17	75.28	270
20	50.445	33	66.98	147	24.319	23	77.98	263
30	50.478	8	68.45	129	24.296	62	80.61	246
Juni 9	50.470	48	69.74	108	24.234	98	83.07	224
19	50.422	86	70.82	85	24.136	131	85.31	194
29	50.336	123	71.67	60	24.005	161	87.25	160
Juli 9	50.213	156	72.27	32	23.844	187	88.85	122
19	50.057	182	72.59	3	23.657	207	90.07	81
29	49.875	203	72.62	26	23.450	222	90.88	39
Aug. 8	49.672	215	72.36	56	23.228	231	91.27	5
18	49.457	218	71.80	84	22.997	232	91.22	50
28	49.239	211	70.96	110	22.765	226	90.72	93
Sept. 7	49.028	191	69.86	132	22.539	210	89.79	135
17	48.837	160	68.54	149	22.329	185	88.44	176
27	48.677	119	67.05	161	22.144	152	86.68	215
Okt. 7	48.558	68	65.44	165	21.992	109	84.53	249
17	48.490	8	63.79	161	21.883	60	82.04	280
27	48.482	56	62.18	151	21.823	5	79.24	305
Nov. 6	48.538	123	60.67	133	21.818	54	76.19	324
16	48.661	188	59.34	108	21.872	115	72.95	334
26	48.849	250	58.26	78	21.987	174	69.61	336
Dez. 6	49.099	304	57.48	45	22.161	229	66.25	329
16	49.403	348	57.03	9	22.390	277	62.96	311
26	49.751	381	56.94	28	22.667	315	59.85	283
36	50.132		57.22		22.982		57.02	
Mittl. Ort	46.216		57.79		21.748		79.20	
sec δ, tg δ	+1.367		− 0.931		+1.316		+ 0.856	
a, a′	+3.9		−14.4		+2.3		−14.1	
b, b′	+0.04		+ 0.69		−0.04		+ 0.71	

Obere Kulmination Greenwich

Tag	556) σ Librae AR.		556) σ Librae Dekl.		557) ψ Bootis AR.		557) ψ Bootis Dekl.	
1958	15h 1m		−25° 6′		15h 2m		+27° 6′	
	s		″		s		″	
Jan. 1	36.428	331	57.30	108	38.149	306	31.18	247
11	36.759	343	58.38	124	38.455	323	28.71	214
21	37.102	346	59.62	137	38.778	329	26.57	173
31	37.448	339	60.99	143	39.107	326	24.84	127
Febr. 10	37.787	324	62.42	146	39.433	315	23.57	76
20	38.111	305	63.88	143	39.748	296	22.81	23
März 2	38.416	281	65.31	137	40.044	271	22.58	27
12	38.697	254	66.68	129	40.315	241	22.85	75
22	38.951	225	67.97	118	40.556	209	23.60	119
April 1	39.176	195	69.15	106	40.765	176	24.79	156
11	39.371	165	70.21	95	40.941	141	26.35	185
21	39.536	134	71.16	82	41.082	105	28.20	206
Mai 1	39.670	103	71.98	71	41.187	71	30.26	219
10*	8 39.773	71	72.69	59	8 41.258	36	32.45	224
20	39.844	39	73.28	47	41.294	3	34.69	220
30	39.883	7	73.75	35	41.297	29	36.89	211
Juni 9	39.890	24	74.10	23	41.268	60	39.00	194
19	39.866	56	74.33	11	41.208	90	40.94	172
29	39.810	85	74.44	2	41.118	116	42.66	147
Juli 9	39.725	112	74.42	16	41.002	140	44.13	118
19	39.613	136	74.26	29	40.862	159	45.31	85
29	39.477	153	73.97	42	40.703	175	46.16	52
Aug. 8	39.324	165	73.55	55	40.528	185	46.68	17
18	39.159	170	73.00	66	40.343	187	46.85	20
28	38.989	166	72.34	75	40.156	183	46.65	55
Sept. 7	38.823	152	71.59	81	39.973	171	46.10	92
17	38.671	130	70.78	84	39.802	150	45.18	127
27	38.541	97	69.94	83	39.652	120	43.91	162
Okt. 7	38.444	57	69.11	76	39.532	83	42.29	194
17	38.387	9	68.35	64	39.449	39	40.35	224
27	38.378	44	67.71	48	39.410	10	38.11	249
Nov. 6	38.422	98	67.23	28	39.420	63	35.62	271
16	38.520	153	66.95	5	39.483	116	32.91	286
26	38.673	204	66.90	22	39.599	168	30.05	293
Dez. 6	38.877	250	67.12	48	39.767	215	27.12	293
16	39.127	288	67.60	73	39.982	257	24.19	283
26	39.415	316	68.33	96	40.239	289	21.36	265
36	39.731		69.29		40.528		18.71	
Mittl. Ort	36.351		65.47		38.661		37.49	
sec δ, tg δ	+1.104		− 0.469		+1.123		+ 0.512	
a, *a′*	+3.5		−14.1		+2.6		−14.0	
b, *b′*	+0.02		+ 0.71		−0.02		+ 0.72	

Tag	558) ζ Lupi AR.		558) ζ Lupi Dekl.		563) δ Bootis AR.		563) δ Bootis Dekl.	
1958	15h 9m		−51° 56′		15h 13m		+33° 27′	
	s		″		s		″	
Jan. 1	15.310	451	12.44	1	47.754	309	66.67	261
11	15.761	472	12.45	40	48.063	330	64.06	223
21	16.233	479	12.85	77	48.393	341	61.83	179
31	16.712	473	13.62	111	48.734	342	60.04	128
Febr. 10	17.185	457	14.73	141	49.076	332	58.76	72
20	17.642	434	16.14	166	49.408	314	58.04	16
März 2	18.076	404	17.80	187	49.722	291	57.88	39
12	18.480	368	19.67	202	50.013	262	58.27	92
22	18.848	328	21.69	213	50.275	228	59.19	139
April 1	19.176	286	23.82	220	50.503	193	60.58	179
11	19.462	243	26.02	223	50.696	155	62.37	210
21	19.705	196	28.25	221	50.851	118	64.47	233
Mai 1	19.901	148	30.46	216	50.969	79	66.80	247
10*	10 20.049	99	32.62	207	11 51.048	42	69.27	251
20	20.148	48	34.69	194	51.090	5	71.78	247
30	20.196	2	36.63	177	51.095	31	74.25	236
Juni 9	20.194	52	38.40	155	51.064	65	76.61	218
19	20.142	100	39.95	130	50.999	97	78.79	193
29	20.042	147	41.25	101	50.902	128	80.72	165
Juli 9	19.895	188	42.26	70	50.774	154	82.37	131
19	19.707	222	42.96	36	50.620	176	83.68	95
29	19.485	250	43.32	1	50.444	193	84.63	57
Aug. 8	19.235	267	43.31	38	50.251	205	85.20	18
18	18.968	273	42.93	73	50.046	210	85.38	23
28	18.695	265	42.20	108	49.836	206	85.15	63
Sept. 7	18.430	245	41.12	139	49.630	194	84.52	104
17	18.185	212	39.73	165	49.436	174	83.48	143
27	17.973	164	38.08	185	49.262	144	82.05	180
Okt. 7	17.809	105	36.23	197	49.118	106	80.25	215
17	17.704	37	34.26	202	49.012	61	78.10	246
27	17.667	38	32.24	197	48.951	11	75.64	273
Nov. 6	17.705	116	30.27	184	48.940	44	72.91	295
16	17.821	194	28.43	164	48.984	101	69.96	310
26	18.015	266	26.79	135	49.085	156	66.86	317
Dez. 6	18.281	332	25.44	101	49.241	208	63.69	314
16	18.613	386	24.43	64	49.449	253	60.55	302
26	18.999	429	23.79	23	49.702	290	57.53	280
36	19.428		23.56		49.992		54.73	
Mittl. Ort	15.243		27.01		48.470		73.73	
sec δ, tg δ	+1.622		− 1.277		+1.199		+ 0.661	
a, *a′*	+4.3		−13.6		+2.4		− 13.3	
b, *b′*	+0.06		+ 0.74		−0.03		+ 0.75	

* Bei Stern 563) lies Mai 11.

Scheinbare Sternörter 1958

Obere Kulmination Greenwich

Tag	565) ι H. Ursae min. AR.		Dekl.		564) β Librae AR.		Dekl.		560) γ Triang. austr. AR.		Dekl.		566) φ¹ Lupi AR.		Dekl.	
1958	15h 14m		+67° 29′		15h 14m		−9° 13′		15h 14m		−68° 31′		15h 19m		−36° 6′	
	s		″		s		″		s		″		s		″	
Jan. 1	5.84	52	69.21	264	44.473	299	41.02	156	57.29	70	17.56	66	7.962	357	26.36	52
11	6.36	58	66.57	211	44.772	312	42.58	158	57.99	73	16.90	17	8.319	373	26.88	78
21	6.94	62	64.46	150	45.084	317	44.16	152	58.72	76	16.73	31	8.692	379	27.66	100
31	7.56	64	62.96	84	45.401	313	45.68	142	59.48	75	17.04	78	9.071	375	28.66	119
Febr. 10	8.20	63	62.12	15	45.714	302	47.10	127	60.23	74	17.82	122	9.446	365	29.85	134
20	8.83	60	61.97	53	46.016	286	48.37	108	60.97	70	19.04	161	9.811	346	31.19	143
März 2	9.43	56	62.50	117	46.302	265	49.45	86	61.67	66	20.65	196	10.157	323	32.62	149
12	9.99	50	63.67	176	46.567	241	50.31	64	62.33	60	22.61	224	10.480	296	34.11	152
22	10.49	42	65.43	227	46.808	215	50.95	42	62.93	54	24.85	248	10.776	267	35.63	151
April 1	10.91	34	67.70	268	47.023	189	51.37	21	63.47	47	27.33	266	11.043	236	37.14	148
11	11.25	24	70.38	299	47.212	161	51.58	1	63.94	40	29.99	278	11.279	204	38.62	144
21	11.49	15	73.37	317	47.373	133	51.59	14	64.34	31	32.77	285	11.483	169	40.06	137
Mai 1	11.64	5	76.54	325	47.506	104	51.45	28	64.65	23	35.62	285	11.652	134	41.43	129
11	11.69	4	79.79	321	47.610	75	51.17	38	64.88	14	38.47	281	11.786	99	42.72	120
20	^{11}11.65	13	83.00	307	^{11}47.685	46	50.79	46	^{11}65.02	5	41.28	269	^{12}11.885	61	43.92	109
30	11.52	21	86.07	283	47.731	16	50.33	52	65.07	4	43.97	251	11.946	23	45.01	96
Juni 9	11.31	30	88.90	253	47.747	13	49.81	55	65.03	13	46.48	228	11.969	15	45.97	81
19	11.01	36	91.43	215	47.734	43	49.26	56	64.90	22	48.76	199	11.954	53	46.78	65
29	10.65	42	93.58	171	47.691	71	48.70	57	64.68	29	50.75	164	11.901	89	47.43	46
Juli 9	10.23	47	95.29	124	47.620	97	48.13	56	64.39	36	52.39	125	11.812	122	47.89	26
19	9.76	50	96.53	73	47.523	120	47.57	55	64.03	42	53.64	81	11.690	151	48.15	5
29	9.26	53	97.26	21	47.403	138	47.02	52	63.61	46	54.45	35	11.539	175	48.20	18
Aug. 8	8.73	55	97.47	31	47.265	151	46.50	49	63.15	49	54.80	13	11.364	191	48.02	40
18	8.18	54	97.16	83	47.114	157	46.01	44	62.66	50	54.67	62	11.173	199	47.62	62
28	7.64	53	96.33	135	46.957	156	45.57	39	62.16	48	54.05	109	10.974	197	47.00	82
Sept. 7	7.11	50	94.98	183	46.801	147	45.18	30	61.68	45	52.96	153	10.777	185	46.18	100
17	6.61	45	93.15	229	46.654	128	44.88	19	61.23	39	51.43	193	10.592	161	45.18	114
27	6.16	39	90.86	270	46.526	101	44.69	7	60.84	31	49.50	224	10.431	127	44.04	122
Okt. 7	5.77	32	88.16	306	46.425	65	44.62	9	60.53	22	47.26	249	10.304	84	42.82	126
17	5.45	23	85.10	336	46.360	23	44.71	26	60.31	11	44.77	264	10.220	32	41.56	123
27	5.22	14	81.74	360	46.337	24	44.97	47	60.20	2	42.13	267	10.188	26	40.33	114
Nov. 6	5.08	3	78.14	374	46.361	74	45.44	68	60.22	14	39.46	261	10.214	87	39.19	98
16	5.05	8	74.40	380	46.435	125	46.12	89	60.36	26	36.85	245	10.301	148	38.21	77
26	5.13	19	70.60	376	46.560	173	47.01	110	60.62	39	34.40	218	10.449	206	37.44	52
Dez. 6	5.32	30	66.84	359	46.733	217	48.11	129	61.01	49	32.22	183	10.655	259	36.92	24
16	5.62	39	63.25	332	46.950	255	49.40	144	61.50	58	30.39	141	10.914	302	36.68	5
26	6.01	48	59.93	295	47.205	283	50.84	153	62.08	66	28.98	96	11.216	337	36.73	35
36	6.49		56.98		47.488		52.37		62.74		28.02		11.553		37.08	
Mittl. Ort	8.76		81.50		44.566		45.08		57.50		34.74		7.953		37.50	
sec δ, tg δ	+2.614		+ 2.415		+1.013		− 0.162		+2.732		− 2.542		+1.238		− 0.729	
a, *a′*	+0.7		−13.3		+3.2		−13.2		+5.6		−13.2		+3.8		−12.9	
b, *b′*	−0.11		+ 0.75		+0.01		+ 0.75		+0.11		+ 0.75		+0.03		+ 0.76	

Obere Kulmination Greenwich

Tag	569) γ Ursae min.				568) μ Bootis *pr*				571) ι Draconis				572) β Coronae bor.			
	AR.		Dekl.		AR.		Dekl.		AR.		Dekl.		AR.		Dekl.	
1958	$15^h\ 20^m$		+71° 58′		$15^h\ 22^m$		+37° 31′		$15^h\ 23^m$		+59° 6′		$15^h\ 26^m$		+29° 14′	
	s		″		s		″		s		″		s		″	
Jan. 1	42.72	60	48.51	264	53.258	310	17.30	269	57.430	407	34.71	279	5.068	293	52.69	260
11	43.32	69	45.87	210	53.568	335	14.61	231	57.837	452	31.92	228	5.361	315	50.09	226
21	44.01	74	43.77	150	53.903	349	12.30	183	58.289	480	29.64	171	5.676	327	47.83	186
31	44.75	76	42.27	84	54.252	352	10.47	130	58.769	493	27.93	107	6.003	329	45.97	138
Febr. 10	45.51	76	41.43	16	54.604	345	9.17	73	59.262	489	26.86	40	6.332	322	44.59	86
20	46.27	74	41.27	52	54.949	329	8.44	14	59.751	471	26.46	27	6.654	308	43.73	33
März 2	47.01	68	41.79	118	55.278	307	8.30	45	60.222	439	26.73	92	6.962	287	43.40	21
12	47.69	62	42.97	177	55.585	277	8.75	100	60.661	395	27.65	152	7.249	262	43.61	72
22	48.31	52	44.74	228	55.862	244	9.75	148	61.056	341	29.17	206	7.511	231	44.33	119
April 1	48.83	41	47.02	270	56.106	207	11.23	191	61.397	281	31.23	249	7.742	199	45.52	159
11	49.24	31	49.72	300	56.313	168	13.14	225	61.678	216	33.72	283	7.941	165	47.11	192
21	49.55	18	52.72	320	56.481	127	15.39	248	61.894	149	36.55	306	8.106	130	49.03	216
Mai 1	49.73	6	55.92	328	56.608	88	17.87	263	62.043	80	39.61	318	8.236	94	51.19	232
11	49.79	5	59.20	325	56.696	47	20.50	269	62.123	12	42.79	318	8.330	59	53.51	239
20	[12] 49.74	17	62.45	311	[13] 56.743	7	23.19	265	[13] 62.135	55	45.97	309	[14] 8.389	23	55.90	238
30	49.57	28	65.56	289	56.750	32	25.84	253	62.080	117	49.06	290	8.412	12	58.28	230
Juni 9	49.29	38	68.45	257	56.718	69	28.37	233	61.963	176	51.96	263	8.400	46	60.58	214
19	48.91	46	71.02	219	56.649	104	30.70	209	61.787	230	54.59	229	8.354	78	62.72	194
29	48.45	54	73.21	176	56.545	136	32.79	178	61.557	277	56.88	189	8.276	109	64.66	167
Juli 9	47.91	60	74.97	128	56.409	166	34.57	142	61.280	318	58.77	144	8.167	137	66.33	138
19	47.31	64	76.25	78	56.243	190	35.99	105	60.962	351	60.21	97	8.030	161	67.71	105
29	46.67	68	77.03	25	56.053	209	37.04	64	60.611	374	61.18	47	7.869	180	68.76	70
Aug. 8	45.99	70	77.28	27	55.844	222	37.68	22	60.237	389	61.65	4	7.689	194	69.46	33
18	45.29	69	77.01	80	55.622	228	37.90	21	59.848	394	61.61	55	7.495	201	69.79	5
28	44.60	68	76.21	131	55.394	226	37.69	65	59.454	386	61.06	106	7.294	199	69.74	43
Sept. 7	43.92	64	74.90	180	55.168	215	37.04	106	59.068	368	60.00	155	7.095	191	69.31	82
17	43.28	59	73.10	226	54.953	194	35.98	148	58.700	336	58.45	201	6.904	173	68.49	119
27	42.69	52	70.84	267	54.759	166	34.50	187	58.364	293	56.44	245	6.731	145	67.30	156
Okt. 7	42.17	43	68.17	304	54.593	127	32.63	223	58.071	239	53.99	283	6.586	111	65.74	190
17	41.74	33	65.13	334	54.466	81	30.40	257	57.832	174	51.16	316	6.475	68	63.84	222
27	41.41	21	61.79	358	54.385	29	27.83	285	57.658	100	48.00	343	6.407	19	61.62	251
Nov. 6	41.20	8	58.21	373	54.356	28	24.98	307	57.558	19	44.57	361	6.388	34	59.11	273
16	41.12	5	54.48	378	54.384	87	21.91	322	57.539	66	40.96	372	6.422	89	56.38	291
26	41.17	19	50.70	374	54.471	145	18.69	329	57.605	151	37.24	372	6.511	142	53.47	301
Dez. 6	41.36	31	46.96	358	54.616	200	15.40	326	57.756	232	33.52	361	6.653	192	50.46	301
16	41.67	44	43.38	332	54.816	248	12.14	313	57.988	308	29.91	339	6.845	237	47.45	294
26	42.11	55	40.06	294	55.064	289	9.01	290	58.296	374	26.52	306	7.082	274	44.51	277
36	42.66		37.12		55.353		6.11		58.670		23.46		7.356		41.74	
Mittl. Ort	46.63		60.52		54.134		24.57		59.436		45.29		5.739		58.00	
sec δ, tg δ	+3.233		+ 3.075		+1.261		+ 0.768		+1.948		+ 1.672		+1.146		+ 0.560	
a, *a′*	−0.1		−12.8		+2.3		−12.7		+1.3		−12.6		+2.5		−12.5	
b, *b′*	−0.13		+ 0.77		−0.03		+ 0.77		−0.07		+ 0.78		−0.02		+ 0.78	

Scheinbare Sternörter 1958

Obere Kulmination Greenwich

Tag	573) ν¹ Bootis AR.	Δ	573) ν¹ Bootis Dekl.	Δ	578) α Coronae bor. AR.	Δ	578) α Coronae bor. Dekl.	Δ
1958	15ʰ 29ᵐ		+40° 58′		15ʰ 32ᵐ		+26° 51′	
	s		″		s		″	
Jan. 1	24.105	314	23.91	276	53.828	286	13.58	257
11	24.419	341	21.15	237	54.114	309	11.01	227
21	24.760	358	18.78	188	54.423	321	8.74	189
31	25.118	364	16.90	133	54.744	324	6.85	144
Febr. 10	25.482	359	15.57	73	55.068	318	5.41	94
20	25.841	345	14.84	12	55.386	306	4.47	42
März 2	26.186	322	14.72	48	55.692	286	4.05	11
12	26.508	293	15.20	104	55.978	262	4.16	61
22	26.801	258	16.24	156	56.240	234	4.77	107
April 1	27.059	221	17.80	199	56.474	203	5.84	147
11	27.280	180	19.79	234	56.677	171	7.31	181
21	27.460	137	22.13	260	56.848	138	9.12	205
Mai 1	27.597	94	24.73	275	56.986	103	11.17	222
11	15 27.691	51	27.48	281	16 57.089	68	13.39	231
20	27.742	9	30.29	277	57.157	34	15.70	231
30	27.751	34	33.06	265	57.191	1	18.01	224
Juni 9	27.717	73	35.71	246	57.190	35	20.25	210
19	27.644	110	38.17	219	57.155	68	22.35	191
29	27.534	146	40.36	187	57.087	99	24.26	168
Juli 9	27.388	177	42.23	151	56.988	128	25.94	139
19	27.211	203	43.74	111	56.860	151	27.33	108
29	27.008	224	44.85	68	56.709	172	28.41	75
Aug. 8	26.784	238	45.53	25	56.537	187	29.16	40
18	26.546	246	45.78	20	56.350	196	29.56	3
28	26.300	244	45.58	65	56.154	195	29.59	33
Sept. 7	26.056	233	44.93	109	55.959	188	29.26	71
17	25.823	213	43.84	153	55.771	171	28.55	107
27	25.610	184	42.31	193	55.600	146	27.48	143
Okt. 7	25.426	145	40.38	231	55.454	112	26.05	178
17	25.281	98	38.07	265	55.342	70	24.27	209
27	25.183	44	35.42	294	55.272	22	22.18	237
Nov. 6	25.139	15	32.48	317	55.250	29	19.81	262
16	25.154	76	29.31	333	55.279	83	17.19	280
26	25.230	137	25.98	339	55.362	136	14.39	291
Dez. 6	25.367	194	22.59	336	55.498	185	11.48	294
16	25.561	246	19.23	322	55.683	230	8.54	289
26	25.807	291	16.01	298	55.913	267	5.65	273
36	26.098		13.03		56.180		2.92	
Mittl. Ort	25.127		31.35		54.476		17.94	
sec δ, tg δ	+1.325		+ 0.869		+1.121		+ 0.506	
a, *a′*	+2.2		−12.2		+2.5		−12.0	
b, *b′*	−0.04		+ 0.79		−0.02		+ 0.80	

Tag	577) γ Librae AR.	Δ	577) γ Librae Dekl.	Δ	1410) 115 G. Lupi AR.	Δ	1410) 115 G. Lupi Dekl.	Δ
1958	15ʰ 33ᵐ		−14° 38′		15ʰ 33ᵐ		−44° 15′	
	s		″		s		″	
Jan. 1	10.188	295	57.26	128	18.778	385	13.92	6
11	10.483	313	58.54	134	19.163	407	13.98	35
21	10.796	320	59.88	135	19.570	417	14.33	65
31	11.116	320	61.23	130	19.987	417	14.98	92
Febr. 10	11.436	312	62.53	121	20.404	409	15.90	115
20	11.748	298	63.74	109	20.813	393	17.05	134
März 2	12.046	280	64.83	93	21.206	370	18.39	148
12	12.326	259	65.76	76	21.576	343	19.87	160
22	12.585	235	66.52	58	21.919	313	21.47	167
April 1	12.820	209	67.10	40	22.232	279	23.14	171
11	13.029	183	67.50	25	22.511	244	24.85	173
21	13.212	155	67.75	12	22.755	206	26.58	172
Mai 1	13.367	127	67.87	1	22.961	167	28.30	168
11	16 13.494	97	67.86	11	16 23.128	125	29.98	161
20	13.591	67	67.75	18	23.253	82	31.59	153
30	13.658	34	67.57	25	23.335	38	33.12	141
Juni 9	13.692	3	67.32	29	23.373	7	34.53	125
19	13.695	28	67.03	33	23.366	52	35.78	108
29	13.667	60	66.70	37	23.314	95	36.86	86
Juli 9	13.607	90	66.33	39	23.219	135	37.72	62
19	13.517	115	65.94	41	23.084	171	38.34	35
29	13.402	137	65.53	44	22.913	199	38.69	8
Aug. 8	13.265	154	65.09	45	22.714	221	38.77	22
18	13.111	163	64.64	45	22.493	232	38.55	51
28	12.948	165	64.19	45	22.261	232	38.04	79
Sept. 7	12.783	158	63.74	42	22.029	221	37.25	105
17	12.625	141	63.32	37	21.808	198	36.20	127
27	12.484	116	62.95	30	21.610	161	34.93	145
Okt. 7	12.368	81	62.65	19	21.449	113	33.48	156
17	12.287	39	62.46	5	21.336	57	31.92	160
27	12.248	8	62.41	12	21.279	7	30.32	157
Nov. 6	12.256	59	62.53	30	21.286	74	28.75	147
16	12.315	111	62.83	51	21.360	143	27.28	130
26	12.426	162	63.34	72	21.503	209	25.98	107
Dez. 6	12.588	208	64.06	91	21.712	269	24.91	79
16	12.796	246	64.97	109	21.981	320	24.12	48
26	13.042	279	66.06	122	22.301	361	23.64	15
36	13.321		67.28		22.662		23.49	
Mittl. Ort	10.331		63.22		18.870		26.82	
sec δ, tg δ	+1.034		− 0.261		+1.396		− 0.974	
a, *a′*	+3.4		−12.0		+4.1		−12.0	
b, *b′*	+0.01		+ 0.80		+0.04		+ 0.80	

Scheinbare Sternörter 1958

Obere Kulmination Greenwich

Tag	582) α Serpentis AR.		582) α Serpentis Dekl.		583) β Serpentis AR.		583) β Serpentis Dekl.	
1958	$15^h\ 42^m$		$+6°\ 33'$		$15^h\ 44^m$		$+15°\ 32'$	
	s		″		s		″	
Jan. 1	11.442	273	24.37	204	14.344	271	66.23	232
11	11.715	292	22.33	190	14.615	293	63.91	212
21	12.007	303	20.43	170	14.908	304	61.79	183
31	12.310	304	18.73	144	15.212	308	59.96	148
Febr. 10	12.614	300	17.29	113	15.520	304	58.48	109
20	12.914	288	16.16	78	15.824	292	57.39	65
März 2	13.202	271	15.38	41	16.116	277	56.74	21
12	13.473	252	14.97	5	16.393	256	56.53	22
22	13.725	228	14.92	29	16.649	231	56.75	63
April 1	13.953	204	15.21	60	16.880	206	57.38	99
11	14.157	177	15.81	87	17.086	178	58.37	130
21	14.334	150	16.68	109	17.264	149	59.67	154
Mai 1	14.484	121	17.77	124	17.413	119	61.21	171
11	18 14.605	91	19.01	135	18 17.532	87	62.92	181
20	14.696	61	20.36	140	17.619	56	64.73	186
30	14.757	30	21.76	140	17.675	24	66.59	183
Juni 9	14.787	1	23.16	135	17.699	9	68.42	175
19	14.786	32	24.51	128	17.690	41	70.17	162
29	14.754	63	25.79	117	17.649	72	71.79	146
Juli 9	14.691	91	26.96	103	17.577	100	73.25	125
19	14.600	116	27.99	87	17.477	127	74.50	103
29	14.484	138	28.86	69	17.350	148	75.53	78
Aug. 8	14.346	154	29.55	51	17.202	164	76.31	51
18	14.192	165	30.06	31	17.038	175	76.82	24
28	14.027	167	30.37	10	16.863	178	77.06	5
Sept. 7	13.860	163	30.47	13	16.685	173	77.01	35
17	13.697	148	30.34	35	16.512	158	76.66	64
27	13.549	125	29.99	59	16.354	136	76.02	94
Okt. 7	13.424	94	29.40	84	16.218	104	75.08	124
17	13.330	55	28.56	108	16.114	66	73.84	153
27	13.275	11	27.48	132	16.048	21	72.31	179
Nov. 6	13.264	37	26.16	155	16.027	28	70.52	203
16	13.301	88	24.61	176	16.055	79	68.49	224
26	13.389	136	22.85	192	16.134	129	66.25	239
Dez. 6	13.525	182	20.93	204	16.263	176	63.86	247
16	13.707	223	18.89	210	16.439	218	61.39	249
26	13.930	255	16.79	209	16.657	253	58.90	242
36	14.185		14.70		16.910		56.48	
Mittl. Ort	11.804		23.49		14.833		67.38	
sec δ, tg δ	+1.007		+ 0.115		+1.038		+ 0.278	
a, *a′*	+2.9		−11.3		+2.8		−11.2	
b, *b′*	0.00		+ 0.82		−0.01		+ 0.83	

Tag	590) ζ Ursae min. AR.		590) ζ Ursae min. Dekl.		584) κ Serpentis AR.		584) κ Serpentis Dekl.	
1958	$15^h\ 45^m$		$+77°\ 55'$		$15^h\ 46^m$		$+18°\ 16'$	
	s		″		s		″	
Jan. 1	24.23	76	18.45	278	50.292	271	10.79	239
11	24.99	90	15.67	229	50.563	292	8.40	218
21	25.89	100	13.38	171	50.855	305	6.22	187
31	26.89	106	11.67	107	51.160	309	4.35	150
Febr. 10	27.95	110	10.60	40	51.469	306	2.85	108
20	29.05	108	10.20	28	51.775	296	1.77	62
März 2	30.13	102	10.48	94	52.071	280	1.15	16
12	31.15	94	11.42	155	52.351	259	0.99	30
22	32.09	82	12.97	209	52.610	235	1.29	72
April 1	32.91	68	15.06	255	52.845	208	2.01	110
11	33.59	52	17.61	289	53.053	180	3.11	142
21	34.11	34	20.50	314	53.233	151	4.53	166
Mai 1	34.45	16	23.64	326	53.384	120	6.19	185
11	19 34.61	2	26.90	328	19 53.504	88	8.04	195
20	34.59	20	30.18	319	53.592	56	9.99	199
30	34.39	37	33.37	300	53.648	22	11.98	196
Juni 9	34.02	52	36.37	273	53.670	10	13.94	187
19	33.50	67	39.10	239	53.660	43	15.81	173
29	32.83	79	41.49	198	53.617	74	17.54	154
Juli 9	32.04	89	43.47	153	53.543	104	19.08	133
19	31.15	98	45.00	104	53.439	130	20.41	108
29	30.17	104	46.04	53	53.309	152	21.49	81
Aug. 8	29.13	107	46.57	1	53.157	169	22.30	53
18	28.06	109	46.58	51	52.988	180	22.83	22
28	26.97	108	46.07	103	52.808	183	23.05	9
Sept. 7	25.89	103	45.04	152	52.625	178	22.96	39
17	24.86	97	43.52	199	52.447	164	22.57	72
27	23.89	88	41.53	243	52.283	142	21.85	104
Okt. 7	23.01	77	39.10	282	52.141	110	20.81	134
17	22.24	62	36.28	315	52.031	71	19.47	164
27	21.62	46	33.13	342	51.960	27	17.83	192
Nov. 6	21.16	29	29.71	361	51.933	23	15.91	217
16	20.87	10	26.10	371	51.956	74	13.74	237
26	20.77	11	22.39	371	52.030	125	11.37	251
Dez. 6	20.88	30	18.68	360	52.155	172	8.86	259
16	21.18	49	15.08	339	52.327	215	6.27	260
26	21.67	67	11.69	306	52.542	251	3.67	251
36	22.34		8.63		52.793		1.16	
Mittl. Ort	30.80		28.35		50.835		12.42	
sec δ, tg δ	+4.780		+ 4.674		+1.053		+ 0.330	
a, *a′*	−2.1		−11.1		+2.7		−11.0	
b, *b′*	−0.17		+ 0.83		−0.01		+ 0.84	

Scheinbare Sternörter 1958

Obere Kulmination Greenwich

Tag	585) μ Serpentis AR.		585) Dekl.		588) ε Serpentis AR.		588) Dekl.		589) β Triang. austr. AR.		589) Dekl.		593) ε Coronae bor. AR.		593) Dekl.	
1958	15h 47m		−3° 18′		15h 48m		+4° 36′		15h 51m		−63° 17′		15h 55m		+26° 59′	
	s		″		s		″		s		″		s		″	
Jan. 1	25.225	275	7.56	166	42.813	270	12.02	196	24.77	55	55.36	94	50.051	269	51.15	264
11	25.500	293	9.22	163	43.083	289	10.06	185	25.32	59	54.42	51	50.320	295	48.51	236
21	25.793	304	10.85	152	43.372	301	8.21	166	25.91	62	53.91	8	50.615	311	46.15	200
31	26.097	307	12.37	136	43.673	303	6.55	143	26.53	62	53.83	– 34	50.926	319	44.15	156
Febr. 10	26.404	301	13.73	115	43.976	300	5.12	113	27.15	63	54.17	74	51.245	318	42.59	106
20	26.705	291	14.88	90	44.276	289	3.99	81	27.78	61	54.91	110	51.563	310	41.53	54
März 2	26.996	275	15.78	63	44.565	274	3.18	46	28.39	58	56.01	143	51.873	295	40.99	2
12	27.271	256	16.41	36	44.839	255	2.72	11	28.97	55	57.44	172	52.168	274	40.97	– 50
22	27.527	234	16.77	9	45.094	232	2.61	– 22	29.52	50	59.16	196	52.442	250	41.47	99
April 1	27.761	210	16.86	– 17	45.326	209	2.83	52	30.02	46	61.12	216	52.692	223	42.46	142
11	27.971	186	16.69	38	45.535	184	3.35	78	30.48	40	63.28	232	52.915	192	43.88	176
21	28.157	159	16.31	56	45.719	156	4.13	99	30.88	34	65.60	243	53.107	160	45.64	205
Mai 1	28.316	131	15.75	71	45.875	128	5.12	115	31.22	27	68.03	249	53.267	126	47.69	225
11	$_{19}$28.447	103	15.04	81	$_{20}$46.003	99	6.27	126	$_{20}$31.49	21	70.52	250	53.393	92	49.94	236
20*	28.550	72	14.23	87	46.102	69	7.53	132	31.70	13	73.02	246	$_{21}$53.485	56	52.30	239
30	28.622	41	13.36	90	46.171	37	8.85	132	31.83	6	75.48	236	53.541	20	54.69	235
Juni 9	28.663	10	12.46	90	46.208	5	10.17	129	31.89	– 2	77.84	221	53.561	– 16	57.04	223
19	28.673	– 22	11.56	86	46.213	– 26	11.46	121	31.87	9	80.05	200	53.545	51	59.27	206
29	28.651	53	10.70	82	46.187	56	12.67	112	31.78	17	82.05	174	53.494	85	61.33	183
Juli 9	28.598	82	9.88	76	46.131	86	13.79	100	31.61	24	83.79	143	53.409	117	63.16	156
19	28.516	110	9.12	67	46.045	113	14.79	85	31.37	29	85.22	106	53.292	145	64.72	126
29	28.406	132	8.45	58	45.932	135	15.64	69	31.08	34	86.28	66	53.147	169	65.98	92
Aug. 8	28.274	150	7.87	49	45.797	153	16.33	53	30.74	38	86.94	24	52.978	187	66.90	58
18	28.124	161	7.38	38	45.644	164	16.86	34	30.36	40	87.18	– 21	52.791	200	67.48	21
28	27.963	166	7.00	26	45.480	168	17.20	14	29.96	41	86.97	64	52.591	204	67.69	– 17
Sept. 7	27.797	161	6.74	12	45.312	163	17.34	– 6	29.55	39	86.33	108	52.387	200	67.52	54
17	27.636	147	6.62	– 2	45.149	151	17.28	27	29.16	35	85.25	148	52.187	187	66.98	91
27	27.489	125	6.64	18	44.998	129	17.01	49	28.81	31	83.77	182	52.000	164	66.07	129
Okt. 7	27.364	93	6.82	37	44.869	97	16.52	73	28.50	23	81.95	209	51.836	133	64.78	164
17	27.271	55	7.19	55	44.772	60	15.79	97	28.27	15	79.86	230	51.703	94	63.14	198
27	27.216	10	7.74	76	44.712	16	14.82	120	28.12	6	77.56	240	51.609	47	61.16	228
Nov. 6	27.206	– 39	8.50	97	44.696	– 33	13.62	142	28.06	– 5	75.16	241	51.562	– 3	58.88	254
16	27.245	88	9.47	117	44.729	82	12.20	163	28.11	16	72.75	233	51.565	57	56.34	274
26	27.333	138	10.64	135	44.811	132	10.57	180	28.27	26	70.42	215	51.622	110	53.60	288
Dez. 6	27.471	184	11.99	151	44.943	177	8.77	192	28.53	35	68.27	188	51.732	161	50.72	295
16	27.655	223	13.50	162	45.120	218	6.85	200	28.88	43	66.39	156	51.893	208	47.77	291
26	27.878	257	15.12	167	45.338	251	4.85	201	29.31	51	64.83	117	52.101	247	44.86	279
36	28.135		16.79		45.589		2.84		29.82		63.66		52.348		42.07	
Mittl. Ort	25.510		11.03		43.179		10.40		25.29		71.13		50.793		54.06	
sec δ, tg δ	+1.002		− 0.058		+1.003		+ 0.081		+2.226		− 1.989		+1.122		+ 0.509	
a, a′	+3.1		−11.0		+3.0		−10.9		+5.3		−10.7		+2.5		−10.3	
b, b′	0.00		+ 0.84		0.00		+ 0.84		+0.07		+ 0.85		−0.02		+ 0.86	

* Bei Stern 593) lies Mai 21.

Scheinbare Sternörter 1958

Obere Kulmination Greenwich

Tag	594) δ Scorpii AR.	Δ	594) δ Scorpii Dekl.	Δ	598) ϑ Draconis AR.	Δ	598) ϑ Draconis Dekl.	Δ	597) β Scorpii *pr* AR.	Δ	597) β Scorpii *pr* Dekl.	Δ	606) 19 Ursae min. AR.	Δ	606) 19 Ursae min. Dekl.	Δ
1958	15h 57m		−22° 30′		16h 1m		+58° 40′		16h 2m		−19° 41′		16h 11m		+75° 58′	
	s		″		s		″		s		″		s		″	
Jan. 1	50.493	294	5.19	80	3.644	353	29.57	305	59.174	285	23.62	89	53.73	59	55.54	302
11	50.787	315	5.99	92	3.997	406	26.52	262	59.459	307	24.51	99	54.32	72	52.52	258
21	51.102	328	6.91	100	4.403	445	23.90	209	59.766	320	25.50	105	55.04	82	49.94	205
31	51.430	331	7.91	105	4.848	471	21.81	149	60.086	325	26.55	106	55.86	90	47.89	144
Febr. 10	51.761	328	8.96	104	5.319	480	20.32	83	60.411	322	27.61	103	56.76	94	46.45	78
20	52.089	318	10.00	101	5.799	475	19.49	16	60.733	313	28.64	96	57.70	95	45.67	10
März 2	52.407	304	11.01	94	6.274	456	19.33	– 51	61.046	300	29.60	86	58.65	92	45.57	– 57
12	52.711	285	11.95	84	6.730	424	19.84	115	61.346	282	30.46	75	59.57	86	46.14	121
22	52.996	264	12.79	75	7.154	382	20.99	173	61.628	262	31.21	62	60.43	78	47.35	180
April 1	53.260	240	13.54	65	7.536	330	22.72	224	61.890	240	31.83	49	61.21	67	49.15	231
11	53.500	215	14.19	54	7.866	273	24.96	265	62.130	215	32.32	38	61.88	54	51.46	271
21	53.715	188	14.73	45	8.139	210	27.61	296	62.345	189	32.70	28	62.42	40	54.17	303
Mai 1	53.903	159	15.18	37	8.349	144	30.57	316	62.534	161	32.98	18	62.82	25	57.20	322
11	54.062	129	15.55	29	8.493	76	33.73	325	62.695	130	33.16	11	63.07	10	60.42	331
21	$_{22}$54.191	96	15.84	23	$_{23}$8.569	9	36.98	324	$_{23}$62.825	99	33.27	5	$_{25}$63.17	– 7	63.73	329
30	54.287	61	16.07	17	8.578	– 57	40.22	312	62.924	65	33.32	0	63.10	21	67.02	317
Juni 9	54.348	26	16.24	11	8.521	121	43.34	293	62.989	31	33.32	4	62.89	35	70.19	296
19	54.374	– 10	16.35	5	8.400	182	46.27	264	63.020	– 5	33.28	9	62.54	49	73.15	267
29	54.364	45	16.40	0	8.218	237	48.91	230	63.015	41	33.19	13	62.05	61	75.82	231
Juli 9	54.319	80	16.40	7	7.981	286	51.21	190	62.974	75	33.06	17	61.44	71	78.13	190
19	54.239	110	16.33	15	7.695	328	53.11	146	62.899	106	32.89	22	60.73	80	80.03	144
29	54.129	138	16.18	22	7.367	363	54.57	97	62.793	133	32.67	27	59.93	87	81.47	95
Aug. 8	53.991	159	15.96	31	7.004	388	55.54	48	62.660	155	32.40	32	59.06	92	82.42	44
18	53.832	173	15.65	38	6.616	403	56.02	– 4	62.505	170	32.08	37	58.14	94	82.86	– 7
28	53.659	179	15.27	45	6.213	405	55.98	55	62.335	176	31.71	41	57.20	95	82.79	60
Sept. 7	53.480	176	14.82	51	5.808	397	55.43	105	62.159	174	31.30	44	56.25	93	82.19	111
17	53.304	162	14.31	54	5.411	375	54.38	155	61.985	162	30.86	44	55.32	89	81.08	161
27	53.142	139	13.77	55	5.036	341	52.83	202	61.823	139	30.42	44	54.43	83	79.47	207
Okt. 7	53.003	105	13.22	53	4.695	294	50.81	246	61.684	108	29.98	39	53.60	73	77.40	250
17	52.898	63	12.69	46	4.401	236	48.35	284	61.576	67	29.59	31	52.87	62	74.90	289
27	52.835	15	12.23	35	4.165	167	45.51	317	61.509	20	29.28	19	52.25	50	72.01	321
Nov. 6	52.820	– 38	11.88	22	3.998	90	42.34	344	61.489	– 31	29.09	5	51.75	34	68.80	347
16	52.858	92	11.66	5	3.908	7	38.90	362	61.520	85	29.04	– 12	51.41	18	65.33	363
26	52.950	145	11.61	– 15	3.901	– 77	35.28	369	61.605	137	29.16	30	51.23	1	61.70	371
Dez. 6	53.095	195	11.76	34	3.978	161	31.59	368	61.742	186	29.46	49	51.22	– 17	57.99	367
16	53.290	238	12.10	54	4.139	241	27.91	354	61.928	230	29.95	67	51.39	34	54.32	353
26	53.528	274	12.64	71	4.380	313	24.37	328	62.158	265	30.62	83	51.73	50	50.79	326
36	53.802		13.35		4.693		21.09		62.423		31.45		52.23		47.53	
Mittl. Ort	50.717		13.38		5.836		36.77		59.430		31.23		59.57		62.73	
sec δ, tg δ	+1.082		− 0.414		+1.924		+ 1.643		+1.062		− 0.358		+4.129		+ 4.006	
a, *a*′	+3.6		−10.2		+1.2		− 9.9		+3.5		− 9.8		−1.7		− 9.1	
b, *b*′	+0.01		+ 0.86		−0.05		+ 0.87		+0.01		+ 0.87		−0.12		+ 0.89	

Scheinbare Sternörter 1958

Obere Kulmination Greenwich

Tag	603) δ Ophiuchi AR.	Diff.	603) δ Ophiuchi Dekl.	Diff.	605) ε Ophiuchi AR.	Diff.	605) ε Ophiuchi Dekl.	Diff.	604) γ^2 Normae AR.	Diff.	604) γ^2 Normae Dekl.	Diff.	608) τ Herculis AR.	Diff.	608) τ Herculis Dekl.	Diff.
1958	16h 12m		−3° 35′		16h 16m		−4° 35′		16h 16m		−50° 3′		16h 18m		+46° 24′	
	s		″		s		″		s		″		s		″	
Jan. 1	8.108	258	11.20	158	5.363	257	24.99	152	40.784	382	2.81	66	27.105	279	40.76	308
11	8.366	281	12.78	155	5.620	280	26.51	150	41.166	417	2.15	34	27.384	321	37.68	272
21	8.647	295	14.33	145	5.900	295	28.01	141	41.583	441	1.81	4	27.705	351	34.96	226
31	8.942	302	15.78	130	6.195	301	29.42	126	42.024	453	1.77	27	28.056	371	32.70	173
Febr. 10	9.244	301	17.08	110	6.496	302	30.68	108	42.477	454	2.04	55	28.427	379	30.97	113
20	9.545	295	18.18	85	6.798	296	31.76	84	42.931	448	2.59	80	28.806	378	29.84	50
März 2	9.840	283	19.03	59	7.094	285	32.60	59	43.379	433	3.39	102	29.184	366	29.34	14
12	10.123	267	19.62	31	7.379	270	33.19	32	43.812	413	4.41	121	29.550	346	29.48	77
22	10.390	249	19.93	5	7.649	252	33.51	7	44.225	388	5.62	137	29.896	319	30.25	135
April 1	10.639	229	19.98	20	7.901	232	33.58	18	44.613	357	6.99	151	30.215	285	31.60	186
11	10.868	205	19.78	43	8.133	209	33.40	40	44.970	324	8.50	161	30.500	245	33.46	230
21	11.073	181	19.35	61	8.342	185	33.00	57	45.294	285	10.11	169	30.745	203	35.76	265
Mai 1	11.254	155	18.74	75	8.527	159	32.43	71	45.579	244	11.80	174	30.948	158	38.41	289
11	11.409	126	17.99	85	8.686	131	31.72	81	45.823	199	13.54	177	31.106	109	41.30	302
21	25 11.535	95	17.14	92	26 8.817	100	30.91	88	27 46.022	149	15.31	175	27 31.215	60	44.32	307
30	11.630	64	16.22	94	8.917	68	30.03	90	46.171	98	17.06	170	31.275	11	47.39	302
Juni 9	11.694	31	15.28	93	8.985	36	29.13	89	46.269	44	18.76	161	31.286	39	50.41	287
19	11.725	3	14.35	90	9.021	1	28.24	87	46.313	11	20.37	149	31.247	86	53.28	266
29	11.722	36	13.45	85	9.022	33	27.37	82	46.302	65	21.86	131	31.161	132	55.94	237
Juli 9	11.686	69	12.60	78	8.989	66	26.55	74	46.237	117	23.17	111	31.029	174	58.31	203
19	11.617	99	11.82	69	8.923	97	25.81	67	46.120	166	24.28	85	30.855	211	60.34	164
29	11.518	125	11.13	59	8.826	123	25.14	59	45.954	207	25.13	57	30.644	243	61.98	122
Aug. 8	11.393	147	10.54	50	8.703	146	24.55	49	45.747	240	25.70	27	30.401	269	63.20	76
18	11.246	163	10.04	38	8.557	162	24.06	38	45.507	264	25.97	6	30.132	285	63.96	30
28	11.083	170	9.66	26	8.395	170	23.68	28	45.243	275	25.91	40	29.847	293	64.26	19
Sept. 7	10.913	169	9.40	14	8.225	170	23.40	16	44.968	273	25.51	72	29.554	291	64.07	67
17	10.744	159	9.26	0	8.055	161	23.24	3	44.695	256	24.79	103	29.263	279	63.40	114
27	10.585	140	9.26	16	7.894	142	23.21	12	44.439	225	23.76	130	28.984	256	62.26	160
Okt. 7	10.445	112	9.42	33	7.752	114	23.33	28	44.214	181	22.46	152	28.728	221	60.66	205
17	10.333	76	9.75	51	7.638	78	23.61	45	44.033	125	20.94	168	28.507	177	58.61	244
27	10.257	32	10.26	70	7.560	35	24.06	63	43.908	59	19.26	177	28.330	124	56.17	280
Nov. 6	10.225	15	10.96	90	7.525	12	24.69	83	43.849	14	17.49	178	28.206	65	53.37	310
16	10.240	65	11.86	109	7.537	62	25.52	102	43.863	89	15.71	172	28.141	1	50.27	333
26	10.305	115	12.95	127	7.599	111	26.54	119	43.952	163	13.99	157	28.140	65	46.94	347
Dez. 6	10.420	161	14.22	142	7.710	159	27.73	134	44.115	234	12.42	138	28.205	131	43.47	351
16	10.581	203	15.64	153	7.869	201	29.07	146	44.349	298	11.04	112	28.336	192	39.96	345
26	10.784	238	17.17	160	8.070	236	30.53	153	44.647	351	9.92	84	28.528	248	36.51	326
36	11.022		18.77		8.306		32.06		44.998		9.08		28.776		33.25	
Mittl. Ort	8.486		15.48		5.749		29.59		41.233		16.09		28.556		45.07	
sec δ, tg δ	+1.002		−0.063		+1.003		−0.080		+1.557		−1.194		+1.450		+1.051	
a, *a′*	+3.1		−9.1		+3.2		−8.8		+4.5		−8.7		+1.8		−8.6	
b, *b′*	0.00		+0.89		0.00		+0.90		+0.03		+0.90		−0.03		+0.90	

Scheinbare Sternörter 1958

Obere Kulmination Greenwich

Tag	609) γ Herculis				616) α Scorpii				611) γ Apodis				619) A Draconis			
	AR.	Δ	Dekl.	Δ	AR.	Δ	Dekl.	Δ	AR.	Δ	Dekl.	Δ	AR.	Δ	Dekl.	Δ
1958	16h 20m		+19° 14′		16h 26m		−26° 20′		16h 26m		−78° 48′		16h 27m		+68° 51′	
	s		″		s		″		s		″		s		″	
Jan. 1	3.235	245	61.94	245	49.336	281	16.64	42	53.78	104	8.47	194	59.53	40	27.24	320
11	3.480	273	59.49	225	49.617	308	17.06	56	54.82	118	6.53	150	59.93	49	24.04	280
21	3.753	291	57.24	197	49.925	325	17.62	66	56.00	127	5.03	102	60.42	56	21.24	230
31	4.044	302	55.27	161	50.250	334	18.28	74	57.27	134	4.01	54	60.98	61	18.94	171
Febr. 10	4.346	304	53.66	119	50.584	336	19.02	78	58.61	137	3.47	6	61.59	65	17.23	107
20	4.650	300	52.47	73	50.920	331	19.80	79	59.98	138	3.41	–42	62.24	65	16.16	39
März 2	4.950	290	51.74	25	51.251	321	20.59	77	61.36	135	3.83	87	62.89	65	15.77	–29
12	5.240	275	51.49	–22	51.572	307	21.36	72	62.71	129	4.70	130	63.54	61	16.06	96
22	5.515	256	51.71	67	51.879	290	22.08	67	64.00	122	6.00	168	64.15	57	17.02	157
April 1	5.771	234	52.38	107	52.169	270	22.75	61	65.22	112	7.68	203	64.72	50	18.59	212
11	6.005	208	53.45	143	52.439	247	23.36	55	66.34	101	9.71	232	65.22	42	20.71	257
21	6.213	181	54.88	171	52.686	221	23.91	50	67.35	87	12.03	256	65.64	33	23.28	293
Mai 1	6.394	152	56.59	193	52.907	194	24.41	46	68.22	72	14.59	276	65.97	23	26.21	318
11	6.546	120	58.52	206	53.101	162	24.87	41	68.94	56	17.35	288	66.20	14	29.39	331
21	27 6.666	87	60.58	213	29 53.263	129	25.28	38	29 69.50	38	20.23	295	30 66.34	3	32.70	335
30	6.753	52	62.71	212	53.392	93	25.66	34	69.88	20	23.18	294	66.37	–7	36.05	328
Juni 9	6.805	17	64.83	205	53.485	55	26.00	31	70.08	1	26.12	286	66.30	16	39.33	311
19	6.822	–18	66.88	193	53.540	16	26.31	26	70.09	–18	28.98	271	66.14	26	42.44	287
29	6.804	54	68.81	176	53.556	–24	26.57	21	69.91	35	31.69	249	65.88	35	45.31	254
Juli 9	6.750	87	70.57	154	53.532	62	26.78	15	69.56	52	34.18	218	65.53	42	47.85	216
19	6.663	118	72.11	130	53.470	99	26.93	7	69.04	68	36.36	182	65.11	49	50.01	173
29	6.545	145	73.41	102	53.371	131	27.00	–2	68.36	82	38.18	140	64.62	54	51.74	126
Aug. 8	6.400	168	74.43	73	53.240	157	26.98	12	67.54	91	39.58	92	64.08	59	53.00	76
18	6.232	183	75.16	42	53.083	178	26.86	22	66.63	98	40.50	40	63.49	61	53.76	24
28	6.049	192	75.58	10	52.905	189	26.64	33	65.65	102	40.90	–14	62.88	63	54.00	–28
Sept. 7	5.857	192	75.68	–23	52.716	190	26.31	42	64.63	100	40.76	68	62.25	62	53.72	80
17	5.665	183	75.45	55	52.526	181	25.89	51	63.63	96	40.08	121	61.63	60	52.92	132
27	5.482	165	74.90	89	52.345	162	25.38	58	62.67	87	38.87	170	61.03	56	51.60	181
Okt. 7	5.317	138	74.01	122	52.183	131	24.80	60	61.80	73	37.17	214	60.47	50	49.79	227
17	5.179	102	72.79	152	52.052	91	24.20	59	61.07	56	35.03	250	59.97	43	47.52	269
27	5.077	59	71.27	182	51.961	44	23.61	55	60.51	36	32.53	276	59.54	35	44.83	305
Nov. 6	5.018	12	69.45	209	51.917	–8	23.06	47	60.15	15	29.77	293	59.19	24	41.78	336
16	5.006	–38	67.36	232	51.925	64	22.59	34	60.00	–9	26.84	299	58.95	13	38.42	358
26	5.044	90	65.04	248	51.989	119	22.25	18	60.09	31	23.85	292	58.82	2	34.84	370
Dez. 6	5.134	139	62.56	259	52.108	171	22.07	2	60.40	54	20.93	276	58.80	–11	31.14	372
16	5.273	184	59.97	261	52.279	218	22.05	–16	60.94	75	18.17	251	58.91	22	27.42	363
26	5.457	224	57.36	256	52.497	259	22.21	34	61.69	93	15.66	216	59.13	34	23.79	341
36	5.681		54.80		52.756		22.55		62.62		13.50		59.47		20.38	
Mittl. Ort	3.908		61.92		49.688		25.71		56.56		24.53		63.26		32.54	
sec δ, tg δ	+1.059		+0.349		+1.116		−0.495		+5.152		−5.054		+2.773		+2.586	
a, a′	+2.7		−8.5		+3.7		−7.9		+9.3		−7.9		−0.1		−7.8	
b, b′	−0.01		+0.91		+0.01		+0.92		+0.13		+0.92		−0.07		+0.92	

Scheinbare Sternörter 1958

Obere Kulmination Greenwich

Tag	618) β Herculis				1432) Pi 16h 140 Draco				621) σ Herculis				622) ζ Ophiuchi			
	AR.	Diff.	Dekl.	Diff.	AR.	Diff.	Dekl.	Diff.	AR.	Diff.	Dekl.	Diff.	AR.	Diff.	Dekl.	Diff.
1958	16h 28m		+21° 34′		16h 31m		+60° 54′		16h 32m		+42° 31′		16h 34m		−10° 28′	
	s		″		s		″		s		″		s		″	
Jan. 1	24.000	239	47.67	254	47.14	32	34.61	325	43.483	254	19.10	308	50.156	249	54.77	118
11	24.239	268	45.13	234	47.46	39	31.36	286	43.737	295	16.02	277	50.405	275	55.95	119
21	24.507	288	42.79	203	47.85	43	28.50	239	44.032	326	13.25	235	50.680	292	57.14	116
31	24.795	301	40.76	166	48.28	48	26.11	182	44.358	346	10.90	184	50.972	301	58.30	107
Febr. 10	25.096	306	39.10	123	48.76	50	24.29	118	44.704	357	9.06	128	51.273	305	59.37	95
20	25.402	303	37.87	75	49.26	50	23.11	51	45.061	358	7.78	66	51.578	302	60.32	78
März 2	25.705	294	37.12	26	49.76	50	22.60	–17	45.419	351	7.12	3	51.880	294	61.10	59
12	25.999	281	36.86	–23	50.26	47	22.77	83	45.770	334	7.09	–58	52.174	281	61.69	39
22	26.280	262	37.09	71	50.73	44	23.60	145	46.104	312	7.67	116	52.455	267	62.08	18
April 1	26.542	241	37.80	113	51.17	39	25.05	200	46.416	284	8.83	168	52.722	249	62.26	–1
11	26.783	216	38.93	151	51.56	34	27.05	248	46.700	250	10.51	213	52.971	228	62.25	19
21	26.999	189	40.44	180	51.90	27	29.53	284	46.950	212	12.64	250	53.199	206	62.06	34
Mai 1	27.188	159	42.24	202	52.17	20	32.37	311	47.162	171	15.14	276	53.405	180	61.72	45
11	27.347	127	44.26	218	52.37	14	35.48	327	47.333	128	17.90	293	53.585	153	61.27	53
21	30 27.474	93	46.44	225	52.51	6	38.75	332	47.461	82	20.83	300	53.738	122	60.74	59
30*	27.567	58	48.69	225	30 52.57	–2	42.07	327	31 47.543	36	23.83	298	31 53.860	89	60.15	61
Juni 9	27.625	21	50.94	218	52.55	8	45.34	312	47.579	–11	26.81	287	53.949	55	59.54	61
19	27.646	–15	53.12	205	52.47	16	48.46	290	47.568	57	29.68	269	54.004	20	58.93	60
29	27.631	51	55.17	188	52.31	22	51.36	260	47.511	101	32.37	243	54.024	–17	58.33	57
Juli 9	27.580	86	57.05	165	52.09	28	53.96	223	47.410	144	34.80	212	54.007	53	57.76	53
19	27.494	118	58.70	139	51.81	33	56.19	181	47.266	182	36.92	176	53.954	86	57.23	49
29	27.376	147	60.09	111	51.48	38	58.00	136	47.084	215	38.68	136	53.868	116	56.74	44
Aug. 8	27.229	171	61.20	80	51.10	41	59.36	87	46.869	242	40.04	93	53.752	142	56.30	39
18	27.058	187	62.00	47	50.69	44	60.23	37	46.627	261	40.97	48	53.610	162	55.91	34
28	26.871	198	62.47	13	50.25	45	60.60	–16	46.366	272	41.45	1	53.448	173	55.57	29
Sept. 7	26.673	199	62.60	–21	49.80	45	60.44	67	46.094	273	41.46	–45	53.275	175	55.28	23
17	26.474	191	62.39	56	49.35	43	59.77	119	45.821	264	41.01	92	53.100	169	55.05	15
27	26.283	174	61.83	91	48.92	40	58.58	168	45.557	245	40.09	137	52.931	153	54.90	7
Okt. 7	26.109	148	60.92	124	48.52	36	56.90	215	45.312	215	38.72	182	52.778	127	54.83	3
17	25.961	112	59.68	158	48.16	31	54.75	258	45.097	175	36.90	222	52.651	92	54.86	16
27	25.849	71	58.10	189	47.85	24	52.17	296	44.922	126	34.68	259	52.559	49	55.02	30
Nov. 6	25.778	24	56.21	216	47.61	16	49.21	328	44.796	71	32.09	291	52.510	3	55.32	45
16	25.754	–27	54.05	239	47.45	8	45.93	351	44.725	11	29.18	317	52.507	–47	55.77	62
26	25.781	79	51.66	258	47.37	1	42.42	366	44.714	–51	26.01	333	52.554	98	56.39	79
Dez. 6	25.860	130	49.08	268	47.38	10	38.76	371	44.765	113	22.68	341	52.652	146	57.18	93
16	25.990	175	46.40	270	47.48	20	35.05	364	44.878	171	19.27	338	52.798	189	58.11	106
26	26.165	216	43.70	265	47.68	27	31.41	344	45.049	224	15.89	324	52.987	228	59.17	116
36	26.381		41.05		47.95		27.97		45.273		12.65		53.215		60.33	
Mittl. Ort	24.738		47.57		49.69		39.08		44.805		21.74		50.572		60.94	
sec δ, tg δ	+1.075		+0.396		+2.057		+1.797		+1.357		+0.917		+1.017		−0.185	
a, *a′*	+2.6		−7.8		+0.8		−7.5		+1.9		−7.4		+3.3		−7.3	
b, *b′*	−0.01		+0.92		−0.04		+0.93		−0.02		+0.93		0.00		+0.93	

* Bei Stern 621) und 622) lies Mai 31.

Obere Kulmination Greenwich

Tag	626) η Herculis				625) α Triang. austr.				627) Grb 2377 Draco				628) ε Scorpii			
	AR.		Dekl.		AR.		Dekl.		AR.		Dekl.		AR.		Dekl.	
1958	16h 41m		+38° 59′		16h 44m		−68° 56′		16h 44m		+56° 51′		16h 47m		−34° 12′	
	s		″		s		″		s		″		s		″	
Jan. 1	26.030	240	62.65	304	10.47	57	57.93	177	27.568	278	20.00	329	25.840	283	57.33	14 –
11	26.270	279	59.61	276	11.04	65	56.16	141	27.846	338	16.71	295	26.123	314	57.19	5
21	26.549	308	56.85	237	11.69	70	54.75	100	28.184	387	13.76	250	26.437	337	57.24	21
31	26.857	330	54.48	189	12.39	75	53.75	58	28.571	423	11.26	196	26.774	350	57.45	35
Febr. 10	27.187	341	52.59	135	13.14	76	53.17	17 –	28.994	446	9.30	135	27.124	357	57.80	46
20	27.528	343	51.24	76	13.90	77	53.00	24	29.440	454	7.95	69	27.481	356	58.26	56
März 2	27.871	338	50.48	15 –	14.67	76	53.24	63	29.894	451	7.26	1 –	27.837	350	58.82	62
12	28.209	324	50.33	45	15.43	74	53.87	100	30.345	434	7.25	65	28.187	338	59.44	66
22	28.533	305	50.78	102	16.17	70	54.87	133	30.779	406	7.90	127	28.525	323	60.10	70
April 1	28.838	280	51.80	155	16.87	66	56.20	163	31.185	368	9.17	184	28.848	305	60.80	72
11	29.118	249	53.35	200	17.53	60	57.83	190	31.553	323	11.01	233	29.153	283	61.52	73
21	29.367	216	55.35	236	18.13	54	59.73	212	31.876	271	13.34	273	29.436	257	62.25	75
Mai 1	29.583	178	57.71	264	18.67	46	61.85	231	32.147	213	16.07	303	29.693	228	63.00	76
11	29.761	138	60.35	283	19.13	37	64.16	244	32.360	151	19.10	321	29.921	196	63.76	77
21	29.899	96	63.18	292	19.50	29	66.60	252	32.511	87	22.31	329	30.117	159	64.53	78
31	$_2$29.995	52	66.10	291	$_3$19.79	19	69.12	254	$_3$32.598	22 –	25.60	328	$_3$30.276	120	65.31	76
Juni 9	30.047	7 –	69.01	282	19.98	9 –	71.66	250	32.620	43	28.88	317	30.396	79	66.07	74
19	30.054	38	71.83	266	20.07	1	74.16	240	32.577	106	32.05	297	30.475	35	66.81	70
29	30.016	81	74.49	242	20.06	11	76.56	223	32.471	167	35.02	269	30.510	10 –	67.51	65
Juli 9	29.935	123	76.91	214	19.95	21	78.79	199	32.304	223	37.71	236	30.500	54	68.16	56
19	29.812	160	79.05	180	19.74	30	80.78	169	32.081	274	40.07	197	30.446	96	68.72	45
29	29.652	194	80.85	142	19.44	38	82.47	134	31.807	317	42.04	153	30.350	135	69.17	32
Aug. 8	29.458	222	82.27	101	19.06	45	83.81	93	31.490	353	43.57	106	30.215	167	69.49	17
18	29.236	242	83.28	58	18.61	50	84.74	49	31.137	379	44.63	57	30.048	191	69.66	0
28	28.994	255	83.86	13 –	18.11	52	85.23	1 –	30.758	393	45.20	6 –	29.857	208	69.66	18
Sept. 7	28.739	258	83.99	32	17.59	53	85.24	47	30.365	396	45.26	46	29.649	213	69.48	35
17	28.481	251	83.67	77	17.06	51	84.77	95	29.969	387	44.80	97	29.436	207	69.13	53
27	28.230	233	82.90	123	16.55	48	83.82	139	29.582	364	43.83	146	29.229	189	68.60	67
Okt. 7	27.997	207	81.67	165	16.07	40	82.43	179	29.218	329	42.37	195	29.040	160	67.93	79
17	27.790	169	80.02	206	15.67	31	80.64	213	28.889	280	40.42	239	28.880	120	67.14	87
27	27.621	123	77.96	243	15.36	21	78.51	239	28.609	222	38.03	279	28.760	71	66.27	91
Nov. 6	27.498	71	75.53	276	15.15	10 –	76.12	255	28.387	154	35.24	313	28.689	16 –	65.36	89
16	27.427	14 –	72.77	302	15.05	4	73.57	262	28.233	79 –	32.11	340	28.673	42	64.47	83
26	27.413	45	69.75	320	15.09	17	70.95	259	28.154	2	28.71	358	28.715	101	63.64	72
Dez. 6	27.458	104	66.55	330	15.26	29	68.36	246	28.156	83	25.13	365	28.816	159	62.92	58
16	27.562	159	63.25	330	15.55	40	65.90	224	28.239	161	21.48	362	28.975	211	62.34	41
26	27.721	211	59.95	319	15.95	51	63.66	196	28.400	236	17.86	348	29.186	256	61.93	23
36	27.932		56.76		16.46		61.70		28.636		14.38		29.442		61.70	
Mittl. Ort	27.242		64.18		11.94		72.51		29.760		22.97		26.308		67.54	
sec δ, tg δ	+1.287		+0.810		+2.785		−2.599		+1.829		+1.531		+1.209		−0.680	
a, *a′*	+2.1		−6.7		+6.4		−6.5		+1.1		−6.5		+3.9		−6.2	
b, *b′*	−0.02		+0.94		+0.06		+0.95		−0.03		+0.95		+0.01		+0.95	

Scheinbare Sternörter 1958

Obere Kulmination Greenwich

Tag	629) 49 Herculis AR.		629) 49 Herculis Dekl.		1444) 24 G. Arae AR.		1444) 24 G. Arae Dekl.		631) ζ Arae AR.		631) ζ Arae Dekl.		633) κ Ophiuchi AR.		633) κ Ophiuchi Dekl.	
1958	16h 50m		+15° 2′		16h 55m		−50° 34′		16h 55m		−55° 55′		16h 55m		+9° 26′	
	s		″		s		″		s		″		s		″	
Jan. 1	9.292	221	38.32	231	2.278	343	24.80	105	7.282	380	20.90	131	40.052	217	23.62	207
11	9.513	251	36.01	216	2.621	387	23.75	78	7.662	430	19.59	102	40.269	246	21.55	195
21	9.764	272	33.85	192	3.008	419	22.97	51	8.092	467	18.57	71	40.515	268	19.60	176
31	10.036	287	31.93	161	3.427	441	22.46	23 –	8.559	492	17.86	39	40.783	282	17.84	150
Febr. 10	10.323	294	30.32	125	3.868	452	22.23	3	9.051	505	17.47	8 –	41.065	290	16.34	119
20	10.617	296	29.07	84	4.320	454	22.26	29	9.556	510	17.39	22	41.355	291	15.15	82
März 2	10.913	290	28.23	39 –	4.774	450	22.55	52	10.066	504	17.61	51	41.646	288	14.33	44
12	11.203	281	27.84	5	5.224	437	23.07	73	10.570	492	18.12	76	41.934	279	13.89	4 –
22	11.484	267	27.89	49	5.661	420	23.80	92	11.062	472	18.88	101	42.213	266	13.85	35
April 1	11.751	250	28.38	88	6.081	397	24.72	109	11.534	445	19.89	122	42.479	251	14.20	71
11	12.001	229	29.26	123	6.478	369	25.81	125	11.979	413	21.11	141	42.730	231	14.91	103
21	12.230	206	30.49	153	6.847	335	27.06	138	12.392	375	22.52	158	42.961	210	15.94	130
Mai 1	12.436	180	32.02	175	7.182	298	28.44	149	12.767	331	24.10	172	43.171	185	17.24	151
11	12.616	150	33.77	191	7.480	255	29.93	157	13.098	282	25.82	182	43.356	157	18.75	165
21	12.766	118	35.68	199	7.735	207	31.50	162	13.380	226	27.64	189	43.513	126	20.40	173
31	12.884	85	37.67	202	7.942	155	33.12	165	13.606	167	29.53	192	^{6}43.639	93	22.13	176
Juni 9	^{4}12.969	49	39.69	198	^{5}8.097	99	34.77	163	^{5}13.773	104	31.45	190	43.732	59	23.89	173
19	13.018	12 –	41.67	189	8.196	42 –	36.40	157	13.877	38 –	33.35	184	43.791	22 –	25.62	166
29	13.030	25	43.56	175	8.238	18	37.97	147	13.915	29	35.19	172	43.813	15	27.28	154
Juli 9	13.005	61	45.31	157	8.220	76	39.44	133	13.886	94	36.91	155	43.798	51	28.82	138
19	12.944	95	46.88	135	8.144	130	40.77	113	13.792	156	38.46	133	43.747	85	30.20	121
29	12.849	126	48.23	111	8.014	181	41.90	89	13.636	212	39.79	107	43.662	117	31.41	101
Aug. 8	12.723	153	49.34	86	7.833	224	42.79	62	13.424	260	40.86	75	43.545	145	32.42	78
18	12.570	173	50.20	58	7.609	256	43.41	32 –	13.164	296	41.61	40	43.400	166	33.20	56
28	12.397	187	50.78	29	7.353	278	43.73	1	12.868	320	42.01	4 –	43.234	180	33.76	31
Sept. 7	12.210	192	51.07	0	7.075	285	43.72	34	12.548	328	42.05	34	43.054	186	34.07	7 –
17	12.018	187	51.07	31	6.790	279	43.38	67	12.220	321	41.71	72	42.868	182	34.14	19
27	11.831	174	50.76	61	6.511	257	42.71	97	11.899	296	40.99	107	42.686	170	33.95	45
Okt. 7	11.657	151	50.15	92	6.254	221	41.74	125	11.603	256	39.92	139	42.516	148	33.50	72
17	11.506	120	49.23	122	6.033	172	40.49	148	11.347	200	38.53	166	42.368	118	32.78	98
27	11.386	80	48.01	150	5.861	111	39.01	163	11.147	131	36.87	185	42.250	79	31.80	123
Nov. 6	11.306	35 –	46.51	177	5.750	42 –	37.38	173	11.016	54 –	35.02	198	42.171	35 –	30.57	148
16	11.271	13	44.74	200	5.708	32	35.65	175	10.962	28	33.04	202	42.136	13	29.09	170
26	11.284	62	42.74	219	5.740	108	33.90	170	10.990	113	31.02	199	42.149	62	27.39	188
Dez. 6	11.346	111	40.55	232	5.848	181	32.20	158	11.103	196	29.03	187	42.211	109	25.51	202
16	11.457	157	38.23	239	6.029	249	30.62	141	11.299	273	27.16	169	42.320	154	23.49	211
26	11.614	198	35.84	238	6.278	308	29.21	118	11.572	339	25.47	146	42.474	194	21.38	211
36	11.812		33.46		6.586		28.03		11.911		24.01		42.668		19.27	
Mittl. Ort	9.980		35.99		2.995		37.06		8.144		33.76		40.681		20.21	
sec δ, tg δ	+1.035		+0.269		+1.575		−1.216		+1.785		−1.478		+1.014		+0.166	
a, *a′*	+2.7		−6.0		+4.6		−5.6		+5.0		−5.6		+2.9		−5.5	
b, *b′*	−0.01		+0.95		+0.02		+0.96		+0.03		+0.96		0.00		+0.96	

Scheinbare Sternörter 1958

Obere Kulmination Greenwich

Tag	634) ε Herculis				1449) 85 G. Ophiuchi				639) ζ Draconis				641) δ Herculis			
	AR.		Dekl.		AR.		Dekl.		AR.		Dekl.		AR.		Dekl.	
1958	16h 58m		+30° 59′		17h 5m		−17° 33′		17h 8m		+65° 45′		17h 13m		+24° 53′	
	s		″		s		″		s		″		s		″	
Jan. 1	39.819	216	14.42	287	47.827	233	10.77	66	36.30	28	57.52	342	17.373	199	17.20	269
11	40.035	251	11.55	265	48.060	263	11.43	71	36.58	36	54.10	311	17.572	235	14.51	251
21	40.286	280	8.90	232	48.323	285	12.14	74	36.94	44	50.99	270	17.807	262	12.00	223
31	40.566	300	6.58	192	48.608	300	12.88	72	37.38	51	48.29	218	18.069	283	9.77	188
Febr. 10	40.866	313	4.66	143	48.908	307	13.60	66	37.89	55	46.11	158	18.352	296	7.89	145
20	41.179	317	3.23	89	49.215	310	14.26	57	38.44	57	44.53	92	18.648	303	6.44	96
März 2	41.496	315	2.34	34	49.525	307	14.83	46	39.01	58	43.61	25	18.951	302	5.48	45
12	41.811	306	2.00	22	49.832	300	15.29	33	39.59	57	43.36	43	19.253	297	5.03	8
22	42.117	292	2.22	77	50.132	289	15.62	20	40.16	54	43.79	108	19.550	286	5.11	59
April 1	42.409	272	2.99	127	50.421	275	15.82	7	40.70	50	44.87	169	19.836	271	5.70	106
11	42.681	249	4.26	172	50.696	259	15.89	4	41.20	44	46.56	222	20.107	251	6.76	149
21	42.930	221	5.98	208	50.955	238	15.85	13	41.64	38	48.78	265	20.358	228	8.25	184
Mai 1	43.151	190	8.06	237	51.193	215	15.72	21	42.02	30	51.43	299	20.586	201	10.09	213
11	43.341	156	10.43	256	51.408	188	15.51	25	42.32	22	54.42	324	20.787	170	12.22	234
21	43.497	119	12.99	267	51.596	158	15.26	28	42.54	13	57.66	336	20.957	136	14.56	246
31	$_{6}$43.616	79	15.66	271	$_{8}$51.754	124	14.98	28	$_{9}$42.67	5	61.02	339	21.093	99	17.02	250
Juni 9*	43.695	39	18.37	266	51.878	88	14.70	27	42.72	5	64.41	333	$_{10}$21.192	61	19.52	248
19	43.734	3	21.03	253	51.966	50	14.43	26	42.67	14	67.74	316	21.253	21	22.00	238
29	43.731	45	23.56	234	52.016	11	14.17	23	42.53	21	70.90	292	21.274	20	24.38	222
Juli 9	43.686	85	25.90	210	52.027	30	13.94	21	42.32	30	73.82	261	21.254	60	26.60	201
19	43.601	122	28.00	180	51.997	68	13.73	20	42.02	37	76.43	224	21.194	98	28.61	176
29	43.479	157	29.80	148	51.929	103	13.53	19	41.65	43	78.67	182	21.096	133	30.37	146
Aug. 8	43.322	186	31.28	112	51.826	134	13.34	18	41.22	48	80.49	136	20.963	163	31.83	115
18	43.136	208	32.40	73	51.692	160	13.16	19	40.74	52	81.85	86	20.800	188	32.98	81
28	42.928	223	33.13	34	51.532	176	12.97	19	40.22	55	82.71	35	20.612	205	33.79	45
Sept. 7	42.705	230	33.47	7	51.356	184	12.78	20	39.67	55	83.06	17	20.407	213	34.24	7
17	42.475	227	33.40	49	51.172	183	12.58	21	39.12	55	82.89	69	20.194	213	34.31	30
27	42.248	213	32.91	90	50.989	170	12.37	20	38.57	53	82.20	122	19.981	202	34.01	68
Okt. 7	42.035	190	32.01	131	50.819	148	12.17	17	38.04	49	80.98	173	19.779	183	33.33	105
17	41.845	158	30.70	170	50.671	116	12.00	13	37.55	44	79.25	219	19.596	153	32.28	142
27	41.687	117	29.00	205	50.555	76	11.87	5	37.11	37	77.06	262	19.443	115	30.86	176
Nov. 6	41.570	70	26.95	238	50.479	30	11.82	3	36.74	29	74.44	301	19.328	72	29.10	207
16	41.500	18	24.57	266	50.449	21	11.85	15	36.45	20	71.43	331	19.256	23	27.03	235
26	41.482	36	21.91	287	50.470	72	12.00	27	36.25	9	68.12	354	19.233	29	24.68	257
Dez. 6	41.518	90	19.04	300	50.542	122	12.27	39	36.16	1	64.58	366	19.262	79	22.11	272
16	41.608	141	16.04	303	50.664	168	12.66	52	36.17	11	60.92	368	19.341	128	19.39	279
26	41.749	188	13.01	299	50.832	209	13.18	63	36.28	22	57.24	357	19.469	173	16.60	277
36	41.937		10.02		51.041		13.81		36.50		53.67		19.642		13.83	
Mittl. Ort	40.829		13.72		48.323		18.39		39.58		58.56		18.269		14.87	
sec δ, tg δ	+1.166		+0.601		+1.049		−0.316		+2.436		+2.222		+1.102		+0.464	
a, *a′*	+2.3		−5.3		+3.5		−4.7		+0.2		−4.5		+2.5		−4.1	
b, *b′*	−0.01		+0.96		0.00		+0.97		−0.03		+0.98		−0.01		+0.98	

* Bei Stern 641) lies Juni 10.

Scheinbare Sternörter 1958

Obere Kulmination Greenwich

Tag	643) π Herculis AR.		643) π Herculis Dekl.		1454) Pi 17ʰ 68 Herc AR.		1454) Pi 17ʰ 68 Herc Dekl.		644) ϑ Ophiuchi AR.		644) ϑ Ophiuchi Dekl.		645) β Arae AR.		645) β Arae Dekl.	
1958	$17^h 13^m$		+36° 51′		$17^h 18^m$		+18° 5′		$17^h 19^m$		−24° 57′		$17^h 21^m$		−55° 29′	
	s		″		s		″		s		″		s		″	
Jan. 1	33.736	203	20.81	306	26.887	195	59.67	242	25.088	233	25.26	17	47.121	340	21.43	152
11	33.939	244	17.75	283	27.082	229	57.25	227	25.321	266	25.43	26	47.461	393	19.91	128
21	34.183	278	14.92	250	27.311	255	54.98	205	25.587	290	25.69	33	47.854	436	18.63	101
31	34.461	303	12.42	208	27.566	274	52.93	174	25.877	308	26.02	37	48.290	467	17.62	72
Febr. 10	34.764	321	10.34	158	27.840	287	51.19	136	26.185	319	26.39	39	48.757	488	16.90	43
20	35.085	330	8.76	101	28.127	293	49.83	93	26.504	323	26.78	37	49.245	499	16.47	15
März 2	35.415	331	7.75	42	28.420	293	48.90	47	26.827	323	27.15	34	49.744	500	16.32	13
12	35.746	325	7.33	18	28.713	289	48.43	1	27.150	318	27.49	29	50.244	495	16.45	39
22	36.071	313	7.51	76	29.002	279	48.44	46	27.468	309	27.78	24	50.739	482	16.84	64
April 1	36.384	295	8.27	130	29.281	267	48.90	90	27.777	297	28.02	19	51.221	462	17.48	87
11	36.679	271	9.57	178	29.548	249	49.80	129	28.074	281	28.21	14	51.683	436	18.35	109
21	36.950	243	11.35	219	29.797	227	51.09	161	28.355	261	28.35	11	52.119	403	19.44	128
Mai 1	37.193	209	13.54	251	30.024	204	52.70	188	28.616	238	28.46	9	52.522	364	20.72	146
11	37.402	173	16.05	274	30.228	175	54.58	207	28.854	212	28.55	9	52.886	319	22.18	161
21	37.575	134	18.79	288	30.403	143	56.65	218	29.066	180	28.64	10	53.205	266	23.79	172
31	37.709	91	21.67	294	30.546	109	58.83	223	29.246	145	28.74	11	53.471	209	25.51	180
Juni 10	$_{10}$37.800	46	24.61	289	$_{11}$30.655	73	61.06	221	^{12}29.391	107	28.85	13	$_{12}$53.680	146	27.31	183
19	37.846	1	27.50	278	30.728	34	63.27	213	29.498	66	28.98	15	53.826	81	29.14	183
29	37.847	45	30.28	259	30.762	6	65.40	199	29.564	24	29.13	16	53.907	12	30.97	176
Juli 9	37.802	88	32.87	235	30.756	44	67.39	181	29.588	19	29.29	16	53.919	55	32.73	165
19	37.714	130	35.22	204	30.712	82	69.20	159	29.569	61	29.45	14	53.864	121	34.38	147
29	37.584	168	37.26	170	30.630	117	70.79	134	29.508	100	29.59	11	53.743	182	35.85	126
Aug. 8	37.416	200	38.96	131	30.513	147	72.13	106	29.408	135	29.70	7	53.561	235	37.11	98
18	37.216	226	40.27	91	30.366	172	73.19	77	29.273	163	29.77	0	53.326	278	38.09	67
28	36.990	245	41.18	48	30.194	190	73.96	46	29.110	183	29.77	7	53.048	310	38.76	32
Sept. 7	36.745	253	41.66	3	30.004	199	74.42	13	28.927	194	29.70	15	52.738	326	39.08	5
17	36.492	253	41.69	41	29.805	199	74.55	19	28.733	195	29.55	23	52.412	326	39.03	43
27	36.239	241	41.28	86	29.606	190	74.36	52	28.538	184	29.32	30	52.086	310	38.60	79
Okt. 7	35.998	220	40.42	130	29.416	172	73.84	86	28.354	163	29.02	36	51.776	277	37.81	114
17	35.778	188	39.12	172	29.244	143	72.98	117	28.191	131	28.66	38	51.499	228	36.67	143
27	35.590	148	37.40	212	29.101	107	71.81	149	28.060	90	28.28	39	51.271	167	35.24	168
Nov. 6	35.442	100	35.28	248	28.994	65	70.32	178	27.970	43	27.89	36	51.104	94	33.56	185
16	35.342	46	32.80	277	28.929	18	68.54	203	27.927	8	27.53	30	51.010	15	31.71	196
26	35.296	9	30.03	301	28.911	32	66.51	224	27.935	62	27.23	21	50.995	68	29.75	198
Dez. 6	35.305	66	27.02	316	28.943	80	64.27	240	27.997	115	27.02	11	51.063	150	27.77	194
16	35.371	121	23.86	322	29.023	127	61.87	248	28.112	163	26.91	1	51.213	227	25.83	181
26	35.492	172	20.64	316	29.150	170	59.39	248	28.275	207	26.92	12	51.440	297	24.02	164
36	35.664		17.48		29.320		56.91		28.482		27.04		51.737		22.38	
Mittl. Ort	34.933		19.63		27.673		56.32		25.635		33.79		48.151		33.15	
sec δ, tg δ	+1.250		+0.750		+1.052		+0.327		+1.103		−0.465		+1.765		−1.455	
a, *a′*	+2.1		−4.0		+2.6		−3.6		+3.7		−3.5		+5.0		−3.3	
b, *b′*	−0.01		+0.98		0.00		+0.98		+0.01		+0.98		+0.02		+0.99	

Obere Kulmination Greenwich

Tag	648) δ Arae				651) α Arae				653) β Draconis				652) λ Scorpii			
	AR.		Dekl.		AR.		Dekl.		AR.		Dekl.		AR.		Dekl.	
1958	17h 27m		−60° 38′		17h 28m		−49° 50′		17h 29m		+52° 19′		17h 30m		−37° 4′	
	s		″		s		″		s		″		s		″	
Jan. 1	16.78	37	52.49	182	34.556	297	31.46	128	26.960	197	55.90	339	44.530	249	20.69	60
11	17.15	44	50.67	156	34.853	346	30.18	108	27.157	257	52.51	316	44.779	287	20.09	45
21	17.59	49	49.11	127	35.199	383	29.10	85	27.414	307	49.35	281	45.066	318	19.64	31
31	18.08	52	47.84	95	35.582	412	28.25	61	27.721	349	46.54	235	45.384	339	19.33	17
Febr. 10	18.60	55	46.89	63	35.994	430	27.64	38	28.070	380	44.19	180	45.723	354	19.16	5
20	19.15	57	46.26	31	36.424	441	27.26	14	28.450	400	42.39	119	46.077	362	19.11	6
März 2	19.72	57	45.95	1	36.865	444	27.12	8	28.850	409	41.20	54	46.439	364	19.17	15
12	20.29	57	45.96	32	37.309	439	27.20	28	29.259	407	40.66	12	46.803	361	19.32	24
22	20.86	55	46.28	62	37.748	430	27.48	49	29.666	394	40.78	77	47.164	353	19.56	31
April 1	21.41	54	46.90	89	38.178	414	27.97	68	30.060	373	41.55	138	47.517	341	19.87	38
11	21.95	50	47.79	116	38.592	393	28.65	85	30.433	343	42.93	192	47.858	325	20.25	45
21	22.45	46	48.95	139	38.985	366	29.50	102	30.776	306	44.85	239	48.183	304	20.70	52
Mai 1	22.91	42	50.34	160	39.351	333	30.52	116	31.082	261	47.24	276	48.487	278	21.22	58
11	23.33	37	51.94	179	39.684	295	31.68	130	31.343	211	50.00	305	48.765	249	21.80	65
21	23.70	31	53.73	192	39.979	250	32.98	140	31.554	157	53.05	322	49.014	214	22.45	72
31	24.01	24	55.65	202	40.229	200	34.38	148	31.711	100	56.27	331	49.228	174	23.17	78
Juni 10	24.25	17	57.67	208	40.429	146	35.86	153	31.811	40	59.58	329	49.402	131	23.95	81
19	24.42	9	59.75	207	40.575	89	37.39	153	31.851	20	62.87	318	49.533	84	24.76	83
29	24.51	1	61.82	201	40.664	28	38.92	150	31.831	80	66.05	300	49.617	35	25.59	82
Juli 9	24.52	6	63.83	190	40.692	33	40.42	142	31.751	138	69.05	273	49.652	14	26.41	79
19	24.46	15	65.73	171	40.659	91	41.84	128	31.613	191	71.78	242	49.638	63	27.20	73
29	24.31	21	67.44	146	40.568	147	43.12	110	31.422	240	74.20	204	49.575	109	27.93	63
Aug. 8	24.10	27	68.90	118	40.421	196	44.22	88	31.182	282	76.24	161	49.466	149	28.56	49
18	23.83	33	70.08	83	40.225	236	45.10	61	30.900	316	77.85	116	49.317	183	29.05	34
28	23.50	36	70.91	44	39.989	265	45.71	32	30.584	341	79.01	68	49.134	208	29.39	15
Sept. 7	23.14	38	71.35	4	39.724	282	46.03	0	30.243	354	79.69	18	48.926	222	29.54	4
17	22.76	38	71.39	38	39.442	284	46.03	32	29.889	356	79.87	33	48.704	225	29.50	24
27	22.38	37	71.01	80	39.158	271	45.71	65	29.533	346	79.54	85	48.479	215	29.26	44
Okt. 7	22.01	33	70.21	119	38.887	244	45.06	94	29.187	324	78.69	134	48.264	193	28.82	62
17	21.68	28	69.02	153	38.643	203	44.12	121	28.863	289	77.35	182	48.071	159	28.20	78
27	21.40	21	67.49	182	38.440	149	42.91	142	28.574	243	75.53	228	47.912	115	27.42	88
Nov. 6	21.19	13	65.67	205	38.291	85	41.49	157	28.331	187	73.25	269	47.797	64	26.54	96
16	21.06	3	63.62	218	38.206	16	39.92	166	28.144	124	70.56	303	47.733	6	25.58	98
26	21.03	5	61.44	223	38.190	57	38.26	168	28.020	56	67.53	329	47.727	54	24.60	96
Dez. 6	21.08	15	59.21	221	38.247	130	36.58	164	27.964	16	64.24	348	47.781	112	23.64	89
16	21.23	24	57.00	211	38.377	198	34.94	154	27.980	88	60.76	355	47.893	168	22.75	79
26	21.47	32	54.89	193	38.575	260	33.40	138	28.068	156	57.21	351	48.061	219	21.96	66
36	21.79		52.96		38.835		32.02		28.224		53.70		48.280		21.30	
Mittl. Ort	18.08		64.37		35.449		42.39		28.872		54.41		45.203		30.34	
sec δ, tg δ	+2.040		−1.778		+1.551		−1.185		+1.636		+1.295		+1.253		−0.756	
a, a′	+5.4		−2.8		+4.6		−2.7		+1.4		−2.7		+4.1		−2.5	
b, b′	+0.02		+0.99		+0.01		+0.99		−0.01		+0.99		+0.01		+0.99	

Scheinbare Sternörter 1958

Obere Kulmination Greenwich

Tag	656) α Ophiuchi AR.	Δ	656) α Ophiuchi Dekl.	Δ	654) ϑ Scorpii AR.	Δ	654) ϑ Scorpii Dekl.	Δ	658) ξ Serpentis AR.	Δ	658) ξ Serpentis Dekl.	Δ	664) ω Draconis AR.	Δ	664) ω Draconis Dekl.	Δ
1958	17h 32m		+12° 35′		17h 34m		−42° 58′		17h 35m		−15° 22′		17h 37m		+68° 46′	
	s		″		s		″		s		″		s		″	
Jan. 1	58.248	184	25.70	216	17.078	263	13.04	96	10.176	205	18.49	65	7.72	22	41.02	349
11	58.432	217	23.54	205	17.341	306	12.08	78	10.381	236	19.14	67	7.94	34	37.53	325
21	58.649	243	21.49	188	17.647	339	11.30	61	10.617	261	19.81	68	8.28	43	34.28	290
31	58.892	264	19.61	161	17.986	364	10.69	43	10.878	281	20.49	63	8.71	51	31.38	244
Febr. 10	59.156	278	18.00	128	18.350	381	10.26	26	11.159	293	21.12	55	9.22	58	28.94	188
20	59.434	285	16.72	91	18.731	391	10.00	9	11.452	299	21.67	43	9.80	62	27.06	126
März 2	59.719	289	15.81	50	19.122	394	9.91	6	11.751	302	22.10	30	10.42	64	25.80	59
12	60.008	286	15.31	7	19.516	391	9.97	21	12.053	300	22.40	15	11.06	65	25.21	9
22	60.294	280	15.24	35	19.907	384	10.18	34	12.353	294	22.55	0	11.71	62	25.30	76
April 1	60.574	269	15.59	75	20.291	372	10.52	46	12.647	284	22.55	15	12.33	59	26.06	139
11	60.843	255	16.34	110	20.663	354	10.98	59	12.931	272	22.40	27	12.92	54	27.45	195
21	61.098	236	17.44	141	21.017	332	11.57	71	13.203	255	22.13	38	13.46	48	29.40	244
Mai 1	61.334	215	18.85	166	21.349	304	12.28	82	13.458	234	21.75	45	13.94	39	31.84	284
11	61.549	189	20.51	184	21.653	271	13.10	92	13.692	211	21.30	49	14.33	30	34.68	314
21	61.738	159	22.35	195	21.924	233	14.02	101	13.903	182	20.81	51	14.63	21	37.82	333
31	61.897	127	24.30	201	22.157	191	15.03	109	14.085	150	20.30	50	14.84	10	41.15	343
Juni 10	^{15}62.024	90	26.31	199	^{15}22.348	143	16.12	113	^{16}14.235	114	19.80	48	^{16}14.94	0	44.58	343
19	62.114	53	28.30	192	22.491	91	17.25	116	14.349	76	19.32	44	14.94	10	48.01	332
29	62.167	14	30.22	181	22.582	39	18.41	114	14.425	35	18.88	39	14.84	20	51.33	314
Juli 9	62.181	26	32.03	166	22.621	16	19.55	110	14.460	6	18.49	33	14.64	29	54.47	288
19	62.155	64	33.69	147	22.605	69	20.65	100	14.454	47	18.16	28	14.35	38	57.35	256
29	62.091	100	35.16	124	22.536	118	21.65	87	14.407	85	17.88	24	13.97	46	59.91	217
Aug. 8	61.991	132	36.40	101	22.418	163	22.52	71	14.322	119	17.64	19	13.51	53	62.08	174
18	61.859	159	37.41	76	22.255	201	23.23	50	14.203	148	17.45	16	12.98	58	63.82	127
28	61.700	178	38.17	48	22.054	228	23.73	27	14.055	170	17.29	14	12.40	61	65.09	78
Sept. 7	61.522	190	38.65	21	21.826	244	24.00	2	13.885	182	17.15	12	11.79	64	65.87	26
17	61.332	193	38.86	8	21.582	248	24.02	25	13.703	186	17.03	10	11.15	65	66.13	27
27	61.139	186	38.78	36	21.334	238	23.77	50	13.517	179	16.93	8	10.50	63	65.86	80
Okt. 7	60.953	169	38.42	65	21.096	215	23.27	73	13.338	161	16.85	4	9.87	60	65.06	132
17	60.784	143	37.77	94	20.881	179	22.54	95	13.177	133	16.81	0	9.27	55	63.74	181
27	60.641	110	36.83	122	20.702	132	21.59	112	13.044	98	16.81	7	8.72	49	61.93	229
Nov. 6	60.531	70	35.61	148	20.570	76	20.47	123	12.946	55	16.88	15	8.23	40	59.64	272
16	60.461	24	34.13	172	20.494	15	19.24	129	12.891	8	17.03	24	7.83	30	56.92	307
26	60.437	24	32.41	193	20.479	50	17.95	130	12.883	41	17.27	35	7.53	20	53.85	336
Dez. 6	60.461	71	30.48	208	20.529	114	16.65	126	12.924	91	17.62	46	7.33	8	50.49	356
16	60.532	116	28.40	218	20.643	174	15.39	116	13.015	137	18.08	55	7.25	4	46.93	363
26	60.648	159	26.22	221	20.817	229	14.23	103	13.152	178	18.63	63	7.29	16	43.30	360
36	60.807		24.01		21.046		13.20		13.330		19.26		7.45		39.70	
Mittl. Ort	58.980		21.12		17.850		23.13		10.752		25.88		11.55		39.22	
sec δ, tg δ	+1.025		+0.223		+1.367		−0.932		+1.037		−0.275		+2.763		+2.575	
a, *a′*	+2.8		−2.4		+4.3		−2.2		+3.4		−2.2		−0.4		−2.0	
b, *b′*	0.00		+0.99		+0.01		+0.99		0.00		+0.99		−0.02		+1.00	

Scheinbare Sternörter 1958

Obere Kulmination Greenwich

Tag	663) ι Herculis AR.		663) ι Herculis Dekl.		665) β Ophiuchi AR.		665) β Ophiuchi Dekl.		661) η Pavonis AR.		661) η Pavonis Dekl.		670) ψ Draconis pr AR.		670) ψ Draconis pr Dekl.	
1958	17ʰ 38ᵐ		+46° 1′		17ʰ 41ᵐ		+4° 34′		17ʰ 41ᵐ		−64° 42′		17ʰ 42ᵐ		+72° 9′	
	s		″		s		″		s		″		s		″	
Jan. 1	15.055	178	42.63	331	23.088	180	65.54	173	34.71	38	11.93	212	36.11	23	74.38	351
11	15.233	231	39.32	310	23.268	212	63.81	167	35.09	47	9.81	188	36.34	36	70.87	328
21	15.464	275	36.22	277	23.480	239	62.14	154	35.56	53	7.93	159	36.70	48	67.59	294
31	15.739	312	33.45	235	23.719	259	60.60	134	36.09	57	6.34	127	37.18	58	64.65	249
Febr. 10	16.051	339	31.10	184	23.978	273	59.26	108	36.66	61	5.07	93	37.76	66	62.16	194
20	16.390	358	29.26	126	24.251	282	58.18	78	37.27	64	4.14	58	38.42	71	60.22	133
März 2	16.748	367	28.00	63	24.533	285	57.40	44	37.91	65	3.56	24	39.13	74	58.89	67
12	17.115	367	27.37	— 1	24.818	284	56.96	9	38.56	64	3.32	— 10	39.87	76	58.22	— 1
22	17.482	358	27.38	64	25.102	279	56.87	— 26	39.20	64	3.42	44	40.63	74	58.23	68
April 1	17.840	342	28.02	124	25.381	271	57.13	60	39.84	62	3.86	75	41.37	69	58.91	130
11	18.182	319	29.26	178	25.652	259	57.73	89	40.46	58	4.61	106	42.06	64	60.21	188
21	18.501	288	31.04	224	25.911	242	58.62	115	41.04	55	5.67	134	42.70	55	62.09	237
Mai 1	18.789	252	33.28	262	26.153	222	59.77	135	41.59	50	7.01	159	43.25	46	64.46	278
11	19.041	210	35.90	291	26.375	198	61.12	151	42.09	43	8.60	181	43.71	36	67.24	309
21	19.251	165	38.81	311	26.573	171	62.63	160	42.52	37	10.41	200	44.07	24	70.33	330
31	19.416	115	41.92	320	26.744	139	64.23	163	42.89	30	12.41	213	44.31	12	73.63	340
Juni 10	16 19.531	63	45.12	319	17 26.883	104	65.86	162	17 43.19	21	14.54	221	17 44.43	0	77.03	341
19	19.594	10	48.31	312	26.987	67	67.48	157	43.40	12	16.75	225	44.43	12	80.44	332
29	19.604	— 44	51.43	295	27.054	28	69.05	147	43.52	4	19.00	221	44.31	24	83.76	314
Juli 9	19.560	96	54.38	271	27.082	— 11	70.52	134	43.56	— 6	21.21	211	44.07	36	86.90	290
19	19.464	146	57.09	242	27.071	50	71.86	119	43.50	15	23.32	194	43.71	45	89.80	258
29	19.318	192	59.51	206	27.021	87	73.05	102	43.35	23	25.26	171	43.26	55	92.38	221
Aug. 8	19.126	231	61.57	167	26.934	120	74.07	83	43.12	30	26.97	141	42.71	63	94.59	179
18	18.895	264	63.24	123	26.814	148	74.90	63	42.82	37	28.38	106	42.08	69	96.38	132
28	18.631	289	64.47	77	26.666	169	75.53	44	42.45	41	29.44	66	41.39	74	97.70	83
Sept. 7	18.342	303	65.24	30	26.497	182	75.97	22	42.04	44	30.10	23	40.65	77	98.53	32
17	18.039	307	65.54	— 19	26.315	186	76.19	0	41.60	45	30.33	— 22	39.88	77	98.85	— 20
27	17.732	299	65.35	69	26.129	180	76.19	21	41.15	44	30.11	68	39.11	76	98.65	74
Okt. 7	17.433	281	64.66	117	25.949	165	75.98	43	40.71	40	29.43	111	38.35	73	97.91	125
17	17.152	250	63.49	165	25.784	140	75.55	65	40.31	34	28.32	150	37.62	67	96.66	176
27	16.902	211	61.84	209	25.644	108	74.90	87	39.97	27	26.82	184	36.95	60	94.90	223
Nov. 6	16.691	161	59.75	249	25.536	68	74.03	109	39.70	19	24.98	212	36.35	50	92.67	266
16	16.530	105	57.26	285	25.468	23	72.94	130	39.51	8	22.86	231	35.85	39	90.01	304
26	16.425	45	54.41	313	25.445	— 22	71.64	148	39.43	— 2	20.55	241	35.46	27	86.97	332
Dez. 6	16.380	— 19	51.28	332	25.467	69	70.16	161	39.45	13	18.14	243	35.19	14	83.65	353
16	16.399	82	47.96	342	25.536	115	68.55	172	39.58	23	15.71	236	35.05	— 1	80.12	363
26	16.481	142	44.54	339	25.651	155	66.83	177	39.81	33	13.35	222	35.06	14	76.49	360
36	16.623		41.15		25.806		65.06		40.14		11.13		35.20		72.89	
Mittl. Ort	16.620		40.08		23.752		59.95		36.39		23.33		40.79		72.03	
sec δ, tg δ	+1.440		+1.037		+1.003		+0.080		+2.341		−2.116		+3.266		+3.109	
a, *a′*	+1.7		−1.9		+3.0		−1.6		+5.9		−1.6		−1.1		−1.5	
b, *b′*	−0.01		+1.00		0.00		+1.00		+0.01		+1.00		−0.02		+1.00	

Scheinbare Sternörter 1958

Obere Kulmination Greenwich

Tag	667) μ Herculis[1] AR.		667) μ Herculis[1] Dekl.		675) 35 Draconis AR.		675) 35 Draconis Dekl.	
1958	$17^h\ 44^m$		$+27°\ 44'$		$17^h\ 51^m$		$+76°\ 57'$	
	s		″		s		″	
Jan. 1	47.781	168	42.86	280	12.89	24	74.37	346
11	47.949	207	40.06	264	13.13	42	70.91	327
21	48.156	240	37.42	240	13.55	58	67.64	295
31	48.396	266	35.02	205	14.13	73	64.69	252
Febr. 10	48.662	286	32.97	164	14.86	85	62.17	200
20	48.948	297	31.33	115	15.71	93	60.17	140
März 2	49.245	304	30.18	62	16.64	98	58.77	75
12	49.549	304	29.56	8	17.62	100	58.02	9
22	49.853	299	29.48	46	18.62	99	57.93	57
April 1	50.152	288	29.94	96	19.61	94	58.50	121
11	50.440	273	30.90	143	20.55	86	59.71	178
21	50.713	252	32.33	183	21.41	75	61.49	229
Mai 1	50.965	227	34.16	216	22.16	63	63.78	271
11	51.192	198	36.32	241	22.79	48	66.49	302
21	51.390	165	38.73	257	23.27	32	69.51	325
31	51.555	128	41.30	266	23.59	16	72.76	338
Juni 10	$_{18}$51.683	87	43.96	266	23.75	0	76.14	339
19*	51.770	46	46.62	259	$_{20}$23.75	18	79.53	333
29	51.816	3	49.21	246	23.57	33	82.86	318
Juli 9	51.819	40	51.67	226	23.24	48	86.04	295
19	51.779	83	53.93	202	22.76	63	88.99	265
29	51.696	121	55.95	172	22.13	76	91.64	229
Aug. 8	51.575	156	57.67	141	21.37	86	93.93	189
18	51.419	185	59.08	106	20.51	95	95.82	144
28	51.234	208	60.14	69	19.56	101	97.26	96
Sept. 7	51.026	221	60.83	30	18.55	106	98.22	46
17	50.805	225	61.13	10	17.49	107	98.68	6
27	50.580	220	61.03	50	16.42	106	98.62	58
Okt. 7	50.360	204	60.53	89	15.36	102	98.04	110
17	50.156	179	59.64	129	14.34	96	96.94	161
27	49.977	146	58.35	166	13.38	86	95.33	208
Nov. 6	49.831	104	56.69	201	12.52	74	93.25	252
16	49.727	58	54.68	231	11.78	60	90.73	290
26	49.669	8	52.37	256	11.18	43	87.83	321
Dez. 6	49.661	43	49.81	275	10.75	26	84.62	343
16	49.704	93	47.06	285	10.49	7	81.19	355
26	49.797	140	44.21	287	10.42	12	77.64	355
36	49.937		41.34		10.54		74.09	
Mittl. Ort	48.763		38.92		19.49		71.10	
sec δ, tg δ	+1.130		+0.526		+4.435		+4.321	
a, *a′*	+2.4		−1.3		−2.7		−0.8	
b, *b′*	0.00		+1.00		−0.01		+1.00	

Tag	671) ξ Draconis AR.		671) ξ Draconis Dekl.		672) ϑ Herculis AR.		672) ϑ Herculis Dekl.	
1958	$17^h\ 52^m$		$+56°\ 52'$		$17^h\ 54^m$		$+37°\ 15'$	
	s		″		s		″	
Jan. 1	45.779	166	46.65	348	47.415	155	22.25	310
11	45.945	236	43.17	330	47.570	202	19.15	294
21	46.181	299	39.87	298	47.772	240	16.21	267
31	46.480	351	36.89	256	48.012	273	13.54	230
Febr. 10	46.831	394	34.33	203	48.285	298	11.24	184
20	47.225	424	32.30	144	48.583	316	9.40	132
März 2	47.649	443	30.86	80	48.899	326	8.08	74
12	48.092	448	30.06	13	49.225	329	7.34	15
22	48.540	442	29.93	54	49.554	326	7.19	45
April 1	48.982	425	30.47	117	49.880	316	7.64	102
11	49.407	397	31.64	175	50.196	299	8.66	155
21	49.804	359	33.39	226	50.495	277	10.21	200
Mai 1	50.163	313	35.65	269	50.772	249	12.21	238
11	50.476	259	38.34	301	51.021	217	14.59	267
21	50.735	199	41.35	324	51.238	179	17.26	287
31	50.934	136	44.59	337	51.417	137	20.13	299
Juni 10	51.070	69	47.96	340	51.554	93	23.12	302
19*	$_{20}$51.139	0	51.36	334	$_{21}$51.647	46	26.14	296
29	51.139	68	54.70	320	51.693	2	29.10	284
Juli 9	51.071	134	57.90	297	51.691	50	31.94	263
19	50.937	198	60.87	267	51.641	97	34.57	237
29	50.739	255	63.54	232	51.544	140	36.94	206
Aug. 8	50.484	306	65.86	192	51.404	178	39.00	170
18	50.178	347	67.78	147	51.226	211	40.70	132
28	49.831	380	69.25	100	51.015	236	42.02	90
Sept. 7	49.451	401	70.25	49	50.779	253	42.92	47
17	49.050	408	70.74	2	50.526	260	43.39	2
27	48.642	404	70.72	55	50.266	255	43.41	44
Okt. 7	48.238	385	70.17	107	50.011	242	42.97	90
17	47.853	353	69.10	157	49.769	217	42.07	134
27	47.500	308	67.53	206	49.552	182	40.73	177
Nov. 6	47.192	253	65.47	250	49.370	140	38.96	217
16	46.939	187	62.97	289	49.230	92	36.79	251
26	46.752	115	60.08	321	49.138	39	34.28	280
Dez. 6	46.637	38	56.87	343	49.099	16	31.48	302
16	46.599	40	53.44	356	49.115	71	28.46	314
26	46.639	120	49.88	356	49.186	124	25.32	317
36	46.759		46.32		49.310		22.15	
Mittl. Ort	48.015		43.14		48.643		18.02	
sec δ, tg δ	+1.830		+1.533		+1.256		+0.761	
a, *a′*	+1.0		−0.6		+2.1		−0.5	
b, *b′*	0.00		+1.00		0.00		+1.00	

[1] Die jährliche Parallaxe (0″.109) ist bereits berücksichtigt.

* Bei Stern 675), 671) und 672) lies Juni 20.

Scheinbare Sternörter 1958

Obere Kulmination Greenwich

Tag	676) γ Draconis AR.		Dekl.		673) ν Ophiuchi AR.		Dekl.	
1958	17h 55m		+51° 29′		17h 56m		−9° 46′	
	s	Diff.	″	Diff.	s	Diff.	″	Diff.
Jan. 1	35.877	157	39.13	342	42.133	179	5.63	89
11	36.034	218	35.71	324	42.312	211	6.52	89
21	36.252	272	32.47	294	42.523	238	7.41	85
31	36.524	317	29.53	253	42.761	260	8.26	75
Febr. 10	36.841	354	27.00	203	43.021	275	9.01	62
20	37.195	379	24.97	145	43.296	285	9.63	45
März 2	37.574	396	23.52	81	43.581	291	10.08	26
12	37.970	401	22.71	16	43.872	292	10.34	5
22	38.371	397	22.55	49	44.164	290	10.39	16
April 1	38.768	382	23.04	111	44.454	284	10.23	36
11	39.150	359	24.15	169	44.738	274	9.87	53
21	39.509	329	25.84	219	45.012	261	9.34	68
Mai 1	39.838	289	28.03	261	45.273	242	8.66	79
11	40.127	244	30.64	294	45.515	221	7.87	86
21	40.371	194	33.58	317	45.736	195	7.01	90
31	40.565	138	36.75	330	45.931	164	6.11	89
Juni 10	40.703	80	40.05	334	46.095	129	5.22	87
20	$_{21}$40.783	20	43.39	328	$_{21}$46.224	92	4.35	81
29	40.803	41	46.67	314	46.316	52	3.54	74
Juli 9	40.762	100	49.81	292	46.368	10	2.80	65
19	40.662	156	52.73	264	46.378	31	2.15	56
29	40.506	209	55.37	230	46.347	70	1.59	46
Aug. 8	40.297	255	57.67	191	46.277	106	1.13	37
18	40.042	294	59.58	148	46.171	138	0.76	28
28	39.748	324	61.06	100	46.033	161	0.48	20
Sept. 7	39.424	343	62.06	52	45.872	177	0.28	12
17	39.081	351	62.58	2	45.695	184	0.16	4
27	38.730	347	62.60	49	45.511	180	0.12	4
Okt. 7	38.383	331	62.11	101	45.331	167	0.16	12
17	38.052	302	61.10	150	45.164	143	0.28	21
27	37.750	262	59.60	198	45.021	112	0.49	31
Nov. 6	37.488	212	57.62	242	44.909	72	0.80	41
16	37.276	154	55.20	281	44.837	28	1.21	53
26	37.122	90	52.39	311	44.809	18	1.74	65
Dez. 6	37.032	22	49.28	335	44.827	66	2.39	75
16	37.010	48	45.93	348	44.893	111	3.14	83
26	37.058	116	42.45	350	45.004	152	3.97	89
36	37.174		38.95		45.156		4.86	
Mittl. Ort	37.725		35.27		42.753		12.60	
sec δ, tg δ	+1.606		+1.257		+1.015		−0.172	
a, a′	+1.4		−0.4		+3.3		−0.3	
b, b′	0.00		+1.00		0.00		+1.00	

Tag	677) 67 Ophiuchi AR.		Dekl.		679) γ Sagittarii AR.		Dekl.	
1958	17h 58m		+2° 55′		18h 3m		−30° 25′	
	s	Diff.	″	Diff.	s	Diff.	″	Diff.
Jan. 1	31.703	166	61.47	161	5.805	199	27.05	39
11	31.869	199	59.86	155	6.004	238	26.66	30
21	32.068	227	58.31	144	6.242	269	26.36	24
31	32.295	248	56.87	126	6.511	294	26.12	18
Febr. 10	32.543	265	55.61	102	6.805	312	25.94	13
20	32.808	276	54.59	74	7.117	324	25.81	11
März 2	33.084	283	53.85	42	7.441	332	25.70	8
12	33.367	284	53.43	8	7.773	335	25.62	8
22	33.651	282	53.35	25	8.108	333	25.54	7
April 1	33.933	276	53.60	57	8.441	328	25.47	5
11	34.209	266	54.17	86	8.769	318	25.42	3
21	34.475	253	55.03	111	9.087	303	25.39	0
Mai 1	34.728	235	56.14	131	9.390	284	25.39	5
11	34.963	212	57.45	146	9.674	260	25.44	11
21	35.175	186	58.91	155	9.934	231	25.55	18
31	35.361	156	60.46	158	10.165	196	25.73	25
Juni 10	35.517	121	62.04	158	10.361	157	25.98	32
20	$_{21}$35.638	84	63.62	153	$_{23}$10.518	114	26.30	39
29	35.722	44	65.15	143	10.632	68	26.69	44
Juli 9	35.766	4	66.58	131	10.700	21	27.13	47
19	35.770	36	67.89	116	10.721	28	27.60	48
29	35.734	74	69.05	100	10.693	73	28.08	46
Aug. 8	35.660	110	70.05	82	10.620	115	28.54	42
18	35.550	139	70.87	64	10.505	152	28.96	35
28	35.411	163	71.51	44	10.353	180	29.31	25
Sept. 7	35.248	179	71.95	24	10.173	200	29.56	13
17	35.069	185	72.19	5	9.973	209	29.69	0
27	34.884	183	72.24	15	9.764	206	29.69	13
Okt. 7	34.701	169	72.09	36	9.558	191	29.56	26
17	34.532	147	71.73	57	9.367	166	29.30	38
27	34.385	117	71.16	77	9.201	130	28.92	47
Nov. 6	34.268	80	70.39	98	9.071	86	28.45	54
16	34.188	37	69.41	116	8.985	37	27.91	57
26	34.151	9	68.25	134	8.948	17	27.34	56
Dez. 6	34.160	55	66.91	148	8.965	71	26.78	53
16	34.215	98	65.43	158	9.036	122	26.25	48
26	34.313	141	63.85	163	9.158	170	25.77	41
36	34.454		62.22		9.328		25.36	
Mittl. Ort	32.375		55.30		6.508		35.30	
sec δ, tg δ	+1.001		+0.051		+1.160		−0.587	
a, a′	+3.0		−0.1		+3.9		+0.3	
b, b′	0.00		+1.00		0.00		+1.00	

K

Scheinbare Sternörter 1958

Obere Kulmination Greenwich

Tag	680) 72 Ophiuchi AR.	Δ	Dekl.	Δ	681) o Herculis AR.	Δ	Dekl.	Δ	682) μ Sagittarii AR.	Δ	Dekl.	Δ	685) 36 Draconis AR.	Δ	Dekl.	Δ
1958	18h 5m		+9° 33′		18h 5m		+28° 45′		18h 11m		−21° 4′		18h 13m		+64° 22′	
	s		″		s		″		s		″		s		″	
Jan. 1	20.685	154	29.24	193	53.131	145	25.12	280	14.361	177	10.34	14	36.20	13	63.64	355
11	20.839	190	27.31	187	53.276	186	22.32	269	14.538	213	10.48	19	36.33	22	60.09	340
21	21.029	219	25.44	172	53.462	222	19.63	246	14.751	242	10.67	19	36.55	31	56.69	314
31	21.248	242	23.72	151	53.684	250	17.17	214	14.993	266	10.86	18	36.86	39	53.55	275
Febr. 10	21.490	260	22.21	122	53.934	274	15.03	174	15.259	285	11.04	14	37.25	45	50.80	226
20	21.750	273	20.99	88	54.208	291	13.29	126	15.544	297	11.18	8	37.70	50	48.54	169
März 2	22.023	281	20.11	51	54.499	301	12.03	75	15.841	305	11.26	0	38.20	53	46.85	105
12	22.304	284	19.60	11	54.800	305	11.28	20	16.146	309	11.26	10	38.73	55	45.80	38
22	22.588	283	19.49	29	55.105	305	11.08	35	16.455	309	11.16	18	39.28	55	45.42	29
April 1	22.871	278	19.78	67	55.410	298	11.43	87	16.764	305	10.98	26	39.83	53	45.71	94
11	23.149	269	20.45	101	55.708	287	12.30	136	17.069	297	10.72	33	40.36	51	46.65	156
21	23.418	255	21.46	131	55.995	269	13.66	178	17.366	285	10.39	37	40.87	46	48.21	210
Mai 1	23.673	237	22.77	157	56.264	246	15.44	214	17.651	269	10.02	40	41.33	40	50.31	256
11	23.910	215	24.34	175	56.510	219	17.58	242	17.920	247	9.62	39	41.73	34	52.87	294
21	24.125	188	26.09	187	56.729	187	20.00	261	18.167	221	9.23	37	42.07	27	55.81	321
31	24.313	158	27.96	193	56.916	151	22.61	273	18.388	189	8.86	33	42.34	18	59.02	339
Juni 10	24.471	122	29.89	194	57.067	111	25.34	276	18.577	154	8.53	26	42.52	10	62.41	347
20	$_{23}$24.593	85	31.83	188	$_{23}$57.178	68	28.10	272	$_{25}$18.731	114	8.27	19	$_{25}$42.62	1	65.88	345
29	24.678	45	33.71	179	57.246	24	30.82	261	18.845	71	8.08	12	42.63	7	69.33	335
Juli 9	24.723	4	35.50	166	57.270	20	33.43	243	18.916	27	7.96	6	42.56	16	72.68	317
19	24.727	37	37.16	148	57.250	65	35.86	221	18.943	17	7.90	0	42.40	24	75.85	290
29	24.690	76	38.64	128	57.185	107	38.07	193	18.926	60	7.90	5	42.16	32	78.75	257
Aug. 8	24.614	111	39.92	106	57.078	144	40.00	162	18.866	101	7.95	7	41.84	38	81.32	220
18	24.503	142	40.98	84	56.934	177	41.62	128	18.765	136	8.02	8	41.46	44	83.52	177
28	24.361	167	41.82	59	56.757	202	42.90	91	18.629	163	8.10	8	41.02	48	85.29	130
Sept. 7	24.194	183	42.41	33	56.555	220	43.81	51	18.466	182	8.18	5	40.54	51	86.59	80
17	24.011	190	42.74	8	56.335	228	44.32	12	18.284	193	8.23	1	40.03	53	87.39	28
27	23.821	189	42.82	19	56.107	226	44.44	29	18.091	191	8.24	2	39.50	53	87.67	25
Okt. 7	23.632	177	42.63	44	55.881	214	44.15	70	17.900	178	8.22	6	38.97	51	87.42	79
17	23.455	156	42.19	71	55.667	193	43.45	110	17.722	157	8.16	9	38.46	49	86.63	131
27	23.299	127	41.48	97	55.474	162	42.35	149	17.565	125	8.07	10	37.97	44	85.32	183
Nov. 6	23.172	90	40.51	122	55.312	124	40.86	186	17.440	85	7.97	9	37.53	37	83.49	230
16	23.082	49	39.29	145	55.188	80	39.00	219	17.355	40	7.88	7	37.16	30	81.19	273
26	23.033	4	37.84	165	55.108	32	36.81	246	17.315	9	7.81	3	36.86	22	78.46	309
Dez. 6	23.029	42	36.19	181	55.076	19	34.35	268	17.324	58	7.78	2	36.64	12	75.37	336
16	23.071	87	34.38	192	55.095	68	31.67	281	17.382	105	7.80	9	36.52	3	72.01	354
26	23.158	129	32.46	197	55.163	116	28.86	285	17.487	149	7.89	14	36.49	7	68.47	359
36	23.287		30.49		55.279		26.01		17.636		8.03		36.56		64.88	
Mittl. Ort	21.412		23.24		54.138		19.85		15.019		17.91		39.19		58.18	
sec δ, tg δ	+ 1.014		+ 0.168		+ 1.141		+ 0.549		+ 1.072		−0.385		+ 2.313		+ 2.086	
a, *a′*	+ 2.8		+ 0.5		+ 2.3		+ 0.5		+ 3.6		+ 1.0		+ 0.3		+ 1.2	
b, *b′*	0.00		+ 1.00		0.00		+ 1.00		0.00		+ 1.00		+ 0.01		+ 1.00	

Scheinbare Sternörter 1958

Obere Kulmination Greenwich

Tag	688) η Serpentis				689) ε Sagittarii				695) χ Draconis[1]				690) 109 Herculis			
	AR.		Dekl.		AR.		Dekl.		AR.		Dekl.		AR.		Dekl.	
1958	18h 19m		−2° 54′		18h 21m		−34° 24′		18h 21m		+72° 42′		18h 21m		+21° 44′	
	s		″		s		″		s		″		s		″	
Jan. 1	7.431	150	33.77	124	22.268	186	15.30	72	44.15	11	60.94	354	53.521	132	64.06	250
11	7.581	184	35.01	120	22.454	228	14.58	65	44.26	26	57.40	342	53.653	171	61.56	241
21	7.765	213	36.21	113	22.682	262	13.93	57	44.52	39	53.98	317	53.824	204	59.15	224
31	7.978	237	37.34	99	22.944	291	13.36	51	44.91	50	50.81	281	54.028	233	56.91	197
Febr. 10	8.215	255	38.33	80	23.235	313	12.85	44	45.41	61	48.00	233	54.261	256	54.94	161
20	8.470	269	39.13	57	23.548	329	12.41	38	46.02	68	45.67	178	54.517	273	53.33	120
März 2	8.739	278	39.70	32	23.877	340	12.03	33	46.70	74	43.89	115	54.790	285	52.13	74
12	9.017	283	40.02	4	24.217	347	11.70	28	47.44	77	42.74	49	55.075	292	51.39	25
22	9.300	285	40.06	24	24.564	348	11.42	23	48.21	78	42.25	18	55.367	294	51.14	25
April 1	9.585	282	39.82	51	24.912	345	11.19	17	48.99	75	42.43	83	55.661	292	51.39	73
11	9.867	275	39.31	75	25.257	339	11.02	11	49.74	71	43.26	145	55.953	283	52.12	118
21	10.142	265	38.56	95	25.596	326	10.91	2	50.45	65	44.71	200	56.236	270	53.30	158
Mai 1	10.407	250	37.61	112	25.922	308	10.89	6	51.10	57	46.71	248	56.506	252	54.88	191
11	10.657	230	36.49	123	26.230	286	10.95	16	51.67	47	49.19	286	56.758	229	56.79	217
21	10.887	206	35.26	130	26.516	257	11.11	26	52.14	36	52.05	316	56.987	201	58.96	236
31	11.093	176	33.96	132	26.773	222	11.37	37	52.50	24	55.21	335	57.188	168	61.32	248
Juni 10	11.269	143	32.64	131	26.995	182	11.74	48	52.74	11	58.56	344	57.356	131	63.80	251
20	11.412	106	31.33	124	27.177	137	12.22	57	52.85	1	62.00	345	57.487	91	66.31	248
29	[27] 11.518	66	30.09	116	[27] 27.314	90	12.79	64	[27] 52.84	14	65.45	336	[27] 57.578	49	68.79	239
Juli 9	11.584	25	28.93	105	27.404	39	13.43	69	52.70	26	68.81	319	57.627	5	71.18	224
19	11.609	17	27.88	92	27.443	12	14.12	71	52.44	38	72.00	295	57.632	38	73.42	205
29	11.592	58	26.96	77	27.431	61	14.83	69	52.06	48	74.95	263	57.594	79	75.47	180
Aug. 8	11.534	95	26.19	63	27.370	107	15.52	65	51.58	58	77.58	227	57.515	118	77.27	152
18	11.439	128	25.56	48	27.263	148	16.17	56	51.00	65	79.85	185	57.397	152	78.79	123
28	11.311	154	25.08	34	27.115	181	16.73	45	50.35	72	81.70	140	57.245	178	80.02	90
Sept. 7	11.157	173	24.74	18	26.934	205	17.18	30	49.63	77	83.10	90	57.067	197	80.92	56
17	10.984	183	24.56	4	26.729	217	17.48	14	48.86	79	84.00	39	56.870	209	81.48	21
27	10.801	183	24.52	11	26.512	219	17.62	4	48.07	80	84.39	14	56.661	209	81.69	15
Okt. 7	10.618	174	24.63	25	26.293	207	17.58	22	47.27	78	84.25	67	56.452	200	81.54	51
17	10.444	155	24.88	41	26.086	183	17.36	38	46.49	74	83.58	120	56.252	181	81.03	88
27	10.289	126	25.29	55	25.903	150	16.98	53	45.75	68	82.38	172	56.071	154	80.15	122
Nov. 6	10.163	91	25.84	71	25.753	107	16.45	65	45.07	60	80.66	220	55.917	119	78.93	155
16	10.072	50	26.55	86	25.646	57	15.80	73	44.47	50	78.46	264	55.798	79	77.38	186
26	10.022	6	27.41	99	25.589	4	15.07	78	43.97	39	75.82	301	55.719	34	75.52	212
Dez. 6	10.016	38	28.40	111	25.585	51	14.29	79	43.58	25	72.81	331	55.685	13	73.40	233
16	10.054	83	29.51	120	25.636	104	13.50	77	43.33	12	69.50	350	55.698	60	71.07	247
26	10.137	124	30.71	125	25.740	155	12.73	73	43.21	3	66.00	357	55.758	104	68.60	254
36	10.261		31.96		25.895		12.00		43.24		62.43		55.862		66.06	
Mittl. Ort	8.090		40.58		23.058		23.19		48.82		54.69		54.395		57.75	
sec δ, tg δ	+1.001		−0.051		+1.212		−0.685		+3.366		+3.214		+1.077		+0.399	
a, *a′*	+3.1		+1.7		+4.0		+1.9		−1.2		+1.9		+2.5		+1.9	
b, *b′*	0.00		+1.00		0.00		+1.00		+0.02		+1.00		0.00		+1.00	

[1] Die jährliche Parallaxe (0″.119) ist bereits berücksichtigt.

Scheinbare Sternörter 1958

Obere Kulmination Greenwich

Tag	691) α Telescopii				699) α Lyrae[1]				698) ζ Pavonis				703) 110 Herculis			
	AR.		Dekl.		AR.		Dekl.		AR.		Dekl.		AR.		Dekl.	
1958	18h 23m		−45° 59′		18h 35m		+38° 44′		18h 38m		−71° 27′		18h 43m		+20° 30′	
	s		″		s		″		s		″		s		″	
Jan. 1	50.511	208	28.53	142	29.678	109	43.51	309	5.40	33	55.27	277	50.313	109	24.68	240
11	50.719	258	27.11	132	29.787	157	40.42	301	5.73	44	52.50	263	50.422	149	22.28	234
21	50.977	301	25.79	119	29.944	201	37.41	280	6.17	54	49.87	243	50.571	184	19.94	219
31	51.278	337	24.60	105	30.145	240	34.61	250	6.71	64	47.44	217	50.755	213	17.75	195
Febr. 10	51.615	363	23.55	90	30.385	272	32.11	208	7.35	71	45.27	187	50.968	239	15.80	163
20	51.978	384	22.65	74	30.657	297	30.03	159	8.06	77	43.40	153	51.207	260	14.17	124
März 2	52.362	399	21.91	57	30.954	317	28.44	104	8.83	81	41.87	118	51.467	275	12.93	80
12	52.761	406	21.34	41	31.271	329	27.40	45	9.64	83	40.69	80	51.742	285	12.13	32
22	53.167	409	20.93	24	31.600	334	26.95	15	10.47	85	39.89	41	52.027	291	11.81	16
April 1	53.576	405	20.69	7	31.934	332	27.10	74	11.32	84	39.48	3	52.318	293	11.97	64
11	53.981	397	20.62	11	32.266	324	27.84	129	12.16	82	39.45	36	52.611	288	12.61	108
21	54.378	383	20.73	29	32.590	308	29.13	180	12.98	80	39.81	75	52.899	279	13.69	148
Mai 1	54.761	361	21.02	47	32.898	285	30.93	223	13.78	74	40.56	110	53.178	264	15.17	183
11	55.122	333	21.49	65	33.183	256	33.16	259	14.52	68	41.66	144	53.442	244	17.00	210
21	55.455	299	22.14	81	33.439	222	35.75	285	15.20	61	43.10	174	53.686	219	19.10	231
31	55.754	258	22.95	97	33.661	182	38.60	303	15.81	51	44.84	201	53.905	187	21.41	243
Juni 10	56.012	210	23.92	111	33.843	138	41.63	312	16.32	41	46.85	223	54.092	153	23.84	249
20	28 56.222	158	25.03	121	33.981	90	44.75	312	16.73	30	49.08	238	54.245	113	26.33	248
29*	56.380	101	26.24	128	1 34.071	40	47.87	304	2 17.03	17	51.46	247	3 54.358	71	28.81	241
Juli 9	56.481	41	27.52	132	34.111	10	50.91	290	17.20	5	53.93	249	54.429	27	31.22	227
19	56.522	19	28.84	129	34.101	61	53.81	268	17.25	7	56.42	243	54.456	17	33.49	209
29	56.503	77	30.13	123	34.040	109	56.49	241	17.18	20	58.85	229	54.439	60	35.58	187
Aug. 8	56.426	131	31.36	112	33.931	154	58.90	209	16.98	32	61.14	207	54.379	100	37.45	161
18	56.295	179	32.48	95	33.777	193	60.99	172	16.66	42	63.21	177	54.279	136	39.06	132
28	56.116	218	33.43	74	33.584	224	62.71	132	16.24	50	64.98	140	54.143	166	40.38	101
Sept. 7	55.898	247	34.17	49	33.360	247	64.03	89	15.74	57	66.38	98	53.977	189	41.39	68
17	55.651	262	34.66	22	33.113	262	64.92	45	15.17	61	67.36	51	53.788	202	42.07	35
27	55.389	264	34.88	7	32.851	265	65.37	2	14.56	62	67.87	0	53.586	206	42.42	1
Okt. 7	55.125	252	34.81	37	32.586	258	65.35	49	13.94	61	67.87	51	53.380	201	42.41	36
17	54.873	225	34.44	65	32.328	240	64.86	95	13.33	56	67.36	101	53.179	187	42.05	71
27	54.648	187	33.79	90	32.088	213	63.91	141	12.77	50	66.35	148	52.992	162	41.34	105
Nov. 6	54.461	137	32.89	112	31.875	177	62.50	184	12.27	40	64.87	190	52.830	131	40.29	139
16	54.324	80	31.77	129	31.698	133	60.66	223	11.87	29	62.97	225	52.699	93	38.90	169
26	54.244	17	30.48	141	31.565	84	58.43	257	11.58	16	60.72	251	52.606	51	37.21	196
Dez. 6	54.227	48	29.07	146	31.481	31	55.86	284	11.42	3	58.21	270	52.555	6	35.25	218
16	54.275	111	27.61	148	31.450	22	53.02	303	11.39	11	55.51	278	52.549	38	33.07	234
26	54.386	172	26.13	144	31.472	75	49.99	312	11.50	24	52.73	278	52.587	83	30.73	242
36	54.558		24.69		31.547		46.87		11.74		49.95		52.670		28.31	
Mittl. Ort	51.530		36.74		30.907		36.51		8.38		63.36		51.151		17.35	
sec δ, tg δ	+1.439		−1.035		+1.282		+0.802		+3.146		−2.983		+1.068		+0.374	
a, *a′*	+4.4		+2.1		+2.0		+3.1		+7.0		+3.3		+2.6		+3.8	
b, *b′*	−0.01		+0.99		+0.01		+0.99		−0.03		+0.99		0.00		+0.98	

[1] Die jährliche Parallaxe (0″.121) ist bereits berücksichtigt.

* Bei Stern 699), 698) und 703) lies Juni 30.

Obere Kulmination Greenwich

Tag	704) λ Pavonis AR.		704) λ Pavonis Dekl.		705) β Lyrae AR.		705) β Lyrae Dekl.	
1958	18h 48m		−62° 13′		18h 48m		+ 33° 18′	
	s		″		s		″	
Jan. 1	17.92	23	71.05	239	30.593	95	53.99	291
11	18.15	30	68.66	231	30.688	140	51.08	284
21	18.45	38	66.35	216	30.828	182	48.24	267
31	18.83	44	64.19	196	31.010	217	45.57	241
Febr. 10	19.27	48	62.23	173	31.227	249	43.16	203
20	19.75	53	60.50	147	31.476	274	41.13	158
März 2	20.28	56	59.03	119	31.750	294	39.55	106
12	20.84	57	57.84	89	32.044	308	38.49	51
22	21.41	59	56.95	57	32.352	315	37.98	5
April 1	22.00	59	56.38	26	32.667	317	38.03	62
11	22.59	58	56.12	7	32.984	312	38.65	116
21	23.17	56	56.19	39	33.296	301	39.81	164
Mai 1	23.73	54	56.58	71	33.597	283	41.45	206
11	24.27	50	57.29	102	33.880	260	43.51	240
21	24.77	45	58.31	130	34.140	230	45.91	268
31	25.22	39	59.61	155	34.370	194	48.59	286
Juni 10	25.61	33	61.16	176	34.564	154	51.45	296
20	25.94	25	62.92	194	34.718	110	54.41	297
30	26.19	16	64.86	205	34.828	63	57.38	291
Juli 9	[4] 26.35	7	66.91	211	[4] 34.891	15	60.29	279
19	26.42	1	69.02	210	34.906	34	63.08	260
29	26.41	10	71.12	201	34.872	80	65.68	235
Aug. 8	26.31	18	73.13	185	34.792	124	68.03	205
18	26.13	25	74.98	162	34.668	163	70.08	171
28	25.88	32	76.60	133	34.505	196	71.79	135
Sept. 7	25.56	37	77.93	98	34.309	220	73.14	95
17	25.19	40	78.91	58	34.089	236	74.09	54
27	24.79	41	79.49	15	33.853	242	74.63	10
Okt. 7	24.38	41	79.64	30	33.611	237	74.73	34
17	23.97	37	79.34	73	33.374	223	74.39	77
27	23.60	33	78.61	115	33.151	199	73.62	121
Nov. 6	23.27	27	77.46	153	32.952	166	72.41	162
16	23.00	19	75.93	184	32.786	127	70.79	200
26	22.81	11	74.09	210	32.659	83	68.79	234
Dez. 6	22.70	1	71.99	227	32.576	34	66.45	261
16	22.69	8	69.72	237	32.542	15	63.84	281
26	22.77	17	67.35	239	32.557	64	61.03	291
36	22.94		64.96		32.621		58.12	
Mittl. Ort	19.81		78.25		31.653		46.14	
sec δ, tg δ	+2.147		−1.900		+1.197		+0.657	
a, *a′*	+5.6		+4.2		+2.2		+4.2	
b, *b′*	−0.03		+0.98		+0.01		+0.98	

Tag	707) o Draconis AR.		707) o Draconis Dekl.		706) σ Sagittarii AR.		706) σ Sagittarii Dekl.	
1958	18h 50m		+ 59° 20′		18h 52m		−26° 20′	
	s		″		s		″	
Jan. 1	32.592	61	20.33	349	38.926	139	55.73	34
11	32.653	140	16.84	343	39.065	179	55.39	33
21	32.793	216	13.41	326	39.244	213	55.06	33
31	33.009	284	10.15	295	39.457	243	54.73	33
Febr. 10	33.293	344	7.20	254	39.700	266	54.40	35
20	33.637	394	4.66	203	39.966	286	54.05	38
März 2	34.031	433	2.63	144	40.252	301	53.67	42
12	34.464	460	1.19	80	40.553	312	53.25	47
22	34.924	473	0.39	14	40.865	319	52.78	49
April 1	35.397	473	0.25	52	41.184	322	52.29	52
11	35.870	462	0.77	115	41.506	320	51.77	53
21	36.332	437	1.92	174	41.826	315	51.24	52
Mai 1	36.769	401	3.66	225	42.141	303	50.72	48
11	37.170	356	5.91	268	42.444	286	50.24	42
21	37.526	300	8.59	303	42.730	263	49.82	34
31	37.826	237	11.62	328	42.993	234	49.48	24
Juni 10	38.063	168	14.90	343	43.227	199	49.24	13
20	38.231	96	18.33	350	43.426	160	49.11	1
30	38.327	20	21.83	346	43.586	115	49.10	9
Juli 9	[5] 38.347	55	25.29	335	[5] 43.701	69	49.19	20
19	38.292	128	28.64	316	43.770	21	49.39	29
29	38.164	199	31.80	290	43.791	28	49.68	35
Aug. 8	37.965	264	34.70	257	43.763	73	50.03	39
18	37.701	321	37.27	219	43.690	114	50.42	40
28	37.380	367	39.46	176	43.576	149	50.82	37
Sept. 7	37.013	404	41.22	130	43.427	176	51.19	33
17	36.609	429	42.52	80	43.251	194	51.52	26
27	36.180	439	43.32	28	43.057	200	51.78	16
Okt. 7	35.741	436	43.60	26	42.857	195	51.94	7
17	35.305	418	43.34	80	42.662	179	52.01	3
27	34.887	388	42.54	133	42.483	154	51.98	13
Nov. 6	34.499	343	41.21	184	42.329	119	51.85	20
16	34.156	288	39.37	232	42.210	77	51.65	26
26	33.868	222	37.05	273	42.133	31	51.39	30
Dez. 6	33.646	149	34.32	308	42.102	17	51.09	32
16	33.497	72	31.24	333	42.119	65	50.77	33
26	33.425	9	27.91	349	42.184	111	50.44	32
36	33.434		24.42		42.295		50.12	
Mittl. Ort	34.867		11.54		39.671		62.52	
sec δ, tg δ	+1.961		+1.687		+1.116		−0.495	
a, *a′*	+0.9		+4.4		+3.7		+4.6	
b, *b′*	+0.02		+0.98		−0.01		+0.97	

Scheinbare Sternörter 1958

Obere Kulmination Greenwich

Tag	711) R Lyrae				709) ϑ Serpentis *pr*				708) λ Telescopii				713) γ Lyrae			
	AR.		Dekl.		AR.		Dekl.		AR.		Dekl.		AR.		Dekl.	
1958	$18^h\ 54^m$		+43° 53′		$18^h\ 54^m$		+4° 8′		$18^h\ 55^m$		−52° 59′		$18^h\ 57^m$		+32° 37′	
	s		″		s		″		s		″		s		″	
Jan. 1	1.978	78	32.05	322	7.145	111	58.51	152	5.037	180	37.67	194	21.219	85	59.22	285
11	2.056	132	28.83	316	7.256	148	56.99	148	5.217	240	35.73	189	21.304	131	56.37	282
21	2.188	182	25.67	299	7.404	179	55.51	139	5.457	295	33.84	179	21.435	172	53.55	266
31	2.370	227	22.68	271	7.583	207	54.12	122	5.752	341	32.05	165	21.607	208	50.89	240
Febr. 10	2.597	267	19.97	232	7.790	229	52.90	100	6.093	379	30.40	149	21.815	240	48.49	204
20	2.864	299	17.65	183	8.019	249	51.90	72	6.472	410	28.91	130	22.055	266	46.45	161
März 2	3.163	324	15.82	128	8.268	263	51.18	41	6.882	434	27.61	110	22.321	288	44.84	111
12	3.487	343	14.54	69	8.531	274	50.77	7	7.316	451	26.51	88	22.609	303	43.73	56
22	3.830	353	13.85	7	8.805	281	50.70	28	7.767	461	25.63	65	22.912	312	43.17	0
April 1	4.183	355	13.78	55	9.086	285	50.98	61	8.228	465	24.98	41	23.224	316	43.17	56
11	4.538	350	14.33	114	9.371	282	51.59	92	8.693	462	24.57	17	23.540	313	43.73	109
21	4.888	337	15.47	168	9.653	277	52.51	120	9.155	452	24.40	10	23.853	303	44.82	158
Mai 1	5.225	315	17.15	216	9.930	266	53.71	142	9.607	432	24.50	35	24.156	288	46.40	201
11	5.540	286	19.31	255	10.196	250	55.13	160	10.039	406	24.85	61	24.444	265	48.41	236
21	5.826	251	21.86	287	10.446	228	56.73	171	10.445	371	25.46	85	24.709	237	50.77	263
31	6.077	208	24.73	309	10.674	202	58.44	178	10.816	327	26.31	108	24.946	202	53.40	283
Juni 10	6.285	162	27.82	323	10.876	169	60.22	178	11.143	276	27.39	129	25.148	164	56.23	294
20	6.447	111	31.05	327	11.045	134	62.00	174	11.419	217	28.68	146	25.312	120	59.17	297
30	6.558	57	34.32	323	[6] 11.179	93	63.74	165	[6] 11.636	153	30.14	158	[6] 25.432	73	62.14	291
Juli 9	[6] 6.615	1	37.55	312	11.272	52	65.39	154	11.789	85	31.72	167	25.505	26	65.05	280
19	6.616	54	40.67	293	11.324	9	66.93	138	11.874	15	33.39	169	25.531	23	67.85	262
29	6.562	106	43.60	267	11.333	34	68.31	121	11.889	55	35.08	165	25.508	70	70.47	238
Aug. 8	6.456	156	46.27	236	11.299	73	69.52	102	11.834	120	36.73	156	25.438	115	72.85	210
18	6.300	199	48.63	201	11.226	110	70.54	81	11.714	181	38.29	139	25.323	154	74.95	177
28	6.101	236	50.64	160	11.116	141	71.35	60	11.533	233	39.68	117	25.169	188	76.72	140
Sept. 7	5.865	265	52.24	117	10.975	163	71.95	40	11.300	272	40.85	90	24.981	214	78.12	102
17	5.600	283	53.41	71	10.812	179	72.35	18	11.028	299	41.75	58	24.767	231	79.14	61
27	5.317	291	54.12	23	10.633	185	72.53	3	10.729	310	42.33	23	24.536	238	79.75	19
Okt. 7	5.026	289	54.35	26	10.448	180	72.50	24	10.419	305	42.56	13	24.298	235	79.94	25
17	4.737	274	54.09	76	10.268	167	72.26	45	10.114	285	42.43	50	24.063	222	79.69	69
27	4.463	249	53.33	125	10.101	145	71.81	66	9.829	249	41.93	85	23.841	201	79.00	112
Nov. 6	4.214	215	52.08	171	9.956	115	71.15	86	9.580	200	41.08	116	23.640	169	77.88	153
16	3.999	173	50.37	214	9.841	79	70.29	105	9.380	141	39.92	143	23.471	131	76.35	192
26	3.826	124	48.23	253	9.762	39	69.24	123	9.239	74	38.49	165	23.340	88	74.43	225
Dez. 6	3.702	71	45.70	285	9.723	3	68.01	137	9.165	4	36.84	180	23.252	42	72.18	254
16	3.631	14	42.85	308	9.726	45	66.64	148	9.161	67	35.04	189	23.210	7	69.64	274
26	3.617	42	39.77	321	9.771	86	65.16	154	9.228	137	33.15	193	23.217	55	66.90	286
36	3.659		36.56		9.857		63.62		9.365		31.22		23.272		64.04	
Mittl. Ort	3.336		23.50		7.832		51.21		6.388		44.33		22.245		50.87	
sec δ, tg δ	+1.388		+0.962		+1.003		+0.073		+1.661		−1.327		+1.187		+0.640	
a, a'	+1.8		+4.7		+3.0		+4.7		+4.8		+4.8		+2.2		+5.0	
b, b'	+0.01		+0.97		0.00		+0.97		−0.02		+0.97		+0.01		+0.97	

Obere Kulmination Greenwich

Tag	716) ζ Aquilae AR.		716) ζ Aquilae Dekl.		717) λ Aquilae AR.		717) λ Aquilae Dekl.		718) α Coron. austr. AR.		718) α Coron. austr. Dekl.		720) π Sagittarii AR.		720) π Sagittarii Dekl.	
1958	19h 3m		+13° 47′		19h 4m		−4° 56′		19h 6m		−37° 58′		19h 7m		−21° 5′	
	s		″		s		″		s		″		s		″	
Jan. 1	27.957	95	66.68	202	0.483	109	42.27	96	36.069	137	12.40	110	15.270	118	25.21	5
11	28.052	132	64.66	198	0.592	145	43.23	94	36.206	183	11.30	109	15.388	157	25.16	7
21	28.184	167	62.68	186	0.737	176	44.17	86	36.389	222	10.21	107	15.545	191	25.09	9
31	28.351	196	60.82	167	0.913	204	45.03	75	36.611	258	9.14	103	15.736	219	25.00	13
Febr. 10	28.547	222	59.15	140	1.117	227	45.78	58	36.869	288	8.11	98	15.955	245	24.87	20
20	28.769	243	57.75	106	1.344	246	46.36	37	37.157	312	7.13	92	16.200	265	24.67	29
März 2	29.012	260	56.69	68	1.590	263	46.73	14	37.469	331	6.21	86	16.465	281	24.38	37
12	29.272	274	56.01	27	1.853	274	46.87	12	37.800	346	5.35	78	16.746	294	24.01	47
22	29.546	282	55.74	17	2.127	283	46.75	38	38.146	357	4.57	71	17.040	304	23.54	56
April 1	29.828	287	55.91	59	2.410	287	46.37	62	38.503	363	3.86	61	17.344	309	22.98	64
11	30.115	287	56.50	98	2.697	288	45.75	85	38.866	363	3.25	51	17.653	310	22.34	71
21	30.402	282	57.48	135	2.985	284	44.90	104	39.229	358	2.74	37	17.963	306	21.63	74
Mai 1	30.684	271	58.83	165	3.269	275	43.86	119	39.587	347	2.37	23	18.269	298	20.89	74
11	30.955	254	60.48	189	3.544	261	42.67	130	39.934	330	2.14	7	18.567	284	20.15	73
21	31.209	233	62.37	208	3.805	240	41.37	136	40.264	306	2.07	9	18.851	263	19.42	67
31	31.442	205	64.45	220	4.045	215	40.01	137	40.570	274	2.16	27	19.114	236	18.75	59
Juni 10	31.647	173	66.65	224	4.260	185	38.64	135	40.844	236	2.43	44	19.350	205	18.16	49
20	31.820	135	68.89	223	4.445	148	37.29	128	41.080	192	2.87	60	19.555	167	17.67	37
30	$_8$31.955	95	71.12	216	$_8$4.593	109	36.01	118	$_9$41.272	144	3.47	74	$_9$19.722	125	17.30	26
Juli 9	32.050	53	73.28	204	4.702	67	34.83	106	41.416	90	4.21	85	19.847	80	17.04	13
19	32.103	9	75.32	188	4.769	24	33.77	92	41.506	35	5.06	93	19.927	33	16.91	2
29	32.112	35	77.20	168	4.793	20	32.85	77	41.541	19	5.99	97	19.960	13	16.89	8
Aug. 8	32.077	76	78.88	146	4.773	62	32.08	62	41.522	72	6.96	96	19.947	58	16.97	16
18	32.001	113	80.34	120	4.711	99	31.46	47	41.450	120	7.92	92	19.889	100	17.13	22
28	31.888	145	81.54	93	4.612	132	30.99	32	41.330	162	8.84	82	19.789	134	17.35	25
Sept. 7	31.743	169	82.47	66	4.480	156	30.67	18	41.168	195	9.66	68	19.655	163	17.60	25
17	31.574	186	83.13	36	4.324	173	30.49	4	40.973	217	10.34	51	19.492	182	17.85	24
27	31.388	193	83.49	7	4.151	181	30.45	8	40.756	228	10.85	31	19.310	190	18.09	21
Okt. 7	31.195	191	83.56	22	3.970	179	30.53	21	40.528	226	11.16	9	19.120	188	18.30	17
17	31.004	179	83.34	52	3.791	166	30.74	33	40.302	212	11.25	14	18.932	176	18.47	12
27	30.825	158	82.82	82	3.625	144	31.07	44	40.090	186	11.11	36	18.756	154	18.59	7
Nov. 6	30.667	130	82.00	110	3.481	116	31.51	56	39.904	149	10.75	55	18.602	122	18.66	3
16	30.537	96	80.90	136	3.365	81	32.07	68	39.755	105	10.20	73	18.480	84	18.69	0
26	30.441	57	79.54	160	3.284	41	32.75	78	39.650	55	9.47	87	18.396	42	18.69	1
Dez. 6	30.384	15	77.94	180	3.243	1	33.53	88	39.595	1	8.60	97	18.354	2	18.68	2
16	30.369	27	76.14	194	3.244	42	34.41	95	39.594	52	7.63	103	18.356	48	18.66	2
26	30.396	69	74.20	203	3.286	84	35.36	98	39.646	104	6.60	107	18.404	91	18.64	2
36	30.465		72.17		3.370		36.34		39.750		5.53		18.495		18.62	
Mittl. Ort	28.699		58.83		1.143		49.38		36.991		18.53		15.980		31.73	
sec δ, tg δ	+1.030		+0.246		+1.004		−0.087		+1.269		−0.780		+1.072		−0.386	
a, *a′*	+2.8		+5.5		+3.2		+5.5		+4.1		+5.7		+3.6		+5.8	
b, *b′*	0.00		+0.96		0.00		+0.96		−0.01		+0.96		−0.01		+0.96	

Scheinbare Sternörter 1958

Obere Kulmination Greenwich

Tag	723) δ Draconis AR.	Δ	723) δ Draconis Dekl.	Δ	724) ϑ Lyrae AR.	Δ	724) ϑ Lyrae Dekl.	Δ	725) ω Aquilae AR.	Δ	725) ω Aquilae Dekl.	Δ	726) κ Cygni AR.	Δ	726) κ Cygni Dekl.	Δ
1958	19ʰ 12ᵐ		+67° 35′		19ʰ 14ᵐ		+38° 3′		19ʰ 15ᵐ		+11° 31′		19ʰ 16ᵐ		+53° 17′	
	s		″		s		″		s		″		s		″	
Jan. 1	29.79	1	26.73	348	53.403	59	38.04	299	49.911	85	14.22	186	6.171	31	35.69	334
11	29.78	– 9	23.25	348	53.462	108	35.05	298	49.996	122	12.36	184	6.202	97	32.35	335
21	29.87	20	19.77	336	53.570	153	32.07	285	50.118	155	10.52	173	6.299	161	29.00	323
31	30.07	30	16.41	313	53.723	195	29.22	262	50.273	186	8.79	155	6.460	221	25.77	299
Febr. 10	30.37	39	13.28	276	53.918	233	26.60	227	50.459	212	7.24	130	6.681	274	22.78	262
20	30.76	47	10.52	229	54.151	264	24.33	184	50.671	234	5.94	99	6.955	321	20.16	216
März 2	31.23	53	8.23	173	54.415	291	22.49	133	50.905	253	4.95	63	7.276	359	18.00	162
12	31.76	58	6.50	112	54.706	311	21.16	77	51.158	268	4.32	23	7.635	387	16.38	101
22	32.34	60	5.38	46	55.017	325	20.39	19	51.426	279	4.09	– 17	8.022	407	15.37	37
April 1	32.94	62	4.92	– 20	55.342	332	20.20	– 40	51.705	285	4.26	57	8.429	415	15.00	– 27
11	33.56	61	5.12	85	55.674	333	20.60	97	51.990	287	4.83	96	8.844	414	15.27	90
21	34.17	58	5.97	146	56.007	325	21.57	149	52.277	285	5.79	130	9.258	401	16.17	149
Mai 1	34.75	53	7.43	201	56.332	310	23.06	197	52.562	275	7.09	159	9.659	378	17.66	202
11	35.28	48	9.44	249	56.642	289	25.03	236	52.837	261	8.68	183	10.037	346	19.68	248
21	35.76	41	11.93	289	56.931	260	27.39	269	53.098	242	10.51	201	10.383	304	22.16	286
31	36.17	33	14.82	319	57.191	224	30.08	292	53.340	215	12.52	211	10.687	256	25.02	315
Juni 10	36.50	24	18.01	340	57.415	183	33.00	308	53.555	184	14.63	217	10.943	200	28.17	334
20	36.74	14	21.41	352	57.598	138	36.08	314	53.739	148	16.80	215	11.143	140	31.51	344
30	36.88	4	24.93	355	57.736	89	39.22	312	53.887	109	18.95	208	11.283	76	34.95	346
Juli 10	$_{10}$36.92	– 6	28.48	349	$_{11}$57.825	38	42.34	304	$_{11}$53.996	66	21.03	197	$_{11}$11.359	10	38.41	339
19	36.86	15	31.97	335	57.863	– 15	45.38	288	54.062	22	23.00	182	11.369	56	41.80	324
29	36.71	25	35.32	313	57.848	65	48.26	265	54.084	22	24.82	162	11.313	119	45.04	302
Aug. 8	36.46	34	38.45	285	57.783	113	50.91	238	54.062	63	26.44	141	11.194	179	48.06	273
18	36.12	42	41.30	250	57.670	158	53.29	205	53.999	102	27.85	117	11.015	233	50.79	239
28	35.70	48	43.80	210	57.512	194	55.34	168	53.897	134	29.02	92	10.782	280	53.18	199
Sept. 7	35.22	53	45.90	166	57.318	224	57.02	129	53.763	161	29.94	65	10.502	316	55.17	156
17	34.69	58	47.56	117	57.094	245	58.31	85	53.602	179	30.59	38	10.186	343	56.73	109
27	34.11	60	48.73	66	56.849	256	59.16	41	53.423	188	30.97	11	9.843	358	57.82	58
Okt. 7	33.51	60	49.39	12	56.593	257	59.57	– 5	53.235	188	31.08	– 17	9.485	361	58.40	7
17	32.91	59	49.51	– 43	56.336	247	59.52	52	53.047	178	30.91	45	9.124	351	58.47	– 47
27	32.32	56	49.08	98	56.089	227	59.00	99	52.869	159	30.46	72	8.773	330	58.00	99
Nov. 6	31.76	52	48.10	152	55.862	199	58.01	144	52.710	133	29.74	98	8.443	296	57.01	151
16	31.24	45	46.58	204	55.663	163	56.57	187	52.577	100	28.76	123	8.147	253	55.50	200
26	30.79	37	44.54	250	55.500	120	54.70	224	52.477	63	27.53	145	7.894	201	53.50	244
Dez. 6	30.42	29	42.04	289	55.380	73	52.46	257	52.414	23	26.08	165	7.693	142	51.06	282
16	30.13	19	39.15	321	55.307	24	49.89	282	52.391	– 18	24.43	178	7.551	79	48.24	311
26	29.94	8	35.94	342	55.283	– 26	47.07	297	52.409	59	22.65	187	7.472	13	45.13	331
36	29.86		32.52		55.309		44.10		52.468		20.78		7.459		41.82	
Mittl. Ort	32.93		15.67		54.513		28.37		50.619		6.14		7.879		25.05	
sec δ, tg δ	+2.623		+2.425		+1.270		+0.783		+1.021		+0.204		+1.673		+1.341	
a, *a′*	0.0		+6.2		+2.1		+6.4		+2.8		+6.5		+1.4		+6.5	
b, *b′*	+0.05		+0.95		+0.02		+0.95		0.00		+0.95		+0.03		+0.95	

Obere Kulmination Greenwich

Tag	729) τ Draconis				728) α Sagittarii				730) δ Aquilae				734) Grb 2900 Draco			
	AR.		Dekl.		AR.		Dekl.		AR.		Dekl.		AR.		Dekl.	
1958	19h 16m		+73° 16′		19h 20m		−40° 41′		19h 23m		+3° 1′		19h 24m		+79° 31′	
	s		″		s		″		s		″		s		″	
Jan. 1	17.84	7	52.93	344	57.728	121	43.19	131	22.128	85	54.30	138	8.52	21	26.02	335
11	17.77	8	49.49	347	57.849	169	41.88	132	22.213	121	52.92	135	8.31	2	22.67	342
21	17.85	22	46.02	337	58.018	213	40.56	130	22.334	153	51.57	126	8.33	25	19.25	335
31	18.07	35	42.65	315	58.231	250	39.26	127	22.487	182	50.31	111	8.58	48	15.90	316
Febr. 10	18.42	48	39.50	280	58.481	283	37.99	122	22.669	208	49.20	91	9.06	68	12.74	285
20	18.90	59	36.70	235	58.764	311	36.77	115	22.877	230	48.29	65	9.74	87	9.89	243
März 2	19.49	67	34.35	180	59.075	333	35.62	107	23.107	249	47.64	35	10.61	101	7.46	191
12	20.16	74	32.55	120	59.408	351	34.55	99	23.356	264	47.29	3	11.62	112	5.55	132
22	20.90	78	31.35	55	59.759	365	33.56	89	23.620	276	47.26	30	12.74	120	4.23	70
April 1	21.68	80	30.80	11	60.124	373	32.67	76	23.896	283	47.56	63	13.94	122	3.53	5
11	22.48	78	30.91	75	60.497	377	31.91	63	24.179	287	48.19	92	15.16	121	3.48	59
21	23.26	75	31.66	137	60.874	374	31.28	47	24.466	286	49.11	120	16.37	116	4.07	120
Mai 1	24.01	69	33.03	192	61.248	365	30.81	29	24.752	279	50.31	143	17.53	107	5.27	176
11	24.70	61	34.95	242	61.613	350	30.52	10	25.031	266	51.74	160	18.60	94	7.03	226
21	25.31	52	37.37	282	61.963	327	30.42	9	25.297	249	53.34	172	19.54	79	9.29	268
31	25.83	41	40.19	313	62.290	295	30.51	29	25.546	224	55.06	179	20.33	63	11.97	301
Juni 10	26.24	29	43.32	336	62.585	258	30.80	50	25.770	195	56.85	179	20.96	43	14.98	326
20	26.53	16	46.68	349	62.843	214	31.30	68	25.965	161	58.64	176	21.39	23	18.24	341
30	26.69	3	50.17	354	63.057	163	31.98	84	26.126	121	60.40	167	21.62	3	21.65	348
Juli 10	$_{11}$26.72	10	53.71	349	$_{12}$63.220	109	32.82	98	$_{13}$26.247	80	62.07	156	$_{13}$21.65	17	25.13	347
19	26.62	23	57.20	337	63.329	52	33.80	107	26.327	36	63.63	140	21.48	38	28.60	336
29	26.39	35	60.57	316	63.381	6	34.87	113	26.363	8	65.03	123	21.10	57	31.96	319
Aug. 8	26.04	47	63.73	290	63.375	61	36.00	114	26.355	50	66.26	104	20.53	74	35.15	295
18	25.57	56	66.63	256	63.314	113	37.14	109	26.305	88	67.30	85	19.79	90	38.10	264
28	25.01	65	69.19	218	63.201	158	38.23	100	26.217	122	68.15	64	18.89	104	40.74	228
Sept. 7	24.36	73	71.37	174	63.043	195	39.23	85	26.095	150	68.79	43	17.85	115	43.02	186
17	23.63	78	73.11	126	62.848	222	40.08	66	25.945	169	69.22	22	16.70	124	44.88	141
27	22.85	81	74.37	76	62.626	235	40.74	45	25.776	178	69.44	3	15.46	130	46.29	92
Okt. 7	22.04	81	75.13	23	62.391	237	41.19	20	25.598	180	69.47	18	14.16	132	47.21	40
17	21.23	81	75.36	33	62.154	226	41.39	6	25.418	171	69.29	37	12.84	132	47.61	14
27	20.42	77	75.03	88	61.928	202	41.33	32	25.247	153	68.92	57	11.52	127	47.47	69
Nov. 6	19.65	72	74.15	142	61.726	167	41.01	55	25.094	127	68.35	75	10.25	120	46.78	124
16	18.93	64	72.73	194	61.559	124	40.46	76	24.967	96	67.60	93	9.05	108	45.54	176
26	18.29	54	70.79	241	61.435	74	39.70	95	24.871	60	66.67	109	7.97	95	43.78	224
Dez. 6	17.75	43	68.38	282	61.361	21	38.75	109	24.811	20	65.58	122	7.02	77	41.54	267
16	17.32	30	65.56	315	61.340	34	37.66	119	24.791	20	64.36	133	6.25	58	38.87	302
26	17.02	16	62.41	338	61.374	88	36.47	125	24.811	59	63.03	139	5.67	35	35.85	328
36	16.86		59.03		61.462		35.22		24.870		61.64		5.32		32.57	
Mittl. Ort	22.18		41.28		58.723		48.56		22.784		46.64		15.65		13.40	
sec δ, tg δ	+3.476		+3.329		+1.319		−0.860		+1.001		+0.053		+5.498		+5.406	
a, *a′*	−1.1		+6.6		+4.2		+6.9		+3.0		+7.1		−3.7		+7.2	
b, *b′*	+0.07		+0 94		−0.02		+0.94		0.00		+0.93		+0.13		+0.93	

Scheinbare Sternörter 1958

Obere Kulmination Greenwich

Tag	733) ι Cygni AR.		733) ι Cygni Dekl.		732) β Cygni *pr* AR.		732) β Cygni *pr* Dekl.		736) 52 Sagittarii AR.		736) 52 Sagittarii Dekl.		738) ϑ Cygni AR.		738) ϑ Cygni Dekl.	
1958	$19^h\ 28^m$		$+51°\ 38'$		$19^h\ 29^m$		$+27°\ 52'$		$19^h\ 34^m$		$-24°\ 58'$		$19^h\ 35^m$		$+50°\ 7'$	
	s		″		s		″		s		″		s		″	
Jan. 1	37.227	16	33.95	328	0.705	57	22.65	259	8.412	93	35.10	36	17.372	10	34.58	321
11	37.243	79	30.67	330	0.762	98	20.06	258	8.505	133	34.74	40	17.382	71	31.37	326
21	37.322	141	27.37	321	0.860	137	17.48	248	8.638	168	34.34	44	17.453	130	28.11	318
31	37.463	198	24.16	300	0.997	174	15.00	228	8.806	200	33.90	49	17.583	186	24.93	298
Febr. 10	37.661	251	21.16	266	1.171	206	12.72	198	9.006	228	33.41	54	17.769	238	21.95	266
20	37.912	298	18.50	222	1.377	236	10.74	160	9.234	252	32.87	61	18.007	283	19.29	224
März 2	38.210	337	16.28	170	1.613	260	9.14	115	9.486	273	32.26	68	18.290	323	17.05	172
12	38.547	368	14.58	111	1.873	279	7.99	66	9.759	290	31.58	75	18.613	353	15.33	115
22	38.915	389	13.47	49	2.152	294	7.33	14	10.049	304	30.83	80	18.966	376	14.18	53
April 1	39.304	402	12.98	15	2.446	304	7.19	39	10.353	314	30.03	84	19.342	390	13.65	10
11	39.706	403	13.13	78	2.750	308	7.58	91	10.667	320	29.19	87	19.732	393	13.75	73
21	40.109	395	13.91	138	3.058	304	8.49	137	10.987	321	28.32	86	20.125	388	14.48	132
Mai 1	40.504	377	15.29	191	3.362	296	9.86	179	11.308	316	27.46	83	20.513	372	15.80	185
11	40.881	349	17.20	238	3.658	280	11.65	216	11.624	305	26.63	76	20.885	347	17.65	233
21	41.230	312	19.58	277	3.938	258	13.81	244	11.929	287	25.87	67	21.232	312	19.98	273
31	41.542	267	22.35	308	4.196	229	16.25	264	12.216	264	25.20	55	21.544	270	22.71	303
Juni 10	41.809	215	25.43	329	4.425	194	18.89	278	12.480	233	24.65	42	21.814	222	25.74	326
20	42.024	158	28.72	342	4.619	154	21.67	284	12.713	197	24.23	27	22.036	166	29.00	340
30	42.182	96	32.14	345	4.773	111	24.51	281	12.910	155	23.96	11	22.202	107	32.40	343
Juli 10	$_{14}$42.278	33	35.59	340	$_{14}$4.884	65	27.32	273	$_{16}$13.065	109	23.85	4	$_{16}$22.309	46	35.83	340
19	42.311	31	38.99	327	4.949	18	30.05	259	13.174	61	23.89	17	22.355	17	39.23	328
29	42.280	93	42.26	308	4.967	30	32.64	238	13.235	12	24.06	29	22.338	78	42.51	308
Aug. 8	42.187	153	45.34	280	4.937	75	35.02	213	13.247	36	24.35	38	22.260	136	45.59	283
18	42.034	207	48.14	248	4.862	117	37.15	184	13.211	81	24.73	44	22.124	190	48.42	251
28	41.827	254	50.62	210	4.745	153	38.99	152	13.130	120	25.17	48	21.934	236	50.93	215
Sept. 7	41.573	292	52.72	168	4.592	182	40.51	117	13.010	153	25.65	47	21.698	275	53.08	173
17	41.281	320	54.40	122	4.410	204	41.68	80	12.857	177	26.12	43	21.423	303	54.81	128
27	40.961	337	55.62	73	4.206	215	42.48	40	12.680	190	26.55	38	21.120	322	56.09	80
Okt. 7	40.624	343	56.35	22	3.991	218	42.88	1	12.490	193	26.93	29	20.798	328	56.89	29
17	40.281	336	56.57	31	3.773	211	42.89	40	12.297	186	27.22	19	20.470	323	57.18	23
27	39.945	318	56.26	84	3.562	195	42.49	80	12.111	168	27.41	10	20.147	306	56.95	75
Nov. 6	39.627	289	55.42	135	3.367	170	41.69	119	11.943	140	27.51	0	19.841	280	56.20	127
16	39.338	249	54.07	185	3.197	138	40.50	157	11.803	106	27.51	8	19.561	243	54.93	176
26	39.089	202	52.22	230	3.059	101	38.93	191	11.697	66	27.43	16	19.318	197	53.17	222
Dez. 6	38.887	147	49.92	269	2.958	60	37.02	219	11.631	23	27.27	22	19.121	146	50.95	261
16	38.740	88	47.23	300	2.898	16	34.83	241	11.608	22	27.05	28	18.975	89	48.34	293
26	38.652	25	44.23	322	2.882	27	32.42	257	11.630	65	26.77	31	18.886	30	45.41	316
36	38.627		41.01		2.909		29.85		11.695		26.46		18.856		42.25	
Mittl. Ort	38.780		22.46		1.563		12.93		9.155		40.69		18.817		22.73	
sec δ, tg δ	+1.611		+1.263		+1.131		+0.529		+1.103		−0.466		+1.560		+1.197	
a, *a′*	+1.5		+7.6		+2.4		+7.6		+3.6		+8.0		+1.6		+8.1	
b, *b′*	+0.03		+0.93		+0.01		+0.93		−0.01		+0.92		+0.03		+0.91	

Obere Kulmination Greenwich

Tag	740) 15 Cygni AR.		740) 15 Cygni Dekl.		741) γ Aquilae AR.		741) γ Aquilae Dekl.	
1958	19h 42m		+37° 14′		19h 44m		+10° 30′	
	s		″		s		″	
Jan. 1	44.616	28	77.89	287	15.067	58	43.42	172
11	44.644	75	75.02	291	15.125	95	41.70	171
21	44.719	120	72.11	282	15.220	128	39.99	163
31	44.839	163	69.29	264	15.348	160	38.36	148
Febr. 10	45.002	203	66.65	235	15.508	188	36.88	125
20	45.205	238	64.30	195	15.696	213	35.63	96
März 2	45.443	269	62.35	148	15.909	236	34.67	62
12	45.712	294	60.87	96	16.145	255	34.05	24
22	46.006	314	59.91	40	16.400	270	33.81	– 14
April 1	46.320	326	59.51	– 19	16.670	281	33.95	54
11	46.646	333	59.70	76	16.951	288	34.49	91
21	46.979	332	60.46	129	17.239	290	35.40	125
Mai 1	47.311	322	61.75	178	17.529	286	36.65	155
11	47.633	306	63.53	220	17.815	275	38.20	179
21	47.939	282	65.73	255	18.090	259	39.99	197
31	48.221	251	68.28	282	18.349	237	41.96	210
Juni 10	48.472	213	71.10	301	18.586	208	44.06	215
20	48.685	169	74.11	312	18.794	174	46.21	216
30	48.854	122	77.23	314	18.968	135	48.37	210
Juli 10	18 48.976	72	80.37	309	18 19.103	93	50.47	199
19	49.048	20	83.46	297	19.196	49	52.46	185
29	49.068	– 32	86.43	278	19.245	5	54.31	166
Aug. 8	49.036	82	89.21	254	19.250	– 38	55.97	146
18	48.954	128	91.75	224	19.212	79	57.43	123
28	48.826	168	93.99	190	19.133	115	58.66	98
Sept. 7	48.658	201	95.89	152	19.018	144	59.64	73
17	48.457	227	97.41	111	18.874	166	60.37	47
27	48.230	243	98.52	68	18.708	179	60.84	20
Okt. 7	47.987	248	99.20	23	18.529	183	61.04	– 6
17	47.739	244	99.43	– 23	18.346	179	60.98	33
27	47.495	230	99.20	70	18.167	164	60.65	59
Nov. 6	47.265	207	98.50	115	18.003	143	60.06	84
16	47.058	176	97.35	159	17.860	114	59.22	108
26	46.882	139	95.76	200	17.746	81	58.14	129
Dez. 6	46.743	96	93.76	234	17.665	44	56.85	149
16	46.647	51	91.42	262	17.621	6	55.36	163
26	46.596	4	88.80	282	17.615	– 33	53.73	172
36	46.592		85.98		17.648		52.01	
Mittl. Ort	45.604		66.66		15.716		34.82	
sec δ, tg δ	+1.256		+0.760		+1.017		+0.186	
a, *a′*	+2.2		+8.7		+2.9		+8.8	
b, *b′*	+0.02		+0.90		+0.01		+0.90	

Tag	743) δ Sagittae AR.		743) δ Sagittae Dekl.		745) α Aquilae[1] AR.		745) α Aquilae[1] Dekl.	
1958	19h 45m		+18° 25′		19h 48m		+8° 45′	
	s		″		s		″	
Jan. 1	30.119	50	55.43	211	43.359	59	30.36	160
11	30.169	87	53.32	212	43.418	95	28.76	159
21	30.256	123	51.20	204	43.513	128	27.17	151
31	30.379	157	49.16	186	43.641	159	25.66	136
Febr. 10	30.536	188	47.30	162	43.800	188	24.30	113
20	30.724	214	45.68	129	43.988	213	23.17	86
März 2	30.938	239	44.39	91	44.201	235	22.31	53
12	31.177	259	43.48	48	44.436	254	21.78	17
22	31.436	275	43.00	3	44.690	269	21.61	– 21
April 1	31.711	287	42.97	– 42	44.959	282	21.82	58
11	31.998	294	43.39	87	45.241	288	22.40	94
21	32.292	295	44.26	128	45.529	290	23.34	127
Mai 1	32.587	290	45.54	164	45.819	287	24.61	154
11	32.877	280	47.18	194	46.106	277	26.15	178
21	33.157	262	49.12	218	46.383	261	27.93	195
31	33.419	237	51.30	236	46.644	239	29.88	205
Juni 10	33.656	208	53.66	246	46.883	211	31.93	210
20	33.864	172	56.12	249	47.094	177	34.03	210
30	34.036	133	58.61	246	47.271	139	36.13	203
Juli 10	19 34.169	89	61.07	238	19 47.410	97	38.16	192
19	34.258	44	63.45	223	47.507	54	40.08	177
29	34.302	– 1	65.68	205	47.561	9	41.85	160
Aug. 8	34.301	46	67.73	183	47.570	– 34	43.45	138
18	34.255	87	69.56	158	47.536	75	44.83	116
28	34.168	123	71.14	129	47.461	110	45.99	92
Sept. 7	34.045	153	72.43	100	47.351	140	46.91	68
17	33.892	176	73.43	68	47.211	162	47.59	43
27	33.716	189	74.11	36	47.049	176	48.02	17
Okt. 7	33.527	194	74.47	3	46.873	181	48.19	– 7
17	33.333	190	74.50	– 30	46.692	175	48.12	32
27	33.143	176	74.20	63	46.517	162	47.80	57
Nov. 6	32.967	154	73.57	96	46.355	140	47.23	80
16	32.813	126	72.61	126	46.215	112	46.43	102
26	32.687	93	71.35	154	46.103	79	45.41	122
Dez. 6	32.594	56	69.81	178	46.024	42	44.19	139
16	32.538	16	68.03	197	45.982	5	42.80	152
26	32.522	– 23	66.06	210	45.977	– 33	41.28	161
36	32.545		63.96		46.010		39.67	
Mittl. Ort	30.818		45.98		43.994		21.98	
sec δ, tg δ	+1.054		+0.333		+1.012		+0.154	
a, *a′*	+2.7		+8.9		+2.9		+9.2	
b, *b′*	+0.01		+0.90		0.00		+0.89	

[1] Die jährliche Parallaxe (0″.208) ist bereits berücksichtigt.

Scheinbare Sternörter 1958

Obere Kulmination Greenwich

Tag	749) β Aquilae AR.		749) β Aquilae Dekl.		748) ε Pavonis AR.		748) ε Pavonis Dekl.		752) γ Sagittae AR.		752) γ Sagittae Dekl.		751) ϑ^1 Sagittarii AR.		751) ϑ^1 Sagittarii Dekl.	
1958	19h 53m		+6° 18′		19h 55m		−73° 0′		19h 56m		+19° 22′		19h 56m		−35° 23′	
	s		″		s		″		s		″		s		″	
Jan. 1	14.333		10.27		42.54		85.32		52.589		46.87		59.428		25.61	
11	14.386	53	8.79	148	42.61	7	82.32	300	52.626	37	44.75	212	59.500	72	24.57	104
21	14.475	89	7.32	147	42.82	21	79.26	306	52.701	75	42.62	213	59.616	116	23.45	112
31	14.597	122	5.92	140	43.16	34	76.22	304	52.813	112	40.55	207	59.772	156	22.29	116
Febr. 10	14.750	153	4.67	125	43.61	45	73.28	294	52.959	146	38.64	191	59.966	194	21.09	120
20	14.931	181	3.63	104	44.17	56	70.50	278	53.136	177	36.98	166	60.193	227	19.87	122
März 2	15.138	207	2.85	78	44.82	65	67.95	255	53.342	206	35.63	135	60.450	257	18.64	123
12	15.367	229	2.37	48	45.55	73	65.67	228	53.573	231	34.66	97	60.733	283	17.41	123
22	15.616	249	2.23	14	46.34	79	63.71	196	53.827	254	34.12	54	61.039	306	16.20	121
April 1	15.882	266	2.45	22	47.18	84	62.11	160	54.099	272	34.03	9	61.364	325	15.03	117
11	16.160	278	3.02	57	48.05	87	60.89	122	54.384	285	34.40	37	61.703	339	13.92	111
21	16.447	287	3.93	91	48.95	90	60.07	82	54.679	295	35.22	82	62.052	349	12.89	103
Mai 1	16.737	290	5.15	122	49.84	89	59.67	40	54.977	298	36.45	123	62.407	355	11.98	91
11	17.024	287	6.62	147	50.72	88	59.71	4	55.272	295	38.06	161	62.760	353	11.19	79
21	17.303	279	8.31	169	51.56	84	60.17	46	55.557	285	40.00	194	63.104	344	10.56	63
31	17.567	264	10.16	185	52.35	79	61.05	88	55.826	269	42.18	218	63.433	329	10.13	43
Juni 10	17.811	244	12.10	194	53.08	73	62.33	128	56.073	247	44.55	237	63.738	305	9.90	23
20	18.027	216	14.08	198	53.71	63	63.97	164	56.290	217	47.04	249	64.013	275	9.87	3
30	18.210	183	16.04	196	54.24	53	65.93	196	56.472	182	49.58	254	64.250	237	10.06	19
Juli 10	18.356	146	17.93	189	54.65	41	68.16	223	56.615	143	52.10	252	64.443	193	10.45	39
20	18.461	105	19.72	179	21 54.93	28	70.59	243	21 56.715	100	54.54	244	64.586	143	11.02	57
29	21 18.522	61	21.36	164	55.07	14	73.14	255	56.770	55	56.85	231	22 64.676	90	11.76	74
Aug. 8	18.538	16	22.82	146	55.07	0	75.73	259	56.779	9	58.99	214	64.712	36	12.62	86
18	18.511	27	24.09	127	54.93	14	78.27	254	56.743	36	60.91	192	64.694	18	13.58	96
28	18.443	68	25.14	105	54.66	27	80.68	241	56.665	78	62.57	166	64.624	70	14.57	99
Sept. 7	18.339	104	25.96	82	54.27	39	82.85	217	56.549	116	63.95	138	64.508	116	15.55	98
17	18.204	135	26.56	60	53.77	50	84.71	186	56.402	147	65.04	109	64.352	156	16.47	92
27	18.046	158	26.92	36	53.18	59	86.18	147	56.231	171	65.82	78	64.166	186	17.28	81
Okt. 7	17.873	173	27.06	14	52.54	64	87.18	100	56.044	187	66.26	44	63.959	207	17.94	66
17	17.695	178	26.96	10	51.86	68	87.68	50	55.851	193	66.37	11	63.744	215	18.43	49
27	17.521	174	26.64	32	51.18	68	87.65	3	55.660	191	66.14	23	63.533	211	18.71	28
Nov. 6	17.359	162	26.10	54	50.54	64	87.07	58	55.481	179	65.58	56	63.336	197	18.77	6
16	17.218	141	25.35	75	49.95	59	85.97	110	55.322	159	64.68	90	63.165	171	18.61	16
26	17.104	114	24.40	95	49.44	51	84.37	160	55.189	133	63.47	121	63.027	138	18.25	36
Dez. 6	17.022	82	23.26	114	49.04	40	82.34	203	55.088	101	61.97	150	62.930	97	17.71	54
16	16.976	46	21.97	129	48.76	28	79.94	240	55.022	66	60.22	175	62.877	53	16.99	72
26	16.966	10	20.56	141	48.61	15	77.25	269	54.995	27	58.26	196	62.871	6	16.14	85
36	16.994	28	19.06	150	48.60	1	74.36	289	55.006	11	56.17	209	62.913	42	15.19	95
Mittl. Ort	14.946		2.01		46.23		87.52		53.264		36.98		60.313		29.49	
sec δ, tg δ	+1.006		+0.110		+3.425		−3.276		+1.060		+0.352		+1.227		−0.710	
a, a′	+2.9		+9.5		+6.9		+9.7		+2.7		+9.8		+3.9		+9.8	
b, b′	0.00		+0.88		−0.11		+0.87		+0.01		+0.87		−0.02		+0.87	

Scheinbare Sternörter 1958

Obere Kulmination Greenwich

Tag	754) δ Pavonis[1] AR.	Δ	754) δ Pavonis[1] Dekl.	Δ	756) ϑ Aquilae AR.	Δ	756) ϑ Aquilae Dekl.	Δ	759) κ Cephei AR.	Δ	759) κ Cephei Dekl.	Δ	757) 31 o² Cygni AR.	Δ	757) 31 o² Cygni Dekl.	Δ
1958	20h 4m		−66° 17′		20h 9m		−0° 56′		20h 10m		+77° 35′		20h 12m		+46° 36′	
	s		″		s		″		s		″		s		″	
Jan. 1	34.92	6	27.94	269	7.674	43	43.17	103	15.27	35	25.60	314	17.354	30	61.28	297
11	34.98	16	25.25	278	7.717	78	44.20	100	14.92	17	22.46	332	17.324	25	58.31	309
21	35.14	25	22.47	279	7.795	111	45.20	92	14.75	3	19.14	339	17.349	78	55.22	309
31	35.39	34	19.68	272	7.906	141	46.12	80	14.78	23	15.75	332	17.427	131	52.13	296
Febr. 10	35.73	41	16.96	261	8.047	170	46.92	62	15.01	41	12.43	313	17.558	182	49.17	272
20	36.14	47	14.35	243	8.217	196	47.54	40	15.42	58	9.30	280	17.740	229	46.45	236
März 2	36.61	54	11.92	221	8.413	221	47.94	15	16.00	73	6.50	238	17.969	271	44.09	192
12	37.15	58	9.71	194	8.634	241	48.09	13	16.73	86	4.12	186	18.240	307	42.17	140
22	37.73	61	7.77	164	8.875	259	47.96	43	17.59	95	2.26	128	18.547	337	40.77	83
April 1	38.34	65	6.13	131	9.134	275	47.53	71	18.54	102	0.98	65	18.884	359	39.94	22
11	38.99	66	4.82	96	9.409	285	46.82	98	19.56	104	0.33	0	19.243	372	39.72	39
21	39.65	67	3.86	57	9.694	292	45.84	121	20.60	104	0.33	63	19.615	376	40.11	98
Mai 1	40.32	66	3.29	18	9.986	292	44.63	142	21.64	100	0.96	123	19.991	371	41.09	153
11	40.98	64	3.11	22	10.278	287	43.21	157	22.64	92	2.19	179	20.362	357	42.62	202
21	41.62	61	3.33	61	10.565	275	41.64	167	23.56	83	3.98	229	20.719	332	44.64	245
31	42.23	56	3.94	99	10.840	256	39.97	172	24.39	71	6.27	271	21.051	300	47.09	281
Juni 10	42.79	50	4.93	135	11.096	231	38.25	172	25.10	56	8.98	305	21.351	259	49.90	308
20	43.29	42	6.28	167	11.327	201	36.53	166	25.66	41	12.03	331	21.610	212	52.98	326
30	43.71	34	7.95	194	11.528	164	34.87	158	26.07	25	15.34	348	21.822	159	56.24	336
Juli 10	44.05	25	9.89	216	11.692	123	33.29	145	26.32	7	18.82	357	21.981	103	59.60	338
20	$_{23}$44.30	14	12.05	231	$_{25}$11.815	80	31.84	130	$_{25}$26.39	9	22.39	357	$_{25}$22.084	44	62.98	332
29	44.44	4	14.36	239	11.895	36	30.54	112	26.30	27	25.96	349	22.128	15	66.30	318
Aug. 8	44.48	7	16.75	238	11.931	8	29.42	93	26.03	43	29.45	334	22.113	73	69.48	298
18	44.41	16	19.13	228	11.923	51	28.49	74	25.60	58	32.79	311	22.040	127	72.46	272
28	44.25	26	21.41	210	11.872	89	27.75	55	25.02	71	35.90	282	21.913	175	75.18	239
Sept. 7	43.99	33	23.51	184	11.783	121	27.20	36	24.31	83	38.72	247	21.738	217	77.57	203
17	43.66	40	25.35	150	11.662	146	26.84	18	23.48	93	41.19	206	21.521	251	79.60	161
27	43.26	45	26.85	109	11.516	164	26.66	1	22.55	101	43.25	160	21.270	274	81.21	117
Okt. 7	42.81	47	27.94	64	11.352	171	26.65	16	21.54	106	44.85	111	20.996	288	82.38	68
17	42.34	47	28.58	16	11.181	169	26.81	31	20.48	108	45.96	57	20.708	290	83.06	19
27	41.87	45	28.74	35	11.012	160	27.12	45	19.40	108	46.53	2	20.418	283	83.25	32
Nov. 6	41.42	42	28.39	84	10.852	141	27.57	60	18.32	104	46.55	55	20.135	266	82.93	84
16	41.00	35	27.55	129	10.711	117	28.17	72	17.28	98	46.00	113	19.869	238	82.09	133
26	40.65	27	26.26	172	10.594	86	28.89	83	16.30	90	44.87	168	19.631	204	80.76	181
Dez. 6	40.38	19	24.54	208	10.508	52	29.72	94	15.40	77	43.19	218	19.427	162	78.95	224
16	40.19	9	22.46	236	10.456	17	30.66	100	14.63	63	41.01	263	19.265	115	76.71	259
26	40.10	0	20.10	257	10.439	19	31.66	105	14.00	47	38.38	299	19.150	64	74.12	288
36	40.10		17.53		10.458		32.71		13.53		35.39		19.086		71.24	
Mittl. Ort	37.43		29.68		8.245		50.58		20.28		9.16		18.448		47.42	
sec δ, tg δ	+2.487		− 2.277		+1.000		− 0.017		+4.652		+ 4.543		+1.456		+ 1.058	
a, *a′*	+5.7		+10.4		+3.1		+10.7		−2.0		+10.8		+1.9		+10.9	
b, *b′*	−0.08		+ 0.86		0.00		+ 0.85		+0.16		+ 0.84		+0.04		+ 0.84	

[1] Die jährliche Parallaxe (0″.174) ist bereits berücksichtigt.

Scheinbare Sternörter 1958

Obere Kulmination Greenwich

Tag	758) 33 Cygni				760) 24 Vulpeculae			
	AR.		Dekl.		AR.		Dekl.	
1958	20h 12m		+ 56° 26′		20h 14m		+ 24° 32′	
	s		″		s		″	
Jan. 1	23.774	69	34.03	313	58.495	14	37.47	227
11	23.705	0	30.90	328	58.509	52	35.20	232
21	23.705	70	27.62	329	58.561	90	32.88	228
31	23.775	138	24.33	318	58.651	126	30.60	214
Febr. 10	23.913	204	21.15	295	58.777	160	28.46	192
20	24.117	265	18.20	259	58.937	193	26.54	160
März 2	24.382	320	15.61	215	59.130	222	24.94	121
12	24.702	367	13.46	161	59.352	249	23.73	78
22	25.069	404	11.85	102	59.601	270	22.95	30
April 1	25.473	430	10.83	38	59.871	288	22.65	20
11	25.903	446	10.45	25	60.159	300	22.85	67
21	26.349	449	10.70	87	60.459	306	23.52	114
Mai 1	26.798	439	11.57	145	60.765	306	24.66	156
11	27.237	418	13.02	199	61.071	298	26.22	193
21	27.655	387	15.01	246	61.369	284	28.15	223
31	28.042	344	17.47	285	61.653	262	30.38	247
Juni 10	28.386	292	20.32	315	61.915	233	32.85	262
20	28.678	233	23.47	338	62.148	199	35.47	272
30	28.911	168	26.85	350	62.347	159	38.19	274
Juli 10	29.079	98	30.35	354	62.506	115	40.93	269
20	(25) 29.177	28	33.89	351	(26) 62.621	69	43.62	259
29	29.205	44	37.40	339	62.690	22	46.21	242
Aug. 8	29.161	113	40.79	320	62.712	25	48.63	222
18	29.048	177	43.99	294	62.687	69	50.85	196
28	28.871	235	46.93	262	62.618	109	52.81	168
Sept. 7	28.636	285	49.55	224	62.509	143	54.49	137
17	28.351	326	51.79	182	62.366	169	55.86	103
27	28.025	355	53.61	136	62.197	189	56.89	68
Okt. 7	27.670	373	54.97	85	62.008	198	57.57	31
17	27.297	378	55.82	32	61.810	199	57.88	6
27	26.919	372	56.14	22	61.611	191	57.82	44
Nov. 6	26.547	353	55.92	77	61.420	174	57.38	81
16	26.194	322	55.15	131	61.246	151	56.57	117
26	25.872	282	53.84	183	61.095	121	55.40	151
Dez. 6	25.590	232	52.01	229	60.974	88	53.89	180
16	25.358	176	49.72	270	60.886	52	52.09	204
26	25.182	112	47.02	301	60.834	13	50.05	223
36	25.070		44.01		60.821		47.82	
Mittl. Ort	25.292		19.09		59.156		26.37	
sec δ, tg δ	+1.809		+ 1.507		+1.099		+ 0.457	
a, *a′*	+1.4		+10.9		+2.6		+11.1	
b, *b′*	+0.05		+ 0.84		+0.02		+ 0.83	

Tag	761) α² Capricorni				765) γ Cygni			
	AR.		Dekl.		AR.		Dekl.	
1958	20h 15m		−12° 40′		20h 20m		+ 40° 7′	
	s		″		s		″	
Jan. 1	42.896	44	29.38	32	42.287	21	30.33	277
11	42.940	79	29.70	27	42.266	25	27.56	289
21	43.019	112	29.97	19	42.291	73	24.67	288
31	43.131	143	30.16	8	42.364	118	21.79	276
Febr. 10	43.274	173	30.24	6	42.482	163	19.03	254
20	43.447	199	30.18	22	42.645	205	16.49	221
März 2	43.646	223	29.96	40	42.850	243	14.28	178
12	43.869	246	29.56	58	43.093	277	12.50	129
22	44.115	264	28.98	76	43.370	304	11.21	75
April 1	44.379	281	28.22	94	43.674	326	10.46	17
11	44.660	293	27.28	110	44.000	341	10.29	41
21	44.953	301	26.18	121	44.341	347	10.70	97
Mai 1	45.254	302	24.97	130	44.688	346	11.67	149
11	45.556	299	23.67	135	45.034	335	13.16	196
21	45.855	288	22.32	134	45.369	317	15.12	237
31	46.143	270	20.98	130	45.686	289	17.49	270
Juni 10	46.413	246	19.68	122	45.975	255	20.19	296
20	46.659	216	18.46	111	46.230	213	23.15	312
30	46.875	179	17.35	97	46.443	167	26.27	322
Juli 10	47.054	138	16.38	80	46.610	116	29.49	323
20	(26) 47.192	94	15.58	64	(28) 46.726	63	32.72	316
29	47.286	48	14.94	46	46.789	8	35.88	303
Aug. 8	47.334	1	14.48	29	46.797	45	38.91	283
18	47.335	42	14.19	13	46.752	95	41.74	258
28	47.293	82	14.06	1	46.657	140	44.32	227
Sept. 7	47.211	117	14.07	12	46.517	180	46.59	192
17	47.094	144	14.19	21	46.337	212	48.51	153
27	46.950	163	14.40	29	46.125	234	50.04	111
Okt. 7	46.787	172	14.69	34	45.891	248	51.15	66
17	46.615	171	15.03	38	45.643	251	51.81	20
27	46.444	162	15.41	39	45.392	244	52.01	29
Nov. 6	46.282	144	15.80	41	45.148	230	51.72	77
16	46.138	119	16.21	42	44.918	206	50.95	123
26	46.019	88	16.63	42	44.712	174	49.72	167
Dez. 6	45.931	54	17.05	42	44.538	138	48.05	208
16	45.877	18	17.47	40	44.400	96	45.97	242
26	45.859	19	17.87	38	44.304	53	43.55	268
36	45.878		18.25		44.251		40.87	
Mittl. Ort	43.493		35.10		43.158		16.83	
sec δ, tg δ	+1.025		− 0.225		+1.308		+ 0.843	
a, *a′*	+3.3		+11.2		+2.2		+11.5	
b, *b′*	−0.01		+ 0.83		+0.03		+ 0.82	

Scheinbare Sternörter 1958

Obere Kulmination Greenwich

Tag	764) α Pavonis AR.		Dekl.		1535) 42 Cygni AR.		Dekl.		767) ϑ Cephei AR.		Dekl.		768) ε Delphini AR.		Dekl.	
1958	20h 22m		−56° 51′		20h 27m		+36° 18′		20h 28m		+62° 51′		20h 31m		+11° 9′	
	s		″		s		″		s		″		s		″	
Jan. 1	18.538	29	76.66	225	43.410	20	62.31	263	50.92	14	25.84	308	11.796	14	43.23	160
11	18.567	97	74.41	237	43.390	24	59.68	274	50.78	6	22.76	328	11.810	48	41.63	162
21	18.664	161	72.04	244	43.414	67	56.94	273	50.72	3	19.48	334	11.858	81	40.01	157
31	18.825	221	69.60	245	43.481	110	54.21	263	50.75	12	16.14	329	11.939	114	38.44	145
Febr. 10	19.046	276	67.15	242	43.591	152	51.58	242	50.87	20	12.85	311	12.053	145	36.99	125
20	19.322	327	64.73	232	43.743	192	49.16	210	51.07	27	9.74	281	12.198	174	35.74	99
März 2	19.649	371	62.41	219	43.935	228	47.06	169	51.34	35	6.93	239	12.372	202	34.75	68
12	20.020	410	60.22	203	44.163	260	45.37	122	51.69	41	4.54	188	12.574	227	34.07	33
22	20.430	443	58.19	181	44.423	289	44.15	69	52.10	46	2.66	130	12.801	250	33.74	5
April 1	20.873	470	56.38	156	44.712	310	43.46	15	52.56	50	1.36	68	13.051	268	33.79	44
11	21.343	489	54.82	129	45.022	326	43.31	41	53.06	52	0.68	4	13.319	282	34.23	82
21	21.832	500	53.53	99	45.348	334	43.72	96	53.58	53	0.64	59	13.601	292	35.05	118
Mai 1	22.332	503	52.54	65	45.682	335	44.68	146	54.11	53	1.23	120	13.893	296	36.23	149
11	22.835	494	51.89	31	46.017	327	46.14	191	54.64	50	2.43	177	14.189	292	37.72	175
21	23.329	475	51.58	4	46.344	311	48.05	230	55.14	46	4.20	227	14.481	283	39.47	197
31	23.804	446	51.62	41	46.655	287	50.35	262	55.60	42	6.47	270	14.764	266	41.44	211
Juni 10	24.250	406	52.03	75	46.942	255	52.97	287	56.02	36	9.17	306	15.030	242	43.55	221
20	24.656	354	52.78	107	47.197	217	55.84	303	56.38	29	12.23	332	15.272	213	45.76	223
30	25.010	294	53.85	137	47.414	174	58.87	311	56.67	21	15.55	351	15.485	177	47.99	221
Juli 10	25.304	225	55.22	163	47.588	125	61.98	312	56.88	13	19.06	360	15.662	137	50.20	212
20	28 25.529	151	56.85	182	29 47.713	74	65.10	306	57.01	4	22.66	360	15.799	93	52.32	199
29*	25.680	73	58.67	196	47.787	23	68.16	293	30 57.05	4	26.26	354	30 15.892	49	54.31	183
Aug. 8	25.753	7	60.63	203	47.810	29	71.09	273	57.01	12	29.80	339	15.941	4	56.14	163
18	25.746	83	62.66	201	47.781	78	73.82	249	56.89	19	33.19	316	15.945	39	57.77	140
28	25.663	155	64.67	192	47.703	122	76.31	219	56.70	27	36.35	287	15.906	78	59.17	117
Sept. 7	25.508	218	66.59	175	47.581	160	78.50	186	56.43	34	39.22	253	15.828	113	60.34	91
17	25.290	270	68.34	151	47.421	192	80.36	148	56.09	38	41.75	212	15.715	140	61.25	65
27	25.020	308	69.85	120	47.229	214	81.84	108	55.71	42	43.87	167	15.575	160	61.90	39
Okt. 7	24.712	331	71.05	84	47.015	228	82.92	66	55.29	45	45.54	118	15.415	171	62.29	12
17	24.381	337	71.89	43	46.787	232	83.58	20	54.84	47	46.72	64	15.244	174	62.41	14
27	24.044	327	72.32	0	46.555	227	83.78	25	54.37	46	47.36	9	15.070	167	62.27	41
Nov. 6	23.717	300	72.32	43	46.328	214	83.53	70	53.91	45	47.45	48	14.903	154	61.86	66
16	23.417	260	71.89	85	46.114	191	82.83	115	53.46	42	46.97	105	14.749	133	61.20	89
26	23.157	209	71.04	123	45.923	163	81.68	158	53.04	38	45.92	160	14.616	107	60.31	112
Dez. 6	22.948	149	69.81	158	45.760	128	80.10	196	52.66	33	44.32	210	14.509	77	59.19	132
16	22.799	83	68.23	187	45.632	91	78.14	228	52.33	26	42.22	255	14.432	45	57.87	148
26	22.716	15	66.36	208	45.541	49	75.86	254	52.07	19	39.67	292	14.387	10	56.39	159
36	22.701		64.28		45.492		73.32		51.88		36.75		14.377		54.80	
Mittl. Ort	20.190		77.40		44.170		49.03		52.73		9.19		12.317		33.90	
sec δ, tg δ	+1.830		− 1.532		+1.241		+ 0.735		+2.192		+ 1.950		+1.019		+ 0.197	
a, *a′*	+4.7		+11.7		+2.3		+12.0		+1.0		+12.1		+2.9		+12.3	
b, *b′*	−0.06		+ 0.81		+0.03		+0.80		+0.08		+ 0.80		+0.01		+ 0.79	

* **Bei Stern 767) und 768) lies Juli 30.**

Scheinbare Sternörter 1958

Obere Kulmination Greenwich

Tag	770) 73 Draconis AR.		770) 73 Draconis Dekl.		769) α Indi AR.		769) α Indi Dekl.		1539) 29 Vulpeculae AR.		1539) 29 Vulpeculae Dekl.		773) υ Capricorni AR.		773) υ Capricorni Dekl.	
1958	20h 32m	Δ	+74° 48′	Δ	20h 34m	Δ	−47° 25′	Δ	20h 36m	Δ	+21° 3′	Δ	20h 37m	Δ	−18° 16′	Δ
	s		″		s		″		s		″		s		″	
Jan. 1	1.42	34	57.69	302	36.048	20	81.52	173	38.116	3	20.95	204	39.022	24	71.96	3
11	1.08	19	54.67	325	36.068	72	79.79	188	38.113	34	18.91	209	39.046	59	71.93	12
21	0.89	4	51.42	337	36.140	122	77.91	198	38.147	69	16.82	207	39.105	93	71.81	22
31	0.85	12	48.05	336	36.262	170	75.93	204	38.216	104	14.75	195	39.198	125	71.59	33
Febr. 10	0.97	27	44.69	322	36.432	214	73.89	207	38.320	139	12.80	176	39.323	156	71.26	46
20	1.24	42	41.47	294	36.646	255	71.82	204	38.459	171	11.04	148	39.479	185	70.80	60
März 2	1.66	56	38.53	255	36.901	292	69.78	199	38.630	202	9.56	113	39.664	212	70.20	74
12	2.22	66	35.98	207	37.193	326	67.79	191	38.832	229	8.43	72	39.876	236	69.46	89
22	2.88	76	33.91	151	37.519	355	65.88	179	39.061	254	7.71	28	40.112	259	68.57	103
April 1	3.64	83	32.40	90	37.874	379	64.09	163	39.315	275	7.43	17	40.371	279	67.54	116
11	4.47	85	31.50	26	38.253	399	62.46	144	39.590	291	7.60	63	40.650	295	66.38	125
21	5.32	87	31.24	38	38.652	412	61.02	123	39.881	301	8.23	107	40.945	306	65.13	132
Mai 1	6.19	86	31.62	100	39.064	418	59.79	97	40.182	305	9.30	147	41.251	312	63.81	135
11	7.05	81	32.62	157	39.482	415	58.82	69	40.487	302	10.77	182	41.563	311	62.46	134
21	7.86	74	34.19	210	39.897	403	58.13	40	40.789	291	12.59	211	41.874	304	61.12	129
31	8.60	65	36.29	257	40.300	382	57.73	8	41.080	273	14.70	234	42.178	289	59.83	120
Juni 10	9.25	55	38.86	294	40.682	352	57.65	23	41.353	248	17.04	250	42.467	268	58.63	107
20	9.80	43	41.80	324	41.034	313	57.88	53	41.601	217	19.54	259	42.735	238	57.56	91
30	10.23	30	45.04	345	41.347	264	58.41	83	41.818	180	22.13	261	42.973	204	56.65	74
Juli 10	10.53	16	48.49	358	41.611	210	59.24	109	41.998	139	24.74	258	43.177	163	55.91	55
20	10.69	2	52.07	363	41.821	149	60.33	131	42.137	94	27.32	247	43.340	118	55.36	36
30	10.71	12	55.70	359	^{31}41.970	85	61.64	149	^{1}42.231	47	29.79	233	^{1}43.458	71	55.00	16
Aug. 8	^{30}10.59	26	59.29	347	42.055	20	63.13	160	42.278	1	32.12	214	43.529	24	54.84	1
18	10.33	39	62.76	329	42.075	44	64.73	165	42.279	43	34.26	190	43.553	22	54.85	17
28	9.94	50	66.05	303	42.031	104	66.38	164	42.236	84	36.16	163	43.531	66	55.02	30
Sept. 7	9.44	61	69.08	270	41.927	157	68.02	155	42.152	120	37.79	135	43.465	103	55.32	39
17	8.83	70	71.78	232	41.770	201	69.57	139	42.032	149	39.14	104	43.362	134	55.71	47
27	8.13	78	74.10	188	41.569	233	70.96	117	41.883	170	40.18	71	43.228	157	56.18	50
Okt. 7	7.35	82	75.98	140	41.336	254	72.13	90	41.713	182	40.89	38	43.071	170	56.68	50
17	6.53	86	77.38	87	41.082	261	73.03	58	41.531	186	41.27	3	42.901	173	57.18	48
27	5.67	86	78.25	31	40.821	254	73.61	24	41.345	182	41.30	31	42.728	168	57.66	44
Nov. 6	4.81	84	78.56	26	40.567	235	73.85	11	41.163	170	40.99	65	42.560	153	58.10	39
16	3.97	81	78.30	85	40.332	205	73.74	46	40.993	150	40.34	99	42.407	132	58.49	33
26	3.16	74	77.45	142	40.127	165	73.28	79	40.843	124	39.35	129	42.275	103	58.82	26
Dez. 6	2.42	66	76.03	195	39.962	119	72.49	110	40.719	95	38.06	157	42.172	71	59.08	19
16	1.76	56	74.08	243	39.843	68	71.39	136	40.624	62	36.49	181	42.101	36	59.27	11
26	1.20	43	71.65	284	39.775	15	70.03	159	40.562	27	34.68	199	42.065	0	59.38	5
36	0.77		68.81		39.760		68.44		40.535		32.69		42.065		59.43	
Mittl. Ort	4.98		39.81		37.227		82.18		38.661		9.83		39.615		76.29	
sec δ, tg δ	+3.817		+ 3.683		+1.478		− 1.089		+1.072		+ 0.385		+1.053		− 0.330	
a, *a′*	−0.8		+12.3		+4.2		+12.5		+2.7		+12.7		+3.4		+12.7	
b, *b′*	+0.15		+ 0.79		−0.05		+ 0.78		+0.02		+ 0.78		−0.01		+ 0.77	

Obere Kulmination Greenwich

Tag	774) α Delphini				777) α Cygni				775) β Pavonis				783) η Cephei			
	AR.		Dekl.		AR.		Dekl.		AR.		Dekl.		AR.		Dekl.	
1958	20h 37m		+15° 45′		20h 39m		+45° 7′		20h 41m		−66° 20′		20h 44m		+61° 40′	
	s		″		s		″		s		″		s		″	
Jan. 1	40.642	3	56.29	180	59.036	58	61.22	278	9.37	4	82.86	265	24.71	16	48.38	293
11	40.645	37	54.49	183	58.978	9	58.44	294	9.33	6	80.21	283	24.55	8	45.45	317
21	40.682	72	52.66	180	58.969	43	55.50	299	9.39	14	77.38	292	24.47	1	42.28	327
31	40.754	106	50.86	169	59.012	93	52.51	293	9.53	23	74.46	296	24.48	8	39.01	326
Febr. 10	40.860	138	49.17	149	59.105	143	49.58	273	9.76	31	71.50	291	24.56	16	35.75	311
20	40.998	169	47.68	122	59.248	192	46.85	244	10.07	39	68.59	281	24.72	24	32.64	284
März 2	41.167	198	46.46	90	59.440	237	44.41	205	10.46	45	65.78	264	24.96	31	29.80	246
12	41.365	225	45.56	52	59.677	276	42.36	156	10.91	51	63.14	243	25.27	38	27.34	198
22	41.590	248	45.04	11	59.953	311	40.80	102	11.42	56	60.71	217	25.65	43	25.36	142
April 1	41.838	269	44.93	31	60.264	339	39.78	45	11.98	60	58.54	187	26.08	47	23.94	82
11	42.107	285	45.24	72	60.603	359	39.33	14	12.58	63	56.67	152	26.55	50	23.12	18
21	42.392	295	45.96	112	60.962	370	39.47	73	13.21	65	55.15	115	27.05	51	22.94	44
Mai 1	42.687	299	47.08	148	61.332	372	40.20	129	13.86	66	54.00	76	27.56	51	23.38	106
11	42.986	297	48.56	178	61.704	364	41.49	180	14.52	65	53.24	34	28.07	50	24.44	164
21	43.283	288	50.34	204	62.068	347	43.29	225	15.17	63	52.90	9	28.57	47	26.08	215
31	43.571	271	52.38	222	62.415	320	45.54	263	15.80	60	52.99	51	29.04	43	28.23	260
Juni 10	43.842	247	54.60	235	62.735	285	48.17	293	16.40	55	53.50	92	29.47	37	30.83	298
20	44.089	217	56.95	241	63.020	243	51.10	315	16.95	48	54.42	130	29.84	31	33.81	327
30	44.306	182	59.36	240	63.263	194	54.25	330	17.43	41	55.72	165	30.15	24	37.08	348
Juli 10	44.488	141	61.76	235	63.457	140	57.55	335	17.84	32	57.37	195	30.39	16	40.56	360
20	44.629	97	64.11	223	63.597	84	60.90	333	18.16	22	59.32	218	30.55	8	44.16	364
30	[1]44.726	52	66.34	208	[1]63.681	27	64.23	324	[2]18.38	11	61.50	234	30.63	0	47.80	359
Aug. 8	44.778	7	68.42	188	63.708	31	67.47	307	18.49	2	63.84	243	[3]30.63	8	51.39	347
18	44.785	37	70.30	165	63.677	86	70.54	285	18.51	9	66.27	241	30.55	16	54.86	327
28	44.748	76	71.95	141	63.591	135	73.39	256	18.42	19	68.68	232	30.39	23	58.13	301
Sept. 7	44.672	112	73.36	113	63.456	180	75.95	223	18.23	28	71.00	214	30.16	29	61.14	269
17	44.560	141	74.49	85	63.276	216	78.18	184	17.95	36	73.14	185	29.87	34	63.83	230
27	44.419	162	75.34	55	63.060	245	80.02	142	17.59	41	74.99	150	29.53	38	66.13	186
Okt. 7	44.257	174	75.89	26	62.815	263	81.44	97	17.18	46	76.49	109	29.15	42	67.99	138
17	44.083	177	76.15	5	62.552	271	82.41	48	16.72	47	77.58	61	28.73	43	69.37	87
27	43.906	173	76.10	35	62.281	269	82.89	1	16.25	47	78.19	10	28.30	44	70.24	31
Nov. 6	43.733	160	75.75	64	62.012	259	82.88	52	15.78	45	78.29	40	27.86	43	70.55	25
16	43.573	141	75.11	93	61.753	238	82.36	102	15.33	41	77.89	91	27.43	41	70.30	82
26	43.432	116	74.18	119	61.515	210	81.34	151	14.92	34	76.98	138	27.02	37	69.48	138
Dez. 6	43.316	87	72.99	142	61.305	176	79.83	195	14.58	27	75.60	181	26.65	32	68.10	191
16	43.229	54	71.57	162	61.129	135	77.88	234	14.31	18	73.79	218	26.33	27	66.19	237
26	43.175	21	69.95	177	60.994	90	75.54	265	14.13	10	71.61	248	26.06	20	63.82	276
36	43.154		68.18		60.904		72.89		14.03		69.13		25.86		61.06	
Mittl. Ort	41.155		46.08		59.906		46.10		11.86		81.66		26.25		30.89	
sec δ, tg δ	+1.039		+ 0.282		+1.417		+ 1.005		+2.493		− 2.284		+2.108		+ 1.855	
a, *a′*	+2.8		+12.7		+2.0		+12.9		+5.4		+13.0		+1.2		+13.2	
b, *b′*	+0.01		+ 0.77		+0.04		+ 0.77		−0.10		+ 0.76		+0.08		+ 0.75	

Scheinbare Sternörter 1958

Obere Kulmination Greenwich

Tag	780) ε Cygni AR.		780) ε Cygni Dekl.		781) ε Aquarii AR.		781) ε Aquarii Dekl.		785) β Indi AR.		785) β Indi Dekl.		786) 32 Vulpeculae AR.		786) 32 Vulpeculae Dekl.	
1958	20h 44m		+33° 48′		20h 45m		−9° 38′		20h 51m		−58° 36′		20h 52m		+27° 53′	
	s		″		s		″		s		″		s		″	
Jan. 1	29.961	31	56.79	245	23.671	14	57.05	46	30.787	29	52.70	227	45.560	28	61.74	222
11	29.930	9	54.34	257	23.685	47	57.51	39	30.758	40	50.43	246	45.532	9	59.52	232
21	29.939	51	51.77	260	23.732	80	57.90	31	30.798	107	47.97	259	45.541	47	57.20	234
31	29.990	92	49.17	251	23.812	111	58.21	19	30.905	171	45.38	265	45.588	84	54.86	226
Febr. 10	30.082	133	46.66	232	23.923	141	58.40	3	31.076	231	42.73	267	45.672	122	52.60	208
20	30.215	172	44.34	204	24.064	170	58.43	14	31.307	288	40.06	262	45.794	159	50.52	182
März 2	30.387	209	42.30	167	24.234	196	58.29	35	31.595	340	37.44	252	45.953	193	48.70	146
12	30.596	242	40.63	122	24.430	222	57.94	55	31.935	386	34.92	237	46.146	224	47.24	105
22	30.838	272	39.41	72	24.652	245	57.39	77	32.321	428	32.55	218	46.370	254	46.19	58
April 1	31.110	296	38.69	19	24.897	265	56.62	98	32.749	463	30.37	195	46.624	279	45.61	9
11	31.406	315	38.50	34	25.162	282	55.64	117	33.212	490	28.42	167	46.903	298	45.52	41
21	31.721	328	38.84	87	25.444	295	54.47	132	33.702	510	26.75	135	47.201	311	45.93	89
Mai 1	32.049	331	39.71	136	25.739	301	53.15	144	34.212	521	25.40	101	47.512	317	46.82	135
11	32.380	327	41.07	181	26.040	301	51.71	151	34.733	520	24.39	65	47.829	316	48.17	176
21	32.707	315	42.88	220	26.341	295	50.20	154	35.253	508	23.74	26	48.145	307	49.93	211
31	33.022	295	45.08	252	26.636	282	48.66	153	35.761	486	23.48	13	48.452	289	52.04	240
Juni 10	33.317	267	47.60	277	26.918	262	47.13	147	36.247	450	23.61	52	48.741	265	54.44	262
20	33.584	232	50.37	294	27.180	234	45.66	136	36.697	403	24.13	89	49.006	234	57.06	277
30	33.816	191	53.31	304	27.414	201	44.30	122	37.100	345	25.02	124	49.240	196	59.83	284
Juli 10	34.007	145	56.35	305	27.615	162	43.08	106	37.445	278	26.26	154	49.436	153	62.67	285
20	34.152	97	59.40	301	27.777	119	42.02	88	37.723	204	27.80	181	49.589	108	65.52	279
30	$_3$34.249	46	62.41	289	$_3$27.896	74	41.14	69	$_4$37.927	123	29.61	200	$_5$49.697	59	68.31	267
Aug. 8	34.295	5	65.30	272	27.970	29	40.45	50	38.050	40	31.61	213	49.756	11	70.98	249
18	34.290	53	68.02	249	27.999	16	39.95	31	38.090	41	33.74	217	49.767	36	73.47	227
28	34.237	97	70.51	221	27.983	58	39.64	15	38.049	120	35.91	213	49.731	78	75.74	201
Sept. 7	34.140	137	72.72	189	27.925	94	39.49	1	37.929	191	38.04	201	49.653	117	77.75	170
17	34.003	169	74.61	154	27.831	124	39.50	15	37.738	252	40.05	181	49.536	149	79.45	138
27	33.834	194	76.15	116	27.707	147	39.65	25	37.486	300	41.86	152	49.387	173	80.83	103
Okt. 7	33.640	209	77.31	76	27.560	160	39.90	35	37.186	333	43.38	116	49.214	189	81.86	66
17	33.431	217	78.07	33	27.400	165	40.25	41	36.853	350	44.54	76	49.025	196	82.52	27
27	33.214	214	78.40	11	27.235	161	40.66	46	36.503	349	45.30	33	48.829	195	82.79	13
Nov. 6	33.000	204	78.29	54	27.074	148	41.12	50	36.154	332	45.63	13	48.634	186	82.66	52
16	32.796	185	77.75	98	26.926	128	41.62	52	35.822	301	45.50	59	48.448	170	82.14	90
26	32.611	161	76.77	139	26.798	103	42.14	54	35.521	256	44.91	103	48.278	146	81.24	128
Dez. 6	32.450	130	75.38	177	26.695	74	42.68	55	35.265	200	43.88	143	48.132	119	79.96	161
16	32.320	96	73.61	210	26.621	42	43.23	53	35.065	139	42.45	178	48.013	87	78.35	191
26	32.224	57	71.51	235	26.579	8	43.76	52	34.926	72	40.67	208	47.926	53	76.44	213
36	32.167		69.16		26.571		44.28		34.854		38.59		47.873		74.31	
Mittl. Ort	30.592		43.27		24.181		62.63		32.517		51.21		46.084		49.02	
sec δ, tg δ	+1.204		+ 0.670		+1.014		− 0.170		+1.920		− 1.639		+1.131		+ 0.529	
a, *a′*	+2.4		+13.2		+3.2		+13.2		+4.7		+13.6		+2.6		+13.7	
b, *b′*	+0.03		+ 0.75		−0.01		+ 0.75		−0.07		+ 0.73		+0.02		+ 0.73	

Scheinbare Sternörter 1958

Obere Kulmination Greenwich

Tag	788) ν Cygni				790) ζ Microscopii				793) 61 Cygni *pr*[1]				795) Br 2777 Ceph			
	AR.	Diff.	Dekl.	Diff.	AR.	Diff.	Dekl.	Diff.	AR.	Diff.	Dekl.	Diff.	AR.	Diff.	Dekl.	Diff.
1958	20h 55m		+41° 0′		21h 0m		−38° 47′		21h 5m		+38° 32′		21h 6m		+77° 57′	
	s		″		s		″		s		″		s		″	
Jan. 1	35.633	62	32.14	258	16.386	6	48.37	120	0.156	51	45.59	239	18.54	58	43.99	269
11	35.571	18	29.56	276	16.380	— 36	47.17	137	0.105	9	43.20	256	17.96	41	41.30	303
21	35.553	— 28	26.80	283	16.416	78	45.80	152	0.096	— 34	40.64	262	17.55	22	38.27	325
31	35.581	75	23.97	278	16.494	119	44.28	164	0.130	79	38.02	258	17.33	2	35.02	333
Febr. 10	35.656	121	21.19	261	16.613	157	42.64	173	0.209	122	35.44	243	17.31	— 18	31.69	329
20	35.777	167	18.58	235	16.770	194	40.91	179	0.331	166	33.01	217	17.49	37	28.40	312
März 2	35.944	209	16.23	199	16.964	229	39.12	183	0.497	208	30.84	181	17.86	55	25.28	283
12	36.153	249	14.24	153	17.193	261	37.29	183	0.705	247	29.03	138	18.41	71	22.45	242
22	36.402	283	12.71	103	17.454	291	35.46	180	0.952	281	27.65	89	19.12	85	20.03	192
April 1	36.685	313	11.68	48	17.745	318	33.66	175	1.233	310	26.76	35	19.97	95	18.11	136
11	36.998	336	11.20	— 9	18.063	339	31.91	165	1.543	334	26.41	— 21	20.92	104	16.75	76
21	37.334	350	11.29	66	18.402	357	30.26	152	1.877	349	26.62	75	21.96	107	15.99	13
Mai 1	37.684	355	11.95	119	18.759	367	28.74	135	2.226	357	27.37	127	23.03	107	15.86	— 50
11	38.039	353	13.14	169	19.126	371	27.39	114	2.583	355	28.64	176	24.10	105	16.36	111
21	38.392	340	14.83	213	19.497	366	26.25	90	2.938	345	30.40	220	25.15	98	17.47	166
31	38.732	319	16.96	251	19.863	353	25.35	64	3.283	326	32.60	256	26.13	90	19.13	217
Juni 10	39.051	290	19.47	281	20.216	331	24.71	36	3.609	298	35.16	284	27.03	78	21.30	262
20	39.341	252	22.28	304	20.547	300	24.35	6	3.907	264	38.00	307	27.81	65	23.92	299
30	39.593	208	25.32	318	20.847	261	24.29	— 23	4.171	222	41.07	321	28.46	50	26.91	327
Juli 10	39.801	159	28.50	324	21.108	215	24.52	50	4.393	175	44.28	327	28.96	33	30.18	349
20	39.960	106	31.74	323	21.323	164	25.02	76	4.568	125	47.55	325	29.29	17	33.67	361
30	40.066	53	34.97	316	21.487	109	25.78	98	[8]4.693	72	50.80	317	[8]29.46	— 1	37.28	366
Aug. 8	[5]40.119	— 2	38.13	300	[7]21.596	52	26.76	117	4.765	19	53.97	303	29.45	18	40.94	363
18	40.117	55	41.13	279	21.648	— 5	27.93	129	4.784	— 32	57.00	281	29.27	34	44.57	351
28	40.062	103	43.92	253	21.643	59	29.22	136	4.752	80	59.81	256	28.93	50	48.08	333
Sept. 7	39.959	147	46.45	221	21.584	107	30.58	136	4.672	123	62.37	225	28.43	65	51.41	308
17	39.812	183	48.66	186	21.477	149	31.94	131	4.549	158	64.62	189	27.78	77	54.49	275
27	39.629	212	50.52	145	21.328	182	33.25	119	4.391	187	66.51	151	27.01	87	57.24	237
Okt. 7	39.417	231	51.97	103	21.146	204	34.44	101	4.204	206	68.02	110	26.14	96	59.61	192
17	39.186	241	53.00	57	20.942	214	35.45	80	3.998	217	69.12	65	25.18	103	61.53	143
27	38.945	243	53.57	10	20.728	213	36.25	55	3.781	219	69.77	20	24.15	106	62.96	89
Nov. 6	38.702	235	53.67	— 39	20.515	202	36.80	26	3.562	212	69.97	— 27	23.09	108	63.85	32
16	38.467	218	53.28	87	20.313	180	37.06	— 2	3.350	198	69.70	73	22.01	105	64.17	— 27
26	38.249	195	52.41	133	20.133	152	37.04	30	3.152	176	68.97	118	20.96	100	63.90	87
Dez. 6	38.054	165	51.08	176	19.981	116	36.74	58	2.976	147	67.79	159	19.96	93	63.03	145
16	37.889	130	49.32	215	19.865	76	36.16	82	2.829	115	66.20	196	19.03	81	61.58	199
26	37.759	91	47.17	246	19.789	34	35.34	105	2.714	78	64.24	227	18.22	68	59.59	247
36	37.668		44.71		19.755		34.29		2.636		61.97		17.54		57.12	
Mittl. Ort	36.309		17.01		17.255		48.53		0.743		30.76		22.25		23.70	
sec δ, tg δ	+1.325		+ 0.869		+1.283		− 0.804		+1.279		+ 0.797		+4.793		+ 4.687	
a, *a′*	+2.2		+13.9		+3.8		+14.2		+2.3		+14.5		−1.2		+14.6	
b, *b′*	+0.04		+ 0.72		−0.04		+ 0.71		+0.04		+ 0.69		+0.23		+ 0.69	

[1] Ort des Hauptsterns; die jährliche Parallaxe (0″.299) ist bereits berücksichtigt.

Scheinbare Sternörter 1958

Obere Kulmination Greenwich

Tag	794) ν Aquarii AR.		794) ν Aquarii Dekl.		797) ζ Cygni AR.		797) ζ Cygni Dekl.		800) α Equulei AR.		800) α Equulei Dekl.		803) α Cephei AR.		803) α Cephei Dekl.	
1958	21h 7m		−11° 32′		21h 11m		+30° 3′		21h 13m		+5° 4′		21h 17m		+62° 24′	
	s	Δ	″	Δ	s	Δ	″	Δ	s	Δ	″	Δ	s	Δ	″	Δ
Jan. 1	17.975	5	29.69	33	8.341	49	27.31	219	43.060	18	31.77	118	33.43	21	45.18	268
11	17.970	27	30.02	25	8.292	13	25.12	233	43.042	12	30.59	118	33.22	15	42.50	299
21	17.997	59	30.27	15	8.279	24	22.79	238	43.054	44	29.41	113	33.07	7	39.51	318
31	18.056	90	30.42	2	8.303	63	20.41	233	43.098	74	28.28	102	33.00	2	36.33	325
Febr. 10	18.146	120	30.44	14	8.366	102	18.08	218	43.172	105	27.26	86	33.02	10	33.08	319
20	18.266	149	30.30	31	8.468	140	15.90	194	43.277	136	26.40	65	33.12	18	29.89	300
März 2	18.415	179	29.99	50	8.608	177	13.96	160	43.413	166	25.75	38	33.30	26	26.89	269
12	18.594	207	29.49	71	8.785	213	12.36	121	43.579	195	25.37	8	33.56	33	24.20	228
22	18.801	232	28.78	91	8.998	244	11.15	76	43.774	222	25.29	24	33.89	40	21.92	178
April 1	19.033	255	27.87	110	9.242	273	10.39	26	43.996	246	25.53	56	34.29	45	20.14	122
11	19.288	276	26.77	127	9.515	296	10.13	24	44.242	267	26.09	89	34.74	49	18.92	61
21	19.564	291	25.50	141	9.811	313	10.37	74	44.509	284	26.98	119	35.23	52	18.31	2
Mai 1	19.855	302	24.09	151	10.124	323	11.11	121	44.793	294	28.17	145	35.75	53	18.33	63
11	20.157	306	22.58	157	10.447	324	12.32	165	45.087	298	29.62	168	36.28	53	18.96	123
21	20.463	304	21.01	159	10.771	318	13.97	202	45.385	296	31.30	185	36.81	51	20.19	178
31	20.767	293	19.42	155	11.089	303	15.99	235	45.681	286	33.15	197	37.32	47	21.97	227
Juni 10	21.060	275	17.87	147	11.392	281	18.34	259	45.967	269	35.12	203	37.79	43	24.24	269
20	21.335	251	16.40	135	11.673	251	20.93	277	46.236	245	37.15	203	38.22	37	26.93	305
30	21.586	219	15.05	121	11.924	215	23.70	288	46.481	213	39.18	199	38.59	30	29.98	331
Juli 10	21.805	183	13.84	102	12.139	172	26.58	291	46.694	177	41.17	189	38.89	23	33.29	351
20	21.988	141	12.82	83	12.311	127	29.49	288	46.871	137	43.06	176	39.12	15	36.80	361
30	22.129	96	11.99	62	12.438	79	32.37	279	47.008	93	44.82	159	39.27	7	40.41	363
Aug. 8*	[8] 22.225	50	11.37	42	[9] 12.517	30	35.16	263	[10] 47.101	49	46.41	139	[11] 39.34	1	44.04	358
18	22.275	5	10.95	23	12.547	18	37.79	243	47.150	5	47.80	118	39.33	9	47.62	344
28	22.280	38	10.72	4	12.529	63	40.22	218	47.155	37	48.98	95	39.24	17	51.06	324
Sept. 7	22.242	77	10.68	12	12.466	103	42.40	189	47.118	74	49.93	73	39.07	23	54.30	297
17	22.165	109	10.80	25	12.363	137	44.29	157	47.044	105	50.66	50	38.84	30	57.27	263
27	22.056	135	11.05	35	12.226	165	45.86	122	46.939	131	51.16	28	38.54	35	59.90	224
Okt. 7	21.921	151	11.40	43	12.061	183	47.08	85	46.808	147	51.44	6	38.19	38	62.14	179
17	21.770	160	11.83	48	11.878	194	47.93	46	46.661	156	51.50	14	37.81	42	63.93	129
27	21.610	159	12.31	51	11.684	197	48.39	5	46.505	157	51.36	34	37.39	43	65.22	76
Nov. 6	21.451	150	12.82	53	11.487	190	48.44	35	46.348	151	51.02	52	36.96	43	65.98	20
16	21.301	135	13.35	52	11.297	178	48.09	76	46.197	136	50.50	70	36.53	42	66.18	37
26	21.166	113	13.87	51	11.119	159	47.33	115	46.061	117	49.80	86	36.11	40	65.81	95
Dez. 6	21.053	86	14.38	49	10.960	134	46.18	151	45.944	94	48.94	99	35.71	37	64.86	150
16	20.967	58	14.87	45	10.826	104	44.67	183	45.850	68	47.95	110	35.34	31	63.36	202
26	20.909	26	15.32	40	10.722	73	42.84	209	45.782	38	46.85	118	35.03	26	61.34	247
36	20.883		15.72		10.649		40.75		45.744		45.67		34.77		58.87	
Mittl. Ort	18.434		34.40		8.784		13.73		43.423		23.58		34.62		25.84	
sec δ, tg δ	+1.021		−0.204		+1.155		+0.579		+1.004		+0.089		+2.159		+1.913	
a, *a′*	+3.3		+14.6		+2.6		+14.8		+3.0		+15.0		+1.4		+15.2	
b, *b′*	−0.01		+0.68		+0.03		+0.67		0.00		+0.66		+0.10		+0.65	

* Bei Stern 797), 800) und 803) lies Aug. 9.

Scheinbare Sternörter 1958

Obere Kulmination Greenwich

Tag	804) ι Pegasi AR.		804) ι Pegasi Dekl.		805) γ Pavonis[1] AR.		805) γ Pavonis[1] Dekl.		806) ζ Capricorni AR.		806) ζ Capricorni Dekl.		809) β Cephei AR.		809) β Cephei Dekl.	
1958	21h 20m		+19° 37′		21h 22m		−65° 32′		21h 24m		−22° 35′		21h 28m		+70° 22′	
	s		″		s		″		s		″		s		″	
Jan. 1	8.202	38	37.66	178	57.53	13	92.55	248	15.811	22	37.72	27	5.85	36	55.16	257
11	8.164	7	35.88	187	57.40	4	90.07	274	15.789	12	37.45	41	5.49	27	52.59	292
21	8.157	26	34.01	188	57.36	4	87.33	294	15.801	44	37.04	56	5.22	16	49.67	317
31	8.183	60	32.13	181	57.40	12	84.39	306	15.845	77	36.48	71	5.06	4	46.50	329
Febr. 10	8.243	94	30.32	166	57.52	20	81.33	311	15.922	110	35.77	86	5.02	7	43.21	329
20	8.337	129	28.66	143	57.72	28	78.22	309	16.032	141	34.91	101	5.09	20	39.92	315
März 2	8.466	162	27.23	113	58.00	35	75.13	301	16.173	173	33.90	115	5.29	31	36.77	288
12	8.628	194	26.10	78	58.35	41	72.12	285	16.346	203	32.75	129	5.60	41	33.89	250
22	8.822	224	25.32	38	58.76	47	69.27	265	16.549	232	31.46	141	6.01	51	31.39	204
April 1	9.046	252	24.94	5	59.23	52	66.62	239	16.781	258	30.05	151	6.52	58	29.35	149
11	9.298	275	24.99	48	59.75	57	64.23	209	17.039	282	28.54	158	7.10	65	27.86	90
21	9.573	292	25.47	91	60.32	60	62.14	174	17.321	301	26.96	161	7.75	68	26.96	27
Mai 1	9.865	304	26.38	130	60.92	62	60.40	135	17.622	315	25.35	161	8.43	70	26.69	35
11	10.169	309	27.68	165	61.54	63	59.05	93	17.937	322	23.74	156	9.13	70	27.04	96
21	10.478	305	29.33	196	62.17	63	58.12	50	18.259	322	22.18	146	9.83	67	28.00	154
31	10.783	295	31.29	220	62.80	61	57.62	5	18.581	315	20.72	133	10.50	63	29.54	206
Juni 10	11.078	276	33.49	238	63.41	57	57.57	40	18.896	300	19.39	116	11.13	57	31.60	252
20	11.354	250	35.87	250	63.98	53	57.97	84	19.196	276	18.23	96	11.70	49	34.12	291
30	11.604	218	38.37	255	64.51	46	58.81	125	19.472	246	17.27	73	12.19	40	37.03	323
Juli 10	11.822	180	40.92	254	64.97	38	60.06	162	19.718	208	16.54	49	12.59	31	40.26	346
20	12.002	138	43.46	246	65.35	30	61.68	194	19.926	166	16.05	25	12.90	20	43.72	361
30	12.140	93	45.92	235	65.65	21	63.62	220	20.092	120	15.80	1	13.10	10	47.33	369
Aug. 9	12.233	47	48.27	218	65.86	10	65.82	237	20.212	71	15.79	22	13.20	2	51.02	367
18	(12) 12.280	2	50.45	197	(12) 65.96	0	68.19	246	(13) 20.283	23	16.01	40	(14) 13.18	12	54.69	359
28	12.282	41	52.42	173	65.96	10	70.65	247	20.306	24	16.41	57	13.06	23	58.28	342
Sept. 7	12.241	79	54.15	147	65.86	20	73.12	237	20.282	66	16.98	69	12.83	32	61.70	318
17	12.162	112	55.62	118	65.66	28	75.49	218	20.216	103	17.67	78	12.51	40	64.88	288
27	12.050	138	56.80	88	65.38	35	77.67	189	20.113	132	18.45	80	12.11	47	67.76	251
Okt. 7	11.912	157	57.68	57	65.03	40	79.56	153	19.981	153	19.25	79	11.64	54	70.27	208
17	11.755	168	58.25	25	64.63	43	81.09	110	19.828	166	20.04	75	11.10	58	72.35	160
27	11.587	171	58.50	7	64.20	45	82.19	62	19.662	168	20.79	66	10.52	61	73.95	107
Nov. 6	11.416	165	58.43	40	63.75	45	82.81	10	19.494	162	21.45	55	9.91	62	75.02	50
16	11.251	154	58.03	71	63.30	42	82.91	42	19.332	149	22.00	43	9.29	62	75.52	9
26	11.097	137	57.32	101	62.88	38	82.49	94	19.183	128	22.43	29	8.67	59	75.43	69
Dez. 6	10.960	114	56.31	128	62.50	33	81.55	142	19.055	103	22.72	14	8.08	56	74.74	127
16	10.846	88	55.03	153	62.17	25	80.13	187	18.952	75	22.86	0	7.52	49	73.47	182
26	10.758	60	53.50	171	61.92	18	78.26	225	18.877	42	22.86	15	7.03	42	71.65	232
36	10.698		51.79		61.74		76.01		18.835		22.71		6.61		69.33	
Mittl. Ort	8.543		26.17		59.82		88.25		16.324		39.58		7.52		34.38	
sec δ, tg δ	+1.062		+ 0.357		+2.417		− 2.200		+1.083		− 0.416		+2.978		+ 2.805	
a, *a′*	+2.8		+15.4		+4.9		+15.5		+3.4		+15.6		+0.8		+15.8	
b, *b′*	+0.02		+ 0.64		−0.11		+ 0.63		−0.02		+ 0.63		+0.15		+ 0.62	

[1] Die jährliche Parallaxe (0″.113) ist bereits berücksichtigt.

Scheinbare Sternörter 1958

Obere Kulmination Greenwich

Tag	808) β Aquarii AR.		808) β Aquarii Dekl.		811) 74 Cygni AR.		811) 74 Cygni Dekl.		810) ν Octantis AR.		810) ν Octantis Dekl.		815) ε Pegasi AR.		815) ε Pegasi Dekl.	
1958	21h 29m		−5° 44′		21h 35m		+40° 13′		21h 36m		−77° 34′		21h 42m		+9° 40′	
	s		″		s		″		s		″		s		″	
Jan. 1	20.560	26	79.41	62	15.363	98	43.42	229	48.18	39	48.29	281	7.091	44	62.90	129
11	20.534	4	80.03	55	15.265	60	41.13	252	47.79	24	45.48	312	7.047	16	61.61	134
21	20.538	34	80.58	47	15.205	18	38.61	264	47.55	7	42.36	333	7.031	13	60.27	131
31	20.572	64	81.05	34	15.187	26	35.97	268	47.48	10	39.03	347	7.044	43	58.96	123
Febr. 10	20.636	94	81.39	18	15.213	71	33.29	259	47.58	26	35.56	351	7.087	75	57.73	109
20	20.730	125	81.57	2	15.284	117	30.70	239	47.84	41	32.05	347	7.162	107	56.64	88
März 2	20.855	154	81.55	24	15.401	163	28.31	210	48.25	55	28.58	335	7.269	139	55.76	62
12	21.009	184	81.31	47	15.564	207	26.21	172	48.80	69	25.23	317	7.408	171	55.14	32
22	21.193	212	80.84	72	15.771	248	24.49	126	49.49	81	22.06	292	7.579	202	54.82	1
April 1	21.405	239	80.12	96	16.019	285	23.23	75	50.30	91	19.14	260	7.781	230	54.83	37
11	21.644	262	79.16	118	16.304	314	22.48	22	51.21	100	16.54	224	8.011	256	55.20	72
21	21.906	280	77.98	139	16.618	338	22.26	33	52.21	106	14.30	182	8.267	277	55.92	105
Mai 1	22.186	294	76.59	155	16.956	352	22.59	86	53.27	111	12.48	138	8.544	292	56.97	137
11	22.480	302	75.04	167	17.308	358	23.45	137	54.38	113	11.10	90	8.836	301	58.34	164
21	22.782	303	73.37	174	17.666	354	24.82	183	55.51	113	10.20	39	9.137	302	59.98	187
31	23.085	295	71.63	177	18.020	342	26.65	224	56.64	110	9.81	11	9.439	297	61.85	203
Juni 10	23.380	281	69.86	174	18.362	319	28.89	258	57.74	104	9.92	62	9.736	283	63.88	215
20	23.661	259	68.12	166	18.681	288	31.47	284	58.78	96	10.54	110	10.019	261	66.03	219
30	23.920	230	66.46	154	18.969	250	34.31	304	59.74	85	11.64	155	10.280	234	68.22	219
Juli 10	24.150	196	64.92	139	19.219	206	37.35	315	60.59	71	13.19	196	10.514	199	70.41	213
20	24.346	156	63.53	121	19.425	156	40.50	320	61.30	56	15.15	231	10.713	160	72.54	203
30	24.502	113	62.32	101	19.581	105	43.70	317	61.86	39	17.46	257	10.873	119	74.57	188
Aug. 9	(14) 24.615	69	61.31	79	(15) 19.686	51	46.87	308	(16) 62.25	20	20.03	277	10.992	74	76.45	169
18	24.684	24	60.52	58	19.737	1	49.95	292	62.45	1	22.80	286	(17) 11.066	30	78.14	149
28	24.708	18	59.94	38	19.736	52	52.87	269	62.46	17	25.66	285	11.096	12	79.63	126
Sept. 7	24.690	58	59.56	18	19.684	98	55.56	243	62.29	36	28.51	273	11.084	51	80.89	103
17	24.632	91	59.38	0	19.586	138	57.99	212	61.93	53	31.24	251	11.033	85	81.92	78
27	24.541	118	59.38	15	19.448	171	60.11	175	61.40	67	33.75	219	10.948	112	82.70	53
Okt. 7	24.423	138	59.53	28	19.277	197	61.86	136	60.73	78	35.94	177	10.836	134	83.23	28
17	24.285	149	59.81	39	19.080	214	63.22	93	59.95	88	37.71	128	10.702	146	83.51	5
27	24.136	152	60.20	49	18.866	223	64.15	49	59.07	92	38.99	73	10.556	151	83.56	19
Nov. 6	23.984	147	60.69	56	18.643	223	64.64	2	58.15	93	39.72	14	10.405	150	83.37	41
16	23.837	136	61.25	61	18.420	216	64.66	46	57.22	90	39.86	46	10.255	142	82.96	63
26	23.701	119	61.86	65	18.204	202	64.20	93	56.32	85	39.40	105	10.113	128	82.33	83
Dez. 6	23.582	97	62.51	67	18.002	181	63.27	137	55.47	75	38.35	160	9.985	109	81.50	100
16	23.485	72	63.18	68	17.821	154	61.90	178	54.72	63	36.75	211	9.876	88	80.50	116
26	23.413	45	63.86	67	17.667	122	60.12	213	54.09	48	34.64	256	9.788	62	79.34	126
36	23.368		64.53		17.545		57.99		53.61		32.08		9.726		78.08	
Mittl. Ort	20.904		84.87		15.749		27.17		53.16		42.25		7.323		53.79	
sec δ, tg δ	+1.005		− 0.101		+1.310		+ 0.846		+4.649		− 4.540		+1.014		+ 0.171	
a, *a′*	+3.2		+15.9		+2.4		+16.2		+6.6		+16.3		+2.9		+16.5	
b, *b′*	−0.01		+ 0.61		+0.05		+ 0.59		−0.25		+ 0.58		+0.01		+ 0.57	

Obere Kulmination Greenwich

Tag	819) δ Capricorni AR.	Diff.	819) δ Capricorni Dekl.	Diff.	821) π² Cygni AR.	Diff.	821) π² Cygni Dekl.	Diff.	823) 16 Pegasi AR.	Diff.	823) 16 Pegasi Dekl.	Diff.	822) γ Gruis AR.	Diff.	822) γ Gruis Dekl.	Diff.
1958	21h 44m		−16° 18′		21h 45m		+49° 6′		21h 51m		+25° 43′		21h 51m		−37° 33′	
	s		″		s		″		s		″		s		″	
Jan. 1	43.096	37	65.18	9	13.878	146	70.94	235	8.729	74	49.72	183	22.791	63	50.23	98
11	43.059	7	65.27	4	13.732	102	68.59	264	8.655	43	47.89	197	22.728	25	49.25	123
21	43.052	22	65.23	18	13.630	53	65.95	284	8.612	11	45.92	205	22.703	12	48.02	145
31	43.074	52	65.05	33	13.577	2	63.11	292	8.601	23	43.87	204	22.715	49	46.57	164
Febr. 10	43.126	84	64.72	50	13.575	54	60.19	288	8.624	59	41.83	194	22.764	87	44.93	180
20	43.210	115	64.22	68	13.629	110	57.31	272	8.683	95	39.89	175	22.851	126	43.13	194
März 2	43.325	146	63.54	86	13.739	165	54.59	245	8.778	134	38.14	148	22.977	164	41.19	204
12	43.471	178	62.68	105	13.904	219	52.14	209	8.912	171	36.66	114	23.141	200	39.15	210
22	43.649	207	61.63	121	14.123	268	50.05	164	9.083	206	35.52	75	23.341	237	37.05	214
April 1	43.856	236	60.42	138	14.391	313	48.41	112	9.289	239	34.77	31	23.578	270	34.91	212
11	44.092	262	59.04	152	14.704	350	47.29	57	9.528	269	34.46	14	23.848	300	32.79	207
21	44.354	284	57.52	161	15.054	378	46.72	1	9.797	292	34.60	60	24.148	327	30.72	198
Mai 1	44.638	301	55.91	167	15.432	396	46.73	59	10.089	309	35.20	104	24.475	347	28.74	183
11	44.939	311	54.24	170	15.828	404	47.32	114	10.398	319	36.24	145	24.822	361	26.91	165
21	45.250	314	52.54	166	16.232	400	48.46	165	10.717	320	37.69	182	25.183	366	25.26	141
31	45.564	311	50.88	159	16.632	385	50.11	212	11.037	314	39.51	212	25.549	363	23.85	114
Juni 10	45.875	298	49.29	146	17.017	361	52.23	252	11.351	299	41.63	238	25.912	351	22.71	84
20	46.173	279	47.83	131	17.378	326	54.75	285	11.650	276	44.01	256	26.263	329	21.87	53
30	46.452	251	46.52	111	17.704	283	57.60	311	11.926	246	46.57	267	26.592	298	21.34	19
Juli 10	46.703	218	45.41	90	17.987	233	60.71	328	12.172	210	49.24	273	26.890	261	21.15	14
20	46.921	178	44.51	66	18.220	178	63.99	339	12.382	168	51.97	271	27.151	215	21.29	46
30	47.099	134	43.85	42	18.398	120	67.38	341	12.550	124	54.68	264	27.366	165	21.75	76
Aug. 9	47.233	89	43.43	18	18.518	60	70.79	335	12.674	78	57.32	252	27.531	110	22.51	102
18*	18 47.322	43	43.25	3	18 18.578	0	74.14	324	19 12.752	31	59.84	234	20 27.641	55	23.53	124
28	47.365	3	43.28	23	18.578	57	77.38	305	12.783	14	62.18	211	27.696	0	24.77	139
Sept. 7	47.362	44	43.51	40	18.521	110	80.43	280	12.769	55	64.29	187	27.696	51	26.16	149
17	47.318	81	43.91	54	18.411	157	83.23	249	12.714	92	66.16	159	27.645	98	27.65	152
27	47.237	111	44.45	63	18.254	197	85.72	214	12.622	122	67.75	127	27.547	136	29.17	147
Okt. 7	47.126	134	45.08	68	18.057	229	87.86	173	12.500	145	69.02	95	27.411	167	30.64	136
17	46.992	148	45.76	70	17.828	252	89.59	129	12.355	161	69.97	60	27.244	187	32.00	119
27	46.844	154	46.46	69	17.576	266	90.88	80	12.194	170	70.57	24	27.057	198	33.19	97
Nov. 6	46.690	152	47.15	64	17.310	272	91.68	30	12.024	171	70.81	11	26.859	198	34.16	71
16	46.538	143	47.79	59	17.038	267	91.98	23	11.853	166	70.70	48	26.661	188	34.87	42
26	46.395	127	48.38	50	16.771	255	91.75	75	11.687	155	70.22	83	26.473	171	35.29	11
Dez. 6	46.268	107	48.88	40	16.516	235	91.00	125	11.532	138	69.39	117	26.302	147	35.40	20
16	46.161	82	49.28	31	16.281	207	89.75	173	11.394	117	68.22	146	26.155	118	35.20	51
26	46.079	56	49.59	19	16.074	174	88.02	215	11.277	92	66.76	171	26.037	85	34.69	78
36	46.023		49.78		15.900		85.87		11.185		65.05		25.952		33.91	
Mittl. Ort	43.467		67.68		14.310		52.66		8.916		36.52		23.472		47.75	
sec δ, tg δ	+1.042		−0.293		+1.528		+1.155		+1.110		+0.482		+1.262		−0.769	
a, *a′*	+3.3		+16.7		+2.2		+16.7		+2.7		+17.0		+3.6		+17.0	
b, *b′*	−0.02		+0.56		+0.06		+0.55		+0.03		+0.53		−0.04		+0.53	

* Bei Stern 823) und 822) lies Aug. 19.

Scheinbare Sternörter 1958

Obere Kulmination Greenwich

Tag	827) α Aquarii AR.		827) α Aquarii Dekl.		830) 20 Cephei AR.		830) 20 Cephei Dekl.		828) ι Aquarii AR.		828) ι Aquarii Dekl.		829) α Gruis AR.		829) α Gruis Dekl.	
1958	22h 3m		−0° 31′		22h 3m		+62° 34′		22h 4m		−14° 4′		22h 5m		−47° 9′	
	s		″		s		″		s		″		s		″	
Jan. 1	37.418	53	22.51	82	43.19	28	70.47	224	9.940	53	24.85	21	34.770	102	59.99	137
11	37.365	27	23.33	78	42.91	23	68.23	262	9.887	26	25.06	8	34.668	60	58.62	168
21	37.338	2	24.11	71	42.68	15	65.61	292	9.861	2	25.14	7	34.608	17	56.94	194
31	37.336	27	24.82	60	42.53	8	62.69	310	9.863	32	25.07	22	34.591	28	55.00	217
Febr. 10	37.363	57	25.42	45	42.45	1	59.59	316	9.895	61	24.85	39	34.619	72	52.83	234
20	37.420	88	25.87	25	42.46	9	56.43	309	9.956	92	24.46	59	34.691	118	50.49	247
März 2	37.508	120	26.12	2	42.55	17	53.34	289	10.048	125	23.87	78	34.809	163	48.02	254
12	37.628	152	26.14	23	42.72	25	50.45	258	10.173	157	23.09	98	34.972	207	45.48	258
22	37.780	183	25.91	50	42.97	33	47.87	216	10.330	188	22.11	117	35.179	250	42.90	256
April 1	37.963	214	25.41	79	43.30	40	45.71	168	10.518	219	20.94	136	35.429	291	40.34	248
11	38.177	242	24.62	105	43.70	45	44.03	112	10.737	246	19.58	152	35.720	327	37.86	237
21	38.419	266	23.57	130	44.15	50	42.91	53	10.983	272	18.06	164	36.047	359	35.49	219
Mai 1	38.685	284	22.27	152	44.65	52	42.38	8	11.255	293	16.42	174	36.406	385	33.30	197
11	38.969	297	20.75	170	45.17	54	42.46	67	11.548	305	14.68	178	36.791	403	31.33	170
21	39.266	304	19.05	183	45.71	54	43.13	125	11.853	312	12.90	177	37.194	412	29.63	140
31	39.570	301	17.22	191	46.25	51	44.38	179	12.165	310	11.13	172	37.606	412	28.23	104
Juni 10	39.871	292	15.31	194	46.76	49	46.17	226	12.475	302	9.41	162	38.018	401	27.19	67
20	40.163	274	13.37	191	47.25	44	48.43	268	12.777	285	7.79	148	38.419	379	26.52	28
30	40.437	250	11.46	183	47.69	39	51.11	302	13.062	261	6.31	129	38.798	348	26.24	11
Juli 10	40.687	219	9.63	171	48.08	32	54.13	330	13.323	229	5.02	109	39.146	306	26.35	51
20	40.906	182	7.92	155	48.40	25	57.43	349	13.552	192	3.93	85	39.452	258	26.86	87
30	41.088	142	6.37	137	48.65	17	60.92	360	13.744	150	3.08	61	39.710	201	27.73	120
Aug. 9	41.230	99	5.00	115	48.82	9	64.52	363	13.894	106	2.47	36	39.911	140	28.93	149
19	23 41.329	55	3.85	93	23 48.91	1	68.15	359	14.000	60	2.11	13	23 40.051	77	30.42	172
28	41.384	13	2.92	71	48.92	7	71.74	347	23 14.060	17	1.98	9	40.128	13	32.14	188
Sept. 7	41.397	27	2.21	49	48.85	14	75.21	327	14.077	26	2.07	28	40.141	47	34.02	196
17	41.370	62	1.72	28	48.71	21	78.48	302	14.051	64	2.35	45	40.094	103	35.98	195
27	41.308	93	1.44	8	48.50	27	81.50	269	13.987	95	2.80	56	39.991	151	37.93	188
Okt. 7	41.215	115	1.36	10	48.23	32	84.19	230	13.892	119	3.36	65	39.840	191	39.81	171
17	41.100	131	1.46	25	47.91	36	86.49	186	13.773	137	4.01	70	39.649	218	41.52	147
27	40.969	140	1.71	40	47.55	39	88.35	136	13.636	145	4.71	70	39.431	235	42.99	117
Nov. 6	40.829	141	2.11	52	47.16	40	89.71	83	13.491	147	5.41	69	39.196	240	44.16	82
16	40.688	136	2.63	63	46.76	41	90.54	26	13.344	141	6.10	65	38.956	234	44.98	43
26	40.552	125	3.26	71	46.35	41	90.80	32	13.203	130	6.75	59	38.722	219	45.41	4
Dez. 6	40.427	111	3.97	77	45.94	39	90.48	90	13.073	113	7.34	51	38.503	194	45.45	37
16	40.316	91	4.74	82	45.55	36	89.58	145	12.960	93	7.85	41	38.309	163	45.08	77
26	40.225	69	5.56	84	45.19	31	88.13	197	12.867	69	8.26	30	38.146	127	44.31	113
36	40.156		6.40		44.88		86.16		12.798		8.56		38.019		43.18	
Mittl. Ort	37.589		28.59		43.75		49.33		10.210		27.24		35.670		54.93	
sec δ, tg δ	+1.000		−0.009		+2.172		+1.928		+1.031		−0.251		+1.471		−1.079	
a, *a′*	+3.1		+17.5		+1.8		+17.5		+3.2		+17.5		+3.8		+17.6	
b, *b′*	0.00		+0.49		+0.11		+0.49		−0.01		+0.48		−0.06		+0.48	

Scheinbare Sternörter 1958

Obere Kulmination Greenwich

Tag	834) ϑ Pegasi AR.		834) ϑ Pegasi Dekl.		835) π Pegasi AR.		835) π Pegasi Dekl.		837) 24 Cephei AR.		837) 24 Cephei Dekl.		836) ζ Cephei AR.		836) ζ Cephei Dekl.	
1958	22h 8m		+5° 59′		22h 8m		+32° 58′		22h 8m		+72° 7′		22h 9m		+57° 59′	
	s		″		s		″		s		″		s		″	
Jan. 1	4.683	60	34.06	107	7.024	102	32.58	189	59.19	49	85.77	212	23.236	236	58.10	218
11	4.623	34	32.99	109	6.922	72	30.69	212	58.70	40	83.65	256	23.000	186	55.92	255
21	4.589	8	31.90	105	6.850	40	28.57	226	58.30	29	81.09	291	22.814	129	53.37	284
31	4.581	20	30.85	97	6.810	3	26.31	230	58.01	17	78.18	314	22.685	65	50.53	302
Febr. 10	4.601	50	29.88	83	6.807	36	24.01	225	57.84	5	75.04	325	22.620	4	47.51	306
20	4.651	82	29.05	65	6.843	76	21.76	210	57.79	8	71.79	323	22.624	75	44.45	299
März 2	4.733	115	28.40	40	6.919	119	19.66	185	57.87	22	68.56	307	22.699	148	41.46	279
12	4.848	148	28.00	13	7.038	161	17.81	153	58.09	34	65.49	280	22.847	219	38.67	249
22	4.996	180	27.87	17	7.199	201	16.28	114	58.43	45	62.69	242	23.066	285	36.18	208
April 1	5.176	212	28.04	50	7.400	239	15.14	70	58.88	56	60.27	194	23.351	345	34.10	160
11	5.388	240	28.54	81	7.639	273	14.44	21	59.44	65	58.33	141	23.696	396	32.50	105
21	5.628	265	29.35	112	7.912	301	14.23	28	60.09	70	56.92	82	24.092	437	31.45	48
Mai 1	5.893	285	30.47	139	8.213	322	14.51	76	60.79	75	56.10	21	24.529	464	30.97	12
11	6.178	297	31.86	164	8.535	335	15.27	123	61.54	76	55.89	40	24.993	479	31.09	70
21	6.475	304	33.50	183	8.870	339	16.50	165	62.30	76	56.29	100	25.472	479	31.79	127
31	6.779	303	35.33	197	9.209	334	18.15	202	63.06	74	57.29	156	25.951	468	33.06	179
Juni 10	7.082	293	37.30	206	9.543	320	20.17	234	63.80	68	58.85	207	26.419	442	34.85	225
20	7.375	275	39.36	209	9.863	298	22.51	260	64.48	62	60.92	253	26.861	405	37.10	266
30	7.650	252	41.45	207	10.161	268	25.11	277	65.10	54	63.45	292	27.266	357	39.76	299
Juli 10	7.902	221	43.52	200	10.429	232	27.88	289	65.64	45	66.37	323	27.623	301	42.75	325
20	8.123	184	45.52	187	10.661	189	30.77	294	66.09	34	69.60	347	27.924	238	46.00	343
30	8.307	144	47.39	172	10.850	143	33.71	291	66.43	23	73.07	362	28.162	171	49.43	353
Aug. 9	8.451	101	49.11	153	10.993	95	36.62	283	66.66	11	76.69	371	28.333	100	52.96	356
19	8.552	58	50.64	132	11.088	47	39.45	270	66.77	0	80.40	371	28.433	30	56.52	351
28	[24] 8.610	16	51.96	110	[24] 11.135	0	42.15	250	[24] 66.77	12	84.11	363	[24] 28.463	39	60.03	339
Sept. 7	8.626	24	53.06	86	11.135	45	44.65	226	66.65	22	87.74	347	28.424	105	63.42	319
17	8.602	60	53.92	63	11.090	85	46.91	199	66.43	32	91.21	324	28.319	164	66.61	293
27	8.542	89	54.55	40	11.005	118	48.90	168	66.11	41	94.45	295	28.155	217	69.54	261
Okt. 7	8.453	113	54.95	19	10.887	146	50.58	133	65.70	49	97.40	258	27.938	261	72.15	222
17	8.340	130	55.14	3	10.741	166	51.91	95	65.21	56	99.98	215	27.677	296	74.37	179
27	8.210	138	55.11	22	10.575	178	52.86	57	64.65	61	102.13	166	27.381	322	76.16	131
Nov. 6	8.072	141	54.89	41	10.397	184	53.43	16	64.04	64	103.79	112	27.059	339	77.47	79
16	7.931	137	54.48	58	10.213	183	53.59	25	63.40	67	104.91	54	26.720	344	78.26	24
26	7.794	128	53.90	74	10.030	175	53.34	66	62.73	66	105.45	6	26.376	339	78.50	32
Dez. 6	7.666	114	53.16	87	9.855	162	52.68	106	62.07	63	105.39	67	26.037	324	78.18	89
16	7.552	96	52.29	97	9.693	144	51.62	143	61.44	60	104.72	127	25.713	300	77.29	143
26	7.456	76	51.32	106	9.549	121	50.19	174	60.84	54	103.45	182	25.413	265	75.86	192
36	7.380		50.26		9.428		48.45		60.30		101.63		25.148		73.94	
Mittl. Ort	4.801		26.24		7.122		17.44		60.20		63.22		23.589		37.56	
sec δ, tg δ	+1.005		+ 0.105		+1.192		+ 0.649		+3.260		+ 3.102		+1.887		+ 1.600	
a, *a′*	+3.0		+17.7		+2.7		+17.7		+1.1		+17.7		+2.1		+17.8	
b, *b′*	+0.01		+ 0.47		+0.04		+ 0.47		+0.18		+ 0.47		+0.09		+ 0.46	

Scheinbare Sternörter 1958

Obere Kulmination Greenwich

Tag	840) ϑ Aquarii AR.		840) ϑ Aquarii Dekl.		841) α Tucanae AR.		841) α Tucanae Dekl.		842) γ Aquarii AR.		842) γ Aquarii Dekl.		844) β Lacertae AR.		844) β Lacertae Dekl.	
1958	22h 14m		−7° 59′		22h 15m		−60° 27′		22h 19m		−1° 35′		22h 21m		+52° 0′	
	s		″		s		″		s		″		s		″	
Jan. 1	36.911	59	31.60	49	37.00	19	78.78	188	29.102	64	53.19	75	54.094	197	84.90	204
11	36.852	35	32.09	39	36.81	13	76.90	226	29.038	40	53.94	70	53.897	159	82.86	240
21	36.817	9	32.48	28	36.68	7	74.64	256	28.998	15	54.64	63	53.738	113	80.46	268
31	36.808	19	32.76	14	36.61	0	72.08	280	28.983	13	55.27	51	53.625	61	77.78	284
Febr. 10	36.827	49	32.90	3	36.61	6	69.28	298	28.996	41	55.78	36	53.564	5	74.94	289
20	36.876	79	32.87	22	36.67	12	66.30	308	29.037	72	56.14	17	53.559	55	72.05	283
März 2	36.955	111	32.65	44	36.79	18	63.22	312	29.109	105	56.31	6	53.614	117	69.22	265
12	37.066	144	32.21	66	36.97	25	60.10	309	29.214	137	56.25	30	53.731	178	66.57	236
22	37.210	176	31.55	89	37.22	31	57.01	301	29.351	170	55.95	57	53.909	237	64.21	198
April 1	37.386	208	30.66	112	37.53	36	54.00	285	29.521	202	55.38	84	54.146	291	62.23	151
11	37.594	237	29.54	134	37.89	42	51.15	264	29.723	232	54.54	109	54.437	339	60.72	100
21	37.831	262	28.20	152	38.31	46	48.51	238	29.955	259	53.45	134	54.776	377	59.72	44
Mai 1	38.093	283	26.68	166	38.77	49	46.13	205	30.214	279	52.11	155	55.153	406	59.28	13
11	38.376	298	25.02	178	39.26	52	44.08	169	30.493	295	50.56	172	55.559	423	59.41	70
21	38.674	307	23.24	183	39.78	53	42.39	128	30.788	304	48.84	184	55.982	429	60.11	123
31	38.981	306	21.41	184	40.31	53	41.11	85	31.092	304	47.00	192	56.411	422	61.34	174
Juni 10	39.287	299	19.57	180	40.84	52	40.26	39	31.396	297	45.08	193	56.833	405	63.08	218
20	39.586	284	17.77	171	41.36	50	39.87	8	31.693	282	43.15	190	57.238	376	65.26	257
30	39.870	261	16.06	157	41.86	46	39.95	55	31.975	260	41.25	182	57.614	337	67.83	289
Juli 10	40.131	231	14.49	140	42.32	40	40.50	98	32.235	231	39.43	169	57.951	291	70.72	313
20	40.362	196	13.09	120	42.72	35	41.48	140	32.466	196	37.74	153	58.242	238	73.85	331
30	40.558	156	11.89	98	43.07	27	42.88	176	32.662	157	36.21	133	58.480	179	77.16	340
Aug. 9	40.714	113	10.91	74	43.34	19	44.64	206	32.819	115	34.88	112	58.659	119	80.56	342
19	25 40.827	69	10.17	50	26 43.53	10	46.70	229	27 32.934	71	33.76	89	27 58.778	57	83.98	338
28	40.896	25	9.67	28	43.63	2	48.99	243	33.005	28	32.87	66	58.835	3	87.36	325
Sept. 7	40.921	16	9.39	6	43.65	6	51.42	248	33.033	11	32.21	44	58.832	61	90.61	306
17	40.905	52	9.33	12	43.59	14	53.90	243	33.022	48	31.77	22	58.771	114	93.67	281
27	40.853	84	9.45	29	43.45	21	56.33	229	32.974	79	31.55	3	58.657	161	96.48	250
Okt. 7	40.769	109	9.74	42	43.24	27	58.62	204	32.895	104	31.52	14	58.496	201	98.98	214
17	40.660	126	10.16	53	42.97	32	60.66	172	32.791	122	31.66	30	58.295	232	101.12	173
27	40.534	137	10.69	59	42.65	34	62.38	131	32.669	132	31.96	43	58.063	256	102.85	127
Nov. 6	40.397	140	11.28	64	42.31	36	63.69	86	32.537	137	32.39	54	57.807	272	104.12	77
16	40.257	136	11.92	67	41.95	36	64.55	37	32.400	134	32.93	63	57.535	278	104.89	26
26	40.121	127	12.59	66	41.59	33	64.92	15	32.266	126	33.56	70	57.257	276	105.15	28
Dez. 6	39.994	113	13.25	64	41.26	31	64.77	65	32.140	114	34.26	75	56.981	266	104.87	81
16	39.881	96	13.89	61	40.95	28	64.12	115	32.026	98	35.01	77	56.715	247	104.06	131
26	39.785	75	14.50	56	40.67	22	62.97	160	31.928	78	35.78	78	56.468	221	102.75	180
36	39.710		15.06		40.45		61.37		31.850		36.56		56.247		100.95	
Mittl. Ort	37.082		35.31		38.54		71.13		29.204		58.60		54.203		65.21	
sec δ, tg δ	+1.010		−0.140		+2.029		−1.765		+1.000		−0.028		+1.625		+1.281	
a, a′	+3.2		+18.0		+4.1		+18.0		+3.1		+18.1		+2.4		+18.2	
b, b′	−0.01		+0.44		−0.11		+0.44		0.00		+0.42		+0.08		+0.42	

Scheinbare Sternörter 1958

Obere Kulmination Greenwich

Tag	848) α Lacertae AR.		848) α Lacertae Dekl.		850) η Aquarii AR.		850) η Aquarii Dekl.	
1958	22h 29m		+50° 3′		22h 33m		−0° 19′	
	s		″		s		″	
Jan. 1	33.337	190	77.49	195	11.842	73	58.78	79
11	33.147	155	75.54	230	11.769	51	59.57	74
21	32.992	113	73.24	258	11.718	27	60.31	68
31	32.879	65	70.66	276	11.691	2 –	60.99	57
Febr. 10	32.814	12 –	67.90	282	11.689	27	61.56	42
20	32.802	45	65.08	275	11.716	58	61.98	23
März 2	32.847	104	62.33	259	11.774	90	62.21	1 –
12	32.951	163	59.74	232	11.864	124	62.22	23
22	33.114	220	57.42	194	11.988	158	61.99	50
April 1	33.334	273	55.48	149	12.146	191	61.49	78
11	33.607	320	53.99	99	12.337	223	60.71	105
21	33.927	360	53.00	45 –	12.560	250	59.66	130
Mai 1	34.287	389	52.55	11	12.810	274	58.36	152
11	34.676	409	52.66	67	13.084	292	56.84	170
21	35.085	416	53.33	119	13.376	302	55.14	185
31	35.501	413	54.52	169	13.678	305	53.29	193
Juni 10	35.914	397	56.21	213	13.983	300	51.36	196
20	36.311	372	58.34	252	14.283	288	49.40	195
30	36.683	337	60.86	284	14.571	267	47.45	188
Juli 10	37.020	293	63.70	308	14.838	239	45.57	176
20	37.313	244	66.78	325	15.077	206	43.81	161
30	37.557	188	70.03	335	15.283	168	42.20	142
Aug. 9	37.745	130	73.38	337	15.451	127	40.78	120
19	37.875	70	76.75	333	15.578	84	39.58	98
29	29 37.945	12	80.08	321	30 15.662	42	38.60	75
Sept. 7	37.957	43	83.29	303	15.704	2 –	37.85	52
17	37.914	95	86.32	278	15.706	36	37.33	30
27	37.819	140	89.10	249	15.670	67	37.03	9 –
Okt. 7	37.679	179	91.59	214	15.603	93	36.94	9
17	37.500	212	93.73	174	15.510	113	37.03	26
27	37.288	235	95.47	129	15.397	126	37.29	40
Nov. 6	37.053	250	96.76	81	15.271	132	37.69	52
16	36.803	259	97.57	30 –	15.139	132	38.21	62
26	36.544	259	97.87	21	15.007	126	38.83	69
Dez. 6	36.285	250	97.66	74	14.881	117	39.52	76
16	36.035	235	96.92	124	14.764	103	40.28	80
26	35.800	212	95.68	170	14.661	86	41.08	81
36	35.588		93.98		14.575		41.89	
Mittl. Ort	33.346		58.10		11.869		64.23	
sec δ, tg δ	+1.558		+ 1.195		+1.000		− 0.006	
a, *a′*	+2.5		+18.5		+3.1		+18.6	
b, *b′*	+0.07		+ 0.38		0.00		+ 0.37	

Tag	851) 31 Cephei AR.		851) 31 Cephei Dekl.		852) 10 Lacertae AR.		852) 10 Lacertae Dekl.	
1958	22h 34m		+73° 25′		22h 37m		+38° 49′	
	s		″		s		″	
Jan. 1	43.31	58	53.33	180	22.439	140	69.08	177
11	42.73	49	51.53	229	22.299	114	67.31	206
21	42.24	39	49.24	270	22.185	82	65.25	228
31	41.85	27	46.54	299	22.103	45	62.97	239
Febr. 10	41.58	14	43.55	318	22.058	5	60.58	242
20	41.44	0	40.37	323	22.053	40	58.16	234
März 2	41.44	15	37.14	315	22.093	87	55.82	215
12	41.59	28	33.99	294	22.180	134	53.67	188
22	41.87	42	31.05	262	22.314	182	51.79	152
April 1	42.29	53	28.43	221	22.496	227	50.27	110
11	42.82	64	26.22	171	22.723	267	49.17	63
21	43.46	72	24.51	116	22.990	303	48.54	14 –
Mai 1	44.18	78	23.35	56	23.293	330	48.40	37
11	44.96	81	22.79	4 –	23.623	350	48.77	87
21	45.77	83	22.83	64	23.973	359	49.64	134
31	46.60	81	23.47	122	24.332	360	50.98	176
Juni 10	47.41	77	24.69	175	24.692	350	52.74	214
20	48.18	71	26.44	224	25.042	331	54.88	246
30	48.89	64	28.68	267	25.373	304	57.34	271
Juli 10	49.53	54	31.35	303	25.677	269	60.05	289
20	50.07	45	34.38	333	25.946	227	62.94	301
30	50.52	33	37.71	353	26.173	182	65.95	305
Aug. 9	50.85	21	41.24	367	26.355	132	69.00	304
19	51.06	9	44.91	373	26.487	82	72.04	295
29	31 51.15	3	48.64	370	31 26.569	33 –	74.99	281
Sept. 7	51.12	15	52.34	361	26.602	15	77.80	261
17	50.97	26	55.95	343	26.587	59	80.41	237
27	50.71	36	59.38	318	26.528	97	82.78	207
Okt. 7	50.35	45	62.56	286	26.431	130	84.85	175
17	49.90	54	65.42	246	26.301	157	86.60	138
27	49.36	60	67.88	201	26.144	176	87.98	98
Nov. 6	48.76	65	69.89	150	25.968	188	88.96	56
16	48.11	69	71.39	93	25.780	195	89.52	12
26	47.42	71	72.32	34 –	25.585	194	89.64	32
Dez. 6	46.71	70	72.66	27	25.391	187	89.32	77
16	46.01	67	72.39	89	25.204	175	88.55	119
26	45.34	62	71.50	148	25.029	157	87.36	157
36	44.72		70.02		24.872		85.79	
Mittl. Ort	43.81		30.00		22.328		52.28	
sec δ, tg δ	+3.505		+ 3.360		+1.284		+ 0.805	
a, *a′*	+1.4		+18.7		+2.7		+18.8	
b, *b′*	+0.21		+ 0.36		+0.05		+ 0.35	

Scheinbare Sternörter 1958

Obere Kulmination Greenwich

Tag	855) ζ Pegasi AR.		855) ζ Pegasi Dekl.		856) β Gruis AR.		856) β Gruis Dekl.		857) η Pegasi AR.		857) η Pegasi Dekl.		859) λ Pegasi AR.		859) λ Pegasi Dekl.	
1958	22h 39m		+10° 36′		22h 40m		−47° 5′		22h 41m		+30° 0′		22h 44m		+23° 20′	
	s		″		s		″		s		″		s		″	
Jan. 1	22.007	83	50.51	113	9.334	141	84.50	114	1.913	116	18.50	161	30.438	103	51.50	145
11	21.924	63	49.38	120	9.193	105	83.36	150	1.797	92	16.89	183	30.335	82	50.05	162
21	21.861	39	48.18	120	9.088	66	81.86	183	1.705	65	15.06	198	30.253	57	48.43	172
31	21.822	12	46.98	116	9.022	26	80.03	210	1.640	34	13.08	205	30.196	29	46.71	176
Febr. 10	21.810	– 17	45.82	105	8.996	– 18	77.93	234	1.606	– 1	11.03	204	30.167	– 4	44.95	172
20	21.827	48	44.77	89	9.014	63	75.59	252	1.607	40	8.99	194	30.171	39	43.23	159
März 2	21.875	82	43.88	67	9.077	108	73.07	266	1.647	80	7.05	174	30.210	76	41.64	139
12	21.957	118	43.21	40	9.185	155	70.41	273	1.727	123	5.31	146	30.286	116	40.25	112
22	22.075	154	42.81	10	9.340	201	67.68	276	1.850	165	3.85	112	30.402	156	39.13	79
April 1	22.229	188	42.71	– 23	9.541	247	64.92	273	2.015	206	2.73	73	30.558	194	38.34	42
11	22.417	222	42.94	57	9.788	289	62.19	265	2.221	244	2.00	29	30.752	230	37.92	2
21	22.639	251	43.51	91	10.077	327	59.54	251	2.465	276	1.71	– 17	30.982	262	37.90	40
Mai 1	22.890	276	44.42	122	10.404	360	57.03	231	2.741	303	1.88	62	31.244	288	38.30	81
11	23.166	293	45.64	150	10.764	385	54.72	206	3.044	322	2.50	106	31.532	307	39.11	120
21	23.459	305	47.14	175	11.149	402	52.66	176	3.366	332	3.56	146	31.839	319	40.31	156
31	23.764	308	48.89	194	11.551	410	50.90	141	3.698	335	5.02	183	32.158	323	41.87	186
Juni 10	24.072	304	50.83	208	11.961	408	49.49	103	4.033	328	6.85	214	32.481	317	43.73	213
20	24.376	290	52.91	217	12.369	394	48.46	63	4.361	312	8.99	240	32.798	303	45.86	232
30	24.666	269	55.08	220	12.763	369	47.83	21	4.673	288	11.39	258	33.101	281	48.18	246
Juli 10	24.935	243	57.28	216	13.132	336	47.62	– 22	4.961	257	13.97	271	33.382	252	50.64	254
20	25.178	209	59.44	209	13.468	292	47.84	63	5.218	219	16.68	276	33.634	217	53.18	255
30	25.387	171	61.53	197	13.760	241	48.47	101	5.437	178	19.44	277	33.851	178	55.73	251
Aug. 9	25.558	130	63.50	180	14.001	184	49.48	136	5.615	133	22.21	270	34.029	135	58.24	242
19	25.688	87	65.30	161	14.185	123	50.84	165	5.748	87	24.91	258	34.164	92	60.66	228
29	$_{1}$25.775	45	66.91	140	$_{1}$14.308	60	52.49	187	$_{1}$5.835	41	27.49	242	$_{2}$34.256	47	62.94	209
Sept. 7	25.820	5	68.31	116	14.368	– 1	54.36	203	5.876	– 3	29.91	221	34.303	5	65.03	188
17	25.825	– 32	69.47	92	14.367	59	56.39	209	5.873	43	32.12	197	34.308	– 33	66.91	163
27	25.793	64	70.39	69	14.308	111	58.48	207	5.830	78	34.09	168	34.275	68	68.54	136
Okt. 7	25.729	90	71.08	44	14.197	156	60.55	196	5.752	108	35.77	137	34.207	96	69.90	107
17	25.639	111	71.52	20	14.041	191	62.51	176	5.644	132	37.14	105	34.111	118	70.97	78
27	25.528	125	71.72	– 2	13.850	215	64.27	150	5.512	149	38.19	69	33.993	134	71.75	46
Nov. 6	25.403	133	71.70	24	13.635	229	65.77	117	5.363	160	38.88	32	33.859	145	72.21	14
16	25.270	135	71.46	45	13.406	233	66.94	80	5.203	165	39.20	– 6	33.714	149	72.35	– 18
26	25.135	131	71.01	65	13.173	226	67.74	38	5.038	163	39.14	43	33.565	148	72.17	50
Dez. 6	25.004	123	70.36	82	12.947	212	68.12	– 5	4.875	157	38.71	80	33.417	141	71.67	80
16	24.881	112	69.54	98	12.735	189	68.07	46	4.718	146	37.91	114	33.276	131	70.87	108
26	24.769	96	68.56	110	12.546	161	67.61	87	4.572	130	36.77	145	33.145	117	69.79	134
36	24.673		67.46		12.385		66.74		4.442		35.32		33.028		68.45	
Mittl. Ort	21.939		41.84		10.062		77.39		1.774		4.07		30.291		39.02	
sec δ, tg δ	+1.017		+ 0.187		+1.469		− 1.076		+1.155		+ 0.577		+1.089		+ 0.432	
a, *a′*	+3.0		+18.8		+3.6		+18.8		+2.8		+18.9		+2.9		+19.0	
b, *b′*	+0.01		+ 0.34		−0.07		+ 0.34		+0.04		+ 0.34		+0.03		+ 0.32	

Scheinbare Sternörter 1958

Obere Kulmination Greenwich

Tag	860) ε Gruis				863) ι Cephei				1599) 69 G. Gruis				864) λ Aquarii			
	AR.		Dekl.		AR.		Dekl.		AR.		Dekl.		AR.		Dekl.	
1958	22h 46m		−51° 31′		22h 48m		+65° 58′		22h 48m		−39° 22′		22h 50m		−7° 47′	
	s		″		s		″		s		″		s		″	
Jan. 1	0.777	169	85.71	128	10.72	38	67.96	172	38.596	122	53.20	76	25.413	83	70.25	50
11	0.608	130	84.43	166	10.34	33	66.24	220	38.474	93	52.44	110	25.330	62	70.75	40
21	0.478	88	82.77	201	10.01	27	64.04	259	38.381	62	51.34	140	25.268	41	71.15	27
31	0.390	43	80.76	231	9.74	20	61.45	289	38.319	27	49.94	168	25.227	16	71.42	12
Febr. 10	0.347	4	78.45	255	9.54	10	58.56	307	38.292	10	48.26	192	25.211	11	71.54	5
20	0.351	54	75.90	274	9.44	1	55.49	312	38.302	48	46.34	212	25.222	42	71.49	25
März 2	0.405	104	73.16	286	9.43	8	52.37	305	38.350	88	44.22	230	25.264	74	71.24	46
12	0.509	156	70.30	293	9.51	18	49.32	285	38.438	130	41.92	242	25.338	107	70.78	69
22	0.665	206	67.37	294	9.69	28	46.47	255	38.568	172	39.50	250	25.445	143	70.09	93
April 1	0.871	256	64.43	289	9.97	37	43.92	214	38.740	213	37.00	253	25.588	178	69.16	116
11	1.127	302	61.54	278	10.34	44	41.78	167	38.953	253	34.47	251	25.766	211	68.00	137
21	1.429	344	58.76	261	10.78	51	40.11	112	39.206	288	31.96	244	25.977	241	66.63	157
Mai 1	1.773	381	56.15	239	11.29	56	38.99	54	39.494	320	29.52	232	26.218	267	65.06	172
11	2.154	410	53.76	210	11.85	59	38.45	5	39.814	345	27.20	214	26.485	288	63.34	185
21	2.564	430	51.66	177	12.44	60	38.50	63	40.159	362	25.06	190	26.773	302	61.49	191
31	2.994	439	49.89	139	13.04	61	39.13	120	40.521	371	23.16	163	27.075	308	59.58	193
Juni 10	3.433	437	48.50	98	13.65	58	40.33	172	40.892	370	21.53	130	27.383	307	57.65	189
20	3.870	424	47.52	55	14.23	54	42.05	220	41.262	359	20.23	94	27.690	296	55.76	181
30	4.294	400	46.97	10	14.77	50	44.25	263	41.621	338	19.29	57	27.986	279	53.95	168
Juli 10	4.694	365	46.87	35	15.27	44	46.88	297	41.959	310	18.72	18	28.265	254	52.27	150
20	5.059	319	47.22	79	15.71	36	49.85	325	42.269	272	18.54	21	28.519	222	50.77	130
30	5.378	265	48.01	118	16.07	29	53.10	346	42.541	227	18.75	59	28.741	186	49.47	106
Aug. 9	5.643	204	49.19	154	16.36	20	56.56	359	42.768	176	19.34	93	28.927	146	48.41	82
19	5.847	138	50.73	184	16.56	12	60.15	365	42.944	123	20.27	124	29.073	103	47.59	56
29	$_2$5.985	71	52.57	208	$_3$16.68	3	63.80	362	$_3$43.067	68	21.51	149	$_4$29.176	60	47.03	32
Sept. 7	6.056	4	54.65	222	16.71	5	67.42	352	43.135	14	23.00	168	29.236	19	46.71	8
17	6.060	61	56.87	227	16.66	13	70.94	335	43.149	37	24.68	179	29.255	19	46.63	12
27	5.999	119	59.14	225	16.53	21	74.29	310	43.112	84	26.47	182	29.236	53	46.75	31
Okt. 7	5.880	169	61.39	212	16.32	27	77.39	279	43.028	122	28.29	178	29.183	81	47.06	46
17	5.711	209	63.51	190	16.05	34	80.18	240	42.906	154	30.07	166	29.102	103	47.52	58
27	5.502	238	65.41	160	15.71	38	82.58	197	42.752	176	31.73	146	28.999	119	48.10	66
Nov. 6	5.264	256	67.01	124	15.33	41	84.55	147	42.576	189	33.19	121	28.880	127	48.76	70
16	5.008	262	68.25	82	14.92	44	86.02	92	42.387	193	34.40	91	28.753	130	49.46	73
26	4.746	257	69.07	38	14.48	46	86.94	35	42.194	189	35.31	56	28.623	128	50.19	72
Dez. 6	4.489	243	69.45	8	14.02	46	87.29	25	42.005	178	35.87	21	28.495	121	50.91	69
16	4.246	220	69.37	55	13.56	44	87.04	83	41.827	161	36.08	16	28.374	109	51.60	65
26	4.026	190	68.82	99	13.12	42	86.21	140	41.666	138	35.92	52	28.265	94	52.25	57
36	3.836		67.83		12.70		84.81		41.528		35.40		28.171		52.82	
Mittl. Ort	1.636		77.44		10.69		45.41		39.062		47.23		25.411		72.90	
sec δ, tg δ	+1.608		−1.259		+2.457		+2.244		+1.294		−0.821		+1.009		−0.137	
a, *a′*	+3.6		+19.0		+2.1		+19.1		+3.4		+19.1		+3.1		+19.1	
b, *b′*	−0.08		+0.32		+0.14		+0.31		−0.05		+0.31		−0.01		+0.30	

Scheinbare Sternörter 1958

Obere Kulmination Greenwich

Tag	865) ρ Indi AR.		865) ρ Indi Dekl.		866) δ Aquarii AR.		866) δ Aquarii Dekl.		867) α Piscis austr.[1] AR.		867) α Piscis austr.[1] Dekl.		869) o Andromedae AR.		869) o Andromedae Dekl.	
1958	$22^h\ 51^m$		−70° 17′		$22^h\ 52^m$		−16° 2′		$22^h\ 55^m$		−29° 50′		$22^h\ 59^m$		+42° 5′	
	s		″		s		″		s		″		s		″	
Jan. 1	43.69	40	66.25	192	25.295	87	40.62	20	19.787	104	46.98	34	59.281	166	77.77	161
11	43.29	33	64.33	238	25.208	66	40.82	2 –	19.683	80	46.64	62	59.115	144	76.16	194
21	42.96	24	61.95	277	25.142	44	40.84	15	19.603	53	46.02	89	58.971	114	74.22	220
31	42.72	15	59.18	307	25.098	18 –	40.69	35	19.550	24 –	45.13	115	58.857	78	72.02	238
Febr. 10	42.57	6 –	56.11	331	25.080	10	40.34	56	19.526	7	43.98	138	58.779	37	69.64	246
20	42.51	3	52.80	346	25.090	41	39.78	76	19.533	41	42.60	160	58.742	9	67.18	243
März 2	42.54	14	49.34	353	25.131	73	39.02	97	19.574	77	41.00	179	58.751	59	64.75	230
12	42.68	23	45.81	352	25.204	108	38.05	118	19.651	114	39.21	195	58.810	110	62.45	207
22	42.91	32	42.29	344	25.312	144	36.87	138	19.765	153	37.26	210	58.920	162	60.38	176
April 1	43.23	41	38.85	329	25.456	179	35.49	156	19.918	191	35.16	219	59.082	212	58.62	136
11	43.64	49	35.56	307	25.635	213	33.93	172	20.109	228	32.97	225	59.294	258	57.26	92
21	44.13	56	32.49	277	25.848	245	32.21	184	20.337	262	30.72	225	59.552	299	56.34	43 –
Mai 1	44.69	63	29.72	243	26.093	271	30.37	194	20.599	291	28.47	222	59.851	332	55.91	7
11	45.32	67	27.29	202	26.364	293	28.43	197	20.890	315	26.25	213	60.183	356	55.98	58
21	45.99	71	25.27	158	26.657	308	26.46	196	21.205	331	24.12	198	60.539	372	56.56	107
31	46.70	73	23.69	109	26.965	315	24.50	189	21.536	340	22.14	178	60.911	377	57.63	152
Juni 10	47.43	73	22.60	58	27.280	314	22.61	178	21.876	340	20.36	155	61.288	371	59.15	194
20	48.16	70	22.02	6 –	27.594	305	20.83	162	22.216	330	18.81	126	61.659	356	61.09	229
30	48.86	67	21.96	47	27.899	288	19.21	142	22.546	313	17.55	95	62.015	331	63.38	258
Juli 10	49.53	61	22.43	98	28.187	262	17.79	118	22.859	287	16.60	61	62.346	298	65.96	281
20	50.14	54	23.41	146	28.449	230	16.61	92	23.146	253	15.99	26 –	62.644	259	68.77	298
30	50.68	44	24.87	188	28.679	194	15.69	64	23.399	212	15.73	9	62.903	213	71.75	307
Aug. 9	51.12	34	26.75	224	28.873	152	15.05	36	23.611	168	15.82	41	63.116	164	74.82	310
19	51.46	23	28.99	254	29.025	109	14.69	8 –	23.779	120	16.23	72	63.280	114	77.92	305
29	$_4$51.69	10	31.53	274	$_4$29.134	64	14.61	18	$_5$23.899	71	16.95	99	$_6$63.394	63	80.97	295
Sept. 7	51.79	2	34.27	284	29.198	21	14.79	41	23.970	23 –	17.94	120	63.457	13 –	83.92	280
17	51.77	13	37.11	282	29.219	18	15.20	60	23.993	23	19.14	136	63.470	33	86.72	259
27	51.64	25	39.93	271	29.201	55	15.80	75	23.970	63	20.50	144	63.437	75	89.31	232
Okt. 7	51.39	34	42.64	248	29.146	84	16.55	86	23.907	98	21.94	147	63.362	112	91.63	201
17	51.05	43	45.12	215	29.062	107	17.41	91	23.809	125	23.41	142	63.250	143	93.64	166
27	50.62	50	47.27	172	28.955	124	18.32	92	23.684	144	24.83	132	63.107	167	95.30	128
Nov. 6	50.12	54	48.99	124	28.831	134	19.24	90	23.540	156	26.15	115	62.940	185	96.58	85
16	49.58	55	50.23	69	28.697	137	20.14	83	23.384	161	27.30	94	62.755	197	97.43	41 –
26	49.03	56	50.92	11 –	28.560	134	20.97	73	23.223	158	28.24	70	62.558	202	97.84	5
Dez. 6	48.47	53	51.03	48	28.426	127	21.70	62	23.065	149	28.94	43	62.356	202	97.79	50
16	47.94	50	50.55	105	28.299	114	22.32	47	22.916	136	29.37	15 –	62.154	194	97.29	96
26	47.44	44	49.50	159	28.185	100	22.79	32	22.780	117	29.52	14	61.960	181	96.33	138
36	47.00		47.91		28.085		23.11		22.663		29.38		61.779		94.95	
Mittl. Ort	45.99		55.20		25.365		40.69		20.038		43.01		58.978		60.12	
sec δ, tg δ	+2.966		− 2.793		+1.041		− 0.288		+1.153		− 0.574		+1.348		+ 0.904	
a, *a′*	+4.2		+19.2		+3.2		+19.2		+3.3		+19.3		+2.8		+19.4	
b, *b′*	−0.18		+ 0.29		−0.02		+ 0.29		−0.04		+ 0.28		+0.06		+ 0.26	

[1] Die jährliche Parallaxe (0ʺ.135) ist bereits berücksichtigt.

Obere Kulmination Greenwich

Tag	870) β Pegasi				871) α Pegasi			
	AR.		Dekl.		AR.		Dekl.	
1958	23h 1m		+27° 51′		23h 2m		+14° 58′	
	s		″		s		″	
Jan. 1	44.331	121	30.48	142	40.200	100	53.80	116
11	44.210	102	29.06	164	40.100	82	52.64	127
21	44.108	78	27.42	180	40.018	62	51.37	133
31	44.030	51	25.62	188	39.956	37	50.04	131
Febr. 10	43.979	18	23.74	188	39.919	9	48.73	125
20	43.961	— 18	21.86	179	39.910	— 23	47.48	111
März 2	43.979	58	20.07	162	39.933	58	46.37	92
12	44.037	100	18.45	138	39.991	95	45.45	66
22	44.137	142	17.07	107	40.086	134	44.79	37
April 1	44.279	184	16.00	70	40.220	171	44.42	5
11	44.463	224	15.30	29	40.391	207	44.37	— 31
21	44.687	259	15.01	— 13	40.598	241	44.68	67
Mai 1	44.946	289	15.14	57	40.839	268	45.35	100
11	45.235	311	15.71	98	41.107	291	46.35	133
21	45.546	326	16.69	138	41.398	305	47.68	162
31	45.872	333	18.07	172	41.703	313	49.30	185
Juni 10	46.205	329	19.79	203	42.016	311	51.15	205
20	46.534	318	21.82	228	42.327	301	53.20	218
30	46.852	298	24.10	246	42.628	284	55.38	225
Juli 10	47.150	271	26.56	258	42.912	259	57.63	227
20	47.421	236	29.14	265	43.171	228	59.90	224
30	47.657	197	31.79	265	43.399	192	62.14	215
Aug. 9	47.854	155	34.44	260	43.591	152	64.29	202
19	48.009	111	37.04	249	43.743	110	66.31	186
29	6 48.120	67	39.53	233	7 43.853	68	68.17	165
Sept. 7*	48.187	23	41.86	213	43.921	28	69.82	144
17	48.210	— 17	43.99	191	43.949	— 9	71.26	120
27	48.193	53	45.90	165	43.940	44	72.46	95
Okt. 7	48.140	84	47.55	136	43.896	73	73.41	70
17	48.056	109	48.91	105	43.823	95	74.11	45
27	47.947	129	49.96	72	43.728	113	74.56	20
Nov. 6	47.818	142	50.68	39	43.615	125	74.76	— 6
16	47.676	151	51.07	3	43.490	131	74.70	29
26	47.525	153	51.10	— 31	43.359	132	74.41	52
Dez. 6	47.372	151	50.79	65	43.227	129	73.89	74
16	47.221	145	50.14	98	43.098	122	73.15	93
26	47.076	132	49.16	128	42.976	110	72.22	110
36	46.944		47.88		42.866		71.12	
Mittl. Ort	44.052		16.83		39.974		44.18	
sec δ, tg δ	+1.131		+ 0.528		+1.035		+ 0.268	
a, *a′*	+2.9		+19.4		+3.0		+19.4	
b, *b′*	+0.03		+ 0.25		+0.02		+ 0.25	

Tag	873) 88 Aquarii				875) Br 3077 Cass[1]			
	AR.		Dekl.		AR.		Dekl.	
1958	23h 7m		−21° 23′		23h 11m		+56° 56′	
	s		″		s		″	
Jan. 1	12.499	101	64.52	4	15.418	267	31.52	151
11	12.398	81	64.56	— 18	15.151	236	30.01	196
21	12.317	59	64.38	42	14.915	196	28.05	234
31	12.258	34	63.96	64	14.719	146	25.71	263
Febr. 10	12.224	6	63.32	87	14.573	88	23.08	281
20	12.218	— 24	62.45	109	14.485	22	20.27	287
März 2	12.242	59	61.36	131	14.463	— 48	17.40	281
12	12.301	94	60.05	151	14.511	121	14.59	265
22	12.395	131	58.54	169	14.632	194	11.94	236
April 1	12.526	169	56.85	185	14.826	263	9.58	199
11	12.695	204	55.00	198	15.089	326	7.59	155
21	12.899	239	53.02	207	15.415	382	6.04	104
Mai 1	13.138	269	50.95	211	15.797	427	5.00	50
11	13.407	293	48.84	210	16.224	459	4.50	— 6
21	13.700	310	46.74	205	16.683	480	4.56	61
31	14.010	321	44.69	194	17.163	486	5.17	114
Juni 10	14.331	323	42.75	177	17.649	480	6.31	165
20	14.654	316	40.98	157	18.129	460	7.96	210
30	14.970	301	39.41	131	18.589	428	10.06	250
Juli 10	15.271	278	38.10	104	19.017	388	12.56	283
20	15.549	248	37.06	73	19.405	337	15.39	310
30	15.797	211	36.33	41	19.742	280	18.49	329
Aug. 9	16.008	170	35.92	11	20.022	218	21.78	342
19	16.178	126	35.81	— 20	20.240	154	25.20	346
29	16.304	81	36.01	48	20.394	88	28.66	343
Sept. 7*	8 16.385	37	36.49	72	9 20.482	24	32.09	334
17	16.422	— 5	37.21	91	20.506	— 38	35.43	318
27	16.417	43	38.12	105	20.468	94	38.61	295
Okt. 7	16.374	76	39.17	115	20.374	146	41.56	266
17	16.298	102	40.32	117	20.228	192	44.22	231
27	16.196	122	41.49	115	20.036	229	46.53	190
Nov. 6	16.074	134	42.64	107	19.807	260	48.43	144
16	15.940	140	43.71	95	19.547	283	49.87	94
26	15.800	141	44.66	80	19.264	297	50.81	42
Dez. 6	15.659	135	45.46	62	18.967	303	51.23	— 14
16	15.524	125	46.08	42	18.664	298	51.09	69
26	15.399	112	46.50	19	18.366	285	50.40	121
36	15.287		46.69		18.081		49.19	
Mittl. Ort	12.558		62.41		14.991		10.54	
sec δ, tg δ	+1.074		− 0.392		+1.833		+ 1.536	
a, *a′*	+3.2		+19.5		+2.6		+19.6	
b, *b′*	−0.03		+ 0.23		+0.10		+ 0.21	

[1] Die jährliche Parallaxe (0.″146) ist bereits berücksichtigt.

* Bei Stern 873) und 875) lies Sept. 8.

Scheinbare Sternörter 1958

Obere Kulmination Greenwich

Tag	878) γ Piscium AR.		878) γ Piscium Dekl.		877) γ Tucanae AR.		877) γ Tucanae Dekl.		879) γ Sculptoris AR.		879) γ Sculptoris Dekl.		880) τ Pegasi AR.		880) τ Pegasi Dekl.	
1958	$23^h\ 14^m$		$+3°\ 3'$		$23^h\ 14^m$		$-58°\ 27'$		$23^h\ 16^m$		$-32°\ 45'$		$23^h\ 18^m$		$+23°\ 30'$	
	s		″		s		″		s		″		s		″	
Jan. 1	59.432	95	14.62	83	58.426	256	69.31	127	33.428	126	45.40	32	33.643	120	48.92	126
11	59.337	80	13.79	82	58.170	215	68.04	174	33.302	105	45.08	64	33.523	104	47.66	143
21	59.257	61	12.97	78	57.955	170	66.30	214	33.197	81	44.44	96	33.419	84	46.23	157
31	59.196	39	12.19	69	57.785	119	64.16	250	33.116	53	43.48	124	33.335	61	44.66	164
Febr. 10	59.157	14	11.50	57	57.666	65	61.66	279	33.063	22	42.24	151	33.274	31	43.02	163
20	59.143	15	10.93	40	57.601	7	58.87	302	33.041	12	40.73	175	33.243	2	41.39	155
März 2	59.158	49	10.53	19	57.594	54	55.85	318	33.053	49	38.98	196	33.245	40	39.84	139
12	59.207	83	10.34	4	57.648	116	52.67	326	33.102	87	37.02	214	33.285	80	38.45	116
22	59.290	119	10.38	31	57.764	178	49.41	328	33.189	128	34.88	229	33.365	122	37.29	87
April 1	59.409	157	10.69	59	57.942	239	46.13	324	33.317	170	32.59	239	33.487	163	36.42	53
11	59.566	193	11.28	87	58.181	299	42.89	312	33.487	209	30.20	244	33.650	203	35.89	16
21	59.759	226	12.15	115	58.480	354	39.77	294	33.696	247	27.76	245	33.853	240	35.73	23
Mai 1	59.985	256	13.30	139	58.834	402	36.83	269	33.943	281	25.31	240	34.093	271	35.96	62
11	60.241	280	14.69	162	59.236	443	34.14	238	34.224	308	22.91	230	34.364	297	36.58	101
21	60.521	296	16.31	179	59.679	473	31.76	202	34.532	330	20.61	213	34.661	314	37.59	137
31	60.817	306	18.10	193	60.152	493	29.74	160	34.862	343	18.48	193	34.975	324	38.96	168
Juni 10	61.123	308	20.03	200	60.645	500	28.14	115	35.205	348	16.55	166	35.299	325	40.64	196
20	61.431	301	22.03	202	61.145	495	26.99	67	35.553	343	14.89	135	35.624	316	42.60	217
30	61.732	287	24.05	200	61.640	475	26.32	18	35.896	328	13.54	101	35.940	300	44.77	233
Juli 10	62.019	265	26.05	192	62.115	443	26.14	32	36.224	306	12.53	65	36.240	276	47.10	243
20	62.284	236	27.97	179	62.558	397	26.46	80	36.530	275	11.88	27	36.516	245	49.53	247
30	62.520	203	29.76	163	62.955	341	27.26	127	36.805	237	11.61	11	36.761	210	52.00	245
Aug. 9	62.723	165	31.39	143	63.296	275	28.53	168	37.042	193	11.72	47	36.971	170	54.45	239
19	62.888	124	32.82	121	63.571	202	30.21	203	37.235	146	12.19	81	37.141	127	56.84	227
29	63.012	84	34.03	99	63.773	125	32.24	230	37.381	96	13.00	110	37.268	85	59.11	211
Sept. 8	10 63.096	44	35.02	74	10 63.898	46	34.54	250	10 37.477	47	14.10	135	11 37.353	44	61.22	192
17	63.140	6	35.76	51	63.944	31	37.04	259	37.524	0	15.45	153	37.397	4	63.14	170
27	63.146	28	36.27	29	63.913	104	39.63	259	37.524	43	16.98	164	37.401	31	64.84	145
Okt. 7	63.118	57	36.56	8	63.809	169	42.22	247	37.481	81	18.62	167	37.370	63	66.29	119
17	63.061	81	36.64	10	63.640	226	44.69	226	37.400	113	20.29	164	37.307	89	67.48	90
27	62.980	99	36.54	28	63.414	270	46.95	195	37.287	137	21.93	153	37.218	109	68.38	61
Nov. 6	62.881	111	36.26	42	63.144	301	48.90	156	37.150	154	23.46	135	37.109	125	68.99	31
16	62.770	119	35.84	55	62.843	320	50.46	111	36.996	163	24.81	112	36.984	135	69.30	0
26	62.651	121	35.29	66	62.523	326	51.57	61	36.833	165	25.93	85	36.849	140	69.30	30
Dez. 6	62.530	120	34.63	74	62.197	320	52.18	9	36.668	161	26.78	55	36.709	141	69.00	59
16	62.410	113	33.89	80	61.877	302	52.27	43	36.507	152	27.33	23	36.568	137	68.41	87
26	62.297	104	33.09	84	61.575	275	51.84	95	36.355	137	27.56	10	36.431	129	67.54	113
36	62.193		32.25		61.300		50.89		36.218		27.46		36.302		66.41	
Mittl. Ort	59.211		9.21		59.420		58.22		33.609		39.67		33.268		36.86	
sec δ, tg δ	+1.001		+ 0.053		+1.912		− 1.630		+1.189		− 0.643		+1.091		+ 0.435	
a, *a′*	+3.1		+19.7		+3.5		+19.7		+3.2		+19.7		+3.0		+19.7	
b, *b′*	0.00		+ 0.20		−0.11		+ 0.19		−0.04		+ 0.19		+0.03		+ 0.18	

Scheinbare Sternörter 1958

Obere Kulmination Greenwich

Tag	882) 4 Cassiopeiae				884) κ Piscium				885) 70 Pegasi				888) 248 G. Aquarii			
	AR.		Dekl.		AR.		Dekl.		AR.		Dekl.		AR.		Dekl.	
1958	23h 22m		+62° 3′		23h 24m		+1° 1′		23h 27m		+12° 31′		23h 33m		−7° 41′	
	s		″		s		″		s		″		s		″	
Jan. 1	58.27	34	29.57	132	46.944	100	36.18	77	2.044	107	51.89	102	22.280	104	47.90	54
11	57.93	32	28.25	183	46.844	86	35.41	74	1.937	95	50.87	110	22.176	91	48.44	43
21	57.61	27	26.42	225	46.758	69	34.67	68	1.842	77	49.77	114	22.085	75	48.87	29
31	57.34	21	24.17	260	46.689	48	33.99	58	1.765	56	48.63	113	22.010	55	49.16	12
Febr. 10	57.13	15	21.57	284	46.641	24	33.41	44	1.709	31	47.50	106	21.955	31	49.28	6
20	56.98	7	18.73	295	46.617	5	32.97	27	1.678	1	46.44	94	21.924	3	49.22	25
März 2	56.91	2	15.78	295	46.622	37	32.70	7	1.677	33	45.50	76	21.921	29	48.97	48
12	56.93	10	12.83	283	46.659	72	32.63	17	1.710	70	44.74	53	21.950	63	48.49	71
22	57.03	18	10.00	259	46.731	109	32.80	42	1.780	108	44.21	25	22.013	100	47.78	94
April 1	57.21	26	7.41	226	46.840	146	33.22	69	1.888	148	43.96	5	22.113	138	46.84	118
11	57.47	35	5.15	184	46.986	183	33.91	96	2.036	186	44.01	37	22.251	175	45.66	140
21	57.82	41	3.31	135	47.169	218	34.87	122	2.222	222	44.38	70	22.426	211	44.26	160
Mai 1	58.23	46	1.96	82	47.387	248	36.09	145	2.444	253	45.08	102	22.637	243	42.66	177
11	58.69	51	1.14	26	47.635	274	37.54	166	2.697	279	46.10	131	22.880	269	40.89	189
21	59.20	53	0.88	31	47.909	292	39.20	182	2.976	298	47.41	158	23.149	290	39.00	198
31	59.73	54	1.19	86	48.201	304	41.02	193	3.274	309	48.99	181	23.439	304	37.02	201
Juni 10	60.27	54	2.05	139	48.505	307	42.95	199	3.583	311	50.80	198	23.743	309	35.01	198
20	60.81	52	3.44	188	48.812	302	44.94	200	3.894	307	52.78	209	24.052	305	33.03	191
30	61.33	49	5.32	231	49.114	289	46.94	195	4.201	293	54.87	216	24.357	295	31.12	178
Juli 10	61.82	45	7.63	269	49.403	269	48.89	186	4.494	272	57.03	217	24.652	276	29.34	161
20	62.27	39	10.32	300	49.672	242	50.75	172	4.766	244	59.20	212	24.928	250	27.73	140
30	62.66	33	13.32	325	49.914	209	52.47	154	5.010	211	61.32	203	25.178	219	26.33	116
Aug. 9	62.99	26	16.57	342	50.123	172	54.01	133	5.221	174	63.35	190	25.397	183	25.17	90
19	63.25	19	19.99	351	50.295	133	55.34	111	5.395	134	65.25	172	25.580	143	24.27	63
29	63.44	11	23.50	353	50.428	93	56.45	86	5.529	94	66.97	153	25.723	102	23.64	36
Sept. 8	$_{12}$63.55	4	27.03	349	$_{12}$50.521	52	57.31	62	$_{13}$5.623	55	68.50	131	$_{14}$25.825	62	23.28	10
17	63.59	3	30.52	336	50.573	15	57.93	39	5.678	16	69.81	108	25.887	23	23.18	13
27	63.56	9	33.88	317	50.588	19	58.32	17	5.694	19	70.89	84	25.910	12	23.31	34
Okt. 7	63.47	16	37.05	291	50.569	50	58.49	3	5.675	48	71.73	61	25.898	44	23.65	51
17	63.31	22	39.96	258	50.519	74	58.46	21	5.627	74	72.34	37	25.854	70	24.16	65
27	63.09	26	42.54	219	50.445	94	58.25	37	5.553	94	72.71	14	25.784	90	24.81	74
Nov. 6	62.83	31	44.73	174	50.351	107	57.88	50	5.459	108	72.85	7	25.694	106	25.55	80
16	62.52	33	46.47	124	50.244	116	57.38	60	5.351	119	72.78	28	25.588	116	26.35	82
26	62.19	36	47.71	70	50.128	120	56.78	68	5.232	124	72.50	49	25.472	121	27.17	81
Dez. 6	61.83	38	48.41	14	50.008	120	56.10	74	5.108	125	72.01	66	25.351	122	27.98	77
16	61.45	37	48.55	44	49.888	116	55.36	78	4.983	123	71.35	83	25.229	118	28.75	70
26	61.08	35	48.11	101	49.772	108	54.58	80	4.860	115	70.52	96	25.111	112	29.45	63
36	60.73		47.10		49.664		53.78		4.745		69.56		24.999		30.08	
Mittl. Ort	57.65		7.57		46.684		31.73		1.684		43.61		22.049		49.13	
sec δ, tg δ	+2.134		+ 1.885		+1.000		+ 0.018		+1.024		+ 0.222		+1.009		− 0.135	
a, a′	+2.7		+19.8		+3.1		+19.8		+3.0		+19.8		+3.1		+19.9	
b, b′	+0.12		+ 0.16		0.00		+ 0.15		+0.01		+ 0.14		−0.01		+ 0.12	

Scheinbare Sternörter 1958

Obere Kulmination Greenwich

Tag	890) λ Andromedae AR.		890) λ Andromedae Dekl.		891) ι Andromedae AR.		891) ι Andromedae Dekl.		893) γ Cephei AR.		893) γ Cephei Dekl.		892) ι Piscium AR.		892) ι Piscium Dekl.	
1958	$23^h\ 35^m$		$+46°\ 13'$		$23^h\ 36^m$		$+43°\ 2'$		$23^h\ 37^m$		$+77°\ 23'$		$23^h\ 37^m$		$+5°\ 23'$	
	s		″		s		″		s		″		s		″	
Jan. 1	30.679	203	68.33	128	4.797	188	25.19	127	37.40	87	76.78	92	47.658	106	60.27	87
11	30.476	187	67.05	168	4.609	171	23.92	163	36.53	82	75.86	151	47.552	95	59.40	87
21	30.289	163	65.37	201	4.438	149	22.29	195	35.71	72	74.35	203	47.457	79	58.53	85
31	30.126	129	63.36	227	4.289	119	20.34	218	34.99	60	72.32	248	47.378	60	57.68	78
Febr. 10	29.997	90	61.09	243	4.170	82	18.16	232	34.39	45	69.84	283	47.318	37	56.90	68
20	29.907	43	58.66	250	4.088	38	15.84	237	33.94	29	67.01	306	47.281	8	56.22	53
März 2	29.864	$\overline{10}$	56.16	245	4.050	$\overline{11}$	13.47	231	33.65	10	63.95	317	47.273	$\overline{24}$	55.69	34
12	29.874	66	53.71	230	4.061	64	11.16	216	33.55	$\overline{9}$	60.78	315	47.297	59	55.35	11
22	29.940	123	51.41	206	4.125	118	9.00	190	33.64	28	57.63	299	47.356	97	55.24	$\overline{14}$
April 1	30.063	181	49.35	173	4.243	173	7.10	158	33.92	46	54.64	273	47.453	135	55.38	43
11	30.244	236	47.62	133	4.416	225	5.52	118	34.38	62	51.91	238	47.588	174	55.81	71
21	30.480	286	46.29	88	4.641	272	4.34	74	35.00	77	49.53	192	47.762	210	56.52	100
Mai 1	30.766	328	45.41	39	4.913	313	3.60	26	35.77	88	47.61	141	47.972	243	57.52	126
11	31.094	361	45.02	$\overline{11}$	5.226	346	3.34	23	36.65	97	46.20	86	48.215	270	58.78	150
21	31.455	386	45.13	61	5.572	369	3.57	71	37.62	104	45.34	28	48.485	290	60.28	171
31	31.841	399	45.74	109	5.941	382	4.28	117	38.66	106	45.06	31	48.775	303	61.99	186
Juni 10	32.240	401	46.83	153	6.323	384	5.45	159	39.72	105	45.37	87	49.078	308	63.85	196
20	32.641	392	48.36	194	6.707	376	7.04	198	40.77	103	46.24	142	49.386	306	65.81	202
30	33.033	373	50.30	229	7.083	359	9.02	231	41.80	97	47.66	193	49.692	294	67.83	202
Juli 10	33.406	345	52.59	258	7.442	333	11.33	257	42.77	88	49.59	238	49.986	275	69.85	197
20	33.751	309	55.17	281	7.775	298	13.90	278	43.65	79	51.97	278	50.261	251	71.82	187
30	34.060	267	57.98	298	8.073	257	16.68	293	44.44	67	54.75	312	50.512	219	73.69	172
Aug. 9	34.327	219	60.96	307	8.330	212	19.61	300	45.11	54	57.87	339	50.731	183	75.41	155
19	34.546	168	64.03	310	8.542	164	22.61	301	45.65	40	61.26	358	50.914	145	76.96	134
29	34.714	117	67.13	306	8.706	114	25.62	296	46.05	25	64.84	370	51.059	105	78.30	111
Sept. 8	34.831	65	70.19	297	15 8.820	65	28.58	285	16 46.30	10	68.54	375	16 51.164	66	79.41	88
17	15 34.896	16	73.16	282	8.885	18	31.43	270	46.40	$\overline{5}$	72.29	371	51.230	29	80.29	64
27	34.912	$\overline{31}$	75.98	261	8.903	$\overline{26}$	34.13	248	46.35	19	76.00	359	51.259	6	80.93	42
Okt. 7	34.881	73	78.59	235	8.877	67	36.61	221	46.16	33	79.59	340	51.253	37	81.35	20
17	34.808	111	80.94	203	8.810	102	38.82	191	45.83	47	82.99	313	51.216	63	81.55	0
27	34.697	144	82.97	168	8.708	132	40.73	156	45.36	58	86.12	278	51.153	83	81.55	19
Nov. 6	34.553	170	84.65	128	8.576	157	42.29	117	44.78	69	88.90	236	51.070	99	81.36	35
16	34.383	191	85.93	85	8.419	177	43.46	76	44.09	79	91.26	186	50.971	110	81.01	49
26	34.192	206	86.78	39	8.242	190	44.22	31	43.30	85	93.12	131	50.861	117	80.52	61
Dez. 6	33.986	215	87.17	$\overline{8}$	8.052	198	44.53	$\overline{14}$	42.45	90	94.43	71	50.744	119	79.91	72
16	33.771	218	87.09	56	7.854	201	44.39	58	41.55	92	95.14	9	50.625	117	79.19	79
26	33.553	213	86.53	102	7.653	196	43.81	102	40.63	91	95.23	$\overline{54}$	50.508	113	78.40	86
36	33.340		85.51		7.457		42.79		39.72		94.69		50.395		77.54	
Mittl. Ort	30.023		49.93		4.160		7.63		36.18		52.69		47.287		54.72	
sec δ, tg δ	+1.446		+ 1.044		+1.368		+ 0.934		+4.583		+ 4.473		+1.004		+ 0.095	
a, *a′*	+2.9		+19.9		+2.9		+19.9		+2.5		+19.9		+3.1		+19.9	
b, *b′*	+0.07		+ 0.11		+0.06		+ 0.10		+0.30		+ 0.10		+0.01		+ 0.10	

Scheinbare Sternörter 1958

Obere Kulmination Greenwich

Tag	894) ω^2 Aquarii				895) 41 H. Cephei				896) δ Sculptoris				898) φ Pegasi			
	AR.		Dekl.		AR.		Dekl.		AR.		Dekl.		AR.		Dekl.	
1958	23h 40m		−14° 46′		23h 45m		+67° 34′		23h 46m		−28° 21′		23h 50m		+18° 53′	
	s		″		s		″		s		″		s		″	
Jan. 1	32.883		39.66		54.31		47.09		44.522		51.19		21.408		23.10	
11	32.772	111	40.03	37	53.84	47	46.11	98	44.389	133	51.20	1	21.285	123	22.08	102
21	32.673	99	40.21	18	53.41	43	44.59	152	44.270	119	50.90	30	21.171	114	20.91	117
31	32.591	82	40.19	2	53.03	38	42.58	201	44.168	102	50.29	61	21.071	100	19.63	128
Febr. 10	32.529	62	39.96	23	52.71	32	40.15	243	44.089	79	49.38	91	20.990	81	18.31	132
20	32.490	39	39.51	45	52.46	25	37.40	275	44.036	53	48.19	119	20.933	57	16.99	132
März 2	32.479	11	38.83	68	52.30	16	34.46	294	44.014	22	46.73	146	20.906	27	15.75	124
12	32.501	22	37.92	91	52.25	5	31.43	303	44.026	12	45.02	171	20.914	8	14.65	110
22	32.557	56	36.78	114	52.30	5	28.45	298	44.075	49	43.10	192	20.959	45	13.74	91
April 1	32.650	93	35.42	136	52.46	16	25.63	282	44.164	89	40.99	211	21.046	87	13.08	66
11	32.782	132	33.86	156	52.73	27	23.08	255	44.295	131	38.72	227	21.175	129	12.73	35
21	32.953	171	32.11	175	53.09	36	20.90	218	44.468	173	36.35	237	21.345	170	12.70	3
Mai 1	33.160	207	30.20	191	53.54	45	19.16	174	44.680	212	33.92	243	21.555	210	13.01	31
11	33.401	241	28.19	201	54.07	53	17.93	123	44.928	248	31.47	245	21.800	245	13.68	67
21	33.670	269	26.11	208	54.65	58	17.24	69	45.209	281	29.07	240	22.075	275	14.69	101
31	33.961	291	24.01	210	55.28	63	17.11	13	45.515	306	26.78	229	22.373	298	16.01	132
Juni 10	34.267	306	21.94	207	55.92	64	17.55	44	45.839	324	24.64	214	22.686	313	17.61	160
20	34.581	314	19.97	197	56.57	65	18.54	99	46.172	333	22.72	192	23.005	319	19.45	184
30	34.893	312	18.13	184	57.21	64	20.05	151	46.506	334	21.07	165	23.322	317	21.47	202
Juli 10	35.196	303	16.49	164	57.82	61	22.04	199	46.832	326	19.72	135	23.629	307	23.62	215
20	35.481	285	15.08	141	58.38	56	24.46	242	47.141	309	18.71	101	23.918	289	25.85	223
30	35.741	260	13.94	114	58.88	50	27.24	278	47.425	284	18.08	63	24.181	263	28.11	226
Aug. 9	35.970	229	13.09	85	59.31	43	30.33	309	47.676	251	17.82	26	24.413	232	30.33	222
19	36.163	193	12.54	55	59.67	36	33.66	333	47.889	213	17.93	11	24.610	197	32.47	214
29	36.316	153	12.29	25	59.95	28	37.15	349	48.060	171	18.41	48	24.769	159	34.48	201
Sept. 8	16 36.428	112	12.34	5	60.14	19	40.73	358	48.186	126	19.22	81	24.887	118	36.34	186
17*	36.498	70	12.66	32	60.25	11	44.32	359	18 48.266	80	20.31	109	19 24.966	79	38.01	167
27	36.528	30	13.22	56	18 60.27	2	47.85	353	48.301	35	21.64	133	25.007	41	39.46	145
Okt. 7	36.521	7	13.97	75	60.20	7	51.26	341	48.294	7	23.13	149	25.011	4	40.69	123
17	36.481	40	14.88	91	60.05	15	54.46	320	48.249	45	24.73	160	24.984	27	41.67	98
27	36.413	68	15.88	100	59.84	21	57.37	291	48.171	78	26.35	162	24.929	55	42.41	74
Nov. 6	36.323	90	16.93	105	59.55	29	59.94	257	48.067	104	27.93	158	24.850	79	42.90	49
16	36.215	108	17.98	105	59.20	35	62.09	215	47.942	125	29.39	146	24.753	97	43.14	24
26	36.096	119	18.99	101	58.80	40	63.76	167	47.803	139	30.69	130	24.641	112	43.12	2
Dez. 6	35.971	125	19.91	92	58.37	43	64.89	113	47.655	148	31.76	107	24.519	122	42.86	26
16	35.844	127	20.71	80	57.90	47	65.46	57	47.505	150	32.57	81	24.391	128	42.36	50
26	35.720	124	21.37	66	57.42	48	65.44	2	47.358	147	33.10	53	24.261	130	41.64	72
36	35.602	118	21.86	49	56.95	47	64.82	62	47.218	140	33.31	21	24.132	129	40.72	92
Mittl. Ort	32.685		38.28		53.22		24.36		44.461		45.34		20.852		13.28	
sec δ, tg δ	+1.034		− 0.264		+2.621		+ 2.423		+1.136		− 0.540		+1.057		+ 0.342	
a, a′	+3.1		+20.0		+2.9		+20.0		+3.1		+20.0		+3.1		+20.0	
b, b′	−0.02		+ 0.08		+0.16		+ 0.06		−0.04		+ 0.06		+0.02		+ 0.04	

* Bei Stern 895), 896) und 898) lies Sept. 18

Scheinbare Sternörter 1958

Obere Kulmination Greenwich

Tag	899) ρ Cassiopeiae				900) 27 Piscium				902) ω Piscium				903) ε Tucanae			
	AR.		Dekl.		AR.		Dekl.		AR.		Dekl.		AR.		Dekl.	
1958	23h 52m		+57° 15′		23h 56m		−3° 46′		23h 57m		+6° 37′		23h 57m		−65° 48′	
	s		″		s		″		s		″		s		″	
Jan. 1	17.390	297	77.59	102	31.738	111	78.58	66	9.643	113	56.28	84	43.81	41	53.16	102
11	17.093	279	76.57	151	31.627	103	79.24	57	9.530	106	55.44	87	43.40	37	52.14	156
21	16.814	252	75.06	194	31.524	91	79.81	46	9.424	93	54.57	85	43.03	33	50.58	205
31	16.562	212	73.12	231	31.433	73	80.27	33	9.331	76	53.72	79	42.70	27	48.53	249
Febr. 10	16.350	161	70.81	257	31.360	52	80.60	16	9.255	54	52.93	71	42.43	20	46.04	285
20	16.189	101	68.24	272	31.308	26	80.76	3	9.201	28	52.22	57	42.23	14	43.19	315
März 2	16.088	33	65.52	277	31.282	4	80.73	24	9.173	3	51.65	39	42.09	6	40.04	337
12	16.055	40	62.75	270	31.286	39	80.49	46	9.176	39	51.26	18	42.03	2	36.67	351
22	16.095	116	60.05	252	31.325	77	80.03	71	9.215	77	51.08	7	42.05	10	33.16	358
April 1	16.211	191	57.53	224	31.402	115	79.32	95	9.292	118	51.15	34	42.15	18	29.58	356
11	16.402	263	55.29	188	31.517	155	78.37	120	9.410	157	51.49	63	42.33	27	26.02	348
21	16.665	328	53.41	144	31.672	192	77.17	142	9.567	195	52.12	91	42.60	34	22.54	331
Mai 1	16.993	384	51.97	94	31.864	226	75.75	162	9.762	230	53.03	118	42.94	41	19.23	308
11	17.377	429	51.03	43	32.090	257	74.13	179	9.992	260	54.21	143	43.35	47	16.15	278
21	17.806	463	50.60	10	32.347	280	72.34	191	10.252	283	55.64	165	43.82	53	13.37	241
31	18.269	482	50.70	64	32.627	297	70.43	198	10.535	300	57.29	181	44.35	57	10.96	198
Juni 10	18.751	488	51.34	114	32.924	306	68.45	201	10.835	308	59.10	194	44.92	59	8.98	151
20	19.239	482	52.48	162	33.230	306	66.44	197	11.143	308	61.04	201	45.51	60	7.47	100
30	19.721	462	54.10	205	33.536	299	64.47	189	11.451	299	63.05	202	46.11	60	6.47	47
Juli 10	20.183	431	56.15	244	33.835	284	62.58	176	11.750	284	65.07	199	46.71	57	6.00	9
20	20.614	390	58.59	275	34.119	261	60.82	158	12.034	261	67.06	190	47.28	53	6.09	63
30	21.004	341	61.34	300	34.380	232	59.24	136	12.295	233	68.96	178	47.81	48	6.72	115
Aug. 9	21.345	286	64.34	319	34.612	200	57.88	113	12.528	199	70.74	160	48.29	41	7.87	163
19	21.631	227	67.53	332	34.812	162	56.75	87	12.727	162	72.34	141	48.70	33	9.50	206
29	21.858	164	70.85	336	34.974	123	55.88	60	12.889	123	73.75	120	49.03	24	11.56	242
Sept. 8	22.022	101	74.21	334	35.097	85	55.28	35	13.012	85	74.95	96	49.27	14	13.98	269
18	[19] 22.123	40	77.55	325	[20] 35.182	46	54.93	9	[20] 13.097	48	75.91	72	[21] 49.41	4	16.67	286
27	22.163	20	80.80	309	35.228	11	54.84	13	13.145	13	76.63	50	49.45	5	19.53	292
Okt. 7	22.143	76	83.89	288	35.239	21	54.97	32	13.158	18	77.13	28	49.40	15	22.45	286
17	22.067	127	86.77	260	35.218	48	55.29	49	13.140	46	77.41	7	49.25	22	25.31	269
27	21.940	174	89.37	225	35.170	71	55.78	61	13.094	68	77.48	11	49.03	30	28.00	242
Nov. 6	21.766	214	91.62	185	35.099	90	56.39	70	13.026	87	77.37	28	48.73	36	30.42	204
16	21.552	249	93.47	140	35.009	103	57.09	77	12.939	101	77.09	43	48.37	41	32.46	159
26	21.303	275	94.87	90	34.906	112	57.86	79	12.838	111	76.66	56	47.96	43	34.05	107
Dez. 6	21.028	295	95.77	38	34.794	117	58.65	79	12.727	117	76.10	67	47.53	44	35.12	50
16	20.733	305	96.15	17	34.677	119	59.44	76	12.610	119	75.43	76	47.09	44	35.62	8
26	20.428	306	95.98	70	34.558	116	60.20	71	12.491	117	74.67	83	46.65	43	35.54	66
36	20.122		95.28		34.442		60.91		12.374		73.84		46.22		34.88	
Mittl. Ort	16.419		56.87		31.340		80.33		9.147		50.91		44.89		38.78	
sec δ, tg δ	+1.849		+ 1.556		+1.002		− 0.066		+1.007		+ 0.116		+2.441		− 2.226	
a, *a′*	+3.0		+20.0		+3.1		+20.0		+3.1		+20.0		+3.1		+20.0	
b, *b′*	+0.10		+ 0.03		0.00		+ 0.02		+0.01		+ 0.01		−0.15		+ 0.01	

Obere Kulmination Greenwich

Na) 43 Hev. Cephei $4^{m}.52$

Tag	Januar AR.	Januar Dekl.	Januar ☾ Glieder		Februar AR.	Februar Dekl.	Februar ☾ Glieder		März AR.	März Dekl.	März ☾ Glieder		April AR.	April Dekl.	April ☾ Glieder	
		+	in			+	in			+	in			+	in	
	$1^h\ 2^m$	86° 2′	s 0.01	″ 0.01	$1^h\ 2^m$	86° 2′	s 0.01	″ 0.01	$1^h\ 2^m$	86° 2′	s 0.01	″ 0.01	$1^h\ 2^m$	86° 1′	s 0.01	″ 0.01
	s	″			s	″			s	″			s	″		
1	48.15	21.04	-2	-9	38.88	20.35	+7	-1	32.21	14.85	+6	+1	29.22	65.58	-4	+5
2	47.85	21.12	+2	-8	38.60	20.23	+6	+3	32.03	14.59	+4	+4	29.22	65.26	-7	+3
3	47.55	21.19	+5	-6	38.32	20.10	+4	+6	31.86	14.32	+1	+6	29.22	64.95	-8	0
4	47.25	21.25	+7	-3	38.05	19.96	0	+7	31.69	14.05	-2	+6	29.23	64.63	-7	-3
5	46.95	21.30	+7	+1	37.77	19.82	-3	+7	31.52	13.78	-5	+5	29.25	64.32	-4	-5
6	46.65	21.35	+5	+5	37.50	19.68	-7	+5	31.36	13.50	-7	+2	29.27	64.00	0	-6
7	46.35	21.40	+2	+7	37.23	19.52	-8	+1	31.21	13.22	-8	-1	*29.29	63.69	+4	-5
8	46.05	21.43	-2	+7	36.96	19.37	-7	-2	31.06	12.94	-6	-4	29.33	63.37	+7	-2
9	45.74	21.46	-5	+6	36.70	19.20	-4	-5	30.92	12.65	-2	-6	29.36	63.06	+9	+1
10	45.44	21.48	-7	+3	36.44	19.03	-1	-6	30.78	12.36	+2	-6	29.41	62.74	+9	+5
11	45.14	21.50	-8	0	36.18	18.85	+3	-5	30.65	12.07	+5	-4	29.46	62.43	+8	+7
12	44.84	21.51	-6	-3	35.93	18.67	+6	-3	30.52	11.78	+8	-1	29.52	62.12	+5	+9
13	44.53	21.52	-3	-6	35.68	18.49	+9	0	30.40	11.48	+9	+3	29.58	61.81	+1	+9
14	44.23	21.51	+1	-6	35.43	18.30	+9	+3	30.28	11.19	+9	+6	29.64	61.50	-2	+8
15	43.92	21.50	+4	-5	35.19	18.10	+8	+6	30.17	10.89	+6	+8	29.72	61.20	-4	+5
16	43.62	21.49	+7	-2	34.95	17.90	+5	+8	30.07	10.59	+3	+9	29.80	60.90	-6	+2
17	43.32	21.47	+9	+1	34.72	17.69	+2	+8	29.97	10.28	0	+8	29.88	60.60	-7	-1
18	43.02	21.44	+8	+4	34.48	17.48	-1	+7	29.88	9.98	-3	+6	29.97	60.30	-6	-4
19	42.71	21.40	+7	+6	34.26	17.26	-4	+5	29.79	9.67	-5	+4	30.07	60.00	-5	-6
20	42.41	21.36	+4	+8	34.03	17.04	-6	+3	29.71	9.36	-7	+1	30.17	59.70	-3	-8
21	42.11	21.31	+1	+8	33.81	16.81	-7	0	29.64	9.05	-7	-2	30.28	59.41	0	-8
22	41.81	21.25	-2	+7	33.60	16.58	-7	-4	29.57	8.74	-6	-5	30.40	59.12	+3	-8
23	41.51	21.19	-5	+5	33.38	16.35	-6	-7	29.51	8.43	-5	-7	30.52	58.83	+5	-5
24	41.22	21.12	-7	+2	33.18	16.11	-4	-8	29.45	8.11	-2	-9	30.64	58.54	+6	-3
25	40.92	21.04	-8	-2	32.98	15.87	-1	-9	29.40	7.80	+1	-9	30.77	58.26	+6	+1
26	40.63	20.96	-7	-5	32.78	15.62	+2	-9	29.36	7.48	+4	-8	30.91	57.98	+4	+4
27	40.33	20.88	-6	-8	32.58	15.37	+5	-7	29.32	7.16	+6	-5	31.05	57.70	+1	+5
28	40.04	20.78	-3	-9	32.40	15.11	+6	-3	29.29	6.85	+6	-1	31.19	57.43	-3	+5
29	39.75	20.69	0	-9	32.21	14.85	+6	+1	29.26	6.53	+5	+2	31.34	57.16	-6	+4
30	39.46	20.58	+3	-8					29.24	6.21	+3	+5	31.50	56.89	-8	+1
31	39.17	20.47	+6	-5					29.23	5.90	-1	+6	31.66	56.62	-8	-2
32	38.88	20.35	+7	-1					29.22	5.58	-4	+5				

δ	sec δ	tg δ	δ	sec δ	tg δ	δ	sec δ	tg δ
+86° 1′ 50″	+14.446	+14.411	+86° 2′ 0″	+14.456	+14.421	+86° 2′ 20″	+14.476	+14.442
60	+14.456	+14.421	10	+14.466	+14.431	30	+14.486	+14.452

$\alpha_{1958.0} = 1^h\ 2^m\ 37^s.04$ $\delta_{1958.0} = +86°\ 1'\ 58''.70$

* Tag der doppelten unteren Kulmination: April 7.

Scheinbare Sternörter 1958

Obere Kulmination Greenwich

Na) 43 Hev. Cephei $4^{m}.52$

Tag	Mai				Juni				Juli				August			
	AR.	Dekl.	☾ Glieder		AR.	Dekl.	☾ Glieder		AR.	Dekl.	☾ Glieder		AR.	Dekl.	☾ Glieder	
	$1^h\ 2^m$	+86° 1′	in s 0.01	in ″ 0.01	$1^h\ 2^m$	+86° 1′	in s 0.01	in ″ 0.01	$1^h\ 2^m$	+86° 1′	in s 0.01	in ″ 0.01	$1^h\ 2^m$	+86° 1′	in s 0.01	in ″ 0.01
	s	″			s	″			s	″			s	″		
1	31.66	56.62	-8	-2	38.78	50.43	+4	-6	48.10	49.10	+9	+2	57.84	52.84	0	+8
2	31.83	56.36	-6	-5	39.07	50.31	+7	-3	48.43	49.14	+8	+6	58.13	53.04	-3	+7
3	32.00	56.10	-2	-7	39.35	50.19	+9	+1	48.75	49.19	+5	+8	58.42	53.25	-5	+4
4	32.18	55.85	+2	-6	39.64	50.08	+9	+4	49.07	49.24	+2	+9	58.70	53.46	-6	+1
5	32.36	55.59	+5	-4	39.94	49.97	+7	+7	49.40	49.30	-1	+8	58.99	53.67	-7	-2
6	32.54	55.35	+8	-1	40.23	49.87	+4	+9	49.72	49.36	-4	+6	59.27	53.89	-6	-5
7	32.73	55.10	+9	+3	40.53	49.77	+1	+9	50.04	49.43	-6	+3	59.54	54.11	-4	-7
8	32.92	54.86	+9	+6	40.83	49.68	-2	+8	50.37	49.50	-7	0	59.82	54.34	-2	-8
9	33.12	54.62	+6	+9	41.13	49.59	-5	+5	50.69	49.58	-7	-3	60.09	54.57	+1	-8
10	33.32	54.39	+3	+9	41.44	49.51	-6	+2	51.02	49.66	-5	-6	60.36	54.80	+4	-7
11	33.53	54.16	-1	+9	41.75	49.44	-7	-1	51.34	49.75	-3	-8	60.63	55.04	+6	-4
12	33.74	53.94	-4	+7	42.06	49.37	-6	-4	51.66	49.85	0	-8	60.90	55.29	+6	-1
13	33.96	53.72	-6	+4	42.36	49.31	-4	-7	51.99	49.95	+3	-7	61.16	55.53	+5	+3
14	34.18	53.50	-7	+1	42.67	49.25	-2	-8	52.31	50.05	+5	-5	61.42	55.79	+3	+5
15	34.40	53.29	-7	-2	42.99	49.20	+1	-8	52.62	50.17	+7	-2	61.68	56.04	0	+6
16	34.63	53.09	-5	-5	43.30	49.15	+4	-6	52.94	50.28	+6	+1	61.93	56.30	-4	+6
17	34.86	52.88	-4	-7	43.61	49.11	+6	-4	53.26	50.40	+5	+4	62.18	56.57	-7	+4
18	35.10	52.69	-1	-8	43.93	49.07	+6	-1	53.57	50.53	+2	+6	62.43	56.84	-8	+1
19	35.34	52.49	+2	-7	44 24	49.04	+6	+2	53.89	50.66	-2	+6	62.68	57.11	-7	-3
20	35.59	52.30	+4	-6	44.56	49.01	+3	+5	54.20	50.80	-5	+5	62.92	57.39	-5	-5
21	35.84	52.12	+6	-3	44.88	48.99	0	+6	54.51	50.94	-7	+2	63.16	57.66	-1	-6
22	36.09	51.94	+6	0	45.20	48.98	-3	+6	54.83	51.09	-8	-1	63.40	57.95	+3	-5
23	36.34	51.77	+5	+3	45.52	48.97	-6	+4	55.13	51.24	-7	-4	63.63	58.23	+6	-3
24	36.60	51.60	+2	+5	45.84	48.97	-8	+1	55.44	51.40	-3	-6	63.86	58.52	+8	0
25	36.86	51.43	-1	+6	46.17	48.97	-8	-3	55.75	51.56	0	-7	64.08	58.81	+9	+4
26	37.13	51.28	-5	+5	46.49	48.98	-6	-6	56.05	51.73	+4	-5	64.31	59.11	+7	+6
27	37.39	51.12	-7	+2	46.81	48.99	-2	-7	56.35	51.90	+7	-2	64.52	59.41	+4	+8
28	37.67	50.97	-8	-1	47.13	49.01	+2	-6	56.66	52.08	+8	+1	64.74	59.71	+1	+8
29	37.94	50.83	-7	-4	47.46	49.03	+5	-5	56.95	52.26	+8	+4	64.95	60.02	-2	+7
30	38.22	50.69	-4	-6	47.78	49.06	+8	-1	57.25	52.45	+6	+7	65.16	60.33	-4	+5
31	38.50	50.56	-1	-7	48.10	49.10	+9	+2	57.55	52.64	+3	+8	65.36	60.64	-6	+2
32	38.78	50.43	+4	-6					57.84	52.84	0	+8	65.56	60.95	-7	-1

δ	sec δ	tg δ	δ	sec δ	tg δ	δ	sec δ	tg δ
+86° 1′ 40″	+14.436	+14.401	+86° 1′ 50″	+14.446	+14.411	+86° 2′ 0″	+14.456	+14.421
50	+14.446	+14.411	60	+14.456	+14.421	10	+14.466	+14.431

$\alpha_{1958.0} = 1^h\ 2^m\ 37^s.04$ $\delta_{1958.0} = +86°\ 1'\ 58''.70$

Obere Kulmination Greenwich

Na) 43 Hev. Cephei $4^{m}.52$

Tag	September AR.	September Dekl.	September ☾ Glieder	Oktober AR.	Oktober Dekl.	Oktober ☾ Glieder	November AR.	November Dekl.	November ☾ Glieder	Dezember AR.	Dezember Dekl.	Dezember ☾ Glieder
	$1^h 3^m$ s	+ 86° 3′ ″	in s 0.01 | ″ 0.01	$1^h 3^m$ s	+ 86° 2′ ″	in s 0.01 | ″ 0.01	$1^h 3^m$ s	+ 86° 2′ ″	in s 0.01 | ″ 0.01	$1^h 2^m$ s	+ 86° 2′ ″	in s 0.01 | ″ 0.01
1	5.56	0.95	−7 −1	9.74	11.44	−3 −7	9.69	23.27	+6 − 2	65.24	32.57	+2 + 5
2	5.76	1.27	−6 −4	9.81	11.81	−1 −8	9.61	23.62	+5 + 1	65.03	32.83	−1 + 5
3	5.95	1.59	−5 −6	9.88	12.18	+2 −8	9.53	23.97	+4 + 3	64.81	33.07	−5 + 4
4	6.14	1.91	−3 −8	9.94	12.55	+4 −7	9.44	24.32	0 + 5	64.59	33.32	−7 + 1
5	6.33	2.24	0 −8	10.00	12.93	+6 −4	9.34	24.67	−3 + 5	64.37	33.56	−9 − 2
6	6.51	2.57	+3 −8	10.05	13.30	+6 −1	9.24	25.01	−6 + 3	64.14	33.79	−7 − 5
7	6.69	2.90	+5 −6	10.10 10.15	13.68 14.05	+5 +2 +2 +4	9.14	25.35	−8 0	63.91	34.02	−5 − 7
8	6.87	3.23	+6 −3	10.19	14.43	−1 +5	9.03	25.69	−8 − 3	63.67	34.24	−1 − 8
9	7.04	3.57	+6 +1	10.22	14.80	−5 +4	8.92	26.03	−6 − 6	63.43	34.46	+3 − 6
10	7.21	3.91	+4 +4	10.25	15.18	−7 +2	8.80	26.36	−3 − 7	63.19	34.67	+7 − 3
11	7.37	4.25	+1 +6	10.28	15.55	−8 −1	8.67	26.69	+1 − 7	62.94	34.88	+9 + 1
12	7.53	4.59	−3 +6	10.30	15.93	−7 −4	8.55	27.02	+5 − 4	62.69	35.08	+9 + 5
13	7.69	4.94	−6 +4	10.31	16.30	−5 −6	8.41	27.34	+8 − 1	62.44	35.28	+7 + 8
14	7.84	5.28	−8 +2	10.32	16.68	−1 −6	8.27	27.66	+9 + 3	62.18	35.47	+4 +10
15	7.99	5.63	−8 −2	10.33	17.05	+4 −5	8.13	27.98	+8 + 7	61.92	35.66	0 + 9
16	8.13	5.98	−6 −4	10.33	17.43	+7 −2	7.98	28.30	+6 + 9	61.66	35.84	−3 + 8
17	8.27	6.34	−3 −6	10.32	17.80	+9 +1	7.83	28.61	+2 +10	61.40	36.01	−5 + 5
18	8.40	6.69	+1 −6	10.31	18.17	+9 +5	7.67	28.92	−1 + 9	61.13	36.18	−6 + 2
19	8.53	7.05	+5 −4	10.30	18.54	+7 +8	7.51	29.22	−4 + 7	60.86	36.34	−6 − 1
20	8.65	7.41	+8 −1	10.28	18.92	+4 +9	7.34	29.52	−6 + 4	60.58	36.50	−5 − 4
21	8.78	7.77	+9 +3	10.26	19.29	+1 +9	7.17	29.82	−6 0	60.31	36.65	−3 − 6
22	8.89	8.13	+8 +6	10.23	19.65	−2 +8	7.00	30.11	−6 − 3	60.03	36.79	−1 − 7
23	9.00	8.49	+6 +8	10.20	20.02	−5 +5	6.82	30.40	−4 − 5	59.75	36.93	+2 − 7
24	9.11	8.85	+3 +9	10.16	20.39	−6 +2	6.64	30.69	−2 − 7	59.47	37.06	+4 − 5
25	9.22	9.22	−1 +8	10.12	20.75	−6 −1	6.45	30.97	0 − 7	59.18	37.19	+6 − 3
26	9.31	9.59	−3 +6	10.07	21.12	−6 −4	6.26	31.25	+3 − 7	58.89	37.31	+6 0
27	9.41	9.95	−5 +4	10.02	21.48	−4 −6	6.06	31.52	+5 − 5	58.60	37.43	+5 + 3
28	9.50	10.32	−6 +1	9.96	21.84	−2 −7	5.86	31.79	+6 − 2	58.31	37.53	+3 + 5
29	9.58	10.69	−6 −2	9.90	22.20	+1 −8	5.66	32.06	+6 0	58.02	37.64	0 + 5
30	9.66	11.06	−5 −5	9.84	22.56	+3 −7	5.45	32.32	+5 + 3	57.72	37.73	−3 + 5
31	9.74	11.44	−3 −7	9.77	22.91	+5 −5	5.24	32.57	+2 + 5	57.43	37.82	−6 + 3
32				9.69	23.27	+6 −2				57.13	37.90	−8 0

δ	sec δ	tg δ	δ	sec δ	tg δ	δ	sec δ	tg δ
+86° 2′ 0″	+14.456	+14.421	+86° 2′ 10″	+14.466	+14.431	+86° 2′ 30″	+14.486	+14.452
10	+14.466	+14.431	20	+14.476	+14.442	40	+14.496	+14.462

$\alpha_{1958.0} = 1^h\ 2^m\ 37^s.04$ $\delta_{1958.0} = +86°\ 1'\ 58''.70$

Scheinbare Sternörter 1958

Obere Kulmination Greenwich

Nb) α Ursae minoris $2^m_{\cdot}12$ var.

Tag	Januar AR.	Januar Dekl.	Januar ☾ Glieder	Februar AR.	Februar Dekl.	Februar ☾ Glieder	März AR.	März Dekl.	März ☾ Glieder	April AR.	April Dekl.	April ☾ Glieder
	$1^h\,54^m$ s	+89° 4′ ″	in s 0.01 | ″ 0.01	$1^h\,54^m$ s	+89° 4′ ″	in s 0.01 | ″ 0.01	$1^h\,53^m$ s	+89° 4′ ″	in s 0.01 | ″ 0.01	$1^h\,53^m$ s	+89° 4′ ″	in s 0.01 | ″ 0.01
1	80.49	24.86	−9 −9	40.63	26.62	+26 −2	67.25	22.94	+26 −1	45.83	14.62	−16 +6
2	79.30	25.01	+4 −9	39.32	26.57	+25 +2	66.25	22.73	+20 +3	45.51	14.31	−28 +5
3	78.10	25.16	+17 −7	38.02	26.52	+16 +5	65.27	22.51	+8 +6	45.22	14.00	−33 +1
4	76.90	25.30	+26 −4	36.72	26.46	+3 +7	64.30	22.29	−6 +7	44.95	13.68	−31 −2
5	75.68	25.43	+28 0	35.42	26.39	−12 +7	63.36	22.06	−20 +6	44.70	13.37	−19 −5
6	74.45	25.56	+23 +4	34.13	26.32	−25 +6	62.44	21.83	−29 +4	44.48	13.06	−4 −6
7	73.21	25.68	+12 +6	32.85	26.24	−30 +3	61.52	21.60	−31 +1	44.29	12.74	+13 −6
8	71.96	25.80	−3 +8	31.57	26.15	−28 0	60.63	21.36	−25 −3	44.12	12.43	+29 −4
9	70.71	25.91	−17 +7	30.30	26.06	−19 −4	59.76	21.12	−12 −5	43.98	12.11	+38 −1
10	69.44	26.01	−27 +5	29.04	25.96	−5 −5	58.91	20.87	+6 −6	43.86	11.80	+39 +3
11	68.17	26.11	−30 +1	27.79	25.85	+11 −6	58.08	20.62	+21 −5	43.76	11.48	+34 +6
12	66.89	26.20	−26 −2	26.55	25.74	+25 −4	57.27	20.37	+32 −2	43.69	11.16	+23 +8
13	65.60	26.28	−14 −5	25.31	25.62	+35 −2	56.48	20.11	+38 +1	43.65	10.84	+9 +9
14	64.31	26.36	+1 −6	24.09	25.49	+37 +1	55.72	19.84	+37 +4	43.63	10.53	−4 +8
15	63.02	26.43	+16 −6	22.87	25.36	+33 +4	54.97	19.57	+29 +6	43.64	10.21	−15 +6
16	61.72	26.49	+28 −4	21.67	25.22	+24 +7	54.25	19.30	+17 +8	43.67	9.89	−23 +4
17	60.41	26.55	+35 −1	20.48	25.08	+11 +8	53.54	19.03	+3 +8	43.73	9.57	−28 +1
18	59.10	26.60	+35 +2	19.30	24.93	−1 +7	52.86	18.75	−10 +7	43.81	9.26	−27 −2
19	57.79	26.64	+30 +5	18.13	24.78	−13 +6	52.21	18.47	−19 +5	43.92	8.94	−23 −5
20	56.48	26.68	+19 +7	16.98	24.62	−23 +4	51.57	18.19	−27 +2	*44.05	8.63	−14 −7
21	55.16	26.71	+7 +8	15.84	24.45	−29 +1	50.96	17.91	−29 −1	44.21	8.31	−4 −8
22	53.84	26.73	−7 +7	14.71	24.28	−31 −2	50.37	17.62	−28 −4	44.39	8.00	+8 −8
23	52.51	26.75	−18 +5	13.60	24.10	−27 −5	49.81	17.33	−22 −6	44.60	7.69	+18 −6
24	51.19	26.76	−27 +3	12.50	23.92	−20 −8	49.27	17.04	−12 −8	44.83	7.38	+24 −4
25	49.86	26.77	−32 0	11.42	23.74	−9 −9	48.76	16.74	−1 −9	45.09	7.07	+24 0
26	48.54	26.77	−32 −4	10.35	23.55	+4 −9	48.27	16.45	+12 −8	45.37	6.76	+17 +3
27	47.22	26.76	−26 −7	9.30	23.35	+15 −7	47.80	16.15	+20 −6	45.67	6.46	+4 +5
28	45.89	26.74	−16 −9	8.27	23.15	+24 −5	47.36	15.85	+24 −3	46.00	6.16	−10 +6
29	44.57	26.72	−3 −9	7.25	22.94	+26 −1	46.94	15.54	+22 +1	46.35	5.85	−23 +5
30	43.26	26.69	+10 −8				46.55	15.24	+12 +4	46.73	5.55	−32 +2
31	41.94	26.66	+22 −6				46.18	14.93	−1 +6	47.13	5.25	−34 −1
32	40.63	26.62	+26 −2				45.83	14.62	−16 +6			

δ	sec δ	tg δ	δ	sec δ	tg δ	δ	sec δ	tg δ
+89° 4′ 0″	+61.391	+61.383	+89° 4′ 10″	+61.574	+61.566	+89° 4′ 20″	+61.759	+61.751
10	61.574	+61.566	20	+61.759	+61.751	30	+61.944	+61.936

$\alpha_{1958.0} = 1^h\ 54^m\ 15^s65$ $\delta_{1958.0} = +89°\ 4'\ 5''40$

* Tag der doppelten unteren Kulmination: April 20.

Obere Kulmination Greenwich

Nb) α Ursae minoris $2^{m}.12$ var.

Tag	Mai AR.	Mai Dekl.	Mai ☾ Glieder		Juni AR.	Juni Dekl.	Juni ☾ Glieder	
	$1^h 53^m$	+ 89° 3′	in s 0.01	in ″ 0.01	$1^h 54^m$	+ 89° 3′	in s 0.01	in ″ 0.01
	s	″			s	″		
1	47.13	65.25	−34	−1	10.02	57.44	+12	−7
2	47.56	64.95	−27	−4	11.05	57.25	+27	−4
3	48.00	64.66	−13	−6	12.09	57.06	+36	−1
4	48.47	64.37	+ 4	−7	13.15	56.88	+38	+3
5	48.97	64.08	+21	−5	14.22	56.70	+32	+6
6	49.48	63.79	+33	−3	15.31	56.53	+21	+8
7	50.02	63.51	+39	+1	16.42	56.36	+ 7	+9
8	50.58	63.22	+37	+4	17.54	56.20	− 6	+8
9	51.16	62.94	+28	+7	18.67	56.04	−18	+6
10	51.76	62.67	+16	+9	19.81	55.89	−25	+3
11	52.38	62.39	+ 1	+9	20.97	55.74	−28	0
12	53.03	62.12	−11	+8	22.14	55.60	−27	−3
13	53.70	61.85	−21	+5	23.31	55.46	−21	−6
14	54.38	61.59	−27	+2	24.50	55.32	−10	−7
15	55.09	61.32	−28	−1	25.70	55.19	0	−8
16	55.82	61.06	−24	−4	26.91	55.07	+13	−7
17	56.57	60.81	−17	−6	28.13	54.95	+22	−5
18	57.34	60.56	− 7	−8	29.37	54.84	+26	−2
19	58.13	60.31	+ 6	−8	30.61	54.73	+25	+1
20	58.94	60.06	+16	−7	31.86	54.62	+16	+4
21	59.76	59.82	+22	−4	33.12	54.52	+ 4	+6
22	60.60	59.58	+26	−1	34.40	54.43	−11	+6
23	61.47	59.35	+21	+2	35.68	54.34	−24	+5
24	62.35	59.12	+10	+5	36.96	54.26	−31	+2
25	63.24	58.90	− 3	+6	38.26	54.18	−32	−1
26	64.16	58.68	−18	+5	39.56	54.11	−25	−4
27	65.10	58.46	−29	+4	40.87	54.04	−11	−6
28	66.05	58.25	−33	0	42.19	53.98	+ 4	−7
29	67.02	58.04	−31	−3	43.51	53.92	+20	−6
30	68.00	57.84	−21	−6	44.84	53.87	+32	−3
31	69.00	57.64	− 5	−7	46.18	53.83	+36	+1
32	70.02	57.44	+12	−7				

Tag	Juli AR.	Juli Dekl.	Juli ☾ Glieder		August AR.	August Dekl.	August ☾ Glieder	
	$1^h 54^m$	+ 89° 3′	in s 0.01	in ″ 0.01	$1^h 55^m$	+ 89° 3′	in s 0.01	in ″ 0.01
	s	″			s	″		
1	46.18	53.83	+36	+1	28.70	55.09	+ 4	+8
2	47.52	53.79	+34	+4	30.05	55.21	− 8	+7
3	48.86	53.76	+25	+7	31.40	55.34	−19	+5
4	50.21	53.73	+13	+8	32.75	55.47	−26	[illegible]
5	51.56	53.71	− 1	+8	34.09	55.61	−29	−1
6	52.92	53.69	−13	+7	35.42	55.76	−27	−3
7	54.29	53.68	−22	+4	36.75	55.91	−20	−6
8	55.65	53.67	−28	+1	38.08	56.06	−10	−8
9	57.02	53.67	−29	−2	39.40	56.22	+ 2	−9
10	58.39	53.67	−25	−5	40.71	56.38	+13	−8
11	59.77	53.68	−16	−7	42.01	56.55	+22	−5
12	61.15	53.70	− 5	−8	43.31	56.72	+25	−2
13	62.53	53.72	+ 8	−8	44.60	56.90	+23	+2
14	63.91	53.74	+18	−6	45.89	57.08	+14	+5
15	65.29	53.77	+26	−4	47.16	57.27	+ 1	+6
16	66.67	53.81	+26	0	48.43	57.46	−14	+7
17	68.06	53.85	+21	+3	49.69	57.65	−25	+5
18	69.44	53.90	+ 9	+6	50.94	57.85	−30	+2
19	70.83	53.95	− 5	+7	52.18	58.05	−29	−1
20	72.21	54.00	−18	+6	53.41	58.26	−20	−4
21	73.59	54.06	−28	+4	54.63	58.47	− 6	−6
22	74.97	54.13	−31	0	55.85	58.69	+10	−6
23	76.36	54.20	−28	−3	57.05	58.91	+25	−4
24	77.74	54.28	−16	−5	58.25	59.14	+34	−1
25	79.12	54.36	− 1	−6	59.43	59.37	+36	+2
26	80.50	54.45	+14	−6	60.61	59.60	+31	+5
27	81.87	54.54	+27	−4	61.77	59.84	+21	+7
28	83.24	54.64	+34	−1	62.93	60.08	+ 9	+8
29	84.61	54.74	+34	+3	64.07	60.33	− 4	+8
30	85.98	54.85	+28	+6	65.20	60.58	−16	+6
31	87.34	54.97	+17	+8	66.32	60.84	−23	+4
32	88.70	55.09	+ 4	+8	67.42	61.10	−28	+1

δ	sec δ	tg δ	δ	sec δ	tg δ
+89° 3′ 50″	+61.209	+61.201	+89° 4′ 0″	+61.391	+61.383
60	+61.391	+61.383	10	+61.574	+61.566

$\alpha_{1958.0} = 1^h\ 54^m\ 15^s.65$ $\delta_{1958.0} = +89°\ 4'\ 5''.40$

Scheinbare Sternörter 1958

Obere Kulmination Greenwich

Nb) α Ursae minoris $2^{m}_{.}12$ var.

Tag	September AR.	September Dekl.	September ☾ Glieder	Oktober AR.	Oktober Dekl.	Oktober ☾ Glieder	November AR.	November Dekl.	November ☾ Glieder	Dezember AR.	Dezember Dekl.	Dezember ☾ Glieder
	$1^h 56^m$	+ 89° 4′	in s 0.01 | ″ 0.01	$1^h 56^m$	+ 89° 4′	in s 0.01 | ″ 0.01	$1^h 56^m$	+ 89° 4′	in s 0.01 | ″ 0.01	$1^h 56^m$	+ 89° 4′	in s 0.01 | ″ 0.01
	s	″		s	″		s	″		s	″	
1	7.42	1.10	−28 +1	34.09	10.33	−17 −6	44.66	22.02	+24 −3	34.53	32.40	+9 +4
2	8.52	1.36	−28 −2	34.72	10.68	−7 −8	44.64	22.39	+22 0	33.85	32.70	−4 +5
3	9.61	1.62	−23 −5	35.34	11.03	+3 −8	44.61	22.76	+15 +3	33.16	33.00	−19 +5
4	10.68	1.89	−14 −7	35.94	11.39	+14 −7	44.55	23.12	+3 +5	32.44	33.30	−30 +3
5	11.74	2.17	−4 −9	36.51	11.74	+22 −5	44.46	23.49	−11 +5	31.71	33.60	−35 0
6	12.78	2.44	+7 −8	37.07	12.10	+24 −2	44.36	23.86	−24 +4	30.95	33.89	−32 −4
7	13.82	2.72	+18 −7	37.62	12.45	+20 +1	44.23	24.22	−34 +2	30.17	34.18	−22 −6
8	14.84	3.00	+24 −4	38.14	12.81	+11 +4	44.08	24.58	−35 −2	29.37	34.46	−7 −7
9	15.84	3.29	+24 0	38.64	13.17	−3 +5	43.91	24.95	−28 −5	28.56	34.74	+11 −7
10	16.83	3.58	+18 +3	39.13	13.53	−18 +5	43.72	25.31	−15 −7	27.72	35.02	+26 −5
11	17.80	3.88	+6 +5	39.59	13.90	−29 +4	43.50	25.67	+3 −7	26.87	35.29	+35 −1
12	18.76	4.17	−9 +6	40.04	14.26	−35 +1	43.26	26.02	+20 −6	26.00	35.55	+37 +3
13	19.71	4.47	−22 +5	40.47	14.62	−32 −2	43.00	26.38	+33 −2	25.10	35.81	+30 +7
14	20.64	4.77	−31 +3	40.88	14.99	−21 −5	42.71	26.73	+38 +1	24.19	36.07	+19 +9
15	21.56	5.08	−32 0	41.27	15.36	−5 −6	42.41	27.09	+36 +5	23.27	36.32	+5 +9
16	22.46	5.39	−26 −3	41.63	15.72	+13 −6	42.08	27.44	+26 +8	22.32	36.57	−8 +8
17	23.35	5.70	−12 −5	41.98	16.09	+28 −4	41.73	27.79	+14 +10	21.36	36.81	−19 +6
18	24.23	6.01	+4 −6	42.31	16.46	+38 0	41.36	28.13	−1 +9	20.38	37.05	−25 +3
19	25.09	6.33	+21 −5	42.61	16.83	+39 +3	40.96	28.48	−13 +7	19.38	37.28	−26 0
20	25.93	6.65	+32 −2	42.90	17.20	+32 +7	40.55	28.82	−21 +5	18.37	37.51	−23 −3
21	26.76	6.97	+37 +1	{ 43.16 { 43.41	17.57 17.94	+21 +8 } +7 +9 }	40.11	29.16	−26 +2	17.34	37.73	−15 −6
22	27.57	7.29	+35 +4	43.63	18.31	−6 +8	39.65	29.50	−25 −1	16.29	37.95	−5 −7
23	28.36	7.62	+27 +7	43.83	18.68	−17 +6	39.16	29.83	−19 −4	15.23	38.16	+6 −7
24	29.13	7.95	+14 +9	44.00	19.05	−23 +3	38.66	30.16	−12 −6	14.15	38.37	+15 −6
25	29.89	8.29	+1 +8	44.16	19.43	−26 0	38.13	30.49	−2 −7	13.06	38.57	+22 −4
26	30.63	8.62	−11 +7	44.29	19.80	−24 −3	37.59	30.82	+9 −7	11.95	38.77	+25 −1
27	31.36	8.96	−20 +5	44.41	20.17	−18 −5	37.02	31.14	+18 −6	10.83	38.96	+22 +1
28	32.07	9.30	−26 +2	44.50	20.54	−9 −7	36.43	31.46	+23 −3	9.69	39.14	+14 +4
29	32.76	9.64	−27 −1	44.58	20.91	+1 −8	35.81	31.77	+24 −1	8.54	39.32	+2 +5
30	33.43	9.99	−23 −4	44.63	21.28	+11 −7	35.18	32.09	+19 +2	7.38	39.49	−12 +5
31	34.09	10.33	−17 −6	44.65	21.65	+19 −6	34.53	32.40	+9 +4	6.21	39.66	−24 +4
32				44.66	22.02	+24 −3				5.02	39.82	−32 +1

δ	sec δ	tg δ	δ	sec δ	tg δ	δ	sec δ	tg δ
+89° 4′ 0″	+61.391	+61.383	+89° 4′ 10″	+61.574	+61.566	+89° 4′ 30″	+61.944	+61.936
10	+61.574	+61.566	20	+61.759	+61.751	40	+62.131	+62.123

$\alpha_{1958.0} = 1^h\ 54^m\ 15^s_{.}65$ $\delta_{1958.0} = +89°\ 4'\ 5''_{.}40$

Obere Kulmination Greenwich

Nc) Grb 750 Cephei $6^{m}.70$

Tag	Januar			Februar			März			April		
	AR.	Dekl.	☾ Glieder	AR.	Dekl.	☾ Glieder	AR.	Dekl.	☾ Glieder	AR.	Dekl.	☾ Glieder
	$4^h 22^m$	+ 85° 26′	in s 0.01 | ″ 0.01	$4^h 22^m$	+ 85° 26′	in s 0.01 | ″ 0.01	$4^h 22^m$	+ 85° 26′	in s 0.01 | ″ 0.01	$4^h 22^m$	+ 85° 26′	in s 0.01 | ″ 0.01
	s	″		s	″		s	″		s	″	
1	40.76	16.66	−7 −6	35.42	23.62	+3 −5	28.32	25.42	+4 −4	20.75	21.93	+1 +7
2	40.65	16.95	−4 −8	35.19	23.77	+5 −2	28.05	25.40	+5 0	20.55	21.73	−2 +8
3	40.54	17.23	−1 −8	34.96	23.91	+6 +2	27.78	25.37	+5 +4	20.35	21.53	−5 +6
4	40.42	17.51	+2 −7	34.73	24.04	+5 +6	27.52	25.33	+3 +7	20.15	21.33	−6 +3
5	40.30	17.78	+5 −4	34.49	24.17	+2 +8	27.26	25.28	0 +8	19.96	21.12	−6 −1
6	40.17	18.05	+6 0	34.25	24.29	−1 +8	26.99	25.23	−3 +7	19.77	20.91	−4 −5
7	40.04	18.32	+6 +4	34.01	24.41	−4 +6	26.73	25.18	−5 +5	19.58	20.69	−1 −7
8	39.90	18.59	+4 +7	33.76	24.52	−5 +3	26.47	25.12	−6 +1	19.40	20.46	+3 −7
9	39.76	18.85	+1 +8	33.51	24.62	−5 −1	26.21	25.05	−5 −3	19.22	20.24	+6 −6
10	39.62	19.11	−2 +7	33.26	24.72	−4 −4	25.95	24.98	−2 −6	19.04	20.01	+9 −3
11	39.47	19.36	−5 +5	33.01	24.81	−1 −6	25.70	24.90	+1 −7	18.87	19.77	+10 0
12	39.32	19.61	−6 +2	32.75	24.90	+2 −7	25.44	24.81	+5 −6	18.70	19.53	+9 +3
13	39.16	19.85	−5 −2	32.50	24.98	+5 −6	25.18	24.72	+7 −5	18.54	19.29	+7 +6
14	39.00	20.10	−3 −5	32.25	25.05	+7 −4	24.93	24.62	+9 −2	18.38	19.05	+4 +7
15	38.83	20.33	0 −7	31.99	25.12	+9 −1	24.68	24.52	+9 +1	18.23	18.80	+1 +7
16	38.66	20.56	+3 −7	31.73	25.18	+8 +2	24.43	24.41	+8 +4	18.08	18.55	−2 +6
17	38.49	20.79	+6 −6	31.47	25.24	+7 +5	24.18	24.30	+5 +6	17.93	18.29	−5 +5
18	38.31	21.02	+8 −3	31.21	25.29	+4 +6	23.94	24.18	+3 +7	17.79	18.04	−6 +2
19	38.13	21.23	+8 0	30.95	25.33	+1 +7	23.69	24.05	−1 +7	17.65	17.77	−7 −1
20	37.94	21.45	+8 +3	30.69	25.37	−2 +7	23.45	23.92	−3 +6	17.52	17.51	−7 −4
21	37.75	21.66	+6 +5	30.43	25.40	−5 +5	23.21	23.78	−6 +3	17.39	17.24	−6 −6
22	37.56	21.86	+3 +7	30.16	25.42	−7 +2	22.97	23.64	−7 +1	17.27	16.97	−3 −8
23	37.36	22.06	0 +7	29.90	25.44	−8 −1	22.74	23.49	−8 −2	17.15	16.70	−1 −8
24	37.16	22.26	−3 +6	29.64	25.45	−8 −4	22.50	23.34	−7 −5	17.04	16.43	+2 −6
25	36.95	22.45	−6 +4	29.37	25.46	−7 −6	22.28	23.18	−6 −7	16.93	16.15	+4 −3
26	36.74	22.63	−8 +1	29.11	25.46	−5 −8	22.05	23.02	−3 −8	16.83	15.87	+5 0
27	36.53	22.81	−9 −2	28.85	25.45	−2 −8	21.83	22.85	0 −8	16.73	15.59	+4 +4
28	36.32	22.98	−8 −5	28.58	25.44	+2 −7	21.61	22.68	+3 −5	16.63	15.30	+2 +6
29	36.10	23.15	−6 −7	28.32	25.42	+4 −4	21.39	22.50	+4 −2	16.54	15.01	−1 +7
30	35.88	23.31	−3 −8				21.17	22.31	+5 +2	16.45	14.72	−4 +6
31	35.65	23.47	0 −8				20.96	22.12	+3 +6	16.37	14.43	−6 +4
32	35.42	23.62	+3 −5				20.75	21.93	+1 +7			

δ	sec δ	tg δ	δ	sec δ	tg δ
+85° 26′ 10″	+12.567	+12.528	+85° 26′ 20″	+12.575	+12.535
20	+12.575	+12.535	30	+12.583	+12.543

$\alpha_{1958.0} = 4^h\,22^m\,19^s.83$ $\delta_{1958.0} = +85°\,26'\,10''.59$

Scheinbare Sternörter 1958

Obere Kulmination Greenwich

Nc) Grb 750 **Cephei** $6^m_{\cdot}70$

Tag	Mai AR.	Mai Dekl.	Mai ☾ Glieder	Juni AR.	Juni Dekl.	Juni ☾ Glieder	Juli AR.	Juli Dekl.	Juli ☾ Glieder	August AR.	August Dekl.	August ☾ Glieder
	$4^h\ 22^m$	+ 85° 26′	in s 0.01 | ″ 0.01	$4^h\ 22^m$	+ 85° 25′	in s 0.01 | ″ 0.01	$4^h\ 22^m$	+ 85° 25′	in s 0.01 | ″ 0.01	$4^h\ 22^m$	+ 85° 25′	in s 0.01 | ″ 0.01
	s	″		s	″		s	″		s	″	
1	16.37	14.43	−6 +4	16.36	65.13	−1 −7	20.68	57.28	+7 −4	28.49	52.38	+6 +6
2	16.29	14.14	−7 0	16.44	64.84	+2 −7	20.89	57.06	+9 −1	28.78	52.29	+3 +7
3	16.22	13.84	−6 −4	16.52	64.55	+6 −6	21.10	56.85	+8 +2	29.07	52.21	0 +7
4	16.16	13.55	−3 −6	16.61	64.26	+8 −3	21.31	56.64	+7 +5	29.37	52.13	−3 +6
5	16.10	13.26	+1 −7	16.70	63.97	+9 +1	21.53	56.44	+5 +7	29.66	52.05	−6 +4
6	16.04	12.96	+5 −7	16.80	63.69	+9 +4	21.75	56.23	+2 +8	29.96	51.98	−7 +1
7	15.99	12.66	+8 −5	16.91	63.40	+7 +6	21.98	56.04	−2 +7	30.26	51.91	−7 −3
8	15.95	12.36	+9 −1	17.01	63.12	+4 +8	22.20	55.84	−4 +5	30.56	51.85	−6 −5
9	15.91	12.06	+9 +2	17.12	62.84	0 +8	22.44	55.65	−6 +3	30.86	51.79	−5 −7
10	15.87	11.76	+8 +5	17.24	62.56	−3 +6	22.67	55.46	−7 −1	31.16	51.74	−2 −8
11	15.84	11.46	+5 +7	17.36	62.28	−5 +4	22.91	55.27	−7 −4	31.47	51.69	+1 −7
12	15.81	11.16	+2 +8	17.49	62.00	−7 +1	23.15	55.09	−6 −6	31.77	51.65	+3 −5
13	15.79	10.86	−1 +7	17.62	61.73	−7 −2	23.39	54.92	−3 −8	32.07	51.61	+5 −2
14	15.78	10.55	−4 +5	17.76	61.46	−6 −5	23.64	54.74	0 −8	32.38	51.58	+5 +2
15	15.77	10.25	−6 +3	17.90	61.19	−5 −7	23.89	54.57	+3 −6	32.69	51.55	+4 +5
16	15.76	9.95	−7 0	18.04	60.93	−2 −8	24.14	54.41	+5 −3	33.00	51.52	+1 +7
17	15.76	9.65	−7 −3	18.19	60.66	+1 −7	24.39	54.25	+6 0	33.31	51.50	−2 +8
18	15.77	9.34	−6 −6	18.34	60.40	+3 −5	24.65	54.10	+5 +4	33.62	51.48	−5 +6
19	15.78	9.04	−4 −7	18.50	60.14	+5 −2	24.91	53.95	+3 +6	33.93	51.47	−6 +3
20	15.79	8.73	−1 −8	18.66	59.89	+5 +2	25.17	53.80	0 +8	34.24	51.47	−6 −1
21	15.81	8.43	+2 −7	18.83	59.64	+4 +5	25.44	53.66	−3 +7	34.55	51.47	−4 −4
22	15.83	8.13	+4 −4	19.00	59.38	+2 +7	25.70	53.52	−6 +5	34.87	51.47	−1 −6
23	15.86	7.82	+5 −1	19.17	59.14	−2 +7	25.98	53.39	−7 +1	35.18	51.48	+2 −7
24	15.90	7.52	+5 +3	19.35	58.89	−5 +6	26.25	53.26	−6 −3	35.49	51.49	+5 −6
25	15.94	7.22	+3 +6	19.53	58.65	−6 +3	26.52	53.13	−4 −5	35.80	51.51	+8 −3
26	15.98	6.92	0 +7	19.71	58.41	−7 0	26.80	53.01	−1 −7	36.12	51.54	+9 0
27	16.03	6.62	−3 +7	19.90	58.18	−6 −4	27.08	52.89	+3 −7	36.43	51.56	+8 +3
28	*16.09	6.32	−6 +5	20.09	57.95	−3 −6	27.35	52.78	+6 −5	36.75	51.59	+6 +6
29	16.15	6.02	−7 +2	20.28	57.72	+1 −7	27.64	52.67	+8 −2	37.06	51.63	+4 +7
30	16.21	5.73	−7 −2	20.48	57.50	+4 −7	27.92	52.57	+8 +1	37.38	51.67	+1 +7
31	16.28	5.43	−5 −5	20.68	57.28	+7 −4	28.21	52.47	+8 +4	37.69	51.72	−2 +6
32	16.36	5.13	−1 −7				28.49	52.38	+6 +6	38.01	51.77	−5 +4

δ	sec δ	tg δ	δ	sec δ	tg δ	δ	sec δ	tg δ
+85° 25′ 50″	+12.552	+12.512	+85° 26′ 0″	+12.560	+12.520	+85° 26′ 10″	+12.567	+12.528
60	+12.560	+12.520	10	+12.567	+12.528	20	+12.575	+12.535

$\alpha_{1958.0} = 4^h\ 22^m\ 19^s_{\cdot}83$ $\delta_{1958.0} = +85°\ 26'\ 10''_{\cdot}59$

* Tag der doppelten unteren Kulmination: Mai 28.

Scheinbare Sternörter 1958

Obere Kulmination Greenwich

Nc) Grb 750 Cephei $6^m_.70$

Tag	September			Oktober			November			Dezember		
	AR.	Dekl.	☾ Glieder	AR.	Dekl.	☾ Glieder	AR.	Dekl.	☾ Glieder	AR.	Dekl.	☾ Glieder
	$4^h 22^m$	+ 85° 25′	in s 0.01 ″ 0.01	$4^h 22^m$	+ 85° 25′	in s 0.01 ″ 0.01	$4^h 22^m$	+ 85° 26′	in s 0.01 ″ 0.01	$4^h 22^m$	+ 85° 26′	in s 0.01 ″ 0.01
	s	″		s	″		s	″		s	″	
1	38.01	51.77	-5 +4	47.09	55.38	-7 -3	54.61	2.84	0 -7	58.55	12.72	+4 +2
2	38.32	51.83	-6 +2	47.37	55.57	-6 -6	54.80	3.13	+2 -6	58.61	13.05	+2 +5
3	38.63	51.89	-7 -1	47.65	55.76	-4 -7	54.99	3.42	+4 -3	58.65	13.38	-1 +7
4	38.95	51.95	-7 -4	47.93	55.95	-2 -8	55.17	3.72	+4 0	58.69	13.72	-4 +6
5	39.26	52.02	-6 -7	48.21	56.15	+1 -7	55.35	4.01	+3 +4	58.73	14.05	-7 +5
6	39.57	52.09	-3 -8	48.48	56.35	+3 -5	55.53	4.32	+1 +6	58.76	14.39	-8 +1
7	39.89	52.17	0 -8	48.75	56.55	+4 -2	55.70	4.62	-2 +7	58.79	14.72	-8 -2
8	40.20	52.25	+2 -6	49.02	56.76	+4 +2	55.87	4.93	-5 +6	58.81	15.06	-5 -5
9	40.51	52.34	+4 -3	49.29	56.97	+3 +5	56.03	5.23	-7 +3	58.82	15.39	-2 -7
10	40.82	52.43	+5 0	49.55	57.19	0 +7	56.19	5.54	-8 0	58.83	15.72	+2 -7
11	41.14	52.53	+4 +4	49.81	57.41	-3 +7	56.35	5.85	-6 -4	58.84	16.05	+6 -6
12	41.45	52.63	+2 +7	50.07	57.64	-6 +5	56.50	6.17	-3 -6	58.84	16.38	+8 -3
13	41.75	52.73	-1 +8	50.32	57.87	-7 +2	56.65	6.48	+1 -7	58.83	16.71	+9 +1
14	42.06	52.84	-4 +7	50.58	58.10	-7 -2	56.79	6.80	+5 -6	58.82	17.04	+8 +5
15	42.37	52.95	-6 +4	50.83	58.33	-4 -5	56.93	7.12	+8 -4	58.81	17.36	+6 +7
16	42.67	53.07	-7 +1	51.07	58.57	-1 -7	57.06	7.44	+9 -1	58.79	17.69	+3 +8
17	42.98	53.19	-5 -3	51.32	58.81	+3 -7	57.19	7.76	+9 +3	58.76	18.02	0 +7
18	43.28	53.32	-3 -6	51.56	59.06	+6 -6	57.32	8.08	+8 +6	58.73	18.34	-3 +6
19	43.58	53.45	+1 -7	51.80	59.31	+9 -3	57.44	8.41	+5 +8	58.70	18.66	-5 +3
20	43.88	53.59	+5 -6	52.04	59.56	+10 +1	57.55	8.74	+2 +8	58.66	18.98	-6 0
21	44.18	53.73	+7 -4	52.27	59.82	+9 +4	57.66	9.06	-1 +7	58.61	19.30	-6 -3
22	44.48	53.88	+9 -1	52.50	60.07	+7 +7	57.77	9.39	-4 +5	58.56	19.61	-5 -5
23	44.77	54.03	+9 +2	52.73	60.34	+4 +8	57.87	9.72	-5 +2	58.50	19.93	-3 -7
24	45.07	54.18	+8 +5	52.95	60.60	+1 +7	57.96	10.05	-6 -1	58.44	20.24	-1 -7
25	45.36	54.34	+5 +7	53.17	60.87	2 +6	58.05	10.38	-6 -3	58.37	20.55	+1 -6
26	45.66	54.50	+2 +7	53.39	61.14	-5 +4	58.14	10.72	-5 -6	58.29	20.86	+4 -5
27	45.95	54.67	-1 +7	53.60	61.42	-6 +1	{ 58.22 58.30 }	11.05 11.38	-3 -7 0 -7	58.21	21.17	+5 -1
28	46.24	54.84	-4 +5	53.81	61.70	-6 -2	58.37	11.72	+2 -6	58.13	21.47	+5 +1
29	46.53	55.02	-6 +3	54.01	61.98	-6 -5	58.44	12.05	+4 -4	58.04	21.77	+3 +4
30	46.81	55.20	-7 0	54.22	62.26	-4 -7	58.50	12.38	+5 -1	57.95	22.06	+1 +6
31	47.09	55.38	-7 -3	54.41	62.55	-2 -8	58.55	12.72	+4 +2	57.85	22.36	-2 +7
32				54.61	62.84	0 -7				57.75	22.65	-5 +6

δ	sec δ	tg δ	δ	sec δ	tg δ	δ	sec δ	tg δ
+85° 25′ 50″	+12 552	+12 512	+85° 26′ 0″	+12 560	+12 520	+85° 26′ 20″	+12 575	+12 535
60	+12 560	+12 520	10	+12 567	+12 528	30	+12 583	+12 543

$\alpha_{1958.0} = 4^h\ 22^m\ 19^s 83$ $\delta_{1958.0} = +85°\ 26'\ 10''59$

Scheinbare Sternörter 1958

Obere Kulmination Greenwich

Nd) 51 Hev. Cephei $5^{m}_{.}26$

Tag	Januar AR.	Januar Dekl.	Januar ☾ Glieder	Februar AR.	Februar Dekl.	Februar ☾ Glieder	März AR	März Dekl.	März ☾ Glieder	April AR	April Dekl.	April ☾ Glieder
		+	in		+	in		+	in		+	in
	$7^h\ 22^m$	$87°\ 6'$	s 0.01 | ″ 0.01	$7^h\ 21^m$	$87°\ 6'$	s 0.01 | ″ 0.01	$7^h\ 21^m$	$87°\ 6'$	s 0.01 | ″ 0.01	$7^h\ 21^m$	$87°\ 6'$	s 0.01 | ″ 0.01
	s	″		s	″		s	″		s	″	
1	3.54	26.65	−12 +3	64.46	36.63	− 1 −6	58.32	44.04	+ 2 −6	46.58	48.02	+ 7 +5
2	3.70	26.95	−13 0	64.35	36.94	+ 5 −5	58.00	44.25	+ 6 −3	46.16	48.05	+ 4 +8
3	3.85	27.26	−12 −3	64.23	37.24	+ 9 −2	57.68	44.45	+ 9 0	45.74	48.08	− 1 +8
4	4.00	27.56	− 8 −5	64.09	37.54	+10 +1	57.35	44.65	+ 9 +3	45.32	48.11	− 5 +6
5	4.14	27.87	− 3 −7	63.95	37.83	+ 9 +5	57.02	44.85	+ 7 +6	44.90	48.12	− 8 +3
6	4.27	28.18	+ 2 −6	63.81	38.13	+ 6 +7	56.68	45.04	+ 3 +8	44.49	48.13	− 9 −1
7	4.39	28.49	+ 7 −4	63.65	38.42	+ 1 +7	56.33	45.22	− 2 +7	44.07	48.14	− 7 −5
8	4.50	28.80	+10 −1	63.48	38.71	− 4 +6	55.99	45.40	− 6 +5	43.65	48.14	− 3 −8
9	4.61	29.11	+10 +3	63.31	39.00	− 7 +3	55.63	45.58	− 8 +1	43.23	48.13	+ 2 −9
10	4.70	29.42	+ 8 +6	63.13	39.29	− 8 −1	55.27	45.75	− 8 −3	42.82	48.12	+ 7 −8
11	4.79 / 4.87	29.74 / 30.05	+4 +7 / −1 +7	62.94	39.57	− 7 −4	54.91	45.91	− 5 −6	42.40	48.10	+11 −6
12	4.94	30.36	− 6 +5	62.75	39.85	− 4 −7	54.54	46.07	0 −8	41.98	48.07	+13 −3
13	5.00	30.68	− 8 +2	62.54	40.13	+ 1 −9	54.17	46.22	+ 4 −9	41.57	48.04	+13 0
14	5.05	30.99	− 9 −2	62.33	40.40	+ 5 −8	53.80	46.37	+ 9 −8	41.16	48.01	+11 +3
15	5.10	31.31	− 7 −5	62.11	40.67	+ 9 −7	53.42	46.51	+11 −5	40.75	47.96	+ 7 +5
16	5.13	31.63	− 3 −8	61.89	40.94	+11 −4	53.04	46.65	+12 −2	40.34	47.91	+ 3 +7
17	5.15	31.94	+ 2 −8	61.65	41.20	+12 −1	52.65	46.78	+11 +1	39.93	47.86	− 2 +7
18	5.17	32.26	+ 6 −8	61.41	41.46	+10 +2	52.27	46.90	+ 9 +4	39.52	47.80	− 6 +6
19	5.17	32.58	+10 −6	61.17	41.72	+ 7 +5	51.87	47.02	+ 5 +6	39.12	47.73	−10 +4
20	5.17	32.89	+11 −3	60.91	41.97	+ 3 +7	51.48	47.13	+ 1 +7	38.72	47.66	−12 +2
21	5.16	33.21	+11 0	60.65	42.22	− 1 +7	51.08	47.24	− 4 +7	38.32	47.58	−12 −1
22	5.14	33.53	+ 9 +3	60.38	42.46	− 6 +7	50.68	47.34	− 8 +6	37.92	47.50	−11 −4
23	5.11	33.84	+ 6 +6	60.11	42.70	−10 +5	50.28	47.43	−11 +4	37.53	47.41	− 7 −6
24	5.07	34.16	+ 1 +7	59.83	42.93	−13 +3	49.88	47.52	−13 +1	37.14	47.31	− 3 −6
25	5.02	34.47	− 3 +7	59.54	43.16	−14 0	49.47	47.61	−13 −2	36.76	47.21	+ 2 −5
26	4.97	34.78	− 8 +6	59.24	43.39	−12 −3	49.06	47.68	−10 −5	36.37	47.11	+ 6 −3
27	4.91	35.10	−11 +4	58.94	43.61	− 9 −5	48.65	47.75	− 6 −6	35.99	47.00	+ 8 +1
28	4.83	35.41	−13 +2	58.64	43.83	− 4 −7	48.24	47.82	− 1 −6	35.61	46.88	+ 8 +4
29	4.75	35.71	−13 −2	58.32	44.04	+ 2 −6	47.83	47.88	+ 4 −4	35.23	46.76	+ 5 +7
30	4.67	36.02	−11 −4				47.42	47.93	+ 7 −2	34.86	46.63	+ 1 +8
31	4.57	36.33	− 6 −6				47.00	47.98	+ 9 +2	34.49	46.49	− 4 +7
32	4.46	36.63	− 1 −6				46.58	48.02	+ 7 +5			

δ	sec δ	tg δ	δ	sec δ	tg δ	δ	sec δ	tg δ
+87° 6′ 20″	+19.804	+19.778	+87° 6′ 30″	+19.823	+19.797	+87° 6′ 40″	+19.842	+19.816
30	+19.823	+19.797	40	+19.842	+19.816	50	+19.861	+19.835

$\alpha_{1958.0} = 7^h\ 21^m\ 34^s_{.}53$ $\delta_{1958.0} = +87°\ 6'\ 39''_{.}61$

Obere Kulmination Greenwich

Nd) 51 Hev. Cephei $5^m.26$

Tag	Mai AR.	Mai Dekl.	Mai ☾ Glieder	Juni AR.	Juni Dekl.	Juni ☾ Glieder	Juli AR.	Juli Dekl.	Juli ☾ Glieder	August AR.	August Dekl.	August ☾ Glieder
	$7^h 21^m$	+ 87° 6′	in 0.01 s, 0.01 ″	$7^h 21^m$	+ 87° 6′	in 0.01 s, 0.01 ″	$7^h 21^m$	+ 87° 6′	in 0.01 s, 0.01 ″	$7^h 21^m$	+ 87° 6′	in 0.01 s, 0.01 ″
	s	″		s	″		s	″		s	″	
1	34.49	46.49	− 4 +7	25.51	40.05	− 8 −5	22.70	31.05	+ 4 −8	26.59	21.20	+12 +1
2	34.13	46.35	− 8 +5	25.31	39.79	− 3 −8	22.72	30.73	+ 9 −7	26.82	20.90	+ 9 +4
3	33.77	46.21	−10 +1	25.13	39.51	+ 2 −9	22.75	30.40	+12 −4	27.06	20.60	+ 6 +6
4	33.41	46.06	− 9 −3	24.95	39.24	+ 7 −8	22.78	30.08	+13 −1	27.31	20.30	+ 1 +7
5	33.06	45.90	− 5 −6	24.77	38.96	+11 −6	22.82	29.76	+11 +2	27.56	20.01	− 4 +7
6	32.71	45.74	0 −9	24.60	38.68	+13 −3	22.87	29.44	+ 8 +5	27.81	19.71	− 8 +5
7	32.37	45.58	+ 5 −9	24.44	38.40	+13 0	22.93	29.11	+ 4 +6	28.08	19.42	−11 +3
8	32.03	45.41	+10 −8	24.29	38.12	+11 +3	22.99	28.79	− 1 +7	28.35	19.13	−12 0
9	31.70	45.23	+13 −5	24.14	37.83	+ 7 +6	23.06	28.46	− 5 +6	28.62	18.84	−12 −3
10	31.37	45.05	+13 −2	24.00	37.54	+ 2 +7	23.14	28.14	− 9 +5	28.90	18.55	− 9 −5
11	31.04	44.87	+12 +2	23.86	37.25	− 3 +7	23.23	27.82	−11 +2	29.19	18.27	− 5 −6
12	30.72	44.68	+ 9 +4	23.74	36.95	− 7 +5	23.32	27.50	−12 −1	29.48	17.99	0 −6
13	30.41	44.49	+ 5 +6	23.62	36.66	−10 +3	23.42	27.17	−10 −4	29.78	17.71	+ 5 −5
14	30.10	44.29	0 +7	23.50	36.36	−11 +1	23.52	26.85	− 7 −6	30.09	17.43	+ 8 −2
15	29.79	44.09	− 4 +6	23.40	36.06	−11 −2	23.64	26.53	− 3 −7	30.40	17.16	+ 9 +2
16	29.50	43.88	− 8 +5	23.30	35.76	− 9 −5	23.76	26.21	+ 3 −6	30.71	16.89	+ 8 +5
17	29.20	43.67	−11 +2	23.21	35.45	− 5 −6	23.88	25.89	+ 7 −4	31.04	16.62	+ 5 +7
18	28.91	43.46	−12 0	23.12	35.15	0 −6	24.01	25.57	+ 9 −1	31.37	16.35	0 +8
19	28.63	43.24	−11 −3	23.05	34.84	+ 4 −5	24.15	25.25	+ 9 +3	31.70	16.09	− 5 +6
20	28.35	43.02	− 8 −5	22.98	34.53	+ 8 −2	24.30	24.93	+ 7 +6	32.04	15.83	− 8 +3
21	28.08	42.79	− 4 −6	22.92	34.22	+ 9 +1	24.45	24.61	+ 2 +7	32.38	15.57	− 9 0
22	27.82	42.56	+ 1 −6	22.86	33.91	+ 8 +4	24.61	24.30	− 2 +7	32.73	15.32	− 7 −4
23	27.56	42.32	+ 5 −4	22.81	33.59	+ 5 +7	24.78	23.98	− 7 +5	33.08	15.07	− 4 −7
24	27.31	42.09	+ 8 −1	22.77	33.28	0 +8	24.96	23.67	− 9 +2	33.44	14.82	+ 1 −8
25	27.06	41.84	+ 8 +3	22.74	32.96	− 5 +7	25.14	23.36	− 9 −2	33.80	14.58	+ 6 −8
26	26.82	41.60	+ 6 +6	22.72	32.65	− 8 +4	25.32	23.04	− 7 −5	34.17	14.33	+10 −6
27	26.59	41.35	+ 3 +7	22.70	32.33	−10 +1	25.52	22.73	− 3 −8	34.54	14.09	+12 −3
28	26.36	41.10	− 2 +7	22.69	32.01	− 9 −3	25.72	22.43	+ 2 −8	34.92	13.85	+12 0
29	26.14	40.84	− 7 +5	22.69	31.69	− 6 −6	25.93	22.12	+ 7 −7	35.30	13.62	+10 +3
30	25.92	40.58	−10 +3	22.69	31.37	− 1 −8	26.14	21.81	+11 −5	35.69	13.39	+ 7 +5
31	25.71	40.32	−10 −1	22.70	31.05	+ 4 −8	26.36	21.50	+12 −2	36.08	13.16	+ 3 +6
32	25.51	40.05	− 8 −5				26.59	21.20	+12 +1	36.47	12.94	− 2 +7

δ	sec δ	tg δ	δ	sec δ	tg δ	δ	sec δ	tg δ
+87° 6′ 10″	+19.785	+19.759	+87° 6′ 20″	+19.804	+19.778	+87° 6′ 40″	+19.842	+19.816
20	+19.804	+19.778	30	+19.823	+19.797	50	+19.861	+19.835

$\alpha_{1958.0} = 7^h\ 21^m\ 34^s.53$ $\delta_{1958.0} = +87°\ 6'\ 39''.61$

* Tag der doppelten unteren Kulmination: Juli 12.

Scheinbare Sternörter 1958

Obere Kulmination Greenwich

Nd) 51 Hev. Cephei $5^m_{.}26$

Tag	September			Oktober			November			Dezember		
	AR	Dekl.	☾ Glieder	AR.	Dekl.	☾ Glieder	AR.	Dekl.	☾ Glieder	AR.	Dekl.	☾ Glieder
	$7^h\ 21^m$	+ 87° 6′	in s ″ 0.01 0.01	$7^h\ 21^m$	+ 87° 6′	in s ″ 0.01 0.01	$7^h\ 22^m$	+ 87° 6′	in s ″ 0.01 0.01	$7^h\ 22^m$	+ 87° 6′	in s ″ 0.01 0.01
	s	″		s	″		s	″		s	″	
1	36.47	12.94	−2 +7	49.95	8.00	−11 +2	5.42	7.16	−6 −6	18.84	10.92	+5 −4
2	36.87	12.72	−6 +6	50.44	7.90	−12 0	5.91	7.21	−2 −6	19.22	11.12	+7 −1
3	37.27	12.50	−10 +4	50.93	7.81	−11 −3	6.40	7.27	+2 −5	19.60	11.32	+7 +3
4	37.68	12.29	−12 +2	51.42	7.72	−9 −5	6.88	7.33	+5 −3	19.97	11.53	+5 +6
5	38.09	12.08	−12 −1	51.91	7.63	−5 −6	7.37	7.40	+7 +1	20.34	11.74	+1 +8
6	38.51	11.87	−10 −4	52.41	7.55	−1 −6	7.85	7.47	+7 +4	20.70	11.96	−4 +8
7	38.93	11.67	−8 −6	52.91	7.47	+4 −4	8.33	7.55	+4 +7	21.06	12.18	−8 +6
8	39.35	11.47	−3 −6	53.41	7.40	+7 −1	8.81	7.63	−1 +8	21.41	12.41	−11 +3
9	39.78	11.27	+2 −5	53.91	7.33	+7 +2	9.28	7.72	−5 +7	21.76	12.64	−11 −1
10	40.21	11.08	+6 −3	54.41	7.27	+6 +6	9.75	7.81	−9 +5	22.09	12.87	−8 −5
11	40.64	10.89	+8 0	54.91	7.21	+3 +8	10.22	7.91	−11 +1	22.42	13.11	−4 −7
12	41.08	10.71	+8 +3	55.41	7.16	−2 +8	10.69	8.02	−9 −3	22.75	13.35	+2 −8
13	41.52	10.53	+6 +6	55.92	7.11	−6 +6	11.15	8.12	−6 −6	23.07	13.59	+8 −8
14	41.96	10.35	+2 +8	56.42	7.07	−9 +3	11.61	8.24	0 −8	23.38	13.84	+12 −5
15	42.41	10.18	−3 +7	56.92	7.03	−9 −1	12.07	8.36	+6 −8	23.68	14.09	+14 −2
16	42.86	10.01	−7 +5	57.42	7.00	−7 −5	12.53	8.48	+10 −7	23.98	14.34	+13 +1
17	43.31	9.85	−9 +1	57.93	6.97	−3 −8	12.98	8.61	+13 −4	24.27	14.60	+11 +4
18	43.77	9.69	−8 −3	58.43	6.95	+3 −9	13.43	8.74	+14 −1	24.55	14.86	+7 +6
19	44.23	9.53	−5 −6	58.93	6.93	+8 −8	13.87	8.88	+13 +2	24.83	15.13	+2 +6
20	44.69	9.38	0 −8	59.43	6.92	+12 −6	14.31	9.02	+9 +5	25.10	15.40	−3 +6
21	45.16	9.23	+5 −8	59.94	6.91	+14 −3	14.74	9.17	+5 +6	25.36	15.67	−6 +4
22	45.63	9.09	+9 −7	60.44	6.91	+13 +1	15.17	9.32	0 +6	25.61	15.95	−9 +2
23	46.10	8.95	+12 −5	60.94	6.91	+11 +3	15.60	9.48	−4 +5	25.85	16.22	−10 0
24	46.57	8.82	+13 −1	61.44	6.92	+7 +5	16.02	9.64	−8 +3	26.09	16.50	−10 −3
25	47.05	8.69	+12 +2	61.94	6.93	+2 +6	16.44	9.81	−10 +1	26.32	16.79	−7 −5
26	47.52	8.56	+9 +4	62.44	6.95	−2 +6	16.85	9.98	−10 −1	26.54	17.07	−4 −6
27	48.01	8.44	+5 +6	62.94	6.97	−6 +5	17.26	10.16	−9 −4	26.76	17.36	0 −6
28	48.49	8.32	0 +6	63.44	7.00	−9 +3	17.66	10.34	−7 −5	26.97	17.65	+4 −4
29	48.97	8.21	−4 +6	63.94	7.03	−11 +1	18.06	10.53	−3 −6	27.17	17.95	+7 −2
30	49.46	8.10	−8 +4	64.43	7.07	−11 −2	18.45	10.72	+1 −6	27.36	18.24	+8 +1
31	49.95	8.00	−11 +2	64.93	7.11	−9 −4	18.84	10.92	+5 −4	27.54	18.54	+7 +4
32				65.42	7.16	−6 −6				27.71	18.84	+4 +7

δ	sec δ	tg δ	δ	sec δ	tg δ
+87° 6′ 0″	+19.766	+19.740	+87° 6′ 10″	+19.785	+19.759
10	+19.785	+19.759	20	+19.804	+19.778

$\alpha_{1958.0} = 7^h\ 21^m\ 34^s 53$ $\delta_{1958.0} = +87°\ 6'\ 39''61$

Obere Kulmination Greenwich

Nc) I Hev. Draconis $4^m.58$

Tag	Januar AR.	Januar Dekl.	Januar ☾ Glieder	Februar AR.	Februar Dekl.	Februar ☾ Glieder	März AR.	März Dekl.	März ☾ Glieder	April AR.	April Dekl.	April ☾ Glieder
	$9^h 31^m$	$+81° 30'$	in s 0.01 | " 0.01	$9^h 31^m$	$+81° 30'$	in s 0.01 | " 0.01	$9^h 31^m$	$+81° 30'$	in s 0.01 | " 0.01	$9^h 31^m$	$+81° 30'$	in s 0.01 | " 0.01
	s	"		s	"		s	"		s	"	
1	21.28	30.24	−4 +7	24.17	37.62	−3 −3	24.39	46.40	0 −5	22.07	54.43	+4 +2
2	21.42	30.41	−5 +5	24.22	37.91	−1 −5	24.35	46.70	+2 −5	21.96	54.63	+3 +5
3	21.55	30.59	−5 +1	24.27	38.20	+1 −6	24.31	47.00	+3 −3	21.85	54.83	+1 +7
4	21.67	30.78	−4 −2	24.31	38.49	+3 −5	24.27	47.29	+4 0	21.74	55.02	−1 +7
5	21.79	30.97	−2 −5	24.35	38.79	+4 −2	24.22	47.59	+4 +3	21.62	55.21	−2 +5
6	21.91	31.16	0 −6	24.39	39.08	+4 +1	24.17	47.88	+2 +6	21.51	55.39	−3 +2
7	22.03	31.36	+2 −6	24.42	39.38	+3 +4	24.12	48.17	+1 +7	21.39	55.57	−3 −2
8	22.14	31.56	+4 −4	24.46	39.68	+2 +6	24.07	48.46	−1 +6	21.28	55.74	−2 −6
9	22.26	31.77	+4 −1	24.49	39.98	0 +6	24.01	48.74	−3 +4	21.16	55.90	−1 −9
10	22.37	31.98	+4 +2	24.52	40.28	−2 +5	23.96	49.03	−3 0	21.04	56.06	+1 −10
11	22.48	32.20	+3 +5	24.54	40.59	−3 +2	23.89	49.31	−3 −4	20.92	56.22	+3 −9
12	22.59	32.42	+1 +6	24.56	40.91	−3 −1	23.83	49.59	−2 −7	20.80	56.37	+4 −7
13	22.70	32.65	−1 +6	{24.57 {24.58	41.22 41.53	−3 −5} −1 −8}	23.76	49.87	0 −9	20.67	56.52	+5 −4
14	22.80	32.88	−3 +4	24.59	41.84	0 −9	23.70	50.14	+2 −9	20.55	56.66	+4 −1
15	22.90	33.12	−3 +1	24.60	42.15	+2 −9	23.62	50.41	+3 −8	20.43	56.79	+3 +2
16	23.00	33.35	−3 −2	24.60	42.45	+3 −7	23.55	50.67	+4 −6	20.30	56.92	+2 +4
17	23.09	33.60	−2 −5	24.60	42.76	+4 −4	23.47	50.93	+4 −3	20.17	57.05	+1 +6
18	23.18	33.84	−1 −8	24.60	43.06	+4 −2	23.39	51.19	+4 0	20.04	57.17	−1 +7
19	23.27	34.09	+1 −9	24.60	43.36	+4 +1	23.31	51.45	+3 +3	19.91	57.28	−3 +7
20	23.35	34.34	+2 −8	24.59	43.66	+2 +4	23.23	51.70	+2 +5	19.78	57.39	−4 +5
21	23.43	34.60	+4 −6	24.58	43.97	+1 +7	23.14	51.95	0 +7	19.65	57.50	−4 +3
22	23.51	34.86	+4 −3	24.56	44.28	−1 +8	23.05	52.19	−2 +7	19.52	57.60	−4 +1
23	23.59	35.12	+4 0	24.55	44.58	−3 +8	22.96	52.43	−3 +7	19.39	57.69	−4 −2
24	23.66	35.39	+3 +3	24.53	44.89	−4 +7	22.87	52.67	−4 +5	19.25	57.78	−2 −4
25	23.74	35.66	+2 +6	24.50	45.19	−5 +5	22.78	52.91	5 +3	19.12	57.86	0 −5
26	23.81	35.93	0 +8	24.48	45.50	−5 +2	22.68	53.14	−5 0	18.99	57.94	+2 −4
27	23.87	36.21	−2 +8	24.45	45.80	−4 −1	22.58	53.36	−3 −3	18.86	58.01	+3 −2
28	23.94	36.48	−3 +8	24.42	46.10	−2 −4	22.48	53.59	−1 −5	18.72	58.07	+4 +1
29	24.00	36.76	−4 +6	24.39	46.40	0 −5	22.38	53.80	+1 −5	18.59	58.13	+3 +4
30	24.06	37.05	−5 +3				22.28	54.02	+2 −4	18.45	58.18	+2 +7
31	24.12	37.33	−5 0				22.18	54.23	+4 −1	18.32	58.23	0 +8
32	24.17	37.62	−3 −3				22.07	54.43	+4 +2			

δ	sec δ	tg δ	δ	sec δ	tg δ	δ	sec δ	tg δ
+81° 30′ 30″	+6.772	+6.698	+81° 30′ 40″	+6.774	+6.700	+81° 30′ 50″	+6.776	+6.702
40	+6.774	+6.700	50	+6.776	+6.702	60	+6.779	+6.704

$\alpha_{1958.0} = 9^h\ 31^m\ 15^s.52$ $\delta_{1958.0} = +81°\ 30'\ 52''.64$

N

Scheinbare Sternörter 1958

Obere Kulmination Greenwich

Ne) 1 Hev. Draconis $4^m\!.58$

Tag	Mai AR.	Mai Dekl.	Mai ☾ Glieder		Juni AR.	Juni Dekl.	Juni ☾ Glieder		Juli AR.	Juli Dekl.	Juli ☾ Glieder		August AR.	August Dekl.	August ☾ Glieder	
	$9^h\,31^m$	+ 81° 30′	in s 0.01	in ″ 0.01	$9^h\,31^m$	+ 81° 30′	in s 0.01	in ″ 0.01	$9^h\,31^m$	+ 81° 30′	in s 0.01	in ″ 0.01	$9^h\,31^m$	+ 81° 30′	in s 0.01	in ″ 0.01
	s	″			s	″			s	″			s	″		
1	18.32	58.23	0	+ 8	14.31	56.89	−4	−1	11.48	51.00	0	−8	10.36	41.70	+4	−3
2	18.19	58.27	−2	+ 7	14.20	56.76	−3	−5	11.41	50.74	+2	−9	10.36	41.37	+4	0
3	18.05	58.31	−3	+ 4	14.08	56.62	−1	−8	11.35	50.48	+4	−7	10.36	41.03	+3	+3
4	17.92	58.34	−4	0	13.97	56.48	+1	−9	11.29	50.21	+4	−5	10.37	40.70	+2	+5
5	17.78	58.36	−3	− 4	13.86	56.34	+3	−9	11.23	49.94	+4	−2	10.37	40.36	0	+7
6	17.65	58.38	−2	− 7	13.74	56.19	+4	−7	11.17	49.67	+4	+1	10.38	40.03	−2	+7
7	17.51	58.39	0	− 9	13.63	56.03	+5	−4	11.11	49.40	+3	+4	10.39	39.69	−3	+6
8	17.38	58.40	+2	−10	13.53	55.87	+4	−1	11.05	49.12	+1	+6	10.40	39.35	−4	+4
9	17.24	58.40	+4	− 8	13.42	55.71	+3	+2	11.00	48.84	−1	+7	10.41	39.01	−5	+2
10	17.11	58.39	+5	− 6	13.31	55.54	+2	+5	10.95	48.55	−2	+7	10.43	38.67	−4	−1
11	16.97	58.38	+5	− 3	13.20	55.37	0	+6	10.90	48.26	−4	+6	10.45	38.33	−3	−3
12	16.84	58.37	+4	+ 1	13.10	55.19	−1	+7	10.85	47.97	−4	+3	10.47	37.99	−1	−5
13	16.71	58.35	+3	+ 4	13.00	55.00	−3	+6	10.81	47.68	−4	0	10.49	37.65	+1	−6
14	16.57	58.32	+1	+ 6	12.90	54.82	−4	+4	10.77	47.39	−4	−3	*10.52	37.30	+3	−4
15	16.44	58.29	0	+ 7	12.80	54.62	−4	+2	10.73	47.09	−2	−5	10.54	36.96	+4	−2
16	16.31	58.25	−2	+ 7	12.71	54.43	−4	−1	10.69	46.79	0	−6	10.57	36.62	+4	+1
17	16.18	58.20	−3	+ 6	12.61	54.23	−3	−3	10.65	46.49	+2	−5	10.60	36.28	+3	+4
18	16.05	58.15	−4	+ 4	12.52	54.02	−1	−5	10.61	46.18	+3	−3	10.64	35.93	+1	+6
19	15.92	58.10	−4	+ 1	12.43	53.81	+1	−6	10.58	45.87	+4	−1	10.67	35.59	0	+7
20	15.79	58.04	−4	− 2	12.34	53.60	+2	−5	10.55	45.56	+3	+3	10.71	35.25	−2	+5
21	15.66	57.97	−2	− 4	12.25	53.38	+3	−2	10.52	45.25	+2	+5	10.75	34.90	−3	+2
22	15.54	57.90	−1	− 5	12.17	53.16	+4	+1	10.50	44.94	+1	+7	10.79	34.56	−3	−1
23	15.41	57.82	+1	− 5	12.08	52.93	+3	+4	10.48	44.62	−1	+7	10.84	34.22	−3	−5
24	15.29	57.74	+2	− 3	12.00	52.70	+1	+6	10.46	44.30	−3	+5	10.89	33.88	−1	−8
25	15.16	57.65	+3	0	11.92	52.47	0	+7	10.44	43.98	−4	+1	10.94	33.53	+1	−9
26	15.04	57.55	+3	+ 3	11.84	52.23	−2	+6	10.42	43.66	−3	−2	10.99	33.19	+2	−9
27	14.92	57.46	+2	+ 6	11.77	51.99	−3	+4	10.40	43.34	−2	−5	11.04	32.85	+4	−7
28	14.80	57.35	+1	+ 7	11.69	51.75	−4	0	10.39	43.02	−1	−8	11.09	32.51	+4	−4
29	14.67	57.24	−1	+ 8	11.62	51.50	−3	−3	10.38	42.69	+1	−8	11.15	32.17	+4	−1
30	14.55	57.13	−3	+ 6	11.55	51.25	−2	−7	10.37	42.36	+3	−8	11.21	31.83	+3	+2
31	14.43	57.01	−4	+ 3	11.48	51.00	0	−8	10.37	42.03	+4	−6	11.27	31.49	+2	+4
32	14.31	56.89	−4	− 1					10.36	41.70	+4	−3	11.34	31.15	+1	+6

δ	sec δ	tg	δ	sec δ	tg δ	δ	sec δ	tg δ
+81° 30′30″	+ 6.772	+6.698	+81° 30′ 40″	+6.774	+6.700	+81° 30′ 50″	+6.776	+6.702
40	+ 6.774	+6.700	50	+6.776	+6.702	60	+6.779	+6.704

$\alpha_{1958.0} = 9^h\,31^m\,15^s\!.52$ $\delta_{1958.0} = +81°\,30'\,52''\!.64$

* Tag der doppelten unteren Kulmination: Aug. 14

Scheinbare Sternörter 1958

Obere Kulmination Greenwich

Ne) 1 Hev. Draconis $4^{m}.58$

Tag	September				Oktober				November				Dezember			
	AR.	Dekl.	☾ Glieder		AR.	Dekl.	☾ Glieder		AR.	Dekl.	☾ Glieder		AR	Dekl.	☾ Glieder	
	$9^{h}\ 31^{m}$	$+81°\ 30'$	in		$9^{h}\ 31^{m}$	$+81°\ 30'$	in		$9^{h}\ 31^{m}$	$+81°\ 30'$	in		$9^{h}\ 31^{m}$	$+81°\ 30'$	in	
	s	″	s 0.01	″ 0.01	s	″	s 0.01	″ 0.01	s	″	s 0.01	″ 0.01	s	″	s 0.01	″ 0.01
1	11.34	31.15	+1	+6	14.14	21.72	−3	+6	18.56	14.70	−3	−3	23.57	12.20	+1	−5
2	11.40	30.81	−1	+7	14.26	21.44	−4	+4	18.72	14.54	−2	−4	23.74	12.21	+2	−3
3	11.47	30.48	−3	+7	14.39	21.16	−5	+2	18.88	14.39	0	−5	23.91	12.22	−3	0
4	11.54	30.14	−4	+5	14.51	20.89	−4	−1	19.05	14.24	+2	−4	24.07	12.23	+3	+3
5	11.61	29.81	−5	+3	14.64	20.62	−3	−3	19.21	14.09	+3	−2	24.24	12.25	+2	+6
6	11.69	29.47	−5	+1	14.77	20.35	−1	−4	19.37	13.95	+3	+1	24.40	12.28	0	+8
7	11.76	29.14	−4	−2	14.90	20.08	+1	−5	19.54	13.82	+3	+5	24.57	12.31	−2	+8
8	11.84	28.81	−2	−4	15.03	19.82	+2	−3	19.71	13.69	+1	+7	24.73	12.35	−3	+6
9	11.92	28.48	0	−5	15.16	19.56	+3	0	19.87	13.57	0	+8	24.90	12.39	−4	+3
10	12.00	28.15	+2	−4	15.30	19.31	+3	+3	20.04	13.45	−2	+7	25.06	12.44	−4	−1
11	12.08	27.82	+3	−2	15.44	19.06	+2	+6	20.20	13.33	−3	+5	25.22	12.49	−3	−5
12	12.17	27.50	+4	0	15.57	18.81	+1	+7	20.37	13.23	−4	+1	25.38	12.55	−1	−8
13	12.26	27.18	+3	+4	15.71	18.57	−1	+8	20.54	13.12	−3	−4	25.54	12.62	+1	−9
14	12.35	26.86	+2	+6	15.85	18.33	−3	+6	20.71	13.02	−2	−7	25.70	12.69	+3	−8
15	12.44	26.54	0	+7	15.99	18.10	−4	+2	20.87	12.93	0	−9	25.86	12.77	+4	−7
16	12.53	26.22	−1	+6	16.13	17.86	−3	−2	21.04	12.84	+2	−10	26.01	12.85	+5	−4
17	12.62	25.90	−3	+4	16.28	17.64	−2	−6	21.21	12.76	+4	−8	26.17	12.94	+4	0
18	12.72	25.59	−3	0	16.42	17.41	−1	−9	21.38	12.68	+5	−6	26.33	13.03	+3	+3
19	12.82	25.27	−3	−4	16.57	17.19	+1	−10	21.55	12.61	+5	−2	26.48	13.13	+2	+5
20	12.92	24.96	−2	−7	16.71	16.97	+3	−9	21.72	12.55	+4	+1	26.63	13.24	0	+6
21	13.02	24.65	0	−9	16.86	16.76	+4	−7	21.89	12.49	+3	+3	26.78	13.35	−1	+6
22	13.13	24.34	+2	−9	17.01	16.55	+5	−4	22.06	12.43	+1	+5	26.93	13.47	−3	+5
23	13.23	24.04	+4	−8	17.16	16.35	+4	−1	22.23	12.38	−1	+6	27.07	13.60	−4	+3
24	13.34	23.74	+4	−6	17.31	16.15	+3	+2	22.40	12.34	−2	+6	27.22	13.73	−4	+1
25	13.45	23.44	+4	−3	17.47	15.95	+2	+4	22.56	12.30	−3	+5	27.36	13.86	4	−2
26	13.56	23.15	+4	+1	17.62	15.76	0	+6	22.73	12.27	−4	+2	27.50	14.00	−2	−4
27	13.67	22.86	+3	+3	17.77	15.57	−1	+6	22.90	12.25	−4	0	27.64	14.15	−1	−5
28	13.79	22.57	+1	+5	17.93	15.39	−3	+6	23.07	12.23	−3	−2	27.78	14.30	+1	−5
29	13.91	22.28	0	+6	18.09	15.21	−4	+4	23.24	12.21	−2	−4	27.92	14.46	+2	−4
30	14.02	22.00	−2	+6	18.24	15.04	−4	+2	23.40	12.21	−1	−5	28.05	14.62	+3	−2
31	14.14	21.72	−3	+6	18.40	14.87	−4	0	23.57	12.20	+1	−5	28.18	14.78	+3	+1
32					18.56	14.70	−3	−3					28.31	14.95	+2	+5

δ	sec δ	tg δ	δ	sec δ	tg δ	δ	sec δ	tg δ
+81° 30′ 10″	+6.768	+6.693	+81° 30′ 20″	+6.770	+6.696	+81° 30′ 30″	+6.772	+6.698
20	+6.770	+6.696	30	+6.772	+6.698	40	+6.774	+6.700

$\alpha_{1958.0} = 9^{h}\ 31^{m}\ 15^{s}.52$ $\delta_{1958.0} = +81°\ 30'\ 52''.64$

Scheinbare Sternörter 1958

Obere Kulmination Greenwich

Nf) 30 Hev. Camelopardalis $5^m_{\cdot}34$

Tag	Januar AR	Januar Dekl.	Januar ☾ Glieder	Februar AR	Februar Dekl.	Februar ☾ Glieder	März AR	März Dekl	März ☾ Glieder	April AR	April Dekl.	April ☾ Glieder
	$10^h 26^m$	+ 82° 46′	in s 0.01 ″ 0.01	$10^h 26^m$	+ 82° 46′	in s 0.01 ″ 0.01	$10^h 26^m$	+ 82° 46′	in s 0.01 ″ 0.01	$10^h 26^m$	+ 82° 46′	in s 0.01 ″ 0.01
	s	″		s	″		s	″		s	″	
1	11.65	0.88	−3 +8	15.90	6.80	−4 −2	17.27	15.39	−1 −5	15.64	24.50	+4 0
2	11.82	0.99	−5 +6	16.00	7.06	−2 −4	17.27	15.70	+1 −5	15.54	24.76	+4 +3
3	11.99	1.11	−5 +3	16.09	7.33	0 −6	17.26	16.02	+3 −4	15.44	25.01	+2 +6
4	12.16	1.23	−5 0	16.18	7.60	+2 −6	17.25	16.33	+4 −2	15.33	25.26	0 +7
5	12.32	1.36	−3 −3	16.26	7.88	+4 −4	17.24	16.64	+4 +1	15.22	25.50	−2 +6
6	12.48	1.49	−1 −6	16.34	8.15	+5 −1	17.22	16.96	+3 +4	15.11	25.74	−3 +3
7	12.64	1.63	+1 −6	16.42	8.43	+4 +2	17.20	17.27	+1 6	15.00	25.97	−4 −1
8	12.80	1.78	+3 −5	16.50	8.71	+3 +5	17.17	17.58	−1 +6	14.89	26.20	−4 −5
9	12.96	1.93	+5 −3	16.57	8.99	+1 +6	17.15	17.89	−3 +4	14.78	26.43	−2 −8
10	13.12	2.09	+5 0	16.64	9.28	−1 +5	17.11	18.20	−4 +1	14.66	26.65	0 −9
11	13.27	2.25	+4 +3	16.70	9.57	−3 +3	17.08	18.50	−4 −2	14.54	26.87	+2 −10
12	13.42	2.42	+2 +5	16.76	9.87	−4 0	17.04	18.81	−3 −6	14.42	27.09	+3 −8
13	13.57	2.59	0 +6	16.82	10.16	−4 −3	17.00	19.12	−1 −8	14.29	27.30	+4 −6
14	13.72	2.77	−2 +5	16.87	10.46	−3 −6	16.95	19.42	+1 −9	14.17	27.50	+5 −3
15	13.86	2.95	−4 +3	16.93	10.76	−1 −8	16.90	19.72	+3 −9	14.04	27.70	+4 0
16	14.00	3.14	−4 −1	16.97	11.06	+1 −9	16.85	20.02	+4 −7	13.91	27.90	+3 +3
17	14.14	3.34	−3 −4	17.02	11.36	+3 −8	16.80	20.32	+4 −4	13.78	28.09	+2 +6
18	14.27	3.53	−2 −7	17.06	11.67	+4 −6	16.74	20.61	+4 −1	13.64	28.27	0 +7
19	14.41	3.74	0 −8	17.10	11.97	+4 −3	16.68	20.91	+4 +2	13.51	28.45	−2 +7
20	14.54	3.95	+2 −8	17.13	12.27	+4 0	16.62	21.20	+2 +4	13.37	28.63	−4 +7
21	14.67	4.16	+3 −7	17.16	12.58	+3 +3	16.56	21.49	+1 +6	13.23	28.80	−5 +5
22	14.79	4.38	+4 −5	17.19	12.89	+2 +6	16.49	21.78	−1 +8	13.09	28.96	−5 +2
23	14.91	4.60	+4 −2	17.21	13.20	0 +8	16.42	22.06	−3 +8	12.95	29.12	−4 0
24	15.03	4.83	+4 +1	17.23	13.51	−2 +8	16.34	22.35	−4 +7	12.81	29.28	−3 −3
25	15.15	5.06	+3 +4	17.25	13.82	−4 +8	16.26	22.62	−5 +5	12.66	29.43	−1 −4
26	15.27	5.30	+1 +7	17.26	14.14	−5 +6	16.18	22.90	−5 +2	12.52	29.57	+1 −5
27	15.38	5.54	−1 +8	{17.27 {17.27	14.45 14.76	−5 +3} −5 0}	16.10	23.17	−4 −1	12.37	29.71	+3 −3
28	15.49	5.78	−3 +9	17.28	15.07	−3 −3	16.01	23.44	−2 −4	12.23	29.85	+4 −1
29	15.60	6.03	−4 +7	17.27	15.39	−1 −5	15.92	23.71	0 −5	12.08	29.98	+4 +3
30	15.70	6.28	−5 +5				15.83	23.98	+2 −4	11.93	30.10	+3 +5
31	15.80	6.54	−5 +2				15.74	24.24	+4 −3	11.78	30.22	+1 +7
32	15.90	6.80	−4 −2				15.64	24.50	+4 0			

δ	sec δ	tg δ	δ	sec δ	tg δ	δ	sec δ	tg δ
+82° 46′ 0″	+7.942	+7.879	+82° 46′ 10″	+7.945	+7.882	+82° 46′ 30″	+7.951	+7.888
10	+7.945	+7.882	20	+7.948	+7.885	40	+7.954	+7.891

$\alpha_{1958.0} = 10^h\ 26^m\ 7^s_{\cdot}96$ $\delta_{1958.0} = +82°\ 46'\ 25''_{\cdot}28$

Scheinbare Sternörter 1958

Obere Kulmination Greenwich

Nf) 30 Hev. Camelopardalis $5^m\!.34$

Tag	Mai AR	Mai Dekl.	Mai ☾ Glieder s	Mai ☾ Glieder ″	Juni AR.	Juni Dekl.	Juni ☾ Glieder s	Juni ☾ Glieder ″	Juli AR.	Juli Dekl	Juli ☾ Glieder s	Juli ☾ Glieder ″	August AR.	August Dekl.	August ☾ Glieder s	August ☾ Glieder ″
	10h 26m	+ 82° 46′	in 0.01	in 0.01	10h 26m	+ 82° 46′	in 0.01	in 0.01	10h 26m	+ 82° 46′	in 0.01	in 0.01	10h 25m	+ 82° 46′	in 0.01	in 0.01
	s	″			s	″			s	″			s	″		
1	11.78	30.22	+1	+ 7	6.95	31.07	-4	0	2.86	26.88	-1	-8	60.30	18.47	+4	-5
2	11.63	30.33	-1	+ 7	6.79	31.00	-4	-4	2.75	26.67	+1	-9	60.25	18.15	+4	-2
3	11.47	30.44	-3	+ 5	6.64	30.93	-2	-7	2.64	26.45	+3	-8	60.21	17.83	+4	+2
4	11.32	30.54	4	+ 2	6.49	30.86	0	-9	2.53	26.23	+4	-6	60.17	17.50	+2	+4
5	11.17	30.64	-4	- 2	6.34	30.78	+2	-9	2.42	26.00	+5	-4	60.13	17.18	+1	+6
6	11.01	30.73	-3	- 6	6.19	30.69	+4	-8	2.32	25.77	+4	-1	60.09	16.85	-1	+7
7	10.86	30.81	-1	- 9	6.05	30.60	+5	-6	2.21	25.53	+3	+2	60.06	16.52	-3	+7
8	10.71	30.89	+1	-10	5.90	30.51	+5	-3	2.11	25.29	+2	+5	60.03	16.18	-4	+6
9	10.55	30.96	+3	- 9	5.75	30.41	+4	+1	2.01	25.05	0	+7	60.00	15.85	-5	+4
10	10.40	31.03	+4	- 7	5.61	30.30	+3	+4	1.91	24.80	-2	+7	59.97	15.51	-5	+1
11	10.24	31.09	+5	- 4	5.47	30.19	+1	+6	1.81	24.55	-3	+7	59.95	15.18	-4	-2
12	10.08	31.15	+5	- 1	5.32	30.07	-1	+7	1.72	24.29	-5	+5	59.92	14.83	-2	-4
13	9.93	31.20	+4	+ 2	5.18	29.95	-2	+7	1.63	24.03	-5	+2	59.90	14.49	0	-5
14	9.77	31.24	+2	+ 4	5.04	29.82	-4	+6	1.54	23.77	-4	-1	59.89	14.15	+2	-5
15	9.61	31.28	0	+ 6	4.90	29.68	-5	+4	1.45	23.50	-3	-3	59.87	13.80	+4	-3
16	9.45	31.32	-2	+ 7	4.76	29.55	-5	+1	1.37	23.23	-1	-5	59.86	13.45	+4	0
17	9.30	31.35	-3	+ 7	4.63	29.40	-4	-2	1.28	22.96	+1	-6	59.85	13.11	+4	+3
18	9.14	31.37	-4	+ 5	4.49	29.25	-2	-4	1.20	22.68	+3	-4	59.84	12.75	+2	+5
19	8.98	31.39	-5	+ 3	4.35	29.10	0	-5	1.12	22.40	+4	-2	59.84	12.40	0	+6
20	8.82	31.40	-4	0	4.22	28.94	+2	-5	1.04	22.12	+4	+1	59.84	12.05	-2	+6
21	8.66	31.40	-3	- 2	4.09	28.77	+3	-3	0.96	21.83	+3	+4	59.83	11.70	-3	+4
22	8.50	31.40	-1	- 5	3.96	28.60	+4	-1	0.89	21.54	+1	+6	59.84	11.34	-4	0
23	8.35	31.39	+1	- 5	3.83	28.43	+4	+3	0.82	21.25	-1	+7	59.84	10.99	-4	-3
24	8.19	31.38	+3	- 4	3.70	28.25	+2	+5	0.75	20.95	-3	+5	59.85	10.63	-2	-6
25	8.03	31.36	+4	- 2	3.58	28.07	0	+7	0.69	20.65	-4	+3	59.86	10.28	0	8
26	7.88	31.34	+4	+ 1	3.45	27.88	-2	+7	0.62	20.35	-4	0	59.87	9.92	+2	-9
27	7.72	31.31	+3	+ 4	3.33	27.69	-3	+5	0.56	20.04	-3	-4	59.88	9.56	+3	-8
28	7.56	31.27	+1	+ 7	3.21	27.49	-4	+2	0.51	19.73	-2	-7	*59.90	9.20	+4	-6
29	7.41	31.23	-1	+ 8	3.10	27.29	-4	-2	0.45	19.42	0	-8	59.92	8.84	+4	-3
30	7.25	31.18	-3	+ 7	2.98	27.09	-3	-5	0.40	19.11	+2	-8	59.94	8.48	+4	0
31	7.10	31.13	-4	+ 4	2.86	26.88	-1	-8	0.35	18.79	+4	-7	59.97	8.12	+3	+3
32	6.95	31.07	-4	0					0.30	18.47	+4	-5	59.99	7.76	+2	+5

δ	sec δ	tg δ	δ	sec δ	tg δ	δ	sec δ	tg δ
+82° 46′ 0″	+7.942	+7.879	+82° 46′ 10″	+7.945	+7.882	+82° 46′ 30″	+7.951	+7.888
10	+7.945	+7.882	20	+7.948	+7.885	40	+7.954	+7.891

$\alpha_{1958.0} = 10^h\,26^m\,7^s\!.96$ $\delta_{1958.0} = +82°\,46'\,25''\!.28$

* Tag der doppelten unteren Kulmination: Aug. 28.

Scheinbare Sternörter 1958

Obere Kulmination Greenwich

Nf) 30 Hev. Camelopardalis $5^{m}.34$

Tag	September AR.	September Dekl.	September ☾ Glieder		Oktober AR.	Oktober Dekl.	Oktober ☾ Glieder		November AR.	November Dekl.	November ☾ Glieder		Dezember AR.	Dezember Dekl.	Dezember ☾ Glieder	
	$10^h 25^m$ s	+82° 45′ ″	in 0.01 s	0.01 ″	$10^h 26^m$ s	+82° 45′ ″	in 0.01 s	0.01 ″	$10^h 26^m$ s	+82° 45′ ″	in 0.01 s	0.01 ″	$10^h 26^m$ s	+82° 45′ ″	in 0.01 s	0.01 ″
1	59.99	67.76	+2	+5	1.98	57.17	−3	+7	6.12	48.17	−4	−1	11.56	43.33	+1	−5
2	60.02	67.40	0	+7	2.08	56.84	−4	+5	6.29	47.94	−3	−3	11.75	43.26	+2	−4
3	60.06	67.04	−2	+7	2.19	56.51	−5	+3	6.45	47.71	−1	−4	11.94	43.19	+3	−1
4	60.09	66.68	−4	+7	2.29	56.18	−5	+1	6.62	47.49	+1	−4	12.13	43.12	+4	+2
5	60.13	66.32	−5	+5	2.40	55.86	−4	−2	6.79	47.27	+3	−3	12.33	43.06	+3	+5
6	60.17	65.96	−5	+3	2.51	55.53	−2	−3	6.96	47.05	+4	0	12.52	43.01	+1	+7
7	60.21	65.60	−4	0	2.63	55.21	0	−4	7.13	46.84	+3	+3	12.71	42.96	−1	+8
8	60.26	65.24	−3	−3	2.74	54.89	+2	−4	7.30	46.63	+2	+6	12.90	42.92	−3	+7
9	60.31	64.88	−1	−5	2.86	54.57	+3	−2	7.48	46.43	0	+8	13.09	42.89	−4	+5
10	60.36	64.52	+1	−5	2.98	54.26	+4	+1	7.65	46.24	−2	+8	13.29	42.86	−4	+1
11	60.41	64.16	+3	−3	3.10	53.95	+3	+4	7.83	46.05	−3	+6	13.48	42.84	−4	−4
12	60.46	63.80	+4	−1	3.23	53.65	+2	+6	8.01	45.86	−4	+2	13.67	42.82	−2	−7
13	60.52	63.45	+4	+2	3.36	53.34	0	+7	8.18	45.68	−4	−2	13.86	42.81	0	−9
14	60.58	63.09	+3	+5	3.49	53.04	−2	+6	8.36	45.51	−3	−6	14.05	42.81	+3	−9
15	60.64	62.73	+1	+6	3.62	52.74	−4	+4	8.55	45.34	−1	−9	14.24	42.81	+4	−8
16	60.71	62.37	−1	+7	3.75	52.44	−4	0	8.73	45.17	+1	−10	14.43	42.82	+5	−6
17	60.78	62.02	−3	+5	3.88	52.15	−3	−4	8.91	45.01	+3	−9	14.62	42.83	+5	−2
18	60.85	61.66	−4	2	4.02	51.86	−2	−8	9.09	44.86	+5	−7	14.81	42.85	+4	+1
19	60.92	61.31	−4	−2	4.16	51.57	0	−10	9.28	44.71	+5	−4	15.00	42.88	+3	+4
20	60.99	60.96	−3	−6	4.30	51.29	+2	−10	9.46	44.56	+4	−1	15.19	42.92	+1	+5
21	61.07	60.60	−1	−8	4.44	51.01	+4	−8	9.65	44.42	+3	+2	15.37	42.96	−1	+6
22	61.15	60.25	+1	−9	4.59	50.73	+5	−6	9.84	44.29	+2	+4	15.56	43.00	−3	+6
23	61.23	59.91	+3	−9	4.73	50.46	+5	−3	10.02	44.16	0	+6	15.74	43.05	−4	+4
24	61.32	59.56	+4	−7	4.88	50.19	+4	+1	10.21	44.04	−2	+6	15.93	43.11	−4	+2
25	61.40	59.21	+5	−4	5.03	49.93	+3	+3	10.41	43.92	−3	+6	16.11	43.17	−4	0
26	61.49	58.87	+4	−1	5.18	49.66	+1	+5	10.60	43.81	−4	+4	16.29	43.24	−3	−2
27	61.58	58.52	+3	+2	5.33	49.41	−1	+6	10.79	43.70	−4	+2	16.47	43.32	−2	−4
28	61.68	58.18	+2	+4	5.49	49.15	−2	+6	10.98	43.60	−4	−1	16.65	43.40	0	−5
29	61.78	57.84	0	+6	5.65	48.90	−4	+5	11.17	43.50	−3	−3	16.83	43.49	+2	−5
30	61.88	57.51	−2	+7	5.80	48.65	−5	+4	11.36	43.42	−1	−4	17.01	43.59	+3	−3
31	61.98	57.17	−3	+7	5.96	48.41	−5	+2	11.56	43.33	+1	−5	17.18	43.69	+4	0
32					6.12	48.17	−4	−1					17.35	43.79	+3	+3

δ	sec δ	tg δ	δ	sec δ	tg δ	δ	sec δ	tg δ
+82° 45′ 40″	+7.936	+7.873	+82° 45′ 50″	+7.939	+7.876	+82° 46′ 0″	+7.942	+7.879
50	+7.939	+7.876	60	+7.942	+7.879	10	+7.945	+7.882

$\alpha_{1958.0} = 10^h\, 26^m\, 7^s.96$ $\delta_{1958.0} = +82^\circ\, 46'\, 25''.28$

Obere Kulmination Greenwich

Ng) ε Ursae minoris $4^{m}.40$

Tag	Januar AR.	Januar Dekl.	☾ Glieder		Februar AR.	Februar Dekl.	☾ Glieder	
	16ʰ 50ᵐ	+82° 6′	in s 0.01	in ″ 0.01	16ʰ 50ᵐ	+82° 6′	in s 0.01	in ″ 0.01
	s	″			s	″		
1	0.52	30.55	+2	+4	3.60	21.97	−1	+7
2	0.58	30.22	+2	+6	3.74	21.77	−2	+4
3	0.64	29.89	+1	+8	3.88	21.57	−2	+1
4	0.71	29.57	0	+8	4.01	21.38	−2	−3
5	0.78	29.25	−1	+6	4.15	21.19	−1	−6
6	0.85	28.93	−2	+3	4.30	21.01	0	−8
7	0.92	28.61	−2	−1	4.44	20.84	+1	−8
8	1.00	28.30	−2	−5	4.58	20.67	+2	−6
9	1.08	27.99	−1	−7	4.73	20.51	+2	−2
10	1.16	27.68	0	−8	4.87	20.35	+2	+2
11	1.24	27.37	+1	−7	5.02	20.20	+1	+5
12	1.33	27.07	+2	−4	5.17	20.05	0	+7
13	1.42	26.77	+2	0	5.32	19.92	−1	+7
14	1.51	26.48	+2	+3	5.47	19.78	−2	+6
15	1.61	26.19	+1	+6	5.62	19.66	−3	+3
16	1.71	25.91	−1	+7	5.78	19.54	−3	0
17	1.81	25.63	−2	+7	5.93	19.43	−2	−3
18	1.91	25.35	−2	+5	6.09	19.32	−2	−5
19	2.02	25.08	−3	+2	6.24	19.23	−1	−7
20	2.12	24.81	−3	−1	6.40	19.13	0	−7
21	2.24	24.55	−2	−4	6.56	19.05	+1	−6
22	2.35	24.29	−1	−6	6.72	18.97	+2	−4
23	2.47	24.04	0	−7	6.88	18.90	+3	−2
24	2.58	23.79	+1	−7	7.04	18.83	+3	+1
25	2.71	23.54	+2	−6	7.20	18.77	+2	+4
26	2.83	23.30	+2	−4	7.36	18.72	+2	+7
27	2.95	23.07	+3	−1	7.52	18.67	+1	+8
28	3.08	22.84	+3	+2	7.68	18.63	0	+8
29	3.21	22.61	+2	+5	7.85	18.60	−1	+6
30	3.33	22.39	+1	+8				
31	3.47	22.18	0	+8				
32	3.60	21.97	−1	+7				

Tag	März AR.	März Dekl.	☾ Glieder		April AR.	April Dekl.	☾ Glieder	
	16ʰ 50ᵐ	+82° 6′	in s 0.01	in ″ 0.01	16ʰ 50ᵐ	+82° 6′	in s 0.01	in ″ 0.01
	s	″			s	″		
1	7.85	18.60	−1	+6	12.65	20.78	−1	−6
2	8.01	18.57	−2	+3	12.79	20.95	0	−8
3	8.17	18.55	−2	−1	12.93	21.12	+2	−8
4	8.33	18.54	−1	−5	13.06	21.30	+2	5
5	8.50	18.53	0	−7	13.20	21.49	+2	−1
6	8.66	18.53	+1	−8	13.33	21.68	+2	+2
7	8.82	18.54	+2	−7	13.46	21.87	+1	+5
8	8.98	18.55	+2	−4	13.59	22.07	−1	+7
9	9.15	18.57	+2	0	13.71	22.28	−2	+7
10	9.31	18.60	+1	+4	13.84	22.49	−3	+6
11	9.47	18.63	0	+7	13.96	22.70	−3	+3
12	9.63	18.67	−1	+7	14.08	22.92	−3	−1
13	9.79	18.72	−2	+6	14.20	23.14	−3	−4
14	9.95	18.77	−3	+4	14.31	23.37	−2	−6
15	10.11	18.83	−3	+1	14.43	23.60	−1	−7
16	10.27	18.90	−3	−2	14.54	23.84	0	−7
17	10.43	18.97	−2	−5	14.65	24.08	+1	−6
18	10.58	19.05	−1	−6	14.76	24.33	+2	−4
19	10.74	19.14	0	−7	14.86	24.58	+2	−1
20	10.89	19.23	+1	−6	14.97	24.83	+2	+2
21	11.05	19.32	+2	−5	15.07	25.09	+2	+5
22	11.20	19.42	+2	−3	15.17	25.35	+1	+7
23	11.35	19.53	+3	0	15.27	25.61	0	8
24	11.50	19.65	+2	+3	15.36	25.88	0	+7
25	11.65	19.77	+2	+6	15.45	26.15	−1	+5
26	11.79	19.89	+1	+8	15.54	26.43	−2	+2
27	11.94	20.03	0	+8	15.63	26.71	−1	−2
28	12.08	20.17	−1	+7	15.71	26.99	−1	−5
29	12.23	20.31	−1	+4	15.79	27.27	0	−7
30	12.37	20.46	−2	+1	15.87	27.56	+1	−8
31	12.51	20.62	−1	−3	15.95	27.85	+2	−6
32	12.65	20.78	−1	−6				

δ	sec δ	tg δ	δ	sec δ	tg δ	δ	sec δ	tg δ
+82° 6′ 10″	+7.278	+7.209	+82° 6′ 20″	+7.281	+7.212	+82° 6′ 30″	+7.283	+7.214
20	+7.281	+7.212	30	+7.283	+7.214	40	+7.286	+7.217

$\alpha_{1958.0} = 16^{h}\ 50^{m}\ 11^{s}.84$ $\delta_{1958.0} = +82°\ 6'\ 33''.79$

Scheinbare Sternörter 1958

Obere Kulmination Greenwich

Ng) ε Ursae minoris $4^{m}.40$

Tag	Mai AR.	Mai Dekl.	Mai ☾ Glieder		Juni AR.	Juni Dekl.	Juni ☾ Glieder		Juli AR.	Juli Dekl.	Juli ☾ Glieder		August AR.	August Dekl.	August ☾ Glieder	
	$16^h 50^m$	+ 82° 6′	in s 0.01	in ″ 0.01	$16^h 50^m$	+ 82° 6′	in s 0.01	in ″ 0.01	$16^h 50^m$	+ 82° 6′	in s 0.01	in ″ 0.01	$16^h 50^m$	+ 82° 6′	in s 0.01	in ″ 0.01
	s	″			s	″			s	″			s	″		
1	15.95	27.85	+2	−6	16.98	37.72	+1	+6	15.39	47.21	−3	+4	11.61	53.88	−1	−6
2	16.02	28.15	+2	−3	16.97	38.05	0	+7	15.30	47.48	−3	+1	11.47	54.03	0	−7
3	16.09	28.45	+2	+1	16.95	38.38	−2	+7	15.20	47.75	−3	−3	11.32	54.17	+1	−7
4	16.16	28.75	+1	+5	{ 16.94 { 16.[illegible]2	38.70 39.[illegible]3	−3 −3	+5 } +2 }	15.11	48.01	−2	−5	11.16	54.31	+2	−5
5	16.23	29.05	0	+7	16.89	39.35	−3	−1	15.01	48.27	−1	−7	11.01	54.44	+2	−3
6	16.29	29.36	−1	+8	16.87	39.68	−2	−4	14.91	48.53	0	−7	10.86	54.57	+2	0
7	16.35	29.66	−2	+7	16.84	40.00	−1	−6	14.81	48.78	+1	−6	10.70	54.70	+2	+3
8	16.41	29.97	−3	+4	16.81	40.32	0	−7	14.70	49.03	+2	−4	10.55	54.82	+2	+6
9	16.46	30.28	−3	+1	16.78	40.64	+1	−7	14.60	49.28	+2	−2	10.39	54.94	+1	+8
10	16.51	30.59	−3	−3	16.74	40.96	+2	−6	14.49	49.52	+2	+1	10.23	55.05	0	+8
11	16.56	30.90	−2	−5	16.70	41.28	+2	−3	14.38	49.76	+2	+4	10.07	55.16	−1	+7
12	16.61	31.22	−1	−7	16.66	41.60	+2	−1	14.27	49.99	+1	+6	9.91	55.26	−2	+4
13	16.66	31.54	0	−8	16.62	41.91	+2	+2	14.15	50.23	0	+8	9.75	55.36	−2	0
14	16.70	31.86	+1	−7	16.57	42.22	+2	+5	14.03	50.45	−1	+7	9.58	55.45	−2	−3
15	16.74	32.17	+2	−5	16.52	42.53	+1	+7	13.91	50.68	−1	+5	9.42	55.54	−1	−6
16	16.77	32.49	+2	−2	16.47	42.84	0	+8	13.79	50.90	−2	+2	9.25	55.62	0	−8
17	16.81	32.82	+2	+1	16.42	43.15	−1	+7	13.67	51.12	−2	−1	9.09	55.70	+1	−7
18	16.84	33.14	+2	+4	16.36	43.46	−2	+4	13.55	51.33	−1	−5	8.92	55.77	+2	−5
19	16.87	33.46	+2	+6	16.30	43.76	−2	+1	13.42	51.54	0	−7	8.75	55.84	+2	−2
20	16.90	33.79	+1	+7	16.24	44.06	−2	−3	13.29	51.75	+1	−7	8.58	55.90	+2	+2
21	16.92	34.11	0	+7	16.18	44.36	−1	−5	13.16	51.95	+2	−6	8.41	55.96	+1	+5
22	16.94	34.44	−1	+6	16.11	44.66	0	−7	13.03	52.15	+2	−4	8.24	56.02	0	+7
23	16.96	34.77	−2	+3	16.04	44.95	+1	−7	12.90	52.34	+2	−1	8.07	56.07	−1	+7
24	16.97	35.09	−2	0	15.97	45.24	+2	−5	12.76	52.53	+2	+3	7.89	56.11	−2	+6
25	16.98	35.42	−1	−4	15.89	45.53	+2	−2	12.62	52.71	+1	+6	7.72	56.15	−3	+3
26	16.99	35.75	0	−6	15.82	45.82	+2	+1	12.48	52.89	0	+7	7.55	56.18	−3	0
27	16.99	36.08	+1	−7	15.74	46.10	+1	+5	12.34	53.07	−2	+7	7.38	56.21	−2	−4
28	17.00	36.40	+2	−7	15.65	46.39	0	+7	12.20	53.24	−3	+5	7.20	56.23	−2	−6
29	17.00	36.73	+2	−4	15.57	46.66	−1	+8	12.06	53.41	−3	+2	7.03	56.25	−1	−7
30	16.99	37.06	+2	−1	15.48	46.94	−2	+7	11.91	53.57	−3	−1	6.86	56.26	0	−7
31	16.99	37.39	+2	+3	15.39	47.21	−3	+4	11.76	53.73	−2	−4	6.68	56.27	+1	−6
32	16.98	37.72	+1	+6					11.61	53.88	−1	−6	6.51	56.27	+2	−4

δ	sec δ	tg δ	δ	sec δ	tg δ	δ	sec δ	tg δ
+82° 6′ 20″	+7.281	+7.212	+82° 6′ 30″	+7.283	+7.214	+82° 6′ 50″	+7.288	+7.219
30	+7.283	+7.214	40	+7.286	+7.217	60	+7.291	+7.222

$\alpha_{1958.0} = 16^h\ 50^m\ 11^s.84$ $\delta_{1958.0} = +82°\ 6'\ 33''.79$

Scheinbare Sternörter 1958

Obere Kulmination Greenwich

Ng) ε Ursae minoris $4^{m}.40$

Tag	September			Oktober			November			Dezember		
	AR.	Dekl.	☾ Glieder	AR	Dekl.	☾ Glieder	AR.	Dekl.	☾ Glieder	AR.	Dekl.	☾ Glieder
	$16^h 50^m$ s	+ 82° 6′ ″	in s 0.01 | ″ 0.01	$16^h 49^m$ s	+ 82° 6′ ″	in s 0.01 | ″ 0.01	$16^h 49^m$ s	+ 82° 6′ ″	in s 0.01 | ″ 0.01	$16^h 49^m$ s	+ 82° 6′ ″	in s 0.01 | ″ 0.01
1	6.51	56.27	+2 −4	61.30	54.00	+2 +4	56.84	47.24	−1 +7	54.48	37.57	−2 0
2	6.33	56.27	+2 −1	61.13	53.85	+2 +6	56.73	46.96	−1 +5	54.45	37.22	−1 −4
3	6.15	56.26	+2 +2	60.97	53.69	+1 +7	56.61	46.67	−1 +2	54.41	36.87	0 −6
4	5.98	56.25	+2 +5	60.81	53.53	0 +8	56.50	46.39	−1 −2	*51.38	36.51	+1 −7
5	5.80	56.23	+1 +7	60.65	53.36	−1 +7	56.39	46.09	−1 −5	54.36	36.15	+2 −6
6	5.62	56.21	0 +8	60.49	53.19	−1 +4	56.29	45.80	0 −7	54.33	35.80	+3 −4
7	5.45	56.18	−1 +7	60.33	53.02	−2 0	56.18	45.50	+1 −7	54.31	35.44	+3 0
8	5.27	56.15	−1 +5	60.17	52.84	−1 −3	56.08	45.20	+2 −6	54.29	35.08	+2 +3
9	5.09	56.11	−2 +2	60.01	52.65	0 −6	55.98	44.89	+3 −3	54.28	34.72	+1 +6
10	4.92	56.07	−2 −1	59.86	52.46	+1 −8	55.88	44.58	+2 +1	54.26	34.36	0 +7
11	4.74	56.02	−1 −5	59.71	52.27	+2 −7	55.79	44.27	+2 +5	54.26	34.00	−2 +7
12	4.56	55.97	0 −7	59.55	52.07	+2 −5	55.70	43.96	0 +7	54.25	33.65	−3 +5
13	4.39	55.91	+1 −7	59.40	51.87	+2 −1	55.61	43.64	−1 +8	54.25	33.29	−3 +2
14	4.21	55.85	+2 −6	59.25	51.66	+2 +3	55.52	43.32	−2 +6	54.25	32.93	−3 −2
15	4.03	55.78	+2 −3	59.10	51.45	+1 +6	55.44	43.00	−3 +3	54.26	32.57	−3 −5
16	3.86	55.70	+2 0	58.95	51.23	−1 +7	55.36	42.68	−3 0	54.27	32.22	−2 −7
17	3.68	55.62	+1 +4	58.81	51.01	−2 +7	55.28	42.35	−3 −3	54.28	31.86	0 −8
18	3.51	55.54	0 +6	58.66	50.79	−3 +5	55.20	42.02	−2 −6	54.30	31.50	+1 −7
19	3.34	55.45	−1 +7	58.52	50.56	−3 +2	55.13	41.69	−1 −8	54.31	31.15	+1 −5
20	3.17	55.36	−2 +6	58.38	50.33	−3 −2	55.06	41.36	0 −7	54.34	30.79	+2 −3
21	2.99	55.26	−3 +4	58.24	50.09	−3 −5	55.00	41.02	+1 −6	54.36	30.44	+2 0
22	2.82	55.16	−3 +1	58.10	49.85	−2 −7	54.93	40.68	+2 −4	54.39	30.09	+2 +3
23	2.65	55.05	−3 −2	57.97	49.60	−1 −8	54.87	40.34	+2 −1	54.42	29.73	+1 +5
24	2.48	54.94	−2 −5	57.83	49.36	0 −7	54.81	40.00	+2 +2	54.45	29.38	0 +7
25	2.31	54.82	−1 −7	57.70	49.10	+1 −5	54.75	39.66	+2 +4	54.48	29.04	0 +7
26	2.14	54.69	0 −7	57.57	48.85	+2 −3	54.70	39.32	+1 +6	54.52	28.69	−1 +6
27	1.97	54.56	+1 −6	57.45	48.59	+2 0	54.65	38.97	0 +7	54.56	28.34	−2 +4
28	1.80	54.43	+2 −4	57.32	48.33	+2 +3	54.60	38.62	0 +7	54.61	27.99	−2 +1
29	1.63	54.29	+2 −2	57.20	48.06	+2 +5	54.56	38.27	−1 +5	54.65	27.65	−1 −2
30	1.47	54.15	+2 +1	57.08	47.79	+1 +7	54.52	37.92	−1 +3	54.71	27.31	−1 −5
31	1.30	54.00	+2 +4	56.96	47.52	0 +7	54.48	37.57	−2 0	54.76	26.98	0 −7
32				56.84	47.24	−1 +7				54.82	26.64	+1 −7

δ	sec δ	tg δ	δ	sec δ	tg δ	δ	sec δ	tg δ
+82° 6′ 20″	+7.281	+7.212	+82° 6′ 30″	+7.283	+7.214	+82° 6′ 50″	+7.288	+7.219
30	+7.283	+7.214	40	+7.286	+7.217	60	+7.291	+7.222

$\alpha_{1958.0} = 16^h\,50^m\,11^s.84$ $\delta_{1958.0} = +82°\,6'\,33''.79$

* Tag der doppelten unteren Kulmination: Dez. 4.

Scheinbare Sternörter 1958

Obere Kulmination Greenwich

Nh) δ Ursae minoris $4^{m}.44$

Tag	Januar				Februar				März				April			
	AR.	Dekl	☾ Glieder		AR.	Dekl.	☾ Glieder		AR.	Dekl.	☾ Glieder		AR.	Dekl.	☾ Glieder	
		+	in			+	in			+	in			+	in	
	$17^h 45^m$	86° 36′	s 0.01	″ 0.01	$17^h 45^m$	86° 36′	s 0.01	″ 0.01	$17^h 45^m$	86° 36′	s 0.01	″ 0.01	$17^h 45^m$	86° 36′	s 0.01	″ 0.01
	s	″			s	″			s	″			s	″		
1	15.62	28.97	+8	+2	19.99	19.53	0	+7	28.50	14.42	−1	+6	39.73	14.31	−4	−6
2	15.66	28.64	+7	+5	20.23	19.28	−3	+5	28.85	14.32	−4	+4	40.08	14.41	−1	−8
3	15.71	28.30	+5	+7	20.48	19.03	−5	+2	29.21	14.23	−5	0	40.43	14.51	+2	−8
4	15.76	27.97	+1	+7	20.74	18.78	−6	−2	29.57	14.14	−5	−4	40.77	14.62	+4	−6
5	15.82	27.63	−2	+6	21.00	18.54	−5	−6	29.93	14.06	−4	−7	41.11	14.74	+6	−3
6	15.88	27.30	−5	+4	21.26	18.31	−3	−8	30.28	13.99	−1	−8	41.45	14.86	+6	+1
7	15.96	26.97	−6	0	21.53	18.08	0	−8	30.64	13.92	+2	−7	41.79	14.98	+4	+5
8	16.04	26.64	−6	−4	21.81	17.86	+3	−6	31.01	13.86	+5	−5	42.12	15.11	+1	+7
9	16.12	26.32	−4	−7	22.09	17.64	+5	−3	31.37	13.80	+6	−1	42.45	15.25	−3	+8
10	16.21	25.99	−1	−8	22.37	17.43	+5	0	31.73	13.75	+5	+3	42.78	15.39	−6	+7
11	16.31	25.67	+2	−7	22.66	17.22	+4	+4	32.10	13.71	+2	+6	43.11	15.54	−8	+5
12	16.42	25.35	+4	−5	22.96	17.01	+2	+7	32.46	13.68	−1	+8	43.43	15.70	−9	+1
13	16.54	25.03	+6	−2	23.25	16.81	−2	+8	32.83	13.65	−4	+8	43.75	15.86	−9	−2
14	16.66	24.71	+5	+2	23.56	16.62	−5	+7	33.20	13.63	−7	+6	44.06	16.03	−7	−5
15	16.79	24.40	+3	+5	23.86	16.43	−7	+5	33.57	13.61	−9	+3	44.38	16.20	−4	−6
16	16.92	24.09	+1	+7	24.17	16.25	−8	+2	33.93	13.60	−9	0	44.68	16.37	−1	−7
17	17.07	23.78	−2	+8	24.48	16.08	−8	−1	34.30	13.59	−8	−3	44.98	16.55	+2	−6
18	17.22	23.48	−5	+7	24.80	15.91	−6	−4	34.67	13.60	−6	−5	45.28	16.74	+5	−5
19	17.37	23.17	−7	+4	25.12	15.74	−4	−6	35.04	13.61	−3	−7	45.58	16.93	+7	−3
20	17.53	22.87	−8	+1	25.44	15.58	−1	−7	35.40	13.62	0	−7	45.86	17.12	+8	0
21	17.70	22.57	−7	−2	25.77	15.43	+2	−7	35.77	13.64	+3	−6	46.15	17.32	+7	+3
22	17.88	22.28	−6	−5	26.10	15.28	+5	−6	36.13	13.67	+5	−4	46.43	17.53	+6	+5
23	18.06	21.99	−3	−7	26.44	15.14	+7	−3	36.50	13.71	+7	−2	46.71	17.74	+4	+7
24	18.25	21.70	0	−7	26.77	15.01	+8	−1	36.87	13.75	+8	+1	46.98	17.96	+1	+7
25	18.45	21.42	+3	−7	27.11	14.88	+9	+2	37.23	13.80	+8	+4	47.25	18.17	−2	+6
26	18.65	21.14	+6	−5	27.46	14.76	+8	+5	37.59	13.86	+6	+6	47.52	18.40	−4	+3
27	18.86	20.86	+8	−3	27.80	14.64	+5	+7	37.95	13.92	+3	+7	47.77	18.63	−5	−1
28	19.08	20.59	+9	0	28.15	14.53	+2	+7	38.31	13.99	0	+7	48.03	18.86	−4	−4
29	19.30	20.32	+8	+4	28.50	14.42	−1	+6	38.67	14.06	−3	+5	48.28	19.09	−2	−7
30	19.52	20.05	+6	+6					39.03	14.14	−5	+2	48.52	19.34	+1	−8
31	19.75	19.79	+3	+7					39.38	14.22	−5	−2	48.76	19.58	+4	−7
32	19.99	19.53	0	+7					39.73	14.31	−4	−6				

δ	sec δ	tg δ	δ	sec δ	tg δ
+86° 36′ 10″	+16.875	+16.846	+86° 36′ 20″	+16.889	+16.860
20	+16.889	+16.860	30	+16.903	+16.873

$\alpha_{1958.0} = 17^h\ 45^m\ 42^s.88$ $\delta_{1958.0} = +86°\ 36'\ 26''.18$

Obere Kulmination Greenwich

Nh) δ Ursae minoris $4^m_.44$

Tag	Mai				Juni				Juli				August			
	AR.	Dekl.	☾ Glieder		AR.	Dekl.	☾ Glieder		AR.	Dekl.	☾ Glieder		AR.	Dekl.	☾ Glieder	
	$17^h 45^m$	+ 86° 36′	in s 0.01	in ″ 0.01	$17^h 45^m$	+ 86° 36′	in s 0.01	in ″ 0.01	$17^h 45^m$	+ 86° 36′	in s 0.01	in ″ 0.01	$17^h 45^m$	+ 86° 36′	in s 0.01	in ″ 0.01
	s	″			s	″			s	″			s	″		
1	48.76	19.58	+4	-7	53.30	28.60	+5	+5	51.76	38.51	-7	+6	44.57	46.77	-6	-5
2	48.99	19.83	+6	-5	53.35	28.92	+2	+7	51.61	38.82	-8	+3	44.25	46.98	-3	-7
3	49.22	20.08	+7	-1	53.39	29.25	-2	+8	51.45	39.12	-8	-1	43.94	47.20	0	-7
4	49.45	20.34	+6	+3	53.42	29.57	-6	+7	51.29	39.42	-7	-4	43.62	47.40	+3	6
5	49.66	20.59	+3	+6	53.45	29.89	-8	+4	51.12	39.71	-5	-6	43.30	47.61	+6	-4
6	49.88	20.86	-1	+8	53.47	30.22	-9	+1	50.95	40.01	-2	-7	42.97	47.81	+7	-2
7	50.08	21.12	-4	+8	53.48	30.54	-9	-2	50.77	40.30	+1	-7	42.64	48.01	+8	+1
8	50.28	21.39	-7	+6	53.49	30.86	-7	-5	50.59	40.59	+4	-6	42.31	48.20	+7	+4
9	50.48	21.66	-9	+3	53.49	31.19	-4	-7	50.40	40.88	+6	-3	41.97	48.39	+5	+6
10	50.67	21.94	-9	-1	53.48	31.51	-1	-7	50.20	41.17	+7	0	41.63	48.58	+2	-7
11	50.85	22.22	-8	-4	53.47	31.84	+2	-6	50.00	41.46	+7	+3	41.28	48.76	0	+7
12	51.03	22.50	-6	-6	53.45	32.16	+5	-5	49.79	41.74	+6	+5	40.94	48.93	-3	+5
13	51.20	22.78	-3	-7	53.43	32.49	+7	-2	49.58	42.02	+4	+7	40.58	49.11	-5	+2
14	51.37	23.07	0	-7	53.40	32.81	+8	+1	49.36	42.29	+1	+7	40.23	49.28	-5	-2
15	51.53	23.36	+3	-6	53.36	33.14	+7	+4	49.13	42.57	-2	+6	39.87	49.44	-4	-5
16	51.68	23.65	+6	-4	53.32	33.46	+5	+6	48.91	42.84	-5	+3	39.51	49.60	-2	-8
17	51.83	23.95	+7	-1	53.27	33.78	+2	+7	48.67	43.11	-6	0	39.14	49.75	+1	-8
18	51.97	24.24	+7	+2	53.21 53.15	34.10 34.43	0 -3	+7 +5	48.43	43.38	-5	-4	38.77	49.90	+4	-6
19	52.11	24.54	+6	+5	53.08	34.75	-5	+2	48.19	43.64	-3	-7	38.40	50.05	+6	-3
20	52.24	24.85	+4	+7	53.00	35.07	-5	-2	47.94	43.90	-1	-8	38.03	50.19	+6	+1
21	52.36	25.15	+2	+7	52.92	35.39	-4	-4	47.69	44.16	+3	-7	37.65	50.33	+4	+4
22	52.48	25.46	-1	+6	52.83	35.71	-2	-7	47.43	44.41	+5	-5	37.27	50.46	+1	+7
23	52.59	25.77	-4	+4	52.73	36.02	+1	-8	47.17	44.67	+6	-2	36.88	50.59	-2	+8
24	52.70	26.08	-5	+1	52.63	36.34	+4	-6	46.90	44.91	+6	+2	36.50	50.71	-5	+7
25	52.80	26.39	-5	-3	52.52	36.65	+6	-4	46.62	45.16	+4	+5	36.11	50.83	-7	+5
26	52.89	26.70	-3	-6	52.41	36.97	+7	0	46.35	45.40	+1	+7	35.72	50.95	-8	+2
27	52.97	27.02	0	-8	52.29	37.28	+6	+4	46.06	45.64	-3	+7	35.33	51.06	-8	-2
28	53.05	27.33	+3	-8	52.17	37.59	+3	+6	45.77	45.87	-6	+6	34.93	51.17	-6	-4
29	53.12	27.65	+5	-6	52.04	37.90	0	+8	45.48	46.10	-8	+4	34.53	51.27	-4	-6
30	53.19	27.96	+7	-2	51.90	38.21	-4	+8	45.18	46.33	-8	0	34.13	51.37	-1	-7
31	53.25	28.28	+7	+1	51.76	38.51	-7	+6	44.87	46.55	-8	-3	33.73	51.46	+2	-6
32	53.30	28.60	+5	+5					44.57	46.77	-6	-5	33.33	51.55	+5	-5

δ	sec δ	tg δ	δ	sec δ	tg δ	δ	sec δ	tg δ
+86° 36′ 10″	+16.875	+16.846	+86° 36′ 30″	+16.903	+16.873	+86° 36′ 50″	+16.931	+16.901
20	+16.889	+16.860	40	+16.917	+16.887	60	+16.945	+16.915

$\alpha_{1958.0} = 17^h\, 45^m\, 42^s_.88$ $\delta_{1958.0} = +86°\, 36'\, 26''_.18$

Nh) δ Ursae minoris $4^m.44$

Tag	September AR.	September Dekl.	September ☾ Glieder		Oktober AR	Oktober Dekl.	Oktober ☾ Glieder		November AR	November Dekl.	November ☾ Glieder		Dezember AR	Dezember Dekl.	Dezember ☾ Glieder	
		+	in s 0.01	in ″ 0.01		+	in s 0.01	in ″ 0.01		+	in s 0.01	in ″ 0.01		+	in s 0.01	in ″ 0.01
	$17^h 45^m$ s	86° 36′ ″			$17^h 45^m$ s	86° 36′ ″			$17^h 45^m$ s	86° 36′ ″			$17^h 44^m$ s	86° 36′ ″		
1	33.33	51.55	+5	−5	20.76	51.93	+ 7	+2	8.68	47.72	0	+7	60.54	39.78	−4	+1
2	32.92	51.64	+7	−3	20.34	51.87	7	+5	8.34	47.51	−2	+5	60.36	39.46	−4	−3
3	32.51	51.71	+8	0	19.92	51.80	+ 5	+7	8.00	47.30	−4	+3	60.19	39.15	−2	−5
4	32.10	51.79	+7	+3	19.50	51.73	+ 2	+7	7.67	47.08	−4	−1	60.02	38.83	0	−7
5	31.69	51.86	+6	+5	19.09	51.65	0	+7	7.34	46.86	−3	−4	59.85	38.51	+4	−7
6	31.28	51.92	+4	+7	18.68	51.56	− 3	+5	7.02	46.63	−1	−7	59.70	38.19	+6	−6
7	30.87	51.98	+1	+7	18.26	51.47	− 4	+1	6.70	46.40	+2	−8	59.55	37.87	+7	−2
8	30.45	52.03	−2	+6	17.85	51.38	− 4	−2	6.38	46.16	+5	−7	59.41	37.54	+7	+1
9	30.03	52.08	−4	+3	17.44	51.28	− 3	−5	6.07	45.92	+7	−4	59.27	37.21	+5	+5
10	29.62	52.13	−5	0	17.03	51.18	− 1	−8	5.76	45.68	+7	−1	59.14	36.89	+2	+7
11	29.20	52.17	−4	−4	16.63	51.07	+ 3	−8	5.46	45.43	+6	+3	59.02	36.56	−2	+8
12	28.78	52.20	−2	−7	16.22	50.96	+ 5	−6	5.16	45.18	+3	+6	58.91	36.22	−6	+7
13	28.36	52.23	0	−8	15.82	50.84	+ 6	−3	4.87	44.93	−1	+8	58.80	35.89	−8	+4
14	27.94	52.26	+3	−7	15.42	50.72	+ 6	+1	4.58	44.67	−4	+7	58.70	35.56	−9	0
15	27.52	52.28	+5	−5	15.02	50.59	+ 4	+5	4.30	44.41	−8	+5	58.60	35.22	−9	−3
16	27.10	52.29	+6	−1	14.63	50.46	+ 1	+7	4.02	44.15	−9	+2	58.51	34.89	−7	−6
17	26.67	52.30	+5	+3	14.23	50.32	− 3	+8	3.75	43.88	−9	−1	58.43	34.55	−4	−7
18	26.25	52.31	+3	+6	13.84	50.18	− 6	+7	3.48	43.61	−8	−4	*58.36	34.21	0	−7
19	25.83	52.31	−1	+8	13.45	50.03	− 9	+4	3.22	43.33	−5	−6	58.29	33.87	+3	−6
20	25.40	52.31	−4	+7	13.06	49.88	−10	+1	2.97	43.05	−2	−7	58.23	33.53	+5	−4
21	24.98	52.30	−7	+6	12.68	49.72	− 9	−3	2.72	42.76	+1	−7	58.18	33.19	+6	−1
22	24.55	52.28	−9	+3	12.30	49.56	− 7	−5	2.47	42.48	+3	−5	58.14	32.85	+6	+2
23	24.13	52.26	−9	−1	11.92	49.40	− 4	−7	2.23	42.19	5	−3	58.10	32.51	+5	+4
24	23.71	52.24	−8	−4	11.55	49.23	− 1	−7	2.00	41.90	+6	0	58.07	32.17	+4	+6
25	23.29	52.21	−5	−6	11.18	49.06	+ 2	−6	1.77	41.61	+6	+3	58.05	31.82	+1	+7
26	22.86	52.17	−2	−7	10.81	48.88	+ 4	−4	1.55	41.31	+5	+5	58.04	31.48	−1	+6
27	22.44	52.13	+1	−7	10.45	48.70	+ 6	−2	1.34	41.01	+3	+7	58.03	31.14	−3	+5
28	22.02	52.09	+3	−5	10.09	48.51	+ 7	+1	1.13	40.70	+1	+7	58.03	30.80	−5	+2
29	21.60	52.04	+6	−3	9.73	48.32	+ 6	+4	0.93	40.40	−2	+6	58.04	30.45	−5	−2
30	21.18	51.99	+7	−1	9.38	48.12	+ 5	+6	•0.73	40.09	−4	+4	58.05	30.11	−4	−5
31	20.76	51.93	+7	+2	9.03	47.92	+ 3	+7	0.54	39.78	−4	+1	58.07	29.77	−1	−7
32					8.68	47.72	0	+7					58.10	29.43	+2	−7

δ	sec δ	tg δ	δ	sec δ	tg δ	δ	sec δ	tg δ
+86° 36′ 20″	+16.889	+16.860	+86° 36′ 30″	+16.903	+16.873	+86° 36′ 40″	+16.917	+16.887
30	+16.903	+16.873	40	+16.917	+16.887	50	+16.931	+16.901

$\alpha_{1958.0} = 17^h\,45^m\,42^s.88$ $\delta_{1958.0} = +86°\,36'\,26''.18$

* Tag der doppelten unteren Kulmination: Dez. 18

Scheinbare Sternörter 1958

Obere Kulmination Greenwich

N1) λ Ursae minoris 6ᵐ.55

Tag	Januar AR	Januar Dekl.	Januar ☾ Glieder		Februar AR.	Februar Dekl.	Februar ☾ Glieder		März AR.	März Dekl.	März ☾ Glieder		April AR.	April Dekl.	April ☾ Glieder	
	$18^h 9^m$ s	+ 89° 3′ ″	in s 0.01	in ″ 0.01	$18^h 9^m$ s	+ 89° 3′ ″	in s 0.01	in ″ 0.01	$18^h 10^m$ s	+ 89° 3′ ″	in s 0.01	in ″ 0.01	$18^h 10^m$ s	+ 89° 3′ ″	in s 0.01	in ″ 0.01
1	22.48	20.32	+35	+1	33.40	10.70	+ 3	+7	1.06	4.92	− 3	+7	40.52	3.76	−18	−5
2	22.44	19.99	+31	+4	34.14	10.43	−10	+5	2.25	4.79	−15	+4	41.79	3.82	− 8	−8
3	22.43	19.66	+22	+6	34.90	10.17	−21	+2	3.46	4.66	−22	+1	43.06	3.89	+ 3	−8
4	22.45	19.33	+ 9	+7	35.69	9.91	−26	−1	4.68	4.54	−23	−3	44.32	3.96	+15	−7
5	22.49	19.00	− 5	+7	36.49	9.65	−23	−5	5.90	4.43	−17	−6	45.57	4.04	+22	−4
6	22.56	18.67	−18	+4	37.31	9.40	−15	−7	7.14	4.32	− 6	−8	46.82	4.13	+23	+1
7	22.66	18.34	−25	+1	38.16	9.15	− 3	−8	8.38	4.22	+ 6	−8	48.06	4.22	+18	+4
8	22.78	18.01	−26	−3	39.02	8.91	+10	−7	9.63	4.13	+16	−5	49.29	4.32	+ 6	+7
9	22.93	17.69	−21	−6	39.90	8.67	+18	−4	10.89	4.04	+21	−2	50.51	4.43	− 8	+8
10	23.11	17.36	−10	−8	40.80	8.43	+21	0	12.15	3.96	+20	+2	51.72	4.54	−21	+8
11	23.31	17.04	+ 4	−8	41.72	8.20	+18	+4	13.42	3.89	+12	+6	52.92	4.65	−32	+6
12	23.54	16.71	+16	−6	42.66	7.98	+ 9	+7	14.69	3.82	0	+8	54.12	4.77	−36	+2
13	23.80	16.39	+22	−2	43.62	7.76	− 4	+8	15.97	3.76	−14	+8	55.30	4.90	−35	−1
14	24.08	16.07	+23	+2	44.60	7.54	−16	+8	17.26	3.70	−25	+7	56.47	5.03	−29	−4
15	24.39	15.76	+16	+5	45.59	7.33	−26	+6	18.54	3.65	−32	+4	57.64	5.17	−19	−6
16	24.72	15.44	+ 6	+7	46.60	7.12	−31	+3	19.83	3.61	−35	+1	58.79	5.31	− 7	−7
17	25.08	15.12	− 6	+8	47.63	6.92	−32	0	21.13	3.57	−31	−2	59.93	5.46	+ 5	−7
18	25.47	14.81	−18	+7	48.67	6.72	27	−3	22.42	3.54	−24	−5	61.06	5.62	+16	−6
19	25.88	14.50	−27	+5	49.73	6.53	−19	−5	23.72	3.52	−13	−6	62.17	5.78	+25	−3
20	26.31	14.19	−31	+2	50.80	6.34	− 8	−7	25.02	3.50	− 2	−7	63.27	5.94	+30	−1
21	26.77	13.88	−30	−1	51.89	6.16	+ 4	−7	26.31	3.49	+10	−6	64.36	6.11	+31	+2
22	27.25	13.58	−25	−4	52.99	5.99	+16	−6	27.61	3.48	+21	−5	65.44	6.28	+27	+5
23	27.76	13.28	−15	−6	54.11	5.82	+26	−4	28.91	3.48	+29	−3	66.50	6.46	+19	+7
24	28.29	12.98	− 4	−7	55.24	5.66	+33	−2	30.21	3.49	+33	0	67.55	6.64	+ 8	+7
25	28.85	12.69	+ 9	−7	56.38	5.50	+35	+1	31.50	3.50	+33	+3	68.58	6.83	− 4	+6
26	29.43	12.39	+21	−6	57.53	5.34	+32	+4	32.80	3.52	+27	+6	69.60	7.02	−14	+3
27	30.03	12.10	+31	−4	58.70	5.20	+24	+6	34.09	3.54	+17	+7	70.60	7.22	−19	0
28	30.66	11.82	+36	0	59.87	5.06	+11	+7	35.39	3.57	+ 4	+7	71.59	7.42	−18	−4
29	31.31	11.53	+35	+3	61.06	4.92	− 3	+7	36.68	3.61	− 8	+5	72.56	7.63	−11	−7
30	31.99	11.25	+29	+6					37.96	3.65	−17	+2	73.51	7.84	0	−8
31	32.68	10.98	+17	+7					39.24	3.70	−21	−2	74.45	8.06	+12	−8
32	33.40	10.70	+ 3	+7					40.52	3.76	−18	−5				

δ	sec δ	tg δ	δ	sec δ	tg δ	δ	sec δ	tg δ
+89° 3′ 0″	+60 314	+60 306	+89° 3′ 10″	+60.491	+60 483	+89° 3′ 20″	+60.669	+60 661
10	+60 491	+60 483	20	+60.669	+60.661	30	+60.848	+60.840

$\alpha_{1958.0} = 18^h\ 11^m\ 0^s.26$ $\delta_{1958.0} = +89°\ 3'\ 14''.82$

Scheinbare Sternörter 1958

Obere Kulmination Greenwich

Ni) λ Ursae minoris $6^m_{\cdot}55$

Tag	Mai AR.	Mai Dekl.	Mai ☾ Glieder	Juni AR.	Juni Dekl.	Juni ☾ Glieder
	$18^h\ 11^m$	+ 89° 3′	in s 0.01 ″ 0.01	$18^h\ 11^m$	+ 89° 3′	in s 0.01 ″ 0.01
	s	″		s	″	
1	14.45	8.06	+12 −8	33.88	16.47	+21 +4
2	15.37	8.28	+22 −5	34.16	16.78	+10 +7
3	16.27	8.51	+26 −1	34.42	17.09	− 5 +8
4	17.16	8.74	+24 +3	34.66	17.41	−19 +8
5	18.03	8.97	+15 +6	34.88	17.72	−30 +5
6	18.88	9.21	+ 1 +8	35.07	18.03	−36 +2
7	19.71	9.45	−14 +8	35.24	18.35	−35 −1
8	20.52	9.70	−27 +7	35.38	18.67	−29 −4
9	21.31	9.95	−35 +4	35.50	18.98	−19 −6
10	22.09	10.20	−37 0	35.60	19.30	− 6 −7
11	22.84	10.45	−33 −3	35.68	19.62	+ 7 −7
12	23.58	10.71	−25 −5	35.73	19.94	+18 −5
13	24.30	10.97	−13 −7	35.76	20.26	+26 −3
14	24.99	11.24	0 −7	35.76	20.59	+30 0
15	25.67	11.51	+11 −6	35.75	20.91	+28 +3
16	26.32	11.78	+21 −4	35.71	21.23	+23 +5
17	26.96	12.05	+27 −1	35.65	21.55	+13 +7
18	27.57	12.33	+29 +1	35.56	21.87	+ 1 +7
19	28.16	12.61	+27 +4	35.45	22.20	−11 +5
20	28.73	12.90	+20 +6	35.32	22.52	−19 +3
21	29.28	13.18	+10 +7	35.17	22.84	−22 −1
22	29.81	13.47	− 2 +6	34.99	23.16	−19 −4
23	30.31	13.76	−12 +5	34.79	23.48	−11 −7
24	30.79	14.06	−19 +1	34.56	23.81	+ 1 −8
25	31.26	14.35	−20 −2	{34.32 34.05	24.13 24.45	+13 −7 +23 −4}
26	31.70	14.65	−15 −5	33.76	24.77	+27 −1
27	32.12	14.95	− 5 −8	33.44	25.08	+24 +3
28	32.52	15.25	+ 7 −8	33.10	25.40	+16 +6
29	32.89	15.56	+19 −6	32.74	25.71	+ 3 +8
30	33.24	15.86	+27 −3	32.36	26.03	−12 +8
31	33.57	16.17	+27 +1	31.96	26.34	−24 +6
32	33.88	16.47	+21 +4			

Tag	Juli AR.	Juli Dekl.	Juli ☾ Glieder	August AR.	August Dekl.	August ☾ Glieder
	$18^h\ 11^m$	+ 89° 3′	in s 0.01 ″ 0.01	$18^h\ 10^m$	+ 89° 3′	in s 0.01 ″ 0.01
	s	″		s	″	
1	31.96	26.34	−24 +6	69.12	35.13	−25 −4
2	31.53	26.65	−32 +3	68.08	35.37	−15 −6
3	31.08	26.96	−34 0	67.03	35.61	− 2 −7
4	30.61	27.27	−31 −3	65.96	35.85	+10 −6
5	30.12	27.58	−22 −5	64.87	36.08	+20 −5
6	29.60	27.88	−11 −7	63.77	36.30	+28 −2
7	29.06	28.19	+ 2 −7	62.65	36.53	+32 0
8	28.51	28.49	+13 −6	61.52	36.75	+30 +3
9	27.93	28.80	+24 −4	60.37	36.97	+24 +6
10	27.33	29.10	+30 −1	59.21	37.18	+14 +7
11	26.71	29.40	+31 +2	58.03	37.39	+ 1 +7
12	26.07	29.70	+27 +5	56.84	37.59	−11 +5
13	25.40	29.99	+18 +6	55.63	37.80	−20 +2
14	24.72	30.29	+ 6 +7	54.41	38.00	−23 −2
15	24.02	30.58	− 6 +6	53.17	38.20	−20 −5
16	23.29	30.87	−17 +4	51.92	38.39	−11 −7
17	22.55	31.15	−23 +1	50.66	38.58	+ 1 −8
18	21.78	31.44	−22 −3	49.39	38.76	+12 −7
19	21.00	31.72	−17 −6	48.10	38.94	+21 −3
20	20.20	32.00	− 6 −8	46.80	39.11	+23 0
21	19.38	32.27	+ 7 −7	45.49	39.28	+19 +4
22	18.53	32.55	+17 −5	44.16	39.45	+ 9 +7
23	17.67	32.82	+24 −2	42.83	39.61	− 4 +8
24	16.80	33.08	+24 +2	41.49	39.77	−17 +7
25	15.90	33.35	+18 +5	40.13	39.92	−27 +5
26	14.98	33.61	+ 6 +7	38.77	40.07	−33 +2
27	14.05	33.87	− 7 +8	37.39	40.22	−33 −1
28	13.10	34.13	−19 +7	36.01	40.36	−28 −4
29	12.13	34.39	−29 +4	34.61	40.50	−18 −6
30	11.15	34.64	−33 +1	33.20	40.63	− 7 −7
31	10.14	34.89	−31 −2	31.79	40.76	+ 5 −6
32	9.12	35.13	−25 −4	30.36	40.89	+16 −5

δ	sec δ	tg δ	δ	sec δ	tg δ	δ	sec δ	tg δ
+89° 3′ 0″	+60.314	+60.306	+89° 3′ 20″	+60.669	+60.661	+89° 3′ 40″	+61.028	+61.020
10	+60.491	+60.483	30	+60.848	+60.840	50	+61.209	+61.201

$\alpha_{1958.0} = 18^h\ 11^m\ 0^s_{\cdot}26$ $\delta_{1958.0} = +89°\ 3'\ 14''_{\cdot}82$

Obere Kulmination Greenwich

Nι) λ Ursae minoris $6^m.55$

Tag	September AR.	September Dekl.	September ☾ Glieder		Oktober AR.	Oktober Dekl.	Oktober ☾ Glieder		November AR.	November Dekl.	November ☾ Glieder		Dezember AR.	Dezember Dekl.	Dezember ☾ Glieder	
	$18^h 9^m$ s	$+89° 3'$ ″	in s 0.01	in ″ 0.01	$18^h 8^m$ s	$+89° 3'$ ″	in s 0.01	in ″ 0.01	$18^h 8^m$ s	$+89° 3'$ ″	in s 0.01	in ″ 0.01	$18^h 8^m$ s	$+89° 3'$ ″	in s 0.01	in ″ 0.01
1	90.36	40.89	+16	−5	105.06	42.46	+30	+1	59.53	39.46	+5	+7	26.46	32.47	−18	+1
2	88.93	41.01	+25	−3	103.52	42.44	+28	+4	58.20	39.29	−5	+6	25.65	32.18	−18	−2
3	87.49	41.13	+30	−1	101.98	42.41	+23	+6	56.88	39.11	−13	+3	24.87	31.89	−12	−5
4	86.04	41.24	+31	+2	100.44	42.37	+13	+7	55.58	38.93	−17	0	24.10	31.59	2	−7
5	84.58	41.35	+28	+5	98.91	42.33	+2	+7	54.29	38.74	−15	−4	23.36	31.29	+11	−8
6	83.12	41.45	+20	+6	97.37	42.29	−8	+5	53.01	38.55	−8	−6	22.65	30.99	+22	−6
7	81.65	41.55	+8	+7	95.84	42.24	−16	+2	51.74	38.36	+3	−8	21.95	30.69	+29	−3
8	80.17	41.64	−4	+6	94.31	42.19	−18	−2	50.49	38.16	+15	−7	21.28	30.38	+30	+1
9	78.68	41.73	−14	+4	92.79	42.13	−14	−5	49.26	37.96	+25	−5	20.63	30.08	+23	+4
10	77.19	41.81	−20	0	91.27	42.07	−5	−8	48.04	37.75	+29	−2	20.01	29.77	+11	+7
11	75.70	41.89	−20	−4	89.75	42.00	+6	−8	46.83	37.54	+26	+3	19.41	29.45	−5	+8
12	74.20	41.96	−14	−6	88.24	41.93	+18	−7	45.64	37.32	+15	+6	18.84	29.14	−20	+7
13	72.70	42.03	−3	−8	86.73	41.85	+25	−3	44.47	37.10	+1	+8	18.29	28.82	−32	+5
14	71.19	42.09	+9	−7	85.23	41.77	+26	0	43.31	36.87	−15	+8	17.77	28.51	−37	+1
15	69.67	42.15	+19	−5	83.73	41.68	+19	+4	42.17	36.64	−28	+6	17.27	28.19	−36	−2
16	68.15	42.21	+24	−2	82.24	41.59	+7	+7	41.05	36.41	−37	+3	16.79	27.86	−29	−5
17	66.63	42.26	+21	+2	80.76	41.49	−8	+8	39.94	36.17	−39	0	16.34	27.54	−18	−7
18	65.10	42.31	+13	+6	79.28	41.39	−22	+8	38.85	35.93	−35	−3	15.92	27.21	−5	−7
19	63.57	42.35	0	+8	77.81	41.28	−33	+5	37.78	35.68	−25	−6	15.52	26.89	+7	−6
20	62.03	42.38	−14	+8	76.35	41.17	−38	+2	36.73	35.43	−12	−7	15.15	26.56	+17	−4
21	60.49	42.41	−26	+6	74.89	41.05	−36	−2	35.70	35.18	0	−7	14.80	26.24	+24	−2
22	58.95	42.44	−34	+4	73.45	40.93	−29	−4	34.68	34.92	+12	−5	14.48	25.91	+26	+1
23	57.41	42.46	−35	0	72.01	40.81	−19	−6	33.69	34.66	+20	−3	14.18	25.58	+24	+4
24	55.87	42.48	−32	−3	70.58	40.68	−6	−7	32.71	34.39	+25	−1	*13.91	25.25	+18	+6
25	54.32	42.49	−24	−5	69.16	40.54	+6	−6	31.76	34.13	+26	+2	13.67	24.91	+9	+7
26	52.78	42.50	−12	−6	67.76	40.40	+16	−5	30.82	33.86	+23	+4	13.45	24.58	−1	+6
27	51.23	42.50	0	−7	66.36	40.26	+23	−2	29.91	33.59	+16	−6	13.26	24.25	−11	+5
28	49.69	42.50	+11	−6	64.97	40.11	+27	0	29.02	33.31	+7	+7	13.10	23.92	−18	+2
29	48.15	42.49	+20	−4	63.60	39.95	+27	+3	28.15	33.03	−4	+6	12.96	23.58	−20	−1
30	46.61	42.48	+27	−1	62.23	39.79	+23	+5	27.29	32.75	−12	+4	12.85	23.25	−17	−4
31	45.06	42.46	+30	+1	60.88	39.63	+15	+7	26.46	32.47	−18	+1	12.77	22.91	−8	−7
32					59.53	39.46	+5	+7					12.71	22.58	+4	−8

δ	sec δ	tg δ	δ	sec δ	tg δ	δ	sec δ	tg δ
+89° 3′ 20″	+60.669	+60.661	+89° 3′ 30″	+60.848	+60.840	+89° 3′ 40″	+61.028	+61.020
30	+60.848	+60.840	40	+61.028	+61.020	50	+61.209	+61.201

$\alpha_{1958.0} = 18^h\ 11^m\ 0^s.26$ $\qquad \delta_{1958.0} = +89°\ 3'\ 14''.82$

* Tag der doppelten unteren Kulmination: Dez. 24.

Scheinbare Sternörter 1958

Obere Kulmination Greenwich

Nk) 76 Draconis $5^{m}.69$

Tag	Januar AR	Januar Dekl.	Januar ☾ Glieder s	Januar ☾ Glieder ″	Februar AR	Februar Dekl.	Februar ☾ Glieder s	Februar ☾ Glieder ″	März AR	März Dekl.	März ☾ Glieder s	März ☾ Glieder ″	April AR	April Dekl.	April ☾ Glieder s	April ☾ Glieder ″
	$20^h 45^m$	+ 82° 22′	in 0.01	in 0.01	$20^h 45^m$	+ 82° 22′	in 0.01	in 0.01	$20^h 45^m$	+ 82° 22′	in 0.01	in 0.01	$20^h 45^m$	+ 82° 22′	in 0.01	in 0.01
	s	″			s	″			s	″			s	″		
1	37.72	58.14	+3	−5	*36.03	48.61	+2	+5	37.07	39.64	+2	+6	40.71	32.67	−3	−1
2	37.62	57.87	+3	−2	36.02	48.28	+1	+6	37.15	39.35	0	+6	40.86	32.53	−3	−5
3	37.52	57.60	+3	+2	36.02	47.94	−1	+5	37.24	39.07	−1	+4	41.01	32.39	−2	−7
4	37.43	57.33	+3	+5	36.02	47.61	−2	+3	37.33	38.79	−3	+1	41.16	32.26	−1	−8
5	37.33	57.05	+2	+6	36.02	47.28	−3	0	37.42	38.51	−3	−3	41.31	32.13	0	−6
6	37.25	56.77	0	+6	36.03	46.95	−3	−4	37.51	38.24	−3	−5	41.46	32.01	+2	−3
7	37.16	56.49	−1	+4	36.04	46.61	−3	−6	37.60	37.97	−2	−7	41.62	31.90	+3	+1
8	37.08	56.20	−3	+2	36.06	46.28	−1	−7	37.70	37.70	0	−7	41.77	31.79	+3	+5
9	37.00	55.91	−3	−2	36.07	45.95	0	−6	37.80	37.44	+1	−5	41.93	31.69	+2	+8
10	36.93	55.62	−3	−5	36.10	45.62	+1	−3	37.90	37.18	+2	−1	42.08	31.60	+1	+10
11	36.86	55.32	−2	−7	36.12	45.29	+2	+1	38.01	36.92	+3	+3	42.24	31.51	0	9
12	36.79	55.02	−1	−7	36.15	44.96	+3	+4	38.12	36.67	+3	+6	42.40	31.43	−1	+7
13	36.72	54.72	+1	−5	36.17	44.63	+2	+7	38.23	36.42	+2	+9	42.56	31.35	−2	+5
14	36.65	54.42	+2	−2	36.21	44.30	+1	+9	38.34	36.18	+1	+10	42.72	31.28	−3	+1
15	36.59	54.11	+3	+2	36.24	43.98	0	+9	38.45	35.94	−1	+9	42.88	31.22	−3	−2
16	36.53	53.80	+3	+5	36.28	43.66	−1	+7	38.57	35.70	−2	+6	43.04	31.16	−2	−4
17	36.48	53.49	+2	+8	36.32	43.34	−2	+5	38.69	35.47	−3	+3	43.20	31.11	−2	−6
18	36.42	53.17	+1	+9	36.37	43.02	−3	+2	38.81	35.25	−3	0	43.36	31.06	−1	−7
19	36.38	52.86	0	+8	36.42	42.70	−3	−1	38.93	35.03	−3	−3	43.53	31.02	0	−6
20	36.33	52.54	−1	+6	36.47	42.38	−3	−4	39.06	34.82	−2	−5	43.70	30.99	+2	−5
21	36.29	52.22	−2	+4	36.53	42.07	−2	−6	39.18	34.61	−1	−7	43.86	30.97	+3	−3
22	36.25	51.89	−3	+1	36.59	41.75	−1	−8	39.32	34.41	0	−7	44.03	30.95	+3	−1
23	36.21	51.57	−3	−3	36.64	41.44	0	−8	39.45	34.21	+1	−7	44.20	30.93	+3	+2
24	36.18	51.25	−2	−5	36.71	41.13	+2	−7	39.58	34.02	+2	−5	44.36	30.92	+3	+4
25	36.15	50.93	−2	−7	36.77	40.83	+3	−5	39.72	33.83	+3	−2	44.53	30.92	+2	+5
26	36.12	50.60	0	−8	36.84	40.53	+3	−2	39.85	33.64	+3	0	44.69	30.93	0	+5
27	36.10	50.27	+1	−8	36.91	40.23	+3	+2	39.99	33.47	+3	+3	44.86	30.94	−1	+3
28	36.08	49.94	+2	−6	36.99	39.93	+3	+4	40.13	33.30	+2	+5	45.02	30.95	−2	0
29	36.06	49.61	+3	−3	37.07	39.64	+2	+6	40.27	33.13	+1	+5	45.19	30.98	−3	−4
30	36.05	49.28	+3	0					40.42	32.97	0	+4	45.35	31.01	−3	−7
31	36.04	48.95	+3	+3					40.56	32.82	−2	+2	45.52	31.05	−1	−8
32	36.03	48.61	+2	+5					40.71	32.67	−3	−1				

δ	sec δ	tg δ	δ	sec δ	tg δ	δ	sec δ	tg δ
+82° 22′ 30″	+7.536	+7.470	+82° 22′ 40″	+7.539	+7.473	+82° 22′ 50″	+7.542	+7.475
40	+7.539	+7.473	50	+7.542	+7.475	60	+7.545	+7.478

$\alpha_{1958.0} = 20^h\ 45^m\ 44^s.84$ $\delta_{1958.0} = +82°\ 22'\ 38''.86$

* Tag der doppelten unteren Kulmination: Febr. 1.

Obere Kulmination Greenwich

Nk) 76 Draconis $5^m\!.69$

Tag	Mai AR.	Mai Dekl.	Mai ☾ Glieder		Juni AR.	Juni Dekl.	Juni ☾ Glieder		Juli AR.	Juli Dekl.	Juli ☾ Glieder		August AR.	August Dekl.	August ☾ Glieder	
	$20^h 45^m$	+ 82° 22′	in s 0.01	in ″ 0.01	$20^h 45^m$	+ 82° 22′	in s 0.01	in ″ 0.01	$20^h 45^m$	+ 82° 22′	in s 0.01	in ″ 0.01	$20^h 45^m$	+ 82° 22′	in s 0.01	in ″ 0.01
	s	″			s	″			s	″			s	″		
1	45.52	31.05	−1	− 8	50.26	35.08	+3	0	53.36	43.26	+2	+8	54.22	54.02	−3	+3
2	45.68	31.09	0	− 7	50.39	35.29	+3	+4	53.43	43.58	0	+9	54.20	54.38	−3	0
3	45.85	31.14	+1	− 5	50.53	35.51	+2	+8	53.49	43.90	−1	+8	{ 54.19 54.17	54.74 55.10	−3 −2	−3 −5 }
4	46.01	31.19	+2	− 1	50.65	35.73	+1	+9	53.56	44.23	−2	+5	54.14	55.45	−1	−7
5	46.18	31.25	+3	+ 3	50.78	35.96	0	+9	53.62	44.56	−3	+2	54.12	55.81	0	−7
6	46.35	31.31	+3	+ 6	50.91	36.19	−2	+7	53.67	44.89	−3	−1	54.09	56.17	+1	−6
7	46.51	31.39	+2	+ 9	51.03	36.43	−3	+4	53.73	45.23	−3	−4	54.06	56.53	+2	−4
8	46.67	31.47	0	+10	51.15	36.67	−3	+1	53.78	45.56	−2	−6	54.03	56.88	+3	−2
9	46.83	31.55	−1	+ 9	51.28	36.92	−3	−2	53.83	45.90	−1	−7	53.99	57.24	+3	+1
10	46.99	31.64	−2	+ 6	51.39	37.17	−2	−5	53.88	46.24	0	−7	53.95	57.60	+3	+4
11	47.15	31.74	−3	+ 3	51.51	37.43	−2	−6	53.92	46.59	+1	−6	53.91	57.95	+2	+5
12	47.31	31.85	−3	0	51.63	37.69	0	−7	53.96	46.93	+2	−3	53.87	58.30	+1	+6
13	47.47	31.96	−3	− 3	51.74	37.95	+1	−6	54.00	47.27	+3	0	53.82	58.66	−1	+5
14	47.63	32.07	−2	− 5	51.85	38.21	+2	−4	54.04	47.62	+3	+2	53.77	59.01	−2	+2
15	47.78	32.19	−1	− 7	51.96	38.48	+3	−2	54.07	47.97	+2	+5	53.72	59.36	−3	−1
16	47.94	32.32	0	− 7	52.06	38.75	+3	+1	54.10	48.32	+2	+6	53.67	59.71	−3	−4
17	48.09	32.45	+1	− 6	52.17	39.03	+3	+4	54.13	48.67	0	+6	53.61	60.06	−2	−6
18	48.25	32.59	+2	− 4	52.27	39.31	+2	+5	54.15	49.02	−1	+4	53.55	60.40	−1	−7
19	48.40	32.73	+3	− 1	52.36	39.60	+2	+6	54.17	49.37	−2	+1	53.49	60.75	0	−6
20	48.55	32.88	+3	+ 2	52.46	39.89	0	+5	54.19	49.73	−3	−2	53.43	61.09	+2	−3
21	48.70	33.04	+3	+ 4	52.55	40.18	−2	+3	54.21	50.09	−3	−5	53.36	61.44	+2	0
22	48.85	33.20	+2	+ 5	52.64	40.47	−3	0	54.22	50.44	−2	−7	53.29	61.78	+3	+4
23	49.00	33.37	+1	+ 6	52.73	40.77	−3	−4	54.24	50.80	−1	−7	53.22	62.12	+2	+7
24	49.15	33.54	−1	+ 4	52.82	41.07	−2	−7	54.24	51.15	+1	−6	53.14	62.45	+1	+9
25	49.29	33.71	−2	+ 1	52.91	41.37	−1	−8	54.25	51.50	+2	−2	53.07	62.79	0	19
26	49.44	33.89	−3	− 2	52.99	41.68	0	−7	54.25	51.86	+3	+1	52.99	63.12	−1	+7
27	49.58	34.08	−3	− 5	53.07	41.99	+1	−5	54.25	52.22	+3	+5	52.90	63.45	−2	+4
28	49.72	34.27	−2	− 7	53.15	42.30	+2	−1	54.25	52.58	+2	+7	52.82	63.78	−3	+1
29	49.86	34.46	−1	− 8	53.22	42.62	+3	+3	54.25	52.94	+1	+8	52.73	64.11	−3	−2
30	49.99	34.66	+1	− 6	53.29	42.94	+3	+6	54.24	53.30	−1	+8	52.64	64.44	−2	−4
31	50.13	34.87	+2	− 3	53.36	43.26	+2	+8	54.23	53.66	−2	+6	52.55	64.76	−2	−6
32	50.26	35.08	+3	0					54.22	54.02	−3	+3	52.46	65.08	−1	−7

δ	sec δ	tg δ	δ	sec δ	tg δ	δ	sec δ	tg δ
+82° 22′ 30″	+7.536	+7.470	+82° 22′ 40″	+7.539	+7.473	+82° 23′ 0″	+7.545	+7.478
40	+7.539	+7.473	50	+7.542	+7.475	10	+7.547	+7.481

$\alpha_{1958.0} = 20^h\ 45^m\ 44^s\!.84$ $\delta_{1958.0} = +82°\ 22'\ 38''\!.86$

o

Scheinbare Sternörter 1958

Obere Kulmination Greenwich

Nk) 76 Draconis $5^m_.69$

Tag	September				Oktober				November				Dezember			
	AR.	Dekl.	☾ Glieder		AR.	Dekl.	☾ Glieder		AR.	Dekl.	☾ Glieder		AR.	Dekl.	☾ Glieder	
	$20^h\,45^m$	$+82°\,23'$	in s 0.01	in ″ 0.01	$20^h\,45^m$	$+82°\,23'$	in s 0.01	in ″ 0.01	$20^h\,45^m$	$+82°\,23'$	in s 0.01	in ″ 0.01	$20^h\,45^m$	$+82°\,23'$	in s 0.01	in ″ 0.01
	s	″			s	″			s	″			s	″		
1	52.46	5.08	-1	-7	48.73	13.30	+2	-4	43.58	17.81	+2	+5	38.42	17.16	-1	+4
2	52.37	5.40	0	-7	48.58	13.51	+3	-1	43.40	17.87	+1	+5	38.26	17.05	-2	+1
3	52.27	5.71	+2	-5	48.43	13.72	+3	+1	43.23	17.92	0	+4	38.10	16.93	-2	-2
4	52.17	6.03	+3	-3	48.27	13.93	+3	+4	43.05	17.97	-1	+2	37.95	16.81	-2	-6
5	52.07	6.34	+3	-1	48.12	14.14	+2	+5	42.87	18.02	-2	-1	37.79	16.68	-2	-8
6	51.96	6.64	+3	+2	47.96	14.33	+1	+5	42.70	18.06	-3	-4	37.64	16.54	0	-8
7	51.85	6.95	+3	+4	47.80	14.53	-1	+4	42.52	18.09	-2	-7	37.49	16.40	+1	-7
8	51.74	7.25	+2	+5	47.64	14.72	-2	+1	42.34	18.12	-1	-8	37.34	16.26	+2	-4
9	51.63	7.55	0	+5	47.48	14.91	-3	-2	42.17	18.14	0	-8	37.19	16.11	+3	0
10	51.52	7.85	-1	+3	47.32	15.09	-3	-5	41.99	18.16	+1	-6	37.04	15.95	+3	+4
11	51.41	8.14	-2	0	47.16	15.27	-2	-8	41.82	18.17	+2	-2	36.89	15.79	+2	+8
12	51.30	8.44	-3	-3	47.00	15.44	-1	-8	41.64	18.17	+3	+3	36.75	15.62	+1	+9
13	51.18	8.72	-3	-6	46.83	15.60	0	-7	41.47	18.17	+2	+7	36.60	15.45	0	+9
14	51.06	9.01	-2	-7	46.67	15.77	+2	-3	41.29	18.17	+1	+9	36.46	15.27	-2	+7
15	50.94	9.29	0	-7	46.50	15.92	+2	+1	41.12	18.15	0	+9	36.32	15.09	-3	+4
16	50.81	9.57	+1	-5	46.34	16.07	+3	+5	40.94	18.13	-1	+8	36.19	14.90	-3	+1
17	50.68	9.84	+2	-1	46.17	16.22	+2	+8	40.77	18.11	-3	+6	36.05	14.70	-3	-2
18	50.55	10.11	+3	+3	46.00	16.36	1	+10	40.60	18.08	-3	+3	35.91	14.50	-2	-5
19	50.42	10.38	2	+7	45.83	16.50	0	+9	40.42	18.05	-3	-1	35.78	14.30	-1	-6
20	50.29	10.65	1	+9	45.66	16.64	-2	+7	40.25	18.00	-3	-3	35.65	14.09	0	-6
21	50.16	10.91	0	+9	45.50	16.76	-3	+4	40.08	17.96	-2	-5	35.52	13.88	+1	-5
22	50.02	11.17	-1	+8	45.33	16.89	-3	+1	39.91	17.90	-1	-6	35.40	13.66	+2	-3
23	49.88	11.42	-2	+6	45.15	17.00	-3	-2	39.74	17.84	0	-6	35.27	13.44	+3	-1
24	49.74	11.67	-3	+3	44.98	17.11	-2	-4	39.58	17.78	+1	-4	35.15	13.21	+3	+2
25	49.60	11.91	-3	0	44.81	17.22	-1	-6	39.41	17.71	+2	-2	35.04	12.97	+3	+4
26	49.46	12.15	-3	-3	44.63	17.32	0	-6	39.24	17.63	+3	0	34.92	12.73	+2	+5
27	49.32	12.39	-2	-5	44.46	17.41	+1	-5	39.08	17.55	+3	+2	34.81	12.49	+1	+6
28	49.17	12.62	-1	-6	44.28	17.50	+2	-4	38.91	17.46	+2	+4	34.70	12.25	0	+4
29	49.03	12.85	0	-6	44.11	17.59	+3	-2	38.75	17.37	+2	+5	34.59	12.00	-2	+2
30	48.88	13.07	+1	-5	43.93	17.67	+3	0	38.58	17.27	0	+5	34.48	11.74	-2	-1
31	48.73	13.30	+2	-4	43.76	17.74	+3	+3	38.42	17.16	-1	+4	34.38	11.49	-3	-4
32					43.58	17.81	+2	+5					34.28	11.22	-2	-7

δ	sec δ	tg δ	δ	sec δ	tg δ
+82° 23′ 0″	+7.545	+7.478	+82° 23′ 10″	+7.547	+7.481
10	+7.547	+7.481	20	+7.550	+7.484

$\alpha_{1958.0} = 20^h\,45^m\,44^s\!.84$ $\delta_{1958.0} = +82°\,22'\,38''\!.86$

Obere Kulmination Greenwich

Sa) 4 G. Octantis $5^{m}\!.63$

Tag	Januar AR.	Dekl.	☾ Glieder		Februar AR.	Dekl.	☾ Glieder	
	$1^h\,39^m$	$-84°\,59'$	in s 0.01	″ 0.01	$1^h\,39^m$	$-84°\,59'$	in s 0.01	″ 0.01
	s	″			s	″		
1	36.30	16.15	0	−9	28.30	13.97	−5	−2
2	36.04	16.17	−3	−9	28.05	13.80	−4	+2
3	35.78	16.19	−4	−7	27.81	13.63	−2	+5
4	35.52	16.19	−5	−4	27.57	13.46	+1	+7
5	35.26	16.20	5	0	27.33	13.28	+3	+7
6	35.00	16.19	−3	+4	27.09	13.09	+5	+6
7	34.74	16.18	−1	+7	26.85	12.90	+6	+2
8	34.48	16.17	+2	+8	26.61	12.71	+5	−1
9	34.22	16.15	+4	+7	26.38	12.51	+3	−4
10	33.96	16.12	+6	+4	26.15	12.30	0	−6
11	33.70	16.09	+5	+1	25.92	12.09	−3	−6
12	33.44	16.05	+4	−3	25.69	11.87	−5	−4
13	33.18	16.00	+1	−5	25.47	11.65	−6	−1
14	32.91	15.95	−1	−6	25.25	11.42	−6	+2
15	32.65	15.89	−4	−6	25.03	11.19	−5	+5
16	32.39	15.82	−5	−3	24.81	10.96	−3	+7
17	32.13	15.75	−6	0	24.59	10.72	0	+8
18	31.87	15.68	−5	+3	24.37	10.48	+2	+8
19	31.61	15.59	−4	+5	24.16	10.23	+4	+6
20	31.35	15.50	−2	+7	23.95	9.98	+5	+4
21	31.09	15.41	0	+8	23.74	9.72	+5	+1
22	30.83	15.31	+3	+7	23.54	9.46	+5	−3
23	30.57	15.20	+4	+5	23.34	9.20	+3	−6
24	30.32	15.09	+5	+3	23.14	8.93	+2	−8
25	30.06	14.97	+5	−1	22.94	8.66	0	−9
26	29.81	14.84	+4	−4	22.75	8.38	−3	−9
27	29.55	14.71	+3	−7	22.56	8.10	−4	−7
28	29.30	14.58	+1	−9	22.37	7.81	−5	−4
29	29.05	14.43	−2	−9	22.18	7.52	−4	0
30	28.80	14.28	−3	−8				
31	28.55	14.13	−5	−6				
32	28.30	13.97	−5	−2				

Tag	März AR.	Dekl.	☾ Glieder		April AR.	Dekl.	☾ Glieder	
	$1^h\,39^m$	$-84°\,58'$	in s 0.01	″ 0.01	$1^h\,39^m$	$-84°\,58'$	in s 0.01	″ 0.01
	s	″			s	″		
1	22.18	67.52	−4	0	18.01	57.15	+4	+6
2	22.00	67.23	−3	+3	17.93	56.78	+6	+4
3	21.82	66.93	0	+6	17.86	56.42	+6	+1
4	21.65	66.64	+2	+7	17.79	56.05	+5	2
5	21.47	66.33	+5	+6	17.72	55.68	+2	−5
6	21.30	66.03	+6	+3	17.66	55.31	−1	−6
7	21.14	65.72	+5	0	17.60	54.94	−3	−6
8	20.97	65.41	+4	−3	17.55	54.57	−5	−3
9	20.81	65.09	+1	−5	17.49	54.20	−6	0
10	20.65	64.77	−2	−6	17.45	53.82	−6	+3
11	20.49	64.45	−4	−5	17.40	53.45	−4	+6
12	20.34	64.12	−6	−2	17.36	53.07	−2	+8
13	20.19	63.79	−6	+1	17.33	52.70	0	+9
14	20.04	63.46	−5	+4	17.29	52.32	+2	+8
15	19.90	63.13	−3	+7	17.27	51.95	+4	+6
16	19.76	62.80	−1	+8	17.24	51.58	+5	+3
17	19.63	62.46	+1	+8	*17.22	51.20	+5	0
18	19.49	62.12	+3	+7	17.20	50.83	+4	−3
19	19.37	61.78	+4	+5	17.19	50.46	+3	−5
20	19.24	61.43	+5	+2	17.18	50.08	+1	−7
21	19.12	61.08	+5	−1	17.17	49.71	−1	−8
22	19.00	60.73	+4	−4	17.17	49.34	−3	−8
23	18.89	60.38	+2	−7	17.17	48.96	−4	−6
24	18.77	60.03	0	−9	17.18	48.59	−5	−3
25	18.67	59.68	−2	−9	17.19	48.22	−4	0
26	18.56	59.32	−4	−8	17.21	47.85	−2	+3
27	18.46	58.96	−5	−6	17.22	47.48	0	+5
28	18.36	58.60	−5	−2	17.25	47.12	+3	+6
29	18.27	58.24	−4	+1	17.27	46.75	+5	+5
30	18.18	57.88	−1	+4	17.30	46.38	+6	+2
31	18.09	57.52	+1	+6	17.33	46.02	+5	−1
32	18.01	57.15	+4	+6				

δ	sec δ	tg δ	δ	sec δ	tg δ	δ	sec δ	tg δ
−84° 58′ 40″	+11.423	−11.379	−84° 59′ 0″	+11.436	−11.392	−84° 59′ 10″	+11.442	−11.398
50	+11.429	−11.386	10	+11.442	−11.398	20	+11.448	−11.405

$\alpha_{1958.0} = 1^h\ 39^m\ 38^s\!.47$ $\delta_{1958.0} = -84°\ 58'\ 57''\!.12$

* Tag der doppelten unteren Kulmination: April 17.

Scheinbare Sternörter 1958

Obere Kulmination Greenwich

Sa) 4 G. Octantis $5^{m}.63$

Tag	Mai AR.	Mai Dekl.	Mai ☾ Glieder		Juni AR.	Juni Dekl.	Juni ☾ Glieder		Juli AR.	Juli Dekl.	Juli ☾ Glieder		August AR.	August Dekl.	August ☾ Glieder	
	$1^h 39^m$	−84° 58′	in s 0.01	″ 0.01	$1^h 39^m$	−84° 58′	in s 0.01	″ 0.01	$1^h 39^m$	−84° 58′	in s 0.01	″ 0.01	$1^h 39^m$	−84° 58′	in s 0.01	″ 0.01
	s	″			s	″			s	″			s	″		
1	17.33	46.02	+5	−1	20.20	35.74	−3	−6	25.80	29.03	−6	+1	33.07	27.04	+1	+8
2	17.37	45.66	+4	−4	20.34	35.45	−5	−4	26.02	28.88	−5	+5	33.31	27.07	+3	+7
3	17.41	45.29	+1	−6	20.50	35.17	−6	−1	26.25	28.74	−3	+7	33.55	27.11	+4	+5
4	17.46	44.93	−2	−7	20.65	34.89	−6	+3	26.47	28.60	0	+8	33.78	27.15	+5	+2
5	17.50	44.57	−4	−5	20.81	34.62	−4	+6	26.70	28.47	+2	+8	34.02	27.19	+5	−1
6	17.56	44.22	−6	−2	20.97	34.35	−2	+8	26.92	28.34	+4	+7	34.25	27.25	+4	−4
7	17.61	43.86	−6	+1	21.13	34.08	+1	+9	27.15	28.22	+5	+4	34.49	27.30	+2	−7
8	17.67	43.51	−5	+5	21.29	33.82	+3	+8	27.38	28.11	+5	+1	34.72	27.37	0	−8
9	17.73	43.16	−3	+8	21.46	33.56	+4	+6	27.61	28.00	+4	−2	34.95	27.44	−2	−9
10	17.80	42.81	−1	+9	21.63	33.31	+5	+3	27.84	27.89	+3	−5	35.18	27.52	−4	−7
11	17.87	42.46	+2	+9	21.80	33.06	+5	0	28.07	27.79	+1	−7	35.41	27.60	−5	−5
12	17.95	42.11	+3	+7	21.98	32.82	+4	−3	28.31	27.69	−1	−8	35.64	27.68	−5	−2
13	18.02	41.77	+4	+5	22.16	32.57	+2	−6	28.54	27.61	−3	−8	35.87	27.78	−3	+2
14	18.11	41.43	+5	+2	22.34	32.34	0	−8	28.78	27.52	−4	−6	36.09	27.88	−1	+5
15	18.19	41.09	+4	−2	22.53	32.11	−2	−8	29.02	27.45	−5	−3	36.32	27.98	+1	+7
16	18.28	40.75	+3	−5	22.71	31.88	−4	−7	29.25	27.38	−4	0	36.54	28.09	+4	+6
17	18.37	40.42	+2	−7	22.90	31.65	−5	−5	29.49	27.31	−3	+4	36.76	28.21	+5	+5
18	18.47	40.09	0	−8	23.10	31.44	−5	−2	29.73	27.25	0	+6	36.97	28.33	+6	+2
19	18.57	39.76	−3	−8	23.29	31.22	−4	+2	29.96	27.20	+2	+7	37.19	28.46	+5	−2
20	18.67	39.43	−4	−7	23.49	31.01	−2	+5	30.20	27.15	+4	+6	37.41	28.60	+2	−5
21	18.78	39.11	−5	−4	23.69	30.80	+1	+6	30.44	27.11	+5	+3	37.62	28.74	0	−6
22	18.89	38.79	−4	−1	23.89	30.60	+3	+6	30.68	27.07	+5	0	37.83	28.88	−3	−6
23	19.01	38.47	−3	+2	24.10	30.41	+5	+5	30.92	27.04	+4	−3	38.04	29.03	−5	−4
24	19.12	38.15	−1	+5	24.30	30.22	+6	+2	31.16	27.02	+1	−6	38.25	29.19	−6	−1
25	19.25	37.84	+2	+6	24.51	30.03	+5	−2	31.40	27.00	−1	−7	38.45	29.35	−6	+2
26	19.37	37.53	+4	+5	24.72	29.85	+3	−5	31.64	26.99	−3	−6	38.65	29.51	−4	+5
27	19.50	37.22	+6	+3	24.93	29.68	0	−7	31.88	26.98	−5	−3	38.85	29.68	−2	+7
28	19.63	36.92	+6	0	25.15	29.51	−2	−7	32.11	26.98	−6	0	39.05	29.86	0	+8
29	19.77	36.62	+4	−3	25.36	29.34	−5	−5	32.35	26.99	−5	+3	39.24	30.04	+2	+8
30	19.91	36.32	+2	−6	25.58	29.18	−6	−2	32.59	27.00	−3	+6	39.43	30.23	+4	+6
31	20.05	36.03	−1	−7	25.80	29.03	−6	+1	32.83	27.02	−1	+8	39.62	30.42	+5	+3
32	20.20	35.74	−3	−6					33.07	27.04	+1	+8	39.80	30.62	+5	0

δ	sec δ	tg δ	δ	sec δ	tg δ	δ	sec δ	tg δ
−84° 58′ 20″	+11.410	−11.367	−84° 58′ 30″	+11.417	−11.373	−84° 58′ 40″	+11.423	−11.379
30	+11.417	−11.373	40	+11.423	−11.379	50	+11.429	−11.386

$\alpha_{1958.0} = 1^h\ 39^m\ 38^s.47$ $\delta_{1958.0} = -84°\ 58'\ 57''.12$

Obere Kulmination Greenwich

Sa) 4 G. Octantis $5^m\!.63$

Tag	September AR.	September Dekl.	September ☾ Glieder		Oktober AR.	Oktober Dekl.	Oktober ☾ Glieder		November AR.	November Dekl.	November ☾ Glieder		Dezember AR.	Dezember Dekl.	Dezember ☾ Glieder	
	$1^h\ 39^m$	$-84°\ 58'$	in s 0.01	in ″ 0.01	$1^h\ 39^m$	$-84°\ 58'$	in s 0.01	in ″ 0.01	$1^h\ 39^m$	$-84°\ 58'$	in s 0.01	in ″ 0.01	$1^h\ 39^m$	$-84°\ 58'$	in s 0.01	in ″ 0.01
	s	″			s	″			s	″			s	″		
1	39.80	30.62	+5	0	43.76	38.41	+2	−7	43.72	48.67	−5	−3	39.55	56.72	−1	+4
2	39.98	30.82	+4	−3	43.83	38.72	0	−8	43.64	48.98	−4	0	39.35	56.92	+2	+5
3	40.16	31.03	+3	−6	43.90	39.03	−2	−8	43.55	49.29	−2	+3	39.15	57.12	+4	+4
4	40.34	31.24	+1	−8	43.96	39.34	−4	−7	43.47	49.60	0	+5	38.95	57.32	+5	+2
5	40.51	31.45	−1	−9	44.02	39.66	−5	−5	43.38	49.91	+3	+5	38.74	57.51	+6	−1
6	40.69	31.67	−3	−8	44.07	39.97	−4	−2	43.28	50.21	+5	+4	38.53	57.69	+5	−4
7	40.85	31.89	−4	−6	44.12	40.29	−3	+2	43.18	50.51	+6	+1	38.32	57.87	+2	−6
8	41.02	32.12	−5	−4	44.16	40.61	−1	+4	43.07	50.81	+5	−2	38.11	58.05	0	−8
9	41.18	32.35	−4	0	44.20	40.93	+2	+5	42.97	51.10	+4	−5	37.89	58.21	−3	−7
10	41.34	32.59	−2	+3	44.23	41.26	+4	+5	42.85	51.39	+1	−7	37.67	58.38	−5	−4
11	41.49	32.83	0	+6	44.26	41.58	+5	+3	42.73	51.68	−2	−7	37.45	58.53	−6	−1
12	41.64	33.08	+3	+6	44.28	41.90	+6	0	42.61	51.97	−5	−5	37.23	58.68	−5	+3
13	41.79	33.33	+4	+5	44.30	42.23	+5	−3	42.49	52.25	−6	−2	37.00	58.83	−3	+7
14	41.93	33.58	+6	+3	44.32	42.55	+2	−5	42.35	52.54	−6	+2	36.78	58.97	−1	+9
15	42.07	33.84	+5	−1	44.33	42.87	0	−7	42.22	52.81	−5	+6	36.54	59.10	+1	+9
16	42.21	34.10	+4	−4	44.34 44.34	43.20 43.52	−3 −5	−6 −3	42.08	53.09	−3	+8	36.31	59.23	+3	+8
17	42.34	34.37	+1	−6	44.34	43.85	−6	0	41.94	53.36	0	+10	36.08	59.35	+4	+6
18	42.47	34.64	−2	−6	44.33	44.18	−6	+4	41.79	53.63	+2	+9	35.84	59.47	+5	+3
19	42.60	34.91	−4	−5	44.32	44.50	−4	+7	41.64	53.89	+4	+7	35.60	59.58	+4	−1
20	42.72	35.19	−6	−2	44.30	44.83	−2	+9	41.48	54.15	+4	+4	35.36	59.68	+3	−3
21	42.83	35.47	−6	+2	44.28	45.15	+1	+9	41.32	54.41	+5	+1	35.12	59.78	+1	−6
22	42.95	35.75	−5	+5	44.25	45.47	+3	+8	41.16	54.66	+4	−2	34.88	59.87	0	−7
23	43.06	36.04	−3	+7	44.22	45.80	+4	+6	41.00	54.91	+2	−5	34.64	59.96	−2	−7
24	43.16	36.32	−1	+9	44.18	46.12	+5	+3	40.83	55.15	+1	−6	34.39	60.04	−4	−6
25	43.26	36.61	+2	+8	44.14	46.44	+4	0	40.66	55.39	−1	−7	34.14	60.11	−5	−4
26	43.35	36.91	+3	+7	44.09	46.77	+3	−3	40.48	55.62	−3	−7	33.89	60.18	−4	−1
27	43.44	37.20	+4	+5	44.04	47.09	+2	−6	40.30	55.85	−4	−6	33.64	60.24	−3	+2
28	43.53	37.50	+5	+2	43.98	47.41	0	−7	40.12	56.07	−5	−3	33.39	60.29	−2	+4
29	43.61	37.80	+4	−1	43.92	47.73	−2	−8	39.93	56.29	−4	0	33.14	60.34	+1	+5
30	43.69	38.11	+3	−4	43.86	48.05	−3	−7	39.74	56.51	−3	+2	32.88	60.38	+3	+5
31	43.76	38.41	+2	−7	43.79	48.36	−4	−5	39.55	56.72	−1	+4	32.63	60.41	+5	+4
32					43.72	48.67	−5	−3					32.37	60.44	+6	+1

δ	sec δ	tg δ	δ	sec δ	tg δ	δ	sec δ	tg δ
+84° 58′ 30″	+11.417	−11.373	−84° 58′ 50″	+11.429	−11.386	−84° 59′ 0	+11.436	−11.392
40	+11.423	−11.379	60	+11.436	−11.392	10	+11.442	−11.398

$\alpha_{1958.0} = 1^h\ 39^m\ 38^s\!.47$ $\delta_{1958.0} = -84°\ 58'\ 57''\!.12$

Scheinbare Sternörter 1958

Obere Kulmination Greenwich

Sb) ξ Mensae $5^m\!.85$

Tag	Januar AR.	Januar Dekl.	Januar ☾ Glieder	Februar AR.	Februar Dekl.	Februar ☾ Glieder	März AR.	März Dekl.	März ☾ Glieder	April AR.	April Dekl.	April ☾ Glieder
	$5^h\ 3^m$ s	−82° 32′ ″	in s 0.01 | ″ 0.01	$5^h\ 3^m$ s	−82° 32′ ″	in s 0.01 | ″ 0.01	$5^h\ 3^m$ s	−82° 32′ ″	in s 0.01 | ″ 0.01	$5^h\ 3^m$ s	−82° 32′ ″	in s 0.01 | ″ 0.01
1	41.60	2.48	+3 −5	37.37	9.77	−1 −6	32.23	12.25	−2 −5	26.39	10.14	0 +7
2	41.49	2.78	+2 −7	37.20	9.93	−2 −3	32.04	12.26	−2 −1	26.22	9.99	+1 +8
3	41.39	3.07	0 −8	37.03	10.09	−2 +1	31.85	12.26	−2 +3	26.04	9.84	+2 +7
4	41.29	3.36	−1 −7	36.86	10.24	−2 +5	31.65	12.26	−1 +6	25.87	9.68	+2 +4
5	41.18	3.64	−2 −5	36.68	10.38	−1 +7	31.46	12.26	0 +8	25.70	9.52	+2 0
6	41.07	3.92	−2 −1	36.51	10.52	0 +8	31.26	12.25	+1 +8	25.53	9.35	+1 −4
7	40.96	4.20	−2 +3	36.33	10.66	+1 +7	31.07	12.23	+2 +6	25.36	9.18	0 −7
8	40.84	4.48	−1 +6	36.16	10.79	+2 +4	30.88	12.21	+2 +2	25.20	9.01	−1 −8
9	40.72	4.75	0 +8	35.98	10.91	+2 +1	30.69	12.18	+2 −2	25.03	8.83	−2 −7
10	40.60	5.02	+1 +8	35.80	11.03	+1 −3	30.49	12.15	+1 −5	24.86	8.65	−3 −5
11	40.48	5.28	+2 +6	35.62	11.14	0 −6	30.30	12.11	0 −7	24.70	8.46	−4 −1
12	40.36	5.54	+2 +3	35.44	11.25	−1 −7	30.11	12.07	−2 −7	24.54	8.27	−3 +2
13	40.23	5.79	+2 −1	35.26	11.35	−2 −7	29.92	12.02	−3 −6	24.38	8.08	−3 +5
14	40.10	6.05	+1 −5	35.07	11.45	−3 −5	29.73	11.97	−3 −3	24.22	7.88	−1 +6
15	39.96	6.29	0 −7	34.89	11.54	−3 −2	29.54	11.91	−3 0	24.07	7.68	0 +7
16	39.83	6.53	−1 −8	34.70	11.63	−3 +1	29.35	11.84	−3 +3	23.91	7.47	+1 +7
17	39.69	6.77	−2 −7	34.52	11.71	−2 +4	29.16	11.77	−2 +5	23.76	7.26	+2 +5
18	39.55	7.01	−3 −4	34.33	11.78	−1 +6	28.97	11.70	−1 +7	23.61	7.04	+2 +3
19	39.41	7.23	−3 −1	34.14	11.85	0 +7	28.78	11.62	0 +7	23.46	6.82	+3 0
20	39.26	7.46	−3 +2	33.95	11.92	+1 +7	28.59	11.53	+1 +6	23.31	6.60	+3 −3
21	39.11	7.68	−2 +4	33.76	11.98	+2 +6	28.40	11.44	+2 +4	23.17	6.37	+2 −5
22	38.96	7.90	−1 +6	33.57	12.03	+3 +4	28.21	11.35	+3 +2	23.03	6.14	+1 −7
23	38.81	8.11	0 +7	33.38	12.08	+3 +1	28.02	11.25	+3 −1	22.89	5.91	0 −8
24	38.66	8.31	+1 +7	33.19	12.12	+3 −2	27.84	11.15	+3 −4	22.75	5.67	−1 −7
25	38.50	8.51	+2 +5	33.00	12.15	+3 −5	27.65	11.04	+2 −6	22.61	5.43	−2 −4
26	38.35	8.71	+3 +3	32.81	12.19	+2 −7	27.47	10.93	+1 −8	22.48	5.18	−2 0
27	38.19	8.90	+3 0	32.62	12.21	0 −8	27.29	10.81	0 −8	22.34	4.94	−1 +3
28	38.03	9.08	+3 −4	32.42	12.23	−1 −7	27.10	10.69	−1 −6	22.21	4.68	−1 +6
29	37.87	9.26	+2 −6	32.23	12.25	−2 −5	26.92	10.56	−2 −3	22.08	4.43	+1 +8
30	37.71	9.44	+1 −8				26.75	10.42	−2 +1	21.96	4.17	+2 +7
31	37.54	9.61	0 −8				26.57	10.28	−1 +5	21.83	3.91	+2 +5
32	37.37	9.77	−1 −6				26.39	10.14	0 +7			

δ	sec δ	tg δ	δ	sec δ	tg δ
−82° 32′ 0″	+ 7.695	− 7.630	−82° 32′ 10″	+ 7.698	− 7.633
10	+ 7.698	− 7.633	20	+ 7.701	− 7.636

$\alpha_{1958.0} = 5^h\ 3^m\ 34^s\!.55$ $\delta_{1958.0} = -82°\ 31'\ 47''\!.43$

Scheinbare Sternörter 1958

Obere Kulmination Greenwich

Sb) ξ Mensae $5^m.85$

Tag	Mai AR.	Mai Dekl.	Mai ☾ Glieder		Juni AR.	Juni Dekl.	Juni ☾ Glieder		Juli AR.	Juli Dekl.	Juli ☾ Glieder		August AR.	August Dekl.	August ☾ Glieder	
	$5^h\ 3^m$	−82° 31′	in s 0.01	in ″ 0.01	$5^h\ 3^m$	−82° 31′	in s 0.01	in ″ 0.01	$5^h\ 3^m$	−82° 31′	in s 0.01	in ″ 0.01	$5^h\ 3^m$	−82° 31′	in s 0.01	in ″ 0.01
	s	″			s	″			s	″			s	″		
1	21.83	63.91	+2	+5	19.22	54.56	+1	−7	19.24	44.69	−3	−6	21.85	36.11	−2	+5
2	21.71	63.64	+3	+2	19.18	54.23	−1	−8	19.29	44.38	−3	−3	21.97	35.88	−1	+7
3	21.59	63.38	+2	−2	19.14	53.90	−2	−7	19.34	44.06	−3	+1	22.09	35.67	0	+7
4	21.47	63.10	+1	−6	19.10	53.57	−3	−4	19.39	43.75	−3	+1	22.22	35.46	+1	+6
5	21.36	62.83	0	−7	19.07	53.24	−3	−1	19.44	43.44	−2	+6	22.34	35.25	+2	+4
6	21.25	62.55	−2	−8	19.04	52.91	−3	+2	19.50	43.13	−1	+7	22.47	35.04	+3	+2
7	21.14	62.27	−3	−6	*19.01	52.58	−2	+5	19.56	42.83	+1	+7	22.60	34.85	+3	−1
8	21.03	61.99	−4	−3	18.99	52.25	−1	+7	19.62	42.52	+2	+6	22.74	34.65	+2	−4
9	20.92	61.71	−4	+1	18.97	51.92	0	+8	19.68	42.22	+2	+4	22.87	34.46	+2	−7
10	20.81	61.42	−3	+4	18.95	51.59	+1	+7	19.75	41.92	+3	+1	23.01	34.28	+1	−8
11	20.71	61.13	−2	+6	18.94	51.26	+2	+5	19.82	41.62	+3	−2	23.15	34.10	0	−7
12	20.61	60.84	−1	+7	18.92	50.92	+3	+2	19.89	41.33	+2	−5	23.29	33.92	−1	−5
13	20.52	60.54	0	+7	18.92	50.59	+3	−1	19.96	41.04	+1	−7	23.43	33.75	−2	−2
14	20.42	60.24	+1	+6	18.91	50.26	+2	−4	20.04	40.75	0	−8	23.57	33.59	−2	+1
15	20.33	59.94	+2	+4	18.91	49.93	+2	−6	20.12	40.46	−1	−7	23.71	33.43	−1	+5
16	20.25	59.64	+3	+1	18.91	49.59	+1	−7	20.20	40.18	−2	−4	23.86	33.28	0	+7
17	20.16	59.33	+3	−2	18.91	49.26	0	−7	20.29	39.90	−2	−1	24.01	33.13	+1	+8
18	20.08	59.03	+2	−5	18.91	48.93	−1	−6	20.38	39.62	−2	+3	24.15	32.99	+2	+7
19	20.00	58.72	+1	−7	18.92	48.60	−2	−3	20.47	39.34	−1	+6	24.30	32.85	+2	+4
20	19.92	58.41	0	−7	18.93	48.27	−2	+1	20.56	39.07	0	+7	24.45	32.72	+2	0
21	19.85	58.10	−1	−7	18.94	47.94	−1	+4	20.66	38.80	+1	+7	24.60	32.59	+2	−3
22	19.78	57.78	−2	−5	18.96	47.61	−1	+7	20.75	38.54	+2	+5	24.76	32.47	0	−6
23	19.71	57.47	−2	−2	18.98	47.28	+1	+8	20.86	38.28	+2	+2	24.91	32.36	−1	−7
24	19.64	57.15	−2	+2	19.01	46.95	+2	+7	20.96	38.02	+2	−2	25.07	32.25	−2	−7
25	19.58	56.83	−1	+5	19.03	46.63	+2	+4	21.06	37.77	+1	−5	25.22	32.14	−3	−5
26	19.52	56.51	0	+7	19.06	46.30	+3	+1	21.17	37.52	0	−7	25.38	32.05	−3	−2
27	19.46	56.19	+1	+7	19.09	45.98	+2	−3	21.28	37.28	−1	−7	25.54	31.95	−3	+2
28	19.41	55.86	+2	+6	19.12	45.65	+1	−6	21.38	37.03	−2	−6	25.70	31.87	−2	+5
29	19.36	55.54	+3	+3	19.16	45.33	0	−7	21.50	36.80	−3	−4	25.86	31.79	−1	+6
30	19.31	55.22	+3	−1	19.20	45.01	−2	−7	21.61	36.56	−3	0	26.02	31.72	0	+7
31	19.26	54.89	+2	−4	19.24	44.69	−3	−6	21.73	36.33	−3	+3	26.19	31.65	+1	+6
32	19.22	54.56	+1	−7					21.85	36.11	−2	+5	26.35	31.59	+2	+5

δ	sec δ	tg δ	δ	sec δ	tg δ	δ	sec δ	tg δ
−82° 31′ 30″	+7.687	−7.621	−82° 31′ 50″	+7.692	−7.627	−82° 32′ 0″	+7.695	−7.630
40	+7.690	−7.624	60	+7.695	−7.630	10	+7.698	−7.633

$\alpha_{1958.0} = 5^h\ 3^m\ 34^s.55$ $\delta_{1958.0} = -82°\ 31'\ 47''.43$

* Tag der doppelten unteren Kulmination: Juni 7

Scheinbare Sternörter 1958

Obere Kulmination Greenwich

Sb) ξ Mensae $5^{m}.85$

Tag	September AR.	September Dekl.	☾ Glieder in s 0.01	☾ Glieder in ″ 0.01	Oktober AR.	Oktober Dekl.	☾ Glieder in s 0.01	☾ Glieder in ″ 0.01
	$5^h\ 3^m$ s	$-82°\ 31'$ ″			$5^h\ 3^m$ s	$-82°\ 31'$ ″		
1	26.35	31.59	+2	+5	31.25	32.60	+3	−2
2	26.51	31.53	+2	+3	31.41	32.73	+2	−5
3	26.68	31.48	+3	0	31.56	32.87	+2	−7
4	26.84	31.44	+3	−3	31.71	33.01	+1	−8
5	27.00	31.40	+2	−6	31.86	33.15	0	−7
6	27.17	31.37	+1	−7	32.01	33.31	−1	−5
7	27.33	31.34	0	−8	32.16	33.47	−2	−2
8	27.50	31.32	−1	−7	32.31	33.63	−2	+1
9	27.67	31.31	−2	−4	32.46	33.80	−1	+5
10	27.83	31.30	−2	−1	32.60	33.98	0	+7
11	28.00	31.31	−2	+3	32.74	34.16	+1	+8
12	28.17	31.31	−1	+6	32.88	34.35	+2	+6
13	28.33	31.33	0	+8	33.02	34.55	+3	+3
14	28.50	31.35	+1	+7	33.16	34.74	+3	0
15	28.67	31.37	+2	+5	33.30	34.95	+2	−4
16	28.83	31.40	+2	+2	33.43	35.16	0	−7
17	29.00	31.44	+2	−2	33.56	35.37	−1	−8
18	29.16	31.48	+1	−5	33.69	35.59	−2	−7
19	29.32	31.53	0	−7	33.82	35.82	−3	−4
20	29.49	31.59	−2	−7	33.94	36.05	−3	−1
21	29.65	31.65	−3	−5	34.06	36.28	−3	+3
22	29.81	31.72	−3	−3	34.18	36.52	−2	+6
23	29.97	31.79	−3	+1	34.30	36.76	−1	+7
24	30.14	31.87	−3	+4	34.42	37.01	0	+7
25	30.30	31.96	−2	+6	34.54	37.27	+1	+6
26	30.46	32.05	−1	+7	34.65	37.52	+2	+5
27	30.62	32.15	0	+7	34.76	37.78	+2	+2
28	30.78	32.25	+1	+6	34.87	38.05	+2	−1
29	30.94	32.36	+2	+4	34.98	38.32	+2	−4
30	31.09	32.48	+2	+1	35.08	38.60	+2	−6
31	31.25	32.60	+3	−2	35.18	38.87	+1	−7
32					35.27	39.16	0	−7

Tag	November AR.	November Dekl.	☾ Glieder in s 0.01	☾ Glieder in ″ 0.01	Dezember AR.	Dezember Dekl.	☾ Glieder in s 0.01	☾ Glieder in ″ 0.01
	$5^h\ 3^m$ s	$-82°\ 31'$ ″			$5^h\ 3^m$ s	$-82°\ 31'$ ″		
1	35.27	39.16	0	−7	36.84	48.88	−2	−1
2	35.37	39.44	−1	−6	36.84	49.23	−2	+2
3	35.46	39.73	−1	−3	36.84	49.57	−1	+5
4	35.55	40.02	−2	0	36.84	49.92	0	+7
5	35.64	40.32	−1	+3	36.83	50.27	+1	+7
6	35.72	40.62	0	+6	36.82	50.61	+2	+6
7	35.80	40.92	+1	+7	36.81 / 36.79	50.96 / 51.31	+3 / +3	+3 / −1
8	35.88	41.23	+2	+7	36.77	51.65	+2	−4
9	35.95	41.54	+3	+5	36.75	51.99	+1	−7
10	36.02	41.85	+3	+1	36.72	52.34	−1	−8
11	36.09	42.16	+2	−3	36.69	52.68	−2	−7
12	36.16	42.48	+1	−6	36.66	53.02	−3	−4
13	36.22	42.80	0	−8	36.62	53.36	−3	0
14	36.28	43.12	−2	−7	36.58	53.70	−3	+3
15	36.34	43.45	−3	−5	36.54	54.03	−2	+6
16	36.40	43.78	−3	−2	36.49	54.37	−1	+7
17	36.45	44.11	−3	+1	36.44	54.70	0	+7
18	36.50	44.44	−3	+4	36.39	55.04	+1	+6
19	36.55	44.78	−2	+7	36.33	55.37	+2	+4
20	36.59	45.12	−1	+8	36.28	55.70	+2	+1
21	36.63	45.45	0	+7	36.21	56.02	+2	−2
22	36.66	45.79	+1	+5	36.15	56.35	+2	−4
23	36.70	46.13	+2	+3	36.08	56.67	+1	−6
24	36.72	46.47	+2	0	36.01	56.99	0	−7
25	36.75	46.81	+2	−3	35.93	57.31	−1	−7
26	36.77	47.16	+2	−5	35.85	57.63	−2	−5
27	36.79	47.50	+1	−7	35.77	57.94	−2	−2
28	36.81	47.84	0	−7	35.68	58.25	−2	+1
29	36.82	48.19	−1	−6	35.60	58.56	−1	+4
30	36.83	48.53	−2	−4	35.51	58.86	0	+6
31	36.84	48.88	−2	−1	35.41	59.16	+1	+7
32					35.32	59.46	+2	+6

δ	sec δ	tg δ	δ	sec δ	tg δ	δ	sec δ	tg δ
−82° 31′ 30″	+7.687	−7.621	−82° 31′ 40″	+7.690	−7.624	−82° 31′ 50″	+7.692	−7.627
40	+7.690	−7.624	50	+7.692	−7.627	60	+7.695	−7.630

$\alpha_{1958.0} = 5^h\ 3^m\ 34^s.55$ $\delta_{1958.0} = -82°\ 31'\ 47''.43$

Obere Kulmination Greenwich

Sc) ζ Octantis $5^{m}.38$

Tag	Januar AR.	Januar Dekl.	Januar ☾ Glieder	Februar AR.	Februar Dekl.	Februar ☾ Glieder	März AR.	März Dekl.	März ☾ Glieder	April AR.	April Dekl.	April ☾ Glieder
	$9^h\ 3^m$	−85° 29′	in s 0.01 | ″ 0.01	$9^h\ 3^m$	−85° 30′	in s 0.01 | ″ 0.01	$9^h\ 3^m$	−85° 30′	in s 0.01 | ″ 0.01	$9^h\ 3^m$	−85° 30′	in s 0.01 | ″ 0.01
	s	″		s	″		s	″		s	″	
1	27.58	49.53	+4 +6	29.27	0.82	+5 −4	26.62	11.44	+2 −6	20.19	20.44	−6 + 3
2	27.71	49.86	+6 +4	29.25	1.20	+3 −6	26.46	11.78	−1 −5	19.94	20.67	−5 + 6
3	27.83	50.20	+6 0	29.22	1.58	0 −6	26.30	12.12	−4 −2	19.68	20.89	−3 + 7
4	27.95	50.54	+6 −3	29.18	1.96	−3 −4	26.13	12.45	−6 +1	19.43	21.11	0 + 7
5	28.07	50.88	+4 −5	29.14	2.34	−5 −2	25.97	12.78	−6 +4	19.17	21.33	+2 + 5
6	28.18	51.22	+1 −6	{ 29.10 29.05	2.71 3.09	−6 +2 −6 +5 }	25.79	13.11	−4 +6	18.91	21.54	+4 + 1
7	28.28	51.57	−1 −6	28.99	3.47	−4 +6	25.62	13.43	−2 +7	18.65	21.75	+5 − 3
8	28.38	51.92	−4 −3	28.93	3.85	−1 +6	25.44	13.76	0 +6	18.38	21.95	+5 − 6
9	28.48	52.27	−6 0	28.87	4.22	+2 +5	25.26	14.08	+3 +3	18.12	22.15	+3 − 9
10	28.57	52.63	−6 +3	28.80	4.60	+4 +2	25.07	14.39	+5 −1	17.85	22.34	0 −10
11	28.65	52.99	−5 +6	28.72	4.97	+5 −2	24.88	14.71	+5 −4	17.58	22.53	−2 − 9
12	28.73	53.35	−2 +7	28.64	5.34	+5 −5	24.69	15.02	+4 −7	17.31	22.71	−4 − 7
13	28.80	53.71	0 +6	28.56	5.72	+3 −8	24.49	15.33	+2 −9	17.04	22.89	−5 − 4
14	28.87	54.08	+3 +4	28.47	6.09	+1 −9	24.30	15.63	0 −9	16.76	23.07	−6 0
15	28.94	54.45	+5 0	28.38	6.45	−1 −8	24.09	15.93	−3 −8	16.49	23.24	−5 + 3
16	29.00	54.81	+5 −3	28.28	6.82	−3 −7	23.89	16.22	−4 −5	16.21	23.40	−4 + 5
17	29.05	55.18	+4 −6	28.18	7.19	−5 −4	23.68	16.51	−5 −2	15.94	23.56	−2 + 7
18	29.10	55.55	+3 −8	28.07	7.55	−5 −1	23.47	16.80	−6 +1	15.66	23.71	0 + 7
19	29.15	55.92	+1 −9	27.96	7.92	−5 +2	23.25	17.09	−5 +4	15.38	23.86	+2 + 6
20	29.19	56.29	−1 −8	27.85	8.28	−4 +5	23.03	17.37	−3 +6	15.10	24.00	+4 + 5
21	29.22	56.67	−4 −6	27.73	8.64	−2 +7	22.81	17.65	−1 +7	14.82	24.14	+6 + 2
22	29.25	57.04	−5 −3	27.61	9.00	0 +8	22.58	17.92	+1 +7	14.54	24.27	+6 0
23	29.27	57.42	−6 +1	27.48	9.35	+2 +7	22.35	18.19	+3 +6	14.25	24.40	+5 − 3
24	29.29	57.79	−5 +4	27.35	9.70	+4 +6	22.12	18.46	+5 +4	13.97	24.53	+4 − 5
25	29.31	58.17	−4 +6	27.21	10.05	+6 +4	21.89	18.72	+6 +2	13.68	24.65	+1 − 5
26	29.32	58.55	−2 +8	27.07	10.40	+7 +1	21.66	18.98	+6 −1	13.39	24.76	−1 − 4
27	29.32	58.93	+1 +8	26.92	10.75	+6 −2	21.42	19.23	+5 −4	13.11	24.87	−4 − 2
28	29.32	59.30	+3 +7	26.77	11.10	+4 −5	21.18	19.48	+3 −5	12.82	24.97	−5 + 2
29	29.32	59.68	+5 +5	26.62	11.44	+2 −6	20.94	19.73	0 −5	12.53	25.07	−5 + 5
30	29.31	60.06	+6 +2				20.69	19.97	−3 −3	12.25	25.16	−4 + 7
31	29.29	60.44	+6 −1				20.44	20.21	−5 −1	11.96	25.25	−1 + 8
32	29.27	60.82	+5 −4				20.19	20.44	−6 +3			

δ	sec δ	tg δ	δ	sec δ	tg δ	δ	sec δ	tg δ
−85° 29′ 40″	+12.730	−12.690	−85° 30′ 0″	+12.745	−12.706	−85° 30′ 20″	+12.761	−12.722
50	+12.738	−12.698	10	+12.753	−12.714	30	+12.769	−12.730

$\alpha_{1958.0} = 9^h\ 3^m\ 10^s.78$ $\delta_{1958.0} = -85°\ 29\ 52''.85$

Scheinbare Sternörter 1958

Obere Kulmination Greenwich

Sc) ζ Octantis $5^m.38$

Tag	Mai				Juni				Juli				August			
	AR.	Dekl	☾ Glieder		AR.	Dekl.	☾ Glieder		AR.	Dekl.	☾ Glieder		AR.	Dekl.	☾ Glieder	
	$9^h\ 3^m$	— 85° 30′	in s 0.01	in ″ 0.01	$9^h\ 2^m$	— 85° 30′	in s 0.01	in ″ 0.01	$9^h\ 2^m$	— 85° 30′	in s 0.01	in ″ 0.01	$9^h\ 2^m$	— 85° 30′	in s 0.01	in ″ 0.01
	s	″			s	″			s	″			s	″		
1	11.96	25.25	−1	+8	63.22	25.31	+5	−2	56.35	20.74	+2	−9	52.57	12.45	−5	−2
2	11.67	25.33	+1	+7	62.95	25.23	+5	−6	56.16	20.52	−1	−8	52.52	12.14	−5	+1
3	11.38	25.41	+4	+3	62.69	25.14	+3	−8	55.99	20.29	−3	−7	52.47	11.84	−5	+4
4	11.09	25.48	+5	0	62.43	25.05	0	−9	55.81	20.07	−5	−4	52.43	11.53	−3	+6
5	10.80	25.54	+5	−4	62.18	24.95	−2	−8	55.64	19.83	−6	−1	52.39	11.23	−1	+7
6	10.51	25.60	+4	−8	61.92	24.85	−4	−6	55.47	19.60	−6	+2	52.36	10.92	+1	+7
7	10.22	25.66	+2	−9	61.67	24.74	−6	−3	55.31	19.36	−4	+5	*52.34	10.61	+3	+6
8	9.93	25.71	−1	−9	61.42	24.63	−6	0	55.15	19.12	−3	+6	52.32	10.30	+5	+4
9	9.65	25.75	−3	−8	61.17	24.51	−5	+3	54.99	18.87	−1	+7	52.30	9.99	+6	+1
10	9.36	25.79	−5	−5	60.92	24.39	−4	+5	54.84	18.62	+2	+7	52.29	9.68	+6	−2
11	9.07	25.83	−6	−2	60.67	24.26	−2	+7	54.69	18.37	+4	+5	52.28	9.36	+5	−4
12	8.78	25.86	−6	+2	60.43	24.13	+1	+7	54.55	18.11	+6	+3	52.28	9.05	+3	−6
13	8.49	25.88	−5	+4	60.19	23.99	+3	+6	54.40	17.85	+6	0	52.28	8.74	0	−5
14	8.20	25.90	−3	+6	59.95	23.85	+5	+4	54.27	17.59	+5	−3	52.29	8.43	−3	−4
15	7.92	25.91	−1	+7	59.72	23.70	+6	+1	54.14	17.32	+4	−5	52.30	8.11	−5	−1
16	7.63	25.92	+2	+6	59.48	23.55	+6	−2	54.01	17.06	+1	−6	52.32	7.80	−6	+2
17	7.35	25.92	+4	+5	59.25	23.39	+5	−4	53.88	16.79	−1	−5	52.34	7.49	−5	+5
18	7.06	25.92	+5	+3	59.03	23.23	+3	−6	53.77	16.51	−4	−3	52.37	7.18	−3	+7
19	6.78	25.91	+6	0	58.80	23.07	0	−6	53.65	16.24	−5	0	52.40	6.87	−1	+7
20	6.50	25.90	+5	−2	58.58	22.90	−2	−4	53.54	15.96	−5	+3	52.44	6.56	+2	+5
21	6.22	25.88	+4	−4	58.36	22.73	−4	−2	53.44	15.68	−4	+6	52.48	6.25	+4	+2
22	5.94	25.85	+2	−6	58.14	22.55	−5	+2	53.34	15.39	−2	+7	52.52	5.94	+5	−2
23	5.66	25.82	−1	−5	57.93	22.36	−5	+5	53.24	15.11	+1	+7	52.57	5.63	+5	−5
24	5.39	25.79	−3	−3	57.72	22.18	−3	+7	53.15	14.82	+3	+4	52.63	5.33	+3	−8
25	5.11	25.75	−5	0	57.51	21.98	−1	+7	53.06	14.53	+5	+1	52.69	5.02	+1	−9
26	4.84	25.70	−5	+3	57.31	21.79	+2	+6	52.98	14.24	+5	−3	52.76	4.72	−2	−8
27	4.56	25.65	−4	+6	57.11	21.59	+4	+3	52.90	13.94	+4	−6	52.83	4.41	−4	−6
28	4.29	25.59	−2	+8	56.91	21.38	+5	0	52.83	13.65	+2	−8	52.91	4.11	−5	−3
29	4.02	25.53	0	+7	56.72	21.17	+5	−4	52.76	13.35	0	−8	52.99	3.81	−6	0
30	3.75	25.46	+3	+5	56.53	20.96	+4	−7	52.69	13.05	−2	−7	53.08	3.51	−5	+3
31	3.48	25.39	+5	+2	56.35	20.74	+2	−9	52.63	12.75	−4	−5	53.17	3.21	−4	+5
32	3.22	25.31	+5	−2					52.57	12.45	−5	−2	53.27	2.92	−2	+6

δ	sec δ	tg δ	δ	sec δ	tg δ	δ	sec δ	tg δ
−85° 30′ 0″	+12.745	−12.706	−85° 30′ 10″	+12.753	−12.714	−85° 30′ 20″	+12.761	−12.722
10	+12.753	−12.714	20	+12.761	−12.722	30	+12.769	−12.730

$\alpha_{1958.0} = 9^h\ 3^m\ 10^s.78$ $\delta_{1958.0} = -85°\ 29'\ 52''.85$

* Tag der doppelten unteren Kulmination. Aug. 7.

Scheinbare Sternörter 1958

Obere Kulmination Greenwich

Sc) ζ Octantis $5^{m}.38$

Tag	September				Oktober				November				Dezember			
	AR.	Dekl.	☾ Glieder		AR.	Dekl.	☾ Glieder		AR.	Dekl.	☾ Glieder		AR.	Dekl.	☾ Glieder	
	$9^h\ 2^m$	−85° 29′	in s 0.01	in ″ 0.01	$9^h\ 2^m$	−85° 29′	in s 0.01	in ″ 0.01	$9^h\ 3^m$	−85° 29′	in s 0.01	in ″ 0.01	$9^h\ 3^m$	−85° 29′	in s 0.01	in ″ 0.01
	s	″			s	″			s	″			s	″		
1	53.27	62.92	−2	+6	58.18	55.45	+4	+5	6.26	52.35	+5	−3	14.46	55.14	−1	−4
2	53.37	62.63	0	+7	58.40	55.27	+5	+3	6.54	52.35	+3	−5	14.70	55.33	−3	−2
3	53.47	62.34	+2	+6	58.63	55.09	+6	+1	6.82	52.35	+1	−5	14.95	55.52	−4	+1
4	53.58	62.05	+4	+5	58.86	54.91	+6	−2	7.11	52.36	−1	−4	15.19	55.72	−5	+5
5	53.69	61.76	+6	+2	59.10	54.74	+5	−4	7.39	52.38	−4	−1	15.43	55.93	−4	+7
6	53.81	61.47	+6	0	59.33	54.58	+3	−5	7.68	52.41	−5	+2	15.67	56.14	−2	+8
7	53.93	61.19	+6	−3	59.58	54.42	0	−4	7.96	52.44	−4	+5	15.90	56.36	+1	+8
8	54.06	60.91	+4	−5	59.82	54.26	−3	−3	8.24	52.48	−3	+8	16.13	56.58	+3	+6
9	54.19	60.63	+1	−5	60.07	54.11	−4	0	8.53	52.52	−1	+8	16.36	56.81	+5	+2
10	54.33	60.36	−1	−4	60.32	53.97	−5	+3	8.81	52.57	+2	+7	16.58	57.04	+6	−2
11	54.47	60.09	−4	−2	60.57	53.83	−5	+6	9.09	52.63	+4	+4	16.80	57.28	+5	−6
12	54.62	59.82	−5	+1	60.83	53.70	−3	+8	9.37	52.70	+5	0	17.01	57.53	+3	−8
13	54.77	59.56	−5	+4	61.08	53.58	0	+8	9.65	52.77	+5	−4	17.23	57.77	0	−9
14	54.93	59.30	−4	+7	61.34	53.46	+3	+5	9.93	52.85	+4	−7	17.43	58.03	−3	−8
15	55.09	59.04	−2	+7	61.60	53.34	+4	+2	10.21	52.93	+1	−9	17.64	58.29	−5	−6
16	55.25	58.79	+1	+6	61.86	53.24	+5	−3	10.48	53.02	−2	−9	17.84	58.55	−6	−3
17	55.42	58.54	+3	+3	62.12	53.14	+4	−6	10.76	53.12	−4	−7	18.04	58.82	−6	0
18	55.59	58.29	+5	0	62.39	53.04	+3	−9	11.04	53.23	−6	−5	18.24	59.09	−5	+3
19	55.77	58.05	+5	−4	62.66	52.95	0	−10	11.31	53.34	−7	−1	18.43	59.37	−3	+5
20	55.95	57.81	+4	−7	62.93	52.87	−3	−9	11.58	53.45	−6	+2	18.61	59.65	−1	+6
21	56.14	57.57	+1	−9	63.20	52.79	−5	−6	11.85	53.58	−4	+4	18.80	59.93	+1	+6
22	56.32	57.34	−1	−9	63.47	52.72	−6	−3	12.12	53.71	−3	+6	18.98	60.22	+3	+4
23	56.52	57.11	−3	−7	63.75	52.66	−6	0	12.39	53.84	0	+6	19.15	60.51	+5	+2
24	56.71	56.89	−5	−5	64.02	52.60	−5	+3	12.66	53.98	+2	+5	19.32	60.81	+5	0
25	56.91	56.67	−6	−2	64.30	52.54	−4	+5	12.92	54.13	+4	+4	19.48	61.11	+5	−2
26	57.11	56.46	−5	+1	64.57	52.50	−2	+6	13.18	54.28	+5	+2	19.64	61.42	+4	−4
27	57.32	56.25	−4	+4	64.85	52.46	+1	+6	13.44	54.44	+6	−1	19.80	61.73	+2	−5
28	57.53	56.04	−3	+6	65.13	52.42	+3	+5	13.70	54.61	+5	−3	19.95	62.04	0	−5
29	57.74	55.84	−1	+6	65.41	52.39	+4	+3	13.95	54.78	+4	−5	20.10	62.36	−2	−4
30	57.96	55.64	+2	+6	65.69	52.37	+5	+1	14.21	54.95	+2	−5	20.24	62.68	−4	−1
31	58.18	55.45	+4	+5	65.98	52.36	+6	−1	14.46	55.14	−1	−4	20.38	63.00	−5	+2
32					66.26	52.35	+5	−3					20.51	63.33	−4	+5

δ	sec δ	tg δ	δ	sec δ	tg δ
−85° 29′ 50″	+12.738	−12.698	−85° 30′ 0″	+12.745	−12.706
60	+12.745	−12.706	10	+12.753	−12.714

$\alpha_{1958.0} = 9^h\ 3^m\ 10^s.78$ $\delta_{1958.0} = -85°\ 29'\ 52''.85$

Scheinbare Sternörter 1958

Obere Kulmination Greenwich

Sd) ι Octantis $5^{m}.38$

Tag	Januar AR.	Januar Dekl.	Januar ☾ Glieder		Februar AR.	Februar Dekl.	Februar ☾ Glieder		März AR.	März Dekl.	März ☾ Glieder		April AR.	April Dekl.	April ☾ Glieder	
	$12^h\,50^m$	−84° 53′	in s 0.01	in ″ 0.01	$12^h\,50^m$	−84° 53′	in s 0.01	in ″ 0.01	$12^h\,50^m$	−84° 53′	in s 0.01	in ″ 0.01	$12^h\,50^m$	−84° 53′	in s 0.01	in ″ 0.01
	s	″			s	″			s	″			s	″		
1	27.17	27.46	−2	+9	35.04	32.48	+5	+3	40.28	40.86	+5	+1	43.01	52.22	−2	−6
2	27.44	27.54	0	+9	35.27	32.73	+5	−1	40.42	41.20	+4	−2	43.04	52.60	−4	−4
3	27.71	27.62	+3	+7	35.49	32.98	+4	−4	40.56	41.55	+2	−5	43.07	52.98	−6	−1
4	27.98	27.71	+4	+4	35.71	33.23	+1	−6	40.69	41.90	0	−6	{43.09 43.11	53.35 53.73	−6 −5	+2} +5}
5	28.24	27.80	+5	+1	35.93	33.49	−1	−7	40.83	42.26	−3	−6	43.12	54.10	−2	+6
6	28.51	27.90	+5	−3	36.14	33.75	−4	−5	40.95	42.61	−5	−4	43.13	54.47	+1	+5
7	28.78	28.01	+3	−6	36.36	34.02	−6	−3	41.08	42.97	−6	0	43.14	54.85	+4	+3
8	29.05	28.12	0	−7	36.57	34.30	−6	+1	41.20	43.33	−5	+3	43.15	55.22	+7	0
9	29.31	28.23	−3	−7	36.77	34.57	−4	+4	41.32	43.68	−3	+5	43.15	55.58	+7	−3
10	29.58	28.36	−5	−4	36.98	34.85	−2	+5	41.43	44.04	0	+6	43.15	55.95	+7	−6
11	29.84	28.49	−6	−1	37.18	35.14	+1	+5	41.54	44.41	+3	+4	43.14	56.32	+5	−8
12	30.11	28.62	−5	+2	37.38	35.43	+4	+4	41.65	44.77	+5	+2	43.13	56.69	+2	−9
13	30.37	28.76	−4	+5	37.57	35.72	+6	+1	41.75	45.13	+7	−1	43.12	57.05	0	−8
14	30.63	28.91	−1	+6	37.76	36.02	+7	−2	41.85	45.50	+7	−5	43.10	57.42	−2	−6
15	30.89	29.06	+2	+5	37.95	36.32	+6	−5	41.94	45.87	+6	−7	43.08	57.78	−4	−4
16	31.15	29.22	+5	+3	38.14	36.62	+5	−7	42.04	46.24	+4	−8	43.05	58.14	−5	−1
17	31.40	29.38	+6	0	38.32	36.93	+3	−8	42.12	46.61	+1	−8	43.03	58.51	−5	+2
18	31.66	29.55	+7	−3	38.50	37.24	0	−8	42.21	46.98	−1	−7	42.99	58.87	−4	+5
19	31.91	29.73	+6	−6	38.68	37.55	−2	−6	42.29	47.35	−3	−5	42.96	59.22	−3	+7
20	32.17	29.91	+4	−7	38.86	37.87	−4	−4	42.37	47.72	−5	−2	42.92	59.58	−1	+8
21	32.42	30.10	+2	−8	39.03	38.19	−5	−1	42.44	48.10	−5	+1	42.88	59.94	+1	+8
22	32.67	30.29	−1	−7	39.20	38.51	−6	+2	42.51	48.47	−5	+4	42.83	60.29	+3	+6
23	32.92	30.49	−3	−5	39.36	38.84	−5	+5	42.58	48.84	−4	+7	42.79	60.64	+4	+4
24	33.16	30.69	−5	−3	39.53	39.17	−4	+8	42.64	49.21	−3	+8	42.73	60.99	+5	+1
25	33.40	30.89	−6	0	39.68	39.50	−2	+9	42.70	49.59	0	+9	42.68	61.33	+4	−2
26	33.64	31.10	−6	+4	39.84	39.84	0	+9	42.75	49.96	+2	+8	42.62	61.68	+2	−5
27	33.88	31.32	−5	+7	39.99	40.17	+3	+8	42.81	50.34	+4	+6	42.56	62.02	−1	−5
28	34.11	31.54	−3	+9	40.14	40.51	+4	+5	42.85	50.72	+5	+3	42.49	62.36	−4	−4
29	34.35	31.77	−1	+9	40.28	40.86	+5	+1	42.90	51.09	+5	−1	42.42	62.70	−6	−2
30	34.58	32.00	+2	+9					42.94	51.47	+3	−4	42.35	63.04	−6	+1
31	34.81	32.24	+4	+6					42.98	51.85	+1	−5	42.27	63.37	−6	+4
32	35.04	32.48	+5	+3					43.01	52.22	−2	−6				

δ	sec δ	tg δ	δ	sec δ	tg δ	δ	sec δ	tg δ
−84° 53′ 20″	+11.225	−11.180	−84° 53′ 40″	+11.237	−11.193	−84° 54′ 0″	+11.249	−11.205
30	+11.231	−11.186	50	+11.243	−11.199	10	+11.255	−11.211

$\alpha_{1958.0} = 12^h\,50^m\,20^s.86$ $\delta_{1958.0} = -84°\,53'\,45''.02$

Obere Kulmination Greenwich

Sd) ι Octantis $5^m.38$

Tag	Mai AR.	Mai Dekl.	Mai ☾ Glieder	Juni AR.	Juni Dekl.	Juni ☾ Glieder	Juli AR.	Juli Dekl.	Juli ☾ Glieder	August AR.	August Dekl.	August ☾ Glieder
	$12^h 50^m$ s	−84° 54′ ″	in s 0.01 | ″ 0.01	$12^h 50^m$ s	−84° 54′ ″	in s 0.01 | ″ 0.01	$12^h 50^m$ s	−84° 54′ ″	in s 0.01 | ″ 0.01	$12^h 50^m$ s	−84° 54′ ″	in s 0.01 | ″ 0.01
1	42.27	3.37	−6 +4	38.39	12.05	+4 +4	32.54	16.37	+6 −4	25.83	15.63	−1 −7
2	42.19	3.70	−3 +6	38.23	12.27	+6 +1	32.33	16.43	+5 −7	25.62	15.51	−3 −5
3	42.11	4.03	0 +7	38.05	12.48	+7 −3	32.11	16.48	+3 −8	25.42	15.39	−5 −3
4	42.02	4.35	+3 +5	37.88	12.69	+6 −6	31.90	16.53	0 −9	25.22	15.27	−5 +1
5	41.94	4.67	+5 +2	37.71	12.89	+5 −8	31.68	16.58	−2 −7	25.02	15.14	−5 +4
6	41.84	4.99	+7 −1	37.53	13.09	+2 −9	31.46	16.62	−4 −5	24.82	15.00	−4 +6
7	41.75	5.30	+7 −5	37.35	13.28	−1 −8	31.24	16.65	−5 −1	24.62	14.86	−2 +8
8	41.65	5.62	+6 −8	37.18	13.47	−3 −6	31.03	16.68	−5 +2	24.42	14.72	0 +8
9	41.55	5.93	+4 −9	36.99	13.65	−5 −3	30.81	16.70	−5 +5	24.23	14.57	+2 +7
10	41.44	6.24	+1 −9	36.81	13.83	−5 0	30.59	16.71	−3 +7	24.04	14.41	+4 +5
11	41.33	6.54	−2 −8	36.62	14.00	−5 +3	30.37	16.72	−2 +8	23.85	14.25	+5 +2
12	41.22	6.84	−4 −5	36.44	14.17	−4 +6	30.15	16.73	+1 +8	23.66	14.09	+5 −1
13	41.10	7.14	−5 −2	36.24	14.33	−3 +7	29.93	16.73	+3 +6	23.48	13.92	+3 −4
14	40.98	7.43	−5 +1	36.05	14.49	0 +8	29.71	16.72	+5 +3	23.29	13.74	+1 −6
15	40.86	7.72	−5 +4	35.86	14.64	+2 +7	29.49	16.71	+5 0	23.11	13.56	−2 −6
16	40.74	8.00	−3 +6	35.66	14.79	+4 +5	29.27	16.69	+4 −3	22.93	13.38	−4 −4
17	40.61	8.29	−2 +8	35.46	14.93	+5 +2	29.05	16.67	+3 −5	22.75	13.19	−6 −2
18	40.48	8.56	0 +8	35.27	15.07	+5 −1	28.84	16.64	0 −6	22.57	12.99	−6 +1
19	40.35	8.84	+3 +6	35.06	15.20	+4 −4	28.62	16.60	−3 −6	22.40	12.79	−5 +4
20	40.22	9.11	+4 +4	34.86	15.33	+2 −6	28.40	16.56	−5 −3	22.23	12.59	−2 +6
21	40.08	9.38	+5 +1	34.65	15.45	−1 −6	28.18	16.51	−6 0	22.06	12.38	+1 +6
22	39.94	9.64	+5 −2	34.45	15.56	−4 −4	27.96	16.46	−6 +3	21.90	12.16	+4 +4
23	39.80	9.90	+3 −4	34.24	15.67	−6 −2	27.74	16.41	−4 +5	21.74	11.95	+6 +1
24	39.65	10.16	0 −5	34.03	15.78	−6 +1	27.53	16.34	−1 +6	21.58	11.72	+7 −2
25	39.50	10.41	−2 −5	33.82	15.88	−5 +5	27.31	16.27	+2 +6	21.42	11.50	+6 −5
26	39.35	10.66	−5 −3	33.61	15.97	−3 +6	27.10	16.20	+4 +3	21.27	11.27	+5 −8
27	39.20	10.90	−6 0	33.40	16.06	0 +7	26.88	16.12	+6 0	21.11	11.03	+2 −8
28	39.04	11.14	−6 +3	33.19	16.15	+3 +5	26.67	16.03	+6 −3	20.97	10.79	0 −8
29	38.89	11.37	−5 +6	32.97	16.23	+5 +3	26.46	15.94	+5 −6	20.82	10.55	−2 −6
30	38.72	11.60	−2 +7	32.76	16.30	+7 −1	26.25	15.84	+4 −8	20.68	10.30	−4 −4
31	38.56	11.83	+1 +7	32.54	16.37	+6 −4	26.04	15.74	+1 −8	20.54	10.06	−5 −1
32	38.39	12.05	+4 +4				25.83	15.63	−1 −7	20.41	9.80	−5 +2

δ	sec δ	tg δ	δ	sec δ	tg δ
−84° 54′ 0″	+11.249	−11.205	−84° 54′ 10″	+11.255	−11.211
10	+11.255	−11.211	20	+11.262	−11.217

$\alpha_{1958.0} = 12^h\ 50^m\ 20^s.86$ $\delta_{1958.0} = -84°\ 53'\ 45''.02$

Scheinbare Sternörter 1958

Obere Kulmination Greenwich

Sd) ι Octantis $5^m.38$

Tag	September				Oktober				November				Dezember			
	AR.	Dekl.	☾ Glieder		AR.	Dekl.	☾ Glieder		AR.	Dekl.	☾ Glieder		AR.	Dekl.	☾ Glieder	
	$12^h\,50^m$	$-84°\,54'$	in s 0.01	in ″ 0.01	$12^h\,50^m$	$-84°\,53'$	in s 0.01	in ″ 0.01	$12^h\,50^m$	$-84°\,53'$	in s 0.01	in ″ 0.01	$12^h\,50^m$	$-84°\,53'$	in s 0.01	in ″ 0.01
	s	″			s	″			s	″			s	″		
1	20.41	9.80	−5	+2	18.22	61.01	−2	+8	20.19	51.64	+5	+3	25.89	45.54	+3	−4
2	20.28	9.55	−4	+5	18.21	60.69	0	+8	20.33	51.38	+5	0	26.13	45.42	0	−5
3	20.15	9.29	−3	+7	18.21	60.37	+2	+7	20.47	51.11	+3	−2	26.37	45.31	−3	−4
4	20.03	9.03	−1	8	*18.21	60.06	+4	+5	20.61	50.86	+2	−4	26.61	45.20	−5	−2
5	19.91	8.76	+1	+8	18.22	59.74	+5	+2	20.76	50.60	−1	−5	26.85	45.09	−6	+1
6	19.79	8.49	+3	+6	18.23	59.42	+4	−1	20.91	50.35	−4	−4	27.09	44.99	−6	+4
7	19.68	8.22	+4	+4	18.25	59.11	+3	−3	21.07	50.10	−6	−1	27.34	44.90	−5	+6
8	19.57	7.94	+5	+1	18.27	58.79	+1	−5	21.23	49.86	−7	+2	27.59	44.82	−2	+8
9	19.46	7.66	+4	−2	18.30	58.47	−2	−5	21.40	49.62	−6	+5	27.85	44.74	+1	+7
10	19.36	7.38	+2	−5	18.33	58.16	−5	−3	21.57	49.38	−4	+7	28.10	44.66	+4	+5
11	19.26	7.10	−1	−6	18.37	57.85	−6	0	21.74	49.15	0	+7	28.35	44.60	+6	+1
12	19.17	6.81	−3	−5	18.41	57.53	−6	+3	21.92	48.92	+3	+5	28.61	44.54	+7	−3
13	19.08	6.52	−5	−3	18.46	57.22	−5	+5	22.10	48.70	+5	+2	28.87	44.48	+6	−7
14	19.00	6.23	−6	0	18.51	56.91	−2	+7	22.28	48.48	+7	−2	29.13	44.43	+4	−9
15	18.92	5.94	−6	+3	18.56	56.60	+1	+6	22.47	48.27	+7	−5	29.39	44.39	+2	−10
16	18.84	5.64	−4	+5	18.62	56.29	+4	+4	22.66	48.06	+5	−8	29.65	44.35	−1	−9
17	18.77	5.34	−1	+6	18.68	55.99	+6	0	22.85	47.85	+3	−10	29.91	44.32	−3	−6
18	18.70	5.04	+3	+5	18.75	55.68	+7	−4	23.05	47.65	0	−10	30.18	44.30	−5	−3
19	18.64	4.74	+5	+2	18.82	55.37	+6	−7	23.25	47.46	−2	−8	30.44	44.28	−5	0
20	18.58	4.43	+7	−1	18.90	55.07	+4	−9	23.45	47.27	−4	−5	30.71	44.27	−5	+3
21	18.52	4.12	+7	−5	18.99	54.77	+2	−10	23.66	47.08	−5	−2	30.97	44.27	−3	+5
22	18.47	3.82	+5	−7	19.07	54.47	−1	−9	23.87	46.91	−5	+1	31.24	44.27	−1	+7
23	18.43	3.51	+3	−9	19.17	54.18	−3	−6	24.08	46.73	−4	+4	31.51	44.28	+1	+7
24	18.38	3.20	+1	−9	19.26	53.88	−4	−3	24.30	46.56	−3	+6	31.78	44.29	+3	+6
25	18.35	2.89	−2	−7	19.36	53.59	−5	0	24.52	46.40	−1	+7	32.04	44.31	+4	+4
26	18.31	2.58	−4	−5	19.47	53.31	−5	+3	24.74	46.24	+1	+7	32.31	44.34	+5	+1
27	18.28	2.26	−5	−2	19.58	53.02	−4	+5	24.96	46.09	+3	+5	32.58	44.37	+5	−1
28	18.26	1.95	−5	+1	19.69	52.74	−2	+7	25.19	45.94	+4	+3	32.85	44.41	+3	−4
29	18.24	1.64	−5	+4	19.81	52.46	0	+7	25.42	45.80	+5	+1	33.12	44.46	+1	−5
30	18.23	1.32	−3	+6	19.93	52.18	+2	+7	25.65	45.67	+4	−2	33.39	44.51	−1	−5
31	18.22	1.01	−2	+8	20.06	51.91	+4	+5	25.89	45.54	+3	−4	33.66	44.57	−4	−4
32					20.19	51.64	+5	+3					33.92	44.64	−6	−1

δ	sec δ	tg δ	δ	sec δ	tg δ	δ	sec δ	tg δ
−84° 53′ 40″	+11.237	−11.193	−84° 53′ 50″	+11.243	−11.199	−84° 54′ 0″	+11.249	−11.205
50	+11.243	−11 199	60	+11.249	−11.205	10	+11.255	−11.211

$\alpha_{1958.0} = 12^h\ 50^m\ 20^s.86$ $\delta_{1958.0} = -84°\ 53'\ 45''.02$

* **Tag der doppelten unteren Kulmination: Okt. 4.**

Obere Kulmination Greenwich

Se) 20 G. Octantis $6^m_.52$

Tag	Januar AR.	Januar Dekl.	Januar ☾ Glieder	Februar AR.	Februar Dekl.	Februar ☾ Glieder	März AR.	März Dekl.	März ☾ Glieder	April AR	April Dekl.	April ☾ Glieder
	$15^h 5^m$ s	— 87° 58′ ″	in s ″ 0.01 0.01	$15^h 5^m$ s	— 87° 58′ ″	in s ″ 0.01 0.01	$15^h 5^m$ s	— 87° 58′ ″	in s ″ 0.01 0.01	$15^h 6^m$ s	— 87° 58′ ″	in s ″ 0.01 0.01
1	18.70	26.08	-12 +7	39.74	24.51	+ 8 +6	59.07	27.69	+ 9 +4	16.52	35.23	0 -7
2	19.32	25.94	- 7 +8	40.45	24.55	+11 +2	59.72	27.87	+11 0	16.98	35.53	- 6 -7
3	19.95	25.81	0 +9	41.16	24.60	+12 -2	60.36	28.06	+ 9 -3	17.43	35.83	-12 -5
4	20.58	25.68	+ 6 +7	41.88	24.65	+ 8 -5	61.00	28.25	+ 5 -6	17.87	36.13	-14 -2
5	21.21	25.56	+11 +4	42.59	24.71	+ 3 -7	61.63	28.45	- 2 -7	18.30	36.44	-13 +1
6	21.85	25.45	+13 0	43.29	24.78	- 4 -8	62.26	28.65	- 8 -7	18.73	36.75	- 9 +4
7	22.50	25.34	+11 -4	44.00	24.84	-10 -6	62.88	28.86	-12 -5	19.14	37.06	- 2 +6
8	23.15	25.24	+ 7 -7	44.71	24.92	-12 -3	63.50	29.07	-13 -1	19.55	37.37	+ 7 +6
9	23.80	25.14	0 -8	45.41	25.00	-12 0	64.11	29.29	-11 +2	19.95	37.68	+14 +5
10	24.46	25.05	- 6 -7	46.12	25.08	- 9 +4	64.72	29.51	- 5 +5	20.34	37.99	+18 +2
11	25.13	24.97	-11 -5	46.82	25.17	- 2 +6	65.32	29.73	+ 3 +6	20.73	38.31	+19 -2
12	25.80	24.89	-13 -1	47.53	25.27	+ 5 +6	65.92	29.96	+10 +6	21.10	38.63	+17 -5
13	26.47	24.82	-11 +2	48.23	25.37	+12 +5	66.51	30.19	+15 +3	21.47	38.95	+13 -7
14	27.15	24.75	- 7 +5	48.93	25.48	+16 +3	67.09	30.43	+19 0	21.82	39.27	+ 7 -8
15	27.83	24.68	0 +6	49.62	25.59	+18 0	67.67	30.66	+18 -3	22.17	39.59	0 -8
16	28.52	24.63	+ 7 +6	50.32	25.71	+16 -3	68.25	30.91	+15 -5	22.51	39.92	- 6 -6
17	29.20	24.58	+13 +4	51.01	25.83	+13 -6	68.81	31.15	+10 -7	22.84	40.24	-10 -4
18	29.89	24.53	+16 +2	51.70	25.96	+ 7 -7	69.37	31.40	+ 3 -8	23.17	40.57	-13 -1
19	30.58	24.49	+17 -1	52.39	26.09	+ 1 -7	69.93	31.65	- 3 -7	23.48	40.90	-14 +2
20	31.27	24.46	+15 -4	53.07	26.23	- 5 -6	70.48	31.91	- 8 -5	23.78	41.23	-13 +5
21	31.97	24.43	+11 -6	53.75	26.37	-10 -4	71.02	32.17	-12 -3	24.07	41.56	- 9 +7
22	32.67	24.41	+ 5 -7	54.43	26.52	-14 -1	71.56	32.43	-14 0	24.36	41.90	- 5 +8
23	33.37	24.39	- 2 -7	55.11	26.67	-16 +2	72.09	32.70	-15 +3	24.64	42.24	+ 1 +8
24	34.08	24.38	- 8 -6	55.78	26.83	-15 +5	72.61	32.97	-13 +6	24.90	42.57	+ 6 +6
25	34.78	24.38	-13 -4	56.45	26.99	-12 +7	73.13	33.24	- 8 +8	25.16	42.91	+ 9 +4
26	35.48	24.38	-16 0	57.11	27.16	- 7 +9	73.64	33.52	- 3 +9	25.41	43.25	+10 0
27	36.19	24.39	-16 +3	57.77	27.33	- 1 +9	74.14	33.80	+ 3 +8	25.65	43.59	+ 8 -3
28	36.90	24.40	-14 +6	58.42	27.51	+ 5 +7	74.63	34.08	+ 7 +6	25.88	43.93	+ 4 -6
29	37.61	24.42	-10 +8	59.07	27.69	+ 9 +4	75.11	34.37	+10 +2	26.10	44.27	- 4 -6
30	38.32	24.44	- 4 +9				75.59	34.65	+10 -1	26.31	44.61	-10 -6
31	39.03	24.47	+ 3 +8				76.06	34.94	+ 6 -5	26.52	44.96	-15 -3
32	39.74	24.51	+ 8 +6				76.52	35.23	0 -7			

δ	sec δ	tg δ	δ	sec δ	tg δ	δ	sec δ	tg δ
-87° 58′ 20″	+28 261	-28 244	-87° 58′ 30″	+28 300	-28 282	-87° 58′ 40″	+28 339	-28 321
30	+28 300	-28 282	40	+28 339	-28 321	50	+28 378	-28 360

$\alpha_{1958.0} = 15^h\ 5^m\ 24^s\!.74$ $\delta_{1958.0} = -87°\ 58'\ 45''\!.00$

Scheinbare Sternörter 1958

Obere Kulmination Greenwich

Se) 20 G. Octantis 6ᵐ.52

Tag	Mai AR.	Mai Dekl.	Mai ☾ Glieder in s 0.01	Mai ☾ Glieder in ″ 0.01	Juni AR.	Juni Dekl.	Juni ☾ Glieder in s 0.01	Juni ☾ Glieder in ″ 0.01	Juli AR.	Juli Dekl.	Juli ☾ Glieder in s 0.01	Juli ☾ Glieder in ″ 0.01	August AR.	August Dekl.	August ☾ Glieder in s 0.01	August ☾ Glieder in ″ 0.01
	$15^h 6^m$	−87° 58′			$15^h 6^m$	−87° 58′			$15^h 6^m$	−87° 59′			$15^h 5^m$	−87° 59′		
	s	″			s	″			s	″			s	″		
1	26.52	44.96	−15	−3	27.79	55.72	+5	+7	20.14	4.04	+17	0	65.29	8.76	+4	−8
2	26.71	45.30	−15	0	27.67	56.04	+13	+5	19.75	4.26	+17	−3	64.74	8.82	−2	−7
3	26.89	45.64	−12	+4	27.54	56.35	+17	+2	19.36	4.48	+13	−6	64.18	8.89	−8	−5
4	27.07	45.99	−6	+6	27.40	56.66	+19	−2	18.96	4.69	+8	−8	63.62	8.94	−12	−3
5	27.23	46.33	+2	+7	27.24	56.97	+16	−5	18.55	4.90	+2	−8	63.06	8.99	−14	0
6	27.38	46.68	+10	+6	27.08	57.28	+12	−7	18.13	5.11	−5	−7	62.50	9.04	−14	+3
7	27.52	47.02	+16	+3	26.91	57.59	+6	−8	17.71	5.31	−10	−5	61.93	9.08	−11	+6
8	27.66	47.36	+19	0	26.73	57.90	−1	−8	17.29	5.51	−13	−2	61.36	9.11	−7	+8
9	{27.78 27.89	47.70 48.05	+19 +15	−3 −6}	26.55	58.20	−7	−6	16.85	5.70	−14	+1	60.79	9.14	−2	+9
10	28.00	48.39	+10	−8	26.35	58.50	−11	−4	16.41	5.89	−13	+4	60.22	9.16	+4	+8
11	28.09	48.73	+3	−8	26.14	58.80	−13	0	15.96	6.07	−10	+7	59.64	9.18	+9	+5
12	28.18	49.07	−4	−7	25.93	59.09	−14	+3	15.51	6.25	−5	+8	59.07	9.19	+11	+2
13	28.25	49.42	−9	−5	25.70	59.38	−11	+5	15.04	6.43	+1	+8	58.50	9.19	+10	−2
14	28.32	49.76	−12	−2	25.47	59.66	−7	+7	14.58	6.60	+7	+6	57.92	9.19	+7	−5
15	28.37	50.10	−14	+1	25.22	59.95	−2	+8	14.10	6.76	+11	+4	57.35	9.19	+1	−7
16	28.42	50.44	−13	+4	24.97	60.23	+4	+7	13.62	6.92	+12	0	56.78	9.17	−5	−7
17	28.45	50.78	−10	+6	24.71	60.51	+8	+5	13.14	7.08	+10	−3	56.20	9.16	−11	−5
18	28.48	51.11	−5	+8	24.44	60.79	+11	+2	12.65	7.23	+5	−6	55.63	9.13	−14	−3
19	28.50	51.45	0	+8	24.16	61.06	+11	−1	12.15	7.37	−1	−7	55.05	9.10	−13	+1
20	28.50	51.79	+5	+7	23.87	61.33	+8	−4	11.65	7.51	−7	−6	54.47	9.06	−9	+4
21	28.50	52.12	+9	+4	23.57	61.59	+3	−6	11.14	7.64	−12	−4	53.90	9.02	−3	+6
22	28.49	52.45	+11	+1	23.27	61.85	−4	−7	10.63	7.77	−14	−1	53.33	8.98	+5	+6
23	28.46	52.78	+9	−2	22.95	62.11	−10	−6	10.12	7.89	−13	+2	52.76	8.92	+12	+5
24	28.43	53.12	+5	−5	22.63	62.36	−14	−3	9.60	8.01	−8	+5	52.19	8.86	+16	+2
25	28.38	53.45	−1	−6	22.30	62.61	−15	+1	9.08	8.12	−1	+7	51.62	8.80	+18	−1
26	28.33	53.77	−8	−6	21.96	62.86	−12	+4	8.55	8.23	+6	+6	51.05	8.73	+16	−4
27	28.26	54.10	−13	−4	21.61	63.10	−6	+6	8.01	8.33	+13	+4	50.49	8.65	+12	−6
28	28.19	54.43	−16	−1	21.26	63.34	+1	+7	7.48	8.42	+16	+1	49.93	8.57	+6	−8
29	28.11	54.75	−15	+2	20.89	63.58	+9	+6	6.94	8.51	+17	−2	49.37	8.48	0	−7
30	28.01	55.08	−10	+5	20.52	63.81	+15	+4	6.39	8.60	+15	−5	48.81	8.39	−6	−6
31	27.91	55.40	−3	+7	20.14	64.04	+17	0	5.84	8.68	+10	−7	48.26	8.29	−10	−4
32	27.79	55.72	+5	+7					5.29	8.76	+4	−8	47.71	8.18	−13	−1

δ	sec δ	tg δ	δ	sec δ	tg δ	δ	sec δ	tg δ
−87° 58′ 40″	+28.339	−28.321	−87° 58′ 50″	+28.378	−28.360	−87° 59′ 0″	+28.417	−28.399
50	+28.378	−28.360	60	+28.417	−28.399	10	+28.456	−28.439

$\alpha_{1958.0} = 15^h\ 5^m\ 24^s.74$ $\delta_{1958.0} = -87°\ 58'\ 45''.00$

Scheinbare Sternörter 1958

Obere Kulmination Greenwich

Se) 20 G. Octantis 6$^{m}_{.}$52

Tag	September			Oktober			November			Dezember		
	AR.	Dekl.	☾ Glieder	AR.	Dekl.	☾ Glieder	AR.	Dekl.	☾ Glieder	AR.	Dekl	☾ Glieder
	$15^h 5^m$ s	$-87° 59'$ ″	in s 0.01 | ″ 0.01	$15^h 5^m$ s	$-87° 58'$ ″	in s 0.01 | ″ 0.01	$15^h 5^m$ s	$-87° 58'$ ″	in s 0.01 | ″ 0.01	$15^h 5^m$ s	$-87° 58'$ ″	in s 0.01 | ″ 0.01
1	47.71	8.18	−13 −1	33.64	62.59	−10 +6	27.55	53.39	+ 7 +6	32.48	44.13	+ 8 −2
2	47.16	8.07	−14 +2	33.29	62.34	− 6 +8	27.54	53.07	+ 9 +3	32.83	43.86	+ 4 −5
3	46.62	7.95	−12 +5	32.95	62.08	− 1 +8	27.54	52.75	+ 9 0	33.18	43.58	− 2 −6
4	46.08	7.83	− 9 +7	32.61	61.82	+ 4 +7	27.55	52.43	+ 7 −3	33.55	43.32	9 6
5	45.55	7.70	− 5 +8	32.28	61.55	+ 8 +5	27.57	52.10	+ 1 −5	33.93	43.05	−14 −4
6	45.01	7.57	+ 1 +8	31.97	61.28	+10 +2	27.61	51.78	− 5 −6	34.32	42.79	−17 −1
7	44.49	7.43	+ 6 +7	31.66	61.01	+ 9 −1	*27.66	51.46	−11 −5	34.72	42.53	−15 +3
8	43.96	7.28	+ 9 +4	31.36	60.73	+ 5 −4	27.72	51.14	−16 −3	35.13	42.27	−11 +6
9	43.44	7.13	+10 0	31.07	60.45	− 1 −6	27.80	50.82	−16 +1	35.55	42.02	− 4 +7
10	42.92	6.97	+ 8 −3	30.80	60.17	− 8 −6	27.88	50.49	−13 +4	35.98	41.78	+ 5 +7
11	42.42	6.81	+ 3 −6	30.53	59.88	−13 −5	27.98	50.17	− 7 +6	36.41	41.53	+12 +5
12	41.91	6.65	− 3 −7	30.28	59.59	−16 −2	28.09	49.86	+ 1 +7	36.86	41.29	+17 +2
13	41.42	6.48	− 9 −6	30.04	59.30	−14 +2	28.21	49.54	+10 +6	37.32	41.06	+18 −2
14	40.93	6.30	−13 −4	29.80	59.00	−10 +5	28.35	49.22	+16 +3	37.78	40.83	+16 −6
15	40.44	6.12	−14 0	29.58	58.71	− 2 +6	28.50	48.91	+19 −1	38.26	40.61	+11 −8
16	39.96	5.94	−12 +3	29.37	58.41	+ 6 +6	28.66	48.59	+18 −4	38.74	40.39	+ 5 −9
17	39.49	5.75	− 6 +5	29.17	58.11	+14 +5	28.83	48.28	+15 −7	39.23	40.17	− 1 −8
18	39.02	5.55	+ 2 +6	28.98	57.80	+18 +1	29.02	47.97	+ 9 −9	39.73	39.96	− 7 −6
19	38.56	5.35	+10 +5	28.80	57.49	+19 −2	29.21	47.66	+ 2 −9	40.24	39.75	−11 −3
20	38.11	5.14	+15 +3	28.64	57.18	+17 −6	29.42	47.36	− 4 −7	40.76	39.54	−12 20
21	37.66	4.93	+18 0	28.48	56.87	+12 −8	29.64	47.05	− 9 −5	41.29	39.34	−11 +3
22	37.23	4.72	+18 −3	28.34	56.56	+ 6 −8	29.87	46.75	−12 −2	41.82	39.15	− 9 +5
23	36.80	4.50	+14 −6	28.21	56.25	− 1 −8	30.11	46.45	−12 +1	42.36	38.96	− 4 +7
24	36.37	4.28	+ 9 −8	28.09	55.94	− 6 −6	30.37	46.15	−10 +4	42.92	38.78	0 +7
25	35.96	4.05	+ 3 −8	27.98	55.62	−10 −4	30.63	45.86	− 7 +6	43.48	38.60	+ 5 +6
26	35.55	3.82	− 3 −7	27.88	55.30	−12 −1	30.91	45.56	− 3 +7	44.04	38.43	+ 9 +4
27	35.15	3.58	− 8 −5	27.79	54.99	−12 +2	31.20	45.27	+ 2 +7	44.62	38.26	+11 +2
28	34.76	3.34	−12 −2	27.72	54.67	−10 +5	31.50	44.98	+ 6 +6	45.20	38.10	+10 −1
29	34.38	3.09	−13 +1	27.66	54.35	− 7 +7	31.82	44.69	+ 9 +4	45.79	37.94	+ 7 −4
30	34.01	2.85	−12 +4	27.61	54.03	− 2 +8	32.14	44.41	+10 +1	46.39	37.79	+ 1 −6
31	33.64	2.59	−10 +6	27.57	53.71	+ 3 +7	32.48	44.13	+ 8 −2	46.99	37.64	− 5 −6
32				27.55	53.39	+ 7 +6				47.60	37.50	−11 −5

δ	sec δ	tg δ	δ	sec δ	tg δ	δ	sec δ	tg δ
−87° 58′ 30″	+28.300	−28.282	−87° 58′ 50″	+28.378	−28.360	−87° 59′ 0″	+28.417	−28.399
40	+28.339	−28.321	60	+28.417	−28.399	10	+28.456	−28.439

$\alpha_{1958.0} = 15^h\,5^m\,24^s.74$ $\delta_{1958.0} = -87°\,58'\,45''.00$

* Tag der doppelten unteren Kulmination: Nov. 7

Scheinbare Sternörter 1958

Obere Kulmination Greenwich

Sf) 26 G. Octantis $6^{m}.13$

Tag	Januar AR.	Januar Dekl.	Januar ☾ Glieder		Februar AR.	Februar Dekl.	Februar ☾ Glieder		März AR.	März Dekl.	März ☾ Glieder		April AR.	April Dekl.	April ☾ Glieder	
	$16^h 44^m$	−86° 17′	in s 0.01	in ″ 0.01	$16^h 44^m$	−86° 17′	in s 0.01	in ″ 0.01	$16^h 45^m$	−86° 17′	in s 0.01	in ″ 0.01	$16^h 45^m$	−86° 17′	in s 0.01	in ″ 0.01
	s	″			s	″			s	″			s	″		
1	39.87	32.64	−10	+4	49.73	26.75	+2	+7	0.75	25.46	+3	+6	12.75	28.49	+3	−6
2	40.12	32.40	−7	+7	50.10	26.64	+5	+4	1.16	25.49	+6	+3	13.10	28.66	0	−8
3	40.38	32.15	−4	+8	50.48	26.53	+7	0	1.56	25.52	+6	−1	13.45	28.83	−4	−7
4	40.64	31.91	0	+8	50.86	26.42	+7	−4	1.96	25.56	+5	−5	13.80	29.01	−7	−5
5	40.90	31.66	+4	+6	51.24	26.32	+5	−7	2.37	25.60	+3	−7	14.15	29.19	−8	−1
6	41.17	31.43	+7	+3	51.62	26.23	+2	−8	2.77	25.64	−1	−8	14.50	29.37	−7	+3
7	41.45	31.19	+7	−1	52.00	26.14	−2	−8	3.17	25.69	−5	−7	14.84	29.56	−4	+6
8	41.73	30.96	+6	−5	52.38	26.05	−5	−5	3.57	25.75	−7	−4	15.18	29.75	+1	+7
9	42.02	30.73	+4	−8	52.77	25.97	−7	−2	3.97	25.81	−7	0	15.52	29.95	+5	+7
10	42.31	30.51	0	−8	53.16	25.90	−6	+2	4.37	25.88	−5	+4	15.85	30.14	+9	+5
11	42.61	30.29	−4	−7	53.55	25.83	−4	+5	4.77	25.95	−1	+7	16.18	30.35	+11	+2
12	42.91	30.07	−6	−4	53.94	25.77	0	+7	5.16	26.03	+3	+7	16.51	30.55	+11	−1
13	43.21	29.86	−7	0	54.34	25.71	+4	+7	5.56	26.11	+7	+6	16.83	30.76	+10	−4
14	43.52	29.66	−6	+4	54.73	25.65	+7	+6	5.96	26.20	+10	+4	17.15	30.97	+7	−6
15	43.84	29.45	−3	+6	55.13	25.60	+9	+3	6.35	26.29	+11	+1	17.47	31.19	+4	−7
16	44.15	29.26	+1	+7	55.53	25.56	+10	0	6.74	26.38	+10	−2	17.78	31.40	0	−7
17	44.48	29.07	+5	+7	55.92	25.52	+9	−3	7.13	26.48	+8	−5	18.09	31.63	−4	−6
18	44.80	28.88	+8	+5	56.32	25.49	+7	−5	7.52	26.58	+5	−7	18.39	31.85	−7	−4
19	45.13	28.69	+10	+2	56.73	25.46	+4	−7	7.90	26.69	+2	−7	18.70	32.08	−8	−1
20	45.47	28.52	+10	−1	57.13	25.44	0	−7	8.29	26.81	−2	−6	18.99	32.31	−9	+2
21	45.81	28.34	+8	−4	57.53	25.42	−4	−6	8.67	26.92	−5	−5	19.29	32.55	−8	+5
22	46.15	28.17	+6	−6	57.93	25.41	−7	−4	9.05	27.04	−8	−3	19.58	32.79	−6	+7
23	46.50	28.01	+2	−7	58.33	25.40	−9	−1	9.43	27.17	−9	0	19.87	33.03	−3	+8
24	46.84	27.85	−1	−7	58.74	25.40	−10	+2	9.81	27.30	−9	+3	20.15	33.28	0	+7
25	47.20	27.69	−5	−6	59.14	25.40	−10	+4	10.19	27.43	−8	+6	20.43	33.53	+3	+5
26	47.55	27.54	−8	−4	59.54	25.41	−8	+7	10.56	27.57	−6	+8	20.70	33.78	+5	+2
27	47.91	27.40	−10	−1	59.94	25.42	−5	+8	10.93	27.71	−2	+8	20.97	34.03	+5	−2
28	48.27	27.26	−10	+3	60.35	25.44	−1	+8	11.30	27.86	+1	+7	21.23	34.29	+4	−5
29	48.63	27.12	−9	+6	60.75	25.46	+3	+6	11.66	28.01	+4	+4	21.49	34.55	+1	−7
30	48.99	26.99	−6	+8					12.03	28.17	+6	+1	21.75	34.81	−3	−8
31	49.36	26.87	−2	+8					12.39	28.33	+5	−3	22.00	35.07	−6	−6
32	49.73	26.75	+2	+7					12.75	28.49	+3	−6				

δ	sec δ	tg δ	δ	sec δ	tg δ
−86° 17′ 20″	+15.450	−15.417	−86° 17′ 30″	+15.461	−15.429
30	+15.461	−15.429	40	+15.473	−15.441

$\alpha_{1958.0} = 16^h\ 44^m\ 50^s.74$ $\delta_{1958.0} = -86°\ 17'\ 48''.28$

Obere Kulmination Greenwich

Sf) 26 G. Octantis $6^m.13$

Tag	Mai AR.	Mai Dekl.	Mai ☾ Glieder	Juni AR	Juni Dekl.	Juni ☾ Glieder	Juli AR.	Juli Dekl.	Juli ☾ Glieder	August AR.	August Dekl.	August ☾ Glieder
	$16^h 45^m$ s	−86° 17′ ″	in s 0.01 | ″ 0.01	$16^h 45^m$ s	−86° 17′ ″	in s 0.01 | ″ 0.01	$16^h 45^m$ s	−86° 17′ ″	in s 0.01 | ″ 0.01	$16^h 45^m$ s	−86° 18′ ″	in s 0.01 | ″ 0.01
1	22.00	35.07	− 6 −6	27.38	44.18	− 4 +6	27.49	53.65	+ 9 +4	22.38	1.11	+ 6 −6
2	22.25	35.34	− 8 −3	27.47	44.49	0 +7	27.40	53.93	+10 0	22.14	1.30	+ 2 −7
3	22.49	35.61	− 8 +1	{27.56 27.63	44.80 45.11	+ 4 +7 + 8 +5}	27.30	54.22	+10 −3	21.90	1.47	− 2 −7
4	22.73	35.88	6 +5	27.71	45.42	+11 +2	27.20	54.50	+ 8 −6	21.65	1.64	− 5 −5
5	22.97	36.16	− 2 +7	27.77	45.74	+11 −1	27.10	54.77	+ 4 −7	21.40	1.81	− 8 −3
6	23.20	36.43	+ 2 +7	27.83	46.05	+10 −4	26.99	55.05	+ 1 −7	21.14	1.98	− 9 0
7	23.42	36.71	+ 7 +6	27.89	46.36	+ 7 −7	26.87	55.32	− 3 −6	20.89	2.13	− 9 +3
8	23.64	36.99	+10 +4	27.94	46.67	+ 3 −8	26.75	55.59	− 6 −4	20.62	2.29	− 7 +6
9	23.86	37.27	+11 0	27.98	46.99	− 1 −7	26.63	55.86	− 8 −2	20.36	2.44	− 5 +8
10	24.07	37.56	+11 −3	28.02	47.30	− 4 −5	26.50	56.12	− 9 +1	20.09	2.58	− 1 +8
11	24.27	37.84	+ 9 −6	28.05	47.61	− 7 −3	26.36	56.38	− 8 +4	19.82	2.72	+ 2 +6
12	24.47	38.13	+ 5 −7	28.08	47.93	− 8 0	26.22	56.65	− 6 +7	19.55	2.86	+ 5 +4
13	24.66	38.42	+ 1 −8	28.10	48.24	− 9 +3	26.08	56.90	− 3 +8	19.27	2.99	+ 6 0
14	24.85	38.72	− 2 −7	28.11	48.55	− 7 +5	25.93	57.16	+ 1 +7	18.99	3.11	+ 6 −3
15	25.04	39.01	− 5 −5	28.12	48.86	− 5 +7	25.77	57.41	+ 4 +5	18.71	3.23	+ 4 −6
16	25.22	39.30	− 8 −2	28.13	49.17	− 1 +8	25.61	57.66	+ 6 +2	18.42	3.35	0 −8
17	25.39	39.60	− 8 +1	28.12	49.47	+ 2 +7	25.44	57.90	+ 7 −1	18.13	3.46	− 3 −7
18	25.56	39.90	− 8 +4	28.12	49.78	+ 5 +4	25.27	58.14	+ 5 −5	17.84	3.56	− 6 −5
19	25.73	40.20	− 6 +6	28.10	50.09	+ 6 +1	25.09	58.38	+ 3 −7	17.55	3.66	− 7 −2
20	25.89	40.50	− 3 +8	28.08	50.39	+ 6 −3	24.91	58.61	− 1 −7	17.25	3.75	− 7 +2
21	26.04	40.80	0 +7	28.06	50.70	+ 4 −5	24.72	58.84	− 5 −6	16.96	3.84	− 4 +5
22	26.19	41.10	+ 3 +6	28.03	51.00	+ 1 −7	24.53	59.07	− 7 −4	16.66	3.93	0 +7
23	26.33	41.40	+ 5 +3	27.99	51.30	− 3 −7	24.34	59.29	− 8 0	16.36	4.00	+ 4 +7
24	26.47	41.71	+ 6 0	27.95	51.60	− 6 −5	24.14	59.51	− 6 +4	16.05	4.07	+ 8 +5
25	26.60	42.01	+ 5 −4	27.90	51.90	− 8 −2	23.94	59.73	− 3 +6	15.75	4.14	+10 +3
26	26.73	42.32	+ 2 −6	27.84	52.19	− 8 +2	23.73	59.94	+ 1 +7	15.44	4.20	+10 −1
27	26.85	42.63	− 1 −7	27.78	52.49	− 6 +5	23.51	60.15	+ 5 +7	15.13	4.25	+ 9 −4
28	26.97	42.93	− 5 −6	27.72	52.78	− 2 +7	23.30	60.35	+ 8 +4	14.82	4.30	+ 7 −6
29	27.08	43.24	− 8 −4	27.65	53.07	+ 2 +8	23.08	60.55	+10 +1	14.51	4.34	+ 3 −7
30	27.18	43.56	− 9 −1	27.57	53.36	+ 6 +6	22.85	60.74	+10 −2	14.20	4.38	0 −7
31	27.28	43.87	− 8 +3	27.49	53.65	+ 9 +4	22.62	60.93	+ 8 −4	13.88	4.41	− 4 −6
32	27.38	44.18	− 4 +6				22.38	61.11	+ 6 −6	13.57	4.43	− 6 −4

δ	sec δ	tg δ	δ	sec δ	tg δ	δ	sec δ	tg δ
−86° 17′ 30″	+15.461	−15.429	−86° 17′ 50″	+15.485	−15.452	−86° 18′ 0″	+15.496	−15.464
40	+15.473	−15.441	60	+15.496	−15.464	10	+15.508	−15.475

$\alpha_{1958.0} = 16^h\ 44^m\ 50^s.74$ $\delta_{1958.0} = -86°\ 17'\ 48''.28$

Scheinbare Sternörter 1958

Obere Kulmination Greenwich

Sf) 26 G. Octantis $6^m_{.}13$

Tag	September AR.	September Dekl.	September ☾ Glieder	Oktober AR.	Oktober Dekl.	Oktober ☾ Glieder	November AR.	November Dekl.	November ☾ Glieder	Dezember AR.	Dezember Dekl.	Dezember ☾ Glieder
	$16^h 45^m$	−86° 18′	in s 0.01 / ″ 0.01	$16^h 44^m$	−86° 17′	in s 0.01 / ″ 0.01	$16^h 44^m$	−86° 17′	in s 0.01 / ″ 0.01	$16^h 44^m$	−86° 17′	in s 0.01 / ″ 0.01
	s	″		s	″		s	″		s	″	
1	13.57	4.43	− 6 −4	64.28	62.48	− 8 +4	57.33	55.57	+ 1 +7	55.84	46.26	+ 5 0
2	13.25	4.45	− 8 −1	64.00	62.33	− 7 +6	57.19	55.28	+ 3 +5	*55.90	45.94	+ 4 −4
3	12.93	4.46	− 9 +2	63.72	62.17	− 4 +8	57.05	55.00	+ 5 +2	55.96	45.62	+ 2 −6
4	12.62	4.47	− 8 +5	63.44	62.01	− 1 +8	56.92	54.71	+ 5 −2	56.03	45.30	− 2 −7
5	12.30	4.47	− 6 +7	63.16	61.84	+ 2 +6	56.79	54.41	+ 3 −5	56.10	44.98	− 6 −6
6	11.98	4.47	− 3 +8	62.89	61.66	+ 4 +4	56.67	54.12	0 −7	56.18	44.66	− 9 −4
7	11.67	4.46	0 +7	62.62	61.48	+ 5 0	56.56	53.82	− 4 −7	56.27	44.34	− 9 0
8	11.35	4.44	+ 3 +5	62.35	61.30	+ 5 −3	56.45	53.52	− 7 −5	56.36	44.02	− 8 +3
9	11.03	4.42	+ 5 +2	62.09	61.11	+ 2 −6	56.35	53.22	− 9 −3	56.47	43.71	− 5 +6
10	10.72	4.39	+ 6 −2	61.83	60.91	− 1 −7	56.26	52.92	− 9 +1	56.57	43.40	− 1 +8
11	10.40	4.36	+ 4 −5	61.58	60.72	− 5 −7	56.17	52.61	− 7 +5	56.69	43.09	+ 4 +7
12	10.08	4.32	+ 2 −7	61.33	60.51	− 7 −5	56.09	52.30	− 2 +7	56.81	42.78	+ 8 +5
13	9.77	4.27	− 2 −8	61.08	60.30	− 8 −1	56.02	51.99	+ 3 +8	56.94	42.47	+11 +2
14	9.45	4.22	− 5 −6	60.84	60.09	− 7 +3	55.95	51.68	+ 7 +6	57.07	42.16	+11 −2
15	9.13	4.17	− 7 −3	60.60	59.88	− 4 +6	55.89	51.37	+10 +3	57.22	41.86	+10 −5
16	8.82	4.10	− 8 0	60.37	59.65	0 +7	55.84	51.06	+12 0	57.36	41.56	+ 7 −7
17	8.50	4.03	− 5 +4	60.14	59.43	+ 5 +7	55.79	50.74	+11 −4	57.52	41.26	+ 3 −8
18	8.19	3.96	− 2 +6	59.92	59.20	+ 9 +5	55.75	50.42	+ 9 −6	57.68	40.96	− 1 −7
19	7.88	3.88	+ 3 +7	59.70	58.96	+11 +2	55.72	50.10	+ 5 −8	57.85	40.67	− 4 −5
20	7.57	3.80	+ 7 +6	59.49	58.72	+11 −2	55.69	49.78	+ 1 −7	58.03	40.37	− 6 −3
21	7.26	3.71	+10 +4	59.28	58.48	+10 −5	55.67	49.46	− 2 −6	58.21	40.08	− 7 0
22	6.95	3.61	+11 0	59.07	58.23	+ 7 −7	55.66	49.14	− 5 −4	58.39	39.80	− 7 +3
23	6.65	3.51	+10 −3	58.88	57.98	+ 3 −7	55.65	48.82	− 7 −1	58.58	39.51	− 6 +6
24	6.34	3.40	+ 8 −5	58.68	57.73	− 1 −7	55.65	48.50	− 7 +2	58.78	39.23	− 3 +7
25	6.04	3.29	+ 5 −7	58.49	57.47	− 4 −5	55.66	48.18	− 7 +4	58.98	38.95	0 +7
26	5.74	3.17	+ 1 −7	58.31	57.21	− 6 −3	55.67	47.86	− 5 +6	59.19	38.67	+ 3 +6
27	5.45	3.04	− 2 −6	58.13	56.95	− 7 0	55.69	47.54	− 2 +7	59.41	38.40	+ 5 +4
28	5.15	2.91	− 5 −4	57.96	56.68	− 8 +3	55.72	47.22	+ 1 +7	59.63	38.13	+ 6 +1
29	4.86	2.77	− 7 −2	57.79	56.41	− 7 +5	55.75	46.90	+ 3 +5	59.86	37.86	+ 5 −3
30	4.57	2.63	− 8 +1	57.63	56.13	− 5 +7	55.79	46.58	+ 5 +3	60.09	37.60	+ 4 −5
31	4.28	2.48	− 8 +4	57.48	55.85	− 2 +8	55.84	46.26	+ 5 0	60.33	37.34	0 −7
32				57.33	55.57	+ 1 +7				60.57	37.09	− 4 −7

δ	sec δ	tg δ	δ	sec δ	tg δ	δ	sec δ	tg δ
−86° 17′ 30″	+15.461	−15.429	−86° 17′ 50″	+15.485	−15.452	−86° 18′ 0″	+15.496	−15.464
40	+15.473	−15.441	60	+15.496	−15.464	10	+15.508	−15.475

$\alpha_{1958.0} = 16^h\,44^m\,50^s{}74$ $\delta_{1958.0} = -86°\,17'\,48''28$

* Tag der doppelten unteren Kulmination: Dez. 2.

Obere Kulmination Greenwich

Sg) χ Octantis $5^m_{\cdot}22$

Tag	Januar AR.	Januar Dekl.	Januar ☾ Glieder		Februar AR.	Februar Dekl.	Februar ☾ Glieder		März AR.	März Dekl.	März ☾ Glieder		April AR.	April Dekl.	April ☾ Glieder	
	$18^h 30^m$	— 87° 38′	in s 0.01	in ″ 0.01	$18^h 30^m$	— 87° 38′	in s 0.01	in ″ 0.01	$18^h 30^m$	— 87° 38′	in s 0.01	in ″ 0.01	$18^h 30^m$	— 87° 38′	in s 0.01	in ″ 0.01
	s	″			s	″			s	″			s	″		
1	2.86	42.27	-16	0	12.21	32.80	- 2	+7	26.64	26.96	0	+6	45.64	24.60	+ 9	-5
2	3.02	41.93	-15	+3	12.64	32.54	+ 4	+5	27.22	26.81	+ 6	+4	46.26	24.60	+ 5	-7
3	3.19	41.60	-11	+6	13.09	32.28	+ 9	+3	27.81	26.67	+10	+1	46.88	24.60	0	-8
4	3.37	41.27	- 5	+7	13.53	32.03	+12	-1	28.40	26.53	+11	-3	47.51	24.61	- 6	-7
5	3.56	40.94	+ 2	+7	13.99	31.78	+11	-4	28.99	26.40	+ 8	-6	48.12	24.62	-10	-4
6	3.77	40.61	+ 8	+5	14.45	31.53	+ 7	-7	29.58	26.27	+ 4	-8	48.74	24.64	-11	0
7	3.98	40.29	+11	+1	14.92	31.29	+ 2	-8	30.18	26.14	- 2	-8	49.36	24.67	- 9	+4
8	4.20	39.96	+12	-2	15.39	31.05	- 4	-7	30.78	26.02	- 7	-6	49.97	24.69	- 4	+7
9	4.43	39.64	+10	-6	15.88	30.81	- 8	-4	31.38	25.91	-10	-2	50.58	24.73	+ 3	+9
10	4.67	39.31	+ 5	-8	16.36	30.58	-10	0	31.99	25.80	- 9	+2	51.20	24.77	+ 9	+8
11	4.92	38.99	- 1	-8	16.86	30.35	- 9	+4	32.60	25.69	- 6	+6	51.80	24.81	+14	+6
12	5.18	38.67	- 6	-6	17.36	30.13	- 5	+7	33.21	25.59	- 1	+8	52.41	24.86	+16	+3
13	5.45	38.36	-10	-3	17.87	29.91	+ 1	+8	33.82	25.50	+ 5	+8	53.02	24.91	+16	0
14	5.73	38.05	-10	+1	18.38	29.69	+ 6	+8	34.44	25.41	+11	+7	53.62	24.97	+14	-3
15	6.01	37.74	- 8	+5	18.90	29.48	+11	+6	35.05	25.32	+14	+5	54.22	25.03	+10	-5
16	6.31	37.43	- 4	+7	19.42	29.27	+14	+4	35.67	25.24	+16	+2	54.81	25.10	+ 4	-6
17	6.62	37.12	+ 2	+8	19.95	29.07	+14	+1	36.29	25.16	+15	-1	55.41	25.17	- 2	-7
18	6.93	36.81	+ 7	+8	20.48	28.87	+13	-2	36.91	25.09	+11	-4	56.00	25.25	- 7	-6
19	7.25	36.51	+12	+6	21.02	28.68	+10	-5	37.53	25.02	+ 7	-6	56.59	25.33	-11	-4
20	7.59	36.21	+14	+3	21.56	28.49	+ 5	-6	38.15	24.96	+ 2	-7	57.18	25.41	-14	-1
21	7.93	35.90	+14	0	22.11	28.30	- 1	-7	38.77	24.91	- 4	-7	57.76	25.50	-14	+2
22	8.28	35.60	+12	-3	22.66	28.12	- 7	-6	39.40	24.86	- 9	-5	58.34	25.59	-13	+4
23	8.64	35.31	+ 8	-6	23.22	27.94	-12	-5	40.02	24.81	-13	-3	58.92	25.69	- 9	+6
24	9.00	35.02	+ 2	-7	23.78	27.77	-15	-2	40.65	24.77	-15	0	59.49	25.79	- 4	+7
25	9.37	34.73	- 4	-7	24.35	27.60	-16	+1	41.27	24.73	-15	+3	60.07	25.90	+ 1	+6
26	9.75	34.45	- 9	-6	24.92	27.43	-15	+4	41.90	24.69	-13	+5	60.63	26.01	+ 6	+4
27	10.14	34.17	-14	-4	25.49	27.27	-11	+6	42.52	24.66	- 8	+7	61.19	26.13	+ 9	0
28	10.54	33.89	-16	-1	26.06	27.11	- 6	+7	43.14	24.64	- 3	+7	61.75	26.25	+ 9	-3
29	10.94	33.61	-16	+2	26.64	26.96	0	+6	43.77	24.62	+ 3	+5	62.31	26.37	+ 6	-6
30	11.36	33.34	-14	+5					44.39	24.61	+ 8	+2	62.85	26.50	+ 1	-8
31	11.78	33.07	- 9	+7					45.01	24.60	+10	-1	63.40	26.63	- 5	-8
32	12.21	32.80	- 2	+7					45.64	24.60	+ 9	-5				

δ	sec δ	tg δ	δ	sec δ	tg δ	δ	sec δ	tg δ
-87° 38′ 20″	+24.273	-24.253	-87° 38′ 30″	+24.302	-24.281	-87° 38′ 40″	+24.331	-24.310
30	+24.302	-24.281	40	+24.331	-24.310	50	+24.359	-24.339

$\alpha_{1958.0} = 18^h\ 30^m\ 29^s 79$ $\delta_{1958.0} = -87°\ 38'\ 51''36$

Scheinbare Sternörter 1958

Obere Kulmination Greenwich

Sg) χ Octantis $5^{m}.22$

Tag	Mai AR	Mai Dekl.	Mai ☾ Glieder		Juni AR.	Juni Dekl.	Juni ☾ Glieder		Juli AR.	Juli Dekl.	Juli ☾ Glieder		August AR.	August Dekl.	August ☾ Glieder	
	$18^{h}\,31^{m}$	−87° 38′	in s 0.01	in ″ 0.01	$18^{h}\,31^{m}$	−87° 38′	in s 0.01	in ″ 0.01	$18^{h}\,31^{m}$	−87° 38′	in s 0.01	in ″ 0.01	$18^{h}\,31^{m}$	−87° 38′	in s 0.01	in ″ 0.01
	s	″			s	″			s	″			s	″		
1	3.40	26.63	−5	−8	17.59	32.67	−10	+4	24.63	41.32	+10	+7	22.90	50.41	+12	−4
2	3.94	26.77	−9	−6	17.94	32.92	−5	+7	24.72	41.62	+14	+4	22.70	50.68	+7	−6
3	4.48	26.91	−12	−2	18.29	33.17	+2	+8	24.79	41.92	+15	+1	22.48	50.95	+2	−7
4	5.01	27.06	−11	+2	18.63	33.42	+8	+8	24.86	42.22	+14	−2	22.26	51.22	−4	−6
5	5.54	27.20	−7	+6	18.96	33.67	+13	+6	24.91	42.52	+11	−5	22.04	51.48	−9	−5
6	6.06	27.36	−1	+8	19.28	33.93	+16	+3	24.96	42.82	+6	−6	21.80	51.74	−12	−3
7	6.58	27.52	+5	+8	19.59	34.19	+16	−1	25.00	43.12	0	−7	21.55	52.00	−15	0
8	7.09	27.68	+11	+7	19.90	34.45	+14	−4	25.03	43.42	−6	−6	21.30	52.26	−14	+3
9	7.60	27.84	+16	+5	20.19	34.72	+9	−6	25.05	43.72	−10	−5	21.04	52.51	−12	+5
10	8.10	28.02	+17	+1	20.48	34.99	+4	−7	25.06	44.02	−13	−2	20.77	52.76	−7	+7
11	8.60	28.19	+16	−2	20.76	35.26	−2	−7	25.06	44.32	−14	+1	20.49	53.01	−1	+7
12	9.09	28.37	+12	−5	21.03	35.53	−8	−5	25.05	44.62	−13	+4	20.20	53.25	+4	+5
13	9.57	28.55	+7	−6	21.29	35.81	−11	−3	25.03	44.93	−9	+6	19.91	53.49	+9	+2
14	10.05	28.74	+1	−7	21.55	36.08	−14	0	25.00	45.23	−4	+7	19.60	53.72	+10	−1
15	10.53	28.93	−5	−6	21.79	36.36	−13	+2	24.96	45.52	+2	+6	19.29	53.96	+9	−5
16	10.99	29.12	−9	−5	22.03	36.64	−11	+5	24.92	45.82	+7	+4	18.98	54.18	+6	−7
17	11.45	29.32	−12	−2	22.26	36.92	−7	+7	24.86	46.12	+10	+1	18.65	54.41	+1	−8
18	11.91	29.52	−14	+1	22.48	37.21	−1	+7	24.80	46.41	+11	−3	18.32	54.63	−5	−7
19	12.36	29.72	−13	+3	22.69	37.49	+4	+5	24.72	46.71	+8	−6	17.98	54.85	−9	−4
20	12.80	29.93	−10	+6	22.89	37.78	+8	+3	24.64	47.00	+4	−7	17.63	55.07	−11	0
21	13.24	30.14	−5	+7	23.09	38.07	+10	0	24.54	47.29	−2	−7	17.28	55.28	−9	+3
22	13.67	30.35	0	+6	23.28	38.36	+9	−4	24.44	47.59	−7	−6	16.91	55.48	−5	+6
23	14.09	30.57	+5	+5	23.45	38.65	+6	−7	24.33	47.88	−11	−3	16.54	55.69	+1	+8
24	14.51	30.79	+8	+2	23.62	38.94	+1	−8	24.21	48.17	−11	+1	16.17	55.89	+7	+8
25	14.92	31.02	+9	−2	23.78	39.24	−5	−7	24.07	48.45	−9	+5	15.79	56.08	+12	+6
26	15.32	31.25	+7	−5	23.93	39.53	−10	−5	23.93	48.74	−4	+7	15.40	56.27	+15	+3
27	15.71	31.48	+3	−7	24.07	39.83	−12	−1	23.78	49.02	+2	+8	15.00	56.45	+15	0
28	16.10	31.71	−2	−8	24.20	40.12	−11	+3	23.62	49.30	+8	+7	14.60	56.63	+13	−3
29	16.48	31.95	−8	−6	24.32	40.42	−8	+6	23.46	49.58	+13	+5	14.19	56.81	+9	−5
30	16.86	32.18	−12	−4	{ 24.44 24.54	40.72 41.02	−2 +4	+8 +8 }	23.28	49.86	+15	+2	13.77	56.98	+4	−6
31	17.23	32.43	−12	0	24.63	41.32	+10	+7	23.09	50.14	+15	−1	13.35	57.15	−2	−7
32	17.59	32.67	−10	+4					22.90	50.41	+12	−4	12.93	57.31	−7	−6

δ	sec δ	tg δ	δ	sec δ	tg δ	δ	sec δ	tg δ
−87° 38′ 20″	+24.273	−24.253	−87° 38′ 40″	+24.331	−24.310	−87° 38′ 50″	+24.359	−24.339
30	+24.302	−24.281	50	+24.359	−24.339	60	+24.388	−24.368

$\alpha_{1958.0} = 18^{h}\,30^{m}\,29^{s}.79$ $\quad$ $_{1958.0} = -87°\,38'\,51''.36$

Scheinbare Sternörter 1958

Obere Kulmination Greenwich

Sg) χ Octantis $5^{m}_{.}22$

Tag	September AR.	September Dekl.	September ☾ Glieder	Oktober AR.	Oktober Dekl.	Oktober ☾ Glieder	November AR.	November Dekl.	November ☾ Glieder	Dezember AR.	Dezember Dekl.	Dezember ☾ Glieder
	$18^h\ 30^m$ s	$-87°\ 38'$ ″	in s 0.01 | ″ 0.01	$18^h\ 30^m$ s	$-87°\ 38'$ ″	in s 0.01 | ″ 0.01	$18^h\ 30^m$ s	$-87°\ 38'$ ″	in s 0.01 | ″ 0.01	$18^h\ 30^m$ s	$-87°\ 38'$ ″	in s 0.01 | ″ 0.01
1	72.93	57.31	− 7 −6	58.38	59.64	−14 +1	43.44	56.48	− 3 +7	34.35	48.82	+ 8 +1
2	72.50	57.47	−11 −4	57.86	59.62	−13 +3	43.02	56.29	+ 2 +5	34.18	48.51	+ 8 −2
3	72.06	57.62	−14 −1	57.35	59.60	−11 +5	42.61	56.09	+ 6 +3	34.03	48.20	+ 6 −5
4	71.62	57.77	−15 +2	56.84	59.58	− 7 +7	42.21	55.89	+ 8 0	33.88	47.89	+ 2 −7
5	71.18	57.91	−13 +4	56.33	59.55	− 2 +7	41.81	55.68	+ 8 −3	33.75	47.57	− 4 −8
6	70.73	58.04	−10 +6	55.81	59.51	+ 3 +5	41.42	55.47	+ 4 −6	33.62	47.25	− 9 −7
7	70.27	58.17	− 5 +7	55.30	59.47	+ 7 +2	41.04	55.25	− 1 −8	33.51	46.93	−13 −4
8	69.81	58.30	+ 1 +6	54.79	59.42	+ 8 −1	40.67	55.03	− 6 −8	33.40	46.61	−14 0
9	69.34	58.42	+ 6 +4	54.28	59.36	+ 7 −5	40.30	54.80	−11 −6	33.31	46.28	−11 +4
10	68.88	58.54	+ 9 +1	53.77	59.30	+ 3 −7	39.94	54.57	−13 −2	33.23	45.96	− 6 +7
11	68.40	58.65	+ 9 −3	53.26	59.24	− 2 −8	39.59	54.33	−12 +2	33.15	45.63	+ 1 +8
12	67.93	58.75	+ 7 −6	52.76	59.16	− 7 −7	39.25	54.09	− 8 +6	33.09	45.30	+ 8 +7
13	67.45	58.85	+ 2 −8	52.26	59.08	−11 −4	38.91	53.85	− 1 +8	33.04	44.98	+14 +5
14	66.97	58.95	− 3 −8	51.76	59.00	−12 0	38.58	53.60	+ 6 +8	33.00	44.65	+17 +2
15	66.48	59.03	− 8 −6	51.27	58.91	− 9 +4	38.26	53.35	+12 +7	32.97	44.31	+17 −1
16	65.99	59.12	−11 −2	50.78	58.81	− 4 +7	37.95	53.09	+16 +4	32.95	43.98	+14 −4
17	65.50	59.19	−10 +2	50.29	58.71	+ 3 +8	37.64	52.83	+18 0	32.94	43.65	+ 9 −6
18	65.00	59.26	− 6 +5	49.80	58.60	+ 9 +8	37.35	52.56	+16 −3	32.94	43.32	+ 3 −7
19	64.50	59.32	− 1 +8	49.32	58.49	+14 +6	37.06	52.30	+12 −5	32.95	42.98	− 3 −6
20	64.00	59.38	+ 6 +8	48.84	58.37	+17 +2	36.78	52.02	+ 6 −6	32.97	42.65	− 7 −4
21	63.50	59.44	+11 +7	48.36	58.24	+17 −1	36.51	51.75	+ 1 −7	33.00	42.31	−10 −2
22	62.99	59.48	+15 4	47.89	58.11	+14 −4	36.26	51.47	− 5 −6	33.05	41.98	−12 +1
23	62.48	59.52	+16 +1	47.42	57.97	+ 9 −6	36.01	51.19	− 9 −4	33.10	41.64	−11 +3
24	61.97	59.56	+15 −2	46.96	57.83	+ 4 −6	35.77	50.90	−11 −1	33.16	41.31	− 9 +5
25	61.46	59.59	+11 −4	46.50	57.68	− 2 −6	35.54	50.61	−12 +1	33.24	40.97	− 5 +6
26	60.95	59.61	+ 6 −6	46.05	57.53	− 7 −5	35.31	50.32	−11 +4	33.32	40.64	0 +6
27	60.44	59.63	+ 1 −7	45.60	57.37	−10 −3	35.10	50.02	− 8 +6	33.42	40.30	+ 5 +5
28	59.92	59.64	− 4 −6	45.15	57.20	−12 0	34.90	49.72	− 4 +7	33.53	39.96	+ 8 +3
29	59.41	59.64	− 9 −4	44.71	57.03	−13 +2	34.70	49.42	+ 1 +6	*33.64	39.63	+ 9 0
30	58.89	59.64	−12 −2	44.28	56.85	−11 +5	34.52	49.12	+ 5 +4	33.77	39.30	+ 8 −4
31	58.38	59.64	−14 +1	43.86	56.67	− 8 +6	34.35	48.82	+ 8 +1	33.91	38.96	+ 4 −6
32				43.44	56.48	− 3 +7				34.06	38.63	− 1 −8

δ	sec δ	tg δ	δ	sec δ	tg δ	δ	sec δ	tg δ
−87° 38′ 30″	+24.302	−24.281	−87° 38′ 40″	+24.331	−24.310	−87° 38′ 50″	+24.359	−24.339
40	+24.331	−24.310	50	+24.359	−24.339	60	+24.388	−24.368

$\alpha_{1958.0} = 18^h\ 30^m\ 29^s.79$ $\delta_{1958.0} = -87°\ 38'\ 51''.36$

* Tag der doppelten unteren Kulmination: Dez. 29.

Scheinbare Sternörter 1958

Obere Kulmination Greenwich

Sh) σ Octantis $5^{m}.48$

Tag	Januar			Februar			März			April		
	AR.	Dekl.	☾ Glieder	AR.	Dekl.	☾ Glieder	AR.	Dekl.	☾ Glieder	AR.	Dekl.	☾ Glieder
	$20^{h}\ 23^{m}$ s	−89° 6′ ″	in s ″ 0.01 0.01	$20^{h}\ 23^{m}$ s	−89° 6′ ″	in s ″ 0.01 0.01	$20^{h}\ 24^{m}$ s	−89° 6′ ″	in s ″ 0.01 0.01	$20^{h}\ 24^{m}$ s	−89° 6′ ″	in s ″ 0.01 0.01
1	40.54	46.63	−36 −4	42.36	35.55	−19 +6	3.62	26.17	−11 +6	42.69	18.54	+30 −2
2	40.21	46.29	−40 −1	42.82	35.19	− 1 +6	4.67	25.87	+ 6 +5	44.13	18.36	+26 −5
3	39.91	45.95	−36 +3	43.31	34.84	+16 +5	5.73	25.57	+21 +3	45.58	18.18	+15 −8
4	39.63	45.60	−25 +5	43.82	34.48	+29 +2	6.81	25.27	+31 0	47.04	18.01	0 −8
5	39.38	45.25	− 9 +7	44.35	34.13	+34 −1	7.91	24.98	+31 −3	48.50	17.84	−14 −6
6	39.15	44.90	+ 9 +6	44.91	33.77	+31 −4	9.02	24.69	+24 −6	49.97	17.68	−25 −2
7	38.95	44.55	+24 +4	45.49	33.42	+21 −7	10.15	24.41	+11 −7	51.44	17.52	−28 +1
8	38.78	44.20	+33 +1	46.09	33.06	+ 5 −7	11.30	24.13	− 4 −7	52.92	17.37	−23 +5
9	38.63	43.85	+34 −2	46.72	32.71	−10 −6	12.46	23.85	−18 −4	54.40	17.22	−11 +8
10	38.51	43.49	+27 −5	47.36	32.37	−21 −3	13.63	23.58	−25 0	55.89	17.08	+ 4 +10
11	38.41	43.14	+14 −7	48.03	32.02	−26 +1	14.82	23.31	−26 +4	57.39	16.94	+19 +9
12	38.34	42.78	− 3 −7	48.72	31.68	−24 +5	16.02	23.04	−18 +7	58.89	16.80	+30 +7
13	38.30	42.42	−17 −5	49.44	31.33	−14 +7	17.24	22.78	− 5 +9	60.40	16.67	+37 +4
14	38.28	42.06	−26 −1	50.17	30.99	− 2 +9	18.47	22.52	+ 9 +9	61.91	16.55	+37 +1
15	38.29	41.70	−28 +2	50.93	30.66	+12 +8	19.72	22.26	+22 +8	63.42	16.43	+32 −2
16	38.33	41.34	−23 +5	51.71	30.32	+24 +7	20.98	22.01	+32 +5	64.94	16.31	+22 −5
17	38.39	40.98	−12 +8	52.51	29.99	+31 +4	22.25	21.76	+35 +2	66.46	16.20	+10 −6
18	38.48	40.62	+ 2 +9	53.33	29.65	+34 +1	23.54	21.52	+34 −1	67.98	16.10	− 4 −7
19	38.59	40.25	+15 +8	54.17	29.32	+31 −2	24.84	21.28	+27 −4	69.51	16.00	−17 −6
20	38.73	39.89	+26 +6	55.03	29.00	+23 −5	26.15	21.04	+17 −6	71.04	15.90	−28 −5
21	38.89	39.52	+32 +3	55.91	28.67	+11 −6	27.47	20.81	+ 4 −7	72.57	15.81	−35 −2
22	39.08	39.16	+33 0	56.81	28.35	− 2 −7	28.80	20.58	−10 −7	74.10	15.72	−37 0
23	39.29	38.80	+29 −3	57.73	28.03	−17 −7	30.15	20.36	−23 −6	75.64	15.64	−33 +3
24	39.53	38.44	+19 −6	58.66	27.71	−29 −6	31.50	20.14	−33 −4	77.17	15.57	−23 +5
25	39.80	38.07	+ 6 −7	59.62	27.39	−38 −4	32.87	19.93	−39 −2	78.71	15.50	− 9 +6
26	40.09	37.71	− 8 −8	60.59	27.08	−41 −1	34.24	19.72	−39 +1	80.24	15.43	+ 6 +5
27	*40.41	37.35	−22 −7	61.58	26.77	−37 +2	35.63	19.51	−32 +4	81.78	15.37	+20 +2
28	40.75	36.99	−34 −5	62.59	26.47	−27 +5	37.02	19.31	−19 +5	83.32	15.32	+27 −1
29	41.12	36.63	−40 −2	63.62	26.17	−11 +6	38.43	19.11	− 3 +6	84.85	15.27	+26 −4
30	41.51	36.27	−41 +1				39.84	18.92	+13 +4	86.38	15.22	+18 −7
31	41.92	35.91	−32 +4				41.26	18.73	+25 +1	87.91	15.18	+ 4 −8
32	42.36	35.55	−19 +6				42.69	18.54	+30 −2			

δ	sce δ	tg δ	δ	sec δ	tg δ	δ	sec δ	tg δ
−89° 6′ 10″	+63.862	−63.854	−89° 6′ 30″	+64.260	−64.252	−89° 6′ 40″	+64.460	−64.453
20	+64.060	−64.052	40	+64.460	−64.453	50	+64.662	−64.655

$\alpha_{1958.0} = 20^{h}\ 25^{m}\ 3^{s}.10$ $\delta_{1958.0} = -89°\ 6'\ 46''.56$

* Tag der doppelten unteren Kulmination: Jan. 27.

Obere Kulmination Greenwich

Sh) σ Octantis $5^m\!.48$

Tag	Mai AR.	Mai Dekl.	Mai ☾ Glieder in s 0.01	Mai ☾ Glieder in ″ 0.01	Juni AR	Juni Dekl.	Juni ☾ Glieder in s 0.01	Juni ☾ Glieder in ″ 0.01	Juli AR.	Juli Dekl.	Juli ☾ Glieder in s 0.01	Juli ☾ Glieder in ″ 0.01	August AR.	August Dekl.	August ☾ Glieder in s 0.01	August ☾ Glieder in ″ 0.01
	$20^h 25^m$ s	$-89° 6'$ ″			$20^h 26^m$ s	$-89° 6'$ ″			$20^h 26^m$ s	$-89° 6'$ ″			$20^h 26^m$ s	$-89° 6'$ ″		
1	27.91	15.18	+ 4	− 8	12.98	16.42	−31	+1	46.13	21.85	− 6	+8	61.69	30.73	+34	0
2	29.44	15.14	−10	− 7	14.30	16.54	−26	+5	46.96	22.09	+10	+9	61.78	31.04	+28	−3
3	30.97	15.11	−23	− 5	15.60	16.66	−13	+8	47.77	22.33	+24	+7	61.84	31.34	+18	−6
4	32.49	15.08	−30	− 1	16.90	16.79	+ 2	+9	48.56	22.58	+34	+5	61.88	31.64	+ 4	−7
5	34.02	15.06	−28	+ 3	18.18	16.92	+18	+9	49.33	22.83	+37	+2	61.90	31.94	−10	−7
6	35.54	15.05	−19	+ 7	19.45	17.06	+31	+7	50.08	23.08	+34	−2	61.89	32.24	−23	−6
7	37.06	15.04	− 5	+ 9	20.71	17.20	+38	+4	50.81	23.34	+26	−4	61.85	32.55	−33	−4
8	38.57	15.03	+11	+10	21.95	17.35	+38	0	51.51	23.60	+13	−6	61.79	32.85	−38	−1
9	40.08	15.03	+26	+ 8	23.18	17.50	+32	−3	52.20	23.86	− 1	−7	61.70	33.15	−37	+2
10	41.58	15.04	+36	+ 5	24.39	17.65	+22	−5	52.86	24.12	−14	−7	61.59	33.45	−29	+4
11	43.08	15.05	+39	+ 2	25.59	17.81	+ 8	−7	53.50	24.39	−27	−5	61.45	33.75	−16	+6
12	44.58	15.07	+36	− 1	26.78	17.97	− 7	−7	54.12	24.66	−34	−3	61.29	34.06	0	+6
13	46.07	15.09	+28	− 4	27.95	18.14	−19	−6	54.71	24.93	−37	0	61.10	34.36	+16	+4
14	47.56	15.11	+15	− 6	29.11	18.31	−30	−4	55.29	25.20	−32	+3	60.89	34.66	+27	+2
15	49.04	15.14	+ 2	− 7	30.25	18.49	−35	−1	55.84	25.47	−22	+5	60.65	34.96	+31	−2
16	50.51	15.18	−12	− 6	31.37	18.67	−34	+1	56.37	25.75	− 8	+6	60.39	35.26	+27	−4
17	51.98	15.22	−24	− 5	32.47	18.86	−28	+4	56.88	26.03	+ 8	+5	60.10	35.56	+17	−7
18	53.44	15.26	−32	− 3	33.56	19.05	−16	+6	57.36	26.31	+21	+4	59.79	35.86	+ 2	−7
19	54.90	15.31	−36	0	34.63	19.24	− 1	+6	57.82	26.60	+30	+1	59.45	36.15	−13	−6
20	56.34	15.37	−33	+ 2	35.69	19.44	+13	+5	58.25	26.88	+30	−3	59.08	36.44	−23	−3
21	57.78	15.43	−24	+ 4	36.73	19.64	+25	+2	58.66	27.17	+23	−6	58.69	36.74	−27	+1
22	59.21	15.50	−12	+ 6	37.75	19.84	+29	−1	59.05	27.46	+10	−7	58.28	37.03	−24	+4
23	60.63	15.57	+ 2	+ 6	38.76	20.05	+27	−4	59.41	27.75	− 5	−7	57.84	37.31	−14	+7
24	62.04	15.65	+16	+ 4	39.74	20.26	+17	−7	59.75	28.05	−19	−5	57.38	37.60	0	+9
25	63.45	15.73	+25	+ 1	40.71	20.48	+ 2	−8	60.06	28.34	−28	−2	56.89	37.89	+15	+8
26	64.84	15.81	+27	− 3	41.66	20.70	−13	−7	60.35	28.64	−29	+2	56.38	38.17	+27	+7
27	66.22	15.90	+22	− 6	42.59	20.92	−25	−4	60.61	28.94	−22	+5	55.85	38.45	+34	+4
28	67.59	16.00	+10	− 8	43.51	21.15	−31	−1	60.85	29.24	−11	+8	55.29	38.73	+35	+1
29	68.95	16.10	− 5	− 8	44.40	21.38	−29	+3	61.07 61.26	29.53 29.83	+ 4 +19	+9 +8	54.71	39.01	+31	−2
30	70.31	16.20	−20	− 6	45.28	21.61	−20	+7	61.43	30.13	+29	+6	54.11	39.28	+22	−5
31	71.65	16.31	−29	− 3	46.13	21.85	− 6	+8	61.57	30.43	+35	+3	53.48	39.56	+10	−6
32	72.98	16.42	−31	+ 1					61.69	30.73	+34	0	52.83	39.83	− 4	−7

δ	sec δ	tg δ	δ	sec δ	tg δ	δ	sec δ	tg δ
−89° 6′ 10″	+63.862	−63.854	−89° 6′ 20″	+64.060	−64.052	−89° 6′ 30″	+64.260	−64.252
20	+64.060	−64.052	30	+64.260	−64.252	40	+64.460	−64.453

$\alpha_{1958.0} = 20^h\,25^m\,3^s\!.10$ $\delta_{1958.0} = -89°\,6'\,46''\!.56$

Scheinbare Sternörter 1958

Obere Kulmination Greenwich

Sh) σ Octantis $5^{m}.48$

Tag	September AR.	September Dekl.	September ☾ Glieder	Oktober AR.	Oktober Dekl.	Oktober ☾ Glieder	November AR.	November Dekl.	November ☾ Glieder	Dezember AR.	Dezember Dekl.	Dezember ☾ Glieder
	$20^h 26^m$	−89° 6′	in s 0.01 | ″ 0.01	$20^h 25^m$	−89° 6′	in s 0.01 | ″ 0.01	$20^h 25^m$	−89° 6′	in s 0.01 | ″ 0.01	$20^h 24^m$	−89° 6′	in s 0.01 | ″ 0.01
	s	″		s	″		s	″		s	″	
1	52.83	39.83	− 4 −7	83.76	46.24	−32 − 3	42.10	47.88	−20 +5	64.51	43.82	+15 +3
2	52.15	40.09	−17 −6	82.53	46.38	−37 − 1	40.72	47.83	− 7 +5	63.47	43.59	+23 0
3	51.45	40.36	−29 −5	81.29	46.51	−36 + 2	39.34	47.78	+ 7 +4	62.45	43.36	+24 −3
4	50.73	40.62	−36 −2	80.03	46.64	−28 + 4	37.97	47.72	+18 +2	61.44	43.13	+19 −6
5	49.98	40.88	−38 0	78.77	46.77	−17 + 5	36.60	47.66	+24 −1	60.46	42.89	+ 7 −8
6	49.22	41.14	−34 +3	77.49	46.89	− 2 + 5	35.24	47.59	+23 −4	59.49	42.65	− 8 −8
7	48.43	41.39	−24 +5	76.21	47.00	+13 + 4	33.89	47.51	+14 −7	58.55	42.40	−22 −6
8	47.62	41.64	− 9 +6	74.91	47.11	+23 + 1	32.54	47.42	+ 2 −8	57.63	42.15	−31 −3
9	46.79	41.89	+ 6 +5	73.60	47.21	+27 − 3	31.20	47.33	−13 −8	56.72	41.89	−33 +1
10	45.94	42.13	+20 +3	72.29	47.31	+23 − 6	29.87	47.23	−25 −5	55.84	41.63	−26 +5
11	45.07	42.37	+28 0	70.96	47.40	+12 − 8	28.55	47.13	−31 −1	54.97	41.37	−13 +8
12	44.18	42.60	+28 −4	69.63	47.49	− 3 − 8	27.23	47.02	−29 +3	54.13	41.10	+ 4 +9
13	43.27	42.83	+21 −6	68.29	47.57	−17 − 6	25.92	46.90	−19 +7	53.31	40.83	+21 +8
14	42.34	43.06	+ 8 −8	66.94	47.64	−26 − 3	24.63	46.78	− 3 +9	52.51	40.55	+34 +6
15	41.39	43.28	− 7 −7	65.59	47.71	−29 + 1	23.34	46.65	+14 +9	51.74	40.27	+40 +3
16	40.41	43.50	−20 −5	64.23	47.77	−23 + 5	22.07	46.52	29 +8	50.98	39.98	+39 0
17	39.42	43.71	−27 −1	62.86	47.82	−11 + 8	20.80	46.38	+39 +5	50.25	39.69	+32 −3
18	38.41	43.92	−25 +3	61.49	47.87	+ 5 +10	19.55	46.23	+42 +2	49.54	39.40	+20 −5
19	37.38	44.13	−17 +7	60.11	47.91	+21 + 9	18.30	46.08	+37 −2	48.86	39.10	+ 6 −6
20	36.34	44.33	− 3 +9	58.74	47.94	+34 + 7	17.07	45.92	+27 −4	48.20	38.80	− 8 −6
21	35.27	44.53	+12 +9	57.36	47.97	+40 + 3	15.86	45.76	+14 −6	47.56	38.49	−20 −5
22	34.19	44.72	+25 +8	55.97	47.99	+38 0	14.65	45.59	0 −6	46.95	38.18	−28 −3
23	33.09	44.91	+34 +5	54.59	48.01	+32 − 3	13.46	45.42	−13 −5	46.36	37.87	−32 0
24	31.98	45.10	+38 +2	53.20	48.02	+21 − 5	12.28	45.24	−24 −4	45.80	37.55	−31 +2
25	30.85	45.28	+34 −1	51.81	48.02	+ 8 − 6	11.12	45.05	−30 −2	45.26	37.23	−24 +4
26	29.71	45.45	+26 −4	50.43	48.02	− 6 − 6	9.98	44.86	−33 +1	44.75	36.91	−13 +6
27	28.55	45.62	+15 −6	49.04	48.01	−18 − 5	8.85	44.66	−30 +3	44.26	36.59	0 +6
28	27.37	45.78	+ 2 −6	47.65	48.00	−28 − 4	7.74	44.46	−22 +5	43.79	36.26	+13 +4
29	26.18	45.94	−12 −6	46.26	47.98	−33 − 1	6.64	44.25	−10 +6	43.35	35.94	+22 +2
30	24.98	46.09	−24 −5	44.87	47.95	−34 + 1	5.57	44.04	+ 3 +5	42.94	35.61	+26 −1
31	23.76	46.24	−32 −3	43.49	47.92	−29 + 3	4.51	43.82	+15 +3	42.55	35.27	+23 −5
32				42.10	47.88	−20 + 5				42.19	34.94	+13 −7

δ	sec δ	tg δ	δ	sec δ	tg δ
−89° 6′ 30″	+64.260	−64.252	−89° 6′ 40″	+64.460	−64.453
40	+64.460	−64.453	50	+64.662	−64.655

$\alpha_{1958.0} = 20^h\ 25^m\ 3^s.10$ $\delta_{1958.0} = -89°\ 6'\ 46''.56$

Scheinbare Sternörter 1958

Obere Kulmination Greenwich

81) β Octantis $4^m_.34$

Tag	Januar AR.	Januar Dekl.	Januar ☾ Glieder		Februar AR.	Februar Dekl.	Februar ☾ Glieder		März AR.	März Dekl.	März ☾ Glieder		April AR.	April Dekl.	April ☾ Glieder	
	$22^h 41^m$	$-81° 36'$	in s 0.01	in ″ 0.01	$22^h 41^m$	$-81° 36'$	in s 0.01	in ″ 0.01	$22^h 41^m$	$-81° 35'$	in s 0.01	in ″ 0.01	$22^h 41^m$	$-81° 35'$	in s 0.01	in ″ 0.01
	s	″			s	″			s	″			s	″		
1	46.78	20.77	-3	-8	44.32	12.04	-3	+3	43.92	61.92	-2	+4	45.55	50.64	+4	+2
2	46.67	20.56	-4	-6	44.28	11.70	-1	+5	43.95	61.55	0	+5	45.63	50.30	+4	-1
3	46.56	20.34	-4	-2	44.23	11.36	+1	+6	*43.97	61.17	+2	+5	45.72	49.96	+3	-4
4	46.46	20.11	-4	+1	44.20	11.02	+3	+6	44.00	60.79	+4	+4	45.81	49.63	+1	6
5	46.35	19.88	-2	+4	44.16	10.67	+4	+3	44.02	60.42	+4	+1	45.90	49.30	-1	-7
6	46.25	19.64	0	+6	44.12	10.32	+4	0	44.05	60.04	+4	-2	45.99	48.97	-3	-5
7	46.15	19.40	+2	+6	44.09	9.97	+3	-3	44.08	59.67	+2	-5	46.09	48.64	-4	-2
8	46.05	19.15	+4	+5	44.06	9.62	+2	-5	44.12	59.30	0	-6	46.18	48.32	-4	+2
9	45.96	18.90	+4	+2	44.02	9.27	0	-6	44.15	58.92	-1	-6	46.28	48.00	-3	+6
10	45.86	18.65	+4	-1	44.00	8.92	-2	-5	44.19	58.55	-3	-3	46.38	47.68	-1	+9
11	45.77	18.39	+3	-4	43.97	8.56	-3	-2	44.23	58.18	-4	0	46.49	47.36	+1	+10
12	45.68	18.13	+1	-6	43.95	8.20	-4	+1	44.27	57.80	-3	+4	46.59	47.05	+2	+10
13	45.59	17.86	-1	-6	43.92	7.84	-3	+4	44.31	57.43	-2	+7	46.69	46.74	+4	+8
14	45.51	17.59	-3	-4	43.91	7.48	-2	+7	44.36	57.06	0	+9	46.80	46.43	+4	+5
15	45.42	17.31	-4	-2	43.89	7.11	0	+9	44.41	56.69	+1	+9	46.91	46.13	+4	+2
16	45.34	17.03	-3	+2	43.88	6.75	+2	+9	44.46	56.32	+3	+8	47.02	45.83	+3	-1
17	45.26	16.75	-3	+5	43.87	6.38	+3	+7	44.51	55.96	+4	+6	47.13	45.54	+2	-4
18	45.18	16.46	-1	+8	43.86	6.02	+4	+5	44.57	55.59	+4	+3	47.25	45.24	+1	-6
19	45.11	16.17	0	+9	43.85	5.65	+4	+2	44.62	55.23	+4	0	47.36	44.96	-1	-7
20	45.03	15.87	+2	+8	43.85	5.28	+3	-1	44.68	54.86	+3	-3	47.48	44.67	-2	-8
21	44.96	15.57	+3	+7	43.85	4.91	+2	-4	44.74	54.50	+2	-5	47.60	44.39	-4	-6
22	44.89	15.26	+4	+4	43.85	4.54	+1	-7	44.81	54.14	0	-7	47.72	44.11	-4	-4
23	44.82	14.95	+4	+1	43.85	4.16	-1	-8	44.87	53.78	-2	-8	47.84	43.83	-4	-2
24	44.76	14.64	+3	-2	43.86	3.79	-2	-9	44.94	53.42	-3	-8	47.97	43.56	-3	+2
25	44.70	14.32	+2	-5	43.87	3.42	-4	-8	45.01	53.07	-4	-6	48.09	43.29	-2	+4
26	44.64	14.00	0	-8	43.88	3.04	-5	-6	45.08	52.72	-5	-4	48.21	43.03	0	+5
27	44.58	13.68	-1	-9	43.89	2.67	-5	-3	45.15	52.37	-4	-1	48.34	42.77	+2	+4
28	44.53	13.36	-3	-9	43.91	2.30	-4	+1	45.23	52.02	-3	+2	48.47	42.52	+3	+3
29	44.47	13.03	-4	-7	43.92	1.92	-2	+4	45.30	51.67	-1	+4	48.60	42.27	+4	0
30	44.42	12.71	-5	-4					45.38	51.32	+1	+5	48.73	42.02	+3	-4
31	44.37	12.37	-4	-1					45.46	50.98	+3	+4	48.86	41.78	+2	-6
32	44.32	12.04	-3	+3					45.55	50.64	+4	+2				

δ	sec δ	tg δ	δ	sec δ	tg δ	δ	sec δ	tg δ
−81° 35′ 40″	+6.841	−6.767	−81° 36′ 0″	+6.845	−6.772	−81 36′ 20″	+6.850	−6.777
50	+6.843	−6.770	10	+6.848	−6.774	30	+6.852	−6.779

$\alpha_{1958.0} = 22^h\ 41^m\ 53^s_.34$ $\delta_{1958.0} = -81°\ 36'\ 9''_.82$

* Tag der doppelten unteren Kulmination: März 3.

Scheinbare Sternörter 1958

Obere Kulmination Greenwich

5ıj β Octantis $4^m.34$

Tag	Mai AR.	Mai Dekl.	Mai ☾ Glieder		Juni AR.	Juni Dekl.	Juni ☾ Glieder		Juli AR.	Juli Dekl.	Juli ☾ Glieder		August AR.	August Dekl.	August ☾ Glieder	
	$22^h\,41^m$	$-81^\circ\,35'$	in 0.01^s	in $0.01''$	$22^h\,41^m$	$-81^\circ\,35'$	in 0.01^s	in $0.01''$	$22^h\,41^m$	$-81^\circ\,35'$	in 0.01^s	in $0.01''$	$22^h\,42^m$	$-81^\circ\,35'$	in 0.01^s	in $0.01''$
	s	″			s	″			s	″			s	″		
1	48.86	41.78	+2	−6	53.42	36.52	−4	−3	58.02	36.21	−2	+6	1.81	40.80	+4	+6
2	48.99	41.54	0	−7	53.57	36.43	−4	+1	58.16	36.28	0	+8	1.91	41.02	+4	+4
3	49.13	41.31	−2	−7	53.73	36.35	−3	+5	58.30	36.36	+2	+9	2.00	41.24	+4	+1
4	49.26	41.08	−3	−4	53.88	36.27	−1	+8	58.45	36.45	+3	+8	2.09	41.47	+3	−3
5	49.40	40.85	−4	0	54.04	36.20	+1	+10	58.59	36.54	+4	+6	2.17	41.70	+2	−5
6	49.54	40.63	−3	+4	54.20	36.13	+3	+9	58.72	36.63	+4	+3	2.26	41.94	0	−7
7	49.68	40.41	−2	+7	54.35	36.07	+4	+7	58.86	36.73	+4	−1	2.34	42.17	−2	−8
8	49.82	40.20	0	+9	54.51	36.01	+4	+5	59.00	36.84	+2	−4	2.42	42.42	−3	−7
9	49.96	39.99	+2	+10	54.67	35.96	+4	+2	59.13	36.95	+1	−6	2.50	42.66	−4	−5
10	50.10	39.79	+3	+9	54.82	35.91	+3	−2	59.27	37.06	−1	−7	2.58	42.91	−4	−3
11	50.25	39.59	+4	+6	54.98	35.87	+2	−5	59.40	37.18	−2	−8	2.65	43.16	−4	0
12	50.39	39.39	+4	+3	55.14	35.84	0	−7	59.53	37.30	−3	−6	2.73	43.42	−3	+3
13	50.53	39.20	+4	0	55.29	35.81	−1	−7	59.67	37.43	−4	−4	2.79	43.68	−1	+5
14	50.68	39.01	+3	−3	55.45	35.79	−3	−7	59.79	37.57	−4	−1	2.86	43.94	+1	+6
15	50.83	38.83	+1	−5	55.60	35.77	−4	−5	59.92	37.71	−3	+2	2.92	44.20	+3	+5
16	50.97	38.65	0	−7	55.76	35.76	−4	−3	60.05	37.85	−2	+4	2.98	44.47	+4	+2
17	51.12	38.48	−2	−7	55.91	35.75	−4	0	60.17	38.00	0	+6	3.04	44.74	+4	−1
18	51.27	38.31	−3	−6	56.07	35.75	−3	+3	60.29	38.16	+2	+6	3.10	45.01	+3	−4
19	51.42	38.15	−4	−5	56.22	35.75	−1	+5	60.42	38.32	+3	+4	3.15	45.28	+1	−6
20	51.57	38.00	−4	−2	56.38	35.76	+1	+6	60.53	38.48	+4	+1	3.20	45.56	−1	−6
21	51.73	37.85	−3	+1	56.53	35.77	+3	+5	60.65	38.65	+3	−2	3.25	45.84	−2	−5
22	51.88	37.70	−2	+3	56.68	35.79	+4	+3	60.77	38.82	+2	−5	3.29	46.12	−3	−3
23	52.03	37.56	0	+5	56.84	35.82	+4	0	60.88	39.00	0	−6	3.34	46.40	−3	+1
24	52.19	37.42	+1	+5	56.99	35.85	+3	−4	60.99	39.18	−1	−7	3.38	46.69	−3	+5
25	52.34	37.29	+3	+4	57.14	35.88	+1	−6	61.10	39.37	−3	−5	3.41	46.98	−1	+7
26	52.49	37.17	+4	+1	57.29	35.93	−1	−7	61.21	39.56	−4	−2	3.45	47.27	0	+9
27	52.65	37.05	+3	−2	57.44	35.97	−2	−7	61.31	39.76	−3	+2	3.48	47.56	+2	+9
28	52.80	36.93	+2	−5	57.58	36.02	−3	−4	61.42	39.96	−2	+5	3.51	47.85	+3	+7
29	52.95	36.82	+1	−7	57.73	36.08	−4	−1	61.52	40.16	−1	+8	3.54	48.14	+4	+5
30	53.11	36.72	−1	−8	57.88	36.14	−3	+3	61.62	40.37	+1	+9	3.56	48.44	+4	+2
31	53.26	36.62	−3	−6	58.02	36.21	−2	+6	61.72	40.58	+2	+8	3.58	48.74	+3	−1
32	53.42	36.52	−4	−3					61.81	40.80	+4	+6	3.60 3.62	49.03 49.33	+2 +1	−4 −6

δ	sec δ	tg δ	δ	sec δ	tg δ
−81° 35′ 30″	+6.839	−6.765	−81° 35′ 40″	+6.841	−6.767
40	+6.841	−6.767	50	+6.843	−6.770

$\alpha_{1958.0} = 22^h\,41^m\,53^s.34$ $\delta_{1958.0} = -81^\circ\,36'\,9''.82$

Scheinbare Sternörter 1958

Obere Kulmination Greenwich

Si) β Octantis $4^m.34$

Tag	September AR.	September Dekl.	September ☾ Glieder	Oktober AR.	Oktober Dekl.	Oktober ☾ Glieder	November AR.	November Dekl.	November ☾ Glieder	Dezember AR.	Dezember Dekl.	Dezember ☾ Glieder
	$22^h 42^m$ s	−81° 35′ ″	in s 0.01 | ″ 0.01	$22^h 41^m$ s	−81° 35′ ″	in s 0.01 | ″ 0.01	$22^h 41^m$ s	−81° 36′ ″	in s 0.01 | ″ 0.01	$22^h 41^m$ s	−81° 36′ ″	in s 0.01 | ″ 0.01
1	3.60 / 3.62	49.03 / 49.33	+2 −4 / +1 −6	62.82	58.26	−3 −6	59.72	5.19	−3 +2	55.60	7.17	+1 +5
2	3.63	49.63	−1 −7	62.75	58.54	−4 −5	59.59	5.34	−2 +4	55.46	7.14	+3 +3
3	3.64	49.93	−3 −7	62.68	58.81	−4 −3	59.47	5.49	0 +4	55.32	7.11	+3 0
4	3.65	50.23	−4 −6	62.61	59.08	−4 0	59.34	5.63	+2 +4	55.18	7.06	+3 −3
5	3.65	50.54	−4 −4	62.53	59.35	−3 +2	59.20	5.76	+3 +2	55.04	7.01	+2 −6
6	3.65	50.84	−4 −2	62.45	59.62	−1 +4	59.07	5.89	+3 −1	54.90	6.95	0 −8
7	3.65	51.14	−3 +1	62.37	59.88	+1 +4	58.94	6.02	+3 −4	54.76	6.89	−2 −8
8	3.65	51.45	−2 +4	62.29	60.14	+3 +3	58.80	6.14	+2 −7	54.62	6.82	−3 −6
9	3.64	51.75	0 +5	62.20	60.40	+4 +1	58.67	6.25	0 −8	54.48	6.75	−4 −3
10	3.63	52.06	+2 +5	62.12	60.65	+4 −2	58.53	6.35	−2 −7	54.35	6.66	−4 +1
11	3.62	52.36	+3 +3	62.03	60.90	+3 −5	58.40	6.45	−3 −5	54.21	6.58	−3 +5
12	3.61	52.67	+4 0	61.94	61.15	+1 −7	58.26	6.55	−4 −1	54.08	6.48	−1 +8
13	3.59	52.97	+3 −3	61.84	61.39	−1 −7	58.12	6.64	−3 +4	53.94	6.38	+1 +10
14	3.57	53.27	+2 −5	61.75	61.63	−3 −6	57.98	6.72	−2 +7	53.81	6.28	+3 +9
15	3.55	53.57	0 −7	61.65	61.86	−4 −2	57.85	6.80	0 +9	53.68	6.17	+4 +8
16	3.52	53.88	−2 −6	61.55	62.10	−4 +2	57.71	6.87	+2 +10	53.55	6.05	+4 +5
17	3.49	54.18	−3 −4	61.45	62.32	−3 +6	57.57	6.93	+4 +9	53.42	5.93	+4 +1
18	3.46	54.48	−4 0	61.35	62.55	−1 +9	57.43	6.99	+4 +7	53.29	5.80	+3 −2
19	3.43	54.78	−3 +4	61.25	62.77	+1 +10	57.29	7.04	+5 +3	53.16	5.67	+2 −4
20	3.39	55.08	−2 +7	61.14	62.98	+3 +10	57.15	7.08	+4 0	53.04	5.53	0 −6
21	3.35	55.38	0 +9	61.03	63.19	+4 +8	57.01	7.12	+3 −3	52.91	5.38	−2 −6
22	3.31	55.68	+2 +10	60.92	63.40	+4 +5	56.87	7.15	+1 −5	52.79	5.23	−3 −6
23	3.26	55.97	+3 +8	60.81	63.60	+4 +2	56.73	7.18	−1 −6	52.66	5.07	−4 −4
24	3.22	56.27	+4 +6	60.69	63.80	+3 −2	56.59	7.20	−2 −6	52.54	4.91	−4 −2
25	3.17	56.56	+4 +3	60.58	63.99	+2 −4	56.44	7.22	−3 −5	52.42	4.74	−3 +1
26	3.11	56.85	+4 0	60.46	64.18	0 −6	56.30	7.23	−4 −3	52.30	4.56	−2 +3
27	3.06	57.13	+3 −3	60.34	64.36	−1 −7	56.16	7.23	−4 −1	52.18	4.38	−1 +5
28	3.00	57.42	+1 −5	60.22	64.54	−3 −6	56.02	7.23	−3 +1	52.06	4.19	+1 +5
29	2.94	57.70	0 −7	60.10	64.71	−4 −5	55.88	7.22	−2 +3	51.95	4.00	+2 +4
30	2.88	57.99	−2 −7	59.97	64.88	−4 −3	55.74	7.20	0 +5	51.84	3.80	+3 +2
31	2.82	58.26	−3 −6	59.85	65.04	−4 −1	55.60	7.17	+1 +5	51.73	3.60	+3 −1
32				59.72	65.19	−3 +2				51.62	3.39	+3 −4

δ	sec δ	tg δ	δ	sec δ	tg δ	δ	sec δ	tg δ
−81° 35′ 40″	+6.841	−6.767	−81° 35′ 50″	+6.843	−6.770	−81° 36′ 0″	+6.845	−6.772
50	+6.843	−6.770	60	+6.845	−6.772	10	+6.848	−6.774

$\alpha_{1958.0} = 22^h\, 41^m\, 53^s.34$ $\delta_{1958.0} = -81°\, 36'\, 9''.82$

Scheinbare Sternörter 1958

Obere Kulmination Greenwich

Sk) τ Octantis $5^m.56$

Tag	Januar AR	Januar Dekl	Januar ☾ Glieder	Februar AR.	Februar Dekl.	Februar ☾ Glieder	März AR.	März Dekl.	März ☾ Glieder	April AR.	April Dekl.	April ☾ Glieder
	$23^h 21^m$	−87° 42′	in s 0.01 | ″ 0.01	$23^h 21^m$	−87° 42′	in s 0.01 | ″ 0.01	$23^h 21^m$	−87° 42′	in s 0.01 | ″ 0.01	$23^h 21^m$	−87° 42′	in s 0.01 | ″ 0.01
	s	″		s	″		s	″		s	″	
1	68.95	62.81	− 7 −8	56.59	54.77	−12 +2	51.64	44.70	− 9 +3	53.77	32.89	+12 + 3
2	68.46	62.63	−11 −7	56.30	54.44	− 6 +5	51.59	44.31	− 3 +5	53.97	32.53	+14 0
3	67.98	62.44	−14 −4	56.02	54.11	0 +6	51.54	43.93	+ 4 +6	54.17	32.17	+13 − 3
4	67.50	62.24	−13 0	55.75	53.78	+ 7 +6	51.50	43.55	+10 +5	54.38	31.81	+ 8 − 6
5	67.03	62.04	− 9 +3	55.49	53.44	+12 +4	51.47	43.16	+13 +2	54.60	31.45	+ 1 − 7
6	66.56	61.84	− 3 +6	55.23	53.10	+14 +2	51.45	42.78	+14 −1	54.83	31.10	− 6 − 6
7	66.10	61.62	+ 3 +7	54.98	52.76	+13 −2	51.44	42.39	+11 −4	55.06	30.75	−10 − 3
8	65.64	61.41	+ 9 +6	54.75	52.42	+ 8 −4	51.43	42.01	+ 5 −6	55.30	30.40	−13 + 1
9	65.19	61.19	+13 +3	54.52	52.07	+ 2 −6	51.43	41.62	− 1 −6	55.55	30.05	−13 + 4
10	64.75	60.96	+14 0	54.29	51.72	− 4 −5	51.45	41.24	− 8 −4	55.81	29.70	− 9 + 8
11	64.31	60.73	+11 −3	54.08	51.37	−10 −3	51.47	40.85	−12 −1	56.07	29.35	− 4 +10
12	63.87	60.49	+ 6 −5	53.87	51.01	−13 0	51.49	40.47	−13 +2	56.34	29.01	+ 2 +10
13	63.44	60.24	− 1 −6	53.68	50.66	−13 +3	*51.53	40.08	−11 +6	56.62	28.67	+ 7 + 8
14	63.02	59.99	− 7 −5	53.49	50.29	−10 +6	51.57	39.70	− 7 +8	56.90	28.34	+11 + 6
15	62.60	59.74	−11 −3	53.30	49.93	− 5 +8	51.63	39.31	− 2 +9	57.19	28.00	+12 + 3
16	62.19	59.48	−13 +1	53.13	49.57	0 +9	51.69	38.93	+ 4 +9	57.49	27.67	+12 0
17	61.79	59.22	−12 +4	52.97	49.20	+ 5 +8	51.76	38.54	+ 8 +7	57.79	27.35	+10 − 3
18	61.40	58.95	− 9 +7	52.81	48.83	+ 9 +6	51.84	38.16	+11 +5	58.10	27.02	+ 6 − 6
19	61.01	58.68	− 4 +8	52.66	48.47	+11 +3	51.92	37.78	+12 +1	58.42	26.70	+ 1 − 7
20	60.62	58.40	+ 2 +8	52.52	48.09	+12 0	52.02	37.40	+11 −2	58.74	26.38	− 4 − 8
21	60.25	58.12	+ 7 +7	52.39	47.72	+10 −3	52.12	37.01	+ 9 −5	59.07	26.06	− 8 − 7
22	59.88	57.84	+10 +5	52.27	47.35	+ 7 −6	52.23	36.63	+ 4 −7	59.41	25.75	−12 − 6
23	59.52	57.55	+12 +2	52.15	46.97	+ 3 −8	52.35	36.25	0 −8	59.75	25.44	−13 − 3
24	59.16	57.25	+12 −1	52.05	46.59	− 3 −9	52.48	35.87	− 6 −8	60.10	25.14	−12 0
25	58.81	56.96	+10 −4	51.95	46.22	− 8 −9	52.61	35.49	−10 −7	60.46	24.83	− 8 + 3
26	58.47	56.65	+ 6 −7	51.86	45.84	−12 −7	52.76	35.11	−13 −5	60.82	24.54	− 3 + 5
27	58.14	56.35	+ 1 −9	51.78	45.46	−14 −4	52.91	34.74	−14 −2	61.19	24.24	+ 4 + 5
28	57.82	56.04	− 5 −9	51.71	45.08	−13 0	53.07	34.37	−11 +1	61.56	23.95	+10 + 3
29	57.50	55.73	−10 −8	51.64	44.70	− 9 +3	53.23	34.00	− 6 +4	61.94	23.66	+13 + 1
30	57.19	55.41	−13 −5				53.41	33.63	0 +5	62.32	23.38	+13 − 2
31	56.89	55.09	−14 −2				53.59	33.26	+ 7 +5	62.71	23.10	+10 − 5
32	56.59	54.77	−12 +2				53.77	32.89	+12 +3			

δ	sec δ	tg δ	δ	sec δ	tg δ	δ	sec δ	tg δ
−87° 42′ 20″	+24.978	−24.958	−87° 42′ 40″	+25.039	−25.019	−87° 43′ 0″	+25.100	−25.080
30	+25.008	−24.988	50	+25.069	−25.049	10	+25.130	−25.110

$\alpha_{1958.0} = 23^h\ 22^m\ 31^s.31$ $\delta_{1958.0} = -87°\ 42'\ 49''.21$

* Tag der doppelten unteren Kulmination: März 13.

Scheinbare Sternörter 1958

Obere Kulmination Greenwich

Sk) τ Octantis $5^m\!.56$

Tag	Mai			Juni			Juli			August		
	AR.	Dekl.	☾ Glieder	AR.	Dekl.	☾ Glieder	AR.	Dekl.	☾ Glieder	AR	Dekl.	☾ Glieder
	$23^h\,22^m$	$-87°\,42'$	in s 0.01 | ″ 0.01	$23^h\,22^m$	$-87°\,42'$	in s 0.01 | ″ 0.01	$23^h\,22^m$	$-87°\,42'$	in s 0.01 | ″ 0.01	$23^h\,22^m$	$-87°\,42'$	in s 0.01 | ″ 0.01
	s	″		s	″		s	″		s	″	
1	2.71	23.10	+10 − 5	17.06	16.60	−11 − 4	32.92	15.07	−11 +5	47.40	18.69	+ 8 +7
2	3.11	22.82	+ 4 − 7	17.58	16.47	−13 0	33.44	15.10	− 6 +8	47.79	18.89	+11 +5
3	3.51	22.55	− 2 − 7	18.09	16.35	−13 + 4	33.96	15.14	0 +9	48.17	19.09	+12 +2
4	3.92	22.28	− 9 − 5	18.61	16.23	− 9 + 7	34.47	15.19	+ 6 +8	48.55	19.30	+11 −1
5	4.33	22.01	−12 − 2	19.13	16.11	− 3 + 9	34.98	15.24	+10 +7	48.91	19.51	+ 8 −4
6	4.74	21.75	−13 + 2	19.66	16.00	+ 3 +10	35.49	15.30	+12 +4	49.27	19.72	+ 4 −7
7	5.17	21.50	−11 + 6	20.18	15.90	+ 8 + 8	36.00	15.37	+12 +1	49.63	19.94	− 1 −8
8	5.59	21.24	− 7 + 9	20.71	15.80	+12 + 6	36.50	15.44	+10 −3	49.98	20.16	− 6 −8
9	6.02	21.00	− 1 +10	21.24	15.70	+13 + 3	37.01	15.51	+ 7 −5	50.32	20.39	−11 −7
10	6.46	20.75	+ 5 + 9	21.77	15.61	+12 − 1	37.50	15.59	+ 3 −7	50.65	20.62	−13 −4
11	6.90	20.51	+10 + 7	22.30	15.53	+ 9 − 4	38.00	15.68	− 3 −8	50.98	20.86	−13 −1
12	7.35	20.28	+12 + 5	22.83	15.45	+ 5 − 6	38.49	15.77	− 8 −7	51.29	21.09	−11 +2
13	7.80	20.05	+13 + 1	23.37	15.38	0 − 7	38.98	15.87	−12 −5	51.60	21.34	− 6 +4
14	8.25	19.82	+11 − 2	23.90	15.32	− 5 − 7	39.47	15.97	−13 −3	51.91	21.58	0 +6
15	8.71	19.60	+ 8 − 5	24.43	15.26	− 9 − 6	39.95	16.08	−12 +1	52.20	21.83	+ 7 +5
16	9.17	19.38	+ 3 − 7	24.97	15.20	−12 − 4	40.43	16.20	− 9 +3	52.48	22.08	+12 +3
17	9.64	19.17	− 2 − 7	25.50	15.15	−13 − 1	40.90	16.31	− 3 +5	52.76	22.34	+14 +1
18	10.11	18.96	− 7 − 7	26.03	15.11	−11 + 2	41.37	16.44	+ 3 +6	53.03	22.60	+12 −3
19	10.59	18.76	−11 − 6	26.57	15.07	− 6 + 4	41.83	16.57	+ 9 +5	53.29	22.86	+ 8 −5
20	11.07	18.57	−13 − 3	27.10	15.04	− 1 + 6	42.29	16.70	+12 +2	53.54	23.13	+ 2 −6
21	11.55	18.38	−12 0	27.64	15.02	+ 6 + 5	42.75	16.84	+13 −1	53.78	23.40	− 4 −6
22	12.04	18.19	−10 + 3	28.17	15.00	+10 + 4	43.20	16.98	+10 −4	54.02	23.67	−10 −4
23	12.53	18.01	− 5 + 5	28.70	14.98	+13 + 1	43.65	17.13	+ 6 −6	54.24	23.95	−13 0
24	13.02	17.83	+ 2 + 5	29.24	14.97	+12 − 3	44.09	17.28	− 1 −7	54.46	24.23	−12 +3
25	13.52	17.66	+ 7 + 4	29.77	14.97	+ 9 − 5	44.52	17.44	− 7 −6	54.67	24.51	− 9 +6
26	14.02	17.49	+12 + 2	30.29	14.97	+ 3 − 7	44.95	17.61	−11 −3	54.87	24.79	− 4 +8
27	14.52	17.33	+13 − 1	30.82	14.98	− 3 − 7	45.38	17.77	−13 +1	55.06	25.08	+ 2 +9
28	15.02	17.17	+11 − 4	31.35	14.99	− 9 − 5	45.79	17.95	−12 +4	55.24	25.36	+ 7 +8
29	15.53	17.02	+ 7 − 6	31.87	15.01	−12 − 2	46.21	18.13	− 8 +7	55.41	25.66	+10 +6
30	16.03	16.88	0 − 8	32.40	15.04	−13 + 2	46.61	18.31	− 2 +9	55.57	25.95	+12 +3
31	16.55	16.74	− 6 − 6	32.92	15.07	−11 + 5	47.01	18.50	+ 3 +9	55.72	26.24	+12 0
32	17.06	16.60	−11 − 4				47.40	18.69	+ 8 +7	55.87	26.54	+ 9 −3

δ	sec δ	tg δ	δ	sec δ	tg δ
−87° 42′ 10″	+24.948	−24.928	−87° 42′ 20″	+24.978	−24.958
20	+24.978	−24.958	30	+25.008	−24.988

$\alpha_{1958.0} = 23^h\,22^m\,31^s\!.31$ $\delta_{1958.0} = -87°\,42'\,49''\!.21$

Scheinbare Sternörter 1958

Obere Kulmination Greenwich

Sk) τ Octantis $5^{m}.56$

Tag	September AR	September Dekl.	September ☾ Glieder		Oktober AR.	Oktober Dekl.	Oktober ☾ Glieder		November AR.	November Dekl.	November ☾ Glieder		Dezember AR.	Dezember Dekl.	Dezember ☾ Glieder	
	$23^h 22^m$	−87° 42′	in s 0.01	in ″ 0.01	$23^h 22^m$	−87° 42′	in s 0.01	in ″ 0.01	$23^h 22^m$	−87° 42′	in s 0.01	in ″ 0.01	$23^h 22^m$	−87° 42′	in s 0.01	in ″ 0.01
	s	″			s	″			s	″			s	″		
1	55.87	26.54	+9	−3	55.42	36.14	−7	−7	45.81	44.13	−11	+1	30.76	47.44	+2	+5
2	56.00	26.84	+6	−6	55.24	36.44	−11	−6	45.38	44.32	−7	+3	30.21	47.45	+7	+4
3	56.13	27.14	+1	−7	55.06	36.74	−13	−4	44.94	44.51	−2	+4	29.67	47.46	+11	+1
4	56.24	27.44	−4	−8	54.86	37.04	−13	−1	44.49	44.69	+4	+4	29.12	47.46	+12	−2
5	56.35	27.75	−9	−7	54.66	37.34	−11	+1	44.04	44.87	+9	+3	28.57	47.45	+11	−5
6	56.44	28.05	−12	−6	54.45	37.63	−6	+4	43.58	45.04	+12	0	28.02	47.44	+6	−7
7	56.53	28.36	−13	−3	54.22	37.92	+1	+5	43.12	45.21	+12	−3	27.47	47.42	0	−8
8	56.60	28.67	−12	0	53.99	38.21	+6	+4	42.65	45.37	+9	−6	26.92	47.40	−6	−7
9	56.67	28.98	−8	+3	53.75	38.50	+11	+2	42.17	45.53	+4	−8	26.38	47.37	−11	−4
10	56.73	29.29	−3	+5	53.50	38.78	+13	−1	41.69	45.68	−3	−7	25.83	47.33	−13	0
11	56.77	29.60	+4	+5	53.24	39.06	+12	−4	41.21	45.82	−9	−5	25.28	47.28	−12	+4
12	{56.81 56.83}	29.92 30.23	+10 +13	+4 +1	52.97	39.33	+8	−6	40.72	45.96	−12	−2	24.74	47.23	−8	+7
13	56.85	30.54	+13	−2	52.69	39.61	+1	−7	40.23	46.10	−13	+2	24.20	47.18	−2	+9
14	56.85	30.85	+10	−4	52.40	39.88	−5	−6	39.73	46.22	−10	+6	23.66	47.11	+5	+10
15	56.85	31.17	+5	−6	52.10	40.15	−11	−3	39.23	46.35	−5	+9	23.12	47.04	+9	+8
16	56.84	31.48	−2	−6	51.80	40.42	−13	+1	38.72	46.46	+1	+10	22.58	46.96	+12	+6
17	56.81	31.80	−8	−5	51.48	40.68	−12	+5	38.21	46.57	+7	+9	22.04	46.88	+13	+3
18	56.78	32.11	−12	−1	51.16	40.94	−8	+8	37.69	46.67	+11	+8	21.50	46.79	+12	−1
19	56.73	32.43	−13	+2	50.83	41.20	−3	+10	37.18	46.77	+13	+4	20.97	46.69	+8	−4
20	56.68	32.74	−10	+6	50.49	41.45	+4	+10	36.65	46.86	+12	+1	20.44	46.59	+4	−6
21	56.61	33.06	−6	+8	50.14	41.70	+8	+8	36.13	46.94	+10	−2	19.92	46.48	−1	−7
22	56.54	33.37	0	+9	49.78	41.94	+12	+6	35.60	47.02	+6	−5	19.39	46.36	−6	−6
23	56.45	33.68	+5	+9	49.42	42.18	+13	+3	35.07	47.09	+2	−6	18.87	46.24	−10	−5
24	56.36	34.00	+10	+7	49.05	42.41	+12	0	34.54	47.16	−3	−7	18.35	46.12	−12	−3
25	56.25	34.31	+12	+4	48.67	42.64	+8	−3	34.01	47.22	−7	−6	17.83	45.98	12	0
26	56.14	34.61	+12	+1	48.28	42.87	+5	−5	33.47	47.27	−11	−5	17.32	45.84	−10	+2
27	56.01	34.92	+11	−2	47.89	43.09	0	−7	32.93	47.32	−12	−2	16.81	45.70	−6	+4
28	55.88	35.23	+7	−4	47.49	43.31	−5	−7	32.39	47.36	−12	0	16.31	45.55	0	+5
29	55.74	35.54	+3	−6	47.08	43.52	−9	−6	31.85	47.39	−9	+3	15.81	45.39	+5	+5
30	55.58	35.84	−2	−7	46.66	43.73	−12	−4	31.30	47.42	−4	+4	15.31	45.23	+10	+3
31	55.42	36.14	−7	−7	46.24	43.93	−13	−2	30.76	47.44	+2	+5	14.82	45.06	+12	0
32					45.81	44.13	−11	+1					14.33	44.88	+12	−3

δ	sec δ	tg δ	δ	sec δ	tg δ	δ	sec δ	tg δ
−87° 42′ 20″	+24.978	−24.958	−87° 42′ 30″	+25.008	−24.988	−87° 42′ 40″	+25.039	−25.019
30	+25.008	−24.988	40	+25.039	−25.019	50	+25.069	−25.049

$\alpha_{1958.0} = 23^h\ 22^m\ 31^s.31$ $\delta_{1958.0} = -87°\ 42'\ 49''.21$

Koordinaten der scheinbaren Örter für 12^h Sternzeit Greenwich

Tag	BD +89° 1 Gr. 10^m.56		BD +89° 3 Gr. 9^m.06		BD +89° 37 Gr. 10^m.06		CPD −89° 38 Gr. 9^m.5		Kurzperiod. Nutations-glieder*	
1958	x	y	x	y	x	y	x	y	in x	in y
	″	″	″	″	″	″	″	″	Einh. 0″01	
Jan. 0	−665.38	+81.65	−469.29	+867.22	−1445.71	−345.19	+320.45	−317.14	+8	−2
1	665.38	81.33	469.30	866.90	1445.71	345.52	320.58	317.47	+9	+1
2	665.38	81.00	469.30	866.56	1445.71	345.85	320.72	317.80	+8	+3
3	665.38	80.67	469.29	866.23	1445.71	346.19	320.86	318.12	+6	+6
4	665.36	80.34	469.28	865.90	1445.69	346.52	321.01	318.44	+3	+7
5	−665.34	+80.01	469.26	+865.58	−1445.67	−346.84	+321.16	−318.76	−1	+7
6	665.32	79.68	469.23	865.25	1445.65	347.17	321.32	319.08	−4	+5
7	665.28	79.36	469.20	864.93	1445.61	347.50	321.49	319.39	−6	+2
8	665.24	79.03	469.16	864.60	1445.57	347.82	321.66	319.70	−7	−2
9	665.20	78.71	469.12	864.28	1445.53	348.15	321.84	320.01	−5	−6
10	−665.15	+78.39	−469.07	+863.96	−1445.48	−348.47	+322.02	−320.32	−3	−8
11	665.09	78.07	469.01	863.64	1445.42	348.79	322.21	320.63	0	−8
12	665.02	77.75	468.95	863.32	1445.36	349.11	322.40	320.93	+3	−6
13	664.95	77.43	468.88	863.00	1445.29	349.43	322.60	321.23	+5	−3
14	664.87	77.12	468.80	862.69	1445.21	349.75	322.81	321.53	+6	+1
15	−664.78	+76.80	−468.72	+862.37	−1445.13	−350.06	+323.02	−321.82	+5	+5
16	664.69	76.49	468.63	862.06	1445.04	350.37	323.23	322.11	+2	+7
17	664.59	76.18	468.53	861.75	1444.94	350.68	323.45	322.40	−1	+8
18	664.49	75.88	468.43	861.45	1444.84	350.99	323.68	322.68	−4	+7
19	664.38	75.57	468.32	861.14	1444.73	351.30	323.91	322.96	−7	+5
20	−664.27	+75.26	−468.20	+860.84	−1444.61	−351.60	+324.15	−323.24	−8	+3
21	664.15	74.96	468.08	860.54	1444.49	351.90	324.39	323.52	−8	−1
22	664.02	74.66	467.95	860.24	1444.36	352.20	324.64	323.79	−7	−3
23	663.89	74.36	467.82	859.95	1444.23	352.50	324.89	324.06	−4	−6
24	663.75	74.07	467.68	859.66	1444.09	352.79	325.14	324.32	−1	−7
25	−663.60	+73.78	−467.53	+859.37	−1443.94	−353.08	+325.40	−324.58	+2	−7
26	663.45	73.50	467.38	859.08	1443.79	353.37	325.67	324.84	+5	−6
27	663.29	73.22	467.22	858.80	1443.63	353.65	325.94	325.09	+8	−4
28	663.13	72.94	467.06	858.53	1443.47	353.93	326.22	325.34	+9	−1
29	662.96	72.66	466.89	858.25	1443.30	354.21	326.50	325.59	+9	+2
30	−662.79	+72.39	−466.72	+857.98	−1443.12	−354.48	+326.78	−325.83	+8	+5
31	662.61	72.12	466.54	857.71	1442.94	354.75	327.07	326.07	+5	+7
Febr. 1	662.42	71.85	466.36	857.44	1442.76	355.02	327.36	326.31	+1	+7
2	662.23	71.59	466.17	857.18	1442.57	355.28	327.65	326.54	−2	+6
3	662.04	71.34	465.97	856.93	1442.37	355.53	327.95	326.76	−5	+3
4	−661.84	+71.09	−465.77	+856.68	−1442.17	−355.78	+328.25	−326.98	−6	−1
5	661.63	70.84	465.56	856.43	1441.96	356.03	328.56	327.20	−6	−4
6	−661.42	+70.59	−465.35	+856.18	−1441.75	−356.28	+328.87	−327.42	−4	−7
Mittl. Ort	−640.79	+76.84	−444.67	+862.39	−1421.14	−349.97	+336.27	−306.25		

* Die Vorzeichen gelten für die drei nördlichen Sterne, für den südlichen sind sie umzukehren.

Polnahe Sterne 1958

Koordinaten der scheinbaren Örter für 12^h Sternzeit Greenwich

Tag	BD +89° 1 Gr. $10^m.56$		BD +89° 3 Gr. $9^m.06$		BD +89° 37 Gr. $10^m.06$		CPD −89° 38 Gr. $9^m.5$		Kurzperiod. Nutations-glieder*	
1958	x	y	x	y	x	y	x	y	in x	in y
	"	"	"	"	"	"	"	"	Einh. 0".01	
Febr. 6	−661.42	+70.59	−465.35	+856.18	−1441.75	−356.28	+328.87	−327.42	−4	−7
7	661.20	70.35	465.14	855.94	1441.54	356.52	329.19	327.63	−1	−8
8	660.98	70.12	464.92	855.71	1441.32	356.75	329.51	327.83	+2	−7
9	660.75	69.89	464.69	855.48	1441.09	356.98	329.83	328.03	+4	−4
10	660.52	69.66	464.46	855.25	1440.86	357.21	330.15	328.23	+6	−1
11	−660.28	+69.44	−464.22	+855.03	−1440.62	−357.43	+330.48	−328.42	+5	+3
12	660.04	69.23	463.98	854.82	1440.38	357.65	330.81	328.61	+3	+6
13	659.80	69.02	463.74	854.61	1440.14	357.86	331.14	328.79	−1	+8
14	659.55	68.81	463.49	854.40	1439.89	358.07	331.48	328.97	−4	+8
15	659.30	68.61	463.24	854.20	1439.64	358.27	331.82	329.14	−6	+6
16	−659.05	+68.42	−462.98	+854.01	−1439.39	−358.46	+332.16	−329.31	−8	+4
17	658.79	68.23	462.72	853.82	1439.13	358.65	332.51	329.47	−8	0
18	658.53	68.04	462.46	853.63	1438.87	358.84	332.86	329.63	−7	−3
19	658.26	67.86	462.19	853.45	1438.60	359.02	333.21	329.78	−5	−5
20	657.99	67.68	461.92	853.27	1438.33	359.20	333.56	329.93	−3	−7
21	−657.71	+67.51	−461.64	+853.10	−1438.05	−359.37	+333.92	−330.07	+1	−7
22	657.44	67.35	461.36	852.94	1437.78	359.53	334.28	330.21	+4	−6
23	657.16	67.19	461.08	852.78	1437.50	359.69	334.64	330.35	+6	−5
24	656.87	67.04	460.80	852.63	1437.21	359.84	335.00	330.48	+8	−2
25	656.58	66.89	460.51	852.49	1436.92	359.99	335.36	330.61	+9	+1
26	−656.29	+66.75	−460.22	+852.35	−1436.63	−360.13	+335.73	−330.73	+8	+4
27	656.00	66.61	459.93	852.21	1436.34	360.27	336.10	330.84	+6	+6
28	655.70	66.48	459.64	852.08	1436.04	360.40	336.47	330.95	+3	+7
März 1	655.40	66.36	459.34	851.96	1435.74	360.52	336.84	331.06	0	+7
2	655.10	66.24	459.04	851.84	1435.44	360.64	337.21	331.16	−3	+5
3	−654.80	+66.13	−458.74	+851.73	−1435.14	−360.75	+337.59	−331.26	−5	+1
4	654.49	66.03	458.43	851.63	1434.83	360.86	337.96	331.35	−6	−3
5	654.19	65.93	458.13	851.53	1434.53	360.96	338.34	331.44	−4	−6
6	653.88	65.84	457.82	851.44	1434.22	361.05	338.72	331.52	−2	−8
7	653.57	65.75	457.51	851.35	1433.91	361.14	339.10	331.60	+1	−8
8	−653.26	+65.67	−457.20	+851.27	−1433.60	−361.22	+339.48	−331.67	+4	−6
9	652.94	65.59	456.88	851.19	1433.28	361.30	339.86	331.74	+5	−2
10	652.63	65.52	456.57	851.12	1432.97	361.37	340.25	331.80	+5	+2
11	652.31	65.46	456.25	851.06	1432.65	361.43	340.63	331.86	+3	+5
12	651.99	65.40	455.93	851.00	1432.33	361.49	341.01	331.91	0	+7
13	−651.67	+65.35	−455.62	+850.95	−1432.01	−361.54	+341.40	−331.96	−3	+8
14	651.35	65.31	455.30	850.91	1431.69	361.58	341.78	332.00	−6	+7
15	−651.03	+65.27	−454.98	+850.87	−1431.37	−361.62	+342.17	−332.04	−8	+5
Mittl. Ort	−640.79	+76.84	−444.67	+862.39	−1421.14	−349.97	+336.27	−306.25		

* Die Vorzeichen gelten für die drei nördlichen Sterne; für den südlichen sind sie umzukehren

Koordinaten der scheinbaren Örter für 12^{h} Sternzeit Greenwich

Tag	BD +89° 1 Gr. $10^{\mathrm{m}}.56$		BD +89° 3 Gr. $9^{\mathrm{m}}.06$		BD +89° 37 Gr. $10^{\mathrm{m}}.06$		CPD −89° 38 Gr. $9^{\mathrm{m}}.5$		Kurzperiod. Nutationsglieder*	
1958	x	y	x	y	x	y	x	y	in x Einh. 0.″01	in y
	″	″	″	″	″	″	″	″		
März 15	−651.03	+65.27	−454.98	+850.87	−1431.37	−361.62	+342.17	−332.04	−8	+5
16	650.71	65.24	454.66	850.84	1431.05	361.65	342.55	332.07	−9	+1
17	650.39	65.21	454.34	850.81	1430.73	361.68	342.94	332.10	−8	−2
18	650.07	65.19	454.02	850.79	1430.41	361.70	343.32	332.12	−7	−4
19	649.74	65.18	453.70	850.78	1430.08	361.71	343.71	332.14	−4	−6
20	−649.42	+65.18	−453.37	+850.78	−1429.76	−361.71	+344.09	−332.15	−1	−7
21	649.10	65.18	453.05	850.78	1429.44	361.71	344.48	332.16	+2	−7
22	648.78	65.19	452.73	850.79	1429.12	361.70	344.87	332.16	+5	−5
23	648.45	65.20	452.40	850.80	1428.79	361.69	345.26	332.16	+7	−3
23	648.13	65.22	452.08	850.82	1428.47	361.67	345.64	332.15	+8	0
24	−647.81	+65.25	−451.76	+850.85	−1428.15	−361.64	+346.03	−332.14	+8	+3
25	647.49	65.28	451.44	850.88	1427.83	361.61	346.41	332.13	+7	+5
26	647.17	65.32	451.12	850.92	1427.51	361.57	346.80	332.11	+5	+7
27	646.86	65.36	450.81	850.96	1427.20	361.53	347.18	332.08	+2	+7
28	646.54	65.41	450.49	851.01	1426.88	361.48	347.56	332.05	−2	+6
29	−646.22	+65.47	−450.17	+851.07	−1426.56	−361.42	+347.94	−332.01	−4	+3
30	645.91	65.53	449.86	851.13	1426.25	361.36	348.32	331.97	−5	−1
31	645.60	65.60	449.55	851.20	1425.94	361.29	348.70	331.92	−5	−5
April 1	645.28	65.67	449.23	851.27	1425.62	361.22	349.08	331.87	−2	−7
2	644.97	65.75	448.92	851.35	1425.31	361.14	349.46	331.82	+1	−8
3	−644.67	+65.84	−448.62	+851.44	−1425.01	−361.05	+349.83	−331.76	+4	−7
4	644.36	65.93	448.31	851.53	1424.70	360.96	350.21	331.69	+6	−4
5	644.06	66.03	448.01	851.63	1424.40	360.86	350.58	331.62	+6	0
6	643.75	66.13	447.70	851.73	1424.09	360.76	350.95	331.55	+5	+4
7	643.45	66.24	447.40	851.84	1423.79	360.65	351.32	331.47	+2	+7
8	−643.16	+66.36	−447.11	+851.96	−1423.50	−360.53	+351.69	−331.38	−1	+8
9	642.86	66.48	446.81	852.08	1423.20	360.41	352.05	331.29	−5	+8
10	642.57	66.61	446.52	852.21	1422.91	360.29	352.42	331.20	−8	+6
11	642.28	66.74	446.23	852.34	1422.62	360.16	352.78	331.10	−9	+3
12	641.99	66.88	445.94	852.48	1422.33	360.02	353.14	330.99	−9	−1
13	−641.71	+67.02	−445.66	+852.62	−1422.04	−359.88	+353.50	−330.89	−8	−4
14	641.43	67.17	445.38	852.77	1421.76	359.73	353.86	330.78	−5	−6
15	641.15	67.32	445.10	852.92	1421.48	359.58	354.21	330.66	−2	−7
16	640.87	67.48	444.82	853.08	1421.21	359.42	354.56	330.54	+1	−7
17	640.60	67.65	444.55	853.25	1420.94	359.26	354.91	330.41	+4	−6
18	−640.33	+67.82	−444.28	+853.42	−1420.67	−359.09	+355.26	−330.28	+6	−4
19	640.07	67.99	444.02	853.59	1420.40	358.91	355.60	330.15	+7	−1
20	−639.81	+68.17	−443.76	+853.77	−1420.14	−358.73	+355.95	−330.01	+8	+2
Mittl. Ort	−640.″79	+76.″84	−444.″67	+862.″39	−1421.″14	−349.″97	+336.″27	−306.″25		

* Die Vorzeichen gelten für die drei nördlichen Sterne; für den südlichen sind sie umzukehren.

Koordinaten der scheinbaren Örter für 12^h Sternzeit Greenwich

Tag	BD +89° 1 Gr. $10^m.56$		BD +89° 3 Gr. $9^m.06$		BD +89° 37 Gr. $10^m.06$		CPD −89° 38 Gr. $9^m.5$		Kurzperiod. Nutations-glieder*	
1958	x	y	x	y	x	y	x	y	in x	in y Einh. 0″.01
	″	″	″	″	″	″	″	″		
April 20	−639.81	+68.17	−443.76	+853.77	−1420.14	−358.73	+355.95	−330.01	+ 8	+2
21	639.55	68.35	443.50	853.95	1419.88	358.55	356.29	329.87	+ 7	+4
22	639.30	68.54	443.25	854.14	1419.62	358.36	356.63	329.72	+ 5	+6
23	639.05	68.73	443.00	854.33	1419.37	358.17	356.96	329.57	+ 2	+7
24	638.80	68.93	442.75	854.53	1419.12	357.97	357.29	329.42	− 1	+6
25	−638.56	+69.13	−442.51	+854.73	−1418.88	−357.77	+357.62	−329.26	− 3	+4
26	638.32	69.34	442.27	854.94	1418.64	357.56	357.95	329.10	− 5	+1
27	638.09	69.55	442.04	855.15	1418.41	357.35	358.27	328.93	− 5	−3
28	637.86	69.77	441.81	855.37	1418.18	357.13	358.59	328.76	− 3	−6
29	637.63	69.99	441.58	855.59	1417.95	356.91	358.90	328.58	− 1	−8
30	−637.41	+70.21	−441.36	+855.81	−1417.73	−356.69	+359.21	−328.40	+ 3	−8
Mai 1	637.19	70.44	441.14	856.04	1417.51	356.46	359.52	328.22	+ 5	−6
2	636.98	70.67	440.93	856.27	1417.30	356.23	359.83	328.03	+ 7	−2
3	636.77	70.90	440.72	856.50	1417.09	355.99	360.13	327.84	+ 6	+2
4	636.57	71.14	440.52	856.74	1416.89	355.75	360.43	327.65	+ 4	+5
5	−636.37	+71.38	−440.32	+856.98	−1416.69	−355.51	+360.73	−327.45	+ 1	+8
6	636.17	71.63	440.13	857.23	1416.49	355.26	361.02	327.25	− 3	+8
7	635.98	71.88	439.94	857.48	1416.30	355.01	361.31	327.04	− 7	+7
8	635.80	72.14	439.76	857.74	1416.12	354.75	361.59	326.83	− 9	+4
9	635.62	72.40	439.58	858.00	1415.94	354.49	361.87	326.62	−10	+1
10	−635.45	+72.66	−439.41	+858.26	−1415.77	−354.23	+362.15	−326.40	− 9	−2
11	635.28	72.92	439.24	858.52	1415.60	353.97	362.42	326.19	− 7	−5
12	635.11	73.19	439.08	858.79	1415.43	353.70	362.69	325.96	− 4	−7
13	634.95	73.46	438.92	859.06	1415.27	353.43	362.95	325.74	− 1	−7
14	634.80	73.73	438.77	859.33	1415.12	353.16	363.21	325.51	+ 3	−6
15	−634.65	+74.01	−438.62	+859.61	−1414.97	−352.88	+363.47	−325.28	+ 5	−5
16	634.51	74.29	438.48	859.89	1414.83	352.60	363.72	325.04	+ 7	−2
17	634.37	74.57	438.34	860.17	1414.69	352.32	363.97	324.80	+ 7	+1
18	634.24	74.86	438.21	860.46	1414.56	352.03	364.21	324.56	+ 7	+4
19	634.11	75.15	438.08	860.75	1414.43	351.74	364.45	324.31	+ 5	+6
20	−633.99	+75.44	−437.96	+861.04	−1414.31	−351.45	+364.68	−324.06	+ 3	+7
21	633.87	75.73	437.84	861.33	1414.19	351.16	364.91	323.81	0	+7
22	633.76	76.02	437.73	861.62	1414.08	350.87	365.14	323.56	− 3	+5
23	633.66	76.31	437.63	861.92	1413.97	350.57	365.36	323.30	− 5	+2
24	633.56	76.61	437.53	862.22	1413.87	350.27	365.58	323.04	− 5	−2
25	−633.47	+76.91	−437.44	+862.52	−1413.78	−349.97	+365.79	−322.78	− 4	−5
26	633.38	77.21	437.35	862.82	1413.69	349.67	365.99	322.51	− 2	−7
27	−633.30	+77.52	−437.27	+863.12	−1413.60	−349.37	+366.19	−322.24	+ 2	−8
	″	″	″	″	″	″	″	″		
Mittl. Ort	−640.79	+76.84	−444.67	+862.39	−1421.14	−349.97	+336.27	−306.25		

* Die Vorzeichen gelten für die drei nördlichen Sterne; für den südlichen sind sie umzukehren.

Koordinaten der scheinbaren Örter für 12^h Sternzeit Greenwich

Tag	BD +89° 1 Gr. 10^m.56		BD +89° 3 Gr. 9^m.06		BD +89° 37 Gr. 10^m.06		CPD −89° 38 Gr. 9^m.5		Kurzperiod. Nutations-glieder*	
1958	x	y	x	y	x	y	x	y	in x	in y Einh. 0.″01
	″	″	″	″	″	″	″	″		
Mai 27	-633.30	+77.52	-437.27	+863.12	-1413.60	-349.37	+366.19	-322.24	+2	-8
28	633.22	77.83	437.19	863.42	1413.52	349.07	366.39	321.97	+5	-6
29	633.15	78.14	437.12	863.73	1413.45	348.76	366.58	321.70	+7	-4
30	633.08	78.45	437.05	864.04	1413.38	348.45	366.77	321.43	+7	0
31	633.02	78.76	436.99	864.35	1413.32	348.14	366.95	321.15	+6	+4
Juni 1	-632.97	+79.07	-436.94	+864.65	-1413.27	-347.84	+367.13	-320.87	+3	+7
2	632.92	79.38	436.89	864.96	1413.22	347.53	367.30	320.59	-1	+8
3	632.88	79.69	436.85	865.28	1413.18	347.21	367.47	320.31	-5	+8
4	632.84	80.00	436.81	865.59	1413.14	346.90	367.63	320.02	-7	+6
5	632.81	80.32	436.78	865.90	1413.11	346.59	367.78	319.73	-9	+2
6	-632.78	+80.64	-436.76	+866.22	-1413.08	-346.27	+367.93	-319.44	-9	-1
7	632.76	80.95	436.74	866.53	1413.06	345.96	368.08	319.15	-8	-4
8	632.75	81.27	436.73	866.85	1413.05	345.64	368.22	318.86	-5	-6
9	632.74	81.59	436.72	867.17	1413.04	345.32	368.36	318.56	-2	-7
10	632.74	81.90	436.72	867.49	1413.04	345.00	368.49	318.27	+1	-7
11	-632.74	+82.22	-436.72	+867.80	-1413.04	-344.69	+368.61	-317.97	+4	-5
12	632.75	82.54	436.73	868.12	1413.05	344.37	368.73	317.67	+6	-3
13	632.77	82.86	436.75	868.44	1413.06	344.05	368.85	317.37	+7	0
14	632.79	83.17	436.77	868.76	1413.08	343.73	368.96	317.07	+7	+3
15	632.82	83.49	436.80	869.08	1413.11	343.41	369.06	316.77	+6	+5
16	-632.85	+83.81	-436.83	+869.39	-1413.14	-343.10	+369.16	-316.47	+4	+7
17	632.89	84.12	436.87	869.71	1413.18	342.78	369.25	316.16	+1	+7
18	632.93	84.44	436.92	870.03	1413.22	342.46	369.33	315.86	-2	+6
19	632.98	84.76	436.97	870.35	1413.27	342.14	369.41	315.55	-5	+3
20	633.03	85.08	437.02	870.66	1413.32	341.82	369.49	315.25	-6	0
21	-633.09	+85.39	-437.08	+870.98	-1413.38	-341.51	+369.56	-314.94	-5	-3
22	633.16	85.71	437.15	871.29	1413.45	341.19	369.62	314.63	-3	-6
23	633.23	86.02	437.22	871.61	1413.52	340.88	369.68	314.33	0	-8
24	633.31	86.34	437.30	871.92	1413.60	340.56	369.73	314.02	+3	-7
25	633.39	86.65	437.38	872.23	1413.68	340.25	369.78	313.71	+6	-5
26	-633.48	+86.96	-437.47	+872.54	-1413.77	-339.94	+369.82	-313.40	+7	-1
27	633.58	87.27	437.57	872.85	1413.86	339.63	369.85	313.09	+6	+2
28	633.68	87.58	437.67	873.16	1413.96	339.32	369.88	312.78	+4	+5
29	633.79	87.89	437.78	873.47	1414.06	339.01	369.90	312.47	+1	+8
30	633.90	88.20	437.89	873.78	1414.17	338.70	369.92	312.16	-2	+8
Juli 1	-634.01	+88.51	-438.01	+874.09	-1414.29	-338.40	+369.93	-311.85	-6	+6
2	634.13	88.81	438.13	874.39	1414.41	338.09	369.94	311.54	-8	+4
3	-634.26	+89.11	-438.26	+874.69	-1414.54	-337.79	+369.94	-311.23	-9	0
Mittl. Ort	-640.″79	+76.″84	-444.″67	+862.″39	-1421.″14	-349.″97	+336.″27	-306.″25		

* Die Vorzeichen gelten für die drei nördlichen Sterne, für den südlichen sind sie umzukehren.

Polnahe Sterne 1958

Koordinaten der scheinbaren Örter für 12^h Sternzeit Greenwich

Tag	BD +89° 1 Gr. $10^{m}.56$		BD +89° 3 Gr. $9^{m}.06$		BD +89° 37 Gr. $10^{m}.06$		CPD −89° 38 Gr. $9^{m}.5$		Kurzperiod. Nutations-glieder*	
1958	x	y	x	y	x	y	x	y	in x	in y
	″	″	″	″	″	″	″	″	Einh. 0.″01	
Juli 3	−634.26	+89.11	−438.26	+874.69	−1414.54	−337.79	+369.94	−311.23	−9	0
4	634.39	89.41	438.39	874.99	1414.67	337.49	369.93	310.93	−8	−3
5	634.53	89.71	438.53	875.29	1414.80	337.19	369.92	310.62	−6	−5
6	634.67	90.01	438.67	875.59	1414.94	336.90	369.90	310.31	−3	−7
7	634.82	90.31	438.82	875.89	1415.09	336.60	369.88	310.01	0	−7
8	−634.97	+90.60	−438.97	+876.18	−1415.24	−336.31	+369.85	−309.70	+3	−6
9	635.13	90.90	439.13	876.47	1415.40	336.01	369.82	309.39	+6	−4
10	635.29	91.19	439.29	876.76	1415.56	335.72	369.78	309.09	+7	−2
11	635.46	91.48	439.46	877.05	1415.73	335.43	369.73	308.78	+8	+1
12	635.64	91.76	439.64	877.34	1415.90	335.15	369.68	308.48	+7	+4
13	−635.82	+92.05	−439.82	+877.62	−1416.08	−334.86	+369.63	−308.18	+5	+6
14	636.00	92.33	440.00	877.90	1416.26	334.58	369.57	307.88	+2	+7
15	636.19	92.61	440.19	878.18	1416.45	334.30	369.50	307.59	−1	+7
16	636.38	92.89	440.38	878.46	1416.64	334.02	369.43	307.29	−4	+4
17	636.58	93.16	440.58	878.73	1416.84	333.75	369.35	307.00	−6	+1
18	−636.78	+93.43	−440.78	+879.00	−1417.04	−333.48	+369.26	−306.71	−6	−2
19	636.99	93.70	440.99	879.27	1417.25	333.21	369.17	306.42	−5	−6
20	637.20	93.97	441.20	879.54	1417.46	332.94	369.08	306.13	−2	−7
21	637.42	94.24	441.42	879.81	1417.68	332.67	368.98	305.84	+1	−7
22	637.64	94.50	441.64	880.07	1417.90	332.41	368.87	305.55	+4	−6
23	−637.86	+94.76	−441.86	+880.33	−1418.12	−332.15	+368.76	−305.27	+6	−3
24	638.09	95.01	442.09	880.58	1418.35	331.90	368.64	304.99	+6	+1
25	638.32	95.27	442.33	880.84	1418.58	331.64	368.52	304.71	+5	+4
26	638.56	95.51	442.57	881.08	1418.82	331.40	368.39	304.44	+2	+7
27	638.80	95.76	442.81	881.33	1419.06	331.15	368.25	304.16	−1	+8
28	−639.05	+96.00	−443.06	+881.57	−1419.31	−330.91	+368.11	−303.89	−5	+7
29	639.30	96.24	443.31	881.81	1419.56	330.67	367.97	303.62	−7	+5
30	639.56	96.48	443.57	882.05	1419.81	330.43	367.82	303.36	−8	+2
31	639.82	96.71	443.83	882.28	1420.07	330.20	367.67	303.10	−8	−1
Aug. 1	640.08	96.94	444.09	882.51	1420.33	329.97	367.51	302.84	−7	−4
2	−640.35	+97.17	−444.36	+882.74	−1420.60	−329.74	+367.35	−302.58	−4	−6
3	640.62	97.39	444.63	882.96	1420.87	329.52	367.18	302.33	−1	−7
4	640.89	97.61	444.91	883.18	1421.14	329.30	367.00	302.08	+2	−7
5	641.17	97.83	445.19	883.40	1421.42	329.08	366.82	301.83	+5	−5
6	641.45	98.04	445.47	883.61	1421.70	328.87	366.64	301.59	+7	−3
7	−641.74	+98.25	−445.76	+883.82	−1421.99	−328.66	+366.45	−301.35	+8	0
8	642.03	98.46	446.05	884.03	1422.28	328.45	366.26	301.11	+8	+3
9	−642.32	+98.66	−446.34	+884.23	−1422.57	−328.25	+366.06	−300.88	+6	+6
Mittl. Ort	−640.″79	+76.″84	−444.″67	+862.″39	−1421.″14	−349.″97	+336.″27	−306.″25		

* Die Vorzeichen gelten für die drei nördlichen Sterne; für den südlichen sind sie umzukehren.

Koordinaten der scheinbaren Örter für 12^h Sternzeit Greenwich

Tag	BD +89° 1 Gr. $10^m.56$		BD +89° 3 Gr. $9^m.06$		BD +89° 37 Gr. $10^m.06$		CPD −89° 38 Gr. $9^m.5$		Kurzperiod. Nutationsglieder*	
1958	x	y	x	y	x	y	x	y	in x	in y
	″	″	″	″	″	″	″	″	Einh. 0″.01	
Aug. 9	−642.32	+ 98.66	−446.34	+884.23	−1422.57	−328.25	+366.06	−300.88	+6	+6
10	642.62	98.86	446.64	884.43	1422.87	328.05	365.86	300.65	+4	+7
11	642.92	99.06	446.94	884.63	1423.17	327.85	365.65	300.43	+1	+7
12	643.22	99.25	447.24	884.82	1423.47	327.66	365.44	300.21	−2	+5
13	643.53	99.44	447.55	885.01	1423.78	327.47	365.22	299.99	−5	+3
14	−643.84	+ 99.62	−447.86	+885.19	−1424.09	−327.29	+365.00	−299.78	−6	−1
15	644.15	99.80	448.17	885.37	1424.40	327.11	364.78	299.57	−5	−4
16	644.47	99.98	448.49	885.54	1424.72	326.94	364.55	299.37	−3	−7
17	644.79	100.15	448.81	885.71	1425.04	326.77	364.32	299.17	0	−8
18	645.11	100.32	449.13	885.88	1425.36	326.60	364.08	298.97	+3	−7
19	−645.44	+100.48	−449.46	+886.04	−1425.68	−326.44	+363.84	−298.78	+5	−4
20	645.76	100.64	449.79	886.20	1426.01	326.28	363.60	298.59	+6	−1
21	646.09	100.80	450.12	886.36	1426.34	326.12	363.35	298.41	+5	+3
22	646.42	100.95	450.45	886.51	1426.67	325.97	363.10	298.23	+3	+6
23	646.76	101.10	450.79	886.66	1427.00	325.82	362.85	298.06	−1	+8
24	−647.10	+101.24	−451.13	+886.80	−1427.34	−325.68	+362.59	−297.89	−4	+7
25	647.44	101.38	451.47	886.94	1427.68	325.54	362.33	297.73	−7	+6
26	647.78	101.51	451.81	887.07	1428.02	325.41	362.06	297.57	−8	+3
27	648.13	101.64	452.16	887.20	1428.37	325.28	361.79	297.42	−9	−1
28	648.48	101.77	452.51	887.33	1428.72	325.15	361.52	297.27	−7	−3
29	−648.83	+101.89	−452.86	+887.45	−1429.07	−325.03	+361.24	−297.12	−5	−6
30	649.18	102.00	453.21	887.56	1429.42	324.92	360.97	296.98	−2	−7
31	649.53	102.12	453.56	887.68	1429.77	324.80	360.69	296.85	+1	−7
Sept. 1	649.89	102.23	453.92	887.79	1430.12	324.69	360.41	296.72	+4	−6
2	650.25	102.33	454.28	887.89	1430.48	324.59	360.12	296.60	+6	−4
3	−650.61	+102.43	−454.64	+887.99	−1430.84	−324.49	+359.83	−296.48	+8	−1
4	650.97	102.52	455.00	888.08	1431.20	324.40	359.54	296.37	+8	+2
5	651.33	102.61	455.36	888.17	1431.56	324.31	359.25	296.27	+7	+5
6	651.70	102.70	455.73	888.26	1431.93	324.22	358.95	296.17	+5	+6
7	652.07	102.78	456.10	888.34	1432.30	324.14	358.65	296.07	+3	+7
8	−652.43	+102.86	−456.46	+888.42	−1432.66	−324.06	+358.35	−295.98	−1	+6
9	652.80	102.93	456.83	888.50	1433.03	323.99	358.05	295.90	−3	+4
10	653.17	103.00	457.20	888.57	1433.40	323.92	357.75	295.82	−5	+1
11	653.54	103.06	457.57	888.63	1433.77	323.86	357.44	295.75	−5	−3
12	653.92	103.12	457.95	888.69	1434.15	323.80	357.14	295.68	−4	−6
13	−654.29	+103.17	−458.32	+888.74	−1434.52	−323.75	+356.83	−295.62	−1	−8
14	654.67	103.22	458.70	888.79	1434.90	323.70	356.52	295.57	+2	−8
15	−655.04	+103.26	−459.07	+888.83	−1435.27	−323.66	+356.20	−295.52	+5	−6
Mittl. Ort	−640.79	+ 76.84	−444.67	+862.39	−1421.14	−349.97	+336.27	−306.25		

* Die Vorzeichen gelten für die drei nördlichen Sterne, für den südlichen sind sie umzukehren.

Polnahe Sterne 1958

Koordinaten der scheinbaren Örter für 12h Sternzeit Greenwich

Tag	BD +89° 1 Gr. 10ᵐ.56		BD +89° 3 Gr. 9ᵐ.06		BD +89° 37 Gr. 10ᵐ.06		CPD −89° 38 Gr. 9ᵐ5		Kurzperiod. Nutations-glieder*	
1958	x	y	x	y	x	y	x	y	in x Einh. 0″.01	in y
	″	″	″	″	″	″	″	″		
Sept. 15	−655.04	+103.26	−459.07	+888.83	−1435.27	−323.66	+356.20	−295.52	+ 5	−6
16	655.42	103.30	459.45	888.87	1435.65	323.62	355.89	295.48	+ 6	−2
17	655.80	103.33	459.83	888.90	1436.03	323.59	355.58	295.44	+ 6	+2
18	656.17	103.36	460.20	888.93	1436.40	323.56	355.26	295.41	+ 4	+5
19	656.55	103.39	460.58	888.96	1436.78	323.53	354.95	295.39	0	+7
20	−656.93	+103.41	−460.96	+888.98	−1437.16	−323.51	+354.63	−295.37	− 3	+8
21	657.31	103.43	461.34	889.00	1437.54	323.49	354.32	295.36	− 6	+6
22	657.69	103.44	461.72	889.01	1437.92	323.48	354.00	295.35	− 9	+4
23	658.07	103.44	462.10	889.01	1438.30	323.48	353.68	295.35	− 9	+1
24	658.45	103.44	462.48	889.01	1438.68	323.48	353.36	295.36	− 8	−3
25	−658.83	+103.44	−462.86	+889.01	−1439.06	−323.48	+353.04	−295.37	− 6	−5
26	659.21	103.43	463.24	889.00	1439.44	323.49	352.72	295.39	− 4	−6
27	659.59	103.42	463.62	888.99	1439.82	323.50	352.40	295.41	− 1	−7
28	659.97	103.40	464.00	888.97	1440.20	323.52	352.09	295.44	+ 2	−6
29	660.35	103.38	464.38	888.94	1440.58	323.55	351.77	295.48	+ 5	−4
30	−660.73	+103.35	−464.76	+888.91	−1440.96	−323.58	+351.45	−295.52	+ 7	−2
Okt. 1	661.11	103.32	465.14	888.88	1441.34	323.61	351.14	295.57	+ 8	+1
2	661.49	103.28	465.52	888.84	1441.72	323.65	350.83	295.62	+ 7	+4
3	661.87	103.24	465.90	888.80	1442.10	323.69	350.51	295.68	+ 6	+6
4	662.25	103.19	466.28	888.75	1442.48	323.74	350.20	295.75	+ 4	+7
5	−662.62	+103.14	−466.65	+888.70	−1442.85	−323.79	+349.89	−295.83	+ 1	+7
6	663.00	103.08	467.03	888.64	1443.23	323.85	349.58	295.91	− 2	+5
7	663.38	103.02	467.41	888.58	1443.61	323.91	349.27	296.00	− 4	+2
8	663.75	102.95	467.78	888.51	1443.98	323.98	348.96	296.09	− 5	−1
9	664.12	102.88	468.16	888.44	1444.35	324.05	348.66	296.19	− 4	−5
10	−664.49	+102.80	−468.53	+888.37	−1444.72	−324.13	+348.35	−296.29	− 2	−7
11	664.86	102.72	468.90	888.29	1445.09	324.21	348.05	296.40	+ 1	−8
12	665.23	102.63	469.27	888.20	1445.46	324.30	347.75	296.51	+ 4	−7
13	665.60	102.54	469.64	888.11	1445.83	324.39	347.45	296.63	+ 6	−4
14	665.97	102.45	470.01	888.02	1446.20	324.48	347.16	296.76	+ 7	0
15	−666.34	+102.35	−470.37	+887.92	−1446.57	−324.58	+346.86	−296.89	+ 5	+4
16	666.70	102.24	470.74	887.81	1446.93	324.69	346.57	297.03	+ 2	+7
17	667.07	102.13	471.11	887.70	1447.30	324.80	346.28	297.17	− 2	+8
18	667.43	102.02	471.47	887.59	1447.66	324.91	345.99	297.32	− 5	+8
19	667.79	101.90	471.83	887.47	1448.02	325.03	345.71	297.48	− 8	+5
20	−668.14	+101.78	−472.18	+887.35	−1448.37	−325.15	+345.43	−297.64	−10	+2
21	668.50	101.65	472.54	887.22	1448.73	325.28	345.15	297.80	−10	−1
22	−668.85	+101.52	−472.89	+887.09	−1449.08	−325.41	+344.88	−297.97	− 8	−4
	″	″	″	″	″	″	″	″		
Mittl. Ort	−640.79	+ 76.84	−444.67	+862.39	−1421.14	−349.97	+336.27	−306.25		

* Die Vorzeichen gelten für die drei nördlichen Sterne; für den südlichen sind sie umzukehren.

Koordinaten der scheinbaren Örter für 12^h Sternzeit Greenwich

Tag	BD +89° 1 Gr. 10ᵐ.56		BD +89° 3 Gr. 9ᵐ.06		BD +89° 37 Gr. 10ᵐ.06		CPD −89° 38 Gr. 9ᵐ5		Kurzperiod. Nutationsglieder*	
1958	x	y	x	y	x	y	x	y	in x	in y
	″	″	″	″	″	″	″	″	Einh. 0ˢ.01	
Okt. 22	−668.85	101.52	−472.89	+887.09	−1449.08	−325.41	+344.88	−297.97	− 8	−4
23	669.20	101.38	473.24	886.95	1449.43	325.55	344.61	298.15	− 5	−6
24	669.55	101.23	473.59	886.80	1449.78	325.70	344.34	298.33	− 2	−7
25	669.89	101.08	473.93	886.65	1450.12	325.85	344.08	298.52	+ 1	−6
26	670.23	100.93	474.27	886.50	1450.46	326.00	343.82	298.71	+ 4	−5
27	−670.57	+100.77	−474.61	+886.34	−1450.80	−326.16	+343.56	−298.91	+ 6	−3
28	670.91	100.61	474.95	886.18	1451.14	326.32	343.31	299.11	+ 7	0
29	671.24	100.44	475.29	886.02	1451.48	326.49	343.06	299.32	+ 7	+3
30	671.57	100.27	475.62	885.85	1451.81	326.66	342.82	299.53	+ 6	+5
31	671.90	100.10	475.95	885.68	1452.14	326.83	342.58	299.75	+ 4	+7
Nov. 1	−672.23	+ 99.92	−476.28	+885.50	−1452.47	−327.01	+342.34	−299.97	+ 2	+7
2	672.55	99.74	476.60	885.31	1452.79	327.19	342.11	300.20	− 1	+6
3	672.87	99.55	476.92	885.13	1453.11	327.38	341.88	300.44	− 3	+4
4	673.19	99.36	477.24	884.94	1453.43	327.57	341.66	300.68	− 4	0
5	673.50	99.16	477.55	884.74	1453.74	327.77	341.44	300.92	− 4	−3
6	−673.81	+ 98.96	−477.86	884.54	−1454.05	−327.97	+341.23	−301.17	− 2	−6
7	674.12	98.76	478.17	884.34	1454.36	328.18	341.02	301.42	+ 1	−8
8	674.42	98.55	478.47	884.13	1454.66	328.39	340.81	301.67	+ 4	−8
9	674.72	98.34	478.77	883.92	1454.96	328.60	340.61	301.93	+ 6	−5
10	675.02	98.12	479.07	883.70	1455.26	328.82	340.42	302.19	+ 7	−2
11	−675.31	+ 97.90	−479.36	+883.48	−1455.55	−329.04	+340.23	−302.46	+ 7	+2
12	675.59	97.67	479.64	883.25	1455.83	329.27	340.05	302.73	+ 5	+5
13	675.88	97.44	479.93	883.02	1456.12	329.50	339.87	303.00	+ 1	+8
14	676.16	97.21	480.21	882.79	1456.40	329.73	339.70	303.28	− 3	+8
15	676.43	96.97	480.48	882.55	1456.67	329.97	339.53	303.56	− 7	+6
16	−676.70	+ 96.73	−480.75	+882.31	−1456.94	−330.21	+339.37	−303.84	− 9	+4
17	676.97	96.48	481.02	882.07	1457.21	330.46	339.21	304.13	−10	0
18	677.23	96.23	481.28	881.82	1457.47	330.71	339.06	304.42	− 9	−3
19	677.49	95.98	481.54	881.57	1457.73	330.96	338.91	304.72	− 7	−6
20	677.74	95.72	481.79	881.31	1457.98	331.22	338.77	305.02	− 4	−7
21	−677.99	+ 95.46	−482.04	881.05	−1458.23	−331.48	+338.64	−305.32	0	−7
22	678.24	95.20	482.29	880.79	1458.47	331.74	338.51	305.62	+ 3	−6
23	678.48	94.93	482.53	880.52	1458.71	332.01	338.39	305.93	+ 5	−4
24	678.71	94.66	482.76	880.25	1458.94	332.28	338.28	306.24	+ 6	−1
25	678.94	94.39	482.99	879.98	1459.17	332.55	338.17	306.55	+ 7	+2
26	−679.16	+ 94.11	−483.21	+879.70	−1459.39	−332.83	+338.07	−306.86	+ 6	+4
27	679.38	93.83	483.43	879.42	1459.61	333.11	337.97	307.18	+ 4	+6
28	−679.59	+ 93.55	−483.65	+879.14	−1459.83	−333.39	+337.88	−307.49	+ 2	7
Mittl. Ort	−640.79	+76.84	−444.67	+862.39	−1421.14	−349.97	+336.27	−306.25		

* Die Vorzeichen gelten für die drei nördlichen Sterne; für den südlichen sind sie umzukehren.

Polnahe Sterne 1958

Koordinaten der scheinbaren Örter für 12^{h} Sternzeit Greenwich

Tag	BD +89° 1 Gr. $10^{m}.56$		BD +89° 3 Gr. $9^{m}.06$		BD +89° 37 Gr. $10^{m}.06$		CPD −89° 38 Gr. $9^{m}.5$		Kurzperiod. Nutations-glieder*	
1958	*x*	*y*	*x*	*y*	*x*	*y*	*x*	*y*	in *x*	in *y* Einh. 0″.01
	″	″	″	″	″	″	″	″		
Nov. 28	−679.59	+93.55	−483.65	+879.14	−1459.83	−333.39	+337.88	−307.49	+2	+7
29	679.80	93.27	483.86	878.86	1460.04	333.68	337.79	307.81	−1	+6
30	680.00	92.98	484.06	878.57	1460.24	333.97	337.71	308.13	−3	+5
Dez. 1	680.20	92.69	484.26	878.28	1460.44	334.26	337.64	308.46	−5	+2
2	680.39	92.40	484.45	877.99	1460.63	334.56	337.58	308.78	−5	−2
3	−680.58	+92.10	−484.64	+877.69	−1460.82	−334.86	+337.52	−309.11	−3	−5
4	680.76	91.80	484.82	877.39	1461.00	335.16	337.47	309.44	−1	−7
5	680.94	91.50	485.00	877.09	1461.18	335.46	337.42	309.77	+2	−8
6	681.11	91.20	485.17	876.79	1461.35	335.77	337.38	310.10	+5	−7
7	681.27	90.89	485.34	876.48	1461.51	336.07	337.35	310.43	+7	−4
8	−681.43	+90.58	−485.50	+876.18	−1461.67	−336.38	+337.32	−310.76	+8	0
9	681.58	90.27	485.65	875.87	1461.82	336.69	337.30	311.10	+6	+4
10	681.73	89.96	485.80	875.56	1461.97	337.01	337.29	311.43	+3	+7
11	681.87	89.65	485.94	875.24	1462.11	337.32	337.28	311.77	−1	+8
12	682.00	89.33	486.07	874.93	1462.24	337.64	337.28	312.10	−5	+7
13	−682.13	+89.01	−486.20	+874.61	−1462.37	−337.96	+337.28	−312.44	−8	+5
14	682.25	88.69	486.32	874.29	1462.49	338.28	337.29	312.78	−9	+2
15	682.37	88.37	486.44	873.97	1462.61	338.60	337.31	313.12	−9	−2
16	682.48	88.05	486.55	873.65	1462.72	338.92	337.34	313.46	−8	−5
17	682.58	87.72	486.65	873.32	1462.82	339.25	337.37	313.80	−5	−6
18	−682.68	+87.40	−486.75	+873.00	−1462.92	−339.57	+337.41	−314.13	−2	−7
19	682.77	87.07	486.84	872.67	1463.01	339.90	337.45	314.47	+1	−6
20	682.85	86.74	486.92	872.35	1463.09	340.23	337.50	314.81	+4	−5
21	682.93	86.41	487.00	872.02	1463.17	340.56	337.56	315.14	+6	−2
22	683.00	86.08	487.07	871.69	1463.24	340.89	337.62	315.48	+7	+1
23	−683.07	+85.75	−487.14	+871.36	−1463.31	−341.22	+337.69	−315.81	+6	+3
24	683.13	85.41	487.20	871.02	1463.37	341.56	337.77	316.15	+5	+6
25	683.19	85.08	487.26	870.69	1463.43	341.89	337.85	316.48	+3	+7
26	683.24	84.75	487.31	870.36	1463.48	342.22	337.94	316.81	0	+7
27	683.28	84.42	487.35	870.03	1463.52	342.56	338.03	317.14	−3	+5
28	−683.31	+84.08	−487.38	+869.69	−1463.55	−342.89	+338.13	−317.47	−4	+3
29	683.34	83.75	487.41	869.36	1463.58	343.23	338.24	317.80	−5	0
30	683.36	83.42	487.43	869.03	1463.60	343.56	338.36	318.12	−4	−4
31	683.37	83.08	487.44	868.69	1463.61	343.89	338.48	318.45	−2	−6
32	−683.38	+82.75	−487.45	+868.36	−1463.62	−344.23	+338.61	−318.77	+1	−8
Mittl. Ort	−640″.79	+76″.84	−444″.67	+862″.39	−1421″.14	−349″.97	+336″.27	−306″.25		

* Die Vorzeichen gelten für die drei nördlichen Sterne, für den südlichen sind sie umzukehren.

Formeln

zur Reduktion auf den scheinbaren Ort

$$A = t - (0.34213 + 0.00034\,T)\sin ☊ + 0.00415 \sin 2☊ - 0.02525 \sin 2L_{☉}$$
$$+ 0.00250 \sin M_{☉} - 0.00099 \sin (2L_{☉} + M_{☉}) + 0.00042 \sin (2L_{☉} - M_{☉})$$
$$+ 0.00024 \sin (2L_{☉} - ☊) + 0.00010 \sin (2L_{☾} - 2M_{☾} - ☊)$$
$$+ 0.00008 \sin (2L_{☉} - 2L_{☾} + 2M_{☾})$$

$$A' = - 0.00405 \sin 2L_{☾} + 0.00135 \sin M_{☾} - 0.00067 \sin (2L_{☾} - ☊)$$
$$- 0.00052 \sin (2L_{☾} + M_{☾}) + 0.00030 \sin (2L_{☾} - 2L_{☉} - M_{☾})$$
$$+ 0.00022 \sin (2L_{☾} - M_{☾}) + 0.00012 \sin (2L_{☾} - 2L_{☉})$$
$$+ 0.00012 \sin (M_{☾} + ☊) + 0.00012 \sin (M_{☾} - ☊)$$
$$- 0.00010 \sin (4L_{☾} - 2L_{☉} - M_{☾}) - 0.00008 \sin (2L_{☾} + M_{☾} - ☊)$$

$$B = -(9''210 + 0''001\,T)\cos ☊ + 0''090 \cos 2☊ - 0''551 \cos 2L_{☉}$$
$$- 0''022 \cos (2L_{☉} + M_{☉}) + 0''009 \cos (2L_{☉} - M_{☉})$$
$$+ 0''007 \cos (2L_{☉} - ☊) + 0''003 \cos (2L_{☾} - 2M_{☾} - ☊)$$

$$B' = - 0''089 \cos 2L_{☾} - 0''018 \cos (2L_{☾} - ☊) - 0''011 \cos (2L_{☾} + M_{☾})$$
$$+ 0''005 \cos (2L_{☾} - M_{☾}) + 0''003 \cos (M_{☾} + ☊) - 0''003 \cos (M_{☾} - ☊)$$
$$- 0''002 \cos (4L_{☾} - 2L_{☉} - M_{☾}) - 0''002 \cos (2L_{☾} + M_{☾} - ☊)$$

$$C = - 20''47 \cos ☉ \cos \varepsilon$$

$$D = - 20''47 \sin ☉$$

$$E = -(0^s0029 - 0^s0004\,T) \sin ☊$$

T Zeit seit 1900.0 in Einheiten von 100 tropischen Jahren,
t Zeit seit Beginn des annus fictus in Bruchteilen des tropischen Jahres:
$t = 0$ für 1958 Januar 0^d8609 Weltzeit.

$a = m + {}^1/_{15}\, n \sin \alpha \operatorname{tg} \delta$	$a' = n \cos \alpha$
$b = {}^1/_{15} \cos \alpha \operatorname{tg} \delta$	$b' = - \sin \alpha$
$c = {}^1/_{15} \cos \alpha \sec \delta$	$c' = \operatorname{tg} \varepsilon \cos \delta - \sin \alpha \sin \delta$
$d = {}^1/_{15} \sin \alpha \sec \delta$	$d' = \cos \alpha \sin \delta$

Für 1958.0 gilt: $m = + 3^s0734$, $n = + 20''042$, $\varepsilon = 23° 26' 41''09$

$$\alpha_{app.} = \alpha_{1958.0} + t\,\mu_\alpha + Aa + Bb + Cc + Dd + E + [A'a + B'b]$$
$$\delta_{app.} = \delta_{1958.0} + t\,\mu_\delta + Aa' + Bb' + Cc' + Dd' + [A'a' + B'b']$$

μ_α, μ_δ jährliche Eigenbewegung in Rektaszension, bez. Deklination.

Setzt man

$f = mA + E$	$f' = mA'$	$i = C \operatorname{tg} \varepsilon$
$g \sin G = B$	$g' \sin G' = B'$	$h \sin H = C$
$g \cos G = nA$	$g' \cos G' = nA'$	$h \cos H = D,$

so wird:

$$\alpha_{app.} = \alpha_{1958.0} + t\,\mu_\alpha + f + {}^1/_{15}\, g \sin (G + \alpha) \operatorname{tg} \delta + {}^1/_{15}\, h \sin (H + \alpha) \sec \delta$$
$$+ [f' + {}^1/_{15}\, g' \sin (G' + \alpha) \operatorname{tg} \delta]$$
$$\delta_{app.} = \delta_{1958.0} + t\,\mu_\delta + g \cos (G + \alpha) + h \cos (H + \alpha) \sin \delta + i \cos \delta$$
$$+ [g' \cos (G' + \alpha)]$$

Reduktionsgrößen 1958

Tag	0h Weltzeit								
	Sternzeit Greenwich	t	f	log g	G	log h	H	log i	i
1958	h	a	s		h m		h m		"
Jan. 0	6.6	-0.0024	+0.670	0.9544	4 4.1	1.3103	23 26.7	0.1079n	—1.282
1	6.7	0.0004	0.681	0.9560	4 2.6	1.3101	23 239	0.1538n	1.425
2	6.7	0.0031	0.691	0.9575	4 1.1	1.3098	23 19.2	0.1953n	1.568
3	6.8	0.0059	0.701	0.9590	3 59.6	1.3096	23 15.4	0.2330n	1.710
4	6.9	0.0086	0.712	0.9605	3 58.1	1.3093	23 11.7	0.2674n	1.851
5	6.9	0.0113	0.722	0.9620	3 56.6	1.3091	23 7.9	0.2991n	1.991
6	7.0	0.0141	+0.732	0.9634	3 55.1	1.3088	23 4.1	0.3286n	—2.131
7	7.1	0.0168	0.742	0.9648	3 53.6	1.3084	23 0.3	0.3562n	2.271
8	7.1	0.0195	0.753	0.9663	3 52.2	1.3081	22 56.5	0.3818n	2.409
9	7.2	0.0223	0.763	0.9677	3 50.7	1.3077	22 52.7	0.4062n	2.548
10	7.3	0.0250	0.773	0.9690	3 49.2	1.3074	22 48.9	0.4289n	2.685
11	7.3	0.0278	0.783	0.9703	3 47.8	1.3070	22 45.1	0.4506n	2.822
12	7.4	0.0305	+0.793	0.9717	3 46.4	1.3065	22 41.3	0.4709n	—2.957
13	7.5	0.0332	0.802	0.9730	3 45.0	1.3061	22 37.5	0.4902n	3.092
14	7.5	0.0360	0.812	0.9743	3 43.6	1.3057	22 33.7	0.5085n	3.225
15	7.6	0.0387	0.822	0.9756	3 42.2	1.3052	22 29.8	0.5260n	3.357
16	7.7	0.0414	0.831	0.9769	3 40.8	1.3047	22 26.0	0.5427n	3.489
17	7.7	0.0442	0.841	0.9781	3 39.4	1.3042	22 22.1	0.5586n	3.619
18	7.8	0.0469	+0.850	0.9793	3 38.1	1.3037	22 18.3	0.5738n	—3.748
19	7.9	0.0497	0.860	0.9805	3 36.7	1.3032	22 14.4	0.5884n	3.876
20	7.9	0.0524	0.869	0.9817	3 35.4	1.3027	22 10.5	0.6023n	4.002
21	8.0	0.0551	0.878	0.9828	3 34.0	1.3021	22 6.6	0.6156n	4.127
22	8.1	0.0579	0.887	0.9840	3 32.7	1.3015	22 2.7	0.6286n	4.252
23	8.1	0.0606	0.896	0.9851	3 31.5	1.3010	21 58.8	0.6410n	4.375
24	8.2	0.0634	+0.905	0.9862	3 30.2	1.3004	21 54.9	0.6528n	—4.496
25	8.3	0.0661	0.914	0.9873	3 28.9	1.2998	21 51.0	0.6643n	4.616
26	8.3	0.0688	0.923	0.9884	3 27.6	1.2992	21 47.0	0.6752n	4.734
27	8.4	0.0716	0.931	0.9894	3 26.4	1.2986	21 43.1	0.6858n	4.851
28	8.5	0.0743	0.940	0.9905	3 25.2	1.2980	21 39.1	0.6961n	4.967
29	8.5	0.0770	0.948	0.9915	3 24.0	1.2973	21 35.2	0.7059n	5.080
30	8.6	0.0798	+0.957	0.9925	3 22.8	1.2967	21 31.2	0.7153n	—5.191
31	8.6	0.0825	0.965	0.9936	3 21.6	1.2960	21 27.2	0.7244n	5.302
Febr. 1	8.7	0.0853	0.973	0.9946	3 20.4	1.2954	21 23.2	0.7333n	5.411
2	8.8	0.0880	0.981	0.9955	3 19.3	1.2948	21 19.2	0.7418n	5.518
3	8.8	0.0907	0.989	0.9965	3 18.1	1.2941	21 15.2	0.7499n	5.622
4	8.9	0.0935	0.997	0.9975	3 17.0	1.2934	21 11.2	0.7579n	5.726
5	9.0	0.0962	+1.005	0.9984	3 15.9	1.2928	21 7.1	0.7655n	—5.828
6	9.0	0.0989	1.012	0.9993	3 14.8	1.2921	21 3.1	0.7729n	5.928
7	9.1	0.1017	1.020	1.0003	3 13.8	1.2914	20 59.0	0.7800n	6.025
8	9.2	0.1044	1.027	1.0012	3 12.7	1.2908	20 54.9	0.7868n	6.121
9	9.2	0.1072	1.034	1.0021	3 11.7	1.2901	20 50.8	0.7935n	6.216
10	9.3	0.1099	+1.042	1.0030	3 10.7	1.2895	20 46.7	0.7999n	—6.308

Tag	0h Weltzeit										
	f′	g′	G′	Allgemeine Präzession seit 1958.0	Nutation in Länge Δψ	Δψ′	Mittlere Schiefe	Nutation in Schiefe Δε	Δε′	j	k
1958	s in 0.001	in 0.01	h	″	″	in 0.01	23° 26′ ″	″	in 0.01	in 0.001	
Jan. 0	−12	+9	13.5	−0.12	+11.08	−20	41.09	−7.88	+ 3	39	89
1	−14	9	12.0	+0.02	11.11	−23	41.09	7.88	0	39	89
2	−13	9	10.6	0.16	11.15	−21	41.09	7.87	− 3	40	89
3	−10	9	9.2	0.29	11.18	−17	41.09	7.87	− 6	40	89
4	− 5	8	7.7	0.43	11.21	− 9	41.08	7.87	− 7	40	89
5	0	7	5.9	0.57	11.24	0	41.08	7.87	− 7	40	89
6	+ 5	+6	3.7	+0.71	+11.27	+ 9	41.08	−7.86	− 5	40	89
7	+ 9	6	1.3	0.84	11.30	+15	41.08	7.86	− 2	40	89
8	+10	7	23.0	0.98	11.33	+17	41.08	7.85	+ 2	40	89
9	+ 9	8	21.2	1.12	11.35	+15	41.08	7.84	+ 5	40	89
10	+ 5	8	19.6	1.26	11.38	+ 8	41.08	7.84	+ 7	41	89
11	+ 1	8	18.1	1.40	11.40	+ 1	41.07	7.83	+ 8	41	88
12	− 4	+7	16.4	+1.53	+11.43	− 7	41.07	−7.82	+ 7	41	88
13	− 8	6	14.2	1.67	11.45	−13	41.07	7.81	+ 3	41	88
14	− 9	6	11.9	1.81	11.47	−15	41.07	7.80	0	41	88
15	− 7	6	9.3	1.95	11.49	−12	41.07	7.79	− 4	41	88
16	− 4	7	7.3	2.08	11.51	− 6	41.07	7.78	− 7	41	88
17	+ 1	8	5.7	2.22	11.53	+ 2	41.07	7.77	− 8	41	88
18	+ 5	+8	4.3	+2.36	+11.55	+ 9	41.07	−7.76	− 8	42	88
19	+10	8	2.7	2.50	11.56	+16	41.06	7.75	− 6	42	88
20	+12	8	1.4	2.63	11.58	+20	41.06	7.74	− 3	42	88
21	+12	8	23.9	2.77	11.59	20	41.06	7.73	0	42	87
22	+10	8	22.3	2.91	11.60	+17	41.06	7.72	+ 3	42	87
23	+ 7	7	20.8	3.05	11.61	+12	41.06	7.70	+ 5	42	87
24	+ 3	+7	19.0	+3.18	+11.62	+ 5	41.06	−7.69	+ 7	42	87
25	− 2	7	17.2	3.32	11.62	− 4	41.06	7.68	+ 7	42	87
26	− 7	8	15.6	3.46	11.63	−12	41.06	7.66	+ 6	42	87
27	−11	8	14.0	3.60	11.63	−18	41.05	7.65	+ 4	43	87
28	−13	9	12.6	3.74	11.63	−22	41.05	7.64	+ 1	43	87
29	−14	9	11.2	3.87	11.63	−23	41.05	7.62	− 2	43	87
30	−12	+9	9.9	+4.01	+11.63	−20	41.05	−7.61	− 5	43	86
31	− 8	9	8.5	4.15	11.63	−13	41.05	7.59	− 7	43	86
Febr. 1	− 3	8	6.9	4.29	11.62	− 5	41.05	7.58	− 8	43	86
2	+ 3	7	4.9	4.42	11.62	+ 5	41.05	7.56	− 6	43	86
3	+ 7	6	2.5	4.56	11.61	+12	41.05	7.55	− 4	43	86
4	+10	6	23.9	4.70	11.60	+16	41.04	7.53	0	43	86
5	+10	+7	21.9	+4.84	+11.59	+16	41.04	−7.52	+ 4	43	86
6	+ 7	8	20.2	4.97	11.58	+11	41.04	7.50	+ 7	44	85
7	+ 2	8	18.7	5.11	11.56	+ 4	41.04	7.49	+ 8	44	85
8	− 2	7	17.1	5.25	11.55	− 4	41.04	7.47	+ 7	44	85
9	− 7	6	15.1	5.39	11.53	−11	41.04	7.46	+ 5	44	85
10	− 8	+5	12.7	+5.52	+11.51	−13	41.04	−7.44	+ 1	44	85

Tag	0h Weltzeit								
	Sternzeit Greenwich	*t*	*f*	log *g*	*G*	log *h*	*H*	log *i*	*i*
1958	h	a	s		h m		h m		″
Febr. 10	9.3	0.1099	+1.042	1.0030	3 10.7	1.2895	20 46.7	0.7999*n*	−6.308
11	9.4	0.1126	1.049	1.0039	3 9.6	1.2888	20 42.6	0.8060*n*	6.397
12	9.4	0.1154	1.056	1.0048	3 8.7	1.2882	20 38.5	0.8120*n*	6.486
13	9.5	0.1181	1.063	1.0056	3 7.7	1.2875	20 34.4	0.8177*n*	6.572
14	9.6	0.1208	1.069	1.0065	3 6.7	1.2869	20 30.2	0.8231*n*	6.655
15	9.6	0.1236	1.076	1.0074	3 5.8	1.2862	20 26.1	0.8285*n*	6.737
16	9.7	0.1263	+1.083	1.0083	3 4.9	1.2856	20 21.9	0.8336*n*	−6.817
17	9.8	0.1291	1.089	1.0091	3 4.0	1.2850	20 17.7	0.8385*n*	6.894
18	9.8	0.1318	1.096	1.0100	3 3.1	1.2844	20 13.6	0.8432*n*	6.969
19	9.9	0.1345	1.102	1.0109	3 2.2	1.2838	20 9.4	0.8477*n*	7.042
20	10.0	0.1373	1.109	1.0117	3 1.4	1.2832	20 5.2	0.8521*n*	7.114
21	10.0	0.1400	1.115	1.0126	3 0.6	1.2826	20 1.0	0.8562*n*	7.182
22	10.1	0.1428	+1.121	1.0134	2 59.8	1.2820	19 56.7	0.8602*n*	−7.248
23	10.2	0.1455	1.127	1.0143	2 59.0	1.2815	19 52.5	0.8641*n*	7.313
24	10.2	0.1482	1.133	1.0151	2 58.2	1.2809	19 48.3	0.8677*n*	7.374
25	10.3	0.1510	1.139	1.0159	2 57.4	1.2804	19 44.0	0.8712*n*	7.434
26	10.4	0.1537	1.145	1.0168	2 56.7	1.2799	19 39.7	0.8746*n*	7.492
27	10.4	0.1564	1.150	1.0176	2 56.0	1.2794	19 35.5	0.8777*n*	7.546
28	10.5	0.1592	+1.156	1.0185	2 55.3	1.2789	19 31.2	0.8808*n*	−7.599
März 1	10.6	0.1619	1.162	1.0194	2 54.6	1.2785	19 27.0	0.8836*n*	7.649
2	10.6	0.1647	1.167	1.0203	2 53.9	1.2780	19 22.7	0.8863*n*	7.696
3	10.7	0.1674	1.173	1.0211	2 53.3	1.2776	19 18.4	0.8889*n*	7.742
4	10.7	0.1701	1.178	1.0220	2 52.6	1.2772	19 14.1	0.8913*n*	7.785
5	10.8	0.1729	1.184	1.0229	2 52.0	1.2768	19 9.8	0.8935*n*	7.825
6	10.9	0.1756	+1.189	1.0238	2 51.4	1.2764	19 5.5	0.8956*n*	−7.864
7	10.9	0.1783	1.194	1.0247	2 50.9	1.2761	19 1.2	0.8976*n*	7.900
8	11.0	0.1811	1.199	1.0256	2 50.3	1.2758	18 56.8	0.8994*n*	7.933
9	11.1	0.1838	1.204	1.0265	2 49.7	1.2755	18 52.5	0.9011*n*	7.964
10	11.1	0.1866	1.210	1.0274	2 49.2	1.2752	18 48.2	0.9027*n*	7.993
11	11.2	0.1893	1.215	1.0284	2 48.7	1.2749	18 43.9	0.9041*n*	8.018
12	11.3	0.1920	+1.220	1.0293	2 48.2	1.2747	18 39.5	0.9054*n*	−8.042
13	11.3	0.1948	1.225	1.0303	2 47.7	1.2745	18 35.2	0.9066*n*	8.064
14	11.4	0.1975	1.230	1.0313	2 47.2	1.2743	18 30.9	0.9075*n*	8.082
15	11.5	0.2002	1.235	1.0323	2 46.8	1.2742	18 26.5	0.9084*n*	8.099
16	11.5	0.2030	1.240	1.0333	2 46.3	1.2740	18 22.2	0.9092*n*	8.113
17	11.6	0.2057	1.245	1.0343	2 45.9	1.2739	18 17.9	0.9098*n*	8.124
18	11.7	0.2085	+1.250	1.0353	2 45.5	1.2738	18 13.5	0.9103*n*	−8.133
19	11.7	0.2112	1.254	1.0364	2 45.1	1.2738	18 9.2	0.9106*n*	8.139
20	11.8	0.2139	1.259	1.0374	2 44.7	1.2737	18 4.9	0.9107*n*	8.142
21	11.9	0.2167	1.264	1.0385	2 44.3	1.2737	18 0.5	0.9108*n*	8.144
22	11.9	0.2194	1.269	1.0395	2 43.9	1.2737	17 56.2	0.9108*n*	8.144
23	12.0	0.2222	+1.274	1.0406	2 43.6	1.2737	17 51.9	0.9106*n*	−8.140

Tag	f'	g'	G'	Allgemeine Präzession seit 1958.0	Nutation in Länge $\Delta\psi$	Nutation in Länge $\Delta\psi'$	Mittlere Schiefe	Nutation in Schiefe $\Delta\varepsilon$	Nutation in Schiefe $\Delta\varepsilon'$	j	k
	0h Weltzeit										
1958	s in 0.001	s in 0.01	h	"	"	s in 0.01	23° 26' "	"	s in 0.01	in 0.001	
Febr. 10	− 8	+5	12.7	+5.52	+11.51	−13	41.04	−7.44	+ 1	44	85
11	− 7	6	9.8	5.66	11.49	−12	41.04	7.43	− 3	44	85
12	− 4	7	7.6	5.80	11.47	− 7	41.03	7.41	− 6	44	85
13	+ 1	8	5.9	5.94	11.44	+ 1	41.03	7.40	− 8	44	85
14	+ 5	9	4.4	6.07	11.42	+ 9	41.03	7.39	− 8	44	84
15	+10	9	3.1	6.21	11.39	+16	41.03	7.37	− 6	44	84
16	+12	+9	1.7	+ 6.35	+11.36	+20	41.03	−7.36	− 4	44	84
17	+13	8	0.3	6.49	11.33	+21	41.03	7.35	− 1	45	84
18	+12	8	22.8	6.63	11.30	+19	41.03	7.33	+ 2	45	84
19	+ 9	7	21.3	6.76	11.26	+14	41.02	7.32	+ 5	45	84
20	+ 4	7	19.6	6.90	11.23	+ 7	41.02	7.31	+ 6	45	84
21	− 1	7	17.9	7.04	11.19	− 1	41.02	7.30	+ 7	45	84
22	− 5	+7	16.1	+ 7.18	+11.16	− 9	41.02	−7.29	+ 6	45	84
23	− 9	8	14.5	7.31	11.12	−15	41.02	7.27	+ 5	45	83
24	−13	9	13.0	7.45	11.08	−21	41.02	7.26	+ 2	45	83
25	−14	9	11.7	7.59	11.04	−23	41.02	7.25	− 1	45	83
26	−13	9	10.4	7.73	11.00	−21	41.02	7.24	− 4	45	83
27	−10	9	9.1	7.86	10.95	−17	41.01	7.23	− 6	45	83
28	− 5	+8	7.8	+ 8.00	+10.91	− 9	41.01	−7.23	− 7	46	83
März 1	0	7	6.1	8.14	10.86	0	41.01	7.22	− 7	46	83
2	+ 5	6	3.8	8.28	10.81	+ 8	41.01	7.21	− 5	46	83
3	+ 8	5	0.9	8.41	10.76	+13	41.01	7.20	− 1	46	83
4	+ 9	7	22.4	8.55	10.71	+15	41.01	7.20	+ 3	46	83
5	+ 7	8	20.5	8.69	10.66	+11	41.01	7.19	+ 6	46	83
6	+ 3	+8	18.9	+ 8.83	+10.61	+ 5	41.01	−7.19	+ 8	46	82
7	− 2	8	17.5	8.97	10.56	− 3	41.00	7.18	+ 8	46	82
8	− 6	7	15.8	9.10	10.51	−10	41.00	7.18	+ 6	46	82
9	− 8	6	13.7	9.24	10.46	−13	41.00	7.17	+ 3	46	82
10	− 8	5	10.9	9.38	10.40	−13	41.00	7.17	− 2	46	82
11	− 5	6	8.2	9.52	10.35	− 9	41.00	7.17	− 5	47	82
12	− 1	+7	6.3	+ 9.65	+10.29	− 1	41.00	−7.17	− 7	47	82
13	+ 5	9	4.6	9.79	10.24	+ 8	41.00	7.17	− 8	47	82
14	+ 9	9	3.4	9.93	10.18	+15	41.00	7.16	− 7	47	82
15	+12	9	1.9	10.07	10.13	+20	40.99	7.16	− 5	47	82
16	+14	9	0.6	10.20	10.07	+23	40.99	7.16	− 2	47	82
17	+13	8	23.3	10.34	10.01	+21	40.99	7.17	+ 2	47	82
18	+10	+8	21.8	+10.48	+ 9.96	+17	40.99	−7.17	+ 4	47	82
19	+ 6	7	20.2	10.62	9.90	+10	40.99	7.17	+ 6	47	82
20	+ 1	7	18.5	10.75	9.84	+ 2	40.99	7.18	+ 7	48	82
21	− 4	7	16.8	10.89	9.78	− 6	40.99	7.18	+ 7	48	82
22	− 8	7	15.0	11.03	9.73	−13	40.99	7.18	+ 5	48	82
23	−11	+8	13.5	+11.17	+ 9.67	−18	40.98	−7.19	+ 3	48	82

Tag	0h Weltzeit								
	Sternzeit Greenwich	*t*	*f*	log *g*	*G*	log *h*	*H*	log *i*	*i*
1958	h	a	s		h m		h m		"
März 23	12.0	0.2222	+1.274	1.0406	2 43.6	1.2737	17 51.9	0.9106*n*	—8.140
24	12.1	0.2249	1.279	1.0418	2 43.3	1.2738	17 47.6	0.9104*n*	8.135
25	12.1	0.2276	1.284	1.0429	2 42.9	1.2739	17 43.2	0.9099*n*	8.126
26	12.2	0.2304	1.289	1.0441	2 42.6	1.2740	17 38.9	0.9093*n*	8.115
27	12.3	0.2331	1.294	1.0452	2 42.3	1.2741	17 34.6	0.9086*n*	8.103
28	12.3	0.2358	1.299	1.0464	2 42.0	1.2743	17 30.3	0.9078*n*	8.087
29	12.4	0.2386	+1.304	1.0476	2 41.8	1.2745	17 26.0	0.9068*n*	—8.069
30	12.5	0.2413	1.309	1.0488	2 41.5	1.2747	17 21.7	0.9057*n*	8.049
31	12.5	0.2441	1.314	1.0500	2 41.2	1.2749	17 17.4	0.9045*n*	8.027
April 1	12.6	0.2468	1.319	1.0513	2 40.9	1.2751	17 13.2	0.9032*n*	8.001
2	12.7	0.2495	1.324	1.0526	2 40.7	1.2754	17 8.9	0.9017*n*	7.974
3	12.7	0.2523	1.329	1.0539	2 40.5	1.2757	17 4.6	0.9000*n*	7.944
4	12.8	0.2550	+1.334	1.0552	2 40.2	1.2760	17 0.4	0.8983*n*	—7.912
5	12.9	0.2577	1.339	1.0565	2 40.0	1.2763	16 56.1	0.8964*n*	7.877
6	12.9	0.2605	1.345	1.0579	2 39.8	1.2766	16 51.9	0.8944*n*	7.841
7	13.0	0.2632	1.350	1.0593	2 39.5	1.2770	16 47.7	0.8922*n*	7.801
8	13.0	0.2660	1.355	1 0607	2 39.3	1.2774	16 43.4	0.8899*n*	7.760
9	13.1	0.2687	1.361	1.0621	2 39.1	1.2778	16 39.2	0.8875*n*	7.718
10	13.2	0.2714	+1.366	1.0635	2 38.9	1.2783	16 35.0	0.8849*n*	—7.671
11	13.2	0.2742	1.372	1.0649	2 38.7	1.2787	16 30.9	0.8821*n*	7.623
12	13.3	0.2769	1.377	1.0664	2 38.5	1.2792	16 26.7	0.8793*n*	7.573
13	13.4	0.2796	1.383	1.0678	2 38.4	1.2796	16 22.5	0.8762*n*	7.520
14	13.4	0.2824	1.389	1.0693	2 38.2	1.2801	16 18.4	0.8731*n*	7.466
15	13.5	0.2851	1.394	1.0708	2 38.0	1.2806	16 14.2	0.8698*n*	7.410
16	13.6	0.2879	+1.400	1.0724	2 37.8	1.2812	16 10.1	0.8663*n*	—7.351
17	13.6	0.2906	1.406	1.0739	2 37.6	1.2817	16 6.0	0.8627*n*	7.290
18	13.7	0.2933	1.412	1.0755	2 37.5	1.2822	16 1.9	0.8590*n*	7.227
19	13.8	0.2961	1.418	1.0770	2 37.3	1.2828	15 57.8	0.8550*n*	7.162
20	13.8	0.2988	1.424	1.0786	2 37.1	1.2833	15 53.7	0.8509*n*	7.094
21	13.9	0.3016	1.430	1.0803	2 36.9	1.2839	15 49.6	0.8466*n*	7.025
22	14.0	0.3043	+1.437	1.0819	2 36.7	1.2845	15 45.6	0.8422*n*	—6.954
23	14.0	0.3070	1.443	1.0835	2 36.5	1.2851	15 41.5	0.8377*n*	6.881
24	14.1	0.3098	1.449	1.0852	2 36.3	1.2857	15 37.5	0.8328*n*	6.805
25	14.2	0.3125	1.456	1.0868	2 36.2	1.2863	15 33.5	0.8280*n*	6.729
26	14.2	0.3152	1.462	1.0885	2 36.0	1.2869	15 29.5	0.8228*n*	6.650
27	14.3	0.3180	1.469	1.0902	2 35.8	1.2875	15 25.5	0.8175*n*	6.569
28	14.4	0.3207	+1.476	1.0919	2 35.6	1.2881	15 21.6	0.8120*n*	—6.486
29	14.4	0.3235	1.483	1.0937	2 35.4	1.2888	15 17.6	0.8063*n*	6.402
30	14.5	0.3262	1.490	1.0954	2 35.2	1.2894	15 13.7	0.8004*n*	6.316
Mai 1	14.6	0.3289	1.497	1.0972	2 35.0	1.2900	15 9.7	0.7943*n*	6.228
2	14.6	0.3317	1.504	1.0989	2 34.8	1.2907	15 5.8	0.7880*n*	6.138
3	14.7	0.3344	+1.511	1.1006	2 34.6	1.2913	15 1.9	0.7815*n*	—6.047

Tag	f'	g'	G'	Allgemeine Präzession seit 1958.0	Nutation in Länge $\Delta\psi$	Nutation in Länge $\Delta\psi'$	Mittlere Schiefe	Nutation in Schiefe $\Delta\varepsilon$	Nutation in Schiefe $\Delta\varepsilon'$	j	k
	0h Weltzeit										
1958	s in 0.001	″ in 0.01	h	″	″	″ in 0.01	23° 26′ ″	″	″ in 0.01	in 0.001	
März 23	−11	+ 8	13.5	+11.17	+9.67	−18	40.98	−7.19	+ 3	48	82
24	−13	8	12.1	11.31	9.61	−21	40.98	7.20	0	48	82
25	−13	9	10.7	11.44	9.55	−21	40.98	7.20	− 3	48	82
26	−11	9	9.5	11.58	9.50	−18	40.98	7.21	− 5	48	82
27	− 7	8	8.2	11.72	9.44	−11	40.98	7.22	− 7	48	82
28	2	7	6.8	11.86	9.38	− 4	40.98	7.23	7	49	82
29	+ 2	+ 6	4.9	+11.99	+9.33	+ 4	40.98	−7.24	− 6	49	82
30	+ 6	5	2.3	12.13	9.27	+10	40.97	7.25	− 3	49	82
31	+ 8	5	23.2	12.27	9.22	+13	40.97	7.26	+ 1	49	82
April 1	+ 7	6	20.9	12.41	9.16	+11	40.97	7.27	+ 5	49	82
2	+ 4	8	19.2	12.54	9.11	+ 6	40.97	7.28	+ 7	49	82
3	− 1	8	17.7	12.68	9.05	− 2	40.97	7.29	+ 8	49	82
4	− 5	+ 8	16.2	+12.82	+9.00	− 9	40.97	−7.31	+ 7	50	82
5	− 9	7	14.4	12.96	8.95	−14	40.97	7.32	+ 4	50	82
6	− 9	6	11.9	13.09	8.89	−15	40.97	7.34	0	50	82
7	− 7	6	9.4	13.23	8.84	−12	40.96	7.35	− 4	50	83
8	− 3	7	7.0	13.37	8.79	− 5	40.96	7.37	− 7	50	83
9	+ 2	9	5.2	13.51	8.75	+ 4	40.96	7.38	− 8	50	83
10	+ 8	+ 9	3.7	+13.64	+8.70	+13	40.96	−7.40	− 8	51	83
11	+12	10	2.3	13.78	8.65	+20	40.96	7.42	− 6	51	83
12	+14	10	1.0	13.92	8.60	+23	40.96	7.43	− 3	51	83
13	+14	9	23.8	14.06	8.56	+23	40.96	7.45	+ 1	51	83
14	+12	9	22.3	14.20	8.51	+20	40.96	7.47	+ 4	51	83
15	+ 8	8	20.9	14.33	8.47	+13	40.95	7.49	+ 6	51	83
16	+ 3	+ 7	19.2	+14.47	+8.43	+ 5	40.95	−7.51	+ 7	52	83
17	− 2	7	17.4	14.61	8.39	− 3	40.95	7.53	+ 7	52	83
18	− 6	7	15.7	14.75	8.35	−10	40.95	7.55	+ 6	52	84
19	− 9	7	13.9	14.88	8.31	−15	40.95	7.57	+ 3	52	84
20	−12	8	12.5	15.02	8.27	−19	40.95	7.59	+ 1	52	84
21	−12	8	11.0	15.16	8.23	−20	40.95	7.61	− 2	52	84
22	−10	+ 8	9.8	+15.30	+8.20	−17	40.95	−7.63	− 5	53	84
23	− 7	8	8.5	15.43	8.16	−12	40.94	7.65	− 7	53	84
24	− 3	7	7.1	15.57	8.13	− 5	40.94	7.67	− 7	53	84
25	+ 2	6	5.4	15.71	8.10	+ 2	40.94	7.69	− 6	53	84
26	+ 5	5	3.3	15.85	8.07	+ 8	40.94	7.72	− 4	53	84
27	+ 7	5	0.2	15.98	8.04	+12	40.94	7.74	0	54	85
28	+ 7	+ 6	21.6	+16.12	+8.01	+12	40.94	−7.76	+ 3	54	85
29	+ 4	7	19.5	16.26	7.99	+ 7	40.94	7.78	+ 6	54	85
30	0	8	18.0	16.40	7.96	0	40.94	7.81	+ 8	54	85
Mai 1	− 5	8	16.5	16.54	7.94	− 8	40.93	7.83	+ 7	55	85
2	− 9	8	14.8	16.67	7.92	−14	40.93	7.85	+ 5	55	85
3	−10	+ 7	12.9	+16.81	+7.90	−17	40.93	−7.88	+ 2	55	85

Tag	0h Weltzeit								
	Sternzeit Greenwich	*t*	*f*	log *g*	*G*	log *h*	*H*	log *i*	*i*
1958	h	a	s		h m		h m		″
Mai 3	14.7	0.3344	+1.511	1.1006	2 34.6	1.2913	15 1.9	0.7815*n*	−6.047
4	14.8	0.3371	1.518	1.1024	2 34.4	1 2919	14 58.0	0.7748*n*	5.954
5	14.8	0.3399	1.526	1.1042	2 34.2	1.2926	14 54.1	0.7678*n*	5.859
6	14.9	0.3426	1.533	1.1060	2 34.0	1.2932	14 50.3	0.7606*n*	5.762
7	15.0	0.3454	1.541	1.1078	2 33.8	1.2938	14 46.4	0.7531*n*	5.664
8	15.0	0.3481	1.548	1.1096	2 33.5	1.2944	14 42.6	0.7455*n*	5.565
9	15.1	0.3508	+1.556	1.1114	2 33.3	1.2951	14 38.7	0.7374*n*	−5.463
10	15.2	0.3536	1.564	1.1132	2 33.1	1.2957	14 34.9	0.7292*n*	5.360
11	15.2	0.3563	1.572	1.1150	2 32.8	1.2963	14 31.1	0.7207*n*	5.256
12	15.3	0.3590	1.580	1.1168	2 32.6	1.2969	14 27.3	0.7119*n*	5.151
13	15.3	0.3618	1.588	1.1187	2 32.3	1.2975	14 23.6	0.7028*n*	5.044
14	15.4	0.3645	1.596	1.1205	2 32.1	1.2981	14 19.8	0.6934*n*	4.936
15	15.5	0.3673	+1.604	1.1223	2 31.8	1.2987	14 16.0	0.6836*n*	−4.826
16	15.5	0.3700	1.612	1.1242	2 31.5	1.2993	14 12.3	0.6734*n*	4.714
17	15.6	0.3727	1.621	1.1260	2 31.3	1.2999	14 8.6	0.6629*n*	4.602
18	15.7	0.3755	1.629	1.1279	2 31.0	1.3004	14 4.9	0.6521*n*	4.488
19	15.7	0.3782	1.638	1.1297	2 30.7	1.3010	14 1.2	0.6409*n*	4.374
20	15.8	0.3810	1.646	1.1315	2 30.4	1.3015	13 57.5	0.6292*n*	4.258
21	15.9	0.3837	+1.655	1.1334	2 30.1	1.3021	13 53.8	0.6171*n*	−4.141
22	15.9	0.3864	1.664	1.1352	2 29.8	1.3026	13 50.1	0.6044*n*	4.022
23	16.0	0.3892	1.672	1.1371	2 29.4	1.3031	13 46.4	0.5914*n*	3.903
24	16.1	0.3919	1.681	1.1389	2 29.1	1.3036	13 42.8	0.5778*n*	3.783
25	16.1	0.3946	1.690	1.1407	2 28.8	1.3041	13 39.1	0.5636*n*	3.661
26	16.2	0.3974	1.699	1.1426	2 28.5	1.3046	13 35.5	0.5489*n*	3.539
27	16.3	0.4001	+1.708	1.1444	2 28.1	1.3050	13 31.9	0.5334*n*	−3.415
28	16.3	0.4029	1.717	1.1462	2 27.8	1.3054	13 28.2	0.5173*n*	3.291
29	16.4	0.4056	1.727	1.1480	2 27.4	1.3059	13 24.6	0.5004*n*	3.165
30	16.5	0.4083	1.736	1.1498	2 27.1	1.3063	13 21.0	0.4827*n*	3.039
31	16.5	0.4111	1.745	1.1517	2 26.7	1.3067	13 17.4	0.4642*n*	2.912
Juni 1	16.6	0.4138	1.755	1.1535	2 26.3	1.3071	13 13.8	0.4448*n*	2.785
2	16.7	0.4165	+1.764	1.1553	2 25.9	1.3074	13 10.3	0.4244*n*	−2.657
3	16.7	0.4193	1.774	1.1570	2 25.5	1.3078	13 6.7	0.4026*n*	2.527
4	16.8	0.4220	1.783	1.1588	2 25.1	1.3081	13 3.1	0.3798*n*	2.398
5	16.9	0.4248	1.793	1.1606	2 24.7	1.3085	12 59.6	0.3556*n*	2.268
6	16.9	0.4275	1.802	1.1623	2 24.3	1.3088	12 56.0	0.3298*n*	2.137
7	17.0	0.4302	1.812	1.1641	2 23.9	1.3090	12 52.5	0.3021*n*	2.005
8	17.1	0.4330	+1.822	1.1658	2 23.5	1.3093	12 48.9	0.2725*n*	−1.873
9	17.1	0.4357	1.831	1.1676	2 23.1	1.3096	12 45.4	0.2408*n*	1.741
10	17.2	0.4384	1.841	1.1693	2 22.6	1.3098	12 41.9	0.2063*n*	1.608
11	17.3	0.4412	1.851	1.1710	2 22.2	1.3100	12 38.3	0.1685*n*	1.474
12	17.3	0.4439	1.861	1.1727	2 21.7	1.3102	12 34.8	0.1271*n*	1.340
13	17.4	0.4467	+1.871	1.1744	2 21.3	1.3104	12 31.3	0.0810*n*	−1.205

Tag	f′	g′	G′	Allgemeine Präzession seit 1958.0	Nutation in Länge Δψ	Nutation in Länge Δψ′	Mittlere Schiefe	Nutation in Schiefe Δε	Nutation in Schiefe Δε′	j	k
	0h Weltzeit										
1958	in 0.001	in 0.01	s	"	"	in 0.01	23° 26′ "	"	in 0.01	in 0.001	
Mai 3	−10	+ 7	12.9	+16.81	+7.90	−17	40.93	−7.88	+ 2	55	85
4	−10	7	10.6	16.95	7.88	−16	40.93	7.90	− 2	55	85
5	− 6	7	8.2	17.09	7.86	−10	40.93	7.92	− 6	55	86
6	− 1	8	6.2	17.22	7.85	− 1	40.93	7.95	− 8	56	86
7	+ 5	9	4.4	17.36	7.83	+ 9	40.93	7.97	− 8	56	86
8	+10	10	3.0	17.50	7.82	+17	40.92	7.99	− 7	56	86
9	+14	+10	1.6	17.64	+7.81	+23	40.92	−8.02	− 4	56	86
10	+15	10	0.2	17.77	7.80	+24	40.92	8.04	− 1	57	86
11	+13	9	22.9	17.91	7.79	+22	40.92	8.06	+ 3	57	86
12	+10	8	21.4	18.05	7.78	+16	40.92	8.08	+ 5	57	86
13	+ 5	8	19.9	18.19	7.78	+ 9	40.92	8.11	+ 7	57	87
14	0	7	18.1	18.32	7.77	0	40.92	8.13	+ 7	58	87
15	− 4	+ 7	16.3	+18.46	+7.77	− 7	40.92	−8.15	+ 6	58	87
16	− 9	7	14.5	18.60	7.76	−14	40.91	8.17	+ 4	58	87
17	−11	7	12.8	18.74	7.76	−18	40.91	8.20	+ 2	58	87
18	−12	8	11.4	18.87	7.76	−19	40.91	8.22	− 1	59	87
19	−10	8	10.1	19.01	7.77	−17	40.91	8.24	− 4	59	87
20	− 7	8	8.6	19.15	7.77	−12	40.91	8.26	− 6	59	87
21	− 4	+ 7	7.2	+19.29	+7.77	− 6	40.91	−8.28	− 7	59	87
22	+ 1	6	5.6	19.43	7.78	+ 2	40.91	8.30	− 6	60	88
23	+ 5	6	3.6	19.56	7.79	+ 8	40.91	8.32	− 5	60	88
24	+ 7	5	0.9	19.70	7.79	+12	40.90	8.34	− 1	60	88
25	+ 8	6	22.3	19.84	7.80	+13	40.90	8.36	+ 2	60	88
26	+ 5	7	20.3	19.98	7.81	+ 9	40.90	8.38	+ 5	61	88
27	+ 2	+ 8	18.5	+20.11	+7.82	+ 3	40.90	−8.40	+ 7	61	88
28	− 3	8	17.0	20.25	7.84	− 5	40.90	8.42	+ 8	61	88
29	− 8	8	15.3	20.39	7.85	−13	40.90	8.43	+ 6	61	88
30	−10	7	13.5	20.53	7.86	−17	40.90	8.45	+ 3	62	88
31	−10	7	11.5	20.66	7.88	−17	40.90	8.47	− 1	62	88
Juni 1	− 8	7	9.2	20.80	7.90	−13	40.89	8.48	− 5	62	88
2	− 4	+ 8	7.2	+20.94	+7.91	− 6	40.89	−8.50	− 7	62	89
3	+ 2	8	5.3	21.08	7.93	+ 4	40.89	8.52	− 8	63	89
4	+ 8	9	3.7	21.21	7.95	+13	40.89	8.53	− 7	63	89
5	+12	9	2.1	21.35	7.97	+20	40.89	8.54	− 5	63	89
6	+14	9	0.7	21.49	7.99	+23	40.89	8.56	− 2	63	89
7	+14	9	23.3	21.63	8.01	+23	40.89	8.57	+ 2	64	89
8	+11	+ 9	21.9	+21.77	+8.03	+18	40.89	−8.58	+ 5	64	89
9	+ 7	8	20.4	21.90	8.05	+12	40.88	8.60	+ 6	64	89
10	+ 2	7	18.7	22.04	8.07	+ 3	40.88	8.61	+ 7	64	89
11	− 3	7	16.9	22.18	8.09	− 5	40.88	8.62	+ 7	65	89
12	− 7	7	15.1	22.32	8.12	−12	40.88	8.63	+ 5	65	89
13	−10	+ 7	13.3	+22.45	+8.14	−17	40.88	−8.64	+ 3	65	89

Reduktionsgrößen 1958

Tag	0h Weltzeit								
	Sternzeit Greenwich	*t*	*f*	log *g*	*G*	log *h*	*H*	log *i*	*i*
1958	h	a	s		h m		h m		″
Juni 13	17.4	0.4467	+1.871	1.1744	2 21.3	1.3104	12 31.3	0.0810*n*	—1.205
14	17.5	0.4494	1.881	1.1761	2 20.8	1.3105	12 27.8	0.0298*n*	1.071
15	17.5	0.4521	1.891	1.1778	2 20.4	1.3107	12 24.3	9.9713*n*	0.936
16	17.6	0.4549	1.900	1.1795	2 19.9	1.3108	12 20.7	9.9042*n*	0.802
17	17.6	0.4576	1.910	1.1811	2 19.5	1.3109	12 17.2	9.8235*n*	0.666
18	17.7	0.4603	1.920	1.1827	2 19.0	1.3110	12 13.7	9.7251*n*	0.531
19	17.8	0.4631	+1.930	1.1844	2 18.5	1.3110	12 10.2	9.5977*n*	—0.396
20	17.8	0.4658	1.940	1.1860	2 18.0	1.3111	12 6.7	9.4150*n*	0.260
21	17.9	0.4686	1.950	1.1876	2 17.5	1.3111	12 3.2	9.0969*n*	—0.125
22	18.0	0.4713	1.960	1.1891	2 17.0	1.3111	11 59.7	8.0414	+0.011
23	18.0	0.4740	1.970	1.1907	2 16.5	1.3111	11 56.2	9.1673	0.147
24	18.1	0.4768	1.980	1.1923	2 16.1	1.3111	11 52.7	9.4502	+0.282
25	18.2	0.4795	+1.990	1.1938	2 15.6	1.3110	11 49.2	9.6212	+0.418
26	18.2	0.4823	2.000	1.1953	2 15.1	1.3110	11 45.7	9.7427	0.553
27	18.3	0.4850	2.010	1.1968	2 14.6	1.3109	11 42.2	9.8382	0.689
28	18.4	0.4877	2.020	1.1983	2 14.0	1.3108	11 38.7	9.9154	0.823
29	18.4	0.4905	2.030	1.1998	2 13.5	1.3107	11 35.2	9.9814	0.958
30	18.5	0.4932	2.040	1.2013	2 13.0	1.3105	11 31.7	0.0386	1.093
Juli 1	18.6	0.4959	+2.049	1.2027	2 12.5	1.3103	11 28.2	0.0888	+1.227
2	18.6	0.4987	2.059	1.2042	2 12.0	1.3102	11 24.7	0.1335	1.360
3	18.7	0.5014	2.069	1.2056	2 11.5	1.3100	11 21.2	0.1741	1.493
4	18.8	0.5042	2.079	1.2070	2 10.9	1.3097	11 17.6	0.2111	1.626
5	18.8	0.5069	2.089	1.2084	2 10.4	1.3095	11 14.1	0.2453	1.759
6	18.9	0.5096	2.098	1.2098	2 9.9	1.3093	11 10.6	0.2767	1.891
7	19.0	0.5124	+2.108	1.2112	2 9.4	1.3090	11 7.0	0.3060	+2.023
8	19.0	0.5151	2.118	1.2125	2 8.8	1.3087	11 3.5	0.3332	2.154
9	19.1	0.5178	2.127	1.2139	2 8.3	1.3084	11 0.0	0.3587	2.284
10	19.2	0.5206	2.137	1.2152	2 7.8	1.3081	10 56.4	0.3827	2.414
11	19.2	0.5233	2.146	1.2165	2 7.2	1.3077	10 52.9	0.4053	2.543
12	19.3	0.5261	2.156	1.2177	2 6.7	1.3074	10 49.3	0.4268	2.672
13	19.4	0.5288	+2.165	1.2190	2 6.2	1.3070	10 45.8	0.4470	+2.799
14	19.4	0.5315	2.174	1.2202	2 5.6	1.3066	10 42.2	0.4663	2.926
15	19.5	0.5343	2.184	1.2215	2 5.1	1.3062	10 38.6	0.4846	3.052
16	19.6	0.5370	2.193	1.2227	2 4.6	1.3058	10 35.0	0.5020	3.177
17	19.6	0.5397	2.202	1.2239	2 4.0	1.3054	10 31.4	0.5188	3.302
18	19.7	0.5425	2.211	1.2251	2 3.5	1.3049	10 27.8	0.5347	3.425
19	19.8	0.5452	+2.220	1.2263	2 3.0	1.3045	10 24.2	0.5500	+3.548
20	19.8	0.5480	2.229	1.2274	2 2.5	1.3040	10 20.6	0.5647	3.670
21	19.9	0.5507	2.238	1.2286	2 1.9	1.3036	10 17.0	0.5788	3.791
22	19.9	0.5534	2.247	1.2297	2 1.4	1.3031	10 13.4	0.5922	3.910
23	20.0	0.5562	2.256	1.2308	2 0.9	1.3025	10 9.7	0.6051	4.028
24	20.1	0.5589	+2.264	1.2319	2 0.4	1.3020	10 6.1	0.6176	+4.146

Tag	0h Weltzeit										
	f'	g'	G'	Allgemeine Präzession seit 1958 0	Nutation in Länge $\Delta\psi$	Nutation in Länge $\Delta\psi'$	Mittlere Schiefe	Nutation in Schiefe $\Delta\varepsilon$	Nutation in Schiefe $\Delta\varepsilon'$	j	k
1958	s in 0.001	s in 0.01	h	"	"	s in 0.01	23° 26' "	"	s in 0.01	in 0.001	
Juni 13	−10	+7	13.3	+22.45	+8.14	−17	40.88	−8.64	+ 3	65	89
14	−12	8	11.8	22.59	8.16	−19	40.88	8.65	0	65	89
15	−11	8	10.4	22.73	8.19	−18	40.88	8.66	− 3	66	89
16	− 9	8	9.0	22.87	8.21	−14	40.87	8.67	− 6	66	89
17	− 4	8	7.5	23.00	8.24	− 7	40.87	8.67	− 7	66	89
18	0	7	5.6	23.14	8.26	0	40.87	8.68	7	66	89
19	+ 5	+6	4.0	23.28	+8.29	+ 8	40.87	−8.69	− 5	67	89
20	+ 8	6	1.7	23.42	8.31	+13	40.87	8.69	− 2	67	89
21	+ 9	6	23.1	23.55	8.34	+14	40.87	8.70	+ 1	67	89
22	+ 7	6	21.0	23.69	8.37	+12	40.87	8.70	+ 4	67	89
23	+ 4	7	19.3	23.83	8.39	+ 6	40.87	8.71	+ 7	68	89
24	− 1	8	17.7	23.97	8.42	− 2	40.86	8.71	+ 8	68	89
25	− 6	+8	16.0	+24.10	+8.44	−10	40.86	−8.71	+ 7	68	89
26	− 9	7	14.2	24.24	8.47	−15	40.86	8.72	+ 4	68	89
27	−10	7	12.2	24.38	8.49	−17	40.86	8.72	0	69	89
28	− 9	7	10.0	24.52	8.52	−15	40.86	8.72	− 3	69	89
29	− 5	7	8.0	24.66	8.54	− 9	40.86	8.72	− 6	69	89
30	0	8	6.0	24.79	8.57	0	40.86	8.72	− 8	69	89
Juli 1	+ 5	+8	4.4	+24.93	+8.59	+ 9	40.86	−8.72	− 8	70	89
2	+10	9	2.8	25.07	8.61	+16	40.85	8.71	− 6	70	89
3	+13	9	1.3	25.21	8.64	+21	40.85	8.71	− 3	70	89
4	+13	9	23.7	25.34	8.66	+22	40.85	8.71	+ 1	70	89
5	+12	8	22.3	25.48	8.68	+19	40.85	8.71	+ 4	71	89
6	+ 8	8	20.9	25.62	8.70	+13	40.85	8.70	+ 6	71	89
7	+ 4	+7	19.2	+25.76	+8.72	+ 6	40.85	−8.70	+ 7	71	89
8	− 2	7	17.5	25.89	8.74	− 3	40.85	8.69	+ 7	71	89
9	− 6	7	15.6	26.03	8.76	−10	40.85	8.69	+ 6	71	89
10	−10	7	13.9	26.17	8.78	−16	40.84	8.68	+ 4	72	89
11	−12	8	12.3	26.31	8.80	−19	40.84	8.68	+ 1	72	89
12	−12	8	10.9	26.44	8.81	−20	40.84	8.67	− 2	72	89
13	−10	+8	9.6	+26.58	+8.83	−16	40.84	−8.66	− 5	72	88
14	− 6	8	8.0	26.72	8.84	−10	40.84	8.65	− 7	72	88
15	− 2	7	6.6	26.86	8.86	− 3	40.84	8.65	− 7	73	88
16	+ 3	6	4.8	27.00	8.87	+ 5	40.84	8.64	− 6	73	88
17	+ 7	6	2.5	27.13	8.88	+11	40.84	8.63	− 3	73	88
18	+ 9	6	0.1	27.27	8.89	+15	40.83	8.62	0	73	88
19	+ 9	+7	21.9	+27.41	+8.90	+14	40.83	−8.61	+ 4	73	88
20	+ 5	7	20.1	27.55	8.91	+ 9	40.83	8.60	+ 6	74	88
21	+ 2	8	18.5	27.68	8.92	+ 3	40.83	8.59	+ 8	74	88
22	− 4	7	16.9	27.82	8.93	− 6	40.83	8.58	+ 7	74	88
23	− 7	7	15.0	27.96	8.93	−12	40.83	8.56	+ 5	74	88
24	−10	+6	12.9	+28.10	+8.94	−16	40.83	−8.55	+ 2	74	87

Tag	0h Weltzeit								
	Sternzeit Greenwich	*t*	*f*	log *g*	*G*	log *h*	*H*	log *i*	*i*
1958	h	s	s		h m		h m		″
Juli 24	20.1	0.5589	+2.264	1.2319	2 0.4	1.3020	10 6.1	0.6176	+4.146
25	20.1	0.5617	2.273	1.2330	1 59.8	1.3015	10 2.4	0.6296	4.262
26	20.2	0.5644	2.281	1.2340	1 59.3	1.3009	9 58.8	0.6412	4.377
27	20.3	0.5671	2.290	1.2351	1 58.8	1.3004	9 55.1	0.6523	4.491
28	20.3	0.5699	2.298	1.2361	1 58.3	1.2998	9 51.4	0.6630	4.603
29	20.4	0.5726	2.307	1.2372	1 57.8	1.2993	9 47.7	0.6734	4.714
30	20.5	0.5753	+2.315	1.2382	1 57.3	1.2987	9 44.0	0.6835	+4.825
31	20.5	0.5781	2.323	1.2392	1 56.8	1.2981	9 40.2	0.6932	4.934
Aug. 1	20.6	0.5808	2.331	1.2402	1 56.3	1.2975	9 36.5	0.7026	5.042
2	20.7	0.5836	2.339	1.2411	1 55.8	1.2969	9 32.8	0.7116	5.148
3	20.7	0.5863	2.347	1.2421	1 55.3	1.2963	9 29.0	0.7203	5.252
4	20.8	0.5890	2.355	1.2430	1 54.8	1.2957	9 25.2	0.7288	5.356
5	20.9	0.5918	+2.362	1.2439	1 54.4	1.2951	9 21.5	0.7370	+5.458
6	20.9	0.5945	2.370	1.2448	1 53.9	1.2945	9 17.7	0.7449	5.558
7	21.0	0.5972	2.378	1.2457	1 53.4	1.2939	9 13.9	0.7525	5.656
8	21.1	0.6000	2.385	1.2466	1 52.9	1.2933	9 10.1	0.7599	5.753
9	21.1	0.6027	2.392	1.2475	1 52.5	1.2926	9 6.3	0.7671	5.849
10	21.2	0.6055	2.400	1.2483	1 52.0	1.2920	9 2.4	0.7741	5.944
11	21.3	0.6082	+2.407	1.2492	1 51.6	1.2914	8 58.6	0.7808	+6.037
12	21.3	0.6109	2.414	1.2501	1 51.1	1.2907	8 54.7	0.7872	6.127
13	21.4	0.6137	2.421	1.2509	1 50.7	1.2901	8 50.8	0.7935	6.216
14	21.5	0.6164	2.428	1.2517	1 50.2	1.2895	8 46.9	0.7995	6.303
15	21.5	0.6191	2.435	1.2525	1 49.8	1.2889	8 43.0	0.8054	6.389
16	21.6	0.6219	2.442	1.2533	1 49.4	1.2882	8 39.1	0.8110	6.472
17	21.7	0.6246	+2.448	1.2541	1 49.0	1.2876	8 35.2	0.8165	+6.554
18	21.7	0.6274	2.455	1.2549	1 48.6	1.2870	8 31.3	0.8218	6.635
19	21.8	0.6301	2.462	1.2557	1 48.2	1.2864	8 27.3	0.8269	6.713
20	21.9	0.6328	2.468	1.2564	1 47.8	1.2858	8 23.3	0.8318	6.789
21	21.9	0.6356	2.474	1.2571	1 47.4	1.2852	8 19.4	0.8366	6.864
22	22.0	0.6383	2.481	1.2579	1 47.0	1.2846	8 15.4	0.8412	6.937
23	22.1	0.6411	+2.487	1.2586	1 46.6	1.2841	8 11.4	0.8456	+7.008
24	22.1	0.6438	2.493	1.2593	1 46.3	1.2835	8 7.4	0.8498	7.076
25	22.2	0.6465	2.499	1.2600	1 45.9	1.2829	8 3.3	0.8539	7.144
26	22.2	0.6493	2.505	1.2608	1 45.5	1.2824	7 59.3	0.8579	7.209
27	22.3	0.6520	2.511	1.2615	1 45.2	1.2818	7 55.2	0.8616	7.271
28	22.4	0.6547	2.517	1.2622	1 44.9	1.2813	7 51.2	0.8652	7.332
29	22.4	0.6575	+2.523	1.2629	1 44.5	1.2808	7 47.1	0.8687	+7.391
30	22.5	0.6602	2.528	1.2635	1 44.2	1.2803	7 43.0	0.8720	7.448
31	22.6	0.6630	2.534	1.2642	1 43.9	1.2798	7 38.9	0.8752	7.502
Sept. 1	22.6	0.6657	2.540	1.2649	1 43.6	1.2793	7 34.8	0.8782	7.554
2	22.7	0.6684	2.545	1.2655	1 43.3	1.2789	7 30.7	0.8811	7.605
3	22.8	0.6712	+2.551	1.2662	1 43.0	1.2784	7 26.6	0.8838	+7.653

Tag	0^h Weltzeit										
	f′	g′	G′	Allgemeine Präzession seit 1958.0	Nutation in Länge Δψ	Δψ′	Mittlere Schiefe	Nutation in Schiefe Δε	Δε′	j	k
1958	s in 0.001	s in 0.01	h	″	″	s in 0.01	23° 26′ ″	″	s in 0.01	in 0.001	
Juli 24	−10	+6	12.9	+28.10	+8.94	−16	40.83	−8.55	+ 2	74	87
25	− 9	6	10.6	28.23	8.94	−15	40.82	8.54	− 2	75	87
26	− 6	7	8.4	28.37	8.94	−10	40.82	8.53	− 6	75	87
27	− 2	8	6.5	28.51	8.94	− 3	40.82	8.51	− 8	75	87
28	+ 4	8	4.8	28.65	8.94	+ 6	40.82	8.50	− 8	75	87
29	+ 9	8	3.3	28.78	8.94	+14	40.82	8.49	− 6	75	87
30	+12	+8	1.8	+28.92	+8.94	+19	40.82	−8.48	− 4	76	87
31	+13	8	0.3	29.06	8.93	+21	40.82	8.46	− 1	76	87
Aug. 1	+12	8	22.8	29.20	8.93	+20	40.82	8.45	+ 3	76	87
2	+ 9	8	21.3	29.33	8.92	+15	40.81	8.43	+ 5	76	86
3	+ 5	7	19.7	29.47	8.91	+ 8	40.81	8.42	+ 6	76	86
4	0	7	18.0	29.61	8.90	0	40.81	8.41	+ 7	76	86
5	− 5	+7	16.2	+29.75	+8.89	− 8	40.81	−8.39	+ 6	77	86
6	− 9	7	14.5	29.89	8.88	−14	40.81	8.38	+ 4	77	86
7	−12	8	12.8	30.02	8.87	−19	40.81	8.36	+ 2	77	86
8	−13	8	11.4	30.16	8.85	−21	40.81	8.35	− 1	77	86
9	−12	9	10.1	30.30	8.83	−19	40.81	8.33	− 4	77	86
10	− 9	8	8.8	30.44	8.81	−14	40.80	8.32	− 6	77	85
11	− 4	+8	7.4	+30.57	+8.79	− 7	40.80	−8.30	− 7	77	85
12	+ 1	7	5.7	30.71	8.77	+ 1	40.80	8.29	− 7	78	85
13	+ 5	6	3.6	30.85	8.75	+ 9	40.80	8.28	5	78	85
14	+ 8	6	1.0	30.99	8.73	+13	40.80	8.26	− 1	78	85
15	+ 9	6	22.4	31.12	8.70	+14	40.80	8.25	+ 3	78	85
16	+ 7	7	20.6	31.26	8.68	+11	40 80	8.23	+ 6	78	85
17	+ 3	+8	19.0	+31.40	+8.65	+ 5	40.80	−8.22	+ 8	78	85
18	− 2	8	17.5	31.54	8.62	− 3	40.79	8.20	+ 8	78	84
19	− 6	7	15.8	31.67	8.59	−10	40.79	8.19	+ 6	79	84
20	− 9	6	13.7	31.81	8.56	14	40.79	8.18	+ 3	79	84
21	− 9	6	11.3	31.95	8.52	−15	40.79	8.16	− 1	79	84
22	− 7	6	8.7	32.09	8.49	−11	40.79	8.15	− 5	79	84
23	− 2	+7	6.8	+32.23	+8.45	− 4	40.79	−8.14	− 7	79	84
24	+ 3	8	5.0	32.36	8.41	+ 5	40.79	8.13	− 8	79	84
25	+ 9	9	3.5	32.50	8.38	+14	40.79	8.11	− 7	79	84
26	+12	9	2.0	32.64	8.34	+19	40.78	8.10	− 4	80	84
27	+13	9	0.7	32.78	8.30	+21	40.78	8.09	− 2	80	83
28	+12	8	23.2	32.91	8.26	+20	40.78	8.08	+ 2	80	83
29	+10	+8	21.7	+33.05	+8.21	+16	40.78	−8.07	+ 4	80	83
30	+ 6	7	20.3	33.19	8.17	+10	40.78	8.06	+ 6	80	83
31	+ 2	7	18.6	33.33	8.12	+ 3	40.78	8.05	+ 7	80	83
Sept. 1	− 4	7	16.7	33.46	8.08	− 6	40.78	8.04	+ 6	80	83
2	− 7	7	15.0	33.60	8.03	−12	40.77	8.03	+ 5	80	83
3	−10	+7	13.3	+33.74	+7.98	−17	40.77	−8.02	+ 3	81	83

Tag	0h Weltzeit								
	Sternzeit Greenwich	*t*	*f*	log *g*	*G*	log *h*	*H*	log *i*	*i*
1958	h	a	s		h m		h m		"
Sept. 3	22.8	0.6712	+2.551	1.2662	1 43.0	1.2784	7 26.6	0.8838	+7.653
4	22.8	0.6739	2.556	1.2669	1 42.7	1.2780	7 22.5	0.8864	7.699
5	22.9	0.6766	2.562	1.2676	1 42.4	1.2776	7 18.3	0.8889	7.743
6	23.0	0.6794	2.567	1.2682	1 42.2	1.2772	7 14.2	0.8913	7.785
7	23.0	0.6821	2.572	1.2689	1 41.9	1.2768	7 10.0	0.8934	7.824
8	23.1	0.6849	2.577	1.2695	1 41.7	1.2765	7 5.8	0.8955	7.861
9	23.2	0.6876	+2.583	1.2702	1 41.4	1.2761	7 1.6	0.8975	+7.897
10	23.2	0.6903	2.588	1.2708	1 41.2	1.2758	6 57.4	0.8992	7.929
11	23.3	0.6931	2.593	1.2715	1 41.0	1.2755	6 53.2	0.9009	7.960
12	23.4	0.6958	2.598	1.2721	1 40.8	1.2753	6 49.0	0.9024	7.988
13	23.4	0.6985	2.603	1.2728	1 40.6	1.2750	6 44.8	0.9038	8.013
14	23.5	0.7013	2.608	1.2734	1 40.4	1.2748	6 40.6	0.9051	8.037
15	23.6	0.7040	+2.613	1.2741	1 40.2	1.2746	6 36.4	0.9062	+8.058
16	23.6	0.7068	2.617	1.2747	1 40.0	1.2744	6 32.1	0.9073	8.077
17	23.7	0.7095	2.622	1.2754	1 39.8	1.2742	6 27.9	0.9082	8.094
18	23.8	0.7122	2.627	1.2760	1 39.6	1.2741	6 23.6	0.9089	8.108
19	23.8	0.7150	2.632	1.2767	1 39.5	1.2739	6 19.4	0.9096	8.120
20	23.9	0.7177	2.637	1.2774	1 39.3	1.2738	6 15.1	0.9101	8.130
21	0.0	0.7205	+2.642	1.2781	1 39.2	1.2738	6 10.9	0.9105	+8.137
22	0.0	0.7232	2.647	1.2787	1 39.0	1.2737	6 6.6	0.9107	8.141
23	0.1	0.7259	2.651	1.2794	1 38.9	1.2737	6 2.3	0.9108	8.144
24	0.2	0.7287	2.656	1.2801	1 38.8	1.2737	5 58.1	0.9108	8.144
25	0.2	0.7314	2.661	1.2807	1 38.7	1.2737	5 53.8	0.9107	8.141
26	0.3	0.7341	2.666	1.2814	1 38.6	1.2738	5 49.5	0.9105	8.137
27	0.4	0.7369	+2.671	1.2822	1 38.5	1.2738	5 45.2	0.9101	+8.131
28	0.4	0.7396	2.675	1.2829	1 38.4	1.2739	5 41.0	0.9096	8.121
29	0.5	0.7424	2.680	1.2836	1 38.3	1.2741	5 36.7	0.9090	8.109
30	0.5	0.7451	2.685	1.2843	1 38.2	1.2742	5 32.4	0.9082	8.095
Okt. 1	0.6	0.7478	2.690	1.2850	1 38.1	1.2744	5 28.2	0.9074	8.079
2	0.7	0.7506	2.695	1.2857	1 38.1	1.2746	5 23.9	0.9063	8.060
3	0.7	0.7533	+2.700	1.2865	1 38.0	1.2748	5 19.6	0.9051	+8.038
4	0.8	0.7560	2.705	1.2872	1 38.0	1.2750	5 15.3	0.9038	8.014
5	0.9	0.7588	2.710	1.2880	1 37.9	1.2753	5 11.1	0.9024	7.988
6	0.9	0.7615	2.715	1.2888	1 37.9	1.2756	5 6.8	0.9009	7.960
7	1.0	0.7643	2.720	1.2896	1 37.8	1.2758	5 2.6	0.8992	7.928
8	1.1	0.7670	2.725	1.2903	1 37.8	1.2762	4 58.3	0.8974	7.895
9	1.1	0.7697	+2.730	1.2911	1 37.8	1.2765	4 54.0	0.8954	+7.860
10	1.2	0.7725	2.735	1.2920	1 37.7	1.2769	4 49.8	0.8933	7.822
11	1.3	0.7752	2.740	1.2928	1 37.7	1.2772	4 45.5	0.8911	7.782
12	1.3	0.7779	2.746	1.2936	1 37.7	1.2776	4 41.3	0.8887	7.739
13	1.4	0.7807	2.751	1.2944	1 37.7	1.2781	4 37.1	0.8862	7.694
14	1.5	0.7834	+2.757	1.2953	1 37.7	1.2785	4 32.8	0.8834	+7.646

Tag	f'	g'	G'	Allgemeine Präzession seit 1958.0	Nutation in Länge $\Delta\psi$	Nutation in Länge $\Delta\psi'$	Mittlere Schiefe	Nutation in Schiefe $\Delta\varepsilon$	Nutation in Schiefe $\Delta\varepsilon'$	j	k
	0h Weltzeit										
1958	s in 0.001	s in 0.01	h	"	"	s in 0.01	23° 26′ "	"	s in 0.01	in 0.001	
Sept. 3	−10	+7	13.3	+33.74	+7.98	−17	40.77	−8.02	+ 3	81	83
4	−12	8	11.9	33.88	7.93	−20	40.77	8.01	0	81	83
5	−12	9	10.6	34.01	7.88	−20	40.77	8.00	− 3	81	83
6	−10	9	9.3	34.15	7.83	−16	40.77	8.00	− 6	81	83
7	− 6	8	8.0	34.29	7.78	−10	40.77	7.99	− 7	81	83
8	− 2	7	6.6	34.43	7.73	− 3	40.77	7.98	− 7	81	82
9	+ 3	+6	4.8	+34.57	+7.67	+ 5	40.77	−7.98	− 6	81	82
10	+ 7	5	2.1	34.70	7.62	+11	40.76	7.97	− 3	81	82
11	+ 8	5	23.3	34.84	7.56	+13	40.76	7.97	+ 1	82	82
12	+ 7	6	21.0	34.98	7.51	+11	40.76	7.96	+ 5	82	82
13	+ 4	8	19.2	35.12	7.45	+ 6	40.76	7.96	+ 7	82	82
14	− 1	8	17.8	35.25	7.40	− 1	40.76	7.96	+ 8	82	82
15	− 5	+8	16.3	+35.39	+7.34	− 9	40.76	−7.96	+ 7	82	82
16	− 9	7	14.4	35.53	7.28	−14	40.76	7.95	+ 4	82	82
17	− 9	6	12.1	35.67	7.22	−15	40.76	7.95	0	82	82
18	− 7	6	9.6	35.80	7.17	−12	40.75	7.95	− 4	82	82
19	− 4	7	7.3	35.94	7.11	− 6	40.75	7.95	− 6	83	82
20	+ 2	8	5.3	36.08	7.05	+ 4	40.75	7.95	− 8	83	82
21	+ 7	+9	3.8	+36.22	+6.99	+12	40.75	−7.95	− 7	83	82
22	+12	9	2.4	36.35	6.93	+19	40.75	7.96	− 5	83	82
23	+14	9	1.0	36.49	6.87	+23	40.75	7.96	− 2	83	82
24	+14	9	23.6	36.63	6.81	+23	40.75	7.96	+ 1	83	82
25	+12	8	22.2	36.77	6.75	+19	40.75	7.97	+ 4	83	82
26	+ 8	8	20.8	36.90	6.69	+13	40.74	7.97	+ 6	83	82
27	+ 3	+7	19.2	+37.04	+6.64	+ 5	40.74	−7.98	+ 7	84	82
28	− 2	7	17.4	37.18	6.58	− 3	40.74	7.98	+ 6	84	82
29	− 5	6	15.6	37.32	6.52	− 9	40.74	7.99	+ 5	84	82
30	− 9	7	13.8	37.46	6.46	−15	40.74	8.00	+ 3	84	82
Okt. 1	−11	7	12.3	37.59	6.40	−18	40.74	8.00	+ 1	84	82
2	−12	8	10.9	37.73	6.34	−19	40.74	8.01	− 2	84	82
3	−10	+8	9.7	+37.87	+6.29	−17	40.74	−8.02	− 5	84	82
4	− 7	8	8.5	38.01	6.23	−12	40.73	8.03	− 6	85	82
5	− 4	8	7.2	38.14	6.18	− 6	40.73	8.04	− 7	85	82
6	+ 1	6	5.6	38.28	6.12	+ 1	40.73	8.05	− 6	85	82
7	+ 4	5	3.5	38.42	6.07	+ 7	40.73	8.06	− 4	85	82
8	+ 7	4	0.5	38.56	6.01	+11	40.73	8.08	− 1	85	82
9	+ 7	+5	21.5	+38.69	+5.96	+11	40.73	−8.09	+ 3	85	82
10	+ 4	7	19.6	38.83	5.90	+ 7	40.73	8.10	+ 6	85	83
11	0	8	18.0	38.97	5.85	0	40.72	8.12	+ 8	86	83
12	− 5	8	16.5	39.11	5.80	− 8	40.72	8.13	+ 8	86	83
13	− 9	8	15.0	39.24	5.75	−14	40.72	8.15	+ 5	86	83
14	−10	+7	13.0	+39.38	+5.70	−17	40.72	−8.16	+ 2	86	83

Tag	0h Weltzeit								
	Sternzeit Greenwich	*t*	*f*	log *g*	*G*	log *h*	*H*	log *i*	*i*
1958	h	s	s		h m		h m		″
Okt. 14	1.5	0.7834	+2.757	1.2953	1 37.7	1.2785	4 32.8	0.8834	+7.646
15	1.5	0.7862	2.762	1.2962	1 37.7	1.2789	4 28.6	0.8806	7.597
16	1.6	0.7889	2.768	1.2970	1 37.7	1.2794	4 24.4	0.8777	7.545
17	1.7	0.7916	2.773	1.2979	1 37.7	1.2799	4 20.2	0.8745	7.490
18	1.7	0.7944	2.779	1.2988	1 37.7	1.2804	4 16.0	0.8712	7.434
19	1.8	0.7971	2.784	1.2997	1 37.7	1.2809	4 11.8	0.8678	7.376
20	1.9	0.7999	+2.790	1.3006	1 37.7	1.2815	4 7.6	0.8642	+7.314
21	1.9	0.8026	2.796	1.3015	1 37.8	1.2820	4 3.4	0.8604	7.251
22	2.0	0.8053	2.802	1.3025	1 37.8	1.2826	3 59.3	0.8565	7.186
23	2.1	0.8081	2.808	1.3034	1 37.8	1.2831	3 55.1	0.8524	7.118
24	2.1	0.8108	2.814	1.3044	1 37.8	1.2837	3 51.0	0.8481	7.048
25	2.2	0.8135	2.821	1.3054	1 37.8	1.2843	3 46.8	0 8436	6.976
26	2.3	0.8163	+2.827	1.3064	1 37.8	1.2849	3 42.7	0.8389	+6.901
27	2.3	0.8190	2.833	1.3074	1 37.9	1.2855	3 38.5	0.8341	6.825
28	2.4	0.8218	2.840	1.3084	1 37.9	1.2862	3 34.4	0.8291	6.747
29	2.5	0.8245	2.846	1.3094	1 37.9	1.2868	3 30.3	0.8239	6.667
30	2.5	0.8272	2.853	1.3104	1 37.9	1.2874	3 26.2	0.8185	6.584
31	2.6	0.8300	2.860	1.3115	1 38.0	1.2880	3 22.2	0.8128	6.499
Nov. 1	2.7	0.8327	+2.867	1.3125	1 38.0	1.2887	3 18.1	0.8070	+6.412
2	2.7	0.8354	2.874	1.3136	1 38.0	1.2893	3 14.0	0.8010	6.324
3	2.8	0.8382	2.881	1.3147	1 38.0	1.2900	3 10.0	0.7947	6.233
4	2.8	0.8409	2.888	1.3158	1 38.0	1.2906	3 5.9	0.7882	6.140
5	2.9	0.8437	2.895	1.3169	1 38.0	1.2913	3 1.9	0.7815	6.046
6	3.0	0.8464	2.902	1.3180	1 38.0	1.2919	2 57.8	0.7744	5.949
7	3.0	0.8491	+2.910	1.3191	1 38.1	1.2926	2 53.8	0.7672	+5.851
8	3.1	0.8519	2.917	1.3202	1 38.1	1.2933	2 49.8	0.7597	5.751
9	3.2	0.8546	2.925	1.3213	1 38.1	1.2939	2 45.8	0.7520	5.649
10	3.2	0.8573	2.933	1.3225	1 38.1	1.2946	2 41.8	0.7438	5.544
11	3.3	0.8601	2.940	1.3237	1 38.1	1.2952	2 37.9	0.7355	5.439
12	3.4	0.8628	2.948	1.3248	1 38.1	1.2958	2 33.9	0.7269	5.332
13	3.4	0.8656	+2.956	1.3260	1 38.1	1.2965	2 29.9	0.7180	+5.224
14	3.5	0.8683	2.965	1.3272	1 38.0	1.2971	2 26.0	0.7086	5.112
15	3.6	0.8710	2.973	1.3283	1 38.0	1.2977	2 22.0	0.6990	5.000
16	3.6	0.8738	2.981	1.3295	1 38.0	1.2984	2 18.1	0.6890	4.886
17	3.7	0.8765	2.989	1.3307	1 38.0	1.2990	2 14.2	0.6786	4.771
18	3.8	0.8792	2.998	1.3320	1 37.9	1.2996	2 10.3	0.6678	4.654
19	3.8	0.8820	+3.006	1.3332	1 37.9	1.3002	2 6.4	0.6566	+4.535
20	3.9	0.8847	3.015	1.3344	1 37.8	1.3008	2 2.5	0.6450	4.416
21	4.0	0.8875	3.024	1.3356	1 37.8	1.3013	1 58.6	0.6330	4.295
22	4.0	0.8902	3.033	1.3368	1 37.7	1.3019	1 54.8	0.6203	4.172
23	4.1	0.8929	3.042	1.3380	1 37.7	1.3024	1 50.9	0.6072	4.048
24	4.2	0.8957	+3.051	1.3393	1 37.6	1.3030	1 47.0	0.5935	+3.922

Tag	f'	g'	G'	Allgemeine Präzession seit 1958.0	Nutation in Länge $\varDelta\psi$	Nutation in Länge $\varDelta\psi'$	Mittlere Schiefe	Nutation in Schiefe $\varDelta\varepsilon$	Nutation in Schiefe $\varDelta\varepsilon'$	j	k
	0h Weltzeit										
1958	s in 0.001	s in 0.01	h	"	"	s in 0.01	23° 26' "	"	s in 0.01	in 0.001	
Okt. 14	−10	+ 7	13.0	+39.38	+5.70	−17	40.72	−8.16	+ 2	86	83
15	− 9	6	10.7	39.52	5.65	−15	40.72	8.18	− 2	86	83
16	− 5	7	8.3	39.66	5.61	− 9	40.72	8.19	− 6	86	83
17	0	8	6.0	39.80	5.56	0	40.72	8.21	− 8	87	83
18	+ 6	9	4.2	39.93	5.52	+10	40.72	8.23	− 8	87	83
19	+11	10	2.8	40.07	5.47	+18	40.71	8.25	6	87	83
20	+14	+10	1.4	+40.21	+5.43	+23	40.71	−8.27	− 4	87	83
21	+15	10	0.1	40.35	5.39	+25	40.71	8.28	0	87	84
22	+13	9	22.7	40.48	5.35	+22	40.71	8.30	+ 3	88	84
23	+10	8	21.4	40.62	5.31	+16	40.71	8.32	+ 5	88	84
24	+ 5	7	19.8	40.76	5.27	+ 9	40.71	8.34	+ 7	88	84
25	+ 1	7	18.1	40.90	5.24	+ 1	40.71	8.36	+ 7	88	84
26	− 4	+ 6	16.3	+41.03	+5.20	− 7	40.71	−8.38	+ 6	88	84
27	− 8	6	14.3	41.17	5.17	−13	40.70	8.41	+ 4	89	84
28	−10	7	12.7	41.31	5.14	−17	40.70	8.43	+ 1	89	84
29	−11	7	11.2	41.45	5.11	−18	40.70	8.45	− 1	89	84
30	−10	8	9.9	41.58	5.08	−16	40.70	8.47	− 4	89	85
31	− 7	8	8.7	41.72	5.05	−12	40.70	8.49	− 6	89	85
Nov. 1	− 4	+ 7	7.4	+41.86	+5.02	− 7	40.70	−8.51	− 7	90	85
2	0	6	6.0	42.00	5.00	0	40.70	8.54	− 6	90	85
3	+ 4	5	4.2	42.13	4.98	+ 6	40.70	8.56	− 5	90	85
4	+ 6	4	1.6	42.27	4.96	+10	40.69	8.58	− 2	90	85
5	+ 7	5	22.5	42.41	4.94	+11	40.69	8.61	+ 2	91	85
6	+ 5	6	20.1	42.55	4.92	+ 8	40.69	8.63	+ 5	91	85
7	+ 1	+ 7	18.3	+42.69	+4.90	+ 2	40.69	−8.65	+ 7	91	86
8	− 4	8	16.8	42.82	4.89	− 6	40.69	8.67	+ 8	91	86
9	− 8	8	15.3	42.96	4.88	−13	40.69	8.70	+ 6	91	86
10	−11	8	13.6	43.10	4.86	−18	40.69	8.72	+ 3	92	86
11	−11	7	11.7	43.24	4.85	−18	40.69	8.74	− 1	92	86
12	− 9	7	9.5	43.37	4.85	−14	40.68	8.77	− 4	92	86
13	− 4	+ 7	7.2	+43.51	+4.84	− 6	40.68	−8.79	− 7	92	86
14	+ 3	8	5.1	43.65	4.84	+ 5	40.68	8.81	− 8	93	86
15	+ 9	9	3.4	43.79	4.83	+14	40.68	8.83	− 7	93	87
16	+13	10	1.9	43.92	4.83	+22	40.68	8.86	− 5	93	87
17	+15	10	0.5	44.06	4.83	+25	40.68	8.88	− 1	93	87
18	+15	10	23.2	44.20	4.83	+24	40.68	8.90	+ 2	94	87
19	+12	+ 9	21.8	+44.34	+4.83	+19	40.67	−8.92	+ 5	94	87
20	+ 7	8	20.5	44.47	4.84	+12	40.67	8.94	+ 6	94	87
21	+ 2	7	18.8	44.61	4.84	+ 3	40.67	8.96	+ 7	94	87
22	− 2	6	17.0	44.75	4.85	− 4	40.67	8.98	+ 6	95	87
23	− 7	6	15.0	44.89	4.86	−11	40.67	9.00	+ 4	95	88
24	− 9	+ 6	13.4	+45.03	+4.87	−15	40.67	−9.02	+ 2	95	88

Reduktionsgrößen 1958

Tag	Sternzeit Greenwich	*t*	*f*	log *g*	*G*	log *h*	*H*	log *i*	*i*
	0h Weltzeit								
1958	h	a	s		h m		h m		″
Nov. 24	4.2	0.8957	+3.051	1.3393	1 37.6	1.3030	1 47.0	0.5935	+3.922
25	4.2	0.8984	3.060	1.3405	1 37.6	1.3035	1 43.2	0.5793	3.796
26	4.3	0.9012	3.069	1.3418	1 37.5	1.3040	1 39.4	0.5644	3.668
27	4.4	0.9039	3.078	1.3430	1 37.4	1.3045	1 35.5	0.5490	3.540
28	4.4	0.9066	3.088	1.3443	1 37.3	1.3050	1 31.7	0.5326	3.409
29	4.5	0.9094	3.097	1.3455	1 37.2	1.3055	1 27.9	0.5156	3.278
30	4.6	0.9121	+3.107	1.3468	1 37.1	1.3059	1 24.1	0.4978	+3.146
Dez. 1	4.6	0.9148	3.116	1.3480	1 37.0	1.3064	1 20.3	0.4789	3.012
2	4.7	0.9176	3.126	1.3493	1 36.9	1.3068	1 16.5	0.4591	2.878
3	4.8	0.9203	3.136	1.3505	1 36.8	1.3072	1 12.7	0.4382	2.743
4	4.8	0.9231	3.146	1.3518	1 36.7	1.3076	1 8.9	0.4161	2.607
5	4.9	0.9258	3.155	1.3530	1 36.5	1.3079	1 5.1	0.3927	2.470
6	5.0	0.9285	+3.165	1.3543	1 36.4	1.3083	1 1.3	0.3677	+2.332
7	5.0	0.9313	3.175	1.3555	1 36.2	1.3086	0 57.5	0.3410	2.193
8	5.1	0.9340	3.185	1.3567	1 36.1	1.3089	0 53.8	0.3126	2.054
9	5.1	0.9367	3.195	1.3580	1 35.9	1.3092	0 50.0	0.2817	1.913
10	5.2	0.9395	3.206	1.3592	1 35.8	1.3095	0 46.2	0.2485	1.772
11	5.3	0.9422	3.216	1.3605	1 35.6	1.3097	0 42.5	0.2125	1.631
12	5.3	0.9450	+3.226	1.3617	1 35.4	1.3100	0 38.7	0.1729	+1.489
13	5.4	0.9477	3.236	1.3629	1 35.3	1.3102	0 35.0	0.1294	1.347
14	5.5	0.9504	3.247	1.3641	1 35.1	1.3104	0 31.2	0.0806	1.204
15	5.5	0.9532	3.257	1.3654	1 34.9	1.3105	0 27.5	0.0257	1.061
16	5.6	0.9559	3.267	1.3666	1 34.7	1.3107	0 23.8	9.9628	0.918
17	5.7	0.9586	3.278	1.3678	1 34.5	1.3108	0 20.0	9.8887	0.774
18	5.7	0.9614	+3.288	1.3690	1 34.3	1.3109	0 16.3	9.7993	+0.630
19	5.8	0.9641	3.298	1.3702	1 34.1	1.3110	0 12.5	9.6857	0.485
20	5.9	0.9669	3.309	1.3714	1 33.8	1.3111	0 8.8	9.5328	0.341
21	5.9	0.9696	3.319	1.3726	1 33.6	1.3111	0 5.1	9.2923	0.196
22	6.0	0.9723	3.330	1.3737	1 33.4	1.3111	0 1.3	8.7076	+0.051
23	6.1	0.9751	3.340	1.3749	1 33.2	1.3111	23 57.6	8.9731*n*	−0.094
24	6.1	0.9778	+3.350	1.3761	1 32.9	1.3111	23 53.9	9.3766*n*	−0.238
25	6.2	0.9806	3.361	1.3772	1 32.7	1.3110	23 50.1	9.5832*n*	0.383
26	6.3	0.9833	3.371	1.3783	1 32.4	1.3110	23 46.4	9.7218*n*	0.527
27	6.3	0.9860	3.382	1.3794	1 32.2	1.3109	23 42.6	9.8274*n*	0.672
28	6.4	0.9888	3.392	1.3806	1 31.9	1.3108	23 38.9	9.9117*n*	0.816
29	6.5	0.9915	3.402	1.3817	1 31.6	1.3106	23 35.1	9.9823*n*	0.960
30	6.5	0.9942	+3.413	1.3828	1 31.4	1.3105	23 31.4	0.0430*n*	−1.104
31	6.6	0.9970	3.423	1.3839	1 31.1	1.3103	23 27.6	0.0962*n*	1.248
32	6.7	0.9997	+3.433	1.3850	1 30.8	1.3101	23 23.9	0.1430*n*	−1.390

Tag	f'	g'	G'	Allgemeine Präzession seit 1958 o	Nutation in Länge $\Delta\psi$	Nutation in Länge $\Delta\psi'$	Mittlere Schiefe	Nutation in Schiefe $\Delta\varepsilon$	Nutation in Schiefe $\Delta\varepsilon'$	j	k
	0h Weltzeit										
1958	s in 0.001	s in 0.01	h	"	"	s in 0.01	23° 26' "	"	s in 0.01	in 0.001	
Nov. 24	− 9	+ 6	13.4	+45.03	+4.87	−15	40.67	−9.02	+ 2	95	88
25	−10	7	11.5	45.16	4.89	−17	40.67	9.04	− 1	96	88
26	−10	7	10.1	45.30	4.90	−16	40.67	9.06	− 3	96	88
27	− 7	7	8.8	45.44	4.91	−12	40.66	9.08	− 5	96	88
28	− 4	7	7.5	45.58	4.93	− 7	40.66	9.10	− 7	96	88
29	1	7	6.2	45.71	4.95	− 1	40.66	9.12	− 7	97	88
30	+ 4	+ 6	4.4	+45.85	+4.96	+ 6	40.66	−9.14	− 5	97	88
Dez. 1	+ 6	5	2.2	45.99	4.98	+10	40.66	9.15	− 3	97	88
2	+ 7	5	23.4	46.13	5.00	+12	40.66	9.17	+ 1	98	88
3	+ 6	6	21.0	46.26	5.02	+10	40.66	9.19	+ 4	98	89
4	+ 2	7	18.9	46.40	5.05	+ 4	40.66	9.20	+ 7	98	89
5	− 2	8	17.3	46.54	5.07	− 4	40.65	9.22	+ 8	98	89
6	− 7	+ 8	15.8	+46.68	+5.10	−11	40.65	−9.23	+ 7	99	89
7	−10	8	14.2	46.81	5.12	−17	40.65	9.24	+ 5	99	89
8	−12	8	12.4	46.95	5.15	−20	40.65	9.26	+ 1	99	89
9	−10	7	10.5	47.09	5.17	−17	40.65	9.27	− 3	99	89
10	− 7	7	8.4	47.23	5.20	−11	40.65	9.28	− 6	100	89
11	− 1	8	6.2	47.36	5.23	− 1	40.65	9.29	− 8	100	89
12	+ 5	+ 9	4.3	+47.50	+5.26	+ 9	40.65	−9.30	− 8	100	89
13	+11	9	2.6	47.64	5.29	+18	40.64	9.31	− 6	101	89
14	+14	10	1.1	47.78	5.32	+23	40.64	9.32	− 3	101	89
15	+15	10	23.7	47.92	5.35	+24	40.64	9.33	+ 1	101	89
16	+13	9	22.3	48.05	5.38	+21	40.64	9.34	+ 4	101	89
17	+ 9	9	21.1	48.19	5.42	+15	40.64	9.35	+ 6	102	89
18	+ 4	+ 8	19.4	+48.33	+5.45	+ 7	40.64	−9.35	+ 7	102	89
19	− 1	7	17.7	48.47	5.48	− 2	40.64	9.36	+ 7	102	89
20	− 5	6	15.7	48.60	5.51	− 9	40.64	9.36	+ 5	103	89
21	− 9	6	13.8	48.74	5.55	−14	40.63	9.37	+ 3	103	89
22	−10	7	12.0	48.88	5.58	−16	40.63	9.37	0	103	89
23	−10	7	10.5	49.02	5.61	−16	40.63	9.37	− 3	103	89
24	− 8	+ 7	9.0	+49.15	+5.65	−13	40.63	−9.38	− 5	104	89
25	− 5	7	7.7	49.29	5.68	− 8	40.63	9.38	− 7	104	89
26	− 1	7	6.4	49.43	5.71	− 2	40.63	9.38	− 7	104	89
27	+ 3	6	4.8	49.57	5.74	+ 5	40.63	9.38	− 6	105	89
28	+ 6	5	2.8	49.70	5.77	+10	40.62	9.38	− 4	105	89
29	+ 8	5	0.2	49.84	5.81	+13	40.62	9.37	0	105	89
30	+ 7	+ 6	21.9	+49.98	+5.84	+12	40.62	−9.37	+ 3	105	89
31	+ 5	6	19.9	50.12	5.87	+ 8	40.62	9.37	+ 6	106	89
32	0	+ 7	18.1	+50.26	+5.90	0	40.62	−9.37	+ 7	106	89

Reduktionsgrößen 1958

für 12^h Sternzeit Greenwich

Weltzeit	t	A	Δ	A′	B	Δ	B′	C	Δ	D	Δ
1958	a			in 0.00001	″		in 0.″001	″		″	
Jan. 0.224	-0.0017	+0.21834	338	−407	+7.877	1	−24	− 3.030	328	+20.202	62
1.221	+0.0010	0.22172	337	−444	7.876	2	+ 5	3.358	328	20.140	69
2.219	0.0037	0.22509	336	−408	7.874	3	+32	3.686	326	20.071	74
3.216	0.0064	0.22845	335	−300	7.871	3	+62	4.012	325	19.997	81
4.213	0.0092	0.23180	334	−138	7.868	4	+73	4.337	323	19.916	87
5.210	0.0119	0.23514	331	+ 43	7.864	4	+70	4.660	322	19.829	93
6.208	0.0146	+0.23845	330	+207	+7.860	5	+48	− 4.982	320	+19.736	99
7.205	0.0174	0.24175	328	+311	7.855	6	+15	5.302	319	19.637	106
8.202	0.0201	0.24503	327	+334	7.849	7	−23	5.621	317	19.531	112
9.199	0.0228	0.24830	325	+273	7.842	7	−57	5.938	315	19.419	118
10.197	0.0256	0.25155	322	+143	7.835	7	−76	6.253	314	19.301	124
11.194	0.0283	0.25477	320	− 22	7.828	8	−78	6.567	311	19.177	129
12.191	0.0310	+0.25797	318	−173	+7.820	8	−60	− 6.878	308	+19.048	137
13.188	0.0338	0.26115	316	−270	7.812	9	−28	7.186	307	18.911	141
14.186	0.0365	0.26431	313	−289	7.803	10	+11	7.493	304	18.770	148
15.183	0.0392	0.26744	311	−224	7.793	10	+45	7.797	301	18.622	154
16.180	0.0419	0.27055	308	− 99	7.783	10	+68	8.098	299	18.468	159
17.178	0.0447	0.27363	305	+ 60	7.773	11	+79	8.397	296	18.309	165
18.175	0.0474	+0.27668	303	+216	+7.762	11	+72	− 8.693	294	+18.144	171
19.172	0.0501	0.27971	301	+334	7.751	12	+54	8.987	291	17.973	176
20.169	0.0529	0.28272	297	+397	7.739	12	+25	9.278	287	17.797	182
21.167	0.0556	0.28569	294	+395	7.727	13	− 7	9.565	285	17.615	188
22.164	0.0583	0.28863	291	+329	7.714	13	−34	9.850	282	17.427	193
23.161	0.0611	0.29154	289	+215	7.701	13	−59	10.132	279	17.234	198
24.158	0.0638	+0.29443	285	+ 68	+7.688	13	−69	−10.411	275	+17.036	204
25.156	0.0665	0.29728	282	− 97	7.675	14	−70	10.686	271	16.832	208
26.153	0.0692	0.30010	280	−250	7.661	14	−59	10.957	268	16.624	213
27.150	0.0720	0.30290	277	−375	7.647	14	−38	11.225	265	16.411	220
28.148	0.0747	0.30567	273	−448	7.633	14	− 9	11.490	260	16.191	224
29.145	0.0774	0.30840	270	−449	7.619	15	+24	11.750	257	15.967	229
30.142	0.0802	+0.31110	266	−379	+7.604	14	+53	−12.007	254	+15.738	234
31.139	0.0829	0.31376	263	−242	7.590	15	+70	12.261	249	15.504	238
Febr. 1.137	0.0856	0.31639	260	− 66	7.575	15	+74	12.510	245	15.266	243
2.134	0.0883	0.31899	256	+114	7.560	15	+58	12.755	241	15.023	248
3.131	0.0911	0.32155	253	+252	7.545	14	+31	12.996	237	14.775	252
4.128	0.0938	0.32408	251	+321	7.531	15	− 8	13.233	233	14.523	257
5.126	0.0966	+0.32659	248	+301	+7.516	14	−44	−13.466	230	+14.266	261
6.123	0.0993	0.32907	245	+202	7.502	15	−70	13.696	224	14.005	266
7.120	0.1020	0.33152	241	+ 54	7.487	15	−82	13.920	220	13.739	269
8.117	0.1047	0.33393	237	−104	7.472	15	−69	14.140	216	13.470	274
9.115	0.1075	0.33630	234	−223	7.457	15	−43	14.356	211	13.196	278
10.112	0.1102	+0.33864		−289	+7.442		− 6	−14.567		+12.918	

Reduktionsgrößen 1958

für 12^h Sternzeit Greenwich

Weltzeit	t	A		A′	B		B′	C		D	
1958	a			in 0.00001	″		in 0.″001	″		″	
Febr. 10.112	0.1102	+0.33864	231	−289	+7.442	14	− 6	−14.567	207	+12.918	282
11.109	0.1129	0.34095	228	−225	7.428	15	+33	14.774	202	12.636	285
12.107	0.1157	0.34323	225	−127	7.413	14	+62	14.976	197	12.351	289
13.104	0.1184	0.34548	222	+ 26	7.399	14	+77	15.173	192	12.062	292
14.101	0.1211	0.34770	218	+187	7.385	13	+79	15.365	187	11.770	297
15.098	0.1239	0.34988	216	+320	7.372	14	+60	15.552	183	11.473	300
16.096	0.1266	+0.35204	214	+398	+7.358	13	+35	−15.735	177	+11.173	303
17.093	0.1293	0.35418	210	+412	7.345	13	+ 3	15.912	173	10.870	306
18.090	0.1320	0.35628	207	+365	7.332	12	−27	16.085	168	10.564	309
19.087	0.1348	0.35835	204	+268	7.320	12	−50	16.253	162	10.255	313
20.085	0.1375	0.36039	201	+129	7.308	12	−65	16.415	158	9.942	315
21.082	0.1402	0.36240	198	− 27	7.296	11	−70	16.573	152	9.627	319
22.079	0.1430	+0.36438	196	−181	+7.285	10	−62	−16.725	147	+ 9.308	320
23.077	0.1457	0.36634	194	−320	7.275	11	−46	16.872	142	8.988	323
24.074	0.1484	0.36828	191	−413	7.264	10	−19	17.014	136	8.665	326
25.071	0.1512	0.37019	188	−451	7.254	10	+ 9	17.150	132	8.339	329
26.068	0.1539	0.37207	186	−420	7.244	10	+39	17.282	126	8.010	331
27.066	0.1566	0.37393	184	−321	7.234	9	+63	17.408	120	7.679	333
28.063	0.1594	+0.37577	182	−168	+7.225	8	+73	−17.528	114	+ 7.346	334
März 1.060	0.1621	0.37759	180	+ 6	7.217	7	+68	17.642	110	7.012	337
2.057	0.1648	0.37939	178	+164	7.210	7	+45	17.752	104	6.675	339
3.055	0.1675	0.38117	176	+266	7.203	6	+11	17.856	99	6.336	340
4.052	0.1703	0.38293	173	+296	7.197	6	−28	17.955	93	5.996	343
5.049	0.1730	0.38466	173	+223	7.191	5	−59	18.048	88	5.653	344
6.046	0.1757	+0.38639	171	+ 95	+7.186	5	−78	−18.136	83	+ 5.309	345
7.044	0.1785	0.38810	170	− 60	7.181	4	−77	18.219	76	4.964	346
8.041	0.1812	0.38980	168	−196	7.177	4	−58	18.295	71	4.618	348
9.038	0.1839	0.39148	167	−269	7.173	3	−24	18.366	65	4.270	349
10.036	0.1867	0.39315	165	−263	7.170	3	+17	18.431	60	3.921	350
11.033	0.1894	0.39480	164	−168	7.167	1	+54	18.491	54	3.571	351
12.030	0.1921	+0.39644	164	− 21	+7.166	1	+74	−18.545	49	+ 3.220	351
13.027	0.1948	0.39808	162	+150	7.165	1	+80	18.594	43	2.869	352
14.025	0.1976	0.39970	162	+305	7.164	0	+69	18.637	37	2.517	352
15.022	0.2003	0.40132	161	+409	7.164	1	+46	18.674	32	2.165	354
16.019	0.2030	0.40293	160	+446	7.165	2	+14	18.706	26	1.811	354
17.016	0.2058	0.40453	160	+415	7.167	3	−17	18.732	20	1.457	354
18.014	0.2085	+0.40613	159	+326	+7.170	3	−44	−18.752	15	+ 1.103	354
19.011	0.2112	0.40772	160	+196	7.173	3	−61	18.767	9	0.749	354
20.008	0.2140	0.40932	159	+ 45	7.176	4	−67	18.776	3	0.395	353
21.006	0.2167	0.41091	159	−111	7.180	5	−65	18.779	−2	+ 0.042	354
22.003	0.2194	0.41250	159	−250	7.185	5	−51	18.777	8	− 0.312	353
23.000	0.2222	+0.41409		−355	+7.190		−30	−18.769		− 0.665	

Reduktionsgrößen 1958

für 12^h Sternzeit Greenwich

Weltzeit	t	A		A′	B		B′	C		D	
1958	a			in 0.00001	″		in 0.″001	″		″	
März 23.000	0.2222	+0.41409	159	−355	+7.190	6	−30	−18.769	13	− 0.665	353
23.997	0.2249	0.41568	160	−416	7.196	7	− 1	18.756	19	1.018	353
24.995	0.2276	0.41728	160	−416	7.203	8	+29	18.737	24	1.371	352
25.992	0.2303	0.41888	160	−352	7.211	8	+53	18.713	30	1.723	351
26.989	0.2331	0.42048	161	−233	7.219	9	+69	18.683	36	2.074	350
27.986	0.2358	0.42209	162	− 77	7.228	10	+71	18.647	41	2.424	350
28.984	0.2385	+0.42371	162	+ 81	+7.238	10	+56	−18.606	46	− 2.774	349
29.981	0.2413	0.42533	162	+199	7.248	10	+27	18.560	52	3.123	347
30.978	0.2440	0.42695	164	+255	7.258	11	−10	18.508	58	3.470	346
31.975	0.2467	0.42859	166	+225	7.269	12	−46	18.450	63	3.816	344
April 1.973	0.2495	0.43025	167	+122	7.281	13	−72	18.387	68	4.160	343
2.970	0.2522	0.43192	168	− 27	7.294	13	−82	18.319	74	4.503	342
3.967	0.2549	+0.43360	168	−177	+7.307	14	−70	−18.245	79	− 4.845	340
4.965	0.2576	0.43528	170	−279	7.321	14	−42	18.166	84	5.185	339
5.962	0.2604	0.43698	172	−304	7.335	15	− 1	18.082	89	5.524	337
6.959	0.2631	0.43870	174	−244	7.350	16	+37	17.993	94	5.861	335
7.956	0.2658	0.44044	175	−106	7.366	16	+67	17.899	100	6.196	332
8.954	0.2686	0.44219	177	+ 74	7.382	16	+82	17.799	105	6.528	331
9.951	0.2713	+0.44396	180	+253	+7.398	17	+78	−17.694	111	− 6.859	328
10.948	0.2740	0.44576	181	+391	7.415	18	+59	17.583	115	7.187	326
11.945	0.2768	0.44757	182	+467	7.433	17	+27	17.468	119	7.513	324
12.943	0.2795	0.44939	185	+464	7.450	18	− 5	17.349	126	7.837	322
13.940	0.2822	0.45124	187	+382	7.468	18	−35	17.223	130	8.159	318
14.937	0.2850	0.45311	189	+270	7.486	19	−56	17.093	135	8.477	316
15.935	0.2877	+0.45500	191	+117	+7.505	19	−67	−16.958	140	− 8.793	314
16.932	0.2904	0.45691	194	− 39	7.524	20	−66	16.818	144	9.107	311
17.929	0.2931	0.45885	195	−185	7.544	21	−57	16.674	150	9.418	307
18.926	0.2959	0.46080	198	−299	7.565	21	−36	16.524	154	9.725	305
19.924	0.2986	0.46278	201	−373	7.586	21	−11	16.370	158	10.030	302
20.921	0.3013	0.46479	204	−390	7.607	21	+18	16.212	164	10.332	299
21.918	0.3041	+0.46683	206	−350	+7.628	21	+43	−16.048	168	−10.631	295
22.915	0.3068	0.46889	209	−252	7.649	21	+63	15.880	172	10.926	292
23.913	0.3095	0.47098	211	−118	7.670	21	+71	15.708	177	11.218	288
24.910	0.3123	0.47309	214	+ 32	7.691	22	+63	15.531	181	11.506	285
25.907	0.3150	0.47523	217	+160	7.713	22	+40	15.350	185	11.791	282
26.905	0.3177	0.47740	220	+235	7.735	23	+ 6	15.165	189	12.073	278
27.902	0.3204	+0.47960	221	+229	+7.758	22	−30	−14.976	194	−12.351	274
28.899	0.3232	0.48181	224	+151	7.780	23	−59	14.782	198	12.625	271
29.896	0.3259	0.48405	226	+ 25	7.803	23	−78	14.584	202	12.896	266
30.894	0.3286	0.48631	230	−144	7.826	23	−75	14.382	205	13.162	263
Mai 1.891	0.3314	0.48861	233	−272	7.849	23	−56	14.177	211	13.425	259
2.888	0.3341	+0.49094		−339	+7.872		−21	−13.966		−13.684	

Reduktionsgrößen 1958

für 12^h Sternzeit Greenwich

Weltzeit	t	A		A′	B		B′	C		D	
1958	a			in 0.00001	"		in 0."001	"		"	
Mai 2.888	0.3341	+0.49094	236	−339	+7.872	24	−21	−13.966	213	−13.684	255
3.885	0.3368	0.49330	238	−317	7.896	23	+21	13.753	218	13.939	251
4.883	0.3396	0.49568	241	−207	7.919	23	+54	13.535	222	14.190	247
5.880	0.3423	0.49809	245	− 39	7.942	22	+76	13.313	225	14.437	243
6.877	0.3450	0.50054	247	+155	7.964	23	+82	13.088	228	14.680	238
7.874	0.3478	0.50301	250	+328	7.987	23	+70	12.860	232	14.918	233
8.872	0.3505	+0.50551	252	+444	+8.010	23	+43	−12.628	236	−15.151	230
9.869	0.3532	0.50803	256	+481	8.033	23	+ 9	12.392	239	15.381	224
10.866	0.3559	0.51059	258	+440	8.056	23	−23	12.153	242	15.605	221
11.864	0.3587	0.51317	260	+338	8.079	23	−51	11.911	247	15.826	216
12.861	0.3614	0.51577	263	+194	8.102	23	−65	11.664	249	16.042	211
13.858	0.3641	0.51840	266	+ 31	8.125	22	−69	11.415	252	16.253	207
14.855	0.3669	+0.52106	268	−145	+8.147	22	−62	−11.163	255	−16.460	202
15.853	0.3696	0.52374	271	−255	8.169	22	−45	10.908	258	16.662	197
16.850	0.3723	0.52645	273	−340	8.191	22	−19	10.650	261	16.859	192
17.847	0.3751	0.52918	277	−363	8.213	21	+ 8	10.389	263	17.051	187
18.844	0.3778	0.53195	279	−348	8.234	21	+35	10.126	266	17.238	183
19.842	0.3805	0.53474	282	−267	8.255	21	+59	9.860	269	17.421	177
20.839	0.3832	+0.53756	284	−141	+8.276	21	+68	− 9.591	272	−17.598	173
21.836	0.3860	0.54040	285	+ 3	8.297	20	+65	9.319	274	17.771	168
22.834	0.3887	0.54325	288	+141	8.317	19	+49	9.045	276	17.939	162
23.831	0.3914	0.54613	290	+230	8.336	20	+19	8.769	279	18.101	158
24.828	0.3942	0.54903	292	+254	8.356	19	−16	8.490	281	18.259	151
25.825	0.3969	0.55195	294	+200	8.375	19	−49	8.209	284	18.410	147
26.823	0.3996	+0.55489	297	+ 79	+8.394	18	−71	− 7.925	286	−18.557	142
27.820	0.4024	0.55786	298	− 76	8.412	18	−77	7.639	287	18.699	136
28.817	0.4051	0.56084	301	−229	8.430	17	−64	7.352	290	18.835	131
29.814	0.4078	0.56385	302	−333	8.447	17	−37	7.062	290	18.966	126
30.812	0.4106	0.56687	304	−354	8.464	16	+ 1	6.772	293	19.092	121
31.809	0.4133	0.56991	306	−289	8.480	17	+39	6.479	296	19.213	115
Juni 1.806	0.4160	+0.57297	309	−149	+8.497	16	+67	− 6.183	297	−19.328	110
2.803	0.4187	0.57606	308	+ 37	8.513	14	+81	5.886	298	19.438	104
3.801	0.4215	0.57914	311	+224	8.527	14	+77	5.588	298	19.542	99
4.798	0.4242	0.58225	312	+373	8.541	14	+55	5.290	301	19.641	93
5.795	0.4269	0.58537	313	+454	8.555	14	+24	4.989	303	19.734	88
6.793	0.4297	0.58850	315	+457	8.569	13	−10	4.686	304	19.822	83
7.790	0.4324	+0.59165	317	+386	+8.582	12	−41	− 4.382	304	−19.905	76
8.787	0.4351	0.59482	317	+268	8.594	12	−62	4.078	305	19.981	71
9.784	0.4379	0.59799	318	+ 99	8.606	11	−72	3.773	307	20.052	65
10.782	0.4406	0.60117	320	− 66	8.617	11	−67	3.466	308	20.117	61
11.779	0.4433	0.60437	320	−213	8.628	10	−53	3.158	309	20.178	54
12.776	0.4460	+0.60757		−318	+8.638		−31	− 2.849		−20.232	

Reduktionsgrößen 1958

für 12^h Sternzeit Greenwich

Weltzeit	t	A	Δ	A′	B	Δ	B′	C	Δ	D	Δ
1958	a			in 0.00001	″		in 0.″001	″		″	
Juni 12.776	0.4460	+0.60757	320	−318	+8.638	9	−31	−2.849	309	−20.232	49
13.773	0.4488	0.61077	320	−371	8.647	9	− 3	2.540	309	20.281	43
14.771	0.4515	0.61397	322	−364	8.656	8	+27	2.231	310	20.324	38
15.768	0.4542	0.61719	322	−299	8.664	7	+49	1.921	311	20.362	32
16.765	0.4570	0.62041	322	−197	8.671	8	+68	1.610	311	20.394	26
17.763	0.4597	0.62363	323	− 33	8.679	7	+70	1.299	311	20.420	21
18.760	0.4624	+0.62686	324	+113	+8.686	6	+56	−0.988	312	−20.441	15
19.757	0.4652	0.63010	324	+229	8.692	5	+33	0.676	312	20.456	9
20.754	0.4679	0.63334	324	+281	8.697	4	− 3	0.364	312	20.465	4
21.752	0.4706	0.63658	323	+254	8.701	4	−34	−0.052	312	20.469	− 2
22.749	0.4734	0.63981	324	+161	8.705	4	−62	+0.260	312	20.467	7
23.746	0.4761	0.64305	323	+ 13	8.709	3	−77	0.572	311	20.460	13
24.743	0.4788	+0.64628	323	−151	+8.712	2	−69	+0.883	311	−20.447	19
25.741	0.4815	0.64951	322	−276	8.714	2	−48	1.194	311	20.428	24
26.738	0.4843	0.65273	322	−344	8.716	1	−14	1.505	311	20.404	30
27.735	0.4870	0.65595	322	−323	8.717	1	+23	1.816	310	20.374	36
28.732	0.4897	0.65917	320	−221	8.718	0	+54	2.126	310	20.338	41
29.730	0.4925	0.66237	320	− 58	8.718	1	+77	2.436	308	20.297	47
30.727	0.4952	+0.66557	320	+124	+8.717	1	+80	+2.744	308	−20.250	53
Juli 1.724	0.4979	0.66877	319	+289	8.716	2	+64	3.052	306	20.197	58
2.722	0.5007	0.67196	318	+399	8.714	3	+38	3.358	306	20.139	63
3.719	0.5034	0.67514	316	+439	8.711	3	+ 4	3.664	305	20.076	69
4.716	0.5061	0.67830	315	+404	8.708	4	−26	3.969	305	20.007	75
5.713	0.5088	0.68145	313	+304	8.704	4	−53	4.274	303	19.932	80
6.711	0.5116	+0.68458	313	+160	+8.700	5	−67	+4.577	302	−19.852	85
7.708	0.5143	0.68771	311	− 4	8.695	5	−70	4.879	300	19.767	91
8.705	0.5170	0.69082	310	−161	8.690	6	−61	5.179	299	19.676	97
9.702	0.5198	0.69392	308	−290	8.684	6	−43	5.478	297	19.579	102
10.700	0.5225	0.69700	307	−371	8.678	7	−15	5.775	295	19.477	107
11.697	0.5252	0.70007	305	−392	8.671	7	+13	6.070	294	19.370	112
12.694	0.5280	+0.70312	303	−348	+8.664	7	+43	+6.364	292	−19.258	118
13.692	0.5307	0.70615	301	−246	8.657	8	+63	6.656	291	19.140	123
14.689	0.5334	0.70916	300	−102	8.649	9	+71	6.947	289	19.017	129
15.686	0.5362	0.71216	299	+ 57	8.640	9	+65	7.236	287	18.888	133
16.683	0.5389	0.71515	296	+193	8.631	10	+42	7.523	285	18.755	138
17.681	0.5416	0.71811	293	+281	8.621	10	+13	7.808	282	18.617	144
18.678	0.5443	+0.72104	292	+290	+8.611	10	−24	+8.090	281	−18.473	149
19.675	0.5471	0.72396	290	+225	8.601	11	−55	8.371	278	18.324	154
20.672	0.5498	0.72686	287	+ 96	8.590	11	−73	8.649	275	18.170	160
21.670	0.5525	0.72973	285	− 60	8.579	11	−74	8.924	273	18.010	164
22.667	0.5553	0.73258	283	−207	8.568	11	−58	9.197	271	17.846	169
23.664	0.5580	+0.73541		−299	+8.557		−29	+9.468		−17.677	

Reduktionsgrößen 1958

für 12h Sternzeit Greenwich

Weltzeit	t	A		A′	B		B′	C		D	
1958	a			in 0.00001	″		in 0.″001	″		″	
Juli 23.664	0.5580	+0.73541	280	−299	+8.557	12	−29	+ 9.468	268	−17.677	174
24.661	0.5607	0.73821	278	−313	8.545	13	+10	9.736	266	17.503	179
25.659	0.5635	0.74099	275	−246	8.532	13	+44	10.002	263	17.324	184
26.656	0.5662	0.74374	272	−108	8.519	13	+68	10.265	260	17.140	188
27.653	0.5689	0.74646	269	+ 61	8.506	13	+77	10.525	257	16.952	194
28.651	0.5716	0.74915	268	+227	8.493	13	+69	10.782	255	16.758	198
29.648	0.5744	+0.75183	266	+353	+8.480	13	+46	+11.037	252	−16.560	202
30.645	0.5771	0.75449	262	+417	8.467	14	+17	11.289	248	16.358	207
31.642	0.5798	0.75711	259	+409	8.453	14	−14	11.537	245	16.151	211
Aug. 1.640	0.5826	0.75970	258	+335	8.439	14	−42	11.782	242	15.940	216
2.637	0.5853	0.76228	255	+210	8.425	14	−61	12.024	239	15.724	221
3.634	0.5880	0.76483	252	+ 56	8.411	15	−69	12.263	235	15.503	224
4.631	0.5908	+0.76735	249	−102	+8.396	15	−65	+12.498	232	−15.279	230
5.629	0.5935	0.76984	246	−244	8.381	14	−50	12.730	228	15.049	233
6.626	0.5962	0.77230	244	−350	8.367	14	−26	12.958	225	14.816	238
7.623	0.5990	0.77474	241	−401	8.353	15	+ 2	13.183	221	14.578	241
8.621	0.6017	0.77715	238	−391	8.338	15	+33	13.404	218	14.337	246
9.618	0.6044	0.77953	235	−318	8.323	14	+57	13.622	214	14.091	250
10.615	0.6071	+0.78188	233	−192	+8.309	14	+70	+13.836	210	−13.841	254
11.612	0.6099	0.78421	230	− 35	8.295	15	+68	14.046	207	13.587	258
12.610	0.6126	0.78651	227	+118	8.280	15	+54	14.253	202	13.329	261
13.607	0.6153	0.78878	224	+236	8.265	14	+26	14.455	198	13.068	266
14.604	0.6181	0.79102	222	+287	8.251	13	− 9	14.653	194	12.802	269
15.601	0.6208	0.79324	218	+255	8.238	14	−44	14.847	191	12.533	272
16.599	0.6235	+0.79542	216	+155	+8.224	14	−69	+15.038	185	−12.261	276
17.596	0.6263	0.79758	213	+ 8	8.210	14	−78	15.223	183	11.985	279
18.593	0.6290	0.79971	211	−142	8.196	14	−68	15.406	177	11.706	283
19.591	0.6317	0.80182	208	−255	8.182	13	−41	15.583	174	11.423	286
20.588	0.6344	0.80390	206	−306	8.169	13	− 5	15.757	169	11.137	289
21.585	0.6372	0.80596	203	−254	8.156	13	+32	15.926	164	10.848	293
22.582	0.6399	+0.80799	201	−137	+8.143	12	+62	+16.090	161	−10.555	297
23.580	0.6426	0.81000	198	+ 25	8.131	12	+78	16.251	155	10.258	299
24.577	0.6454	0.81198	196	+193	8.119	12	+74	16.406	151	9.959	301
25.574	0.6481	0.81394	193	+334	8.107	12	+57	16.557	147	9.658	304
26.571	0.6508	0.81587	191	+416	8.095	12	+28	16.704	142	9.354	308
27.569	0.6536	0.81778	189	+425	8.083	11	− 5	16.846	137	9.046	310
28.566	0.6563	+0.81967	187	+366	+8.072	10	−33	+16.983	133	− 8.736	312
29.563	0.6590	0.82154	185	+258	8.062	11	−55	17.116	127	8.424	315
30.560	0.6618	0.82339	182	+115	8.051	10	−67	17.243	122	8.109	318
31.558	0.6645	0.82521	180	− 40	8.041	8	−66	17.365	119	7.791	320
Sept. 1.555	0.6672	0.82701	178	−187	8.033	8	−56	17.484	113	7.471	322
2.552	0.6699	+0.82879		−303	+8.025		−35	+17.597		− 7.149	

Reduktionsgrößen 1958

für 12ʰ Sternzeit Greenwich

Weltzeit	t	A		A′	B		B′	C		D	
1958	a			in 0.00001	″		in 0.″001	″		″	
Sept. 2.552	0.6699	+0.82879	177	−303	+8.025	9	−35	17.597	108	−7.149	325
3.550	0.6727	0.83056	175	−381	8.016	9	− 9	17.705	103	6.824	326
4.547	0.6754	0.83231	173	−400	8.007	8	+20	17.808	98	6.498	328
5.544	0.6781	0.83404	170	−365	7.999	7	+45	17.906	92	6.170	330
6.541	0.6809	0.83574	170	−266	7.992	6	+64	17.998	89	5.840	333
7.539	0.6836	0.83744	169	−128	7.986	5	+72	18.087	83	5.507	334
8.536	0.6863	+0.83913	167	+ 26	+7.981	6	+64	+18.170	78	−5.173	336
9.533	0.6891	0.84080	164	+161	7.975	5	+40	18.248	72	4.837	337
10.530	0.6918	0.84244	164	+243	7.970	4	+ 9	18.320	67	4.500	338
11.528	0.6945	0.84408	163	+251	7.966	4	−29	18.387	62	4.162	340
12.525	0.6972	0.84571	162	+182	7.962	3	−59	18.449	57	3.822	341
13.522	0.7000	0.84733	161	+ 52	7.959	3	−77	18.506	51	3.481	343
14.520	0.7027	+0.84894	159	−100	+7.956	2	−76	+18.557	47	−3.138	343
15.517	0.7054	0.85053	158	−229	7.954	1	−56	18.604	40	2.795	345
16.514	0.7082	0.85211	159	−297	7.953	1	−23	18.644	36	2.450	345
17.511	0.7109	0.85370	159	−281	7.952	0	+17	18.680	30	2.105	346
18.509	0.7136	0.85529	157	−181	7.952	0	+51	18.710	25	1.759	347
19.506	0.7164	0.85686	156	− 23	7.952	1	+74	18.735	19	1.412	348
20.503	0.7191	+0.85842	157	+157	+7.953	2	+76	+18.754	14	−1.064	348
21.500	0.7218	0.85999	156	+317	7.955	2	+64	18.768	8	0.716	348
22.498	0.7246	0.86155	157	+426	7.957	3	+39	18.776	$\underline{3}$	0.368	349
23.495	0.7273	0.86312	156	+457	7.960	4	+ 8	18.779	2	−0.019	349
24.492	0.7300	0.86468	156	+419	7.964	5	−25	18.777	8	+0.330	349
25.489	0.7327	0.86624	157	+321	7.969	5	−48	18.769	13	0.679	350
26.487	0.7355	+0.86781	156	+183	+7.974	5	−62	+18.756	19	+1.029	349
27.484	0.7382	0.86937	157	+ 29	7.979	6	−67	18.737	24	1.378	349
28.481	0.7409	0.87094	157	−116	7.985	7	−59	18.713	30	1.727	348
29.479	0.7437	0.87251	158	−243	7.992	8	−42	18.683	35	2.075	348
30.476	0.7464	0.87409	159	−332	8.000	8	−18	18.648	41	2.423	347
Okt. 1.473	0.7491	0.87568	159	−375	8.008	9	+ 9	18.607	46	2.770	347
2.470	0.7519	+0.87727	161	−365	+8.017	10	+36	+18.561	52	+3.117	346
3.468	0.7546	0.87888	162	−299	8.027	10	+57	18.509	57	3.463	345
4.465	0.7573	0.88050	161	−187	8.037	10	+68	18.452	63	3.808	344
5.462	0.7600	0.88211	163	− 48	8.047	11	+67	18.389	68	4.152	344
6.459	0.7628	0.88374	165	+ 91	8.058	12	+52	18.321	74	4.496	342
7.457	0.7655	0.88539	168	+192	8.070	12	+23	18.247	79	4.838	342
8.454	0.7682	+0.88707	168	+228	+8.082	13	−11	+18.168	84	+5.180	339
9.451	0.7710	0.88875	170	+186	8.095	14	−46	18.084	90	5.519	339
10.449	0.7737	0.89045	170	+ 81	8.109	14	−72	17.994	95	5.858	336
11.446	0.7764	0.89215	173	− 67	8.123	14	−79	17.899	101	6.194	336
12.443	0.7792	0.89388	174	−214	8.137	16	−69	17.798	105	6.530	333
13.440	0.7819	+0.89562		−311	+8.153		−41	+17.693		+6.863	

Reduktionsgrößen 1958

für 12ʰ Sternzeit Greenwich

Weltzeit	t	A		A′	B		B′	C		D	
1958	a			in 0.00001	″		in 0.″001	″		″	
Okt. 13.440	0.7819	+0.89562	177	−311	+8.153	16	−41	+17.693	112	+ 6.863	331
14.438	0.7846	0.89739	178	−329	8.169	16	− 2	17.581	116	7.194	329
15.435	0.7874	0.89917	181	−258	8.185	17	+37	17.465	122	7.523	328
16.432	0.7901	0.90098	183	−112	8.202	17	+67	17.343	127	7.851	325
17.429	0.7928	0.90281	186	+ 79	8.219	17	+81	17.216	133	8.176	323
18.427	0.7955	0.90467	187	+265	8.236	18	+76	17.083	137	8.499	321
19.424	0.7983	+0.90654	189	+412	+8.254	19	+54	+16.946	142	+ 8.820	318
20.421	0.8010	0.90843	193	+483	8.273	19	+20	16.804	148	9.138	316
21.418	0.8037	0.91036	196	+474	8.292	20	−14	16.656	152	9.454	313
22.416	0.8065	0.91232	197	+391	8.312	19	−42	16.504	158	9.767	310
23.413	0.8092	0.91429	200	+260	8.331	20	−60	16.346	163	10.077	307
24.410	0.8119	0.91629	203	+102	8.351	20	−68	16.183	168	10.384	305
25.408	0.8147	+0.91832	205	− 51	+8.371	21	−62	+16.015	172	+10.689	302
26.405	0.8174	0.92037	208	−185	8.392	22	−49	15.843	177	10.991	298
27.402	0.8201	0.92245	211	−284	8.414	22	−27	15.666	183	11.289	295
28.399	0.8228	0.92456	214	−340	8.436	21	− 2	15.483	188	11.584	291
29.397	0.8256	0.92670	218	−344	8.457	22	+26	15.295	191	11.875	288
30.394	0.8283	0.92888	220	−298	8.479	22	+48	15.104	197	12.163	285
31.391	0.8310	+0.93108	223	−205	+8.501	23	+65	+14.907	201	+12.448	281
Nov. 1.388	0.8338	0.93331	227	− 85	8.524	22	+69	14.706	205	12.729	277
2.386	0.8365	0.93558	231	+ 47	8.546	23	+59	14.501	211	13.006	274
3.383	0.8392	0.93789	233	+154	8.569	22	+35	14.290	214	13.280	269
4.380	0.8420	0.94022	235	+212	8.591	23	+ 4	14.076	219	13.549	266
5.378	0.8447	0.94257	238	+197	8.614	23	−29	13.857	224	13.815	262
6.375	0.8474	+0.94495	242	+115	+8.637	23	−60	+13.633	227	+14.077	258
7.372	0.8502	0.94737	245	− 26	8.660	22	−76	13.406	232	14.335	253
8.369	0.8529	0.94982	250	−177	8.682	23	−75	13.174	236	14.588	249
9.367	0.8556	0.95232	251	−307	8.705	23	−54	12.938	240	14.837	244
10.364	0.8583	0.95483	255	−369	8.728	23	−21	12.698	244	15.081	240
11.361	0.8611	0.95738	259	−343	8.751	22	+19	12.454	249	15.321	235
12.358	0.8638	+0.95997	262	−224	+8.773	22	+53	+12.205	252	+15.556	230
13.356	0.8665	0.96259	264	− 45	8.795	24	+77	11.953	255	15.786	227
14.353	0.8693	0.96523	267	+162	8.819	23	+79	11.698	260	16.013	221
15.350	0.8720	0.96790	270	+342	8.842	22	+64	11.438	263	16.234	216
16.347	0.8747	0.97060	274	+459	8.864	21	+36	11.175	266	16.450	211
17.345	0.8775	0.97334	277	+497	8.885	22	+ 1	10.909	270	16.661	206
18.342	0.8802	+0.97611	281	+452	+8.907	21	−31	+10.639	274	+16.867	201
19.339	0.8829	0.97892	283	+337	8.928	21	−57	10.365	277	17.068	197
20.337	0.8856	0.98175	285	+183	8.949	21	−67	10.088	279	17.265	191
21.334	0.8884	0.98460	289	+ 20	8.970	21	−67	9.809	283	17.456	185
22.331	0.8911	0.98749	292	−130	8.991	20	−56	9.526	286	17.641	180
23.328	0.8938	+0.99041		−241	+9.011		−35	+ 9.240		+17.821	

Reduktionsgrößen 1958

für 12ʰ Sternzeit Greenwich

Weltzeit	*t*	*A*		*A'*	*B*		*B'*	*C*		*D*	
1958	d			in 0.00001	"		in 0."001	"		"	
Nov. 23.328	0.8938	+0.99041	294	−241	+9.011	21	−35	+9.240	289	+17.821	174
24.326	0.8966	0.99335	297	−310	9.032	20	− 9	8.951	292	17.995	169
25.323	0.8993	0.99632	300	−327	9.052	18	+17	8.659	295	18.164	163
26.320	0.9020	0.99932	303	−294	9.070	18	+42	8.364	298	18.327	158
27.317	0.9048	1.00235	304	−216	9.088	18	+60	8.066	300	18.485	151
28.315	0.9075	1.00539	307	−101	9.106	18	+68	7.766	303	18.636	147
29.312	0.9102	+1.00846	310	+ 27	+9.124	17	+62	+7.463	304	+18.783	140
30.309	0.9130	1.01156	313	+142	9.141	17	+45	7.159	308	18.923	135
Dez. 1.307	0.9157	1.01469	314	+225	9.158	17	+17	6.851	309	19.058	129
2.304	0.9184	1.01783	317	+226	9.175	16	−17	6.542	312	19.187	123
3.301	0.9211	1.02100	318	+166	9.191	15	−48	6.230	314	19.310	117
4.298	0.9239	1.02418	321	+ 42	9.206	14	−70	5.916	315	19.427	111
5.296	0.9266	+1.02739	322	−115	+9.220	14	−76	+5.601	318	+19.538	104
6.293	0.9293	1.03061	324	−266	9.234	14	−65	5.283	320	19.642	99
7.290	0.9321	1.03385	325	−363	9.248	13	−37	4.963	321	19.741	93
8.287	0.9348	1.03710	328	−386	9.261	12	+ 1	4.642	323	19.834	87
9.285	0.9375	1.04038	329	−315	9.273	11	+38	4.319	323	19.921	79
10.282	0.9403	1.04367	331	−164	9.284	11	+67	3.996	326	20.000	74
11.279	0.9430	+1.04698	331	+ 34	+9.295	11	+80	+3.670	326	+20.074	68
12.277	0.9457	1.05029	333	+230	9.306	10	+73	3.344	327	20.142	62
13.274	0.9484	1.05362	335	+388	9.316	9	+50	3.017	329	20.204	54
14.271	0.9512	1.05697	335	+472	9.325	8	+15	2.688	329	20.258	49
15.268	0.9539	1.06032	336	+469	9.333	7	−18	2.359	331	20.307	43
16.266	0.9566	1.06368	336	+389	9.340	6	−46	2.028	331	20.350	36
17.263	0.9594	+1.06704	337	+253	+9.346	7	−64	+1.697	332	+20.386	29
18.260	0.9621	1.07041	337	+ 90	9.353	6	−71	1.365	332	20.415	23
19.257	0.9648	1.07378	338	− 69	9.359	4	−63	1.033	332	20.438	17
20.255	0.9676	1.07716	338	−202	9.363	4	−45	0.701	333	20.455	10
21.252	0.9703	1.08054	338	−292	9.367	4	−21	0.368	333	20.465	4
22.249	0.9730	1.08392	338	−327	9.371	3	+ 8	+0.035	333	20.469	3
23.246	0.9758	+1.08730	339	−309	+9.374	2	+34	−0.298	332	+20.466	9
24.244	0.9785	1.09069	338	−242	9.376	1	+55	0.630	333	20.457	15
25.241	0.9812	1.09407	337	−129	9.377	0	+66	0.963	333	20.442	21
26.238	0.9839	1.09744	337	− 1	9.377	1	+65	1.296	332	20.421	29
27.236	0.9867	1.10081	337	+127	9.376	1	+52	1.628	331	20.392	34
28.233	0.9894	1.10418	336	+218	9.375	1	+28	1.959	331	20.358	41
29.230	0.9921	+1.10754	335	+256	+9.374	3	− 4	−2.290	331	+20.317	48
30.227	0.9949	1.11089	334	+222	9.371	3	−36	2.621	329	20.269	54
31.225	0.9976	1.11423	334	+119	9.368	4	−62	2.950	328	20.215	60
32.222	1.0003	+1.11757		− 28	+9.364		−75	−3.278		+20.155	

Reduktionsgrößen 1958

für 12h Sternzeit Greenwich

Weltzeit		t	log A	log B	log C	log D	E
1958		a					s
Jan.	0.2	−0.0017	9.33913	0.89636	0.48144n	1.30539	+0.0016
	10.2	+0.0256	9.40062	0.89404	0.79609n	1.28558	16
	20.2	0.0529	9.45136	0.88868	0.96745n	1.25035	16
	30.1	0.0802	9.49290	0.88104	1.07943n	1.19695	16
Febr.	9.1	0.1075	9.52673	0.87256	1.15703n	1.12044	15
	19.1	+0.1348	9.55431	0.86451	1.21093n	1.01094	+0.0015
März	1.1	0.1621	9.57702	0.85836	1.24655n	0.84584	15
	11.0	0.1894	9.59638	0.85534	1.26696n	0.55279	15
	21.0	0.2167	9.61375	0.85612	1.27367n	8.62325	15
	31.0	0.2440	9.63038	0.86082	1.26736n	0.54033n	14
April	10.0	+0.2713	9.64734	0.86911	1.24783n	0.83626n	+0.0014
	19.9	0.2986	9.66537	0.88001	1.21405n	1.00130n	14
	29.9	0.3259	9.68489	0.89226	1.16388n	1.11046n	14
Mai	9.9	0.3532	9.70589	0.90488	1.09314n	1.18698n	14
	19.8	0.3805	9.72814	0.91672	0.99388n	1.24107n	13
	29.8	+0.4078	9.75116	0.92670	0.84893n	1.27798n	+0.0013
Juni	8.8	0.4351	9.77439	0.93420	0.61045n	1.30062n	13
	18.8	0.4624	9.79717	0.93882	9.99476n	1.31050n	13
	28.7	0.4897	9.81900	0.94042	0.32756	1.30831n	13
Juli	8.7	0.5170	9.83936	0.93902	0.71425	1.29394n	12
	18.7	+0.5443	9.85796	0.93505	0.90795	1.26654n	+0.0012
	28.7	0.5716	9.87457	0.92906	1.03270	1.22422n	12
Aug.	7.6	0.5990	9.88916	0.92184	1.12001	1.16370n	12
	17.6	0.6263	9.90177	0.91434	1.18250	1.07864n	11
	27.6	0.6536	9.91264	0.90757	1.22650	0.95646n	11
Sept.	6.5	+0.6809	9.92207	0.90266	1.25522	0.76641n	+0.0011
	16.5	0.7082	9.93050	0.90053	1.27054	0.38917n	11
	26.5	0.7355	9.93842	0.90168	1.27314	0.01242	11
Okt.	6.5	0.7628	9.94632	0.90623	1.26295	0.65283	10
	16.4	0.7901	9.95472	0.91392	1.23912	0.89492	10
	26.4	+0.8174	9.96396	0.92387	1.19984	1.04104	+0.0010
Nov.	5.4	0.8447	9.97431	0.93520	1.14167	1.14035	10
	15.3	0.8720	9.98583	0.94655	1.05835	1.21043	09
	25.3	0.8993	9.99840	0.95674	0.93747	1.25921	09
Dez.	5.3	0.9266	0.01174	0.96473	0.74827	1.29088	09
	15.3	+0.9539	0.02544	0.97002	0.37273	1.30765	+0.0009
	25.2	0.9812	0.03905	0.97206	9.98363n	1.31052	08
	35.2	+1.0085	0.05212	0.97081	0.62931n	1.29966	+0.0008

Reduktionsgrößen 1958

Übertragung mittlerer Sternörter
von dem Äquinoktium t_1 auf $t_2 = 1958.0$

t_1	$m^s(t_2-t_1)$	$n^s(t_2-t_1)$	$n''(t_2-t_1)$	log $n^s(t_2-t_1)$	log $n''(t_2-t_1)$
	m s	s	"		
1755	+10 23.519	+271.351	+4070.26	2.433531	3.609622
1790	8 36.073	224.550	3368.25	2.351313	3.527404
1800	8 5.368	211.179	3167.69	2.324651	3.500743
1810	7 34.662	197.809	2967.14	2.296246	3.472338
1825	6 48.601	177.755	2666.33	2.249822	3.425914
1830	+ 6 33.245	+171.071	+2566.07	2.233176	3.409269
1835	6 17.890	164.387	2465.80	2.215867	3.391958
1840	6 2.534	157.703	2365.54	2.197840	3.373930
1845	5 47.177	151.019	2265.28	2.179032	3.355122
1850	5 31.820	144.335	2165.03	2.159372	3.335464
1855	+ 5 16.463	+137.651	+2064.77	2.138779	3.314872
1860	5 1.105	130.968	1964.52	2.117165	3.293256
1865	4 45.747	124.285	1864.27	2.094419	3.270509
1870	4 30.389	117.601	1764.02	2.070411	3.246504
1875	4 15.030	110.918	1663.78	2.045002	3.221096
1880	+ 3 59.670	+104.235	+1563.53	2.018014	3.194106
1885	3 44.310	97.553	1463.29	1.98924	3.165330
1890	3 28.950	90.870	1363.05	1.95842	3.134512
1895	3 13.589	84.188	1262.81	1.92525	3.101338
1900	2 58.227	77.505	1162.58	1.88933	3.065423
1905	+ 2 42.865	+ 70.823	+1062.35	1.85017	3.026268
1910	2 27.503	64.141	962.11	1.80714	2.98322
1915	2 12.140	57.459	861.88	1.75936	2.93545
1920	1 56.776	50.777	761.66	1.70567	2.88176
1925	1 41.413	44.096	661.43	1.64440	2.82048
1930	+ 1 26.048	+ 37.414	+ 561.21	1.57303	2.74913
1935	1 10.683	30.733	460.99	1.48760	2.66369
1940	0 55.318	24.051	360.77	1.38113	2.55723
1945	0 39.953	17.370	260.56	1.23980	2.41591
1950	0 24.587	10.689	160.34	1.02894	2.20504
1955	+ 0 9.220	+ 4.009	+ 60.13	0.60304	1.77909
1960	− 0 6.147	− 2.672	− 40.08	0.42684*n*	1.60293*n*

Sind α_1, δ_1 die Koordinaten für t_1 und α_2, δ_2 jene für $t_2 = 1958.0$, ist ferner α', δ' der genäherte Sternort für die Zeit

$$\frac{1}{2}(t_1 + t_2),$$

so ist

$$\alpha_2 = \alpha_1 + m^s(t_2-t_1) + [n^s(t_2-t_1)] \sin \alpha' \operatorname{tg} \delta'$$
$$\delta_2 = \delta_1 + [n''(t_2-t_1)] \cos \alpha'$$

Übertragung mittlerer Polsternörter

von dem Äquinoktium t_1 auf $t_2 = 1958.0$

t_1	$90° - (N)$ ′ ″	m s	$(m) + (N) - 90°$ ′ ″	m s	(n) ′ ″
1755	+77 54.91	+5 11.660	+77 58.24	+5 11.883	+67 49.91
1790	64 29.49	4 17.966	64 31.77	4 18.118	56 8.04
1800	60 39.33	4 2.622	60 41.35	4 2.757	52 47.51
1810	56 49.15	3 47.277	56 50.92	3 47.394	49 26.99
1825	51 3.84	3 24.256	51 5.27	3 24.351	44 26.23
1830	+49 8.72	+3 16.581	+49 10.05	+3 16.670	+42 45.97
1835	47 13.60	3 8.907	47 14.82	3 8.988	41 5.72
1840	45 18.48	3 1.232	45 19.60	3 1.307	39 25.47
1845	43 23.35	2 53.556	43 24.38	2 53.625	37 45.22
1850	41 28.21	2 45.881	41 29.15	2 45.943	36 4.97
1855	+39 33.07	+2 38.205	+39 33.92	+2 38.262	+34 24.72
1860	37 37.92	2 30.529	37 38.70	2 30.580	32 44.48
1865	35 42.77	2 22.852	35 43.47	2 22.898	31 4.23
1870	33 47.61	2 15.175	33 48.24	2 15.216	29 23.99
1875	31 52.45	2 7.497	31 53.01	2 7.534	27 43.75
1880	+29 57.29	+1 59.819	+29 57.78	+1 59.852	+26 3.51
1885	28 2.12	1 52.141	28 2.55	1 52.170	24 23.27
1890	26 6.94	1 44.463	26 7.31	1 44.488	22 43.03
1895	24 11.76	1 36.784	24 12.08	1 36.805	21 2.80
1900	22 16.57	1 29.104	22 16.84	1 29.123	19 22.57
1905	+20 21.38	+1 21.425	+20 21.60	+1 21.440	+17 42.34
1910	18 26.18	1 13.745	18 26.36	1 13.758	16 2.11
1915	16 30.97	1 6.065	16 31.12	1 6.075	14 21.88
1920	14 35.76	0 58.384	14 35.88	0 58.392	12 41.66
1925	12 40.55	0 50.703	12 40.64	0 50.709	11 1.43
1930	+10 45.33	+0 43.022	+10 45.39	+0 43.026	+9 21.21
1935	8 50.10	0 35.340	8 50.15	0 35.343	7 40.99
1940	6 54.87	0 27.659	6 54.90	0 27.659	6 0.77
1945	4 59.64	0 19.976	4 59.65	0 19.977	4 20.56
1950	3 4.40	0 12.293	3 4.40	0 12.293	2 40.34
1955	+ 1 9.15	+0 4.610	+ 1 9.15	+0 4.610	+ 1 0.13
1960	− 0 46.10	−0 3.074	− 0 46.10	−0 3.073	− 0 40.08

Sind α_1, δ_1 die Koordinaten für t_1 und α_2, δ_2 jene für $t_2 = 1958.0$, so hat man

zur Reduktion von dem Äquinoktium t_1 auf t_2:

$$a_1 = \alpha_1 + [90° - (N)]$$

$$p_1 = \left(\operatorname{tang} \delta_1 + \cos a_1 \operatorname{tang} \tfrac{1}{2}(n)\right) \sin (n)$$

$$\operatorname{tang} \Delta a_1 = \frac{p_1 \sin a_1}{1 - p_1 \cos a_1}$$

$$\alpha_2 = a_1 + [(m) + (N) - 90°] + \Delta a_1$$

$$\operatorname{tang} \tfrac{1}{2}(\delta_2 - \delta_1) = \cos\left(a_1 + \tfrac{1}{2}\Delta a_1\right) \sec \tfrac{1}{2}\Delta a_1 \operatorname{tang} \tfrac{1}{2}(n)$$

zur Reduktion von dem Äquinoktium t_2 auf t_1:

$$a_2 = \alpha_2 - [(m) + (N) - 90°]$$

$$p_2 = -\left(\operatorname{tang} \delta_2 - \cos a_2 \operatorname{tang} \tfrac{1}{2}(n)\right) \sin (n)$$

$$\operatorname{tang} \Delta a_2 = \frac{p_2 \sin a_2}{1 - p_2 \cos a_2}$$

$$\alpha_1 = a_2 - [90° - (N)] + \Delta a_2$$

$$\operatorname{tang} \tfrac{1}{2}(\delta_1 - \delta_2) = -\cos\left(a_2 + \tfrac{1}{2}\Delta a_2\right) \sec \tfrac{1}{2}\Delta a_2 \operatorname{tang} \tfrac{1}{2}(n)$$

Reduktion von Koordinatendifferenzen scheinbarer Örter auf Differenzen mittlerer Örter für den Jahresanfang

Sind $\Delta\alpha$ und $\Delta\delta$ die gemessenen Koordinatendifferenzen der scheinbaren Örter im Sinne Objekt minus Stern, $d\Delta\alpha$ und $d\Delta\delta$ die an ihnen anzubringenden Korrektionen, um Koordinatendifferenzen zu erhalten, die sich auf das mittlere Äquinoktium des Jahresanfangs beziehen, so wird

$$d\Delta\alpha = (d\Delta\alpha)_1 + (d\Delta\alpha)_2$$
$$d\Delta\delta = (d\Delta\delta)_1 + (d\Delta\delta)_2,$$

wobei

$$(d\Delta\alpha)_1 = -j\cos(G+\alpha)\frac{\operatorname{tg}\delta}{15}\Delta\alpha^m - j\sin(G+\alpha)\frac{\sec^2\delta}{225}\Delta\delta'$$
$$(d\Delta\alpha)_2 = -k\cos(H+\alpha)\frac{\sec\delta}{15}\Delta\alpha^m - k\sin(H+\alpha)\frac{\operatorname{tg}\delta\sec\delta}{225}\Delta\delta'$$
$$(d\Delta\delta)_1 = j\sin(G+\alpha)\,\Delta\alpha^m$$
$$(d\Delta\delta)_2 = k\sin(H+\alpha)\sin\delta\,\Delta\alpha^m - k\cos(H+\alpha)\frac{\cos\delta}{15}\Delta\delta' + [0.0003\, i\sin\delta\,\Delta\delta']$$

Hierin bezeichnen $(d\Delta\alpha)_1$ und $(d\Delta\delta)_1$ den Einfluß der Präzession und Nutation, $(d\Delta\alpha)_2$ und $(d\Delta\delta)_2$ den Einfluß der Aberration.

Die Größen G, H, j, k, i sind auf S. 252* — 269* zu finden. Die Faktoren $\frac{1}{15}\operatorname{tg}\delta$, $\frac{1}{225}\sec^2\delta$, $\frac{1}{15}\sec\delta$, $\frac{1}{225}\operatorname{tg}\delta\sec\delta$, $\sin\delta$, $\frac{1}{15}\cos\delta$ entnehme man der Zusammenstellung auf S. 283*. Die numerischen Werte der Funktionen sinus und cosinus sind auf S. 284* enthalten. $\Delta\alpha^m$ bedeutet die in Zeitminuten ausgedrückte gemessene Rektaszensionsdifferenz, $\Delta\delta'$ ist die in Bogenminuten ausgedrückte gemessene Deklinationsdifferenz. Die Größen $d\Delta\alpha$ und $d\Delta\delta$ ergeben sich in Zeit- bzw. Bogensekunden. Das in eckige Klammern gesetzte Glied $0.0003\, i\sin\delta\Delta\delta'$ in der Formel für $(d\Delta\delta)_2$ beträgt für $\Delta\delta' = 10'$ im Maximum $0''02$ und kann daher in den meisten Fällen unberücksichtigt bleiben.

δ	$\frac{1}{15}$ tg δ	$\frac{1}{225}$ sec² δ	$\frac{1}{15}$ sec δ	$\frac{1}{225}$ tg δ sec δ	sin δ	$\frac{1}{15}$ cos δ	tg δ	$\frac{1}{15}$ sec² δ	δ
0°	0.000	0.004	0.067	0.000	0.00	0.07	0.00	0.07	0°
5	0.006	0.004	0.067	0.000	0.09	0.07	0.09	0.07	5
10	0.012	0.005	0.068	0.001	0.17	0.07	0.18	0.07	10
15	0.018	0.005	0.069	0.001	0.26	0.06	0.27	0.07	15
20	0.024	0.005	0.071	0.002	0.34	0.06	0.36	0.08	20
25	0.031	0.005	0.074	0.002	0.42	0.06	0.47	0.08	25
30	0.038	0.006	0.077	0.003	0.50	0.06	0.58	0.09	30
35	0.047	0.007	0.081	0.004	0.57	0.05	0.70	0.10	35
40	0.056	0.008	0.087	0.005	0.64	0.05	0.84	0.11	40
40	0.056	0.008	0.087	0.005	0.64	0.05	0.84	0.11	40
42	0.060	0.008	0.090	0.005	0.67	0.05	0.90	0.12	42
44	0.064	0.009	0.093	0.006	0.69	0.05	0.97	0.13	44
46	0.069	0.009	0.096	0.007	0.72	0.05	1.04	0.14	46
48	0.074	0.010	0.100	0.007	0.74	0.04	1.11	0.15	48
50	0.079	0.011	0.104	0.008	0.77	0.04	1.19	0.16	50
52	0.085	0.012	0.108	0.009	0.79	0.04	1.28	0.18	52
54	0.092	0.013	0.113	0.010	0.81	0.04	1.38	0.19	54
56	0.099	0.014	0.119	0.012	0.83	0.04	1.48	0.21	56
58	0.107	0.016	0.126	0.013	0.85	0.04	1.60	0.24	58
60	0.115	0.018	0.133	0.015	0.87	0.03	1.73	0.27	60
60	0.115	0.018	0.133	0.015	0.87	0.03	1.73	0.27	60
61	0.120	0.019	0.138	0.017	0.87	0.03	1.80	0.28	61
62	0.125	0.020	0.142	0.018	0.88	0.03	1.88	0.30	62
63	0.131	0.022	0.147	0.019	0.89	0.03	1.96	0.32	63
64	0.137	0.023	0.152	0.021	0.90	0.03	2.05	0.35	64
65	0.143	0.025	0.158	0.023	0.91	0.03	2.14	0.37	65
66	0.150	0.027	0.164	0.025	0.91	0.03	2.25	0.40	66
67	0.157	0.029	0.171	0.027	0.92	0.03	2.36	0.44	67
68	0.165	0.032	0.178	0.029	0.93	0.02	2.48	0.48	68
69	0.174	0.035	0.186	0.032	0.93	0.02	2.61	0.52	69
70	0.183	0.038	0.195	0.036	0.94	0.02	2.75	0.57	70
71	0.194	0.042	0.205	0.040	0.95	0.02	2.90	0.63	71
72	0.205	0.047	0.216	0.044	0.95	0.02	3.08	0.70	72
73	0.218	0.052	0.228	0.050	0.96	0.02	3.27	0.78	73
74	0.232	0.058	0.242	0.056	0.96	0.02	3.49	0.88	74
75	0.249	0.066	0.258	0.064	0.97	0.02	3.73	1.00	75
75.0°	0.249	0.066	0.258	0.064	0.97	0.02	3.73	1.00	75.0°
75.5	0.258	0.071	0.266	0.069	0.97	0.02	3.87	1.06	75.5
76.0	0.267	0.076	0.276	0.074	0.97	0.02	4.01	1.14	76.0
76.5	0.278	0.082	0.286	0.079	0.97	0.02	4.17	1.22	76.5
77.0	0.289	0.088	0.296	0.086	0.97	0.01	4.33	1.32	77.0
77.5	0.301	0.095	0.308	0.093	0.98	0.01	4.51	1.42	77.5
78.0	0.314	0.103	0.321	0.101	0.98	0.01	4.70	1.54	78.0
78.5	0.328	0.112	0.334	0.110	0.98	0.01	4.92	1.68	78.5
79.0	0.343	0.122	0.349	0.120	0.98	0.01	5.14	1.83	79.0
79.5	0.360	0.134	0.366	0.132	0.98	0.01	5.40	2.01	79.5
80.0	0.378	0.147	0.384	0.145	0.98	0.01	5.67	2.21	80.0

Sinus

	0^h	1^h	2^h	3^h	4^h	5^h	
0^m	0.000	0.259	0.500	0.707	0.866	0.966	60
1	0.004	0.263	0.504	0.710	0.868	0.967	59
2	0.009	0.267	0.508	0.713	0.870	0.968	58
3	0.013	0.271	0.511	0.716	0.872	0.969	57
4	0.017	0.276	0.515	0.719	0.875	0.970	56
5	0.022	0.280	0.519	0.722	0.877	0.971	55
6	0.026	0.284	0.522	0.725	0.879	0.972	54
7	0.031	0.288	0.526	0.728	0.881	0.973	53
8	0.035	0.292	0 530	0.731	0.883	0.974	52
9	0.039	0.297	0.534	0.734	0.885	0.975	51
10	0.044	0.301	0.537	0.737	0.887	0.976	50
11	0.048	0.305	0.541	0.740	0.889	0.977	49
12	0.052	0.309	0.545	0.743	0.891	0.978	48
13	0.057	0.313	0.548	0.746	0.893	0.979	47
14	0.061	0.317	0.552	0.749	0.895	0.980	46
15	0.065	0.321	0.556	0.752	0.897	0.981	45
16	0.070	0.326	0.559	0.755	0.899	0.982	44
17	0.074	0.330	0.563	0.758	0.901	0.982	43
18	0.078	0.334	0.566	0.760	0.903	0.983	42
19	0.083	0.338	0.570	0.763	0.904	0.984	41
20	0.087	0.342	0.574	0.766	0.906	0.985	40
21	0.092	0.346	0.577	0.769	0.908	0.986	39
22	0.096	0.350	0.581	0.772	0.910	0.986	38
23	0.100	0.354	0.584	0.774	0.912	0.987	37
24	0.105	0.358	0.588	0.777	0.914	0.988	36
25	0.109	0.362	0.591	0.780	0.915	0.988	35
26	0.113	0.367	0.595	0.783	0.917	0.989	34
27	0.118	0.371	0.598	0.785	0.919	0.990	33
28	0.122	0.375	0.602	0.788	0.921	0.990	32
29	0.126	0.379	0.605	0.791	0 922	0.991	31
30	0.131	0.383	0.609	0.793	0.924	0.991	30
31	0.135	0.387	0.612	0.796	0.926	0.992	29
32	0.139	0.391	0.616	0.799	0.927	0.993	28
33	0.143	0 395	0.619	0.801	0.929	0.993	27
34	0.148	0.399	0.623	0.804	0.930	0.994	26
35	0.152	0.403	0.626	0.806	0.932	0.994	25
36	0.156	0.407	0.629	0.809	0.934	0.995	24
37	0.161	0.411	0.633	0.812	0.935	0.995	23
38	0.165	0.415	0.636	0.814	0.937	0.995	22
39	0.169	0.419	0.639	0.817	0.938	0.996	21
40	0.174	0.423	0.643	0.819	0.940	0.996	20
41	0.178	0.427	0.646	0.822	0.941	0.997	19
42	0.182	0.431	0.649	0.824	0.943	0.997	18
43	0.187	0.434	0.653	0.827	0.944	0.997	17
44	0.191	0.438	0.656	0.829	0.946	0.998	16
45	0.195	0.442	0.659	0.831	0.947	0.998	15
46	0.199	0.446	0.663	0.834	0.948	0.998	14
47	0.204	0.450	0.666	0.836	0.950	0.998	13
48	0.208	0.454	0.669	0.839	0.951	0.999	12
49	0.212	0.458	0.672	0.841	0.952	0.999	11
50	0.216	0.462	0.676	0.843	0.954	0.999	10
51	0.221	0.466	0.679	0.846	0.955	0.999	9
52	0.225	0.469	0.682	0.848	0.956	0.999	8
53	0.229	0.473	0.685	0.850	0.958	1.000	7
54	0.233	0.477	0.688	0.853	0.959	1.000	6
55	0.238	0.481	0.692	0.855	0.960	1.000	5
56	0.242	0.485	0.695	0.857	0.961	1.000	4
57	0.246	0.489	0.698	0.859	0.962	1.000	3
58	0.250	0.492	0.701	0.862	0.964	1.000	2
59	0.255	0.496	0.704	0.864	0.965	1.000	1
60	0.259	0.500	0.707	0.866	0.966	1.000	0^m
	5^h	4^h	3^h	2^h	1^h	0^h	

Cosinus

Reduktionsgrößen 1958

Übertragung von Rektaszensions- und Deklinationsdifferenzen vom mittleren Äquinoktium 1958.0 auf das Normaläquinoktium 1950.0

α	a_1	a_2	d_1	α	α	a_1	a_2	d_1	α
h m				h m	h m				h m
0 0	−0.0466−	−0.0000+	+0.000−	24 0	6 0	+0.0000+	−0.0466+	+0.689−	18 0
10	0466	0020	031	23 50	10	0020	0466	688	17 50
20	0465	0041	061	40	20	0041	0465	686	40
30	0462	0061	091	30	30	0061	0462	683	30
40	0459	0081	121	20	40	0081	0459	679	20
0 50	0455	0101	151	10	6 50	0101	0455	673	10
1 0	−0.0451−	−0.0121+	+0.181−	23 0	7 0	+0.0121+	−0.0451+	+0.666−	17 0
10	0445	0140	210	22 50	10	0140	0445	657	16 50
20	0438	0160	239	40	20	0160	0438	647	40
30	0431	0178	268	30	30	0178	0431	636	30
40	0423	0197	296	20	40	0197	0423	624	20
1 50	0414	0215	323	10	7 50	0215	0414	611	10
2 0	−0.0404−	−0.0233+	+0.350−	22 0	8 0	+0.0233+	−0.0404+	+0.596−	16 0
10	0393	0251	366	21 50	10	0251	0393	580	15 50
20	0382	0268	391	40	20	0268	0382	563	40
30	0370	0284	416	30	30	0284	0370	545	30
40	0357	0300	440	20	40	0300	0357	526	20
2 50	0344	0315	463	10	8 50	0315	0344	506	10
3 0	−0.0330−	−0.0330+	+0.485−	21 0	9 0	+0.0330+	−0.0330+	+0.485−	15 0
10	0315	0344	506	20 50	10	0344	0315	463	14 50
20	0300	0357	526	40	20	0357	0300	440	40
30	0284	0370	545	30	30	0370	0284	416	30
40	0268	0382	563	20	40	0382	0268	391	20
3 50	0251	0393	580	10	9 50	0393	0251	366	10
4 0	−0.0233−	−0.0404+	+0.596−	20 0	10 0	+0.0404+	−0.0233+	+0.350−	14 0
10	0215	0414	611	19 50	10	0414	0215	323	13 50
20	0197	0423	624	40	20	0423	0197	296	40
30	0178	0431	636	30	30	0431	0178	268	30
40	0160	0438	647	20	40	0438	0160	239	20
4 50	0140	0445	657	10	10 50	0445	0140	210	10
5 0	−0.0121−	−0.0451+	+0.666−	19 0	11 0	+0.0451+	−0.0121+	+0.181−	13 0
10	0101	0455	673	18 50	10	0455	0101	151	12 50
20	0081	0459	679	40	20	0459	0081	121	40
30	0061	0462	683	30	30	0462	0061	091	30
40	0041	0465	686	20	40	0465	0041	061	20
5 50	0020	0466	688	10	11 50	0466	0020	031	10
6 0	−0.0000−	−0.0466+	+0.689−	18 0	12 0	+0.0466+	−0.0000+	+0.000−	12 0

Für α zwischen 12^h und 24^h gelten die Vorzeichen zur Rechten.

$$\Delta\alpha_{1950.0} = \Delta\alpha_{1958.0} + a_1 \cdot \mathrm{tg}\,\delta \cdot \Delta\alpha^m + a_2 \cdot \tfrac{1}{15}\sec^2\delta \cdot \Delta\delta'$$

$$\Delta\delta_{1950.0} = \Delta\delta_{1958.0} + d_1 \cdot \Delta\alpha^m$$

$\Delta\alpha^m$ bedeutet die Rektaszensionsdifferenz in Zeitminuten, $\Delta\delta'$ ist die Deklinationsdifferenz in Bogenminuten.

Die Werte von tg δ und $\frac{1}{15}\sec^2\delta$ sind auf S. 283* enthalten.

Reduktionsgrößen 1958

Reduktion vom mittleren Äquinoktium 1950.0 auf das wahre Äquinoktium der Epoche

0h Weltzeit	f	log g	G	0h Weltzeit	f	log g	G
1958	s		h m s	1958	s		h m s
Jan. −3	+25.225	2.21665	0 10 58	Juli 1	+26.636	2.24034	0 11 29
+2	25.278	2.21755	0 10 56	6	26.685	2.24112	0 11 27
7	25.329	2.21842	0 10 53	11	26.733	2.24190	0 11 24
12	25.379	2.21927	0 10 49	16	26.779	2.24265	0 11 20
17	25.428	2.22009	0 10 44	21	26.825	2.24337	0 11 14
22	+25.474	2.22087	0 10 38	26	+26.868	2.24406	0 11 9
27	25.518	2.22161	0 10 32	31	26.910	2.24473	0 11 3
Febr. 1	25.560	2.22231	0 10 25	Aug. 5	26.949	2.24535	0 10 56
6	25.599	2.22297	0 10 18	10	26.986	2.24595	0 10 50
11	25.635	2.22358	0 10 11	15	27.022	2.24650	0 10 43
16	+25.669	2.22415	0 10 4	20	+27.055	2.24703	0 10 37
21	25.701	2.22468	0 9 58	25	27.086	2.24752	0 10 31
26	25.731	2.22517	0 9 53	30	27.115	2.24798	0 10 26
März 3	25.759	2.22565	0 9 49	Sept. 4	27.143	2.24841	0 10 22
8	25.786	2.22608	0 9 46	9	27.169	2.24883	0 10 19
13	+25.811	2.22651	0 9 45	14	+27.194	2.24924	0 10 17
18	25.836	2.22693	0 9 45	19	27.219	2.24963	0 10 16
23	25.861	2.22735	0 9 46	24	27.243	2.25001	0 10 16
28	25.885	2.22777	0 9 48	29	27.267	2.25040	0 10 17
April 2	25.910	2.22819	0 9 52	Okt. 4	27.291	2.25079	0 10 20
7	+25.937	2.22864	0 9 57	9	+27.317	2.25120	0 10 24
12	25.964	2.22911	0 10 3	14	27.343	2.25162	0 10 29
17	25.993	2.22960	0 10 10	19	27.371	2.25208	0 10 35
22	26.023	2.23012	0 10 18	24	27.401	2.25256	0 10 42
27	26.056	2.23067	0 10 26	29	27.433	2.25308	0 10 49
Mai 2	+26.091	2.23126	0 10 34	Nov. 3	+27.467	2.25364	0 10 57
7	26.127	2.23188	0 10 43	8	27.504	2.25423	0 11 4
12	26.166	2.23254	0 10 51	13	27.543	2.25486	0 11 12
17	26.207	2.23323	0 10 59	18	27.585	2.25552	0 11 20
22	26.250	2.23396	0 11 6	23	27.628	2.25622	0 11 27
27	+26.295	2.23471	0 11 13	28	+27.674	2.25695	0 11 33
Juni 1	26.341	2.23548	0 11 19	Dez. 3	27.722	2.25772	0 11 38
6	26.389	2.23628	0 11 23	8	27.772	2.25850	0 11 42
11	26.438	2.23708	0 11 27	13	27.823	2.25930	0 11 45
16	26.487	2.23790	0 11 29	18	27.875	2.26010	0 11 47
21	+26.537	2.23872	0 11 31	23	+27.927	2.26091	0 11 47
26	26.587	2.23953	0 11 31	28	27.979	2.26172	0 11 46
Juli 1	+26.636	2.24034	0 11 29	33	+28.030	2.26252	0 11 44

Red. in $\alpha = f + \frac{1}{15} g \sin(G + \alpha) \operatorname{tg} \delta$ + Korr. nach S. 287*

Red. in $\delta = g \cos(G + \alpha)$ + Korr. nach S. 287*

Korrektion der Reduktion vom mittleren Äquinoktium 1950.0 auf das jedesmalige wahre Äquinoktium (s. S. 286*), berechnet für 1958.0, mit Hinzufügung ihrer einjährigen Änderung

α	δ +60°		+50°		+30°		+10°		−10°		−30°		−50°		−60°	
	Für Rektaszension (in 0ˢ001)															
h																
0	+17	+4	+12	+3	+6	+2	+2	+1	−1	0	−5	−1	−11	−3	−16	−4
1	+24	+6	+16	+4	+8	+2	+3	+1	0	0	−3	−1	− 6	−2	− 8	−2
2	+27	+7	+17	+4	+8	+2	+4	+1	+1	0	−1	0	− 2	−1	− 1	0
3	+27	+7	+16	+4	+8	+2	+4	+1	+2	0	0	0	+ 1	0	+ 4	+1
4	+21	+5	+13	+3	+6	+2	+3	+1	+2	0	+1	0	+ 2	0	+ 5	+1
5	+12	+3	+ 7	+2	+4	+1	+2	+1	+1	0	+1	0	+ 2	0	+ 4	+1
6	0	0	0	0	0	0	+1	0	+1	0	+1	0	+ 1	0	+ 1	0
7	−11	−3	− 7	−2	−3	1	−1	0	0	0	0	0	0	0	− 2	−1
8	−21	−5	−12	−3	−5	−1	−2	−1	0	0	0	0	0	0	− 3	−1
9	−26	−6	−16	−4	−7	−2	−3	−1	0	0	+1	0	+ 1	0	− 2	−1
10	−26	−7	−16	−4	−7	−2	−3	−1	0	0	+2	+1	+ 4	+1	+ 2	+1
11	−23	−6	−14	−4	−6	−2	−2	−1	+1	0	+4	+1	+ 8	+2	+ 9	+2
12	−16	−4	−11	−3	−5	−1	−1	0	+2	+1	+6	+2	+12	+3	+17	+4
13	− 8	−2	− 6	−2	−3	−1	0	0	+3	+1	+8	+2	+16	+4	+24	+6
14	− 1	0	− 2	−1	−1	0	+1	0	+4	+1	+8	+2	+17	+4	+27	+7
15	+ 4	+1	+ 1	0	0	0	+2	0	+4	+1	+8	+2	+16	+4	+27	+7
16	+ 5	+1	+ 2	0	+1	0	+2	0	+3	+1	+6	+2	+13	+3	+21	+5
17	+ 4	+1	+ 2	0	+1	0	+1	0	+2	+1	+4	+1	+ 7	+2	+12	+3
18	+ 1	0	+ 1	0	+1	0	+1	0	+1	0	0	0	0	0	0	0
19	− 2	−1	0	0	0	0	0	0	−1	0	−3	−1	− 7	−2	−11	−3
20	− 3	−1	0	0	0	0	0	0	−2	−1	−5	−1	−12	−3	−21	−5
21	− 2	−1	+ 1	0	+1	0	0	0	−3	−1	−7	−2	−16	−4	−26	−6
22	+ 2	+1	+ 4	+1	+2	+1	0	0	−3	−1	−7	−2	−16	−4	−26	−7
23	+ 9	+2	+ 8	+2	+4	+1	+1	0	−2	−1	−6	−2	−14	−4	−23	−6
24	+17	+4	+12	+3	+6	+2	+2	+1	−1	0	−5	−1	−11	−3	−16	−4
	Für Deklination (in 0″01)															
h																
0	0	0	0	0	0	0	0	0	0	0	0	0	0	0	0	0
1	− 5	−1	− 4	−1	− 4	−1	− 4	−1	− 4	−1	− 4	−1	− 3	−1	− 3	−1
2	−10	−3	− 9	−2	− 8	−2	− 8	−2	− 7	−2	− 6	−2	− 6	−1	− 5	−1
3	−16	−4	−14	−4	−12	−3	−11	−3	−10	−2	− 8	−2	− 7	−2	− 5	−1
4	−21	−5	−18	−5	−15	−4	−13	−3	−12	−3	−10	−2	− 7	−2	− 4	−1
5	−24	−6	−21	−5	−17	−4	−15	−4	−13	−3	−11	−3	− 7	−2	− 4	−1
6	−25	−6	−22	−5	−18	−4	−15	−4	−13	−3	−11	−3	− 7	−2	− 4	−1
7	−24	−6	−21	−5	−17	−4	−15	−4	−13	−3	−10	−3	− 7	−2	− 4	−1
8	−20	−5	−18	−4	−15	−4	−13	−3	−11	−3	−10	−2	− 7	−2	− 4	−1
9	−15	−4	−14	−3	−12	−3	−10	−3	− 9	−2	− 8	−2	− 6	−2	− 5	−1
10	−10	−2	− 9	−2	− 8	−2	− 7	−2	− 7	−2	− 6	−2	− 5	−1	− 4	−1
11	− 4	−1	− 4	−1	− 4	−1	− 4	−1	− 3	−1	− 3	−1	− 3	−1	− 3	−1
12	0	0	0	0	0	0	0	0	0	0	0	0	0	0	0	0
13	+ 3	+1	+ 3	+1	+ 4	+1	+ 4	+1	+ 4	+1	+ 4	+1	+ 4	+1	+ 5	+1
14	+ 5	+1	+ 6	+1	+ 6	+2	+ 7	+2	+ 8	+2	+ 8	+2	+ 9	+2	+10	+3
15	+ 5	+1	+ 7	+2	+ 9	+2	+10	+2	+11	+3	+12	+3	+14	+4	+16	+4
16	+ 4	+1	+ 7	+2	+10	+2	+12	+3	+13	+3	+15	+4	+18	+5	+21	+5
17	+ 4	+1	+ 7	+2	+11	+3	+13	+3	+15	+4	+17	+4	+21	+5	+24	+6
18	+ 4	+1	+ 7	+2	+11	+3	+13	+3	+15	+4	+18	+4	+22	+5	+25	+6
19	+ 4	+1	+ 7	+2	+10	+3	+13	+3	+15	+4	+17	+4	+21	+5	+24	+6
20	+ 4	+1	+ 7	+2	+10	+2	+11	+3	+13	+3	+15	+4	+18	+4	+20	+5
21	+ 5	+1	+ 6	+2	+ 8	+2	+ 9	+2	+10	+3	+12	+3	+14	+3	+15	+4
22	+ 4	+1	+ 5	+1	+ 6	+2	+ 7	+2	+ 7	+2	+ 8	+2	+ 9	+2	+10	+2
23	+ 3	+1	+ 3	+1	+ 3	+1	+ 3	+1	+ 4	+1	+ 4	+1	+ 4	+1	+ 4	+1
24	0	0	0	0	0	0	0	0	0	0	0	0	0	0	0	0

α	0h; 12h		1h; 13h		2h; 14h		3h; 15h		4h; 16h		5h; 17h		α
m	— A + s	— D + ″	— A + s	— D + ″	— A + s	— D + ″	— A + s	— D + ″	— A + s	— D + ″	— A + s	— D + ″	m
0		160.34	2.757	154.91	5.336	138.93	7.552	113.48	9.252	80.29	10.322	41.64	0
1	0.037	160.34	2.802	154.73	5.376	138.58	7.585	112.99	9.275	79.69	10.334	40.96	1
2	0.084	160.34	2.847	154.55	5.417	138.23	7.618	112.49	9.299	79.08	10.347	40.29	2
3	0.130	160.33	2.893	154.36	5.457	137.87	7.651	111.99	9.321	78.47	10.358	39.61	3
4	0.177	160.32	2.938	154.17	5.497	137.51	7.683	111.49	9.344	77.86	10.370	38.93	4
5	0.224	160.31	2.982	153.98	5.537	137.15	7.715	110.99	9.367	77.25	10.381	38.25	5
6	0.271	160.29	3.027	153.78	5.577	136.78	7.747	110.48	9.389	76.63	10.392	37.57	6
7	0.317	160.27	3.072	153.58	5.616	136.42	7.779	109.97	9.411	76.02	10.403	36.89	7
8	0.364	160.25	3.116	153.38	5.656	136.05	7.811	109.46	9.434	75.40	10.414	36.21	8
9	0.410	160.22	3.161	153.17	5.696	135.68	7.843	108.95	9.455	74.78	10.424	35.52	9
10	0.457	160.19	3.205	152.96	5.735	135.30	7.874	108.43	9.477	74.16	10.434	34.84	10
11	0.504	160.16	3.250	152.75	5.774	134.92	7.906	107.92	9.499	73.54	10.444	34.16	11
12	0.550	160.13	3.294	152.54	5.813	134.55	7.937	107.40	9.520	72.92	10.454	33.48	12
13	0.597	160.09	3.339	152.32	5.853	134.16	7.968	106.88	9.541	72.30	10.464	32.79	13
14	0.643	160.05	3.383	152.11	5.892	133.78	7.999	106.36	9.562	71.67	10.474	32.11	14
15	0.690	160.01	3.427	151.88	5.930	133.39	8.030	105.83	9.583	71.05	10.483	31.42	15
16	0.736	159.96	3.472	151.66	5.969	133.00	8.061	105.31	9.603	70.42	10.492	30.74	16
17	0.783	159.91	3.516	151.43	6.008	132.61	8.092	104.78	9.624	69.79	10.501	30.05	17
18	0.829	159.86	3.559	151.20	6.046	132.22	8.122	104.24	9.644	69.16	10.509	29.36	18
19	0.876	159.80	3.603	150.96	6.085	131.82	8.152	103.71	9.664	68.53	10.517	28.67	19
20	0.922	159.74	3.647	150.72	6.123	131.42	8.182	103.17	9.684	67.89	10.525	27.98	20
21	0.969	159.68	3.691	150.48	6.162	131.02	8.212	102.63	9.704	67.26	10.533	27.29	21
22	1.015	159.62	3.735	150.24	6.200	130.62	8.242	102.10	9.723	66.63	10.542	26.61	22
23	1.062	159.55	3.779	150.00	6.238	130.21	8.272	101.55	9.742	65.99	10.549	25.92	23
24	1.108	159.48	3.822	149.75	6.276	129.80	8.301	101.01	9.761	65.35	10.557	25.23	24
25	1.154	159.40	3.866	149.50	6.314	129.39	8.331	100.47	9.780	64.71	10.564	24.54	25
26	1.201	159.33	3.909	149.24	6.351	128.97	8.360	99.92	9.799	64.07	10.571	23.85	26
27	1.247	159.24	3.953	148.99	6.389	128.56	8.389	99.37	9.818	63.43	10.578	23.15	27
28	1.293	159.16	3.996	148.72	6.426	128.14	8.418	98.83	9.836	62.79	10.585	22.46	28
29	1.340	159.07	4.039	148.46	6.463	127.72	8.447	98.27	9.854	62.14	10.591	21.77	29
30	1.386	158.98	4.082	148.19	6.500	127.29	8.475	97.72	9.872	61.49	10.597	21.07	30
31	1.432	158.89	4.125	147.92	6.537	126.87	8.503	97.16	9.890	60.85	10.603	20.38	31
32	1.478	158.80	4.168	147.66	6.574	126.44	8.532	96.61	9.907	60.20	10.609	19.69	32
33	1.525	158.70	4.211	147.38	6.611	126.01	8.560	96.05	9.925	59.55	10.615	19.00	33
34	1.571	158.60	4.254	147.11	6.648	125.57	8.588	95.49	9.942	58.90	10.621	18.30	34
35	1.617	158.50	4.297	146.83	6.684	125.14	8.615	94.92	9.959	58.25	10.626	17.61	35
36	1.663	158.39	4.340	146.55	6.721	124.70	8.643	94.36	9.976	57.60	10.631	16.91	36
37	1.709	158.28	4.382	146.26	6.757	124.26	8.670	93.79	9.992	56.95	10.636	16.22	37
38	1.755	158.17	4.424	145.97	6.793	123.82	8.697	93.22	10.009	56.29	10.640	15.52	38
39	1.801	158.05	4.467	145.68	6.828	123.37	8.724	92.65	10.025	55.63	10.644	14.82	39
40	1.847	157.93	4.509	145.38	6.864	122.92	8.751	92.08	10.041	54.97	10.648	14.12	40
41	1.893	157.81	4.551	145.08	6.900	122.47	8.778	91.51	10.057	54.31	10.652	13.42	41
42	1.939	157.69	4.593	144.78	6.936	122.02	8.804	90.93	10.073	53.65	10.656	12.73	42
43	1.985	157.56	4.636	144.48	6.971	121.57	8.831	90.36	10.088	53.00	10.660	12.03	43
44	2.031	157.43	4.678	144.18	7.006	121.11	8.857	89.78	10.104	52.34	10.664	11.33	44
45	2.077	157.29	4.719	143.87	7.041	120.65	8.883	89.20	10.119	51.67	10.667	10.63	45
46	2.123	157.16	4.761	143.56	7.076	120.19	8.909	88.62	10.134	51.01	10.670	9.94	46
47	2.168	157.01	4.803	143.25	7.111	119.72	8.934	88.03	10.149	50.35	10.673	9.24	47
48	2.213	156.87	4.844	142.93	7.146	119.25	8.960	87.45	10.163	49.68	10.675	8.54	48
49	2.259	156.72	4.886	142.61	7.180	118.78	8.985	86.86	10.178	49.02	10.677	7.84	49
50	2.304	156.57	4.927	142.29	7.214	118.31	9.010	86.27	10.192	48.35	10.679	7.14	50
51	2.350	156.42	4.968	141.97	7.249	117.84	9.035	85.68	10.206	47.68	10.681	6.44	51
52	2.395	156.27	5.010	141.64	7.283	117.37	9.060	85.09	10.220	47.02	10.683	5.74	52
53	2.441	156.11	5.051	141.31	7.317	116.89	9.085	84.50	10.233	46.35	10.685	5.04	53
54	2.487	155.95	5.092	140.98	7.351	116.41	9.109	83.90	10.246	45.68	10.686	4.34	54
55	2.532	155.78	5.133	140.64	7.385	115.93	9.133	83.30	10.259	45.01	10.687	3.64	55
56	2.577	155.62	5.174	140.31	7.419	115.44	9.157	82.70	10.272	44.34	10.688	2.94	56
57	2.622	155.44	5.214	139.97	7.453	114.96	9.181	82.10	10.285	43.66	10.689	2.24	57
58	2.667	155.27	5.255	139.62	7.486	114.47	9.205	81.50	10.298	42.99	10.689	1.54	58
59	2.712	155.09	5.296	139.28	7.519	113.98	9.229	80.90	10.310	42.32	10.689	0.84	59
60	2.757	154.91	5.336	138.93	7.552	113.48	9.252	80.29	10.322	41.64	10.689	0.14	60

α	6h; 18h		7h; 19h		8h; 20h		9h; 21h		10h; 22h		11h; 23h		α
m	−A+	+D−	−A+	+D−	−A+	+D−	−A+	+D−	−A+	+D−	−A+	+D−	m
	s	″	s	″	s	″	s	″	s	″	s	″	
0	10.689		10.327	41.36	9.262	80.05	7.565	113.27	5.353	138.79	2.776	154.84	0
1	10.689	0.56	10.315	42.04	9.239	80.66	7.532	113.77	5.313	139.14	2.731	155.02	1
2	10.689	1.26	10.303	42.71	9.215	81.26	7.499	114.26	5.272	139.49	2.686	155.20	2
3	10.689	1.96	10.290	43.39	9.191	81.86	7.466	114.75	5.231	139.83	2.641	155.37	3
4	10.688	2.66	10.277	44.06	9.167	82.46	7.433	115.24	5.191	140.17	2.596	155.54	4
5	10.687	3.36	10.264	44.73	9.143	83.06	7.399	115.73	5.150	140.51	2.551	155.71	5
6	10.686	4.06	10.251	45.41	9.119	83.66	7.366	116.21	5.109	140.84	2.506	155.87	6
7	10.685	4.76	10.238	46.08	9.095	84.26	7.332	116.69	5.068	141.18	2.460	156.04	7
8	10.683	5.45	10.225	46.74	9.070	84.85	7.298	117.17	5.027	141.51	2.414	156.20	8
9	10.681	6.15	10.211	47.41	9.045	85.44	7.263	117.65	4.985	141.84	2.369	156.36	9
10	10.679	6.85	10.197	48.08	9.020	86.03	7.229	118.12	4.944	142.16	2.323	156.51	10
11	10.677	7.55	10.183	48.75	8.995	86.62	7.195	118.59	4.903	142.48	2.278	156.66	11
12	10.675	8.25	10.169	49.41	8.970	87.21	7.160	119.06	4.861	142.80	2.232	156.81	12
13	10.673	8.95	10.154	50.08	8.945	87.80	7.126	119.53	4.820	143.12	2.187	156.96	13
14	10.670	9.65	10.140	50.74	8.919	88.38	7.091	120.00	4.778	143.43	2.142	157.10	14
15	10.667	10.34	10.125	51.40	8.893	88.96	7.056	120.46	4.736	143.74	2.096	157.24	15
16	10.664	11.04	10.110	52.07	8.867	89.54	7.021	120.92	4.695	144.05	2.050	157.37	16
17	10.661	11.74	10.095	52.73	8.841	90.12	6.985	121.38	4.653	144.35	2.004	157.51	17
18	10.657	12.44	10.079	53.38	8.815	90.70	6.950	121.83	4.610	144.65	1.958	157.63	18
19	10.653	13.13	10.064	54.04	8.789	91.28	6.914	122.28	4.568	144.95	1.912	157.76	19
20	10.649	13.83	10.048	54.70	8.762	91.85	6.878	122.73	4.526	145.25	1.866	157.88	20
21	10.645	14.53	10.032	55.36	8.735	92.42	6.843	123.18	4.484	145.55	1.820	158.00	21
22	10.641	15.22	10.016	56.01	8.708	92.99	6.807	123.63	4.441	145.84	1.775	158.12	22
23	10.637	15.92	9.999	56.67	8.681	93.56	6.771	124.08	4.399	146.13	1.729	158.24	23
24	10.632	16.62	9.983	57.33	8.654	94.13	6.735	124.52	4.357	146.41	1.683	158.35	24
25	10.627	17.31	9.966	57.98	8.626	94.69	6.699	124.96	4.314	146.70	1.637	158.46	25
26	10.622	18.01	9.949	58.63	8.599	95.26	6.662	125.40	4.271	146.98	1.591	158.56	26
27	10.617	18.71	9.932	59.28	8.571	95.82	6.626	125.83	4.228	147.26	1.544	158.67	27
28	10.611	19.40	9.914	59.93	8.543	96.38	6.589	126.26	4.185	147.54	1.498	158.76	28
29	10.605	20.10	9.897	60.58	8.514	96.93	6.552	126.69	4.142	147.81	1.452	158.86	29
30	10.599	20.79	9.879	61.23	8.486	97.49	6.515	127.12	4.099	148.08	1.405	158.95	30
31	10.593	21.49	9.861	61.87	8.458	98.04	6.478	127.55	4.056	148.35	1.359	159.04	31
32	10.587	22.18	9.843	62.52	8.429	98.60	6.441	127.97	4.013	148.62	1.312	159.13	32
33	10.581	22.87	9.825	63.16	8.401	99.15	6.404	128.39	3.970	148.88	1.266	159.22	33
34	10.574	23.57	9.806	63.80	8.372	99.70	6.367	128.81	3.927	149.14	1.220	159.30	34
35	10.567	24.26	9.788	64.44	8.343	100.24	6.329	129.22	3.883	149.39	1.173	159.38	35
36	10.560	24.95	9.769	65.08	8.314	100.79	6.292	129.64	3.840	149.65	1.127	159.45	36
37	10.553	25.64	9.750	65.72	8.284	101.33	6.254	130.05	3.796	149.89	1.081	159.53	37
38	10.545	26.33	9.731	66.36	8.255	101.87	6.216	130.45	3.753	150.14	1.034	159.59	38
39	10.537	27.01	9.712	66.99	8.225	102.41	6.177	130.86	3.709	150.38	0.988	159.66	39
40	10.529	27.70	9.692	67.63	8.195	102.95	6.139	131.26	3.665	150.62	0.941	159.72	40
41	10.521	28.39	9.672	68.27	8.165	103.49	6.101	131.66	3.621	150.86	0.895	159.78	41
42	10.513	29.08	9.652	68.90	8.135	104.03	6.063	132.06	3.577	151.10	0.848	159.84	42
43	10.505	29.77	9.632	69.53	8.105	104.56	6.025	132.46	3.534	151.33	0.802	159.89	43
44	10.496	30.46	9.612	70.16	8.074	105.09	5.986	132.85	3.490	151.56	0.755	159.95	44
45	10.487	31.14	9.591	70.79	8.043	105.62	5.947	133.24	3.445	151.79	0.709	159.99	45
46	10.478	31.83	9.571	71.42	8.012	106.14	5.908	133.63	3.401	152.01	0.662	160.04	46
47	10.468	32.51	9.550	72.05	7.981	106.67	5.869	134.01	3.357	152.23	0.616	160.08	47
48	10.458	33.20	9.529	72.67	7.950	107.19	5.830	134.39	3.312	152.45	0.569	160.12	48
49	10.448	33.88	9.507	73.29	7.919	107.71	5.791	134.77	3.268	152.66	0.523	160.15	49
50	10.438	34.56	9.486	73.91	7.887	108.22	5.751	135.15	3.223	152.87	0.476	160.18	50
51	10.428	35.24	9.464	74.53	7.856	108.74	5.712	135.53	3.179	153.08	0.430	160.21	51
52	10.418	35.93	9.443	75.15	7.824	109.25	5.672	135.90	3.134	153.29	0.383	160.24	52
53	10.408	36.61	9.421	75.77	7.792	109.76	5.633	136.27	3.090	153.49	0.337	160.26	53
54	10.397	37.29	9.399	76.39	7.760	110.27	5.593	136.64	3.046	153.69	0.290	160.29	54
55	10.386	37.97	9.376	77.00	7.728	110.78	5.553	137.00	3.001	153.89	0.243	160.30	55
56	10.375	38.65	9.354	77.62	7.696	111.28	5.514	137.37	2.956	154.08	0.197	160.32	56
57	10.363	39.33	9.331	78.23	7.664	111.78	5.474	137.73	2.911	154.28	0.150	160.33	57
58	10.351	40.01	9.308	78.84	7.631	112.28	5.433	138.08	2.866	154.47	0.103	160.34	58
59	10.339	40.68	9.285	79.44	7.598	112.78	5.393	138.44	2.821	154.66	0.057	160.34	59
60	10.327	41.36	9.262	80.05	7.565	113.27	5.353	138.79	2.776	154.84	0.010	160.34	60

Reduktionsgrößen 1958

Übertragung von Sternörtern vom mittleren Äquinoktium 1958.0
auf das Normaläquinoktium 1950 0

α	B	α	α	B	α
h m	s	h m	h m	s	h m
0 0	−24.587	12 0	6 0	−24.587	18 0
10	587	10	10	587	10
20	587	20	20	586	20
30	587	30	30	586	30
40	587	40	40	586	40
0 50	588	12 50	6 50	586	18 50
1 0	−24.588	13 0	7 0	−24.586	19 0
10	588	10	10	586	10
20	588	20	20	585	20
30	588	30	30	585	30
40	588	40	40	585	40
1 50	588	13 50	7 50	585	19 50
2 0	−24.589	14 0	8 0	−24.585	20 0
10	589	10	10	585	10
20	589	20	20	585	20
30	589	30	30	585	30
40	589	40	40	585	40
2 50	589	14 50	8 50	585	20 50
3 0	−24.589	15 0	9 0	−24.585	21 0
10	589	10	10	585	10
20	589	20	20	585	20
30	589	30	30	585	30
40	589	40	40	585	40
3 50	589	15 50	9 50	585	21 50
4 0	−24.589	16 0	10 0	−24.585	22 0
10	588	10	10	585	10
20	588	20	20	585	20
30	588	30	30	585	30
40	588	40	40	585	40
4 50	588	16 50	10 50	586	22 50
5 0	−24.588	17 0	11 0	−24.586	23 0
10	588	10	10	586	10
20	587	20	20	586	20
30	587	30	30	586	30
40	587	40	40	586	40
5 50	587	17 50	11 50	587	23 50
6 0	−24.587	18 0	12 0	−24.587	24 0

C	ΔC	P	C	ΔC	P
s	s		s	s	
0	e0.000	e0.0000	350	e0.076	e0.1909
10	000	0055	360	082	1963
20	000	0109	370	089	2018
30	000	0164	380	097	2072
40	000	0218	390	104	2127
50	e0.000	e0.0273	400	e0.113	e0.2181
60	000	0327	410	121	2236
70	001	0382	420	131	2290
80	001	0436	430	140	2345
90	001	0491	440	150	2399
100	e0.002	e0.0545	450	e0.161	e0.2454
110	002	0600	460	172	2508
120	003	0654	470	183	2563
130	004	0709	480	195	2617
140	005	0764	490	207	2672
150	e0.006	e0.0818	500	e0.220	e0.2726
160	007	0873	510	234	2781
170	009	0927	520	248	2835
180	010	0982	530	262	2890
190	012	1036	540	277	2944
200	e0.014	e0.1091	550	e0.293	e0.2999
210	016	1145	560	309	3053
220	019	1200	570	326	3107
230	022	1254	580	344	3162
240	025	1309	590	362	3216
250	e0.028	e0.1363	600	e0.380	e0.3271
260	031	1418	610	400	3325
270	035	1473	620	420	3380
280	039	1527	630	440	3434
290	043	1582	640	462	3489
300	e0.048	e0.1636	650	e0.484	e0.3543
310	053	1691	660	506	3598
320	058	1745	670	529	3652
330	063	1800	680	553	3707
340	069	1854	690	578	3761
350	e0.076	e0.1909	700	e0.604	e0.3815

e bedeutet: Vorzeichen entgegengesetzt dem Vorzeichen des Arguments.

$$\alpha_{1950.0} = \alpha_{1958.0} + B + C + \Delta C, \text{ wobei } C = A \cdot \operatorname{tg}(\delta_{1958.0} + D)$$
$$\delta_{1950.0} = \delta_{1958.0} + D + R, \text{ wobei } R = A \cdot P$$

A und D sind aus der Tafel S. 288* u. 289* mit dem Argument $\alpha_{1958.0}$ zu entnehmen. Für die Werte von α zwischen 0^h und 12^h gelten die Vorzeichen zur Linken, für die Werte von α zwischen 12^h und 24^h gelten die Vorzeichen zur Rechten. B, ΔC und P sind in der obenstehenden Tafel enthalten. Die Vorzeichen von ΔC und P sind dem Vorzeichen von C entgegengesetzt.

Finsternisse, Sternbedeckungen, Mösting A., Rotation der Sonne, des Mars und des Jupiter, Trabanten

---

Konstellationen, Hilfstafeln

1958

Sonnen- und Mondfinsternisse 1958

Im Jahre 1958 finden zwei Sonnenfinsternisse und eine Mondfinsternis statt.

I. Ringförmige Sonnenfinsternis 1958 April 19 in Berlin nicht sichtbar

Konjunktion in Rektaszension	April 19, 3h 35m 26.9s	Weltzeit
	h m s	
Rektaszension des Mondes	1 46 13.72	
Stündliche Änderung	1 57.27	
Rektaszension der Sonne	1 46 13.72	
Stündliche Änderung	9.30	
	° ′ ″	
Deklination des Mondes	+11 13 40.6	
Stündliche Änderung	+ 8 0.3	
Deklination der Sonne	+10 58 17.9	
Stündliche Änderung	+ 52.2	
	′ ″	
Äquatorialhorizontalparallaxe des Mondes	54 11.4	
,, der Sonne	8.8	
	′ ″	
Halbmesser des Mondes	14 45.2	
,, der Sonne	15 55.4	

		Weltzeit	Westl Länge v Greenwich	Geogr Breite
		h m	° ′	° ′
Anfang der Finsternis	April 19,	0 24.1	275 15	− 4 57
Beginn der zentralen Verfinsterung	19,	1 33.0	293 35	+ 0 50
Zentrale Verfinsterung im wahren Mittag	19,	3 35.4	234 2	+27 40
Ende der zentralen Verfinsterung	19,	5 20.3	163 40	+30 33
Ende der Finsternis	19,	6 29.1	182 19	+24 48

Verlauf der Zentrallinie

Welt-zeit	Westl. Länge v. Greenwich	Geogr. Breite	Dauer der ringförmigen Verfinsterung	Welt-zeit	Westl. Länge v. Greenwich	Geogr. Breite	Dauer der ringförmigen Verfinsterung
h m	° ′	° ′	m s	h m	° ′	° ′	m s
1 33.0	293 35	+ 0 50	—	3 30	235 32.2	+26 56.5	7 7.1
35	283 53.5	3 4.6	5 12.9	40	232 45.8	28 16.1	7 6.8
40	276 22.0	5 22.2	5 27.0	50	229 50.4	29 31.0	7 4.7
50	268 11.1	8 32.4	5 46.1	4 0	226 42.8	30 40.7	7 0.6
2 0	262 44.0	+11 5.8	6 1.1	10	223 19.5	+31 44.6	6 54.6
10	258 28.3	13 21.4	6 14.0	20	219 35.9	32 41.8	6 46.8
20	254 52.8	15 25.4	6 25.4	30	215 25.6	33 31.0	6 36.9
30	251 42.4	17 20.9	6 35.5	40	210 39.7	34 10.2	6 25.1
40	248 48.1	+19 9.6	6 44.3	50	205 3.6	+34 36.1	6 11.3
50	246 3.9	20 52.6	6 51.8	5 0	198 9.6	34 42.5	5 55.1
3 0	243 25.5	22 30.4	6 57.9	10	188 47.6	34 14.4	5 35.3
10	240 49.4	24 3.6	7 2.5	15	181 58.4	33 32.3	5 22.7
20	238 12.5	25 32.3	7 5.7	20	168 11.5	31 24.8	5 1.6
3 30	235 32.2	+26 56.5	7 7.1	5 20.3	163 40	+30 33	—

Die Finsternis ist sichtbar im Indischen Ozean, in Asien und im nordwestlichen Teil des Stillen Ozeans.

Ringförmige Sonnenfinsternis

1958 April 19

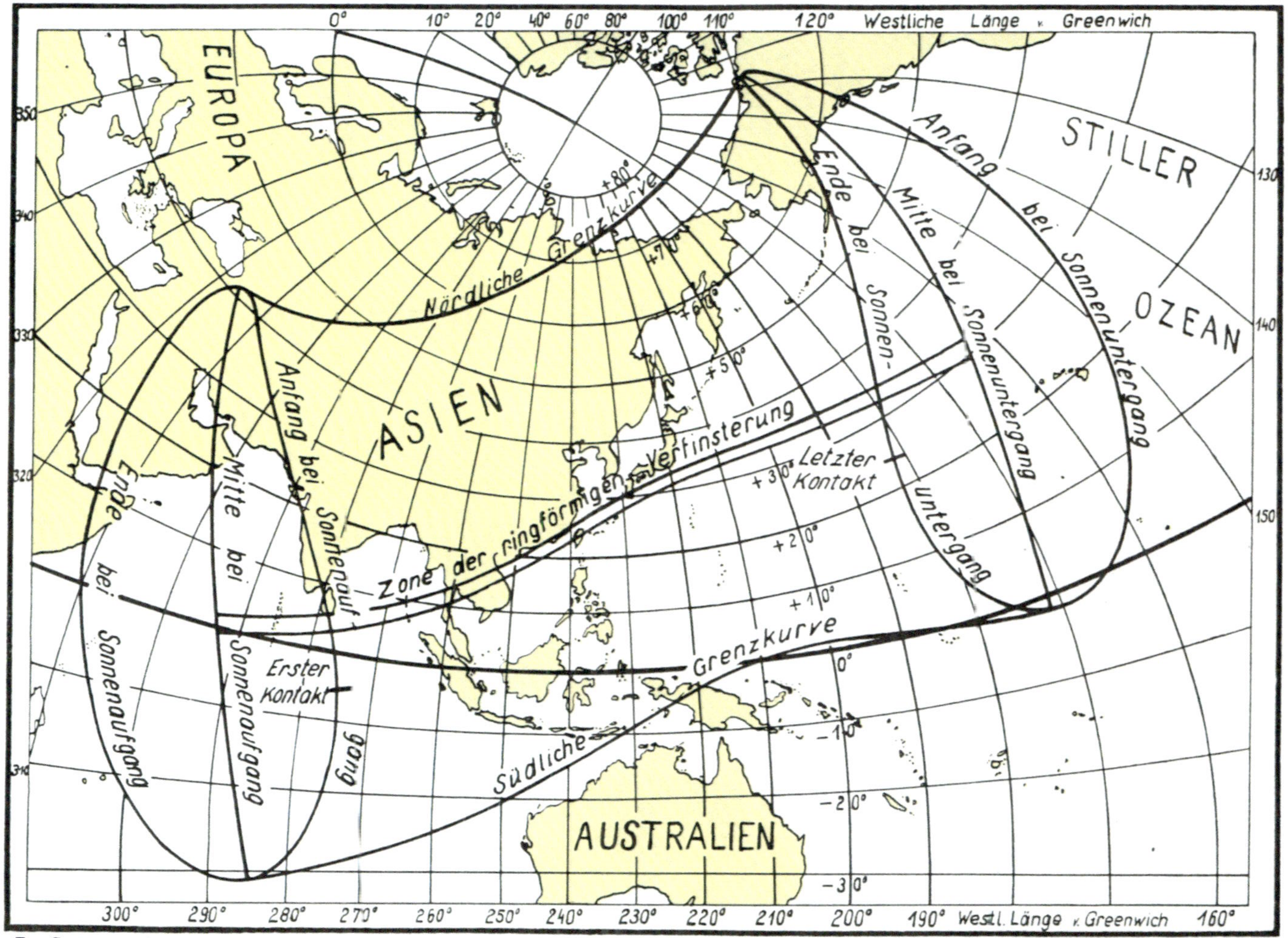

Zu Seite 292*

Elemente der ringförmigen Sonnenfinsternis 1958 April 19

Weltzeit	x	y	sin d	cos d	μ	$l^{(a)}$	$l^{(i)}$
h m					° ′ ″		
0 20	—1.595370	—0.146089	+0.189520	+0.981877	185 10 4.5	0.567711	+0.021685
30	1.513774	0.124024	0.189561	0.981869	187 40 6.6	0.567713	0.021687
40	1.432174	0.101962	0.189601	0.981861	190 10 8.7	0.567714	0.021688
50	1.350570	0.079903	0.189642	0.981853	192 40 10.8	0.567715	0.021689
1 0	—1.268962	—0.057847	+0.189682	+0.981846	195 10 12.9	0.567715	+0.021689
10	1.187350	0.035795	0.189723	0.981838	197 40 15.1	0.567715	0.021689
20	1.105735	—0.013747	0.189763	0.981830	200 10 17.2	0.567714	0.021688
30	1.024116	+0.008298	0.189804	0.981822	202 40 19.3	0.567712	0.021687
40	0.942494	0.030339	0.189844	0.981814	205 10 21.4	0.567710	0.021685
50	0.860869	0.052377	0.189885	0.981806	207 40 23.5	0.567708	0.021683
2 0	—0.779241	+0.074412	+0.189925	+0.981799	210 10 25.6	0.567705	+0.021680
10	0.697611	0.096443	0.189966	0.981791	212 40 27.8	0.567701	0.021676
20	0.615978	0.118471	0.190006	0.981783	215 10 29.9	0.567697	0.021672
30	0.534343	0.140495	0.190046	0.981775	217 40 32.0	0.567692	0.021667
40	0.452705	0.162516	0.190087	0.981767	220 10 34.1	0.567687	0.021662
50	0.371065	0.184533	0.190127	0.981759	222 40 36.2	0.567681	0.021656
3 0	—0.289423	+0.206547	+0.190168	+0.981752	225 10 38.3	0.567675	+0.021650
10	0.207779	0.228556	0.190208	0.981744	227 40 40.4	0.567668	0.021643
20	0.126133	0.250562	0.190249	0.981736	230 10 42.6	0.567661	0.021636
30	—0.044485	0.272564	0.190289	0.981728	232 40 44.7	0.567653	0.021628
40	+0.037164	0.294562	0.190330	0.981720	235 10 46.8	0.567644	0.021619
50	0.118814	0.316556	0.190370	0.981712	237 40 48.9	0.567635	0.021610
4 0	+0.200465	+0.338547	+0.190411	+0.981705	240 10 51.0	0.567626	+0.021601
10	0.282117	0.360534	0.190451	0.981697	242 40 53.1	0.567616	0.021591
20	0.363770	0.382517	0.190492	0.981689	245 10 55.2	0.567605	0.021580
30	0.445423	0.404497	0.190532	0.981681	247 40 57.4	0.567594	0.021569
40	0.527077	0.426472	0.190572	0.981673	250 10 59.5	0.567582	0.021557
50	0.608732	0.448443	0.190613	0.981665	252 41 1.6	0.567569	0.021545
5 0	+0.690386	+0.470410	+0.190653	+0.981657	255 11 3.7	0.567556	+0.021532
10	0.772040	0.492372	0.190694	0.981650	257 41 5.8	0.567543	0.021518
20	0.853695	0.514330	0.190734	0.981642	260 11 7.9	0.567529	0.021504
30	0.935349	0.536283	0.190775	0.981634	262 41 10.0	0.567514	0.021490
40	1.017002	0.558232	0.190815	0.981626	265 11 12.1	0.567499	0.021475
50	1.098655	0.580176	0.190855	0.981618	267 41 14.2	0.567483	0.021459
6 0	+1.180307	+0.602116	+0.190896	+0.981610	270 11 16.4	0.567467	+0.021443
10	1.261958	0.624052	0.190936	0.981602	272 41 18.5	0.567451	0.021427
20	1.343608	0.645983	0.190977	0.981595	275 11 20.6	0.567434	0.021410
30	+1.425257	+0.667910	+0.191017	+0.981587	277 41 22.7	0.567416	+0.021392

Welt-zeit	x' für 1ᵐ	log x'	y' für 1ᵐ	log y'	tg $f^{(a)}$	log tg $f^{(a)}$	tg $f^{(i)}$	log tg $f^{(i)}$
h m								
0 0	+0.0081585	7.91161	+0.0022073	7.34386	0.0046560	7.66801	0.0046328	7.66584
1 0	0.0081610	7.91174	0.0022054	7.34349	0.0046560	7.66801	0.0046328	7.66584
2 0	0.0081629	7.91184	0.0022033	7.34307	0.0046559	7.66800	0.0046327	7.66583
3 0	0.0081643	7.91192	0.0022012	7.34266	0.0046559	7.66800	0.0046327	7.66583
4 0	0.0081651	7.91196	0.0021989	7.34221	0.0046558	7.66799	0.0046326	7.66582
5 0	0.0081654	7.91198	0.0021964	7.34171	0.0046558	7.66799	0.0046326	7.66582
6 0	0.0081651	7.91196	0.0021938	7.34120	0.0046557	7.66799	0.0046325	7.66582
7 0	+0.0081643	7.91192	+0.0021911	7.34066	0.0046556	7.66798	0.0046325	7.66582

II. Partielle Mondfinsternis 1958 Mai 3
in Berlin nicht sichtbar

		h m s	
Opposition in Rektaszension	Mai 3,	11 50 1.9	Weltzeit
		h m s	
Rektaszension des Mondes		14 40 22.11	
Stündliche Änderung		2 30.93	
Rektaszension der Sonne		2 40 22.11	
Stündliche Änderung		9.58	
		° ′ ″	
Deklination des Mondes		− 14 32 51.7	
Stündliche Änderung		− 8 7.0	
Deklination der Sonne		+ 15 36 10.2	
Stündliche Änderung		+ 44.2	
		′ ″	
Äquatorialhorizontalparallaxe des Mondes		60 45.3	
,, der Sonne		8.7	
		′ ″	
Halbmesser des Mondes..........................		16 32.5	
,, der Sonne		15 51.8	
		h m	
Eintritt des Mondes in den Halbschatten	Mai 3,	10 9.9	Weltzeit
Eintritt des Mondes in den Kernschatten	3,	11 59.6	,,
Mitte der Finsternis	3,	12 12.9	,,
Austritt des Mondes aus dem Kernschatten	3,	12 26.1	,,
Austritt des Mondes aus dem Halbschatten	3,	14 15.9	,,

Der Mond steht zu den Zeiten der ersten und letzten Berührung mit dem Kernschatten im Zenit der Orte, deren geographische Lage ist:

180° 35′ westliche Länge von Greenwich 14° 34′ südliche Breite
186 58 ,, ,, ,, ,, 14 38 ,, ,,

Positionswinkel des Eintritts .... = 185°
,, ,, Austritts .... = 199°

Größe der Finsternis in Einheiten des Monddurchmessers = 0.015

Die Finsternis ist sichtbar im westlichen Teil von Nordamerika, im Stillen Ozean, im östlichen Asien, in Australien, im südöstlichen Teil des Indischen Ozeans und in der Antarktis.

Totale Sonnenfinsternis

1958 Oktober 12

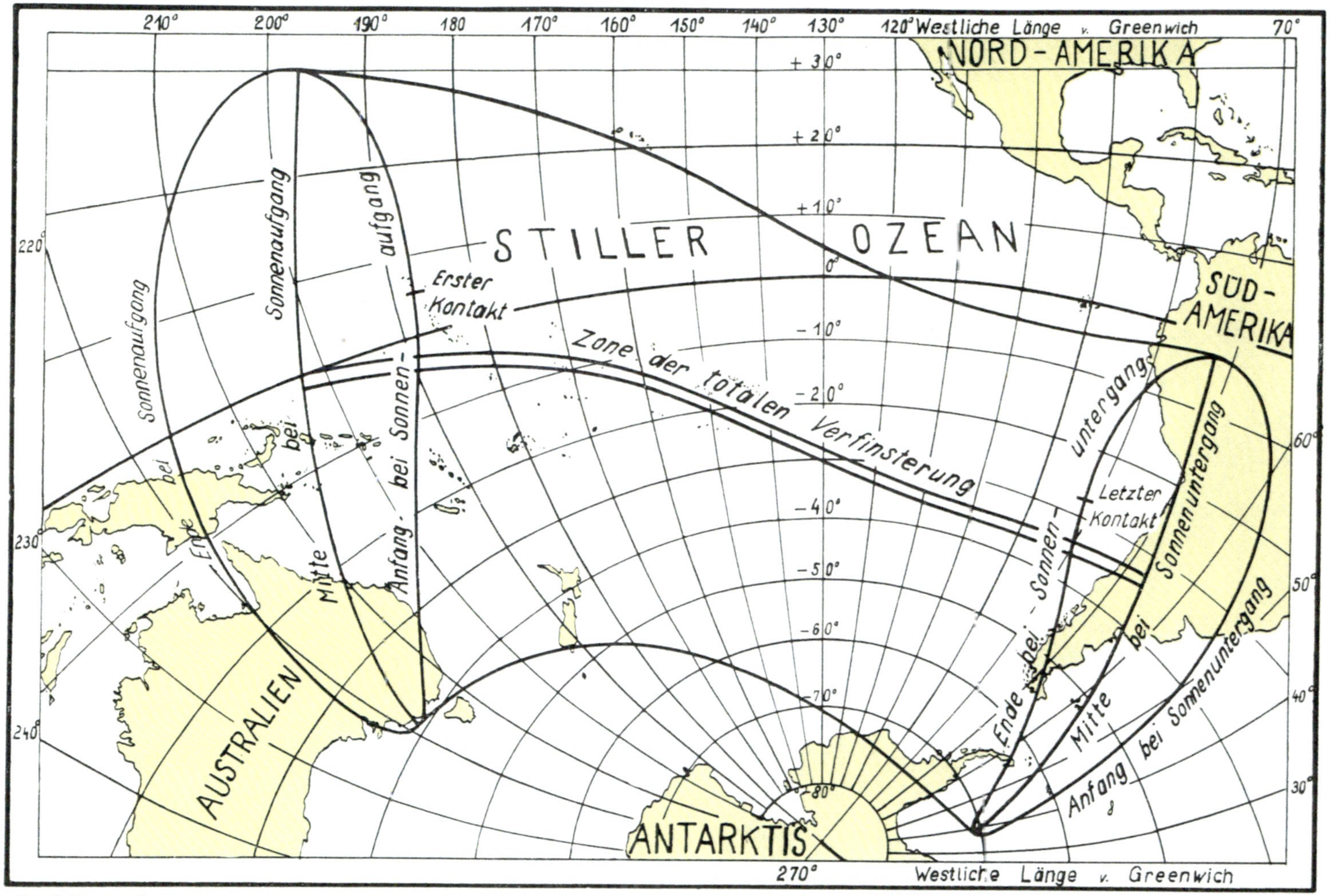

Zu Seite 295*

III. Totale Sonnenfinsternis 1958 Oktober 12
in Berlin nicht sichtbar

		h m s	
Konjunktion in Rektaszension	Oktober 12,	21 3 55.0	Weltzeit

	h m s
Rektaszension des Mondes	13 10 13.95
Stündliche Änderung	2 27.44
Rektaszension der Sonne	13 10 13.95
Stündliche Änderung	9.24
	° ′ ″
Deklination des Mondes	— 7 46 1.1
Stündliche Änderung	— 11 9.8
Deklination der Sonne	— 7 27 9.2
Stündliche Änderung	— 56.3
	′ ″
Äquatorialhorizontalparallaxe des Mondes	61 23.8
,, der Sonne	8.8
	′ ″
Halbmesser des Mondes	16 42.9
,, der Sonne	16 1.8

		Weltzeit	Westl. Länge v Greenwich	Geogr Breite
		h m	° ′	° ′
Anfang der Finsternis	Oktober 12,	18 19.9	187 37	5 33
Beginn der zentralen Verfinsterung	,, 12,	19 16.6	202 34	— 0 31
Zentrale Verfinsterung im wahren Mittag .	,, 12,	21 3.9	139 21	—25 33
Ende der zentralen Verfinsterung	,, 12,	22 33.0	66 37	—33 39
Ende der Finsternis	,, 12,	23 29.7	81 52	—27 36

Verlauf der Zentrallinie

Weltzeit	Westl. Länge v. Greenwich	Geogr. Breite	Dauer der totalen Verfinsterung	Weltzeit	Westl. Länge v. Greenwich	Geogr. Breite	Dauer der totalen Verfinsterung
h m	° ′	° ′	m s	h m	° ′	° ′	m s
19 16.6	202 34	— 0 31	— —	21 0	140 40.4	—24 53.2	5 10.6
20	189 7.1	2 56.3	2 47.3	5	138 58.7	25 44.1	5 9.8
25	182 13.1	4 45.6	3 7.4	10	137 14.4	26 34.1	5 8.3
19 30	177 30.9	— 6 16.3	3 23.0	15	135 26.8	27 23.1	5 6.0
35	173 47.8	7 38.2	3 36.3	20	133 35.4	28 11.2	5 3.0
40	170 39.7	8 54.6	3 48.2	25	131 39.5	28 58.2	4 59.2
45	167 55.1	10 7.1	3 58.9	21 30	129 38.1	—29 44.1	4 54.7
50	165 27.3	11 16.6	4 8.7	35	127 30.4	30 28.7	4 49.4
55	163 12.1	12 23.7	4 17.7	40	125 15.2	31 11.9	4 43.4
20 0	161 6.7	—13 28.8	4 25.9	45	122 51.3	31 53.6	4 36.6
5	159 8.9	14 32.2	4 33.4	50	120 17.1	32 33.5	4 29.1
10	157 17.0	15 34.1	4 40.2	55	117 30.4	33 11.3	4 20.7
15	155 29.8	16 34.7	4 46.3	22 0	114 28.6	—33 46.7	4 11.5
20	153 46.2	17 34.0	4 51.8	5	111 7.9	34 19.1	4 1.4
25	152 5.4	18 32.2	4 56.6	10	107 23.0	34 47.7	3 50.2
20 30	150 26.6	—19 29.4	5 0.7	15	103 5.4	35 11.2	3 37.9
35	148 49.0	20 25.6	5 4.1	20	98 0.4	35 27.7	3 23.9
40	147 12.1	21 20.9	5 6.8	25	91 36.7	35 32.5	3 7.6
45	145 35.4	22 15.3	5 8.8	30	82 15.4	35 12.2	2 46.2
50	143 58.2	23 8.8	5 10.1	22 33.0	66 37	—33 39	— —
55	142 20.0	24 1.4	5 10.7				
21 0	140 40.4	—24 53.2	5 10.6				

Die Finsternis ist sichtbar in den östlichen Teilen von Australien und Neuguinea, im mittleren und südlichen Stillen Ozean und an der Westküste von Südamerika.

Elemente der totalen Sonnenfinsternis 1958 Oktober 12

Weltzeit	x	y	sin d	cos d	μ	$l^{(a)}$	$l^{(i)}$
h m					° ′ ″		
18 10	−1.619830	+0.176308	−0.128928	+0.991654	95 51 28.5	0.534586	−0.011275
20	1.526725	0.148438	0.128972	0.991648	98 21 30.9	0.534596	0.011265
30	1.433614	0.120570	0.129016	0.991643	100 51 33.2	0.534605	0.011256
40	1.340498	0.092705	0.129060	0.991637	103 21 35.6	0.534613	0.011248
50	1.247377	0.064843	0.129104	0.991631	105 51 38.0	0.534621	0.011240
19 0	−1.154251	+0.036983	−0.129148	+0.991625	108 21 40.3	0.534628	−0.011233
10	1.061121	+0.009125	0.129191	0.991620	110 51 42.7	0.534634	0.011227
20	0.967987	−0.018729	0.129235	0.991614	113 21 45.1	0.534639	0.011222
30	0.874849	0.046581	0.129279	0.991608	115 51 47.4	0.534644	0.011217
40	0.781708	0.074430	0.129323	0.991602	118 21 49.8	0.534648	0.011213
50	0.688564	0.102277	0.129367	0.991597	120 51 52.2	0.534651	0.011210
20 0	−0.595416	−0.130120	−0.129411	+0.991591	123 21 54.5	0.534653	−0.011208
10	0.502266	0.157961	0.129455	0.991585	125 51 56.9	0.534655	0.011206
20	0.409115	0.185799	0.129499	0.991580	128 21 59.3	0.534656	0.011205
30	0.315962	0.213634	0.129543	0.991574	130 52 1.6	0.534656	0.011204
40	0.222807	0.241465	0.129587	0.991568	133 22 4.0	0.534656	0.011205
50	0.129650	0.269293	0.129631	0.991562	135 52 6.4	0.534655	0.011206
21 0	−0.036492	−0.297118	−0.129675	+0.991557	138 22 8.7	0.534653	−0.011208
10	+0.056667	0.324939	0.129719	0.991551	140 52 11.1	0.534650	0.011210
20	0.149827	0.352756	0.129763	0.991545	143 22 13.5	0.534647	0.011213
30	0.242987	0.380569	0.129807	0.991539	145 52 15.8	0.534643	0.011217
40	0.336148	0.408379	0.129851	0.991534	148 22 18.2	0.534638	0.011222
50	0.429308	0.436185	0.129895	0.991528	150 52 20.6	0.534633	0.011228
22 0	+0.522469	−0.463987	−0.129939	+0.991522	153 22 22.9	0.534627	−0.011234
10	0.615629	0.491786	0.129983	0.991516	155 52 25.3	0.534620	0.011241
20	0.708789	0.519580	0.130027	0.991510	158 22 27.7	0.534612	0.011249
30	0.801947	0.547370	0.130071	0.991505	160 52 30.0	0.534604	0.011257
40	0.895104	0.575156	0.130115	0.991499	163 22 32.4	0.534595	0.011266
50	0.988259	0.602937	0.130159	0.991493	165 52 34.7	0.534585	0.011276
23 0	+1.081413	−0.630713	−0.130202	+0.991487	168 22 37.1	0.534575	−0.011286
10	1.174564	0.658485	0.130246	0.991482	170 52 39.5	0.534563	0.011297
20	1.267713	0.686253	0.130290	0.991476	173 22 41.8	0.534551	0.011309
30	+1.360858	−0.714016	−0.130334	+0.991470	175 52 44.2	0.534538	−0.011322

Weltzeit	x' für 1^m	log x' für 1^m	y' für 1^m	log y' für 1^m	tg $f^{(a)}$	log tg $f^{(a)}$	tg $f^{(i)}$	log tg $f^{(i)}$
h m								
18 0	+0.0093096	7.96893	−0.0027874	7.44520*n*	0.0046855	7.67076	0.0046622	7.66859
19 0	0.0093128	7.96908	0.0027859	7.44497*n*	0.0046856	7.67077	0.0046622	7.66859
20 0	0.0093149	7.96918	0.0027842	7.44470*n*	0.0046856	7.67077	0.0046623	7.66860
21 0	0.0093159	7.96922	0.0027823	7.44440*n*	0.0046857	7.67077	0.0046624	7.66861
22 0	0.0093160	7.96923	0.0027800	7.44404*n*	0.0046858	7.67078	0.0046624	7.66861
23 0	0.0093152	7.96919	0.0027774	7.44364*n*	0.0046858	7.67078	0.0046625	7.66862
24 0	+0.0093133	7.96910	−0.0027746	7.44320*n*	0.0046859	7.67079	0.0046625	7.66862

Elemente der in Mitteleuropa sichtbaren Sternbedeckungen

Stern					Konjunktion in Rektaszension					Alter des Mondes
Name	Katalog Nr.	Gr	α app	δ app	Weltzeit	Stundenw. H	Y	x′	y′	
Januar										
		m	h m s	° ′ ″	d h m	h m				d
BD+14°439	391	7.4	2 36 42.70	+14 40 49.5	1 1 13.6	+5 17.7	+0.4013	0.5455	+0.1247	10.8
BD+15°447	466	7.3	3 10 5.21	+16 21 35.7	1 16 55.9	−3 30.8	+0.3875	0.5550	+0.1038	11.4
BD+16°450	505	7.0	3 27 21.85	+16 37 7.5	2 0 51.6	+4 8.9	+0.8841	0.5599	+0.0920	11.7
188 B. Tauri ...	617	6.6	4 8 18.28	+18 18 51.9	2 19 8.6	−2 12.1	+0.4835	0.5708	+0.0615	12.5
BD+17°703	629	7.5	4 15 37.76	+18 9 16.4	2 22 20.7	+0 53.3	+0.8388	0.5725	+0.0557	12.6
85 H¹. Tauri ..	639	6.0	4 18 0.46	+18 38 34.0	2 23 22.9	+1 53.2	+0.3800	0.5731	+0.0538	12.7
BD+18°1129	943	6.2	6 11 7.34	+18 41 26.4	4 22 55.9	−0 19.1	+0.6413	0.5908	−0.0419	14.7
30 B. Cancri ..	1234	6.1	8 8 39.47	+14 45 6.0	6 23 8.3	−1 56.3	+0.2908	0.5883	−0.1345	16.7
BD+14°1850	1237	6.4	8 10 3.30	+14 7 39.1	6 23 43.0	−1 22.9	+0.8422	0.5882	−0.1355	16.7
76 χ Cancri ...	1359	5.1	9 5 30.31	+10 50 5.0	7 22 54.8	−3 2.7	+0.6084	0.5818	−0.1683	17.7
14 Sextantis ..	1482	6.3	10 4 37.39	+ 5 48 49.2	9 0 13.2	−2 39.3	+1.0546	0.5743	−0.1920	18.7
25 Piscium	3515	6.2	23 50 55.75	+ 1 51 27.8	24 19 41.5	+4 5.0	+0.5075	0.5149	+0.1817	4.9
BD+12°317	340	7.1	2 16 36.22	+12 47 56.5	27 23 51.7	+6 2.1	+0.8836	0.5343	+0.1349	8.1
145 B. Arietis ..	450	6.6	3 2 21.52	+15 41 39.4	28 22 9.2	+3 37.5	+0.4474	0.5459	+0.1084	9.0
BD+18°684	710	7.1	4 40 26.26	+18 38 31.0	30 18 50.9	−1 11.6	+0.6063	0.5712	+0.0369	10.9
302 B. Tauri ...	718	6.1	4 43 51.37	+18 39 32.9	30 20 20.3	+0 14.7	+0.6406	0.5720	+0.0342	10.9
305 B. Tauri ...	726	6.8	4 46 16.33	+18 38 23.4	30 21 23.4	+1 15.5	+0.6953	0.5725	+0.0322	11.0
97 ι Tauri	730	5.1	4 48 56.79	+18 46 7.0	30 22 33.0	+2 22.7	+0.5952	0.5731	+0.0300	11.0
BD+18°920	862	7.5	5 40 2.52	+18 58 0.2	31 20 20.2	−0 37.6	+0.5720	0.5830	−0.0128	11.9
127 Tauri	863	6.7	5 40 27.44	+18 57 34.8	31 20 30.7	−0 27.6	+0.5770	0.5831	−0.0131	12.0
BD+18°987	886	7.0	5 48 38.77	+18 32 19.2	31 23 56.5	+2 50.6	+0.9550	0.5844	−0.0202	12.1
Februar										
		m	h m s	° ′ ″	d h m	h m				d
26 Geminorum	1029	5.1	6 39 59.82	+17 41 6.4	1 21 11.2	−0 42.5	+0.9292	0.5904	−0.0637	13.0
68 Geminorum	1147	5.1	7 31 15.02	+15 54 54.0	2 18 7.7	−4 33.9	+0.9417	0.5927	−0.1051	13.9
BD−1°2546	1688	6.3	11 36 17.29	− 2 12 25.5	7 0 10.3	−2 19.5	+1.2635	0.5781	−0.2044	18.1
α Virginis	1925	1.2	13 23 0.35	−10 56 40.1	8 22 0.0	−6 9.0	+1.1264	0.5762	−0.1750	20.0
BD+10°252	272	5.9	1 48 38.50	+10 50 9.1	23 16 43.3	+1 7.0	+0.7652	0.5272	+0.1475	5.0
BD+10°257	284	7.4	1 52 10.57	+11 11 47.1	23 18 32.2	+2 52.6	+0.6323	0.5278	+0.1458	5.1
BD+16°450	505	7.0	3 27 21.10	+16 37 5.1	25 17 37.2	+0 30.1	+0.3419	0.5468	+0.0910	7.0
33 B. Tauri ...	527	6.3	3 37 4.06	+16 24 1.8	25 22 13.6	+4 57.6	+0.9810	0.5490	+0.0843	7.2
BD+18°629	643	6.7	4 19 7.23	+18 19 5.4	26 17 45.3	−0 9.6	+0.2543	0.5582	+0.0536	8.0
68 Tauri	658	4.2	4 23 4.72	+17 49 56.2	26 19 33.6	+1 35.0	+0.8701	0.5590	+0.0506	8.1
BD+17°724	663	6.9	4 24 40.16	+18 6 46.8	26 20 17.0	+2 17.0	+0.6044	0.5593	+0.0493	8.1
BD+18°831	800	7.5	5 19 13.49	+18 51 53.6	27 20 37.2	+1 46.6	+0.4739	0.5700	+0.0059	9.2
BD+18°862	823	6.6	5 26 53.27	+18 19 52.1	27 23 58.1	+5 0.5	+1.0456	0.5713	−0.0005	9.3
BD+18°1129	943	6.2	6 11 6.99	+18 41 26.0	28 19 1.8	−0 37.0	+0.3021	0.5781	−0.0372	10.1
124 H¹ Orionis ..	944	5.7	6 12 3.24	+17 55 2.3	28 19 25.8	−0 13.9	+1.0929	0.5782	−0.0380	10.1
BD+18°1141	951	6.8	6 13 15.56	+18 18 34.8	28 19 56.6	+0 15.8	+0.6640	0.5784	−0.0390	10.1
März										
		m	h m s	° ′ ″	d h m	h m				d
BD+17°1518	1091	6.7	7 9 23.38	+17 2 39.0	1 19 36.9	−0 56.1	+0.4935	0.5841	−0.0848	11.1
54 λ Gemi	1106	3.6	7 15 42.88	+16 36 51.4	1 22 15.5	+1 36.6	+0.7018	0.5846	−0.0898	11.2
BD+14°1850	1237	6.4	8 10 3.47	+14 7 37.2	2 20 51.5	−0 38.0	+0.7204	0.5873	−0.1302	12.2
76 χ Cancri	1359	5.1	9 5 30.74	+10 50 1.6	3 19 50.3	−2 30.9	+0.6021	0.5879	−0.1647	13.1
2 ω Leonis ...	1397	5.5	9 26 14.89	+ 9 14 9.4	4 4 26.1	+5 45.6	+0.7216	0.5878	−0.1754	13.5
439 B. g Virginis .	1886	5.7	13 6 23.22	− 8 45 47.7	7 23 58.2	−2 7.4	+0.3849	0.5880	−0.1843	17.3
BD−8°3495	1887	6.4	13 7 4.90	− 9 19 5.0	8 0 15.5	−1 50.8	+0.8783	0.5880	−0.1840	17.3
14 ν Scorpii ...	2322	4.3	16 9 34.84	−19 21 10.2	11 3 38.8	−1 17.6	+1.1428	0.5851	−0.0639	20.5
BD−18°5155	2764	6.3	18 57 0.19	−18 37 23.1	14 4 1.7	−3 30.2	+0.8208	0.5596	+0.0715	23.5
193 B. Tauri ...	620	6.3	4 10 7.41	+17 10 9.8	25 20 7.4	+4 8.4	+1.0815	0.5532	+0.0597	5.4
104 m Tauri	764	5.0	5 4 58.97	+18 35 18.5	26 21 19.0	+4 29.3	+0.5153	0.5616	+0.0173	6.5
41 H¹. Gemi ...	1073	6.0	7 0 9.48	+16 43 59.3	29 0 10.6	+5 34.0	+0.9768	0.5733	−0.0754	8.6
BD+15°1676	1183	7.2	7 48 11.11	+14 56 43.3	29 20 54.6	+1 33.4	+0.8738	0.5758	−0.1115	9.5
50 A² Cancri ..	1318	5.7	8 44 39.94	+12 15 39.6	30 21 7.7	+0 54.0	+0.4370	0.5779	−0.1489	10.5
60 Cancri	1332	5.7	8 53 40.05	+11 47 0.3	31 0 58.6	+4 36.5	+0.3361	0.5780	−0.1542	10.6

Sternbedeckungen 1958

Elemente der in Mitteleuropa sichtbaren Sternbedeckungen

Stern: Name	Katalog Nr.	Gr.	α app	δ app	Konjunktion in Rektaszension: Weltzeit	Stundenw. H	Y	x′	y	Alter des Mondes
April										
		m	h m s	° ′ ″	d h m	h m				d
86 Virginis	1971	5.8	13 43 44.52	−12 13 12.3	5 2 9.3	+1 17.1	+1.1401	0.5964	−0.1676	15.7
8 Librae	2117	5.3	14 48 24.26	−15 49 32.8	6 4 5.5	+2 12.9	+0.8471	0.5991	−0.1276	16.8
9 α Librae ...	2118	2.9	14 48 35.76	−15 52 13.3	6 4 10.1	+2 17.3	+0.8815	0.5991	−0.1275	16.8
BD−19°4406	2401	5.6	16 39 27.76	−19 50 42.3	8 0 37.2	−2 59.1	+1.1221	0.5933	−0.0396	18.6
89 G. Sagittarii	2715	6.5	18 40 28.45	−19 19 26.6	10 3 29.6	−1 59.5	+1.1965	0.5696	+0.0596	20.7
162 B. Tauri ...	590	6.3	3 58 13.14	+17 10 40.8	21 20 14.7	+6 14.1	+0.6771	0.5534	+0.0684	2.7
BD+18° 950	871	6.9	5 42 44.22	+18 41 8.3	23 20 3.0	+4 25.7	+0.3975	0.5651	−0.0132	4.7
BD+17°1306	1011	7.4	6 33 28.00	+17 43 30.2	24 18 39.4	+2 15.1	+0.6564	0.5675	−0.0538	5.7
26 Geminorum	1029	5.1	6 39 58.56	+17 41 6.8	24 21 32.6	+5 2.2	+0.5350	0.5677	−0.0590	5.8
67 Geminorum	1145	6.7	7 31 2.25	+15 43 38.2	25 20 7.7	+2 50.0	+0.8145	0.5684	−0.0977	6.7
68 Geminorum	1147	5.1	7 31 13.91	+15 54 55.0	25 20 12.9	+2 55.0	+0.6091	0.5684	−0.0978	6.7
27 Cancri	1265	5.8	8 24 26.09	+12 47 26.2	26 19 42.9	+1 35.6	+1.1158	0.5683	−0.1340	7.7
BD+10°1972	1384	7.4	9 17 16.81	+ 9 57 49.8	27 19 3.4	+0 7.2	+0.5212	0.5685	−0.1637	8.7
2 ω Leonis ...	1397	5.5	9 26 14.27	+ 9 14 10.8	27 23 0.6	+3 56.1	+0.6061	0.5687	−0.1680	8.9
84 B. Sextantis	1528	6.6	10 24 0.46	+ 4 8 29.9	29 0 26.1	+4 28.0	+1.1797	0.5710	−0.1897	9.9
69 p^5 Leonis ...	1623	5.4	11 11 38.78	+ 0 9 16.3	29 21 12.3	+0 29.9	+1.1118	0.5747	−0.1986	10.8
Mai										
		m	h m s	° ′ ″	d h m	h m				d
439 B. g Virginis	1886	5.7	13 6 23.62	− 8 45 50.5	1 21 48.8	−0 40.4	+0.4241	0.5895	−0.1831	12.8
BD−8°3495	1887	6.4	13 7 5.31	− 9 19 7.9	1 22 6.0	−0 23.8	+0.9176	0.5897	−0.1829	12.8
39 G. Sagittarii	2629	6.3	18 8 48.12	−19 51 0.3	6 22 59.3	−4 12.4	+1.0685	0.5868	+0.0354	17.9
46 c^1 Capricorni	3185	5.3	21 42 47.41	− 9 16 23.6	11 1 39.2	−4 50.2	+0.7104	0.5281	+0.1627	22.0
47 c^2 Capricorni	3187	6.2	21 44 3.35	− 9 28 2.9	11 2 18.0	−4 12.6	+1.0281	0.5278	+0.1631	22.0
54 λ Gemi	1106	3.6	7 15 41.62	+16 36 52.9	22 18 47.2	+3 31.1	+0.5890	0.5698	−0.0861	4.0
76 κ Cancri	1359	5.1	9 5 29.66	+10 50 4.5	24 19 37.2	+2 39.3	+0.5692	0.5644	−0.1564	6.0
14 Sextantis ..	1482	6.3	10 4 37.25	+ 5 48 46.0	25 22 13.0	+4 20.3	+1.2024	0.5629	−0.1814	7.1
339 B. Virginis .	1843	6.9	12 47 57.62	− 7 24 28.6	28 22 40.3	+2 16.1	+0.5887	0.5768	−0.1867	10.1
86 Virginis	1971	5.8	13 43 44.67	−12 13 13.0	29 22 18.6	+1 2.6	+1.2025	0.5861	−0.1655	11.1
8 Librae	2117	5.3	14 48 24.75	−15 49 34.1	31 0 51.2	+2 34.9	+0.8715	0.5960	−0.1280	12.2
9 α Librae ...	2118	2.9	14 48 36.25	−15 52 14.6	31 0 55.9	+2 39.4	+0.9061	0.5960	−0.1279	12.2
Juni										
		m	h m s	° ′ ″	d h m	h m				d
89 G. Sagittarii	2715	6.5	18 40 29.96	−19 19 23.3	3 22 6.6	−3 46.5	+1.0770	0.5851	+0.0600	16.1
BD−18°5079	2731	6.5	18 46 20.96	−18 38 46.3	4 0 34.1	−1 24.4	+0.5314	0.5836	+0.0646	16.2
BD−19°5182	2733	6.4	18 47 10.37	−19 11 16.8	4 0 55.0	−1 4.4	+1.1148	0.5834	+0.0653	16.2
Venus	—	−3.5	2 52 28.29	+14 19 50.2	14 2 31.5	−6 53.4	+0.8639	0.4938	+0.0990	26.3
BD−5°3513	1792	7.1	12 27 54.47	− 5 47 39.3	24 19 55.5	+1 37.5	+0.8176	0.5671	−0.1899	7.5
BD−14°3959	2069	7.3	14 25 6.88	−14 39 10.1	26 22 39.6	+2 32.6	+1.1361	0.5833	−0.1421	9.6
33 Librae	2211	7.2	15 27 15.27	−17 17 54.4	28 0 26.4	+3 21.6	+0.6634	0.5915	−0.1004	10.7
Juli										
		m	h m s	° ′ ″	d h m	h m				d
16 B. Capricorni	2968	6.2	20 18 28.45	−14 54 49.2	3 2 9.3	+0 33.2	+0.4503	0.5614	+0.1261	15.8
9 β Capricorni	2969	3.2	20 18 42.62	−14 54 37.1	3 2 15.7	+0 39.5	+0.4604	0.5613	+0.1263	15.8
171 B. Piscium .	136	6.3	0 57 41.12	+ 6 15 36.6	8 23 54.9	−5 57.1	+1.1336	0.5201	+0.1660	21.7
BD+10°252	272	5.9	1 48 40.04	+10 50 17.3	10 2 29.0	−4 9.6	+0.2594	0.5269	+0.1477	22.8
61 δ Tauri	648	3.9	4 20 32.03	+17 26 40.7	13 4 10.3	−4 48.1	+0.8953	0.5600	+0.0560	25.9
21 ν Librae	2159	5.3	15 4 19.70	−16 5 48.1	24 20 44.9	+1 48.8	+0.6959	0.5827	−0.1168	8.1
22 Librae	2160	6.6	15 4 31.10	−16 19 28.2	24 20 49.7	+1 53.4	+0.9185	0.5827	−0.1167	8.1
BD−18°4228	2301	6.8	16 2 40.82	−18 25 33.4	25 21 8.0	+1 17.6	+0.7402	0.5871	−0.0738	9.1
39 G. Sagittarii	2629	6.3	18 8 49.22	−19 50 57.9	28 1 35.3	+3 47.3	+1.0506	0.5841	+0.0299	11.3
BD−18°5155	2764	6.3	18 57 3.23	−18 37 15.6	28 22 8.4	−0 24.4	+0.7873	0.5773	+0.0681	12.1

Elemente der in Mitteleuropa sichtbaren Sternbedeckungen

Stern: Name	Stern: Katalog Nr.	Stern: Gr.	Stern: α app.	Stern: δ app.	Konjunktion in Rektaszension: Weltzeit	Konjunktion in Rektaszension: Stundenw. *H*	Konjunktion in Rektaszension: *Y*	Konjunktion in Rektaszension: *x'*	Konjunktion in Rektaszension: *y'*	Alter des Mondes
August										
		m	h m s	° ′ ″	d h m	h m				d
47 c^2 Capricorni	3187	6.2	21 44 5.48	− 9 27 50.5	1 3 2.9	+1 55.7	+0.5017	0.5403	+0.1634	15.3
147 B. Piscium .	104	5.8	0 46 13.72	+ 5 4 10.6	5 1 31.1	−2 22.7	+1.1522	0.5203	+0.1689	19.3
Mars	—	−0.2	2 34 52.18	+12 38 1.3	7 9 44.9	+4 11.7	+1.2048	0.5098	+0.1171	21.6
162 B. Tauri ...	590	6.3	3 58 15.05	+17 10 47.5	9 2 20.5	−4 29.5	+0.2809	0.5503	+0.0728	23.3
26 Geminorum	1029	5.1	6 39 59.16	+17 41 8.6	12 2 44.5	−6 35.3	+0.5607	0.5774	−0.0535	26.3
194 B. Librae ..	2259	6.7	15 47 30.75	−17 46 31.6	21 20 6.9	+2 17.9	+0.8134	0.5859	−0.0860	6.7
BD−18°4320	2408	6.9	16 43 5.82	−19 3 37.2	22 19 16.1	+0 35.4	+0.6482	0.5854	−0.0421	7.7
BD−17°5699 *seq.*	2871	7.1	19 36 51.98	−17 0 1.6	25 21 59.0	+0 36.8	+0.6447	0.5648	+0.0941	10.8
9 β Capricorni	2969	3.2	20 18 43.01	−14 54 34.8	26 17 8.5	−4 52.5	+0.4873	0.5563	+0.1207	11.6
September										
		m	h m s	° ′ ″	d h m	h m				d
86 ζ Piscium ..	180	5.6	1 11 35.64	+ 7 21 32.9	1 22 2.8	−4 26.6	+0.6264	0.5233	+0.1608	17.8
BD+6°175 .	181	6.5	1 11 37.13	+ 7 21 43.0	1 22 3.6	−4 25.8	+0.6254	0.5233	+0.1608	17.8
115 Tauri	814	5.3	5 24 45.69	+17 55 36.0	7 2 29.2	−3 52.9	+0.8783	0.5604	+0.0078	23.0
124 H^1. Orionis .	944	5.7	6 12 3.85	+17 55 5.0	7 23 44.6	−7 21.3	+0.6482	0.5670	−0.0296	23.9
BD+17°1214	970	6.5	6 19 1.29	+17 46 57.4	8 2 49.9	−4 22.5	+0.6909	0.5679	−0.0351	24.0
51 Geminorum	1096	5.3	7 10 59.70	+16 13 45.0	9 1 39.3	−6 21.3	+1.0465	0.5732	−0.0758	25.0
54 λ Gemi	1106	3.6	7 15 42.89	+16 36 54.0	9 3 42.6	−4 22.4	+0.4829	0.5737	−0.0794	25.1
BD+14°1850	1237	6.4	8 10 3.03	+14 7 40.8	10 3 12.5	−5 42.9	+0.7143	0.5773	−0.1187	26.0
76 ϰ Cancri	1359	5.1	9 5 29.96	+10 50 6.6	11 2 59.7	−6 47.3	+0.8142	0.5795	−0.1531	27.0
32 Librae	2209	5.9	15 25 55.28	−16 34 18.1	17 17 49.5	+2 8.2	+0.5982	0.5942	−0.1032	4.2
7 χ Ophiuchi .	2361	4.8	16 24 37.72	−18 21 43.0	18 17 41.4	+1 5.3	+0.4851	0.5922	−0.0576	5.2
71 B. Y Sagittarii	2658	5.4-6.2	18 18 57.90	−18 52 39.0	20 17 16.8	−1 5.8	+0.5224	0.5781	+0.0355	7.2
95 B. Sagittarii	2680	5.8	18 27 46.87	−18 45 15.0	20 21 3.8	+2 33.0	+0.5422	0.5764	+0.0424	7.4
44 ρ Sagittarii .	2826	4.0	19 19 17.64	−17 55 24.8	21 19 38.4	+0 19.8	+1.0771	0.5661	+0.0806	8.3
BD−17°5611	2830	6.9	19 21 26.85	−17 16 24.7	21 20 36.2	+1 15.6	+0.4685	0.5656	+0.0821	8.4
16 B. Capricorni	2968	6.2	20 18 28.56	−14 54 47.4	22 22 43.3	+2 30.0	+0.6035	0.5531	+0.1187	9.4
9 β Capricorni	2969	3.2	20 18 42.73	−14 54 35.2	22 22 50.0	+2 36.4	+0.6131	0.5530	+0.1188	9.5
8 Aquarii	3070	6.6	20 57 40.05	−13 12 35.3	23 17 23.9	−3 25.5	+1.1965	0.5446	+0.1394	10.2
BD− 9°5854	3199	6.8	21 48 24.98	− 9 10 19.1	24 18 27.5	−3 8.7	+0.5950	0.5350	+0.1599	11.3
BD−9°5876	3216	6.6	21 55 29.49	− 8 45 28.8	24 22 1.5	+0 18.9	+0.7193	0.5338	+0.1622	11.4
13 Piscium	3467	6.5	23 29 52.08	− 1 18 38.2	26 22 53.6	−0 15.3	+0.9638	0.5235	+0.1769	13.5
171 B. Piscium .	136	6.3	0 57 42.91	+ 6 15 47.9	28 21 17.7	−3 11.5	+0.5957	0.5239	+0.1644	15.4
86 ζ Piscium ..	180	5.6	1 11 36.04	+ 7 21 35.4	29 4 35.3	+3 53.4	+0.5619	0.5248	+0.1601	15.7
BD+6°175 .	181	6.5	1 11 37.54	+ 7 21 45.4	29 4 36.0	+3 54.2	+0.5609	0.5248	+0.1601	15.7
Oktober										
		m	h m s	° ′ ″	d h m	h m				d
30 B. Tauri ...	523	6.5	3 35 30.11	+15 17 46.8	2 5 45.2	+2 51.4	+1.1262	0.5414	+0.0873	18.7
193 B. Tauri ...	620	6.3	4 10 10.50	+17 10 19.7	2 22 34.6	−4 51.1	+0.3249	0.5462	+0.0635	19.4
61 δ Tauri	648	3.9	4 20 34.41	+17 26 47.3	3 3 33.6	−0 1.6	+0.3206	0.5476	+0.0560	19.6
64 Tauri	653	4.8	4 21 44.15	+17 20 56.6	3 4 7.0	+0 30.7	+0.4585	0.5477	+0.0552	19.7
50 A^2 Cancri ..	1318	5.7	8 44 40.23	+12 15 41.4	8 3 46.7	−3 52.8	+0.6062	0.5698	−0.1381	24.7
BD−19°4800	2596	7.3	17 59 26.25	−19 6 15.1	17 16 8.7	−0 8.1	+0.5794	0.5902	+0.0202	4.8
BD−18°5155	2764	6.3	18 57 2.16	−18 37 16.5	18 16 19.6	−0 50.9	+1.1385	0.5768	+0.0651	5.8
337 B. Sagittarii	2927	7.2	20 1 13.82	−15 31 37.7	19 20 44.5	+2 34.6	+0.3991	0.5596	+0.1087	7.0
BD−13°5779	3051	7.0	20 50 15.27	−13 21 21.6	20 19 39.7	+0 44.5	+0.9059	0.5466	+0.1355	7.9
BD−10°5714	3163	7.3	21 34 43.19	−10 21 24.8	21 17 23.0	−2 13.1	+0.8427	0.5362	+0.1544	8.8
46 c^1 Capricorni	3185	5.3	21 42 49.33	− 9 16 10.6	21 21 26.0	+1 42.4	+0.2958	0.5345	+0.1573	9.0
47 c^2 Capricorni	3187	6.2	21 44 5.28	− 9 27 49.9	21 22 4.0	+2 19.3	+0.6067	0.5342	+0.1577	9.0
BD−3°5592*m.*	3411	7.2	23 12 0.38	− 2 51 23.0	23 19 27.0	−1 38.2	+1.0335	0.5222	+0.1752	10.9
147 B. Piscium .	104	5.8	0 46 14.76	+ 5 4 16.9	25 21 24.4	−1 6.8	+0.9299	0.5226	+0.1670	13.0
193 B. Tauri ...	620	6.3	4 10 11.12	+17 10 20.4	30 4 33.3	+2 55.1	+0.3366	0.5481	+0.0638	17.3

Sternbedeckungen 1958

Elemente der in Mitteleuropa sichtbaren Sternbedeckungen

Stern					Konjunktion in Rektaszension					Alter des Mondes
Name	Katalog Nr	Gr.	α app	δ app	Weltzeit	Stundenw. *H*	*Y*	*x*	*y*	
November										
		m	h m s	° ′ ″	d h m	h m				d
130 Tauri	878	5.5	5 45 3.35	+17 42 48.8	1 1 13.6	−1 52.2	+1.0153	0.5565	−0.0078	19.2
26 Geminorum	1029	5.1	6 40 1.49	+17 41 6.5	2 2 34.1	−1 22.5	+0.3040	0.5587	−0.0501	20.2
68 Geminorum	1147	5.1	7 31 16.28	+15 54 52.9	3 2 1.8	−2 42.2	+0.5723	0.5596	−0.0879	21.2
65 p^4 Leonis ...	1611	5.7	11 4 47.89	+ 2 10 46.6	7 2 34.5	−5 27.1	+0.3772	0.5697	−0.1906	25.2
46 B. Virginis .	1744	6.5	12 3 52.71	− 2 54 3.8	8 4 18.0	−4 38.5	+0.4792	0.5785	−0.1938	26.3
110 B. Sagittarii	2699	7.2	18 32 57.36	−19 17 58.8	14 15 9.2	+0 9.1	+1.1711	0.5936	+0.0473	3.3
BD−17°5699*seq.*	2871	7.1	19 36 50.71	−17 0 3.5	15 17 54.2	+1 54.6	+0.7443	0.5758	+0.0943	4.4
36 Aquarii	3247	7.0	22 7 16.79	− 8 23 11.5	18 16 19.7	−1 58.8	+1.2233	0.5322	+0.1654	7.4
128 B. Aquarii ..	3248	6.6	22 7 20.02	− 7 44 37.6	18 16 21.3	−1 57.2	+0.5324	0.5323	+0.1655	7.4
BD−0°4566	3502	7.4	23 44 29.14	+ 0 18 13.6	20 18 52.6	−0 54.8	+0.4816	0.5195	+0.1756	9.5
87 G. Piscium .	53	6.9	0 24 10.72	+ 3 35 59.9	21 15 58.8	−4 24.8	+0.5113	0.5194	+0.1715	10.4
86 ζ Piscium ..	180	5.6	1 11 36.15	+ 7 21 35.6	22 17 5.1	−4 1.8	+0.5213	0.5228	+0.1603	11.4
BD+6°175 .	181	6.5	1 11 37.64	+ 7 21 45.6	22 17 5.8	−4 1.1	+0.5203	0.5228	+0.1603	11.4
88 Piscium	184	6.2	1 12 35.27	+ 6 46 46.4	22 17 36.1	−3 31.7	+1.2486	0.5230	+0.1600	11.4
115 Tauri	814	5.3	5 24 47.85	+17 55 35.5	27 21 39.1	−3 20.5	+0.8694	0.5588	+0.0092	16.6
120 Tauri	836	5.5	5 31 8.72	+18 30 38.4	28 0 35.0	−0 30.5	+0.2518	0.5593	+0.0042	16.7
124 H^1. Orionis .	944	5.7	6 12 6.16	+17 55 2.2	28 19 23.6	−6 19.8	+0.6720	0.5612	−0.0278	17.5
BD+17°1214	970	6.5	6 19 3.61	+17 46 54.2	28 22 34.6	−3 15.2	+0.7210	0.5613	−0.0332	17.6
51 Geminorum	1096	5.3	7 11 2.09	+16 13 39.2	29 22 18.9	−4 19.0	+1.1273	0.5611	−0.0726	18.6
54 λ Gemi	1106	3.6	7 15 45.29	+16 36 48.0	30 0 28.3	−2 14.0	+0.5524	0.5610	−0.0761	18.7
Dezember										
		m	h m s	° ′ ″	d h m	h m				d
30 B. Cancri ...	1234	6.1	8 8 41.58	+14 44 59.3	1 0 42.2	−2 49.0	+0.2418	0.5591	−0.1126	19.7
BD+14°1850	1237	6.4	8 10 5.39	+14 7 32.4	1 1 20.7	−2 11.8	+0.8323	0.5590	−0.1135	19.8
60 Cancri	1332	5.7	8 53 41.90	+11 46 54.6	1 21 24.8	−6 48.0	+0.7575	0.5573	−0.1396	20.6
65 α Cancri	1341	4.3	8 56 15.35	+12 0 55.9	1 22 35.6	−5 39.6	+0.3456	0.5572	−0.1410	20.6
76 ϰ Cancri	1359	5.1	9 5 32.19	+10 49 56.6	2 2 52.6	−1 31.2	+0.9740	0.5569	−0.1460	20.8
25 *f* Virginis ...	1807	5.9	12 34 40.10	− 5 36 17.1	6 2 9.0	−5 28.3	+0.7894	0.5721	−0.1872	24.8
8 Aquarii	3070	6.6	20 57 38.91	−13 12 39.0	14 15 19.0	−0 7.6	+0.9101	0.5597	+0.1418	3.9
BD−9°5876	3216	6.6	21 55 28.46	− 8 45 33.1	15 18 36.6	+2 16.7	+0.4133	0.5423	+0.1640	5.1
209 B. Aquarii ..	3328	7.0	22 39 57.83	− 5 18 54.6	16 16 42.1	−0 18.6	+0.4649	0.5313	+0.1737	6.0
11 Piscium	3459	6.6	23 27 20.75	− 2 0 58.6	17 17 4.7	−0 39.4	+1.1823	0.5232	+0.1772	7.0
13 Piscium	3467	6.5	23 29 51.39	− 1 18 41.9	17 18 23.3	+0 36.9	+0.6455	0.5229	+0.1771	7.1
14 Piscium	3474	6.0	23 32 2.59	− 1 28 24.0	17 19 31.8	+1 43.5	+1.0248	0.5227	+0.1771	7.1
86 G. Piscium .	53	6.9	0 24 10.44	+ 3 35 58.1	18 22 59.6	+4 23.7	+0.2775	0.5195	+0.1723	8.3
171 B. Piscium .	136	6.3	0 57 42.70	+ 6 15 46.3	19 16 43.8	−2 22.8	+0.3324	0.5204	+0.1649	9.0
BD+5°141 .	148	6.9	1 1 40.06	+ 6 32 44.6	19 18 49.1	−0 21.2	+0.3628	0.5206	+0.1638	9.1
86 ζ Piscium ..	180	5.6	1 11 35.93	+ 7 21 34.1	20 0 3.0	+4 43.7	+0.3122	0.5214	+0.1610	9.3
BD+6°175 .	181	6.5	1 11 37.42	+ 7 21 44.1	20 0 3.7	+4 44.4	+0.3112	0.5214	+0.1609	9.3
110 o Piscium ..	257	4.5	1 43 14.48	+ 8 57 8.2	20 16 36.4	−3 11.8	+1.1265	0.5247	+0.1500	10.0
BD+14°565	504	7.3	3 26 42.35	+14 51 19.8	22 20 51.3	−0 31.8	+1.1526	0.5426	+0.0966	12.2
30 B. Tauri ...	523	6.5	3 35 31.04	+15 17 47.1	23 1 8.8	+3 37.6	+1.0680	0.5443	+0.0909	12.3
193 B. Tauri ...	620	6.3	4 10 11.69	+17 10 19.8	23 17 48.0	−4 15.2	+0.3244	0.5507	+0.0674	13.0
61 δ Tauri	648	3.9	4 20 35.67	+17 26 47.3	23 22 43.4	+0 30.7	+0.3368	0.5525	+0.0599	13.2
64 Tauri	653	4.8	4 21 45.42	+17 20 56.5	23 23 16.4	+1 2.5	+0.4761	0.5527	+0.0591	13.3
115 Tauri	814	5.3	5 24 48.20	+17 55 34.6	25 4 32.0	+5 20.0	+0.8825	0.5616	+0.0113	14.5
45 A^1 Cancri ..	1309	5.7	8 40 58.30	+12 49 33.0	28 21 6.6	−5 7.0	+0.6507	0.5629	−0.1320	18.2
50 A^2 Cancri ..	1318	5.7	8 44 42.64	+12 15 30.0	28 22 48.6	−3 28.5	+1.0209	0.5627	−0.1341	18.3
60 Cancri	1332	5.7	8 53 42.67	+11 46 50.5	29 2 54.4	+0 29.0	+0.9614	0.5622	−0.1392	18.4
65 α Cancri	1341	4.3	8 56 16.13	+12 0 51.9	29 4 4.3	+1 36.5	+0.5527	0.5619	−0.1406	18.5

Sternbedeckungen 1958

Ein- und Austritte für Berlin-Babelsberg

$\lambda = -0^h\ 52^m.4 \qquad \varphi = +52^\circ\ 24'.4$

Tag	Katalog Nr.	Stern	Größe	Phase	Weltzeit	P	a	b	Alter des Mondes
1958			m		h m	°	m	m	d
Jan. 2	505	BD+16°450 .	7.0	E.	1 38.3	140	+0.4	−3.1	11.8
2	617	188 B. Tauri	6.6	E.	18 9.4	52	−0.9	+2.2	12.5
2	639	85 H.[1]Tauri	6.0	E.	23 53.3	39	−1.2	+0.7	12.7
7	1359	76 κ Cancri	5.1	A.	22 46.6	280	−1.1	+0.7	17.7
28	450	145 B. Arietis	6.6	E.	22 54.5	43	−0.5	−0.2	9.0
30	710	BD+18°684 ..	7.1	E.	18 4.1	94	−1.5	+0.4	10.9
30	718	302 B. Tauri	6.1	E.	20 8.0	106	−1.5	−1.1	10.9
30	726	305 B. Tauri	6.8	E.	21 33.8	115	−1.1	−1.9	11.0
30	730	97 *i* Tauri	5.1	E.	22 56.9	85	−0.8	−1.3	11.0
31	862	BD+18°920 ..	7.5	E.	19 47.4	97	−1.5	−0.1	11.9
31	863	127 Tauri	6.7	E.	20 1.7	98	−1.5	−0.2	11.9
Febr. 1	886	BD+18°987 ..	7.0	E.	0 47.0	164	—	—	12.1
23	284	BD+10°257 ..	7.4	E.	19 3.8	87	−0.6	−1.5	5.1
25	505	BD+16°450 ..	7.0	E.	17 49.0	30	−1.3	+2.1	7.1
26	663	BD+17°724 ..	6.9	E.	20 40.3	87	−0.8	−1.4	8.2
27	800	BD+18° 831 .	7.5	E.	20 57.4	61	−1.2	−0.3	9.2
28	943	BD+18°1129 .	6.2	E.	18 49.6	28	—	—	10.1
28	951	BD+18°1141 .	6.8	E.	19 46.6	113	−1.3	−1.3	10.2
März 1	1091	BD+17°1518 .	6.7	E.	18 57.2	84	−1.5	+0.6	11.2
1	1106	54 λ Geminorum ..	3.6	E.	22 29.0	102	−0.9	−1.5	11.3
2	1237	BD+14°1850 .	6.4	E.	20 25.9	126	−1.2	−1.1	12.2
3	1359	76 κ Cancri	5.1	E.	18 43.1	111	−1.0	+0.5	13.2
8	1887	BD−8°3495 ..	6.4	A.	0 31.4	280	−1.3	+0.1	17.4
11	2322	14 ν Scorpii	4.3	E.	3 9.5	149	−1.0	−0.7	20.5
11	2322	14 ν Scorpii	4.3	A.	3 58.9	230	−1.8	+0.8	20.5
26	764	104 *m* Tauri	5.0	E.	22 8.2	34	−0.5	+0.2	6.5
29	1183	BD+15°1676 .	7.2	E.	21 16.6	134	−0.6	−2.2	9.5
April 8	2401	BD−19°4406 .	5.6	A.	0 14.3	212	—	—	18.6
24	1011	BD+17°1306 .	7.4	E.	19 1.9	90	−0.8	−1.4	5.6
25	1145	67 Geminorum ..	6.7	E.	20 37.8	107	−0.4	−1.8	6.7
25	1147	68 Geminorum ..	5.1	E.	20 46.4	61	−0.9	−0.8	6.7
29	1623	69 p^5 Leonis	5.4	E.	21 31.6	163	−0.5	−2.3	10.7
Mai 22	1106	54 λ Geminorum ..	3.6	E.	19 28.7	47	−0.8	−0.4	4.0
29	1971	86 Virginis	5.8	E.	22 44.7	159	−0.9	−2.1	11.1
Juni 14		Venus	−3.5	A.	1 51.5	269	+0.2	+1.6	26.3
Juli 24	2160	22 Librae	6.6	E.	21 6.7	92	−0.9	−1.3	8.1

Sternbedeckungen 1958

Ein- und Austritte für Berlin-Babelsberg

$\lambda = -0^h\ 52^m.4 \qquad \varphi = +52^\circ\ 24'.4$

Tag	Katalog Nr.	Stern	Größe	Phase	Weltzeit	P	a	b	Alter des Mondes
1958			m		h m	°	m	m	d
Juli 24	2159	21 ν Librae	5.3	E.	21 18.8	29	—	—	8.1
25	2301	BD−18°4228	6.8	E.	21 24.7	48	−1.0	−0.3	9.1
Aug. 12	1029	26 Geminorum	5.1	A.	2 3.2	310	−0.2	+0.6	26.3
25	2871	BD−17°5699*seq.*	7.1	E.	22 15.1	26	−0.6	+0.7	10.8
Sept. 7	814	115 Tauri	5.3	A.	1 51.2	212	−0.2	+3.5	23.0
8	970	BD+17°1214	6.5	A.	2 22.6	259	−0.6	+1.7	24.0
9	1106	54 λ Geminorum	3.6	E.	2 15.0	66	−0.2	+2.1	25.0
9	1106	54 λ Geminorum	3.6	A.	3 11.1	302	−0.8	+0.5	25.0
10	1237	BD+14°1850	6.4	A.	2 37.7	261	−0.1	+1.7	26.0
21	2826	44 ρ Sagittarii	4.0	E.	19 31.7	120	−1.8	−1.3	8.3
Okt. 3	648	61 δ Tauri	3.9	E.	3 37.6	23	—	—	19.6
3	648	61 δ Tauri	3.9	A.	4 17.8	325	—	—	19.6
8	1318	50 *A*² Cancri	5.7	A.	3 25.6	277	−0.9	+1.1	24.7
20	3051	BD−13°5779	7.0	E.	19 36.4	90	−1.5	−0.8	7.9
21	3187	47 *c*² Capricorni	6.2	E.	22 34.9	57	−0.5	−0.6	9.0
23	3411	BD−3°5592*m.*	7.2	E.	18 23.6	97	−1.6	+0.8	10.9
Nov. 2	1029	26 Geminorum	5.1	A.	2 33.1	344	—	—	20.2
3	1147	68 Geminorum	5.1	A.	2 0.1	278	−1.4	+0.6	21.2
8	1744	46 B. Virginis	6.5	A.	3 39.5	316	−0.3	+0.1	26.3
15	2871	BD−17°5699*seq.*	7.1	E.	18 14.3	68	−0.8	−0.8	4.5
27	814	115 Tauri	5.3	A.	21 4.9	206	−0.3	+4.1	16.6
28	944	124 *H*¹.Orionis	5.7	A.	18 46.5	284	−0.1	+1.2	17.5
28	970	BD+17°1214	6.5	A.	22 19.0	243	−1.0	+2.1	17.7
29	1106	54 λ Geminorum	3.6	E.	23 19.3	95	−1.2	+1.0	18.7
30	1106	54 λ Geminorum	3.6	A.	0 36.4	280	−1.5	+0.3	18.7
Dez. 1	1237	BD+14°1850	6.4	A.	1 14.0	217	—	—	19.8
15	3216	BD−9°5876	6.6	E.	19 29.6	11	+0.1	+1.5	5.1
17	3467	13 Piscium	6.5	E.	18 24.4	56	−1.2	+0.2	7.0
20	257	110 *o* Piscium	4.5	E.	15 20.8	142	—	—	10.0
23	648	61 δ Tauri	3.9	E.	22 55.3	30	−1.5	+2.4	13.2
23	653	64 Tauri	4.8	E.	23 23.0	66	−1.4	−0.1	13.2
28	1309	45 *A*¹ Cancri	5.7	A.	20 33.7	271	−0.4	+1.5	18.2
29	1332	60 Cancri	5.7	A.	3 57.7	238	−1.7	0.0	18.4
29	1341	65 α Cancri	4.3	E.	4 26.6	49	−1.8	+0.3	18.4
29	1341	65 α Cancri	4.3	A.	4 59.9	351	+0.2	−3.5	18.4

Sternbedeckungen 1958

Ein- und Austritte für Frankfurt a. M.

$\lambda = -0^h\ 34^m.6 \qquad \varphi = +50^\circ\ 7'.0$

Tag	Katalog Nr	Stern	Größe	Phase	Weltzeit	P	a	b	Alter des Mondes
1958			m		h m	°	m	m	d
Jan. 2	617	188 B. Tauri	6.6	E.	18 0.7	54	−0.8	+2.2	12.5
2	639	85 H^1.Tauri	6.0	E.	23 46.6	51	−1.3	+0.2	12.7
7	1359	76 κ Cancri	5.1	A.	22 39.7	272	−1.1	+1.1	17.7
28	450	145 B. Arietis	6.6	E.	22 52.9	54	−0.6	−0.5	9.0
30	710	BD+18°684 ..	7.1	E.	17 56.3	98	−1.5	+0.4	10.9
30	718	302 B. Tauri	6.1	E.	20 3.8	114	−1.6	−1.3	10.9
30	726	305 B. Tauri	6.8	E.	21 33.7	125	−1.2	−2.3	11.0
30	730	97 *i* Tauri	5.1	E.	22 56.2	93	−0.9	−1.4	11.0
31	862	BD+18°920 ..	7.5	E.	19 40.7	103	−1.6	−0.2	11.9
31	863	127 Tauri	6.7	E.	19 55.5	105	−1.6	−0.4	11.9
Febr. 23	284	BD+10°257 ..	7.4	E.	19 4.6	95	−0.7	−1.7	5.1
25	505	BD+16°450 ..	7.0	E.	17 38.4	39	−1.5	+1.8	7.1
26	643	BD+18°629 ..	6.7	E.	17 48.1	11	—	—	8.1
26	663	BD+17°724 ..	6.9	E.	20 39.6	96	−1.0	−1.5	8.2
27	800	BD+18°831 ..	7.5	E.	20 52.7	72	−1.3	−0.5	9.2
28	943	BD+18°1129 .	6.2	E.	18 33.7	43	−1.7	+2.8	10.1
28	951	BD+18°1141 .	6.8	E.	19 43.6	123	−1.4	−1.6	10.2
März 1	1091	BD+17°1518 .	6.7	E.	18 49.3	92	−1.5	+0.5	11.2
1	1106	54 λ Geminorum ..	3.6	E.	22 28.2	111	−1.0	−1.6	11.3
2	1237	BD+14°1850 .	6.4	E.	20 23.2	136	−1.3	−1.4	12.2
3	1359	76 κ Cancri	5.1	E.	18 37.9	119	−0.9	+0.3	13.2
8	1887	BD−8°3495 ..	6.4	A.	0 24.3	270	−1.5	+0.5	17.4
11	2322	14 ν Scorpii	4.3	E.	3 7.6	158	−0.7	−1.2	20.5
11	2322	14 ν Scorpii	4.3	A.	3 47.9	222	−2.1	+1.6	20.5
26	764	104 *m* Tauri	5.0	E.	22 6.5	47	−0.4	−0.3	6.5
29	1183	BD+15°1676 .	7.2	E.	21 19.3	144	−0.6	−2.5	9.5
30	1318	50 A^2 Cancri	5.7	E.	21 17.2	40	—	—	10.5
April 10	2715	89 G Sagittarii	6.5	A.	3 6.2	195	—	—	20.7
25	1145	67 Geminorum ..	6.7	E.	20 39.9	115	−0.5	−1.9	6.7
25	1147	68 Geminorum ..	5.1	E.	20 44.7	71	−0.9	−1.0	6.7
29	1623	69 p^5 Leonis	5.4	E.	21 35.8	176	−0.2	−3.1	10.7
Mai 22	1106	54 λ Geminorum ..	3.6	E.	19 26.8	59	−0.8	−0.7	4.0
29	1971	86 Virginis	5.8	E.	22 46.0	166	−0.8	−2.4	11.1

Sternbedeckungen 1958

Ein- und Austritte für Frankfurt a. M.

$\lambda = -0^h\ 34^m.6 \qquad \varphi = +50^\circ\ 7'.0$

Tag	Katalog Nr.	Stern	Größe	Phase	Weltzeit	P	a	b	Alter des Mondes
1958			m		h m	°	m	m	d
Juni 4	2733	BD−19°5182	6.4	A.	1 9.9	223	−1.4	+0.9	16.2
Juli 24	2160	22 Librae	6.6	E.	21 5.0	94	−1.1	−1.2	8.1
24	2159	21 ν Librae	5.3	E.	21 14.3	35	—	—	8.1
25	2301	BD−18°4228	6.8	E.	21 20.5	50	−1.2	−0.1	9.1
Aug. 21	2259	194 B. Librae	6.7	E.	20 29.6	74	−0.9	−1.0	6.7
25	2871	BD−17°5699*seq.*	7.1	E.	22 10.2	26	−0.8	+0.9	10.8
Sept. 7	814	115 Tauri	5.3	A.	1 42.6	208	0.0	+3.7	23.0
8	970	BD+17°1214 .	6.5	A.	2 16.1	256	−0.5	+1.8	24.0
9	1106	54 λ Geminorum ..	3.6	E.	2 9.7	70	−0.1	+1.9	25.0
9	1106	54 λ Geminorum ..	3.6	A.	3 6.5	298	−0.7	+0.7	25.0
10	1237	BD+14°1850 .	6.4	A.	2 33.5	257	0.0	+1.7	26.0
21	2826	44 ρ Sagittarii	4.0	E.	19 26.0	121	−2.0	−1.1	8.3
Okt. 3	648	61 δ Tauri	3.9	E.	3 24.0	34	−1.6	+2.7	19.6
3	648	61 δ Tauri	3.9	A.	4 19.4	312	−1.6	−3.0	19.6
8	1318	50 A^2 Cancri	5.7	A.	3 18.9	270	−0.8	+1.4	24.7
20	3051	BD−13°5779 .	7.0	E.	19 31.1	90	−1.7	−0.7	7.9
21	3187	47 c^2 Capricorni ...	6.2	E.	22 33.4	60	−0.7	−0.5	9.0
23	3411	BD−3°5592*m.*	7.2	E.	18 14.6	97	−1.5	+1.0	10.9
Nov. 2	1029	26 Geminorum ..	5.1	A.	2 35.2	329	−1.6	−2.8	20.2
3	1147	68 Geminorum ..	5.1	A.	1 52.3	271	−1.3	+1.0	21.2
15	2871	BD−17°5699*seq.*	7.1	E.	18 12.4	69	−0.9	−0.7	4.5
27	814	115 Tauri	5.3	A.	20 54.4	200	—	—	16.6
28	970	BD+17°1214 .	6.5	A.	22 9.7	238	−0.8	+2.4	17.7
29	1106	54 λ Geminorum ..	3.6	E.	23 11.9	100	−1.1	+0.9	18.7
30	1106	54 λ Geminorum ..	3.6	A.	0 28.6	273	−1.5	+0.7	18.7
Dez. 15	3216	BD−9°5876 ..	6.6	E.	19 26.3	17	−0.1	+1.2	5.1
17	3467	13 Piscium	6.5	E.	18 18.0	57	−1.3	+0.4	7.0
23	648	61 δ Tauri	3.9	E.	22 43.9	41	−1.6	+1.8	13.2
23	653	64 Tauri	4.8	E.	23 16.9	73	−1.5	−0.2	13.2
28	1309	45 A^1 Cancri	5.7	A.	20 28.7	266	−0.3	+1.6	18.2
29	1332	60 Cancri	5.7	A.	3 46.8	221	—	—	18.4
29	1341	65 α Cancri	4.3	E.	4 19.0	64	−1.7	−0.2	18.4
29	1341	65 α Cancri	4.3	A.	5 6.8	338	−0.2	−2.9	18.4

Sternbedeckungen 1958

Ein- und Austritte für München

$\lambda = -0^h\,46^m\!.4$ $\varphi = +48°\,8'8$

Tag	Katalog Nr.	Stern	Größe	Phase	Weltzeit	P	a	b	Alter des Mondes
1958			m		h m	°	m	m	d
Jan. 2	617	188 B. Tauri	6.6	E.	17 59.3	62	−1.0	+1.9	12.5
2	639	85 H¹ Tauri	6.0	E.	23 50.2	56	−1.3	0.0	12.7
7	1359	76 κ Cancri	5.1	A.	22 40.8	266	−1.3	+1.2	17.7
28	450	145 B. Arietis	6.6	E.	22 55.4	58	−0.5	−0.6	9.0
30	710	BD+18°684	7.1	E.	18 0.7	106	−1.8	0.0	10.9
30	718	302 B. Tauri	6.1	E.	20 11.8	121	−1.7	−1.9	10.9
30	726	305 B. Tauri	6.8	E.	21 42.1	131	−1.1	−2.8	11.0
30	730	97 *i* Tauri	5.1	E.	23 1.6	97	−0.8	−1.5	11.0
31	862	BD+18°920	7.5	E.	19 46.4	110	−1.7	−0.6	11.9
31	863	127 Tauri	6.7	E.	20 1.4	111	−1.7	−0.8	11.9
Febr. 23	284	BD+10°257	7.4	E.	19 10.3	101	−0.7	−2.0	5.1
25	505	BD+16°450	7.0	E.	17 40.0	47	−1.6	+1.2	7.1
26	643	BD+18°629	6.7	E.	17 43.0	27	—	—	8.1
26	663	BD+17°724	6.9	E.	20 45.4	100	−0.9	−1.7	8.2
27	800	BD+18°831	7.5	E.	20 57.8	75	−1.3	−0.7	9.2
28	943	BD+18°1129	6.2	E.	18 34.1	52	−1.8	+2.1	10.1
28	951	BD+18°1141	6.8	E.	19 51.4	128	−1.4	−2.0	10.2
März 1	1091	BD+17°1518	6.7	E.	18 53.3	98	−1.6	+0.1	11.2
1	1106	54 λ Geminorum	3.6	E.	22 34.4	113	−0.9	−1.7	11.3
2	1237	BD+14°1850	6.4	E.	20 30.0	141	−1.3	−1.8	12.2
3	1359	76 κ Cancri	5.1	E.	18 40.4	125	−1.0	0.0	13.2
8	1887	BD−8°3495	6.4	A.	0 28.0	269	−1.6	+0.4	17.4
11	2322	14 ν Scorpii	4.3	E.	3 12.4	160	—	—	20.5
11	2322	14 ν Scorpii	4.3	A.	3 51.1	220	—	—	20.5
14	2764	BD−18°5155	6.3	A.	3 37.9	282	−1.0	+1.1	23.5
26	764	104 *m* Tauri	5.0	E.	22 8.3	49	−0.3	−0.4	6.5
29	1183	BD+15°1676	7.2	E.	21 26.0	146	−0.5	−2.6	9.5
30	1318	50 *A*² Cancri	5.7	E.	21 21.1	44	—	—	10.5
April 24	1011	BD+17°1306	7.4	E.	19 7.0	101	−0.8	−1.6	5.6
25	1145	67 Geminorum	6.7	E.	20 45.1	116	−0.4	−1.9	6.7
25	1147	68 Geminorum	5.1	E.	20 49.2	72	−0.8	−1.0	6.7
29	1623	69 *p*⁵ Leonis	5.4	E.	21 42.6	178	—	—	10.7
Mai 11	3187	47 *c*² Capricorni	6.2	A.	1 38.0	240	−0.7	+2.0	22.0
22	1106	54 λ Geminorum	3.6	E.	19 30.3	60	−0.7	−0.8	4.0
24	1359	76 κ Cancri	5.1	E.	20 24.1	35	—	—	6.0
29	1971	86 Virginis	5.8	E.	22 53.5	169	−0.9	−2.8	11.1
Juni 4	2733	BD−19°5182	6.4	A.	1 12.2	218	−1.4	+1.0	16.2
14	—	Venus	−3.5	A.	1 45.4	263	+0.3	+1.5	26.3
24	1792	BD−5°3513	7.1	E.	20 12.5	85	−1.3	−1.1	7.5

Sternbedeckungen 1958

Ein- und Austritte für München

$\lambda = -0^h\ 46^m.4 \qquad \varphi = +48^\circ\ 8'.8$

Tag	Katalog Nr.	Stern	Größe	Phase	Weltzeit	P	a	b	Alter des Mondes
1958			m		h m	°	m	m	d
Juli 13	648	61 δ Tauri	3.9	E.	2 32.5	115	−0.3	+0.9	25.8
24	2160	22 Librae	6.6	E.	21 10.7	97	−1.1	−1.3	8.1
24	2159	21 ν Librae	5.3	E.	21 16.5	41	−0.9	+0.1	8.1
25	2301	BD−18°4228	6.8	E.	21 24.5	55	−1.2	−0.3	9.1
Aug. 25	2871	BD−17°5699 *seq.*	7.1	E	22 11.2	35	−0.9	+0.6	10.8
Sept. 1	180	86 ζ Piscium	5.6	A.	21 10.7	323	—	—	17.8
1	181	BD+6°175	6.5	A.	21 11.4	323	—	—	17.8
7	814	115 Tauri	5.3	A.	1 33.0	192	—	—	23.0
8	970	BD+17°1214	6.5	A.	2 13.8	249	−0.5	+2.0	24.0
9	1106	54 λ Geminorum	3.6	E.	2 6.4	77	−0.2	+1.7	25.0
9	1106	54 λ Geminorum	3.6	A.	3 7.1	290	−0.8	+0.8	25.0
10	1237	BD+14°1850	6.4	A.	2 29.9	250	0.0	+1.9	26.0
21	2826	44 ρ Sagittarii	4.0	E.	19 34.9	128	−2.2	−1.7	8.3
Okt. 3	648	61 δ Tauri	3.9	E.	3 24.2	44	−1.7	+1.9	19.6
3	648	61 δ Tauri	3.9	A.	4 29.5	304	−1.5	−2.5	19.6
8	1318	50 A^2 Cancri	5.7	A.	3 18.5	264	−0.9	+1.5	24.7
20	3051	BD−13°5779	7.0	E.	19 37.9	98	−1.8	−1.0	7.9
21	3187	47 c^2 Capricorni	6.2	E.	22 36.8	68	−0.7	−0.8	9.0
23	3411	BD−3°5592*m.*	7.2	E.	18 17.7	103	−1.8	+0.7	10.9
Nov. 2	1029	26 Geminorum	5.1	A.	2 44.9	320	−1.7	−2.3	20.2
3	1147	68 Geminorum	5.1	A.	1 54.1	264	−1.5	+1.2	21.2
8	1744	46 B. Virginis	6.5	A.	3 37.7	302	−0.4	+0.5	26.3
15	2871	BD−17°5699 *seq.*	7.1	E.	18 16.6	76	−1.0	−0.9	4.5
20	3502	BD−0°4566	7.4	E.	18 47.0	2	—	—	9.5
28	836	120 Tauri	5.5	A.	1 2.0	332	—	—	16.8
28	944	124 H^1 Orionis	5.7	A.	18 41.3	276	0.0	+1.2	17.5
28	970	BD+17°1214	6.5	A.	22 7.0	230	−0.9	+2.9	17.7
29	1106	54 λ Geminorum	3.6	E.	23 14.0	107	−1.3	+0.5	18.7
30	1106	54 λ Geminorum	3.6	A.	0 31.7	267	−1.6	+0.8	18.7
Dez. 1	1234	30 B. Cancri	6.1	A.	0 0.2	350	—	—	19.8
1	1341	65 α Cancri	4.3	A.	21 37.9	331	−0.4	−0.6	20.7
15	3216	BD−9°5876	6.6	E.	19 25.1	28	−0.3	+0.7	5.1
17	3467	13 Piscium	6.5	E.	18 21.7	65	−1.5	+0.1	7.0
19	148	BD+5°141	6.9	E.	18 58.8	4	—	—	9.1
23	648	61 δ Tauri	3.9	E.	22 45.8	49	−1.7	+1.2	13.2
23	653	64 Tauri	4.8	E.	23 22.1	79	−1.5	−0.5	13.2
28	1309	45 A^1 Cancri	5.7	A.	20 26.2	258	−0.3	+1.8	18.2
29	1341	65 α Cancri	4.3	E.	4 24.5	65	−1.6	−0.4	18.4
29	1341	65 α Cancri	4.3	A.	5 13.0	336	−0.2	−2.9	18.4

0h Weltzeit	Mondbewegung				Lage des Mondäquators gegen den Erdäquator			
	☊	$L_☾$	$\tilde{\omega}_☾$	$M_☾$	i	Δ	☊′	$\Delta - ☋$
1958	°	°	°	°	°	°	°	°
Jan. —9	217.9111	274.0498	173.252	100.798	24.674	35.845	2.266	357.931
+1	217.3816	45.8138	174.366	231.448	24.682	35.341	2.238	357.957
11	216.8521	177.5778	175.480	2.098	24.690	34.837	2.210	357.982
21	216.3225	309.3417	176.594	132.748	24.698	34.333	2.182	358.008
31	215.7930	81.1057	177.708	263.398	24.706	33.830	2.154	358.033
Febr. 10	215.2635	212.8697	178.822	34.048	24.714	33.326	2.125	358.059
20	214.7339	344.6336	179.936	164.698	24.722	32.822	2.097	358.086
März 2	214.2044	116.3976	181.050	295.348	24.730	32.319	2.068	358.112
12	213.6748	248.1616	182.164	65.997	24.737	31.816	2.040	358.138
22	213.1453	19.9255	183.278	196.647	24.745	31.313	2.010	358.164
April 1	212.6158	151.6895	184.392	327.297	24.752	30.810	1.981	358.191
11	212.0862	283.4535	185.506	97.947	24.759	30.307	1.952	358.218
21	211.5567	55.2174	186.620	228.597	24.766	29.804	1.923	358.245
Mai 1	211.0271	186.9814	187.734	359.247	24.773	29.301	1.893	358.272
11	210.4976	318.7454	188.848	129.897	24.780	28.799	1.864	358.299
21	209.9681	90.5093	189.962	260.547	24.787	28.296	1.834	358.326
31	209.4385	222.2733	191.076	31.197	24.793	27.794	1.804	358.354
Juni 10	208.9090	354.0373	192.190	161.847	24.800	27.292	1.774	358.381
20	208.3795	125.8012	193.304	292.497	24.807	26.790	1.744	358.409
30	207.8499	257.5652	194.418	63.147	24.813	26.288	1.713	358.436
Juli 10	207.3204	29.3292	195.533	193.797	24.819	25.787	1.683	358.464
20	206.7908	161.0931	196.647	324.447	24.825	25.285	1.652	358.492
30	206.2613	292.8571	197.761	95.096	24.831	24.784	1.622	358.520
Aug. 9	205.7318	64.6211	198.875	225.746	24.837	24.282	1.591	358.548
19	205.2022	196.3850	199.989	356.396	24.843	23.781	1.560	358.576
29	204.6727	328.1490	201.103	127.046	24.849	23.280	1.529	358.605
Sept. 8	204.1431	99.9130	202.217	257.696	24.854	22.779	1.498	358.633
18	203.6136	231.6770	203.331	28.346	24.860	22.278	1.466	358.662
28	203.0841	3.4409	204.445	158.996	24.865	21.776	1.435	358.691
Okt. 8	202.5545	135.2049	205.559	289.646	24.870	21.275	1.404	358.719
18	202.0250	266.9689	206.673	60.296	24.875	20.774	1.372	358.748
28	201.4955	38.7328	207.787	190.946	24.880	20.274	1.340	358.777
Nov. 7	200.9659	170.4968	208.901	321.596	24.885	19.773	1.309	358.806
17	200.4364	302.2608	210.015	92.246	24.890	19.273	1.277	358.835
27	199.9068	74.0247	211.129	222.896	24.894	18.772	1.245	358.864
Dez. 7	199.3773	205.7887	212.243	353.546	24.899	18.272	1.213	358.893
17	198.8478	337.5527	213.357	124.196	24.903	17.772	1.181	358.923
27	198.3182	109.3166	214.471	254.845	24.907	17.272	1.148	358.952
37	197.7887	241.0806	215.585	25.495	24.912	16.772	1.116	358.982

Tägliche Änderungen

d	Δ☊ °
1	—0.0530
2	0.1059
3	0.1589
4	0.2118
5	0.2648
6	—0.3177
7	0.3707
8	0.4236
9	0.4766
10	—0.5295

d	$\Delta L_☾$ °
1	13.1764
2	26.3528
3	39.5292
4	52.7056
5	65.8820
6	79.0584
7	92.2348
8	105.4112
9	118.5876
10	131.7640

d	$\Delta \tilde{\omega}_☾$ °
1	+ 0.111
2	0.223
3	0.334
4	0.446
5	0.557
6	+ 0.668
7	0.780
8	0.891
9	1.003
10	+ 1.114

d	$\Delta M_☾$ °
1	13.065
2	26.130
3	39.195
4	52.260
5	65.325
6	78.390
7	91.455
8	104.520
9	117.585
10	130.650

Tag	0h Weltzeit								
	$\alpha_{☾}-\alpha_k$			$\delta_{☾}-\delta_k$			log sin p_k		
1958	s	s	s	″	″	″			
Jan. 0	− 2.07	+0.53		+ 22.2	+28.2		8.20527	+439	
1	− 1.54	+0.51	−0.02	+ 50.4	+27.2	− 1.0	8.20966	+527	+ 88
2	− 1.03	+0.50	−0.01	+ 77.6	+25.1	− 2.1	8.21493	+579	+ 52
3	− 0.53	+0.47	−0.03	+102.7	+22.1	− 3.0	8.22072	+587	+ 8
4	− 0.06	+0.35	−0.12	+124.8	+18.4	− 3.7	8.22659	+548	− 39
5	+ 0.29	+0.15	−0.20	+143.2	+14.4	− 4.0	8.23207	+463	− 85
6	+ 0.44	−0.17	−0.32	+157.6	+10.4	− 4.0	8.23670	+345	−118
7	+ 0.27	−0.53	−0.36	+168.0	+ 6.0	− 4.4	8.24015	+207	−138
8	− 0.26	−0.91	−0.38	+174.0	+ 1.4	− 4.6	8.24222	+ 66	−141
9	− 1.17	−1.27	−0.36	+175.4	− 3.7	− 5.1	8.24288	− 62	−128
10	− 2.44	−1.55	−0.28	+171.7	− 9.5	− 5.8	8.24226	−168	−106
11	− 3.99	−1.75	−0.20	+162.2	−15.8	− 6.3	8.24058	−244	− 76
12	− 5.74	−1.82	−0.07	+146.4	−22.4	− 6.6	8.23814	−297	− 53
13	− 7.56	−1.72	+0.10	+124.0	−28.7	− 6.3	8.23517	−326	− 29
14	− 9.28	−1.40	+0.32	+ 95.3	−33.4	− 4.7	8.23191	−346	− 20
15	−10.68	−0.87	+0.53	+ 61.9	−35.9	− 2.5	8.22845	−357	− 11
16	−11.55			+ 26.0			8.22488		
	s	s	s	″	″	″			
Jan. 27	− 2.11	+0.75		+ 18.7	+28.5		8.20141	+328	
28	− 1.36	+0.81	+0.06	+ 47.2	+27.7	− 0.8	8.20469	+457	+129
29	− 0.55	+0.85	+0.04	+ 74.9	+25.2	− 2.5	8.20926	+568	+111
30	+ 0.30	+0.83	−0.02	+100.1	+21.6	− 3.6	8.21494	+650	+ 82
31	+ 1.13	+0.68	−0.15	+121.7	+17.2	− 4.4	8.22144	+688	+ 38
Febr. 1	+ 1.81	+0.38	−0.30	+138.9	+13.1	− 4.1	8.22832	+673	− 15
2	+ 2.19	−0.09	−0.47	+152.0	+ 9.2	− 3.9	8.23505	+598	− 75
3	+ 2.10	−0.65	−0.56	+161.2	+ 6.1	− 3.1	8.24103	+466	−132
4	+ 1.45	−1.22	−0.57	+167.3	+ 3.2	− 2.9	8.24569	+291	−175
5	+ 0.23	−1.70	−0.48	+170.5	− 0.4	− 3.6	8.24860	+ 91	−200
6	− 1.47	−2.08	−0.38	+170.1	− 5.5	− 5.1	8.24951	−106	−197
7	− 3.55	−2.28	−0.20	+164.6	−12.2	− 6.7	8.24845	−279	−173
8	− 5.83	−2.31	−0.03	+152.4	−19.9	− 7.7	8.24566	−408	−129
9	− 8.14	−2.10	+0.21	+132.5	−27.6	− 7.7	8.24158	−489	− 81
10	−10.24	−1.66	+0.44	+104.9	−33.8	− 6.2	8.23669	−526	− 37
11	−11.90	−1.00	+0.66	+ 71.1	−37.2	− 3.4	8.23143	−526	0
12	−12.90	−0.25	+0.75	+ 33.9	−37.1	+ 0.1	8.22617	−501	+ 25
13	−13.15			− 3.2			8.22116		
	s	s	s	″	″	″			
Febr. 26	+ 0.09	+1.20		+ 96.3	+22.5		8.20820	+548	
27	+ 1.29	+1.19	−0.01	+118.8	+17.6	− 4.9	8.21368	+644	+ 96
28	+ 2.48	+0.97	−0.22	+136.4	+12.1	− 5.5	8.22012	+709	+ 65
März 1	+ 3.45	+0.52	−0.45	+148.5	+ 7.1	− 5.0	8.22721	+731	+ 22
2	+ 3.97	−0.12	−0.64	+155.6	+ 3.5	− 3.6	8.23452	+691	− 40
3	+ 3.85	−0.88	−0.76	+159.1	+ 1.2	− 2.3	8.24143	+588	−103
4	+ 2.97	−1.62	−0.74	+160.3	− 0.6	− 1.8	8.24731	+420	−168
5	+ 1.35	−2.26	−0.64	+159.7	− 3.1	− 2.5	8.25151	+205	−215
6	− 0.91	−2.73	−0.47	+156.6	− 7.6	− 4.5	8.25356	− 34	−239
7	− 3.64	−2.95	−0.22	+149.0	−14.5	− 6.9	8.25322	−260	−226
8	− 6.59	−2.86	+0.09	+134.5	−23.1	− 8.6	8.25062	−451	−191
9	− 9.45	−2.43	+0.43	+111.4	−31.4	− 8.3	8.24611	−583	−132
10	−11.88	−1.69	+0.74	+ 80.0	−37.2	− 5.8	8.24028	−655	− 72
11	−13.57	−0.76	+0.93	+ 42.8	−38.9	− 1.7	8.23373	−669	− 14
12	−14.33	+0.18	+0.94	+ 3.9	−36.2	+ 2.7	8.22704	−638	+ 31
13	−14.15	+0.91	+0.73	− 32.3	−29.7	+ 6.5	8.22066	−577	+ 61
14	−13.24	+1.38	+0.47	− 62.0	−20.7	+ 9.0	8.21489	−497	+ 80
15	−11.86			− 82.7			8.20992		

Tag	$\alpha_☾ - \alpha_k$			$\delta_☾ - \delta_k$			log sin p_k		
	0h Weltzeit								
1958	s	s	s	″	″	″			
März 27	+ 1.69	+1.41		+132.8	+13.4		8.21300	+575	
28	+ 3.10	+1.14	−0.27	+146.2	+ 7.2	− 6.2	8.21875	+648	+ 73
29	+ 4.24	+0.63	−0.51	+153.4	+ 2.0	− 5.2	8.22523	+688	+ 40
30	+ 4.87	−0.07	−0.70	+155.4	− 1.6	− 3.6	8.23211	+685	− 3
31	+ 4.80	−0.89	−0.82	+153.8	− 3.7	− 2.1	8.23896	+622	− 63
April 1	+ 3.91	−1.69	−0.80	+150.1	− 4.8	− 1.1	8.24518	+498	−124
2	+ 2.22	−2.43	−0.71	+145.3	− 6.6	− 1.8	8.25016	+313	−185
3	− 0.21	−2.99	−0.56	+138.7	−10.5	− 3.9	8.25329	+ 86	−227
4	− 3.20	−3.26	−0.27	+128.2	−17.1	− 6.6	8.25415	−157	−243
5	− 6.46	−3.15	+0.11	+111.1	−25.5	− 8.4	8.25258	−378	−221
6	− 9.61	−2.60	+0.55	+ 85.6	−33.4	− 7.9	8.24880	−557	−179
7	−12.21	−1.69	+0.91	+ 52.2	−38.1	− 4.7	8.24323	−674	−117
8	−13.90	−0.62	+1.07	+ 14.1	−38.2	− 0.1	8.23649	−723	− 49
9	−14.52	+0.36	+0.98	− 24.1	−33.3	+ 4.9	8.22926	−715	+ 8
10	−14.16	+1.07	+0.71	− 57.4	−24.7	+ 8.6	8.22211	−657	+ 58
11	−13.09	+1.45	+0.38	− 82.1	−14.7	+10.0	8.21554	−569	+ 88
12	−11.64	+1.54	+0.09	− 96.8	− 4.4	+10.3	8.20985	−464	+105
13	−10.10			−101.2			8.20521		
	s	s	s	″	″	″			
April 25	+ 3.01	+1.06		+152.6	+ 3.0		8.21918	+535	
26	+ 4.07	+0.55	−0.51	+155.6	− 2.1	− 5.1	8.22453	+570	+ 35
27	+ 4.62	−0.12	−0.67	+153.5	− 5.5	− 3.4	8.23023	+578	+ 8
28	+ 4.50	−0.86	−0.74	+148.0	− 7.5	− 2.0	8.23601	+545	− 33
29	+ 3.64	−1.62	−0.76	+140.5	− 8.9	− 1.4	8.24146	+465	− 80
30	+ 2.02	−2.30	−0.68	+131.6	−10.6	− 1.7	8.24611	+332	−133
Mai 1	− 0.28	−2.84	−0.54	+121.0	−14.3	− 3.7	8.24943	+153	−179
2	− 3.12	−3.12	−0.28	+106.7	−20.2	− 5.9	8.25096	− 54	−207
3	− 6.24	−2.99	+0.13	+ 86.5	−27.5	− 7.3	8.25042	−266	−212
4	− 9.23	−2.44	+0.55	+ 59.0	−33.8	− 6.3	8.24776	−453	−187
5	−11.67	−1.51	+0.93	+ 25.2	−36.9	− 3.1	8.24323	−595	−142
6	−13.18	−0.48	+1.03	− 11.7	−34.9	+ 2.0	8.23728	−680	− 85
7	−13.66	+0.42	+0.90	− 46.6	−28.4	+ 6.5	8.23048	−702	− 22
8	−13.24	+1.02	+0.60	− 75.0	−19.0	+ 9.4	8.22346	−670	+ 32
9	−12.22	+1.31	+0.29	− 94.0	− 8.5	+10.5	8.21676	−597	+ 73
10	−10.91	+1.34	+0.03	−102.5	+ 1.6	+10.1	8.21079	−489	+108
11	− 9.57	+1.25	−0.09	−100.9	+10.4	+ 8.8	8.20590	−369	+120
12	− 8.32	+1.04	−0.21	− 90.5	+17.6	+ 7.2	8.20221	−239	+130
13	− 7.28			− 72.9			8.19982		
	s	s	s	″	″	″			
Mai 25	+ 3.44	−0.36		+151.8	− 8.2		8.23057	+413	
26	+ 3.08	−0.97	−0.61	+143.6	−10.4	− 2.2	8.23470	+383	− 30
27	+ 2.11	−1.58	−0.61	+133.2	−12.4	− 2.0	8.23853	+329	− 54
28	+ 0.53	−2.10	−0.52	+120.8	−15.0	− 2.6	8.24182	+240	− 89
29	− 1.57	−2.50	−0.40	+105.8	−18.7	− 3.7	8.24422	+118	−122
30	− 4.07	−2.64	−0.14	+ 87.1	−23.9	− 5.2	8.24540	− 30	−148
31	− 6.71	−2.45	+0.19	+ 63.2	−29.3	− 5.4	8.24510	−193	−163
Juni 1	− 9.16	−1.89	+0.56	+ 33.9	−33.3	− 4.0	8.24317	−349	−156
2	−11.05	−1.07	+0.82	+ 0.6	−33.7	− 0.4	8.23968	−482	−133
3	−12.12	−0.21	+0.86	− 33.1	−29.8	+ 3.9	8.23486	−574	− 92
4	−12.33	+0.48	+0.69	− 62.9	−22.2	+ 7.6	8.22912	−619	− 45
5	−11.85	+0.91	+0.43	− 85.1	−12.4	+ 9.8	8.22293	−613	+ 6
6	−10.94	+1.08	+0.17	− 97.5	− 2.3	+10.1	8.21680	−561	+ 52
7	− 9.86	+1.09	+0.01	− 99.8	+ 7.0	+ 9.3	8.21119	−474	+ 87

Tag	0h Weltzeit								
	$\alpha_{☾}-\alpha_k$			$\delta_{☾}-\delta_k$			log sin p_k		
1958	s	s	s	″	″	″			
Juni 7	− 9.86	+1.09	+0.01	− 99.8	+ 7.0	+ 9.3	8.21119	−474	+ 87
8	− 8.77	+0.99	−0.10	− 92.8	+15.1	+ 8.1	8.20645	−357	+117
9	− 7.78	+0.86	−0.13	− 77.7	+21.4	+ 6.3	8.20288	−229	+128
10	− 6.92	+0.76	−0.10	− 56.3	+26.0	+ 4.6	8.20059	− 92	+137
11	− 6.16	+0.69	−0.07	− 30.3	+29.1	+ 3.1	8.19967	+ 41	+133
12	− 5.47			− 1.2			8.20008		
	s	s	s	″	″	″			
Juni 23	+ 0.97	−1.27		+140.3	−12.8		8.23605	+184	
24	− 0.30	−1.68	−0.41	+127.5	−15.9	− 3.1	8.23789	+131	− 53
25	− 1.98	−1.99	−0.31	+111.6	−19.4	− 3.5	8.23920	+ 65	− 66
26	− 3.97	−2.13	−0.14	+ 92.2	−23.6	− 4.2	8.23985	− 11	− 76
27	− 6.10	−2.04	+0.09	+ 68.6	−27.8	− 4.2	8.23974	−102	− 91
28	− 8.14	−1.69	+0.35	+ 40.8	−31.0	− 3.2	8.23872	−202	−100
29	− 9.83	−1.10	+0.59	+ 9.8	−31.9	− 0.9	8.23670	−304	−102
30	−10.93	−0.42	+0.68	− 22.1	−29.3	+ 2.6	8.23366	−395	− 91
Juli 1	−11.35	+0.19	+0.61	− 51.4	−23.4	+ 5.9	8.22971	−467	− 72
2	−11.16	+0.62	+0.43	− 74.8	−14.9	+ 8.5	8.22504	−507	− 40
3	−10.54	+0.84	+0.22	− 89.7	− 5.4	+ 9.5	8.21997	−513	− 6
4	− 9.70	+0.90	+0.06	− 95.1	+ 3.9	+ 9.3	8.21484	−481	+ 32
5	− 8.80	+0.86	−0.04	− 91.2	+12.4	+ 8.5	8.21003	−413	+ 68
6	− 7.94	+0.78	−0.08	− 78.8	+19.3	+ 6.9	8.20590	−316	+ 97
7	− 7.16	+0.73	−0.05	− 59.5	+24.5	+ 5.2	8.20274	−197	+119
8	− 6.43	+0.70	−0.03	− 35.0	+28.3	+ 3.8	8.20077	− 63	+134
9	− 5.73	+0.73	+0.03	− 6.7	+30.2	+ 1.9	8.20014	+ 74	+137
10	− 5.00	+0.82	+0.09	+ 23.5	+30.6	+ 0.4	8.20088	+206	+132
11	− 4.18	+0.94	+0.12	+ 54.1	+29.1	− 1.5	8.20294	+327	+121
12	− 3.24			+ 83.2			8.20621		
	s	s	s	″	″	″			
Juli 21	− 1.27	−1.76		+135.7	−15.1		8.24001	− 3	
22	− 3.03	−1.95	−0.19	+120.6	−19.5	− 4.4	8.23998	− 81	− 78
23	− 4.98	−1.99	−0.04	+101.1	−24.1	− 4.6	8.23917	−145	− 64
24	− 6.97	−1.82	+0.17	+ 77.0	−28.3	− 4.2	8.23772	−198	− 53
25	− 8.79	−1.44	+0.38	+ 48.7	−31.4	− 3.1	8.23574	−246	− 48
26	−10.23	−0.89	+0.55	+ 17.3	−31.9	− 0.5	8.23328	−290	− 44
27	−11.12	−0.29	+0.60	− 14.6	−29.5	+ 2.4	8.23038	−330	− 40
28	−11.41	+0.26	+0.55	− 44.1	−24.0	+ 5.5	8.22708	−369	− 39
29	−11.15	+0.63	+0.37	− 68.1	−16.3	+ 7.7	8.22339	−398	− 29
30	−10.52	+0.83	+0.20	− 84.4	− 7.3	+ 9.0	8.21941	−414	− 16
31	− 9.69	+0.86	+0.03	− 91.7	+ 1.8	+ 9.1	8.21527	−411	+ 3
Aug. 1	− 8.83	+0.78	−0.08	− 89.9	+10.1	+ 8.3	8.21116	−384	+ 27
2	− 8.05	+0.71	−0.07	− 79.8	+17.4	+ 7.3	8.20732	−329	+ 55
3	− 7.34	+0.67	−0.04	− 62.4	+23.2	+ 5.8	8.20403	−251	+ 78
4	− 6.67	+0.66	−0.01	− 39.2	+27.4	+ 4.2	8.20152	−150	+101
5	− 6.01	+0.73	+0.07	− 11.8	+30.0	+ 2.6	8.20002	− 29	+121
6	− 5.28	+0.87	+0.14	+ 18.2	+30.8	+ 0.8	8.19973	+102	+131
7	− 4.41	+1.04	+0.17	+ 49.0	+29.7	− 1.1	8.20075	+237	+135
8	− 3.37	+1.23	+0.19	+ 78.7	+26.6	− 3.1	8.20312	+367	+130
9	− 2.14	+1.36	+0.13	+105.3	+22.6	− 4.0	8.20679	+481	+114
10	− 0.78			+127.9			8.21160		
	s	s	s	″	″	″			
Aug. 20	− 7.80	−2.08		+ 86.5	−28.7		8.24173	−343	
21	− 9.88	−1.59	+0.49	+ 57.8	−32.5	− 3.8	8.23830	−395	− 52
22	−11.47	−0.92	+0.67	+ 25.3	−33.6	− 1.1	8.23435	−421	− 26
23	−12.39	−0.21	+0.71	− 8.3	−31.4	+ 2.2	8.23014	−427	− 6
24	−12.60	+0.40	+0.61	− 39.7	−25.9	+ 5.5	8.22587	−418	+ 9

Tag	0h Weltzeit								
	$\alpha_☾ - \alpha_k$			$\delta_☾ - \delta_k$			log sin p_k		
1958	s	s	s	″	″	″			
Aug. 24	−12.60	+0.40	+0.61	− 39.7	−25.9	+ 5.5	8.22587	−418	+ 9
25	−12.20	+0.80	+0.40	− 65.6	−18.1	+ 7.8	8.22169	−404	+ 14
26	−11.40	+0.99	+0.19	− 83.7	− 9.0	+ 9.1	8.21765	−384	+ 20
27	−10.41	+0.98	−0.01	− 92.7	+ 0.1	+ 9.1	8.21381	−361	+ 23
28	− 9.43	+0.89	−0.09	− 92.6	+ 8.7	+ 8.6	8.21020	−333	+ 28
29	− 8.54	+0.76	−0.13	− 83.9	+16.0	+ 7.3	8.20687	−295	+ 38
30	− 7.78	+0.66	−0.10	− 67.9	+22.1	+ 6.1	8.20392	−244	+ 51
31	− 7.12	+0.63	−0.03	− 45.8	+26.7	+ 4.6	8.20148	−178	+ 66
Sept. 1	− 6.49	+0.69	+0.06	− 19.1	+29.7	+ 3.0	8.19970	− 94	+ 84
2	− 5.80	+0.83	+0.14	+ 10.6	+31.2	+ 1.5	8.19876	+ 8	+102
3	− 4.97	+1.06	+0.23	+ 41.8	+30.6	− 0.6	8.19884	+122	+114
4	− 3.91	+1.31	+0.25	+ 72.4	+28.1	− 2.5	8.20006	+245	+123
5	− 2.60	+1.54	+0.23	+100.5	+23.8	− 4.3	8.20251	+374	+129
6	− 1.06	+1.66	+0.12	+124.3	+17.8	− 6.0	8.20625	+495	+121
7	+ 0.60	+1.55	−0.11	+142.1	+10.9	− 6.9	8.21120	+598	+103
8	+ 2.15	+1.22	−0.33	+153.0	+ 4.2	− 6.7	8.21718	+672	+ 74
9	+ 3.37			+157.2			8.22390		
	s	s	s	″	″	″			
Sept. 19	−13.44	−0.55		− 0.7	−34.1		8.23562	−586	
20	−13.99	+0.25	+0.80	− 34.8	−29.1	+ 5.0	8.22976	−574	+ 12
21	−13.74	+0.83	+0.58	− 63.9	−21.1	+ 8.0	8.22402	−535	+ 39
22	−12.91	+1.11	+0.28	− 85.0	−11.7	+ 9.4	8.21867	−480	+ 55
23	−11.80	+1.16	+0.05	− 96.7	− 2.0	+ 9.7	8.21387	−418	+ 62
24	−10.64	+1.07	−0.09	− 98.7	+ 6.9	+ 8.9	8.20969	−354	+ 64
25	− 9.57	+0.90	−0.17	− 91.8	+14.7	+ 7.8	8.20615	−292	+ 62
26	− 8.67	+0.75	−0.15	− 77.1	+21.1	+ 6.4	8.20323	−231	+ 61
27	− 7.92	+0.65	−0.10	− 56.0	+26.1	+ 5.0	8.20092	−169	+ 62
28	− 7.27	+0.65	0.00	− 29.9	+29.6	+ 3.5	8.19923	−104	+ 65
29	− 6.62	+0.76	+0.11	− 0.3	+31.4	+ 1.8	8.19819	− 33	+ 71
30	− 5.86	+0.98	+0.22	+ 31.1	+31.5	+ 0.1	8.19786	+ 47	+ 80
Okt. 1	− 4.88	+1.26	+0.28	+ 62.6	+29.6	− 1.9	8.19833	+140	+ 93
2	− 3.62	+1.56	+0.30	+ 92.2	+25.7	− 3.9	8.19973	+242	+102
3	− 2.06	+1.79	+0.23	+117.9	+19.9	− 5.8	8.20215	+351	+109
4	− 0.27	+1.86	+0.07	+137.8	+12.9	− 7.0	8.20566	+462	+111
5	+ 1.59	+1.68	−0.18	+150.7	+ 5.3	− 7.6	8.21028	+569	+107
6	+ 3.27	+1.25	−0.43	+156.0	− 1.4	− 6.7	8.21597	+654	+ 85
7	+ 4.52	+0.58	−0.67	+154.6	− 6.6	− 5.2	8.22251	+707	+ 53
8	+ 5.10	−0.23	−0.81	+148.0	− 9.6	− 3.0	8.22958	+715	+ 8
9	+ 4.87			+138.4			8.23673		
	s		s	″	″	″			
Okt. 18	−14.55	+0.42		− 58.2	−25.2		8.23162	−689	
19	−14.13	+0.94	+0.52	− 83.4	−15.7	+ 9.5	8.22473	−646	+ 43
20	−13.19	+1.14	+0.20	− 99.1	− 5.4	+10.3	8.21827	−570	+ 76
21	−12.05	+1.16	+0.02	−104.5	+ 4.3	+ 9.7	8.21257	−479	+ 91
22	−10.89	+1.02	−0.14	−100.2	+12.8	+ 8.5	8.20778	−380	+ 99
23	− 9.87	+0.86	−0.16	− 87.4	+19.8	+ 7.0	8.20398	−285	+ 95
24	− 9.01	+0.73	−0.13	− 67.6	+25.3	+ 5.5	8.20113	−194	+ 91
25	− 8.28	+0.67	−0.06	− 42.3	+29.2	+ 3.9	8.19919	−111	+ 83
26	− 7.61	+0.71	+0.04	− 13.1	+31.5	+ 2.3	8.19808	− 36	+ 75
27	− 6.90	+0.87	+0.16	+ 18.4	+32.1	+ 0.6	8.19772	+ 34	+ 70
28	− 6.03	+1.12	+0.25	+ 50.5	+30.8	− 1.3	8.19806	+101	+ 67
29	− 4.91	+1.43	+0.31	+ 81.3	+27.6	− 3.2	8.19907	+170	+ 69
30	− 3.48	+1.71	+0.28	+108.9	+22.4	− 5.2	8.20077	+245	+ 75
31	− 1.77	+1.88	+0.17	+131.3	+15.4	− 7.0	8.20322	+323	+ 78
Nov. 1	+ 0.11	+1.88	0.00	+146.7	+ 7.8	− 7.6	8.20645	+406	+ 83

Tag	0h Weltzeit								
	$\alpha_☾ - \alpha_k$	Δ1	Δ2	$\delta_☾ - \delta_k$	Δ1	Δ2	log sin p_k	Δ1	Δ2
1958	s	s	s	″	″	″			
Nov. 1	+ 0.11	+1.88	0.00	+146.7	+ 7.8	− 7.6	8.20645	+406	+ 83
2	+ 1.99	+1.61	−0.27	+154.5	+ 0.1	− 7.7	8.21051	+490	+ 84
3	+ 3.60	+1.13	−0.48	+154.6	− 6.2	− 6.3	8.21541	+567	+ 77
4	+ 4.73	+0.47	−0.66	+148.4	−10.8	− 4.6	8.22108	+626	+ 59
5	+ 5.20	−0.28	−0.75	+137.6	−13.1	− 2.3	8.22734	+655	+ 29
6	+ 4.92	−1.08	−0.80	+124.5	−13.8	− 0.7	8.23389	+638	− 17
7	+ 3.84			+110.7			8.24027		
	s	s	s	″	″	″			
Nov. 17	−12.80	+0.96		−104.6	+ 0.4		8.21963	−635	
18	−11.84	+0.96	0.00	−104.2	+ 9.8	+ 9.4	8.21328	−537	+ 98
19	−10.88	+0.86	−0.10	− 94.4	+17.7	+ 7.9	8.20791	−420	+117
20	−10.02	+0.77	−0.09	− 76.7	+23.8	+ 6.1	8.20371	−298	+122
21	− 9.25	+0.70	−0.07	− 52.9	+28.3	+ 4.5	8.20073	−180	+118
22	− 8.55	+0.71	+0.01	− 24.6	+31.1	+ 2.8	8.19893	− 70	+110
23	− 7.84	+0.81	+0.10	+ 6.5	+32.3	+ 1.2	8.19823	+ 26	+ 96
24	− 7.03	+1.00	+0.19	+ 38.8	+31.6	− 0.7	8.19849	+106	+ 80
25	− 6.03	+1.26	+0.26	+ 70.4	+29.0	− 2.6	8.19955	+173	+ 67
26	− 4.77	+1.54	+0.28	+ 99.4	+24.4	− 4.6	8.20128	+230	+ 57
27	− 3.23	+1.74	+0.20	+123.8	+18.1	− 6.3	8.20358	+278	+ 48
28	− 1.49	+1.79	+0.05	+141.9	+10.6	− 7.5	8.20636	+322	+ 44
29	+ 0.30	+1.64	−0.15	+152.5	+ 2.8	− 7.8	8.20958	+365	+ 43
30	+ 1.94	+1.29	−0.35	+155.3	− 4.2	− 7.0	8.21323	+407	+ 42
Dez. 1	+ 3.23	+0.79	−0.50	+151.1	− 9.8	− 5.6	8.21730	+449	+ 42
2	+ 4.02	+0.18	−0.61	+141.3	−13.5	− 3.7	8.22179	+483	+ 34
3	+ 4.20	−0.45	−0.63	+127.8	−15.5	− 2.0	8.22662	+506	+ 23
4	+ 3.75	−1.09	−0.64	+112.3	−16.2	− 0.7	8.23168	+503	− 3
5	+ 2.66	−1.68	−0.59	+ 96.1	−16.4	− 0.2	8.23671	+467	− 36
6	+ 0.98	−2.20	−0.52	+ 79.7	−17.1	− 0.7	8.24138	+386	− 81
7	− 1.22			+ 62.6			8.24524		
	s	s	s	″	″	″			
Dez. 16	−11.14	+0.67		− 94.9	+14.5		8.21447	−555	
17	−10.47	+0.66	−0.01	− 80.4	+21.6	+ 7.1	8.20892	−443	+112
18	− 9.81	+0.65	−0.01	− 58.8	+26.8	+ 5.2	8.20449	−313	+130
19	− 9.16	+0.69	+0.04	− 32.0	+30.3	+ 3.5	8.20136	−177	+136
20	− 8.47	+0.79	+0.10	− 1.7	+32.0	+ 1.7	8.19959	− 45	+132
21	− 7.68	+0.97	+0.18	+ 30.3	+31.9	− 0.1	8.19914	+ 75	+120
22	− 6.71	+1.19	+0.22	+ 62.2	+29.7	− 2.2	8.19989	+179	+104
23	− 5.52	+1.43	+0.24	+ 91.9	+25.8	− 3.9	8.20168	+260	+ 81
24	− 4.09	+1.61	+0.18	+117.7	+20.0	− 5.8	8.20428	+320	+ 60
25	− 2.48	+1.65	+0.04	+137.7	+12.9	− 7.1	8.20748	+356	+ 36
26	− 0.83	+1.51	−0.14	+150.6	+ 5.4	− 7.5	8.21104	+373	+ 17
27	+ 0.68	+1.20	−0.31	+156.0	− 1.8	− 7.2	8.21477	+375	+ 2
28	+ 1.88	+0.74	−0.46	+154.2	− 7.6	− 5.8	8.21852	+368	− 7
29	+ 2.62	+0.19	−0.55	+146.6	−12.1	− 4.5	8.22220	+356	− 12
30	+ 2.81	−0.33	−0.52	+134.5	−15.0	− 2.9	8.22576	+341	− 15
31	+ 2.48	−0.83	−0.50	+119.5	−16.7	− 1.7	8.22917	+324	− 17
32	+ 1.65	−1.28	−0.45	+102.8	−17.8	− 1.1	8.23241	+302	− 22
33	+ 0.37	−1.65	−0.37	+ 85.0	−18.9	− 1.1	8.23543	+267	− 35
34	− 1.28	−1.91	−0.26	+ 66.1	−20.3	− 1.4	8.23810	+216	− 51
35	− 3.19	−2.03	−0.12	+ 45.8	−22.2	− 1.9	8.24026	+142	− 74
36	− 5.22			+ 23.6			8.24168		

1958 Rotation Nr. 1395

0^h Weltzeit	P	B_0	L_0
Jan. 0	+ 2.73°	−2.93°	170.66°
1	2.25	3.05	157.49
2	1.76	3.16	144.32
3	1.27	3.28	131.15
4	0.79	3.39	117.98
5	+ 0.30	3.50	104.81
6	− 0.18	−3.62	91.64
7	0.67	3.73	78.47
8	1.15	3.84	65.30
9	1.64	3.95	52.13
10	2.12	4.05	38.96
11	2.60	4.16	25.79
12	− 3.08	−4.27	12.63

Rotation Nr. 1396

0^h Weltzeit	P	B_0	L_0
Jan. 13	− 3.55°	−4.37°	359.46°
14	4.03	4.47	346.29
15	4.50	4.57	333.12
16	4.97	4.67	319.96
17	5.43	4.77	306.79
18	5.90	4.86	293.62
19	− 6.36	−4.96	280.45
20	6.82	5.05	267.29
21	7.28	5.14	254.12
22	7.73	5.23	240.95
23	8.18	5.32	227.79
24	8.62	5.41	214.62
25	− 9.07	−5.49	201.45
26	9.50	5.58	188.29
27	9.94	5.66	175.12
28	10.37	5.74	161.95
29	10.80	5.82	148.79
30	11.22	5.89	135.62
31	−11.63	−5.97	122.46
Febr. 1	12.05	6.04	109.29
2	12.46	6.11	96.12
3	12.86	6.18	82.96
4	13.26	6.24	69.79
5	13.65	6.31	56.62
6	−14.04	−6.37	43.46
7	14.43	6.43	30.29
8	14.81	6.49	17.12
9	15.18	6.54	3.96

1958 Rotation Nr. 1397

0^h Weltzeit	P	B_0	L_0
Febr. 10	−15.55°	−6.60°	350.79°
11	15.91	6.65	337.62
12	16.27	6.70	324.46
13	16.62	6.75	311.29
14	16.97	6.79	298.12
15	17.31	6.84	284.95
16	−17.65	−6.88	271.78
17	17.98	6.92	258.61
18	18.30	6.96	245.45
19	18.62	6.99	232.28
20	18.94	7.02	219.11
21	19.25	7.05	205.94
22	−19.55	−7.08	192.77
23	19.84	7.11	179.60
24	20.13	7.13	166.43
25	20.41	7.15	153.26
26	20.69	7.17	140.09
27	20.96	7.19	126.91
28	−21.23	−7.21	113.74
März 1	21.49	7.22	100.57
2	21.74	7.23	87.40
3	21.98	7.24	74.22
4	22.22	7.24	61.05
5	22.46	7.25	47.87
6	−22.68	−7.25	34.70
7	22.90	7.25	21.52
8	−23.12	−7.25	8.35

Rotation Nr. 1398

0^h Weltzeit	P	B_0	L_0
März 9	−23.32°	−7.24°	355.17°
10	23.52	7.23	342.00
11	23.72	7.22	328.82
12	23.91	7.21	315.64
13	24.09	7.20	302.46
14	24.26	7.18	289.28
15	−24.43	−7.17	276.10
16	24.59	7.15	262.92
17	24.75	7.12	249.74
18	24.89	7.10	236.56
19	25.03	7.07	223.38
20	25.16	7.04	210.19
21	−25.29	−7.01	197.01
22	25.41	6.98	183.82
23	−25.52	−6.94	170.64

1958 Rotation Nr. 1398

0^h Weltzeit	P	B_0	L_0
März 23	−25.52°	−6.94°	170.64°
24	25.63	6.91	157.45
25	25.73	6.87	144.26
26	25.82	6.83	131.08
27	25.90	6.78	117.89
28	25.98	6.74	104.70
29	−26.05	−6.69	91.51
30	26.11	6.64	78.32
31	26.17	6.59	65.13
April 1	26.22	6.54	51.94
2	26.26	6.48	38.74
3	26.29	6.42	25.55
4	−26.32	−6.36	12.35

Rotation Nr. 1399

0^h Weltzeit	P	B_0	L_0
April 5	−26.34°	−6.30°	359.16°
6	26.36	6.24	345.96
7	26.36	6.18	332.77
8	26.36	6.11	319.57
9	26.35	6.04	306.37
10	26.33	5.97	293.17
11	−26.31	−5.90	279.97
12	26.28	5.83	266.77
13	26.24	5.75	253.57
14	26.19	5.68	240.36
15	26.14	5.60	227.16
16	26.08	5.52	213.96
17	−26.01	−5.44	200.75
18	25.94	5.36	187.55
19	25.85	5.27	174.34
20	25.76	5.19	161.13
21	25.67	5.10	147.92
22	25.56	5.01	134.72
23	−25.45	−4.92	121.51
24	25.33	4.83	108.30
25	25.20	4.74	95.08
26	25.07	4.64	81.87
27	24.93	4.55	68.66
28	24.78	4.45	55.44
29	−24.62	−4.36	42.23
30	24.46	4.26	29.01
Mai 1	24.29	4.16	15.80
2	−24.11	−4.06	2.58

Rotation der Sonne 1958

0h Weltzeit	P	B₀	L₀
1958	**Rotation Nr. 1400**		
	°	°	°
Mai 3	−23.93	−3.95	349.36
4	23.74	3.85	336.15
5	23.54	3.75	322.93
6	23.33	3.64	309.71
7	23.12	3.53	296.49
8	22.90	3.43	283.27
9	−22.67	−3.32	270.04
10	22.44	3.21	256.82
11	22.19	3.10	243.60
12	21.94	2.99	230.38
13	21.69	2.88	217.15
14	21.43	2.77	203.93
15	−21.16	−2.65	190.70
16	20.88	2.54	177.47
17	20.60	2.42	164.25
18	20.31	2.31	151.02
19	20.02	2.19	137.79
20	19.72	2.08	124.56
21	−19.41	−1.96	111.34
22	19.10	1.84	98.11
23	18.78	1.73	84.88
24	18.46	1.61	71.65
25	18.13	1.49	58.42
26	17.79	1.37	45.18
27	−17.45	−1.25	31.95
28	17.10	1.13	18.72
29	−16.75	−1.01	5.49
	Rotation Nr. 1401		
	°	°	°
Mai 30	−16.39	−0.89	352.26
31	16.02	0.77	339.02
Juni 1	15.65	0.65	325.79
2	15.28	0.53	312.56
3	14.90	0.41	299.32
4	14.52	0.29	286.09
5	−14.13	−0.17	272.85
6	13.74	−0.05	259.62
7	13.34	+0.07	246.38
8	12.94	0.19	233.15
9	12.54	0.31	219.91
10	12.13	0.43	206.68
11	−11.72	+0.55	193.44
12	11.30	0.67	180.20
13	10.88	0.79	166.97
14	−10.46	+0.91	153.73

0h Weltzeit	P	B₀	L₀
1958	**Rotation Nr. 1401**		
	°	°	°
Juni 14	−10.46	+0.91	153.73
15	10.03	1.03	140.49
16	9.60	1.15	127.26
17	9.17	1.27	114.02
18	8.74	1.39	100.78
19	8.30	1.51	87.54
20	− 7.86	+1.63	74.31
21	7.42	1.74	61.07
22	6.97	1.86	47.84
23	6.53	1.98	34.60
24	6.08	2.09	21.36
25	− 5.63	+2.21	8.13
	Rotation Nr. 1402		
	°	°	°
Juni 26	− 5.18	+2.32	354.89
27	4.73	2.43	341.65
28	4.28	2.55	328.41
29	3.83	2.66	315.18
30	3.37	2.77	301.94
Juli 1	2.92	2.88	288.71
2	− 2.46	+2.99	275.47
3	2.01	3.10	262.23
4	1.55	3.21	249.00
5	1.10	3.32	235.76
6	0.65	3.42	222.53
7	− 0.19	3.53	209.29
8	+ 0.26	+3.64	196.06
9	0.72	3.74	182.82
10	1.17	3.84	169.59
11	1.62	3.94	156.35
12	2.07	4.04	143.12
13	2.52	4.14	129.89
14	+ 2.97	+4.24	116.65
15	3.41	4.34	103.42
16	3.86	4.43	90.19
17	4.30	4.53	76.96
18	4.75	4.62	63.72
19	5.19	4.72	50.49
20	+ 5.62	+4.81	37.26
21	6.06	4.90	24.03
22	+ 6.49	+4.98	10.80
	Rotation Nr. 1403		
	°	°	°
Juli 23	+ 6.92	+5.07	357.57
24	+ 7.34	+5.16	344.34

0h Weltzeit	P	B₀	L₀
1958	**Rotation Nr. 1403**		
	°	°	°
Juli 24	+ 7.34	+5.16	344.34
25	7.77	5.24	331.11
26	8.19	5.32	317.88
27	8.61	5.41	304.65
28	9.02	5.49	291.43
29	9.44	5.56	278.20
30	+ 9.85	+5.64	264.97
31	10.25	5.72	251.75
Aug. 1	10.65	5.79	238.52
2	11.05	5.86	225.30
3	11.45	5.93	212.07
4	11.84	6.00	198.84
5	+12.23	+6.07	185.62
6	12.61	6.13	172.40
7	12.99	6.20	159.17
8	13.37	6.26	145.95
9	13.74	6.32	132.73
10	14.11	6.38	119.51
11	+14.47	+6.44	106.29
12	14.83	6.49	93.07
13	15.18	6.54	79.85
14	15.53	6.60	66.63
15	15.88	6.65	53.41
16	16.22	6.69	40.19
17	+16.56	+6.74	26.97
18	16.89	6.78	13.76
19	+17.21	+6.82	0.54
	Rotation Nr. 1404		
	°	°	°
Aug. 20	+17.53	+6.86	347.32
21	17.85	6.90	334.11
22	18.17	6.94	320.89
23	18.48	6.97	307.68
24	18.78	7.01	294.47
25	19.07	7.04	281.25
26	+19.36	+7.07	268.04
27	19.65	7.09	254.83
28	19.93	7.12	241.62
29	20.21	7.14	228.41
30	20.48	7.16	215.19
31	20.75	7.18	201.98
Sept. 1	+21.01	+7.19	188.78
2	21.26	7.21	175.57
3	21.51	7.22	162.36
4	+21.75	+7.23	149.15

0^h Weltzeit	P	B_0	L_0
1958	Rotation Nr. 1404		
	°	°	°
Sept. 4	+21.75	+7.23	149.15
5	21.99	7.24	135.94
6	22.22	7.24	122.73
7	22.45	7.25	109.53
8	22.67	7.25	96.32
9	22.88	7.25	83.12
10	+23.09	+7.25	69.91
11	23.29	7.24	56.71
12	23.49	7.24	43.50
13	23.68	7.23	30.30
14	23.86	7.22	17.10
15	+24.04	+7.20	3.90
	Rotation Nr. 1405		
	°	°	°
Sept. 16	+24.21	+7.19	350.69
17	24.38	7.17	337.49
18	24.54	7.15	324.29
19	24.69	7.13	311.09
20	24.84	7.11	297.89
21	24.98	7.08	284.69
22	+25.11	+7.05	271.49
23	25.24	7.02	258.29
24	25.36	6.99	245.09
25	25.47	6.96	231.90
26	25.58	6.92	218.70
27	25.68	6.89	205.50
28	+25.77	+6.85	192.30
29	25.86	6.80	179.11
30	25.94	6.76	165.91
Okt. 1	26.01	6.71	152.72
2	26.08	6.67	139.52
3	26.14	6.62	126.32
4	+26.19	+6.56	113.13
5	26.24	6.51	99.94
6	26.28	6.45	86.74
7	26.31	6.40	73.55
8	26.33	6.34	60.35
9	26.35	6.27	47.16
10	+26.36	+6.21	33.97
11	26.36	6.14	20.78
12	+26.35	+6.08	7.58

0^h Weltzeit	P	B_0	L_0
1958	Rotation Nr. 1406		
	°	°	°
Okt. 13	+26.34	+6.01	354.39
14	26.32	5.94	341.20
15	26.29	5.86	328.01
16	26.26	5.79	314.82
17	26.21	5.71	301.63
18	26.16	5.63	288.44
19	+26.11	+5.55	275.25
20	26.05	5.47	262.06
21	25.98	5.39	248.87
22	25.89	5.30	235.68
23	25.80	5.22	222.49
24	25.70	5.13	209.31
25	+25.59	+5.04	196.12
26	25.48	4.95	182.93
27	25.36	4.86	169.74
28	25.24	4.76	156.55
29	25.10	4.66	143.37
30	24.95	4.57	130.18
31	+24.80	+4.47	116.99
Nov. 1	24.64	4.37	103.81
2	24.47	4.27	90.62
3	24.30	4.16	77.43
4	24.12	4.06	64.25
5	23.93	3.95	51.07
6	+23.73	+3.85	37.88
7	23.52	3.74	24.70
8	+23.31	+3.63	11.51
	Rotation Nr. 1407		
	°	°	°
Nov. 9	+23.08	+3.52	358.33
10	22.85	3.41	345.14
11	22.61	3.29	331.96
12	22.37	3.18	318.77
13	22.12	3.07	305.59
14	21.86	2.95	292.41
15	+21.59	+2.83	279.23
16	21.31	2.72	266.04
17	21.03	2.60	252.86
18	20.74	2.48	239.68
19	20.44	2.36	226.50
20	20.13	2.24	213.31
21	+19.82	+2.12	200.13
22	19.50	1.99	186.95
23	+19.17	+1.87	173.77

0^h Weltzeit	P	B_0	L_0
1958	Rotation Nr. 1407		
	°	°	°
Nov. 23	+19.17	+1.87	173.77
24	18.84	1.75	160.59
25	18.50	1.62	147.41
26	18.15	1.50	134.23
27	17.79	1.37	121.05
28	17.43	1.25	107.87
29	+17.07	+1.12	94.69
30	16.69	1.00	81.51
Dez. 1	16.31	0.87	68.33
2	15.93	0.74	55.16
3	15.54	0.61	41.98
4	15.14	0.49	28.80
5	+14.74	+0.36	15.62
6	+14.33	+0.23	2.44
	Rotation Nr. 1408		
	°	°	°
Dez. 7	+13.91	+0.10	349.27
8	13.49	−0.03	336.09
9	13.07	0.15	322.91
10	12.64	0.28	309.74
11	12.21	0.41	296.56
12	11.77	0.54	283.38
13	+11.33	−0.67	270.21
14	10.88	0.79	257.03
15	10.43	0.92	243.86
16	9.97	1.05	230.68
17	9.52	1.18	217.51
18	9.06	1.30	204.33
19	+ 8.59	−1.43	191.16
20	8.12	1.55	177.99
21	7.65	1.68	164.81
22	7.18	1.80	151.64
23	6.71	1.93	138.47
24	6.23	2.05	125.29
25	+ 5.75	−2.17	112.12
26	5.27	2.30	98.95
27	4.79	2.42	85.78
28	4.31	2.54	72.61
29	3.82	2.66	59.43
30	3.34	2.78	46.26
31	+ 2.85	−2.90	33.09
32	+ 2.37	−3.02	19.92

Rotation des Mars 1958

0h Weltzeit		Durchgangszeit des Nullmeridians	0h Weltzeit		Durchgangszeit des Nullmeridians	0h Weltzeit		Durchgangszeit des Nullmeridians
Tag	Länge des Zentralmeridians		Tag	Länge des Zentralmeridians		Tag	Länge des Zentralmeridians	
1958	°	Weltzeit h m	1958	°	Weltzeit h m	1958	°	Weltzeit h m
Jan. 1	8.39	— —	Febr. 11	329.01	2 7.4	März 24	288.17	4 55.4
2	358.65	0 5.6	12	319.26	2 47.5	25	278.36	5 35.7
3	348.91	0 45.6	13	309.51	3 27.6	26	268.55	6 16.1
4	339.17	1 25.7	14	299.76	4 7.7	27	258.73	6 56.4
5	329.43	2 5.7	15	290.00	4 47.8	28	248.92	7 36.8
6	319.69	2 45.7	16	280.25	5 27.9	29	239.10	8 17.2
7	309.95	3 25.8	17	270.49	6 8.0	30	229.28	8 57.6
8	300.21	4 5.8	18	260.74	6 48.1	31	219.45	9 38.0
9	290.47	4 45.8	19	250.98	7 28.2	April 1	209.63	10 18.4
10	280.73	5 25.9	20	241.22	8 8.4	2	199.80	10 58.8
11	270.99	6 5.9	21	231.46	8 48.5	3	189.97	11 39.2
12	261.25	6 46.0	22	221.70	9 28.6	4	180.14	12 19.6
13	251.51	7 26.0	23	211.94	10 8.8	5	170.31	13 0.1
14	241.78	8 6.0	24	202.18	10 48.9	6	160.47	13 40.5
15	232.04	8 46.1	25	192.41	11 29.0	7	150.64	14 21.0
16	222.30	9 26.1	26	182.64	12 9.2	8	140.80	15 1.5
17	212.56	10 6.2	27	172.88	12 49.4	9	130.96	15 41.9
18	202.82	10 46.2	28	163.11	13 29.5	10	121.11	16 22.4
19	193.08	11 26.2	März 1	153.34	14 9.7	11	111.27	17 2.9
20	183.35	12 6.3	2	143.57	14 49.9	12	101.42	17 43.4
21	173.61	12 46.3	3	133.79	15 30.1	13	91.58	18 23.9
22	163.87	13 26.3	4	124.02	16 10.3	14	81.72	19 4.4
23	154.13	14 6.3	5	114.24	16 50.5	15	71.87	19 44.9
24	144.39	14 46.4	6	104.47	17 30.7	16	62.02	20 25.5
25	134.65	15 26.5	7	94.69	18 10.9	17	52.16	21 6.0
26	124.91	16 6.5	8	84.90	18 51.1	18	42.31	21 46.6
27	115.17	16 46.5	9	75.12	19 31.3	19	32.45	22 27.1
28	105.43	17 26.6	10	65.34	20 11.6	20	22.59	23 7.7
29	95.69	18 6.6	11	55.55	20 51.8	21	12.72	23 48.2
30	85.95	18 46.7	12	45.77	21 32.1	22	2.86	— —
31	76.21	19 26.7	13	35.98	22 12.3	23	353.00	0 28.8
Febr. 1	66.47	20 6.8	14	26.19	22 52.6	24	343.13	1 9.4
2	56.72	20 46.8	15	16.39	23 32.9	25	333.26	1 50.0
3	46.98	21 26.9	16	6.60	— —	26	323.39	2 30.6
4	37.24	22 7.0	17	356.80	0 13.2	27	313.52	3 11.1
5	27.49	22 47.0	18	347.00	0 53.4	28	303.65	3 51.8
6	17.75	23 27.1	19	337.20	1 33.7	29	293.78	4 32.4
7	8.00	— —	20	327.40	2 14.1	30	283.90	5 13.0
8	358.26	0 7.2	21	317.60	2 54.4	Mai 1	274.03	5 53.6
9	348.51	0 47.3	22	307.79	3 34.7	2	264.15	6 34.2
10	338.76	1 27.3	23	297.98	4 15.0	3	254.27	7 14.8
11	329.01	2 7.4	24	288.17	4 55.4	4	244.39	7 55.5

0h Weltzeit		Durchgangszeit des Nullmeridians	0h Weltzeit		Durchgangszeit des Nullmeridians	0h Weltzeit		Durchgangszeit des Nullmeridians
Tag	Länge des Zentralmeridians		Tag	Länge des Zentralmeridians		Tag	Länge des Zentralmeridians	
1958	°	Weltzeit h m	1958	°	Weltzeit h m	1958	°	Weltzeit h m
Mai 4	244.39	7 55.5	Juni 14	199.26	11 1.0	Juli 25	157.41	13 52.8
5	234.51	8 36.1	15	189.40	11 41.6	26	147.69	14 32.8
6	224.63	9 16.8	16	179.55	12 22.1	27	137.97	15 12.8
7	214.75	9 57.4	17	169.69	13 2.7	28	128.25	15 52.7
8	204.87	10 38.1	18	159.84	13 43.2	29	118.54	16 32.6
9	194.98	11 18.7	19	149.99	14 23.7	30	108.84	17 12.5
10	185.10	11 59.4	20	140.14	15 4.2	31	99.14	17 52.3
11	175.21	12 40.0	21	130.29	15 44.7	Aug. 1	89.44	18 32.2
12	165.33	13 20.7	22	120.45	16 25.1	2	79.75	19 12.0
13	155.44	14 1.3	23	110.61	17 5.6	3	70.06	19 51.8
14	145.55	14 42.0	24	100.77	17 46.0	4	60.38	20 31.6
15	135.67	15 22.7	25	90.93	18 26.5	5	50.70	21 11.3
16	125.78	16 3.3	26	81.10	19 6.9	6	41.03	21 51.1
17	115.89	16 44.0	27	71.27	19 47.3	7	31.36	22 30.8
18	106.00	17 24.7	28	61.44	20 27.7	8	21.70	23 10.5
19	96.12	18 5.3	29	51.62	21 8.1	9	12.04	23 50.2
20	86.23	18 46.0	30	41.80	21 48.5	10	2.39	— —
21	76.34	19 26.7	Juli 1	31.98	22 28.9	11	352.75	0 29.8
22	66.45	20 7.3	2	22.16	23 9.2	12	343.11	1 9.4
23	56.57	20 48.0	3	12.35	23 49.5	13	333.47	1 49.0
24	46.68	21 28.7	4	2.54	— —	14	323.84	2 28.6
25	36.79	22 9.3	5	352.74	0 29.9	15	314.22	3 8.2
26	26.91	22 50.0	6	342.94	1 10.2	16	304.60	3 47.7
27	17.02	23 30.6	7	333.14	1 50.5	17	294.99	4 27.2
28	7.14	— —	8	323.34	2 30.7	18	285.38	5 6.7
29	357.25	0 11.3	9	313.55	3 11.0	19	275.78	5 46.1
30	347.37	0 51.9	10	303.76	3 51.2	20	266.18	6 25.5
31	337.49	1 32.6	11	293.98	4 31.5	21	256.59	7 4.9
Juni 1	327.61	2 13 2	12	284.20	5 11.7	22	247.01	7 44.3
2	317.73	2 53.9	13	274.42	5 51.9	23	237.44	8 23.6
3	307.85	3 34.5	14	264.64	6 32.1	24	227.86	9 3.0
4	297.97	4 15.1	15	254.88	7 12.2	25	218.30	9 42.2
5	288.09	4 55.7	16	245.11	7 52.4	26	208.74	10 21.5
6	278.22	5 36.4	17	235.35	8 32.5	27	199.19	11 0.8
7	268.34	6 17.0	18	225.59	9 12.6	28	189.64	11 40.0
8	258.47	6 57.6	19	215.84	9 52.7	29	180.10	12 19.1
9	248.60	7 38.2	20	206.09	10 32.8	30	170.57	12 58.3
10	238.73	8 18.8	21	196.34	11 12.8	31	161.05	13 37.4
11	228.86	8 59.3	22	186.60	11 52.9	Sept. 1	151.53	14 16.5
12	218.99	9 39.9	23	176.87	12 32.9	2	142.02	14 55.6
13	209.13	10 20.5	24	167.14	13 12.9	3	132.51	15 34.6
14	199.26	11 1,0	25	157.41	13 52.8	4	123.02	16 13.6

Rotation des Mars 1958

0h Weltzeit		Durchgangszeit des Nullmeridians	0h Weltzeit		Durchgangszeit des Nullmeridians	0h Weltzeit		Durchgangszeit des Nullmeridians
Tag	Länge des Zentralmeridians		Tag	Länge des Zentralmeridians		Tag	Länge des Zentralmeridians	
1958		Weltzeit	1958		Weltzeit	1958		Weltzeit
	°	h m		°	h m		°	h m
Sept. 4	123.02	16 13.6	Okt. 15	101.92	17 38.9	Nov. 25	98.63	17 51.8
5	113.53	16 52.5	16	92.87	18 16.0	26	89.80	18 28.0
6	104.05	17 31.5	17	83.84	18 53.0	27	80.96	19 4.3
7	94.57	18 10.4	18	74.82	19 30.0	28	72.12	19 40.6
8	85.11	18 49.2	19	65.81	20 6.9	29	63.26	20 16.9
9	75.65	19 28.0	20	56.82	20 43.7	30	54.39	20 53.3
10	66.20	20 6.8	21	47.84	21 20.5	Dez. 1	45.52	21 29.8
11	56.76	20 45.6	22	38.87	21 57.3	2	36.63	22 6.3
12	47.33	21 24.3	23	29.92	22 33.9	3	27.73	22 42.8
13	37.91	22 3.0	24	20.97	23 10.6	4	18.82	23 19.4
14	28.49	22 41.6	25	12.04	23 47.2	5	9.90	23 56.0
15	19.09	23 20.2	26	3.12	— —	6	0.97	— —
16	9.69	23 58.7	27	354.22	0 23.7	7	352.02	0 32.7
17	0.31	— —	28	345.32	1 0.2	8	343.06	1 9.5
18	350.93	0 37.3	29	336.44	1 36.6	9	334.09	1 46.3
19	341.56	1 15.7	30	327.56	2 13.0	10	325.10	2 23.2
20	332.20	1 54.2	31	318.70	2 49.4	11	316.11	3 0.1
21	322.86	2 32.5	Nov. 1	309.85	3 25.7	12	307.10	3 37.1
22	313.52	3 10.9	2	301.00	4 1.9	13	298.07	4 14.1
23	304.19	3 49.2	3	292.17	4 38.1	14	289.03	4 51.2
24	294.87	4 27.4	4	283.34	5 14.3	15	279.98	5 28.4
25	285.57	5 5.6	5	274.52	5 50.5	16	270.91	6 5.6
26	276.27	5 43.8	6	265.71	6 26.6	17	261.83	6 42.9
27	266.98	6 21.9	7	256.91	7 2.7	18	252.74	7 20.2
28	257.71	7 0.0	8	248.11	7 38.8	19	243.63	7 57.6
29	248.45	7 38.0	9	239.31	8 14.8	20	234.51	8 35.0
30	239.20	8 15.9	10	230.52	8 50.9	21	225.38	9 12.5
Okt. 1	229.96	8 53.8	11	221.74	9 26.9	22	216.24	9 50.1
2	220.73	9 31.7	12	212.95	10 2.9	23	207.08	10 27.7
3	211.51	10 9.5	13	204.17	10 38.9	24	197.91	11 5.3
4	202.31	10 47.3	14	195.39	11 14.9	25	188.73	11 43.1
5	193.12	11 25.0	15	186.61	11 50.9	26	179.53	12 20.8
6	183.94	12 2.6	16	177.83	12 26.9	27	170.33	12 58.6
7	174.78	12 40.2	17	169.04	13 2.9	28	161.11	13 36.5
8	165.62	13 17.8	18	160.26	13 39.0	29	151.88	14 14.4
9	156.48	13 55.2	19	151.47	14 15.0	30	142.64	14 52.4
10	147.36	14 32.7	20	142.68	14 51.1	31	133.39	15 30.4
11	138.24	15 10.0	21	133.88	15 27.1	32	124.13	16 8.4
12	129.14	15 47.3	22	125.08	16 3.3	33	114.86	16 46.6
13	120.05	16 24.6	23	116.27	16 39.4	34	105.57	17 24.7
14	110.98	17 1.8	24	107.46	17 15.6			
15	101.92	17 38.9	25	98.63	17 51.8			

Rotation des Jupiter 1958

Länge des Zentralmeridians der beleuchteten Scheibe für 0h Weltzeit

Tag	System I	System II	Red. auf volle Scheibe	Tag	System I	System II	Red. auf volle Scheibe	Tag	System I	System II	Red. auf volle Scheibe
1958	°	°	°	1958	°	°	°	1958	°	°	°
Jan. 0	25.0	57.2	−0.4	Febr. 20	158.7	161.7	−0.4	April 12	297.7	271.6	0.0
1	182.9	207.4	0.4	21	316.7	312.1	0.4	13	95.8	62.0	0.0
2	340.7	357.6	0.4	22	114.7	102.4	0.4	14	253.8	212.4	0.0
3	138.6	147.8	0.4	23	272.7	252.8	0.3	15	51.8	2.8	0.0
4	296.4	298.1	0.4	24	70.7	43.1	0.3	16	209.9	153.2	0.0
5	94.3	88.3	−0.4	25	228.7	193.5	−0.3	17	7.9	303.6	0.0
6	252.2	238.5	0.4	26	26.7	343.9	0.3	18	165.9	94.0	0.0
7	50.0	28.8	0.5	27	184.6	134.2	0.3	19	323.9	244.4	0.0
8	207.9	179.0	0.5	28	342.6	284.6	0.3	20	122.0	34.8	0.0
9	5.8	329.3	0.5	März 1	140.6	74.9	0.3	21	280.0	185.1	0.0
10	163.7	119.5	−0.5	2	298.6	225.3	−0.3	22	78.0	335.5	0.0
11	321.5	269.8	0.5	3	96.6	15.7	0.3	23	236.0	125.9	0.0
12	119.4	60.0	0.5	4	254.6	166.1	0.3	24	34.0	276.3	0.0
13	277.3	210.2	0.5	5	52.6	316.4	0.3	25	192.1	66.7	0.0
14	75.2	0.5	0.5	6	210.7	106.8	0.2	26	350.1	217.1	0.0
15	233.1	150.8	−0.5	7	8.7	257.2	−0.2	27	148.1	7.5	0.0
16	31.0	301.0	0.5	8	166.7	47.6	0.2	28	306.1	157.8	0.0
17	188.9	91.3	0.5	9	324.7	197.9	0.2	29	104.1	308.2	0.0
18	346.8	241.6	0.5	10	122.7	348.3	0.2	30	262.1	98.6	0.0
19	144.7	31.8	0.5	11	280.7	138.7	0.2	Mai 1	60.1	248.9	0.0
20	302.6	182.1	−0.5	12	78.7	289.1	−0.2	2	218.1	39.3	0.0
21	100.4	332.4	0.5	13	236.8	79.5	0.2	3	16.1	189.7	0.0
22	258.4	122.6	0.5	14	34.8	229.9	0.2	4	174.1	340.0	0.1
23	56.3	272.9	0.5	15	192.8	20.3	0.2	5	332.1	130.4	0.1
24	214.2	63.2	0.5	16	350.8	170.7	0.2	6	130.0	280.7	0.1
25	12.1	213.5	−0.5	17	148.8	321.1	−0.2	7	288.0	71.1	0.1
26	170.0	3.8	0.5	18	306.9	111.4	0.1	8	86.0	221.4	0.1
27	327.9	154.1	0.5	19	104.9	261.8	0.1	9	243.9	11.8	+0.1
28	125.9	304.3	0.5	20	262.9	52.2	0.1	10	41.9	162.1	0.1
29	283.8	94.6	0.5	21	61.0	202.6	0.1	11	199.9	312.5	0.1
30	81.7	244.9	−0.5	22	219.0	353.1	−0.1	12	357.9	102.8	0.1
31	239.6	35.2	0.5	23	17.0	143.5	0.1	13	155.8	253.1	0.1
Febr. 1	37.6	185.5	0.5	24	175.0	293.9	0.1	14	313.8	43.5	+0.1
2	195.5	335.8	0.5	25	333.1	84.3	0.1	15	111.7	193.8	0.1
3	353.4	126.2	0.5	26	131.1	234.7	0.1	16	269.7	344.1	0.1
4	151.4	276.5	−0.4	27	289.1	25.1	−0.1	17	67.6	134.4	0.2
5	309.3	66.8	0.4	28	87.2	175.5	0.1	18	225.5	284.7	0.2
6	107.3	217.1	0.4	29	245.2	325.9	0.1	19	23.5	75.0	+0.2
7	265.2	7.4	0.4	30	43.3	116.3	0.1	20	181.4	225.3	0.2
8	63.2	157.7	0.4	31	201.3	266.7	0.1	21	339.4	15.6	0.2
9	221.1	308.0	−0.4	April 1	359.3	57.1	−0.1	22	137.3	165.9	0.2
10	19.1	98.4	0.4	2	157.4	207.5	0.0	23	295.2	316.2	0.2
11	177.0	248.7	0.4	3	315.4	357.9	0.0	24	93.1	106.5	+0.2
12	335.0	39.0	0.4	4	113.4	148.3	0.0	25	251.0	256.8	0.2
13	132.9	189.3	0.4	5	271.5	298.7	0.0	26	48.9	47.1	0.2
14	290.9	339.7	−0.4	6	69.5	89.1	0.0	27	206.9	197.3	0.2
15	88.9	130.0	0.4	7	227.5	239.5	0.0	28	4.8	347.6	0.2
16	246.8	280.3	0.4	8	25.6	29.9	0.0	29	162.7	137.9	+0.3
17	44.8	70.7	0.4	9	183.6	180.3	0.0	20	320.6	288.2	0.3
18	202.8	221.0	0.4	10	341.7	330.8	0.0	31	118.4	78.4	0.3
19	0.8	11.4	0.4	11	139.7	121.1	0.0	Juni 1	276.3	228.7	0.3
20	158.7	161.7	−0.4	12	297.7	271.6	0.0	2	74.2	18.9	+0.3

Rotation des Jupiter 1958

Länge des Zentralmeridians der beleuchteten Scheibe für 0h Weltzeit

Tag	System		Red. auf volle Scheibe	Tag	System		Red. auf volle Scheibe	Tag	System		Red. auf volle Scheibe
	I	II			I	II			I	II	
1958	°	°	°	1958	°	°	°	1958	°	°	°
Juni 2	74.2	18.9	+0.3	Juli 23	202.0	117.6	+0.5	Sept. 12	324.3	210.8	+0.2
3	232.1	169.2	0.3	24	359.7	267.7	0.5	13	121.9	0.8	0.2
4	30.0	319.4	0.3	25	157.4	57.8	0.5	14	279.6	150.9	0.2
5	187.9	109.7	0.3	26	315.2	207.9	0.5	15	77.3	300.9	0.2
6	345.7	259.9	0.3	27	112.9	358.0	0.5	16	234.9	90.9	0.2
7	143.6	50.2	+0.3	28	270.6	148.1	+0.5	17	32.6	241.0	+0.2
8	301.5	200.4	0.3	29	68.3	298.2	0.5	18	190.3	31.0	0.2
9	99.3	350.6	0.3	30	226.0	88.3	0.5	19	347.9	181.1	0.2
10	257.2	140.8	0.4	31	23.8	238.3	0.5	20	145.6	331.1	0.2
11	55.0	291.1	0.4	Aug. 1	181.5	28.4	0.5	21	303.3	121.1	0.2
12	212.9	81.3	+0.4	2	339.2	178.5	+0.5	22	100.9	271.2	+0.2
13	10.7	231.5	0.4	3	136.9	328.6	0.5	23	258.6	61.2	0.2
14	168.6	21.7	0.4	4	294.6	118.7	0.5	24	56.3	211.1	0.1
15	326.4	171.9	0.4	5	92.3	268.7	0.5	25	213.9	1.3	0.1
16	124.2	322.1	0.4	6	250.0	58.8	0.5	26	11.6	151.3	0.1
17	282.1	112.3	+0.4	7	47.7	208.9	+0.5	27	169.3	301.3	+0.1
18	79.9	262.5	0.4	8	205.4	359.0	0.4	28	326.9	91.4	0.1
19	237.7	52.7	0.4	9	3.1	149.0	0.4	29	124.6	241.4	0.1
20	35.5	202.9	0.4	10	160.8	299.1	0.4	Sept. 30	282.3	31.4	+0.1
21	193.4	353.1	0.4	11	318.5	89.2	0.4				
22	351.2	143.3	+0.4	12	116.2	239.2	+0.4		—	—	—
23	149.0	293.5	0.4	13	273.9	29.3	0.4				
24	306.8	83.7	0.4	14	71.6	179.4	0.4	Dez. 3	294.1	275.0	−0.1
25	104.6	233.8	0.5	15	229.3	329.4	0.4	4	91.8	65.1	0.1
26	262.4	24.0	0.5	16	27.0	119.5	0.4	5	249.6	215.2	0.1
27	60.2	174.2	+0.5	17	184.7	269.6	+0.4	6	47.3	5.3	0.1
28	218.0	324.3	0.5	18	342.4	59.6	0.4	7	205.0	155.4	0.1
29	15.8	114.5	0.5	19	140.0	209.7	0.4	8	2.7	305.5	−0.1
30	173.6	264.7	0.5	20	297.7	359.7	0.4	9	160.5	95.6	0.1
Juli 1	331.4	54.8	0.5	21	95.4	149.8	0.4	10	318.2	245.7	0.1
2	129.1	205.0	+0.5	22	253.1	299.8	+0.4	11	116.0	35.8	0.1
3	286.9	355.1	0.5	23	50.8	89.9	0.4	12	273.7	185.9	0.1
4	84.7	145.3	0.5	24	208.5	239.9	0.4	13	71.4	336.0	−0.1
5	242.5	295.4	0.5	25	6.2	30.0	0.4	14	229.2	126.1	0.1
6	40.2	85.6	0.5	26	163.8	180.0	0.3	15	26.9	276.2	0.1
7	198.0	235.7	+0.5	27	321.5	330.1	+0.3	16	184.7	66.4	0.1
8	355.8	25.9	0.5	28	119.2	120.1	0.3	17	342.4	216.5	0.1
9	153.6	176.0	0.5	29	276.9	270.2	0.3	18	140.2	6.6	−0.2
10	311.3	326.1	0.5	30	74.5	60.2	0.3	19	298.0	156.7	0.2
11	109.1	116.2	0.5	31	232.2	210.3	0.3	20	95.7	306.9	0.2
12	266.8	266.4	+0.5	Sept. 1	29.9	0.3	+0.3	21	253.5	97.0	0.2
13	64.6	56.5	0.5	2	187.6	150.4	0.3	22	51.2	247.1	0.2
14	222.3	206.6	0.5	3	345.2	300.4	0.3	23	209.0	37.2	−0.2
15	20.1	356.7	0.5	4	142.9	90.5	0.3	24	6.7	187.4	0.2
16	177.8	146.9	0.5	5	300.6	240.5	0.3	25	164.5	337.5	0.2
17	335.6	297.0	+0.5	6	98.3	30.5	+0.3	26	322.3	127.7	0.2
18	133.3	87.1	0.5	7	255.9	180.6	0.3	27	120.1	277.8	0.2
19	291.0	237.2	0.5	8	53.6	330.6	0.3	28	277.8	68.0	−0.2
20	88.8	27.3	0.5	9	211.3	120.7	0.3	29	75.6	218.1	0.2
21	246.5	177.4	0.5	10	8.9	270.7	0.2	30	233.4	8.2	0.2
22	44.3	327.5	0.5	11	166.6	60.8	0.2	31	31.1	158.4	0.2
23	202.0	117.6	+0.5	12	324.3	210 8	+0.2	32	188.9	308.5	−0.3

Jupitertrabanten 1958

Verfinsterungen: E. = Eintritte, A. = Austritte (in Weltzeit)

Januar

Tag	Weltzeit h m	Trab.
0	5 47.0	II E.
	9 58.9	I E.
1	16 56.3	III E.
	19 27.5	III A.
2	4 27.1	I E.
3	19 4.4	II E.
	21 30.5	II A.
	22 55.3	I E.
5	17 23.6	I E.
7	8 22.7	II E.
	10 48.5	II A.
	11 51.8	I E.
8	20 53.1	III E.
	23 23.6	III A.
9	6 20.0	I E.
10	21 40.0	II E.
11	0 5.8	II A.
	0 48.2	I E.
12	19 16.4	I E.
14	10 58.3	II E.
	13 23.8	II A.
	13 44.6	I E.
16	0 50.1	III E.
	3 19.7	III A.
	8 12.8	I E.
18	0 15.7	II E.
	2 41.0	I E.
	2 41.1	II A.
19	21 9.2	I E.
21	13 34.0	II E.
	15 37.4	I E.
	15 59.3	II A.
23	4 47.7	III E.
	7 16.6	III A.
	10 5.6	I E.
25	2 51.4	II E.
	4 33.8	I E.
	5 16.5	II A.
26	23 2.0	I E.
28	16 9.7	II E.
	17 30.2	I E.
	18 34.7	II A.
30	8 45.1	III E.
	11 13.2	III A.
	11 58.3	I E.

Februar

Tag	Weltzeit h m	Trab.
1	5 27.2	II E.
	6 26.5	I E.
	7 52.0	II A.
3	0 54.7	I E.
4	18 45.4	II E.
	19 23.0	I E.
	21 10.2	II A.
6	12 43.0	III E.
	13 51.2	I E.
	15 10.4	III A.
8	8 3.0	II E.
	8 19.3	I E.
	10 27.5	II A.
10	2 47.5	I E.
11	21 15.6	I E.
	21 21.3	II E.
	23 45.6	II A.
13	15 43.9	I E.
	16 40.3	III E.
	19 6.9	III A.
15	10 12.2	I E.
	10 38.9	II E.
17	4 40.4	I E.
18	23 8.6	I E.
	23 57.2	II E.
20	17 36.8	I E.
	20 37.6	III E.
	23 3.3	III A.
22	12 5.0	I E.
	13 14.7	II E.
24	6 33.3	I E.
26	1 1.5	I E.
	2 33.1	II E.
27	19 29.8	I E.
28	0 34.3	III E
	2 59.6	III A.

März

Tag	Weltzeit h m	Trab.
1	13 58.0	I E.
	15 50.6	II E.
3	8 26.2	I E.
5	2 54.5	I E.
	5 9.0	II E.
6	21 22.8	I E.
7	4 31.5	III E.
	6 56.0	III A.
8	15 51.0	I E.
	18 26.5	II E.
10	10 19.3	I E.
12	4 47.6	I E.
	7 44.9	II E.
13	23 15.9	I E.
14	8 29.4	III E.
	10 53.4	III A.
15	17 44.2	I E.
	21 2.5	II E.
17	12 12.5	I E.
19	6 40.8	I E.
	10 20.9	II E.
21	1 9.1	I E.
	12 27.2	III E.
	14 51.0	III A.
22	19 37.4	I E.
	23 38.5	II E.
24	14 5.7	I E.
26	8 34.1	I E.
	12 56.9	II E.
28	3 2.5	I E.
	16 25.6	III E.
29	21 30.8	I E.
30	2 14.5	II E.
31	15 59.1	I E.

April

Tag	Weltzeit h m	Trab.
2	10 27.5	I E.
	15 32.9	II E.
4	4 55.9	I E.
	20 23.5	III E.
5	23 24.3	I E.
6	4 50.5	II E.
7	17 52.7	I E.
9	12 21.1	I E.
	18 8.9	II E.
11	6 49.5	I E.
12	0 21.4	III E.
13	1 17.9	I E.
	7 26.6	II E.
14	19 46.4	I E.
16	14 14.8	I E.
	20 44.9	II E.
	23 6.5	II A.
18	10 53.9	I A.
19	4 19.2	III E.
	6 39.8	III A.
20	5 22.4	I A.
	12 24.1	II A.
21	23 50.8	I A.
23	18 19.4	I A.
24	1 42.2	II A.
25	12 47.8	I A.
26	10 37.2	III A.
27	7 16.4	I A.
	14 59.8	II A.
29	1 44.8	I A.
30	20 13.4	I A.

Mai

Tag	Weltzeit h m	Trab.
1	4 17.9	II A.
2	14 41.9	I A.
3	14 35.6	III A.
4	9 10.5	I A.
	17 35.5	II A.
6	3 39.0	I A.
7	22 7.6	I A.
8	6 53.6	II A.
9	16 36.1	I A.
10	18 33.8	III A.
11	11 4.7	I A.
	20 11.2	II A.
13	5 33.3	I A.
15	0 1.9	I A.
	9 29.3	II A.
16	18 30.5	I A.
17	20 14.2	III E.
	22 32.6	III A.
18	12 59.2	I A.
	22 46.9	II A.
20	7 27.7	I A.
22	1 56.4	I A.
	12 4.9	II A.
23	20 25.0	I A.
25	0 13.1	III E.
	2 30.9	III A.
25	14 53.7	I A.
26	1 22.6	II A.
27	9 22.3	I A.
29	3 51.0	I A.
	14 40.5	II A.
30	22 19.6	I A.

Juni

Tag	Weltzeit h m	Trab.
1	4 11.7	III E.
	6 29.0	III A.
	16 48.3	I A.
2	3 58.2	II A.
3	11 17.0	I A.
5	5 45.7	I A.
	17 16.1	II A.

Jupitertrabanten 1958

Verfinsterungen: E. = Eintritte, A. = Austritte (in Weltzeit)

Juni

Tag	Weltzeit h m	Trab.
7	0 14.4	I A.
8	8 10.4	III E.
	10 27.1	III A.
	18 43.1	I A.
9	6 33.7	II A.
10	13 11.8	I A.
12	7 40.5	I A.
	19 51.5	II A.
14	2 9.2	I A.
15	12 9.3	III E.
	14 25.6	III A.
	20 38.0	I A.
16	9 9.1	II A.
17	15 6.7	I A.
19	9 35.5	I A.
	22 26.8	II A.
21	4 4.2	I A.
22	16 8.9	III E.
	18 24.6	III A.
	22 33.0	I A.
23	9 25.5	II E.
	11 44.5	II A.
24	17 1.6	I A.
26	11 30.5	I A.
	22 43.3	II E.
27	1 2.1	II A.
28	5 59.2	I A.
29	20 8.4	III E.
	22 23.6	III A.
30	0 28.0	I A.
	12 1.0	II E.
	14 19.6	II A.

Juli

Tag	Weltzeit h m	Trab.
1	18 56.7	I A.
3	13 25.5	I A.
4	1 18.7	II E.
	3 37.3	II A.
5	7 54.3	I A.
7	0 8.3	III E.
	2 23.0	III A.
	2 23.1	I A.
	14 36.4	II E.
	16 54.8	II A.
8	20 51.8	I A.
10	15 20.6	I A.
11	3 54.1	II E.
	6 12.4	II A.
12	9 49.3	I A.
14	4 7.6	III E.
	4 18.2	I A.
	6 21.9	III A.
	17 11.7	II E.
	19 29.8	II A.
15	22 46.9	I A.
17	17 15.8	I A.
18	6 29.2	II E.
	8 47.3	II A.
19	11 44.5	I A.
21	6 13.4	I A.
	8 6.6	III E.
	10 20.5	III A.
	19 46.7	II E.
	22 4.8	II A.
23	0 42.1	I A.
24	19 10.9	I A.
25	9 4.3	II E.
	11 22.2	II A.
26	13 39.7	I A.
28	8 8.5	I A.
	12 5.6	III E.
	14 19.1	III A.
	22 21.8	II E.
29	0 39.6	II A.
30	2 37.3	I A.
31	21 6.1	I A.

August

Tag	Weltzeit h m	Trab.
1	11 39.2	II E.
	13 56.8	II A.
2	15 34.9	I A.
4	10 3.7	I A.
	16 4.7	III E.
	18 17.8	III A.
5	0 56.6	II E.
	3 14.3	II A.
6	4 32.4	I A.
7	23 1.3	I A.
8	14 14.0	II E.
	16 31.5	II A.
9	17 30.0	I A.
11	11 58.9	I A.
11	20 4.5	III E.
	22 17.3	III A.
12	5 48.8	II A.
13	6 27.6	I A.
15	0 56.5	I A.
	19 6.0	II A.
16	19 25.2	I A.
18	13 54.1	I A.
19	0 4.0	III E.
	2 16.4	III A.
	8 23.3	II A.
20	8 22.8	I A.
22	2 51.6	I A.
	21 40.5	II A.
23	21 20.3	I A.
25	15 49.2	I A.
26	4 3.9	III E.
	6 15.9	III A.
	10 57.7	II A.
27	10 17.9	I A.
29	4 46.7	I A.
30	0 14.8	II A.
	23 15.4	I A.

September

Tag	Weltzeit h m	Trab.
1	17 44.3	I A.
2	8 3.0	III E.
	10 14.8	III A.
	13 32.0	II A.
3	12 13.0	I A.
5	6 41.8	I A.
6	2 49.1	II A.
7	1 10.6	I A.
8	19 39.3	I A.
9	12 1.9	III E.
	14 13.4	III A.
	16 6.2	II A.
10	14 8.0	I A.
12	8 36.8	I A.
13	5 23.3	II A.
14	3 5.5	I A.
15	21 34.2	I A.
16	16 0.6	III E.
	18 11.9	III A.
	18 40.3	II A.
17	16 2.9	I A.
19	10 31.6	I A.
20	7 57.3	II A.
21	5 0.4	I A.
22	23 29.2	I A.

Dezember

Tag	Weltzeit h m	Trab.
2	16 22.9	I E.
3	20 37.6	II E.
4	10 51.3	I E.
	11 45.8	III E.
6	5 19.8	I E.
7	9 54.5	II E.
	23 48.2	I E.
9	18 16.7	I E.
10	23 11.6	II E.
11	12 45.1	I E.
	15 43.6	III E.
	17 53.2	III A.
13	7 13.6	I E.
14	12 28.6	II E.
15	1 42.0	I E.
16	20 10.4	I E.
18	1 45.7	II E.
	14 38.8	I E.
	19 41.0	III E.
	21 50.7	III A.
20	9 7.2	I E.
21	15 2.7	II E.
22	3 35.6	I E.
23	22 4.0	I E.
25	4 19.9	II E.
	16 32.4	I E.
	23 38.3	III E.
26	1 48.1	III A.
27	11 0.8	I E.
28	17 36.9	II E.
29	5 29.1	I E.
30	23 57.5	I E.
32	6 54.2	II E.
	18 25.8	I E.

JANUAR

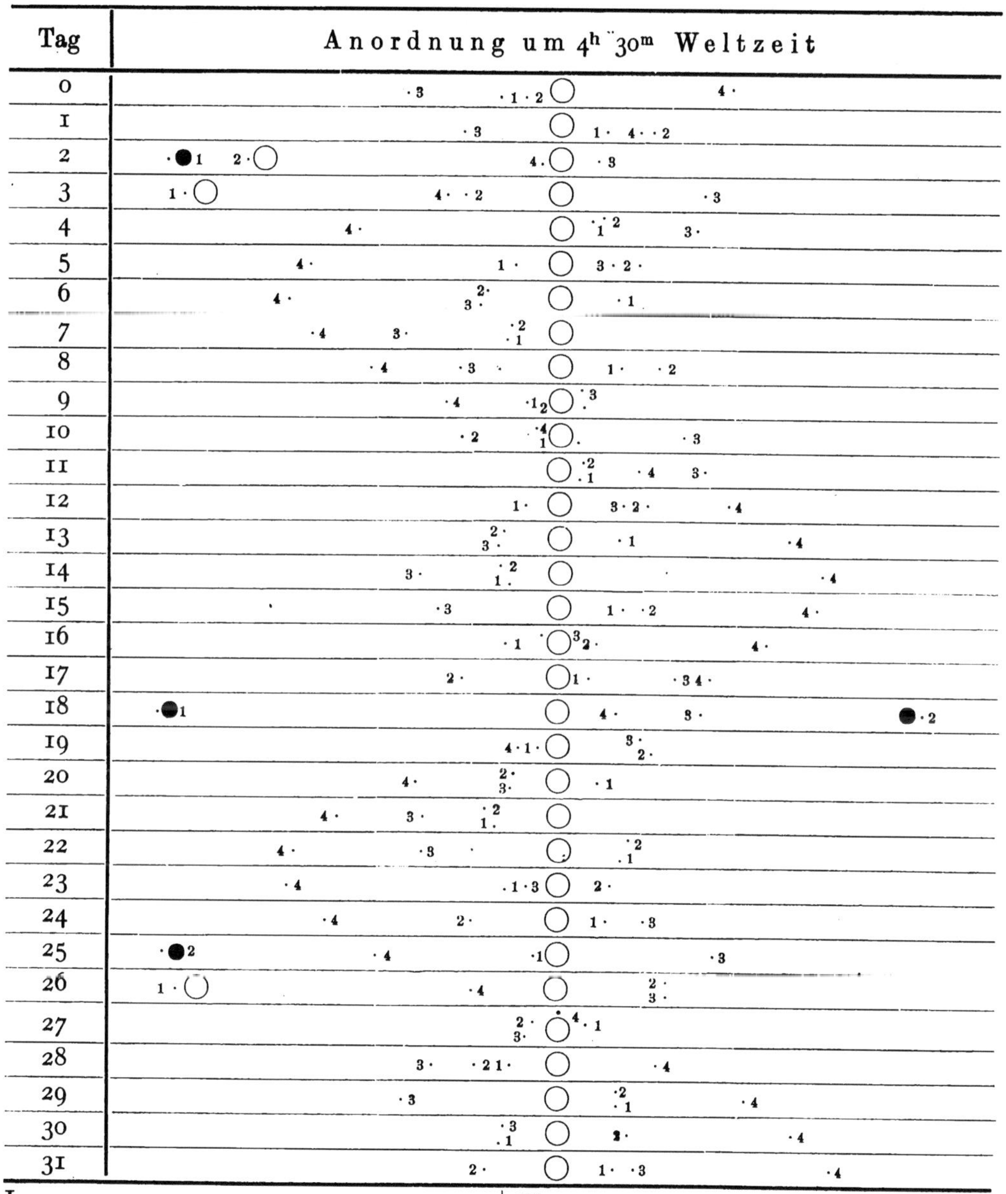

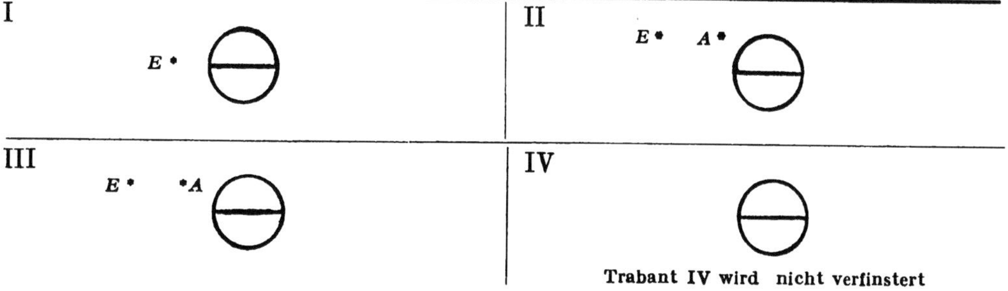

Trabant IV wird nicht verfinstert

Jupitertrabanten 1958

FEBRUAR

Tag	Anordnung um $3^h\ 15^m$ Weltzeit
1	·2 .1 ○ ·3 4·
2	○1· ·23· 4·
3	3○. 4· ●·1 2○·
4	3· ·2 1· ○4·
5	·3 4· ○ ·2 ·1
6	4· ·3 1. ○ 2·
7	4· 2· ○ ·3 1·
8	4· ·2 ·1 ○ ·3
9	·4 ○ 1· ·2 3·
10	·●1 ·4 ○2· 3.
11	1·○ ·4 2· 3· ○
12	3· ·4 ○·2·1
13	·3 1· ○·4 2·
14	2· ○ ·3 ·1 ·4
15	·2 ·1 ○ ·3 ·4
16	○ 1· ·2 3· ·4
17	·1○ 2· 3· 4·
18	2·3· ○ 4· 1○·
19	·●2 3· ○·1 4·
20	·3 1· ○ 2· 4·
21	2·4○·3 ·1
22	4. ·2 1. ○ ·3
23	4· ○ 1··2 3·
24	4· ·1 ○ 2·3·
25	4· 2· 3· ○1·
26	·●2 ·4 3· ○ ●·1
27	·4 ·3 1· ○ 2·
28	·4 2.○3 ·1

I

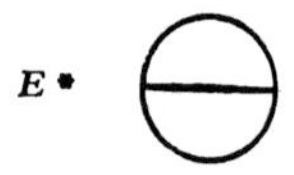

II

III

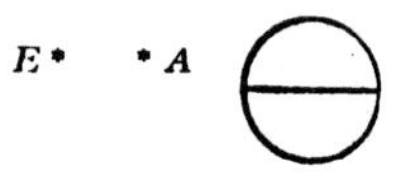

IV

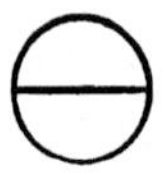

Trabant IV wird nicht verfinstert

Jupitertrabanten 1958

MÄRZ

Tag	Anordnung um 1h 45m Weltzeit
1	·2 1 ·4 ○ ·3
2	○ ·4 ·2·1 3·
3	·1 ○ 2.3. ·4
4	2· 3· ○ 1· ·4
5	3· ·2·1 ○ ·4
6	·3 ○ ·2 4· 1○·
7	·3 ○ ·1 4· 2○·
8	·2 1· ○ ·3 4·
9	○ ·2·1 4· ·3
10	·1 4· ○ 2·3·
11	4· 2· 3· ○ 1·
12	4· 3· ·2·1 ○
13	·4· ·3 ○ 1· ·2
14	·4 ·3 ○ 2· ●·1
15	·4 2· 1· ○ ·3
16	·4 ○ ·2 ·1 ·3
17	·4 1· ○ 2· 3·
18	2· ○·4 1· 3○·
19	3· ·2· 1 ○ ·4
20	·3 ○ 1· ·2 ·4
21	·●1 ·3 ○ 2· ·4
22	2· 1· ○ ·3 ·4
23	·●2 ○ ·1 ·3 4·
24	1· ○ 2· 3· 4·
25	2· ○ 3· ·1 4·
26	3· ·2·1 ○ 4·
27	·3 4· ○ 1· ·2
28	4· ·3 ·1 ○ 2·
29	4· 2· ○ ·3 1○·
30	4· ·○ 2 ·1 ·3
31	·4 1· ○ 2· 3·

I

II

III

IV

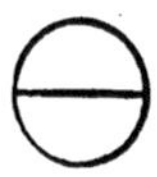

Trabant IV wird nicht verfinstert

Jupitertrabanten 1958

APRIL

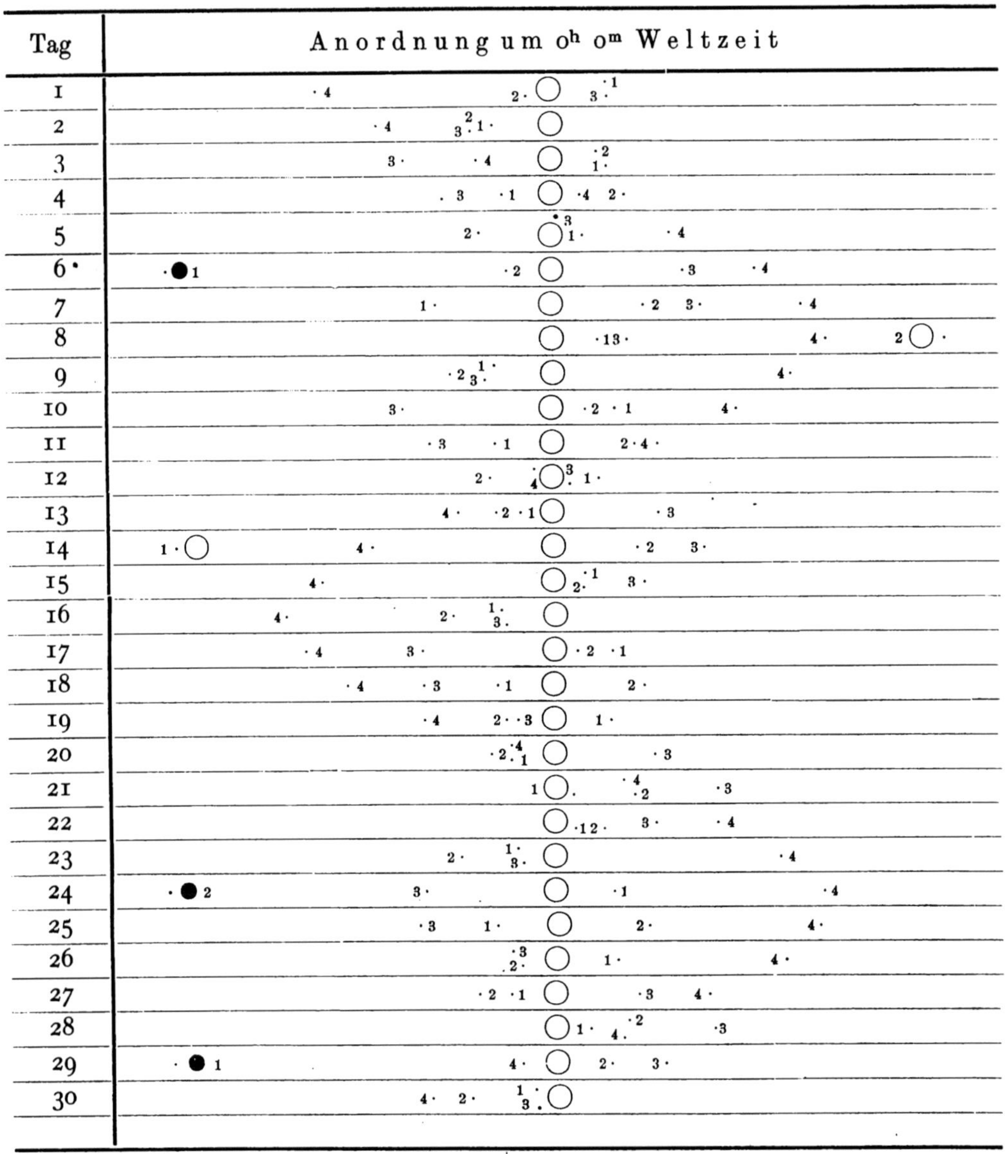

I

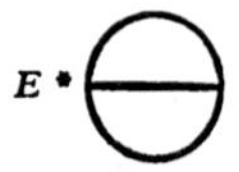

II

III

IV

Trabant IV wird nicht verfinstert

MAI

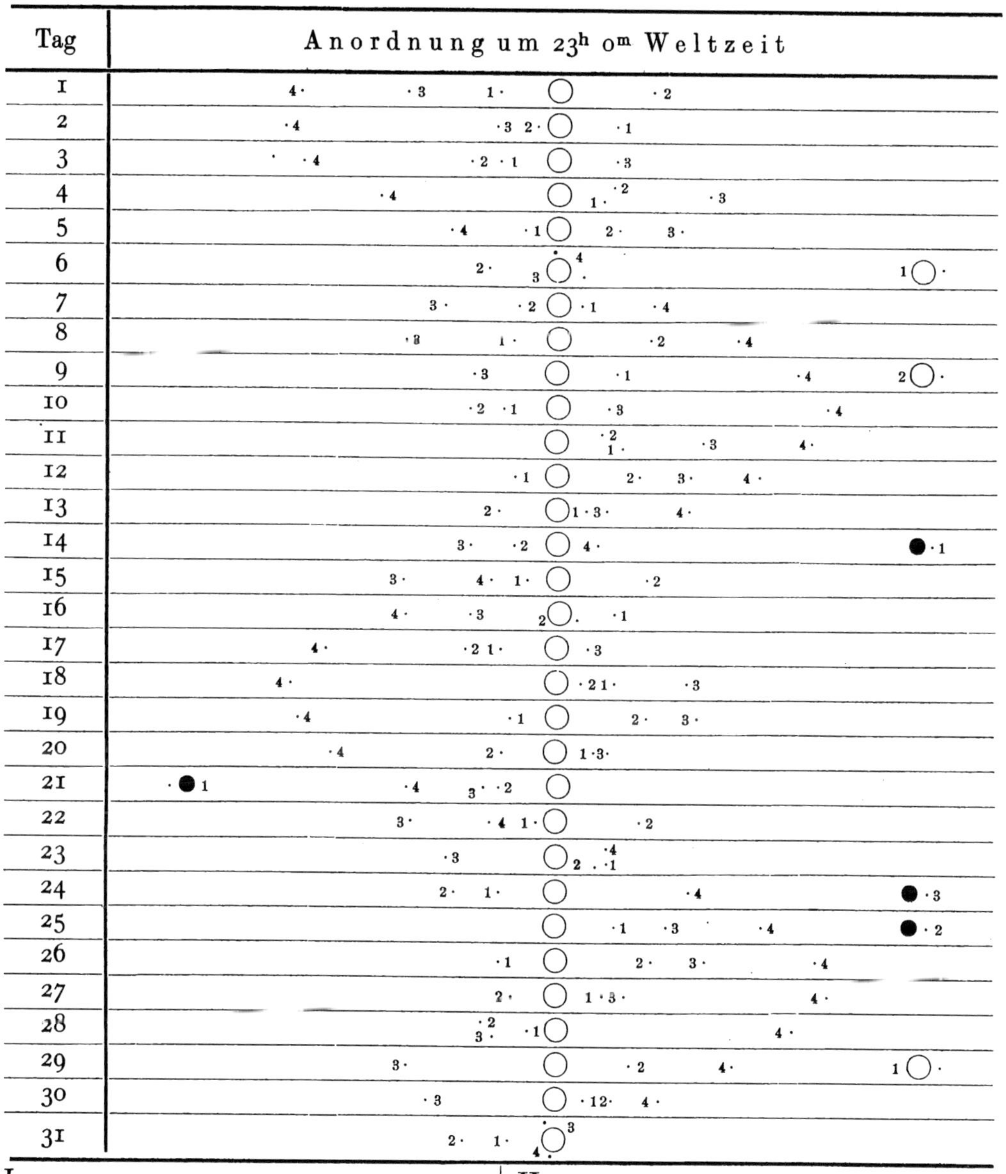

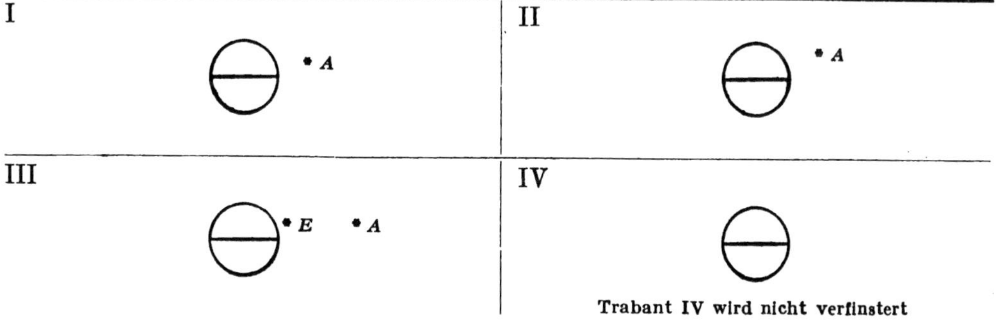

Trabant IV wird nicht verfinstert

Jupitertrabanten 1958

JUNI

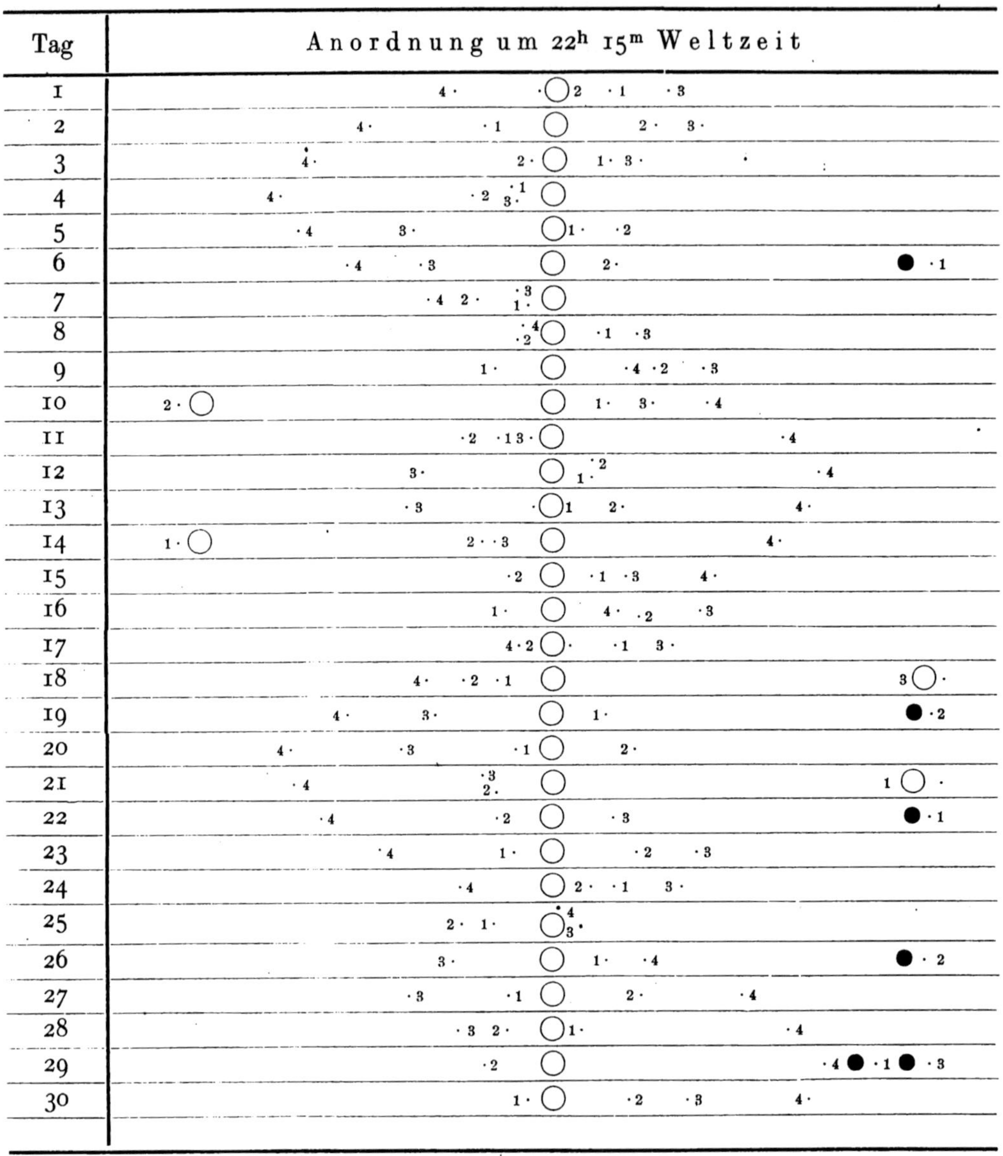

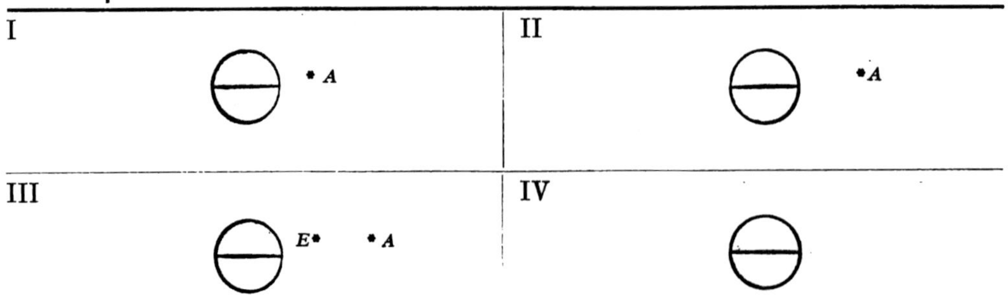

Trabant IV wird nicht verfinstert

Jupitertrabanten 1958

JULI

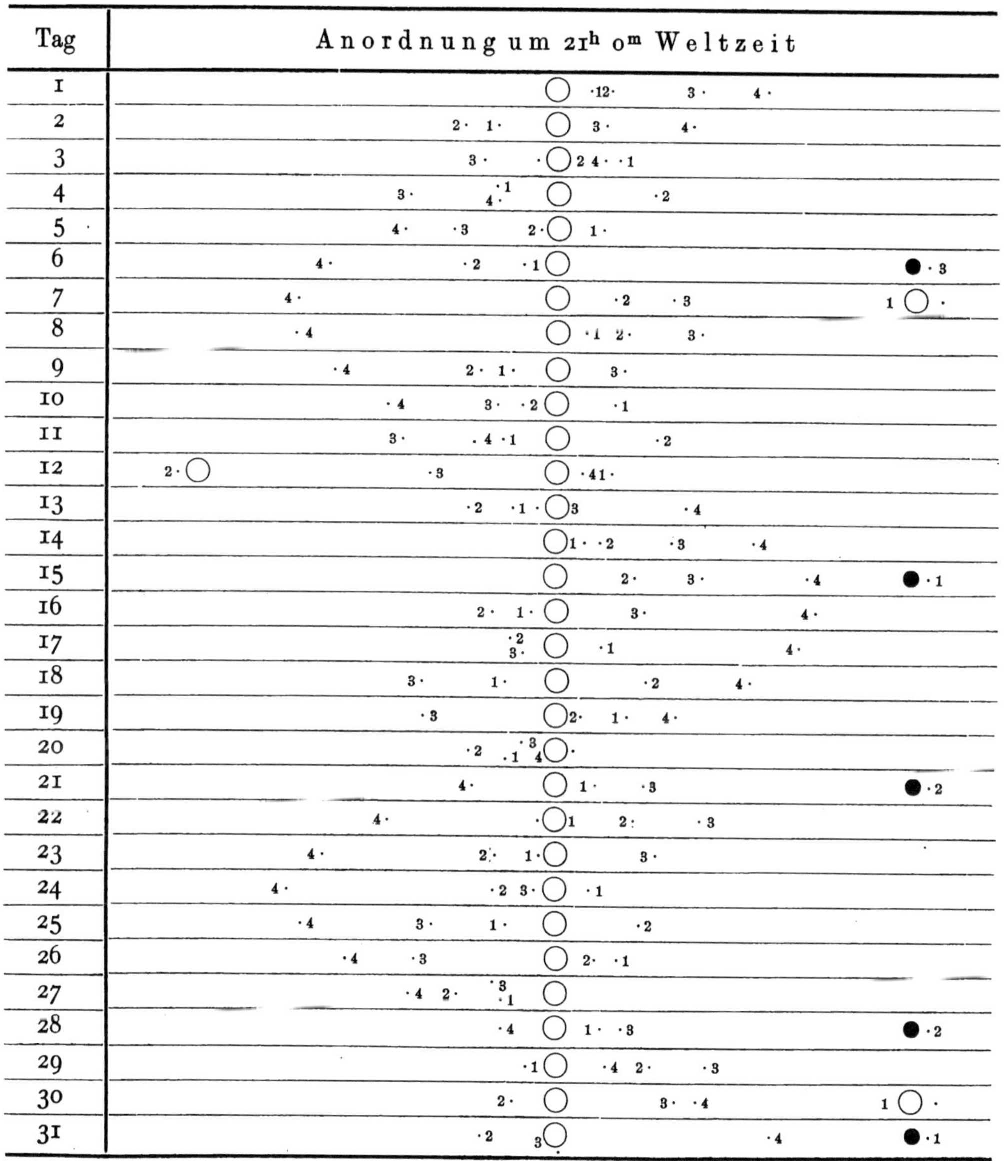

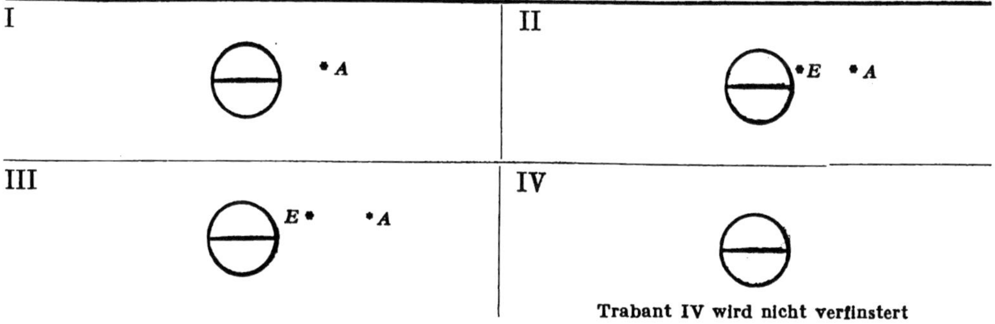

Trabant IV wird nicht verfinstert

Jupitertrabanten 1958

AUGUST

Tag	Anordnung um 19h 45m Weltzeit
1	3· 1· ○ ·2 ·4
2	·3 ○ ·1 2· 4·
3	·3 2· 1· ○ 4·
4	·2○ ·3 1· 4·
5	·1 ○ ·2 4· ·3
6	2· 4· ○ 1· 3·
7	·●1 4· ·2 ○ 3·
8	4· 3· 1· ○ ·2
9	4· 3· ○ ·1 2·
10	4· ·3 2· 1· ○
11	·4 ·2 ○ ·3 ·1
12	·4 ·1 ○ ·2 ·3
13	·4 ○ 1· 3· 2○·
14	·2 ·4 ·1○ 3·
15	3· ○ ·2 ·4 1○·
16	3· ○ ·1 2· ·4
17	·3 2· 1· ○ ·4
18	·●3 ·2 ○ ·1 ·4
19	·1 ○ ·2 ·3 4·
20	○2· 1· 3· 4·
21	2· ·1 ○ 3· 4·
22	3· ○1· 4· ●·2
23	3· 4· ○ 2· ●·1
24	·3 4· 2· 1· ○
25	4· ·2 ·3○ ·1
26	4· 1· ○ ·2·3
27	·4 ○ 2 ·1· ·3
28	·4 2· ·1 ○ 3·
29	·4 3· ○2 1·
30	3· ·4 ·○1 2·
31	·3 2· 1· ○4

I

II

III

IV

Trabant IV wird nicht verfinstert

Jupitertrabanten 1958

SEPTEMBER

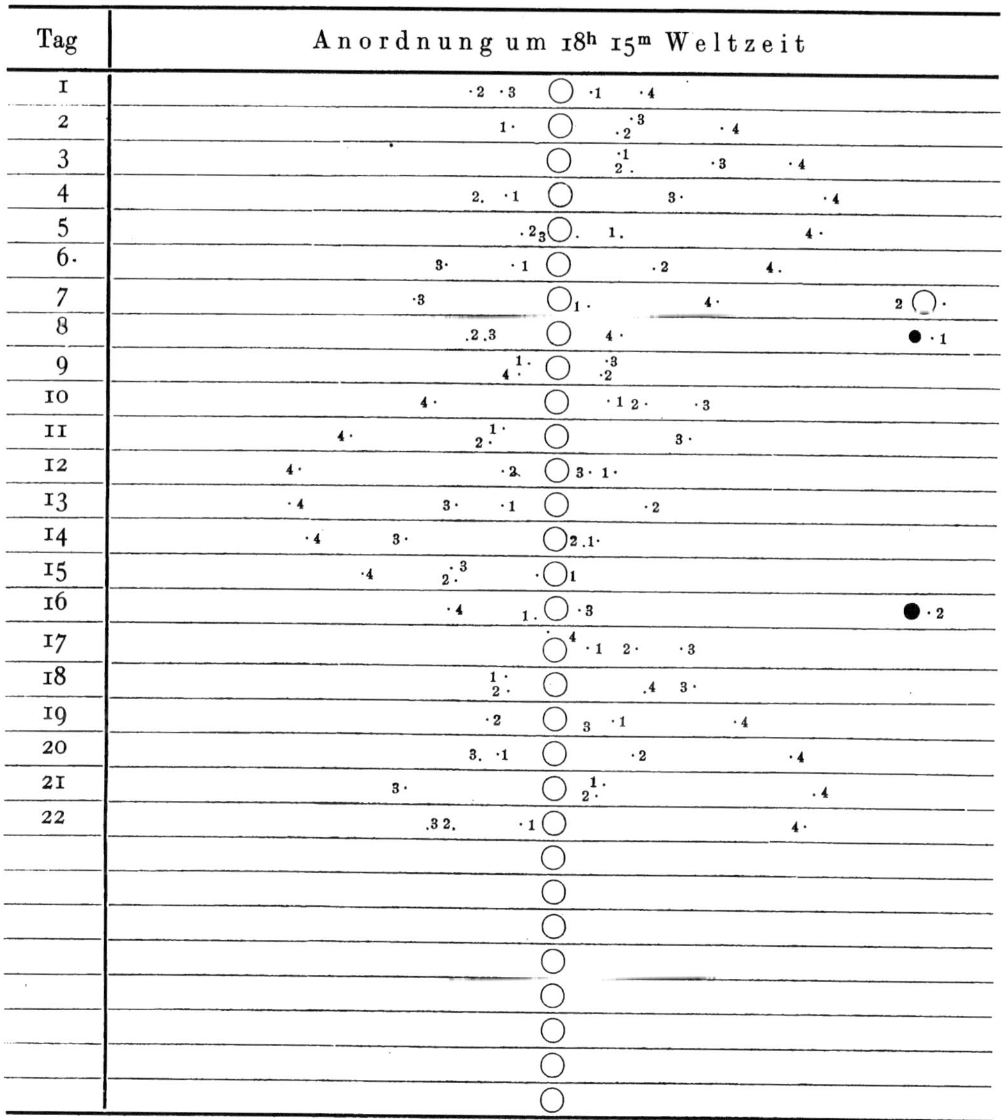

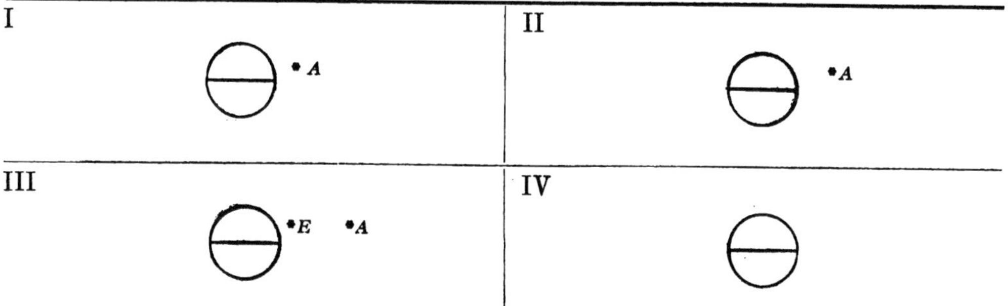

Trabant IV wird nicht verfinstert

Jupitertrabanten 1958

NOVEMBER

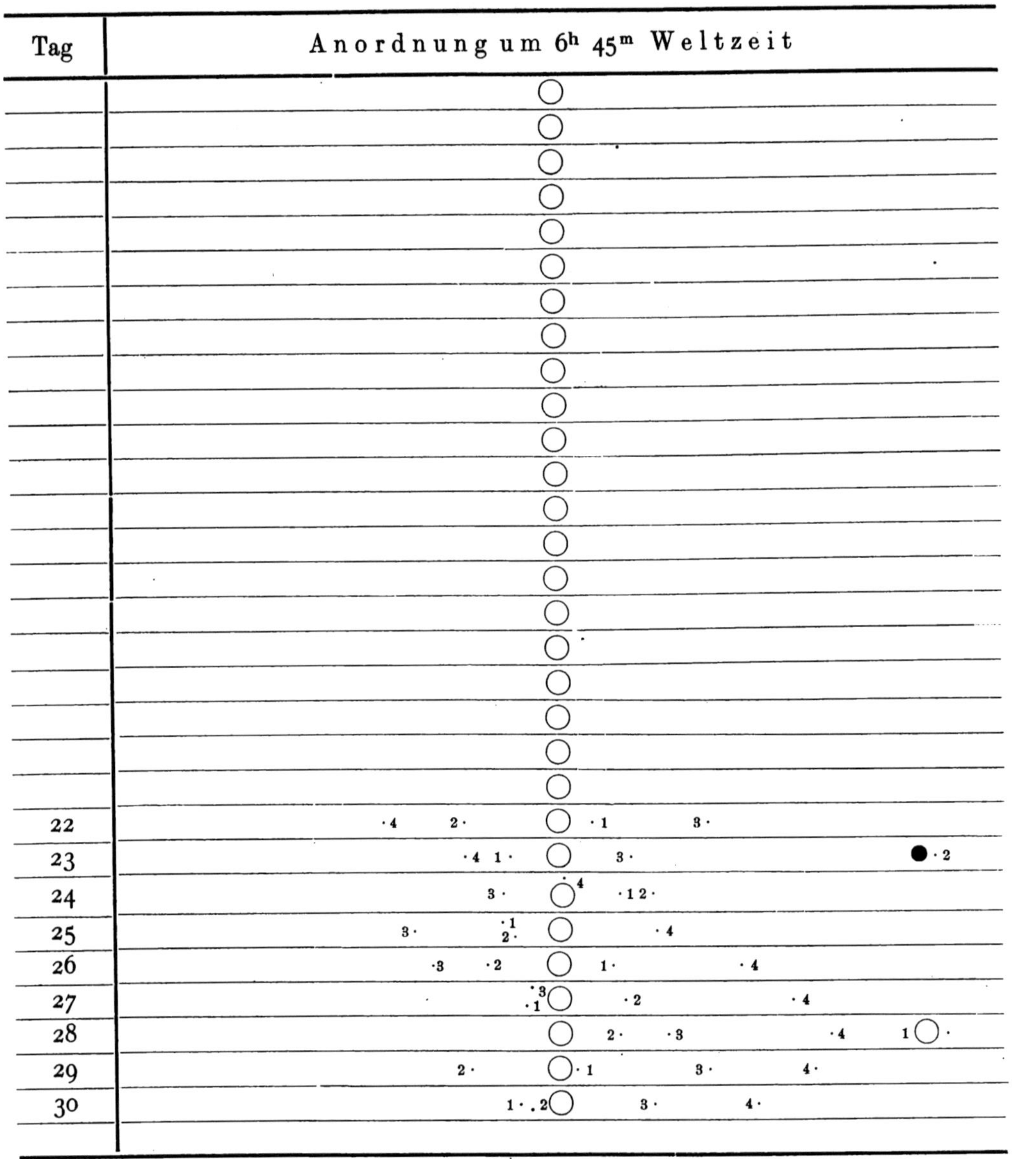

I

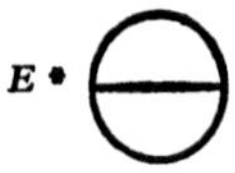

II

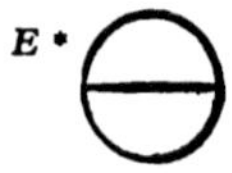

III

IV

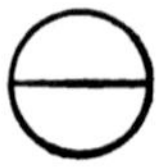

Trabant IV wird nicht verfinstert

Jupitertrabanten 1958

DEZEMBER

Tag	Anordnung um 6^h 30^m Weltzeit
1	3· ○ ·1 ·2 4·
2	3· 1· 2·○ 4·
3	·3 ·2 4· ○ 1·
4	4· ·3 ·1 ○ ·2
5	4· ○1· 2· ·3
6	·●1 4· 2· ○ ·3
7	·4 ·2 1· ○ 3·
8	·4 3○ ·1 ·2
9	·4 3· 1· ○ 2○·
10	·3 ·4 ·2 ○ ·1
11	·3 ·1 ○ ·4·2
12	○ 1· ·3 2· ·4
13	2· ·○1 ·3 ·4
14	1·○ ·2 ○ 3· ·4
15	3○ ·1 ·2 ·4
16	3· 1· ○2· 4·
17	·3 2· ○ ·1 4·
18	·3 ·1 ○·2 4·
19	○4· ·3 1· 2·
20	4·2· ·1○ ·3
21	4· ·2 1○· 3·
22	4· ○ 3· ·2 ● ·1
23	4· 3· 1· ○ 2·
24	·4 3· 2· ○ ·1
25	·●2 ·4 ·3 1· ○
26	·4 ○·3 1· 2·
27	·4 2· ·1 ○ ·3
28	·2 ○ 1· ·4 3·
29	·● 1 ○ 3· ·2 ·4
30	3· 1.○ 2· ·4
31	3· 2· ○ ·1 ·4
32	·3 1· ·2○ 4·

I

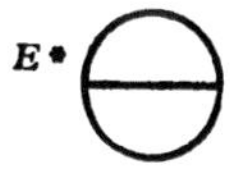

II

III

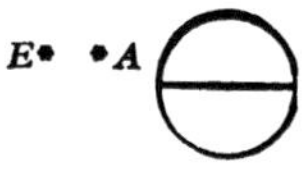

IV

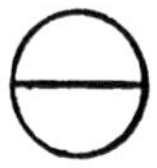

Trabant IV wird nicht verfinstert

0h Weltzeit	α	β	pα	a	b	U′	B′	P′
1958	″	″	″	″	″	°	°	°
Jan. −5	15.16	13.92	0.00	34.15	+15.36	88.166	+26.592	−0.863
+3	15.22	13.97	0.00	34.29	15.42	88.436	26.604	0.736
11	15.30	14.05	−0.01	34.47	15.50	88.706	26.615	0.609
19	15.41	14.14	0.01	34.71	15.60	88.975	26.626	0.482
27	15.53	14.26	0.02	34.99	15.71	89.245	26.636	0.355
Febr. 4	15.68	14.39	−0.02	35.32	+15.84	89.515	+26.646	−0.228
12	15.84	14.54	0.03	35.69	15.99	89.785	26.655	−0.101
20	16.02	14.70	0.03	36.09	16.15	90.055	26.664	+0.026
28	16.22	14.88	0.04	36.54	16.33	90.324	26.672	0.153
März 8	16.43	15.08	0.04	37.01	16.52	90.594	26.680	0.280
16	16.65	15.28	0.04	37.50	+16.73	90.864	+26.687	+0.407
24	16.87	15.48	0.04	38.00	16.94	91.134	26.694	0.534
April 1	17.10	15.69	0.04	38.51	17.16	91.404	26.700	0.661
9	17.32	15.89	0.04	39.02	17.38	91.674	26.706	0.788
17	17.54	16.09	−0.03	39.51	17.59	91.944	26.711	0.915
25	17.74	16.28	0.03	39.97	+17.80	92.214	+26.716	+1.042
Mai 3	17.93	16.45	0.02	40.39	18.00	92.484	26.720	1.169
11	18.09	16.60	0.01	40.76	18.17	92.754	26.724	1.296
19	18.23	16.73	−0.01	41.06	18.32	93.023	26.727	1.422
27	18.33	16.82	0.00	41.29	18.44	93.293	26.730	1.549
Juni 4	18.40	16.88	0.00	41.45	+18.53	93.563	+26.732	+1.676
12	18.43	16.91	0.00	41.51	18.58	93.833	26.734	1.803
20	18.42	16.90	0.00	41.49	18.59	94.103	26.735	1.929
28	18.37	16.86	0.00	41.38	18.56	94.372	26.735	2.056
Juli 6	18.29	16.78	+0.01	41.19	18.49	94.642	26.735	2.182
14	18.17	16.68	0.01	40.93	+18.39	94.912	+26.735	+2.309
22	18.02	16.54	0.02	40.59	18.25	95.182	26.734	2.435
30	17.85	16.38	0.02	40.20	18.09	95.451	26.732	2.562
Aug. 7	17.66	16.20	0.03	39.77	17.91	95.721	26.730	2.688
15	17.45	16.01	0.03	39.30	17.71	95.990	26.728	2.815
23	17.23	15.81	+0.04	38.80	+17.51	96.260	+26.725	+2.941
31	17.00	15.61	0.04	38.30	17.29	96.529	26.722	3.067
Sept. 8	16.78	15.40	0.04	37.79	17.08	96.799	26.718	3.194
16	16.56	15.20	0.04	37.29	16.87	97.068	26.713	3.320
24	16.34	15.00	0.04	36.81	16.66	97.338	26.708	3.446
Okt. 2	16.14	14.82	+0.04	36.35	+16.47	97.607	+26.703	+3.572
10	15.95	14.64	0.03	35.92	16.28	97.876	26.697	3.698
18	15.77	14.48	0.03	35.53	16.11	98.146	26.691	3.824
26	15.62	14.34	0.02	35.17	15.95	98.415	26.684	3.949
Nov. 3	15.48	14.21	0.02	34.86	15.80	98.685	26.676	4.075
11	15.36	14.10	+0.01	34.59	+15.67	98.954	+26.668	+4.200
19	15.26	14.01	+0.01	34.37	15.56	99.223	26.659	4.325
27	15.18	13.94	0.00	34.19	15.46	99.492	26.650	4.451
Dez. 5	15.13	13.89	0.00	34.07	15.38	99.761	26.641	4.576
13	15.09	13.86	0.00	34.00	15.32	100.030	26.631	4.701
21	15.08	13.84	0.00	33.98	+15.27	100.299	+26.620	+4.826
29	15.10	13.85	0.00	34.01	15.24	100.568	26.609	4.951
37	15.13	13.89	0.00	34.09	+15.24	100.837	+26.597	+5.076

0^h Weltzeit	U	B	P	$\log \frac{(\Delta)}{\Delta}$	0^h Weltzeit	U	B	P	$\log \frac{(\Delta)}{\Delta}$
1958	°	°	°		1958	°	°	°	
Jan. −1	131.582	+26.731	+4.747	9.93927	Juli 2	133.688	+26.654	+4.942	0.02100
+3	132.088	26.730	4.796	9.94020	6	133.390	26.667	4.915	0.01990
7	132.586	26.726	4.843	9.94129	10	133.106	26.681	4.889	0.01859
11	133.074	26.721	4.889	9.94254	14	132.838	26.694	4.864	0.01708
15	133.550	26.713	4.933	9.94394	18	132.588	26.707	4.841	0.01539
19	134.014	+26.704	+4.976	9.94548	22	132.359	+26.719	+4.820	0.01352
23	134.464	26.693	5.017	9.94717	26	132.152	26.732	4.800	0.01149
27	134.898	26.680	5.057	9.94900	30	131.968	26.745	4.783	0.00932
31	135.315	26.666	5.095	9.95096	Aug. 3	131.809	26.758	4.768	0.00701
Febr. 4	135.714	26.651	5.130	9.95304	7	131.675	26.770	4.756	0.00457
8	136.094	+26.635	+5.163	9.95524	11	131.568	+26.783	+4.746	0.00203
12	136.454	26.619	5.195	9.95756	15	131.488	26.795	4.739	9.99939
16	136.792	26.602	5.225	9.95998	19	131.437	26.808	4.735	9.99668
20	137.107	26.585	5.252	9.96249	23	131.415	26.821	4.733	9.99390
24	137.398	26.568	5.277	9.96510	27	131.422	26.834	4.734	9.99107
28	137.664	+26.552	+5.300	9.96778	31	131.458	+26.846	+4.738	9.98821
März 4	137.904	26.536	5.320	9.97053	Sept. 4	131.523	26.859	4.745	9.98532
8	138.118	26.521	5.338	9.97333	8	131.617	26.871	4.754	9.98243
12	138.304	26.507	5.354	9.97618	12	131.739	26.883	4.766	9.97954
16	138.463	26.493	5.367	9.97906	16	131.890	26.895	4.781	9.97666
20	138.593	+26.481	+5.378	9.98197	20	132.069	+26.906	+4.798	9.97382
24	138.694	26.471	5.386	9.98488	24	132.274	26.917	4.818	9.97102
28	138.765	26.462	5.392	9.98779	28	132.506	26.927	4.840	9.96826
April 1	138.807	26.455	5.395	9.99068	Okt. 2	132.763	26.936	4.865	9.96557
5	138.819	26.450	5.396	9.99353	6	133.045	26.944	4.892	9.96295
9	138.802	+26.446	+5.394	9.99633	10	133.350	+26.950	+4.921	9.96042
13	138.755	26.444	5.390	9.99907	14	133.679	26.955	4.952	9.95797
17	138.680	26.444	5.383	0.00174	18	134.029	26.959	4.984	9.95562
21	138.577	26.446	5.374	0.00431	22	134.400	26.961	5.019	9.95337
25	138.446	26.450	5.363	0.00677	26	134.790	26.961	5.055	9.95124
29	138.289	+26.455	+5.350	0.00911	30	135.198	+26.959	+5.092	9.94924
Mai 3	138.107	26.462	5.334	0.01131	Nov. 3	135.624	26.955	5.131	9.94735
7	137.902	26.470	5.316	0.01336	7	136.065	26.949	5.171	9.94560
11	137.674	26.479	5.297	0.01525	11	136.521	26.940	5.211	9.94399
15	137.426	26.490	5.276	0.01697	15	136.990	26.929	5.252	9.94252
19	137.159	+26.501	+5.253	0.01849	19	137.471	+26.915	+5.294	9.94119
23	136.876	26.514	5.228	0.01982	23	137.962	26.898	5.336	9.94002
27	136.579	26.527	5.202	0.02094	27	138.463	26.879	5.379	9.93900
31	136.270	26.540	5.175	0.02185	Dez. 1	138.971	26.857	5.422	9.93813
Juni 4	135.952	26.554	5.147	0.02254	5	139.486	26.833	5.465	9.93742
8	135.627	+26.568	+5.118	0.02300	9	140.006	+26.806	+5.508	9.93687
12	135.299	26.583	5.089	0.02324	13	140.529	26.777	5.551	9.93649
16	134.969	26.597	5.060	0.02325	17	141.055	26.745	5.593	9.93627
20	134.640	26.612	5.030	0.02302	21	141.582	26.710	5.635	9.93622
24	134.315	26.626	5.001	0.02257	25	142.108	26.673	5.676	9.93633
28	133.997	26.640	4.971	0.02190	29	142.633	26.634	5.717	9.93660
Juli 2	133.688	+26.654	+4.942	0.02100	33	143.154	+26.593	+5.757	9.93704

Saturnstrabanten 1958

0h Weltzeit	L	M	L	M	L	L	M	L	M
1958	MIMAS		ENCELADUS		TETHYS	DIONE		RHEA	
	°	°	°	°	°	°	°	°	°
Jan. — 5	78.819	172.35	168.800	144.2	86.143	97.439	98.1	10.232	178.2
+11	70.771	148.29	52.517	22.6	257.306	41.997	41.4	205.272	13.1
27	62.723	124.23	296.234	260.9	68.469	346.554	344.5	40.311	208.1
Febr. 12	54.676	100.17	179.949	139.2	239.633	291.111	287.8	235.351	43.0
28	46.629	76.11	63.663	17.5	50.796	235.668	231.0	70.390	237.9
März 16	38.583	52.04	307.376	255.8	221.959	180.226	174.2	265.430	72.8
April 1	30.538	27.99	191.089	134.1	33.122	124.783	117.4	100.469	267.7
17	22.493	3.93	74.800	12.4	204.285	69.341	60.6	295.509	102.6
Mai 3	14.448	339.87	318.509	250.7	15.448	13.898	3.8	130.548	297.5
19	6.404	315.81	202.218	129.0	186.611	318.456	307.0	325.588	132.4
Juni 4	358.361	291.76	85.926	7.3	357.774	263.014	250.3	160.627	327.3
20	350.319	267.70	329.631	245.6	168.937	207.572	193.5	355.667	162.2
Juli 6	342.277	243.64	213.336	123.9	340.100	152.129	136.7	190.706	357.1
22	334.236	219.59	97.040	2.2	151.263	96.687	79.9	25.745	192.0
Aug. 7	326.195	195.53	340.742	240.5	322.426	41.246	23.1	220.785	26.9
23	318.154	171.48	224.443	118.8	133.589	345.804	326.3	55.824	221.8
Sept. 8	310.115	147.43	108.143	357.1	304.752	290.362	269.5	250.864	56.8
24	302.076	123.38	351.842	235.4	115.915	234.920	212.7	85.903	251.7
Okt. 10	294.037	99.32	235.540	113.7	287.078	179.478	156.0	280.943	86.6
26	285.999	75.27	119.236	352.0	98.241	124.037	99.2	115.982	281.5
Nov. 11	277.962	51.22	2.931	230.3	269.403	68.596	42.4	311.022	116.4
27	269.925	27.17	246.626	108.6	80.566	13.154	345.6	146.061	311.3
Dez. 13	261.889	3.12	130.319	346.9	251.729	317.713	288.8	341.101	146.2
29	253.853	339.07	14.011	225.2	62.891	262.271	232.1	176.140	341.1
45	245.818	315.02	257.703	103.4	234.054	206.830	175.3	11.180	176.0

0h Weltzeit	L	M	L	M	e	log a	L	M
1958	TITAN		HYPERION				JAPETUS	
	°	°	°	°			°	°
Jan. — 5	216.198	27.47	199.081	269.33	0.09650	2.33173	7.452	51.01
+11	217.431	28.67	109.030	180.12	0.09739	2.33193	80.061	123.61
27	218.664	29.88	18.801	90.72	0.09821	2.33211	152.671	196.21
Febr. 12	219.897	31.09	288.418	1.15	0.09896	2.33226	225.280	268.82
28	221.130	32.30	197.908	271.45	0.09965	2.33238	297.890	341.42
März 16	222.362	33.51	107.300	181.65	0.10025	2.33248	10.499	54.02
April 1	223.595	34.72	16.630	91.78	0.10075	2.33254	83.108	126.62
17	224.828	35.93	285.932	1.87	0.10114	2.33256	155.718	199.22
Mai 3	226.061	37.14	195.239	271.96	0.10145	2.33255	228.327	271.83
19	227.294	38.35	104.588	182.09	0.10164	2.33250	300.936	344.43
Juni 4	228.527	39.56	14.011	92.29	0.10176	2.33241	13.546	57.03
20	229.759	40.77	283.542	2.61	0.10178	2.33229	86.155	129.63
Juli 6	230.992	41.98	193.210	273.07	0.10173	2.33214	158.765	202.23
22	232.225	43.19	103.041	183.69	0.10160	2.33196	231.374	274.84
Aug. 7	233.458	44.40	13.057	94.50	0.10142	2.33176	303.983	347.44
23	234.691	45.60	283.275	5.52	0.10120	2.33155	16.593	60.04
Sept. 8	235.924	46.81	193.708	276.77	0.10096	2.33132	89.202	132.64
24	237.156	48.02	104.364	188.25	0.10069	2.33109	161.812	205.24
Okt. 10	238.389	49.23	15.244	99.96	0.10044	2.33085	234.421	277.85
26	239.622	50.44	286.344	11.90	0.10020	2.33062	307.030	350.45
Nov. 11	240.855	51.65	197.654	284.06	0.09998	2.33040	19.640	63.05
27	242.088	52.86	109.160	196.42	0.09983	2.33020	92.249	135.65
Dez. 13	243.320	54.07	20.845	108.96	0.09973	2.33002	164.859	208.26
29	244.553	55.28	292.684	21.66	0.09971	2.32986	237.468	280.86
45	245.786	56.49	204.648	294.49	0.09976	2.32974	310.077	353.46

Bewegung der mittleren Länge *L* und der mittleren Anomalie *M*

Zeit	Mimas		Enceladus		Tethys	Dione		Rhea		Titan		Japetus	
	L	*M*	*L*	*M*	*L*	*L*	*M*	*L*	*M*	*L*	*M*	*L*	*M*
d	°	°	°	°	°	°	°	°	°	°	°	°	°
1	21.9974	20.997	262.7315	262.39	190.6977	131.5349	131.45	79.6900	79.68	22.5771	22.576	4.5381	4.538
2	43.9948	41.993	165.4630	164.79	21.3954	263.0697	262.90	159.3799	159.36	45.1541	45.151	9.0762	9.075
3	65.9922	62.990	68.1946	67.18	212.0931	34.6046	34.35	239.0699	239.05	67.7312	67.727	13.6143	13.613
4	87.9896	83.986	330.9261	329.58	42.7907	166.1395	165.80	318.7599	318.73	90.3082	90.302	18.1523	18.151
5	109.9870	104.983	233.6576	231.97	233.4884	297.6744	297.26	38.4498	38.41	112.8853	112.878	22.6904	22.688
6	131.9844	125.979	136.3891	134.36	64.1861	69.2092	68.71	118.1398	118.09	135.4623	135.453	27.2285	27.226
7	153.9816	149.976	39.1206	36.76	254.8838	200.7441	200.16	197.8298	197.77	158.0394	158.029	31.7666	31.763
8	175.9791	167.972	301.8521	299.15	85.5815	332.2790	331.61	277.5197	277.45	180.6164	180.605	36.3047	36.301
9	197.9765	188.969	204.5837	201.54	276.2792	103.8139	103.06	357.2097	357.14	203.1935	203.180	40.8428	40.839
10	219.9739	209.965	107.3152	103.94	106.9768	235.3487	234.51	76.8997	76.82	225.7705	225.756	45.3809	45.376
11	241.9713	230.962	10.0467	6.33	297.6745	6.8836	5.96	156.5896	156.50	248.3476	248.331	49.9189	49.914
12	263.9687	251.958	272.7782	268.73	128.3722	138.4185	137.41	236.2796	236.18	270.9246	270.907	54.4570	54.452
13	285.9661	272.955	175.5093	171.12	319.0699	269.9533	268.86	315.9696	315.86	293.5017	293.482	58.9951	58.989
14	307.9635	293.952	78.2413	73.51	149.7676	41.4882	40.31	35.6596	35.54	316.0787	316.058	63.5332	63.527
15	329.9609	314.948	340.9728	335.91	340.4653	173.0231	171.77	115.3495	115.23	338.6558	338.634	68.0713	68.064
16	351.9583	335.945	243.7043	238.30	171.1630	304.5580	303.22	195.0395	194.91	361.2328	361.219	72.6094	72.602
d	°	°	°	°	°	°	°	°	°	°	°	°	°
0.1	38.1997	38.100	26.2732	26.24	19.0698	13.1535	13.15	7.9690	7.97	2.2577	2.258	0.4538	0.454
0.2	76.3995	76.199	52.5463	52.48	38.1395	26.3070	26.29	15.9380	15.94	4.5154	4.515	0.9076	0.908
0.3	114.5992	114.299	78.8195	78.72	57.2093	39.4605	39.44	23.9070	23.90	6.7731	6.773	1.3614	1.361
0.4	152.7990	152.399	105.0926	104.96	76.2791	52.6139	52.58	31.8760	31.87	9.0308	9.030	1.8152	1.815
0.5	190.9987	190.498	131.3658	131.20	95.3488	65.7674	65.73	39.8450	39.84	11.2885	11.288	2.2690	2.269
0.6	229.1984	228.598	157.6389	157.44	114.4186	78.9209	78.87	47.8140	47.81	13.5462	13.545	2.7229	2.723
0.7	267.3982	266.698	183.9121	183.68	133.4884	92.0744	92.02	55.7830	55.78	15.8039	15.803	3.1767	3.176
0.8	305.5979	304.797	210.1852	209.92	152.5581	105.2279	105.16	63.7520	63.75	18.0616	18.060	3.6305	3.630
0.9	343.7977	342.897	236.4584	236.15	171.6279	118.3814	118.31	71.7210	71.71	20.3193	20.318	4.0843	4.084
1.0	381.9974	380.997	262.7315	262.39	190.6977	131.5349	131.45	79.6900	79.68	22.5771	22.576	4.5381	4.538
d	°	°	°	°	°	°	°	°	°	°	°	°	°
0.01	3.8200	3.810	2.6273	2.62	1.9070	1.3153	1.32	0.7969	0.80	0.2258	0.226	0.0454	0.045
0.02	7.6400	7.620	5.2546	5.25	3.8140	2.6307	2.63	1.5938	1.59	0.4515	0.452	0.0908	0.091
0.03	11.4599	11.430	7.8820	7.87	5.7209	3.9460	3.94	2.3907	2.39	0.6773	0.677	0.1361	0.136
0.04	15.2799	15.240	10.5093	10.50	7.6279	5.2614	5.26	3.1876	3.19	0.9031	0.903	0.1815	0.182
0.05	19.0999	19.050	13.1366	13.12	9.5349	6.5767	6.57	3.9845	3.98	1.1289	1.129	0.2269	0.227
0.06	22.9198	22.860	15.7639	15.74	11.4419	7.8921	7.89	4.7814	4.78	1.3546	1.355	0.2723	0.272
0.07	26.7398	26.670	18.3912	18.37	13.3488	9.2074	9.20	5.5783	5.58	1.5804	1.580	0.3177	0.318
0.08	30.5598	30.480	21.0185	20.99	15.2558	10.5228	10.52	6.3752	6.37	1.8062	1.806	0.3630	0.363
0.09	34.3798	34.290	23.6458	23.62	17.1628	11.8381	11.83	7.1721	7.17	2.0319	2.032	0.4084	0.408
0.10	38.1997	38.100	26.2732	26.24	19.0698	13.1535	13.15	7.9690	7.97	2.2577	2.258	0.4538	0.454
d	°	°	°	°	°	°	°	°	°	°	°	°	°
0.001	0.3820	0.381	0.2627	0.26	0.1907	0.1315	0.13	0.0797	0.08	0.0226	0.023	0.0045	0.005
0.002	0.7640	0.762	0.5255	0.52	0.3814	0.2631	0.26	0.1594	0.16	0.0452	0.045	0.0091	0.009
0.003	1.1460	1.143	0.7882	0.79	0.5721	0.3946	0.39	0.2391	0.24	0.0677	0.068	0.0136	0.014
0.004	1.5280	1.524	1.0509	1.05	0.7628	0.5261	0.53	0.3188	0.32	0.0903	0.090	0.0182	0.018
0.005	1.9100	1.905	1.3137	1.31	0.9535	0.6577	0.66	0.3985	0.40	0.1129	0.113	0.0227	0.023
0.006	2.2920	2.286	1.5764	1.57	1.1442	0.7892	0.79	0.4781	0.48	0.1315	0.135	0.0272	0.027
0.007	2.6740	2.667	1.8391	1.84	1.3349	0.9207	0.92	0.5578	0.56	0.1580	0.158	0.0318	0.032
0.008	3.0560	3.048	2.1019	2.10	1.5256	10.5228	1.05	0.6375	0.64	0.1806	0.181	0.0363	0.036
0.009	3.4380	3.429	2.3646	2.36	1.7163	11.8381	1.18	0.7172	0.72	0.2032	0.203	0.0408	0.041
0.010	3.8200	3.810	2.6273	2.62	1.9070	13.1535	1.31	0.7969	0.80	0.2258	0.226	0.0454	0.045

Saturnstrabanten 1958

0^h Weltzeit	ϑ					γ	N	I	ω
	Mimas	Encel.	Tethys	Dione	Rhea	Rhea	Saturnsring		
1958	°	°	°	°	°	′	°	°	°
Jan. −5	24.7	228.5	56.7	102.6	44.2	18.66	128.756	6.655	41.257
+11	8.7	221.8	53.5	101.2	43.7	18.66	128.757	6.655	41.255
27	352.7	215.1	50.4	99.9	43.2	18.66	128.759	6.654	41.254
Febr. 12	336.7	208.4	47.2	98.5	42.7	18.66	128.761	6.654	41.253
28	320.7	201.7	44.0	97.2	42.2	18.66	128.763	6.654	41.251
März 16	304.7	195.0	40.9	95.8	41.7	18.67	128.765	6.654	41.250
April 1	288.7	188.3	37.7	94.4	41.2	18.67	128.767	6.654	41.249
17	272.7	181.6	34.5	93.1	40.7	18.67	128.769	6.654	41.247
Mai 3	256.7	174.9	31.4	91.7	40.2	18.67	128.771	6.653	41.246
19	240.7	168.2	28.2	90.4	39.7	18.67	128.772	6.653	41.245
Juni 4	224.7	161.6	25.0	89.0	39.2	18.68	128.774	6.653	41.243
20	208.7	154.9	21.8	87.6	38.7	18.68	128.776	6.653	41.242
Juli 6	192.7	148.2	18.7	86.3	38.2	18.68	128.778	6.653	41.241
22	176.7	141.5	15.5	84.9	37.7	18.68	128.780	6.652	41.239
Aug. 7	160.7	134.8	12.4	83.6	37.2	18.69	128.782	6.652	41.238
23	144.7	128.1	9.2	82.2	36.7	18.69	128.784	6.652	41.237
Sept. 8	128.7	121.4	6.0	80.8	36.2	18.69	128.785	6.652	41.235
24	112.7	114.7	2.8	79.5	35.7	18.70	128.787	6.652	41.234
Okt. 10	96.7	108.0	359.7	78.1	35.2	18.70	128.789	6.651	41.233
26	80.7	101.3	356.5	76.8	34.7	18.70	128.791	6.651	41.231
Nov. 11	64.7	94.6	353.3	75.4	34.2	18.71	128.793	6.651	41.230
27	48.7	87.9	350.2	74.0	33.7	18.71	128.795	6.651	41.229
Dez. 13	32.7	81.2	347.0	72.7	33.2	18.72	128.797	6.651	41.228
29	16.7	74.6	343.8	71.3	32.7	18.72	128.799	6.650	41.226
45	0.7	67.9	340.7	70.0	32.2	18.72	128.800	6.650	41.225

$\log \frac{1}{1+\zeta}$ in Einheiten der 5. Dezimale

u—U		Mimas	Encel.	Tethys	Dione	Rhea	u—U	
0°	360°	−6+	−7+	−9+	−11+	−16+	180°	180°
10	350	−6+	−7+	−9+	−11+	−16+	170	190
20	340	−5+	−7+	−8+	−11+	−15+	160	200
30	330	−5+	−6+	−8+	−10+	−14+	150	210
40	320	−4+	−6+	−7+	− 9+	−12+	140	220
50	310	−3+	−5+	−6+	− 8+	−10+	130	230
60	300	−3+	−4+	−4+	− 6+	− 8+	120	240
70	290	−2+	−3+	−3+	− 4+	− 6+	110	250
80	280	−1+	−1+	−2+	− 2+	− 3+	100	260
90	270	0	0	0	0	0	90	270

0ʰ Weltzeit	TITAN			HYPERION			JAPETUS		
	U	B	P	U	B	P	U	B	P
1958	°	°	°	°	°	°	°	°	°
Jan. —5	136.066	+26.403	+5.214	133.704	+26.710	+5.119	211.958	+14.294	+13.362
+3	137.084	26.395	5.305	134.729	26.703	5.217	212.889	14.158	13.230
11	138.068	26.378	5.392	135.719	26.687	5.310	213.788	14.021	13.098
19	139.007	26.353	5.473	136.664	26.664	5.397	214.644	13.885	12.968
27	139.889	26.323	5.547	137.552	26.634	5.477	215.448	13.753	12.843
Febr. 4	140.704	+26.288	+5.615	138.373	+26.599	+5.550	216.190	+13.626	+12.725
12	141.442	26.250	5.675	139.116	26.562	5.615	216.861	13.508	12.616
20	142.094	26.212	5.727	139.773	26.524	5.671	217.453	13.400	12.518
28	142.650	26.174	5.771	140.335	26.486	5.718	217.959	13.304	12.433
März 8	143.104	26.140	5.806	140.793	26.452	5.756	218.371	13.222	12.362
16	143.449	+26.110	+5.832	141.143	+26.422	+5.785	218.684	+13.157	+12.308
24	143.680	26.086	5.850	141.378	26.397	5.804	218.893	13.110	12.271
April 1	143.793	26.069	5.858	141.496	26.380	5.813	218.996	13.082	12.253
9	143.790	26.060	5.858	141.496	26.371	5.813	218.992	13.073	12.253
17	143.670	26.059	5.848	141.379	26.370	5.803	218.882	13.084	12.271
25	143.438	+26.066	+5.830	141.150	+26.376	+5.783	218.671	+13.114	+12.307
Mai 3	143.102	26.080	5.804	140.816	26.390	5.755	218.365	13.162	12.359
11	142.672	26.101	5.770	140.388	26.410	5.719	217.973	13.227	12.425
19	142.160	26.127	5.730	139.879	26.435	5.676	217.508	13.306	12.503
27	141.583	26.157	5.684	139.304	26.464	5.627	216.984	13.398	12.590
Juni 4	140.960	+26.189	+5.633	138.683	+26.496	+5.573	216.418	+13.498	+12.683
12	140.310	26.223	5.580	138.035	26.528	5.516	215.828	13.604	12.778
20	139.655	26.257	5.526	137.382	26.561	5.457	215.232	13.711	12.873
28	139.015	26.290	5.472	136.744	26.593	5.401	214.651	13.817	12.964
Juli 6	138.412	26.322	5.421	136.142	26.624	5.346	214.104	13.920	13.049
14	137.864	+26.352	+5.374	135.596	+26.654	+5.296	213.607	+14.016	+13.125
22	137.388	26.382	5.333	135.122	26.682	5.253	213.176	14.103	13.191
30	136.999	26.411	5.299	134.736	26.710	5.217	212.825	14.179	13.244
Aug. 7	136.708	26.438	5.274	134.448	26.737	5.190	212.563	14.242	13.284
15	136.524	26.465	5.258	134.267	26.763	5.174	212.399	14.291	13.310
23	136.453	+26.491	+5.253	134.199	+26.789	+5.168	212.338	+14.326	+13.321
31	136.497	26.516	5.258	134.247	26.814	5.174	212.383	14.345	13.317
Sept. 8	136.657	26.540	5.273	134.411	26.837	5.190	212.533	14.348	13.298
16	136.931	26.562	5.299	134.689	26.859	5.218	212.787	14.335	13.264
24	137.315	26.580	5.334	135.078	26.878	5.255	213.141	14.306	13.215
Okt. 2	137.804	+26.595	+5.378	135.572	+26.893	+5.302	213.591	+14.261	+13.151
10	138.391	26.605	5.430	136.164	26.903	5.358	214.129	14.200	13.073
18	139.069	26.608	5.489	136.847	26.906	5.422	214.750	14.123	12.980
26	139.829	26.604	5.554	137.612	26.902	5.492	215.444	14.031	12.874
Nov. 3	140.661	26.591	5.625	138.450	26.890	5.567	216.204	13.925	12.755
11	141.556	+26.569	+5.699	139.351	+26.869	+5.646	217.020	+13.805	+12.624
19	142.504	26.537	5.775	140.305	26.837	5.729	217.883	13.673	12.481
27	143.494	26.495	5.853	141.301	26.795	5.812	218.783	13.529	12.329
Dez. 5	144.514	26.441	5.931	142.328	26.742	5.897	219.711	13.374	12.168
13	145.555	26.377	6.009	143.375	26.678	5.981	220.657	13.211	12.000
21	146.605	+26.303	+6.085	144.432	+26.604	+6.063	221.611	+13.041	+11.827
29	147.653	26.220	6.158	145.485	26.520	6.143	222.562	12.866	11.650
37	148.687	+26.129	+6.228	146.526	+26.429	+6.219	223.501	+12.688	+11.472

Saturnstrabanten 1958

0^h Weltzeit	HYPERION $\alpha_{tr}-\alpha_{pl}$		$\delta_{tr}-\delta_{pl}$	
1958	s	s	″	″
Jan. 1	+ 2.0	-8.3	- 77	+15
3	- 6.3	-5.9	- 62	+41
5	-12.2	-1.7	- 21	+48
7	-13.9	+2.4	+ 27	+41
9	-11.5	+5.4	+ 68	+23
11	- 6.1	+7.0	+ 91	0
13	+ 0.9	+6.7	+ 91	-24
15	+ 7.6	+4.5	+ 67	-44
17	+12.1	+0.3	+ 23	-51
19	+12.4	-4.6	- 28	-40
21	+ 7.8	-8.2	- 68	-10
23	- 0.4	-8.0	- 78	+24
25	- 8.4	-4.9	- 54	+46
27	-13.3	-0.7	- 8	+47
29	-14.0	+3.3	+ 39	+38
31	-10.7	+6.1	+ 77	+18
Febr. 2	- 4.6	+7.2	+ 95	- 6
4	+ 2.6	+6.6	+ 89	-31
6	+ 9.2	+3.7	+ 58	-49
8	+12.9	-1.0	+ 9	-51
10	+11.9	-6.0	- 42	-34
12	+ 5.9	-8.7	- 76	0
14	- 2.8	-7.6	- 76	+32
16	-10.4	-4.0	- 44	+49
18	-14.4	+0.4	+ 5	+48
20	-14.0	+4.3	+ 53	+34
22	- 9.7	+6.7	+ 87	+12
24	- 3.0	+7.5	+ 99	-14
26	+ 4.5	+6.3	+ 85	-38
28	+10.8	+2.7	+ 47	-53
März 2	+13.5	-2.5	- 6	-50
4	+11.0	-7.3	- 56	-26
6	+ 3.7	-9.1	- 82	+10
8	- 5.4	-7.0	- 72	+40
10	-12.4	-2.9	- 32	+52
12	-15.3	+1.6	+ 20	+46
14	-13.7	+5.3	+ 66	+29
16	- 8.4	+7.4	+ 95	+ 5
18	- 1.0	+7.7	+100	-21
20	+ 6.7	+5.7	+ 79	-45
22	+12.4	+1.4	+ 34	-56
24	+13.8	-4.2	- 22	-48
26	+ 9.6		- 70	

0^h Weltzeit	HYPERION $\alpha_{tr}-\alpha_{pl}$		$\delta_{tr}-\delta_{pl}$	
1958	s	s	″	″
März 26	+ 9.6	- 8.6	- 70	-16
28	+ 1.0	- 9.1	- 86	+21
30	- 8.1	- 6.2	- 65	+47
April 1	-14.3	- 1.5	- 18	+53
3	-15.8	+ 2.8	+ 35	+44
5	-13.0	+ 6.3	+ 79	+24
7	- 6.7	+ 8.0	+103	- 3
9	+ 1.3	+ 7.7	+100	-30
11	+ 9.0	+ 4.8	+ 70	-52
13	+13.8	- 0.3	+ 18	-59
15	+13.5	- 6.0	- 41	-41
17	+ 7.5	- 9.6	- 82	- 4
19	- 2.1	- 8.8	- 86	+33
21	-10.9	- 4.9	- 53	+52
23	-15.8	- 0.1	- 1	+53
25	-15.9	+ 4.2	+ 52	+40
27	-11.7	+ 7.3	+ 92	+16
29	- 4.4	+ 8.4	+108	-12
Mai 1	+ 4.0	+ 7.3	+ 96	-39
3	+11.3	+ 3.5	+ 57	-58
5	+14.8	- 2.3	- 1	-58
7	+12.5	- 7.9	- 59	-31
9	+ 4.6	-10.0	- 90	+ 9
11	- 5.4	- 8.0	- 81	+43
13	-13.4	- 3.4	- 38	+56
15	-16.8	+ 1.5	+ 18	+52
17	-15.3	+ 5.6	+ 70	+33
19	- 9.7	+ 8.1	+103	+ 7
21	- 1.6	+ 8.5	+110	-22
23	+ 6.9	+ 6.4	+ 88	-49
25	+13.3	+ 1.7	+ 39	-62
27	+15.0	- 4.6	- 23	-52
29	+10.4	- 9.3	- 75	-18
31	+ 1.1	- 9.9	- 93	+23
Juni 2	- 8.8	- 6.6	- 70	+50
4	-15.4	- 1.6	- 20	+58
6	-17.0	+ 3.2	+ 38	+47
8	-13.8	+ 6.8	+ 85	+25
10	- 7.0	+ 8.6	+110	- 3
12	+ 1.6	+ 8.1	+107	-33
14	+ 9.7	+ 5.0	+ 74	-56
16	+14.7	- 0.6	+ 18	-62
18	+14.1		- 44	

0^h Weltzeit	HYPERION $\alpha_{tr}-\alpha_{pl}$		$\delta_{tr}-\delta_{pl}$	
1958	s	s	″	″
Juni 18	+14.1	- 6.6	- 44	-43
20	+ 7.5	-10.1	- 87	- 3
22	- 2.6	- 9.1	- 90	+36
24	-11.7	- 4.8	- 54	+55
26	-16.5	+ 0.2	+ 1	+56
28	-16.3	+ 4.7	+ 57	+40
30	-11.6	+ 7.7	+ 97	+15
Juli 2	- 3.9	+ 8.7	+112	-14
4	+ 4.8	+ 7.2	+ 98	-42
6	+12.0	+ 3.1	+ 56	-60
8	+15.1	- 2.9	- 4	-58
10	+12.2	- 8.3	- 62	-30
12	+ 3.9	-10.1	- 92	+12
14	- 6.2	- 7.6	- 80	+45
16	-13.8	- 2.9	- 35	+57
18	-16.7	+ 2.0	+ 22	+50
20	-14.7	+ 5.9	+ 72	+32
22	- 8.8	+ 8.1	+104	+ 4
24	- 0.7	+ 8.3	+108	-24
26	+ 7.6	+ 5.8	+ 84	-49
28	+13.4	+ 1.0	+ 35	-61
30	+14.4	- 5.0	- 26	-49
Aug. 1	+ 9.4	- 9.2	- 75	-15
3	+ 0.2	- 9.4	- 90	+25
5	- 9.2	- 5.9	- 65	+50
7	-15.1	- 1.0	- 15	+55
9	-16.1	+ 3.5	+ 40	+44
11	-12.6	+ 6.7	+ 84	+22
13	- 5.9	+ 8.2	+106	- 6
15	+ 2.3	+ 7.5	+100	-33
17	+ 9.8	+ 4.2	+ 67	-54
19	+14.0	- 1.1	+ 13	-58
21	+12.9	- 6.6	- 45	-38
23	+ 6.3	- 9.5	- 83	0
25	- 3.2	- 8.2	- 83	+35
27	-11.4	- 4.1	- 48	+52
29	-15.5	+ 0.6	+ 4	+51
31	-14.9	+ 4.6	+ 55	+36
Sept. 2	-10.3	+ 7.2	+ 91	+13
4	- 3.1	+ 8.0	+104	-15
6	+ 4.9	+ 6.4	+ 89	-41
8	+11.3	+ 2.5	+ 48	-56
10	+13.8		- 8	

0^h Weltzeit	HYPERION $\alpha_{tr} - \alpha_{pl}$		$\delta_{tr} - \delta_{pl}$	
1958	s	s	″	″
Sept. 10	+13.8	−3.1	− 8	−52
12	+10.7	−7.8	−60	−25
14	+ 2.9	−9.1	−85	+13
16	− 6.2	−6.7	−72	+42
18	−12.9	−2.4	−30	+51
20	−15.3	+2.0	+21	+46
22	−13.3	+5.5	+67	+28
24	− 7.8	+7.4	+95	+ 3
26	− 0.4	+7.4	+98	−23
28	+ 7.0	+5.2	+75	−46
30	+12.2	+0.7	+29	−55
Okt. 2	+12.9	−4.7	−26	−44
4	+ 8.2	−8.4	−70	−12
6	− 0.2	−8.3	−82	+24
8	− 8.5	−5.2	−58	+45
10	−13.7	−0.9	−13	+49
12	−14.6	+3.1	+36	+40
14	−11.5	+6.0	+76	+19
16	− 5.5	+7.4	+95	− 5
18	+ 1.9	+6.8	+90	−30
20	+ 8.7	+3.9	+60	−50
22	+12.6	−1.1	+10	−53
24	+11.5	−6.1	−43	−33
26	+ 5.4	−8.5	−76	+ 1
28	− 3.1	−7.3	−75	+31
30	−10.4	−3.8	−44	+47
Nov. 1	−14.2	+0.4	+ 3	+46
3	−13.8	+4.1	+49	+33
5	− 9.7	+6.5	+82	+12
7	− 3.2	+7.3	+94	−13
9	+ 4.1	+6.0	+81	−37
11	+10.1	+2.4	+44	−52
13	+12.5	−2.8	− 8	−48
15	+ 9.7	−7.1	−56	−23
17	+ 2.6	−8.3	−79	+12
19	− 5.7	−6.2	−67	+38
21	−11.9	−2.4	−29	+47
23	−14.3	+1.6	+18	+42
25	−12.7	+4.9	+60	+27
27	− 7.8	+6.8	+87	+ 4
29	− 1.0	+7.1	+91	−22
Dez. 1	+ 6.1		+69	

0^h Weltzeit	JAPETUS $\alpha_{tr} - \alpha_{pl}$		$\delta_{tr} - \delta_{pl}$	
1958	s	s	″	″
Jan. 1	− 4.6	−4.8	− 97	+18
3	− 9.4	−4.6	− 79	+20
5	−14.0	−4.2	− 59	+22
7	−18.2	−3.8	− 37	+22
9	−22.0	−3.4	− 15	+22
11	−25.4	−2.8	+ 7	+22
13	−28.2	−2.1	+ 29	+22
15	−30.3	−1.5	+ 51	+20
17	−31.8	−0.8	+ 71	+19
19	−32.6	0.0	+ 90	+17
21	−32.6	+0.6	+107	+14
23	−32.0	+1.3	+121	+12
25	−30.7	+2.0	+133	+ 9
27	−28.7	+2.7	+142	+ 6
29	−26.0	+3.2	+148	+ 2
31	−22.8	+3.8	+150	− 1
Febr. 2	−19.0	+4.2	+149	− 4
4	−14.8	+4.6	+145	− 7
6	−10.2	+4.8	+138	−11
8	− 5.4	+5.0	+127	−14
10	− 0.4	+5.1	+113	−16
12	+ 4.7	+5.0	+ 97	−19
14	+ 9.7	+4.7	+ 78	−21
16	+14.4	+4.4	+ 57	−22
18	+18.8	+4.0	+ 35	−23
20	+22.8	+3.4	+ 12	−23
22	+26.2	+2.8	− 11	−24
24	+29.0	+2.0	− 35	−22
26	+31.0	+1.3	− 57	−21
28	+32.3	+0.4	− 78	−19
März 2	+32.7	−0.4	− 97	−17
4	+32.3	−1.3	−114	−14
6	+31.0	−2.2	−128	−10
8	+28.8	−3.0	−138	− 6
10	+25.8	−3.6	−144	− 3
12	+22.2	−4.3	−147	+ 1
14	+17.9	−4.8	−146	+ 5
16	+13.1	−5.2	−141	+ 8
18	+ 7.9	−5.4	−133	+12
20	+ 2.5	−5.5	−121	+15
22	− 3.0	−5.5	−106	+18
24	− 8.5		− 88	

0h Weltzeit	JAPETUS $\alpha_{tr}-\alpha_{pl}$		$\delta_{tr}-\delta_{pl}$	
1958	s	s	″	″
März 24	- 8.5	-5.3	- 88	+20
26	-13.8	-5.0	- 68	+22
28	-18.8	-4.6	- 46	+23
30	-23.4	-4.0	- 23	+24
April 1	-27.4	-3.4	+ 1	+24
3	-30.8	-2.8	+ 25	+24
5	-33.6	-2.0	+ 49	+23
7	-35.6	-1.1	+ 72	+21
9	-36.7	-0.3	+ 93	+19
11	-37.0	+0.6	+112	+16
13	-36.4	+1.4	+128	+13
15	-35.0	+2.3	+141	+11
17	-32.7	+3.1	+152	+ 7
19	-29.6	+3.7	+159	+ 4
21	-25.9	+4.4	+163	- 1
23	-21.5	+4.9	+162	- 4
25	-16.6	+5.4	+158	- 9
27	-11.2	+5.7	+149	-12
29	- 5.5	+5.8	+137	-16
Mai 1	+ 0.3	+5.9	+121	-18
3	+ 6.2	+5.7	+103	-21
5	+11.9	+5.5	+ 82	-24
7	+17.4	+5.0	+ 58	-25
9	+22.4	+4.4	+ 33	-27
11	+26.8	+3.7	+ 6	-27
13	+30.5	+3.0	- 21	-27
15	+33.5	+2.0	- 48	-25
17	+35.5	+1.1	- 73	-24
19	+36.6	0.0	- 97	-21
21	+36.6	-1.0	-118	-18
23	+35.6	-2.1	-136	-14
25	+33.5	-3.0	-150	-10
27	+30.5	-3.9	-160	- 6
29	+26.6	-4.6	-166	- 1
31	+22.0	-5.3	-167	+ 4
Juni 2	+16.7	-5.7	-163	+ 8
4	+11.0	-6.0	-155	+13
6	+ 5.0	-6.2	-142	+16
8	- 1.2	-6.1	-126	+20
10	- 7.3	-6.0	-106	+23
12	-13.3	-5.6	- 83	+25
14	-18.9	-5.1	- 58	+26
16	-24.0		- 32	

0h Weltzeit	JAPETUS $\alpha_{tr}-\alpha_{pl}$		$\delta_{tr}-\delta_{pl}$	
1958	s	s	″	″
Juni 16	-24.0	-4.5	- 32	+27
18	-28.5	-3.8	- 5	+28
20	-32.3	-3.0	+ 23	+27
22	-35.3	-2.1	+ 50	+26
24	-37.4	-1.2	+ 76	+24
26	-38.6	-0.3	+100	+22
28	-38.9	+0.6	+122	+19
30	-38.3	+1.6	+141	+15
Juli 2	-36.7	+2.5	+156	+11
4	-34.2	+3.2	+167	+ 8
6	-31.0	+4.0	+175	+ 3
8	-27.0	+4.6	+178	0
10	-22.4	+5.2	+178	- 5
12	-17.2	+5.5	+173	- 9
14	-11.7	+5.8	+164	-13
16	- 5.9	+5.9	+151	-17
18	0.0	+5.9	+134	-21
20	+ 5.9	+5.7	+113	-23
22	+11.6	+5.4	+ 90	-25
24	+17.0	+4.9	+ 65	-27
26	+21.9	+4.3	+ 38	-28
28	+26.2	+3.6	+ 10	-28
30	+29.8	+2.7	- 18	-28
Aug. 1	+32.5	+1.9	- 46	-26
3	+34.4	+0.9	- 72	-24
5	+35.3	0.0	- 96	-22
7	+35.3	-1.0	-118	-18
9	+34.3	-2.0	-136	-14
11	+32.3	-2.9	-150	-10
13	+29.4	-3.6	-160	- 5
15	+25.8	-4.3	-165	- 1
17	+21.5	-4.9	-166	+ 3
19	+16.6	-5.3	-163	+ 8
21	+11.3	-5.5	-155	+11
23	+ 5.8	-5.7	-144	+16
25	+ 0.1	-5.6	-128	+19
27	- 5.5	-5.5	-109	+21
29	-11.0	-5.1	- 88	+24
31	-16.1	-4.7	- 64	+25
Sept. 2	-20.8	-4.1	- 39	+25
4	-24.9	-3.5	- 14	+26
6	-28.4	-2.9	+ 12	+25
8	-31.3		+ 37	

0h Weltzeit	JAPETUS $\alpha_{tr}-\alpha_{pl}$		$\delta_{tr}-\delta_{pl}$	
1958	s	s	″	″
Sept. 8	-31.3	-2.1	+ 37	+24
10	-33.4	-1.3	+ 61	+23
12	-34.7	-0.4	+ 84	+20
14	-35.1	+0.3	+104	+18
16	-34.8	+1.1	+122	+15
18	-33.7	+1.8	+137	+12
20	-31.9	+2.5	+149	+ 8
22	-29.4	+3.2	+157	+ 5
24	-26.2	+3.8	+162	+ 1
26	-22.4	+4.2	+163	- 3
28	-18.2	+4.6	+160	- 6
30	-13.6	+4.9	+154	-10
Okt. 2	- 8.7	+5.1	+144	-13
4	- 3.6	+5.1	+131	-16
6	+ 1.5	+5.0	+115	-19
8	+ 6.5	+4.9	+ 96	-20
10	+11.4	+4.6	+ 76	-22
12	+16.0	+4.1	+ 54	-24
14	+20.1	+3.6	+ 30	-24
16	+23.7	+3.0	+ 6	-24
18	+26.7	+2.3	- 18	-23
20	+29.0	+1.6	- 41	-22
22	+30.6	+0.8	- 63	-20
24	+31.4	-0.1	- 83	-18
26	+31.3	-0.9	-101	-15
28	+30.4	-1.6	-116	-12
30	+28.8	-2.4	-128	- 9
Nov. 1	+26.4	-3.0	-137	- 5
3	+23.4	-3.6	-142	- 1
5	+19.8	-4.2	-143	+ 2
7	+15.6	-4.6	-141	+ 6
9	+11.0	-4.8	-135	+10
11	+ 6.2	-5.0	-125	+12
13	+ 1.2	-4.9	-113	+15
15	- 3.7	-4.8	- 98	+17
17	- 8.5	-4.6	- 81	+19
19	-13.1	-4.3	- 62	+20
21	-17.4	-3.9	- 42	+21
23	-21.3	-3.4	- 21	+22
25	-24.7	-2.8	+ 1	+21
27	-27.5	-2.2	+ 22	+21
29	-29.7	-1.6	+ 43	+19
Dez. 1	-31.3		+ 62	

Östliche Elongationen (in Weltzeit)

MIMAS

		h			h			h			h			h
Jan.	0	3.6	Febr.	15	8.1	April	2	12.4	Mai	18	16.5	Juli	3	20.6
	1	2.2		16	6.7		3	11.0		19	15.1		4	19.2
	2	0.9		17	5.4		4	9.6		20	13.7		5	17.8
	2	23.5		18	4.0		5	8.2		21	12.3		6	16.4
	3	22.1		19	2.6		6	6.9		22	10.9		7	15.0
	4	20.7		20	1.2		7	5.5		23	9.5		8	13.6
	5	19.4		20	23.9		8	4.1		24	8.2		9	12.2
	6	18.0		21	22.5		9	2.7		25	6.8		10	10.8
	7	16.6		22	21.1		10	1.4		26	5.4		11	9.5
	8	15.2		23	19.7		11	0.0		27	4.0		12	8.1
	9	13.9		24	18.3		11	22.6		28	2.6		13	6.7
	10	12.5		25	17.0		12	21.2		29	1.2		14	5.3
	11	11.1		26	15.6		13	19.8		29	23.8		15	4.0
	12	9.7		27	14.2		14	18.5		30	22.4		16	2.6
	13	8.3		28	12.8		15	17.1		31	21.1		17	1.2
	14	7.0	März	1	11.4		16	15.7	Juni	1	19.7		17	23.8
	15	5.6		2	10.0		17	14.3		2	18.3		18	22.4
	16	4.2		3	8.6		18	12.9		3	16.9		19	21.1
	17	2.8		4	7.2		19	11.5		4	15.5		20	19.7
	18	1.5		5	5.9		20	10.1		5	14.1		21	18.3
	19	0.1		6	4.5		21	8.7		6	12.7		22	16.9
	19	22.7		7	3.1		22	7.4		7	11.3		23	15.5
	20	21.3		8	1.7		23	6.0		8	9.9		24	14.1
	21	20.0		9	0.4		24	4.6		9	8.6		25	12.7
	22	18.6		9	23.0		25	3.2		10	7.2		26	11.3
	23	17.2		10	21.6		26	1.8		11	5.8		27	10.0
	24	15.8		11	20.2		27	0.4		12	4.4		28	8.6
	25	14.5		12	18.8		27	23.0		13	3.1		29	7.2
	26	13.1		13	17.5		28	21.6		14	1.7		30	5.8
	27	11.7		14	16.1		29	20.3		15	0.3		31	4.5
	28	10.3		15	14.7		30	18.9		15	22.9	Aug.	1	3.1
	29	8.9		16	13.3	Mai	1	17.5		16	21.5		2	1.7
	30	7.6		17	11.9		2	16.1		17	20.2		3	0.3
	31	6.2		18	10.5		3	14.7		18	18.8		3	22.9
Febr.	1	4.8		19	9.1		4	13.3		19	17.4		4	21.6
	2	3.4		20	7.7		5	11.9		20	16.0		5	20.2
	3	2.1		21	6.4		6	10.5		21	14.6		6	18.8
	4	0.7		22	5.0		7	9.1		22	13.2		7	17.4
	4	23.3		23	3.6		8	7.8		23	11.8		8	16.0
	5	21.9		24	2.2		9	6.4		24	10.4		9	14.6
	6	20.6		25	0.9		10	5.0		25	9.1		10	13.2
	7	19.2		25	23.5		11	3.6		26	7.7		11	11.8
	8	17.8		26	22.1		12	2.2		27	6.3		12	10.5
	9	16.4		27	20.7		13	0.8		28	4.9		13	9.1
	10	15.1		28	19.3		13	23.4		29	3.5		14	7.7
	11	13.7		29	18.0		14	22.0		30	2.1		15	6.3
	12	12.3		30	16.6		15	20.7	Juli	1	0.7		16	5.0
	13	10.9		31	15.2		16	19.3		1	23.3		17	3.6
	14	9.5	April	1	13.8		17	17.9		2	22.0		18	2.2

Östliche Elongationen (in Weltzeit)

MIMAS

Datum	h	Datum	h	Datum	h
Aug. 19	0.8	Okt. 4	5.2	Nov. 19	9.9
19	23.4	5	3.9	20	8.5
20	22.1	6	2.5	21	7.1
21	20.7	7	1.1	22	5.8
22	19.3	7	23.7	23	4.4
23	17.9	8	22.4	24	3.0
24	16.5	9	21.0	25	1.6
25	15.1	10	19.6	26	0.3
26	13.7	11	18.2	26	22.9
27	12.3	12	16.8	27	21.5
28	11.0	13	15.5	28	20.1
29	9.6	14	14.1	29	18.8
30	8.2	15	12.7	30	17.4
31	6.8	16	11.3		
Sept. 1	5.5	17	10.0		
2	4.1	18	8.6		
3	2.7	19	7.2		
4	1.3	20	5.8		
4	23.9	21	4.5		
5	22.6	22	3.1		
6	21.2	23	1.7		
7	19.8	24	0.3		
8	18.4	24	23.0		
9	17.0	25	21.6		
10	15.6	26	20.2		
11	14.3	27	18.8		
12	12.9	28	17.5		
13	11.5	29	16.1		
14	10.1	30	14.7		
15	8.8	31	13.3		
16	7.4	Nov. 1	12.0		
17	6.0	2	10.6		
18	4.6	3	9.2		
19	3.3	4	7.9		
20	1.9	5	6.5		
21	0.5	6	5.1		
21	23.1	7	3.8		
22	21.8	8	2.4		
23	20.4	9	1.0		
24	19.0	9	23.6		
25	17.6	10	22.3		
26	16.2	11	20.9		
27	14.9	12	19.5		
28	13.5	13	18.1		
29	12.1	14	16.8		
30	10.7	15	15.4		
Okt. 1	9.4	16	14.0		
2	8.0	17	12.6		
3	6.6	18	11.3		

ENCELADUS

Datum	h	Datum	h	Datum	h
Jan. 0	17.9	Febr. 12	5.7	April 20	9.1
2	2.8	13	14.6	21	18.0
3	11.7	14	23.5	23	2.9
4	20.6	16	8.4	24	11.8
6	5.5	17	17.3	25	20.6
7	14.4	19	2.2	27	5.5
8	23.3	20	11.1	28	14.4
10	8.2	21	19.9	29	23.3
11	17.1	23	4.8	Mai 1	8.1
13	2.0	24	13.7	2	17.0
14	10.9	25	22.6	4	1.9
15	19.8	27	7.5	5	10.8
17	4.7	28	16.4	6	19.6
18	13.6	März 2	1.3	8	4.5
19	22.5	3	10.2	9	13.4
21	7.4	4	19.1	10	22.3
22	16.3	6	4.0	12	7.1
24	1.2	7	12.9	13	16.0
25	10.1	8	21.8	15	0.9
26	19.0	10	6.6	16	9.8
28	3.9	11	15.5	17	18.6
29	12.8	13	0.4	19	3.5
30	21.7	14	9.3	20	12.4
Febr. 1	6.6	15	18.2	21	21.2
2	15.5	17	3.1	23	6.1
4	0.4	18	12.0	24	15.0
5	9.2	19	20.9	25	23.9
6	18.1	21	5.7	27	8.7
8	3.0	22	14.6	28	17.6
9	11.9	23	23.5	30	2.5
10	20.8	25	8.4	31	11.4
		26	17.3	Juni 1	20.2
		28	2.2	3	5.1
		29	11.0	4	14.0
		30	19.9	5	22.9
		April 1	4.8	7	7.7
		2	13.7	8	16.6
		3	22.6	10	1.5
		5	7.5	11	10.4
		6	16.3	12	19.2
		8	1.2	14	4.1
		9	10.1	15	13.0
		10	19.0	16	21.9
		12	3.9	18	6.7
		13	12.8	19	15.6
		14	21.6	21	0.5
		16	6.5	22	9.4
		17	15.4	23	18.3
		19	0.3	25	3.1

Östliche Elongationen (in Weltzeit)

ENCELADUS

Datum	h	Datum	h	Datum	h
Juni 26	12.0	Sept. 1	15.2	Nov. 7	19.2
27	20.9	3	0.1	9	4.1
29	5.8	4	9.0	10	13.0
30	14.7	5	17.9	11	21.9
Juli 1	23.6	7	2.8	13	6.8
3	8.4	8	11.7	14	15.7
4	17.3	9	20.6	16	0.6
6	2.2	11	5.5	17	9.5
7	11.1	12	14.4	18	18.4
8	19.9	13	23.3	20	3.3
10	4.8	15	8.2	21	12.2
11	13.7	16	17.1	22	21.1
12	22.6	18	2.0	24	6.0
14	7.4	19	10.9	25	14.9
15	16.3	20	19.8	26	23.8
17	1.2	22	4.7	28	8.7
18	10.1	23	13.6	29	17.6
19	18.9	24	22.5		
21	3.8	26	7.4		
22	12.7	27	16.3		
23	21.6	29	1.2		
25	6.5	30	10.1		
26	15.4	Okt. 1	19.0		
28	0.2	3	3.9		
29	9.1	4	12.7		
30	18.0	5	21.6		
Aug. 1	2.9	7	6.5		
2	11.8	8	15.4		
3	20.7	10	0.3		
5	5.5	11	9.2		
6	14.4	12	18.1		
7	23.3	14	3.0		
9	8.2	15	11.9		
10	17.1	16	20.8		
12	2.0	18	5.7		
13	10.8	19	14.6		
14	19.7	20	23.5		
16	4.6	22	8.4		
17	13.5	23	17.3		
18	22.4	25	2.2		
20	7.3	26	11.1		
21	16.1	27	20.0		
23	1.0	29	4.9		
24	9.9	30	13.8		
25	18.8	31	22.7		
27	3.7	Nov. 2	7.6		
28	12.6	3	16.5		
29	21.5	5	1.4		
31	6.4	6	10.3		

TETHYS

Datum	h
Jan. 1	10.5
3	7.8
5	5.2
7	2.5
8	23.8
10	21.2
12	18.5
14	15.8
16	13.2
18	10.5
20	7.8
22	5.2
24	2.5
25	23.9
27	21.2
29	18.5
31	15.8
Febr. 2	13.2
4	10.5
6	7.8
8	5.1
10	2.5
11	23.8
13	21.1
15	18.4
17	15.8
19	13.1
21	10.4
23	7.7

TETHYS

Datum	h	Datum	h
Febr. 25	5.0	Mai 28	16.8
27	2.4	30	14.1
28	23.7	Juni 1	11.4
März 2	21.0	3	8.7
4	18.3	5	6.0
6	15.6	7	3.3
8	12.9	9	0.6
10	10.3	10	21.9
12	7.6	12	19.2
14	4.9	14	16.4
16	2.2	16	13.7
17	23.5	18	11.0
19	20.8	20	8.3
21	18.1	22	5.6
23	15.4	24	2.9
25	12.8	26	0.2
27	10.1	27	21.5
29	7.4	29	18.7
31	4.7	Juli 1	16.0
April 2	2.0	3	13.3
3	23.3	5	10.6
5	20.6	7	7.9
7	17.9	9	5.2
9	15.2	11	2.5
11	12.5	12	23.8
13	9.8	14	21.1
15	7.1	16	18.3
17	4.4	18	15.6
19	1.7	20	12.9
20	23.0	22	10.2
22	20.3	24	7.5
24	17.6	26	4.8
26	14.9	28	2.1
28	12.2	29	23.4
30	9.5	31	20.7
Mai 2	6.8	Aug. 2	18.0
4	4.1	4	15.3
6	1.4	6	12.6
7	22.7	8	9.9
9	20.0	10	7.2
11	17.3	12	4.5
13	14.5	14	1.8
15	11.8	15	23.1
17	9.1	17	20.5
19	6.4	19	17.8
21	3.7	21	15.1
23	1.0	23	12.4
24	22.3	25	9.7
26	19.6	27	7.0

Östliche Elongationen (in Weltzeit)

TETHYS

	h
Aug. 29	4.3
31	1.6
Sept. 1	23.0
3	20.3
5	17.6
7	14.9
9	12.2
11	9.5
13	6.9
15	4.2
17	1.5
18	22.8
20	20.1
22	17.5
24	14.8
26	12.1
28	9.4
30	6.8
Okt. 2	4.1
4	1.4
5	22.7
7	20.1
9	17.4
11	14.7
13	12.0
15	9.4
17	6.7
19	4.0
21	1.4
22	22.7
24	20.1
26	17.4
28	14.7
30	12.1
Nov. 1	9.4
3	6.7
5	4.1
7	1.4
8	22.7
10	20.1
12	17.4
14	14.7
16	12.1
18	9.4
20	6.7
22	4.1
24	1.4
25	22.8
27	20.1
29	17.4

DIONE

	h
Jan. 1	11.6
4	5.3
6	23.1
9	16.8
12	10.6
15	4.3
17	22.0
20	15.8
23	9.5
26	3.3
28	21.0
31	14.7
Febr. 3	8.4
6	2.1
8	19.9
11	13.6
14	7.3
17	1.0
19	18.7
22	12.4
25	6.2
27	23.9
März 2	17.6
5	11.3
8	5.0
10	22.8
13	16.5
16	10.2
19	3.9
21	21.6
24	15.3
27	8.9
30	2.6
April 1	20.3
4	14.0
7	7.7
10	1.4
12	19.0
15	12.7
18	6.4
21	0.1
23	17.8
26	11.4
29	5.1
Mai 1	22.7
4	16.4
7	10.0
10	3.7
12	21.3
15	15.0
Mai 18	8.6
21	2.3
23	19.9
26	13.6
29	7.2
Juni 1	0.9
3	18.5
6	12.2
9	5.8
11	23.5
14	17.1
17	10.8
20	4.4
22	22.0
25	15.7
28	9.3
Juli 1	3.0
3	20.6
6	14.3
9	7.9
12	1.6
14	19.2
17	12.9
20	6.5
23	0.2
25	17.9
28	11.6
31	5.2
Aug. 2	22.9
5	16.5
8	10.2
11	3.9
13	21.6
16	15.3
19	8.9
22	2.6
24	20.3
27	14.0
30	7.7
Sept. 2	1.4
4	19.1
7	12.8
10	6.5
13	0.2
15	17.9
18	11.6
21	5.4
23	23.1
26	16.8
29	10.5
Okt. 2	4.3
4	22.0
7	15.8
10	9.5
13	3.2
15	20.9
18	14.7
21	8.4
24	2.2
26	19.9
29	13.6
Nov. 1	7.3
4	1.1
6	18.8
9	12.6
12	6.3
15	0.0
17	17.8
20	11.5
23	5.3
25	23.0
28	16.8

RHEA

	h
Jan. 2	5.6
6	18.3
11	6.9
15	19.5
20	8.0
24	20.6
29	9.1
Febr. 2	21.6
7	10.1
11	22.7
16	11.2
20	23.7
25	12.3
März 2	0.8
6	13.3
11	1.8
15	14.2
20	2.7
24	15.1
29	3.6
April 2	16.0
7	4.4
11	16.8
16	5.2
April 20	17.6
25	6.0
29	18.3
Mai 4	6.7
8	19.0
13	7.4
17	19.7
22	8.0
26	20.3
31	8.6
Juni 4	20.9
9	9.2
13	21.6
18	9.9
22	22.2
27	10.5
Juli 1	22.8
6	11.1
10	23.5
15	11.8
20	0.2
24	12.5
29	0.9
Aug. 2	13.2
7	1.6
11	14.0
16	2.4
20	14.8
25	3.2
29	15.7
Sept. 3	4.2
7	16.6
12	5.1
16	17.6
21	6.0
25	18.5
30	7.0
Okt. 4	19.5
9	8.0
13	20.5
18	9.1
22	21.6
27	10.2
31	22.8
Nov. 5	11.4
9	23.9
14	12.5
19	1.1
23	13.7
28	2.3

Elongationen und Konjunktionen (in Weltzeit)

TITAN

		h			h
Jan.	3	14.7 WE	Juni	28	2.1 WE
	7	15.4 OK	Juli	2	1.8 OK
	11	10.7 ÖE		5	20.3 ÖE
	15	10.3 UK		9	19.1 UK
	19	15.6 WE		13	23.5 WE
	23	16.0 OK		17	23.4 OK
	27	11.2 ÖE		21	18.0 ÖE
	31	10.9 UK		25	16.8 UK
Febr.	4	16.0 WE		29	21.3 WE
	8	16.3 OK	Aug.	2	21.3 OK
	12	11.4 ÖE		6	16.0 ÖE
	16	11.2 UK		10	14.9 UK
	20	16.2 WE		14	19.5 WE
	24	16.3 OK		18	19.7 OK
	28	11.3 ÖE		22	14.5 ÖE
März	4	11.0 UK		26	13.4 UK
	8	16.0 WE		30	18.1 WE
	12	15.8 OK	Sept.	3	18.5 OK
	16	10.7 ÖE		7	13.4 ÖE
	20	10.4 UK		11	12.5 UK
	24	15.3 WE		15	17.3 WE
	28	14.9 OK		19	17.8 OK
April	1	9.7 ÖE		23	12.8 ÖE
	5	9.3 UK		27	12.0 UK
	9	14.0 WE	Okt.	1	17.0 WE
	13	13.6 OK		5	17.5 OK
	17	8.3 ÖE		9	12.6 ÖE
	21	7.7 UK		13	12.0 UK
	25	12.3 WE		17	17.2 WE
	29	11.8 OK		21	17.6 OK
Mai	3	6.4 ÖE		25	12.8 ÖE
	7	5.6 UK		29	12.4 UK
	11	10.1 WE	Nov.	2	17.6 WE
	15	9.5 OK		6	18.0 OK
	19	4.1 ÖE		10	13.2 ÖE
	23	3.2 UK		14	13.1 UK
	27	7.6 WE		18	18.4 WE
	31	7.0 OK		22	18.6 OK
Juni	4	1.5 ÖE		26	13.9 ÖE
	8	0.5 UK		30	14.0 UK
	12	4.8 WE			
	16	4.4 OK			
	19	22.9 ÖE			
	23	21.7 UK			

HYPERION

		h			h
Jan.	1	15.4 UK	Aug.	20	2.1 ÖE
	6	16.0 WE		24	12.0 UK
	12	23.5 OK		29	15.4 WE
	18	14.4 ÖE	Sept.	4	23.6 OK
	23	2.4 UK		10	9.4 ÖE
	28	4.1 WE		14	19.5 UK
Febr.	3	12.4 OK		19	23.6 WE
	9	1.8 ÖE		26	8.2 OK
	13	13.3 UK	Okt.	1	17.2 ÖE
	18	16.0 WE		6	3.3 UK
	25	0.7 OK		11	8.4 WE
März	2	12.8 ÖE		17	17.2 OK
	6	23.8 UK		23	1.3 ÖE
	12	3.2 WE		27	11.4 UK
	18	11.9 OK	Nov.	1	17.9 WE
	23	23.0 ÖE		8	2.7 OK
	28	9.5 UK		13	9.4 ÖE
April	2	13.3 WE		17	19.5 UK
	8	22.0 OK		23	3.5 WE
	14	8.1 ÖE		29	12.2 OK
	18	18.3 UK			
	23	22.1 WE			
	30	6.6 OK			
Mai	5	16.3 ÖE			
	10	2.3 UK			
	15	5.8 WE			
	21	14.0 OK			
	26	23.6 ÖE			
	31	9.4 UK			
Juni	5	12.6 WE			
	11	20.6 OK			
	17	6.3 ÖE			
	21	16.0 UK			
	26	18.8 WE			
Juli	3	2.7 OK			
	8	12.7 ÖE			
	12	22.4 UK			
	18	1.1 WE			
	24	9.0 OK			
	29	19.2 ÖE			
Aug.	3	5.0 UK			
	8	7.9 WE			
	14	15.9 OK			

JAPETUS

		h
Jan.	20	18.7 WE
Febr.	10	21.4 OK
März	2	9.8 ÖE
	21	14.3 UK
April	11	1.6 WE
Mai	1	13.9 OK
	20	14.2 ÖE
Juni	8	7.8 UK
	28	9.1 WE
Juli	18	18.7 OK
Aug.	6	21.9 ÖE
	25	20.1 UK
Sept.	15	6.7 WE
Okt.	6	5.5 OK
	25	20.2 ÖE
Nov.	14	6.3 UK

ÖE = Östliche Elongation
WE = Westliche Elongation
OK = Obere Konjunktion
UK = Untere Konjunktion

Weltzeit 1958		h	m	
Jan.	3	14		Erde i. kleinst. Abst. v. ○
	5	9		☿ stationär in AR.
	6	8		♀ stationär in AR.
	7	17	33	♅ ☌ ☾
	13	5	12	♃ ☌ ☾
	13	13	17	♆ ☌ ☾
	16	4		☿ gr. westl. Elong. 23° 53′
	16	15	6	♂ ☌ ☾
	16	22	47	♄ ☌ ☾
	17	21	50	☿ ☌ ☾
	20	23	52	♀ ☌ ☾
	21	5		♃ □ ○
	23	10		♂ ☌ ♄
	25	5		♆ □ ○
	28	20		♀ untere ☌ ○
	30	0		♅ ☍ ○
	30	8		♀ im Perihel
Febr.	4	1	33	♅ ☌ ☾
	5	2		☿ im Aphel
	5	21		♆ stationär in AR.
	7	7		☿ ☌ ♀; ☿ 9° 36′ südl.
	9	13	45	♃ ☌ ☾
	9	19	11	♆ ☌ ☾
	13	8	59	♄ ☌ ☾
	14	11	49	♂ ☌ ☾
	16	1		♃ stationär in AR.
	16	6	17	♀ ☌ ☾
	17	18		♀ stationär in AR.
	17	21	5	☿ ☌ ☾
	20	5		♇ ☍ ○
März	3	10	47	♅ ☌ ☾
	3	20		☿ obere ☌ ○
	4	10		♀ in größt. Helligkeit
	8	21	4	♃ ☌ ☾
	9	2	50	♆ ☌ ☾
	12	17	44	♄ ☌ ☾
	15	11	20	♂ ☌ ☾
	16	11	0	♀ ☌ ☾
	16	12		♄ □ ○
	21	2		☿ im Perihel
	21	3	6	○ tritt in ♈, Frühlingsanf.
	21	21	58	☿ ☌ ☾
	29	7		☿ gr. östl. Elong. 18° 52′
	30	19	31	♅ ☌ ☾
April	4	21		♄ stationär in AR.
April	5	3	39	♃ ☌ ☾
	5	12	23	♆ ☌ ☾
	6	15		☿ stationär in AR.
	8	23		♀ gr. westl. Elong. 46° 23′
	9	2	10	♄ ☌ ☾
	13	12	53	♂ ☌ ☾
	15	0	26	♀ ☌ ☾
	15	12		♅ stationär in AR.
	16	19		☿ untere ☌ ○
	17	7		♃ ☍ ○
	18	19	10	☿ ☌ ☾
	19	—	—	Ringf. Sonnenfinsternis
	24	2		♆ ☍ ○
	27	2	55	♅ ☌ ☾
	28	10		♅ □ ○
	29	3		☿ stationär in AR.
Mai	2	9	21	♃ ☌ ☾
	2	22	14	♆ ☌ ☾
	3	—	—	Partielle Mondfinsternis
	4	2		☿ im Aphel
	6	10	22	♄ ☌ ☾
	12	14	58	♂ ☌ ☾
	14	14		☿ gr. westl. Elong. 26° 1′
	15	0	25	♀ ☌ ☾
	16	14	16	☿ ☌ ☾
	22	13		♀ im Aphel
	24	9	38	♅ ☌ ☾
	29	14	25	♃ ☌ ☾
	30	6	38	♆ ☌ ☾
Juni	2	17	35	♄ ☌ ☾
	10	16	8	♂ ☌ ☾
	13	23		♄ ☍ ○
	14	2	31	♀ ☌ ☾
	17	1		☿ im Perihel
	17	3	40	☿ ☌ ☾
	18	17		☿ obere ☌ ○
	19	16		♃ stationär in AR.
	20	17	14	♅ ☌ ☾
	21	21	57	○ tritt in ♋, Sommersanf.
	25	19	59	♃ ☌ ☾
	26	12	57	♆ ☌ ☾
	29	23	10	♄ ☌ ☾
Juli	5	20		Erde i. größt. Abst. v. ○
	9	15	0	♂ ☌ ☾
	9	19		♂ im Perihel

Weltzeit

1958		h	m	
Juli	11	3		☿ ☌ ♅; ☿ 0° 44′ nördl.
	14	6	21	♀ ☌ ☾
	14	23		♆ stationär in AR.
	15	20		♃ □ ○
	18	2	55	♅ ☌ ☾
	18	20	55	☿ ☌ ☾
	23	3	43	♃ ☌ ☾
	23	18	11	♆ ☌ ☾
	25	12		♆ □ ○
	26	21		☿ gr. östl. Elong. 27° 6′
	27	3	23	♄ ☌ ☾
	27	7		♂ □ ○
	31	1		☿ im Aphel
Aug.	4	22		♅ ☌ ○
	7	9	45	♂ ☌ ☾
	8	23		☿ stationär in AR.
	13	11	2	♀ ☌ ☾
	14	14	47	♅ ☌ ☾
	16	2	16	☿ ☌ ☾
	19	15	6	♃ ☌ ☾
	20	0	22	♆ ☌ ☾
	23	7	47	♄ ☌ ☾
	23	15		☿ untere ☌ ○
	24	5		♄ stationär in AR.
	25	18		♇ ☌ ○
	26	23		♀ ☌ ♅; ♀ 0° 7′ nördl.
Sept.	1	13		☿ stationär in AR.
	4	20	56	♂ ☌ ☾
	5	2		☿ ☌ ♀; ☿ 2° 5′ südl.
	9	9		☿ gr. westl. Elong. 17° 59′
	11	3	48	♅ ☌ ☾
	11	21		♀ im Perihel
	12	9	3	☿ ☌ ☾
	12	12	36	♀ ☌ ☾
	12	17		♄ □ ⊙
	13	1		☿ im Perihel
	16	6	37	♃ ☌ ☾
	16	9	11	♆ ☌ ☾
	18	6		☿ ☌ ♀; ☿ 0° 21′ nördl.
	19	14	33	♄ ☌ ☾
	23	13	10	○ tritt in ♎, Herbstanf.
	26	6		♃ ☌ ♆, ♃ 0° 46′ südl.
Okt.	2	18	23	♂ ☌ ☾
	5	12		☿ obere ☌ ○
	8	16	2	♅ ☌ ☾

Weltzeit

1958		h	m	
Okt.	9	22		♂ stationär in AR.
	12	—	—	Totale Sonnenfinsternis
	12	9	34	♀ ☌ ☾
	13	6	15	☿ ☌ ☾
	13	20	49	♆ ☌ ☾
	14	1	34	♃ ☌ ☾
	17	1	12	♄ ☌ ☾
	19	10		☿ ☌ ♆; ☿ 2° 8′ südl.
	22	12		☿ ☌ ♃; ☿ 1° 41′ südl.
	27	0		☿ im Aphel
	28	11		♆ ☌ ○
	29	19	14	♂ ☌ ☾
	31	14		♀ ☌ ♆; ♀ 0° 44′ südl.
Nov.	5	1		♃ ☌ ○
	5	1	33	♅ ☌ ☾
	6	16		♀ ☌ ♃; ♀ 0° 6′ südl.
	8	13		♂ der Erde am nächsten
	9	5		♅ □ ⊙
	10	9	42	♆ ☌ ☾
	10	22	14	♃ ☌ ☾
	11	5	40	♀ ☌ ☾
	11	12		♀ obere ☌ ○
	12	16	13	☿ ☌ ☾
	13	15	32	♄ ☌ ☾
	16	14		♂ ☍ ○
	20	19		☿ gr. östl. Elong. 22° 13′
	22	12		♅ stationär in AR.
	25	6	40	♂ ☌ ☾
	30	8		☿ stationär in AR.
Dez.	2	7	41	♅ ☌ ☾
	7	11		☿ ☌ ♀; ☿ 1° 3′ nördl.
	7	21	22	♆ ☌ ☾
	8	18	16	♃ ☌ ☾
	10	0		☿ im Perihel
	10	3		☿ untere ☌ ○
	10	14	58	☿ ☌ ☾
	11	5	52	♀ ☌ ☾
	11	7	45	♄ ☌ ☾
	12	5		♀ ☌ ♄; ♀ 1° 30′ südl.
	20	2		☿ stationär in AR.
	20	12		♄ ☌ ○
	20	18		♂ stationär in AR.
	22	4	56	♂ ☌ ☾
	22	8	40	○ tritt in ♑, Wintersanf.
	29	12	2	♅ ☌ ☾
	29	14		☿ gr. westl. Elong. 22° 25′

Sonnenaufgang 1958

Mittlere Ortszeit

Meridian von Greenwich

Tag	Geographische Breite													
	−10°	0°	+10°	+20°	+30°	35°	40°	+45°	+50°	+52°	+54°	+56°	58°	+60°
1958	h m	h m	h m	h m	h m	h m	h m	h m	h m	h m	h m	h m	h m	h m
Jan. 0	5 42	5 59	6 17	6 35	6 56	7 8	7 22	7 38	7 59	8 8	8 19	8 32	8 46	9 3
1	5 42	6 0	6 17	6 35	6 56	7 8	7 22	7 39	7 59	8 8	8 19	8 31	8 46	9 3
2	5 43	6 0	6 17	6 35	6 56	7 8	7 22	7 39	7 59	8 8	8 19	8 31	8 45	9 2
3	5 44	6 1	6 18	6 36	6 56	7 9	7 22	7 39	7 59	8 8	8 19	8 31	8 45	9 2
4	5 44	6 1	6 18	6 36	6 57	7 9	7 22	7 38	7 58	8 8	8 19	8 31	8 45	9 1
5	5 45	6 2	6 18	6 36	6 57	7 9	7 22	7 38	7 58	8 8	8 18	8 30	8 44	9 0
6	5 45	6 2	6 19	6 37	6 57	7 9	7 22	7 38	7 58	8 7	8 18	8 30	8 43	9 0
7	5 46	6 3	6 19	6 37	6 57	7 9	7 22	7 38	7 58	8 7	8 17	8 29	8 43	8 59
8	5 46	6 3	6 19	6 37	6 57	7 9	7 22	7 38	7 57	8 6	8 17	8 28	8 42	8 58
9	5 47	6 3	6 20	6 37	6 57	7 9	7 22	7 38	7 57	8 6	8 16	8 28	8 41	8 56
10	5 47	6 4	6 20	6 38	6 57	7 9	7 22	7 37	7 56	8 5	8 15	8 27	8 40	8 55
11	5 48	6 4	6 20	6 38	6 57	7 9	7 22	7 37	7 56	8 5	8 15	8 26	8 39	8 54
12	5 49	6 5	6 21	6 38	6 57	7 8	7 21	7 37	7 55	8 4	8 14	8 25	8 38	8 53
13	5 49	6 5	6 21	6 38	6 57	7 8	7 21	7 36	7 55	8 3	8 13	8 24	8 37	8 51
14	5 50	6 5	6 21	6 38	6 57	7 8	7 21	7 36	7 54	8 3	8 12	8 23	8 36	8 50
15	5 50	6 6	6 21	6 38	6 57	7 8	7 21	7 35	7 53	8 2	8 11	8 22	8 34	8 49
16	5 51	6 6	6 22	6 38	6 57	7 8	7 20	7 35	7 52	8 1	8 10	8 21	8 33	8 47
17	5 51	6 6	6 22	6 38	6 57	7 7	7 20	7 34	7 52	8 0	8 9	8 20	8 32	8 45
18	5 52	6 7	6 22	6 38	6 56	7 7	7 19	7 33	7 51	7 59	8 8	8 18	8 30	8 44
19	5 52	6 7	6 22	6 38	6 56	7 7	7 19	7 33	7 50	7 58	8 7	8 17	8 29	8 42
20	5 53	6 7	6 22	6 38	6 56	7 6	7 18	7 32	7 49	7 57	8 6	8 16	8 27	8 40
21	5 53	6 8	6 22	6 38	6 56	7 6	7 18	7 31	7 48	7 56	8 5	8 14	8 26	8 39
22	5 53	6 8	6 22	6 38	6 55	7 5	7 17	7 31	7 47	7 55	8 3	8 13	8 24	8 37
23	5 54	6 8	6 23	6 38	6 55	7 5	7 16	7 30	7 46	7 54	8 2	8 11	8 22	8 35
24	5 54	6 9	6 23	6 38	6 55	7 4	7 16	7 29	7 45	7 52	8 1	8 10	8 21	8 33
25	5 55	6 9	6 23	6 37	6 54	7 4	7 15	7 28	7 44	7 51	7 59	8 8	8 19	8 31
26	5 55	6 9	6 23	6 37	6 54	7 3	7 14	7 27	7 42	7 50	7 58	8 7	8 17	8 29
27	5 56	6 9	6 23	6 37	6 53	7 3	7 14	7 26	7 41	7 48	7 56	8 5	8 15	8 26
28	5 56	6 9	6 23	6 37	6 53	7 2	7 13	7 25	7 40	7 47	7 55	8 3	8 13	8 24
29	5 56	6 10	6 23	6 37	6 52	7 2	7 12	7 24	7 39	7 45	7 53	8 1	8 11	8 22
30	5 57	6 10	6 23	6 36	6 52	7 1	7 11	7 23	7 37	7 44	7 51	8 0	8 9	8 20
31	5 57	6 10	6 23	6 36	6 51	7 0	7 10	7 22	7 36	7 43	7 50	7 58	8 7	8 18
Febr. 1	5 58	6 10	6 23	6 36	6 51	6 59	7 9	7 21	7 35	7 41	7 48	7 56	8 5	8 15
2	5 58	6 10	6 23	6 36	6 50	6 59	7 8	7 20	7 33	7 39	7 46	7 54	8 3	8 13
3	5 58	6 10	6 22	6 35	6 50	6 58	7 7	7 18	7 32	7 38	7 45	7 52	8 1	8 10
4	5 59	6 11	6 22	6 35	6 49	6 57	7 6	7 17	7 30	7 36	7 43	7 50	7 59	8 8
5	5 59	6 11	6 22	6 34	6 48	6 56	7 5	7 16	7 29	7 34	7 41	7 48	7 56	8 6
6	5 59	6 11	6 22	6 34	6 48	6 55	7 4	7 15	7 27	7 33	7 39	7 46	7 54	8 3
7	6 0	6 11	6 22	6 34	6 47	6 55	7 3	7 13	7 25	7 31	7 37	7 44	7 52	8 1
8	6 0	6 11	6 22	6 33	6 46	6 54	7 2	7 12	7 24	7 29	7 35	7 42	7 50	7 58
9	6 0	6 11	6 21	6 33	6 45	6 53	7 1	7 11	7 22	7 28	7 33	7 40	7 47	7 56
10	6 0	6 11	6 21	6 32	6 45	6 52	7 0	7 9	7 20	7 26	7 31	7 38	7 45	7 53

Mittlere Ortszeit Meridian von Greenwich

Tag	Geographische Breite													
	−10°	0°	+10°	+20°	+30°	+35°	+40°	+45°	+50°	+52°	+54°	+56°	+58°	+60°
1958	h m	h m	h m	h m	h m	h m	h m	h m	h m	h m	h m	h m	h m	h m
Jan. 0	18 24	18 7	17 50	17 31	17 10	16 58	16 44	16 28	16 8	15 58	15 47	15 35	15 20	15 3
1	18 25	18 7	17 50	17 32	17 11	16 59	16 45	16 29	16 9	15 59	15 48	15 36	15 21	15 5
2	18 25	18 8	17 51	17 33	17 12	17 0	16 46	16 30	16 10	16 0	15 49	15 37	15 23	15 6
3	18 25	18 8	17 51	17 33	17 13	17 1	16 47	16 31	16 11	16 1	15 50	15 38	15 24	15 8
4	18 26	18 9	17 52	17 34	17 13	17 1	16 48	16 32	16 12	16 2	15 51	15 40	15 26	15 9
5	18 26	18 9	17 52	17 34	17 14	17 2	16 49	16 33	16 13	16 3	15 53	15 41	15 27	15 11
6	18 26	18 9	17 53	17 35	17 15	17 3	16 49	16 34	16 14	16 5	15 54	15 42	15 29	15 12
7	18 27	18 10	17 53	17 36	17 16	17 4	16 50	16 35	16 15	16 6	15 56	15 44	15 30	15 14
8	18 27	18 10	17 54	17 36	17 16	17 5	16 51	16 36	16 16	16 7	15 57	15 45	15 32	15 16
9	18 27	18 11	17 54	17 37	17 17	17 6	16 52	16 37	16 18	16 9	15 58	15 47	15 34	15 18
10	18 28	18 11	17 55	17 38	17 18	17 7	16 53	16 38	16 19	16 10	16 0	15 49	15 36	15 20
11	18 28	18 12	17 55	17 38	17 19	17 7	16 54	16 39	16 20	16 12	16 1	15 50	15 37	15 22
12	18 28	18 12	17 56	17 39	17 20	17 8	16 55	16 40	16 22	16 13	16 3	15 52	15 39	15 24
13	18 28	18 12	17 57	17 40	17 20	17 9	16 57	16 42	16 23	16 14	16 5	15 54	15 41	15 26
14	18 29	18 13	17 57	17 40	17 21	17 10	16 58	16 43	16 25	16 16	16 6	15 55	15 43	15 29
15	18 29	18 13	17 58	17 41	17 22	17 11	16 59	16 44	16 26	16 18	16 8	15 57	15 45	15 31
16	18 29	18 13	17 58	17 42	17 23	17 12	17 0	16 45	16 27	16 19	16 10	15 59	15 47	15 33
17	18 29	18 14	17 59	17 42	17 24	17 13	17 1	16 47	16 29	16 21	16 11	16 1	15 49	15 35
18	18 29	18 14	17 59	17 43	17 25	17 14	17 2	16 48	16 30	16 22	16 13	16 3	15 51	15 38
19	18 29	18 14	17 59	17 44	17 26	17 15	17 3	16 49	16 32	16 24	16 15	16 5	15 53	15 40
20	18 29	18 15	18 0	17 44	17 26	17 16	17 4	16 51	16 34	16 26	16 17	16 7	15 55	15 42
21	18 30	18 15	18 0	17 45	17 27	17 17	17 5	16 52	16 35	16 27	16 19	16 9	15 58	15 45
22	18 30	18 15	18 1	17 46	17 28	17 18	17 7	16 53	16 37	16 29	16 20	16 11	16 0	15 47
23	18 30	18 16	18 1	17 46	17 29	17 19	17 8	16 55	16 38	16 31	16 22	16 13	16 2	15 50
24	18 30	18 16	18 2	17 47	17 30	17 20	17 9	16 56	16 40	16 33	16 24	16 15	16 4	15 52
25	18 30	18 16	18 2	17 48	17 31	17 21	17 10	16 57	16 42	16 34	16 26	16 17	16 7	15 55
26	18 30	18 16	18 3	17 48	17 32	17 22	17 11	16 59	16 43	16 36	16 28	16 19	16 9	15 57
27	18 30	18 16	18 3	17 49	17 33	17 23	17 13	17 0	16 45	16 38	16 30	16 21	16 11	16 0
28	18 30	18 17	18 3	17 49	17 33	17 24	17 14	17 2	16 47	16 40	16 32	16 23	16 14	16 3
29	18 30	18 17	18 4	17 50	17 34	17 25	17 15	17 3	16 48	16 41	16 34	16 26	16 16	16 5
30	18 30	18 17	18 4	17 50	17 35	17 26	17 16	17 4	16 50	16 43	16 36	16 28	16 18	16 8
31	18 30	18 17	18 4	17 51	17 36	17 27	17 17	17 6	16 52	16 45	16 38	16 30	16 21	16 10
Febr. 1	18 30	18 17	18 5	17 52	17 37	17 28	17 19	17 7	16 53	16 47	16 40	16 32	16 23	16 13
2	18 30	18 17	18 5	17 52	17 38	17 29	17 20	17 9	16 55	16 49	16 42	16 34	16 26	16 16
3	18 29	18 17	18 5	17 53	17 39	17 30	17 21	17 10	16 57	16 51	16 44	16 36	16 28	16 18
4	18 29	18 18	18 6	17 53	17 39	17 31	17 22	17 11	16 59	16 53	16 46	16 39	16 30	16 21
5	18 29	18 18	18 6	17 54	17 40	17 32	17 23	17 13	17 0	16 55	16 48	16 41	16 33	16 23
6	18 29	18 18	18 6	17 55	17 41	17 33	17 25	17 14	17 2	16 56	16 50	16 43	16 35	16 26
7	18 29	18 18	18 7	17 55	17 42	17 34	17 26	17 16	17 4	16 58	16 52	16 45	16 37	16 29
8	18 29	18 18	18 7	17 56	17 43	17 35	17 27	17 17	17 5	17 0	16 54	16 47	16 40	16 31
9	18 28	18 18	18 7	17 56	17 44	17 36	17 28	17 19	17 7	17 2	16 56	16 50	16 42	16 34
10	18 28	18 18	18 8	17 57	17 44	17 37	17 29	17 20	17 9	17 4	16 58	16 52	16 45	16 37

Sonnenaufgang 1958

Mittlere Ortszeit — Meridian von Greenwich

Tag	Geographische Breite −10°	0°	+10°	+20°	+30°	+35°	+40°	+45°	+50°	+52°	+54°	+56°	+58°	+60°
1958	h m	h m	h m	h m	h m	h m	h m	h m	h m	h m	h m	h m	h m	h m
Febr. 10	6 0	6 11	6 21	6 32	6 45	6 52	7 0	7 9	7 20	7 26	7 31	7 38	7 45	7 53
11	6 1	6 11	6 21	6 32	6 44	6 51	6 59	7 8	7 19	7 24	7 29	7 36	7 43	7 50
12	6 1	6 11	6 21	6 31	6 43	6 50	6 57	7 6	7 17	7 22	7 27	7 33	7 40	7 48
13	6 1	6 11	6 21	6 31	6 42	6 49	6 56	7 5	7 15	7 20	7 25	7 31	7 38	7 45
14	6 1	6 11	6 20	6 30	6 41	6 48	6 55	7 3	7 14	7 18	7 23	7 29	7 35	7 42
15	6 2	6 11	6 20	6 30	6 41	6 47	6 54	7 2	7 12	7 16	7 21	7 27	7 33	7 40
16	6 2	6 11	6 20	6 29	6 40	6 46	6 53	7 1	7 10	7 14	7 19	7 24	7 30	7 37
17	6 2	6 11	6 20	6 29	6 39	6 45	6 51	6 59	7 8	7 12	7 17	7 22	7 28	7 34
18	6 2	6 11	6 19	6 28	6 38	6 44	6 50	6 58	7 6	7 10	7 15	7 20	7 25	7 31
19	6 2	6 11	6 19	6 27	6 37	6 42	6 49	6 56	7 4	7 8	7 13	7 17	7 23	7 29
20	6 3	6 11	6 18	6 27	6 36	6 41	6 47	6 54	7 3	7 6	7 10	7 15	7 20	7 26
21	6 3	6 10	6 18	6 26	6 35	6 40	6 46	6 53	7 1	7 4	7 8	7 13	7 18	7 23
22	6 3	6 10	6 18	6 25	6 34	6 39	6 44	6 51	6 59	7 2	7 6	7 10	7 15	7 20
23	6 3	6 10	6 17	6 25	6 33	6 38	6 43	6 49	6 57	7 0	7 4	7 8	7 12	7 18
24	6 3	6 10	6 17	6 24	6 32	6 37	6 42	6 48	6 55	6 58	7 2	7 5	7 10	7 15
25	6 3	6 10	6 16	6 23	6 31	6 35	6 40	6 46	6 53	6 56	6 59	7 3	7 7	7 12
26	6 3	6 10	6 16	6 23	6 30	6 34	6 39	6 44	6 51	6 54	6 57	7 1	7 4	7 9
27	6 4	6 10	6 16	6 22	6 29	6 33	6 37	6 43	6 49	6 52	6 55	6 58	7 2	7 6
28	6 4	6 9	6 15	6 21	6 28	6 32	6 36	6 41	6 47	6 49	6 52	6 56	6 59	7 3
März 1	6 4	6 9	6 15	6 20	6 27	6 30	6 34	6 39	6 45	6 47	6 50	6 53	6 56	7 0
2	6 4	6 9	6 14	6 20	6 26	6 29	6 33	6 37	6 43	6 45	6 48	6 51	6 54	6 57
3	6 4	6 9	6 14	6 19	6 25	6 28	6 31	6 36	6 41	6 43	6 45	6 48	6 51	6 54
4	6 4	6 9	6 13	6 18	6 23	6 26	6 30	6 34	6 38	6 41	6 43	6 45	6 48	6 51
5	6 4	6 8	6 13	6 17	6 22	6 25	6 28	6 32	6 36	6 38	6 41	6 43	6 45	6 48
6	6 4	6 8	6 12	6 16	6 21	6 24	6 27	6 30	6 34	6 36	6 38	6 40	6 43	6 46
7	6 4	6 8	6 12	6 16	6 20	6 23	6 25	6 28	6 32	6 34	6 36	6 38	6 40	6 43
8	6 4	6 8	6 11	6 15	6 19	6 21	6 24	6 27	6 30	6 32	6 33	6 35	6 37	6 40
9	6 4	6 8	6 11	6 14	6 18	6 20	6 22	6 25	6 28	6 29	6 31	6 33	6 34	6 37
10	6 4	6 7	6 10	6 13	6 17	6 18	6 21	6 23	6 26	6 27	6 29	6 30	6 32	6 34
11	6 4	6 7	6 10	6 12	6 15	6 17	6 19	6 21	6 24	6 25	6 26	6 27	6 29	6 31
12	6 4	6 7	6 9	6 12	6 14	6 16	6 17	6 19	6 22	6 23	6 24	6 25	6 26	6 28
13	6 4	6 6	6 9	6 11	6 13	6 14	6 16	6 17	6 19	6 20	6 21	6 22	6 23	6 25
14	6 4	6 6	6 8	6 10	6 12	6 13	6 14	6 16	6 17	6 18	6 19	6 20	6 21	6 22
15	6 4	6 6	6 7	6 9	6 11	6 12	6 13	6 14	6 15	6 16	6 16	6 17	6 18	6 19
16	6 4	6 6	6 7	6 8	6 10	6 10	6 11	6 12	6 13	6 13	6 14	6 14	6 15	6 16
17	6 4	6 5	6 6	6 7	6 8	6 9	6 9	6 10	6 11	6 11	6 11	6 12	6 12	6 13
18	6 4	6 5	6 6	6 6	6 7	6 7	6 8	6 8	6 9	6 9	6 9	6 9	6 9	6 10
19	6 4	6 5	6 5	6 6	6 6	6 6	6 6	6 6	6 6	6 7	6 7	6 7	6 7	6 7
20	6 4	6 5	6 5	6 5	6 5	6 5	6 5	6 5	6 4	6 4	6 4	6 4	6 4	6 4
21	6 4	6 4	6 4	6 4	6 4	6 3	6 3	6 3	6 2	6 2	6 2	6 1	6 1	6 1
22	6 4	6 4	6 3	6 3	6 2	6 2	6 1	6 1	6 0	6 0	5 59	5 59	5 58	5 57
23	6 4	6 4	6 3	6 2	6 1	6 0	6 0	5 59	5 58	5 57	5 57	5 56	5 55	5 54

Sonnenuntergang 1958

Mittlere Ortszeit | Meridian von Greenwich

Tag	Geographische Breite													
	−10°	0°	+10°	+20°	+30°	+35°	+40°	+45°	+50°	+52°	+54°	+56°	+58°	+60°
1958	h m	h m	h m	h m	h m	h m	h m	h m	h m	h m	h m	h m	h m	h m
Febr. 10	18 28	18 18	18 8	17 57	17 44	17 37	17 29	17 20	17 9	17 4	16 58	16 52	16 45	16 37
11	18 28	18 18	18 8	17 57	17 45	17 38	17 31	17 22	17 11	17 6	17 0	16 54	16 47	16 39
12	18 28	18 18	18 8	17 58	17 46	17 39	17 32	17 23	17 12	17 8	17 2	16 56	16 50	16 42
13	18 27	18 18	18 8	17 58	17 47	17 40	17 33	17 24	17 14	17 9	17 4	16 58	16 52	16 45
14	18 27	18 18	18 8	17 59	17 48	17 41	17 34	17 26	17 16	17 11	17 6	17 1	16 54	16 47
15	18 27	18 18	18 9	17 59	17 48	17 42	17 35	17 27	17 17	17 13	17 8	17 3	16 57	16 50
16	18 27	18 18	18 9	18 0	17 49	17 43	17 37	17 29	17 19	17 15	17 10	17 5	16 59	16 53
17	18 26	18 18	18 9	18 0	17 50	17 44	17 38	17 30	17 21	17 17	17 12	17 7	17 2	16 55
18	18 26	18 18	18 9	18 1	17 51	17 45	17 39	17 31	17 23	17 19	17 14	17 9	17 4	16 58
19	18 26	18 17	18 9	18 1	17 52	17 46	17 40	17 33	17 24	17 21	17 16	17 12	17 6	17 0
20	18 25	18 17	18 10	18 1	17 52	17 47	17 41	17 34	17 26	17 22	17 18	17 14	17 9	17 3
21	18 25	18 17	18 10	18 2	17 53	17 48	17 42	17 36	17 28	17 24	17 20	17 16	17 11	17 6
22	18 24	18 17	18 10	18 2	17 54	17 49	17 44	17 37	17 30	17 26	17 22	17 18	17 13	17 8
23	18 24	18 17	18 10	18 3	17 55	17 50	17 45	17 38	17 31	17 28	17 24	17 20	17 16	17 11
24	18 24	18 17	18 10	18 3	17 55	17 51	17 46	17 40	17 33	17 30	17 26	17 22	17 18	17 13
25	18 23	18 17	18 10	18 4	17 56	17 52	17 47	17 41	17 35	17 32	17 28	17 25	17 20	17 16
26	18 23	18 16	18 10	18 4	17 57	17 53	17 48	17 43	17 36	17 33	17 30	17 27	17 23	17 18
27	18 22	18 16	18 10	18 4	17 57	17 53	17 49	17 44	17 38	17 35	17 32	17 29	17 25	17 21
28	18 22	18 16	18 10	18 5	17 58	17 54	17 50	17 45	17 40	17 37	17 34	17 31	17 27	17 23
März 1	18 21	18 16	18 11	18 5	17 59	17 55	17 51	17 47	17 41	17 39	17 36	17 33	17 30	17 26
2	18 21	18 16	18 11	18 5	17 59	17 56	17 52	17 48	17 43	17 41	17 38	17 35	17 32	17 28
3	18 20	18 15	18 11	18 6	18 0	17 57	17 53	17 49	17 45	17 42	17 40	17 37	17 34	17 31
4	18 20	18 15	18 11	18 6	18 1	17 58	17 55	17 51	17 46	17 44	17 42	17 39	17 37	17 34
5	18 19	18 15	18 11	18 6	18 2	17 59	17 56	17 52	17 48	17 46	17 44	17 42	17 39	17 36
6	18 19	18 15	18 11	18 7	18 2	18 0	17 57	17 53	17 50	17 48	17 46	17 44	17 41	17 39
7	18 18	18 14	18 11	18 7	18 3	18 0	17 58	17 55	17 51	17 49	17 48	17 46	17 44	17 41
8	18 18	18 14	18 11	18 7	18 4	18 1	17 59	17 56	17 53	17 51	17 50	17 48	17 46	17 44
9	18 17	18 14	18 11	18 8	18 4	18 2	18 0	17 57	17 55	17 53	17 52	17 50	17 48	17 46
10	18 17	18 14	18 11	18 8	18 5	18 3	18 1	17 59	17 56	17 55	17 53	17 52	17 50	17 49
11	18 16	18 13	18 11	18 8	18 6	18 4	18 2	18 0	17 58	17 57	17 55	17 54	17 53	17 51
12	18 16	18 13	18 11	18 9	18 6	18 5	18 3	18 1	17 59	17 58	17 57	17 56	17 55	17 54
13	18 15	18 13	18 11	18 9	18 7	18 6	18 4	18 3	18 1	18 0	17 59	17 58	17 57	17 56
14	18 15	18 13	18 11	18 9	18 7	18 6	18 5	18 4	18 2	18 2	18 1	18 0	17 59	17 59
15	18 14	18 12	18 11	18 10	18 8	18 7	18 6	18 5	18 4	18 4	18 3	18 2	18 2	18 1
16	18 13	18 12	18 11	18 10	18 9	18 8	18 7	18 7	18 6	18 5	18 5	18 4	18 4	18 3
17	18 13	18 12	18 11	18 10	18 9	18 9	18 8	18 8	18 7	18 7	18 7	18 7	18 6	18 6
18	18 12	18 11	18 11	18 10	18 10	18 10	18 9	18 9	18 9	18 9	18 9	18 9	18 9	18 8
19	18 12	18 11	18 11	18 11	18 11	18 11	18 10	18 10	18 11	18 10	18 11	18 11	18 11	18 11
20	18 11	18 11	18 11	18 11	18 11	18 11	18 12	18 12	18 12	18 12	18 12	18 13	18 13	18 13
21	18 11	18 11	18 11	18 11	18 12	18 12	18 13	18 13	18 14	18 14	18 14	18 15	18 15	18 16
22	18 10	18 10	18 11	18 12	18 12	18 13	18 14	18 14	18 15	18 16	18 16	18 17	18 18	18 18
23	18 9	18 10	18 11	18 12	18 13	18 14	18 15	18 16	18 17	18 17	18 18	18 19	18 20	18 21

Sonnenaufgang 1958

Mittlere Ortszeit — Meridian von Greenwich

Tag	Geographische Breite −10°	0°	+10°	+20°	+30°	+35°	+40°	+45°	+50°	+52°	+54°	+56°	+58°	+60°
1958	h m	h m	h m	h m	h m	h m	h m	h m	h m	h m	h m	h m	h m	h m
März 23	6 4	6 4	6 3	6 2	6 1	6 0	6 0	5 59	5 58	5 57	5 57	5 56	5 55	5 54
24	6 4	6 3	6 2	6 1	6 0	5 59	5 58	5 57	5 56	5 55	5 54	5 53	5 52	5 51
25	6 4	6 3	6 2	6 0	5 59	5 58	5 56	5 55	5 53	5 53	5 52	5 51	5 49	5 48
26	6 4	6 3	6 1	5 59	5 57	5 56	5 55	5 53	5 51	5 50	5 49	5 48	5 47	5 45
27	6 4	6 2	6 0	5 59	5 56	5 55	5 53	5 51	5 49	5 48	5 47	5 45	5 44	5 42
28	6 4	6 2	6 0	5 58	5 55	5 53	5 52	5 49	5 47	5 45	5 44	5 43	5 41	5 39
29	6 4	6 2	5 59	5 57	5 54	5 52	5 50	5 47	5 45	5 43	5 42	5 40	5 38	5 36
30	6 4	6 1	5 59	5 56	5 53	5 51	5 48	5 46	5 43	5 41	5 39	5 37	5 35	5 33
31	6 4	6 1	5 58	5 55	5 51	5 49	5 47	5 44	5 40	5 39	5 37	5 35	5 33	5 30
April 1	6 4	6 1	5 58	5 54	5 50	5 48	5 45	5 42	5 38	5 36	5 34	5 32	5 30	5 27
2	6 4	6 1	5 57	5 53	5 49	5 46	5 43	5 40	5 36	5 34	5 32	5 30	5 27	5 24
3	6 4	6 0	5 56	5 52	5 48	5 45	5 42	5 38	5 34	5 32	5 30	5 27	5 24	5 21
4	6 4	6 0	5 56	5 52	5 47	5 44	5 40	5 36	5 32	5 29	5 27	5 24	5 21	5 18
5	6 4	6 0	5 55	5 51	5 45	5 42	5 39	5 35	5 30	5 27	5 25	5 22	5 19	5 15
6	6 4	5 59	5 55	5 50	5 44	5 41	5 37	5 33	5 27	5 25	5 22	5 19	5 16	5 12
7	6 4	5 59	5 54	5 49	5 43	5 40	5 36	5 31	5 25	5 23	5 20	5 16	5 13	5 9
8	6 4	5 59	5 54	5 48	5 42	5 38	5 34	5 29	5 23	5 20	5 17	5 14	5 10	5 6
9	6 4	5 58	5 53	5 47	5 41	5 37	5 32	5 27	5 21	5 18	5 15	5 11	5 7	5 3
10	6 4	5 58	5 53	5 47	5 40	5 36	5 31	5 25	5 19	5 16	5 12	5 9	5 5	5 0
11	6 4	5 58	5 52	5 46	5 38	5 34	5 29	5 24	5 17	5 14	5 10	5 6	5 2	4 57
12	6 4	5 58	5 51	5 45	5 37	5 33	5 28	5 22	5 15	5 11	5 8	5 4	4 59	4 54
13	6 4	5 57	5 51	5 44	5 36	5 32	5 26	5 20	5 13	5 9	5 5	5 1	4 56	4 51
14	6 4	5 57	5 50	5 43	5 35	5 30	5 25	5 18	5 10	5 7	5 3	4 58	4 54	4 48
15	6 4	5 57	5 50	5 43	5 34	5 29	5 23	5 16	5 8	5 5	5 1	4 56	4 51	4 45
16	6 4	5 57	5 49	5 42	5 33	5 28	5 22	5 15	5 6	5 2	4 58	4 53	4 48	4 42
17	6 4	5 56	5 49	5 41	5 32	5 26	5 20	5 13	5 4	5 0	4 56	4 51	4 46	4 39
18	6 4	5 56	5 48	5 40	5 31	5 25	5 19	5 11	5 2	4 58	4 54	4 49	4 43	4 36
19	6 4	5 56	5 48	5 40	5 30	5 24	5 17	5 10	5 0	4 56	4 51	4 46	4 40	4 34
20	6 4	5 56	5 47	5 39	5 28	5 23	5 16	5 8	4 58	4 54	4 49	4 44	4 37	4 31
21	6 4	5 55	5 47	5 38	5 27	5 21	5 14	5 6	4 56	4 52	4 47	4 41	4 35	4 28
22	6 4	5 55	5 47	5 37	5 26	5 20	5 13	5 5	4 54	4 50	4 45	4 39	4 32	4 25
23	6 4	5 55	5 46	5 37	5 25	5 19	5 12	5 3	4 52	4 48	4 42	4 36	4 30	4 22
24	6 4	5 55	5 46	5 36	5 24	5 18	5 10	5 1	4 51	4 46	4 40	4 34	4 27	4 19
25	6 4	5 55	5 45	5 35	5 23	5 17	5 9	5 0	4 49	4 43	4 38	4 31	4 24	4 16
26	6 4	5 54	5 45	5 34	5 22	5 15	5 8	4 58	4 47	4 41	4 36	4 29	4 22	4 13
27	6 4	5 54	5 44	5 34	5 21	5 14	5 6	4 56	4 45	4 39	4 33	4 27	4 19	4 11
28	6 4	5 54	5 44	5 33	5 20	5 13	5 5	4 55	4 43	4 37	4 31	4 24	4 17	4 8
29	6 4	5 54	5 44	5 33	5 19	5 12	5 4	4 53	4 41	4 35	4 29	4 22	4 14	4 5
30	6 4	5 54	5 43	5 32	5 19	5 11	5 2	4 52	4 39	4 33	4 27	4 20	4 12	4 2
Mai 1	6 4	5 54	5 43	5 31	5 18	5 10	5 1	4 50	4 38	4 31	4 25	4 17	4 9	4 0
2	6 5	5 54	5 43	5 31	5 17	5 9	5 0	4 49	4 36	4 30	4 23	4 15	4 7	3 57
3	6 5	5 53	5 42	5 30	5 16	5 8	4 58	4 47	4 34	4 28	4 21	4 13	4 4	3 54

Mittlere Ortszeit

Meridian von Greenwich

Tag	Geographische Breite													
	−10°	0°	+10°	+20°	+30°	+35°	+40°	+45°	+50°	+52°	+54°	+56°	+58°	+60°
1958	h m	h m	h m	h m	h m	h m	h m	h m	h m	h m	h m	h m	h m	h m
März 23	18 9	18 10	18 11	18 12	18 13	18 14	18 15	18 16	18 17	18 17	18 18	18 19	18 20	18 21
24	18 9	18 10	18 11	18 12	18 14	18 15	18 16	18 17	18 18	18 19	18 20	18 21	18 22	18 23
25	18 8	18 9	18 11	18 12	18 14	18 15	18 17	18 18	18 20	18 21	18 22	18 23	18 24	18 25
26	18 8	18 9	18 11	18 13	18 15	18 16	18 18	18 19	18 22	18 23	18 24	18 25	18 26	18 28
27	18 7	18 9	18 11	18 13	18 15	18 17	18 19	18 21	18 23	18 24	18 26	18 27	18 29	18 30
28	18 6	18 8	18 11	18 13	18 16	18 18	18 20	18 22	18 25	18 26	18 27	18 29	18 31	18 33
29	18 6	18 8	18 11	18 13	18 17	18 18	18 21	18 23	18 26	18 28	18 29	18 31	18 33	18 35
30	18 5	18 8	18 11	18 14	18 17	18 19	18 22	18 24	18 28	18 29	18 31	18 33	18 35	18 38
31	18 5	18 8	18 11	18 14	18 18	18 20	18 23	18 26	18 29	18 31	18 33	18 35	18 37	18 40
April 1	18 4	18 7	18 11	18 14	18 18	18 21	18 24	18 27	18 31	18 33	18 35	18 37	18 40	18 42
2	18 4	18 7	18 11	18 14	18 19	18 22	18 25	18 28	18 32	18 35	18 37	18 39	18 42	18 45
3	18 3	18 7	18 10	18 15	18 20	18 22	18 26	18 29	18 34	18 36	18 39	18 41	18 44	18 47
4	18 2	18 6	18 10	18 15	18 20	18 23	18 27	18 31	18 36	18 38	18 40	18 43	18 46	18 50
5	18 2	18 6	18 10	18 15	18 21	18 24	18 28	18 32	18 37	18 40	18 42	18 45	18 48	18 52
6	18 1	18 6	18 10	18 16	18 21	18 25	18 29	18 33	18 39	18 41	18 44	18 47	18 51	18 55
7	18 1	18 6	18 10	18 16	18 22	18 26	18 30	18 35	18 40	18 43	18 46	18 49	18 53	18 57
8	18 0	18 5	18 10	18 16	18 23	18 26	18 31	18 36	18 42	18 45	18 48	18 51	18 55	19 0
9	18 0	18 5	18 10	18 16	18 23	18 27	18 32	18 37	18 43	18 47	18 50	18 53	18 57	19 2
10	17 59	18 5	18 10	18 17	18 24	18 28	18 33	18 38	18 45	18 48	18 52	18 56	19 0	19 4
11	17 59	18 4	18 10	18 17	18 24	18 29	18 34	18 40	18 47	18 50	18 54	18 58	19 2	19 7
12	17 58	18 4	18 10	18 17	18 25	18 30	18 35	18 41	18 48	18 52	18 55	19 0	19 4	19 9
13	17 58	18 4	18 10	18 17	18 26	18 30	18 36	18 42	18 50	18 53	18 57	19 2	19 6	19 12
14	17 57	18 4	18 10	18 18	18 26	18 31	18 37	18 43	18 51	18 55	18 59	19 4	19 9	19 14
15	17 57	18 3	18 10	18 18	18 27	18 32	18 38	18 45	18 53	18 57	19 1	19 6	19 11	19 17
16	17 56	18 3	18 11	18 18	18 27	18 33	18 39	18 46	18 55	18 58	19 3	19 8	19 13	19 19
17	17 56	18 3	18 11	18 19	18 28	18 34	18 40	18 47	18 56	19 0	19 5	19 10	19 15	19 22
18	17 55	18 3	18 11	18 19	18 29	18 34	18 41	18 49	18 58	19 2	19 7	19 12	19 18	19 24
19	17 55	18 3	18 11	18 19	18 29	18 35	18 42	18 50	18 59	19 4	19 8	19 14	19 20	19 27
20	17 54	18 2	18 11	18 20	18 30	18 36	18 43	18 51	19 1	19 5	19 10	19 16	19 22	19 29
21	17 54	18 2	18 11	18 20	18 31	18 37	18 44	18 52	19 2	19 7	19 12	19 18	19 24	19 32
22	17 53	18 2	18 11	18 20	18 31	18 38	18 45	18 54	19 4	19 9	19 14	19 20	19 27	19 34
23	17 53	18 2	18 11	18 21	18 32	18 38	18 46	18 55	19 5	19 10	19 16	19 22	19 29	19 37
24	17 52	18 2	18 11	18 21	18 33	18 39	18 47	18 56	19 7	19 12	19 18	19 24	19 31	19 39
25	17 52	18 1	18 11	18 21	18 33	18 40	18 48	18 57	19 9	19 14	19 20	19 26	19 33	19 42
26	17 52	18 1	18 11	18 22	18 34	18 41	18 49	18 59	19 10	19 15	19 21	19 28	19 35	19 44
27	17 51	18 1	18 11	18 22	18 34	18 42	18 50	19 0	19 12	19 17	19 23	19 30	19 38	19 47
28	17 51	18 1	19 11	18 22	18 35	18 42	18 51	19 1	19 13	19 19	19 25	19 32	19 40	19 49
29	17 50	18 1	18 11	18 23	18 36	18 43	18 52	19 2	19 15	19 21	19 27	19 34	19 42	19 51
30	17 50	18 1	18 11	18 23	18 36	18 44	18 53	19 4	19 16	19 22	19 29	19 36	19 44	19 54
Mai 1	17 50	18 1	18 11	18 23	18 37	18 45	18 54	19 5	19 18	19 24	19 31	19 38	19 47	19 56
2	17 49	18 0	18 12	18 24	18 38	18 46	18 55	19 6	19 19	19 26	19 33	19 40	19 49	19 59
3	17 49	18 0	18 12	18 24	18 38	18 47	18 56	19 7	19 21	19 27	19 34	19 42	19 51	20 1

Sonnenaufgang 1958

Mittlere Ortszeit — Meridian von Greenwich

Tag	Geographische Breite													
	−10°	0°	+10°	+20°	+30°	+35°	+40°	+45°	+50°	+52°	+54°	+56°	+58°	+60°
1958	h m	h m	h m	h m	h m	h m	h m	h m	h m	h m	h m	h m	h m	h m
Mai 3	6 5	5 53	5 42	5 30	5 16	5 8	4 58	4 47	4 34	4 28	4 21	4 13	4 4	3 54
4	6 5	5 53	5 42	5 29	5 15	5 7	4 57	4 46	4 32	4 26	4 19	4 11	4 2	3 51
5	6 5	5 53	5 42	5 29	5 14	5 6	4 56	4 44	4 31	4 24	4 17	4 9	3 59	3 49
6	6 5	5 53	5 41	5 28	5 13	5 5	4 55	4 43	4 29	4 22	4 15	4 6	3 57	3 46
7	6 5	5 53	5 41	5 28	5 13	5 4	4 54	4 42	4 27	4 20	4 13	4 4	3 55	3 44
8	6 5	5 53	5 41	5 27	5 12	5 3	4 53	4 40	4 25	4 19	4 11	4 2	3 52	3 41
9	6 5	5 53	5 40	5 27	5 11	5 2	4 51	4 39	4 24	4 17	4 9	4 0	3 50	3 38
10	6 6	5 53	5 40	5 26	5 10	5 1	4 50	4 38	4 22	4 15	4 7	3 58	3 48	3 36
11	6 6	5 53	5 40	5 26	5 10	5 0	4 49	4 36	4 21	4 13	4 5	3 56	3 45	3 33
12	6 6	5 53	5 40	5 25	5 9	4 59	4 48	4 35	4 19	4 12	4 3	3 54	3 43	3 31
13	6 6	5 53	5 39	5 25	5 8	4 59	4 47	4 34	4 18	4 10	4 2	3 52	3 41	3 28
14	6 6	5 53	5 39	5 25	5 8	4 58	4 46	4 33	4 16	4 9	4 0	3 50	3 39	3 26
15	6 7	5 53	5 39	5 24	5 7	4 57	4 45	4 32	4 15	4 7	3 58	3 48	3 37	3 24
16	6 7	5 53	5 39	5 24	5 6	4 56	4 45	4 31	4 14	4 6	3 57	3 46	3 35	3 21
17	6 7	5 53	5 39	5 23	5 6	4 55	4 44	4 29	4 12	4 4	3 55	3 45	3 33	3 19
18	6 7	5 53	5 38	5 23	5 5	4 55	4 43	4 28	4 11	4 3	3 53	3 43	3 31	3 17
19	6 7	5 53	5 38	5 23	5 5	4 54	4 42	4 27	4 10	4 1	3 52	3 41	3 29	3 15
20	6 8	5 53	5 38	5 22	5 4	4 53	4 41	4 26	4 8	4 0	3 50	3 39	3 27	3 12
21	6 8	5 53	5 38	5 22	5 4	4 53	4 40	4 25	4 7	3 58	3 49	3 38	3 25	3 10
22	6 8	5 53	5 38	5 22	5 3	4 52	4 39	4 24	4 6	3 57	3 47	3 36	3 23	3 8
23	6 8	5 53	5 38	5 22	5 3	4 51	4 39	4 23	4 5	3 56	3 46	3 35	3 21	3 6
24	6 8	5 53	5 38	5 21	5 2	4 51	4 38	4 23	4 4	3 55	3 45	3 33	3 20	3 4
25	6 9	5 53	5 38	5 21	5 2	4 50	4 37	4 22	4 3	3 53	3 43	3 32	3 18	3 2
26	6 9	5 53	5 38	5 21	5 1	4 50	4 37	4 21	4 2	3 52	3 42	3 30	3 16	3 0
27	6 9	5 53	5 38	5 21	5 1	4 49	4 36	4 20	4 1	3 51	3 41	3 29	3 15	2 58
28	6 9	5 54	5 38	5 21	5 1	4 49	4 36	4 19	4 0	3 50	3 40	3 27	3 13	2 57
29	6 10	5 54	5 38	5 20	5 0	4 49	4 35	4 19	3 59	3 49	3 38	3 26	3 12	2 55
30	6 10	5 54	5 38	5 20	5 0	4 48	4 34	4 18	3 58	3 48	3 37	3 25	3 10	2 53
31	6 10	5 54	5 38	5 20	5 0	4 48	4 34	4 18	3 57	3 47	3 36	3 24	3 9	2 52
Juni 1	6 10	5 54	5 38	5 20	5 0	4 47	4 33	4 17	3 56	3 46	3 35	3 23	3 8	2 50
2	6 11	5 54	5 38	5 20	4 59	4 47	4 33	4 16	3 56	3 46	3 34	3 21	3 7	2 49
3	6 11	5 54	5 38	5 20	4 59	4 47	4 33	4 16	3 55	3 45	3 33	3 20	3 5	2 47
4	6 11	5 55	5 38	5 20	4 59	4 47	4 32	4 15	3 54	3 44	3 33	3 20	3 4	2 46
5	6 11	5 55	5 38	5 20	4 59	4 46	4 32	4 15	3 54	3 43	3 32	3 19	3 3	2 44
6	6 12	5 55	5 38	5 20	4 59	4 46	4 32	4 14	3 53	3 43	3 31	3 18	3 2	2 43
7	6 12	5 55	5 38	5 20	4 58	4 46	4 31	4 14	3 53	3 42	3 30	3 17	3 1	2 42
8	6 12	5 55	5 38	5 20	4 58	4 46	4 31	4 14	3 52	3 42	3 30	3 16	3 0	2 41
9	6 12	5 55	5 38	5 20	4 58	4 46	4 31	4 13	3 52	3 41	3 29	3 16	3 0	2 40
10	6 13	5 56	5 38	5 20	4 58	4 46	4 31	4 13	3 51	3 41	3 29	3 15	2 59	2 39
11	6 13	5 56	5 39	5 20	4 58	4 45	4 31	4 13	3 51	3 40	3 28	3 15	2 58	2 39
12	6 13	5 56	5 39	5 20	4 58	4 45	4 31	4 13	3 51	3 40	3 28	3 14	2 58	2 38
13	6 13	5 56	5 39	5 20	4 58	4 45	4 31	4 13	3 50	3 40	3 28	3 14	2 57	2 37

Mittlere Ortszeit — Meridian von Greenwich

Tag	Geographische Breite													
	−10°	0°	+10°	+20°	+30°	+35°	+40°	+45°	+50°	+52°	+54°	+56°	+58°	+60°
1958	h m	h m	h m	h m	h m	h m	h m	h m	h m	h m	h m	h m	h m	h m
Mai 3	17 49	18 0	18 12	18 24	18 38	18 47	18 56	19 7	19 21	19 27	19 34	19 42	19 51	20 1
4	17 49	18 0	18 12	18 24	18 39	18 47	18 57	19 9	19 22	19 29	19 36	19 44	19 53	20 4
5	17 48	18 0	18 12	18 25	18 40	18 48	18 58	19 10	19 24	19 31	19 38	19 46	19 56	20 6
6	17 48	18 0	18 12	18 25	18 40	18 49	18 59	19 11	19 25	19 32	19 40	19 48	19 58	20 9
7	17 48	18 0	18 12	18 26	18 41	18 50	19 0	19 12	19 27	19 34	19 42	19 50	20 0	20 11
8	17 48	18 0	18 12	18 26	18 42	18 51	19 1	19 13	19 28	19 35	19 43	19 52	20 2	20 14
9	17 47	18 0	18 13	18 26	18 42	18 51	19 2	19 15	19 30	19 37	19 45	19 54	20 4	20 16
10	17 47	18 0	18 13	18 27	18 43	18 52	19 3	19 16	19 31	19 39	19 47	19 56	20 6	20 19
11	17 47	18 0	18 13	18 27	18 43	18 53	19 4	19 17	19 33	19 40	19 49	19 58	20 9	20 21
12	17 47	18 0	18 13	18 27	18 44	18 54	19 5	19 18	19 34	19 42	19 50	20 0	20 11	20 23
13	17 47	18 0	18 13	18 28	18 45	18 55	19 6	19 19	19 36	19 43	19 52	20 2	20 13	20 26
14	17 46	18 0	18 14	18 28	18 45	18 55	19 7	19 20	19 37	19 45	19 54	20 4	20 15	20 28
15	17 46	18 0	18 14	18 29	18 46	18 56	19 8	19 22	19 39	19 47	19 56	20 6	20 17	20 31
16	17 46	18 0	18 14	18 29	18 47	18 57	19 9	19 23	19 40	19 48	19 57	20 8	20 19	20 33
17	17 46	18 0	18 14	18 30	18 47	18 58	19 10	19 24	19 41	19 50	19 59	20 9	20 21	20 35
18	17 46	18 0	18 14	18 30	18 48	18 58	19 11	19 25	19 43	19 51	20 1	20 11	20 23	20 38
19	17 46	18 0	18 15	18 30	18 49	18 59	19 12	19 26	19 44	19 53	20 2	20 13	20 25	20 40
20	17 45	18 0	18 15	18 31	18 49	19 0	19 12	19 27	19 45	19 54	20 4	20 15	20 27	20 42
21	17 45	18 0	18 15	18 31	18 50	19 1	19 13	19 28	19 47	19 55	20 5	20 16	20 29	20 44
22	17 45	18 0	18 15	18 32	18 50	19 1	19 14	19 29	19 48	19 57	20 7	20 18	20 31	20 47
23	17 45	18 0	18 16	18 32	18 51	19 2	19 15	19 30	19 49	19 58	20 8	20 20	20 33	20 49
24	17 45	18 0	18 16	18 32	18 52	19 3	19 16	19 32	19 51	20 0	20 10	20 22	20 35	20 51
25	17 45	18 0	18 16	18 33	18 52	19 4	19 17	19 33	19 52	20 1	20 11	20 23	20 37	20 53
26	17 45	18 1	18 16	18 33	18 53	19 4	19 18	19 33	19 53	20 2	20 13	20 25	20 39	20 55
27	17 45	18 1	18 17	18 34	18 53	19 5	19 18	19 34	19 54	20 4	20 14	20 26	20 41	20 57
28	17 45	18 1	18 17	18 34	18 54	19 6	19 19	19 35	19 55	20 5	20 16	20 28	20 42	20 59
29	17 45	18 1	18 17	18 34	18 55	19 6	19 20	19 36	19 57	20 6	20 17	20 29	20 44	21 1
30	17 45	18 1	18 17	18 35	18 55	19 7	19 21	19 37	19 58	20 7	20 18	20 31	20 46	21 3
31	17 45	18 1	18 18	18 35	18 56	19 8	19 22	19 38	19 59	20 9	20 20	20 32	20 47	21 5
Juni 1	17 45	18 1	18 18	18 36	18 56	19 8	19 22	19 39	20 0	20 10	20 21	20 34	20 49	21 7
2	17 45	18 1	18 18	18 36	18 57	19 9	19 23	19 40	20 1	20 11	20 22	20 35	20 50	21 8
3	17 45	18 2	18 18	18 36	18 57	19 9	19 24	19 41	20 2	20 12	20 23	20 36	20 52	21 10
4	17 45	18 2	18 19	18 37	18 58	19 10	19 24	19 41	20 3	20 13	20 24	20 37	20 53	21 12
5	17 45	18 2	18 19	18 37	18 58	19 11	19 25	19 42	20 4	20 14	20 26	20 39	20 54	21 13
6	17 45	18 2	18 19	18 37	18 59	19 11	19 26	19 43	20 4	20 15	20 27	20 40	20 56	21 15
7	17 45	18 2	18 19	18 38	18 59	19 12	19 26	19 44	20 5	20 16	20 28	20 41	20 57	21 16
8	17 46	18 2	18 20	18 38	19 0	19 12	19 27	19 44	20 6	20 17	20 28	20 42	20 58	21 17
9	17 46	18 3	18 20	18 38	19 0	19 13	19 27	19 45	20 7	20 17	20 29	20 43	20 59	21 19
10	17 46	18 3	18 20	18 39	19 0	19 13	19 28	19 46	20 7	20 18	20 30	20 44	21 0	21 20
11	17 46	18 3	18 20	18 39	19 1	19 14	19 28	19 46	20 8	20 19	20 31	20 45	21 1	21 21
12	17 46	18 3	18 21	18 39	19 1	19 14	19 29	19 47	20 9	20 20	20 32	20 46	21 2	21 22
13	17 46	18 3	18 21	18 40	19 2	19 14	19 29	19 47	20 9	20 20	20 32	20 46	21 3	21 23

Sonnenaufgang 1958

Mittlere Ortszeit | Meridian von Greenwich

Tag	Geographische Breite −10°	0°	+10°	+20°	+30°	+35°	+40°	+45°	+50°	+52°	+54°	+56°	+58°	+60°
1958	h m	h m	h m	h m	h m	h m	h m	h m	h m	h m	h m	h m	h m	h m
Juni 13	6 13	5 56	5 39	5 20	4 58	4 45	4 31	4 13	3 50	3 40	3 28	3 14	2 57	2 37
14	6 14	5 56	5 39	5 20	4 58	4 45	4 30	4 13	3 50	3 39	3 27	3 13	2 57	2 37
15	6 14	5 57	5 39	5 20	4 58	4 45	4 30	4 13	3 50	3 39	3 27	3 13	2 56	2 36
16	6 14	5 57	5 39	5 20	4 58	4 45	4 30	4 13	3 50	3 39	3 27	3 13	2 56	2 36
17	6 14	5 57	5 39	5 21	4 58	4 46	4 31	4 13	3 50	3 39	3 27	3 13	2 56	2 36
18	6 15	5 57	5 40	5 21	4 59	4 46	4 31	4 13	3 50	3 39	3 27	3 13	2 56	2 35
19	6 15	5 57	5 40	5 21	4 59	4 46	4 31	4 13	3 50	3 39	3 27	3 13	2 56	2 35
20	6 15	5 58	5 40	5 21	4 59	4 46	4 31	4 13	3 50	3 39	3 27	3 13	2 56	2 35
21	6 15	5 58	5 40	5 21	4 59	4 46	4 31	4 13	3 50	3 40	3 27	3 13	2 56	2 35
22	6 16	5 58	5 40	5 22	4 59	4 46	4 31	4 13	3 51	3 40	3 27	3 13	2 56	2 36
23	6 16	5 58	5 41	5 22	5 0	4 47	4 32	4 14	3 51	3 40	3 28	3 13	2 57	2 36
24	6 16	5 59	5 41	5 22	5 0	4 47	4 32	4 14	3 51	3 40	3 28	3 14	2 57	2 36
25	6 16	5 59	5 41	5 22	5 0	4 47	4 32	4 14	3 52	3 41	3 28	3 14	2 57	2 37
26	6 17	5 59	5 41	5 23	5 0	4 47	4 32	4 14	3 52	3 41	3 29	3 15	2 58	2 37
27	6 17	5 59	5 42	5 23	5 1	4 48	4 33	4 15	3 52	3 42	3 29	3 15	2 58	2 38
28	6 17	6 0	5 42	5 23	5 1	4 48	4 33	4 15	3 53	3 42	3 30	3 16	2 59	2 39
29	6 17	6 0	5 42	5 23	5 1	4 49	4 34	4 16	3 53	3 43	3 30	3 16	3 0	2 40
30	6 17	6 0	5 42	5 24	5 2	4 49	4 34	4 16	3 54	3 43	3 31	3 17	3 1	2 40
Juli 1	6 17	6 0	5 43	5 24	5 2	4 49	4 35	4 17	3 55	3 44	3 32	3 18	3 1	2 41
2	6 17	6 0	5 43	5 24	5 2	4 50	4 35	4 17	3 55	3 44	3 32	3 19	3 2	2 42
3	6 18	6 0	5 43	5 25	5 3	4 50	4 35	4 18	3 56	3 45	3 33	3 20	3 3	2 44
4	6 18	6 1	5 43	5 25	5 3	4 51	4 36	4 18	3 57	3 46	3 34	3 20	3 4	2 45
5	6 18	6 1	5 44	5 25	5 4	4 51	4 36	4 19	3 57	3 47	3 35	3 21	3 5	2 46
6	6 18	6 1	5 44	5 26	5 4	4 52	4 37	4 20	3 58	3 48	3 36	3 22	3 7	2 47
7	6 18	6 1	5 44	5 26	5 5	4 52	4 38	4 20	3 59	3 49	3 37	3 24	3 8	2 49
8	6 18	6 1	5 44	5 26	5 5	4 53	4 38	4 21	4 0	3 50	3 38	3 25	3 9	2 50
9	6 18	6 1	5 45	5 27	5 6	4 53	4 39	4 22	4 1	3 51	3 39	3 26	3 10	2 52
10	6 18	6 2	5 45	5 27	5 6	4 54	4 40	4 23	4 2	3 52	3 40	3 27	3 12	2 53
11	6 18	6 2	5 45	5 27	5 7	4 54	4 40	4 23	4 3	3 53	3 41	3 28	3 13	2 55
12	6 18	6 2	5 45	5 28	5 7	4 55	4 41	4 24	4 4	3 54	3 42	3 30	3 15	2 57
13	6 18	6 2	5 46	5 28	5 8	4 56	4 42	4 25	4 5	3 55	3 44	3 31	3 16	2 59
14	6 18	6 2	5 46	5 28	5 8	4 56	4 42	4 26	4 6	3 56	3 45	3 32	3 18	3 0
15	6 18	6 2	5 46	5 29	5 9	4 57	4 43	4 27	4 7	3 57	3 46	3 34	3 19	3 2
16	6 18	6 2	5 46	5 29	5 9	4 57	4 44	4 28	4 8	3 58	3 48	3 35	3 21	3 4
17	6 18	6 2	5 47	5 30	5 10	4 58	4 45	4 29	4 9	4 0	3 49	3 37	3 23	3 6
18	6 18	6 3	5 47	5 30	5 10	4 59	4 46	4 30	4 10	4 1	3 50	3 38	3 24	3 8
19	6 18	6 3	5 47	5 30	5 11	5 0	4 46	4 31	4 11	4 2	3 52	3 40	3 26	3 10
20	6 18	6 3	5 47	5 31	5 12	5 0	4 47	4 32	4 12	4 3	3 53	3 42	3 28	3 12
21	6 18	6 3	5 47	5 31	5 12	5 1	4 48	4 33	4 14	4 5	3 55	3 43	3 30	3 14
22	6 18	6 3	5 48	5 31	5 13	5 2	4 49	4 34	4 15	4 6	3 56	3 45	3 32	3 17
23	6 18	6 3	5 48	5 32	5 13	5 2	4 50	4 35	4 16	4 7	3 58	3 47	3 34	3 19
24	6 18	6 3	5 48	5 32	5 14	5 3	4 50	4 36	4 18	4 9	3 59	3 48	3 36	3 21

Sonnenuntergang 1958

Mittlere Ortszeit — Meridian von Greenwich

Tag	Geographische Breite													
	−10°	0°	+10°	+20°	+30°	+35°	+40°	+45°	+50°	+52°	+54°	+56°	+58°	+60°
1958	h m	h m	h m	h m	h m	h m	h m	h m	h m	h m	h m	h m	h m	h m
Juni 13	17 46	18 3	18 21	18 40	19 2	19 14	19 29	19 47	20 9	20 20	20 32	20 46	21 3	21 23
14	17 46	18 4	18 21	18 40	19 2	19 15	19 30	19 48	20 10	20 21	20 33	20 47	21 4	21 24
15	17 47	18 4	18 22	18 40	19 2	19 15	19 30	19 48	20 11	20 21	20 34	20 48	21 4	21 25
16	17 47	18 4	18 22	18 41	19 3	19 16	19 31	19 49	20 11	20 22	20 34	20 48	21 5	21 25
17	17 47	18 4	18 22	18 41	19 3	19 16	19 31	19 49	20 11	20 22	20 35	20 49	21 6	21 26
18	17 47	18 5	18 22	18 41	19 3	19 16	19 31	19 49	20 12	20 23	20 35	20 49	21 6	21 27
19	17 47	18 5	18 23	18 41	19 4	19 17	19 32	19 50	20 12	20 23	20 35	20 50	21 7	21 27
20	17 47	18 5	18 23	18 42	19 4	19 17	19 32	19 50	20 13	20 23	20 36	20 50	21 7	21 28
21	17 48	18 5	18 23	18 42	19 4	19 17	19 32	19 50	20 13	20 24	20 36	20 50	21 7	21 28
22	17 48	18 5	18 23	18 42	19 4	19 17	19 32	19 50	20 13	20 24	20 36	20 50	21 7	21 28
23	17 48	18 6	18 23	18 42	19 4	19 17	19 32	19 50	20 13	20 24	20 36	20 51	21 7	21 28
24	17 48	18 6	18 24	18 42	19 5	19 18	19 33	19 51	20 13	20 24	20 36	20 51	21 7	21 28
25	17 49	18 6	18 24	18 43	19 5	19 18	19 33	19 51	20 13	20 24	20 36	20 51	21 7	21 28
26	17 49	18 6	18 24	18 43	19 5	19 18	19 33	19 51	20 13	20 24	20 36	20 51	21 7	21 28
27	17 49	18 7	18 24	18 43	19 5	19 18	19 33	19 51	20 13	20 24	20 36	20 51	21 7	21 27
28	17 49	18 7	18 24	18 43	19 5	19 18	19 33	19 51	20 13	20 24	20 36	20 50	21 7	21 27
29	17 50	18 7	18 24	18 43	19 5	19 18	19 33	19 51	20 13	20 24	20 36	20 50	21 7	21 27
30	17 50	18 7	18 25	18 43	19 5	19 18	19 33	19 51	20 13	20 24	20 36	20 50	21 6	21 26
Juli 1	17 50	18 7	18 25	18 43	19 5	19 18	19 33	19 51	20 13	20 23	20 35	20 49	21 5	21 25
2	17 50	18 7	18 25	18 43	19 5	19 18	19 33	19 50	20 12	20 23	20 35	20 49	21 5	21 25
3	17 51	18 8	18 25	18 43	19 5	19 18	19 33	19 50	20 12	20 23	20 34	20 48	21 4	21 24
4	17 51	18 8	18 25	18 43	19 5	19 18	19 32	19 50	20 12	20 22	20 34	20 48	21 3	21 23
5	17 51	18 8	18 25	18 43	19 5	19 17	19 32	19 50	20 11	20 22	20 33	20 47	21 3	21 22
6	17 51	18 8	18 25	18 43	19 5	19 17	19 32	19 49	20 11	20 21	20 33	20 46	21 2	21 21
7	17 52	18 8	18 25	18 43	19 5	19 17	19 32	19 49	20 10	20 20	20 32	20 45	21 1	21 20
8	17 52	18 8	18 25	18 43	19 4	19 17	19 31	19 48	20 10	20 20	20 31	20 44	21 0	21 18
9	17 52	18 9	18 25	18 43	19 4	19 17	19 31	19 48	20 9	20 19	20 30	20 44	20 59	21 17
10	17 52	18 9	18 25	18 43	19 4	19 16	19 31	19 47	20 8	20 18	20 30	20 43	20 58	21 16
11	17 53	18 9	18 25	18 43	19 4	19 16	19 30	19 47	20 8	20 17	20 29	20 42	20 57	21 14
12	17 53	18 9	18 25	18 43	19 4	19 16	19 30	19 46	20 7	20 17	20 28	20 40	20 55	21 13
13	17 53	18 9	18 26	18 43	19 3	19 15	19 29	19 46	20 6	20 16	20 27	20 39	20 54	21 11
14	17 53	18 9	18 26	18 43	19 3	19 15	19 29	19 45	20 5	20 15	20 26	20 38	20 53	21 10
15	17 54	18 9	18 26	18 43	19 3	19 15	19 28	19 44	20 4	20 14	20 25	20 37	20 51	21 8
16	17 54	18 10	18 25	18 43	19 2	19 14	19 28	19 44	20 3	20 13	20 24	20 36	20 50	21 6
17	17 54	18 10	18 25	18 42	19 2	19 14	19 27	19 43	20 3	20 12	20 22	20 34	20 48	21 5
18	17 54	18 10	18 25	18 42	19 2	19 13	19 26	19 42	20 2	20 11	20 21	20 33	20 47	21 3
19	17 54	18 10	18 25	18 42	19 1	19 13	19 26	19 41	20 1	20 10	20 20	20 31	20 45	21 1
20	17 55	18 10	18 25	18 42	19 1	19 12	19 25	19 40	19 59	20 8	20 18	20 30	20 43	20 59
21	17 55	18 10	18 25	18 41	19 0	19 11	19 24	19 40	19 58	20 7	20 17	20 28	20 41	20 57
22	17 55	18 10	18 25	18 41	19 0	19 11	19 24	19 39	19 57	20 6	20 16	20 27	20 40	20 55
23	17 55	18 10	18 25	18 41	18 59	19 10	19 23	19 38	19 56	20 5	20 14	20 25	20 38	20 53
24	17 55	18 10	18 25	18 41	18 59	19 10	19 22	19 37	19 55	20 3	20 13	20 23	20 36	20 50

Sonnenaufgang 1958

Mittlere Ortszeit | Meridian von Greenwich

Tag	Geographische Breite													
	−10°	0°	+10°	+20°	+30°	+35°	+40°	+45°	+50°	+52°	+54°	+56°	+58°	+60°
1958	h m	h m	h m	h m	h m	h m	h m	h m	h m	h m	h m	h m	h m	h m
Juli 24	6 18	6 3	5 48	5 32	5 14	5 3	4 50	4 36	4 18	4 9	3 59	3 48	3 36	3 21
25	6 17	6 3	5 48	5 33	5 14	5 4	4 51	4 37	4 19	4 10	4 1	3 50	3 38	3 23
26	6 17	6 3	5 49	5 33	5 15	5 4	4 52	4 38	4 20	4 12	4 2	3 52	3 40	3 25
27	6 17	6 3	5 49	5 33	5 16	5 5	4 53	4 39	4 22	4 13	4 4	3 54	3 42	3 28
28	6 17	6 3	5 49	5 34	5 16	5 6	4 54	4 40	4 23	4 15	4 6	3 55	3 44	3 30
29	6 17	6 3	5 49	5 34	5 17	5 7	4 55	4 41	4 24	4 16	4 7	3 57	3 46	3 32
30	6 16	6 3	5 49	5 34	5 17	5 7	4 56	4 42	4 26	4 18	4 9	3 59	3 48	3 34
31	6 16	6 3	5 49	5 35	5 18	5 8	4 57	4 43	4 27	4 19	4 11	4 1	3 50	3 37
Aug. 1	6 16	6 3	5 50	5 35	5 18	5 9	4 58	4 45	4 28	4 21	4 12	4 3	3 52	3 39
2	6 16	6 3	5 50	5 35	5 19	5 10	4 59	4 46	4 30	4 22	4 14	4 5	3 54	3 42
3	6 15	6 3	5 50	5 36	5 20	5 10	4 59	4 47	4 31	4 24	4 16	4 6	3 56	3 44
4	6 15	6 3	5 50	5 36	5 20	5 11	5 0	4 48	4 33	4 25	4 17	4 8	3 58	3 46
5	6 15	6 2	5 50	5 36	5 21	5 12	5 1	4 49	4 34	4 27	4 19	4 10	4 0	3 49
6	6 15	6 2	5 50	5 37	5 21	5 13	5 2	4 50	4 35	4 28	4 21	4 12	4 2	3 51
7	6 14	6 2	5 50	5 37	5 22	5 13	5 3	4 51	4 37	4 30	4 23	4 14	4 4	3 53
8	6 14	6 2	5 50	5 37	5 23	5 14	5 4	4 52	4 38	4 32	4 24	4 16	4 7	3 56
9	6 14	6 2	5 50	5 38	5 23	5 15	5 5	4 54	4 40	4 33	4 26	4 18	4 9	3 58
10	6 13	6 2	5 51	5 38	5 24	5 16	5 6	4 55	4 41	4 35	4 28	4 20	4 11	4 1
11	6 13	6 2	5 51	5 38	5 25	5 16	5 7	4 56	4 43	4 36	4 30	4 22	4 13	4 3
12	6 13	6 2	5 51	5 39	5 25	5 17	5 8	4 57	4 44	4 38	4 31	4 24	4 15	4 5
13	6 12	6 2	5 51	5 39	5 26	5 18	5 9	4 58	4 46	4 40	4 33	4 26	4 17	4 8
14	6 12	6 1	5 51	5 39	5 26	5 19	5 10	5 0	4 47	4 41	4 35	4 28	4 20	4 10
15	6 11	6 1	5 51	5 40	5 27	5 20	5 11	5 1	4 49	4 43	4 37	4 30	4 22	4 13
16	6 11	6 1	5 51	5 40	5 28	5 20	5 12	5 2	4 50	4 45	4 38	4 32	4 24	4 15
17	6 10	6 1	5 51	5 40	5 28	5 21	5 13	5 3	4 52	4 46	4 40	4 34	4 26	4 17
18	6 10	6 1	5 51	5 41	5 29	5 22	5 14	5 4	4 53	4 48	4 42	4 36	4 28	4 20
19	6 10	6 0	5 51	5 41	5 29	5 23	5 15	5 6	4 55	4 49	4 44	4 38	4 30	4 22
20	6 9	6 0	5 51	5 41	5 30	5 23	5 16	5 7	4 56	4 51	4 46	4 39	4 33	4 25
21	6 9	6 0	5 51	5 41	5 30	5 24	5 17	5 8	4 58	4 53	4 47	4 41	4 35	4 27
22	6 8	6 0	5 51	5 42	5 31	5 25	5 18	5 9	4 59	4 54	4 49	4 43	4 37	4 30
23	6 8	5 59	5 51	5 42	5 32	5 25	5 19	5 10	5 1	4 56	4 51	4 45	4 39	4 32
24	6 7	5 59	5 51	5 42	5 32	5 26	5 19	5 12	5 2	4 58	4 53	4 47	4 41	4 34
25	6 7	5 59	5 51	5 43	5 33	5 27	5 20	5 13	5 4	4 59	4 55	4 49	4 43	4 37
26	6 6	5 59	5 51	5 43	5 33	5 28	5 21	5 14	5 5	5 1	4 56	4 51	4 46	4 39
27	6 6	5 58	5 51	5 43	5 34	5 28	5 22	5 15	5 7	5 3	4 58	4 53	4 48	4 42
28	6 5	5 58	5 51	5 43	5 34	5 29	5 23	5 16	5 8	5 4	5 0	4 55	4 50	4 44
29	6 5	5 58	5 51	5 43	5 35	5 30	5 24	5 18	5 10	5 6	5 2	4 57	4 52	4 46
30	6 4	5 57	5 51	5 44	5 36	5 31	5 25	5 19	5 11	5 7	5 4	4 59	4 54	4 49
31	6 3	5 57	5 51	5 44	5 36	5 31	5 26	5 20	5 13	5 9	5 5	5 1	4 56	4 51
Sept. 1	6 3	5 57	5 51	5 44	5 37	5 32	5 27	5 21	5 14	5 11	5 7	5 3	4 59	4 53
2	6 2	5 57	5 51	5 44	5 37	5 33	5 28	5 22	5 16	5 12	5 9	5 5	5 1	4 56
3	6 2	5 56	5 51	5 45	5 38	5 34	5 29	5 24	5 17	5 14	5 11	5 7	5 3	4 58

Mittlere Ortszeit — Meridian von Greenwich

Tag	−10°	0°	+10°	+20°	+30°	+35°	+40°	+45°	+50°	+52°	+54°	+56°	+58°	+60°
1958	h m	h m	h m	h m	h m	h m	h m	h m	h m	h m	h m	h m	h m	h m
Juli 24	17 55	18 10	18 25	18 41	18 59	19 10	19 22	19 37	19 55	20 3	20 13	20 23	20 36	20 50
25	17 56	18 10	18 25	18 40	18 58	19 9	19 21	19 36	19 53	20 2	20 11	20 22	20 34	20 48
26	17 56	18 10	18 24	18 40	18 58	19 8	19 20	19 35	19 52	20 0	20 9	20 20	20 32	20 46
27	17 56	18 10	18 24	18 39	18 57	19 7	19 19	19 33	19 51	19 59	20 8	20 18	20 30	20 44
28	17 56	18 10	18 24	18 39	18 56	19 7	19 18	19 32	19 49	19 57	20 6	20 16	20 28	20 41
29	17 56	18 10	18 24	18 39	18 56	19 6	19 17	19 31	19 48	19 56	20 4	20 15	20 26	20 39
30	17 56	18 10	18 23	18 38	18 55	19 5	19 16	19 30	19 46	19 54	20 3	20 13	20 24	20 37
31	17 57	18 10	18 23	18 38	18 54	19 4	19 15	19 29	19 45	19 53	20 1	20 11	20 22	20 34
Aug. 1	17 57	18 10	18 23	18 37	18 54	19 3	19 14	19 27	19 43	19 51	19 59	20 9	20 19	20 32
2	17 57	18 10	18 23	18 37	18 53	19 2	19 13	19 26	19 42	19 49	19 57	20 7	20 17	20 29
3	17 57	18 10	18 22	18 36	18 52	19 1	19 12	19 25	19 40	19 48	19 56	20 5	20 15	20 27
4	17 57	18 10	18 22	18 36	18 51	19 1	19 11	19 23	19 39	19 46	19 54	20 2	20 13	20 24
5	17 57	18 9	18 22	18 35	18 51	19 0	19 10	19 22	19 37	19 44	19 52	20 0	20 10	20 22
6	17 57	18 9	18 21	18 35	18 50	18 59	19 9	19 21	19 35	19 42	19 50	19 58	20 8	20 19
7	17 57	18 9	18 21	18 34	18 49	18 58	19 8	19 19	19 34	19 40	19 48	19 56	20 6	20 16
8	17 57	18 9	18 21	18 34	18 48	18 57	19 7	19 18	19 32	19 39	19 46	19 54	20 3	20 14
9	17 58	18 9	18 20	18 33	18 47	18 56	19 5	19 17	19 30	19 37	19 44	19 52	20 1	20 11
10	17 58	18 9	18 20	18 32	18 46	18 55	19 4	19 15	19 29	19 35	19 42	19 50	19 58	20 9
11	17 58	18 9	18 20	18 32	18 46	18 54	19 3	19 14	19 27	19 33	19 40	19 47	19 56	20 6
12	17 58	18 9	18 19	18 31	18 45	18 52	19 1	19 12	19 25	19 31	19 38	19 45	19 53	20 3
13	17 58	18 8	18 19	18 30	18 44	18 51	19 0	19 11	19 23	19 29	19 36	19 43	19 51	20 0
14	17 58	18 8	18 19	18 30	18 43	18 50	18 59	19 9	19 21	19 27	19 33	19 41	19 49	19 58
15	17 58	18 8	18 18	18 29	18 42	18 49	18 57	19 8	19 19	19 25	19 31	19 38	19 46	19 55
16	17 58	18 8	18 18	18 28	18 41	18 48	18 56	19 6	19 18	19 23	19 29	19 36	19 43	19 52
17	17 58	18 7	18 17	18 28	18 40	18 47	18 55	19 4	19 16	19 21	19 27	19 33	19 41	19 49
18	17 58	18 7	18 17	18 27	18 39	18 46	18 53	19 3	19 14	19 19	19 25	19 31	19 38	19 46
19	17 58	18 7	18 16	18 26	18 38	18 44	18 52	19 1	19 12	19 17	19 22	19 29	19 36	19 43
20	17 58	18 7	18 16	18 25	18 37	18 43	18 51	18 59	19 10	19 15	19 20	19 26	19 33	19 41
21	17 58	18 7	18 15	18 25	18 36	18 42	18 49	18 58	19 8	19 13	19 18	19 24	19 30	19 38
22	17 58	18 6	18 15	18 24	18 34	18 41	18 48	18 56	19 6	19 11	19 16	19 21	19 28	19 35
23	17 58	18 6	18 14	18 23	18 33	18 40	18 46	18 54	19 4	19 8	19 13	19 19	19 25	19 32
24	17 58	18 6	18 14	18 22	18 32	18 38	18 45	18 53	19 2	19 6	19 11	19 16	19 22	19 29
25	17 58	18 5	18 13	18 22	18 31	18 37	18 43	18 51	19 0	19 4	19 9	19 14	19 20	19 26
26	17 58	18 5	18 13	18 21	18 30	18 36	18 42	18 49	18 58	19 2	19 6	19 11	19 17	19 23
27	17 58	18 5	18 12	18 20	18 29	18 34	18 40	18 47	18 56	19 0	19 4	19 9	19 14	19 20
28	17 58	18 5	18 12	18 19	18 28	18 33	18 39	18 46	18 54	18 57	19 2	19 6	19 11	19 17
29	17 58	18 4	18 11	18 18	18 27	18 32	18 37	18 44	18 52	18 55	18 59	19 4	19 9	19 14
30	17 58	18 4	18 11	18 17	18 26	18 30	18 36	18 42	18 49	18 53	18 57	19 1	19 6	19 11
31	17 58	18 4	18 10	18 17	18 24	18 29	18 34	18 40	18 47	18 51	18 54	18 59	19 3	19 8
Sept. 1	17 58	18 3	18 9	18 16	18 23	18 27	18 33	18 38	18 45	18 48	18 52	18 56	19 0	19 5
2	17 58	18 3	18 9	18 15	18 22	18 26	18 31	18 36	18 43	18 46	18 50	18 53	18 58	19 2
3	17 57	18 3	18 8	18 14	18 21	18 25	18 29	18 35	18 41	18 44	18 47	18 51	18 55	18 59

Sonnenaufgang 1958

Mittlere Ortszeit | Meridian von Greenwich

Tag	Geographische Breite													
	−10°	0°	+10°	+20°	+30°	+35°	+40°	+45°	+50°	+52°	+54°	+56°	+58°	+60°
1958	h m	h m	h m	h m	h m	h m	h m	h m	h m	h m	h m	h m	h m	h m
Sept. 3	6 2	5 56	5 51	5 45	5 38	5 34	5 29	5 24	5 17	5 14	5 11	5 7	5 3	4 58
4	6 1	5 56	5 51	5 45	5 38	5 34	5 30	5 25	5 19	5 16	5 12	5 9	5 5	5 0
5	6 1	5 56	5 51	5 45	5 39	5 35	5 31	5 26	5 20	5 17	5 14	5 11	5 7	5 3
6	6 0	5 55	5 51	5 45	5 39	5 36	5 32	5 27	5 21	5 19	5 16	5 13	5 9	5 5
7	5 59	5 55	5 50	5 46	5 40	5 36	5 33	5 28	5 23	5 20	5 18	5 15	5 11	5 7
8	5 59	5 55	5 50	5 46	5 40	5 37	5 34	5 29	5 24	5 22	5 19	5 17	5 14	5 10
9	5 58	5 54	5 50	5 46	5 41	5 38	5 35	5 31	5 26	5 24	5 21	5 19	5 16	5 12
10	5 58	5 54	5 50	5 46	5 42	5 39	5 36	5 32	5 27	5 25	5 23	5 21	5 18	5 15
11	5 57	5 54	5 50	5 46	5 42	5 39	5 37	5 33	5 29	5 27	5 25	5 23	5 20	5 17
12	5 56	5 53	5 50	5 47	5 43	5 40	5 38	5 34	5 30	5 29	5 27	5 25	5 22	5 19
13	5 56	5 53	5 50	5 47	5 43	5 41	5 38	5 35	5 32	5 30	5 28	5 26	5 24	5 22
14	5 55	5 53	5 50	5 47	5 44	5 42	5 39	5 37	5 33	5 32	5 30	5 28	5 26	5 24
15	5 54	5 52	5 50	5 47	5 44	5 42	5 40	5 38	5 35	5 34	5 32	5 30	5 28	5 26
16	5 54	5 52	5 50	5 47	5 45	5 43	5 41	5 39	5 36	5 35	5 34	5 32	5 31	5 29
17	5 53	5 51	5 50	5 48	5 45	5 44	5 42	5 40	5 38	5 37	5 35	5 34	5 33	5 31
18	5 53	5 51	5 50	5 48	5 46	5 45	5 43	5 42	5 39	5 38	5 37	5 36	5 35	5 33
19	5 52	5 51	5 50	5 48	5 46	5 45	5 44	5 43	5 41	5 40	5 39	5 38	5 37	5 36
20	5 51	5 50	5 49	5 48	5 47	5 46	5 45	5 44	5 42	5 42	5 41	5 40	5 39	5 38
21	5 51	5 50	5 49	5 49	5 48	5 47	5 46	5 45	5 44	5 43	5 43	5 42	5 41	5 41
22	5 50	5 50	5 49	5 49	5 48	5 48	5 47	5 46	5 45	5 45	5 45	5 44	5 43	5 43
23	5 49	5 49	5 49	5 49	5 49	5 48	5 48	5 48	5 47	5 47	5 46	5 46	5 46	5 45
24	5 49	5 49	5 49	5 49	5 49	5 49	5 49	5 49	5 48	5 48	5 48	5 48	5 48	5 48
25	5 48	5 49	5 49	5 49	5 50	5 50	5 50	5 50	5 50	5 50	5 50	5 50	5 50	5 50
26	5 48	5 48	5 49	5 50	5 50	5 50	5 51	5 51	5 51	5 52	5 52	5 52	5 52	5 52
27	5 47	5 48	5 49	5 50	5 51	5 51	5 52	5 52	5 53	5 53	5 53	5 54	5 54	5 55
28	5 46	5 48	5 49	5 50	5 51	5 52	5 53	5 54	5 54	5 55	5 55	5 56	5 56	5 57
29	5 46	5 47	5 49	5 50	5 52	5 53	5 54	5 55	5 56	5 57	5 57	5 58	5 58	5 59
30	5 45	5 47	5 49	5 51	5 52	5 53	5 55	5 56	5 57	5 58	5 59	6 0	6 1	6 2
Okt. 1	5 44	5 47	5 49	5 51	5 53	5 54	5 56	5 57	5 59	6 0	6 1	6 2	6 3	6 4
2	5 44	5 46	5 49	5 51	5 54	5 55	5 57	5 58	6 1	6 2	6 3	6 4	6 5	6 6
3	5 43	5 46	5 49	5 51	5 54	5 56	5 58	6 0	6 2	6 3	6 4	6 6	6 7	6 9
4	5 43	5 46	5 49	5 52	5 55	5 57	5 59	6 1	6 4	6 5	6 6	6 8	6 9	6 11
5	5 42	5 45	5 48	5 52	5 55	5 57	6 0	6 2	6 5	6 7	6 8	6 10	6 12	6 14
6	5 42	5 45	5 48	5 52	5 56	5 58	6 1	6 3	6 7	6 8	6 10	6 12	6 14	6 16
7	5 41	5 45	5 48	5 52	5 57	5 59	6 2	6 5	6 8	6 10	6 12	6 14	6 16	6 18
8	5 40	5 45	5 48	5 53	5 57	6 0	6 3	6 6	6 10	6 12	6 14	6 16	6 18	6 21
9	5 40	5 44	5 48	5 53	5 58	6 0	6 4	6 7	6 11	6 13	6 16	6 18	6 20	6 23
10	5 39	5 44	5 48	5 53	5 58	6 1	6 5	6 9	6 13	6 15	6 17	6 20	6 23	6 26
11	5 39	5 44	5 48	5 53	5 59	6 2	6 6	6 10	6 15	6 17	6 19	6 22	6 25	6 28
12	5 38	5 43	5 48	5 54	6 0	6 3	6 7	6 11	6 16	6 18	6 21	6 24	6 27	6 31
13	5 38	5 43	5 48	5 54	6 0	6 4	6 8	6 12	6 18	6 20	6 23	6 26	6 29	6 33
14	5 37	5 43	5 48	5 54	6 1	6 5	6 9	6 14	6 19	6 22	6 25	6 28	6 32	6 36

Mittlere Ortszeit | Meridian von Greenwich

Tag	Geographische Breite													
	−10°	0°	+10°	+20°	+30°	+35°	+40°	+45°	+50°	+52°	+54°	+56°	+58°	+60°
1958	h m	h m	h m	h m	h m	h m	h m	h m	h m	h m	h m	h m	h m	h m
Sept. 3	17 57	18 3	18 8	18 14	18 21	18 25	18 29	18 35	18 41	18 44	18 47	18 51	18 55	18 59
4	17 57	18 2	18 8	18 13	18 20	18 23	18 28	18 33	18 39	18 42	18 45	18 48	18 52	18 56
5	17 57	18 2	18 7	18 12	18 18	18 22	18 26	18 31	18 37	18 39	18 42	18 46	18 49	18 53
6	17 57	18 2	18 6	18 11	18 17	18 21	18 25	18 29	18 35	18 37	18 40	18 43	18 46	18 50
7	17 57	18 1	18 6	18 11	18 16	18 19	18 23	18 27	18 32	18 35	18 37	18 40	18 44	18 47
8	17 57	18 1	18 5	18 10	18 15	18 18	18 21	18 25	18 30	18 33	18 35	18 38	18 41	18 44
9	17 57	18 1	18 5	18 9	18 14	18 16	18 20	18 24	18 28	18 30	18 32	18 35	18 38	18 41
10	17 57	18 0	18 4	18 8	18 12	18 15	18 18	18 22	18 26	18 28	18 30	18 32	18 35	18 38
11	17 57	18 0	18 3	18 7	18 11	18 14	18 16	18 20	18 24	18 26	18 28	18 30	18 32	18 35
12	17 57	18 0	18 3	18 6	18 10	18 12	18 15	18 18	18 21	18 23	18 25	18 27	18 29	18 32
13	17 57	17 59	18 2	18 5	18 9	18 11	18 13	18 16	18 19	18 21	18 23	18 24	18 27	18 29
14	17 57	17 59	18 1	18 4	18 7	18 9	18 11	18 14	18 17	18 19	18 20	18 22	18 24	18 26
15	17 57	17 59	18 1	18 3	18 6	18 8	18 10	18 12	18 15	18 16	18 18	18 19	18 21	18 23
16	17 56	17 58	18 0	18 2	18 5	18 6	18 8	18 10	18 13	18 14	18 15	18 17	18 18	18 20
17	17 56	17 58	17 59	18 1	18 4	18 5	18 6	18 8	18 10	18 12	18 13	18 14	18 15	18 17
18	17 56	17 58	17 59	18 1	18 2	18 3	18 5	18 6	18 8	18 9	18 10	18 11	18 12	18 14
19	17 56	17 57	17 58	18 0	18 1	18 2	18 3	18 4	18 6	18 7	18 8	18 9	18 10	18 11
20	17 56	17 57	17 58	17 59	18 0	18 1	18 2	18 3	18 4	18 5	18 5	18 6	18 7	18 8
21	17 56	17 56	17 57	17 58	17 59	17 59	18 0	18 1	18 2	18 2	18 3	18 3	18 4	18 5
22	17 56	17 56	17 56	17 57	17 57	17 58	17 58	17 59	18 0	18 0	18 0	18 1	18 1	18 2
23	17 56	17 56	17 56	17 56	17 56	17 56	17 57	17 57	17 57	17 57	17 58	17 58	17 58	17 59
24	17 56	17 55	17 55	17 55	17 55	17 55	17 55	17 55	17 55	17 55	17 55	17 55	17 55	17 56
25	17 56	17 55	17 54	17 54	17 54	17 53	17 53	17 53	17 53	17 53	17 53	17 53	17 53	17 52
26	17 56	17 55	17 54	17 53	17 52	17 52	17 52	17 51	17 51	17 50	17 50	17 50	17 50	17 49
27	17 56	17 54	17 53	17 52	17 51	17 51	17 50	17 49	17 48	17 48	17 48	17 47	17 47	17 46
28	17 56	17 54	17 53	17 51	17 50	17 49	17 48	17 47	17 46	17 46	17 45	17 45	17 44	17 43
29	17 55	17 54	17 52	17 50	17 49	17 48	17 47	17 45	17 44	17 13	17 43	17 42	17 41	17 40
30	17 55	17 53	17 52	17 50	17 47	17 46	17 45	17 44	17 42	17 41	17 40	17 39	17 38	17 37
Okt. 1	17 55	17 53	17 51	17 49	17 46	17 45	17 43	17 42	17 40	17 39	17 38	17 37	17 36	17 34
2	17 55	17 53	17 50	17 48	17 45	17 44	17 42	17 40	17 38	17 37	17 35	17 34	17 33	17 31
3	17 55	17 52	17 50	17 47	17 44	17 42	17 40	17 38	17 35	17 34	17 33	17 32	17 30	17 28
4	17 55	17 52	17 49	17 46	17 43	17 41	17 39	17 36	17 33	17 32	17 31	17 29	17 27	17 25
5	17 55	17 52	17 49	17 45	17 41	17 39	17 37	17 34	17 31	17 30	17 28	17 26	17 24	17 22
6	17 55	17 52	17 48	17 44	17 40	17 38	17 35	17 32	17 29	17 27	17 26	17 24	17 22	17 19
7	17 55	17 51	17 48	17 44	17 39	17 37	17 34	17 31	17 27	17 25	17 23	17 21	17 19	17 16
8	17 55	17 51	17 47	17 43	17 38	17 35	17 32	17 29	17 25	17 23	17 21	17 19	17 16	17 13
9	17 55	17 51	17 46	17 42	17 37	17 34	17 31	17 27	17 23	17 21	17 18	17 16	17 13	17 10
10	17 55	17 50	17 46	17 41	17 36	17 33	17 29	17 25	17 20	17 18	17 16	17 13	17 11	17 8
11	17 55	17 50	17 45	17 40	17 34	17 31	17 28	17 23	17 18	17 16	17 14	17 11	17 8	17 5
12	17 55	17 50	17 45	17 39	17 33	17 30	17 26	17 22	17 16	17 14	17 11	17 8	17 5	17 2
13	17 55	17 50	17 44	17 38	17 32	17 29	17 24	17 20	17 14	17 12	17 9	17 6	17 2	16 59
14	17 55	17 50	17 44	17 38	17 31	17 27	17 23	17 18	17 12	17 10	17 6	17 3	17 0	16 56

Sonnenaufgang 1958

Mittlere Ortszeit — Meridian von Greenwich

Tag	Geographische Breite													
	−10°	0°	+10°	+20°	+30°	+35°	+40°	+45°	+50°	+52°	+54°	+56°	+58°	+60°
1958	h m	h m	h m	h m	h m	h m	h m	h m	h m	h m	h m	h m	h m	h m
Okt. 14	5 37	5 43	5 48	5 54	6 1	6 5	6 9	6 14	6 19	6 22	6 25	6 28	6 32	6 36
15	5 37	5 43	5 48	5 55	6 2	6 5	6 10	6 15	6 21	6 24	6 27	6 30	6 34	6 38
16	5 36	5 42	5 49	5 55	6 2	6 6	6 11	6 16	6 23	6 25	6 29	6 32	6 36	6 40
17	5 36	5 42	5 49	5 55	6 3	6 7	6 12	6 18	6 24	6 27	6 31	6 34	6 38	6 43
18	5 35	5 42	5 49	5 56	6 4	6 8	6 13	6 19	6 26	6 29	6 33	6 36	6 41	6 45
19	5 35	5 42	5 49	5 56	6 4	6 9	6 14	6 20	6 27	6 31	6 34	6 39	6 43	6 48
20	5 34	5 42	5 49	5 56	6 5	6 10	6 15	6 22	6 29	6 33	6 36	6 41	6 45	6 50
21	5 34	5 41	5 49	5 57	6 5	6 11	6 16	6 23	6 31	6 34	6 38	6 43	6 47	6 53
22	5 33	5 41	5 49	5 57	6 6	6 11	6 17	6 24	6 32	6 36	6 40	6 45	6 50	6 55
23	5 33	5 41	5 49	5 58	6 7	6 12	6 18	6 26	6 34	6 38	6 42	6 47	6 52	6 58
24	5 33	5 41	5 49	5 58	6 8	6 13	6 20	6 27	6 36	6 40	6 44	6 49	6 54	7 1
25	5 32	5 41	5 49	5 58	6 8	6 14	6 21	6 28	6 37	6 41	6 46	6 51	6 57	7 3
26	5 32	5 41	5 50	5 59	6 9	6 15	6 22	6 30	6 39	6 43	6 48	6 53	6 59	7 6
27	5 32	5 41	5 50	5 59	6 10	6 16	6 23	6 31	6 41	6 45	6 50	6 55	7 1	7 8
28	5 31	5 41	5 50	6 0	6 11	6 17	6 24	6 32	6 42	6 47	6 52	6 57	7 4	7 11
29	5 31	5 40	5 50	6 0	6 11	6 18	6 25	6 34	6 44	6 48	6 54	6 59	7 6	7 13
30	5 31	5 40	5 50	6 0	6 12	6 19	6 26	6 35	6 46	6 50	6 56	7 2	7 8	7 16
31	5 30	5 40	5 50	6 1	6 13	6 20	6 27	6 36	6 47	6 52	6 58	7 4	7 11	7 18
Nov. 1	5 30	5 40	5 50	6 1	6 13	6 21	6 28	6 38	6 49	6 54	7 0	7 6	7 13	7 21
2	5 30	5 40	5 51	6 2	6 14	6 21	6 30	6 39	6 50	6 56	7 2	7 8	7 15	7 23
3	5 29	5 40	5 51	6 2	6 15	6 22	6 31	6 40	6 52	6 57	7 3	7 10	7 18	7 26
4	5 29	5 40	5 51	6 3	6 16	6 23	6 32	6 42	6 54	6 59	7 5	7 12	7 20	7 29
5	5 29	5 40	5 51	6 3	6 17	6 24	6 33	6 43	6 55	7 1	7 7	7 14	7 22	7 31
6	5 29	5 40	5 52	6 4	6 17	6 25	6 34	6 45	6 57	7 3	7 9	7 17	7 25	7 34
7	5 29	5 40	5 52	6 4	6 18	6 26	6 35	6 46	6 59	7 5	7 11	7 19	7 27	7 36
8	5 28	5 40	5 52	6 5	6 19	6 27	6 37	6 47	7 0	7 7	7 13	7 21	7 29	7 39
9	5 28	5 40	5 52	6 5	6 20	6 28	6 38	6 49	7 2	7 8	7 15	7 23	7 32	7 41
10	5 28	5 40	5 53	6 6	6 21	6 29	6 39	6 50	7 4	7 10	7 17	7 25	7 34	7 44
11	5 28	5 41	5 53	6 6	6 21	6 30	6 40	6 51	7 5	7 12	7 19	7 27	7 36	7 47
12	5 28	5 41	5 53	6 7	6 22	6 31	6 41	6 53	7 7	7 14	7 21	7 29	7 39	7 49
13	5 28	5 41	5 54	6 7	6 23	6 32	6 42	6 54	7 9	7 16	7 23	7 31	7 41	7 52
14	5 28	5 41	5 54	6 8	6 24	6 33	6 43	6 56	7 10	7 17	7 25	7 33	7 43	7 54
15	5 28	5 41	5 54	6 9	6 25	6 34	6 45	6 57	7 12	7 19	7 27	7 36	7 45	7 57
16	5 28	5 41	5 55	6 9	6 25	6 35	6 46	6 58	7 14	7 21	7 29	7 38	7 48	7 59
17	5 28	5 41	5 55	6 10	6 26	6 36	6 47	7 0	7 15	7 23	7 31	7 40	7 50	8 2
18	5 28	5 42	5 56	6 10	6 27	6 37	6 48	7 1	7 17	7 24	7 32	7 42	7 52	8 4
19	5 28	5 42	5 56	6 11	6 28	6 38	6 49	7 2	7 18	7 26	7 34	7 44	7 54	8 7
20	5 28	5 42	5 56	6 12	6 29	6 39	6 50	7 4	7 20	7 28	7 36	7 46	7 57	8 9
21	5 28	5 42	5 57	6 12	6 30	6 40	6 51	7 5	7 22	7 29	7 38	7 48	7 59	8 12
22	5 28	5 42	5 57	6 13	6 30	6 41	6 52	7 6	7 23	7 31	7 40	7 50	8 1	8 14
23	5 28	5 43	5 58	6 13	6 31	6 42	6 54	7 8	7 25	7 33	7 42	7 52	8 3	8 16
24	5 28	5 43	5 58	6 14	6 32	6 43	6 55	7 9	7 26	7 34	7 43	7 53	8 5	8 19

Sonnenuntergang 1958

Mittlere Ortszeit | Meridian von Greenwich

Tag	Geographische Breite													
	−10°	0°	+10°	+20°	+30°	+35°	+40°	+45°	+50°	+52°	+54°	+56°	+58°	+60°
1958	h m	h m	h m	h m	h m	h m	h m	h m	h m	h m	h m	h m	h m	h m
Okt. 14	17 55	17 50	17 44	17 38	17 31	17 27	17 23	17 18	17 12	17 10	17 6	17 3	17 0	16 56
15	17 55	17 49	17 43	17 37	17 30	17 26	17 21	17 16	17 10	17 7	17 4	17 1	16 57	16 53
16	17 55	17 49	17 43	17 36	17 29	17 25	17 20	17 15	17 8	17 5	17 2	16 58	16 54	16 50
17	17 55	17 49	17 42	17 35	17 28	17 23	17 19	17 13	17 6	17 3	17 0	16 56	16 52	16 47
18	17 56	17 49	17 42	17 35	17 27	17 22	17 17	17 11	17 4	17 1	16 57	16 53	16 49	16 44
19	17 56	17 49	17 42	17 34	17 26	17 21	17 16	17 9	17 2	16 59	16 55	16 51	16 46	16 41
20	17 56	17 48	17 41	17 33	17 25	17 20	17 14	17 8	17 0	16 57	16 53	16 49	16 44	16 38
21	17 56	17 48	17 41	17 33	17 24	17 19	17 13	17 6	16 58	16 54	16 50	16 46	16 41	16 36
22	17 56	17 48	17 40	17 32	17 23	17 17	17 11	17 4	16 56	16 52	16 48	16 44	16 39	16 33
23	17 56	17 48	17 40	17 31	17 22	17 16	17 10	17 3	16 54	16 50	16 46	16 41	16 36	16 30
24	17 56	17 48	17 39	17 31	17 21	17 15	17 9	17 1	16 52	16 48	16 44	16 39	16 33	16 27
25	17 56	17 48	17 39	17 30	17 20	17 14	17 7	17 0	16 51	16 46	16 42	16 37	16 31	16 24
26	17 56	17 48	17 39	17 29	17 19	17 13	17 6	16 58	16 49	16 44	16 40	16 34	16 28	16 22
27	17 57	17 47	17 38	17 29	17 18	17 12	17 5	16 57	16 47	16 42	16 37	16 32	16 26	16 19
28	17 57	17 47	17 38	17 28	17 17	17 11	17 3	16 55	16 45	16 40	16 35	16 30	16 23	16 16
29	17 57	17 47	17 38	17 28	17 16	17 9	17 2	16 54	16 43	16 38	16 33	16 27	16 21	16 14
30	17 57	17 47	17 37	17 27	17 15	17 8	17 1	16 52	16 41	16 36	16 31	16 25	16 18	16 11
31	17 57	17 47	17 37	17 26	17 14	17 7	17 0	16 51	16 40	16 35	16 29	16 23	16 16	16 8
Nov. 1	17 58	17 47	17 37	17 26	17 14	17 6	16 58	16 49	16 38	16 33	16 27	16 21	16 14	16 6
2	17 58	17 47	17 36	17 25	17 13	17 5	16 57	16 48	16 36	16 31	16 25	16 18	16 11	16 3
3	17 58	17 47	17 36	17 25	17 12	17 4	16 56	16 46	16 35	16 29	16 23	16 16	16 9	16 0
4	17 58	17 47	17 36	17 24	17 11	17 4	16 55	16 45	16 33	16 27	16 21	16 14	16 7	15 58
5	17 59	17 47	17 36	17 24	17 10	17 3	16 54	16 44	16 31	16 26	16 19	16 12	16 4	15 55
6	17 59	17 47	17 36	17 24	17 10	17 2	16 53	16 42	16 30	16 24	16 17	16 10	16 2	15 53
7	17 59	17 47	17 36	17 23	17 9	17 1	16 52	16 41	16 28	16 22	16 15	16 8	16 0	15 50
8	17 59	17 47	17 35	17 23	17 8	17 0	16 51	16 40	16 27	16 20	16 14	16 6	15 58	15 48
9	18 0	17 47	17 35	17 22	17 8	16 59	16 50	16 39	16 25	16 19	16 12	16 4	15 55	15 46
10	18 0	17 47	17 35	17 22	17 7	16 58	16 49	16 37	16 24	16 17	16 10	16 2	15 53	15 43
11	18 0	17 48	17 35	17 22	17 6	16 58	16 48	16 36	16 22	16 16	16 8	16 0	15 51	15 41
12	18 1	17 48	17 35	17 21	17 6	16 57	16 47	16 35	16 21	16 14	16 7	15 58	15 49	15 38
13	18 1	17 48	17 35	17 21	17 5	16 56	16 46	16 34	16 19	16 13	16 5	15 57	15 47	15 36
14	18 1	17 48	17 35	17 21	17 5	16 56	16 45	16 33	16 18	16 11	16 3	15 55	15 45	15 34
15	18 2	17 48	17 35	17 20	17 4	16 55	16 44	16 32	16 17	16 10	16 2	15 53	15 43	15 32
16	18 2	17 48	17 35	17 20	17 4	16 54	16 44	16 31	16 16	16 8	16 0	15 51	15 41	15 30
17	18 3	17 49	17 35	17 20	17 4	16 54	16 43	16 30	16 14	16 7	15 59	15 50	15 39	15 28
18	18 3	17 49	17 35	17 20	17 3	16 53	16 42	16 29	16 13	16 6	15 57	15 48	15 38	15 26
19	18 3	17 49	17 35	17 20	17 3	16 53	16 41	16 28	16 12	16 4	15 56	15 47	15 36	15 24
20	18 4	17 49	17 35	17 19	17 2	16 52	16 41	16 27	16 11	16 3	15 55	15 45	15 34	15 22
21	18 4	17 49	17 35	17 19	17 2	16 52	16 40	16 26	16 10	16 2	15 53	15 44	15 32	15 20
22	18 5	17 50	17 35	17 19	17 1	16 51	16 39	16 25	16 9	16 1	15 52	15 42	15 31	15 18
23	18 5	17 50	17 35	17 19	17 1	16 51	16 39	16 25	16 8	16 0	15 51	15 41	15 29	15 16
24	18 6	17 50	17 35	17 19	17 1	16 50	16 38	16 24	16 7	15 59	15 50	15 39	15 28	15 14

Sonnenaufgang 1958

Mittlere Ortszeit

Meridian von Greenwich

Tag	Geographische Breite													
	−10°	0°	+10°	+20°	+30°	+35°	+40°	+45°	+50°	+52°	+54°	+56°	+58°	+60°
1958	h m	h m	h m	h m	h m	h m	h m	h m	h m	h m	h m	h m	h m	h m
Nov. 24	5 28	5 43	5 58	6 14	6 32	6 43	6 55	7 9	7 26	7 34	7 43	7 53	8 5	8 19
25	5 28	5 43	5 59	6 15	6 33	6 44	6 56	7 10	7 28	7 36	7 45	7 55	8 7	8 21
26	5 28	5 44	5 59	6 15	6 34	6 45	6 57	7 11	7 29	7 37	7 47	7 57	8 9	8 23
27	5 28	5 44	5 59	6 16	6 35	6 45	6 58	7 13	7 31	7 39	7 48	7 59	8 11	8 25
28	5 28	5 44	6 0	6 17	6 35	6 46	6 59	7 14	7 32	7 40	7 50	8 1	8 13	8 28
29	5 29	5 45	6 0	6 17	6 36	6 47	7 0	7 15	7 33	7 42	7 52	8 3	8 15	8 30
30	5 29	5 45	6 1	6 18	6 37	6 48	7 1	7 16	7 35	7 43	7 53	8 4	8 17	8 32
Dez. 1	5 29	5 45	6 1	6 18	6 38	6 49	7 2	7 17	7 36	7 45	7 55	8 6	8 19	8 34
2	5 29	5 46	6 2	6 19	6 39	6 50	7 3	7 18	7 37	7 46	7 56	8 8	8 21	8 36
3	5 30	5 46	6 2	6 20	6 39	6 51	7 4	7 20	7 39	7 48	7 58	8 9	8 23	8 38
4	5 30	5 46	6 3	6 20	6 40	6 52	7 5	7 21	7 40	7 49	7 59	8 11	8 24	8 40
5	5 30	5 47	6 3	6 21	6 41	6 53	7 6	7 22	7 41	7 50	8 1	8 12	8 26	8 42
6	5 30	5 47	6 4	6 22	6 42	6 54	7 7	7 23	7 42	7 52	8 2	8 14	8 28	8 44
7	5 31	5 48	6 4	6 22	6 42	6 54	7 8	7 24	7 44	7 53	8 3	8 15	8 29	8 45
8	5 31	5 48	6 5	6 23	6 43	6 55	7 9	7 25	7 45	7 54	8 5	8 17	8 31	8 47
9	5 31	5 49	6 5	6 23	6 44	6 56	7 10	7 26	7 46	7 55	8 6	8 18	8 32	8 49
10	5 32	5 49	6 6	6 24	6 45	6 57	7 10	7 27	7 47	7 56	8 7	8 19	8 33	8 50
11	5 32	5 49	6 7	6 25	6 45	6 58	7 11	7 28	7 48	7 58	8 8	8 21	8 35	8 52
12	5 33	5 50	6 7	6 25	6 46	6 58	7 12	7 29	7 49	7 59	8 9	8 22	8 36	8 53
13	5 33	5 50	6 8	6 26	6 47	6 59	7 13	7 30	7 50	8 0	8 11	8 23	8 37	8 54
14	5 33	5 51	6 8	6 27	6 47	7 0	7 14	7 30	7 51	8 0	8 12	8 24	8 38	8 56
15	5 34	5 51	6 9	6 27	6 48	7 0	7 14	7 31	7 52	8 1	8 12	8 25	8 39	8 57
16	5 34	5 52	6 9	6 28	6 49	7 1	7 15	7 32	7 52	8 2	8 13	8 26	8 40	8 58
17	5 35	5 52	6 10	6 28	6 49	7 2	7 16	7 33	7 53	8 3	8 14	8 27	8 41	8 59
18	5 35	5 53	6 10	6 29	6 50	7 2	7 16	7 33	7 54	8 4	8 15	8 28	8 42	9 0
19	5 36	5 53	6 11	6 29	6 51	7 3	7 17	7 34	7 55	8 5	8 16	8 28	8 43	9 1
20	5 36	5 54	6 11	6 30	6 51	7 3	7 18	7 35	7 55	8 5	8 16	8 29	8 44	9 1
21	5 37	5 54	6 12	6 30	6 52	7 4	7 18	7 35	7 56	8 6	8 17	8 30	8 44	9 2
22	5 37	5 55	6 12	6 31	6 52	7 5	7 19	7 36	7 56	8 6	8 17	8 30	8 45	9 3
23	5 38	5 55	6 13	6 31	6 53	7 5	7 19	7 36	7 57	8 7	8 18	8 31	8 45	9 3
24	5 38	5 56	6 13	6 32	6 53	7 5	7 20	7 36	7 57	8 7	8 18	8 31	8 46	9 3
25	5 39	5 56	6 14	6 32	6 54	7 6	7 20	7 37	7 58	8 8	8 19	8 31	8 46	9 4
26	5 39	5 57	6 14	6 33	6 54	7 6	7 20	7 37	7 58	8 8	8 19	8 32	8 46	9 4
27	5 40	5 57	6 15	6 33	6 54	7 7	7 21	7 38	7 58	8 8	8 19	8 32	8 46	9 4
28	5 40	5 58	6 15	6 34	6 55	7 7	7 21	7 38	7 59	8 8	8 19	8 32	8 46	9 4
29	5 41	5 58	6 16	6 34	6 55	7 7	7 21	7 38	7 59	8 8	8 19	8 32	8 46	9 4
30	5 41	5 59	6 16	6 34	6 55	7 8	7 22	7 38	7 59	8 8	8 19	8 32	8 46	9 3
31	5 42	5 59	6 16	6 35	6 56	7 8	7 22	7 38	7 59	8 8	8 19	8 32	8 46	9 3
32	5 42	6 0	6 17	6 35	6 56	7 8	7 22	7 39	7 59	8 8	8 19	8 32	8 46	9 3

Mittlere Ortszeit

Meridian von Greenwich

Tag	Geographische Breite														
	−10°	0°	+10°	+20°	+30°	+35°	+40°	+45°	+50°	+52°	+54°	+56°	+58°	+60°
1958	h m	h m	h m	h m	h m	h m	h m	h m	h m	h m	h m	h m	h m	h m
Nov. 24	18 6	17 50	17 35	17 19	17 1	16 50	16 38	16 24	16 7	15 59	15 50	15 39	15 28	15 14
25	18 6	17 51	17 35	17 19	17 1	16 50	16 38	16 23	16 6	15 58	15 48	15 38	15 26	15 12
26	18 6	17 51	17 35	17 19	17 0	16 50	16 37	16 23	16 5	15 57	15 47	15 37	15 25	15 11
27	18 7	17 51	17 36	17 19	17 0	16 49	16 37	16 22	16 4	15 56	15 46	15 36	15 23	15 9
28	18 7	17 52	17 36	17 19	17 0	16 49	16 36	16 22	16 3	15 55	15 45	15 34	15 22	15 8
29	18 8	17 52	17 36	17 19	17 0	16 49	16 36	16 21	16 3	15 54	15 44	15 33	15 21	15 6
30	18 8	17 52	17 36	17 19	17 0	16 49	16 36	16 21	16 2	15 53	15 43	15 32	15 20	15 5
Dez. 1	18 9	17 53	17 37	17 19	17 0	16 49	16 35	16 20	16 1	15 53	15 43	15 31	15 18	15 3
2	18 9	17 53	17 37	17 19	17 0	16 48	16 35	16 20	16 1	15 52	15 42	15 31	15 17	15 2
3	18 10	17 53	17 37	17 20	17 0	16 48	16 35	16 20	16 0	15 51	15 41	15 30	15 16	15 1
4	18 10	17 54	17 37	17 20	17 0	16 48	16 35	16 19	16 0	15 51	15 41	15 29	15 16	15 0
5	18 11	17 54	17 38	17 20	17 0	16 48	16 35	16 19	16 0	15 50	15 40	15 28	15 15	14 59
6	18 11	17 55	17 38	17 20	17 0	16 48	16 35	16 19	15 59	15 50	15 39	15 28	15 14	14 58
7	18 12	17 55	17 38	17 20	17 0	16 48	16 35	16 19	15 59	15 49	15 39	15 27	15 13	14 57
8	18 13	17 56	17 39	17 21	17 0	16 48	16 35	16 19	15 59	15 49	15 39	15 27	15 13	14 56
9	18 13	17 56	17 39	17 21	17 0	16 48	16 35	16 18	15 58	15 49	15 38	15 26	15 12	14 56
10	18 14	17 56	17 39	17 21	17 1	16 49	16 35	16 18	15 58	15 49	15 38	15 26	15 12	14 55
11	18 14	17 57	17 40	17 22	17 1	16 49	16 35	16 18	15 58	15 49	15 38	15 26	15 11	14 54
12	18 15	17 57	17 40	17 22	17 1	16 49	16 35	16 18	15 58	15 48	15 38	15 25	15 11	14 54
13	18 15	17 58	17 41	17 22	17 1	16 49	16 35	16 19	15 58	15 48	15 38	15 25	15 11	14 54
14	18 16	17 58	17 41	17 23	17 2	16 49	16 35	16 19	15 58	15 48	15 38	15 25	15 11	14 53
15	18 16	17 59	17 41	17 23	17 2	16 50	16 36	16 19	15 58	15 49	15 38	15 25	15 11	14 53
16	18 17	17 59	17 42	17 23	17 2	16 50	16 36	16 19	15 59	15 49	15 38	15 25	15 11	14 53
17	18 17	18 0	17 42	17 24	17 3	16 50	16 36	16 19	15 59	15 49	15 38	15 25	15 11	14 53
18	18 18	18 0	17 43	17 24	17 3	16 51	16 37	16 20	15 59	15 49	15 38	15 25	15 11	14 53
19	18 18	18 1	17 43	17 25	17 4	16 51	16 37	16 20	15 59	15 50	15 38	15 26	15 11	14 53
20	18 19	18 1	17 44	17 25	17 4	16 52	16 38	16 21	16 0	15 50	15 39	15 26	15 11	14 54
21	18 19	18 2	17 44	17 26	17 4	16 52	16 38	16 21	16 0	15 50	15 39	15 27	15 12	14 54
22	18 20	18 2	17 45	17 26	17 5	16 53	16 38	16 22	16 1	15 51	15 40	15 27	15 12	14 55
23	18 20	18 3	17 45	17 27	17 5	16 53	16 39	16 22	16 1	15 51	15 40	15 28	15 13	14 55
24	18 21	18 3	17 46	17 27	17 6	16 54	16 39	16 23	16 2	15 52	15 41	15 28	15 13	14 56
25	18 21	18 4	17 46	17 28	17 7	16 54	16 40	16 23	16 2	15 53	15 42	15 29	15 14	14 57
26	18 22	18 4	17 47	17 28	17 7	16 55	16 41	16 24	16 3	15 53	15 42	15 30	15 15	14 57
27	18 22	18 5	17 47	17 29	17 8	16 55	16 41	16 25	16 4	15 54	15 43	15 30	15 16	14 58
28	18 23	18 5	17 48	17 29	17 8	16 56	16 42	16 25	16 5	15 55	15 44	15 31	15 17	14 59
29	18 23	18 6	17 48	17 30	17 9	16 57	16 43	16 26	16 5	15 56	15 45	15 32	15 18	15 0
30	18 24	18 6	17 49	17 31	17 10	16 57	16 43	16 27	16 6	15 57	15 46	15 33	15 19	15 2
31	18 24	18 7	17 49	17 31	17 10	16 58	16 44	16 28	16 7	15 58	15 47	15 34	15 20	15 3
32	18 24	18 7	17 50	17 32	17 11	16 59	16 45	16 28	16 8	15 59	15 48	15 35	15 21	15 4

Anfang der Nautischen Dämmerung

Mittlere Ortszeit | Meridian von Greenwich

Tag	Geographische Breite													
	−10°	0°	+10°	+20°	+30°	+35°	+40°	+45°	+50°	+52°	+54°	+56°	+58°	+60°
1958	h m	h m	h m	h m	h m	h m	h m	h m	h m	h m	h m	h m	h m	h m
Jan. 0	4 52	5 11	5 28	5 43	6 0	6 8	6 18	6 28	6 39	6 44	6 50	6 56	7 2	7 10
5	4 55	5 13	5 30	5 45	6 1	6 9	6 18	6 28	6 39	6 44	6 49	6 55	7 1	7 9
10	4 58	5 16	5 32	5 47	6 2	6 10	6 18	6 27	6 38	6 43	6 48	6 53	6 59	7 6
15	5 1	5 18	5 33	5 47	6 2	6 9	6 17	6 26	6 36	6 40	6 45	6 50	6 55	7 1
20	5 4	5 20	5 34	5 48	6 1	6 8	6 15	6 23	6 32	6 36	6 41	6 45	6 50	6 56
25	5 6	5 22	5 35	5 47	6 0	6 6	6 13	6 20	6 28	6 32	6 35	6 39	6 44	6 48
30	5 9	5 23	5 35	5 47	5 58	6 4	6 9	6 16	6 23	6 26	6 29	6 32	6 36	6 40
Febr. 4	5 11	5 24	5 35	5 45	5 55	6 0	6 5	6 11	6 17	6 19	6 22	6 25	6 27	6 31
9	5 13	5 25	5 35	5 44	5 52	5 56	6 1	6 5	6 10	6 11	6 13	6 16	6 18	6 20
14	5 15	5 25	5 34	5 42	5 49	5 52	5 55	5 58	6 2	6 3	6 4	6 6	6 7	6 9
19	5 16	5 25	5 33	5 39	5 44	5 47	5 49	5 51	5 53	5 54	5 55	5 55	5 56	5 57
24	5 17	5 25	5 31	5 36	5 40	5 41	5 43	5 44	5 44	5 44	5 44	5 44	5 44	5 43
März 1	5 18	5 24	5 29	5 32	5 35	5 35	5 36	5 35	5 34	5 34	5 33	5 32	5 31	5 30
6	5 18	5 23	5 27	5 29	5 29	5 29	5 28	5 27	5 24	5 23	5 21	5 20	5 17	5 15
11	5 19	5 22	5 24	5 25	5 24	5 22	5 20	5 17	5 13	5 11	5 9	5 7	5 4	5 0
16	5 19	5 21	5 21	5 20	5 18	5 15	5 12	5 8	5 2	5 0	4 57	4 53	4 49	4 44
21	5 19	5 19	5 19	5 16	5 11	5 8	5 4	4 58	4 51	4 48	4 44	4 39	4 34	4 28
26	5 19	5 18	5 16	5 12	5 5	5 1	4 55	4 49	4 40	4 35	4 30	4 25	4 18	4 11
31	5 18	5 16	5 13	5 7	4 59	4 54	4 47	4 38	4 28	4 23	4 17	4 10	4 2	3 54
April 5	5 18	5 15	5 10	5 2	4 53	4 46	4 38	4 28	4 16	4 10	4 3	3 55	3 46	3 35
10	5 18	5 13	5 7	4 58	4 46	4 39	4 30	4 18	4 4	3 57	3 49	3 40	3 29	3 17
15	5 18	5 11	5 4	4 54	4 40	4 32	4 21	4 8	3 52	3 44	3 35	3 24	3 12	2 57
20	5 18	5 10	5 1	4 49	4 34	4 25	4 13	3 58	3 40	3 31	3 20	3 8	2 53	2 36
25	5 18	5 9	4 58	4 45	4 29	4 18	4 5	3 49	3 28	3 17	3 5	2 52	2 35	2 13
30	5 18	5 8	4 56	4 42	4 23	4 11	3 57	3 39	3 16	3 4	2 51	2 35	2 15	1 49
Mai 5	5 18	5 7	4 54	4 38	4 18	4 5	3 50	3 30	3 5	2 51	2 36	2 17	1 53	1 19
10	5 18	5 6	4 52	4 35	4 13	4 0	3 43	3 22	2 53	2 39	2 21	1 59	1 30	0 37
15	5 19	5 6	4 51	4 32	4 9	3 55	3 37	3 14	2 43	2 27	2 7	1 41	1 2	
20	5 20	5 5	4 49	4 30	4 6	3 50	3 31	3 7	2 33	2 15	1 52	1 21	0 12	
25	5 20	5 5	4 48	4 29	4 3	3 46	3 26	3 0	2 24	2 4	1 38	0 57		
30	5 21	5 6	4 48	4 27	4 0	3 43	3 22	2 55	2 16	1 54	1 24	0 27		
Juni 4	5 22	5 6	4 48	4 27	3 59	3 41	3 19	2 51	2 9	1 45	1 11			
9	5 23	5 7	4 48	4 26	3 58	3 40	3 17	2 47	2 4	1 38	0 59			
14	5 25	5 8	4 49	4 26	3 58	3 39	3 16	2 46	2 1	1 34	0 50			
19	5 26	5 9	4 50	4 27	3 58	3 39	3 16	2 45	2 0	1 32	0 45			
24	5 27	5 10	4 51	4 28	3 59	3 41	3 17	2 47	2 1	1 33	0 47			
29	5 28	5 11	4 52	4 30	4 1	3 42	3 19	2 49	2 4	1 37	0 53			
Juli 4	5 29	5 12	4 54	4 31	4 3	3 45	3 22	2 53	2 9	1 44	1 4			

In +56° Breite herrscht Dämmerung von Sonnenuntergang bis Sonnenaufgang in der Zeit vom 1. Juni bis 12. Juli.
In +58° Breite herrscht Dämmerung von Sonnenuntergang bis Sonnenaufgang in der Zeit vom 21. Mai bis 23. Juli.
In +60° Breite herrscht Dämmerung von Sonnenuntergang bis Sonnenaufgang in der Zeit vom 12. Mai bis 1. Aug.

Ende der Nautischen Dämmerung

Mittlere Ortszeit — Meridian von Greenwich

Tag	Geographische Breite													
	−10°	0°	+10°	+20°	+30°	+35°	+40°	+45°	+50°	+52°	+54°	+56°	+58°	+60°
1958	h m	h m	h m	h m	h m	h m	h m	h m	h m	h m	h m	h m	h m	h m
Jan. 0	19 14	18 55	18 39	18 23	18 6	17 58	17 49	17 39	17 27	17 22	17 16	17 10	17 4	16 56
5	19 16	18 57	18 41	18 26	18 10	18 2	17 53	17 43	17 32	17 27	17 22	17 16	17 9	17 2
10	19 17	18 59	18 44	18 29	18 13	18 5	17 57	17 48	17 37	17 32	17 27	17 22	17 16	17 9
15	19 18	19 1	18 46	18 32	18 17	18 10	18 2	17 53	17 43	17 39	17 34	17 29	17 24	17 18
20	19 18	19 2	18 48	18 34	18 21	18 14	18 7	17 59	17 50	17 46	17 41	17 37	17 32	17 27
25	19 18	19 3	18 50	18 37	18 25	18 19	18 12	18 5	17 57	17 53	17 49	17 45	17 41	17 36
30	19 18	19 4	18 51	18 40	18 29	18 23	18 17	18 11	18 4	18 1	17 58	17 53	17 51	17 47
Febr. 4	19 17	19 4	18 53	18 43	18 33	18 28	18 23	18 17	18 11	18 9	18 6	18 4	18 1	17 57
9	19 16	19 4	18 54	18 45	18 36	18 32	18 28	18 24	18 19	18 17	18 15	18 13	18 11	18 8
14	19 14	19 4	18 55	18 47	18 40	18 37	18 34	18 30	18 27	18 26	18 24	18 23	18 21	18 20
19	19 12	19 3	18 56	18 49	18 44	18 41	18 39	18 37	18 35	18 34	18 33	18 33	18 32	18 32
24	19 10	19 2	18 56	18 51	18 47	18 46	18 44	18 43	18 43	18 43	18 43	18 43	18 43	18 43
März 1	19 7	19 1	18 56	18 53	18 50	18 50	18 50	18 50	18 51	18 51	18 52	18 53	18 54	18 56
6	19 5	19 0	18 56	18 54	18 54	18 54	18 55	18 56	18 59	19 0	19 2	19 3	19 5	19 8
11	19 2	18 58	18 56	18 56	18 57	18 58	19 0	19 3	19 7	19 9	19 11	19 14	19 17	19 21
16	18 59	18 57	18 56	18 57	19 0	19 2	19 6	19 10	19 15	19 18	19 21	19 25	19 29	19 34
21	18 56	18 55	18 56	18 59	19 3	19 7	19 11	19 16	19 24	19 27	19 31	19 36	19 41	19 47
26	18 53	18 54	18 56	19 0	19 7	19 11	19 16	19 23	19 32	19 37	19 42	19 47	19 53	20 1
31	18 50	18 52	18 56	19 2	19 10	19 15	19 22	19 30	19 41	19 46	19 52	19 59	20 6	20 15
April 5	18 48	18 51	18 56	19 3	19 13	19 20	19 27	19 37	19 50	19 56	20 3	20 11	20 20	20 30
10	18 45	18 50	18 56	19 5	19 17	19 24	19 33	19 45	19 59	20 6	20 14	20 23	20 34	20 46
15	18 43	18 49	18 57	19 7	19 20	19 29	19 39	19 52	20 9	20 17	20 26	20 36	20 49	21 4
20	18 40	18 48	18 57	19 9	19 24	19 34	19 45	20 0	20 18	20 28	20 38	20 50	21 5	21 22
25	18 39	18 47	18 58	19 11	19 28	19 38	19 51	20 7	20 28	20 39	20 51	21 5	21 22	21 43
30	18 37	18 47	18 59	19 13	19 31	19 43	19 57	20 15	20 38	20 50	21 4	21 20	21 40	22 6
Mai 5	18 36	18 47	19 0	19 15	19 35	19 48	20 4	20 23	20 49	21 2	21 17	21 36	22 0	22 34
10	18 35	18 47	19 1	19 18	19 39	19 53	20 10	20 31	20 59	21 14	21 31	21 53	22 23	23 16
15	18 34	18 47	19 2	19 20	19 43	19 58	20 16	20 39	21 10	21 26	21 46	22 11	22 51	
20	18 33	18 48	19 4	19 23	19 47	20 3	20 22	20 46	21 20	21 38	22 1	22 32	23 41	
25	18 33	18 48	19 5	19 25	19 51	20 7	20 27	20 53	21 30	21 50	22 16	22 56		
30	18 34	18 49	19 7	19 28	19 54	20 12	20 33	21 0	21 39	22 1	22 31	23 28		
Juni 4	18 34	18 50	19 8	19 30	19 58	20 15	20 37	21 6	21 47	22 11	22 46			
9	18 35	18 51	19 10	19 32	20 0	20 18	20 41	21 11	21 54	22 20	22 59			
14	18 36	18 52	19 11	19 34	20 3	20 21	20 44	21 14	21 59	22 26	23 10			
19	18 36	18 54	19 13	19 35	20 4	20 23	20 46	21 17	22 2	22 30	23 17			
24	18 38	18 55	19 14	19 36	20 5	20 24	20 47	21 18	22 3	22 31	23 18			
29	18 39	18 56	19 14	19 37	20 6	20 24	20 47	21 18	22 2	22 29	23 13			
Juli 4	18 40	18 56	19 15	19 37	20 5	20 24	20 46	21 16	21 59	22 25	23 4			

In +56° Breite herrscht Dämmerung von Sonnenuntergang bis Sonnenaufgang in der Zeit vom 1. Juni bis 12. Juli.
In +58° Breite herrscht Dämmerung von Sonnenuntergang bis Sonnenaufgang in der Zeit vom 21. Mai bis 23. Juli.
In +60° Breite herrscht Dämmerung von Sonnenuntergang bis Sonnenaufgang in der Zeit vom 12. Mai bis 1. Aug.

Anfang der Nautischen Dämmerung

Mittlere Ortszeit | Meridian von Greenwich

Tag	Geographische Breite													
	−10°	0°	+10°	+20°	+30°	+35°	+40°	+45°	+50°	+52°	+54°	+56°	+58°	+60°
1958	h m	h m	h m	h m	h m	h m	h m	h m	h m	h m	h m			
Juli 4	5 29	5 12	4 54	4 31	4 3	3 45	3 22	2 53	2 9	1 44	1 4			
9	5 29	5 13	4 55	4 33	4 6	3 48	3 26	2 58	2 16	1 52	1 18	h m		
14	5 30	5 14	4 56	4 36	4 9	3 52	3 31	3 3	2 24	2 2	1 33	0 37		
19	5 30	5 15	4 58	4 38	4 12	3 56	3 36	3 10	2 33	2 13	1 48	1 8	h m	
24	5 29	5 15	4 59	4 40	4 16	4 0	3 41	3 17	2 43	2 25	2 2	1 31	0 23	
29	5 29	5 16	5 1	4 43	4 19	4 5	3 47	3 24	2 53	2 37	2 17	1 51	1 12	h m
Aug. 3	5 28	5 16	5 2	4 45	4 23	4 9	3 53	3 31	3 3	2 49	2 31	2 9	1 39	0 46
8	5 27	5 16	5 3	4 47	4 27	4 14	3 59	3 39	3 13	3 0	2 45	2 26	2 2	1 28
13	5 25	5 15	5 4	4 49	4 31	4 19	4 5	3 47	3 23	3 12	2 58	2 42	2 22	1 56
18	5 24	5 15	5 4	4 51	4 34	4 23	4 10	3 54	3 33	3 23	3 11	2 57	2 40	2 18
23	5 21	5 14	5 4	4 53	4 38	4 28	4 16	4 2	3 43	3 34	3 23	3 11	2 56	2 38
28	5 19	5 13	5 5	4 55	4 41	4 32	4 22	4 9	3 52	3 44	3 35	3 24	3 12	2 57
Sept. 2	5 16	5 11	5 5	4 56	4 44	4 37	4 27	4 16	4 1	3 54	3 46	3 37	3 26	3 14
7	5 14	5 10	5 5	4 57	4 47	4 41	4 33	4 23	4 10	4 4	3 57	3 49	3 40	3 29
12	5 11	5 8	5 4	4 59	4 50	4 45	4 38	4 30	4 19	4 13	4 7	4 1	3 53	3 44
17	5 8	5 7	5 4	5 0	4 53	4 49	4 43	4 36	4 27	4 23	4 18	4 12	4 6	3 58
22	5 4	5 5	5 4	5 1	4 56	4 53	4 48	4 43	4 35	4 32	4 28	4 23	4 18	4 12
27	5 1	5 3	5 3	5 2	4 59	4 57	4 53	4 49	4 43	4 40	4 37	4 34	4 29	4 24
Okt. 2	4 58	5 1	5 3	5 3	5 2	5 1	4 59	4 55	4 51	4 49	4 47	4 44	4 41	4 37
7	4 55	5 0	5 3	5 5	5 5	5 5	5 4	5 2	4 59	4 58	4 56	4 54	4 52	4 49
12	4 52	4 58	5 3	5 6	5 8	5 8	5 8	5 8	5 7	5 6	5 5	5 4	5 3	5 1
17	4 49	4 57	5 3	5 7	5 11	5 12	5 13	5 14	5 14	5 14	5 14	5 14	5 14	5 13
22	4 47	4 56	5 3	5 9	5 14	5 16	5 18	5 20	5 22	5 23	5 23	5 24	5 24	5 25
27	4 45	4 55	5 3	5 11	5 17	5 21	5 24	5 27	5 30	5 31	5 32	5 33	5 35	5 36
Nov. 1	4 43	4 54	5 4	5 13	5 21	5 25	5 29	5 33	5 37	5 39	5 41	5 43	5 45	5 47
6	4 41	4 54	5 5	5 15	5 24	5 29	5 34	5 39	5 45	5 47	5 49	5 52	5 55	5 58
11	4 40	4 54	5 6	5 17	5 28	5 33	5 39	5 45	5 52	5 55	5 58	6 1	6 5	6 8
16	4 39	4 54	5 7	5 19	5 31	5 38	5 44	5 51	5 59	6 2	6 6	6 10	6 14	6 19
21	4 39	4 55	5 9	5 22	5 35	5 42	5 49	5 57	6 6	6 10	6 14	6 18	6 23	6 28
26	4 39	4 56	5 11	5 25	5 39	5 46	5 54	6 3	6 12	6 17	6 21	6 26	6 31	6 37
Dez. 1	4 40	4 57	5 13	5 28	5 43	5 50	5 59	6 8	6 18	6 23	6 28	6 33	6 39	6 45
6	4 41	4 59	5 15	5 31	5 46	5 54	6 3	6 13	6 24	6 29	6 34	6 40	6 46	6 53
11	4 42	5 1	5 18	5 33	5 50	5 58	6 7	6 17	6 29	6 34	6 39	6 45	6 52	6 59
16	4 44	5 3	5 20	5 36	5 53	6 1	6 11	6 21	6 33	6 38	6 43	6 50	6 56	7 4
21	4 47	5 6	5 23	5 39	5 55	6 4	6 14	6 24	6 36	6 41	6 47	6 53	7 0	7 7
26	4 49	5 8	5 25	5 41	5 58	6 6	6 16	6 26	6 38	6 43	6 49	6 55	7 2	7 9
31	4 52	5 11	5 27	5 43	6 0	6 8	6 17	6 28	6 39	6 44	6 50	6 56	7 2	7 10

In +56° Breite herrscht Dämmerung von Sonnenuntergang bis Sonnenaufgang in der Zeit vom 1 Juni bis 12. Juli
In +58° Breite herrscht Dämmerung von Sonnenuntergang bis Sonnenaufgang in der Zeit vom 21. Mai bis 23. Juli.
In +60° Breite herrscht Dämmerung von Sonnenuntergang bis Sonnenaufgang in der Zeit vom 12. Mai bis 1 Aug.

Mittlere Ortszeit | Meridian von Greenwich

Tag	Geographische Breite													
	−10°	0°	+10°	+20°	+30°	+35°	+40°	+45°	+50°	+52°	+54°	+56°	+58°	+60°
1958	h m	h m	h m	h m	h m	h m	h m	h m	h m	h m	h m			
Juli 4	18 40	18 56	19 15	19 37	20 5	20 24	20 46	21 16	21 59	22 25	23 4			
9	18 41	18 57	19 15	19 37	20 4	20 22	20 44	21 13	21 54	22 18	22 52	h m		
14	18 42	18 57	19 15	19 36	20 3	20 20	20 41	21 8	21 47	22 9	22 39	23 35		
19	18 43	18 58	19 15	19 34	20 0	20 17	20 37	21 3	21 39	21 59	22 25	23 4	h m	
24	18 44	18 58	19 14	19 33	19 57	20 13	20 32	20 56	21 30	21 48	22 11	22 42	23 50	
29	18 44	18 57	19 12	19 30	19 53	20 8	20 26	20 49	21 20	21 36	21 56	22 22	23 1	h m
Aug. 3	18 44	18 57	19 11	19 27	19 49	20 3	20 20	20 41	21 9	21 24	21 41	22 3	22 33	23 26
8	18 44	18 56	19 9	19 24	19 44	19 57	20 13	20 32	20 58	21 11	21 27	21 45	22 9	22 44
13	18 44	18 55	19 6	19 21	19 39	19 51	20 5	20 23	20 46	20 58	21 12	21 28	21 48	22 14
18	18 44	18 53	19 4	19 17	19 34	19 44	19 57	20 14	20 35	20 45	20 57	21 11	21 28	21 49
23	18 44	18 52	19 1	19 13	19 28	19 38	19 49	20 4	20 23	20 32	20 42	20 55	21 9	21 27
28	18 44	18 50	18 58	19 8	19 22	19 30	19 41	19 54	20 10	20 19	20 28	20 39	20 51	21 6
Sept. 2	18 43	18 48	18 55	19 4	19 15	19 23	19 32	19 44	19 58	20 5	20 14	20 23	20 33	20 46
7	18 43	18 46	18 52	18 59	19 9	19 15	19 23	19 33	19 46	19 52	19 59	20 7	20 16	20 27
12	18 42	18 45	18 48	18 54	19 2	19 8	19 15	19 23	19 34	19 39	19 45	19 52	20 0	20 9
17	18 42	18 43	18 45	18 49	18 56	19 0	19 6	19 13	19 22	19 27	19 32	19 37	19 44	19 51
22	18 41	18 41	18 42	18 45	18 49	18 53	18 57	19 3	19 10	19 14	19 18	19 23	19 28	19 34
27	18 41	18 39	18 39	18 40	18 43	18 46	18 49	18 53	18 59	19 2	19 5	19 9	19 13	19 18
Okt. 2	18 41	18 38	18 36	18 36	18 37	18 38	18 41	18 44	18 48	18 50	18 52	18 55	18 58	19 2
7	18 41	18 36	18 33	18 31	18 31	18 32	18 33	18 34	18 37	18 38	18 40	18 42	18 44	18 47
12	18 41	18 35	18 31	18 27	18 25	18 25	18 25	18 25	18 27	18 27	18 28	18 29	18 31	18 32
17	18 42	18 34	18 28	18 24	18 20	18 19	18 18	18 17	18 17	18 17	18 17	18 17	18 18	18 18
22	18 42	18 34	18 26	18 20	18 15	18 13	18 11	18 8	18 7	18 7	18 6	18 6	18 5	18 5
27	18 43	18 33	18 25	18 17	18 11	18 8	18 5	18 2	17 58	17 57	17 56	17 55	17 54	17 52
Nov. 1	18 45	18 33	18 24	18 15	18 7	18 3	17 59	17 55	17 50	17 49	17 47	17 45	17 43	17 40
6	18 46	18 34	18 23	18 13	18 3	17 59	17 54	17 49	17 43	17 41	17 38	17 35	17 33	17 30
11	18 48	18 35	18 22	18 11	18 0	17 55	17 49	17 43	17 36	17 34	17 31	17 27	17 24	17 20
16	18 50	18 36	18 22	18 10	17 58	17 52	17 46	17 39	17 31	17 27	17 24	17 20	17 16	17 11
21	18 53	18 37	18 23	18 10	17 57	17 50	17 43	17 35	17 26	17 22	17 18	17 14	17 9	17 3
26	18 56	18 39	18 24	18 10	17 56	17 48	17 40	17 32	17 22	17 18	17 13	17 9	17 3	16 57
Dez. 1	18 58	18 41	18 25	18 10	17 55	17 48	17 39	17 30	17 20	17 15	17 10	17 5	16 59	16 53
6	19 1	18 43	18 27	18 11	17 56	17 48	17 39	17 29	17 18	17 13	17 8	17 2	16 56	16 49
11	19 4	18 45	18 29	18 13	17 57	17 48	17 39	17 29	17 18	17 13	17 7	17 1	16 55	16 47
16	19 7	18 48	18 31	18 15	17 58	17 50	17 40	17 30	17 18	17 13	17 8	17 1	16 55	16 47
21	19 10	18 50	18 33	18 17	18 1	17 52	17 42	17 32	17 20	17 15	17 9	17 3	16 56	16 49
26	19 12	18 53	18 36	18 20	18 3	17 55	17 45	17 35	17 23	17 18	17 12	17 6	16 59	16 52
31	19 14	18 55	18 38	18 23	18 6	17 58	17 48	17 38	17 27	17 22	17 16	17 10	17 4	16 56

In +56° Breite herrscht Dämmerung von Sonnenuntergang bis Sonnenaufgang in der Zeit vom 1. Juni bis 12. Juli.
In +58° Breite herrscht Dämmerung von Sonnenuntergang bis Sonnenaufgang in der Zeit vom 21. Mai bis 23. Juli.
In +60° Breite herrscht Dämmerung von Sonnenuntergang bis Sonnenaufgang in der Zeit vom 12. Mai bis 1. Aug.

Mondaufgang 1958

Mittlere Ortszeit | Meridian von Greenwich

Tag	Geographische Breite													
	−10°	0°	+10°	+20°	+30°	+35°	+40°	+45°	+50°	+52°	+54°	+56°	+58°	+60°
1958	h m	h m	h m	h m	h m	h m	h m	h m	h m	h m	h m	h m	h m	h m
Jan. 0	13 44	13 34	13 24	13 13	13 1	12 54	12 46	12 37	12 26	12 21	12 15	12 9	12 2	11 54
1	14 35	14 22	14 10	13 57	13 42	13 33	13 23	13 12	12 58	12 52	12 44	12 36	12 28	12 17
2	15 27	15 13	14 59	14 44	14 27	14 17	14 6	13 52	13 36	13 29	13 20	13 11	13 0	12 48
3	16 22	16 7	15 52	15 36	15 17	15 7	14 55	14 40	14 23	14 15	14 6	13 55	13 43	13 30
4	17 17	17 2	16 47	16 31	16 13	16 3	15 50	15 36	15 18	15 10	15 1	14 51	14 39	14 25
5	18 13	17 59	17 45	17 31	17 14	17 4	16 52	16 39	16 23	16 15	16 7	15 57	15 47	15 34
6	19 7	18 56	18 44	18 32	18 17	18 9	17 59	17 48	17 35	17 28	17 21	17 13	17 5	16 54
7	20 0	19 51	19 43	19 33	19 22	19 16	19 9	19 0	18 50	18 46	18 40	18 35	18 28	18 21
8	20 51	20 46	20 40	20 34	20 28	20 24	20 19	20 14	20 8	20 5	20 2	19 58	19 55	19 50
9	21 41	21 39	21 37	21 35	21 32	21 31	21 30	21 28	21 26	21 25	21 24	21 23	21 21	21 20
10	22 29	22 31	22 33	22 34	22 37	22 38	22 39	22 41	22 43	22 44	22 45	22 46	22 47	22 49
11	23 17	23 23	23 28	23 34	23 40	23 44	23 48	23 53	23 59	— —	— —	— —	— —	— —
12	— —	— —	— —	— —	— —	— —	— —	— —	— —	0 2	0 5	0 9	0 12	0 17
13	0 6	0 15	0 23	0 32	0 43	0 49	0 56	1 4	1 14	1 19	1 24	1 29	1 36	1 43
14	0 57	1 8	1 19	1 31	1 45	1 53	2 3	2 14	2 27	2 33	2 40	2 48	2 56	3 6
15	1 48	2 2	2 15	2 29	2 46	2 56	3 7	3 20	3 36	3 43	3 52	4 1	4 11	4 24
16	2 41	2 56	3 11	3 26	3 44	3 55	4 7	4 21	4 39	4 47	4 56	5 7	5 19	5 32
17	3 35	3 50	4 5	4 21	4 39	4 50	5 2	5 17	5 35	5 43	5 52	6 3	6 15	6 29
18	4 29	4 43	4 57	5 13	5 30	5 40	5 52	6 6	6 23	6 31	6 39	6 49	7 0	7 13
19	5 21	5 34	5 47	6 1	6 16	6 26	6 36	6 48	7 3	7 10	7 17	7 26	7 35	7 46
20	6 12	6 23	6 34	6 45	6 58	7 6	7 15	7 25	7 37	7 42	7 48	7 55	8 3	8 12
21	7 1	7 10	7 18	7 27	7 37	7 42	7 49	7 56	8 5	8 10	8 14	8 19	8 25	8 31
22	7 49	7 54	8 0	8 5	8 12	8 16	8 20	8 25	8 31	8 34	8 37	8 40	8 44	8 48
23	8 35	8 37	8 40	8 42	8 45	8 47	8 49	8 52	8 54	8 55	8 57	8 58	9 0	9 2
24	9 20	9 19	9 19	9 18	9 18	9 18	9 17	9 17	9 17	9 16	9 16	9 16	9 16	9 15
25	10 5	10 1	9 58	9 54	9 50	9 48	9 45	9 42	9 39	9 37	9 35	9 34	9 31	9 29
26	10 50	10 44	10 37	10 31	10 23	10 19	10 14	10 9	10 2	9 59	9 56	9 52	9 48	9 44
27	11 36	11 27	11 19	11 9	10 59	10 52	10 46	10 37	10 28	10 23	10 19	10 13	10 7	10 0
28	12 24	12 13	12 2	11 50	11 37	11 29	11 20	11 9	10 57	10 51	10 45	10 38	10 30	10 21
29	13 15	13 1	12 48	12 34	12 18	12 9	11 59	11 46	11 31	11 24	11 17	11 8	10 58	10 47
30	14 7	13 52	13 38	13 23	13 5	12 55	12 43	12 29	12 13	12 5	11 56	11 46	11 35	11 22
31	15 1	14 46	14 31	14 15	13 57	13 47	13 34	13 20	13 3	12 54	12 45	12 35	12 23	12 9
Febr. 1	15 56	15 42	15 28	15 12	14 55	14 44	14 32	14 19	14 2	13 54	13 45	13 35	13 23	13 10
2	16 52	16 39	16 26	16 12	15 57	15 47	15 37	15 25	15 10	15 3	14 55	14 46	14 36	14 25
3	17 46	17 36	17 25	17 14	17 2	16 54	16 46	16 36	16 24	16 19	16 12	16 6	15 58	15 49
4	18 40	18 32	18 25	18 17	18 9	18 3	17 58	17 51	17 43	17 39	17 35	17 30	17 25	17 19
5	19 31	19 28	19 24	19 20	19 16	19 13	19 10	19 7	19 3	19 1	18 59	18 57	18 54	18 52
6	20 22	20 22	20 22	20 23	20 23	20 23	20 23	20 23	20 23	20 24	20 24	20 24	20 24	20 24
7	21 12	21 16	21 20	21 24	21 29	21 32	21 35	21 39	21 43	21 45	21 47	21 50	21 53	21 56
8	22 3	22 10	22 17	22 25	22 34	22 39	22 45	22 52	23 1	23 5	23 9	23 14	23 19	23 25
9	22 54	23 4	23 14	23 25	23 38	23 46	23 54	— —	— —	— —	— —	— —	— —	— —
10	23 46	23 58	— —	— —	— —	— —	— —	0 4	0 16	0 22	0 28	0 35	0 42	0 51

Mittlere Ortszeit | Meridian von Greenwich

Tag	Geographische Breite													
	−10°	0°	+10°	+20°	+30°	+35°	+40°	+45°	+50°	+52°	+54°	+56°	+58°	+60°
1958	h m	h m	h m	h m	h m	h m	h m	h m	h m	h m	h m	h m	h m	h m
Jan. 0	1 2	1 10	1 19	1 29	1 40	1 46	1 53	2 1	2 12	2 16	2 21	2 27	2 33	2 41
1	1 46	1 57	2 8	2 20	2 34	2 42	2 51	3 2	3 15	3 21	3 28	3 36	3 44	3 54
2	2 33	2 46	2 59	3 14	3 30	3 39	3 50	4 3	4 19	4 26	4 34	4 43	4 53	5 5
3	3 24	3 38	3 53	4 9	4 26	4 37	4 49	5 3	5 20	5 28	5 37	5 47	5 59	6 13
4	4 18	4 33	4 48	5 4	5 22	5 33	5 46	6 0	6 18	6 26	6 35	6 46	6 58	7 11
5	5 15	5 29	5 44	5 59	6 17	6 27	6 39	6 52	7 9	7 17	7 26	7 35	7 46	7 59
6	6 13	6 26	6 39	6 53	7 8	7 17	7 27	7 39	7 54	8 0	8 8	8 16	8 26	8 36
7	7 12	7 22	7 33	7 44	7 56	8 3	8 11	8 21	8 32	8 37	8 43	8 50	8 57	9 5
8	8 10	8 17	8 25	8 32	8 41	8 46	8 52	8 58	9 6	9 9	9 13	9 17	9 22	9 28
9	9 7	9 11	9 15	9 19	9 23	9 26	9 29	9 32	9 36	9 37	9 39	9 41	9 44	9 47
10	10 3	10 3	10 4	10 4	10 4	10 4	10 4	10 4	10 4	10 4	10 4	10 4	10 4	10 4
11	10 59	10 55	10 52	10 48	10 44	10 41	10 39	10 35	10 32	10 30	10 28	10 26	10 23	10 21
12	11 54	11 47	11 40	11 33	11 25	11 20	11 14	11 8	11 0	10 57	10 53	10 49	10 44	10 39
13	12 50	12 40	12 30	12 19	12 7	12 0	11 52	11 43	11 32	11 27	11 21	11 15	11 8	11 0
14	13 46	13 33	13 21	13 8	12 53	12 44	12 34	12 22	12 8	12 1	11 54	11 46	11 37	11 26
15	14 42	14 28	14 13	13 58	13 41	13 31	13 19	13 6	12 49	12 42	12 33	12 23	12 13	12 0
16	15 37	15 22	15 7	14 51	14 33	14 22	14 10	13 55	13 37	13 29	13 20	13 9	12 57	12 43
17	16 30	16 16	16 1	15 45	15 27	15 16	15 4	14 50	14 32	14 24	14 14	14 4	13 52	13 38
18	17 22	17 8	16 54	16 39	16 22	16 13	16 1	15 48	15 32	15 24	15 15	15 6	14 55	14 42
19	18 10	17 58	17 46	17 33	17 19	17 10	17 0	16 49	16 35	16 28	16 21	16 13	16 4	15 53
20	18 55	18 46	18 36	18 26	18 14	18 7	17 59	17 50	17 39	17 34	17 28	17 22	17 15	17 7
21	19 38	19 31	19 24	19 17	19 9	19 4	18 58	18 52	18 44	18 40	18 36	18 32	18 27	18 21
22	20 19	20 15	20 11	20 7	20 2	19 59	19 56	19 52	19 47	19 45	19 43	19 40	19 38	19 34
23	20 59	20 58	20 56	20 55	20 54	20 53	20 52	20 51	20 50	20 50	20 49	20 48	20 48	20 47
24	21 38	21 39	21 41	21 43	21 46	21 47	21 49	21 50	21 52	21 53	21 54	21 55	21 57	21 58
25	22 17	22 21	22 26	22 31	22 37	22 41	22 45	22 49	22 54	22 57	23 0	23 2	23 6	23 10
26	22 57	23 5	23 12	23 20	23 29	23 35	23 41	23 48	23 56	— —	— —	— —	— —	— —
27	23 39	23 49	23 59	— —	— —	— —	— —	— —	— —	0 0	0 5	0 10	0 15	0 21
28	— —	— —	— —	0 10	0 22	0 30	0 38	0 47	0 59	1 4	1 10	1 17	1 24	1 33
29	0 24	0 36	0 48	1 1	1 16	1 25	1 35	1 47	2 1	2 8	2 15	2 23	2 33	2 43
30	1 12	1 26	1 39	1 54	2 11	2 21	2 33	2 46	3 2	3 10	3 18	3 28	3 39	3 52
31	2 3	2 18	2 33	2 48	3 7	3 17	3 29	3 43	4 1	4 9	4 18	4 28	4 40	4 54
Febr. 1	2 58	3 13	3 27	3 43	4 1	4 12	4 24	4 38	4 55	5 3	5 12	5 22	5 34	5 47
2	3 55	4 9	4 23	4 37	4 54	5 4	5 15	5 28	5 43	5 51	5 59	6 8	6 18	6 30
3	4 54	5 6	5 18	5 30	5 44	5 52	6 2	6 12	6 25	6 31	6 38	6 45	6 54	7 3
4	5 54	6 3	6 12	6 21	6 32	6 38	6 45	6 53	7 2	7 7	7 11	7 17	7 23	7 29
5	6 53	6 59	7 4	7 10	7 16	7 20	7 24	7 29	7 35	7 38	7 40	7 44	7 47	7 51
6	7 52	7 54	7 56	7 57	7 59	8 1	8 2	8 3	8 5	8 6	8 7	8 8	8 9	8 10
7	8 50	8 48	8 46	8 44	8 41	8 40	8 38	8 36	8 34	8 33	8 32	8 31	8 30	8 28
8	9 47	9 42	9 36	9 30	9 23	9 20	9 15	9 10	9 4	9 1	8 58	8 55	8 51	8 47
9	10 45	10 36	10 27	10 17	10 7	10 1	9 54	9 45	9 36	9 31	9 26	9 21	9 15	9 8
10	11 41	11 30	11 18	11 6	10 52	10 44	10 35	10 24	10 11	10 5	9 58	9 51	9 42	9 33

Mondaufgang 1958

Mittlere Ortszeit | Meridian von Greenwich

Tag	Geographische Breite													
	−10°	0°	+10°	+20°	+30°	+35°	+40°	+45°	+50°	+52°	+54°	+56°	+58°	+60°
1958	h m	h m	h m	h m	h m	h m	h m	h m	h m	h m	h m	h m	h m	h m
Febr. 10	23 46	23 58	— —	— —	— —	— —	— —	0 4	0 16	0 22	0 28	0 35	0 42	0 51
11	— —	— —	0 11	0 25	0 40	0 49	1 0	1 12	1 27	1 34	1 42	1 50	2 0	2 12
12	0 38	0 53	1 7	1 22	1 40	1 50	2 1	2 15	2 32	2 40	2 49	2 59	3 10	3 23
13	1 32	1 46	2 1	2 17	2 35	2 46	2 58	3 12	3 30	3 38	3 48	3 58	4 10	4 24
14	2 25	2 39	2 54	3 9	3 27	3 37	3 49	4 3	4 20	4 28	4 37	4 47	4 58	5 11
15	3 17	3 30	3 43	3 58	4 14	4 23	4 34	4 47	5 2	5 9	5 17	5 26	5 36	5 48
16	4 7	4 19	4 30	4 43	4 57	5 5	5 14	5 25	5 38	5 44	5 50	5 58	6 6	6 16
17	4 57	5 6	5 15	5 25	5 36	5 42	5 49	5 58	6 8	6 13	6 18	6 24	6 30	6 37
18	5 44	5 51	5 57	6 4	6 12	6 17	6 22	6 28	6 35	6 38	6 42	6 46	6 50	6 55
19	6 30	6 34	6 38	6 42	6 46	6 49	6 52	6 55	6 59	7 1	7 3	7 5	7 7	7 10
20	7 16	7 17	7 17	7 18	7 19	7 20	7 20	7 21	7 22	7 22	7 23	7 23	7 24	7 24
21	8 1	7 59	7 56	7 54	7 51	7 50	7 48	7 46	7 44	7 43	7 42	7 41	7 39	7 38
22	8 46	8 41	8 36	8 30	8 24	8 21	8 17	8 13	8 7	8 5	8 2	7 59	7 56	7 52
23	9 32	9 24	9 16	9 8	8 59	8 53	8 47	8 40	8 32	8 28	8 24	8 19	8 14	8 8
24	10 18	10 8	9 58	9 47	9 35	9 28	9 20	9 11	8 59	8 54	8 49	8 42	8 35	8 27
25	11 7	10 55	10 42	10 29	10 15	10 6	9 56	9 45	9 31	9 25	9 18	9 10	9 1	8 51
26	11 57	11 43	11 29	11 15	10 58	10 48	10 37	10 24	10 8	10 1	9 53	9 44	9 33	9 21
27	12 49	12 34	12 20	12 4	11 46	11 36	11 24	11 10	10 53	10 45	10 36	10 26	10 15	10 2
28	13 42	13 27	13 13	12 57	12 39	12 29	12 17	12 3	11 46	11 38	11 29	11 19	11 7	10 54
März 1	14 36	14 22	14 8	13 54	13 37	13 27	13 16	13 3	12 48	12 40	12 32	12 22	12 12	12 0
2	15 29	15 18	15 6	14 54	14 39	14 31	14 21	14 10	13 57	13 51	13 44	13 36	13 27	13 17
3	16 23	16 14	16 5	15 55	15 44	15 38	15 31	15 22	15 12	15 8	15 2	14 57	14 50	14 43
4	17 15	17 10	17 4	16 58	16 51	16 47	16 43	16 38	16 31	16 29	16 25	16 22	16 18	16 14
5	18 8	18 6	18 4	18 2	18 0	17 58	17 57	17 55	17 53	17 52	17 51	17 50	17 49	17 47
6	19 0	19 1	19 3	19 5	19 8	19 9	19 11	19 13	19 15	19 16	19 17	19 19	19 20	19 22
7	19 52	19 57	20 3	20 9	20 16	20 20	20 25	20 30	20 36	20 40	20 43	20 46	20 51	20 55
8	20 45	20 53	21 2	21 12	21 23	21 30	21 37	21 46	21 56	22 1	22 6	22 12	22 19	22 26
9	21 38	21 50	22 2	22 14	22 29	22 37	22 47	22 58	23 12	23 18	23 25	23 33	23 42	23 52
10	22 33	22 46	23 0	23 14	23 31	23 41	23 52	— —	— —	— —	— —	— —	— —	— —
11	23 27	23 42	23 56	— —	— —	— —	— —	0 5	0 21	0 29	0 37	0 47	0 58	1 10
12	— —	— —	— —	0 12	0 30	0 40	0 52	1 6	1 23	1 31	1 40	1 51	2 2	2 16
13	0 21	0 35	0 50	1 5	1 23	1 34	1 45	1 59	2 17	2 25	2 34	2 44	2 55	3 8
14	1 14	1 27	1 41	1 55	2 12	2 22	2 33	2 46	3 2	3 9	3 17	3 26	3 37	3 48
15	2 5	2 17	2 29	2 41	2 56	3 4	3 14	3 25	3 39	3 45	3 52	4 0	4 9	4 19
16	2 54	3 4	3 14	3 24	3 36	3 43	3 51	4 0	4 11	4 16	4 22	4 28	4 35	4 42
17	3 42	3 49	3 56	4 4	4 13	4 18	4 24	4 31	4 39	4 42	4 46	4 51	4 56	5 1
18	4 28	4 33	4 37	4 42	4 48	4 51	4 54	4 59	5 3	5 6	5 8	5 11	5 14	5 17
19	5 13	5 15	5 17	5 19	5 21	5 22	5 23	5 25	5 27	5 28	5 29	5 30	5 31	5 32
20	5 58	5 57	5 56	5 55	5 53	5 52	5 52	5 51	5 49	5 49	5 48	5 48	5 47	5 46
21	6 43	6 39	6 35	6 31	6 26	6 23	6 20	6 17	6 12	6 10	6 8	6 6	6 3	6 0
22	7 29	7 22	7 15	7 8	7 0	6 55	6 50	6 44	6 37	6 33	6 30	6 26	6 21	6 16
23	8 15	8 6	7 57	7 47	7 36	7 29	7 22	7 13	7 3	6 59	6 53	6 48	6 41	6 34

Mittlere Ortszeit — Meridian von Greenwich

Tag	Geographische Breite													
	−10°	0°	+10°	+20°	+30°	+35°	+40°	+45°	+50°	+52°	+54°	+56°	+58°	+60°
1958	h m	h m	h m	h m	h m	h m	h m	h m	h m	h m	h m	h m	h m	h m
Febr. 10	11 41	11 30	11 18	11 6	10 52	10 44	10 35	10 24	10 11	10 5	9 58	9 51	9 42	9 33
11	12 38	12 24	12 11	11 56	11 40	11 30	11 19	11 6	10 51	10 43	10 35	10 26	10 16	10 4
12	13 33	13 18	13 4	12 48	12 30	12 20	12 8	11 54	11 37	11 28	11 19	11 9	10 58	10 44
13	14 27	14 12	13 57	13 41	13 23	13 12	13 0	12 46	12 28	12 20	12 11	12 1	11 49	11 35
14	15 18	15 4	14 50	14 35	14 17	14 7	13 56	13 42	13 25	13 18	13 9	12 59	12 48	12 35
15	16 6	15 54	15 41	15 28	15 12	15 3	14 53	14 41	14 26	14 19	14 12	14 3	13 53	13 42
16	16 52	16 42	16 31	16 20	16 7	16 0	15 51	15 41	15 29	15 24	15 17	15 10	15 3	14 54
17	17 35	17 28	17 20	17 11	17 2	16 56	16 50	16 42	16 33	16 29	16 24	16 19	16 13	16 7
18	18 17	18 12	18 7	18 1	17 55	17 51	17 47	17 42	17 36	17 34	17 31	17 27	17 24	17 20
19	18 57	18 55	18 52	18 50	18 47	18 46	18 44	18 42	18 39	18 38	18 37	18 35	18 34	18 32
20	19 36	19 37	19 37	19 38	19 39	19 40	19 40	19 41	19 42	19 42	19 42	19 43	19 43	19 44
21	20 15	20 19	20 23	20 26	20 31	20 33	20 36	20 40	20 44	20 45	20 47	20 50	20 52	20 55
22	20 55	21 1	21 8	21 15	21 22	21 27	21 32	21 38	21 45	21 49	21 52	21 56	22 1	22 6
23	21 36	21 45	21 54	22 4	22 15	22 21	22 28	22 37	22 47	22 52	22 57	23 3	23 9	23 17
24	22 19	22 30	22 42	22 54	23 8	23 16	23 25	23 35	23 48	23 54	— —	— —	— —	— —
25	23 5	23 18	23 31	23 45	— —	— —	— —	— —	— —	— —	0 1	0 9	0 17	0 27
26	23 53	— —	— —	— —	0 1	1 10	0 21	0 33	0 49	0 56	1 4	1 13	1 23	1 34
27	— —	0 7	0 22	0 37	0 54	1 5	1 16	1 30	1 47	1 55	2 3	2 13	2 25	2 38
28	0 45	0 59	1 14	1 30	1 48	1 58	2 10	2 24	2 41	2 49	2 58	3 9	3 20	3 34
März 1	1 39	1 53	2 7	2 23	2 40	2 50	3 1	3 15	3 31	3 39	3 47	3 57	4 8	4 20
2	2 36	2 48	3 1	3 15	3 30	3 39	3 49	4 1	4 15	4 22	4 29	4 38	4 47	4 57
3	3 34	3 44	3 55	4 6	4 18	4 25	4 34	4 43	4 54	5 0	5 5	5 12	5 19	5 27
4	4 33	4 40	4 48	4 55	5 4	5 9	5 15	5 21	5 29	5 33	5 37	5 41	5 46	5 51
5	5 32	5 36	5 40	5 44	5 48	5 51	5 54	5 57	6 1	6 3	6 5	6 7	6 9	6 12
6	6 32	6 32	6 32	6 32	6 32	6 32	6 32	6 32	6 32	6 32	6 31	6 31	6 31	6 31
7	7 32	7 28	7 24	7 20	7 15	7 13	7 10	7 6	7 2	7 0	6 58	6 56	6 53	6 51
8	8 31	8 24	8 17	8 9	8 0	7 55	7 49	7 42	7 34	7 31	7 27	7 22	7 17	7 12
9	9 31	9 20	9 10	8 59	8 46	8 39	8 31	8 21	8 9	8 4	7 58	7 52	7 44	7 36
10	10 29	10 17	10 4	9 50	9 35	9 26	9 16	9 4	8 49	8 42	8 35	8 26	8 17	8 6
11	11 27	11 13	10 58	10 43	10 26	10 16	10 4	9 51	9 34	9 26	9 18	9 8	8 57	8 44
12	12 22	12 7	11 53	11 37	11 19	11 9	10 57	10 42	10 25	10 17	10 8	9 58	9 46	9 32
13	13 15	13 0	12 46	12 31	12 14	12 4	11 52	11 38	11 21	11 13	11 4	10 54	10 43	10 30
14	14 4	13 51	13 38	13 24	13 9	12 59	12 49	12 36	12 21	12 14	12 6	11 57	11 47	11 35
15	14 51	14 40	14 29	14 17	14 3	13 55	13 46	13 36	13 23	13 17	13 11	13 3	12 55	12 45
16	15 34	15 26	15 17	15 8	14 57	14 51	14 44	14 36	14 26	14 21	14 16	14 11	14 4	13 57
17	16 16	16 10	16 4	15 58	15 50	15 46	15 41	15 36	15 29	15 26	15 22	15 18	15 14	15 9
18	16 56	16 53	16 50	16 47	16 43	16 40	16 38	16 35	16 31	16 30	16 28	16 26	16 23	16 21
19	17 36	17 35	17 35	17 35	17 34	17 34	17 34	17 34	17 33	17 33	17 33	17 33	17 33	17 32
20	18 15	18 17	18 20	18 23	18 26	18 28	18 30	18 32	18 35	18 37	18 38	18 40	18 41	18 43
21	18 54	19 0	19 5	19 11	19 18	19 22	19 26	19 31	19 37	19 40	19 43	19 46	19 50	19 54
22	19 35	19 43	19 51	20 0	20 10	20 15	20 22	20 29	20 39	20 43	20 47	20 53	20 58	21 5
23	20 17	20 28	20 38	20 49	21 2	21 10	21 18	21 28	21 40	21 46	21 52	21 59	22 6	22 15

Mondaufgang 1958

Mittlere Ortszeit — Meridian von Greenwich

Tag	Geographische Breite													
	−10°	0°	+10°	+20°	+30°	+35°	+40°	+45°	+50°	+52°	+54°	+56°	+58°	+60°
1958	h m	h m	h m	h m	h m	h m	h m	h m	h m	h m	h m	h m	h m	h m
März 23	8 15	8 6	7 57	7 47	7 36	7 29	7 22	7 13	7 3	6 59	6 53	6 48	6 41	6 34
24	9 3	8 52	8 40	8 28	8 14	8 6	7 57	7 46	7 33	7 28	7 21	7 14	7 5	6 56
25	9 52	9 39	9 26	9 12	8 56	8 46	8 36	8 23	8 8	8 2	7 54	7 45	7 35	7 24
26	10 42	10 28	10 14	9 59	9 41	9 31	9 20	9 6	8 50	8 42	8 33	8 24	8 13	8 0
27	11 34	11 19	11 5	10 49	10 31	10 21	10 9	9 55	9 38	9 30	9 21	9 11	9 0	8 47
28	12 26	12 12	11 58	11 43	11 26	11 16	11 4	10 51	10 35	10 27	10 18	10 9	9 58	9 45
29	13 17	13 5	12 52	12 39	12 24	12 15	12 5	11 53	11 38	11 31	11 24	11 15	11 6	10 55
30	14 9	13 59	13 49	13 38	13 25	13 18	13 10	13 0	12 48	12 43	12 37	12 30	12 22	12 14
31	15 0	14 53	14 46	14 38	14 29	14 24	14 18	14 11	14 3	13 59	13 55	13 51	13 45	13 39
April 1	15 51	15 48	15 44	15 40	15 35	15 32	15 29	15 26	15 21	15 19	15 17	15 15	15 12	15 9
2	16 43	16 43	16 43	16 42	16 42	16 42	16 42	16 42	16 42	16 42	16 42	16 42	16 42	16 42
3	17 35	17 39	17 42	17 46	17 51	17 53	17 56	18 0	18 4	18 6	18 8	18 10	18 13	18 16
4	18 28	18 36	18 43	18 51	19 0	19 5	19 11	19 17	19 26	19 30	19 34	19 39	19 44	19 50
5	19 23	19 33	19 44	19 55	20 8	20 15	20 24	20 34	20 46	20 51	20 58	21 5	21 12	21 21
6	20 19	20 32	20 45	20 58	21 14	21 23	21 34	21 46	22 1	22 8	22 16	22 25	22 35	22 46
7	21 16	21 30	21 44	21 59	22 17	22 27	22 39	22 52	23 9	23 17	23 26	23 36	23 47	— —
8	22 12	22 27	22 41	22 57	23 15	23 25	23 37	23 51	— —	— —	— —	— —	— —	0 0
9	23 7	23 21	23 35	23 50	— —	— —	— —	— —	0 8	0 16	0 25	0 35	0 47	1 0
10	— —	— —	— —	— —	0 7	0 17	0 28	0 41	0 58	1 5	1 14	1 23	1 34	1 46
11	0 0	0 12	0 25	0 38	0 54	1 2	1 12	1 24	1 39	1 45	1 53	2 1	2 10	2 21
12	0 50	1 1	1 11	1 23	1 35	1 43	1 51	2 1	2 13	2 18	2 24	2 31	2 38	2 47
13	1 39	1 47	1 55	2 4	2 14	2 19	2 26	2 33	2 42	2 46	2 51	2 56	3 1	3 7
14	2 26	2 31	2 37	2 42	2 49	2 53	2 57	3 2	3 8	3 10	3 13	3 17	3 20	3 24
15	3 11	3 14	3 16	3 19	3 22	3 24	3 26	3 29	3 31	3 33	3 34	3 36	3 38	3 39
16	3 56	3 56	3 55	3 55	3 55	3 55	3 55	3 54	3 54	3 54	3 54	3 54	3 54	3 54
17	4 41	4 38	4 35	4 31	4 28	4 25	4 23	4 20	4 17	4 16	4 14	4 12	4 10	4 8
18	5 26	5 20	5 15	5 8	5 1	4 57	4 53	4 47	4 41	4 38	4 35	4 31	4 28	4 23
19	6 13	6 4	5 56	5 47	5 36	5 31	5 24	5 16	5 7	5 3	4 58	4 53	4 47	4 41
20	7 0	6 49	6 39	6 27	6 14	6 6	5 58	5 48	5 36	5 30	5 24	5 18	5 10	5 1
21	7 49	7 36	7 24	7 10	6 55	6 46	6 36	6 24	6 10	6 3	5 56	5 47	5 38	5 27
22	8 39	8 25	8 11	7 57	7 39	7 30	7 18	7 5	6 49	6 42	6 33	6 24	6 13	6 1
23	9 30	9 16	9 1	8 46	8 28	8 18	8 6	7 52	7 35	7 27	7 18	7 8	6 57	6 44
24	10 21	10 7	9 53	9 38	9 20	9 10	8 59	8 45	8 28	8 21	8 12	8 2	7 51	7 38
25	11 12	10 59	10 46	10 32	10 16	10 7	9 56	9 44	9 29	9 21	9 14	9 5	8 55	8 43
26	12 2	11 51	11 40	11 28	11 15	11 7	10 58	10 47	10 35	10 29	10 22	10 15	10 6	9 57
27	12 52	12 44	12 35	12 26	12 16	12 10	12 3	11 55	11 45	11 41	11 36	11 30	11 24	11 17
28	13 41	13 36	13 31	13 25	13 18	13 15	13 10	13 5	12 59	12 57	12 54	12 50	12 46	12 42
29	14 31	14 29	14 27	14 25	14 23	14 21	14 20	14 18	14 16	14 15	14 14	14 13	14 12	14 10
30	15 21	15 22	15 24	15 26	15 28	15 30	15 31	15 33	15 35	15 36	15 37	15 38	15 39	15 41
Mai 1	16 12	16 17	16 23	16 29	16 35	16 39	16 44	16 49	16 55	16 58	17 1	17 4	17 8	17 13
2	17 5	17 14	17 23	17 32	17 43	17 50	17 57	18 5	18 15	18 20	18 25	18 31	18 38	18 45
3	18 1	18 13	18 24	18 37	18 51	18 59	19 9	19 20	19 34	19 40	19 47	19 55	20 4	20 14

Mittlere Ortszeit — Meridian von Greenwich

Tag	−10°	0°	+10°	+20°	+30°	+35°	+40°	+45°	+50°	+52°	+54°	+56°	+58°	+60°
	Geographische Breite													
1958	h m	h m	h m	h m	h m	h m	h m	h m	h m	h m	h m	h m	h m	h m
März 23	20 17	20 28	20 38	20 49	21 2	21 10	21 18	21 28	21 40	21 46	21 52	21 59	22 6	22 15
24	21 2	21 14	21 27	21 40	21 55	22 4	22 14	22 26	22 40	22 47	22 54	23 3	23 12	23 23
25	21 49	22 2	22 16	22 31	22 48	22 58	23 9	23 22	23 38	23 46	23 54	— —	— —	— —
26	22 38	22 52	23 7	23 22	23 40	23 51	— —	— —	— —	— —	— —	0 4	0 15	0 27
27	23 30	23 44	23 58	— —	— —	— —	0 2	0 16	0 33	0 41	0 50	1 0	1 12	1 25
28	— —	— —	— —	0 14	0 31	0 41	0 53	1 7	1 23	1 31	1 40	1 50	2 1	2 14
29	0 24	0 37	0 50	1 4	1 21	1 30	1 41	1 53	2 8	2 15	2 23	2 32	2 42	2 53
30	1 19	1 31	1 42	1 54	2 8	2 16	2 25	2 35	2 48	2 54	3 0	3 8	3 16	3 25
31	2 16	2 25	2 33	2 43	2 53	2 59	3 6	3 14	3 24	3 28	3 33	3 38	3 44	3 51
April 1	3 13	3 19	3 25	3 30	3 37	3 41	3 45	3 50	3 56	3 59	4 2	4 5	4 9	4 13
2	4 12	4 14	4 16	4 18	4 20	4 22	4 23	4 25	4 27	4 28	4 29	4 30	4 31	4 33
3	5 11	5 9	5 7	5 5	5 3	5 2	5 1	4 59	4 57	4 56	4 55	4 54	4 53	4 52
4	6 11	6 5	6 0	5 54	5 48	5 44	5 40	5 35	5 29	5 26	5 23	5 20	5 16	5 12
5	7 12	7 3	6 54	6 45	6 34	6 28	6 21	6 12	6 3	5 58	5 53	5 48	5 42	5 35
6	8 13	8 1	7 49	7 37	7 23	7 15	7 5	6 55	6 41	6 35	6 29	6 21	6 13	6 3
7	9 13	9 0	8 46	8 31	8 15	8 5	7 54	7 41	7 26	7 18	7 10	7 1	6 51	6 39
8	10 12	9 57	9 43	9 27	9 9	8 59	8 47	8 33	8 16	8 8	7 59	7 49	7 38	7 24
9	11 7	10 53	10 38	10 23	10 5	9 55	9 43	9 29	9 12	9 4	8 55	8 45	8 34	8 20
10	11 59	11 46	11 32	11 18	11 2	10 52	10 41	10 28	10 12	10 5	9 57	9 47	9 37	9 25
11	12 48	12 36	12 24	12 12	11 58	11 49	11 40	11 29	11 15	11 9	11 2	10 54	10 45	10 35
12	13 33	13 23	13 14	13 4	12 52	12 46	12 38	12 29	12 18	12 13	12 8	12 1	11 54	11 47
13	14 15	14 8	14 2	13 54	13 46	13 41	13 36	13 29	13 21	13 18	13 14	13 9	13 5	12 59
14	14 56	14 52	14 48	14 43	14 38	14 35	14 32	14 28	14 24	14 22	14 19	14 17	14 14	14 11
15	15 35	15 34	15 33	15 32	15 30	15 29	15 28	15 27	15 26	15 25	15 24	15 24	15 23	15 22
16	16 14	16 16	16 18	16 19	16 22	16 23	16 24	16 26	16 27	16 28	16 29	16 30	16 31	16 33
17	16 54	16 58	17 3	17 8	17 13	17 16	17 20	17 24	17 29	17 32	17 34	17 37	17 40	17 44
18	17 34	17 41	17 49	17 56	18 5	18 10	18 16	18 23	18 31	18 35	18 39	18 44	18 49	18 55
19	18 16	18 26	18 36	18 46	18 58	19 5	19 13	19 22	19 33	19 38	19 44	19 50	19 57	20 5
20	19 0	19 12	19 24	19 36	19 51	19 59	20 9	20 20	20 34	20 40	20 47	20 55	21 4	21 14
21	19 46	20 0	20 13	20 27	20 44	20 54	21 4	21 17	21 33	21 40	21 48	21 58	22 8	22 20
22	20 35	20 49	21 4	21 19	21 36	21 47	21 58	22 12	22 29	22 37	22 46	22 55	23 7	23 20
23	21 26	21 40	21 55	22 10	22 28	22 38	22 50	23 3	23 20	23 28	23 37	23 47	23 58	— —
24	22 18	22 32	22 46	23 0	23 17	23 27	23 38	23 51	— —	— —	— —	— —	— —	0 11
25	23 12	23 24	23 36	23 49	— —	— —	— —	— —	0 6	0 14	0 22	0 31	0 41	0 53
26	— —	— —	— —	— —	0 4	0 12	0 22	0 33	0 47	0 53	1 0	1 8	1 17	1 27
27	0 6	0 16	0 26	0 37	0 48	0 55	1 3	1 12	1 23	1 28	1 33	1 39	1 46	1 54
28	1 1	1 8	1 16	1 23	1 31	1 36	1 41	1 48	1 55	1 59	2 2	2 6	2 11	2 16
29	1 57	2 1	2 5	2 8	2 13	2 15	2 18	2 21	2 25	2 27	2 29	2 31	2 33	2 36
30	2 54	2 54	2 54	2 54	2 54	2 54	2 54	2 54	2 54	2 54	2 54	2 54	2 54	2 54
Mai 1	3 52	3 48	3 45	3 41	3 37	3 34	3 31	3 28	3 24	3 22	3 20	3 18	3 16	3 13
2	4 51	4 44	4 37	4 30	4 21	4 16	4 10	4 4	3 56	3 53	3 49	3 44	3 40	3 34
3	5 52	5 42	5 32	5 21	5 8	5 1	4 53	4 43	4 32	4 27	4 21	4 15	4 7	3 59

Mondaufgang 1958

Mittlere Ortszeit — Meridian von Greenwich

Tag	−10°	0°	+10°	+20°	+30°	+35°	+40°	+45°	+50°	+52°	+54°	+56°	+58°	+60°
	Geographische Breite													
1958	h m	h m	h m	h m	h m	h m	h m	h m	h m	h m	h m	h m	h m	h m
Mai 3	18 1	18 13	18 24	18 37	18 51	18 59	19 9	19 20	19 34	19 40	19 47	19 55	20 4	20 14
4	18 58	19 12	19 26	19 40	19 57	20 7	20 18	20 31	20 47	20 55	21 3	21 13	21 23	21 36
5	19 56	20 11	20 25	20 41	20 59	21 9	21 21	21 35	21 53	22 1	22 10	22 20	22 31	22 45
6	20 54	21 8	21 22	21 38	21 55	22 6	22 17	22 31	22 48	22 56	23 5	23 15	23 26	23 39
7	21 49	22 3	22 16	22 30	22 46	22 56	23 6	23 19	23 34	23 41	23 49	23 58	— —	— —
8	22 43	22 54	23 6	23 18	23 32	23 39	23 49	23 59	— —	— —	— —	— —	0 8	0 20
9	23 33	23 42	23 51	— —	— —	— —	— —	— —	0 12	0 18	0 25	0 32	0 40	0 50
10	— —	— —	— —	0 1	0 12	0 18	0 25	0 34	0 44	0 49	0 54	0 59	1 6	1 13
11	0 21	0 28	0 34	0 41	0 49	0 53	0 58	1 4	1 11	1 14	1 18	1 22	1 26	1 31
12	1 8	1 11	1 15	1 19	1 23	1 26	1 29	1 32	1 36	1 38	1 40	1 42	1 44	1 47
13	1 53	1 54	1 54	1 55	1 56	1 57	1 57	1 58	1 59	1 59	2 0	2 0	2 1	2 1
14	2 38	2 36	2 33	2 31	2 29	2 27	2 26	2 24	2 22	2 21	2 19	2 18	2 17	2 15
15	3 23	3 18	3 13	3 8	3 2	2 58	2 55	2 50	2 45	2 43	2 40	2 37	2 34	2 30
16	4 9	4 1	3 54	3 45	3 36	3 31	3 25	3 18	3 10	3 6	3 2	2 58	2 52	2 47
17	4 56	4 46	4 36	4 25	4 13	4 6	3 58	3 49	3 38	3 33	3 27	3 21	3 14	3 6
18	5 45	5 33	5 21	5 8	4 53	4 45	4 35	4 24	4 10	4 4	3 57	3 49	3 40	3 30
19	6 35	6 22	6 8	5 53	5 37	5 27	5 16	5 3	4 48	4 40	4 32	4 23	4 13	4 1
20	7 26	7 12	6 58	6 42	6 25	6 14	6 3	5 49	5 32	5 24	5 15	5 5	4 54	4 41
21	8 18	8 4	7 49	7 34	7 16	7 6	6 54	6 40	6 23	6 16	6 7	5 57	5 45	5 32
22	9 10	8 56	8 42	8 28	8 11	8 2	7 51	7 38	7 22	7 14	7 6	6 57	6 46	6 34
23	10 0	9 48	9 36	9 24	9 9	9 1	8 51	8 40	8 26	8 20	8 13	8 5	7 56	7 46
24	10 49	10 40	10 31	10 21	10 9	10 2	9 55	9 46	9 35	9 30	9 25	9 18	9 12	9 4
25	11 38	11 31	11 25	11 18	11 10	11 5	11 0	10 54	10 47	10 43	10 40	10 36	10 31	10 26
26	12 26	12 23	12 19	12 16	12 12	12 10	12 7	12 4	12 1	11 59	11 57	11 55	11 53	11 51
27	13 14	13 14	13 14	13 14	13 15	13 15	13 15	13 16	13 16	13 16	13 17	13 17	13 17	13 17
28	14 3	14 6	14 10	14 14	14 19	14 22	14 25	14 29	14 33	14 35	14 37	14 40	14 43	14 46
29	14 53	15 0	15 8	15 16	15 25	15 30	15 36	15 43	15 51	15 55	15 59	16 4	16 9	16 15
30	15 46	15 57	16 7	16 18	16 31	16 38	16 47	16 56	17 8	17 14	17 20	17 27	17 35	17 44
31	16 42	16 54	17 7	17 21	17 36	17 46	17 56	18 8	18 23	18 30	18 38	18 47	18 57	19 8
Juni 1	17 39	17 53	18 7	18 23	18 40	18 50	19 2	19 16	19 33	19 41	19 50	20 0	20 11	20 24
2	18 37	18 52	19 6	19 22	19 40	19 50	20 2	20 17	20 34	20 42	20 51	21 1	21 13	21 26
3	19 35	19 49	20 3	20 18	20 35	20 45	20 56	21 9	21 26	21 33	21 42	21 51	22 2	22 14
4	20 30	20 43	20 55	21 8	21 24	21 32	21 42	21 54	22 8	22 15	22 22	22 30	22 39	22 50
5	21 23	21 33	21 44	21 55	22 7	22 14	22 23	22 32	22 43	22 49	22 55	23 1	23 8	23 16
6	22 14	22 21	22 29	22 37	22 46	22 52	22 58	23 5	23 13	23 17	23 21	23 26	23 31	23 37
7	23 2	23 6	23 11	23 16	23 22	23 26	23 30	23 34	23 39	23 42	23 45	23 47	23 51	23 54
8	23 48	23 50	23 52	23 54	23 56	23 58	23 59	— —	— —	— —	— —	— —	— —	— —
9	— —	— —	— —	— —	— —	— —	— —	0 1	0 3	0 4	0 5	0 7	0 8	0 9
10	0 33	0 32	0 31	0 30	0 29	0 28	0 28	0 27	0 26	0 26	0 25	0 25	0 24	0 23
11	1 18	1 14	1 10	1 6	1 2	0 59	0 56	0 53	0 49	0 47	0 45	0 43	0 41	0 38
12	2 4	1 57	1 51	1 44	1 36	1 31	1 26	1 20	1 13	1 10	1 6	1 3	0 58	0 53
13	2 50	2 41	2 32	2 22	2 11	2 5	1 58	1 50	1 40	1 35	1 30	1 25	1 18	1 11

Monduntergang 1958

Mittlere Ortszeit — Meridian von Greenwich

Tag	Geographische Breite													
	−10°	0°	+10°	+20°	+30°	+35°	+40°	+45°	+50°	+52°	+54°	+56°	+58°	+60°
1958	h m	h m	h m	h m	h m	h m	h m	h m	h m	h m	h m	h m	h m	h m
Mai 3	5 52	5 42	5 32	5 21	5 8	5 1	4 53	4 43	4 32	4 27	4 21	4 15	4 7	3 59
4	6 53	6 41	6 28	6 15	5 59	5 50	5 40	5 28	5 13	5 7	4 59	4 51	4 41	4 31
5	7 54	7 40	7 26	7 11	6 53	6 43	6 32	6 18	6 2	5 54	5 45	5 36	5 24	5 12
6	8 53	8 38	8 24	8 8	7 50	7 40	7 28	7 14	6 57	6 48	6 39	6 29	6 18	6 4
7	9 48	9 35	9 21	9 6	8 49	8 39	8 27	8 14	7 57	7 49	7 41	7 31	7 20	7 7
8	10 40	10 28	10 15	10 2	9 47	9 38	9 27	9 15	9 1	8 54	8 46	8 38	8 28	8 17
9	11 28	11 17	11 7	10 56	10 43	10 36	10 28	10 18	10 6	10 0	9 54	9 47	9 39	9 30
10	12 12	12 4	11 56	11 48	11 38	11 33	11 27	11 19	11 10	11 6	11 2	10 56	10 51	10 44
11	12 54	12 49	12 44	12 38	12 32	12 29	12 24	12 20	12 14	12 11	12 8	12 5	12 1	11 57
12	13 34	13 32	13 30	13 27	13 24	13 23	13 21	13 19	13 16	13 15	13 14	13 13	13 11	13 9
13	14 13	14 14	14 15	14 15	14 16	14 17	14 17	14 18	14 18	14 19	14 19	14 19	14 20	14 20
14	14 52	14 56	14 59	15 3	15 8	15 10	15 13	15 16	15 20	15 22	15 24	15 26	15 28	15 31
15	15 32	15 39	15 45	15 52	15 59	16 4	16 9	16 15	16 22	16 25	16 29	16 33	16 37	16 42
16	16 14	16 23	16 32	16 41	16 52	16 58	17 5	17 14	17 24	17 29	17 34	17 39	17 46	17 53
17	16 57	17 8	17 20	17 31	17 45	17 53	18 2	18 13	18 26	18 32	18 38	18 46	18 54	19 4
18	17 43	17 56	18 9	18 23	18 39	18 48	18 58	19 11	19 26	19 33	19 41	19 50	20 0	20 11
19	18 31	18 46	19 0	19 15	19 32	19 42	19 54	20 7	20 24	20 32	20 41	20 50	21 1	21 14
20	19 22	19 37	19 51	20 7	20 25	20 35	20 47	21 1	21 18	21 26	21 34	21 44	21 56	22 9
21	20 15	20 29	20 43	20 58	21 15	21 25	21 36	21 50	22 6	22 13	22 22	22 31	22 42	22 55
22	21 8	21 21	21 34	21 47	22 3	22 12	22 22	22 34	22 48	22 55	23 2	23 11	23 20	23 31
23	22 2	22 13	22 24	22 35	22 48	22 55	23 4	23 14	23 25	23 31	23 37	23 43	23 51	23 59
24	22 56	23 4	23 12	23 21	23 31	23 36	23 42	23 49	23 58	— —	— —	— —	— —	— —
25	23 51	23 56	— —	— —	— —	— —	— —	— —	— —	0 2	0 6	0 11	0 17	0 23
26	— —	— —	0 1	0 6	0 12	0 15	0 19	0 23	0 28	0 30	0 33	0 36	0 39	0 43
27	0 45	0 47	0 48	0 50	0 52	0 52	0 54	0 55	0 56	0 57	0 58	0 59	0 59	1 1
28	1 41	1 39	1 37	1 34	1 32	1 30	1 29	1 27	1 25	1 24	1 23	1 21	1 20	1 18
29	2 37	2 32	2 26	2 20	2 14	2 10	2 5	2 0	1 54	1 52	1 49	1 45	1 41	1 37
30	3 36	3 27	3 18	3 9	2 58	2 52	2 45	2 37	2 27	2 23	2 18	2 12	2 6	1 59
31	4 35	4 24	4 12	4 0	3 46	3 38	3 28	3 18	3 5	2 58	2 52	2 44	2 36	2 27
Juni 1	5 36	5 22	5 9	4 54	4 38	4 28	4 17	4 4	3 49	3 41	3 33	3 24	3 14	3 2
2	6 36	6 21	6 7	5 51	5 33	5 23	5 11	4 57	4 40	4 32	4 23	4 13	4 1	3 48
3	7 34	7 19	7 5	6 49	6 31	6 21	6 9	5 55	5 38	5 30	5 21	5 11	4 59	4 46
4	8 28	8 15	8 1	7 47	7 31	7 21	7 10	6 57	6 42	6 34	6 26	6 17	6 6	5 54
5	9 19	9 7	8 56	8 44	8 30	8 21	8 12	8 1	7 48	7 41	7 34	7 27	7 18	7 8
6	10 6	9 57	9 48	9 38	9 27	9 20	9 13	9 4	8 54	8 49	8 44	8 38	8 31	8 24
7	10 49	10 43	10 37	10 30	10 22	10 18	10 13	10 7	9 59	9 56	9 52	9 48	9 44	9 39
8	11 31	11 27	11 24	11 20	11 16	11 13	11 11	11 7	11 4	11 2	11 0	10 57	10 55	10 52
9	12 11	12 10	12 10	12 9	12 8	12 8	12 8	12 7	12 6	12 6	12 6	12 5	12 5	12 4
10	12 50	12 52	12 55	12 57	13 0	13 2	13 4	13 6	13 8	13 10	13 11	13 12	13 14	13 16
11	13 30	13 35	13 40	13 46	13 52	13 56	14 0	14 5	14 10	14 13	14 16	14 19	14 23	14 27
12	14 10	14 18	14 26	14 34	14 44	14 50	14 56	15 3	15 12	15 16	15 21	15 26	15 31	15 38
13	14 53	15 3	15 13	15 24	15 37	15 44	15 53	16 2	16 14	16 20	16 26	16 32	16 40	16 49

Mittlere Ortszeit — Meridian von Greenwich

Tag	−10°	0°	+10°	+20°	+30°	+35°	+40°	+45°	+50°	+52°	+54°	+56°	+58°	+60°
1958	h m	h m	h m	h m	h m	h m	h m	h m	h m	h m	h m	h m	h m	h m
Juni 13	2 50	2 41	2 32	2 22	2 11	2 5	1 58	1 50	1 40	1 35	1 30	1 25	1 18	1 11
14	3 39	3 27	3 16	3 4	2 50	2 42	2 33	2 23	2 10	2 4	1 58	1 51	1 42	1 33
15	4 28	4 15	4 2	3 48	3 32	3 23	3 13	3 0	2 45	2 38	2 31	2 22	2 12	2 1
16	5 20	5 5	4 51	4 36	4 19	4 9	3 57	3 43	3 27	3 19	3 11	3 1	2 50	2 37
17	6 12	5 58	5 43	5 27	5 10	4 59	4 47	4 33	4 16	4 8	3 59	3 49	3 38	3 25
18	7 5	6 51	6 36	6 22	6 4	5 54	5 43	5 29	5 13	5 5	4 57	4 47	4 36	4 23
19	7 56	7 44	7 31	7 18	7 2	6 53	6 43	6 31	6 17	6 10	6 2	5 54	5 44	5 33
20	8 47	8 37	8 26	8 15	8 3	7 55	7 47	7 37	7 25	7 20	7 14	7 7	6 59	6 50
21	9 36	9 29	9 21	9 13	9 4	8 59	8 53	8 45	8 37	8 33	8 29	8 24	8 18	8 12
22	10 24	10 20	10 16	10 11	10 6	10 3	9 59	9 55	9 50	9 48	9 46	9 43	9 40	9 37
23	11 12	11 11	11 10	11 9	11 8	11 7	11 7	11 6	11 5	11 5	11 4	11 4	11 3	11 2
24	12 0	12 2	12 5	12 8	12 11	12 13	12 15	12 17	12 20	12 22	12 23	12 25	12 27	12 29
25	12 49	12 54	13 0	13 7	13 14	13 19	13 23	13 29	13 36	13 39	13 43	13 47	13 51	13 56
26	13 39	13 48	13 57	14 7	14 18	14 25	14 32	14 41	14 52	14 56	15 2	15 8	15 15	15 22
27	14 32	14 44	14 55	15 8	15 22	15 31	15 41	15 52	16 6	16 12	16 19	16 27	16 36	16 47
28	15 27	15 40	15 54	16 9	16 25	16 35	16 47	17 0	17 16	17 24	17 32	17 41	17 52	18 5
29	16 23	16 38	16 52	17 8	17 26	17 36	17 48	18 2	18 20	18 28	18 37	18 47	18 59	19 12
30	17 21	17 35	17 49	18 5	18 22	18 33	18 45	18 58	19 15	19 23	19 32	19 42	19 53	20 7
Juli 1	18 17	18 30	18 43	18 58	19 14	19 23	19 34	19 47	20 2	20 9	20 17	20 26	20 36	20 48
2	19 11	19 23	19 34	19 46	20 0	20 8	20 17	20 28	20 41	20 47	20 54	21 1	21 9	21 18
3	20 3	20 12	20 21	20 31	20 42	20 48	20 55	21 4	21 14	21 18	21 23	21 29	21 35	21 42
4	20 53	20 59	21 6	21 12	21 20	21 24	21 29	21 35	21 42	21 45	21 48	21 52	21 56	22 1
5	21 41	21 44	21 48	21 51	21 55	21 58	22 0	22 3	22 7	22 9	22 10	22 12	22 15	22 17
6	22 27	22 27	22 28	22 28	22 29	22 29	22 29	22 30	22 30	22 30	22 31	22 31	22 31	22 32
7	23 12	23 10	23 7	23 5	23 2	23 0	22 58	22 56	22 53	22 52	22 51	22 49	22 48	22 46
8	23 58	23 52	23 47	23 41	23 35	23 31	23 27	23 23	23 17	23 14	23 12	23 9	23 5	23 1
9	— —	— —	— —	— —	— —	— —	23 58	23 51	23 42	23 38	23 34	23 29	23 24	23 18
10	0 44	0 36	0 28	0 19	0 10	0 4	— —	— —	— —	— —	23 59	23 53	23 46	23 38
11	1 31	1 20	1 10	0 59	0 47	0 40	0 31	0 22	0 10	0 5	— —	— —	— —	— —
12	2 20	2 7	1 55	1 42	1 27	1 18	1 9	0 57	0 43	0 37	0 30	0 22	0 13	0 3
13	3 10	2 56	2 43	2 28	2 11	2 1	1 50	1 37	1 22	1 14	1 6	0 57	0 46	0 34
14	4 2	3 48	3 33	3 18	3 0	2 50	2 38	2 24	2 7	1 59	1 51	1 41	1 29	1 16
15	4 55	4 41	4 26	4 11	3 53	3 43	3 32	3 18	3 1	2 53	2 44	2 34	2 23	2 10
16	5 48	5 35	5 21	5 7	4 51	4 41	4 31	4 18	4 3	3 55	3 47	3 38	3 28	3 16
17	6 40	6 29	6 18	6 5	5 52	5 43	5 34	5 24	5 10	5 4	4 58	4 50	4 41	4 32
18	7 31	7 23	7 14	7 5	6 54	6 48	6 41	6 32	6 23	6 18	6 13	6 7	6 1	5 54
19	8 21	8 16	8 10	8 4	7 57	7 53	7 49	7 44	7 37	7 34	7 31	7 28	7 24	7 19
20	9 10	9 8	9 6	9 3	9 1	8 59	8 57	8 56	8 53	8 52	8 51	8 50	8 48	8 47
21	9 58	10 0	10 1	10 3	10 4	10 5	10 6	10 8	10 9	10 10	10 11	10 12	10 13	10 14
22	10 47	10 52	10 57	11 2	10 8	11 11	11 15	11 20	11 25	11 28	11 31	11 34	11 37	11 41
23	11 37	11 45	11 53	12 2	12 11	12 17	12 24	12 31	12 41	12 45	12 50	12 55	13 1	13 7
24	12 28	12 39	12 50	13 1	13 15	13 22	13 31	13 42	13 54	14 0	14 7	14 14	14 22	14 32

(Column heading: Geographische Breite)

Mittlere Ortszeit | Meridian von Greenwich

Tag	Geographische Breite													
	−10°	0°	+10°	+20°	+30°	+35°	+40°	+45°	+50°	+52°	+54°	+56°	+58°	+60°
1958	h m	h m	h m	h m	h m	h m	h m	h m	h m	h m	h m	h m	h m	h m
Juni 13	14 53	15 3	15 13	15 24	15 37	15 44	15 53	16 2	16 14	16 20	16 26	16 32	16 40	16 49
14	15 38	15 50	16 2	16 15	16 31	16 39	16 49	17 1	17 15	17 22	17 29	17 38	17 47	17 58
15	16 25	16 39	16 53	17 8	17 25	17 34	17 46	17 59	18 15	18 22	18 31	18 40	18 51	19 4
16	17 16	17 30	17 45	18 0	18 18	18 28	18 40	18 54	19 11	19 19	19 28	19 38	19 49	20 3
17	18 8	18 23	18 37	18 53	19 10	19 20	19 32	19 46	20 2	20 10	20 19	20 29	20 40	20 53
18	19 3	19 16	19 29	19 44	20 0	20 9	20 20	20 33	20 48	20 55	21 3	21 12	21 22	21 33
19	19 58	20 9	20 21	20 33	20 47	20 55	21 4	21 15	21 27	21 33	21 40	21 47	21 55	22 5
20	20 53	21 2	21 11	21 20	21 31	21 37	21 44	21 52	22 2	22 7	22 11	22 17	22 23	22 30
21	21 47	21 53	21 59	22 6	22 13	22 17	22 22	22 27	22 33	22 36	22 39	22 43	22 47	22 51
22	22 42	22 44	22 47	22 50	22 53	22 55	22 57	22 59	23 2	23 3	23 4	23 6	23 8	23 10
23	23 36	23 35	23 34	23 34	23 33	23 32	23 31	23 30	23 30	23 29	23 29	23 28	23 27	23 27
24	— —	— —	— —	— —	— —	— —	— —	— —	23 58	23 56	23 54	23 51	23 48	23 45
25	0 31	0 27	0 23	0 18	0 13	0 10	0 7	0 3	— —	— —	— —	— —	— —	— —
26	1 27	1 20	1 12	1 4	0 55	0 50	0 44	0 37	0 28	0 25	0 20	0 16	0 11	0 5
27	2 25	2 14	2 4	1 53	1 40	1 33	1 24	1 14	1 3	0 57	0 51	0 45	0 37	0 29
28	3 23	3 10	2 58	2 44	2 28	2 19	2 9	1 57	1 42	1 36	1 28	1 20	1 10	0 59
29	4 22	4 8	3 54	3 38	3 21	3 11	2 59	2 46	2 29	2 21	2 13	2 3	1 52	1 39
30	5 20	5 5	4 51	4 35	4 17	4 7	3 55	3 40	3 23	3 15	3 6	2 56	2 44	2 30
Juli 1	6 16	6 2	5 48	5 33	5 15	5 5	4 54	4 40	4 24	4 16	4 7	3 57	3 46	3 33
2	7 8	6 56	6 43	6 30	6 14	6 5	5 55	5 43	5 29	5 22	5 14	5 5	4 56	4 45
3	7 57	7 47	7 37	7 26	7 13	7 6	6 57	6 47	6 35	6 30	6 24	6 17	6 9	6 0
4	8 43	8 35	8 28	8 19	8 10	8 5	7 58	7 51	7 42	7 38	7 34	7 29	7 23	7 17
5	9 26	9 21	9 16	9 11	9 5	9 2	8 58	8 53	8 48	8 45	8 42	8 39	8 36	8 32
6	10 7	10 5	10 3	10 1	9 59	9 57	9 56	9 54	9 52	9 51	9 50	9 49	9 47	9 46
7	10 47	10 48	10 49	10 50	10 51	10 52	10 53	10 54	10 55	10 55	10 56	10 56	10 57	10 58
8	11 26	11 30	11 34	11 38	11 43	11 46	11 49	11 53	11 57	11 59	12 1	12 3	12 6	12 9
9	12 6	12 13	12 20	12 27	12 35	12 40	12 45	12 51	12 59	13 2	13 6	13 10	13 15	13 20
10	12 48	12 57	13 6	13 16	13 27	13 34	13 41	13 50	14 0	14 5	14 10	14 16	14 23	14 31
11	13 31	13 43	13 54	14 6	14 20	14 28	14 38	14 48	15 2	15 8	15 14	15 22	15 31	15 41
12	14 17	14 31	14 44	14 58	15 14	15 23	15 34	15 47	16 2	16 9	16 17	16 26	16 36	16 48
13	15 7	15 21	15 35	15 50	16 8	16 18	16 29	16 43	17 0	17 7	17 16	17 26	17 37	17 50
14	15 58	16 13	16 27	16 43	17 1	17 11	17 23	17 37	17 54	18 2	18 10	18 20	18 32	18 45
15	16 53	17 6	17 20	17 35	17 52	18 2	18 13	18 26	18 42	18 50	18 58	19 7	19 18	19 30
16	17 48	18 1	18 13	18 26	18 41	18 50	19 0	19 11	19 25	19 32	19 39	19 47	19 56	20 6
17	18 44	18 55	19 5	19 15	19 28	19 35	19 43	19 52	20 3	20 8	20 14	20 20	20 27	20 35
18	19 41	19 48	19 55	20 3	20 11	20 16	20 22	20 28	20 36	20 40	20 43	20 48	20 52	20 58
19	20 37	20 40	20 44	20 49	20 53	20 56	20 59	21 2	21 6	21 8	21 10	21 12	21 15	21 18
20	21 32	21 32	21 33	21 33	21 34	21 34	21 34	21 35	21 35	21 35	21 35	21 35	21 36	21 36
21	22 28	22 24	22 21	22 18	22 14	22 12	22 10	22 7	22 3	22 2	22 0	21 58	21 56	21 54
22	23 23	23 17	23 10	23 4	22 56	22 51	22 46	22 40	22 33	22 30	22 27	22 23	22 18	22 14
23	— —	— —	— —	23 51	23 39	23 33	23 25	23 16	23 6	23 1	22 56	22 50	22 43	22 36
24	0 20	0 10	0 1	— —	— —	— —	— —	23 57	23 43	23 37	23 30	23 22	23 13	23 3

Mondaufgang 1958

Mittlere Ortszeit | Meridian von Greenwich

Tag	Geographische Breite													
	−10°	0°	+10°	+20°	+30°	+35°	+40°	+45°	+50°	+52°	+54°	+56°	+58°	+60°
1958	h m	h m	h m	h m	h m	h m	h m	h m	h m	h m	h m	h m	h m	h m
Juli 24	12 28	12 39	12 50	13 1	13 15	13 22	13 31	13 42	13 54	14 0	14 7	14 14	14 22	14 32
25	13 21	13 34	13 47	14 1	14 17	14 26	14 37	14 49	15 5	15 12	15 20	15 29	15 39	15 51
26	14 16	14 30	14 44	15 0	15 17	15 27	15 39	15 53	16 10	16 18	16 26	16 36	16 48	17 1
27	15 12	15 26	15 40	15 56	16 14	16 24	16 36	16 50	17 7	17 15	17 24	17 34	17 46	17 59
28	16 7	16 21	16 35	16 49	17 6	17 16	17 27	17 41	17 57	18 4	18 12	18 22	18 32	18 45
29	17 2	17 14	17 26	17 39	17 54	18 3	18 13	18 24	18 38	18 45	18 52	19 0	19 9	19 19
30	17 54	18 4	18 14	18 25	18 37	18 45	18 53	19 2	19 13	19 18	19 24	19 31	19 38	19 46
31	18 45	18 52	19 0	19 8	19 17	19 22	19 28	19 35	19 43	19 47	19 51	19 56	20 1	20 7
Aug. 1	19 33	19 38	19 43	19 48	19 54	19 57	20 0	20 5	20 10	20 12	20 15	20 18	20 21	20 24
2	20 20	20 22	20 24	20 26	20 28	20 29	20 31	20 32	20 34	20 35	20 36	20 37	20 38	20 39
3	21 6	21 5	21 4	21 3	21 1	21 1	21 0	20 59	20 58	20 57	20 56	20 56	20 55	20 54
4	21 52	21 48	21 44	21 40	21 35	21 32	21 29	21 25	21 21	21 19	21 17	21 15	21 12	21 9
5	22 38	22 31	22 24	22 17	22 9	22 4	21 59	21 53	21 46	21 42	21 39	21 35	21 30	21 25
6	23 24	23 15	23 5	22 56	22 45	22 38	22 31	22 23	22 12	22 8	22 3	21 57	21 51	21 44
7	— —	— —	23 49	23 37	23 23	23 15	23 6	22 55	22 43	22 37	22 30	22 23	22 15	22 6
8	0 11	0 0	— —	— —	— —	23 55	23 45	23 33	23 18	23 11	23 3	22 55	22 45	22 34
9	1 0	0 47	0 34	0 21	0 5	— —	— —	— —	— —	23 52	23 43	23 34	23 23	23 11
10	1 51	1 37	1 23	1 8	0 51	0 41	0 29	0 16	0 0	— —	— —	— —	— —	23 58
11	2 43	2 29	2 14	1 59	1 41	1 31	1 19	1 6	0 49	0 41	0 32	0 22	0 11	— —
12	3 36	3 22	3 8	2 53	2 36	2 26	2 15	2 2	1 46	1 38	1 30	1 21	1 10	0 57
13	4 28	4 16	4 4	3 51	3 35	3 27	3 17	3 5	2 51	2 44	2 37	2 28	2 19	2 8
14	5 20	5 10	5 0	4 50	4 38	4 30	4 22	4 13	4 1	3 56	3 50	3 44	3 36	3 28
15	6 12	6 5	5 58	5 50	5 42	5 37	5 31	5 24	5 16	5 13	5 9	5 4	4 59	4 54
16	7 2	6 59	6 55	6 51	6 47	6 44	6 41	6 38	6 34	6 32	6 30	6 28	6 25	6 22
17	7 53	7 53	7 52	7 52	7 52	7 52	7 52	7 52	7 52	7 52	7 52	7 52	7 52	7 52
18	8 43	8 46	8 50	8 54	8 58	9 0	9 3	9 7	9 11	9 12	9 14	9 17	9 19	9 22
19	9 33	9 40	9 47	9 55	10 3	10 8	10 13	10 20	10 28	10 32	10 36	10 40	10 45	10 51
20	10 25	10 35	10 45	10 55	11 8	11 15	11 23	11 32	11 44	11 49	11 55	12 1	12 9	12 17
21	11 18	11 30	11 43	11 56	12 11	12 19	12 30	12 41	12 56	13 3	13 10	13 18	13 28	13 38
22	12 12	12 26	12 40	12 55	13 12	13 21	13 33	13 46	14 2	14 10	14 19	14 28	14 39	14 52
23	13 7	13 22	13 36	13 51	14 9	14 19	14 31	14 45	15 2	15 10	15 19	15 29	15 40	15 53
24	14 2	14 16	14 30	14 45	15 2	15 12	15 23	15 37	15 53	16 1	16 9	16 19	16 30	16 42
25	14 56	15 9	15 21	15 35	15 51	16 0	16 10	16 22	16 37	16 44	16 51	17 0	17 9	17 20
26	15 48	15 59	16 10	16 22	16 35	16 42	16 51	17 1	17 13	17 19	17 25	17 32	17 40	17 49
27	16 39	16 47	16 56	17 5	17 15	17 21	17 28	17 36	17 45	17 49	17 54	17 59	18 5	18 12
28	17 28	17 34	17 39	17 45	17 53	17 57	18 1	18 6	18 13	18 16	18 19	18 22	18 26	18 30
29	18 15	18 18	18 21	18 24	18 28	18 30	18 32	18 35	18 38	18 39	18 41	18 43	18 45	18 47
30	19 1	19 1	19 1	19 2	19 2	19 2	19 2	19 2	19 2	19 2	19 2	19 2	19 2	19 2
31	19 47	19 44	19 41	19 38	19 35	19 33	19 31	19 28	19 25	19 24	19 22	19 21	19 19	19 17
Sept. 1	20 33	20 27	20 21	20 15	20 9	20 5	20 1	19 56	19 50	19 47	19 44	19 41	19 37	19 33
2	21 19	21 10	21 2	20 54	20 44	20 38	20 32	20 24	20 15	20 11	20 7	20 2	19 56	19 50
3	22 5	21 55	21 44	21 33	21 21	21 14	21 5	20 56	20 44	20 39	20 33	20 27	20 19	20 11

Mittlere Ortszeit — Meridian von Greenwich

Tag	Geographische Breite													
	−10°	0°	+10°	+20°	+30°	+35°	+40°	+45°	+50°	+52°	+54°	+56°	+58°	+60°
1958	h m	h m	h m	h m	h m	h m	h m	h m	h m	h m	h m	h m	h m	h m
Juli 24	0 20	0 10	0 1	— —	— —	— —	— —	23 57	23 43	23 37	23 30	23 22	23 13	23 3
25	1 17	1 5	0 53	0 40	0 26	0 17	0 8	— —	— —	— —	— —	— —	23 51	23 39
26	2 14	2 1	1 47	1 33	1 16	1 6	0 55	0 42	0 26	0 19	0 10	0 1	— —	— —
27	3 11	2 57	2 42	2 27	2 9	1 59	1 47	1 33	1 16	1 8	0 59	0 49	0 37	0 24
28	4 7	3 52	3 38	3 23	3 5	2 55	2 43	2 29	2 13	2 5	1 56	1 46	1 34	1 21
29	5 0	4 46	4 33	4 19	4 3	3 54	3 43	3 30	3 14	3 7	2 59	2 50	2 40	2 28
30	5 50	5 38	5 27	5 15	5 1	4 53	4 44	4 33	4 20	4 14	4 7	3 59	3 51	3 41
31	6 37	6 28	6 19	6 9	5 58	5 52	5 45	5 36	5 26	5 21	5 16	5 10	5 4	4 56
Aug. 1	7 21	7 15	7 8	7 2	6 54	6 50	6 45	6 39	6 32	6 29	6 25	6 21	6 17	6 12
2	8 3	7 59	7 56	7 53	7 49	7 46	7 44	7 41	7 37	7 35	7 33	7 31	7 29	7 27
3	8 43	8 43	8 43	8 42	8 42	8 42	8 42	8 41	8 41	8 41	8 40	8 40	8 40	8 40
4	9 23	9 26	9 28	9 31	9 34	9 36	9 38	9 41	9 43	9 45	9 46	9 48	9 50	9 52
5	10 3	10 8	10 14	10 20	10 26	10 30	10 34	10 39	10 45	10 48	10 51	10 55	10 58	11 3
6	10 44	10 52	11 0	11 8	11 18	11 24	11 30	11 38	11 47	11 51	11 56	12 1	12 6	12 13
7	11 26	11 36	11 47	11 58	12 10	12 18	12 26	12 36	12 48	12 53	12 59	13 6	13 14	13 22
8	12 10	12 23	12 35	12 48	13 3	13 12	13 22	13 33	13 48	13 54	14 2	14 10	14 19	14 30
9	12 57	13 11	13 25	13 39	13 56	14 6	14 17	14 30	14 46	14 53	15 2	15 11	15 22	15 34
10	13 47	14 1	14 16	14 31	14 49	14 59	15 10	15 24	15 41	15 49	15 58	16 7	16 19	16 32
11	14 40	14 54	15 8	15 23	15 40	15 51	16 2	16 15	16 32	16 40	16 48	16 58	17 9	17 21
12	15 34	15 48	16 1	16 15	16 31	16 40	16 50	17 3	17 18	17 24	17 32	17 41	17 50	18 2
13	16 31	16 42	16 53	17 5	17 19	17 26	17 35	17 46	17 58	18 4	18 10	18 17	18 25	18 34
14	17 28	17 36	17 45	17 54	18 4	18 10	18 17	18 25	18 34	18 38	18 43	18 48	18 54	19 0
15	18 25	18 31	18 36	18 42	18 48	18 52	18 56	19 1	19 6	19 9	19 12	19 15	19 18	19 22
16	19 22	19 24	19 26	19 28	19 30	19 32	19 33	19 35	19 37	19 38	19 39	19 40	19 41	19 42
17	20 20	20 18	20 16	20 14	20 12	20 11	20 10	20 8	20 6	20 5	20 5	20 3	20 2	20 1
18	21 17	21 12	21 7	21 1	20 55	20 51	20 47	20 42	20 37	20 34	20 31	20 28	20 25	20 21
19	22 15	22 6	21 58	21 49	21 39	21 33	21 26	21 18	21 9	21 5	21 0	20 55	20 49	20 43
20	23 12	23 1	22 50	22 38	22 25	22 17	22 8	21 58	21 45	21 40	21 33	21 26	21 18	21 9
21	— —	23 57	23 44	23 30	23 14	23 5	22 54	22 42	22 27	22 20	22 12	22 3	21 53	21 42
22	0 10	— —	— —	— —	— —	23 56	23 44	23 31	23 14	23 6	22 58	22 48	22 37	22 24
23	1 7	0 53	0 38	0 23	0 6	— —	— —	— —	— —	— —	23 51	23 41	23 30	23 17
24	2 2	1 48	1 33	1 18	1 1	0 50	0 39	0 25	0 8	0 0	— —	— —	— —	— —
25	2 55	2 41	2 28	2 14	1 57	1 47	1 36	1 23	1 7	1 0	0 51	0 42	0 31	0 19
26	3 45	3 33	3 21	3 8	2 54	2 45	2 35	2 24	2 10	2 3	1 56	1 48	1 39	1 29
27	4 32	4 23	4 13	4 2	3 50	3 43	3 35	3 26	3 15	3 10	3 4	2 57	2 50	2 42
28	5 17	5 10	5 3	4 55	4 46	4 41	4 35	4 28	4 20	4 16	4 12	4 7	4 2	3 56
29	5 59	5 55	5 51	5 46	5 41	5 38	5 34	5 30	5 25	5 23	5 20	5 17	5 14	5 11
30	6 41	6 39	6 38	6 36	6 34	6 33	6 32	6 30	6 29	6 28	6 27	6 26	6 25	6 24
31	7 21	7 22	7 23	7 25	7 27	7 28	7 29	7 30	7 32	7 32	7 33	7 34	7 35	7 36
Sept. 1	8 0	8 5	8 9	8 14	8 19	8 22	8 25	8 29	8 34	8 36	8 38	8 41	8 44	8 47
2	8 41	8 48	8 55	9 2	9 11	9 15	9 21	9 27	9 35	9 39	9 43	9 47	9 52	9 58
3	9 22	9 32	9 41	9 51	10 2	10 9	10 17	10 25	10 36	10 41	10 46	10 53	10 59	11 7

Mondaufgang 1958

Mittlere Ortszeit — Meridian von Greenwich

Tag	Geographische Breite													
	−10°	0°	+10°	+20°	+30°	+35°	+40°	+45°	+50°	+52°	+54°	+56°	+58°	+60°
1958	h m	h m	h m	h m	h m	h m	h m	h m	h m	h m	h m	h m	h m	h m
Sept. 3	22 5	21 55	21 44	21 33	21 21	21 14	21 5	20 56	20 44	20 39	20 33	20 27	20 19	20 11
4	22 53	22 41	22 29	22 16	22 1	21 52	21 42	21 31	21 17	21 11	21 4	20 56	20 47	20 37
5	23 42	23 29	23 15	23 1	22 44	22 34	22 24	22 11	21 55	21 48	21 40	21 31	21 21	21 9
6	— —	— —	— —	23 49	23 32	23 21	23 10	22 56	22 40	22 32	22 24	22 14	22 3	21 50
7	0 32	0 18	0 4	— —	— —	— —	— —	23 48	23 32	23 25	23 16	23 6	22 55	22 43
8	1 23	1 9	0 55	0 40	0 23	0 13	0 2	— —	— —	— —	— —	— —	23 58	23 47
9	2 15	2 2	1 49	1 35	1 19	1 10	0 59	0 47	0 32	0 25	0 17	0 8	— —	— —
10	3 7	2 55	2 44	2 32	2 19	2 11	2 2	1 51	1 39	1 33	1 26	1 19	1 10	1 1
11	3 58	3 49	3 41	3 32	3 21	3 15	3 8	3 0	2 51	2 46	2 41	2 36	2 30	2 23
12	4 49	4 44	4 38	4 33	4 26	4 22	4 18	4 13	4 7	4 4	4 1	3 58	3 54	3 50
13	5 40	5 38	5 36	5 34	5 32	5 31	5 29	5 28	5 26	5 25	5 24	5 23	5 21	5 20
14	6 32	6 33	6 35	6 37	6 39	6 40	6 42	6 44	6 46	6 47	6 48	6 49	6 50	6 52
15	7 24	7 29	7 34	7 40	7 47	7 51	7 55	8 0	8 6	8 9	8 12	8 16	8 20	8 24
16	8 17	8 25	8 34	8 43	8 54	9 0	9 7	9 15	9 25	9 30	9 35	9 41	9 47	9 55
17	9 11	9 23	9 34	9 46	10 0	10 8	10 18	10 28	10 42	10 48	10 55	11 2	11 11	11 21
18	10 7	10 20	10 33	10 47	11 4	11 13	11 24	11 37	11 52	12 0	12 8	12 17	12 27	12 39
19	11 3	11 17	11 31	11 46	12 3	12 13	12 25	12 39	12 55	13 3	13 12	13 22	13 33	13 46
20	11 58	12 12	12 26	12 41	12 59	13 9	13 20	13 34	13 50	13 58	14 6	14 16	14 27	14 40
21	12 52	13 6	13 19	13 33	13 49	13 58	14 8	14 21	14 36	14 43	14 51	15 0	15 10	15 21
22	13 45	13 56	14 8	14 20	14 34	14 42	14 51	15 2	15 15	15 21	15 27	15 35	15 43	15 52
23	14 36	14 45	14 54	15 4	15 15	15 21	15 29	15 37	15 47	15 52	15 57	16 3	16 9	16 17
24	15 25	15 31	15 38	15 45	15 53	15 58	16 3	16 9	16 16	16 19	16 23	16 27	16 32	16 37
25	16 12	16 16	16 20	16 24	16 28	16 31	16 34	16 38	16 42	16 44	16 46	16 48	16 51	16 54
26	16 58	16 59	17 0	17 1	17 2	17 3	17 4	17 5	17 6	17 7	17 7	17 8	17 8	17 9
27	17 44	17 42	17 40	17 38	17 36	17 35	17 33	17 32	17 30	17 29	17 28	17 27	17 26	17 24
28	18 29	18 25	18 20	18 15	18 9	18 6	18 3	17 59	17 54	17 51	17 49	17 46	17 43	17 40
29	19 15	19 8	19 0	18 53	18 44	18 39	18 33	18 27	18 19	18 15	18 12	18 7	18 2	17 57
30	20 1	19 52	19 42	19 32	19 20	19 14	19 6	18 57	18 47	18 42	18 37	18 31	18 24	18 17
Okt. 1	20 49	20 37	20 25	20 13	19 59	19 51	19 42	19 31	19 18	19 12	19 6	18 58	18 50	18 40
2	21 37	21 24	21 11	20 57	20 41	20 32	20 21	20 9	19 54	19 47	19 39	19 31	19 21	19 10
3	22 26	22 12	21 58	21 43	21 26	21 16	21 5	20 52	20 36	20 28	20 20	20 10	20 0	19 47
4	23 16	23 2	22 47	22 32	22 15	22 5	21 54	21 40	21 24	21 16	21 8	20 58	20 47	20 34
5	— —	23 52	23 39	23 24	23 8	22 58	22 48	22 35	22 19	22 12	22 4	21 55	21 44	21 32
6	0 6	— —	— —	— —	— —	23 56	23 46	23 35	23 21	23 14	23 7	22 59	22 50	22 40
7	0 56	0 44	0 32	0 19	0 4	— —	— —	— —	— —	— —	— —	— —	— —	23 56
8	1 45	1 36	1 26	1 15	1 3	0 56	0 49	0 39	0 28	0 23	0 17	0 11	0 4	— —
9	2 35	2 28	2 21	2 14	2 5	2 0	1 55	1 48	1 40	1 37	1 33	1 28	1 23	1 18
10	3 25	3 21	3 18	3 14	3 9	3 7	3 4	3 0	2 56	2 54	2 52	2 50	2 47	2 44
11	4 16	4 16	4 15	4 15	4 15	4 15	4 15	4 15	4 15	4 15	4 15	4 15	4 15	4 15
12	5 8	5 11	5 15	5 18	5 23	5 25	5 28	5 31	5 35	5 37	5 39	5 42	5 44	5 47
13	6 1	6 8	6 15	6 23	6 31	6 36	6 42	6 49	6 57	7 1	7 5	7 9	7 14	7 20
14	6 57	7 7	7 17	7 28	7 40	7 47	7 56	8 5	8 17	8 23	8 29	8 35	8 43	8 51

Mittlere Ortszeit — Meridian von Greenwich

Tag	Geographische Breite −10°	0°	+10°	+20°	+30°	+35°	+40°	+45°	+50°	+52°	+54°	+56°	+58°	+60°
1958	h m	h m	h m	h m	h m	h m	h m	h m	h m	h m	h m	h m	h m	h m
Sept. 3	9 22	9 32	9 41	9 51	10 2	10 9	10 17	10 25	10 36	10 41	10 46	10 53	10 59	11 7
4	10 5	10 17	10 28	10 40	10 54	11 3	11 12	11 23	11 36	11 42	11 49	11 56	12 5	12 15
5	10 51	11 4	11 17	11 31	11 46	11 56	12 6	12 19	12 34	12 41	12 49	12 58	13 8	13 19
6	11 38	11 52	12 6	12 21	12 38	12 48	13 0	13 13	13 29	13 37	13 45	13 55	14 6	14 18
7	12 28	12 43	12 57	13 12	13 29	13 39	13 51	14 4	14 21	14 29	14 37	14 47	14 58	15 11
8	13 21	13 34	13 48	14 3	14 19	14 29	14 40	14 52	15 8	15 15	15 23	15 32	15 42	15 54
9	14 15	14 27	14 40	14 52	15 7	15 16	15 25	15 36	15 50	15 56	16 3	16 11	16 20	16 30
10	15 11	15 21	15 31	15 42	15 53	16 0	16 8	16 17	16 28	16 33	16 38	16 44	16 51	16 59
11	16 8	16 15	16 22	16 30	16 38	16 43	16 48	16 54	17 2	17 5	17 9	17 13	17 18	17 23
12	17 6	17 10	17 13	17 17	17 21	17 24	17 27	17 30	17 34	17 35	17 37	17 39	17 42	17 44
13	18 4	18 4	18 4	18 4	18 4	18 5	18 5	18 4	18 4	18 4	18 4	18 4	18 4	18 4
14	19 3	19 0	18 56	18 52	18 48	18 45	18 43	18 39	18 35	18 34	18 31	18 29	18 27	18 24
15	20 3	19 56	19 49	19 41	19 33	19 28	19 22	19 16	19 8	19 5	19 1	18 56	18 52	18 46
16	21 3	20 53	20 43	20 32	20 20	20 13	20 5	19 55	19 44	19 39	19 33	19 27	19 20	19 12
17	22 2	21 50	21 38	21 24	21 9	21 1	20 51	20 39	20 25	20 18	20 11	20 3	19 54	19 44
18	23 1	22 47	22 33	22 19	22 2	21 52	21 41	21 28	21 12	21 4	20 56	20 46	20 36	20 23
19	23 58	23 43	23 29	23 14	22 56	22 46	22 35	22 21	22 4	21 56	21 48	21 38	21 26	21 14
20	— —	— —	— —	— —	23 53	23 43	23 32	23 18	23 2	22 55	22 46	22 37	22 26	22 13
21	0 52	0 38	0 24	0 10	— —	— —	— —	— —	— —	23 57	23 50	23 41	23 32	23 21
22	1 43	1 30	1 18	1 5	0 49	0 41	0 30	0 18	0 4	— —	— —	— —	— —	— —
23	2 30	2 20	2 10	1 58	1 46	1 38	1 30	1 20	1 8	1 2	0 56	0 49	0 41	0 32
24	3 15	3 7	2 59	2 51	2 41	2 35	2 29	2 21	2 12	2 8	2 3	1 58	1 52	1 46
25	3 58	3 53	3 47	3 42	3 35	3 32	3 27	3 22	3 16	3 14	3 10	3 7	3 3	2 59
26	4 39	4 37	4 34	4 32	4 29	4 27	4 25	4 23	4 20	4 18	4 17	4 15	4 14	4 12
27	5 19	5 20	5 20	5 21	5 21	5 21	5 22	5 22	5 22	5 23	5 23	5 23	5 23	5 24
28	5 59	6 2	6 6	6 9	6 13	6 15	6 18	6 21	6 25	6 26	6 28	6 30	6 32	6 35
29	6 39	6 45	6 51	6 58	7 5	7 9	7 14	7 20	7 26	7 29	7 33	7 36	7 41	7 45
30	7 20	7 29	7 37	7 46	7 57	8 3	8 10	8 18	8 27	8 32	8 37	8 42	8 48	8 55
Okt. 1	8 3	8 13	8 24	8 36	8 49	8 56	9 5	9 15	9 27	9 33	9 39	9 46	9 54	10 3
2	8 47	8 59	9 12	9 25	9 40	9 49	9 59	10 11	10 26	10 32	10 40	10 48	10 58	11 8
3	9 33	9 47	10 1	10 15	10 32	10 41	10 52	11 5	11 21	11 29	11 37	11 46	11 57	12 9
4	10 22	10 36	10 50	11 5	11 22	11 32	11 44	11 57	12 13	12 21	12 30	12 39	12 50	13 3
5	11 12	11 26	11 40	11 54	12 11	12 21	12 32	12 45	13 1	13 9	13 17	13 26	13 37	13 49
6	12 4	12 17	12 29	12 43	12 58	13 7	13 18	13 30	13 44	13 51	13 58	14 7	14 16	14 27
7	12 57	13 8	13 19	13 31	13 44	13 52	14 0	14 10	14 22	14 28	14 34	14 41	14 49	14 57
8	13 52	14 1	14 9	14 18	14 28	14 34	14 40	14 48	14 57	15 1	15 6	15 11	15 17	15 23
9	14 48	14 53	14 59	15 4	15 11	15 15	15 19	15 23	15 29	15 32	15 35	15 38	15 41	15 45
10	15 45	15 47	15 49	15 51	15 53	15 55	15 56	15 58	16 0	16 1	16 2	16 3	16 4	16 5
11	16 43	16 42	16 40	16 38	16 36	16 35	16 34	16 32	16 30	16 30	16 29	16 27	16 26	16 25
12	17 43	17 38	17 33	17 27	17 21	17 17	17 13	17 8	17 2	17 0	16 57	16 54	16 50	16 46
13	18 44	18 36	18 27	18 18	18 8	18 2	17 55	17 47	17 37	17 33	17 28	17 23	17 17	17 11
14	19 46	19 35	19 23	19 11	18 58	18 50	18 41	18 30	18 17	18 11	18 5	17 57	17 49	17 40

Tag	Geographische Breite													
	−10°	0°	+10°	+20°	+30°	+35°	+40°	+45°	+50°	+52°	+54°	+56°	+58°	+60°
1958	h m	h m	h m	h m	h m	h m	h m	h m	h m	h m	h m	h m	h m	h m
Okt. 14	6 57	7 7	7 17	7 28	7 40	7 47	7 56	8 5	8 17	8 23	8 29	8 35	8 43	8 51
15	7 54	8 6	8 19	8 32	8 47	8 56	9 6	9 18	9 33	9 40	9 48	9 56	10 6	10 17
16	8 52	9 5	9 19	9 34	9 51	10 1	10 13	10 26	10 42	10 50	10 58	11 8	11 19	11 32
17	9 49	10 4	10 18	10 33	10 50	11 0	11 12	11 26	11 42	11 50	11 59	12 9	12 20	12 33
18	10 46	10 59	11 13	11 27	11 44	11 53	12 4	12 17	12 33	12 40	12 48	12 57	13 8	13 20
19	11 40	11 52	12 4	12 17	12 32	12 40	12 50	13 1	13 15	13 21	13 28	13 36	13 45	13 55
20	12 32	12 42	12 52	13 3	13 15	13 22	13 30	13 39	13 50	13 55	14 1	14 7	14 14	14 22
21	13 22	13 29	13 37	13 45	13 54	13 59	14 5	14 12	14 20	14 24	14 28	14 32	14 37	14 43
22	14 10	14 14	14 19	14 24	14 30	14 33	14 37	14 41	14 46	14 49	14 51	14 54	14 57	15 1
23	14 56	14 58	15 0	15 2	15 4	15 5	15 7	15 9	15 11	15 12	15 13	15 14	15 15	15 17
24	15 41	15 41	15 40	15 39	15 37	15 37	15 36	15 35	15 34	15 34	15 34	15 33	15 32	15 32
25	16 27	16 23	16 19	16 15	16 11	16 8	16 5	16 2	15 58	15 56	15 54	15 52	15 50	15 47
26	17 12	17 6	16 59	16 53	16 45	16 40	16 36	16 30	16 23	16 20	16 16	16 12	16 8	16 3
27	17 59	17 50	17 41	17 31	17 21	17 15	17 8	16 59	16 50	16 45	16 40	16 35	16 29	16 22
28	18 46	18 35	18 24	18 12	17 59	17 51	17 42	17 32	17 20	17 14	17 8	17 1	16 53	16 45
29	19 34	19 21	19 8	18 55	18 40	18 31	18 21	18 9	17 54	17 48	17 40	17 32	17 23	17 12
30	20 23	20 9	19 55	19 40	19 24	19 14	19 3	18 50	18 34	18 27	18 18	18 9	17 59	17 47
31	21 12	20 58	20 44	20 29	20 11	20 1	19 50	19 36	19 20	19 12	19 4	18 54	18 43	18 30
Nov. 1	22 1	21 47	21 34	21 19	21 2	20 52	20 41	20 28	20 12	20 5	19 56	19 47	19 36	19 24
2	22 50	22 38	22 25	22 12	21 56	21 47	21 37	21 25	21 10	21 4	20 56	20 48	20 38	20 27
3	23 39	23 28	23 17	23 6	22 53	22 45	22 36	22 26	22 14	22 8	22 2	21 55	21 47	21 38
4	— —	— —	— —	— —	23 52	23 46	23 39	23 31	23 22	23 18	23 13	23 8	23 2	22 55
5	0 27	0 18	0 10	0 2	— —	— —	— —	— —	— —	— —	— —	— —	— —	— —
6	1 15	1 9	1 4	0 58	0 52	0 48	0 44	0 39	0 34	0 31	0 28	0 25	0 21	0 17
7	2 3	2 1	1 59	1 57	1 55	1 54	1 52	1 50	1 48	1 47	1 46	1 45	1 44	1 42
8	2 53	2 54	2 56	2 57	2 59	3 1	3 2	3 4	3 5	3 6	3 7	3 8	3 9	3 11
9	3 44	3 49	3 54	4 0	4 6	4 10	4 14	4 19	4 25	4 27	4 30	4 34	4 37	4 42
10	4 38	4 46	4 55	5 4	5 14	5 20	5 27	5 35	5 45	5 50	5 55	6 0	6 7	6 14
11	5 34	5 45	5 57	6 9	6 23	6 31	6 40	6 51	7 4	7 11	7 18	7 25	7 34	7 44
12	6 33	6 46	6 59	7 14	7 30	7 40	7 51	8 3	8 19	8 27	8 35	8 44	8 54	9 6
13	7 33	7 47	8 1	8 16	8 34	8 44	8 56	9 9	9 26	9 34	9 43	9 53	10 4	10 17
14	8 32	8 46	9 0	9 15	9 32	9 42	9 54	10 7	10 23	10 31	10 40	10 49	11 0	11 13
15	9 30	9 42	9 55	10 9	10 25	10 34	10 44	10 56	11 11	11 18	11 25	11 34	11 43	11 54
16	10 24	10 35	10 46	10 58	11 11	11 19	11 27	11 37	11 50	11 55	12 2	12 9	12 16	12 25
17	11 16	11 25	11 33	11 42	11 53	11 58	12 5	12 13	12 22	12 27	12 31	12 37	12 42	12 49
18	12 6	12 11	12 17	12 23	12 30	12 34	12 39	12 44	12 50	12 53	12 56	13 0	13 4	13 8
19	12 53	12 56	12 59	13 2	13 5	13 7	13 10	13 12	13 16	13 17	13 19	13 20	13 22	13 24
20	13 39	13 39	13 39	13 39	13 39	13 39	13 39	13 39	13 39	13 39	13 40	13 40	13 40	13 40
21	14 24	14 21	14 18	14 16	14 12	14 10	14 8	14 6	14 3	14 2	14 0	13 59	13 57	13 55
22	15 9	15 4	14 58	14 53	14 46	14 42	14 38	14 33	14 27	14 24	14 22	14 18	14 15	14 11
23	15 55	15 47	15 39	15 31	15 21	15 15	15 9	15 2	14 53	14 49	14 45	14 40	14 34	14 28
24	16 42	16 32	16 21	16 10	15 58	15 51	15 43	15 33	15 22	15 17	15 11	15 4	14 57	14 49

Monduntergang 1958

Mittlere Ortszeit | Meridian von Greenwich

Tag	Geographische Breite													
	−10°	0°	+10°	+20°	+30°	+35°	+40°	+45°	+50°	+52°	+54°	+56°	+58°	+60°
1958	h m	h m	h m	h m	h m	h m	h m	h m	h m	h m	h m	h m	h m	h m
Okt. 14	19 46	19 35	19 23	19 11	18 58	18 50	18 41	18 30	18 17	18 11	18 5	17 57	17 49	17 40
15	20 48	20 34	20 21	20 7	19 51	19 41	19 31	19 18	19 3	18 56	18 48	18 39	18 29	18 17
16	21 48	21 33	21 19	21 4	20 47	20 37	20 25	20 11	19 55	19 47	19 38	19 29	19 18	19 5
17	22 45	22 31	22 17	22 2	21 44	21 34	21 23	21 9	20 53	20 45	20 37	20 27	20 16	20 3
18	23 38	23 25	23 12	22 58	22 43	22 33	22 23	22 10	21 55	21 48	21 40	21 31	21 21	21 10
19	— —	— —	— —	23 54	23 40	23 32	23 23	23 13	23 0	22 54	22 47	22 40	22 31	22 [illegible]
20	0 28	0 17	0 6	— —	— —	— —	— —	— —	— —	— —	23 55	23 49	23 43	23 35
21	1 14	1 5	0 56	0 47	0 36	0 30	0 23	0 15	0 5	0 0	— —	— —	— —	— —
22	1 57	1 51	1 45	1 39	1 31	1 27	1 22	1 16	1 9	1 6	1 2	0 58	0 54	0 49
23	2 39	2 35	2 32	2 29	2 24	2 22	2 19	2 16	2 12	2 11	2 9	2 6	2 4	2 2
24	3 19	3 18	3 18	3 17	3 17	3 16	3 16	3 15	3 15	3 15	3 14	3 14	3 13	3 13
25	3 59	4 1	4 3	4 6	4 9	4 10	4 12	4 14	4 17	4 18	4 19	4 21	4 22	4 24
26	4 38	4 44	4 49	4 54	5 0	5 4	5 8	5 13	5 18	5 21	5 24	5 27	5 31	5 35
27	5 19	5 27	5 35	5 43	5 52	5 58	6 4	6 11	6 20	6 24	6 28	6 33	6 38	6 45
28	6 1	6 11	6 21	6 32	6 44	6 51	6 59	7 9	7 20	7 25	7 31	7 38	7 45	7 54
29	6 45	6 57	7 9	7 22	7 36	7 45	7 54	8 6	8 19	8 26	8 33	8 41	8 50	9 0
30	7 31	7 44	7 57	8 11	8 28	8 37	8 48	9 1	9 16	9 24	9 32	9 41	9 51	10 3
31	8 18	8 32	8 46	9 1	9 18	9 29	9 40	9 53	10 10	10 17	10 26	10 36	10 46	10 59
Nov. 1	9 8	9 22	9 36	9 50	10 8	10 18	10 29	10 42	10 59	11 6	11 15	11 24	11 35	11 47
2	9 58	10 12	10 25	10 39	10 55	11 4	11 15	11 27	11 42	11 49	11 57	12 6	12 16	12 27
3	10 50	11 2	11 13	11 26	11 40	11 48	11 58	12 8	12 21	12 27	12 34	12 42	12 50	13 0
4	11 43	11 52	12 2	12 12	12 23	12 30	12 37	12 46	12 56	13 1	13 6	13 12	13 19	13 26
5	12 36	12 43	12 49	12 57	13 5	13 9	13 15	13 21	13 28	13 31	13 35	13 39	13 43	13 48
6	13 30	13 34	13 37	13 41	13 46	13 48	13 51	13 54	13 58	13 59	14 1	14 3	14 6	14 8
7	14 26	14 26	14 26	14 26	14 27	14 27	14 27	14 27	14 27	14 27	14 27	14 27	14 27	14 27
8	15 23	15 20	15 17	15 13	15 9	15 7	15 4	15 1	14 57	14 56	14 54	14 52	14 49	14 47
9	16 23	16 16	16 9	16 2	15 54	15 49	15 43	15 37	15 30	15 26	15 23	15 18	15 14	15 9
10	17 24	17 14	17 4	16 54	16 42	16 35	16 27	16 17	16 7	16 1	15 56	15 50	15 43	15 35
11	18 27	18 14	18 2	17 49	17 34	17 25	17 15	17 3	16 49	16 42	16 35	16 27	16 18	16 8
12	19 29	19 15	19 1	18 46	18 30	18 20	18 8	17 55	17 39	17 31	17 23	17 13	17 3	16 50
13	20 30	20 15	20 1	19 46	19 28	19 18	19 6	18 53	18 36	18 28	18 19	18 9	17 58	17 45
14	21 27	21 13	21 0	20 45	20 29	20 19	20 8	19 55	19 39	19 31	19 23	19 13	19 3	18 50
15	22 20	22 8	21 56	21 43	21 29	21 20	21 10	20 59	20 45	20 38	20 31	20 23	20 14	20 3
16	23 9	22 59	22 50	22 39	22 27	22 20	22 12	22 3	21 52	21 46	21 41	21 34	21 27	21 19
17	23 55	23 47	23 40	23 33	23 24	23 19	23 13	23 6	22 58	22 54	22 50	22 45	22 40	22 34
18	— —	— —	— —	— —	— —	— —	— —	— —	— —	— —	23 58	23 55	23 52	23 49
19	0 37	0 33	0 28	0 24	0 18	0 15	0 12	0 8	0 3	0 0	— —	— —	— —	— —
20	1 18	1 17	1 15	1 14	1 12	1 11	1 9	1 8	1 6	1 5	1 4	1 3	1 2	1 1
21	1 58	1 59	2 1	2 2	2 4	2 5	2 6	2 7	2 8	2 9	2 10	2 11	2 11	2 13
22	2 38	2 42	2 46	2 50	2 55	2 58	3 2	3 5	3 10	3 12	3 14	3 17	3 20	3 23
23	3 18	3 25	3 31	3 39	3 47	3 52	3 57	4 4	4 11	4 15	4 19	4 23	4 28	4 33
24	3 59	4 8	4 18	4 28	4 39	4 45	4 53	5 2	5 12	5 17	5 22	5 28	5 35	5 43

Mondaufgang 1958

Mittlere Ortszeit | Meridian von Greenwich

Tag	Geographische Breite													
	−10°	0°	+10°	+20°	+30°	+35°	+40°	+45°	+50°	+52°	+54°	+56°	+58°	+60°
1958	h m	h m	h m	h m	h m	h m	h m	h m	h m	h m	h m	h m	h m	h m
Nov. 24	16 42	16 32	16 21	16 10	15 58	15 51	15 43	15 33	15 22	15 17	15 11	15 4	14 57	14 49
25	17 30	17 18	17 6	16 53	16 38	16 29	16 20	16 8	15 55	15 48	15 41	15 33	15 25	15 14
26	18 19	18 6	17 52	17 38	17 21	17 12	17 1	16 48	16 33	16 25	16 17	16 8	15 58	15 46
27	19 9	18 55	18 40	18 25	18 8	17 58	17 47	17 33	17 17	17 9	17 0	16 51	16 40	16 27
28	19 59	19 45	19 31	19 16	18 58	18 48	18 37	18 24	18 7	18 0	17 51	17 41	17 30	17 18
29	20 48	20 35	20 22	20 8	19 52	19 42	19 32	19 19	19 4	18 57	18 49	18 40	18 30	18 18
30	21 37	21 25	21 14	21 1	20 47	20 39	20 30	20 19	20 6	20 0	19 53	19 45	19 37	19 27
Dez. 1	22 24	22 15	22 6	21 56	21 45	21 38	21 31	21 22	21 12	21 7	21 2	20 56	20 49	20 41
2	23 11	23 5	22 58	22 51	22 44	22 39	22 34	22 28	22 21	22 17	22 14	22 10	22 5	22 0
3	23 58	23 54	23 51	23 48	23 44	23 41	23 39	23 36	23 32	23 30	23 29	23 27	23 24	23 22
4	— —	— —	— —	— —	— —	— —	— —	— —	— —	— —	— —	— —	— —	— —
5	0 45	0 45	0 45	0 45	0 45	0 45	0 45	0 46	0 46	0 46	0 46	0 46	0 46	0 46
6	1 33	1 37	1 40	1 44	1 48	1 51	1 54	1 57	2 1	2 3	2 5	2 7	2 10	2 12
7	2 24	2 31	2 37	2 45	2 53	2 58	3 4	3 10	3 18	3 22	3 26	3 30	3 35	3 41
8	3 17	3 27	3 37	3 47	4 0	4 7	4 15	4 24	4 36	4 41	4 47	4 54	5 1	5 9
9	4 13	4 26	4 38	4 51	5 6	5 15	5 26	5 37	5 52	5 59	6 6	6 15	6 24	6 35
10	5 12	5 26	5 40	5 55	6 12	6 22	6 33	6 47	7 3	7 11	7 20	7 29	7 40	7 53
11	6 12	6 27	6 41	6 56	7 14	7 24	7 36	7 50	8 7	8 14	8 23	8 33	8 45	8 58
12	7 12	7 26	7 39	7 54	8 11	8 20	8 31	8 44	9 0	9 8	9 16	9 25	9 36	9 48
13	8 10	8 22	8 34	8 47	9 2	9 10	9 20	9 31	9 45	9 51	9 58	10 6	10 15	10 25
14	9 5	9 15	9 24	9 35	9 47	9 54	10 1	10 10	10 21	10 26	10 32	10 38	10 45	10 52
15	9 57	10 4	10 11	10 19	10 27	10 32	10 38	10 44	10 52	10 56	11 0	11 4	11 9	11 14
16	10 46	10 51	10 55	10 59	11 4	11 7	11 11	11 15	11 19	11 21	11 24	11 26	11 29	11 32
17	11 34	11 35	11 36	11 38	11 39	11 40	11 41	11 43	11 44	11 45	11 45	11 46	11 47	11 48
18	12 20	12 18	12 16	12 15	12 13	12 12	12 11	12 9	12 8	12 7	12 6	12 5	12 4	12 3
19	13 5	13 1	12 56	12 52	12 46	12 43	12 40	12 36	12 32	12 29	12 27	12 25	12 22	12 19
20	13 51	13 44	13 37	13 29	13 21	13 16	13 10	13 4	12 57	12 53	12 49	12 45	12 40	12 35
21	14 37	14 28	14 18	14 8	13 57	13 50	13 43	13 34	13 24	13 19	13 14	13 8	13 2	12 54
22	15 24	15 13	15 1	14 49	14 35	14 27	14 18	14 8	13 55	13 49	13 42	13 35	13 27	13 18
23	16 13	16 0	15 47	15 33	15 17	15 8	14 58	14 45	14 31	14 24	14 16	14 7	13 58	13 47
24	17 3	16 49	16 35	16 20	16 3	15 53	15 42	15 28	15 12	15 5	14 56	14 47	14 36	14 24
25	17 53	17 39	17 25	17 10	16 52	16 42	16 31	16 17	16 1	15 53	15 44	15 35	15 23	15 11
26	18 44	18 30	18 17	18 2	17 46	17 36	17 25	17 12	16 56	16 48	16 40	16 31	16 20	16 8
27	19 34	19 22	19 9	18 56	18 41	18 33	18 23	18 11	17 57	17 51	17 43	17 35	17 26	17 15
28	20 23	20 12	20 2	19 52	19 39	19 32	19 24	19 14	19 3	18 57	18 51	18 45	18 37	18 29
29	21 10	21 3	20 55	20 47	20 38	20 33	20 27	20 20	20 12	20 8	20 4	19 59	19 54	19 47
30	21 57	21 53	21 48	21 43	21 38	21 35	21 31	21 27	21 22	21 20	21 18	21 15	21 12	21 8
31	22 44	22 42	22 41	22 40	22 39	22 38	22 37	22 36	22 35	22 34	22 33	22 33	22 32	22 31
32	23 31	23 33	23 35	23 37	23 40	23 42	23 43	23 45	23 48	23 49	23 50	23 52	23 53	23 55

Mittlere Ortszeit — Meridian von Greenwich

Tag	Geographische Breite −10°	0°	+10°	+20°	+30°	+35°	+40°	+45°	+50°	+52°	+54°	+56°	+58°	+60°
1958	h m	h m	h m	h m	h m	h m	h m	h m	h m	h m	h m	h m	h m	h m
Nov. 24	3 59	4 8	4 18	4 28	4 39	4 45	4 53	5 2	5 12	5 17	5 22	5 28	5 35	5 43
25	4 42	4 54	5 5	5 17	5 31	5 39	5 48	5 59	6 12	6 18	6 25	6 33	6 41	6 51
26	5 28	5 41	5 54	6 7	6 23	6 33	6 43	6 55	7 11	7 18	7 25	7 34	7 44	7 56
27	6 15	6 29	6 43	6 58	7 15	7 25	7 36	7 50	8 6	8 14	8 22	8 32	8 42	8 55
28	7 4	7 19	7 33	7 48	8 5	8 15	8 27	8 40	8 57	9 5	9 13	9 23	9 34	9 47
29	7 55	8 9	8 22	8 37	8 54	9 3	9 14	9 27	9 43	9 50	9 58	10 7	10 18	10 30
30	8 47	8 59	9 11	9 24	9 39	9 48	9 58	10 9	10 23	10 30	10 37	10 45	10 54	11 4
Dez. 1	9 39	9 49	10 0	10 10	10 23	10 30	10 38	10 48	10 59	11 4	11 10	11 17	11 24	11 32
2	10 31	10 39	10 47	10 55	11 4	11 10	11 16	11 23	11 31	11 35	11 39	11 44	11 49	11 55
3	11 23	11 28	11 33	11 38	11 44	11 48	11 51	11 56	12 1	12 3	12 6	12 9	12 12	12 15
4	12 17	12 18	12 20	12 22	12 24	12 25	12 26	12 27	12 29	12 30	12 31	12 32	12 33	12 34
5	13 11	13 9	13 8	13 6	13 4	13 2	13 1	12 59	12 57	12 56	12 55	12 54	12 53	12 52
6	14 7	14 2	13 57	13 51	13 45	13 42	13 38	13 33	13 27	13 25	13 22	13 19	13 15	13 11
7	15 5	14 57	14 49	14 40	14 30	14 24	14 17	14 10	14 0	13 56	13 51	13 46	13 40	13 34
8	16 6	15 55	15 44	15 32	15 18	15 10	15 1	14 51	14 38	14 33	14 26	14 19	14 11	14 2
9	17 8	16 54	16 41	16 27	16 11	16 2	15 51	15 38	15 23	15 16	15 8	14 59	14 49	14 38
10	18 9	17 55	17 41	17 25	17 8	16 58	16 46	16 33	16 16	16 8	15 59	15 49	15 38	15 25
11	19 9	18 55	18 41	18 26	18 8	17 58	17 47	17 33	17 16	17 8	17 0	16 50	16 39	16 26
12	20 6	19 53	19 40	19 26	19 10	19 1	18 50	18 38	18 22	18 15	18 7	17 58	17 48	17 36
13	20 59	20 48	20 37	20 25	20 11	20 3	19 54	19 44	19 31	19 25	19 18	19 11	19 3	18 53
14	21 47	21 39	21 30	21 21	21 11	21 5	20 58	20 49	20 40	20 35	20 30	20 24	20 18	20 11
15	22 32	22 27	22 21	22 15	22 8	22 4	21 59	21 54	21 47	21 44	21 41	21 37	21 33	21 28
16	23 15	23 12	23 9	23 6	23 3	23 1	22 58	22 56	22 53	22 51	22 49	22 48	22 46	22 43
17	23 56	23 56	23 56	23 56	23 56	23 56	23 56	23 56	23 56	23 56	23 56	23 56	23 57	23 57
18	— —	— —	— —	— —	— —	— —	— —	— —	— —	— —	— —	— —	— —	— —
19	0 35	0 38	0 41	0 45	0 48	0 50	0 53	0 55	0 59	1 0	1 2	1 4	1 6	1 8
20	1 15	1 21	1 27	1 33	1 40	1 44	1 49	1 54	2 0	2 3	2 7	2 10	2 14	2 19
21	1 56	2 5	2 13	2 22	2 32	2 38	2 44	2 52	3 1	3 6	3 10	3 16	3 22	3 28
22	2 39	2 49	3 0	3 11	3 24	3 31	3 40	3 50	4 2	4 7	4 14	4 21	4 28	4 37
23	3 23	3 35	3 48	4 1	4 16	4 25	4 35	4 47	5 1	5 8	5 15	5 24	5 33	5 44
24	4 10	4 23	4 37	4 52	5 8	5 18	5 29	5 42	5 58	6 6	6 14	6 23	6 34	6 46
25	4 59	5 13	5 27	5 42	6 0	6 10	6 21	6 35	6 52	6 59	7 8	7 18	7 29	7 42
26	5 50	6 4	6 18	6 33	6 50	7 0	7 11	7 24	7 40	7 48	7 56	8 6	8 16	8 29
27	6 42	6 55	7 8	7 22	7 37	7 46	7 57	8 9	8 24	8 31	8 38	8 47	8 56	9 7
28	7 35	7 46	7 57	8 9	8 23	8 30	8 39	8 50	9 2	9 8	9 14	9 21	9 29	9 38
29	8 28	8 37	8 45	8 55	9 5	9 11	9 18	9 26	9 36	9 40	9 45	9 50	9 56	10 3
30	9 21	9 27	9 33	9 39	9 46	9 50	9 55	10 0	10 6	10 9	10 12	10 16	10 20	10 24
31	10 13	10 16	10 19	10 22	10 25	10 27	10 29	10 32	10 35	10 36	10 38	10 39	10 41	10 43
32	11 7	11 6	11 6	11 5	11 5	11 4	11 4	11 3	11 3	11 2	11 2	11 2	11 1	11 1

Präzession in Länge p_λ											Präz. in Br. p_β		
Länge λ	Breite β 0°	+1°	+2°	+3°	+4°	+5°	+6°	+7°	+8°	+9°	Länge λ	Präzession p_β	
°	″	″	″	″	″	″	″	″	″	″	°	″	
0	50.268	.259	.251	.243	.235	50.227	.218	.210	.202	.193	0	+0.046	81
10	.268	.260	.252	.244	.236	.228	.220	.212	.204	.196	10	+0.127	76
20	.268	.260	.253	.245	.238	.230	.223	.215	.208	.200	20	+0.203	71
30	.268	.261	.254	.247	.241	.234	.227	.220	.214	.207	30	+0.274	62
40	50.268	.262	.256	.250	.244	50.239	.233	.227	.221	.215	40	+0.336	52
50	.268	.263	.258	.254	.249	.244	.240	.235	.230	.225	50	+0.388	41
60	.268	.264	.261	.257	.254	.250	.247	.244	.240	.237	60	+0.429	27
70	.268	.265	.263	.261	.259	.257	.255	.253	.251	.249	70	+0.456	13
80	50.268	.267	.266	.266	.265	50.264	.264	.263	.262	.262	80	+0.469	1
90	.268	.268	.269	.270	.271	.272	.272	.273	.274	.275	90	+0.468	15
100	.268	.270	.272	.274	.276	.279	.281	.283	.285	.288	100	+0.453	28
110	.268	.271	.275	.278	.282	.285	.289	.292	.296	.300	110	+0.425	42
120	50.268	.272	.277	.282	.287	50.291	.296	.301	.306	.311	120	+0.383	54
130	.268	.273	.279	.285	.291	.297	.303	.309	.315	.321	130	+0.329	63
140	.268	.274	.281	.288	.295	.301	.308	.315	.322	.329	140	+0.266	71
150	.268	.275	.282	.290	.297	.305	.313	.320	.328	.335	150	+0.195	78
160	50.268	.275	.283	.291	.299	50.307	.315	.323	.332	.340	160	+0.117	81
170	.268	.276	.284	.292	.300	.309	.317	.325	.333	.342	170	+0.036	82
180	.268	.276	.284	.292	.300	.308	.317	.325	.333	.342	180	−0.046	81
190	.268	.275	.283	.291	.299	.307	.315	.323	.331	.339	190	−0.127	76
200	50.268	.275	.282	.290	.297	50.305	.312	.320	.327	.335	200	−0.203	71
210	.268	.274	.281	.288	.294	.301	.308	.315	.321	.328	210	−0.274	62
220	.268	.273	.279	.285	.291	.296	.302	.308	.314	.320	220	−0.336	52
230	.268	.272	.277	.281	.286	.291	.295	.300	.305	.310	230	−0.388	41
240	50.268	.271	.274	.278	.281	50.285	.288	.291	.295	.298	240	−0.429	27
250	.268	.270	.272	.274	.276	.278	.280	.282	.284	.286	250	−0.456	13
260	.268	.268	.269	.269	.270	.271	.271	.272	.273	.273	260	−0.469	1
270	.268	.267	.266	.265	.264	.263	.263	.262	.261	.260	270	−0.468	15
280	50.268	.265	.263	.261	.259	50.256	.254	.252	.250	.247	280	−0.453	28
290	.268	.264	.260	.257	.253	.250	.246	.243	.239	.235	290	−0.425	42
300	.268	.263	.258	.253	.248	.244	.239	.234	.229	.224	300	−0.383	54
310	.268	.262	.256	.250	.244	.238	.232	.226	.220	.214	310	−0.329	63
320	50.268	.261	.254	.247	.240	50.234	.227	.220	.213	.206	320	−0.266	71
330	.268	.260	.253	.245	.238	.230	.222	.215	.207	.200	330	−0.195	78
340	.268	.260	.252	.244	.236	.228	.220	.212	.203	.195	340	−0.117	81
350	.268	.259	.251	.243	.235	.226	.218	.210	.202	.193	350	−0.036	82
360	50.268	.259	.251	.243	.235	50.227	.218	.210	.202	.193	360	+0.046	

Länge λ	Präzession in Länge p_λ — Breite β: 0°	−1°	−2°	−3°	−4°	−5°	−6°	−7°	−8°	−9°	Präz. in Br. p_β — Länge λ	Präzession p_β	
°	″	″	″	″	″	″	″	″	″	″	°	″	
0	50.268	.276	.284	.292	.300	50.308	.317	.325	.333	.342	0	+0.046	81
10	.268	.275	.283	.291	.299	.307	.315	.323	.331	.339	10	+0.127	76
20	.268	.275	.282	.290	.297	.305	.312	.320	.327	.335	20	+0.203	71
30	.268	.274	.281	.288	.294	.301	.308	.315	.321	.328	30	+0.274	62
40	50.268	.273	.279	.285	.291	50.296	.302	.308	.314	.320	40	+0.336	52
50	.268	.272	.277	.281	.286	.291	.295	.300	.305	.310	50	+0.388	41
60	.268	.271	.274	.278	.281	.285	.288	.291	.295	.298	60	+0.429	27
70	.268	.270	.272	.274	.276	.278	.280	.282	.284	.286	70	+0.456	13
80	50.268	.268	.269	.269	.270	50.271	.271	.272	.273	.273	80	+0.469	1
90	.268	.267	.266	.265	.264	.263	.263	.262	.261	.260	90	+0.468	15
100	.268	.265	.263	.261	.259	.256	.254	.252	.250	.247	100	+0.453	28
110	.268	.264	.260	.257	.253	.250	.246	.243	.239	.235	110	+0.425	42
120	50.268	.263	.258	.253	.248	50.244	.239	.234	.229	.224	120	+0.383	54
130	.268	.262	.256	.250	.244	.238	.232	.226	.220	.214	130	+0.329	63
140	.268	.261	.254	.247	.240	.234	.227	.220	.213	.206	140	+0.266	71
150	.268	.260	.253	.245	.238	.230	.222	.215	.207	.200	150	+0.195	78
160	50.268	.260	.252	.244	.236	50.228	.220	.212	.203	.195	160	+0.117	81
170	.268	.259	.251	.243	.235	.226	.218	.210	.202	.193	170	+0.036	82
180	.268	.259	.251	.243	.235	.227	.218	.210	.202	.193	180	−0.046	81
190	.268	.260	.252	.244	.236	.228	.220	.212	.204	.196	190	−0.127	76
200	50.268	.260	.253	.245	.238	50.230	.223	.215	.208	.200	200	−0.203	71
210	.268	.261	.254	.247	.241	.234	.227	.220	.214	.207	210	−0.274	62
220	.268	.262	.256	.250	.244	.239	.233	.227	.221	.215	220	−0.336	52
230	.268	.263	.258	.254	.249	.244	.240	.235	.230	.225	230	−0.388	41
240	50.268	.264	.261	.257	.254	50.250	.247	.244	.240	.237	240	−0.429	27
250	.268	.265	.263	.261	.259	.257	.255	.253	.251	.249	250	−0.456	13
260	.268	.267	.266	.266	.265	.264	.264	.263	.262	.262	260	−0.469	1
270	.268	.268	.269	.270	.271	.272	.272	.273	.274	.275	270	−0.468	15
280	50.268	.270	.272	.274	.276	50.279	.281	.283	.285	.288	280	−0.453	28
290	.268	.271	.275	.278	.282	.285	.289	.292	.296	.300	290	−0.425	42
300	.268	.272	.277	.282	.287	.291	.296	.301	.306	.311	300	−0.383	54
310	.268	.273	.279	.285	.291	.297	.303	.309	.315	.321	310	−0.329	63
320	50.268	.274	.281	.288	.295	50.301	.308	.315	.322	.329	320	−0.266	71
330	.268	.275	.282	.290	.297	.305	.313	.320	.328	.335	330	−0.195	78
340	.268	.275	.283	.291	.299	.307	.315	.323	.332	.340	340	−0.117	81
350	.268	.276	.284	.292	.300	.309	.317	.325	.333	.342	350	−0.036	82
360	50.268	.276	.284	.292	.300	50.308	.317	.325	.333	.342	360	+0.046	

Präzession in Rektaszension (p_α) und Deklination (p_δ)

α \ δ	p_α +60°	+50°	+40°	+30°	+20°	+10°	0°	−10°	−20°	−30°	−40°	−50°	−60°	p_δ
h	s	s	s	s	s	s	s	s	s	s	s	s	s	″
0	3.07	3.07	3.07	3.07	3.07	3.07	3.07	3.07	3.07	3.07	3.07	3.07	3.07	+20.0
1	3.67	3.48	3.36	3.27	3.20	3.13	3.07	3.01	2.95	2.87	2.78	2.66	2.47	+19.4
2	4.23	3.87	3.63	3.46	3.32	3.19	3.07	2.95	2.83	2.69	2.51	2.28	1.92	+17.4
3	4.71	4.20	3.87	3.62	3.42	3.24	3.07	2.91	2.73	2.53	2.28	1.95	1.44	+14.2
4	5.08	4.45	4.04	3.74	3.49	3.28	3.07	2.87	2.65	2.41	2.10	1.69	1.07	+10.0
5	5.31	4.61	4.16	3.82	3.54	3.30	3.07	2.84	2.60	2.33	1.99	1.53	0.84	+ 5.2
6	5.39	4.67	4.19	3.84	3.56	3.31	3.07	2.84	2.59	2.30	1.95	1.48	0.76	0.0
7	5.31	4.61	4.16	3.82	3.54	3.30	3.07	2.84	2.60	2.33	1.99	1.53	0.84	− 5.2
8	5.08	4.45	4.04	3.74	3.49	3.28	3.07	2.87	2.65	2.41	2.10	1.69	1.07	−10.0
9	4.71	4.20	3.87	3.62	3.42	3.24	3.07	2.91	2.73	2.53	2.28	1.95	1.44	−14.2
10	4.23	3.87	3.63	3.46	3.32	3.19	3.07	2.95	2.83	2.69	2.51	2.28	1.92	−17.4
11	3.67	3.48	3.36	3.27	3.20	3.13	3.07	3.01	2.95	2.87	2.78	2.66	2.47	−19.4
12	3.07	3.07	3.07	3.07	3.07	3.07	3.07	3.07	3.07	3.07	3.07	3.07	3.07	−20.0
13	2.47	2.66	2.78	2.87	2.95	3.01	3.07	3.13	3.20	3.27	3.36	3.48	3.67	−19.4
14	1.92	2.28	2.51	2.69	2.83	2.95	3.07	3.19	3.32	3.46	3.63	3.87	4.23	−17.4
15	1.44	1.95	2.28	2.53	2.73	2.91	3.07	3.24	3.42	3.62	3.87	4.20	4.71	−14.2
16	1.07	1.69	2.10	2.41	2.65	2.87	3.07	3.28	3.49	3.74	4.04	4.45	5.08	−10.0
17	0.84	1.53	1.99	2.33	2.60	2.84	3.07	3.30	3.54	3.82	4.16	4.61	5.31	− 5.2
18	0.76	1.48	1.95	2.30	2.59	2.84	3.07	3.31	3.56	3.84	4.19	4.67	5.39	0.0
19	0.84	1.53	1.99	2.33	2.60	2.84	3.07	3.30	3.54	3.82	4.16	4.61	5.31	+ 5.2
20	1.07	1.69	2.10	2.41	2.65	2.87	3.07	3.28	3.49	3.74	4.04	4.45	5.08	+10.0
21	1.44	1.95	2.28	2.53	2.73	2.91	3.07	3.24	3.42	3.62	3.87	4.20	4.71	+14.2
22	1.92	2.28	2.51	2.69	2.83	2.95	3.07	3.19	3.32	3.46	3.63	3.87	4.23	+17.4
23	2.47	2.66	2.78	2.87	2.95	3.01	3.07	3.13	3.20	3.27	3.36	3.48	3.67	+19.4
24	3.07	3.07	3.07	3.07	3.07	3.07	3.07	3.07	3.07	3.07	3.07	3.07	3.07	+20.0

Präzessionswerte und Schiefe der Ekliptik

Zeit	m	n	n	Ψ	log π	Π	ε
	s	″	s	″		° ′	° ′ ″
1900.0	3.07234	20.0468	1.33646	50.2564	9.67309	173 57.06	23 27 8.26
1905.0	3.07243	20.0464	1.33643	50.2575	9.67305	173 59.80	23 27 5.92
1910.0	3.07252	20.0460	1.33640	50.2586	9.67302	174 2.53	23 27 3.57
1915.0	3.07262	20.0456	1.33637	50.2597	9.67299	174 5.27	23 27 1.23
1920.0	3.07271	20.0451	1.33634	50.2608	9.67296	174 8.01	23 26 58.89
1925.0	3.07280	20.0447	1.33632	50.2620	9.67293	174 10.75	23 26 56.54
1930.0	3.07289	20.0443	1.33629	50.2631	9.67290	174 13.49	23 26 54.20
1935.0	3.07299	20.0439	1.33626	50.2642	9.67287	174 16.23	23 26 51.86
1940.0	3.07308	20.0434	1.33623	50.2653	9.67284	174 18.97	23 26 49.52
1945.0	3.07317	20.0430	1.33620	50.2664	9.67281	174 21.71	23 26 47.17
1950.0	3.07327	20.0426	1.33617	50.2675	9.67278	174 24.45	23 26 44.83
1955.0	3.07336	20.0422	1.33614	50.2686	9.67274	174 27.19	23 26 42.49
1960.0	3.07346	20.0418	1.33612	50.2697	9.67272	174 29.93	23 26 40.15

′	″	°	′	″	°	″	°	″	°
0	0.0	0.000	3	0.0	0.050	0.000	0.00000	1.800	0.00050
	3.6	01		3.6	51	036	01	836	51
	7.2	02		7.2	52	072	02	872	52
	10.8	03		10.8	53	108	03	908	53
	14.4	04		14.4	54	144	04	944	54
0	18.0	0.005	3	18.0	0.055	0.180	0.00005	1.980	0.00055
	21.6	06		21.6	56	216	06	2.016	56
	25.2	07		25.2	57	252	07	052	57
	28.8	08		28.8	58	288	08	088	58
	32.4	09		32.4	59	324	09	124	59
0	36.0	0.010	3	36.0	0.060	0.360	0.00010	2.160	0.00060
	39.6	11		39.6	61	396	11	196	61
	43.2	12		43.2	62	432	12	232	62
	46.8	13		46.8	63	468	13	268	63
	50.4	14		50.4	64	504	14	304	64
	54.0	0.015		54.0	0.065	0.540	0.00015	2.340	0.00065
0	57.6	16	3	57.6	66	576	16	376	66
1	1.2	17	4	1.2	67	612	17	412	67
	4.8	18		4.8	68	648	18	448	68
	8.4	19		8.4	69	684	19	484	69
1	12.0	0.020	4	12.0	0.070	0.720	0.00020	2.520	0.00070
	15.6	21		15.6	71	756	21	556	71
	19.2	22		19.2	72	792	22	592	72
	22.8	23		22.8	73	828	23	628	73
	26.4	24		26.4	74	864	24	664	74
1	30.0	0.025	4	30.0	0.075	0.900	0.00025	2.700	0.00075
	33.6	26		33.6	76	936	26	736	76
	37.2	27		37.2	77	0.972	27	772	77
	40.8	28		40.8	78	1.008	28	808	78
	44.4	29		44.4	79	044	29	844	79
1	48.0	0.030	4	48.0	0.080	1.080	0.00030	2.880	0.00080
	51.6	31		51.6	81	116	31	916	81
	55.2	32		55.2	82	152	32	952	82
1	58.8	33	4	58.8	83	188	33	2.988	83
2	2.4	34	5	2.4	84	224	34	3.024	84
	6.0	0.035		6.0	0.085	1.260	0.00035	060	0.00085
	9.6	36		9.6	86	296	36	096	86
	13.2	37		13.2	87	332	37	132	87
	16.8	38		16.8	88	368	38	168	88
	20.4	39		20.4	89	404	39	204	89
2	24.0	0.040	5	24.0	0.090	1.440	0.00040	3.240	0.00090
	27.6	41		27.6	91	476	41	276	91
	31.2	42		31.2	92	512	42	312	92
	34.8	43		34.8	93	548	43	348	93
	38.4	44		38.4	94	584	44	384	94
2	42.0	0.045	5	42.0	0.095	1.620	0.00045	3.420	0.00095
	45.6	46		45.6	96	656	46	456	96
	49.2	47		49.2	97	692	47	492	97
	52.8	48		52.8	98	728	48	528	98
2	56.4	49	5	56.4	99	764	49	564	99
3	0.0	0.050	6	0.0	0.100	1.800	0.00050	3.600	0.00100

Verwandlung von mittlerer Zeit in Sternzeit

Red.	0ᵐ	1ᵐ	2ᵐ	3ᵐ	Red		Red.	
s	h m s	h m s	h m s	h m s	s	m s	s	m s
0	0 0 0	6 5 15	12 10 29	18 15 44	0.00	0 0	0.50	3 3
1	0 6 5	6 11 20	12 16 34	18 21 49	0.01	0 4	0.51	3 6
2	0 12 10	6 17 25	12 22 40	18 27 54	0.02	0 7	0.52	3 10
3	0 18 16	6 23 30	12 28 45	18 33 59	0.03	0 11	0.53	3 14
4	0 24 21	6 29 36	12 34 50	18 40 5	0.04	0 15	0.54	3 17
5	0 30 26	6 35 41	12 40 55	18 46 10	0.05	0 18	0.55	3 21
6	0 36 31	6 41 46	12 47 1	18 52 15	0.06	0 22	0.56	3 25
7	0 42 37	6 47 51	12 53 6	18 58 20	0.07	0 26	0.57	3 28
8	0 48 42	6 53 56	12 59 11	19 4 26	0.08	0 29	0.58	3 32
9	0 54 47	7 0 2	13 5 16	19 10 31	0.09	0 33	0.59	3 35
10	1 0 52	7 6 7	13 11 21	19 16 36	0.10	0 37	0.60	3 39
11	1 6 58	7 12 12	13 17 27	19 22 41	0.11	0 40	0.61	3 43
12	1 13 3	7 18 17	13 23 32	19 28 47	0.12	0 44	0.62	3 46
13	1 19 8	7 24 23	13 29 37	19 34 52	0.13	0 47	0.63	3 50
14	1 25 13	7 30 28	13 35 42	19 40 57	0.14	0 51	0.64	3 54
15	1 31 19	7 36 33	13 41 48	19 47 2	0.15	0 55	0.65	3 57
16	1 37 24	7 42 38	13 47 53	19 53 7	0.16	0 58	0.66	4 1
17	1 43 29	7 48 44	13 53 58	19 59 13	0.17	1 2	0.67	4 5
18	1 49 34	7 54 49	14 0 3	20 5 18	0.18	1 6	0.68	4 8
19	1 55 40	8 0 54	14 6 9	20 11 23	0.19	1 9	0 69	4 12
20	2 1 45	8 6 59	14 12 14	20 17 28	0.20	1 13	0.70	4 16
21	2 7 50	8 13 5	14 18 19	20 23 34	0.21	1 17	0.71	4 19
22	2 13 55	8 19 10	14 24 24	20 29 39	0.22	1 20	0.72	4 23
23	2 20 1	8 25 15	14 30 30	20 35 44	0.23	1 24	0.73	4 27
24	2 26 6	8 31 20	14 36 35	20 41 49	0.24	1 28	0.74	4 30
25	2 32 11	8 37 26	14 42 40	20 47 55	0.25	1 31	0.75	4 34
26	2 38 16	8 43 31	14 48 45	20 54 0	0.26	1 35	0.76	4 38
27	2 44 22	8 49 36	14 54 51	21 0 5	0.27	1 39	0.77	4 41
28	2 50 27	8 55 41	15 0 56	21 6 10	0.28	1 42	0.78	4 45
29	2 56 32	9 1 47	15 7 1	21 12 16	0.29	1 46	0.79	4 49
30	3 2 37	9 7 52	15 13 6	21 18 21	0.30	1 50	0.80	4 52
31	3 8 43	9 13 57	15 19 12	21 24 26	0.31	1 53	0.81	4 56
32	3 14 48	9 20 2	15 25 17	21 30 31	0.32	1 57	0.82	4 59
33	3 20 53	9 26 8	15 31 22	21 36 37	0.33	2 1	0.83	5 3
34	3 26 58	9 32 13	15 37 27	21 42 42	0.34	2 4	0.84	5 7
35	3 33 3	9 38 18	15 43 33	21 48 47	0.35	2 8	0.85	5 10
36	3 39 9	9 44 23	15 49 38	21 54 52	0.36	2 11	0.86	5 14
37	3 45 14	9 50 28	15 55 43	22 0 58	0.37	2 15	0.87	5 18
38	3 51 19	9 56 34	16 1 48	22 7 3	0.38	2 19	0.88	5 21
39	3 57 24	10 2 39	16 7 54	22 13 8	0.39	2 22	0.89	5 25
40	4 3 30	10 8 44	16 13 59	22 19 13	0.40	2 26	0.90	5 29
41	4 9 35	10 14 49	16 20 4	22 25 19	0.41	2 30	0.91	5 32
42	4 15 40	10 20 55	16 26 9	22 31 24	0.42	2 33	0.92	5 36
43	4 21 45	10 27 0	16 32 14	22 37 29	0.43	2 37	0.93	5 40
44	4 27 51	10 33 5	16 38 20	22 43 34	0.44	2 41	0.94	5 43
45	4 33 56	10 39 10	16 44 25	22 49 39	0.45	2 44	0.95	5 47
46	4 40 1	10 45 16	16 50 30	22 55 45	0.46	2 48	0.96	5 51
47	4 46 6	10 51 21	16 56 35	23 1 50	0.47	2 52	0.97	5 54
48	4 52 12	10 57 26	17 2 41	23 7 55	0.48	2 55	0.98	5 58
49	4 58 17	11 3 31	17 8 46	23 14 0	0.49	2 59	0.99	6 2
50	5 4 22	11 9 37	17 14 51	23 20 6	0.50	3 3	1.00	6 5
51	5 10 27	11 15 42	17 20 56	23 26 11				
52	5 16 33	11 21 47	17 27 2	23 32 16				
53	5 22 38	11 27 52	17 33 7	23 38 21				
54	5 28 43	11 33 58	17 39 12	23 44 27				
55	5 34 48	11 40 3	17 45 17	23 50 32				
56	5 40 54	11 46 8	17 51 23	23 56 37				
57	5 46 59	11 52 13	17 57 28	24 2 42				
58	5 53 4	11 58 19	18 3 33	24 8 48				
59	5 59 9	12 4 24	18 9 38	24 14 53				

Die Reduktion ist zur mittleren Zeit zu addieren

Red.	0m	1m	2m	3m	Red		Red.	
s	h m s	h m s	h m s	h m s	s	m s	s	m s
0	0 0 0	6 6 15	12 12 29	18 18 44	0.00	0 0	0.50	3 3
1	0 6 6	6 12 21	12 18 35	18 24 50	0.01	0 4	0.51	3 7
2	0 12 12	6 18 27	12 24 42	18 30 56	0.02	0 7	0.52	3 10
3	0 18 19	6 24 33	12 30 48	18 37 2	0.03	0 11	0.53	3 14
4	0 24 25	6 30 40	12 36 54	18 43 9	0.04	0 15	0.54	3 18
5	0 30 31	6 36 46	12 43 0	18 49 15	0.05	0 18	0.55	3 21
6	0 36 37	6 42 52	12 49 7	18 55 21	0.06	0 22	0.56	3 25
7	0 42 44	6 48 58	12 55 13	19 1 27	0.07	0 26	0.57	3 29
8	0 48 50	6 55 4	13 1 19	19 7 34	0.08	0 29	0.58	3 32
9	0 54 56	7 1 11	13 7 25	19 13 40	0.09	0 33	0.59	3 36
10	1 1 2	7 7 17	13 13 31	19 19 46	0.10	0 37	0.60	3 40
11	1 7 9	7 13 23	13 19 38	19 25 52	0.11	0 40	0.61	3 43
12	1 13 15	7 19 29	13 25 44	19 31 59	0.12	0 44	0.62	3 47
13	1 19 21	7 25 36	13 31 50	19 38 5	0.13	0 48	0.63	3 51
14	1 25 27	7 31 42	13 37 56	19 44 11	0.14	0 51	0.64	3 54
15	1 31 34	7 37 48	13 44 3	19 50 17	0.15	0 55	0.65	3 58
16	1 37 40	7 43 54	13 50 9	19 56 23	0.16	0 59	0.66	4 2
17	1 43 46	7 50 1	13 56 15	20 2 30	0.17	1 2	0.67	4 5
18	1 49 52	7 56 7	14 2 21	20 8 36	0.18	1 6	0.68	4 9
19	1 55 59	8 2 13	14 8 28	20 14 42	0.19	1 10	0.69	4 13
20	2 2 5	8 8 19	14 14 34	20 20 48	0.20	1 13	0.70	4 16
21	2 8 11	8 14 26	14 20 40	20 26 55	0.21	1 17	0.71	4 20
22	2 14 17	8 20 32	14 26 46	20 33 1	0.22	1 21	0.72	4 24
23	2 20 24	8 26 38	14 32 53	20 39 7	0.23	1 24	0.73	4 27
24	2 26 30	8 32 44	14 38 59	20 45 13	0.24	1 28	0.74	4 31
25	2 32 36	8 38 51	14 45 5	20 51 20	0.25	1 32	0.75	4 35
26	2 38 42	8 44 57	14 51 11	20 57 26	0.26	1 35	0.76	4 38
27	2 44 49	8 51 3	14 57 18	21 3 32	0.27	1 39	0.77	4 42
28	2 50 55	8 57 9	15 3 24	21 9 38	0.28	1 43	0.78	4 46
29	2 57 1	9 3 16	15 9 30	21 15 45	0.29	1 46	0.79	4 49
30	3 3 7	9 9 22	15 15 36	21 21 51	0.30	1 50	0.80	4 53
31	3 9 14	9 15 28	15 21 43	21 27 57	0.31	1 54	0.81	4 57
32	3 15 20	9 21 34	15 27 49	21 34 3	0.32	1 57	0.82	5 0
33	3 21 26	9 27 41	15 33 55	21 40 10	0.33	2 1	0.83	5 4
34	3 27 32	9 33 47	15 40 1	21 46 16	0.34	2 5	0.84	5 8
35	3 33 38	9 39 53	15 46 8	21 52 22	0.35	2 8	0.85	5 11
36	3 39 45	9 45 59	15 52 14	21 58 28	0.36	2 12	0.86	5 15
37	3 45 51	9 52 5	15 58 20	22 4 35	0.37	2 16	0.87	5 19
38	3 51 57	9 58 12	16 4 26	22 10 41	0.38	2 19	0.88	5 22
39	3 58 3	10 4 18	16 10 33	22 16 47	0.39	2 23	0.89	5 26
40	4 4 10	10 10 24	16 16 39	22 22 53	0.40	2 26	0.90	5 30
41	4 10 16	10 16 30	16 22 45	22 29 0	0.41	2 30	0.91	5 33
42	4 16 22	10 22 37	16 28 51	22 35 6	0.42	2 34	0.92	5 37
43	4 22 28	10 28 43	16 34 57	22 41 12	0.43	2 37	0.93	5 41
44	4 28 35	10 34 49	16 41 4	22 47 18	0.44	2 41	0.94	5 44
45	4 34 41	10 40 55	16 47 10	22 53 24	0.45	2 45	0.95	5 48
46	4 40 47	10 47 2	16 53 16	22 59 31	0.46	2 48	0.96	5 52
47	4 46 53	10 53 8	16 59 22	23 5 37	0.47	2 52	0.97	5 55
48	4 53 0	10 59 14	17 5 29	23 11 43	0.48	2 56	0.98	5 59
49	4 59 6	11 5 20	17 11 35	23 17 49	0.49	2 59	0.99	6 3
50	5 5 12	11 11 27	17 17 41	23 23 56	0.50	3 3	1.00	6 6
51	5 11 18	11 17 33	17 23 47	23 30 2				
52	5 17 25	11 23 39	17 29 54	23 36 8				
53	5 23 31	11 29 45	17 36 0	23 42 14				
54	5 29 37	11 35 52	17 42 6	23 48 21				
55	5 35 43	11 41 58	17 48 12	23 54 27				
56	5 41 50	11 48 4	17 54 19	24 0 33				
57	5 47 56	11 54 10	18 0 25	24 6 39				
58	5 54 2	12 0 17	18 6 31	24 12 46				
59	6 0 8	12 6 23	18 12 37	24 18 52				

Die Reduktion
ist von der Sternzeit
zu subtrahieren

Verwandlung von mittlerer Zeit in Sternzeit

Red	0m			1m			2m			3m			Red
s	h	m	s	h	m	s	h	m	s	h	m	s	s
0	0	0	0.0	6	5	14.5	12	10	29.1	18	15	43.6	0
1		6	5.2		11	19 8		16	34.3		21	48.8	1
2		12	10.5		17	25.0		22	39.6		27	54.1	2
3		18	15.7		23	30.3		28	44.8		33	59.3	3
4		24	21.0		29	35.5		34	50.0		40	4.6	4
5		30	26.2		35	40.7		40	55.3		46	9.8	5
6		36	31.5		41	46.0		47	0.5		52	15.1	6
7		42	36.7		47	51.2		53	5.8	18	58	20.3	7
8		48	41.9	6	53	56.5	12	59	11.0	19	4	25.5	8
9	0	54	47.2	7	0	1.7	13	5	16.2		10	30.8	9
10	1	0	52.4		6	7.0		11	21.5		16	36.0	10
11		6	57.7		12	12.2		17	26.7		22	41.3	11
12		13	2.9		·18	17.4		23	32.0		28	46.5	12
13		19	8.1		24	22.7		29	37.2		34	51.8	13
14		25	13.4		30	27.9		35	42.5		40	57.0	14
15		31	18.6		36	33.2		41	47.7		47	2.2	15
16		37	23.9		42	38.4		47	52.9		53	7.5	16
17		43	29.1		48	43.7	13	53	58.2	19	59	12.7	17
18		49	34.4	7	54	48.9	14	0	3.4	20	5	18.0	18
19	1	55	39.6	8	0	54.1		6	8.7		11	23.2	19
20	2	1	44.8		6	59.4		12	13.9		17	28.4	20
21		7	50.1		13	4.6		18	19.2		23	33.7	21
22		13	55.3		19	9.9		24	24.4		29	38.9	22
23		20	0.6		25	15.1		30	29.6		35	44.2	23
24		26	5.8		31	20.3		36	34.9		41	49.4	24
25		32	11.1		37	25.6		42	40.1		47	54.7	25
26		38	16.3		43	30.8		48	45.4	20	53	59.9	26
27		44	21.5		49	36.1	14	54	50.6	21	0	5.1	27
28		50	26.8	8	55	41.3	15	0	55.9		6	10.4	28
29	2	56	32.0	9	1	46.6		7	1.1		12	15.6	29
30	3	2	37.3		7	51.8		13	6.3		18	20.9	30
31		8	42.5		13	57.0		19	11.6		24	26.1	31
32		14	47.8		20	2.3		25	16.8		30	31.4	32
33		20	53.0		26	7.5		31	22.1		36	36.6	33
34		26	58.2		32	12.8		37	27.3		42	41.8	34
35		33	3.5		38	18.0		43	32.5		48	47.1	35
36		39	8.7		44	23.3		49	37.8	21	54	52.3	36
37		45	14.0		50	28.5	15	55	43.0	22	0	57.6	37
38		51	19.2	9	56	33.7	16	1	48.3		7	2.8	38
39	3	57	24.4	10	2	39.0		7	53.5		13	8.0	39
40	4	3	29.7		8	44.2		13	58.8		19	13.3	40
41		9	34.9		14	49.5		20	4.0		25	18.5	41
42		15	40.2		20	54.7		26	9.2		31	23.8	42
43		21	45.4		27	0.0		32	14.5		37	29.0	43
44		27	50.7		33	5.2		38	19.7		43	34.3	44
45		33	55.9		39	10.4		44	25.0		49	39.5	45
46		40	1.1		45	15.7		50	30.2	22	55	44.7	46
47		46	6.4		51	20.9	16	56	35.5	23	1	50.0	47
48		52	11.6	10	57	26.2	17	2	40.7		7	55.2	48
49	4	58	16.9	11	3	31.4		8	45.9		14	0.5	49
50	5	4	22.1		9	36.6		14	51.2		20	5.7	50
51		10	27.4		15	41.9		20	56.4		26	11.0	51
52		16	32.6		21	47.1		27	1.7		32	16.2	52
53		22	37.8		27	52.4		33	6.9		38	21.4	53
54		28	43.1		33	57.6		39	12.1		44	26.7	54
55		34	48.3		40	2.9		45	17.4		50	31.9	55
56		40	53.6		46	8.1		51	22.6	23	56	37.2	56
57		46	58.8		52	13.3	17	57	27.9	24	2	42.4	57
58		53	4.0	11	58	18.6	18	3	33.1		8	47.7	58
59	5	59	9.3	12	4	23.8	18	9	38.4	24	14	52.9	59

Die Reduktion ist zur mittleren Zeit zu addieren.

Red.			Red		
s	m	s	s	m	s
0.00	0	0.0	0.50	3	2.6
01		3.7	51		6.3
02		7.3	52		9.9
03		11.0	53		13.6
04		14.6	54		17.2
0.05		18.3	0.55		20.9
06		21.9	56		24.5
07		25.6	57		28.2
08		29.2	58		31.8
09		32.9	59		35.5
0.10		36.5	0.60		39.1
11		40.2	61		42.8
12		43.8	62		46.5
13		47.5	63		50.1
14		51.1	64		53.8
0.15		54.8	0.65	3	57.4
16	0	58.4	66	4	1.1
17	1	2.1	67		4.7
18		5.7	68		8.4
19		9.4	69		12.0
0.20		13.0	0.70		15.7
21		16.7	71		19.3
22		20.4	72		23.0
23		24.0	73		26.6
24		27.7	74		30.3
0.25		31.3	0.75		33.9
26		35.0	76		37.6
27		38.6	77		41.2
28		42.3	78		44.9
29		45.9	79		48.5
0.30		49.6	0.80		52.2
31		53.2	81		55.8
32	1	56.9	82	4	59.5
33	2	0.5	83	5	3.2
34		4.2	84		6.8
0.35		7.8	0.85		10.5
36		11.5	86		14.1
37		15.1	87		17.8
38		18.8	88		21.4
39		22.4	89		25.1
0.40		26.1	0.90		28.7
41		29.7	91		32.4
42		33.4	92		36 0
43		37.1	93		39.7
44		40.7	94		43.3
0.45		44.4	0.95		47.0
46		48.0	96		50.6
47		51.7	97		54.3
48		55.3	98	5	57.9
0.49	2	59.0	0.99	6	1.6

Red.		Red.		Red.	
s		s		s	
0.000	s	0.003	s	0.006	s
	0.2		1.3		2.4
001		004		007	
	0.5		1.6		2.7
002		005		008	
	0.9		2.0		3.1
003		006		009	
	1.3		2.4		3.5
0.004		0.007		0.010	
					3.8

Red. s	0m h m s	1m h m s	2m h m s	3m h m s	Red. s
0	0 0 0.0	6 6 14.5	12 12 29.1	18 18 43.6	0
1	6 6.2	12 20.8	18 35.3	24 49.9	1
2	12 12.5	18 27.0	24 41.6	30 56.1	2
3	18 18.7	24 33.3	30 47.8	37 2.3	3
4	24 25.0	30 39.5	36 54.0	43 8.6	4
5	30 31.2	36 45.7	43 0.3	49 14.8	5
6	36 37.5	42 52.0	49 6.5	18 55 21.1	6
7	42 43.7	48 58.2	12 55 12.8	19 1 27.3	7
8	48 49.9	6 55 4.5	13 1 19.0	7 33.5	8
9	0 54 56.2	7 1 10.7	7 25.3	13 39.8	9
10	1 1 2.4	7 17.0	13 31.5	19 46.0	10
11	7 8.7	13 23.2	19 37.7	25 52.3	11
12	13 14.9	19 29.4	25 44.0	31 58.5	12
13	19 21.1	25 35.7	31 50.2	38 4.8	13
14	25 27.4	31 41.9	37 56.5	44 11.0	14
15	31 33.6	37 48.2	44 2.7	50 17.2	15
16	37 39.9	43 54.4	50 8.9	19 56 23.5	16
17	43 46.1	50 0.7	13 56 15.2	20 2 29.7	17
18	49 52.4	7 56 6.9	14 2 21.4	8 36.0	18
19	1 55 58.6	8 2 13.1	8 27.7	14 42.2	19
20	2 2 4.8	8 19.4	14 33.9	20 48.5	20
21	8 11.1	14 25.6	20 40.2	26 54.7	21
22	14 17.3	20 31.9	26 46.4	33 0.9	22
23	20 23.6	26 38.1	32 52.6	39 7.2	23
24	26 29.8	32 44.4	38 58.9	45 13.4	24
25	32 36.1	38 50.6	45 5.1	51 19.7	25
26	38 42.3	44 56.8	51 11.4	20 57 25.9	26
27	44 48.5	51 3.1	14 57 17.6	21 3 32.2	27
28	50 54.8	8 57 9.3	15 3 23.9	9 38.4	28
29	2 57 1.0	9 3 15.6	9 30.1	15 44.6	29
30	3 3 7.3	9 21.8	15 36.3	21 50.9	30
31	9 13.5	15 28.0	21 42.6	27 57.1	31
32	15 19.8	21 34.3	27 48.8	34 3.4	32
33	21 26.0	27 40.5	33 55.1	40 9.6	33
34	27 32.2	33 46.8	40 1.3	46 15.8	34
35	33 38.5	39 53.0	46 7.6	52 22.1	35
36	39 44.7	45 59.3	52 13.8	21 58 28.3	36
37	45 51.0	52 5.5	15 58 20.0	22 4 34.6	37
38	51 57.2	9 58 11.7	16 4 26.3	10 40.8	38
39	3 58 3.4	10 4 18.0	10 32.5	16 47.1	39
40	4 4 9.7	10 24.2	16 38.8	22 53.3	40
41	10 15.9	16 30.5	22 45.0	28 59.5	41
42	16 22.2	22 36.7	28 51.2	35 5.8	42
43	22 28.4	28 43.0	34 57.5	41 12.0	43
44	28 34.7	34 49.2	41 3.7	47 18.3	44
45	34 40.9	40 55.4	47 10.0	53 24.5	45
46	40 47.1	47 1.7	53 16.2	22 59 30.8	46
47	46 53.4	53 7.9	16 59 22.5	23 5 37.0	47
48	52 59.6	10 59 14.2	17 5 28.7	11 43.2	48
49	4 59 5.9	11 5 20.4	11 34.9	17 49.5	49
50	5 5 12.1	11 26.7	17 41.2	23 55.7	50
51	11 18.4	17 32.9	23 47.4	30 2.0	51
52	17 24.6	23 39.1	29 53.7	36 8.2	52
53	23 30.8	29 45.4	35 59.9	42 14.5	53
54	29 37.1	35 51.6	42 6.2	48 20.7	54
55	35 43.3	41 57.9	48 12.4	23 54 26.9	55
56	41 49.6	48 4.1	17 54 18.6	24 0 33.2	56
57	47 55.8	11 54 10.3	18 0 24.9	6 39.4	57
58	5 54 2.1	12 0 16.6	6 31.1	12 45.7	58
59	6 0 8.3	12 6 22.8	18 12 37.4	24 18 51.9	59

Red. s	m s	Red. s	m s
0.00	0 0.0	0.50	3 3.1
01	3.7	51	6.8
02	7.3	52	10.4
03	11.0	53	14.1
04	14.6	54	17.8
0.05	18.3	0.55	21.4
06	22.0	56	25.1
07	25.6	57	28.8
08	29.3	58	32.4
09	33.0	59	36.1
0.10	36.6	0.60	39.7
11	40.3	61	43.4
12	43.9	62	47.1
13	47.6	63	50.7
14	51.3	64	54.4
0.15	54.9	0.65	3 58.1
16	0 58.6	66	4 1.7
17	1 2.3	67	5.4
18	5.9	68	9.0
19	9.6	69	12.7
0.20	13.2	0.70	16.4
21	16.9	71	20.0
22	20.6	72	23.7
23	24.2	73	27.4
24	27.9	74	31.0
0.25	31.6	0.75	34.7
26	35.2	76	38.3
27	38.9	77	42.0
28	42.5	78	45.7
29	46.2	79	49.3
0.30	49.9	0.80	53.0
31	53.5	81	4 56.7
32	1 57.2	82	5 0.3
33	2 0.9	83	4.0
34	4.5	84	7.6
0.35	8.2	0.85	11.3
36	11.8	86	15.0
37	15.5	87	18.6
38	19.2	88	22.3
39	22.8	89	26.0
0.40	26.5	0.90	29.6
41	30.2	91	33.3
42	33.8	92	36.9
43	37.5	93	40.6
44	41.1	94	44.3
0.45	44.8	0.95	47.9
46	48.5	96	51.6
47	52.1	97	55.3
48	55.8	98	5 58.9
0.49	2 59.5	0.99	6 2.6

Red s	s	Red. s	s	Red. s	s
0.000		0.003		0.006	
	0.2		1.3		2.4
001		004		007	
	0.5		1.6		2.7
002		005		008	
	0.9		2.0		3.1
003		006		009	
	1.3		2.4		3.5
0.004		0.007		0.010	
					3.8

Die Reduktion ist von der Sternzeit zu subtrahieren.

Verwandlung von Stunden, Minuten und Sekunden

	0^h	1^h	2^h	3^h	4^h	5^h		
m	d	d	d	d	d	d	s	d
0	0.000000	0.041667	0.083333	0.125000	0.166667	0.208333	0	0.000000
1	000694	042361	084028	125694	167361	209028	1	000012
2	001389	043056	084722	126389	168056	209722	2	000023
3	002083	043750	085417	127083	168750	210417	3	000035
4	002778	044444	086111	127778	169444	211111	4	000046
5	0.003472	0.045139	0.086806	0.128472	0.170139	0.211806	5	0.000058
6	004167	045833	087500	129167	170833	212500	6	000069
7	004861	046528	088194	129861	171528	213194	7	000081
8	005556	047222	088889	130556	172222	213889	8	000093
9	006250	047917	089583	131250	172917	214583	9	000104
10	0.006944	0.048611	0.090278	0.131944	0.173611	0.215278	10	0.000116
11	007639	049306	090972	132639	174306	215972	11	000127
12	008333	050000	091667	133333	175000	216667	12	000139
13	009028	050694	092361	134028	175694	217361	13	000150
14	009722	051389	093056	134722	176389	218056	14	000162
15	0.010417	0.052083	0.093750	0.135417	0.177083	0.218750	15	0.000174
16	011111	052778	094444	136111	177778	219444	16	000185
17	011806	053472	095139	136806	178472	220139	17	000197
18	012500	054167	095833	137500	179167	220833	18	000208
19	013194	054861	096528	138194	179861	221528	19	000220
20	0.013889	0.055556	0.097222	0.138889	0.180556	0.222222	20	0.000231
21	014583	056250	097917	139583	181250	222917	21	000243
22	015278	056944	098611	140278	181944	223611	22	000255
23	015972	057639	099306	140972	182639	224306	23	000266
24	016667	058333	100000	141667	183333	225000	24	000278
25	0.017361	0.059028	0.100694	0.142361	0.184028	0.225694	25	0.000289
26	018056	059722	101389	143056	184722	226389	26	000301
27	018750	060417	102083	143750	185417	227083	27	000313
28	019444	061111	102778	144444	186111	227778	28	000324
29	020139	061806	103472	145139	186806	228472	29	000336
30	0.020833	0.062500	0.104167	0.145833	0.187500	0.229167	30	0.000347
31	021528	063194	104861	146528	188194	229861	31	000359
32	022222	063889	105556	147222	188889	230556	32	000370
33	022917	064583	106250	147917	189583	231250	33	000382
34	023611	065278	106944	148611	190278	231944	34	000394
35	0.024306	0.065972	0.107639	0.149306	0.190972	0.232639	35	0.000405
36	025000	066667	108333	150000	191667	233333	36	000417
37	025694	067361	109028	150694	192361	234028	37	000428
38	026389	068056	109722	151389	193056	234722	38	000440
39	027083	068750	110417	152083	193750	235417	39	000451
40	0.027778	0.069444	0.111111	0.152778	0.194444	0.236111	40	0.000463
41	028472	070139	111806	153472	195139	236806	41	000475
42	029167	070833	112500	154167	195833	237500	42	000486
43	029861	071528	113194	154861	196528	238194	43	000498
44	030556	072222	113889	155556	197222	238889	44	000509
45	0.031250	0.072917	0.114583	0.156250	0.197917	0.239583	45	0.000521
46	031944	073611	115278	156944	198611	240278	46	000532
47	032639	074306	115972	157639	199306	240972	47	000544
48	033333	075000	116667	158333	200000	241667	48	000556
49	034028	075694	117361	159028	200694	242361	49	000567
50	0.034722	0.076389	0.118056	0.159722	0.201389	0.243056	50	0.000579
51	035417	077083	118750	160417	202083	243750	51	000590
52	036111	077778	119444	161111	202778	244444	52	000602
53	036806	078472	120139	161806	203472	245139	53	000613
54	037500	079167	120833	162500	204167	245833	54	000625
55	0.038194	0.079861	0.121528	0.163194	0.204861	0.246528	55	0.000637
56	038889	080556	122222	163889	205556	247222	56	000648
57	039583	081250	122917	164583	206250	247917	57	000660
58	040278	081944	123611	165278	206944	248611	58	000671
59	0.040972	0.082639	0.124306	0.165972	0.207639	0.249306	59	0.000683

	6ʰ	7ʰ	8ʰ	9ʰ	10ʰ	11ʰ		
m	d	d	d	d	d	d	s	d
0	0.250000	0.291667	0.333333	0.375000	0.416667	0.458333	0	0.000000
1	250694	292361	334028	375694	417361	459028	1	000012
2	251389	293056	334722	376389	418056	459722	2	000023
3	252083	293750	335417	377083	418750	460417	3	000035
4	252778	294444	336111	377778	419444	461111	4	000046
5	0.253472	0.295139	0.336806	0.378472	0.420139	0.461806	5	0.000058
6	254167	295833	337500	379167	420833	462500	6	000069
7	254861	296528	338194	379861	421528	463194	7	000081
8	255556	297222	338889	380556	422222	463889	8	000093
9	256250	297917	339583	381250	422917	464583	9	000104
10	0.256944	0.298611	0.340278	0.381944	0.423611	0.465278	10	0.000116
11	257639	299306	340972	382639	424306	465972	11	000127
12	258333	300000	341667	383333	425000	466667	12	000139
13	259028	300694	342361	384028	425694	467361	13	000150
14	259722	301389	343056	384722	426389	468056	14	000162
15	0.260417	0.302083	0.343750	0.385417	0.427083	0.468750	15	0.000174
16	261111	302778	344444	386111	427778	469444	16	000185
17	261806	303472	345139	386806	428472	470139	17	000197
18	262500	304167	345833	387500	429167	470833	18	000208
19	263194	304861	346528	388194	429861	471528	19	000220
20	0.263889	0.305556	0.347222	0.388889	0.430556	0.472222	20	0.000231
21	264583	306250	347917	389583	431250	472917	21	000243
22	265278	306944	348611	390278	431944	473611	22	000255
23	265972	307639	349306	390972	432639	474306	23	000266
24	266667	308333	350000	391667	433333	475000	24	000278
25	0.267361	0.309028	0.350694	0.392361	0.434028	0.475694	25	0.000289
26	268056	309722	351389	393056	434722	476389	26	000301
27	268750	310417	352083	393750	435417	477083	27	000313
28	269444	311111	352778	394444	436111	477778	28	000324
29	270139	311806	353472	395139	436806	478472	29	000336
30	0.270833	0.312500	0.354167	0.395833	0.437500	0.479167	30	0.000347
31	271528	313194	354861	396528	438194	479861	31	000359
32	272222	313889	355556	397222	438889	480556	32	000370
33	272917	314583	356250	397917	439583	481250	33	000382
34	273611	315278	356944	398611	440278	481944	34	000394
35	0.274306	0.315972	0.357639	0.399306	0.440972	0.482639	35	0.000405
36	275000	316667	358333	400000	441667	483333	36	000417
37	275694	317361	359028	400694	442361	484028	37	000428
38	276389	318056	359722	401389	443056	484722	38	000440
39	277083	318750	360417	402083	443750	485417	39	000451
40	0.277778	0.319444	0.361111	0.402778	0.444444	0.486111	40	0.000463
41	278472	320139	361806	403472	445139	486806	41	000475
42	279167	320833	362500	404167	445833	487500	42	000486
43	279861	321528	363194	404861	446528	488194	43	000498
44	280556	322222	363889	405556	447222	488889	44	000509
45	0.281250	0.322917	0.364583	0.406250	0.447917	0.489583	45	0.000521
46	281944	323611	365278	406944	448611	490278	46	000532
47	282639	324306	365972	407639	449306	490972	47	000544
48	283333	325000	366667	408333	450000	491667	48	000556
49	284028	325694	367361	409028	450694	492361	49	000567
50	0.284722	0.326389	0.368056	0.409722	0.451389	0.493056	50	0.000579
51	285417	327083	368750	410417	452083	493750	51	000590
52	286111	327778	369444	411111	452778	494444	52	000602
53	286806	328472	370139	411806	453472	495139	53	000613
54	287500	329167	370833	412500	454167	495833	54	000625
55	0.288194	0.329861	0.371528	0.413194	0.454861	0.496528	55	0.000637
56	288889	330556	372222	413889	455556	497222	56	000648
57	289583	331250	372917	414583	456250	497917	57	000660
58	290278	331944	373611	415278	456944	498611	58	000671
59	0.290972	0.332639	0.374306	0.415972	0.457639	0.499306	59	0.000683

Julianische Periode

I. Anzahl der am 0. Januar, 12h Weltzeit, seit Anfang der Periode verflossenen Tage

Jahr nach Chr.	0	100	200	300	400	500	600	700	800	900
	17	17	17	18	18	19	19	19	20	20
0	21057	57582	94107	30632	67157	03682	40207	76732	13257	49782
4	22518	59043	95568	32093	68618	05143	41668	78193	14718	51243
8	23979	60504	97029	33554	70079	06604	43129	79654	16179	52704
12	25440	61965	98490	35015	71540	08065	44590	81115	17640	54165
16	26901	63426	99951	36476	73001	09526	46051	82576	19101	55626
20	28362	64887	01412	37937	74462	10987	47512	84037	20562	57087
24	29823	66348	02873	39398	75923	12448	48973	85498	22023	58548
28	31284	67809	04334	40859	77384	13909	50434	86959	23484	60009
32	32745	69270	05795	42320	78845	15370	51895	88420	24945	61470
36	34206	70731	07256	43781	80306	16831	53356	89881	26406	62931
40	35667	72192	08717	45242	81767	18292	54817	91342	27867	64392
44	37128	73653	10178	46703	83228	19753	56278	92803	29328	65853
48	38589	75114	11639	48164	84689	21214	57739	94264	30789	67314
52	40050	76575	13100	49625	86150	22675	59200	95725	32250	68775
56	41511	78036	14561	51086	87611	24136	60661	97186	33711	70236
60	42972	79497	16022	52547	89072	25597	62122	98647	35172	71697
64	44433	80958	17483	54008	90533	27058	63583	00108	36633	73158
68	45894	82419	18944	55469	91994	28519	65044	01569	38094	74619
72	47355	83880	20405	56930	93455	29980	66505	03030	39555	76080
76	48816	85341	21866	58391	94916	31441	67966	04491	41016	77541
80	50277	86802	23327	59852	96377	32902	69427	05952	42477	79002
84	51738	88263	24788	61313	97838	34363	70888	07413	43938	80463
88	53199	89724	26249	62774	99299	35824	72349	08874	45399	81924
92	54660	91185	27710	64235	00760	37285	73810	10335	46860	83385
96	56121	92646	29171	65696	02221	38746	75271	11796	48321	84846
100	57582	94107	30632	67157	03682	40207	76732	13257	49782	86307
	17	17	18	18	19	19	19	20	20	20

Ia. Anzahl der am 0. eines jeden Monats, 12h Weltzeit, seit Beginn der Schaltperiode verflossenen Tage

Jahr	Jan. 0	Febr. 0	März 0	April 0	Mai 0	Juni 0	Juli 0	Aug. 0	Sept. 0	Okt. 0	Nov. 0	Dez. 0
0	0	31	60	91	121	152	182	213	244	274	305	335
1	366	397	425	456	486	517	547	578	609	639	670	700
2	731	762	790	821	851	882	912	943	974	1004	1035	1065
3	1096	1127	1155	1186	1216	1247	1277	1308	1339	1369	1400	1430

I. Anzahl der am 0. Januar, 12^h Weltzeit, seit Anfang der Periode verflossenen Tage

Jahr nach Chr.	1000	1100	1200	1300	1400	1500	1600	1700	1800	1900
	20	21	21	21	22	22	23	23	23	24
0	86307	22832	59357	95882	32407	68932	05447	41971[1]	78495[1]	15019[1]
4	87768	24293	60818	97343	33868	70393	06908	43432	79956	16480
8	89229	25754	62279	98804	35329	71854	08369	44893	81417	17941
12	90690	27215	63740	00265	36790	73315	09830	46354	82878	19402
16	92151	28676	65201	01726	38251	74776	11291	47815	84339	20863
20	93612	30137	66662	03187	39712	76237	12752	49276	85800	22324
24	95073	31598	68123	04648	41173	77698	14213	50737	87261	23785
28	96534	33059	69584	06109	42634	79159	15674	52198	88722	25246
32	97995	34520	71045	07570	44095	80620	17135	53659	90183	26707
36	99456	35981	72506	09031	45556	82081	18596	55120	91644	28168
40	00917	37442	73967	10492	47017	83542	20057	56581	93105	29629
44	02378	38903	75428	11953	48478	85003	21518	58042	94566	31090
48	03839	40364	76889	13414	49939	86464	22979	59503	96027	32551
52	05300	41825	78350	14875	51400	87925	24440	60964	97488	34012
56	06761	43286	79811	16336	52861	89386	25901	62425	98949	35473
60	08222	44747	81272	17797	54322	90847	27362	63886	00410	36934
64	09683	46208	82733	19258	55783	92308	28823	65347	01871	38395
68	11144	47669	84194	20719	57244	93769	30284	66808	03332	39856
72	12605	49130	85655	22180	58705	95230	31745	68269	04793	41317
76	14066	50591	87116	23641	60166	96691	33206	69730	06254	42778
80	15527	52052	88577	25102	61627	98152	34667	71191	07715	44239
84	16988	53513	90038	26563	63088	99603	36128	72652	09176	45700
88	18449	54974	91499	28024	64549	01064	37589	74113	10637	47161
92	19910	56435	92960	29485	66010	02525	39050	75574	12098	48622
96	21371	57896	94421	30946	67471	03986	40511	77035	13559	50083
100	22832	59357	95882	32407	68932	05447	41971[1]	78495[1]	15019[1]	51544
	21	21	21	22	22	23	23	23	24	24

[1] Die Zahlen geben die am —1. Jan. seit Anfang der Periode verflossenen Tage.

Ia. Anzahl der am 0. eines jeden Monats, 12^h Weltzeit, seit Beginn der Schaltperiode verflossenen Tage

Jahr	Jan. 0	Febr. 0	März 0	April 0	Mai 0	Juni 0	Juli 0	Aug. 0	Sept. 0	Okt. 0	Nov. 0	Dez. 0
0	0[2]	31[2]	60	91	121	152	182	213	244	274	305	335
1	366	397	425	456	486	517	547	578	609	639	670	700
2	731	762	790	821	851	882	912	943	974	1004	1035	1065
3	1096	1127	1155	1186	1216	1247	1277	1308	1339	1369	1400	1430

Von 1582 Okt. 15 bis 1583 Dez. 31 sind die Zahlen der Tafel Ia um 10 zu verkleinern.

[2] In den Jahren 1700, 1800, 1900 um 1 zu vergrößern.

Julianische Periode

II. Anzahl der am 0. eines jeden Monats, 12^h Weltzeit, seit Beginn der Periode verflossenen Tage

Jahr n. Chr.	Januar 0	Febr. 0	März 0	April 0	Mai 0	Juni 0	Juli 0	Aug. 0	Sept. 0	Okt. 0	Nov. 0	Dez. 0
1860	2400 410	441	470	501	531	562	592	623	654	684	715	745
1861	776	807	835	866	896	927	957	988	*019	*049	*080	*110
1862	2401 141	172	200	231	261	292	322	353	384	414	445	475
1863	506	537	565	596	626	657	687	718	749	779	810	840
1864	871	902	931	962	992	*023	*053	*084	*115	*145	*176	*206
1865	2402 237	268	296	327	357	388	418	449	480	510	541	571
1866	602	633	661	692	722	753	783	814	845	875	906	936
1867	967	998	*026	*057	*087	*118	*148	*179	*210	*240	*271	*301
1868	2403 332	363	392	423	453	484	514	545	576	606	637	667
1869	698	729	757	788	818	849	879	910	941	971	*002	*032
1870	2404 063	094	122	153	183	214	244	275	306	336	367	397
1871	428	459	487	518	548	579	609	640	671	701	732	762
1872	793	824	853	884	914	945	975	*006	*037	*067	*098	*128
1873	2405 159	190	218	249	279	310	340	371	402	432	463	493
1874	524	555	583	614	644	675	705	736	767	797	828	858
1875	889	920	948	979	*009	*040	*070	*101	*132	*162	*193	*223
1876	2406 254	285	314	345	375	406	436	467	498	528	559	589
1877	620	651	679	710	740	771	801	832	863	893	924	954
1878	985	*016	*044	*075	*105	*136	*166	*197	*228	*258	*289	*319
1879	2407 350	381	409	440	470	501	531	562	593	623	654	684
1880	715	746	775	806	836	867	897	928	959	989	*020	*050
1881	2408 081	112	140	171	201	232	262	293	324	354	385	415
1882	446	477	505	536	566	597	627	658	689	719	750	780
1883	811	842	870	901	931	962	992	*023	*054	*084	*115	*145
1884	2409 176	207	236	267	297	328	358	389	420	450	481	511
1885	542	573	601	632	662	693	723	754	785	815	846	876
1886	907	938	966	997	*027	*058	*088	*119	*150	*180	*211	*241
1887	2410 272	303	331	362	392	423	453	484	515	545	576	606
1888	637	668	697	728	758	789	819	850	881	911	942	972
1889	2411 003	034	062	093	123	154	184	215	246	276	307	337
1890	368	399	427	458	488	519	549	580	611	641	672	702
1891	733	764	792	823	853	884	914	945	976	*006	*037	*067
1892	2412 098	129	158	189	219	250	280	311	342	372	403	433
1893	464	495	523	554	584	615	645	676	707	737	768	798
1894	829	860	888	919	949	980	*010	*041	*072	*102	*133	*163
1895	2413 194	225	253	284	314	345	375	406	437	467	498	528
1896	559	590	619	650	680	711	741	772	803	833	864	894
1897	925	956	984	*015	*045	*076	*106	*137	*168	*198	*229	*259
1898	2414 290	321	349	380	410	441	471	502	533	563	594	624
1899	655	686	714	745	775	806	836	867	898	928	959	989

II. Anzahl der am 0. eines jeden Monats, 12h Weltzeit, seit Beginn der Periode verflossenen Tage

Jahr n. Chr.	Januar 0	Febr 0	März 0	April 0	Mai 0	Juni 0	Juli 0	Aug. 0	Sept. 0	Okt. 0	Nov 0	Dez. 0
1900	2415 020	051	079	110	140	171	201	232	263	293	324	354
1901	385	416	444	475	505	536	566	597	628	658	689	719
1902	750	781	809	840	870	901	931	962	993	*023	*054	*084
1903	2416 115	146	174	205	235	266	296	327	358	388	419	449
1904	480	511	540	571	601	632	662	693	724	754	785	815
1905	846	877	905	936	966	997	*027	*058	*089	*119	*150	*180
1906	2417 211	242	270	301	331	362	392	423	454	484	515	545
1907	576	607	635	666	696	727	757	788	819	849	880	910
1908	941	972	*001	*032	*062	*093	*123	*154	*185	*215	*246	*276
1909	2418 307	338	366	397	427	458	488	519	550	580	611	641
1910	672	703	731	762	792	823	853	884	915	945	976	*006
1911	2419 037	068	096	127	157	188	218	249	280	310	341	371
1912	402	433	462	493	523	554	584	615	646	676	707	737
1913	768	799	827	858	888	919	949	980	*011	*041	*072	*102
1914	2420 133	164	192	223	253	284	314	345	376	406	437	467
1915	498	529	557	588	618	649	679	710	741	771	802	832
1916	863	894	923	954	984	*015	*045	*076	*107	*137	*168	*198
1917	2421 229	260	288	319	349	380	410	441	472	502	533	563
1918	594	625	653	684	714	745	775	806	837	867	898	928
1919	959	990	*018	*049	*079	*110	*140	*171	*202	*232	*263	*293
1920	2422 324	355	384	415	445	476	506	537	568	598	629	659
1921	690	721	749	780	810	841	871	902	933	963	994	*024
1922	2423 055	086	114	145	175	206	236	267	298	328	359	389
1923	420	451	479	510	540	571	601	632	663	693	724	754
1924	785	816	845	876	906	937	967	998	*029	*059	*090	*120
1925	2424 151	182	210	241	271	302	332	363	394	424	455	485
1926	516	547	575	606	636	667	697	728	759	789	820	850
1927	881	912	940	971	*001	*032	*062	*093	*124	*154	*185	*215
1928	2425 246	277	306	337	367	398	428	459	490	520	551	581
1929	612	643	671	702	732	763	793	824	855	885	916	946
1930	977	*008	*036	*067	*097	*128	*158	*189	*220	*250	*281	*311
1931	2426 342	373	401	432	462	493	523	554	585	615	646	676
1932	707	738	767	798	828	859	889	920	951	981	*012	*042
1933	2427 073	104	132	163	193	224	254	285	316	346	377	407
1934	438	469	497	528	558	589	619	650	681	711	742	772
1935	803	834	862	893	923	954	984	*015	*046	*076	*107	*137
1936	2428 168	199	228	259	289	320	350	381	412	442	473	503
1937	534	565	593	624	654	685	715	746	777	807	838	868
1938	899	930	958	989	*019	*050	*080	*111	*142	*172	*203	*233
1939	2429 264	295	323	354	384	415	445	476	507	537	568	598

Julianische Periode

II. Anzahl der am o. eines jeden Monats, 12h Weltzeit, seit Beginn der Periode verflossenen Tage

Jahr n. Chr.	Januar 0	Febr. 0	März 0	April 0	Mai 0	Juni 0	Juli 0	Aug. 0	Sept. 0	Okt. 0	Nov. 0	Dez. 0
1940	2429 629	660	689	720	750	781	811	842	873	903	934	964
1941	995	*026	*054	*085	*115	*146	*176	*207	*238	*268	*299	*329
1942	2430 360	391	419	450	480	511	541	572	603	633	664	694
1943	725	756	784	815	845	876	906	937	968	998	*029	*059
1944	2431 090	121	150	181	211	242	272	303	334	364	395	425
1945	456	487	515	546	576	607	637	668	699	729	760	790
1946	821	852	880	911	941	972	*002	*033	*064	*094	*125	*155
1947	2432 186	217	245	276	306	337	367	398	429	459	490	520
1948	551	582	611	642	672	703	733	764	795	825	856	886
1949	917	948	976	*007	*037	*068	*098	*129	*160	*190	*221	*251
1950	2433 282	313	341	372	402	433	463	494	525	555	586	616
1951	647	678	706	737	767	798	828	859	890	920	951	981
1952	2434 012	043	072	103	133	164	194	225	256	286	317	347
1953	378	409	437	468	498	529	559	590	621	651	682	712
1954	743	774	802	833	863	894	924	955	986	*016	*047	*077
1955	2435 108	139	167	198	228	259	289	320	351	381	412	442
1956	473	504	533	564	594	625	655	686	717	747	778	808
1957	839	870	898	929	959	990	*020	*051	*082	*112	*143	*173
1958	2436 204	235	263	294	324	355	385	416	447	477	508	538
1959	569	600	628	659	689	720	750	781	812	842	873	903
1960	934	965	994	*025	*055	*086	*116	*147	*178	*208	*239	*269
1961	2437 300	331	359	390	420	451	481	512	543	573	604	634
1962	665	696	724	755	785	816	846	877	908	938	969	999
1963	2438 030	061	089	120	150	181	211	242	273	303	334	364
1964	395	426	455	486	516	547	577	608	639	669	700	730
1965	761	792	820	851	881	912	942	973	*004	*034	*065	*095
1966	2439 126	157	185	216	246	277	307	338	369	399	430	460
1967	491	522	550	581	611	642	672	703	734	764	795	825
1968	856	887	916	947	977	*008	*038	*069	*100	*130	*161	*191
1969	2440 222	253	281	312	342	373	403	434	465	495	526	556
1970	587	618	646	677	707	738	768	799	830	860	891	921
1971	952	983	*011	*042	*072	*103	*133	*164	*195	*225	*256	*286
1972	2441 317	348	377	408	438	469	499	530	561	591	622	652
1973	683	714	742	773	803	834	864	895	926	956	987	*017
1974	2442 048	079	107	138	168	199	229	260	291	321	352	382
1975	413	444	472	503	533	564	594	625	656	686	717	747
1976	778	809	838	869	899	930	960	991	*022	*052	*083	*113
1977	2443 144	175	203	234	264	295	325	356	387	417	448	478
1978	509	540	568	599	629	660	690	721	752	782	813	843
1979	2443 874	905	933	964	994	*025	*055	*086	*117	*147	*178	*208

Hilfsgrößen

zur Berechnung der geozentrischen Koordinaten

$\rho \sin \varphi' = s \sin \varphi; \qquad \rho \cos \varphi' = c \cos \varphi$

φ	log *s*	Diff.	log *c*	Diff.	φ	log *s*	Diff.	log *c*	Diff.
± 0°	9.9970705	4	0.0000000	4	±40°	9.9976745	252	0.0006040	252
1	.9970709	14	.0000004	14	41	.9976997	254	.0006292	254
2	.9970723	22	.0000018	22	42	.9977251	255	.0006546	255
3	.9970745	31	.0000040	31	43	.9977506	255	.0006801	255
4	.9970776	40	.0000071	40	44	.9977761	255	.0007056	255
5	9.9970816	49	0.0000111	49	45	9.9978016	256	0.0007311	256
6	.9970865	57	.0000160	57	46	.9978272	255	.0007567	255
7	.9970922	66	.0000217	66	47	.9978527	255	.0007822	255
8	.9970988	74	.0000283	74	48	.9978782	254	.0008077	254
9	.9971062	83	.0000357	83	49	.9979036	252	.0008331	252
10	9.9971145	92	0.0000440	92	50	9.9979288	252	0.0008583	252
11	.9971237	99	.0000532	99	51	.9979540	249	.0008835	249
12	.9971336	108	.0000631	108	52	.9979789	247	.0009084	247
13	.9971444	116	.0000739	116	53	.9980036	245	.0009331	245
14	.9971560	123	.0000855	123	54	.9980281	242	.0009576	242
15	9.9971683	131	0.0000978	131	55	9.9980523	239	0.0009818	239
16	.9971814	139	.0001109	139	56	.9980762	235	.0010057	235
17	.9971953	146	.0001248	146	57	.9980997	232	.0010292	232
18	.9972099	154	.0001394	154	58	.9981229	228	.0010524	228
19	.9972253	160	.0001548	160	59	.9981457	224	.0010752	224
20	9.9972413	168	0.0001708	168	60	9.9981681	220	0.0010976	220
21	.9972581	174	.0001876	174	61	.9981901	215	.0011196	215
22	.9972755	180	.0002050	180	62	.9982116	209	.0011411	209
23	.9972935	187	.0002230	187	63	.9982325	205	.0011620	205
24	.9973122	192	.0002417	192	64	.9982530	199	.0011825	199
25	9.9973314	198	0.0002609	198	65	9.9982729	193	0.0012024	193
26	.9973512	204	.0002807	204	66	.9982922	188	.0012217	188
27	.9973716	209	.0003011	209	67	.9983110	181	.0012405	181
28	.9973925	214	.0003220	214	68	.9983291	175	.0012586	175
29	.9974139	219	.0003434	219	69	.9983466	168	.0012761	168
30	9.9974358	223	0.0003653	223	70	9.9983634	161	0.0012929	161
31	.9974581	227	.0003876	227	71	.9983795	154	.0013090	154
32	.9974808	232	.0004103	232	72	.9983949	147	.0013244	147
33	.9975040	235	.0004335	235	73	.9984096	140	.0013391	140
34	.9975275	238	.0004570	238	74	.9984236	132	.0013531	132
35	9.9975513	241	0.0004808	241	75	9.9984368	124	0.0013663	124
36	.9975754	245	.0005049	245	76	.9984492	117	.0013787	117
37	.9975999	246	.0005294	246	77	.9984609	108	.0013904	108
38	.9976245	249	.0005540	249	78	.9984717	100	.0014012	100
39	.9976494	251	.0005789	251	79	.9984817	92	.0014112	92
40	9.9976745		0.0006040		80	9.9984909		0.0014204	

Halber Tagbogen

δ \ φ	+30°	+32°	+34°	+36°	+38°	+40°	+42°	+44°	+46°	+48°	+50°
°	h m	h m	h m	h m	h m	h m	h m	h m	h m	h m	h m
−30	4 45.4	4 38.8	4 31.8	4 24.4	4 16.5	4 8.1	3 58.9	3 48.9	3 37.9	3 25.7	3 11.8
29	4 48.6	4 42.3	4 35.6	4 28.6	4 21.1	4 13.0	4 4.3	3 54.9	3 44.5	3 33.0	3 20.1
28	4 51.7	4 45.7	4 39.3	4 32.6	4 25.5	4 17.8	4 9.6	4 0.7	3 50.9	3 40.1	3 28.0
27	4 54.7	4 49.0	4 42.9	4 36.5	4 29.8	4 22.5	4 14.7	4 6.2	3 57.0	3 46.9	3 35.5
26	4 57.7	4 52.2	4 46.5	4 40.4	4 33.9	4 27.1	4 19.7	4 11.7	4 3.0	3 53.4	3 42.8
25	5 0.6	4 55.4	4 49.9	4 44.2	4 38.0	4 31.5	4 24.5	4 16.9	4 8.7	3 59.7	3 49.7
24	5 3.5	4 58.5	4 53.3	4 47.8	4 42.0	4 35.8	4 29.2	4 22.0	4 14.3	4 5.8	3 56.5
23	5 6.3	5 1.6	4 56.6	4 51.4	4 45.9	4 40.1	4 33.8	4 27.0	4 19.7	4 11.8	4 3.0
22	5 9.0	5 4.6	4 59.9	4 55.0	4 49.7	4 44.2	4 38.3	4 31.9	4 25.0	4 17.5	4 9.3
21	5 11.7	5 7.5	5 3.1	4 58.4	4 53.5	4 48.3	4 42.7	4 36.7	4 30.2	4 23.2	4 15.4
−20	5 14.4	5 10.4	5 6.2	5 1.8	4 57.2	4 52.3	4 47.0	4 41.3	4 35.3	4 28.7	4 21.4
19	5 17.0	5 13.3	5 9.3	5 5.2	5 0.8	4 56.2	4 51.2	4 45.9	4 40.2	4 34.0	4 27.3
18	5 19.6	5 16.1	5 12.4	5 8.5	5 4.4	5 0.0	4 55.4	4 50.4	4 45.1	4 39.3	4 33.0
17	5 22.2	5 18.9	5 15.4	5 11.7	5 7.9	5 3.8	4 59.5	4 54.9	4 49.9	4 44.5	4 38.6
16	5 24.7	5 21.6	5 18.4	5 14.9	5 11.4	5 7.5	5 3.5	4 59.2	4 54.6	4 49.5	4 44.1
15	5 27.2	5 24.3	5 21.3	5 18.1	5 14.8	5 11.2	5 7.5	5 3.5	4 59.2	4 54.5	4 49.5
14	5 29.7	5 27.0	5 24.2	5 21.3	5 18.2	5 14.9	5 11.4	5 7.7	5 3.7	4 59.5	4 54.8
13	5 32.1	5 29.7	5 27.1	5 24.4	5 21.5	5 18.5	5 15.3	5 11.9	5 8.2	5 4.3	5 0.0
12	5 34.6	5 32.3	5 29.9	5 27.4	5 24.8	5 22.1	5 19.1	5 16.0	5 12.6	5 9.0	5 5.1
11	5 37.0	5 34.9	5 32.7	5 30.5	5 28.1	5 25.6	5 22.9	5 20.1	5 17.0	5 13.7	5 10.2
−10	5 39.4	5 37.5	5 35.5	5 33.5	5 31.3	5 29.1	5 26.7	5 24.1	5 21.4	5 18.4	5 15.2
9	5 41.7	5 40.1	5 38.3	5 36.5	5 34.6	5 32.5	5 30.4	5 28.1	5 25.7	5 23.0	5 20.2
8	5 44.1	5 42.6	5 41.1	5 39.5	5 37.8	5 36.0	5 34.1	5 32.1	5 29.9	5 27.6	5 25.1
7	5 46.4	5 45.2	5 43.8	5 42.4	5 41.0	5 39.4	5 37.8	5 36.0	5 34.2	5 32.2	5 30.0
6	5 48.8	5 47.7	5 46.6	5 45.4	5 44.1	5 42.8	5 41.4	5 40.0	5 38.4	5 36.7	5 34.9
5	5 51.1	5 50.2	5 49.3	5 48.3	5 47.3	5 46.2	5 45.1	5 43.9	5 42.6	5 41.2	5 39.7
4	5 53.4	5 52.7	5 52.0	5 51.2	5 50.4	5 49.6	5 48.7	5 47.8	5 46.8	5 45.7	5 44.5
3	5 55.8	5 55.2	5 54.7	5 54.1	5 53.6	5 53.0	5 52.3	5 51.6	5 50.9	5 50.1	5 49.3
2	5 58.1	5 57.7	5 57.4	5 57.1	5 56.7	5 56.3	5 55.9	5 55.5	5 55.1	5 54.6	5 54.1
− 1	6 0.4	6 0.2	6 0.1	6 0.0	5 59.8	5 59.7	5 59.5	5 59.4	5 59.2	5 59.0	5 58.9
0	6 2.7	6 2.7	6 2.8	6 2.9	6 2.9	6 3.0	6 3.1	6 3.2	6 3.4	6 3.5	6 3.6
+ 1	6 5.0	6 5.2	6 5.5	6 5.8	6 6.1	6 6.4	6 6.7	6 7.1	6 7.5	6 7.9	6 8.4
2	6 7.3	6 7.7	6 8.2	6 8.7	6 9.2	6 9.8	6 10.3	6 11.0	6 11.6	6 12.4	6 13.2
3	6 9.6	6 10.3	6 10.9	6 11.6	6 12.3	6 13.1	6 14.0	6 14.8	6 15.8	6 16.8	6 18.0
4	6 11.9	6 12.8	6 13.6	6 14.5	6 15.5	6 16.5	6 17.6	6 18.7	6 20.0	6 21.3	6 22.8
5	6 14.3	6 15.3	6 16.4	6 17.5	6 18.6	6 19.9	6 21.2	6 22.6	6 24.2	6 25.8	6 27.6
6	6 16.6	6 17.8	6 19.1	6 20.4	6 21.8	6 23.3	6 24.9	6 26.6	6 28.4	6 30.4	6 32.5
7	6 19.0	6 20.4	6 21.8	6 23.4	6 25.0	6 26.7	6 28.6	6 30.5	6 32.6	6 34.9	6 37.4
8	6 21.3	6 22.9	6 24.6	6 26.4	6 28.2	6 30.2	6 32.3	6 34.5	6 36.9	6 39.5	6 42.3
9	6 23.7	6 25.5	6 27.4	6 29.4	6 31.4	6 33.7	6 36.0	6 38.5	6 41.2	6 44.1	6 47.3
10	6 26.1	6 28.1	6 30.2	6 32.4	6 34.7	6 37.2	6 39.8	6 42.5	6 45.6	6 48.8	6 52.3
+11	6 28.5	6 30.7	6 33.0	6 35.4	6 38.0	6 40.7	6 43.6	6 46.6	6 49.9	6 53.5	6 57.4
12	6 31.0	6 33.4	6 35.9	6 38.5	6 41.3	6 44.3	6 47.4	6 50.8	6 54.4	6 58.3	7 2.5
13	6 33.4	6 36.0	6 38.8	6 41.6	6 44.7	6 47.9	6 51.3	6 54.9	6 58.9	7 3.1	7 7.8
14	6 35.9	6 38.7	6 41.7	6 44.8	6 48.0	6 51.5	6 55.2	6 59.2	7 3.4	7 8.0	7 13.1
15	6 38.4	6 41.4	6 44.6	6 47.9	6 51.5	6 55.2	6 59.2	7 3.5	7 8.1	7 13.0	7 18.5
16	6 41.0	6 44.2	6 47.6	6 51.2	6 54.9	6 58.9	7 3.2	7 7.8	7 12.7	7 18.1	7 23.9
17	6 43.5	6 47.0	6 50.6	6 54.4	6 58.5	7 2.7	7 7.3	7 12.2	7 17.5	7 23.3	7 29.5
18	6 46.1	6 49.8	6 53.7	6 57.7	7 2.0	7 6.6	7 11.5	7 16.7	7 22.4	7 28.5	7 35.3
19	6 48.8	6 52.7	6 56.8	7 1.1	7 5.7	7 10.5	7 15.7	7 21.3	7 27.4	7 33.9	7 41.1
20	6 51.5	6 55.6	6 59.9	7 4.5	7 9.4	7 14.5	7 20.1	7 26.0	7 32.4	7 39.4	7 47.1
+21	6 54.2	6 58.6	7 3.1	7 8.0	7 13.1	7 18.6	7 24.5	7 30.8	7 37.6	7 45.1	7 53.3
22	6 56.9	7 1.6	7 6.4	7 11.5	7 17.0	7 22.8	7 29.0	7 35.7	7 42.9	7 50.9	7 59.6
23	6 59.8	7 4.6	7 9.7	7 15.1	7 20.9	7 27.0	7 33.6	7 40.7	7 48.4	7 56.8	8 6.1
24	7 2.6	7 7.7	7 13.1	7 18.8	7 24.9	7 31.3	7 38.3	7 45.8	7 54.0	8 2.9	8 12.9
25	7 5.6	7 10.9	7 16.6	7 22.6	7 29.0	7 35.8	7 43.1	7 51.1	7 59.8	8 9.3	8 19.9
26	7 8.5	7 14.2	7 20.1	7 26.4	7 33.2	7 40.4	7 48.1	7 56.5	8 5.7	8 15.8	8 27.1
27	7 11.6	7 17.5	7 23.8	7 30.4	7 37.5	7 45.0	7 53.2	8 2.1	8 11.8	8 22.6	8 34.7
28	7 14.7	7 20.9	7 27.5	7 34.4	7 41.9	7 49.9	7 58.5	8 7.9	8 18.2	8 29.7	8 42.6
29	7 17.9	7 24.4	7 31.3	7 38.6	7 46.4	7 54.8	8 3.9	8 13.9	8 24.8	8 37.1	8 51.0
+30	7 21.2	7 28.0	7 35.2	7 42.9	7 51.1	7 59.9	8 9.5	8 20.1	8 31.7	8 44.8	8 59.7

δ \ φ	+50°	+51°	+52°	+53°	+54°	+55°	+56°	+57°	+58°	+59°	+60°
°	h m	h m	h m	h m	h m	h m	h m	h m	h m	h m	h m
−30	3 11.8	3 4.1	2 55.8	2 46.8	2 36.9	2 25.9	2 13.5	1 59.3	1 42.4	1 21.1	0 49.7
29	3 20.1	3 12.9	3 5.3	2 57.0	2 48.0	2 38.1	2 27.1	2 14.7	2 0.4	1 43.4	1 21.9
28	3 28.0	3 21.3	3 14.2	3 6.6	2 58.3	2 49.3	2 39.4	2 28.4	2 15.9	2 1.6	1 44.5
27	3 35.5	3 29.3	3 22.7	3 15.7	3 8.0	2 59.8	2 50.8	2 40.8	2 29.8	2 17.3	2 2.9
26	3 42.8	3 37.0	3 30.8	3 24.2	3 17.2	3 9.6	3 1.4	2 52.4	2 42.4	2 31.3	2 18.8
25	3 49.7	3 44.3	3 38.6	3 32.4	3 25.9	3 18.9	3 11.3	3 3.1	2 54.1	2 44.1	2 33.0
24	3 56.5	3 51.4	3 46.0	3 40.3	3 34.3	3 27.8	3 20.8	3 13.2	3 5.0	2 56.0	2 46.0
23	4 3.0	3 58.2	3 53.2	3 47.9	3 42.3	3 36.2	3 29.8	3 22.8	3 15.3	3 7.1	2 58.0
22	4 9.3	4 4.9	4 0.2	3 55.2	3 50.0	3 44.3	3 38.4	3 31.9	3 25.0	3 17.5	3 9.3
21	4 15.4	4 11.3	4 6.9	4 2.3	3 57.4	3 52.2	3 46.6	3 40.7	3 34.3	3 27.4	3 19.9
−20	4 21.4	4 17.5	4 13.5	4 9.1	4 4.6	3 59.8	3 54.6	3 49.1	3 43.2	3 36.9	3 30.0
19	4 27.3	4 23.7	4 19.9	4 15.8	4 11.6	4 7.1	4 2.3	3 57.2	3 51.8	3 45.9	3 39.6
18	4 33.0	4 29.6	4 26.1	4 22.3	4 18.4	4 14.2	4 9.8	4 5.1	4 0.1	3 54.7	3 48.9
17	4 38.6	4 35.4	4 32.1	4 28.7	4 25.0	4 21.1	4 17.0	4 12.7	4 8.1	4 3.1	3 57.8
16	4 44.1	4 41.2	4 38.1	4 34.9	4 31.5	4 27.9	4 24.1	4 20.1	4 15.9	4 11.3	4 6.4
15	4 49.5	4 46.8	4 43.9	4 41.0	4 37.8	4 34.5	4 31.0	4 27.4	4 23.4	4 19.3	4 14.8
14	4 54.8	4 52.3	4 49.7	4 46.9	4 44.1	4 41.0	4 37.8	4 34.4	4 30.8	4 27.0	4 22.9
13	5 0.0	4 57.7	4 55.3	4 52.8	4 50.2	4 47.4	4 44.5	4 41.4	4 38.1	4 34.6	4 30.9
12	5 5.1	5 3.0	5 0.9	4 58.6	4 56.2	4 53.7	4 51.0	4 48.2	4 45.2	4 42.0	4 38.7
11	5 10.2	5 8.3	5 6.4	5 4.3	5 2.1	4 59.8	4 57.4	4 54.9	4 52.2	4 49.3	4 46.3
−10	5 15.2	5 13.5	5 11.8	5 9.9	5 7.9	5 5.9	5 3.7	5 1.5	4 59.1	4 56.5	4 53.8
9	5 20.2	5 18.7	5 17.1	5 15.5	5 13.7	5 11.9	5 10.0	5 8.0	5 5.8	5 3.6	5 1.2
8	5 25.1	5 23.8	5 22.4	5 21.0	5 19.5	5 17.9	5 16.2	5 14.4	5 12.5	5 10.6	5 8.5
7	5 30.0	5 28.9	5 27.7	5 26.4	5 25.1	5 23.8	5 22.3	5 20.8	5 19.2	5 17.5	5 15.7
6	5 34.9	5 33.9	5 32.9	5 31.8	5 30.7	5 29.6	5 28.4	5 27.1	5 25.7	5 24.3	5 22.8
5	5 39.7	5 38.9	5 38.1	5 37.2	5 36.3	5 35.4	5 34.4	5 33.4	5 32.2	5 31.1	5 29.9
4	5 44.5	5 43.9	5 43.3	5 42.6	5 41.9	5 41.2	5 40.4	5 39.6	5 38.7	5 37.8	5 36.9
3	5 49.3	5 48.9	5 48.4	5 47.9	5 47.4	5 46.9	5 46.3	5 45.8	5 45.2	5 44.5	5 43.8
2	5 54.1	5 53.8	5 53.5	5 53.3	5 52.9	5 52.6	5 52.3	5 52.0	5 51.6	5 51.2	5 50.8
− 1	5 58.9	5 58.8	5 58.7	5 58.6	5 58.4	5 58.3	5 58.2	5 58.1	5 58.0	5 57.9	5 57.7
0	6 3.6	6 3.7	6 3.8	6 3.9	6 4.0	6 4.1	6 4.2	6 4.3	6 4.4	6 4.5	6 4.7
+ 1	6 8.4	6 8.6	6 8.9	6 9.2	6 9.5	6 9.8	6 10.1	6 10.4	6 10.8	6 11.2	6 11.6
2	6 13.2	6 13.6	6 14.0	6 14.5	6 15.0	6 15.5	6 16.0	6 16.6	6 17.2	6 17.8	6 18.5
3	6 18.0	6 18.6	6 19.2	6 19.8	6 20.5	6 21.2	6 22.0	6 22.8	6 23.6	6 24.6	6 25.5
4	6 22.8	6 23.5	6 24.4	6 25.2	6 26.1	6 27.0	6 28.0	6 29.0	6 30.1	6 31.3	6 32.5
5	6 27.6	6 28.6	6 29.6	6 30.6	6 31.7	6 32.8	6 34.0	6 35.3	6 36.6	6 38.1	6 39.6
6	6 32.5	6 33.6	6 34.8	6 36.0	6 37.3	6 38.7	6 40.1	6 41.6	6 43.2	6 44.9	6 46.7
7	6 37.4	6 38.7	6 40.0	6 41.5	6 43.0	6 44.6	6 46.2	6 48.0	6 49.8	6 51.8	6 53.9
8	6 42.3	6 43.8	6 45.3	6 47.0	6 48.7	6 50.5	6 52.4	6 54.4	6 56.5	6 58.8	7 1.2
9	6 47.3	6 48.9	6 50.7	6 52.6	6 54.5	6 56.5	6 58.7	7 0.9	7 3.3	7 5.9	7 8.6
10	6 52.3	6 54.1	6 56.1	6 58.2	7 0.3	7 2.6	7 5.0	7 7.5	7 10.2	7 13.1	7 16.2
+11	6 57.4	6 59.4	7 1.6	7 3.9	7 6.3	7 8.8	7 11.4	7 14.2	7 17.2	7 20.4	7 23.8
12	7 2.5	7 4.8	7 7.2	7 9.7	7 12.3	7 15.1	7 18.0	7 21.1	7 24.3	7 27.8	7 31.5
13	7 7.8	7 10.2	7 12.8	7 15.5	7 18.4	7 21.4	7 24.6	7 28.0	7 31.6	7 35.4	7 39.5
14	7 13.1	7 15.7	7 18.6	7 21.5	7 24.6	7 27.9	7 31.4	7 35.1	7 39.0	7 43.2	7 47.7
15	7 18.5	7 21.4	7 24.4	7 27.6	7 31.0	7 34.6	7 38.3	7 42.4	7 46.6	7 51.2	7 56.1
16	7 23.9	7 27.1	7 30.4	7 33.8	7 37.5	7 41.4	7 45.4	7 49.8	7 54.4	7 59.4	8 4.7
17	7 29.5	7 32.9	7 36.5	7 40.2	7 44.1	7 48.3	7 52.7	7 57.4	8 2.5	8 7.9	8 13.7
18	7 35.3	7 38.9	7 42.7	7 46.7	7 50.9	7 55.4	8 0.2	8 5.3	8 10.8	8 16.6	8 23.0
19	7 41.1	7 45.0	7 49.1	7 53.4	7 57.9	8 2.8	8 7.9	8 13.4	8 19.4	8 25.7	8 32.6
20	7 47.1	7 51.3	7 55.6	8 0.3	8 5.2	8 10.4	8 15.9	8 21.9	8 28.3	8 35.2	8 42.8
+21	7 53.3	7 57.7	8 2.4	8 7.3	8 12.6	8 18.2	8 24.2	8 30.7	8 37.6	8 45.2	8 53.5
22	7 59.6	8 4.3	8 9.4	8 14.7	8 20.3	8 26.4	8 32.8	8 39.8	8 47.4	8 55.7	9 4.8
23	8 6.1	8 11.2	8 16.6	8 22.3	8 28.3	8 34.9	8 41.9	8 49.5	8 57.7	9 6.8	9 16.9
24	8 12.9	8 18.3	8 24.0	8 30.2	8 36.7	8 43.8	8 51.4	8 59.6	9 8.7	9 18.8	9 30.0
25	8 19.9	8 25.7	8 31.8	8 38.4	8 45.5	8 53.1	9 1.4	9 10.5	9 20.5	9 31.7	9 44.4
26	8 27.1	8 33.4	8 40.0	8 47.0	8 54.7	9 3.0	9 12.1	9 22.1	9 33.2	9 45.9	10 0.6
27	8 34.7	8 41.4	8 48.5	8 56.1	9 4.4	9 13.5	9 23.5	9 34.6	9 47.3	10 1.9	10 19.5
28	8 42.6	8 49.8	8 57.5	9 5.8	9 14.8	9 24.8	9 35.9	9 48.5	10 3.1	10 20.5	10 42.9
29	8 51.0	8 58.7	9 7.0	9 16.1	9 26.0	9 37.1	9 49.6	10 4.1	10 21.5	10 43.7	11 18.1
+30	8 59.7	9 8.1	9 17.2	9 27.1	9 38.2	9 50.7	10 5.1	10 22.3	10 44.4	11 18.5	— —

Hilfstafeln

zur Berechnung der optischen Mondlibration

λ−☊	Δλ	a	B	λ−☊	λ−☊	Δλ	a	B	λ−☊
°	′		° ′	°	°	′		° ′	°
0	+0.0+	−0.0269+	−0 0.0+	180	45	+0.6+	−0.0190+	−1 5.3+	225
1	0.0	268	0 1.6	181	46	0.6	187	1 6.4	226
2	0.0	268	0 3.2	182	47	0.6	183	1 7.5	227
3	0.1	268	0 4.8	183	48	0.6	180	1 8.6	228
4	0.1	268	0 6.4	184	49	0.6	176	1 9.7	229
5	+0.1+	−0.0268+	−0 8.0+	185	50	+0.6+	−0.0173+	−1 10.7+	230
6	0.1	267	0 9.7	186	51	0.6	169	1 11.8	231
7	0.1	267	0 11.3	187	52	0.6	165	1 12.8	232
8	0.2	266	0 12.9	188	53	0.6	162	1 13.8	233
9	0.2	265	0 14.4	189	54	0.6	158	1 14.7	234
10	+0.2+	−0.0264+	−0 16.0+	190	55	+0.6+	−0.0154+	−1 15.6+	235
11	0.2	264	0 17.6	191	56	0.6	150	1 16.5	236
12	0.2	263	0 19.2	192	57	0.6	146	1 17.4	237
13	0.3	262	0 20.8	193	58	0.6	142	1 18.3	238
14	0.3	261	0 22.3	194	59	0.5	138	1 19.2	239
15	+0.3+	−0.0259+	−0 23.9+	195	60	+0.5+	−0.0134+	−1 20.0+	240
16	0.3	258	0 25.5	196	61	0.5	130	1 20.8	241
17	0.3	257	0 27.0	197	62	0.5	126	1 21.5	242
18	0.4	255	0 28.5	198	63	0.5	122	1 22.3	243
19	0.4	254	0 30.1	199	64	0.5	118	1 23.0	244
20	+0.4+	−0.0252+	−0 31.6+	200	65	+0.5+	−0.0114+	−1 23.7+	245
21	0.4	251	0 33.1	201	66	0.5	109	1 24.4	246
22	0.4	249	0 34.6	202	67	0.4	105	1 25.0	247
23	0.4	247	0 36.1	203	68	0.4	101	1 25.6	248
24	0.5	245	0 37.6	204	69	0.4	096	1 26.2	249
25	+0.5+	−0.0243+	−0 39.0+	205	70	+0.4+	−0.0092+	−1 26.8+	250
26	0.5	241	0 40.5	206	71	0.4	87	1 27.3	251
27	0.5	239	0 41.9	207	72	0.4	83	1 27.8	252
28	0.5	237	0 43.4	208	73	0.3	79	1 28.3	253
29	0.5	235	0 44.8	209	74	0.3	74	1 28.8	254
30	+0.5+	−0.0233+	−0 46.2+	210	75	+0.3+	−0.0070+	−1 29.2+	255
31	0.5	230	0 47.6	211	76	0.3	65	1 29.6	256
32	0.6	228	0 48.9	212	77	0.3	60	1 30.0	257
33	0.6	225	0 50.3	213	78	0.2	56	1 30.3	258
34	0.6	223	0 51.6	214	79	0.2	51	1 30.6	259
35	+0.6+	−0.0220+	−0 53.0+	215	80	+0.2+	−0.0047+	−1 30.9+	260
36	0.6	217	0 54.3	216	81	0.2	42	1 31.2	261
37	0.6	214	0 55.6	217	82	0.2	37	1 31.4	262
38	0.6	212	0 56.9	218	83	0.1	33	1 31.6	263
39	0.6	209	0 58.1	219	84	0.1	28	1 31.8	264
40	+0.6+	−0.0206+	−0 59.4+	220	85	+0.1+	−0.0023+	−1 32.0+	265
41	0.6	203	1 0.6	221	86	0.1	19	1 32.1	266
42	0.6	200	1 1.8	222	87	0.1	14	1 32.2	267
43	0.6	196	1 3.0	223	88	0.0	09	1 32.3	268
44	0.6	193	1 4.1	224	89	0.0	05	1 32.3	269
45	+0.6+	−0.0190+	−1 5.3+	225	90	+0.0+	−0.0000+	−1 32.3+	270

$$l' = \lambda + \Delta\lambda - a\,(B - \beta) - L_☾\,; \quad b' = B - \beta$$

l', b' = Optische Libration der Mondmitte in selenographischer Länge und Breite.

λ, β = Länge und Breite des Mondmittelpunktes, berechnet für den Beobachtungsort.

$L_☾$ = Mittlere Länge des Mondes, ☊ = Mondknoten.

Hilfstafeln

zur Berechnung der optischen Mondlibration

λ−☊	Δλ	a	B	λ−☊	λ−☊	Δλ	a	B	λ−☊
°	′		° ′	°	°	′		° ′	°
90	−0.0 −	+0.0000 −	−1 32.3 +	270	135	−0.6 −	+0.0190 −	−1 5.3 +	315
91	0.0	05	1 32.3	271	136	0.6	193	1 4.1	316
92	0.0	09	1 32.3	272	137	0.6	196	1 3.0	317
93	0.1	14	1 32.2	273	138	0.6	200	1 1.8	318
94	0.1	19	1 32.1	274	139	0.6	203	1 0.6	319
95	−0.1 −	+0.0023 −	−1 32.0 +	275	140	−0.6 −	+0.0206 −	−0 59.4 +	320
96	0.1	28	1 31.8	276	141	0.6	209	0 58.1	321
97	0.1	33	1 31.6	277	142	0.6	212	0 56.9	322
98	0.2	37	1 31.4	278	143	0.6	214	0 55.6	323
99	0.2	42	1 31.2	279	144	0.6	217	0 54.3	324
100	−0.2 −	+0.0047 −	−1 30.9 +	280	145	−0.6 −	+0.0220 −	−0 53.0 +	325
101	0.2	51	1 30.6	281	146	0.6	223	0 51.6	326
102	0.2	56	1 30.3	282	147	0.6	225	0 50.3	327
103	0.3	60	1 30.0	283	148	0.6	228	0 48.9	328
104	0.3	65	1 29.6	284	149	0.5	230	0 47.6	329
105	−0.3 −	+0.0070 −	−1 29.2 +	285	150	−0.5 −	+0.0233 −	−0 46.2 +	330
106	0.3	74	1 28.8	286	151	0.5	235	0 44.8	331
107	0.3	79	1 28.3	287	152	0.5	237	0 43.4	332
108	0.4	83	1 27.8	288	153	0.5	239	0 41.9	333
109	0.4	87	1 27.3	289	154	0.5	241	0 40.5	334
110	−0.4 −	+0.0092 −	−1 26.8 +	290	155	−0.5 −	+0.0243 −	−0 39.0 +	335
111	0.4	096	1 26.2	291	156	0.5	245	0 37.6	336
112	0.4	101	1 25.6	292	157	0.4	247	0 36.1	337
113	0.4	105	1 25.0	293	158	0.4	249	0 34.6	338
114	0.5	109	1 24.4	294	159	0.4	251	0 33.1	339
115	−0.5 −	+0.0114 −	−1 23.7 +	295	160	−0.4 −	+0.0252 −	−0 31.6 +	340
116	0.5	118	1 23.0	296	161	0.4	254	0 30.1	341
117	0.5	122	1 22.3	297	162	0.4	255	0 28.5	342
118	0.5	126	1 21.5	298	163	0.3	257	0 27.0	343
119	0.5	130	1 20.8	299	164	0.3	258	0 25.5	344
120	−0.5 −	+0.0134 −	−1 20.0 +	300	165	−0.3 −	+0.0259 −	−0 23.9 +	345
121	0.5	138	1 19.2	301	166	0.3	261	0 22.3	346
122	0.6	142	1 18.3	302	167	0.3	262	0 20.8	347
123	0.6	146	1 17.4	303	168	0.2	263	0 19.2	348
124	0.6	150	1 16.5	304	169	0.2	264	0 17.6	349
125	−0.6 −	+0.0154 −	−1 15.6 +	305	170	−0.2 −	+0.0264 −	−0 16.0 +	350
126	0.6	158	1 14.7	306	171	0.2	265	0 14.4	351
127	0.6	162	1 13.8	307	172	0.2	266	0 12.9	352
128	0.6	165	1 12.8	308	173	0.1	267	0 11.3	353
129	0.6	169	1 11.8	309	174	0.1	267	0 9.7	354
130	−0.6 −	+0.0173 −	−1 10.7 +	310	175	−0.1 −	+0.0268 −	−0 8.0 +	355
131	0.6	176	1 9.7	311	176	0.1	268	0 6.4	356
132	0.6	180	1 8.6	312	177	0.1	268	0 4.8	357
133	0.6	183	1 7.5	313	178	0.0	268	0 3.2	358
134	0.6	187	1 6.4	314	179	0.0	268	0 1.6	359
135	−0.6 −	+0.0190 −	−1 5.3 +	315	180	−0.0 −	+0.0269 −	−0 0.0 +	360

$$l' = \lambda + \Delta\lambda - a\,(B - \beta) - L_☾;\quad b' = B - \beta$$

l', b' = Optische Libration der Mondmitte in selenographischer Länge und Breite.

λ, β = Länge und Breite des Mondmittelpunktes, berechnet für den Beobachtungsort.

$L_☾$ = Mittlere Länge des Mondes, ☊ = Mondknoten.

Verwandlung von Zeitmaß in Gradmaß

0^h *bis* 4^h $0°$ *bis* $60°$			4^h *bis* 8^h $60°$ *bis* $120°$			8^h *bis* 12^h $120°$ *bis* $180°$			12^h *bis* 16^h $180°$ *bis* $240°$			16^h *bis* 20^h $240°$ *bis* $300°$			20^h *bis* 24^h $300°$ *bis* $360°$		
h	m	°	h	m	°	h	m	°	h	m	°	h	m	°	h	m	°
0	0	0	4	0	60	8	0	120	12	0	180	16	0	240	20	0	300
	4	1		4	61		4	121		4	181		4	241		4	301
	8	2		8	62		8	122		8	182		8	242		8	302
	12	3		12	63		12	123		12	183		12	243		12	303
	16	4		16	64		16	124		16	184		16	244		16	304
0	20	5	4	20	65	8	20	125	12	20	185	16	20	245	20	20	305
	24	6		24	66		24	126		24	186		24	246		24	306
	28	7		28	67		28	127		28	187		28	247		28	307
	32	8		32	68		32	128		32	188		32	248		32	308
	36	9		36	69		36	129		36	189		36	249		36	309
0	40	10	4	40	70	8	40	130	12	40	190	16	40	250	20	40	310
	44	11		44	71		44	131		44	191		44	251		44	311
	48	12		48	72		48	132		48	192		48	252		48	312
	52	13		52	73		52	133		52	193		52	253		52	313
0	56	14	4	56	74	8	56	134	12	56	194	16	56	254	20	56	314
1	0	15	5	0	75	9	0	135	13	0	195	17	0	255	21	0	315
	4	16		4	76		4	136		4	196		4	256		4	316
	8	17		8	77		8	137		8	197		8	257		8	317
	12	18		12	78		12	138		12	198		12	258		12	318
	16	19		16	79		16	139		16	199		16	259		16	319
1	20	20	5	20	80	9	20	140	13	20	200	17	20	260	21	20	320
	24	21		24	81		24	141		24	201		24	261		24	321
	28	22		28	82		28	142		28	202		28	262		28	322
	32	23		32	83		32	143		32	203		32	263		32	323
	36	24		36	84		36	144		36	204		36	264		36	324
1	40	25	5	40	85	9	40	145	13	40	205	17	40	265	21	40	325
	44	26		44	86		44	146		44	206		44	266		44	326
	48	27		48	87		48	147		48	207		48	267		48	327
	52	28		52	88		52	148		52	208		52	268		52	328
1	56	29	5	56	89	9	56	149	13	56	209	17	56	269	21	56	329
2	0	30	6	0	90	10	0	150	14	0	210	18	0	270	22	0	330
	4	31		4	91		4	151		4	211		4	271		4	331
	8	32		8	92		8	152		8	212		8	272		8	332
	12	33		12	93		12	153		12	213		12	273		12	333
	16	34		16	94		16	154		16	214		16	274		16	334
2	20	35	6	20	95	10	20	155	14	20	215	18	20	275	22	20	335
	24	36		24	96		24	156		24	216		24	276		24	336
	28	37		28	97		28	157		28	217		28	277		28	337
	32	38		32	98		32	158		32	218		32	278		32	338
	36	39		36	99		36	159		36	219		36	279		36	339
2	40	40	6	40	100	10	40	160	14	40	220	18	40	280	22	40	340
	44	41		44	101		44	161		44	221		44	281		44	341
	48	42		48	102		48	162		48	222		48	282		48	342
	52	43		52	103		52	163		52	223		52	283		52	343
2	56	44	6	56	104	10	56	164	14	56	224	18	56	284	22	56	344
3	0	45	7	0	105	11	0	165	15	0	225	19	0	285	23	0	345
	4	46		4	106		4	166		4	226		4	286		4	346
	8	47		8	107		8	167		8	227		8	287		8	347
	12	48		12	108		12	168		12	228		12	288		12	348
	16	49		16	109		16	169		16	229		16	289		16	349
3	20	50	7	20	110	11	20	170	15	20	230	19	20	290	23	20	350
	24	51		24	111		24	171		24	231		24	291		24	351
	28	52		28	112		28	172		28	232		28	292		28	352
	32	53		32	113		32	173		32	233		32	293		32	353
	36	54		36	114		36	174		36	234		36	294		36	354
3	40	55	7	40	115	11	40	175	15	40	235	19	40	295	23	40	355
	44	56		44	116		44	176		44	236		44	296		44	356
	48	57		48	117		48	177		48	237		48	297		48	357
	52	58		52	118		52	178		52	238		52	298		52	358
3	56	59	7	56	119	11	56	179	15	56	239	19	56	299	23	56	359
4	0	60	8	0	120	12	0	180	16	0	240	20	0	300	24	0	360

0^m^ *bis* 2^m^ 0°00 *bis* 0°50			2^m^ *bis* 4^m^ 0°50 *bis* 1°00			0^s^000 *bis* 1^s^200 0°0000 *bis* 0°0050		1^s^200 *bis* 2^s^400 0°0050 *bis* 0°0100	
m	s	°	m	s	°	s	°	s	°
0	0.0	0.00	2	0.0	0.50	0.000	0.0000	1.200	0.0050
	2.4	01		2.4	51	024	01	224	51
	4.8	02		4.8	52	048	02	248	52
	7.2	03		7.2	53	072	03	272	53
	9.6	04		9.6	54	096	04	296	54
0	12.0	0.05	2	12.0	0.55	0.120	0.0005	1.320	0.0055
	14.4	06		14.4	56	144	06	344	56
	16.8	07		16.8	57	168	07	368	57
	19.2	08		19.2	58	192	08	392	58
	21.6	09		21.6	59	216	09	416	59
0	24.0	0.10	2	24.0	0.60	0.240	0.0010	1.440	0.0060
	26.4	11		26.4	61	264	11	464	61
	28.8	12		28.8	62	288	12	488	62
	31.2	13		31.2	63	312	13	512	63
	33.6	14		33.6	64	336	14	536	64
0	36.0	0.15	2	36.0	0.65	0.360	0.0015	1.560	0.0065
	38.4	16		38.4	66	384	16	584	66
	40.8	17		40.8	67	408	17	608	67
	43.2	18		43.2	68	432	18	632	68
	45.6	19		45.6	69	456	19	656	69
0	48.0	0.20	2	48.0	0.70	0.480	0.0020	1.680	0.0070
	50.4	21		50.4	71	504	21	704	71
	52.8	22		52.8	72	528	22	728	72
	55.2	23		55.2	73	552	23	752	73
0	57.6	24	2	57.6	74	576	24	776	74
1	0.0	0.25	3	0.0	0.75	0.600	0.0025	1.800	0.0075
	2.4	26		2.4	76	624	26	824	76
	4.8	27		4.8	77	648	27	848	77
	7.2	28		7.2	78	672	28	872	78
	9.6	29		9.6	79	696	29	896	79
1	12.0	0.30	3	12.0	0.80	0.720	0.0030	1.920	0.0080
	14.4	31		14.4	81	744	31	944	81
	16.8	32		16.8	82	768	32	968	82
	19.2	33		19.2	83	792	33	1.992	83
	21.6	34		21.6	84	816	34	2.016	84
1	24.0	0.35	3	24.0	0.85	0.840	0.0035	2.040	0.0085
	26.4	36		26.4	86	864	36	064	86
	28.8	37		28.8	87	888	37	088	87
	31.2	38		31.2	88	912	38	112	88
	33.6	39		33.6	89	936	39	136	89
1	36.0	0.40	3	36.0	0.90	0.960	0.0040	2.160	0.0090
	38.4	41		38.4	91	0.984	41	184	91
	40.8	42		40.8	92	1.008	42	208	92
	43.2	43		43.2	93	032	43	232	93
	45.6	44		45.6	94	056	44	256	94
1	48.0	0.45	3	48.0	0.95	1.080	0.0045	2.280	0.0095
	50.4	46		50.4	96	104	46	304	96
	52.8	47		52.8	97	128	47	328	97
	55.2	48		55.2	98	152	48	352	98
1	57.6	49	3	57.6	0.99	176	49	376	99
2	0.0	0.50	4	0.0	1.00	1.200	0.0050	2.400	0.0100

s	°	s	°
0.0000	0.00000	0.0120	0.00005
24	1	144	6
48	2	168	7
72	3	192	8
96	4	216	9
0.0120	0.00005	0.0240	0.00010

Koordinaten der Sternwarten

Name	Seehöhe	Geogr. Breite	Länge von Greenwich + westlich — östlich	Korr. der Sternzeit	Geoz. Breite	Log. ρ incl. Seehöhe
	m	° ′ ″	h m s	s	° ′ ″	
Abastumani (Mt. Kanobili)	1700	+41 45 18.2	— 2 51 18.08	— 28.14	+41 33 47.3	9.999470
Abbadia	69	+43 22 52.2	+ 0 7 0.1	+ 1.15	+43 11 17.8	9.999317
Adelaide	41	—34 55 35.1	— 9 14 19.90	— 91.06	—34 44 42.7	9.999526
Albany (Neue Sternw.)[1]	40	+42 39 12.8	+ 4 55 7.12	+ 48.48	+42 27 39.7	9.999334
Algier-Bouzaréah[2]	345	+36 48 4.8	— 0 12 8.53	— 1.99	+36 36 58.1	9.999497
Allegheny (Neue Sternw.)	370	+40 28 58.1	+ 5 20 5.39	+ 52.59	+40 17 31.4	9.999411
Amherst (Neue Sternw.)	110	+42 21 56.5	+ 4 50 5.98	+ 47.66	+42 10 24.0	9.999346
Ann Arbor	282	+42 16 48.7	+ 5 34 55.27	+ 55.02	+42 5 16.4	9.999360
Arcetri (Zentr. d. Sternw.[3])	184	+43 45 14.4	— 0 45 1.30	— 7.39	+43 33 39.5	9.999316
Armagh	64	+54 21 11	+ 0 26 35.48	+ 4.37	+54 10 11.4	9.999041
Arosa	2050	+46 47	— 0 38 1	— 6.25	+46 35	9.999366
Asiago (Astrophys. Obs.)	1045	+45 51 44.7	— 0 46 6.86	— 7.58	+45 40 9.3	9.999321
Athen	110	+37 58 15.5	— 1 34 52.2	— 15.58	+37 47 1.2	9.999456
Bamberg (Remeis-Sternw.)	288	+49 53 6.4	— 0 43 33.57	— 7.15	+49 41 40.3	9.999167
Barcelona[4]	415	+41 24 59.3	— 0 8 30.2	— 1.41	+41 13 29.4	9.999391
Basel-Binningen (Pass.-Instr.)	318	+47 32 27.2	— 0 30 20 02	— 4.98	+47 20 54.1	9.999228
Bautzen (Schulsternwarte)	224	+51 10 38	— 0 57 43	— 9.48	+50 59 18	9.999130
Belgrad	250	+44 48 13.2	— 1 22 3.8	— 13.48	+44 36 37.6	9.999294
Bergedorf (Mer.-Kr.)	41	+53 28 46.9	— 0 40 57.74	— 6.73	+53 17 40.8	9.999060
Berkeley	94	+37 52 23.5	+ 8 9 2.91	+ 80.34	+37 41 9.8	9.999458
Berlin-Babelsberg[5]	82	+52 24 24.2	— 0 52 25.49	— 8.61	+52 13 11.1	9.999089
Berlin-Treptow (Archenh.-Sternw.)	38	+52 29 7	— 0 53 54.2	— 8.86	+52 17 54	9.999085
Bern (Astronom. Institut)	563	+46 57 12.7	— 0 29 42.88	— 4.88	+46 45 38.5	9.999260
Bern (Sternwarte)	500	+46 57 13.6	— 0 29 42.9	— 4.88	+46 45 39.4	9.999256
Besançon	312	+47 14 59.0	— 0 23 57.1	— 3.93	+47 3 25.3	9.999236
Blaca	280	+43 17 37	— 1 6 8.0	— 10.86	+43 6 3	9.999334
Bloemfontein (Filiale Obs. Univ. Michig.)	1490	—29 5 45	— 1 44 57	— 17.24	—28 55 55	9.999758
Bloemfontein (Boyden Stat. d. Harv. Obs.)	1379	—29 12	— 1 45 57	— 17.40	—29 2	9.999748
Bloomington (Goethe Link Obs.)	274	+39 33	+ 5 46.3	+ 56.89	+39 22	9.999428
Bogota	2640	+ 4 35 55.2	+ 4 56 19.51	+ 48.68	+ 4 34 4.4	0.000111
Bologna Zentr. d. Sternw.	84	+44 29 52.8	— 0 45 24.48	— 7.46	+44 18 17.3	9.999290
Bombay (Colaba)	19	+18 53 36.2	— 4 51 15.60	— 47.85	+18 46 31.1	9.999849
Bonn Zentr. d. Sternw.	62	+50 43 45.0	— 0 28 23.18	— 4.66	+50 32 22.7	9.999130
Bordeaux (Floirac)	73	+44 50 7.2	+ 0 2 6.56	+ 0.35	+44 38 31.6	9.999281
Bosque Alegre (Filiale v. Cordoba, Reflektor)	1250	—31 35 53	+ 4 18 11.2	+ 42.41	—31 25 33	9.999686
Boston (University)[6]	31	+42 20 58	+ 4 44 19.1	+ 46.71	+42 9 25.6	9.999341
Breslau (Neue Sternw.)[7]	117	+51 6 42.1	— 1 8 21.22	— 11.23	+50 55 21.7	9.999130
Brisbane	51	—27 28 23.0	—10 12 6.48	—100.55	—27 18 54.6	9.999694
Brünn (Univ.-Sternw., Refl.)	304	+49 12 19	— 1 6 20.1	— 10.90	+49 0 50	9.999185
Brüssel (Uccle) Mer.-Kr.	105	+50 47 54.6	— 0 17 26.05	— 2.86	+50 36 32.7	9.999131
Budapest (Univ.-Sternw.)	110	+47 29 34.7	— 1 16 15.4	— 12.53	+47 18 1.5	9.999215
Budapest-Svábhegy	470	+47 29 58.6	— 1 15 51.41	— 12.46	+47 18 25.4	9.999240
Budapest[8]	110	+47 28 49	— 1 16 13.7	— 12.53	+47 17 16	9.999215

[1] Dudley Observatory, seit Juni 1893. Alte Sternwarte 37″.0 nördlich, 7s.10 östlich. — [2] Alte Sternwarte 3″.8 südlich, 8s östlich. — [3] Seit Oktober 1872, früher in Florenz. — [4] J. Comas Solá. — [5] Die Koordinaten beziehen sich auf die Mitte der großen Kuppel, in der der große Refraktor aufgestellt ist. Die frühere Sternwarte in Berlin (seit 1835) lag 5′ 52″.5 nördlich und 1m 9s.31 östlich. — [6] Die alte Sternwarte lag 4s.1 östlich, 34″.5 nördlich. — [7] Geogr. Breite des Vertikalkreises, Länge des Durchgangsinstruments. — [8] Observ. der Technischen Hochschule.

Name	Seehöhe	Geogr. Breite	Länge von Greenwich + westlich — östlich	Korr. der Sternzeit	Geoz. Breite	Log. ρ incl. Seehöhe
	m	° ′ ″	h m s	s	° ′ ″	
Buenos Aires	26	−34 36 19.3	+3 53 44.27	+38.40	−34 25 29.7	9.999533
Bukarest (Mil. Geogr. Inst.)	85	+44 24 34.2	−1 44 27.01	−17.16	+44 12 58.7	9.999292
Cambridge Engl.	28	+52 12 51.6	−0 0 22.75	− 0.06	+52 1 37.3	9.999090
Cambridge (Steavenson)	27	+52 12 53.3	−0 0 22.77	− 0.06	+52 1 39.0	9.999090
Cambridge Mass.[1]	24	+42 22 47.6	+4 44 31.05	+46.74	+42 11 15.1	9.999340
Canberra (Commonw. Obs.)	808	−35 19 30	−9 56 1.35	−97.91	−35 8 34	9.999569
Cap der Guten Hoffnung	10	−33 56 6.8	−1 13 54.38	−12.14	−33 45 23.2	9.999547
Caracas (Observ. Cajigal)	1042	+10 30 24.3	+4 27 42.61	+43.98	+10 26 15.6	0.000023
Castel Gandolfo	—	+41 44 48	−0 50 36.4	− 8.31	+41 33 17	9.999354
Catania	47	+37 30 13.3	−1 0 20.60	− 9.91	+37 19 1.9	9.999466
Charkow	139	+50 0 9.9	−2 24 55.72	−23.81	+49 48 44.4	9.999153
Charlottesville[2]	259	+38 2 1.2	+5 14 5.33	+51.60	+37 50 46.5	9.999464
Cincinnati (Neue Sternw.)[3]	247	+39 8 19.8	+5 37 41.40	+55.47	+38 56 59.1	9.999437
Cleveland (Case Obs.)	215	+41 30 14.5	+5 26 25.86	+53.63	+41 18 44.3	9.999375
Coimbra	99	+40 12 24.5	+0 33 43.1	+ 5.54	+40 0 58.9	9.999400
Columbia, Missouri[4]	225	+38 56 51.7	+6 9 18.33	+60.67	+38 45 32.0	9.999440
Cordoba	434	−31 25 15.5	+4 16 47.16	+42.18	−31 14 57.5	9.999635
Danzig (Naturf. Ges.)	30	+54 21 18.0	−1 14 39.6	−12.26	+54 10 18.4	9.999036
Danzig (Städt. Sternw.)	30	+54 21 37.9	−1 14 36.5	−12.26	+54 10 38.3	9.999036
Delaware (Perkins Obs.)	270	+40 15 4	+5 32 13.33	+54.58	+40 3 38	9.999410
Denver[5]	1644	+39 40 36.4	+6 59 47.72	+68.96	+39 29 13.1	9.999519
Dorpat (Tartu, Jurjew) Mer.-Kr.	67	+58 22 47.2	−1 46 53.18	−17.56	+58 12 25.1	9.998946
Dresden (Geodät. Inst.)	168	+51 1 49.3	−0 54 55.1	− 9.02	+50 50 28.5	9.999130
Dublin (Dunsink Obs.)	86	+53 23 13.1	+0 25 21.1	+ 4.17	+53 12 6.4	9.999065
Dunlap Obs. (Toronto)	244	+43 51 46	+5 17 41.3	+52.19	+43 40 11	9.999317
Durban	79	−29 50 46.6	−2 4 1.18	−20.37	−29 40 47.0	9.999645
Durham	108	+54 46 6.2	+0 6 19.75	+ 1.04	+54 35 9.8	9.999033
Edinburgh	146	+55 55 30	+0 12 44.1	+ 2.09	+55 44 43.5	9.999008
Edinburgh (Blackf. Hill)	134	+55 55 28.0	+0 12 44.0	+ 2.09	+55 44 41.5	9.999007
Evanston (Dearborn Obs.)[6]	175	+42 3 27.2	+5 50 41.84	+57.61	+41 51 55.4	9.999358
Faenza (Urania Lamonia)	45	+44 17 2	−0 47 33.9	− 7.81	+44 5 27	9.999293
Flagstaff (Lowell Obs.)	2210	+35 12 30.5	+7 26 44.6	+73.39	+35 1 35.8	9.999667
Florenz (Mil. Geogr. Inst.)	72	+43 46 49.4	−0 45 2.5	− 7.40	+43 35 14.5	9.999308
Fort Davis (McDonald Obs.)	2081	+30 40 17.0	+6 56 5.36	+68.35	+30 30 7.5	9.999764
Frankfurt a. M.	121	+50 7 0	−0 34 36.3	− 5.70	+49 55 34.6	9.999149
Freiburg i. Br. (Obs. Schauinsland)	1240	+47 54 51	−0 31 37.4	− 5.20	+47 43 19	9.999281
Genf (Mer.-Kr.)	406	+46 11 59.3	−0 24 36.53	− 4.04	+46 0 24.1	9.999269
Genua (Mar.-Sternw.) Mer.-Kr.	108	+44 25 8.1	−0 35 41.28	− 5.86	+44 13 32.6	9.999294
Georgetown D. C.	62	+38 54 26.2	+5 8 18.33	+50.65	+38 43 6.7	9.999430
Glasgow Schottl.	55	+55 52 42.1	+0 17 10.55	+ 2.82	+55 41 55.2	9.999003
Göttingen	161	+51 31 48.2	−0 39 46.22	− 6.53	+51 20 30.0	9.999117
Graz	375	+47 4 37.2	−1 1 47.71	−10.15	+46 53 3.2	9.999244
Greenwich (Transit Circle)	47	+51 28 38.2	0 0 0.00	0.00	+51 17 19.7	9.999110
Groningen	4	+53 13 13.8	−0 26 15.11	− 4.31	+53 2 6.0	9.999064
Hamburg (D. Hydr. Inst.)	30	+53 32 51.8	−0 39 53.44	− 6.55	+53 21 46.2	9.999058
Hannover N. H.	183	+43 42 15.3	+4 49 8.00	+47.50	+43 30 40.5	9.999317

[1] Harvard College Observatory. — [2] Leander McCormick Observatory, University of Virginia. — [3] Mount Lookout seit 1873. — [4] Laws Observatory. — [5] University Park, Chamberlin Observatory. — [6] Früher 6″.2 nördl., 0s.5 westl.

Name	Seehöhe	Geogr. Breite	Länge von Greenwich + westlich — östlich	Korr. der Sternzeit	Geoz. Breite	Log. ρ incl. Seehöhe
	m	° ′ ″	h m s	s	° ′ ″	
Harvard College Obs.	24	+42 22 47.6	+4 44 31.05	+46.74	+42 11 15.1	9.999340
Haverford	116	+40 0 40.1	+5 1 12.7	+49.48	+39 49 15.4	9.999406
Heidelberg (Königst.) (Mer.-Kr.)	570	+49 23 54.6	−0 34 53.13	− 5.73	+49 12 26.8	9.999198
Helsinki (Mer.-Kr.)	33	+60 9 42.3	−1 39 49.10	−16.40	+59 59 40.8	9.998903
Helwan	115	+29 51 31.1	−2 5 21.77	−20.59	+29 41 31.4	9.999648
Herrsching (München)	534	+47 59 55	−0 44 43.6	− 7.35	+47 48 23	9.999231
Hongkong	33	+22 18 13.2	−7 36 41.25	−75.02	+22 10 5.8	9.999793
Hyderabad-Deccan[1]	554	+17 25 54.3	−5 13 48.98	−51.55	+17 19 17.7	9.999907
Innsbruck	605	+47 16 6.5	−0 45 31.42	− 7.48	+47 4 32.8	9.999254
Irumu (R. Gérard)	—	+ 1 27 29	−0 59 29.9	− 9.77	+ 1 26 54	9.999999
Istanbul (Univ. Sternw.)	65	+41 0 45	−1 55 52	−19.03	+40 49 16	9.999377
Jena (Univers.) Zentr. d. St.	164	+50 55 35.6	−0 46 20.22	− 7.61	+50 44 14.3	9.999131
Johannesburg	1786	−26 10 52.1	−1 52 17.9	−18.45	−26 1 42.0	9.999839
Johannesburg (Fil. d. Yale Observ.)	1741	−26 11 14	−1 52 7	−18.42	−26 2 4	9.999836
Kairo	—	+30 4 38.2	−2 5 8.80	−20.56	+29 54 35.8	9.999635
Kalocsa[2]	102	+46 31 42.4	−1 15 54.34	−12.47	+46 20 7.6	9.999239
Karlsruhe (W. Malsch)	128	+49 1 26.6	−0 33 32.52	− 5.51	+48 49 57.5	9.999177
Kasan (Univers.)	79	+55 47 24.3	−3 16 29.03	−32.28	+55 36 36.6	9.999007
Kasan (Engelhardt)	98	+55 50 20.5	−3 15 15.74	−32.08	+55 39 33.2	9.999007
Kiel (Neuer Mer.-Kr.)	52	+54 20 27.6	−0 40 35.45	− 6.67	+54 9 27.9	9.999040
Kiel (Alter Mer.-Kr.)	47	+54 20 28.5	−0 40 35.57	− 6.67	+54 9 28.8	9.999040
Kiew (Mer.-Kr.)	184	+50 27 11.8	−2 2 0.56	−20.04	+50 15 48.3	9.999145
Kitab	658	+39 8 1.7	−4 27 31.7	−43.95	+38 56 41.0	9.999465
Kodaikanal	2343	+10 13 50	−5 9 52.0	−50.94	+10 9 47.6	0.000114
Kopenhagen (Neue Sternw.)[3]	14	+55 41 12.6	−0 50 18.69	− 8.26	+55 30 24.0	9.999005
Kopenhagen (Urania-Sternw.)	10	+55 41 19.2	−0 50 9.11	− 8.24	+55 30 30.6	9.999005
Krakau (Mer.-Kr.)	221	+50 3 51.9	−1 19 50.28	−13.11	+49 52 26.7	9.999158
Kremsmünster (Mer.-Kr.)	384	+48 3 23.1	−0 56 31.58	− 9.28	+47 51 51.1	9.999219
Kunming	1940	+25 1 32.0	−6 51 9.2	−67.54	+24 52 39.8	9.999872
Kyoto (Astron. Inst.)	55	+35 1 37.1	−9 3 7.0	−89.22	+34 50 43.9	9.999525
Kyoto (Kwasan Observ.)	220	+34 59 40.3	−9 3 10.24	−89.23	+34 48 47.4	9.999537
Ladd Observ. (Providence)	69	+41 50 15.6	+4 45 35.95	+46.92	+41 38 44.4	9.999357
La Plata (Mer.-Kr Gautier)	17	−34 54 30.3	+3 51 43.74	+38.07	−34 43 38.1	9.999525
Leiden (Neue Sternw.) (Mer.-Kr.)[4]	6	+52 9 19.8	−0 17 56.15	− 2.94	+51 58 5.2	9.999090
Leipzig[5]	119	+51 20 5.9	−0 49 33.93	− 8.14	+51 8 46.7	9.999119
Lembang (Bosscha St.)	1300	− 6 49 29.1	−7 10 27.81	−70.71	− 6 46 45.5	0.000068
Lemberg (Univ.-Sternwarte)	330	+49 49 57.6	−1 36 7.13	−15.79	+49 38 31.4	9.999171
Lemberg (Techn. Hochsch.) Pass.-Instr.	340	+49 50 11.2	−1 36 3.40	−15.78	+49 38 45.0	9.999171
Leningrad (Akad.)	20	+59 56 29.7	−2 1 13.35	−19.91	+59 46 25.5	9.998907
Leningrad (Univers.)	4	+59 56 32.0	−2 1 11.3	−19.91	+59 46 27.8	9.998906
Lick Observ. (Mer.-Kr.)	1283	+37 20 25.3	+8 6 34.86	+79.94	+37 9 14.9	9.999552
Lissabon (Tapada)	94	+38 42 30.5	+0 36 44.68	+ 6.04	+38 31 12.0	9.999437
Lissabon (Mar. Sternw.)	—	+38 42 17.6	+0 36 33.6	+ 6.01	+38 30 59.2	9.999431
Liverpool (Neue Sternw.)[6]	62	+53 24 4.8	+0 12 17.33	+ 2.02	+53 12 58.2	9.999063
London (Mill Hill) (Obs. of Univ.)	82	+51 36 46.3	+0 0 57.77	+ 0.16	+51 25 28.6	9.999109

[1] Nizamiah Observatory. — [2] Erzbischöfl. Haynaldsche Sternwarte. — [3] Seit 1861 Nov. 11. Alte Sternwarte $20''\!.3$ südlich, $0^s\!.03$ westlich. — [4] Seit 1860. Alte Sternwarte $8''\!.0$ nördlich, $0^s\!.42$ östlich. — [5] Seit 1861. Alte Sternwarte $14''\!.2$ nördlich, $4^s\!.00$ westlich. — [6] Alte Sternwarte $44''\!.0$ nördlich, $17^s\!.1$ östlich.

Name	See-höhe	Geogr. Breite	Länge von Greenwich + westlich — östlich	Korr der Sternzeit	Geoz. Breite	Log. ρ incl. Seehöhe
	m	° ′ ″	h m s	s	° ′ ″	
Los Angeles (Morse Mem. Obs. of Occid. College)	205	+34 7 42	+7 52 50	+77 67	+33 56 57	9.999556
Lourenço Marques	60	−25 58 5.5	−2 10 22.63	−21.42	−25 48 58.9	9.999725
Lübeck (Navig.-Sch.) ...	19	+53 51 31.1	−0 42 45.6	− 7.02	+53 40 27.8	9.999049
Lund (Zentr. d. Sternw.) ..	34	+55 41 51.6	−0 52 44.97	− 8.66	+55 31 3.1	9.999006
Lüttich Ougrée	128	+50 37 6	−0 22 12	− 3.65	+50 25 43	9.999137
Lyon	299	+45 41 40.8	−0 19 8.5	− 3.14	+45 30 5.3	9.999274
Madison (Washburn Obs.).	292	+43 4 36.8	+5 57 37.90	+58.75	+42 53 2.9	9.999340
Madras	7	+13 4 8.0	−5 20 59.65	−52.73	+12 59 2.5	9.999926
Madrid (Zentr. d. Sternw.).	656	+40 24 30.1	+0 14 45.09	+ 2.43	+40 13 3.7	9.999433
Mailand, Brera	120	+45 27 59.2	−0 36 45.89	− 6.04	+45 16 23.6	9.999268
Manila	3	+14 35 25	−8 3 50	−79.48	+14 29 47	9.999908
Marburg	248	+50 48 46.9	−0 35 4.9	− 5.76	+50 37 25.0	9.999141
Mare Island Calif.	18	+38 5 55.8	+8 9 5.63	+80.35	+37 54 40.8	9.999447
Marseille (Neue Sternw.) (Mer.-Kr.) [1] ..	75	+43 18 19.1	−0 21 34.56	− 3.54	+43 6 44.8	9.999320
McDonald Observatory. (Mt. Locke. Fort Davis)	2081	+30 40 17.0	+6 56 5.36	+68.35	+30 30 7.5	9.999764
McMath-Hulbert Obs... (Lake Angelus)	296	+42 39 47.7	+5 33 3.3	+54.71	+42 28 14.5	9.999351
Merate (Filiale von Mailand, Brera)	380	+45 41 54.1	−0 37 42.85	− 6.20	+45 30 18.6	9.999279
Meudon	162	+48 48 18	−0 8 55.5	− 1.46	+48 36 48	9.999185
Middletown, Conn.	70	+41 33 18	+4 50 38.2	+47.74	+41 21 47.6	9.999364
Mizusawa	61	+39 8 3.4	−9 24 31.46	−92.74	+38 56 42.7	9.999424
Modena	63	+44 38 52.8	−0 43 42.8	− 7.18	+44 27 17.2	9.999285
Montreal	57	+45 30 20	+4 54 18.63	+48.35	+45 18 44.4	9.999263
Montrose (La Crescenta Obs.)	879	+34 14 37.5	+7 52 54	+77.69	+34 3 51.1	9.999599
Mt. Hamilton (Lick Obs.) (Mer.-Kr.) .	1283	+37 20 25.3	+8 6 34.86	+79.94	+37 9 14.9	9.999552
Mt. Locke (Mc. Donald Obs.)	2081	+30 40 17.0	+6 56 5.36	+68.35	+30 30 7.5	9.999764
Mt. Palomar, Calif. .. .	1706	+33 21 22.4	+7 47 27.36	+76.79	+33 10 44.3	9.999677
Mt. Wilson, Calif.	1742	+34 12 59.5	+7 52 14.33	+77.57	+34 2 13.3	9.999659
Moskau (Mer.-Kr.)	142	+55 45 19.5	−2 30 17.03	−24.69	+55 34 31.5	9.999012
München (West-Kuppel)..	529	+48 8 45.5	−0 46 26.02	− 7.63	+47 57 13.8	9.999227
Münster.............	75	+51 57 45.8	−0 30 29.66	− 5.01	+51 46 30.0	9.999100
Nashville (Vanderbilt Obs.)	174	+36 8 58.2	+5 47 12.81	+57.04	+35 57 56.1	9.999506
Neapel (Capo di Monte)...	154	+40 51 45.7	−0 57 1.40	− 9.37	+40 40 17.6	9.999387
Neuchâtel (Refraktor) ...	488	+46 59 49.5	−0 27 49.77	− 4.57	+46 48 15.4	9.999254
New Haven (Neue Stw.)[2]	40	+41 19 22.3	+4 51 40.58	+47.92	+41 7 52.7	9.999368
New York (Columb. Obs.).	25	+40 48 34.6	+4 55 50	+48.60	+40 37 6.7	9.999380
Nikolajew (Mer.-Kr.)	55	+46 58 19.3	−2 7 53.98	−21.01	+46 46 45.1	9.999225
Nizza (Kl. Mer.-Kr.)	378	+43 43 16.9	−0 29 12.15	− 4.79	+43 31 42.0	9.999330
Northfield (Goodsell Obs.)	290	+44 27 41.4	+6 12 35.84	+61.21	+44 16 5.9	9.999305
Oakland, Californ.[3]	99	+37 47	+8 8 48	+80.30	+37 35 47	9.999460
Oak Ridge (Filiale d. Harvard Obs.) .	183	+42 30 13	+4 46 14.2	+47.02	+42 18 40	9.999347
Odessa (Univ.-Stw. Mer.-Kr.)	55	+46 28 36.2	−2 3 2.05	−20.21	+46 17 1.3	9.999237
Odessa (Filiale v Pulkowa)	—	+46 28 36.0	−2 3 2.19	−20.21	+46 17 1.1	9.999234
Ondrejow (Sternw. d. Akad. d. Wiss.)	527	+49 54 38.1	−0 59 8 08	− 9.71	+49 43 12.3	9.999182
Oslo (Mer.-Kr.)........	25	+59 54 43.7	−0 42 53.51	− 7.04	+59 44 39.2	9.998908
Ottawa (Mer.-Kr.)	85	+45 23 39.1	+5 2 51.98	+49.75	+45 12 3.5	9.999267

[1] Seit 1866. Alte Sternwarte 30″.1 südlich, 6ˢ.2 westlich; Seehöhe 29 m. — [2] Yale University. Alte Sternwarte 45″.8 südlich, 1ˢ.58 westlich. — [3] Chabot Observatory.

Name	Seehöhe	Geogr. Breite	Länge von Greenwich + westlich — östlich	Korr. der Sternzeit	Geoz. Breite	Log ρ incl. Seehöhe
	m	° ′ ″	h m s	s	° ′ ″	
Oxford (Univers.)	64	+51 45 34.2	+0 5 0.4	+ 0.82	+51 34 17.3	9.999104
Oxford, Mississippi	140	+34 22 12.6	+5 58 7.18	+58.83	+34 11 25.1	9.999546
Padua	38	+45 24 1.3	−0 47 29.15	− 7.80	+45 12 26.3	9.999261
Palermo	72	+38 6 44.0	−0 53 25.87	− 8.78	+37 55 28.9	9.999451
Paris (Obs.nat.) Mer.Cassini	59	+48 50 11.2	−0 9 20.93	− 1.53	+48 38 41.5	9.999177
Paris (Montsouris) westl. Mer.	—	+48 49 18.0	−0 9 20.6	− 1.53	+48 37 48.2	9.999174
Peking	—	+39 54 23.0	−7 45 52.87	−76.53	+39 42 58.7	9.999401
Perkins Obs. (Delaware) .	270	+40 15 4	+5 32 13.33	+54.58	+40 3 38	9.999410
Philadelphia[1]	74	+39 58 2.1	+5 1 6.88	+49.47	+39 46 37.5	9.999404
Pic du Midi (Filiale v. Toulouse) ..	2850	+42 56 31.5	−0 0 34.29	− 0.09	+42 44 57.8	9.999518
Pola	32	+44 51 48.6	−0 55 23.07	− 9.10	+44 40 12.9	9.999277
Porto Alegre[2] (Mer.-Kr.) .	—	−30 1 51	+3 24 53.2	+33.66	−29 51 49	9.999636
Posen (Poznan)	85	+52 23 48.6	−1 7 30.60	−11.09	+52 12 35.4	9.999090
Potsdam (Astrophys. Obs.)	107	+52 22 56.0	−0 52 15.86	− 8.59	+52 11 42.7	9.999091
Potsdam (Geod.Inst.) Turm	109	+52 22 54.8	−0 52 16.11	− 8.59	+52 11 41.5	9.999091
Potsdam (Geod. Inst.) ... (Östl. Meridianh.)	91	+52 22 54	−0 52 16.058	− 8.586	+52 11 41	9.999091
Poughkeepsie[3]	61	+41 41 18	+4 55 35.2	+48.56	+41 29 47	9.999360
Prag (Univ. Sternw.)	267	+50 4 36.0	−0 57 34.88	− 9.46	+49 53 10.8	9.999160
Prag (Sternw.d.Tech.Hochsch.)	238	+50 4 40.2	−0 57 40.92	− 9.48	+49 53 15.0	9.999158
Princeton N. J. (N. Stw.)[4]	75	+40 20 55.8	+4 58 39.44	+49.06	+40 9 29.7	9.999395
Providence (Ladd. Observ.)	69	+41 50 15.6	+4 45 35.95	+46.92	+41 38 44.4	9.999357
Pulkowa (Zentr. d. Stw.) ..	75	+59 46 18.5	−2 1 18.57	−19.93	+59 36 12.3	9.998914
Quebec, Canada	90	+46 47 59.2	+4 44 52.71	+46.80	+46 36 24.8	9.999231
Quito	2846	− 0 14 0	+5 13 58.20	+51.58	− 0 13 54	0.000194
Riga (Polytechnikum) Turm	—	+56 57 7	−1 36 28.11	−15.84	+56 46 30	9.998974
Rio de Janeiro (N. Stw.)	33	−22 53 42.1	+2 52 53.6	+28.40	−22 45 24.7	9.999782
Rom (Coll. Rom. Mer.-Kr.)	59	+41 53 53.6	−0 49 55.36	− 8.19	+41 42 22.3	9.999354
Rom (Capitol Mer.-Kr.) ..	65	+41 53 33.2	−0 49 56.34	− 8.20	+41 42 1.9	9.999355
Rom (Monte Mario Durchg.-Instr.)	152	+41 55 19.2	−0 49 48.55	− 8.19	+41 43 47.8	9.999360
Rugby	119	+52 22 30	+0 5 2.0	+ 0.83	+52 11 16.7	9.999093
St. Louis, Missouri	—	+38 38 3.6	+6 0 49.15	+59.28	+38 26 45.5	9.999433
Saltsjöbaden (Stockholms Observator.) .	55	+59 16 18	−1 13 14	−12.03	+59 6 6	9.998924
San Fernando	30	+36 27 42.0	+0 24 49.30	+ 4.08	+36 16 37.7	9.999488
Santiago de Chile (N.St.)	580	−33 33 44.2	+4 42 46.0	+46.44	−33 23 4.1	9.999595
Santiago de Compostela (Univ.-Sternw.)	220	+42 52 31.8	+0 34 14.26	+ 5.62	+42 40 58.2	9.999341
Sendai (Durchg.-Instr.) ..	36	+38 15 14.9	−9 23 29.49	−92.57	+38 3 59.0	9.999444
Sétif	1120	+36 11 10	−0 21 38.6	− 3.55	+36 0 7.7	9.999569
Simeïs	360	+44 24 11.6	−2 15 59.38	−22.34	+44 12 36.1	9.999312
Skalnaté Pleso	1783	+49 11 20.0	−1 20 58.77	−13.30	+48 59 51.4	9.999286
Sofia (Mil. Geogr. Inst.) ..	555	+42 41 51	−1 33 19.87	−15.33	+42 30 18	9.999368
Sofia (Universitätssternwarte)	572	+42 41 1.7	−1 33 23.3	−15.34	+42 29 28.5	9.999369
Sonneberg (Erbisbühl)	640	+50 22 41.4	−0 44 46.19	− 7.36	+50 11 17.5	9.999178
South Hadley	76	+42 15 18.2	+4 50 19	+47.69	+42 3 45.9	9.999346
Sproul Observatory ...	63	+39 54 16.2	+5 1 25.62	+49.52	+39 42 51.9	9.999405
Stalinabad (Tadjik Observ.)	—	+38 33 30	−4 35 6.2	−45.19	+38 22 12	9.999434
Straßburg (N. St. M.-Kr.)[5]	144	+48 35 0.4	−0 31 4.53	− 5.10	+48 23 29.9	9.999190

[1] Flower Obs. (Univ. of Pennsylvania). — [2] Observatorio Regional do Rio Grande do Sul. — [3] Vassar College. — [4] Alte Sternwarte 2″.0 nördlich 1s.94 östlich; 65m. — [5] Seit Anfang 1881.

Name	Seehöhe	Geogr. Breite	Länge von Greenwich + westlich — östlich	Korr. der Sternzeit	Geoz. Breite	Log. ρ incl. Seehöhe
	m	° ′ ″	h m s	s	° ′ ″	
Stuttgart (Schwäb. Sternw.)	344	+48 47 0.7	− 0 36 47.39	− 6.04	+48 35 30.8	9.999198
Swarthmore (Sproul Obs.) (Refraktor)	63	+39 54 16.2	+ 5 1 25.62	+ 49.52	+39 42 51.9	9.999405
Sydney	44	−33 51 41.1	−10 4 49.54	− 99.36	−33 40 58.2	9.999551
Sydney (Riverview Coll. Obs.)	42	−33 49 45.7	−10 4 37.99	− 99.33	−33 39 3.1	9.999552
Tacubaya[1]	2311	+19 24 17.9	+ 6 36 46.71	+ 65.18	+19 17 3.0	9.999997
Tanakami	165	+34 58 18	− 9 3 57.4	− 89.36	+34 47 25	9.999533
Tartu (Dorpat, Jurjew) (Mer.-Kr.)	67	+58 22 47.2	− 1 46 53.19	− 17.56	+58 12 25.1	9.998946
Taschkent (Mer.-Kr.)	475	+41 19 31.6	− 4 37 10.88	− 45.53	+41 8 2.0	9.999397
Teramo (Cerulli)	398	+42 39 27	− 0 54 55.8	− 9.02	+42 27 54	9.999358
Tokio (Mer.-Kr.)	57	+35 40 19	− 9 18 9.90	− 91.69	+35 29 21	9.999509
Tonanzintla	2150	+19 1 57.9	+ 6 33 15.32	+ 64.60	+18 54 50.1	9.999992
Toronto (Univ. Obs.)	110	+43 39 46.0	+ 5 17 34.70	+ 52.17	+43 28 11.2	9.999313
Tortosa (Ebro-Stw. M.-Kr.)	54	+40 49 14	− 0 1 58	− 0.32	+40 37 46	9.999382
Toulouse (Mer.-Kr.)	195	+43 36 44.0	− 0 5 51.01	− 0.96	+43 25 9.3	9.999329
Triest (Oss. Astr.)	68	+45 38 35.5	− 0 55 4.92	− 9.05	+45 27 0.0	9.999259
Tsingtau	—	+36 4 11.3	− 8 1 16.21	− 79.06	+35 53 9.8	9.999496
Tucson, Arizona (Steward Obs.)	757	+32 13 59.4	+ 7 23 47.68	+ 72.90	+32 3 32.6	9.999638
Turin (Mer.-Kr.)	276	+45 4 7.9	− 0 30 47.15	− 5.06	+44 52 32.2	9.999288
Turin (Pino Torinese)	618	+45 2 16.3	− 0 31 6.52	− 5.11	+44 50 40.6	9.999312
Turku (Spiegelteleskop)	28	+60 27 8.7	− 1 28 55.03	− 14.61	+60 17 10.7	9.998896
Upsala (N. Stw. Pass.-Instr.)	21	+59 51 29.4	− 1 10 30.13	− 11.58	+59 41 24.2	9.998909
Urbana, Ill.	236	+40 6 20.2	+ 5 52 53.90	+ 57.97	+39 54 55.1	9.999412
Utrecht	12	+52 5 9.5	− 0 20 31.6	− 3.37	+51 53 54.4	9.999093
Valkenburg (Ignatius Coll.)	100	+50 52 29.3	− 0 23 19.91	− 3.83	+50 41 7.8	9.999129
Venedig	15	+45 26 10.5	− 0 49 22.12	− 8.11	+45 14 34.9	9.999261
Victoria B.C. (Domin. Obs.)	229	+48 31 15.7	+ 8 13 40.17	+ 81.18	+48 19 45.0	9.999197
Warschau[2] Zentr. d. Stw.	121	+52 13 4.6	− 1 24 7.25	− 13.82	+52 1 50.3	9.999097
Warschau (Techn. Hochsch.)	144	+52 13 21.0	− 1 24 2.4	− 13.81	+52 2 6.8	9.999098
Washington (Neue Stw.)	82	+38 55 14.0	+ 5 8 15.78	+ 50.64	+38 43 54.4	9.999431
Washington (Kath. Univ.)	—	+38 56 14.8	+ 5 8 0.0	+ 50.60	+38 44 55.1	9.999425
Wellington (Transit Instr.)[3]	127	−41 17 3.8	−11 39 4.27	−114.84	−41 5 34.3	9.999375
Wendelstein (Observat. d Sternwarte München)	1838	+47 42 13	− 0 48 4	− 7.90	+47 30 40	9.999328
West Point N. Y. (N. St.)[4]	170	+41 23 22.1	+ 4 55 50.6	+ 48.60	+41 11 52.3	9.999375
Wien (Neue Sternw. Zentr.)	240	+48 13 55.4	− 1 5 21.35	− 10.73	+48 2 23.9	9.999205
Wien (Mil. Geogr. Inst.)	211	+48 12 40.5	− 1 5 26.24	− 10.75	+48 1 8.9	9.999203
Wien (Techn. Hochschule)	198	+48 11 58.3	− 1 5 29.76	− 10.76	+48 0 26.7	9.999204
Williams-Bay, Wisc.[5]	334	+42 34 12.6	+ 5 54 13.24	+ 58.19	+42 22 39.6	9.999356
Williamstown, Mass.	213	+42 42 49	+ 4 52 53.5	+ 48.12	+42 31 16	9.999344
Wilna (Pass.-Instr.)	122	+54 40 59.1	− 1 41 8.76	− 16.61	+54 30 2.1	9.999036
Wroclaw	117	+51 6 42.1	− 1 8 21.22	− 11.23	+50 55 21.7	9.999130
Würzburg (Neue Univ.-Sternw. Zentr.)	207	+49 47 19.0	− 0 39 44.71	− 6.53	+49 35 52.7	9.999163
Yale Observatory	40	+41 19 22.3	+ 4 51 40.58	+ 47.92	+41 7 52.7	9.999368
Yerkes Observatory	334	+42 34 12.6	+ 5 54 13.24	+ 58.19	+42 22 39.6	9.999356
Zô-sè, China	100	+31 5 47.6	− 8 4 44.75	− 79.63	+30 55 33.2	9.999619
Zürich (Meridian-Kreis)	468	+47 22 38.3	− 0 34 12.3	− 5.62	+47 11 4.8	9.999242

[1] Seit März 1883, früher in Chapultepec. — [2] Universitäts-Sternwarte. — [3] Dominion Observatory. — [4] Seit 1883. Alte Sternwarte 9″ nördlich, 1ˢ.2 östlich. — [5] Yerkes Observatory.

Normalzeiten der wichtigeren Länder

Normalzeit = Mittl. Ortszeit des Meridians	Bezeichnung	Staaten
östl. Gr. h m		
12 0	—	Neuseeland, Kamtschatka
10 0	Ostaustralische Zeit	Viktoria, Neusüdwales, Queensland, Tasmanien, Britisch-Neuguinea, Sacchalin nördlich von $+50^\circ$ Br.
9 30	Südaustralische Zeit	Südaustralien, Niederländ. Neuguinea
9 0	Mittlere Japan-Zeit	Japan, Mandschukuo, Korea, Sacchalin südlich von $+50^\circ$ Br.
8 0	Chinesische Küsten-Zeit	Ostküste von China, Indochina, Philippinen, Taiwan, Celebes, Westaustralien, Britisch Nord-Borneo, Timor
7 30	—	Malaiische Staaten, Singapur, Indones. Borneo, Bali, Java, Lombok
7 0	Südchinesische Küsten-Zeit	Südküste von China, Thailand, Süd-Sumatra
6 30	—	Birma, Nord-Sumatra
5 30	—	Indien, Ceylon
4 30	—	Afghanistan,
4 0	—	Sowjetunion*) von 40° bis 52° 30′ östlicher Länge
3 30	—	Iran
3 0	—	Sowjetunion*) westlich von 40° östlicher Länge, Irak, Abessinien, Britisch Somaliland, Kenya, Tanganjika, Uganda, Madagaskar
2 0	Osteuropäische Zeit	Finnland, Bulgarien, Rumänien, Griechenland, Türkei, Cypern, Palästina, Ägypten, Cyrenaica, Belgisch Kongo, östlicher Teil, Südafrika
1 0	Mitteleuropäische Zeit (M. E. Z.)	Norwegen, Schweden, Dänemark, Niederlande, Belgien, Frankreich, Deutschland, Österreich, Polen, Ungarn, Schweiz, Italien, Tschechoslowakei, Jugoslawien, Tripolis, Belgisch Kongo, westlicher Teil
h m		
0 0	Westeuropäische Zeit (Greenwich-Zeit)	Großbritannien und Irland, Luxemburg, Portugal, Spanien, Gibraltar, Marokko, Algerien
westl. Gr. h m		
1 0	—	Island, Madeira, Kanarische Inseln
2 0	—	Azoren, Kapverdische Inseln, Grönland-Scoresbysund
3 0	—	Ostbrasilien, Grönland-Westküste und Angmagsalik, Argentinien, Uruguay
3 30	—	Niederl. Guayana, Labrador
4 0	Intercolonial St. Time	Mittelbrasilien, Kanada (Küste Quebec östl. v. 68° westl. L.) Paraguay, Bolivien, Chile
4 30	—	Venezuela
5 0	Eastern St. Time	Kanada (Quebec westl. v. 68° westl. L., Ontario östl. v. 90° westl. L.), Vereinigte Staaten (Ostzone), Panama, Peru, Ekuador, Westbrasilien, Kolumbien
6 0	Central St. Time	Zentralzone von Kanada und von den Vereinigten Staaten, Mexiko, mit Ausnahme des nördl. Teiles
7 0	Mountain St. Time	Gebirgszone von Kanada und von den Vereinigten Staaten, nördliches Mexiko
8 0	Pacific St. Time	Vereinigte Staaten (pazifische Küste), Britisch-Kolumbien, Alaska südlich von Cross-Sund
9 0	—	Alaska nördl. v. Cross-Sund bis Prinz-Williams-Sund
10 0	—	Alaska westlich Prinz-Williams-Sund bis 162° westlicher Länge, Hawai (Sandwichinseln)
11 0	—	Alaska westlich von 162° westl. Länge, Aleuten, Samoa

*) Im Gebiet der Sowjetrepubliken sind alle Uhren 1 Stunde vorgestellt.

Arg.	Funktion	Differenzen I.	II.	III.	IV.
a_0	f_0		Δ^{II}_0		Δ^{IV}_0
		Δ^{I}		Δ^{III}	
a_1	f_1		Δ^{II}_1		Δ^{IV}_1

$$\Delta^{II}_m = \frac{\Delta^{II}_0 + \Delta^{II}_1}{2}; \qquad \Delta^{IV}_m = \frac{\Delta^{IV}_0 + \Delta^{IV}_1}{2}$$

$$f(a_0 + n) = f_0 + n \cdot \Delta^I + \frac{n(n-1)}{2} \cdot \Delta^{II}_m + \frac{n(n-1)(n-\frac{1}{2})}{6} \cdot \Delta^{III} + \frac{(n+1)n(n-1)(n-2)}{24} \cdot \Delta^{IV}_m + \cdots$$

$$f(a_0 + \tfrac{1}{2}) = f_0 + \tfrac{1}{2} \cdot \Delta^I - \tfrac{1}{8} \cdot \Delta^{II}_m + \tfrac{3}{128} \cdot \Delta^{IV}_m - \cdots$$

$$\frac{n(n-1)}{2} = b \qquad \frac{n(n-1)(n-\frac{1}{2})}{6} = c \qquad \frac{(n+1)n(n-1)(n-2)}{24} = d$$

n	b	c	d	n	n	b	c	d	n
0.00	—0.0000—	+0.0000—	+0.000+	1.00	0.25	—0.0938—	+0.0078—	+0.017+	0.75
01	0050	0008	001	0.99	26	0962	0077	018	74
02	0098	0016	002	98	27	0986	0076	018	73
03	0146	0023	002	97	28	1008	0074	018	72
04	0192	0029	003	96	29	1030	0072	019	71
0.05	—0.0238—	+0.0036—	+0.004+	0.95	0.30	—0.1050—	+0.0070—	+0.019+	0.70
06	0282	0041	005	94	31	1070	0068	020	69
07	0326	0047	006	93	32	1088	0065	020	68
08	0368	0052	006	92	33	1106	0063	020	67
09	0410	0056	007	91	34	1122	0060	021	66
0.10	—0.0450—	+0.0060—	+0.008+	0.90	0.35	—0.1138—	+0.0057—	+0.021+	0.65
11	0490	0064	009	89	36	1152	0054	021	64
12	0528	0067	009	88	37	1166	0051	022	63
13	0566	0070	010	87	38	1178	0047	022	62
14	0602	0072	011	86	39	1190	0044	022	61
0.15	—0.0638—	+0.0074—	+0.011+	0.85	0.40	—0.1200—	+0.0040—	+0.022+	0.60
16	0672	0076	012	84	41	1210	0036	023	59
17	0706	0078	013	83	42	1218	0032	023	58
18	0738	0079	013	82	43	1226	0029	023	57
19	0770	0080	014	81	44	1232	0025	023	56
0.20	—0.0800—	+0.0080—	+0.014+	0.80	0.45	—0.1238—	+0.0021—	+0.023+	0.55
21	0830	0080	015	79	46	1242	0017	023	54
22	0858	0080	016	78	47	1246	0012	023	53
23	0886	0080	016	77	48	1248	0008	023	52
24	0912	0079	017	76	49	1250	0004	023	51
0.25	—0.0938—	+0.0078—	+0.017+	0.75	0.50	—0.1250—	+0.0000—	+0.023+	0.50

Interpolation

mit Berücksichtigung zweiter Differenzen

$$f(a_0 + n) = f_0 + n\,(\Delta^{I} + \text{Tafelwert})$$

Die Tafelwerte sind negativ für positive zweite Differenz, sie sind positiv für negative zweite Differenz

n	Zweite Differenz = Δ^{II}_{m}																				n
	3	6	9	12	15	18	21	24	27	30	33	36	39	42	45	48	51	54	57	60	
0.00	1.5	3.0	4.5	6.0	7.5	9.0	10.5	12.0	13.5	15.0	16.5	18.0	19.5	21.0	22.5	24.0	25.5	27.0	28.5	30.0	0.00
01	1.5	3.0	4.5	5.9	7.4	8.9	10.4	11.9	13.4	14.9	16.3	17.8	19.3	20.8	22.3	23.8	25.2	26.7	28.2	29.7	01
02	1.5	2.9	4.4	5.9	7.4	8.8	10.3	11.8	13.2	14.7	16.2	17.6	19.1	20.6	22.1	23.5	25.0	26.5	27.9	29.4	02
03	1.5	2.9	4.4	5.8	7.3	8.7	10.2	11.6	13.1	14.6	16.0	17.5	18.9	20.4	21.8	23.3	24.7	26.2	27.6	29.1	03
04	1.4	2.9	4.3	5.8	7.2	8.6	10.1	11.5	13.0	14.4	15.8	17.3	18.7	20.2	21.6	23.0	24.5	25.9	27.4	28.8	04
0.05	1.4	2.9	4.3	5.7	7.1	8.6	10.0	11.4	12.8	14.3	15.7	17.1	18.5	20.0	21.4	22.8	24.2	25.7	27.1	28.5	0.05
06	1.4	2.8	4.2	5.6	7.1	8.5	9.9	11.3	12.7	14.1	15.5	16.9	18.3	19.7	21.2	22.6	24.0	25.4	26.8	28.2	06
07	1.4	2.8	4.2	5.6	7.0	8.4	9.8	11.2	12.6	14.0	15.3	16.7	18.1	19.5	20.9	22.3	23.7	25.1	26.5	27.9	07
08	1.4	2.8	4.1	5.5	6.9	8.3	9.7	11.0	12.4	13.8	15.2	16.6	17.9	19.3	20.7	22.1	23.5	24.8	26.2	27.6	08
09	1.4	2.7	4.1	5.5	6.8	8.2	9.6	10.9	12.3	13.7	15.0	16.4	17.7	19.1	20.5	21.8	23.2	24.6	25.9	27.3	09
0.10	1.4	2.7	4.1	5.4	6.8	8.1	9.5	10.8	12.2	13.5	14.9	16.2	17.6	18.9	20.3	21.6	23.0	24.3	25.7	27.0	0.10
11	1.3	2.7	4.0	5.3	6.7	8.0	9.3	10.7	12.0	13.4	14.7	16.0	17.4	18.7	20.0	21.4	22.7	24.0	25.4	26.7	11
12	1.3	2.6	4.0	5.3	6.6	7.9	9.2	10.6	11.9	13.2	14.5	15.8	17.2	18.5	19.8	21.1	22.4	23.8	25.1	26.4	12
13	1.3	2.6	3.9	5.2	6.5	7.8	9.1	10.4	11.7	13.1	14.4	15.7	17.0	18.3	19.6	20.9	22.2	23.5	24.8	26.1	13
14	1.3	2.6	3.9	5.2	6.5	7.7	9.0	10.3	11.6	12.9	14.2	15.5	16.8	18.1	19.4	20.6	21.9	23.2	24.5	25.8	14
0.15	1.3	2.6	3.8	5.1	6.4	7.7	8.9	10.2	11.5	12.8	14.0	15.3	16.6	17.9	19.1	20.4	21.7	23.0	24.2	25.5	0.15
16	1.3	2.5	3.8	5.0	6.3	7.6	8.8	10.1	11.3	12.6	13.9	15.1	16.4	17.6	18.9	20.2	21.4	22.7	23.9	25.2	16
17	1.2	2.5	3.7	5.0	6.2	7.5	8.7	10.0	11.2	12.5	13.7	14.9	16.2	17.4	18.7	19.9	21.2	22.4	23.7	24.9	17
18	1.2	2.5	3.7	4.9	6.2	7.4	8.6	9.8	11.1	12.3	13.5	14.8	16.0	17.2	18.5	19.7	20.9	22.1	23.4	24.6	18
19	1.2	2.4	3.6	4.9	6.1	7.3	8.5	9.7	10.9	12.2	13.4	14.6	15.8	17.0	18.2	19.4	20.7	21.9	23.1	24.3	19
0.20	1.2	2.4	3.6	4.8	6.0	7.2	8.4	9.6	10.8	12.0	13.2	14.4	15.6	16.8	18.0	19.2	20.4	21.6	22.8	24.0	0.20
21	1.2	2.4	3.6	4.7	5.9	7.1	8.3	9.5	10.7	11.9	13.0	14.2	15.4	16.6	17.8	19.0	20.1	21.3	22.5	23.7	21
22	1.2	2.3	3.5	4.7	5.9	7.0	8.2	9.4	10.5	11.7	12.9	14.0	15.2	16.4	17.6	18.7	19.9	21.1	22.2	23.4	22
23	1.2	2.3	3.5	4.6	5.8	6.9	8.1	9.2	10.4	11.6	12.7	13.9	15.0	16.2	17.3	18.5	19.6	20.8	21.9	23.1	23
24	1.1	2.3	3.4	4.6	5.7	6.8	8.0	9.1	10.3	11.4	12.5	13.7	14.8	16.0	17.1	18.2	19.4	20.5	21.7	22.8	24
0.25	1.1	2.3	3.4	4.5	5.6	6.8	7.9	9.0	10.1	11.3	12.4	13.5	14.6	15.8	16.9	18.0	19.1	20.3	21.4	22.5	0.25
26	1.1	2.2	3.3	4.4	5.6	6.7	7.8	8.9	10.0	11.1	12.2	13.3	14.4	15.5	16.7	17.8	18.9	20.0	21.1	22.2	26
27	1.1	2.2	3.3	4.4	5.5	6.6	7.7	8.8	9.9	11.0	12.0	13.1	14.2	15.3	16.4	17.5	18.6	19.7	20.8	21.9	27
28	1.1	2.2	3.2	4.3	5.4	6.5	7.6	8.6	9.7	10.8	11.9	13.0	14.0	15.1	16.2	17.3	18.4	19.4	20.5	21.6	28
29	1.1	2.1	3.2	4.3	5.3	6.4	7.5	8.5	9.6	10.7	11.7	12.8	13.8	14.9	16.0	17.0	18.1	19.2	20.2	21.3	29
0.30	1.1	2.1	3.2	4.2	5.3	6.3	7.4	8.4	9.5	10.5	11.6	12.6	13.7	14.7	15.8	16.8	17.9	18.9	20.0	21.0	0.30
31	1.0	2.1	3.1	4.1	5.2	6.2	7.2	8.3	9.3	10.4	11.4	12.4	13.5	14.5	15.5	16.6	17.6	18.6	19.7	20.7	31
32	1.0	2.0	3.1	4.1	5.1	6.1	7.1	8.2	9.2	10.2	11.2	12.2	13.3	14.3	15.3	16.3	17.3	18.4	19.4	20.4	32
33	1.0	2.0	3.0	4.0	5.0	6.0	7.0	8.0	9.0	10.1	11.1	12.1	13.1	14.1	15.1	16.1	17.1	18.1	19.1	20.1	33
34	1.0	2.0	3.0	4.0	5.0	5.9	6.9	7.9	8.9	9.9	10.9	11.9	12.9	13.9	14.9	15.8	16.8	17.8	18.8	19.8	34
0.35	1.0	2.0	2.9	3.9	4.9	5.9	6.8	7.8	8.8	9.8	10.7	11.7	12.7	13.7	14.6	15.6	16.6	17.6	18.5	19.5	0.35
36	1.0	1.9	2.9	3.8	4.8	5.8	6.7	7.7	8.6	9.6	10.6	11.5	12.5	13.4	14.4	15.4	16.3	17.3	18.2	19.2	36
37	0.9	1.9	2.8	3.8	4.7	5.7	6.6	7.6	8.5	9.5	10.4	11.3	12.3	13.2	14.2	15.1	16.1	17.0	18.0	18.9	37
38	0.9	1.9	2.8	3.7	4.7	5.6	6.5	7.4	8.4	9.3	10.2	11.2	12.1	13.0	14.0	14.9	15.8	16.7	17.7	18.6	38
39	0.9	1.8	2.7	3.7	4.6	5.5	6.4	7.3	8.2	9.2	10.1	11.0	11.9	12.8	13.7	14.6	15.6	16.5	17.4	18.3	39
0.40	0.9	1.8	2.7	3.6	4.5	5.4	6.3	7.2	8.1	9.0	9.9	10.8	11.7	12.6	13.5	14.4	15.3	16.2	17.1	18.0	0.40
41	0.9	1.8	2.7	3.5	4.4	5.3	6.2	7.1	8.0	8.9	9.7	10.6	11.5	12.4	13.3	14.2	15.0	15.9	16.8	17.7	41
42	0.9	1.7	2.6	3.5	4.4	5.2	6.1	7.0	7.8	8.7	9.6	10.4	11.3	12.2	13.1	13.9	14.8	15.7	16.5	17.4	42
43	0.9	1.7	2.6	3.4	4.3	5.1	6.0	6.8	7.7	8.6	9.4	10.3	11.1	12.0	12.8	13.7	14.5	15.4	16.2	17.1	43
44	0.8	1.7	2.5	3.4	4.2	5.0	5.9	6.7	7.6	8.4	9.2	10.1	10.9	11.8	12.6	13.4	14.3	15.1	16.0	16.8	44
0.45	0.8	1.7	2.5	3.3	4.1	5.0	5.8	6.6	7.4	8.3	9.1	9.9	10.7	11.6	12.4	13.2	14.0	14.9	15.7	16.5	0.45
46	0.8	1.6	2.4	3.2	4.1	4.9	5.7	6.5	7.3	8.1	8.9	9.7	10.5	11.3	12.2	13.0	13.8	14.6	15.4	16.2	46
47	0.8	1.6	2.4	3.2	4.0	4.8	5.6	6.4	7.2	8.0	8.7	9.5	10.3	11.1	11.9	12.7	13.5	14.3	15.1	15.9	47
48	0.8	1.6	2.3	3.1	3.9	4.7	5.5	6.2	7.0	7.8	8.6	9.4	10.1	10.9	11.7	12.5	13.3	14.0	14.8	15.6	48
49	0.8	1.5	2.3	3.1	3.8	4.6	5.4	6.1	6.9	7.7	8.4	9.2	9.9	10.7	11.5	12.2	13.0	13.8	14.5	15.3	49
0.50	0.8	1.5	2.3	3.0	3.8	4.5	5.3	6.0	6.8	7.5	8.3	9.0	9.8	10.5	11.3	12.0	12.8	13.5	14.3	15.0	0.50

Interpolation

mit Berücksichtigung zweiter Differenzen

$$f(a_0 + n) = f_0 + n\,(\Delta^{I} + \text{Tafelwert})$$

Die Tafelwerte sind negativ für positive zweite Differenz, sie sind positiv für negative zweite Differenz

n	Zweite Differenz = Δ^{II}_{m} 3	6	9	12	15	18	21	24	27	30	33	36	39	42	45	48	51	54	57	60	n
0.50	0.8	1.5	2.3	3.0	3.8	4.5	5.3	6.0	6.8	7.5	8.3	9.0	9.8	10.5	11.3	12.0	12.8	13.5	14.3	15.0	0.50
51	0.7	1.5	2.2	2.9	3.7	4.4	5.1	5.9	6.6	7.4	8.1	8.8	9.6	10.3	11.0	11.8	12.5	13.2	14.0	14.7	51
52	0.7	1.4	2.2	2.9	3.6	4.3	5.0	5.8	6.5	7.2	7.9	8.6	9.4	10.1	10.8	11.5	12.2	13.0	13.7	14.4	52
53	0.7	1.4	2.1	2.8	3.5	4.2	4.9	5.6	6.3	7.1	7.8	8.5	9.2	9.9	10.6	11.3	12.0	12.7	13.4	14.1	53
54	0.7	1.4	2.1	2.8	3.5	4.1	4.8	5.5	6.2	6.9	7.6	8.3	9.0	9.7	10.4	11.0	11.7	12.4	13.1	13.8	54
0.55	0.7	1.4	2.0	2.7	3.4	4.1	4.7	5.4	6.1	6.8	7.4	8.1	8.8	9.5	10.1	10.8	11.5	12.2	12.8	13.5	0.55
56	0.7	1.3	2.0	2.6	3.3	4.0	4.6	5.3	5.9	6.6	7.3	7.9	8.6	9.2	9.9	10.6	11.2	11.9	12.5	13.2	56
57	0.6	1.3	1.9	2.6	3.2	3.9	4.5	5.2	5.8	6.5	7.1	7.7	8.4	9.0	9.7	10.3	11.0	11.6	12.3	12.9	57
58	0.6	1.3	1.9	2.5	3.2	3.8	4.4	5.0	5.7	6.3	6.9	7.6	8.2	8.8	9.5	10.1	10.7	11.3	12.0	12.6	58
59	0.6	1.2	1.8	2.5	3.1	3.7	4.3	4.9	5.5	6.2	6.8	7.4	8.0	8.6	9.2	9.8	10.5	11.1	11.7	12.3	59
0.60	0.6	1.2	1.8	2.4	3.0	3.6	4.2	4.8	5.4	6.0	6.6	7.2	7.8	8.4	9.0	9.6	10.2	10.8	11.4	12.0	0.60
61	0.6	1.2	1.8	2.3	2.9	3.5	4.1	4.7	5.3	5.9	6.4	7.0	7.6	8.2	8.8	9.4	9.9	10.5	11.1	11.7	61
62	0.6	1.1	1.7	2.3	2.9	3.4	4.0	4.6	5.1	5.7	6.3	6.8	7.4	8.0	8.6	9.1	9.7	10.3	10.8	11.4	62
63	0.6	1.1	1.7	2.2	2.8	3.3	3.9	4.4	5.0	5.6	6.1	6.7	7.2	7.8	8.3	8.9	9.4	10.0	10.5	11.1	63
64	0.5	1.1	1.6	2.2	2.7	3.2	3.8	4.3	4.9	5.4	5.9	6.5	7.0	7.6	8.1	8.6	9.2	9.7	10.3	10.8	64
0.65	0.5	1.1	1.6	2.1	2.6	3.2	3.7	4.2	4.7	5.3	5.8	6.3	6.8	7.4	7.9	8.4	8.9	9.5	10.0	10.5	0.65
66	0.5	1.0	1.5	2.0	2.6	3.1	3.6	4.1	4.6	5.1	5.6	6.1	6.6	7.1	7.7	8.2	8.7	9.2	9.7	10.2	66
67	0.5	1.0	1.5	2.0	2.5	3.0	3.5	4.0	4.5	5.0	5.4	5.9	6.4	6.9	7.4	7.9	8.4	8.9	9.4	9.9	67
68	0.5	1.0	1.4	1.9	2.4	2.9	3.4	3.8	4.3	4.8	5.3	5.8	6.2	6.7	7.2	7.7	8.2	8.6	9.1	9.6	68
69	0.5	0.9	1.4	1.9	2.3	2.8	3.3	3.7	4.2	4.7	5.1	5.6	6.0	6.5	7.0	7.4	7.9	8.4	8.8	9.3	69
0.70	0.5	0.9	1.4	1.8	2.3	2.7	3.2	3.6	4.1	4.5	5.0	5.4	5.9	6.3	6.8	7.2	7.7	8.1	8.6	9.0	0.70
71	0.4	0.9	1.3	1.7	2.2	2.6	3.0	3.5	3.9	4.4	4.8	5.2	5.7	6.1	6.5	7.0	7.4	7.8	8.3	8.7	71
72	0.4	0.8	1.3	1.7	2.1	2.5	2.9	3.4	3.8	4.2	4.6	5.0	5.5	5.9	6.3	6.7	7.1	7.6	8.0	8.4	72
73	0.4	0.8	1.2	1.6	2.0	2.4	2.8	3.2	3.6	4.1	4.5	4.9	5.3	5.7	6.1	6.5	6.9	7.3	7.7	8.1	73
74	0.4	0.8	1.2	1.6	2.0	2.3	2.7	3.1	3.5	3.9	4.3	4.7	5.1	5.5	5.9	6.2	6.6	7.0	7.4	7.8	74
0.75	0.4	0.8	1.1	1.5	1.9	2.3	2.6	3.0	3.4	3.8	4.1	4.5	4.9	5.3	5.6	6.0	6.4	6.8	7.1	7.5	0.75
76	0.4	0.7	1.1	1.4	1.8	2.2	2.5	2.9	3.2	3.6	4.0	4.3	4.7	5.0	5.4	5.8	6.1	6.5	6.8	7.2	76
77	0.3	0.7	1.0	1.4	1.7	2.1	2.4	2.8	3.1	3.5	3.8	4.1	4.5	4.8	5.2	5.5	5.9	6.2	6.6	6.9	77
78	0.3	0.7	1.0	1.3	1.7	2.0	2.3	2.6	3.0	3.3	3.6	4.0	4.3	4.6	5.0	5.3	5.6	5.9	6.3	6.6	78
79	0.3	0.6	0.9	1.3	1.6	1.9	2.2	2.5	2.8	3.2	3.5	3.8	4.1	4.4	4.7	5.0	5.4	5.7	6.0	6.3	79
0.80	0.3	0.6	0.9	1.2	1.5	1.8	2.1	2.4	2.7	3.0	3.3	3.6	3.9	4.2	4.5	4.8	5.1	5.4	5.7	6.0	0.80
81	0.3	0.6	0.9	1.1	1.4	1.7	2.0	2.3	2.6	2.9	3.1	3.4	3.7	4.0	4.3	4.6	4.8	5.1	5.4	5.7	81
82	0.3	0.5	0.8	1.1	1.4	1.6	1.9	2.2	2.4	2.7	3.0	3.2	3.5	3.8	4.1	4.3	4.6	4.9	5.1	5.4	82
83	0.3	0.5	0.8	1.0	1.3	1.5	1.8	2.0	2.3	2.6	2.8	3.1	3.3	3.6	3.8	4.1	4.3	4.6	4.8	5.1	83
84	0.2	0.5	0.7	1.0	1.2	1.4	1.7	1.9	2.2	2.4	2.6	2.9	3.1	3.4	3.6	3.8	4.1	4.3	4.6	4.8	84
0.85	0.2	0.5	0.7	0.9	1.1	1.4	1.6	1.8	2.0	2.3	2.5	2.7	2.9	3.2	3.4	3.6	3.8	4.1	4.3	4.5	0.85
86	0.2	0.4	0.6	0.8	1.1	1.3	1.5	1.7	1.9	2.1	2.3	2.5	2.7	2.9	3.2	3.4	3.6	3.8	4.0	4.2	86
87	0.2	0.4	0.6	0.8	1.0	1.2	1.4	1.6	1.8	2.0	2.1	2.3	2.5	2.7	2.9	3.1	3.3	3.5	3.7	3.9	87
88	0.2	0.4	0.5	0.7	0.9	1.1	1.3	1.4	1.6	1.8	2.0	2.2	2.3	2.5	2.7	2.9	3.1	3.2	3.4	3.6	88
89	0.2	0.3	0.5	0.7	0.8	1.0	1.2	1.3	1.5	1.7	1.8	2.0	2.1	2.3	2.5	2.6	2.8	3.0	3.1	3.3	89
0.90	0.2	0.3	0.5	0.6	0.8	0.9	1.1	1.2	1.4	1.5	1.7	1.8	2.0	2.1	2.3	2.4	2.6	2.7	2.9	3.0	0.90
91	0.1	0.3	0.4	0.5	0.7	0.8	0.9	1.1	1.2	1.4	1.5	1.6	1.8	1.9	2.0	2.2	2.3	2.4	2.6	2.7	91
92	0.1	0.2	0.4	0.5	0.6	0.7	0.8	1.0	1.1	1.2	1.3	1.4	1.6	1.7	1.8	1.9	2.0	2.2	2.3	2.4	92
93	0.1	0.2	0.3	0.4	0.5	0.6	0.7	0.8	0.9	1.1	1.2	1.3	1.4	1.5	1.6	1.7	1.8	1.9	2.0	2.1	93
94	0.1	0.2	0.3	0.4	0.5	0.5	0.6	0.7	0.8	0.9	1.0	1.1	1.2	1.3	1.4	1.4	1.5	1.6	1.7	1.8	94
0.95	0.1	0.2	0.2	0.3	0.4	0.5	0.5	0.6	0.7	0.8	0.8	0.9	1.0	1.1	1.1	1.2	1.3	1.4	1.4	1.5	0.95
96	0.1	0.1	0.2	0.2	0.3	0.4	0.4	0.5	0.5	0.6	0.7	0.7	0.8	0.8	0.9	1.0	1.0	1.1	1.1	1.2	96
97	0.0	0.1	0.1	0.2	0.2	0.3	0.3	0.4	0.4	0.5	0.5	0.5	0.6	0.6	0.7	0.7	0.8	0.8	0.9	0.9	97
98	0.0	0.1	0.1	0.1	0.2	0.2	0.2	0.2	0.3	0.3	0.3	0.4	0.4	0.4	0.5	0.5	0.5	0.5	0.6	0.6	98
0.99	0.0	0.0	0.0	0.1	0.1	0.1	0.1	0.1	0.1	0.2	0.2	0.2	0.2	0.2	0.2	0.2	0.3	0.3	0.3	0.3	0.99
1.00	0.0	0.0	0.0	0.0	0.0	0.0	0.0	0.0	0.0	0.0	0.0	0.0	0.0	0.0	0.0	0.0	0.0	0.0	0.0	0.0	1.00

Interpolation

mit Berücksichtigung zweiter Differenzen

$$f(a_0 + n) = f_0 + n\,(\Delta^{I} + \text{Tafelwert})$$

Die Tafelwerte sind negativ für positive zweite Differenz, sie sind positiv für negative zweite Differenz

n	Zweite Differenz = Δ_m^{II}																				n
	63	66	69	72	75	78	81	84	87	90	93	96	99	102	105	108	111	114	117	120	
0.00	31.5	33.0	34.5	36.0	37.5	39.0	40.5	42.0	43.5	45.0	46.5	48.0	49.5	51.0	52.5	54.0	55.5	57.0	58.5	60.0	0.00
01	31.2	32.7	34.2	35.6	37.1	38.6	40.1	41.6	43.1	44.6	46.0	47.5	49.0	50.5	52.0	53.5	54.9	56.4	57.9	59.4	01
02	30.9	32.3	33.8	35.3	36.8	38.2	39.7	41.2	42.6	44.1	45.6	47.0	48.5	50.0	51.5	52.9	54.4	55.9	57.3	58.8	02
03	30.6	32.0	33.5	34.9	36.4	37.8	39.3	40.7	42.2	43.7	45.1	46.6	48.0	49.5	50.9	52.4	53.8	55.3	56.7	58.2	03
04	30.2	31.7	33.1	34.6	36.0	37.4	38.9	40.3	41.8	43.2	44.6	46.1	47.5	49.0	50.4	51.8	53.3	54.7	56.2	57.6	04
0.05	29.9	31.4	32.8	34.2	35.6	37.1	38.5	39.9	41.3	42.8	44.2	45.6	47.0	48.5	49.9	51.3	52.7	54.2	55.6	57.0	0.05
06	29.6	31.0	32.4	33.8	35.3	36.7	38.1	39.5	40.9	42.3	43.7	45.1	46.5	47.9	49.4	50.8	52.2	53.6	55.0	56.4	06
07	29.3	30.7	32.1	33.5	34.9	36.3	37.7	39.1	40.5	41.9	43.2	44.6	46.0	47.4	48.8	50.2	51.6	53.0	54.4	55.8	07
08	29.0	30.4	31.7	33.1	34.5	35.9	37.3	38.6	40.0	41.4	42.8	44.2	45.5	46.9	48.3	49.7	51.1	52.4	53.8	55.2	08
09	28.7	30.0	31.4	32.8	34.1	35.5	36.9	38.2	39.6	41.0	42.3	43.7	45.0	46.4	47.8	49.1	50.5	51.9	53.2	54.6	09
0.10	28.4	29.7	31.1	32.4	33.8	35.1	36.5	37.8	39.2	40.5	41.9	43.2	44.6	45.9	47.3	48.6	50.0	51.3	52.7	54.0	0.10
11	28.0	29.4	30.7	32.0	33.4	34.7	36.0	37.4	38.7	40.1	41.4	42.7	44.1	45.4	46.7	48.1	49.4	50.7	52.1	53.4	11
12	27.7	29.0	30.4	31.7	33.0	34.3	35.6	37.0	38.3	39.6	40.9	42.2	43.6	44.9	46.2	47.5	48.8	50.2	51.5	52.8	12
13	27.4	28.7	30.0	31.3	32.6	33.9	35.2	36.5	37.8	39.2	40.5	41.8	43.1	44.4	45.7	47.0	48.3	49.6	50.9	52.2	13
14	27.1	28.4	29.7	31.0	32.3	33.5	34.8	36.1	37.4	38.7	40.0	41.3	42.6	43.9	45.2	46.4	47.7	49.0	50.3	51.6	14
0.15	26.8	28.1	29.3	30.6	31.9	33.2	34.4	35.7	37.0	38.3	39.5	40.8	42.1	43.4	44.6	45.9	47.2	48.5	49.7	51.0	0.15
16	26.5	27.7	29.0	30.2	31.5	32.8	34.0	35.3	36.5	37.8	39.1	40.3	41.6	42.8	44.1	45.4	46.6	47.9	49.1	50.4	16
17	26.1	27.4	28.6	29.9	31.1	32.4	33.6	34.9	36.1	37.4	38.6	39.8	41.1	42.3	43.6	44.8	46.1	47.3	48.6	49.8	17
18	25.8	27.1	28.3	29.5	30.8	32.0	33.2	34.4	35.7	36.9	38.1	39.4	40.6	41.8	43.1	44.3	45.5	46.7	48.0	49.2	18
19	25.5	26.7	27.9	29.2	30.4	31.6	32.8	34.0	35.2	36.5	37.7	38.9	40.1	41.3	42.5	43.7	45.0	46.2	47.4	48.6	19
0.20	25.2	26.4	27.6	28.8	30.0	31.2	32.4	33.6	34.8	36.0	37.2	38.4	39.6	40.8	42.0	43.2	44.4	45.6	46.8	48.0	0.20
21	24.9	26.1	27.3	28.4	29.6	30.8	32.0	33.2	34.4	35.6	36.7	37.9	39.1	40.3	41.5	42.7	43.8	45.0	46.2	47.4	21
22	24.6	25.7	26.9	28.1	29.3	30.4	31.6	32.8	33.9	35.1	36.3	37.4	38.6	39.8	41.0	42.1	43.3	44.5	45.6	46.8	22
23	24.3	25.4	26.6	27.7	28.9	30.0	31.2	32.3	33.5	34.7	35.8	37.0	38.1	39.3	40.4	41.6	42.7	43.9	45.0	46.2	23
24	23.9	25.1	26.2	27.4	28.5	29.6	30.8	31.9	33.1	34.2	35.3	36.5	37.6	38.8	39.9	41.0	42.2	43.3	44.5	45.6	24
0.25	23.6	24.8	25.9	27.0	28.1	29.3	30.4	31.5	32.6	33.8	34.9	36.0	37.1	38.3	39.4	40.5	41.6	42.8	43.9	45.0	0.25
26	23.3	24.4	25.5	26.6	27.8	28.9	30.0	31.1	32.2	33.3	34.4	35.5	36.6	37.7	38.9	40.0	41.1	42.2	43.3	44.4	26
27	23.0	24.1	25.2	26.3	27.4	28.5	29.6	30.7	31.8	32.9	33.9	35.0	36.1	37.2	38.3	39.4	40.5	41.6	42.7	43.8	27
28	22.7	23.8	24.8	25.9	27.0	28.1	29.2	30.2	31.3	32.4	33.5	34.6	35.6	36.7	37.8	38.9	40.0	41.0	42.1	43.2	28
29	22.4	23.4	24.5	25.6	26.6	27.7	28.8	29.8	30.9	32.0	33.0	34.1	35.1	36.2	37.3	38.3	39.4	40.5	41.5	42.6	29
0.30	22.1	23.1	24.2	25.2	26.3	27.3	28.4	29.4	30.5	31.5	32.6	33.6	34.7	35.7	36.8	37.8	38.9	39.9	41.0	42.0	0.30
31	21.7	22.8	23.8	24.8	25.9	26.9	27.9	29.0	30.0	31.1	32.1	33.1	34.2	35.2	36.2	37.3	38.3	39.3	40.4	41.4	31
32	21.4	22.4	23.5	24.5	25.5	26.5	27.5	28.6	29.6	30.6	31.6	32.6	33.7	34.7	35.7	36.7	37.7	38.8	39.8	40.8	32
33	21.1	22.1	23.1	24.1	25.1	26.1	27.1	28.1	29.1	30.2	31.2	32.2	33.2	34.2	35.2	36.2	37.2	38.2	39.2	40.2	33
34	20.8	21.8	22.8	23.8	24.8	25.7	26.7	27.7	28.7	29.7	30.7	31.7	32.7	33.7	34.7	35.6	36.6	37.6	38.6	39.6	34
0.35	20.5	21.5	22.4	23.4	24.4	25.4	26.3	27.3	28.3	29.3	30.2	31.2	32.2	33.2	34.1	35.1	36.1	37.1	38.0	39.0	0.35
36	20.2	21.1	22.1	23.0	24.0	25.0	25.9	26.9	27.8	28.8	29.8	30.7	31.7	32.6	33.6	34.6	35.5	36.5	37.4	38.4	36
37	19.8	20.8	21.7	22.7	23.6	24.6	25.5	26.5	27.4	28.4	29.3	30.2	31.2	32.1	33.1	34.0	35.0	35.9	36.9	37.8	37
38	19.5	20.5	21.4	22.3	23.3	24.2	25.1	26.0	27.0	27.9	28.8	29.8	30.7	31.6	32.6	33.5	34.4	35.3	36.3	37.2	38
39	19.2	20.1	21.0	22.0	22.9	23.8	24.7	25.6	26.5	27.5	28.4	29.3	30.2	31.1	32.0	32.9	33.9	34.8	35.7	36.6	39
0.40	18.9	19.8	20.7	21.6	22.5	23.4	24.3	25.2	26.1	27.0	27.9	28.8	29.7	30.6	31.5	32.4	33.3	34.2	35.1	36.0	0.40
41	18.6	19.5	20.4	21.2	22.1	23.0	23.9	24.8	25.7	26.6	27.4	28.3	29.2	30.1	31.0	31.9	32.7	33.6	34.5	35.4	41
42	18.3	19.1	20.0	20.9	21.8	22.6	23.5	24.4	25.2	26.1	27.0	27.8	28.7	29.6	30.5	31.3	32.2	33.1	33.9	34.8	42
43	18.0	18.8	19.7	20.5	21.4	22.2	23.1	23.9	24.8	25.7	26.5	27.4	28.2	29.1	29.9	30.8	31.6	32.5	33.3	34.2	43
44	17.6	18.5	19.3	20.2	21.0	21.8	22.7	23.5	24.4	25.2	26.0	26.9	27.7	28.6	29.4	30.2	31.1	31.9	32.8	33.6	44
0.45	17.3	18.2	19.0	19.8	20.6	21.5	22.3	23.1	23.9	24.8	25.6	26.4	27.2	28.1	28.9	29.7	30.5	31.4	32.2	33.0	0.45
46	17.0	17.8	18.6	19.4	20.3	21.1	21.9	22.7	23.5	24.3	25.1	25.9	26.7	27.5	28.4	29.2	30.0	30.8	31.6	32.4	46
47	16.7	17.5	18.3	19.1	19.9	20.7	21.5	22.3	23.1	23.9	24.6	25.4	26.2	27.0	27.8	28.6	29.4	30.2	31.0	31.8	47
48	16.4	17.2	17.9	18.7	19.5	20.3	21.1	21.8	22.6	23.4	24.2	25.0	25.7	26.5	27.3	28.1	28.9	29.6	30.4	31.2	48
49	16.1	16.8	17.6	18.4	19.1	19.9	20.7	21.4	22.2	23.0	23.7	24.5	25.2	26.0	26.8	27.5	28.3	29.1	29.8	30.6	49
0.50	15.8	16.5	17.3	18.0	18.8	19.5	20.3	21.0	21.8	22.5	23.3	24.0	24.8	25.5	26.3	27.0	27.8	28.5	29.3	30.0	0.50

Interpolation

mit Berücksichtigung zweiter Differenzen

$f(a_0 + n) = f_0 + n\,(\Delta^{I} + \text{Tafelwert})$

Die Tafelwerte sind negativ für positive zweite Differenz, sie sind positiv für negative zweite Differenz

n	Zweite Differenz = Δ_m^{II} 63	66	69	72	75	78	81	84	87	90	93	96	99	102	105	108	111	114	117	120	n
0.50	15.8	16.5	17.3	18.0	18.8	19.5	20.3	21.0	21.8	22.5	23.3	24.0	24.8	25.5	26.3	27.0	27.8	28.5	29.3	30.0	0.50
51	15.4	16.2	16.9	17.6	18.4	19.1	19.8	20.6	21.3	22.1	22.8	23.5	24.3	25.0	25.7	26.5	27.2	27.9	28.7	29.4	51
52	15.1	15.8	16.6	17.3	18.0	18.7	19.4	20.2	20.9	21.6	22.3	23.0	23.8	24.5	25.2	25.9	26.6	27.4	28.1	28.8	52
53	14.8	15.5	16.2	16.9	17.6	18.3	19.0	19.7	20.4	21.2	21.9	22.6	23.3	24.0	24.7	25.4	26.1	26.8	27.5	28.2	53
54	14.5	15.2	15.9	16.6	17.3	17.9	18.6	19.3	20.0	20.7	21.4	22.1	22.8	23.5	24.2	24.8	25.5	26.2	26.9	27.6	54
0.55	14.2	14.9	15.5	16.2	16.9	17.6	18.2	18.9	19.6	20.3	20.9	21.6	22.3	23.0	23.6	24.3	25.0	25.7	26.3	27.0	0.55
56	13.9	14.5	15.2	15.8	16.5	17.2	17.8	18.5	19.1	19.8	20.5	21.1	21.8	22.4	23.1	23.8	24.4	25.1	25.7	26.4	56
57	13.5	14.2	14.8	15.5	16.1	16.8	17.4	18.1	18.7	19.4	20.0	20.6	21.3	21.9	22.6	23.2	23.9	24.5	25.2	25.8	57
58	13.2	13.9	14.5	15.1	15.8	16.4	17.0	17.6	18.3	18.9	19.5	20.2	20.8	21.4	22.1	22.7	23.3	23.9	24.6	25.2	58
59	12.9	13.5	14.1	14.8	15.4	16.0	16.6	17.2	17.8	18.5	19.1	19.7	20.3	20.9	21.5	22.1	22.8	23.4	24.0	24.6	59
0.60	12.6	13.2	13.8	14.4	15.0	15.6	16.2	16.8	17.4	18.0	18.6	19.2	19.8	20.4	21.0	21.6	22.2	22.8	23.4	24.0	0.60
61	12.3	12.9	13.5	14.0	14.6	15.2	15.8	16.4	17.0	17.6	18.1	18.7	19.3	19.9	20.5	21.1	21.6	22.2	22.8	23.4	61
62	12.0	12.5	13.1	13.7	14.3	14.8	15.4	16.0	16.5	17.1	17.7	18.2	18.8	19.4	20.0	20.5	21.1	21.7	22.2	22.8	62
63	11.7	12.2	12.8	13.3	13.9	14.4	15.0	15.5	16.1	16.7	17.2	17.8	18.3	18.9	19.4	20.0	20.5	21.1	21.6	22.2	63
64	11.3	11.9	12.4	13.0	13.5	14.0	14.6	15.1	15.7	16.2	16.7	17.3	17.8	18.4	18.9	19.4	20.0	20.5	21.1	21.6	64
0.65	11.0	11.6	12.1	12.6	13.1	13.7	14.2	14.7	15.2	15.8	16.3	16.8	17.3	17.9	18.4	18.9	19.4	20.0	20.5	21.0	0.65
66	10.7	11.2	11.7	12.2	12.8	13.3	13.8	14.3	14.8	15.3	15.8	16.3	16.8	17.3	17.9	18.4	18.9	19.4	19.9	20.4	66
67	10.4	10.9	11.4	11.9	12.4	12.9	13.4	13.9	14.4	14.9	15.3	15.8	16.3	16.8	17.3	17.8	18.3	18.8	19.3	19.8	67
68	10.1	10.6	11.0	11.5	12.0	12.5	13.0	13.4	13.9	14.4	14.9	15.4	15.8	16.3	16.8	17.3	17.8	18.2	18.7	19.2	68
69	9.8	10.2	10.7	11.2	11.6	12.1	12.6	13.0	13.5	14.0	14.4	14.9	15.3	15.8	16.3	16.7	17.2	17.7	18.1	18.6	69
0.70	9.5	9.9	10.4	10.8	11.3	11.7	12.2	12.6	13.1	13.5	14.0	14.4	14.9	15.3	15.8	16.2	16.7	17.1	17.6	18.0	0.70
71	9.1	9.6	10.0	10.4	10.9	11.3	11.7	12.2	12.6	13.1	13.5	13.9	14.4	14.8	15.2	15.7	16.1	16.5	17.0	17.4	71
72	8.8	9.2	9.7	10.1	10.5	10.9	11.3	11.8	12.2	12.6	13.0	13.4	13.9	14.3	14.7	15.1	15.5	16.0	16.4	16.8	72
73	8.5	8.9	9.3	9.7	10.1	10.5	10.9	11.3	11.7	12.2	12.6	13.0	13.4	13.8	14.2	14.6	15.0	15.4	15.8	16.2	73
74	8.2	8.6	9.0	9.4	9.8	10.1	10.5	10.9	11.3	11.7	12.1	12.5	12.9	13.3	13.7	14.0	14.4	14.8	15.2	15.6	74
0.75	7.9	8.3	8.6	9.0	9.4	9.8	10.1	10.5	10.9	11.3	11.6	12.0	12.4	12.8	13.1	13.5	13.9	14.3	14.6	15.0	0.75
76	7.6	7.9	8.3	8.6	9.0	9.4	9.7	10.1	10.4	10.8	11.2	11.5	11.9	12.2	12.6	13.0	13.3	13.7	14.0	14.4	76
77	7.2	7.6	7.9	8.3	8.6	9.0	9.3	9.7	10.0	10.4	10.7	11.0	11.4	11.7	12.1	12.4	12.8	13.1	13.5	13.8	77
78	6.9	7.3	7.6	7.9	8.3	8.6	8.9	9.2	9.6	9.9	10.2	10.6	10.9	11.2	11.6	11.9	12.2	12.5	12.9	13.2	78
79	6.6	6.9	7.2	7.6	7.9	8.2	8.5	8.8	9.1	9.5	9.8	10.1	10.4	10.7	11.0	11.3	11.7	12.0	12.3	12.6	79
0.80	6.3	6.6	6.9	7.2	7.5	7.8	8.1	8.4	8.7	9.0	9.3	9.6	9.9	10.2	10.5	10.8	11.1	11.4	11.7	12.0	0.80
81	6.0	6.3	6.6	6.8	7.1	7.4	7.7	8.0	8.3	8.6	8.8	9.1	9.4	9.7	10.0	10.3	10.5	10.8	11.1	11.4	81
82	5.7	5.9	6.2	6.5	6.8	7.0	7.3	7.6	7.8	8.1	8.4	8.6	8.9	9.2	9.5	9.7	10.0	10.3	10.5	10.8	82
83	5.4	5.6	5.9	6.1	6.4	6.6	6.9	7.1	7.4	7.7	7.9	8.2	8.4	8.7	8.9	9.2	9.4	9.7	9.9	10.2	83
84	5.0	5.3	5.5	5.8	6.0	6.2	6.5	6.7	7.0	7.2	7.4	7.7	7.9	8.2	8.4	8.6	8.9	9.1	9.4	9.6	84
0.85	4.7	5.0	5.2	5.4	5.6	5.9	6.1	6.3	6.5	6.8	7.0	7.2	7.4	7.7	7.9	8.1	8.3	8.6	8.8	9.0	0.85
86	4.4	4.6	4.8	5.0	5.3	5.5	5.7	5.9	6.1	6.3	6.5	6.7	6.9	7.1	7.4	7.6	7.8	8.0	8.2	8.4	86
87	4.1	4.3	4.5	4.7	4.9	5.1	5.3	5.5	5.7	5.9	6.0	6.2	6.4	6.6	6.8	7.0	7.2	7.4	7.6	7.8	87
88	3.8	4.0	4.1	4.3	4.5	4.7	4.9	5.0	5.2	5.4	5.6	5.8	5.9	6.1	6.3	6.5	6.7	6.8	7.0	7.2	88
89	3.5	3.6	3.8	4.0	4.1	4.3	4.5	4.6	4.8	5.0	5.1	5.3	5.4	5.6	5.8	5.9	6.1	6.3	6.4	6.6	89
0.90	3.2	3.3	3.5	3.6	3.8	3.9	4.1	4.2	4.4	4.5	4.7	4.8	5.0	5.1	5.3	5.4	5.6	5.7	5.9	6.0	0.90
91	2.8	3.0	3.1	3.2	3.4	3.5	3.6	3.8	3.9	4.1	4.2	4.3	4.5	4.6	4.7	4.9	5.0	5.1	5.3	5.4	91
92	2.5	2.6	2.8	2.9	3.0	3.1	3.2	3.4	3.5	3.6	3.7	3.8	4.0	4.1	4.2	4.3	4.4	4.6	4.7	4.8	92
93	2.2	2.3	2.4	2.5	2.6	2.7	2.8	2.9	3.0	3.2	3.3	3.4	3.5	3.6	3.7	3.8	3.9	4.0	4.1	4.2	93
94	1.9	2.0	2.1	2.2	2.3	2.3	2.4	2.5	2.6	2.7	2.8	2.9	3.0	3.1	3.2	3.2	3.3	3.4	3.5	3.6	94
0.95	1.6	1.7	1.7	1.8	1.9	2.0	2.0	2.1	2.2	2.3	2.3	2.4	2.5	2.6	2.6	2.7	2.8	2.9	2.9	3.0	0.95
96	1.3	1.3	1.4	1.4	1.5	1.6	1.6	1.7	1.7	1.8	1.9	1.9	2.0	2.0	2.1	2.2	2.2	2.3	2.3	2.4	96
97	0.9	1.0	1.0	1.1	1.1	1.2	1.2	1.3	1.3	1.4	1.4	1.4	1.5	1.5	1.6	1.6	1.7	1.7	1.8	1.8	97
98	0.6	0.7	0.7	0.7	0.8	0.8	0.8	0.8	0.9	0.9	0.9	1.0	1.0	1.0	1.1	1.1	1.1	1.1	1.2	1.2	98
0.99	0.3	0.3	0.3	0.4	0.4	0.4	0.4	0.4	0.4	0.5	0.5	0.5	0.5	0.5	0.5	0.5	0.6	0.6	0.6	0.6	0.99
1.00	0.0	0.0	0.0	0.0	0.0	0.0	0.0	0.0	0.0	0.0	0.0	0.0	0.0	0.0	0.0	0.0	0.0	0.0	0.0	0.0	1.00

Mittlere Refraktion R_0
als Funktion der scheinbaren Zenitdistanz z

z	R_0	
°	″	
0.0	0.00	52
0.5	0.52	53
1.0	1.05	52
1.5	1.57	53
2.0	2.10	52
2.5	2.62	53
3.0	3.15	52
3.5	3.67	53
4.0	4.20	52
4.5	4.72	53
5.0	5.25	53
5.5	5.78	53
6.0	6.31	53
6.5	6.84	54
7.0	7.38	53
7.5	7.91	54
8.0	8.45	53
8.5	8.98	54
9.0	9.52	54
9.5	10.06	54
10.0	10.60	54
10.5	11.14	54
11.0	11.68	54
11.5	12.22	55
12.0	12.77	55
12.5	13.32	55
13.0	13.87	55
13.5	14.42	56
14.0	14.98	56
14.5	15.54	56
15.0	16.10	56
15.5	16.66	57
16.0	17.23	57
16.5	17.80	57
17.0	18.37	58
17.5	18.95	58
18.0	19.53	

z	R_0	
°	″	
18.0	19.53	58
18.5	20.11	58
19.0	20.69	59
19.5	21.28	59
20.0	21.87	60
20.5	22.47	60
21.0	23.07	60
21.5	23.67	61
22.0	24.28	61
22.5	24.89	62
23.0	25.51	62
23.5	26.13	62
24.0	26.75	63
24.5	27.38	64
25.0	28.02	64
25.5	28.66	65
26.0	29.31	65
26.5	29.96	66
27.0	30.62	66
27.5	31.28	67
28.0	31.95	68
28.5	32.63	68
29.0	33.31	69
29.5	34.00	69
30.0	34.69	70
30.5	35.39	71
31.0	36.10	72
31.5	36.82	72
32.0	37.54	73
32.5	38.27	74
33.0	39.01	75
33.5	39.76	76
34.0	40.52	77
34.5	41.29	78
35.0	42.07	78
35.5	42.85	79
36.0	43.64	

z	R_0	
°	″	
36.0	43.64	81
36.5	44.45	81
37.0	45.26	82
37.5	46.08	84
38.0	46.92	85
38.5	47.77	87
39.0	48.64	87
39.5	49.51	89
40.0	50.40	90
40.5	51.30	91
41.0	52.21	92
41.5	53.13	94
42.0	54.07	95
42.5	55.02	98
43.0	56.00	98
43.5	56.98	100
44.0	57.98	102
44.5	59.00	104
45.0	60.04	105
45.5	61.09	108
46.0	62.17	109
46.5	63.26	111
47.0	64.37	114
47.5	65.51	116
48.0	66.67	117
48.5	67.84	120
49.0	69.04	123
49.5	70.27	124
50.0	71.51	128
50.5	72.79	131
51.0	74.10	133
51.5	75.43	136
52.0	76.79	139
52.5	78.18	142
53.0	79.60	146
53.5	81.06	149
54.0	82.55	

z	R_0	
°	″	
52.0	76.79	55
2	77.34	56
4	77.90	56
6	78.46	57
8	79.03	57
53.0	79.60	58
2	80.18	58
4	80.76	59
6	81.35	60
8	81.95	60
54.0	82.55	61
2	83.16	61
4	83.77	62
6	84.39	62
8	85.01	63
55.0	85.64	64
2	86.28	64
4	86.92	65
6	87.57	66
8	88.23	66
56.0	88.89	67
2	89.56	67
4	90.23	69
6	90.92	69
8	91.61	70
57.0	92.31	71
2	93.02	71
4	93.73	72
6	94.45	73
8	95.18	74
58.0	95.92	75
2	96.67	75
4	97.42	76
6	98.18	77
8	98.95	78
59.0	99.73	79
2	100.52	79
4	101.31	81
6	102.12	81
8	102.93	83
60.0	103.76	

z	R_0	
°	″	
60.0	103.76	84
2	104.60	84
4	105.44	86
6	106.30	86
8	107.16	88
61.0	108.04	89
2	108.93	90
4	109.83	91
6	110.74	92
8	111.66	94
62.0	112.60	95
2	113.55	96
4	114.51	98
6	115.49	98
8	116.47	100
63.0	117.47	101
2	118.48	103
4	119.51	104
6	120.55	105
8	121.60	107
64.0	122.67	108
2	123.75	110
4	124.85	112
6	125.97	113
8	127.10	115
65.0	128.25	117
2	129.42	118
4	130.60	120
6	131.80	122
8	133.02	124
66.0	134.26	126
2	135.52	128
4	136.80	129
6	138.09	132
8	139.41	134
67.0	140.75	136
2	142.11	139
4	143.50	140
6	144.90	143
8	146.33	145
68.0	147.78	

Refraktion $R = R_0 (1 + A\alpha + B)$

$H = H_1 [1 - 0.00264 \cos 2\varphi - 0.000163 (t-T)]$, wobei H_1 = abgelesener Barometerstand, φ = geographische Breite des Beobachtungsortes, t = Temperatur des Quecksilbers, T = Lufttemperatur.

Mittlere Refraktion R_0 als Funktion der scheinbaren Zenitdistanz z

z	R_0		z	R_0	
°	″		°	″	
68.0	147.78	73	72.0	183.10	107
1	148.51	74	1	184.17	108
2	149.25	74	2	185.25	110
3	149.99	76	3	186.35	110
4	150.75	76	4	187.45	112
68.5	151.51	77	72.5	188.57	113
6	152.28	77	6	189.70	114
7	153.05	79	7	190.84	116
8	153.84	79	8	192.00	116
9	154.63	80	9	193.16	118
69.0	155.43	80	73.0	194.34	119
1	156.23	81	1	195.53	121
2	157.04	82	2	196.74	122
3	157.86	83	3	197.96	123
4	158.69	83	4	199.19	125
69.5	159.52	84	73.5	200.44	126
6	160.36	84	6	201.70	127
7	161.20	85	7	202.97	129
8	162.05	86	8	204.26	131
9	162.91	87	9	205.57	132
70.0	163.78	88	74.0	206.89	134
1	164.66	89	1	208.23	135
2	165.55	90	2	209.58	137
3	166.45	91	3	210.95	138
4	167.36	91	4	212.33	140
70.5	168.27	92	74.5	213.73	142
6	169.19	93	6	215.15	143
7	170.12	94	7	216.58	146
8	171.06	95	8	218.04	147
9	172.01	96	9	219.51	149
71.0	172.97	97	75.0	221.00	151
1	173.94	98	1	222.51	152
2	174.92	98	2	224.03	155
3	175.90	100	3	225.58	156
4	176.90	101	4	227.14	159
71.5	177.91	102	75.5	228.73	160
6	178.93	103	6	230.33	163
7	179.96	103	7	231.96	165
8	180.99	105	8	233.61	167
9	182.04	106	9	235.28	169
72.0	183.10		76.0	236.97	

Verbesserung der mittleren Refraktion wegen Lufttemperatur und Barometerstand

T	A
C	
−15°	+0.0608
14	0565
13	0523
12	0481
11	0439
−10	+0.0398
9	0357
8	0316
7	0275
6	0235
− 5	+0.0195
4	0155
3	0116
2	0077
− 1	+0.0038
0	0.0000
+ 1	−0.0038
2	0076
3	0114
4	0151
+ 5	−0.0188
6	0225
7	0261
8	0298
9	0334
+10	−0.0369
11	0405
12	0440
13	0475
14	0510
+15	−0.0545
16	0579
17	0613
18	0647
19	0680
+20	−0.0714
21	0747
22	0780
23	0812
24	0845
+25	−0.0877

Für $z < 45°$ ist $\alpha = 1.000$

z	α
45°	1.000
46	1.001
47	1.001
48	1.001
49	1.001
50	1.002
51	1.002
52	1.002
53	1.002
54	1.002
55	1.002
56	1.003
57	1.003
58	1.003
59	1.003
60	1.004
61	1.004
62	1.004
63	1.004
64	1.005
65	1.005
66	1.006
67	1.007
68	1.007
69	1.008
70	1.009
71	1.010
72	1.011
73	1.013
74	1.015
75	1.017
76	1.020

T	A
+25°	−0.0877
26	0909
27	0941
28	0972
29	1004
+30	−0.1035

H	B		H
mm			mm
720	−0.0526	+	800
721	0513		799
722	0500		798
723	0487		797
724	0474		796
725	−0.0461	+	795
726	0447		794
727	0434		793
728	0421		792
729	0408		791
730	−0.0395	+	790
731	0382		789
732	0368		788
733	0355		787
734	0342		786
735	−0.0329	+	785
736	0316		784
737	0303		783
738	0289		782
739	0276		781
740	−0.0263	+	780
741	0250		779
742	0237		778
743	0224		777
744	0211		776
745	−0.0197	+	775
746	0184		774
747	0171		773
748	0158		772
749	0145		771
750	−0.0132	+	770
751	0118		769
752	0105		768
753	0092		767
754	0079		766
755	−0.0066	+	765
756	0053		764
757	0039		763
758	0026		762
759	−0.0013	+	761
760	0.0000		760

Refraktion $R = R_0\,(1 + A\alpha + B)$

$H = H_1\,[1 - 0.00264 \cos 2\varphi - 0.000163\,(t - T)]$, wobei H_1 = abgelesener Barometerstand, φ = geographische Breite des Beobachtungsortes, t = Temperatur des Quecksilbers, T = Lufttemperatur.

Polaris 1958

Bestimmung der geographischen Breite
durch Messung von Zenitdistanzen des Polarsterns

Tafel 1

	Sternzeit												
	0h		1h		2h		3h		4h		5h		
m	′ ″	″	′ ″	″	′ ″	″	′ ″	″	′ ″	″	′ ″	″	m
0	−49 3.2	14.3	−54 28.0	7.0	−56 5.5	0.8	−53 48.6	8.5	−47 47.7	15.6	−38 29.4	21.6	0
2	49 17.5	14.1	54 35.0	6.8	56 4.7	1.1	53 40.1	8.8	47 32.1	15.8	38 7.8	21.8	2
4	49 31.6	13.8	54 41.8	6.5	56 3.6	1.3	53 31.3	9.0	47 16.3	16.1	37 46.0	21.9	4
6	49 45.4	13.6	54 48.3	6.2	56 2.3	1.6	53 22.3	9.3	47 0.2	16.2	37 24.1	22.1	6
8	49 59.0	13.4	54 54.5	6.0	56 0.7	1.8	53 13.0	9.5	46 44.0	16.5	37 2.0	22.2	8
10	−50 12.4	13.2	−55 0.5	5.7	−55 58.9	2.1	−53 3.5	9.8	−46 27.5	16.7	−36 39.8	22.4	10
12	50 25.6	12.9	55 6.2	5.5	55 56.8	2.4	52 53.7	10.0	46 10.8	16.9	36 17.4	22.6	12
14	50 38.5	12.7	55 11.7	5.2	55 54.4	2.6	52 43.7	10.3	45 53.9	17.1	35 54.8	22.7	14
16	50 51.2	12.4	55 16.9	5.0	55 51.8	2.9	52 33.4	10.5	45 36.8	17.3	35 32.1	22.9	16
18	51 3.6	12.2	55 21.9	4.7	55 48.9	3.1	52 22.9	10.7	45 19.5	17.6	35 9.2	23.1	18
20	−51 15.8	11.9	−55 26.6	4.4	−55 45.8	3.4	−52 12.2	11.0	−45 1.9	17.8	−34 46.1	23.2	20
22	51 27.7	11.7	55 31.0	4.2	55 42.4	3.7	52 1.2	11.3	44 44.1	18.0	34 22.9	23.4	22
24	51 39.4	11.4	55 35.2	3.9	55 38.7	3.9	51 49.9	11.5	44 26.1	18.1	33 59.5	23.5	24
26	51 50.8	11.2	55 39.1	3.6	55 34.8	4.2	51 38.4	11.7	44 8.0	18.4	33 36.0	23.7	26
28	52 2.0	11.0	55 42.7	3.4	55 30.6	4.4	51 26.7	12.0	43 49.6	18.6	33 12.3	23.8	28
30	−52 13.0	10.7	−55 46.1	3.1	−55 26.2	4.7	−51 14.7	12.2	−43 31.0	18.8	−32 48.5	24.0	30
32	52 23.7	10.5	55 49.2	2.9	55 21.5	5.0	51 2.5	12.4	43 12.2	18.9	32 24.5	24.1	32
34	52 34.2	10.2	55 52.1	2.6	55 16.5	5.2	50 50.1	12.6	42 53.3	19.2	32 0.4	24.3	34
36	52 44.4	10.0	55 54.7	2.3	55 11.3	5.5	50 37.5	12.9	42 34.1	19.3	31 36.1	24.4	36
38	52 54.4	9.8	55 57.0	2.1	55 5.8	5.7	50 24.6	13.1	42 14.8	19.6	31 11.7	24.6	38
40	−53 4.2	9.5	−55 59.1	1.8	−55 0.1	6.0	−50 11.5	13.4	−41 55.2	19.8	−30 47.1	24.7	40
42	53 13.7	9.2	56 0.9	1.5	54 54.1	6.2	49 58.1	13.6	41 35.4	19.9	30 22.4	24.8	42
44	53 22.9	9.0	56 2.4	1.3	54 47.9	6.5	49 44.5	13.8	41 15.5	20.1	29 57.6	25.0	44
46	53 31.9	8.8	56 3.7	1.0	54 41.4	6.8	49 30.7	14.0	40 55.4	20.3	29 32.6	25.1	46
48	53 40.7	8.5	56 4.7	0.8	54 34.6	7.0	49 16.7	14.3	40 35.1	20.5	29 7.5	25.3	48
50	−53 49.2	8.2	−56 5.5	0.5	−54 27.6	7.3	−49 2.4	14.5	−40 14.6	20.7	−28 42.2	25.4	50
52	53 57.4	8.0	56 6.0	0.3	54 20.3	7.5	48 47.9	14.7	39 53.9	20.8	28 16.8	25.4	52
54	54 5.4	7.8	56 6.3	0.0	54 12.8	7.8	48 33.2	15.0	39 33.1	21.1	27 51.4	25.6	54
56	54 13.2	7.5	56 6.3	0.3	54 5.0	8.1	48 18.2	15.1	39 12.0	21.2	27 25.8	25.8	56
58	54 20.7	7.3	56 6.0	0.5	53 56.9	8.3	48 3.1	15.4	38 50.8	21.4	27 0.0	25.8	58
60	−54 28.0		−56 5.5		−53 48.6		−47 47.7		−38 29.4		−26 34.2		60

$\varphi = 90^\circ - z$ + Korrektion nach (Tafel 1 + Tafel 2 + Tafel 3)

Bestimmung der geographischen Breite durch Messung von Zenitdistanzen des Polarsterns

Tafel 1

m	Sternzeit 6h ′ ″	″	7h ′ ″	″	8h ′ ″	″	9h ′ ″	″	10h ′ ″	″	11h ′ ″	″	m
0	−26 34.2	25.9	−12 53.6	28.5	+ 1 35.2	29.1	+15 52.7	27.7	+29 1.3	24.5	+40 9.5	19.7	0
2	26 8.3	26.1	12 25.1	28.6	2 4.3	29.1	16 20.4	27.6	29 25.8	24.3	40 29.2	19.4	2
4	25 42.2	26.2	11 56.5	28.6	2 33.4	29.0	16 48.0	27.5	29 50.1	24.2	40 48.6	19.3	4
6	25 16.0	26.3	11 27.9	28.7	3 2.4	29.1	17 15.5	27.4	30 14.3	24.1	41 7.9	19.2	6
8	24 49.7	26.4	10 59.2	28.7	3 31.5	29.0	17 42.9	27.4	30 38.4	23.9	41 27.1	18.9	8
10	−24 23.3	26.5	−10 30.5	28.7	+ 4 0.5	29.0	+18 10.3	27.3	+31 2.3	23.7	+41 46.0	18.8	10
12	23 56.8	26.6	10 1.8	28.8	4 29.5	29.0	18 37.6	27.2	31 26.0	23.6	42 4.8	18.5	12
14	23 30.2	26.8	9 33.0	28.8	4 58.5	28.9	19 4.8	27.1	31 49.6	23.5	42 23.3	18.4	14
16	23 3.4	26.8	9 4.2	28.9	5 27.4	28.9	19 31.9	27.0	32 13.1	23.3	42 41.7	18.1	16
18	22 36.6	26.9	8 35.3	28.9	5 56.3	28.9	19 58.9	27.0	32 36.4	23.2	42 59.8	18.0	18
20	−22 9.7	27.1	− 8 6.4	28.9	+ 6 25.2	28.8	+20 25.9	26.8	+32 59.6	23.1	+43 17.8	17.8	20
22	21 42.6	27.1	7 37.5	29.0	6 54.0	28.8	20 52.7	26.7	33 22.7	22.9	43 35.6	17.5	22
24	21 15.5	27.2	7 8.5	29.0	7 22.8	28.8	21 19.4	26.7	33 45.6	22.7	43 53.1	17.4	24
26	20 48.3	27.3	6 39.5	29.0	7 51.6	28.7	21 46.1	26.5	34 8.3	22.6	44 10.5	17.1	26
28	20 21.0	27.4	6 10.5	29.0	8 20.3	28.7	22 12.6	26.4	34 30.9	22.4	44 27.6	17.0	28
30	−19 53.6	27.5	− 5 41.5	29.0	+ 8 49.0	28.6	+22 39.0	26.3	+34 53.3	22.2	+44 44.6	16.8	30
32	19 26.1	27.5	5 12.5	29.1	9 17.6	28.6	23 5.3	26.2	35 15.5	22.1	45 1.4	16.5	32
34	18 58.6	27.7	4 43.4	29.1	9 46.2	28.5	23 31.5	26.1	35 37.6	21.9	45 17.9	16.4	34
36	18 30.9	27.7	4 14.3	29.1	10 14.7	28.5	23 57.6	26.0	35 59.5	21.8	45 34.3	16.1	36
38	18 3.2	27.8	3 45.2	29.1	10 43.2	28.4	24 23.6	25.8	36 21.3	21.6	45 50.4	16.0	38
40	−17 35.4	27.9	− 3 16.1	29.1	+11 11.6	28.4	+24 49.4	25.7	+36 42.9	21.4	+46 6.4	15.8	40
42	17 7.5	27.9	2 47.0	29.1	11 40.0	28.4	25 15.1	25.7	37 4.3	21.3	46 22.2	15.5	42
44	16 39.6	28.0	2 17.9	29.1	12 8.4	28.3	25 40.8	25.5	37 25.6	21.1	46 37.7	15.3	44
46	16 11.6	28.1	1 48.8	29.2	12 36.7	28.2	26 6.3	25.3	37 46.7	20.9	46 53.0	15.1	46
48	15 43.5	28.2	1 19.6	29.1	13 4.9	28.2	26 31.6	25.3	38 7.6	20.8	47 8.1	14.9	48
50	−15 15.3	28.2	− 0 50.5	29.1	+13 33.1	28.1	+26 56.9	25.1	+38 28.4	20.6	+47 23.0	14.7	50
52	14 47.1	28.3	− 0 21.4	29.2	14 1.2	28.0	27 22.0	25.0	38 49.0	20.4	47 37.7	14.4	52
54	14 18.8	28.3	+ 0 7.8	29.1	14 29.2	27.9	27 47.0	24.9	39 9.4	20.2	47 52.1	14.3	54
56	13 50.5	28.4	0 36.9	29.2	14 57.1	27.8	28 11.9	24.8	39 29.6	20.0	48 6.4	14.0	56
58	13 22.1	28.5	1 6.1	29.1	15 24.9	27.8	28 36.7	24.6	39 49.6	19.9	48 20.4	13.8	58
60	−12 53.6		+ 1 35.2		+15 52.7		+29 1.3		+40 9.5		+48 34.2		60

$\varphi = 90° - z$ + Korrektion nach (Tafel 1 + Tafel 2 + Tafel 3)

Polaris 1958

Bestimmung der geographischen Breite
durch Messung von Zenitdistanzen des Polarsterns

Tafel 1

	Sternzeit												
	12h		13h		14h		15h		16h		17h		
m	′ ″	″	′ ″	″	′ ″	″	′ ″	″	′ ″	″	′ ″	″	m
0	+48 34.2	13.6	+53 44.0	6.7	+55 20.0	0.6	+53 15.8	7.8	+47 39.2	14.9	+38 43.5	20.8	0
2	48 47.8	13.4	53 50.7	6.5	55 19.4	0.9	53 8.0	8.1	47 24.3	15.0	38 22.7	20.9	2
4	49 1.2	13.2	53 57.2	6.2	55 18.5	1.1	52 59.9	8.3	47 9.3	15.3	38 1.8	21.2	4
6	49 14.4	13.0	54 3.4	6.0	55 17.4	1.3	52 51.6	8.6	46 54.0	15.6	37 40.6	21.3	6
8	49 27.4	12.7	54 9.4	5.7	55 16.1	1.6	52 43.0	8.8	46 38.4	15.7	37 19.3	21.5	8
10	+49 40.1	12.5	+54 15.1	5.5	+55 14.5	1.8	+52 34.2	9.0	+46 22.7	16.0	+36 57.8	21.7	10
12	49 52.6	12.3	54 20.6	5.3	55 12.7	2.1	52 25.2	9.3	46 6.7	16.2	36 36.1	21.8	12
14	50 4.9	12.1	54 25.9	5.0	55 10.6	2.3	52 15.9	9.5	45 50.5	16.4	36 14.3	22.0	14
16	50 17.0	11.9	54 30.9	4.8	55 8.3	2.6	52 6.4	9.7	45 34.1	16.6	35 52.3	22.2	16
18	50 28.9	11.6	54 35.7	4.6	55 5.7	2.8	51 56.7	10.0	45 17.5	16.8	35 30.1	22.3	18
20	+50 40.5	11.4	+54 40.3	4.3	+55 2.9	3.1	+51 46.7	10.2	+45 0.7	17.0	+35 7.8	22.5	20
22	50 51.9	11.1	54 44.6	4.0	54 59.8	3.3	51 36.5	10.4	44 43.7	17.3	34 45.3	22.6	22
24	51 3.0	10.9	54 48.6	3.8	54 56.5	3.5	51 26.1	10.7	44 26.4	17.4	34 22.7	22.8	24
26	51 13.9	10.7	54 52.4	3.6	54 53.0	3.8	51 15.4	10.9	44 9.0	17.7	33 59.9	23.0	26
28	51 24.6	10.4	54 56.0	3.3	54 49.2	4.0	51 4.5	11.1	43 51.3	17.8	33 36.9	23.1	28
30	+51 35.0	10.2	+54 59.3	3.1	+54 45.2	4.3	+50 53.4	11.4	+43 33.5	18.0	+33 13.8	23.3	30
32	51 45.2	10.0	55 2.4	2.8	54 40.9	4.5	50 42.0	11.5	43 15.5	18.2	32 50.5	23.4	32
34	51 55.2	9.8	55 5.2	2.6	54 36.4	4.8	50 30.5	11.8	42 57.3	18.3	32 27.1	23.6	34
36	52 5.0	9.5	55 7.8	2.4	54 31.6	5.0	50 18.7	12.1	42 39.0	18.6	32 3.5	23.7	36
38	52 14.5	9.3	55 10.2	2.1	54 26.6	5.2	50 6.6	12.2	42 20.4	18.8	31 39.8	23.8	38
40	+52 23.8	9.1	+55 12.3	1.9	+54 21.4	5.5	+49 54.4	12.5	+42 1.6	19.0	+31 16.0	24.0	40
42	52 32.9	8.9	55 14.2	1.6	54 15.9	5.7	49 41.9	12.7	41 42.6	19.2	30 52.0	24.1	42
44	52 41.8	8.6	55 15.8	1.4	54 10.2	6.0	49 29.2	12.9	41 23.4	19.3	30 27.9	24.3	44
46	52 50.4	8.4	55 17.2	1.1	54 4.2	6.2	49 16.3	13.2	41 4.1	19.6	30 3.6	24.4	46
48	52 58.8	8.1	55 18.3	0.9	53 58.0	6.4	49 3.1	13.4	40 44.5	19.7	29 39.2	24.6	48
50	+53 6.9	7.9	+55 19.2	0.6	+53 51.6	6.7	+48 49.7	13.6	+40 24.8	19.9	+29 14.6	24.7	50
52	53 14.8	7.7	55 19.8	0.4	53 44.9	6.9	48 36.1	13.9	40 4.9	20.1	28 49.9	24.8	52
54	53 22.5	7.4	55 20.2	0.2	53 38.0	7.2	48 22.2	14.1	39 44.8	20.2	28 25.1	25.0	54
56	53 29.9	7.2	55 20.4	— 0.1	53 30.8	7.4	48 8.1	14.3	39 24.6	20.5	28 0.1	25.1	56
58	53 37.1	6.9	55 20.3	0.3	53 23.4	7.6	47 53.8	14.6	39 4.1	20.6	27 35.0	25.2	58
60	+53 44.0		+55 20.0		+53 15.8		+47 39.2		+38 43.5		+27 9.8		60

$\varphi = 90° - z$ + Korrektion nach (Tafel 1 + Tafel 2 + Tafel 3)

Polaris 1958

Bestimmung der geographischen Breite durch Messung von Zenitdistanzen des Polarsterns

Tafel 1

	Sternzeit												
	18h		19h		20h		21h		22h		23h		
m	′ ″	″	′ ″	″	′ ″	″	′ ″	″	′ ″	″	′ ″	″	m
0	+27 9.8	25.3	+13 42.7	28.2	− 0 44.0	29.2	−15 12.1	28.2	−28 41.4	25.3	−40 15.0	20.5	0
2	26 44.5	25.5	13 14.5	28.3	1 13.2	29.3	15 40.3	28.2	29 6.7	25.2	40 35.5	20.3	2
4	26 19.0	25.6	12 46.2	28.4	1 42.5	29.2	16 8.5	28.1	29 31.9	25.0	40 55.8	20.2	4
6	25 53.4	25.7	12 17.8	28.4	2 11.7	29.2	16 36.6	28.0	29 56.9	24.9	41 16.0	19.9	6
8	25 27.7	25.8	11 49.4	28.5	2 40.9	29.2	17 4.6	28.0	30 21.8	24.7	41 35.9	19.8	8
10	+25 1.9	25.9	+11 20.9	28.6	− 3 10.1	29.3	−17 32.6	27.9	−30 46.5	24.6	−41 55.7	19.6	10
12	24 36.0	26.1	10 52.3	28.6	3 39.4	29.2	18 0.5	27.8	31 11.1	24.5	42 15.3	19.4	12
14	24 9.9	26.2	10 23.7	28.6	4 8.6	29.2	18 28.3	27.7	31 35.6	24.3	42 34.7	19.2	14
16	23 43.7	26.3	9 55.1	28.7	4 37.8	29.2	18 56.0	27.6	31 59.9	24.2	42 53.9	19.0	16
18	23 17.4	26.5	9 26.4	28.7	5 7.0	29.1	19 23.6	27.6	32 24.1	24.0	43 12.9	18.8	18
20	+22 50.9	26.5	+ 8 57.7	28.8	− 5 36.1	29.1	−19 51.2	27.5	−32 48.1	23.9	−43 31.7	18.6	20
22	22 24.4	26.6	8 28.9	28.8	6 5.2	29.1	20 18.7	27.4	33 12.0	23.8	43 50.3	18.4	22
24	21 57.8	26.8	8 0.1	28.9	6 34.3	29.1	20 46.1	27.3	33 35.8	23.6	44 8.7	18.1	24
26	21 31.0	26.8	7 31.2	28.9	7 3.4	29.1	21 13.4	27.2	33 59.4	23.4	44 26.8	18.0	26
28	21 4.2	26.9	7 2.3	29.0	7 32.5	29.0	21 40.6	27.1	34 22.8	23.3	44 44.8	17.8	28
30	+20 37.3	27.0	+ 6 33.3	29.0	− 8 1.5	29.0	−22 7.7	27.0	−34 46.1	23.1	−45 2.6	17.6	30
32	20 10.3	27.1	6 4.3	29.1	8 30.5	29.0	22 34.7	26.9	35 9.2	22.9	45 20.2	17.3	32
34	19 43.2	27.3	5 35.2	29.0	8 59.5	28.9	23 1.6	26.8	35 32.1	22.8	45 37.5	17.2	34
36	19 15.9	27.3	5 6.2	29.1	9 28.4	28.9	23 28.4	26.7	35 54.9	22.6	45 54.7	16.9	36
38	18 48.6	27.4	4 37.1	29.1	9 57.3	28.9	23 55.1	26.6	36 17.5	22.5	46 11.6	16.7	38
40	+18 21.2	27.5	+ 4 8.0	29.1	−10 26.2	28.8	−24 21.7	26.5	−36 40.0	22.3	−46 28.3	16.5	40
42	17 53.7	27.6	3 38.9	29.2	10 55.0	28.8	24 48.2	26.4	37 2.3	22.1	46 44.8	16.2	42
44	17 26.1	27.6	3 9.7	29.1	11 23.8	28.7	25 14.6	26.3	37 24.4	22.0	47 1.0	16.1	44
46	16 58.5	27.8	2 40.6	29.2	11 52.5	28.7	25 40.9	26.2	37 46.4	21.7	47 17.1	15.8	46
48	16 30.7	27.8	2 11.4	29.2	12 21.2	28.7	26 7.1	26.0	38 8.1	21.6	47 32.9	15.6	48
50	+16 2.9	27.9	+ 1 42.2	29.2	−12 49.9	28.6	−26 33.1	25.9	−38 29.7	21.4	−47 48.5	15.4	50
52	15 35.0	27.9	1 13.0	29.3	13 18.5	28.5	26 59.0	25.8	38 51.1	21.3	48 3.9	15.1	52
54	15 7.1	28.1	0 43.7	29.2	13 47.0	28.4	27 24.8	25.6	39 12.4	21.0	48 19.0	15.0	54
56	14 39.0	28.1	+ 0 14.5	29.3	14 15.4	28.4	27 50.4	25.6	39 33.4	20.9	48 34.0	14.7	56
58	14 10.9	28.2	− 0 14.8	29.2	14 43.8	28.3	28 16.0	25.4	39 54.3	20.7	48 48.7	14.5	58
60	+13 42.7		− 0 44.0		−15 12.1		−28 41.4		−40 15.0		−49 3.2		60

$\varphi = 90° - z$ + Korrektion nach (Tafel 1 + Tafel 2 + Tafel 3)

Polaris 1958

Die Tafelwerte sind stets positiv

Tafel 2

1958	Sternzeit 0h		1h		2h		3h		4h		5h			1958
	0m	30m	0m	30m	0m	30m	0m	30m	0m	30m	0m	30m	60m	
	"	"	"	"	"	"	"	"	"	"	"	"	"	
Jan. 1	32.3	32.4	32.2	31.8	31.0	30.3	29.2	27.9	26.9	25.8	24.7	23.6	22.7	Jan. 1
16	31.7	32.4	32.7	33.0	32.8	32.6	32.0	31.4	30.8	30.0	29.1	28.3	27.5	16
31	29.5	30.8	31.7	32.6	33.0	33.4	33.5	33.4	33.3	33.1	32.6	32.2	31.7	31
Febr. 15	26.3	28.1	29.4	30.9	32.0	33.0	33.7	34.2	34.7	35.1	35.2	35.2	35.2	Febr. 15
März 2	22.0	24.1	26.0	27.9	29.5	31.0	32.3	33.4	34.6	35.5	36.3	36.9	37.5	März 2
17	17.2	19.6	21.4	23.8	25.8	27.8	29.6	31.3	33.1	34.7	36.0	37.3	38.4	17
April 1	12.5	14.8	16.9	19.2	21.5	23.8	26.0	28.1	30.3	32.4	34.4	36.3	38.0	April 1
16	8.0	10.1	12.2	14.5	16.7	19.2	21.5	23.9	26.6	29.0	31.5	33.9	36.3	16
Mai 1	4.3	6.1	7.8	9.9	12.0	14.4	16.8	19.4	22.2	24.9	27.7	30.5	33.3	Mai 1
16	1.7	2.8	4.2	5.9	7.7	10.0	12.2	14.6	17.5	20.3	23.3	26.3	29.4	16
31	0.1	0.8	1.6	2.8	4.2	6.1	8.0	10.1	12.8	15.5	18.5	21.6	24.9	31
Juni 15	0.0	0.0	0.2	0.9	1.6	2.9	4.4	6.2	8.5	11.1	13.8	16.8	20.1	Juni 15
30	1.0	0.4	0.0	0.0	0.2	0.9	1.9	3.1	5.0	7.2	9.6	12.4	15.5	30
Juli 15	3.3	2.2	1.1	0.5	0.0	0.0	0.3	0.9	2.2	3.8	5.8	8.1	10.9	Juli 15
30	6.9	5.1	3.5	2.2	1.1	0.4	0.0	0.0	0.6	1.5	3.0	4.7	7.0	30
Aug. 14	11.1	8.9	6.8	4.9	3.1	1.9	0.9	0.0	0.0	0.3	1.0	2.1	3.8	Aug. 14
29	16.1	13.5	11.0	8.6	6.3	4.5	2.7	1.2	0.4	0.0	0.0	0.5	1.4	29
Sept. 13	21.4	18.7	15.8	13.1	10.3	7.9	5.6	3.5	2.0	0.9	0.2	0.0	0.3	Sept. 13
28	27.1	24.3	21.2	18.2	15.1	12.3	9.4	6.7	4.6	2.8	1.3	0.4	0.0	28
Okt. 13	32.7	29.9	26.8	23.6	20.3	17.1	13.8	10.7	8.0	5.7	3.5	1.9	0.7	Okt. 13
28	38.4	35.8	32.8	29.6	26.2	22.8	19.4	15.7	12.7	9.6	6.9	4.6	2.7	28
Nov. 12	43.0	40.8	38.0	35.1	31.7	28.4	24.7	20.9	17.5	14.1	10.9	8.1	5.6	Nov. 12
27	46.8	45.0	42.7	39.9	36.8	33.6	29.9	26.2	22.6	19.1	15.5	12.3	9.4	27
Dez. 12	49.4	48.2	46.4	44.1	41.4	38.4	35.1	31.4	27.9	24.3	20.6	17.2	13.9	Dez. 12
27	50.6	50.0	48.9	47.2	44.9	42.4	39.3	36.0	32.8	29.2	25.7	22.2	18.8	27
32	50.6	50.2	49.2	47.8	45.7	43.4	40.6	37.3	34.2	30.9	27.3	23.9	20.5	32

1958	Sternzeit 6h		7h		8h		9h		10h		11h			1958
	0m	30m	0m	30m	0m	30m	0m	30m	0m	30m	0m	30m	60m	
	"	"	"	"	"	"	"	"	"	"	"	"	"	
Jan. 1	22.7	22.0	21.2	20.8	20.3	20.1	19.6	19.6	19.3	19.2	18.8	18.6	18.3	Jan. 1
16	27.5	26.7	26.0	25.4	24.8	24.2	23.5	23.0	22.2	21.7	20.7	19.9	18.9	16
31	31.7	31.2	30.8	30.1	29.6	28.9	28.0	27.3	26.3	25.3	23.9	22.6	21.5	31
Febr. 15	35.2	35.1	34.9	34.6	34.2	33.7	32.7	32.0	30.8	29.6	27.9	26.2	24.3	Febr. 15
März 2	37.5	37.9	38.3	38.3	38.3	38.1	37.4	36.7	35.6	34.4	32.6	30.7	28.6	März 2
17	38.4	39.5	40.4	41.1	41.6	41.8	41.4	41.1	40.3	39.2	37.5	35.6	33.4	17
April 1	38.0	39.7	41.3	42.5	43.6	44.4	44.6	44.7	44.2	43.5	42.0	40.3	38.1	April 1
16	36.3	38.5	40.7	42.6	44.2	45.7	46.4	47.2	47.1	46.9	45.8	44.4	42.6	16
Mai 1	33.3	36.1	38.8	41.3	43.5	45.6	47.0	48.3	48.9	49.2	48.7	47.8	46.3	Mai 1
16	29.4	32.6	35.8	38.7	41.5	44.1	46.1	48.1	49.3	50.2	50.3	49.9	48.9	16
31	24.9	28.3	31.8	35.1	38.3	41.4	44.0	46.5	48.3	49.8	50.5	50.8	50.5	31
Juni 15	20.1	23.6	27.2	30.8	34.3	37.8	40.7	43.8	46.1	48.2	49.5	50.4	50.6	Juni 15
30	15.5	18.8	22.4	26.1	29.7	33.4	36.7	40.0	42.9	45.4	47.2	48.7	49.6	30
Juli 15	10.9	14.0	17.4	21.0	24.6	28.3	31.8	35.4	38.5	41.4	43.8	45.8	47.3	Juli 15
30	7.0	9.7	12.7	16.0	19.5	23.1	26.6	30.3	33.5	36.7	39.4	41.8	43.7	30
Aug. 14	3.8	6.0	8.6	11.4	14.6	18.1	21.3	25.0	28.2	31.6	34.5	37.2	39.5	Aug. 14
29	1.4	3.0	4.9	7.4	10.0	13.0	16.1	19.5	22.7	26.0	29.0	31.8	34.5	29
Sept. 13	0.3	1.1	2.4	4.2	6.3	8.9	11.4	14.6	17.5	20.7	23.5	26.4	29.2	Sept. 13
28	0.0	0.0	0.6	1.7	3.2	5.2	7.3	9.9	12.5	15.3	18.0	20.7	23.5	28
Okt. 13	0.7	0.1	0.0	0.3	1.1	2.4	3.8	5.9	8.0	10.4	12.7	15.4	17.9	Okt. 13
28	2.7	1.3	0.4	0.0	0.0	0.6	1.3	2.7	4.1	6.0	7.9	10.0	12.2	28
Nov. 12	5.6	3.6	2.0	0.9	0.2	0.0	0.1	0.7	1.5	2.8	4.1	5.8	7.6	Nov. 12
27	9.4	6.8	4.7	2.9	1.6	0.7	0.0	0.0	0.1	0.8	1.5	2.5	3.8	27
Dez. 12	13.9	10.9	8.4	6.1	4.1	2.7	1.4	0.6	0.0	0.0	0.0	0.5	1.2	Dez. 12
27	18.8	15.7	12.8	10.2	7.8	5.8	3.9	2.7	1.5	0.8	0.1	0.0	0.0	27
32	20.5	17.4	14.5	11.8	9.3	7.3	5.3	3.8	2.5	1.5	0.7	0.2	0.0	32

Tafel 2

Die Tafelwerte sind stets positiv

1958	Sternzeit 12h 0m	12h 30m	13h 0m	13h 30m	14h 0m	14h 30m	15h 0m	15h 30m	16h 0m	16h 30m	17h 0m	17h 30m	17h 60m	1958
	"	"	"	"	"	"	"	"	"	"	"	"	"	
Jan. 1	18.3	17.8	17.0	16.0	14.7	13.1	11.4	9.4	7.8	9.7	11.6	13.7	15.7	Jan. 1
16	18.9	17.8	16.5	14.8	12.9	10.8	8.6	5.9	3.9	5.5	7.2	9.0	10.9	16
31	21.1	19.4	17.5	15.2	12.7	10.0	7.1	3.9	1.4	2.4	3.7	5.1	6.7	31
Febr. 15	24.3	22.1	19.8	16.9	13.7	10.4	6.9	3.1	0.0	0.4	1.1	2.1	3.2	Febr. 15
März 2	28.6	26.1	23.2	19.9	16.2	12.4	8.3	3.9	0.1	0.0	0.0	0.4	0.9	März 2
17	33.4	30.6	27.6	24.0	19.9	15.6	11.0	6.0	1.6	0.8	0.3	0.0	0.0	17
April 1	38.1	35.4	32.3	28.6	24.2	19.6	14.6	9.2	4.4	3.1	1.9	1.0	0.4	April 1
16	42.6	40.1	37.0	33.3	29.0	24.2	19.1	13.4	8.1	6.5	4.8	3.4	2.1	16
Mai 1	46.3	44.1	41.4	37.9	33.7	29.0	23.8	17.9	12.5	10.6	8.6	6.8	5.1	Mai 1
16	48.9	47.4	45.0	41.9	38.0	33.4	28.4	22.7	17.2	15.2	13.0	11.0	9.0	16
31	50.5	49.4	47.6	45.0	41.5	37.3	32.6	27.2	21.9	20.0	17.8	15.7	13.5	31
Juni 15	50.6	50.2	49.0	46.9	44.1	40.5	36.2	31.1	26.2	24.4	22.5	20.5	18.3	Juni 15
30	49.6	49.8	49.2	47.8	45.5	42.5	38.7	34.2	29.7	28.3	26.7	24.9	22.9	30
Juli 15	47.3	48.0	48.1	47.3	45.7	43.4	40.3	36.4	32.5	31.7	30.5	29.2	27.5	Juli 15
30	43.7	45.1	45.7	45.6	44.6	43.0	40.6	37.3	34.1	34.0	33.3	32.6	31.4	30
Aug 14	39.5	41.3	42.4	42.9	42.6	41.5	39.7	37.3	34.7	35.2	35.3	35.2	34.6	Aug. 14
29	34.5	36.7	38.2	39.2	39.4	38.9	37.9	36.1	34.3	35.5	36.3	36.6	37.0	29
Sept. 13	29.2	31.5	33.4	34.7	35.4	35.5	35.0	33.8	32.7	34.6	36.1	37.3	38.1	Sept. 13
28	23.5	25.9	28.0	29.6	30.6	31.1	31.2	30.6	30.1	32.7	35.1	36.9	38.4	28
Okt. 13	17.9	20.3	22.4	24.2	25.4	26.3	26.8	26.6	26.7	29.8	32.8	35.4	37.7	Okt. 13
28	12.2	14.4	16.4	18.2	19.5	20.6	21.3	21.6	22.0	25.9	29.4	32.7	35.7	28
Nov. 12	7.6	9.4	11.2	12.7	14.0	15.0	15.9	16.4	17.2	21.4	25.4	29.2	32.8	Nov. 12
27	3.8	5.2	6.5	7.9	8.9	9.8	10.7	11.1	12.1	16.4	20.8	25.0	29.0	27
Dez. 12	1.2	2.0	2.8	3.7	4.3	5.0	5.5	5.9	6.8	11.2	15.7	20.1	24.5	Dez. 12
27	0.0	0.2	0.3	0.6	0.8	1.0	1.3	1.3	1.9	6.3	10.6	15.1	19.6	27
32	0.0	0.0	0.0	0.0	0.0	0.0	0.0	0.0	0.5	4.6	9.0	13.4	17.9	32

1958	Sternzeit 18h 0m	18h 30m	19h 0m	19h 30m	20h 0m	20h 30m	21h 0m	21h 30m	22h 0m	22h 30m	23h 0m	23h 30m	23h 60m	1958
	"	"	"	"	"	"	"	"	"	"	"	"	"	
Jan. 1	15.7	17.7	20.1	21.8	23.9	25.6	27.4	28.7	30.0	31.0	31.7	32.2	32.3	Jan. 1
16	10.9	13.0	15.3	17.2	19.4	21.5	23.5	25.3	27.1	28.5	29.8	30.9	31.7	16
31	6.7	8.5	10.5	12.5	14.6	16.8	19.0	21.0	23.0	24.9	26.6	28.2	29.5	31
Febr. 15	3.2	4.6	6.4	8.0	10.0	12.0	14.3	16.3	18.5	20.6	22.6	24.6	26.3	Febr. 15
März 2	0.9	1.8	3.0	4.3	5.9	7.6	9.6	11.6	13.7	15.8	17.9	20.1	22.0	März 2
17	0.0	0.2	0.9	1.5	2.6	3.9	5.6	7.2	9.0	11.0	13.0	15.2	17.2	17
April 1	0.4	0.0	0.0	0.1	0.6	1.3	2.4	3.6	5.1	6.7	8.5	10.5	12.5	April 1
16	2.1	1.2	0.6	0.0	0.0	0.0	0.6	1.1	2.2	3.3	4.7	6.4	8.0	16
Mai 1	5.1	3.6	2.5	1.3	0.7	0.1	0.0	0.0	0.4	1.0	1.8	3.0	4.3	Mai 1
16	9.0	7.1	5.5	3.9	2.7	1.6	0.9	0.2	0.0	0.0	0.2	0.9	1.7	16
31	13.5	11.4	9.5	7.5	5.9	4.3	3.0	1.8	1.0	0.4	0.0	0.0	0.1	31
Juni 15	18.3	16.1	14.1	11.8	9.9	7.9	6.3	4.5	3.2	2.0	1.0	0.4	0.0	Juni 15
30	22.9	20.9	18.9	16.5	14.5	12.3	10.3	8.3	6.4	4.8	3.3	2.1	1.0	30
Juli 15	27.5	25.7	23.9	21.6	19.6	17.4	15.2	12.9	10.8	8.8	6.7	5.0	3.3	Juli 15
30	31.4	30.0	28.6	26.6	24.7	22.6	20.4	18.0	15.8	13.5	11.1	9.0	6.9	30
Aug. 14	34.6	33.7	32.7	31.2	29.6	27.6	25.7	23.3	21.1	18.6	16.0	13.6	11.1	Aug. 14
29	37.0	36.7	36.4	35.2	34.2	32.7	30.9	28.8	26.6	24.2	21.5	19.0	16.1	29
Sept. 13	38.1	38.6	38.9	38.4	37.9	36.8	35.6	33.7	31.8	29.5	27.0	24.4	21.4	Sept. 13
28	38.4	39.7	40.7	40.9	41.0	40.5	39.7	38.4	36.8	34.9	32.5	30.1	27.1	28
Okt. 13	37.7	39.6	41.3	42.3	43.1	43.3	43.2	42.4	41.3	39.8	37.8	35.4	32.7	Okt. 13
28	35.7	38.4	40.9	42.6	44.2	45.1	45.7	45.6	45.3	44.2	42.6	40.8	38.4	28
Nov. 12	32.8	36.1	39.3	41.7	44.0	45.7	46.9	47.6	47.8	47.4	46.4	45.0	43.0	Nov. 12
27	29.0	32.9	36.6	39.7	42.6	45.0	47.0	48.3	49.2	49.4	49.0	48.3	46.8	27
Dez. 12	24.5	28.8	32.9	36.5	40.1	43.0	45.6	47.7	49.3	50.2	50.5	50.3	49.4	Dez. 12
27	19.6	24.0	28.5	32.4	36.4	39.9	43.1	45.6	47.8	49.4	50.4	50.8	50.6	27
32	17.9	22.3	26.8	30.8	34.9	38.4	41.7	44.5	46.8	48.7	49.8	50.6	50.6	32

Polaris 1958

Tafel 3

Wahre Zenit-distanz	Sternzeit													Wahre Zenit-distanz
	0^h u. 12^h		1^h u. 13^h		2^h u. 14^h		3^h u. 15^h		4^h u. 16^h		5^h u. 17^h			
	0^m	30^m	30^m	0^m	0^m	30^m	0^m	30^m	0^m	30^m	0^m	30^m	60^m	
°	″	″	″	″	″	″	″	″	″	″	″	″	″	°
10	+24.6	13.9	5.9	1.2	0.1	2.6	8.5	17.7	29.2	42.5	56.3	70.1	82.8+	10
12	18.6	10.5	4.5	0.9	0.1	1.9	6.5	13.4	22.0	32.1	42.5	52.9	62.5	12
14	14.2	8.0	3.4	0.7	0.1	1.5	5.0	10.3	16.9	24.6	32.6	40.6	47.9	14
16	11.0	6.2	2.6	0.5	0.1	1.1	3.8	7.9	13.0	19.0	25.1	31.2	36.9	16
18	8.4	4.7	2.0	0.4	0.0	0.9	2.9	6.0	10.0	14.5	19.3	23.9	28.3	18
20	+ 6.3	3.6	1.5	0.3	0.0	0.7	2.2	4.6	7.6	11.0	14.5	18.1	21.4+	20
22	4.6	2.6	1.1	0.2	0.0	0.5	1.6	3.3	5.5	8.0	10.6	13.2	15.6	22
24	3.2	1.8	0.8	0.2	0.0	0.3	1.1	2.2	3.8	5.6	7.3	9.1	10.8	24
26	2.0	1.1	0.5	0.1	0.0	0.2	0.7	1.4	2.3	3.4	4.5	5.7	6.7	26
28	+ 0.9	0.5	0.2	0.0	0.0	0.1	0.3	0.7	1.1	1.6	2.1	2.6	3.1+	28
30	0.0	0.0	0.0	0.0	0.0	0.0	0.0	0.0	0.0	0.0	0.0	0.0	0.0	30
32	— 0.8	0.5	0.2	0.0	0.0	0.1	0.3	0.6	1.0	1.4	1.9	2.3	2.8—	32
34	1.6	0.9	0.4	0.1	0.0	0.2	0.5	1.1	1.8	2.7	3.5	4.4	5.2	34
36	2.2	1.2	0.5	0.1	0.0	0.2	0.8	1.6	2.6	3.8	5.1	6.3	7.5	36
38	2.8	1.6	0.7	0.1	0.0	0.3	1.0	2.0	3.3	4.9	6.4	8.0	9.5	38
40	3.4	1.9	0.8	0.2	0.0	0.4	1.2	2.4	4.0	5.8	7.7	9.6	11.3	40
45	— 4.6	2.6	1.1	0.2	0.0	0.5	1.6	3.3	5.4	7.9	10.4	13.0	15.4—	45
50	5.6	3.1	1.3	0.3	0.0	0.6	1.9	4.0	6.6	9.6	12.7	15.9	18.8	50
55	6.4	3.6	1.5	0.3	0.0	0.7	2.2	4.6	7.6	11.1	14.7	18.3	21.7	55
60	7.2	4.0	1.7	0.3	0.0	0.7	2.5	5.2	8.5	12.4	16.5	20.5	24.3	60
65	— 7.9	4.5	1.9	0.4	0.0	0.8	2.8	5.7	9.4	13.7	18.1	22.5	26.6—	65
70	8.6	4.8	2.1	0.4	0.0	0.9	3.0	6.2	10.1	14.8	19.6	24.4	28.8	70
75	9.2	5.1	2.2	0.4	0.0	0.9	3.2	6.6	10.8	15.8	20.9	26.1	30.8	75
80	9.8	5.5	2.3	0.5	0.0	1.0	3.4	7.0	11.5	16.8	22.2	27.7	32.7	80
85	—10.3	5.8	2.5	0.5	0.0	1.1	3.6	7.4	12.2	17.8	23.5	29.3	34.6—	85

Wahre Zenit-distanz	Sternzeit													Wahre Zenit-distanz
	6^h u. 18^h		7^h u. 19^h		8^h u. 20^h		9^h u. 21^h		10^h u. 22^h		11^h u. 23^h			
	0^m	30^m	0^m	30^m	0^m	30^m	0^m	30^m	0^m	30^m	0^m	30^m	60^m	
°	″	″	″	″	″	″	″	″	″	″	″	″	″	°
10	+82.8	93.6	101.3	106.3	107.3	104.9	98.9	89.7	78.2	65.0	51.1	37.3	24.6+	10
12	62.5	70.6	76.6	80.2	81.0	79.1	74.6	67.7	59.0	49.0	38.5	28.1	18.6	12
14	47.9	54.1	58.7	61.5	62.1	60.7	57.2	51.9	45.3	37.6	29.5	21.6	14.2	14
16	36.9	41.7	45.3	47.4	47.8	46.7	44.1	40.0	34.9	29.0	22.7	16.6	11.0	16
18	28.3	32.0	34.7	36.3	36.7	35.8	33.8	30.7	26.7	22.2	17.4	12.7	8.4	18
20	+21.4	24.1	26.2	27.4	27.7	27.0	25.5	23.1	20.2	16.8	13.2	9.6	6.3+	20
22	15.6	17.7	19.2	20.1	20.3	19.8	18.6	16.9	14.8	12.3	9.7	7.0	4.6	22
24	10.8	12.2	13.3	13.8	14.0	13.7	12.9	11.7	10.2	8.5	6.7	4.9	3.2	24
26	6.7	7.6	8.2	8.6	8.7	8.5	8.0	7.3	6.3	5.2	4.1	3.0	2.0	26
28	+ 3.1	3.5	3.8	4.0	4.1	4.0	3.7	3.4	2.9	2.4	1.9	1.4	0.9+	28
30	0.0	0.0	0.0	0.0	0.0	0.0	0.0	0.0	0.0	0.0	0.0	0.0	0.0	30
32	— 2.8	3.1	3.4	3.6	3.6	3.5	3.3	3.0	2.6	2.2	1.7	1.3	0.8—	32
34	5.2	5.9	6.4	6.7	6.8	6.6	6.2	5.7	5.0	4.1	3.2	2.4	1.6	34
36	7.5	8.5	9.2	9.6	9.7	9.5	8.9	8.1	7.1	5.9	4.6	3.4	2.2	36
38	9.5	10.8	11.7	12.2	12.3	12.0	11.3	10.3	9.0	7.5	5.9	4.3	2.8	38
40	11.3	12.9	13.9	14.6	14.7	14.4	13.6	12.3	10.7	8.9	7.0	5.1	3.4	40
45	—15.4	17.4	18.9	19.8	20.0	19.5	18.4	16.7	14.6	12.1	9.5	6.9	4.6—	45
50	18.8	21.3	23.0	24.1	24.4	23.8	22.4	20.4	17.8	14.7	11.6	8.5	5.6	50
55	21.7	24.5	26.6	27.8	28.1	27.5	25.9	23.5	20.5	17.0	13.4	9.8	6.4	55
60	24.3	27.4	29.8	31.2	31.5	30.7	29.0	26.3	22.9	19.1	15.0	10.9	7.2	60
65	—26.6	30.1	32.6	34.2	34.5	33.7	31.8	28.8	25.1	20.9	16.4	12.0	7.9—	65
70	28.8	32.5	35.8	36.9	37.3	36.4	34.3	31.2	27.2	22.6	17.7	13.0	8.6	70
75	30.8	34.8	37.7	39.5	39.9	39.0	36.8	33.4	29.1	24.2	19.0	13.9	9.2	75
80	32.7	37.0	40.1	42.0	42.4	41.4	39.1	35.4	30.9	25.7	20.2	14.7	9.8	80
85	—34.6	39.1	42.4	44.4	44.8	43.8	41.3	37.5	32.7	27.1	21.3	15.6	10.3—	85

Besondere Erläuterungen zu den Angaben und zum Gebrauch des Jahrbuches

Das Jahrbuch gibt die Örter der *Planeten* in geozentrischen und in heliozentrischen Koordinaten. Die Zeitpunkte, für die sie gelten, sind in Weltzeit ausgedrückt, wenn nicht ausdrücklich eine andere Zeit angegeben wird. — **Weltzeit ist identisch mit Bürgerlicher Zeit Greenwich.** Der bürgerliche Tag beginnt um Mitternacht, die Weltzeit-Stunden sind von 0^h bis 24^h durchgezählt. Die Beziehung zu der bis zum Jahrgang 1924 (einschließlich) im Jahrbuch verwendeten Mittleren Zeit Greenwich besteht darin, daß der astronomische mittlere Tag erst am Mittag des bürgerlichen Tages, also 12^h nach dessen Anfang beginnt. Somit ist 1925 Jan. 1, 0^h Weltzeit gleich 1924 Dez. 31, 12^h Mittlere Zeit Greenwich.

Die Örter der *Fixsterne* sind gegeben als »Mittlere Sternörter«, bezogen auf das mittlere Äquinoktium des Jahresanfangs, und in Ephemeridenform als »Scheinbare Sternörter«, bezogen auf das jedesmalige wahre Äquinoktium.

Zur Erläuterung ist im einzelnen folgendes zu bemerken:

Sonnenephemeride (S. 2—29 und 116—124).

Der erste Teil der Sonnenephemeride (S. 2—19) gibt auf den l i n k e n Seiten für 0^h Weltzeit an jedem Tage:

1) Die Zeitgleichung = Wahre Zeit *minus* Mittlere Zeit.

2) Die geozentrischen, äquatorialen Koordinaten α, δ des scheinbaren Sonnenorts, bezogen auf das jedesmalige wahre Äquinoktium, zugleich mit der ersten Differenzenreihe. Diese Angaben sind direkt mit den Beobachtungen vergleichbar. Die Nutationsglieder kurzer Periode sind, wie im Vorwort erwähnt, in den Koordinaten nicht enthalten.

3) Die halbe Durchgangsdauer (in Sternzeit) der Sonnenscheibe durch den Meridian.

4) Den geozentrischen Halbmesser der Sonnenscheibe, d. i. der Winkel, unter dem der Sonnenhalbmesser vom Erdmittelpunkt aus erscheint.

Die r e c h t e n Seiten geben:

1) Die Julianische Zeit, d. i. die Anzahl der seit Beginn der Julianischen Periode verflossenen mittleren Sonnentage.

2) Die Sternzeit für 0^h Weltzeit. In ihr sind, wie im Vorwort erwähnt, nur die langperiodischen Glieder der Nutation enthalten.

Um für einen Erdort der westlichen Längendifferenz $\Delta\lambda$ (in Stunden) gegen Greenwich die Sternzeit in seiner mittleren Mitternacht zu erhalten, ist zu diesen Angaben hinzuzulegen: $9^s.8565\ \Delta\lambda$. Diese Werte findet man unter der Überschrift: »Korr. der Sternzeit« im Verzeichnis der Sternwarten.

3) Die Nutation in Rektaszension getrennt nach langperiodischen und kurzperiodischen Gliedern.

4) Die geozentrischen ekliptikalen Koordinaten λ, β der Sonne, bezogen auf das mittlere Äquinoktium des Jahresanfangs, sowie die Entfernung *R* der Erde von der Sonne. Diese Angaben finden bei Bahnberechnungen u. dergl. Verwendung.

5) Die bürgerlichen Ortszeiten des Aufgangs und Untergangs der Sonne für einen Ort des Nullmeridians in + 50° Breite; sie sind mit der Horizontalrefraktion 34′ berechnet und gelten für den oberen Rand der Sonne.

Auf S. 20—28 folgen, bezogen auf das mittlere Äquinoktium des Jahresanfangs, die r e c h t w i n k l i g e n , geozentrischen, äquatorialen Sonnenkoordinaten für 0^h Weltzeit mit ihren ersten und zweiten Differenzen. Die gleichen Koordinaten, jedoch bezogen auf das Normaläquinoktium 1950.0, werden auf S. 116—124 gegeben.

Die Werte von *X*, *Y*, *Z* sind auf 6 Dezimalen gegeben. Die Ephemeriden bieten jedoch die Möglichkeit, die Sonnenkoordinaten auch auf 7 Dezimalen zu entnehmen. Zu diesem Zwecke füge man an die sechsstelligen Werte eine Null an und vereinige sie a l g e b r a i s c h mit den Werten von ΔX, ΔY, ΔZ. Ein ausführliches Beispiel hierfür ist im Jahrgang 1933, S. 362* gegeben.

Die gleichen Vorschriften gelten für die auf das Normaläquinoktium 1950.0 bezogenen Sonnenkoordinaten auf S. 116—124.

Am Fuß der Seite 28 findet man die Zeiten für die Anfänge der Jahreszeiten und für die Erdnähe und Erdferne der Sonne.

Die Seite 29 enthält die Aberration, Parallaxe, mittlere Länge $L_{\odot}$ und mittlere Anomalie $M_{\odot}$ der Sonne im Intervall von je 10 Tagen.

Mondephemeride (S. 30—48).

Die Mondephemeride (S. 30—47) gibt auf den l i n k e n Seiten für 0^h Weltzeit:

1) Die scheinbare Rektaszension und Deklination des Mondmittelpunktes mit den ersten Differenzen.

2) Die Äquatorial-Horizontalparallaxe $p_{☾}$ des Mondes.

3) Den geozentrischen Mondhalbmesser $r_{☾}$, d. i. der Winkel, unter dem der Mondhalbmesser vom Erdmittelpunkt aus erscheint.

4) Die Länge und Breite des Mondes, abgekürzt auf 0°001.

5) Das Alter des Mondes.

Die r e c h t e n Seiten enthalten:

1) Für den oberen Durchgang des Mondes durch den Meridian von Greenwich die genäherten Angaben für die Rektaszension, Deklination und Parallaxe des Mondmittelpunktes, sowie die bürgerliche Greenwicher Zeit dieses Durchgangs, nebst den Änderungen für 1^h westlicher Längendifferenz.

2) Die bürgerlichen Ortszeiten des Aufgangs und Untergangs des Mondes für einen Ort des Nullmeridians in $+50^\circ$ Breite nebst Änderung für 1^h westlicher Längendifferenz; sie sind mit der Horizontalrefraktion $34'$ berechnet und gelten für den oberen Rand des Mondes.

Seite 48 enthält die Zeitangaben für die Phasen, die Erdnähe und Erdferne des Mondes.

Ephemeriden der Großen Planeten (S. 49—115 und 125—128).

Die geozentrischen Örter der Planeten sind für Merkur, Venus, Mars, Jupiter, Saturn, Uranus und Neptun von Tag zu Tag, für Pluto von zwei zu zwei Tagen für 0^h Weltzeit mit ihren ersten Differenzen gegeben. Für die Planeten Merkur bis Neptun sind scheinbare, auf das momentane wahre Äquinoktium bezogene Örter gegeben. Die Örter von Pluto sind auf das mittlere Äquinoktium 1950.0 bezogen und sind nicht wegen Aberration korrigiert. Zur bequemeren Vergleichung der Beobachtungen mit der Ephemeride sind bei diesem Planeten Fixsternaberration und Lichtzeit in besonderen Spalten angeführt.

Die letzten Spalten enthalten den scheinbaren Halbmesser, die Horizontalparallaxe sowie die mittleren Ortszeiten der oberen Kulmination, des Aufgangs und des Untergangs für einen Ort des Nullmeridians in $+50^\circ$ geographischer Breite.

Die Örter von Pluto sind nach den Elementen XIX von E. C. Bower, Lick Observatory Bulletin 437, unter Berücksichtigung der Störungen durch Jupiter, Saturn, Uranus und Neptun berechnet.

Die scheinbaren Halbmesser in der Einheit der Entfernung sind:

Merkur	$3.''34$	Saturn (äquat.)	$83.''33$
Venus	8.41	» (polar)	74.57
Mars	4.68	Uranus	34.28
Jupiter (äquat.)	98.47	Neptun	36.56
» (polar)	91.91		

Bei Jupiter und Saturn ist in den Ephemeriden der scheinbare Polarhalbmesser gegeben.

Die heliozentrischen Ephemeriden der Planeten (S. 125—128) geben den Log. des Radiusvector, die Länge, deren Reduktion auf die Bahn und die Breite bezogen auf das mittlere Äquinoktium 1950.0.

☊ und i stellen die Bahnlage für die Epoche 1950.0 und das Normaläquinoktium 1950.0 dar.

Die Genauigkeit und Ausführlichkeit dieser heliozentrischen Angaben sind ihrem Hauptzweck, zur Berechnung der speziellen Störungen zu dienen, angepaßt.

Die beigefügten Werte der Planetenmassen sind die den Tafeln von Newcomb und von Hill zugrunde liegenden. Für die Erde ist noch besonders zu erwähnen, daß die Masse von »Erde + Mond« gegeben ist, Radiusvector und heliozentrische Länge sich auf den Schwerpunkt des Systems »Erde + Mond« beziehen.

Erläuterungen

Mittlere Örter von 1535 Fixsternen (S. 2*—40*).

Die mittleren Örter der 1535 Fixsterne sind aus den Angaben des Dritten Fundamentalkatalogs des Berliner Astronomischen Jahrbuchs (I. Teil: Veröffentlichungen des *Astronomischen Rechen-Instituts* Nr. 54, II. Teil: Abhandlungen der *Preußischen Akademie der Wissenschaften* Jahrg. 1938, Phys. math. Klasse Nr. 3) abgeleitet worden. Die in Teil I durch ein † gekennzeichneten Sterne sind von 1944 ab weggelassen worden. Die in Teil II enthaltenen Zusatzsterne sind durch ihre Nummern, die alle über 1000 liegen, leicht zu erkennen. Die zusätzlichen Polsterne sind mit den griechischen Buchstaben α—π bezeichnet. Die Örter aller Polsterne sind durch trigonometrische Übertragung erhalten worden. Die jährlichen Veränderungen gelten für die Mitte des Jahres. Ein * vor dem Namen weist auf eine Anmerkung am Fuß der Seite hin.

Unter Gr. stehen die visuellen Größen, welche aus dem „Henry Draper Catalogue (Harvard Annals, Vol. 91—99)" entnommen sind. Bei einigen weiten Doppelsternen ist an Stelle der im H. D. C. angegebenen Gesamthelligkeit die Helligkeit der hellen Komponente angeführt. Bei Veränderlichen sind die Grenzen der Helligkeit angegeben; beziehen sich diese auf photographische Größen, so sind sie durch kursiven Druck kenntlich gemacht.

Die Spektren sind aus dem Draper Katalog übernommen worden. Zusammengesetzte Spektren sind durch + gekennzeichnet. In anderen Fällen beziehen sich, wo 2 Spektren gegeben sind, diese auf die Komponenten eines Doppelsterns.

Scheinbare Örter von 584 Fixsternen (S. 41*—250*).

Die scheinbaren Rektaszensionen und Deklinationen der Fixsterne sind für den Moment der oberen Kulmination im Meridian von Greenwich gegeben.

Die Ephemeriden der 560 Sterne mit Deklinationen kleiner als 80°, deren scheinbare Örter von 10 zu 10 Sterntagen gegeben sind, enthalten die kurzperiodischen Mondglieder der Nutation nicht. Das Datum des Tages, an welchem zwei Kulminationen stattfinden, ist in kleinem Druck vor der Rektaszensionsspalte angeführt.

Die jährliche Parallaxe ist bei folgenden Sternen berücksichtigt, bei denen sie hinreichend verbürgt erscheint:

Nr. 10	ζ	Tucanae	mit	0.″133
Nr. 11	β	Hydri	»	0.143
Nr. 59	τ	Ceti	»	0.298
Nr. 127	ε	Eridani	»	0.305
Nr. 257	α	Canis maj.	»	0.377
Nr. 291	α	Canis min.	»	0.291
Nr. 295	β	Geminor.	»	0.100
Nr. 445	β	Virginis	»	0.101
Nr. 470	β	Canum ven.	»	0.108
Nr. 492	β	Comae	»	0.121
Nr. 513	η	Bootis	»	0.112
Nr. 538	α	Centauri	mit	0.″756
Nr. 667	μ	Herculis	»	0.109
Nr. 695	χ	Draconis	»	0.119
Nr. 699	α	Lyrae	»	0.121
Nr. 745	α	Aquilae	»	0.208
Nr. 754	δ	Pavonis	»	0.174
Nr. 793	61	Cygni	»	0.299
Nr. 805	γ	Pavonis	»	0.113
Nr. 867	α	Piscis austr.	»	0.135
Nr. 875	Br 3077	Cass.	»	0.146

Von den im B. J. nicht mit Ephemeriden versehenen Sternen des FK 3 besitzen noch folgende hinreichend verbürgte Parallaxen:

Nr. 119	82 G. Eridani	0.″159	Nr. 1073	268 G. Ceti	0.″147
Nr. 135	δ Eridani	0.112	Nr. 1093	κ Ceti	0.106
Nr. 217	γ Leporis	0.122	Nr. 1134	π^3 Orionis	0.128
Nr. 239	α Mensae	0.118	Nr. 1300	61 Ursae maj.	0.109
Nr. 825	ε Indi	0.288	Nr. 1307	Grb 1830 U Maj	0.108
Nr. 1019	96 G. Pisc.	0.148	Nr. 1345	61 Virginis	0.116
Nr. 1030	μ Cassiop.	0.130	Nr. 1391	33 G. Librae	0.172

Die Ephemeriden der auf S. 2*—40* eingeklammerten Sterne findet man in »Apparent Places of Fundamental Stars«. H. M. Stationary Office, London.

Es folgen die scheinbaren Örter von 20 Polsternen für jede obere Kulmination. Sie enthalten die kurzperiodischen Mondglieder nicht, jedoch sind deren Werte in besonderen Spalten gegeben.

Am Fuße der Ephemeriden ist der mittlere Ort eines jeden Sternes für den Anfang des Jahres und die Werte von sec δ und tg δ angegeben, welche bei der Reduktion der Meridianbeobachtungen nach der hierfür am zweckmäßigsten erscheinenden B e s s e l schen Formel gebraucht werden. Ferner sind hier die Größen a, b, a', b' enthalten, mit deren Hilfe die Nutationsglieder kurzer Periode leicht berechnet werden können. Man erhält $A'a+B'b$ in Zeitsekunden, $A'a'+B'b'$ in Bogensekunden.

Auf den Seiten 241*—250* sind die rechtwinkligen Koordinaten der scheinbaren Örter von vier polnahen Sternen gegeben. Sie beziehen sich auf ein Koordinatensystem, dessen positive x-Achse nach dem Frühlingspunkt und dessen positive y-Achse nach dem Punkt $\alpha = 6^h$, $\delta = 0°$ gerichtet ist. Der Zusammenhang zwischen x, y und α, δ ist gegeben durch die Beziehungen: $x = \cos\delta \cos\alpha$, $y = \cos\delta \sin\alpha$. Die Angaben gelten für 12^h Sternzeit Greenwich und enthalten die kurzperiodischen Mondglieder der Nutation nicht, deren Werte jedoch in der letzten Spalte einer jeden Seite unter der Überschrift »Kurzperiod. Nutationsgl.« gegeben sind.

Als Quellen für die Koordinaten und Eigenbewegungen dieser vier Sterne sind benutzt worden:

für BD + 89°1: L. Courvoisier: Neue Position und Eigenbewegung des Polsterns BD + 89°1. Astron. Nachr. Bd. **273**, S. 87.

für BD + 89°3 und + 89°37: L. Courvoisier: Beobachtungen der Polsterne BD + 89°3 und BD + 89°37 am Vertikalkreis 1914—1926. Veröff. der Universitäts-Sternwarte zu Berlin-Babelsberg, Band XII, Heft 2.

für CPD — 89°38: Cape Annals Bd. **XI**, II, 244 für den Ort und eine briefliche Mitteilung für die Eigenbewegung.

Damit werden die mittleren Örter für 1958.0:

Name	Gr.	x	Jährl. Veränd. 1958.5	Jährl. Eigenbew.	y	Jährl. Veränd. 1958.5	Jährl. Eigenbew.
	m	″	″	″	″	″	″
BD + 89° 1	10.56	− 640.79	−20.070	−0.011	+ 76.84	−0.155	−0.010
BD + 89° 3	9.06	− 444.67	−20.240	0.006	+862.39	−0.108	0.006
BD + 89° 37	10.06	−1421.14	−19.974	0.011	−349.97	−0.305	+0.015
CPD − 89° 38	9.5	+ 336.27	+20.137	+0.027	−306.25	+0.108	+0.031

Erläuterungen

Reduktionsgrößen (S. 252*—290*).

Auf die scheinbaren Örter der Sterne folgt S. 251* eine Zusammenstellung der Werte, mit welchen die Reduktionsgrößen der darauf folgenden Tafeln berechnet sind, und der Formeln für die Reduktion auf den scheinbaren Ort.

Die Größen zur »Reduktion auf den scheinbaren Ort« sind in ihrer *ersten* Form: A, B, C, D, E; A', B' gegeben für 12^h Sternzeit des Meridians von Greenwich:

1) Auf S. 270*—278* für jeden Sterntag. Hier sind die numerischen Werte von A, B, C und D mit ihren Differenzen gegeben und die kurzperiodischen Nutationsglieder A' und B' mit angeführt.
2) Auf S. 279* im Intervall von 10 Sterntagen.

Diese Tafel soll zur Berechnung von Sternephemeriden für die Epochen der Meridiandurchgänge dienen. Wegen ihrer logarithmischen Form und des großen Intervalls ist die Tafel zur Interpolation nicht geeignet. Man wird deshalb zweckmäßig die Interpolation erst nach der Summierung der einzelnen unmittelbar für die Epochen der Tafel berechneten Glieder vornehmen.

Beiden Tafeln ist in einer Spalte die dem festen Sternzeitmoment jedesmal entsprechende Weltzeit vorangestellt; man wird hiernach auf jeden beliebigen Zeitpunkt, gegeben durch Datum, Sternzeit und Längendifferenz gegen Greenwich, übergehen können. Eine weitere Spalte gibt die seit Beginn des annus fictus verflossene Zeit in Bruchteilen des tropischen Jahres.

Die Reduktionsgrößen der *zweiten* Form: f, log g, G, log h, H, log i und i, sowie f', g' und G' sind auf S. 252*—269* von Tag zu Tag für 0^h Weltzeit gegeben.

Auch hier findet sich eine Spalte, t überschrieben, welche die seit Beginn des annus fictus verflossene Zeit in Bruchteilen des tropischen Jahres gibt. Ferner ist die Sternzeit Greenwich für 0^h Weltzeit gegeben.

Die Seiten mit ungerader Seitenzahl enthalten außer den schon erwähnten f', g', G' noch folgende Größen:

ψ = Allgemeine Präzession seit Jahresanfang.
$\Delta\psi$ = Langperiodische Glieder der Nutation in Länge.
$\Delta\psi'$ = Kurzperiodische Glieder der Nutation in Länge.
ε = Mittlere Schiefe der Ekliptik.
$\Delta\varepsilon$ = Langperiodische Glieder der Nutation in Schiefe.
$\Delta\varepsilon'$ = Kurzperiodische Glieder der Nutation in Schiefe.
Die Koeffizienten j und k der Formeln auf S. 282*.

Die wahre Schiefe erhält man durch Addition der Gesamtnutation $(\Delta\varepsilon + \Delta\varepsilon')$ zu der mittleren Schiefe.

Auf S. 280* findet sich eine Tafel der Hilfsgrößen zur Berechnung der Präzession von verschiedenen mittleren Äquinoktien bis 1958.0.

S. 281* enthält eine Tafel der Hilfsgrößen zur Übertragung der Polsternörter von verschiedenen mittleren Äquinoktien auf das mittlere Äquinoktium 1958.0.

Auf S. 282* sind die Formeln zusammengestellt, mit welchen bei Anschlußbeobachtungen die gemessenen Koordinatendifferenzen der scheinbaren Örter in solche der mittleren Örter für den Jahresanfang übergeführt werden. Die in diesen Formeln auftretenden Koeffizienten j und k sind auf den Seiten 253*—269* enthalten und haben die Bedeutung

$$j = 15\, g \text{ arc } 1'$$
$$k = 15\, h \text{ arc } 1',$$

wobei g und h die auf den Seiten 252*—268* gegebenen Reduktionsgrößen sind.

S. 283* enthält eine Zusammenstellung der von der Deklination abhängenden Faktoren der Formeln auf S. 282*.

S. 284* enthält eine Tafel der numerischen Werte der Funktionen Sinus und Cosinus für in Zeit ausgedrückte Winkel. Ihre Benutzung erleichtert die Berechnung der Formeln auf S. 282*.

Die Seite 285* enthält eine Tafel zur Übertragung von Rektaszensions- und Deklinationsdifferenzen vom mittleren Äquinoktium 1958.0 auf das Normaläquinoktium 1950.0. Man findet die auf das Normaläquinoktium 1950.0 bezogene Koordinatendifferenz, indem man an der auf das mittlere Äquinoktium 1958.0 bezogene Rektaszensionsdifferenz die differentielle Präzession $\Delta\, p^s_\alpha$ und an der Deklinationsdifferenz die differentielle Präzession $\Delta\, p''_\delta$ anbringt:

$$\Delta p^s_\alpha = a_1 \operatorname{tg} \delta \cdot \Delta\alpha^m + a_2 \tfrac{1}{15} \sec^2\delta \cdot \Delta\delta',$$
$$\Delta p\delta'' = d_1 \cdot \Delta\alpha^m.$$

Die Koeffizienten a_1, a_2 und d_1 sind in der Tafel auf S. 285* enthalten und haben die Bedeutung:

$$a_1 = (n) \text{ arc } 1' \cos \alpha$$
$$a_2 = (n) \text{ arc } 1' \sin \alpha$$
$$d_1 = -15\, (n) \text{ arc } 1' \sin \alpha.$$

$\Delta\alpha^m$ und $\Delta\delta'$ sind die auf das mittlere Äquinoktium 1958.0 bezogenen Rektaszensions- und Deklinationsdifferenzen in Zeit- bez. Bogenminuten. Nach den angegebenen Formeln findet man die differentielle Präzession für Rektaszension in Zeitsekunden, diejenige für Deklination in Bogensekunden.

Die auf Seite 286* gegebenen Größen f, $\log g$ und G dienen zur Übertragung der Örter von dem *mittleren* Normaläquinoktium 1950.0 auf das *wahre* Äquinoktium der Epoche. Die Berücksichtigung des Einflusses der Variatio saecularis bei dieser Übertragung ist durch die Tafeln auf S. 287* gegeben.

Eine Tafel zur Übertragung von Sternörtern vom mittleren Äquinoktium 1958.0 auf das Normaläquinoktium 1950.0 befindet sich auf den Seiten 288*—290*.

Die hier tabulierten Größen sind gerechnet nach den Formeln:

$$A = (n^s) \sin a$$
$$D = (n'') \cos a$$
$$B = (m^s) - 0.00001818\, (n^s)^2 \sin 2\, a$$
$$\Delta C = \operatorname{arc} tg\, C - C;\; C = A\, tg\, (\delta_{1958.0} + D)$$
$$P = -15\, tg\, \tfrac{1}{2}\, \psi;\; tg\, \psi = \sin (n) \sin a\, tg\, (\delta_{1958.0} + D)$$
$$a = \alpha_{1958.0} + 90^\circ - (N)$$

Wegen der Größen (m), (n), (N) vgl. S. [5] der „Grundbegriffe der Sphärischen Astronomie" im Jahrbuch für 1916. Falls die auf S. 290* gegebene Tafel für ΔC und P nicht ausreicht, berechne man die Größen nach den vorstehend gegebenen Formeln oder benutze die weiterreichende Tafel in Veröff. d. Astronom. Rechen-Instituts Nr. 49.

Sonnen- und Mondfinsternisse (S. 292*—299*).

Bei der Berechnung der Finsternisse des Jahres 1958 sind die Örter von Sonne und Mond um folgende Beträge verbessert worden:

1958	Sonne $\Delta\lambda$	Sonne $\Delta\alpha$	Sonne $\Delta\delta$	Mond $\Delta\lambda$	Mond $\Delta\beta$	Mond $\Delta\alpha$	Mond $\Delta\delta$
	"	"	"	"	"	"	"
April 19	+1.39	+1.32	+0.50	−2.70	−0.26	−2.48	−1.20
Mai 3	+1.38	+1.36	+0.42	−3.39	−0.80	−3.59	+0.27
Okt. 12	+1.41	+1.31	−0.53	−3.46	−0.81	−3.54	+0.57

Die bei den Sonnenfinsternissen gegebenen Besselschen Elemente dienen in der folgenden Weise zur Vorausberechnung der Phasenzeiten und der Positionswinkel der Kontakte:

Mit einer Ausgangszeit T (siehe weiter unten) entnimmt man der Elemententabelle die Werte:

x, y, log sin d, log cos d, μ, l ($l^{(a)}$ für äußere, $l^{(i)}$ für innere Berührung), log tang f ($f^{(a)}$ für äußere, $f^{(i)}$ für innere Berührung), x' und y'.

Mit ihnen rechnet man das folgende Formelsystem durch:

$$(1)\begin{cases} \xi = c\cos\varphi\sin(\mu-\lambda) \\ \eta = s\sin\varphi\cos d - c\cos\varphi\sin d\cos(\mu-\lambda) \\ \zeta = s\sin\varphi\sin d + c\cos\varphi\cos d\cos(\mu-\lambda) \\ \xi' = [7.6398-10]\, c\cos\varphi\cos(\mu-\lambda) \\ \eta' = [7.6398-10]\, \xi\sin d, \end{cases}$$

worin φ die geographische Breite, λ die westliche Länge (von Greenwich) des Beobachtungsortes bezeichnen, s und c aus der Tafel auf S. 405* zu entnehmen sind.

Alsdann:

$$(2)\begin{cases} m\sin M = x - \xi \\ m\cos M = y - \eta \end{cases} m > 0 \qquad \begin{cases} n\sin N = x' - \xi' \\ n\cos N = y' - \eta' \end{cases} n > 0$$

Nun berechnet man aus:

$$(\;)\quad L = l - \zeta \operatorname{tang} f$$

$L^{(a)}$ mit $l^{(a)}$ und $f^{(a)}$, $L^{(i)}$ mit $l^{(i)}$ und $f^{(i)}$; dann aus:

$$(4)\quad \sin\psi = \frac{m\sin(M-N)}{L}\,{}^{1)}$$

¹) Wird der Winkel ψ bei der ersten Näherungsrechnung imaginär, so rechne man τ unter der Annahme $\psi = 90°$ aus $\tau = -\frac{m\cos(M-N)}{n}$; bleibt ψ auch in der weiteren Rechnung imaginär, so deutet dies an, daß an dem betreffenden Orte keine Sonnenfinsternis stattfindet.

mit $L^{(a)}$ und $L^{(i)}$ je zwei Werte $\psi^{(a_1)}$, $\psi^{(a_2)}$ und $\psi^{(i_1)}$, $\psi^{(i_2)}$, von denen der eine zum Eintritt der Erde in den Halb- oder Kernschatten-Kegel, der andere zu ihrem Austritt aus ihm gehört. Diesen vier Werten $\psi^{(a_1)}$, $\psi^{(a_2)}$ und $\psi^{(i_1)}$, $\psi^{(i_2)}$ entsprechen vier Werte $\tau^{(a_1)}$, $\tau^{(a_2)}$ und $\tau^{(i_1)}$, $\tau^{(i_2)}$ (in Zeitminuten) nach

$$(5)\ \tau = -\frac{m \cos (M-N)}{n} + \frac{L \cos \psi}{n},$$

um welche die Ausgangszeit T zu verbessern ist, um die Zeit der gesuchten Phase zu erhalten. Ist T die gesuchte Phasenzeit, so wird $\tau = 0$ werden. Man muß daher das Formelsystem (1) bis (5) mit steigenden Näherungen so lange durchrechnen, bis dieser Fall eintritt, d. h. bis das Formelsystem sich schließt. Zu diesem Zweck beginnt man mit einem Näherungswert T_1, für den man, wenn kein besserer bekannt sein sollte, eine beliebige Zeit nahe der Mitte der Finsternis nehmen mag, und rechnet die erste genäherte Korrektion τ_1; dann wiederholt man die Rechnung mit $T_2 = T_1 + \tau_1$, dann mit $T_3 = T_2 + \tau_2 = T_1 + \tau_1 + \tau_2$ usf. bis sich $\tau_n = 0$ ergibt. T_n ist dann die gesuchte Weltzeit des Kontaktes, die durch Hinzufügung der Längendifferenz in mittlere Ortszeit zu verwandeln ist. Die Rechnung ist für jede Berührung gesondert durchzuführen.

Die Positionswinkel der einzelnen Phasen, in üblicher Weise vom Punkt größter Deklination nach Osten gezählt, folgen aus den Werten der letzten Näherung (Größen mit dem Index n) nach

$$P = N + \psi.$$

Will man den Winkelabstand Q vom Punkte der größten Höhe haben, so hat man von P noch den parallaktischen Winkel γ abzuziehen, der aus

$$\left.\begin{aligned} p \sin \gamma &= \xi \\ p \cos \gamma &= \eta \end{aligned}\right\}\ p > 0$$

folgt, also $$Q = P - \gamma.$$

Um die Zeit der größten Phase, T_{max}, zu erhalten, hat man die beiden Formelsysteme (1) und (2) mit einem Näherungswerte T_1 durchzurechnen, daraus $T_2 = T_1 - \frac{m \cos (M-N)}{n}$ zu entnehmen und die Rechnung so lange fortzusetzen, bis die Korrektion der Ausgangszeit 0 wird. Als Näherungswert T_1 wählt man zweckmäßig das Mittel der beiden Werte von T_2 für die Berührungszeiten.

Die Größe der Verfinsterung i, in Teilen des Sonnendurchmessers ausgedrückt, ergibt sich dann aus:

$$i = \frac{L^{(a)} - m}{2\,L^{(a)} - 0.5459}$$

worin $L^{(a)}$ und m die zur Zeit T_{max} gehörigen Werte bedeuten.

Sternbedeckungen (S. 297*—306*).

Die Seiten 297* bis 300* enthalten die Elemente von Stern- und Planetenbedeckungen durch den Mond, welche in dem Gebiet zwischen den Meridianen 0^h und 2^h östlicher Länge von Greenwich und den Breitenkreisen $+45°$ und $+55°$ sichtbar sind.

Mit den in der Zusammenstellung der Elemente gegebenen Werten geschieht die Berechnung der Berührungszeiten eines Sternes mit dem

Mondrand für einen Ort mit den geographischen Koordinaten φ und λ (λ positiv, wenn der Beobachtungsort westlich von Greenwich liegt) auf folgende Weise:

Aus der auf den Seiten 297* bis 300* enthaltenen Weltzeit T der geozentrischen Konjunktion von Mond und Stern findet man einen ausreichenden Näherungswert $T + t$ der Weltzeit der topozentrischen Konjunktion durch Berechnung der Größen:

$h_0 = H - \lambda$

$\xi_0 = c \cos \varphi \sin h_0$ (c und später s aus der Tafel auf Seite 405*)

$$\xi' = [9.4192 - 10]\, c \cos \varphi \cos \frac{4}{3} h_0$$

$$t = \frac{\xi_0}{x' - \xi'}$$

t ergibt sich in Stunden mittlerer Zeit. Das Vorzeichen entspricht dem von h_0.

Für die Zeit $T + t$ berechne man die folgenden Größen, in denen $t_0 = 1.0027\, t$ ist.

$$\xi = c \cos \varphi \sin (h_0 + t_0)$$

$$\eta = s \sin \varphi \cos \delta - c \cos \varphi \sin \delta \cos (h_0 + t_0) = \eta_1 - \eta_2$$

$$\xi' = [9.4192 - 10]\, c \cos \varphi \cos (h_0 + t_0)$$

$$\eta' = [9.4192 - 10]\, \xi \sin \delta$$

$$x = x' t$$

$$y = Y + y' t.$$

Aus den Beziehungen: $\left.\begin{array}{l} m \sin M = x - \xi \\ m \cos M = y - \eta \end{array}\right\} m > 0$

$$\left.\begin{array}{l} n \sin N = x' - \xi' \\ n \cos N = y' - \eta' \end{array}\right\} n > 0$$

$$\sin \psi = [0.5646]\, m \sin (M - N),$$

ψ zwischen $+90°$ und $-90°$, berechne man

$$\tau = -\frac{[1.7782]\, m}{n} \cos (M - N) \mp \frac{[1.2135]}{n} \cos \psi$$

$$d\tau = \frac{[6.7591 - 10]\, \tau^2}{n \cos \psi} [\eta_2 \cos (N \mp \psi) - \xi \sin (N \mp \psi)],$$

wobei die oberen Vorzeichen für den Eintritt, die unteren für den Austritt gelten. Die eingeklammerten Zahlen bedeuten Logarithmen. τ und $d\tau$ ergeben sich in Zeitminuten. Werden die für den Eintritt geltenden Werte mit τ' und $d\tau'$ bezeichnet, die für den Austritt geltenden mit τ'' und $d\tau''$, so ist die Weltzeit des

$$\text{Eintritts} = T + t + \tau' + d\tau'$$

$$\text{Austritts} = T + t + \tau'' + d\tau''.$$

Als Kontrolle berechne man die Werte von x, y, ξ, η für die so gefundenen Berührungszeiten. Sind diese richtig, so muß die Beziehung erfüllt sein:

$$\sqrt{(x - \xi)^2 + (y - \eta)^2} = 0.2725.$$

Ist $m \sin (M - N) > 0.2725$, so tritt für den betreffenden Beobachtungsort keine Bedeckung des Sternes ein.

Die Positionswinkel des Sternes in bezug auf den Mondmittelpunkt für die Zeiten des Ein- und Austritts folgen aus

$$P_E = N - \psi - d\,P \text{ für den Eintritt,}$$
$$P_A = N + \psi + d\,P \pm 180^\circ \text{ für den Austritt,}$$

wobei die Winkel $N - \psi$ und $N + \psi$ aus der Rechnung für $d\,\tau$ entnommen werden können, und $d\,P$ in Graden ausgedrückt aus

$$d\,P = \frac{[7.3038 - 10]\,\tau^2}{\cos\psi} (\eta_2 \sin N + \xi \cos N)$$

folgt.

Die Angaben über Sternbedeckungen sind von dem Nautical Almanac Office, US. Naval Observatory, Washington, zur Verfügung gestellt worden.

Auf den Seiten 303*—308* sind für Berlin-Babelsberg, Frankfurt a. M. und München Vorausberechnungen der an diesen Orten sichtbaren Sternbedeckungen gegeben. Außer der Weltzeit und dem Positionswinkel des Ein- oder Austrittes des bedeckten Sternes sind noch die Koeffizienten a und b angeführt, welche eine genäherte Vorausberechnung der Berührungszeiten für andere Orte innerhalb Deutschlands ermöglichen, die nicht allzuweit von den genannten Hauptpunkten entfernt sind. Bezeichnen λ und φ die geographischen Koordinaten des Beobachtungsortes, λ_0 und φ_0 diejenigen des ihm am nächsten gelegenen Hauptpunktes, so ist die gesuchte Berührungszeit gleich der für den Hauptpunkt geltenden $+ a\,(\lambda - \lambda_0) + b\,(\varphi - \varphi_0)$. Hierbei sind die Differenzen $\lambda - \lambda_0$ und $\varphi - \varphi_0$ in Einheiten des Grades unter Mitnahme des Zehntelgrades auszudrücken, damit sich die Korrektion in Zeitminuten ergibt.

Die Vorausberechnungen der Sternbedeckungen für Berlin-Babelsberg, Frankfurt a. M. und München wurden vom Nautical Almanac Office, London, ausgeführt und von diesem zum Abdruck zur Verfügung gestellt.

Mondbewegung und Lage des Mondäquators gegen den Erdäquator (S. 307*).

Auf S. 307* finden sich:

☊, Aufsteigender mittlerer Knoten der Mondbahn auf der Ekliptik,
$L_☾$, Mittlere Länge des Mondes,
$\tilde{\omega}_☾$, Mittlere Länge des Perigäums,
$M_☾$, Mittlere Anomalie des Mondes,
i, Neigung des Mondäquators gegen den Erdäquator,
Δ, Stück des Mondäquators zwischen Ekliptik und Erdäquator,
☊′, Aufsteigender Knoten des Mondäquators auf dem Erdäquator.

☋, der aufsteigende Knoten des Mondäquators auf der Ekliptik ist gleich dem absteigenden Knoten der Mondbahn, also

$$☋ = ☊ \pm 180^\circ.$$

Vom Jahrgang 1926 ab sind die Brownschen Mondtafeln verwendet.

Die Größen i, Δ und ☊′ berechnen sich aus:

$$\sin \tfrac{1}{2}(\Delta + ☊') \cos \tfrac{1}{2} i = \cos \tfrac{1}{2}(\varepsilon - J) \sin \tfrac{1}{2} ☋$$

$$\cos \tfrac{1}{2}(\Delta + ☊') \cos \tfrac{1}{2} i = \cos \tfrac{1}{2}(\varepsilon + J) \cos \tfrac{1}{2} ☋$$

$$\sin \tfrac{1}{2}(\Delta - ☊') \sin \tfrac{1}{2} i = \sin \tfrac{1}{2}(\varepsilon - J) \sin \tfrac{1}{2} ☋$$

$$\cos \tfrac{1}{2}(\Delta - ☊') \sin \tfrac{1}{2} i = \sin \tfrac{1}{2}(\varepsilon + J) \cos \tfrac{1}{2} ☋;$$

dabei ist J, die Neigung des Mondäquators gegen die Ekliptik, nach F. H a y n (Astr. Nachr. Bd. **199**, S. 263) zu $J = 1° 32' 20''$ angenommen worden. Die Zahlen geben die Lage des mittleren Mondäquators (ohne physische Libration).

Die auf S. 307* gemachten Angaben über die Elemente der Mondbahn und des Mondäquators werden, teilweise in Verbindung mit den Größen $L_{\odot}$ und $M_{\odot}$ auf S. 29, zu verschiedenen Zwecken verwendet:

1) Als Argumente für die Berechnung der Reduktionsgrößen A, B, C, D, E, A', B'.

2) Bei Bestimmung der selenographischen Koordinaten von Punkten der Mondoberfläche.

3) Bei Berechnung der *optischen* und *physischen* Libration des Mondes.

a) Für die Berechnung der *optischen* Libration des Mondes sind alle nötigen Angaben in den Erläuterungen zu den Hilfstafeln unter Nr. 8 (S. 450*) gemacht.

b) Die Beträge der *physischen* Mondlibration in selenographischer Länge, der Neigung des Mondäquators und seinem aufsteigenden Knoten auf der Ekliptik τ, ρ, σ haben die Werte:

$$\tau = -13'' \sin M_{☾} + 65'' \sin M_{\odot} + 26'' \sin 2 (L_{☾} - M_{☾} - ☊)$$

$$\rho = -106'' \cos M_{☾} + 34'' \cos (2L_{☾} - M_{☾} - 2☊) - 11'' \cos 2(L_{☾} - ☊)$$

$$\sigma \sin J = -108'' \sin M_{☾} + 34'' \sin (2 L_{☾} - M_{☾} - 2☊) - 11'' \sin 2 (L_{☾} - ☊).$$

Diese Zahlenangaben beruhen auf der Annahme $f = 0.73$, worüber F. H a y n (Astr. Nachr. Bd. **199**, S. 264) einzusehen ist.

Ephemeride für den Mondkrater Mösting A. (S. 308*—312*).

Die Ephemeride des Mondkraters Mösting A. dient zwei verschiedenen Zwecken: erstens zur genauen Bestimmung von Mondörtern am Himmel durch Beobachtung des Kraters, zweitens zur Bestimmung der selenographischen Koordinaten weiterer Punkte der Mondoberfläche durch deren mikrometrischen Anschluß an Mösting A.

Sie gilt für 0^h Weltzeit und enthält für die Tage, an welchen Mösting A. innerhalb der Beleuchtungsgrenze liegt, die Unterschiede $\alpha_{☾} - \alpha_k$ in Rektaszension und $\delta_{☾} - \delta_k$ in Deklination zwischen der Mondmitte und dem Krater, vom Erdmittelpunkt aus gesehen, sowie den Logarithmus des Sinus der Äquatorial-Horizontalparallaxe p_k des Kraters, welche von der des Mondes $p_{☾}$ zu unterscheiden ist, mit den zugehörigen Differenzen.

Zur Anwendung der Ephemeride auf Beobachtungen des Kraters interpoliere man $\alpha_{☾} - \alpha_k$, $\delta_{☾} - \delta_k$ und log sin p_k mit der Beobachtungszeit. Fügt man alsdann $\alpha_{☾} - \alpha_k$ und $\delta_{☾} - \delta_k$ zum geozentrischen Ort des

Kraters hinzu (die Parallaxe wird mit p_k und δ_k, der Deklination des Kraters, berechnet), so hat man die geozentrische Rektaszension und Deklination des Mondes für die Beobachtungszeit.

Der Berechnung der Ephemeride des Kraters Mösting A. liegen folgende von F. Hayn ermittelte Konstanten (Astr. Nachr. Bd. **199**, S. 263) zugrunde:

$$\lambda_0 = -5°\,10'\,7'', \quad \beta_0 = -3°\,11'\,2'', \quad h = 15'\,33''.4.$$

Für die Reduktion auf den mittleren Mondäquator wurden die Werte angenommen:

$$d\lambda = -13''\sin M_☾ + 65''\sin M_\odot + 26''\sin 2(L_☾ - M_☾ - ☊)$$
$$d\beta = -108''\sin(L_☾ - M_☾ - ☊ + \lambda_0) - 34''\sin(L_☾ - M_☾ - ☊ - \lambda_0) + 11''\sin(L_☾ - ☊ - \lambda_0),$$

so daß die auf den mittleren Mondäquator bezogenen selenographischen Koordinaten des Kraters Mösting A. sind:

$$\lambda = \lambda_0 + d\lambda, \qquad \beta = \beta_0 + d\beta.$$

Die Formeln zur Berechnung der Ephemeride siehe in den Erläuterungen zum Jahrbuch 1916.

Die Formeln für die Reduktion von mikrometrischen Anschlußbeobachtungen von Kratern an Mösting A. findet man in den Jahrbüchern bis zum Jahrgang 1952.

Rotation der Sonne (S. 313*—315*).

Die auf den Seiten 313*—315* enthaltenen Größen haben die Bedeutung:

P Positionswinkel der Rotationsachse der Sonne, in der üblichen Weise von deren Nordpunkt nach Osten gezählt.

B_0 und L_0 Heliographische Breite und Länge des Mittelpunktes der Sonne.

Als Nullmeridian der Zählung der heliographischen Längen dient der Meridian, welcher am 1. Januar 1854 im mittleren Greenwicher Mittag (J. D. 239 8220^d.0) durch den aufsteigenden Knoten des Sonnenäquators auf der Ekliptik ging.

Die Neigung des Sonnenäquators gegen die Ekliptik beträgt 7°.25, die Länge des aufsteigenden Knotens auf dieser ist 73°.667 + 0°.01396 (t — 1850.0).

Die siderische Rotationszeit beträgt 25^d.38 und die synodische 27^d.2753.

Nach Carrington beginnt die erste synodische Rotation 1853 Nov. 9. Im Jahre 1958 beginnt die synodische Rotation:

		d			d			d
Nr. 1396	Jan.	12.96	Nr. 1401	Mai	29.41	Nr. 1406	Okt.	12.57
Nr. 1397	Febr.	9.30	Nr. 1402	Juni	25.61	Nr. 1407	Nov.	8.87
Nr. 1398	März	8.63	Nr. 1403	Juli	22.82	Nr. 1408	Dez.	6.19
Nr. 1399	April	4.94	Nr. 1404	Aug.	19.04			
Nr. 1400	Mai	2.20	Nr. 1405	Sept.	15.30			

Erläuterungen

Rotation des Mars (S. 316*—318*).

Auf den Seiten 316*—318* ist die Länge des Zentralmeridians sowie die Durchgangszeit des Nullmeridians durch den Mittelpunkt der Marsscheibe gegeben. Die Angaben sind wegen Aberration korrigiert, also direkt mit der Beobachtungszeit vergleichbar.

Rotation des Jupiter (S. 319*—320*).

Auf den Seiten 319*—320* ist die Länge des Zentralmeridians des beleuchteten Teiles der Jupiterscheibe enthalten. Die Angaben unter System I beziehen sich auf die Äquatorzone mit der Rotationsperiode $9^h\ 50^m\ 30\overset{s}{.}004$, diejenigen unter System II gelten für die Gebiete nördlich und südlich von dieser mit der Rotationsperiode $9^h\ 55^m\ 40\overset{s}{.}632$. In einer besonderen Spalte ist die Reduktion auf den Zentralmeridian der vollen Jupiterscheibe gegeben.

Als Ausgangswerte sind verwendet worden für

System I:

1897 Juli 14 mittl. Mittag Greenw. Länge des Zentralmeridians $= 47\overset{\circ}{.}31$,

System II:

1897 Juli 14 mittl. Mittag Greenw. Länge des Zentralmeridians $= 96\overset{\circ}{.}58$.

Der Nordpol der Rotationsachse des Jupiter zeigt nach dem Punkt

$$\text{AR.} = 17^h\ 52^m\ 0\overset{s}{.}84 + 0\overset{s}{.}247\,(t - 1910)$$

$$\text{Dekl.} = +64^\circ\ 33'\ 34\overset{''}{.}6 - 0\overset{''}{.}60\,(t - 1910),$$

t in tropischen Jahren.

Jupitertrabanten (S. 321*—333*).

Die Seiten 321* und 322* enthalten die Zeitangaben (in Weltzeit) für die Verfinsterungen der vier hellen Jupitertrabanten in dem Schattenkegel des Jupiter; Ein- und Austritte sind durch beigefügtes E. und A. unterschieden.

Auf den Seiten 323*—333* sind die Anordnungen der vier hellen Trabanten in bezug auf die Jupiterscheibe schematisch angegeben, wie sie im umkehrenden Fernrohr zu der am Kopfe der Diagramme angegebenen Zeit erscheinen. Die Trabanten sind durch die Ziffern 1 bis 4 gekennzeichnet, wobei die Stellung der Ziffer in bezug auf den betreffenden Trabant die Richtung seiner Bewegung kennzeichnet. Am Rande der Diagramme ist angegeben, ob ein Trabant verfinstert ist oder sich vor der Planetenscheibe befindet. Am Fuß der Seiten sind die Stellungen der Trabanten in bezug auf Jupiter für die Berührungen mit dem Schattenkegel angegeben. Ein- und Austritte sind durch beigefügtes E. und A. unterschieden.

Saturnsring (S. 334*—335*, 338*).

Die Angaben für die scheinbare Größe des Saturn und für die Lage und Größe des Saturnsringes haben die folgende Bedeutung:

α Große Achse des Saturn.

β Kleine Achse des Saturn.

p_a Phase; positiv, wenn der Ostrand, negativ, wenn der Westrand verdunkelt ist.

a Große Achse der Ringellipse.

b Kleine Achse der Ringellipse; positiv, wenn die nördliche, negativ, wenn die südliche Fläche des Ringes sichtbar ist.

U' Heliozentrische Länge des Saturn, gezählt auf der Ringebene vom aufsteigenden Knoten des Ringes in der Ekliptik an.

B' Erhöhungswinkel der Sonne über der Ringebene vom Saturn aus gesehen; nördlich positiv, südlich negativ.

P' Winkel der kleinen Achse der Ringellipse mit dem durch den Saturnsmittelpunkt gehenden Längenkreise; östlich positiv, westlich negativ.

U Geozentrische Länge des Saturn, gezählt auf der Ringebene vom aufsteigenden Knoten des Ringes im Erdäquator an.

B Erhöhungswinkel der Erde über der Ringebene vom Saturn aus gesehen; nördlich positiv, südlich negativ.

P Winkel der kleinen Achse der Ringellipse mit dem durch den Saturnsmittelpunkt gehenden Stundenkreise; östlich positiv, westlich negativ.

N Aufsteigender Knoten der Ringebene im Erdäquator, gezählt vom Äquinoktium an.

J Neigung der Ringebene gegen den Erdäquator.

ω Entfernung der Ekliptik vom Erdäquator, gemessen auf der Ringebene.

Es liegen folgende Bestimmungen nach H. Struve zugrunde:

Durchmesser des Saturn in der Entfernung 9.53887

Äquatorial 17″.47 Polar 15″.65

Durchmesser des Ringes in der Entfernung 9.53887

$$2\,R = 39''.35$$

Lage des Saturnsringes gegen die Ekliptik und das Äquinoktium von 1889.25 nach G. Struve

$$\Omega_1 = 167^\circ\ 58'.08 \quad \text{und} \quad i_1 = 28^\circ\ 4'.55.$$

Saturnstrabanten (S. 336*—347*).

Die Berechnungen der Saturnstrabanten Mimas bis Rhea sind mit den von G. Struve in den Veröffentlichungen der Universitätssternwarte Berlin-Babelsberg, Bd. VI, Heft 4 abgeleiteten Elementen durchgeführt worden. Für Titan und Japetus sind die von ihm in Bd. VI, Heft 5 angegebenen Elemente benutzt worden, und für Hyperion haben die von J. Woltjer in den Annalen der Sternwarte Leiden, Bd. 16, Teil 3 bestimmten Elemente als Grundlage gedient.

Die den Ephemeriden zugrunde liegenden Elemente sind auf den Seiten 417*—419* des Jahrbuches für 1950 enthalten.

Auf den Seiten 336*—338* sind die Hilfsmittel gegeben, um in bequemer Weise die Positionen der Trabanten ableiten zu können. Sieht man hierbei von der Neigung γ ab, so erhält man die rechtwinkligen Koordinaten x und y des Trabanten in bezug auf ein Achsenkreuz, dessen Anfangspunkt im Mittelpunkt des Saturn gelegen ist, dessen X-Achse parallel der großen Achse des Ringes verläuft, positiv, wenn östlich, negativ, wenn westlich vom Saturn, und dessen positive Y-Achse mit dem durch den Saturnsmittelpunkt gehenden Stundenkreise den Winkel P einschließt, aus den Gleichungen:

$$x = \frac{a\,(\varDelta)}{\varDelta} \frac{1}{1+\zeta} \frac{r}{a} \sin\,(u-U)$$
$$y = \frac{a\,(\varDelta)}{\varDelta} \frac{1}{1+\zeta} \frac{r}{a} \sin\,B \cos\,(u-U).$$

$(\varDelta) = 9.53887$ bezeichnet den mittleren Wert der Entfernung Sonne—Saturn, $\varDelta$ ist die Entfernung Erde—Saturn, $u = L + (v - M)$ ist die wahre Länge des Trabanten vom Erdäquator an gezählt.

Die Größen $v-M$ und $\log \frac{r}{a}$ sind auf S. 312*—313* des Jahrbuchs 1933 gegeben, $\log \frac{1}{1+\zeta}$ ist auf S. 338* enthalten.

Ist genaueste Ortsbestimmung erforderlich, so darf man bei Mimas, Tethys und Rhea die Neigungen γ gegen den Saturnsäquator, da sie schon merklichere Werte annehmen, nicht mehr vernachlässigen; x und y ergeben sich dann aus:

$$x = \frac{a\,(\varDelta)}{\varDelta} \frac{1}{1+\zeta} \frac{r}{a} \sin\,(u-U)$$
$$y = \frac{a\,(\varDelta)}{\varDelta} \frac{1}{1+\zeta} \frac{r}{a} \sin\,B\,[\cos\,(u-U) + \sin\gamma \operatorname{cotg} B \sin\,(u-\vartheta)].$$

Die Werte von ϑ, der Länge des aufsteigenden Knotens der Trabantenbahn auf dem Saturnsäquator, gezählt vom Schnittpunkte des Saturnsäquators mit dem Erdäquator, findet man für die fünf inneren Trabanten auf S. 338*; auch ist hier für Rhea γ, weil stärker mit der Zeit veränderlich, in Intervallen von 16 Tagen gegeben.

Will man aus x und y die Rektaszensions- und Deklinationsdifferenzen bestimmen, so dienen dazu die Gleichungen:

$$s \sin\,(p - P) = x$$
$$s \cos\,(p - P) = y$$

$$\varDelta\alpha = \alpha_{tr} - \alpha_{pl} = \frac{1}{15}\, s \sin\,p \sec\,\delta_{tr}$$
$$\varDelta\delta = \delta_{tr} - \delta_{pl} = s \cos\,p.$$

Auf den Seiten 339*—342* finden sich, außer den Hilfsgrößen U, B und P für die Trabanten Titan, Hyperion und Japetus die genäherten Rektaszensions- und Deklinationsunterschiede gegen den Saturn in dem Sinne Trabant minus Planet für die beiden letzteren Trabanten.

Die aus den Angaben des Berliner Jahrbuchs ermittelten Trabantenörter sind auf das mittlere Äquinoktium der Epoche bezogen.

Zum Schluß enthalten die Seiten 343*—347* die Zeitangaben (in Weltzeit) für die östlichen Elongationen von Mimas, Enceladus, Tethys, Dione, Rhea, ferner für die östlichen und westlichen Elongationen ($u - U = \pm 90°$) und für die oberen und unteren Konjunktionen ($u - U = 0°, 180°$) von Titan, Hyperion und Japetus mit Saturn; diese Zeitangaben für die Elongationen und Konjunktionen sind bereits für Lichtzeit korrigiert, also ohne weiteres mit den Beobachtungen vergleichbar.

Konstellationen (S. 348*—349*).

In der Übersicht der Konstellationen des Jahres 1958 sind die hauptsächlichsten Planeten-Konstellationen gegeneinander und gegen Sonne und Mond sowie die Angaben der Epochen, zu welchen sich die Planeten in gewissen Hauptpunkten ihrer Bahn und ihres synodischen Laufes befinden, zusammengestellt. Die Bedeutung der hier verwendeten Zeichen siehe Seite II. — Die Konjunktionen der Planeten mit dem Mond und ihre gegenseitigen sind als Konjunktionen in AR. zu verstehen. Die Angaben über Konjunktion und Opposition der Planeten mit der Sonne entsprechen den Zeiten, zu denen der Längenunterschied zwischen Planet und Sonne 0° oder 180° ist.

Auf- und Untergangszeiten der Sonne und des Mondes sowie Anfang und Ende der Nautischen Dämmerung (S. 350*—389*).

Für Orte auf dem Meridian von Greenwich und ausgewählte geographische Breiten zwischen —10° und +60° sind die mittleren Ortszeiten der Auf- und Untergänge von Sonne und Mond gegeben. Sie beziehen sich auf das Erscheinen bzw. Verschwinden des oberen Randes der Sonne oder des Mondes und sind mit der Horizontalrefraktion 34′0 berechnet.

Für Anfang und Ende der Nautischen Dämmerung beträgt die Zenitdistanz der Sonne 102°.

Hilfstafeln (S. 390*—411*).

Es folgt eine Reihe von häufig gebrauchten Hilfstafeln.

1) Tafeln für Präzessionswerte (S. 390*—392*).

a) Präzession in Länge und Breite (Seite 390*—391*).

$$p\lambda = \psi + \pi \operatorname{tg} \beta \cos (\Pi - \lambda)$$
$$p\beta = \pi \sin (\Pi - \lambda)$$

b) Präzession in Rektaszension und Deklination (Seite 392*).

$$p\alpha = m + \tfrac{1}{15}\, n \sin \alpha \operatorname{tg} \delta$$
$$p\delta = n \cos \alpha$$

c) Präzessionswerte m, n, ψ, π, Π und ε, die mittlere Schiefe der Ekliptik (Seite 392*).

Mit diesen Werten berechnet sich die Präzession für die Elemente einer Bahnebene im System der Ekliptik nach:

$$p_{\Omega} = \psi - \pi \operatorname{cotg} i \sin (\Pi - \Omega)$$
$$p_i = - \pi \cos (\Pi - \Omega)$$
$$p_{\omega} = \pi \operatorname{cosec} i \sin (\Pi - \Omega)$$

und im System des Äquators nach:

$$p_{\Omega'} = m - n \operatorname{cotg} i' \cos \Omega'$$
$$p_{i'} = - n \sin \Omega'$$
$$p_{\omega'} = n \cos \Omega' \operatorname{cosec} i'$$

Den Tafeln a) und b) liegen die Präzessionswerte für 1950.0 zugrunde. Über die Bedeutung der Bezeichnungen und die Zahlenwerte vergleiche die Erläuterungen zum Jahrbuch für 1916.

2) Eine Tafel zur Verwandlung von Minuten und Sekunden in Dezimalteile des Grades und umgekehrt (S. 393*).

3) Hilfstafeln zur Verwandlung von mittlerer Zeit in Sternzeit (S. 394*, 396*) und von Sternzeit in mittlere Zeit (S. 395*, 397*).

4) Eine Tafel zur Verwandlung von Stunden, Minuten und Sekunden in Dezimalteile des Tages und umgekehrt (S. 398*—399*).

5) Eine Tafel für die Ermittelung eines Datums in der Julianischen Periode (Seite 400*—404*). Die Tafel besteht aus zwei Teilen. Der erste Teil (S. 400*—401*) gibt in vierjährigen Schaltperioden für die Jahre 0 bis 2000 die Anzahl der am 0. Januar, 12^h Weltzeit, seit Anfang der Julianischen Periode verflossenen Tage. Als Ergänzung gibt die Hilfstafel am Fuß der Seite die Anzahl der am 0. eines jeden Monats, 12^h Weltzeit, seit Beginn der Schaltperiode verflossenen Tage. Man gehe bis zum 4. Oktober des Jahres 1582 mit dem Datum des Julianischen, für spätere Jahre mit dem Datum des Gregorianischen Kalenders in die Tafel ein. Der zweite Teil (S. 402*—404*) gibt für die Jahre 1860—1979 unmittelbar die Anzahl der im Gregorianischen Kalender am 0. eines jeden Monats, 12^h Weltzeit, seit Beginn der Julianischen Periode verflossenen Tage.

6) Eine Tafel der Hilfsgrößen s und c (S. 405*) zur Berechnung der geozentrischen Breite φ' und der geozentrischen Entfernung ρ eines Erdortes, ausgedrückt in Einheiten der großen Halbachse des Erdellipsoids, aus der geographischen Breite φ nach den Formeln:

$$\varrho \sin \varphi' = s \sin \varphi$$
$$\varrho \cos \varphi' = c \cos \varphi$$

Darin haben s und c die Bedeutung:

$$s = \frac{1 - e^2}{\sqrt{1 - e^2 \sin^2 \varphi}}, \quad c = \frac{1}{\sqrt{1 - e^2 \sin^2 \varphi}}, \quad e = \sqrt{2\,\mathfrak{a} - \mathfrak{a}^2}.$$

Gemäß den Beschlüssen der Pariser Ephemeridenkonferenz von 1911 ist dabei die Abplattung $\mathfrak{a} = \frac{1}{297}$ angenommen.

7) Tafel des halben Tagbogens (S. 406*—407*), berechnet mit der Horizontalrefraktion 34ʹ9 für geographische Breiten von $+30°$ bis $+60°$ und Deklinationen von $-30°$ bis $+30°$.

8) Die Tafel zur Berechnung der optischen Mondlibration (S. 408*—409*) gibt mit dem Argument $\lambda - \Omega$ die Werte $\Delta\lambda$, a und B entsprechend den Gleichungen:

$$\Delta\lambda = \frac{1}{\operatorname{arc} 1'} \operatorname{tang}^2 \frac{1}{2} J \sin 2 (\lambda - \Omega)$$
$$a = -\cos (\lambda - \Omega) \sin J$$
$$\operatorname{tang} B = -\sin (\lambda - \Omega) \operatorname{tang} J$$

J = Neigung des Mondäquators gegen die Ekliptik (s. S. 444*).

Ω = Länge des aufsteigenden mittleren Knotens der Mondbahn auf der Ekliptik (s. S. 309*).

λ, β = Länge und Breite des Mondmittelpunktes, berechnet für den Beobachtungsort.

Bezeichnen noch $L_{☾}$ die mittlere Länge des Mondes, l' und b' die optische Libration der Mondmitte in selenographischer Länge und Breite, so ist:

$$l' = \lambda - L_{☾} + \Delta\lambda - a\,(B - \beta)$$
$$b' = B - \beta$$

Der Winkel C, welchen der Mondmeridian des Mittelpunktes der scheinbaren Mondscheibe mit dem Stundenkreise bildet, ergibt sich aus der Gleichung:

$$\sin C = -\sin i\,\frac{\cos\,(L_{☾} + l' + \Delta - ☋)}{\cos\,\delta_{☾}} = -\sin i\,\frac{\cos\,(\alpha_{☾} - ☊')}{\cos b'},$$

worin $\alpha_{☾}$, $\delta_{☾}$ Rektaszension und Deklination des Mondmittelpunktes, gesehen vom Beobachtungsort aus, bezeichnen; die anderen vorkommenden Größen i, Δ, ☋ und ☊′ haben schon auf S. 443* ihre Erklärung gefunden.

9) Eine Tafel zur Verwandlung von Zeitmaß in Gradmaß mit dezimaler Unterteilung (S. 410*—411*).

Koordinaten der Sternwarten (S. 412*—417*).

Die Seiten 412*—417* enthalten die geographischen und geozentrischen Koordinaten der Sternwarten.

Die Seehöhen sind in allen Fällen angegeben, wo sie sich einigermaßen sicher ermitteln ließen.

Die geographischen Längen sind auf den Meridian von Greenwich bezogen und dementsprechend ist die »Korrektion der Sternzeit« die Differenz: Orts-Sternzeit in mittlerer Mitternacht minus Greenwicher Sternzeit in mittlerer Mitternacht.

Die geozentrischen Koordinaten sind den Beschlüssen der Pariser Ephemeridenkonferenz vom Oktober 1911 gemäß unter Annahme der Abplattung 1 : 297 berechnet.

Bei Berechnung von $\log \varrho$ ist die Seehöhe berücksichtigt.

Normalzeiten der wichtigeren Länder (S. 418*).

Auf S. 418* sind die in den wichtigeren Ländern eingeführten Normalzeiten zusammengestellt.

Interpolation (S. 419*—423*).

Zur Erleichterung der Interpolation nach der Besselschen Formel sind auf S. 419* die Koeffizienten der zweiten bis vierten Differenzen für jedes Hundertstel des Argumentenintervalles gegeben. Die Seiten 420*—423* enthalten für den speziellen Fall, daß die dritten und höheren Differenzen unberücksichtigt bleiben können, die Verbesserung der ersten Differenz wegen des Einflusses der zweiten Differenz.

Refraktionstafel (S. 424*—425*).

Die auf den Seiten 424*—425* enthaltene Refraktionstafel ist nach der Theorie von R. Radau (Annales de l'Observatoire de Paris, Memoires, Bd. 19) unter Verwendung der Refraktionskonstante 60″154 berechnet und ist eine Abkürzung der in den Bänden der Connaissance des Temps enthaltenen Tafel.

Erläuterungen

Polaristafeln (S. 426*—432*).

Die auf den Seiten 426*—432* enthaltenen Tafeln erleichtern die Bestimmung der geographischen Breite φ aus Messungen der Zenitdistanz z des Polarsterns außerhalb des Meridians nach der Formel

$$\varphi = 90^\circ - z - p \cos t + \tfrac{1}{2} p^2 \sin^2 t \operatorname{cotg} z,$$

wobei p die Poldistanz des Polarsterns und t sein Stundenwinkel ist. Man geht in Tafel 1 mit der Sternzeit der Beobachtung ein, in Tafel 2 mit der Sternzeit und dem Datum und in Tafel 3 mit der Sternzeit und der Zenitdistanz. Da in jeder der drei Tafeln willkürliche Konstanten enthalten sind, ist es notwendig, die Werte aller drei Tafeln bei der Reduktion der Messungen zu berücksichtigen.

Berichtigungen

Jahrbuch 1957: S. 59*, Stern 120) α Persei letzte *Zeile*: b' ist -0.77 anstatt $+0.77$

S. 67*, Stern 172) 53 Eridani tg δ ist -0.257 und a' ist $+7.2$.

S. 285* a_1 bei $6^h 30^m$ ist $+0.0053$ anstatt $+0.0058$.

Febr. 10 Stern 892 P ist 63° anstatt 53°

Febr. 10 Stern 894 P ist 63° anstatt 53°

S. 305*, Jan. 12, Spalte Weltzeit, anstatt $1^h 4^m\!.2$ lies $1^h 14^m\!.2$.

S. 336* Hyperion Dez. 26 L ist 199°081 anstatt 199°083 Dez. 42 L ist 109°.030 anstatt 109.032

Alphabetisches Sachregister